工程材料科學

劉國雄、鄭晃忠、李勝隆、林樹均、葉均蔚　編著

全華圖書股份有限公司

國家圖書館出版品預行編目資料

工程材料科學 / 劉國雄等 編著. -- 五版. --
新北市：全華圖書, 2018.06
面 ； 公分
ISBN 978-986-463-406-4(平裝)
1. 工程材料
440.3 105020355

工程材料科學(第三版)

作者 / 劉國雄、鄭晃忠、李勝隆、林樹均、葉均蔚
發行人 / 陳本源
執行編輯 / 林士倫
封面設計 / 楊昭琅
出版者 / 全華圖書股份有限公司
郵政帳號 / 0100836-1 號
印刷者 / 宏懋打字印刷股份有限公司
圖書編號 / 0561502
三版二刷 / 2019 年 9 月
定價 / 新台幣 750 元
ISBN / 978-986-463-406-4 (平裝)
全華圖書 / www.chwa.com.tw
全華網路書店 Open Tech / www.opentech.com.tw
若您對書籍內容、排版印刷有任何問題，歡迎來信指導 book@chwa.com.tw

臺北總公司(北區營業處)
地址：23671 新北市土城區忠義路 21 號
電話：(02) 2262-5666
傳真：(02) 6637-3695、6637-3696

南區營業處
地址：80769 高雄市三民區應安街 12 號
電話：(07) 381-1377
傳真：(07) 862-5562

中區營業處
地址：40256 臺中市南區樹義一巷 26 號
電話：(04) 2261-8485
傳真：(04) 3600-9806

序言 PREFACE

本書距上一版已出版 5 年，一年多前本書作者共同決定重新改編本書，以對應材料科技的進步，經作者們一年多以來的努力，終於能以嶄新的面目呈現給各位讀者。「工程材料科學」編輯方針為：材料科學基礎部份約佔全書四分之三的篇幅，各種工程材料等約佔四分之一，也就是偏重基礎知識的學習，因受全書篇幅和頁數所限，各種工程材料只做概念性的介紹，讀者可由淺入深研習各種工程材料的專書，循序漸進，達到融會貫通的目的。本書是材料科學基礎知識的入門書，只要大學物理甚至高中的物理、數學基礎，就能學習大部份的內容。本書編輯對象為大學院校及技術學院及工專各科系學生為主要對象，當然對材料有興趣的工程師，都值得研讀這本材料科學基礎的入門書。

從日常生活所接觸的傢俱、家電、手機、房屋、汽車、輪船、高速火車，到較精密的飛機、電腦、太空梭、人造衛星等，無一不是由材料所構成。作為一個工程師，不可不對各種材料的性能加以瞭解，才能從眾多材料中選出適材適用者，面對數以萬計的材料，我們不可能對每一種材料性能都知道，所以必須從材料性質的原理來理解，此原理乃基於材料內部結構反應出什麼樣的外在性能，這就是工程材料科學的主要內容。

在編排方面，從簡介開始、原子結構與鍵結、晶體結構、晶體的缺陷、擴散、機械性質及測試、差排與塑性變形、材料之損壞與分析、相平衡圖、相變化、材料之強化、腐蝕及材料損傷、材料之導電性質、材料之熱、磁、光性質，以上的部份為材料基礎理論及現象。電子材料與製程、陶瓷材料、聚合體、金屬材料、複合材料、生醫材料，以上為六種工程材料的介紹。最後為材料之設計與選用、材料科技現況與未來。

由於作者才學所限，本書定有疏漏不妥之處，為此懇請廣大的讀者，給予批評和指正。最後感謝全華圖書(股)公司陳本源董事長對科技中文化的認同和支持、顧問黃廷合博士的協助才能完成，在此一併致謝。

劉國雄、鄭晃忠、李勝隆、林樹均、葉均蔚　謹識

相關叢書介紹

書號：0593101
書名：工程材料科學(第二版)
編著：洪敏雄.王木琴.許志雄.蔡明雄.
　　　呂英治.方冠榮.盧陽明
16K/560 頁/580 元

書號：0330074
書名：工程材料學(第五版)(精裝本)
編著：楊榮顯
16K/576 頁/630 元

書號：0350703
書名：非破壞檢測(第四版)
編著：陳永增.鄧惠源
16K/376 頁/450 元

書號：0157702
書名：機械材料實驗(第三版)
編著：陳長有.許禎祥.許振聲.陳伯宜
16K/352 頁/320 元

書號：0624201
書名：金屬熱處理－原理與應用
編著：李勝隆
16K/568 頁/570 元

書號：0398301
書名：機械材料實驗(第二版)
編著：雷添壽.林本源.溫東成
16K/288 頁/320 元

書號：0546502
書名：奈米材料科技原理與應用
　　　(第三版)
編著：馬振基
16K/576 頁/570 元

◎上列書價若有變動，請以最新定價為準。

流程圖

書號：0548002
書名：機械製造(修訂二版)
編著：簡文通

書號：06305
書名：現代機械製造
編著：孟繼洛.許源泉.黃廷合.施議訓.李勝隆.汪建民.黃仁清.張文雄.蔡忠佑.林忠志

書號：0614704
書名：機械製造(第六版)
編著：林英明.卓漢明.林彥伶

書號：0330074
書名：工程材料學(第五版)(精裝本)
編著：楊榮顯

書號：0561502
書名：工程材料科學(第三版)
編著：劉國雄.鄭晃忠.李勝隆.林樹均.葉均蔚

書號：0593101
書名：工程材料科學(第二版)
編著：洪敏雄.王木琴.許志雄.蔡明雄.呂英治.方冠榮.盧陽明

書號：0546502
書名：奈米材料科技原理與應用(第三版)
編著：馬振基

書號：0350703
書名：非破壞檢測(第四版)
編著：陳永增.鄧惠源

書號：0624201
書名：金屬熱處理－原理與應用
編著：李勝隆

目錄 CONTENTS

第 1 章　簡介

第 2 章　原子結構與鍵結

第 3 章 晶體結構

第 4 章 晶體缺陷

第 5 章 擴散

第 6 章 機械性質及測試

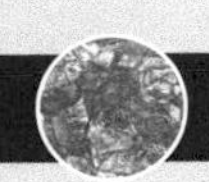

第 8 章 材料之損壞與分析

第 9 章 相平衡圖

第 10 章 相變化

第 11 章 材料之強化

第 12 章 腐蝕及材料損傷

第 13 章　材料之導電性質

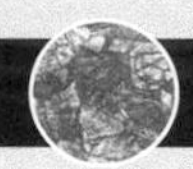

第 14 章　材料之熱、磁、光性質

第 16 章 陶瓷材料

第 17 章 聚合體

第 18 章 金屬材料

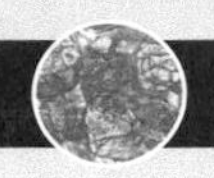

第 19 章　複合材料

第 20 章　生醫材料

第 21 章 材料之設計與選用

chapter

1

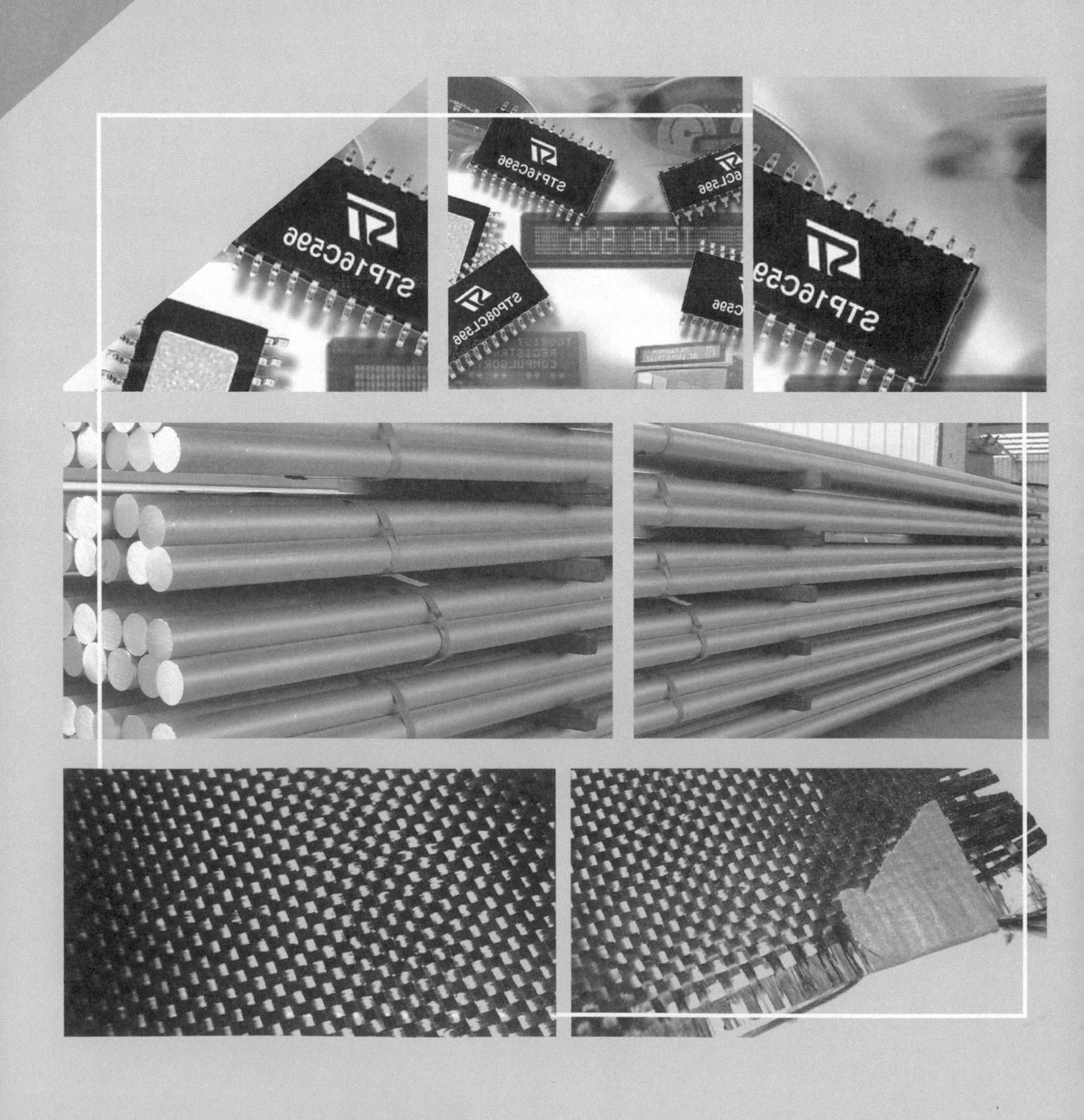

簡介

材料一直與人類發展息息相關，從遠古的石器時代，演變為銅器時代，到近代的鐵器時代，人類所使用的材料種類愈來愈多、性能也愈來愈好。更進一步說，材料的進步主導人類科技文明的發展。最明顯的例子是近年來電腦科技的發展，若沒有矽單晶材料的發明，是絕對不可能實現的。我們也可以看那超音速噴射飛機，祇靠一對小小的渦輪引擎(turbine engine)，即可將載運數百人的龐然大物推向空中高速飛行，這不得不歸功於超合金(superalloy)材料的發明，才能製造如此優秀的渦輪引擎。

材料的研究以往是分散在物理、化學、機械等領域當中，大約 1950 年代，才逐漸獨立為一門學問，稱為工程材料科學(engineering materials science)或稱為材料科學與工程(materials science & engineering)。它的研究範疇包含各種材料製程、結構及性質分析。

以材料製程來說，舉凡各種材料及其產品的製造方法與處理程序都是，如熔煉(melting)、鑄造(casting)、軋延(rolling)、鍛造(forging)、熱處理(heat treatment)、表面處理(surface treatment)…等等。材料結構則包含晶體結構(crystal structure)與微結構(microstructure)，前者是指原子在材料裏面規則排列的情形；後者則是利用各種顯微鏡觀察材料的組織，如破裂面、表面狀況、內部缺陷(defects)…等。而材料性質方面則有物理性質、化學性質、機械性質(mechanical properties)。像密度、熱、光、電磁性質都是屬於物理性質；腐蝕(corrosion)行為是化學性質；機械性質則有強度(strength)、延展性(ductility)、硬度(hardness)、韌性(toughness)、剛性(stiffness)、疲勞(fatigue)、潛變(creep)、磨耗(wear)等。

基本上，材料的研究就是要把材料的製程、結構、性質三者關連起來，如圖 1-1 所示，材料製程、結構、性質彼此交互影響，研究分析什麼樣的製程會有怎樣的結構及什麼樣的結構會有怎樣的性質；進而改變製程來產生適當的結構，而得到更佳的性質，甚至創造出新材料。前述的矽單晶與超合金就是材料研究的結晶，而本書的內容也是圍繞這些主題加以闡明與敘述，希望能使讀者對材料更有概念，並瞭解材料科學能夠幫助我們解決什麼問題；甚至能夠解決一些較簡單的材料問題。

在進入材料科學領域之前，我們先說明一下材料的種類、材料製程、結構及性質。

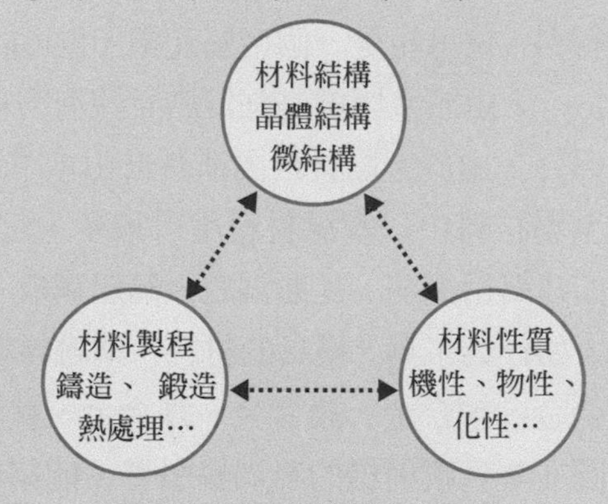

圖 1-1　工程材料科學研究製程、結構與性質之關聯

學習目標

1. 了解材料科學與工程的主要研究內容。
2. 了解材料的種類。
3. 知道常見的性質包括哪些？
4. 知道晶體結構與微結構的意義與如何觀察分析。
5. 了解材料製程包括哪些？
6. 了解工程材料科學有何用處？

1-1 材料的種類

工程材料的分類，我們可依鍵結型式分為金屬(metals)、陶瓷(ceramics)、聚合體(polymers)三種，其鍵結型式分別為金屬鍵、離子鍵、凡得瓦爾鍵。我們也常把工程材料分為結構材料與功能材料兩種，前者是指構造用途，是一個物件的主題，如普通鋼鐵、一般塑膠；後者是指具有特殊功能的材料，如感測材料、超導體。由於材料科技的進步，第一種分類已顯不足；而第二種分類又不太容易界定。因此本書將工程材料分為金屬材料、陶瓷材料、聚合體、複合材料(composites)、電子材料(electronic materials)、生醫材料(biomaterials)六種。

1-1-1 金屬材料

從使用的觀點來看各種工程材料，我們會發現金屬材料是最好的材料。的確，它是用量最多的工程材料；為什麼呢？因為金屬材料具有許多優點，如有足夠的強度、容易做成各種形狀、能容忍一些缺陷、較能抵抗衝擊、價格較便宜…等。

什麼是金屬材料呢？簡單的說，就是靠沒有方向的強鍵結-金屬鍵，將原子結合在一起的材料。它可能是一個金屬元素，也可能是兩種或更多金屬元素合在一起的東西稱為合金(alloys)。由於金屬鍵是強鍵結且沒有方向性，所以使金屬具有很高的強度且可以改變形狀；另外，由於金屬材料內部有自由電子，所以金屬不透光且為熱與電的良導體。

金屬材料中以鋼鐵材料用得最多，它們就是以鐵為主的合金，不僅使用於構造用途上，如建築用鋼筋、瓦斯鋼瓶、輪船鋼板、機械構造主體鋼料等等；另外尚有許多功能性用途，如作為工具、模具的材料。鋼鐵材料以外的金屬材料通稱為非鐵金屬材料，較常見有鋁合金、銅合金、鎂合金、鎳合金、鈦合金、鋅合金、貴金屬等。

圖 1-2 為噴射機的氣渦輪引擎，能夠推動重達 10 萬公斤的飛機上天空，就是因為有金屬材料最高性能的**超合金(superalloys)**應用在氣渦輪引擎，能夠耐溫到 1100℃以上，而有高達 35%的引擎效率，主要有鎳基或鈷基超合金。

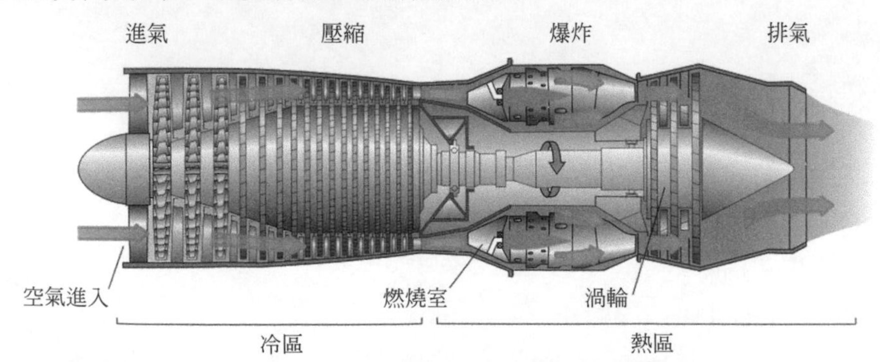

圖 1-2　氣渦輪引擎，超合金用於最高溫的燃燒室與渦輪葉片[1]

1-1-2　陶瓷材料

事實上，陶瓷材料是地表自然存在最多的材料，也是人類最早使用的材料。早在石器時代，就有石刀、石斧、石磨，這些都是陶瓷材料；現在，我們的房屋、橋樑、衛浴設備，仍以陶瓷材料爲主；甚至在未來，陶瓷材料可能成爲引擎的結構材。

陶瓷材料是靠離子鍵或共價鍵，將不同的原子結合在一起。兩種鍵結都是強鍵結；而所謂不同原子，通常是指金屬元素與非金屬元素，容易形成正、負離子。此造成陶瓷材料具有高強度、耐高溫、耐腐蝕、低韌性的特點。低韌性也就是太脆的意思，它是陶瓷材料的致命傷。另外，由於陶瓷材料沒有自由電子，所以通常它是電絕緣體、可以透光。

陶瓷材料可以分爲傳統陶瓷與精密陶瓷。前者就是一般陶瓷，成份範圍較大，製程較不嚴格，像家用陶瓷碗盤、衛浴設備、瓷磚、水泥等都是；**精密陶瓷(fine ceramics)**就是指成份、製程都嚴格控制，有較佳或特殊的性質且可靠度(reliability)良好的陶瓷材料，如電子元件的絕緣陶瓷、感測陶瓷材料、構造用陶瓷等。精密陶瓷的技術比傳統陶瓷困難，但其附加價值也遠比傳統陶瓷來得高。另外，玻璃材料也是屬於陶瓷材料，衹是其原子排列沒有長程規律(long-range ordering)，亦即沒有結晶構造，稱爲非晶質(amorphous)陶瓷。

圖 1-3　粉末冶金法做出的陶瓷刀具[2]

圖 1-3 爲粉末冶金法做出的精密陶瓷刀具，具有耐溫、耐磨、低熱膨脹的優點；除了刀具以外，也常應用模具、閥門、熱交換器、生醫領域等。其材質大多爲氧化鋁、氧化鋯、碳化矽、碳化鈦、矽鋁氧等陶瓷材料。

1-1-3 聚合體

聚合體又稱高分子材料(giant molecular materials)，更通俗的名稱是塑膠(plastics)。它是石油化學工業的產品，屬於近代工程技術的人造材料；它也造成最著名的材料革命，目前已是眾所皆知的材料。

聚合體的主要元素是碳原子，所以是屬於有機材料；除了碳以外，聚合體所含的元素不外乎氫、氮、氧、氯、氟、矽這幾個。聚合體通常是由大分子構成(所以也叫作高分子材料)，分子內部是以共價鍵結合，常爲碳主鏈；大分子之間則靠凡得瓦爾力之類的次鍵結來結合。就是因爲這種分子間的弱鍵結，使分子彼此容易相對移動，造成聚合體很容易改變形狀。所以聚合體強度不大、耐溫不高，但容易成型。聚合體也和陶瓷材料一樣，沒有自由電子，所以聚合體是不良導體且爲透明材。

我們可將聚合體分爲一般塑膠與工程塑膠兩大類別。一般塑膠用於日常生活，如塑膠製碗盤、袋子、水桶、水管，再如玩具、衣物、油漆等大都是以聚合體爲主；工程塑膠具有較佳的強度，用於機械零件，如電腦外殼、電路板、底片、輕型齒輪等。

圖 1-4 爲機能布料使用的塑膠微纖維，比髮絲更細許多，成 V 形截面再聚集成纖維束，交織成布料，具有柔軟如絲的觸感；依材質與織法有吸濕或吸塵功能，吸濕功能受到運動員青睞，材質通常是聚醯胺(polyamide)；吸塵功能則受到清潔業所喜愛，材質通常是聚酯(polyester)。

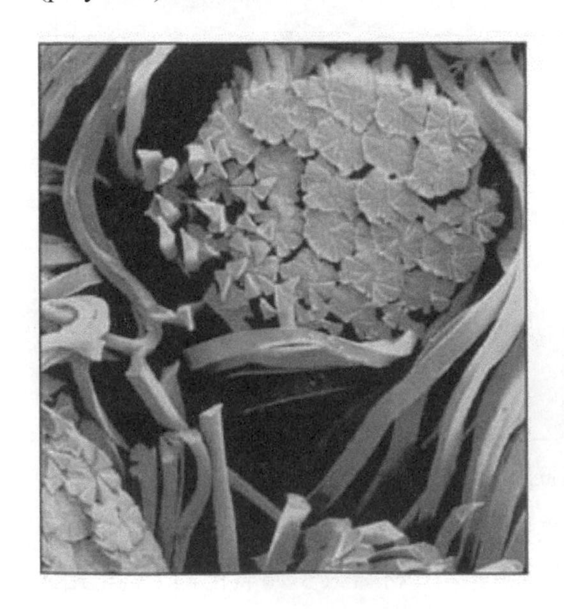

圖 1-4 機能布料使用的塑膠微纖維[3]

1-1-4　複合材料

複合材料就是把前述不同類的材料合在一起，互相擷長補短而得到性質更好的新材料，以因應更嚴格的性質要求。因此，工程應用的複合材料也是屬於近代產物，通常會具有某些特性，如質輕、剛強、耐磨或耐溫等。

我們最熟悉的複合材料，有較早出現的塑鋼-**玻璃纖維強化塑膠(glass fiber reinforced plastics, GFRP)**，以及現在盛行的**碳纖複合材(carbon fiber composites, CFRP)**。它們是利用塑膠基材，將強而脆的纖維強化材結合在一起，而得到輕而強的好材料。從休閒器材的釣竿、球拍、球桿，到尖端工業的飛機、火箭、人造衛星都喜歡用它們。這都是屬於複合材料中的纖維複合材；複合材料還有粒子複合材與板狀複合材兩類，就是指其強化材爲顆粒狀與層狀。像碳化鎢刀具、鑽石刀具、砂輪就屬於粒子複合材；而雙金屬、三夾板則爲板狀複合材。

圖 1-5 爲 2010 年問世的波音 787 飛機，有 80 vol%使用複合材料，聲稱每個座位減輕 30%的重量，使航空公司更有競爭力；主要是碳纖強化環氧樹脂複合材料，充分發揮複合材輕、強特性，而可能取代上一代的鋁合金飛機。

圖 1-5　波音 787 飛機有 80 vol%使用複合材料[4]

1-1-5 電子材料

前面所述的四種材料都可以作構造性用途，而電子材料祗有功能性用途。但是由於許多尖端科技產品，如電腦與雷射、太陽電池、顯示器等光電轉換器，都是屬於電子材料，因此有必要將電子材料列爲第五種材料。事實上，近三十年來，整個地球文明的進展應歸功於電腦科技的進步；而追根究底則是用以製造電腦的電子材料的發明與發展。

電子材料是什麼呢？以其中最重要的半導體材料來說明，半導體材料就是其導電性質介於金屬與陶瓷之間；而且導電性會受雜質、溫度、電壓諸多因素的影響，我們也藉此來產生與偵測各種訊號，從而做出各種儀器。從成份來看，半導體材料可分爲元素半導體與化合物半導體，前者就是 IV A 族的矽(Si)與鍺(Ge)；後者即爲Ⅲ-V 族或Ⅱ-VI 族元素化合物，如砷化鎵(GaAs)、磷化鎵(GaP)、磷化銦(InP)、硫化鎘(CdS)等。其中矽作成單晶，以製造積體電路爲主；化合物半導體則想要取代矽的位置，砷化鎵也可以作雷射，硫化鎘則爲太陽電池的材料。另外，還有一種氧化物半導體，如 FeO、ZnO，後者即爲彩色電視螢光幕所用的磷光物質。除了半導體材料之外，一些具有特殊熱、磁、電、光特性的材料也是電子材料，應用在各種電子工業上。

圖 1-6 是幾乎每人都擁有的智慧型手機，主要是電子材料做成的電子元件組合而成，如觸控面板、濾波器、天線、中央處理器、記憶體、相機系統等等，其能力已經統合電話、電腦、網路、照相機等各種功能，這些都是因爲電子材料與技術的快速發展所致。

圖 1-6 智慧型手機主要是電子材料做成電子元件組合而成

1-1-6　生醫材料

生醫材料(biomaterials)是指放入生物體內的醫療物質，例如骨科、關節置換、牙齒補綴、心臟瓣膜、隱形眼鏡的材料，都是屬於生醫材料。會另外加這一章是因為我們經常會接觸到這些生醫材料，其要求又不同於一般材料，有必要多加了解。

生醫材料可以是金屬、陶瓷、塑膠、複材中的一種，最重要的是能恢復原來功能且有**生物相容性(biocompatibility)**。原來功能主要是在力學性質，如強度、剛性要求，也可能是特殊性質，如透光性；而生物相容性則是因爲使用於生命體內，對材料來說是一嚴苛的環境，可能會溶解釋出離子，造成生醫材料的性能退化，更擔心釋出離子對生物體的危害，輕則過敏、發炎，重則組織異變。因此常用的生醫材料都要經過生物相容性驗證，而依據相容能力使用於不同場合，如不銹鋼只能用在暫時性骨折固定，還要二次手術取出；若使用鈦合金，則可能可以永久放在體內。

圖 1-7 爲關節植體系統，植入骨骼部分的生醫材料是鈷鉻合金或鈦合金，轉動軸承部分則可以金屬與聚乙烯配對，這些材質都有很好生物相容性，可以長久使用；而在表面上常使用多孔狀金屬，可以讓骨骼長進去，增進固定效果。

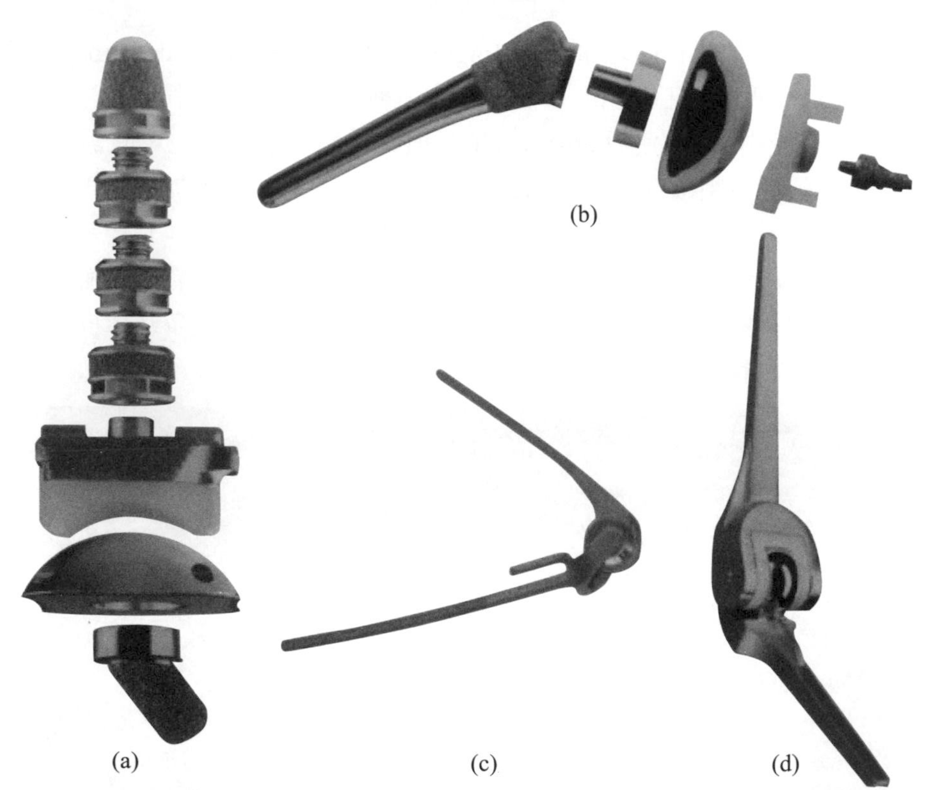

圖 1-7　關節植體系統，(a)踝關節植體、(b)肩關節植體、(c, d)肘關節植體[5]

1-2 材料之製程、結構、性質

我們已經知道工程材料科學是在研究材料的製程、結構、性質之間的關連。這一節我們將對各種製程、結構、性質稍加說明。

1-2-1 材料製程

材料製程是指各種材料產品完成前的各種處理方法或程序，涵蓋範圍相當廣泛。以金屬爲例，熔煉是指金屬熔湯的處理，以得到所要的合金，包括溫度、成份、含氣量、雜質的控制。鑄造則是把金屬液體變成金屬固體的技術，就是將熔煉好的金屬熔湯置於模子(mold)內，使其凝固(solidification)成我們要求的形狀。模子可用砂模或金屬模，也可以施加壓力來幫助鑄造成型。

金屬材料的產品種類很多，可分爲鑄造品與鍛造品兩大類。鑄造品是鑄造成型後，不再改變形狀；有的話衹是整形一下。鑄造品有些是鑄造成型後即可拿來使用，有些則需再作熱處理或表面處理。熱處理就是經由加熱與冷卻的程序，以得到所需的性質；表面處理則是變化材料表面的結構，以得到特定的表面性質。

鍛造品通常是先鑄成簡單形狀的鑄錠(ingot)，再利用各種變形(deformation)加工方法來得到想要的形狀。變形加工常用的方法有經由輥輪壓薄的軋延、利用槌子擊打的鍛造、加上大壓力使材料流經模具的擠型(extrusion)三種。當然，鍛造品也可能需要熱處理或表面處理。另外，加熱使金屬接合在一起的銲接(welding)，切削、研磨加工的車削(machining)也是屬於材料製程。

圖 1-8 爲熱軋鋼板生產情形，可以在鑄錠澆鑄之後，直接進入熱軋機輥壓，或者經過冷卻後再加熱進入軋機；剛開始較厚時，採用來回輥壓，之後經過多站單向軋薄，再捲成熱軋鋼捲，即可進入倉儲。

圖 1-8 熱軋鋼板生產情形 [6]

1-2-2　材料結構

結構這一名詞涵蓋範圍很廣泛，小至原子以下的尺度，大到眼睛所見都能包含。在材料科學範疇內，會先討論原子與分子及原子間的結構；再討論到原子的排列情形，假使有長程規則排列，則稱爲晶體結構，假使沒有長程規則排列，則是非晶質結構。

材料結構中最重要的範圍是**微結構(microstructure)**，它包含利用光學顯微鏡(optical microscopy)及電子顯微鏡(electron microscopy)所觀察到的材料表面或內部的對比影像。例如不同的成份或相(phases)、缺陷、雜質、表面凹凸等等所造成的對比。與微結構相對的還有一種材料結構叫做巨結構(macrostructure)，它是與微結構類似的一些對此影像，祇是它祇要用眼睛或放大鏡即可觀察到。

圖 1-9 爲掃描式電子顯微鏡觀察耐磨高鉻鑄鐵的微結構，可以看到最先從液體中產生的深灰色粗大 M_7C_3 碳化物，之後一同凝固產生的細小 M_7C_3 碳化物與基地相。高鉻鑄鐵典型應用於水泥產業，靠粗大碳化物來提供耐磨耗能力，而細小碳化物則能強化基地相，提供支撐粗大碳化物的能力。

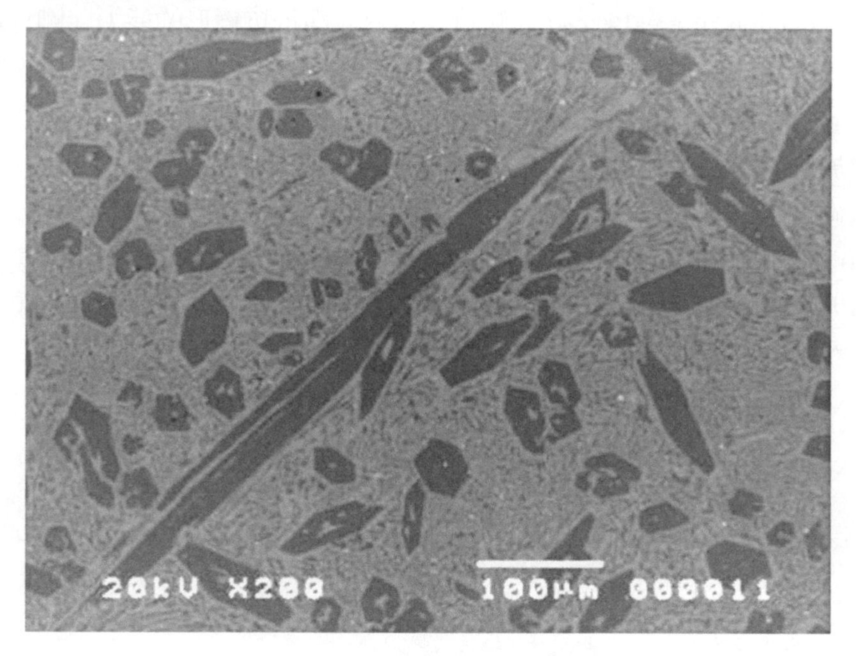

圖 1-9　耐磨高鉻鑄鐵微結構[7]

1-2-3　材料性質

材料性質包含很多種性質，視使用場合而有不同的性質要求。最主要的材料性質爲機械性質；其他性質，如密度、熱性質、光性質、電性質、磁性質是屬於物理性質；腐蝕行爲則是屬於電化學(electro-chemical)性質。

腐蝕性質是指材料在某一環境之下，逐漸受到侵蝕損失的情形。密度是指一個單位體積的材料重量。熱性質則主要爲比熱、熔解熱、熱膨脹三者。比熱是指把材料升高一個單位溫度所需要的熱量；熔解熱是指固體變成液體所吸收的熱量；熱膨脹則是指溫度增加使材料尺寸增加的情形。光性質有光對材料的穿透、反射、折射以及材料的色澤。

電性質則有導電性質與介電性質，導電性質是指電子在材料傳導的情形，如完全沒有電阻的超導性質、有一些電阻的一般導電性質、電阻更高一些的半導體性質以及電阻極高的絕緣體性質。介電性質是指電子在材料裡面不傳導的情形，也可以說電阻非常大的材料之一些電性質，如在一電壓下正負電荷移動的極化(polarization)性質、單位厚度能承受多少電壓的介電強度性質、加上電壓使材料尺寸改變的**壓電(piezoelectrical)**性質等。磁性質有對磁場反應較弱的反磁性(diamagnetism)、順磁(paramagnetism)與對磁場反應很強烈的鐵磁性(ferromagnetism)。

機械性質方面相當複雜，常見的有強度、延展性、硬度、剛性、韌性、疲勢、潛變、磨耗等。強度爲一材料在破壞(failure)前所能忍受的最大應力(stress，單位面積承受的力量)；延展性則爲一材料在破壞前的最大變形(deformation)能力，常用伸長率(elongation)或斷面縮減率(reduction in area)來表示；硬度是材料表面抵抗變形的能力；剛性爲材料產生單位變形量所需要的應力，即材料之彈性模數大小；韌性是材料在破壞過程所吸收的能量；疲勞則是材料受到往復應力狀況的破壞情形；潛變爲材料受到一定的應力之下，其變形量逐漸增加的情形，高溫時較明顯；磨耗則爲材料受到應力、互相接觸且有相對移動狀況下的破壞過程。

圖 1-10 爲油輪脆性斷裂而從中間斷成兩半，因爲銲接缺陷或腐蝕造成裂隙，而裂隙尖端會有應力集中，加上鋼板材質韌性不足，則在海上遭受風浪或局部照射陽光熱漲冷縮不平均，極有可能引發應力大到使既存裂隙快速傳遞而裂開。

圖 1-10　油輪脆性斷裂而從中間斷成兩半[8]

1-3 工程材料科學

工程材料科學就是要把前面所述的製程、結構、性質關聯起來，釐清其如何影響就是工程材料科學的主要研究內容。工程材料科學到底能夠幫助我們做些什麼?以下將舉幾個例子來說明。

比如說我們有兩塊成份完全一樣的高碳鋼，分別做不同的熱處理，一塊是高溫加熱後放在爐子內很緩慢的冷卻下來；另一塊則是在高溫加熱後，丟到水裡使其迅速冷卻。前者得到硬度較低的結構而後者則可得到硬度極高的結構，因此，我們可以拿後者做成的刀具來切削前者。也就是說我們可以利用不同的製程，使同一材料產生不同的結構，而有不同的性質。

第二個例子是材料選用的問題。首先依材料實際使用狀況列出其要求性質，例如球拍或球桿主要要求是重量輕、強度高、剛性大；汽車引擎的汽缸體則需耐溫、強度夠、易成型。然後找出符合這些要求的材料，再尋找適當的製程，如採用鑄造或鍛造。最後在將原料、製程、加工各種成本合計，而找出符合性質要求且最便宜的材料。當然做這些判斷就需要相當豐富的材料科學與材料工程知識。

最後一個例子是材料破壞分析的問題。一個材料在使用時會破壞，不外乎設計不當與材質不佳兩個原因。前者如過於銳角、尺寸不足、安全係數不足等；後者則是材料破壞分析的主題。首先要瞭解材料的使用狀況，找出破壞處承受什麼樣的應力或有什麼特殊腐蝕環境；其次，從破壞面加以觀察，看看能否找出破壞起始點，若有則表示材質不均造成破壞；接下去則分析破壞起始點是屬於何種材料結構缺陷及爲何會形成破壞的源頭；最後再針對破壞原因提出解決方法。同樣地，破壞分析的每一步驟都與材料的結構、性質或製程有關。

重點總結

1. 工程材料科學即材料科學與工程，主要研究材料的製程、結構、性質，及其間之關聯。
2. 材料依據鍵結型式可分爲金屬、陶瓷與聚合體，另外尚有半導體材料與複合材料。
3. 材料的製程包括熔煉、鑄造、變形加工、接合、熱處理與表面處理。
4. 材料結構包括晶體結構與微結構。
5. 材料性質包括機械性質、物理性質、化學性質。
6. 工程材料科學的目標在解決材料相關問題、將材料的潛力發揮出來，甚至創造出新材料。

習 題

1. 材料有哪幾種？各有何特色？
2. 如何觀察分析晶體結構與微結構？
3. 材料的強度、硬度、剛性、韌性如何定義？
4. 舉例說明如何做材料損壞分析。

參考文獻

1. https://zh.wikipedia.org/wiki/%E7%87%83%E6%B0%A3%E6%B8%A6%E8%BC%AA%E7%99%BC%E5%8B%95%E6%A9%9F#/media/File:Jet_engine.svg
2. William F. Smith, Javad Hashemi, "Foundations of Materials Science and Engineering," 5-th Edition, McGraw Hill, 2011, p. 572
3. William F. Smith, Javad Hashemi, "Foundations of Materials Science and Engineering," 5-th Edition, McGraw Hill, 2011, p. 476
4. http://upload.wikimedia.org/wikipedia/commons/5/5f/Dreamliner_render_787-9.JPG
5. David Williams, "Essential Biomaterials Science," Cambridge University Press, 2014, p. 253
6. http://ourisland.pts.org.tw/content/%E7%AF%80%E8%83%BD%E5%A4%A7%E6%9C%AA%E4%BE%86#sthash.K9aipGDH.dpbs中國鋼鐵公司
7. 饒軒安，國立清華大學材料系碩士論文，2011
8. William D. Callister, Jr., David G. Rethwish, "Fundamentals of Materials Science and Engineering" 4-th Edition, John-Wiley & Sons, 2013, p. 308

chapter

2

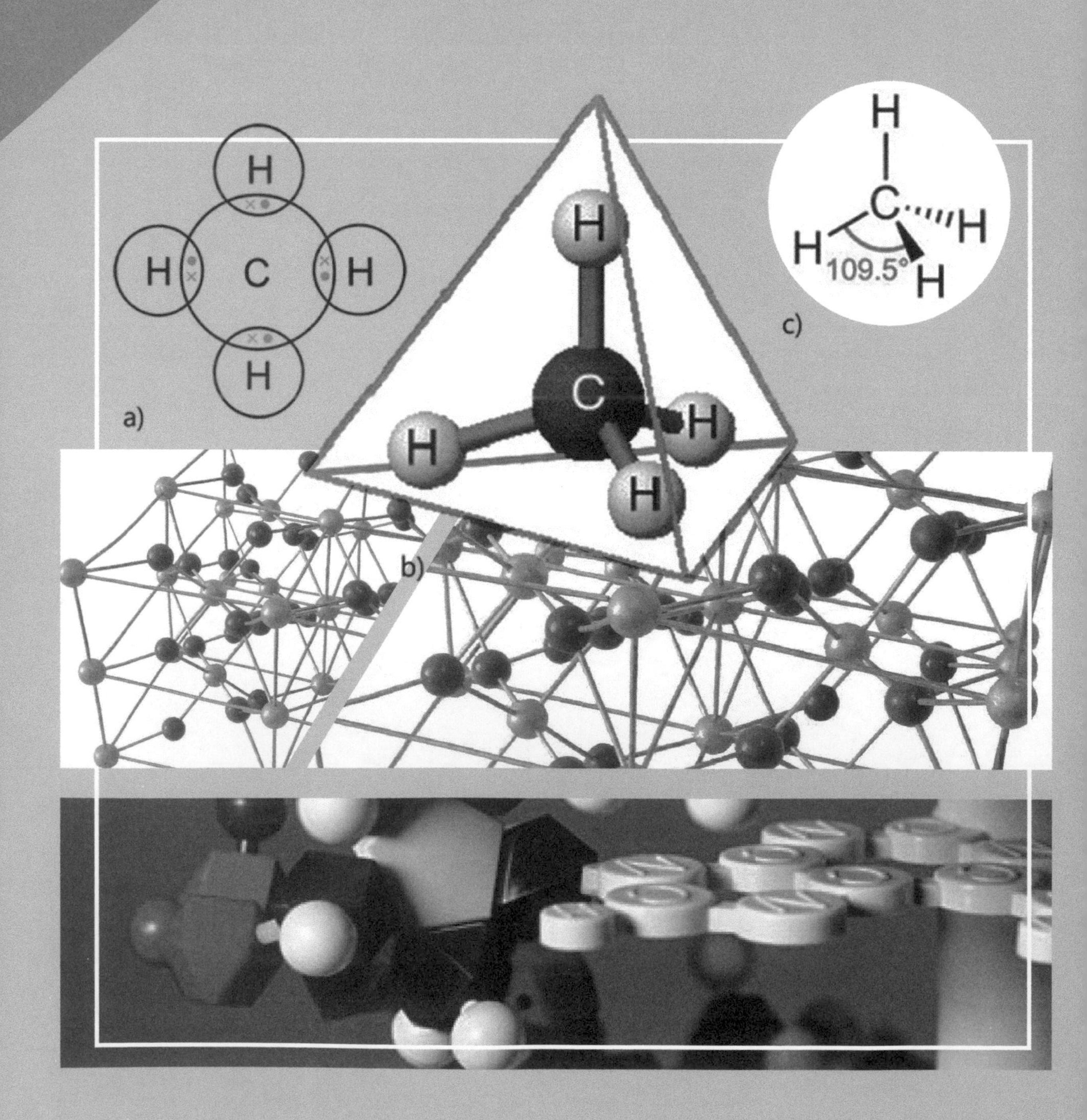

原子結構與鍵結

在分析工程材料的有效方法之一，可以藉由原子的鍵結方式來判斷：欲瞭解材料內部的結構，則必須先瞭解內部原子鍵結的情形。如在所有固體中，原子由於鍵結的關係而緊密的靠在一起，因此原子間鍵結的特性提供了固體的強度，相關的電性和熱的性質。強的鍵結使物體有較高的熔點，較大的彈性模數，以及較短的鍵長和較低的膨脹係數。

本章，我們就原子結構及原子的鍵結在材料內部所扮演的角色做一些觀念性的介紹。在此一章節我們將討論以下重要的基本觀念：原子結構、主鍵結(包括離子鍵、共價鍵、金屬鍵)、次鍵結(凡得瓦爾鍵、氫鍵)以及鍵結形式與材料分類。認識了這些原子的鍵結，有利於將來對材料的微觀結構及其性質作預先的瞭解和推測。

學習目標

1. 瞭解原子的基本結構以及主要構成。
2. 瞭解電子在原子中能量分佈的量子效應。
3. 原子構成晶體的方式以及各鍵結特性。
4. 各項鍵結的基本原理。

2-1 原子結構

2-1-1 基本觀念

原子是由質子(proton)、中子(neutron)、和環繞著質子、中子移動之電子(electron)所組成的，其中質子帶正電荷(positive charge，1.6×10^{-19} 庫倫)而電子帶負電荷(negative charge，-1.6×10^{-19} 庫倫)，中子則爲電中性。這些組成原子的次粒子(subatomic particles)質量都很小，質子和中子的質量大約是 1.6×10^{-27}kg，而電子的質量則大約爲 9.11×10^{-31}kg。

不同的原子具有不同數目之質子，我們稱之爲原子序(atomic number，Z)，由最小的氫(hydrogen，Z＝1)至最大的鈽(plutonium，Z＝94)。對於電中性之原子而言，其質子之數目與電子相同。

原子的質量爲其質子、中子和電子之質量的總和(其中電子之質量幾乎可以忽略不計)，質子數目相同但中子數目不同之原子我們稱之爲同位素(isotope)，其化學性質相仿但是原子質量不同。而週期表中的平均質量(atomic weight)是由各同位素之質量以及其在自然界所佔之比例加權計算而得。原子質量的單位(atomic mass unit，AMU)則由碳的同位素 C^{12} 來定義(c^{12} 的原子質量爲 12.00000 amu)，即 1 amu 的大小爲 C^{12} 之十二分之一。

在化學計量中用來表示原子或分子數目的莫耳(mole)表示有 6.02×10^{23}(avogadro's number)個原子或是分子，其中莫耳和原子質量之關係式爲：

$$1(\text{amu/atom}) = 1(\text{g/mole}) \tag{2-1}$$

以 C^{12} 爲例，1 莫耳(mole)之 C^{12} 即爲 12g 之 C^{12}，而一個 C^{12} 的質量則爲 12 amu。

表 2-1 各元素的電子組態

原子序	元素	K	L	M	N	O	P	Q
		1	2	3	4	5	6	7
		s	s p	s p d	s p d f	s p d f	s p d f	s
1	H	1						
2	He	2						
3	Li	2	1					
4	Be	2	2					
5	B	2	2 1					
6	C	2	2 2					
7	N	2	2 3					
8	O	2	2 4					
9	F	2	2 5					

原子序	元素	K	L	M	N	O	P	Q
10	Ne	2	2 6					
11	Na	2	2 6	1				
12	Mg	2	2 6	2				
13	Al	2	2 6	2 1				
14	Si	2	2 6	2 2				
15	P	2	2 6	2 3				
16	S	2	2 6	2 4				
17	Cl	2	2 6	2 5				
18	Ar	2	2 6	2 6				
19	K	2	2 6	2 6 -	1			
20	Ca	2	2 6	2 6 -	2			
21	Sc	2	2 6	2 6 1	2			
22	Ti	2	2 6	2 6 2	2			
23	V	2	2 6	2 6 3	2			
24	Cr	2	2 6	2 6 5×	1			
25	Mn	2	2 6	2 6 5	2			
26	Fe	2	2 6	2 6 6	2			
27	Co	2	2 6	2 6 7	2			
28	Ni	2	2 6	2 6 8	2			
29	Cu	2	2 6	2 6 10	1*			
30	Zn	2	2 6	2 6 10	2			
31	Ga	2	2 6	2 6 10	2 1			
32	Ge	2	2 6	2 6 10	2 2			
33	As	2	2 6	2 6 10	2 3			
34	Se	2	2 6	2 6 10	2 4			
35	Br	2	2 6	2 6 10	2 5			
36	Kr	2	2 6	2 6 10	2 6			
37	Rb	2	2 6	2 6 10	2 6 -	1		
38	Sr	2	2 6	2 6 10	2 6 -	2		
39	Y	2	2 6	2 6 10	2 6 1	2		
40	Zr	2	2 6	2 6 10	2 6 2	2		
41	Nb	2	2 6	2 6 10	2 6 4*	1		
42	Mo	2	2 6	2 6 10	2 6 5	1		
43	Tc	2	2 6	2 6 10	2 6 6	1		
44	Ru	2	2 6	2 6 10	2 6 7	1		
45	Rh	2	2 6	2 6 10	2 6 8	1		
46	Pd	2	2 6	2 6 10	2 6 10	0*		
47	Ag	2	2 6	2 6 10	2 6 10	1		
48	Cd	2	2 6	2 6 10	2 6 10	2		
49	In	2	2 6	2 6 10	2 6 10	2 1		

原子序	元素	K	L	M	N	O	P	Q
50	Sn	2	2 6	2 6 10	2 6 10	2 2		
51	Sb	2	2 6	2 6 10	2 6 10	2 3		
52	Te	2	2 6	2 6 10	2 6 10	2 4		
53	I	2	2 6	2 6 10	2 6 10	2 5		
54	Xe	2	2 6	2 6 10	2 6 10	2 6		
55	Cs	2	2 6	2 6 10	2 6 10	2 6 - -	1	
56	Ba	2	2 6	2 6 10	2 6 10	2 6 - -	2	
57	La	2	2 6	2 6 10	2 6 10 -	2 6 1 -	2	
58	Ce	2	2 6	2 6 10	2 6 10 2*	2 6 - -	2	
59	Pr	2	2 6	2 6 10	2 6 10 3	2 6 - -	2	
60	Nd	2	2 6	2 6 10	2 6 10 4	2 6 - -	2	
61	Pm	2	2 6	2 6 10	2 6 10 5	2 6 - -	2	
62	Sm	2	2 6	2 6 10	2 6 10 6	2 6 - -	2	
63	Eu	2	2 6	2 6 10	2 6 10 7	2 6 - -	2	
64	Gd	2	2 6	2 6 10	2 6 10 7	2 6 1 -	2	
65	Tb	2	2 6	2 6 10	2 6 10 9*	2 6 - -	2	
66	Dy	2	2 6	2 6 10	2 6 10 10	2 6 - -	2	
67	Ho	2	2 6	2 6 10	2 6 10 11	2 6 - -	2	
68	Er	2	2 6	2 6 10	2 6 10 12	2 6 - -	2	
69	Tm	2	2 6	2 6 10	2 6 10 13	2 6 - -	2	
70	Yb	2	2 6	2 6 10	2 6 10 14	2 6 - -	2	
71	Lu	2	2 6	2 6 10	2 6 10 14	2 6 1 -	2	
72	Hf	2	2 6	2 6 10	2 6 10 14	2 6 2 -	2	
73	Ta	2	2 6	2 6 10	2 6 10 14	2 6 3 -	2	
74	W	2	2 6	2 6 10	2 6 10 14	2 6 4 -	2	
75	Re	2	2 6	2 6 10	2 6 10 14	2 6 5 -	2	
76	Os	2	2 6	2 6 10	2 6 10 14	2 6 6 -	2	
77	Ir	2	2 6	2 6 10	2 6 10 14	2 6 7 -	2	
78	Pt	2	2 6	2 6 10	2 6 10 14	2 6 9 -	1	
79	Au	2	2 6	2 6 10	2 6 10 14	2 6 10 -	1	
80	Hg	2	2 6	2 6 10	2 6 10 14	2 6 10 -	2	
81	Tl	2	2 6	2 6 10	2 6 10 14	2 6 10 -	2 1 - -	
82	Pb	2	2 6	2 6 10	2 6 10 14	2 6 10 -	2 2 - -	
83	Bi	2	2 6	2 6 10	2 6 10 14	2 6 10 -	2 3 - -	
84	Po	2	2 6	2 6 10	2 6 10 14	2 6 10 -	2 4 - -	
85	At	2	2 6	2 6 10	2 6 10 14	2 6 10 -	2 5 - -	
86	Rn	2	2 6	2 6 10	2 6 10 14	2 6 10 -	2 6 - -	
87	Fr	2	2 6	2 6 10	2 6 10 14	2 6 10 -	2 6 - -	1
88	Ra	2	2 6	2 6 10	2 6 10 14	2 6 10 -	2 6 - -	2
89	Ac	2	2 6	2 6 10	2 6 10 14	2 6 10 -	2 6 1 -	2

原子序	元素	K	L	M	N	O	P	Q
90	Th	2	2 6	2 6 10	2 6 10 14	2 6 10 -	2 6 2 -	2
91	Pa	2	2 6	2 6 10	2 6 10 14	2 6 10 2*	2 6 1 -	2
92	U	2	2 6	2 6 10	2 6 10 14	2 6 10 3	2 6 1 -	2
93	Np	2	2 6	2 6 10	2 6 10 14	2 6 10 4	2 6 1 -	2
94	Pu	2	2 6	2 6 10	2 6 10 14	2 6 10 6	2 6 - -	2
95	Am	2	2 6	2 6 10	2 6 10 14	2 6 10 7	2 6 - -	2
96	Cm	2	2 6	2 6 10	2 6 10 14	2 6 10 7	2 6 1 -	2
97	Bk	2	2 6	2 6 10	2 6 10 14	2 6 10 9*	2 6 - -	2
98	Cf	2	2 6	2 6 10	2 6 10 14	2 6 10 10	2 6 - -	2
99	Es	2	2 6	2 6 10	2 6 10 14	2 6 10 11	2 6 - -	2
100	Fm	2	2 6	2 6 10	2 6 10 14	2 6 10 12	2 6 - -	2
101	Md	2	2 6	2 6 10	2 6 10 14	2 6 10 13	2 6 - -	2
102	No	2	2 6	2 6 10	2 6 10 14	2 6 10 14	2 6 - -	2
103	Lr	2	2 6	2 6 10	2 6 10 14	2 6 10 14	2 6 1 -	2
104	Rf	2	2 6	2 6 10	2 6 10 14	2 6 10 14	2 6 2 -	2

*：表示不規則

2-1-2 原子中之電子

最簡單的模型可以把原子視爲一個行星的系統，中間的正電荷就像是太陽，而帶負電荷的電子則像行星一樣，繞著太陽運轉，當原子序(Z)越大則電子運轉的行爲則越複雜，這些現象可以用量子力學加以解釋。

一般物質都同時具有粒子性和波動性(wave/particle duality)，當體積越小的時候波動的性質會更加明顯，故電子也會有波動的性質(如繞射和折射)，其關係可由德布洛伊關係式(De Broglie relationship)表示：

$$\lambda = h/p = h/mv \qquad (2\text{-}2)$$

其中 λ 是等效波長，而 p 是動量，m 和 v 分別是物體的質量跟速度，h 則是浦朗克常數(Plank constant，$h=6.626\times10^{-34}$ J-S)。

一般而言，我們都以爲能量的存在是連續性的，而事實上能量是可以被量化的，以光子的能量爲例，$E = hv = hc/\lambda$，爲一個非連續的能量。而聲子的能量則爲 $E =(n+\frac{1}{2})hv$，其中 n 爲正整數，v 則爲聲子在晶體中震盪的頻率，一般爲 10^{13} Hz，亦爲非連續性之能量。

而原子中的電子其能量也是這樣，我們以氫原子中單一電子運行爲例，電子的穩定狀態爲其形成駐波(standing wave)時，而電子繞著質子運行爲一圓周運動，當其週長爲電子波長的整數倍的時候，電子波方程(wave function)不會相互干涉而衰減，故會形成一個駐波的型態。假設電子的波長爲 λ，而電子的半徑爲 r，則必要之要求爲：

$$n\lambda = 2\pi r \tag{2-3}$$

其中 n 爲正整數，如圖 2-1 所示。

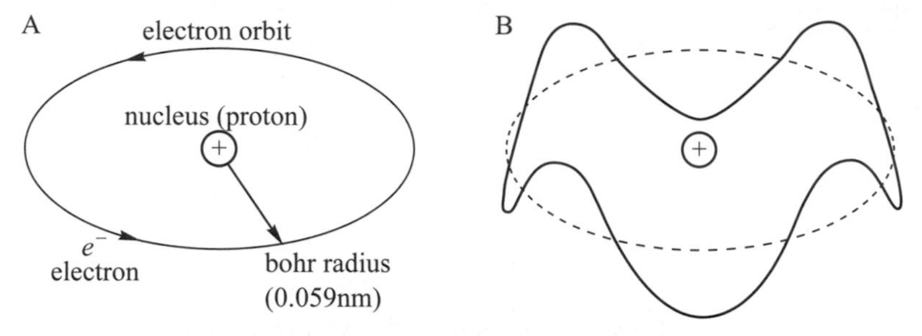

圖 2-1 一個一維運動的電子環繞一個質子運動的情形

從波長我們可以求得電子的動量 P，使用德布洛伊物質波的關係式，$\lambda = h/P$ 代入(2-3)式可得(2-4)式，(2-4)式也表示電子繞核運動時，動量不可爲任意値，亦即電子動量爲量子化：

$$P = \frac{nh}{2\pi r} \tag{2-4}$$

將(2-4)式代入得動能 E_K(2-5)式

$$E_K = \frac{P^2}{2m} = \frac{n^2h^2}{8\pi^2r^2m} \tag{2-5}$$

而位能 E_P 爲系統庫倫位能勢(2-6)式

$$E_P = \frac{-e^2}{4\pi\varepsilon_0 r} \tag{2-6}$$

進而求得此系統總能量爲(2-7)式

$$E = E_K + E_P = \frac{n^2h^2}{8\pi^2r^2m} - \frac{e^2}{4\pi\varepsilon_0 r} \tag{2-7}$$

進一步根據庫倫力等於圓周運動向心力而有(2-8)式

$$\frac{e^2}{4\pi\varepsilon_0 r^2} = m\frac{v^2}{r} \rightarrow E_K = \frac{1}{2}mv^2 = \frac{e^2}{8\pi\varepsilon_0 r} \tag{2-8}$$

而(2-8)式與動量量子化條件所推得之動能 E_K (2-5)式相等，進而推得軌道半徑 r(2-9)式：

$$E_k = \frac{e^2}{8\pi\varepsilon_0 r} = \frac{n^2h^2}{8\pi^2 r^2 m} \rightarrow r = \frac{\varepsilon_0 n^2 h^2}{\pi e^2 m} = 0.053n^2(nm) \qquad (2\text{-}9)$$

再將軌道半徑(2-9)式代入系統總能量(2-7)式，經整理簡化過後之系統總能量(2-10)

$$E = -\frac{e^4 m}{8h^2{\varepsilon_0}^2} \cdot \frac{1}{n^2} = \frac{-13.6}{n^2}(ev) \qquad (2\text{-}10)$$

這裡的 n 即所謂的量子數(quantum number)。

值得注意的是電子的總能量爲負值，這是因爲電子處於被束縛的狀態。從上面的推導知道電子所佔據的能階是分開不連續的。

在此我們引入描述電子組態(electronic configuration)的四個量子數：

主量子數(principle quantum number)

n＝1, 2, 3, 4, ……

字母＝K, L, M, N, ……

角量子數(angular quantum number)

l＝0, 1, 2, 3, ……, n－1

字母＝s, p, d, f, ……

磁量子數(magnetic quantum number)

m_l＝－ℓ, －ℓ＋1, ……, －1, 0, 1, ……, ℓ－1, ℓ

自旋量子數(spin quantum number)

m_s= +1/2, －1/2

簡單的說，n 值是決定電子的能量，l 是決定電子軌道的角動量，ml 是顯示電子在磁場中的磁效應，m_s 只有兩個值，$+\frac{1}{2}$ 表示電子自旋向上(spin up)，$-\frac{1}{2}$ 則表示電子自旋向下(spin down)。

根據庖立不相容原理(pauli exclusion principle)，對同一個原子中的兩個電子而言，它的四個量子數是不能完全相同的。

例 2-1

試詳細寫出鈉原子的電子組態，並描繪之。

解 Na　$1s^2\ 2s^2\ 2p^6\ 3s^1$

價數＝1

$3s^1$

電子 11　$n=3$，$l=0$，$m_l=0$，$m_s=+1/2$

電子 10　$n=2$，$l=1$，$m_l=-1$，$m_s=-1/2$

電子 9　$n=2$，$l=1$，$m_l=+1$，$m_s=+1/2$

$2p^6$

電子 8　$n=2$，$l=1$，$m_l=0$，$m_s=-1/2$

電子 7　$n=2$，$l=1$，$m_l=0$，$m_s=+1/2$

電子 6　$n=2$，$l=1$，$m_l=-1$，$m_s=-1/2$

電子 5　$n=2$，$l=1$，$m_l=-1$，$m_s=+1/2$

$2s^2$　電子 4　$n=2$，$l=0$，$m_l=0$，$m_s=-1/2$

電子 3　$n=2$，$l=0$，$m_l=0$，$m_s=+1/2$

$1s^2$　電子 2　$n=1$，$l=0$，$m_l=0$，$m_s=-1/2$

電子 1　$n=1$，$l=0$，$m_l=0$，$m_s=+1/2$

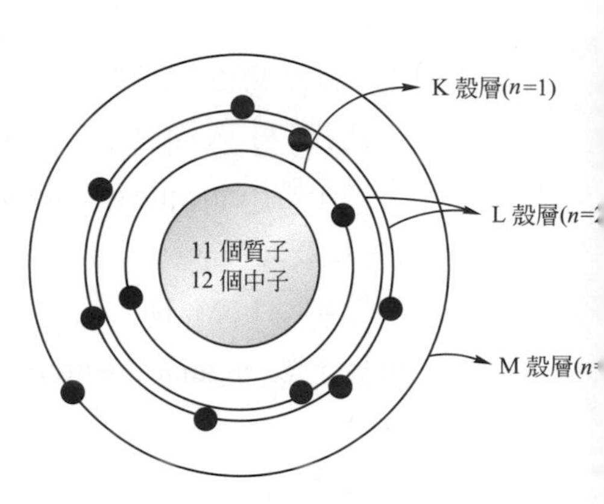

圖 2-2

2-1-3 週期表與陰電性表

原子大部分的物理和化學性質，都是由最外層的軌道電子數目所決定，因為這些電子是原子與外界作用的媒介。十九世紀有好幾位化學家進行相關研究，當時認為凡具有不同密度的元素，有些具有相似的性質，他們大多以實驗的方法求得週期表(periodic table)。後來俄國化學家門德列夫(Dimitri Ivanovich Mendeleev)依圍繞原子核的電子組態修正而得現在的週期表，如表 2-2 所示。

電子由最內層軌道開始填充，在週期表中，元素的各行(rows)對應著軌道電子的填滿，當一個軌道填滿後，週期表新的行開始。在週期表中相同列(column)的元素，在其最外層的軌道上具有相同數目的電子，這些列屬於同一族(group)的原子具有較為相似的化學特性。

表 2-2　週期表

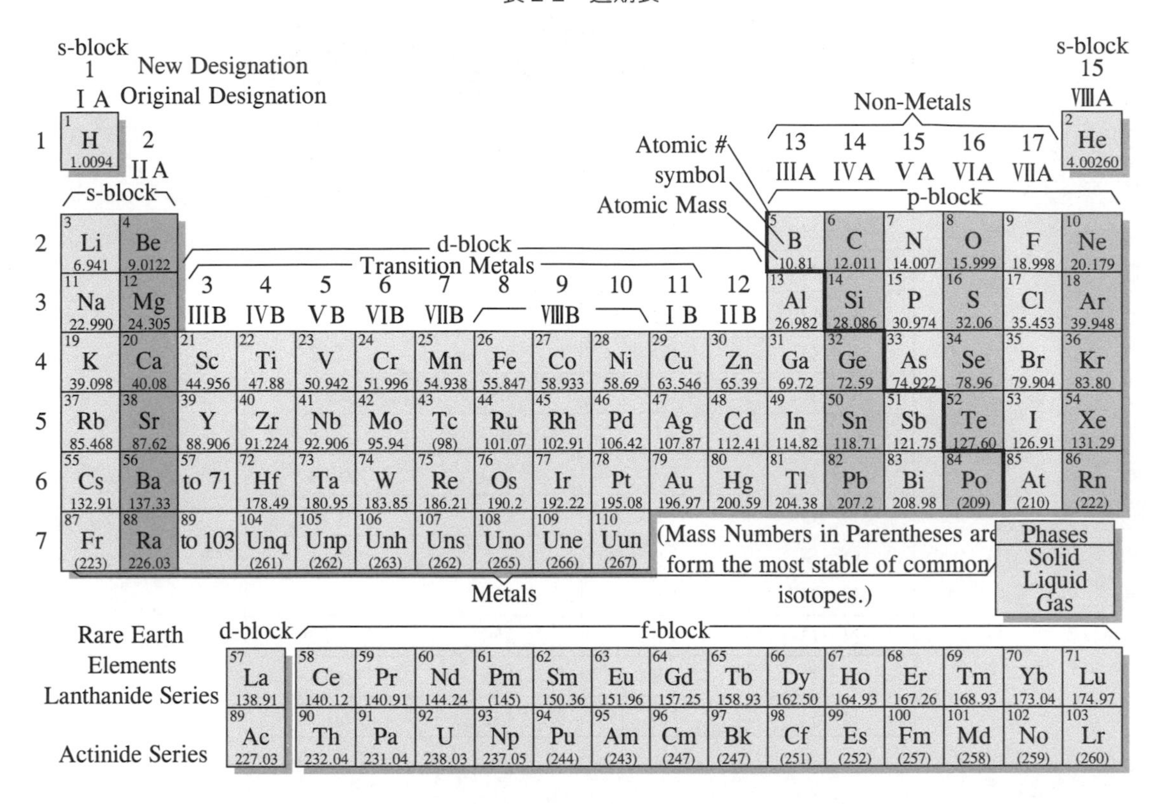

	1 IA	2 IIA	3 IIIB	4 IVB	5 VB	6 VIB	7 VIIB	8 VIIIB	9 VIIIB	10 VIIIB	11 IB	12 IIB	13 IIIA	14 IVA	15 VA	16 VIA	17 VIIA	15 VIIIA
1	1 H 1.0094																	2 He 4.00260
2	3 Li 6.941	4 Be 9.0122											5 B 10.81	6 C 12.011	7 N 14.007	8 O 15.999	9 F 18.998	10 Ne 20.179
3	11 Na 22.990	12 Mg 24.305											13 Al 26.982	14 Si 28.086	15 P 30.974	16 S 32.06	17 Cl 35.453	18 Ar 39.948
4	19 K 39.098	20 Ca 40.08	21 Sc 44.956	22 Ti 47.88	23 V 50.942	24 Cr 51.996	25 Mn 54.938	26 Fe 55.847	27 Co 58.933	28 Ni 58.69	29 Cu 63.546	30 Zn 65.39	31 Ga 69.72	32 Ge 72.59	33 As 74.922	34 Se 78.96	35 Br 79.904	36 Kr 83.80
5	37 Rb 85.468	38 Sr 87.62	39 Y 88.906	40 Zr 91.224	41 Nb 92.906	42 Mo 95.94	43 Tc (98)	44 Ru 101.07	45 Rh 102.91	46 Pd 106.42	47 Ag 107.87	48 Cd 112.41	49 In 114.82	50 Sn 118.71	51 Sb 121.75	52 Te 127.60	53 I 126.91	54 Xe 131.29
6	55 Cs 132.91	56 Ba 137.33	57 to 71	72 Hf 178.49	73 Ta 180.95	74 W 183.85	75 Re 186.21	76 Os 190.2	77 Ir 192.22	78 Pt 195.08	79 Au 196.97	80 Hg 200.59	81 Tl 204.38	82 Pb 207.2	83 Bi 208.98	84 Po (209)	85 At (210)	86 Rn (222)
7	87 Fr (223)	88 Ra 226.03	89 to 103	104 Unq (261)	105 Unp (262)	106 Unh (263)	107 Uns (262)	108 Uno (265)	109 Une (266)	110 Uun (267)								

	d-block	f-block													
Lanthanide Series	57 La 138.91	58 Ce 140.12	59 Pr 140.91	60 Nd 144.24	61 Pm (145)	62 Sm 150.36	63 Eu 151.96	64 Gd 157.25	65 Tb 158.93	66 Dy 162.50	67 Ho 164.93	68 Er 167.26	69 Tm 168.93	70 Yb 173.04	71 Lu 174.97
Actinide Series	89 Ac 227.03	90 Th 232.04	91 Pa 231.04	92 U 238.03	93 Np 237.05	94 Pu (244)	95 Am (243)	96 Cm (247)	97 Bk (247)	98 Cf (251)	99 Es (252)	100 Fm (257)	101 Md (258)	102 No (259)	103 Lr (260)

週期表指出，有八個電子在其最外層軌道的原子具有化學惰性(chemically inert)，當原子的最外層軌道有八個電子，則原子在完全的電子組態。用此解釋元素形成的化合物，I 族元素(它們在最外層軌道有一個電子)與 VII 族(它們在最外層軌道有七個電子)相作用，VII 族的原子會抓住 I 族的電子來填滿它的最外層軌道，形成完整的電子組態，而 I 族雖然沒有最外層電子，但下一層的電子亦爲完全的電子組態，這兩個原子會利用外加的一個電子以及損失一個電子的電力作用形成離子鍵結，這將在下一節加以討論。

其中跟化學相關的陰電性(electronegativity)有下列特性：

(1) 陰電性沿著週期增加。

(2) 陰電性沿著同一族減少。

(3) 過渡性元素較無規則性。

(4) 金屬有低陰電性，非金屬有高陰電性。

(5) 氧跟氟是兩個最具陰電性的元素，最小則爲銫。

(6) 陰電性等於或大於 2 的原子會形成離子鍵。

(7) 陰電性越高的原子氧化能力越強。

表 2-3 一些共價鍵的鍵能跟鍵長

鍵	鍵能		鍵長(nm)
	Kcal/mol	Kj/mol	
C－C	88	370	0.154
C＝C	162	680	0.13
C≡C	213	890	0.12
C－H	104	435	0.11
C－N	73	305	0.15
C－O	86	360	0.14
C＝O	128	535	0.12
C－F	108	450	0.14
C－Cl	81	340	0.18
O－H	119	500	0.10
O－O	52	220	0.15
O－Si	90	375	0.16
N－H	103	430	0.10
N－O	60	250	0.12
F－F	38	160	0.14
H－H	104	435	0.074

2-2 主鍵結(primary bonding)

原子和原子之間的鍵結主要以三種形式出現，分別是離子鍵、共價鍵和金屬鍵。之所以會有不同的鍵結形式出現，最主要取決於它們外層電子的空間分佈狀態，一般來說，原子形成鍵結是爲了達到更穩定的電子組態(具有更低的位能)。

2-2-1 離子鍵(ionic bonding)

如之前所述，當兩個原子的陰電性差異過大時，最外層的電子會產生轉移，使兩原子都有完全的電子組態，並成爲帶電的離子，此時兩離子利用所謂的庫倫吸引力(coulombic attraction 形成鍵結，即所謂的離子鍵。在此我們以最常見的離子鍵化合物—氯化鈉(NaCl)加以說明，Na 傳送一個電子給 Cl 而形成帶正電的 Na^+陽離子以及帶負電的 Cl^- 陰離子，這過程使它們都達到更穩定的電子組態，兩者的最外層軌道都是全滿的。

然而 Na^+和 Cl^-實際的堆疊方式如圖 2-3 所示，每個 Na^+的前後左右以及上下方位各有一個 Cl^-與其相鄰，同樣的每個 Cl^-也有六個 Na^+和它連接。

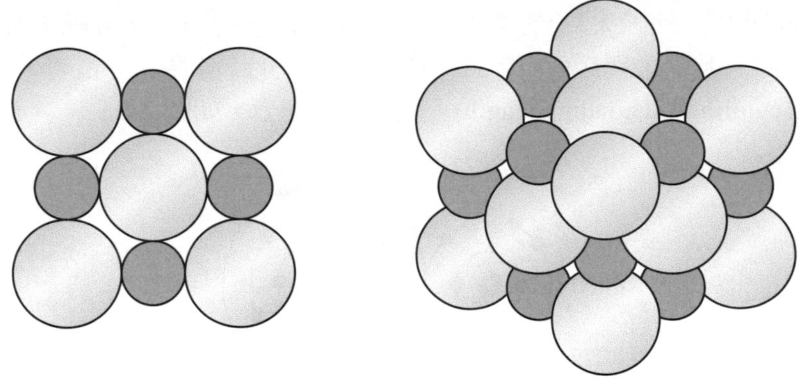

圖 2-3 NaCl 的堆疊方式

而離子鍵之間的庫侖作用力可以用下列的公式表示：

$$F = \frac{-k_0(Q_1Q_2)}{r^2} \tag{2-11}$$

因爲是吸引力，所以上式爲負號，k_0 爲一比例常數(proportionality constant)，k_0 = $9\times10^9 \text{V}\cdot\text{m/c}$，$Q_1$、$Q_2$ 爲兩離子所帶之電荷量，r 是兩離子中心距離。

相反地，當兩個原子太靠近的時候則反而會有相斥力(repulsive force)產生，因爲兩離子的原子核皆是帶正電，太靠近時會互相排斥，其斥力 F_R 關係式如下：

$$F_R = \lambda e^{-a\rho} \tag{2-12}$$

λ 與 ρ 是由實驗所得的常數，視離子對的種類而定，如圖 2-4。

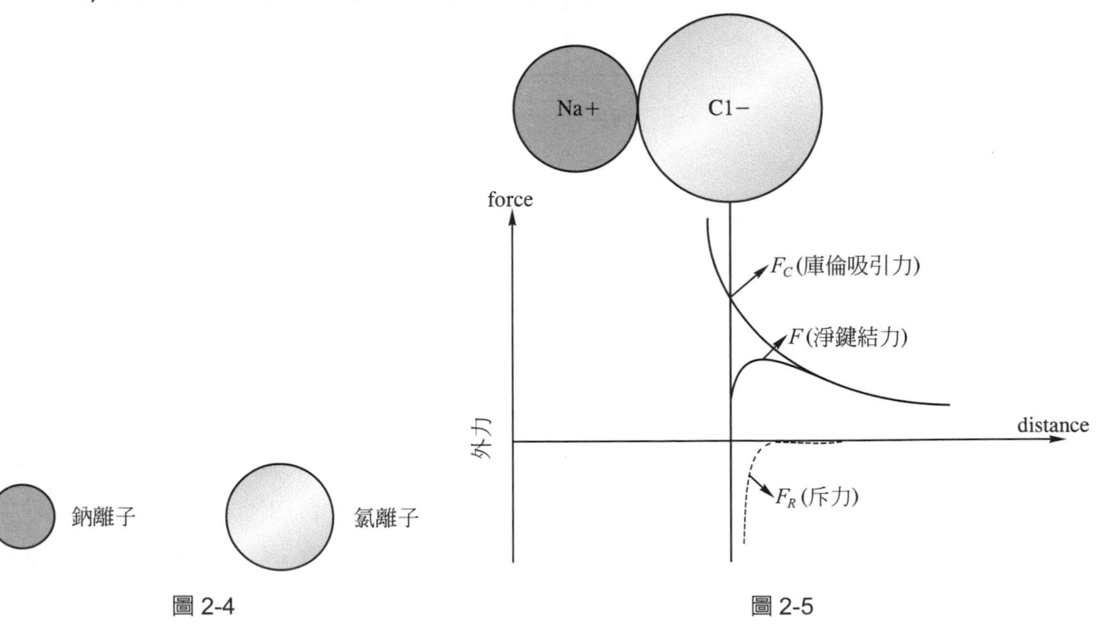

圖 2-4

圖 2-5

當離子間的距離 r 比較大時，淨力取決於庫侖吸引力，若 r 比較小時，則取決於斥力。

當 $F_C = F_R$ 時，及引力與斥力相等時，達到平衡，此時鍵長 $a = a_0$ 爲一常數，a_0 爲達平衡時的鍵長(equilibrium bonding length)，$a_0 = r_{Na^+} + r_{Cl^-}$，如圖 2-6。

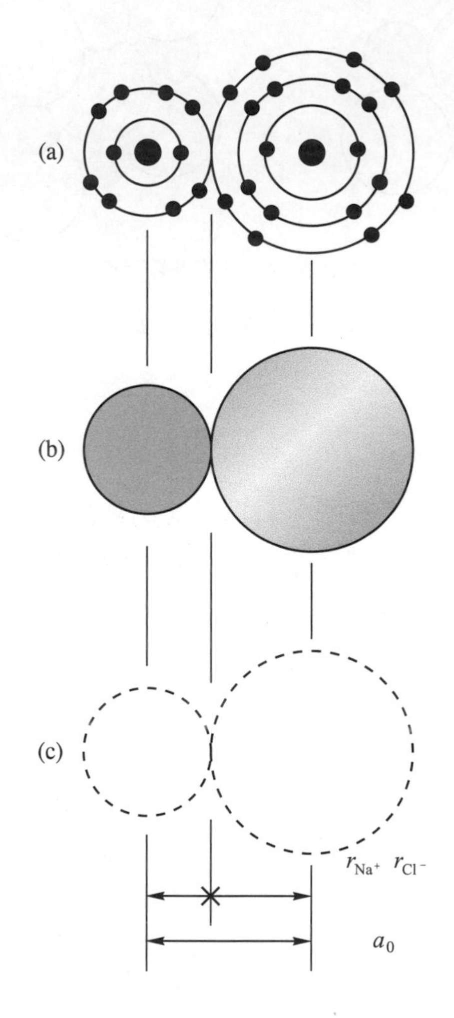

圖 2-6 $a_0 = r_{Na^+} + r_{Cl^-}$ 的三種模型：(a)行星模型(planetary model)；(b)硬球模型(hard-sphere model)；(c)軟球模型(soft-sphere model)

當 $F = \dfrac{dE}{dx} = 0$ 時，原子間受力達到一定的平衡，彼此間的距離不再改變，此時 $x = a_0$，在這情況下所需的鍵能最低，系統的能量最穩定。因此離子鍵在穩定狀態下的鍵長爲 a_0。

對離子化合物而言，離子能鄰接多少個帶相反電荷的離子稱爲它的配位數(coordination number)，例如 NaCl，Na^+周圍有六個 Cl^-，而 Cl^-周圍亦有六個 Na^+，它們的配位數 CN＝6。對共價鍵的鑽石而言，它全部由碳原子所組成，每個碳原子都鄰接四個碳原子，CN＝4。配位數乃泛指一般離子或原子所鄰接的數目。

配位數的多寡，對離子化合物而言，主要是決定離子的大小，因此必須考慮到原子的半徑比(radius ratio)，r/R，其中 r 代表半徑較小的離子半徑，而 R 代表較大的離子半徑。

一般而言，離子的 r/R 比越大，配位數也就越大，當 r/R 為 1 時，配位數高達 12。

例 2-2

計算下列離子化合物的配位數：Al_2O_3、B_2O_3、CaO、MgO、SiO_2 和 TiO_2。

若 $r_{Al^{3+}}=0.057$nm，$r_{B^{3+}}=0.02$nm，$r_{Ca^{2+}}=0.100$nm，$r_{Mg^{2+}}=0.072$nm，$r_{Si^{4+}}=0.039$nm，$r_{Ti^{4+}}=0.064$nm，$r_{O^{2-}}=0.140$nm

解

Al_2O_3　CN＝6

B_2O_3　CN＝2

CaO　CN＝6

MgO　CN＝6

SiO_2　CN＝4

TiO_2　CN＝6

2-2-2　共價鍵(covalent bonding)

共價鍵的原理乃是相鄰近的兩個原子共用彼此間的價電子(valance electron)所形成的鍵結，一個共價鍵結通常由兩個價電子所組成，由兩個原子各提供一個價電子來參與而形成。共價鍵的電子被侷限在兩原子間的區域，鍵內的電子自旋方向相反，屬強鍵結。

之前提到的鍵結為無方向性的(non-directional)，但此處的共價鍵則有方向性(highly directional)。因為電子的分佈不會十分對稱、均勻，而是會偏向某一個原子。

氯原子 Cl 結合而成的氯分子 Cl_2，就是共價鍵之簡單實例，如圖 2-7 所示。

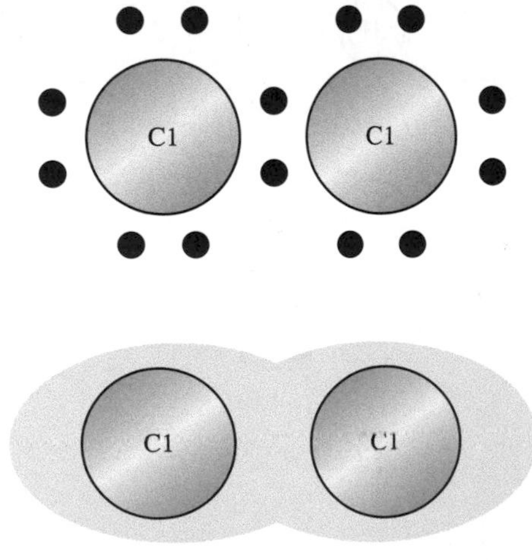

圖 2-7　(a)以點表示價電子，(b)電子雲實際分佈狀況

另一個例子則為碳(carbon)原子間的鍵結，碳的電子組態為 $1s^22s^22p^2$，在外圍 L 殼層只有 4 個電子，為了達到外圍八個電子的安定組態，碳原子內的電子會提升，形成所謂 sp^3 混成鍵結(hybridization bonding)：

$1s^22s^22p^2 \rightarrow 1s^22s^12p^3 \rightarrow 1s^2(sp^3)$

碳原子所形成的共價鍵如圖 2-8 所示。

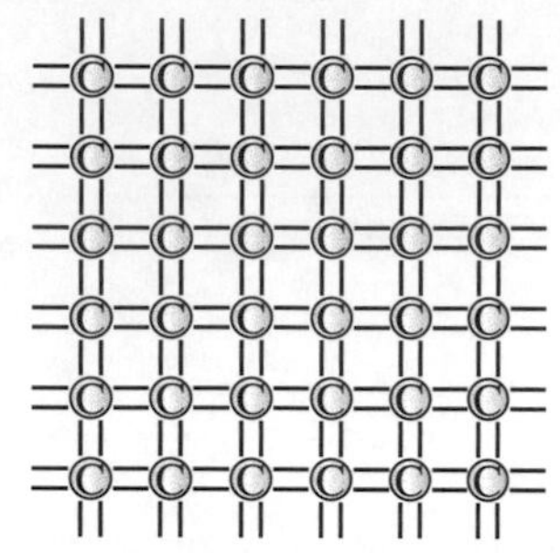

(a) 每個碳原子與鄰接的原子共用價電子，並形成四個共價鍵，每個碳原子有 8 個電子環繞

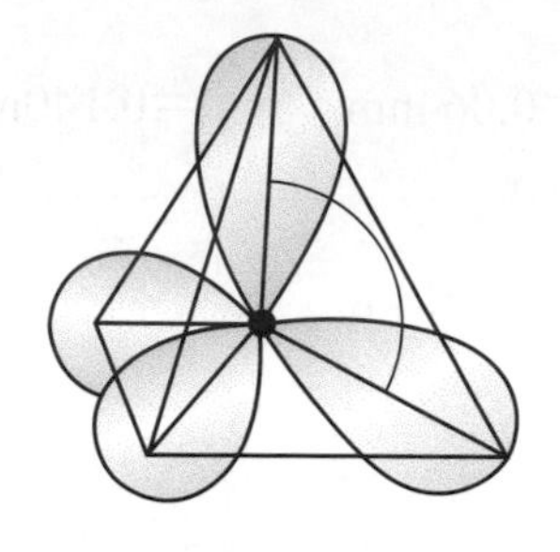

(b) sp^3 立體圖，碳原子的電子雲就像葉瓣一般

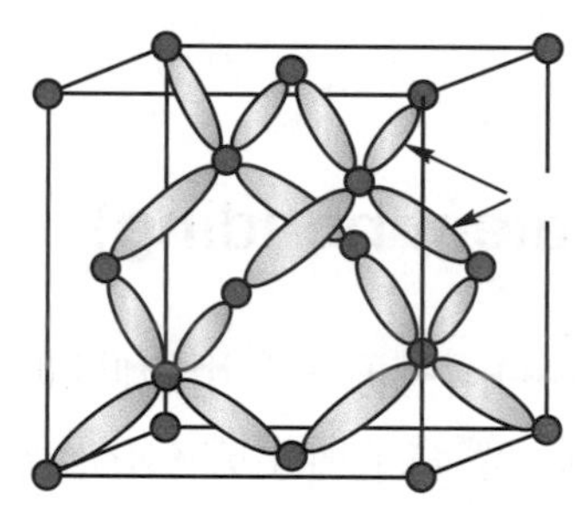

(c) 碳原子彼此規則地相連接，鍵結角度為 109°

圖 2-8

當兩原子共用兩對價電子時，及形成所謂雙鍵；三對電子時則形成參鍵。如乙烯為雙鍵，乙炔則為參鍵。如圖 2-9 所示。

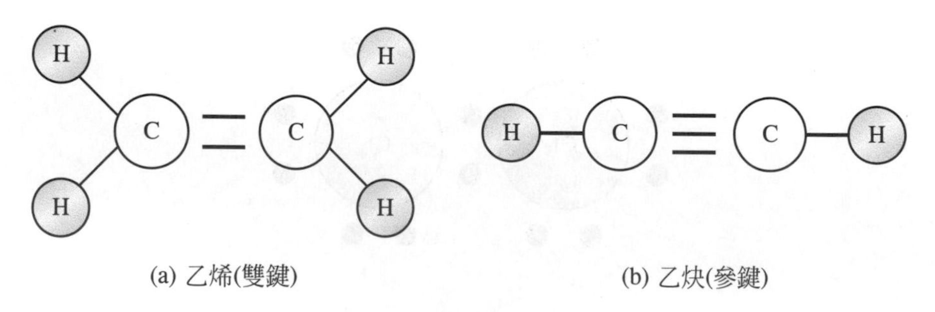

(a) 乙烯(雙鍵)

(b) 乙炔(參鍵)

圖 2-9

2-2-3　金屬鍵(metallic bonding)

金屬鍵的價電子無方向性，且能在金屬內自由運動，即所謂的無區域性(delocalized)。金屬之所以會有良好的導電性就是靠這些自由電子的傳遞，它們像空氣中的氣體粒子一般(electron gas)，能在金屬之中自由流動。如圖 2-10 所示。

當加電壓時，電子只會往一個方向移動(往高電壓處移動)，若溫度增加時，電子雲會膨脹，晶格內的震盪也趨於激烈產生聲子(phonon)，對電子的運動產生干擾(scattering)，使導電程度降低。金屬受到可以忍受的外力時，會因爲外力而彎曲，金屬鍵也會移動，但並不會斷掉，因此金屬有良好的延展性(ductility)及可塑性。

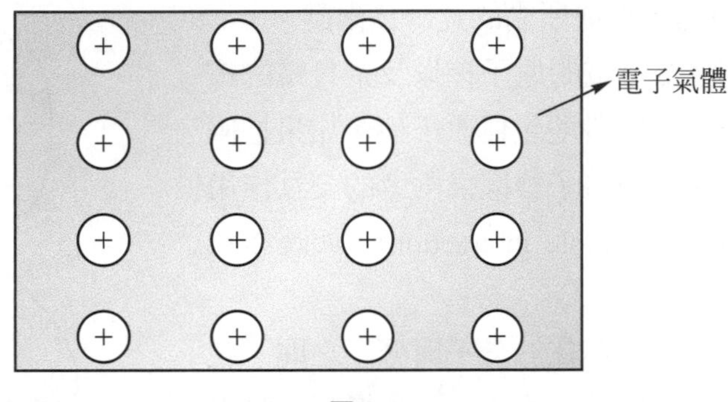

圖 2-10

灰色的部分表價電子出現分佈的情形，價電子可在灰色區域到處自由地流動且機率相同。

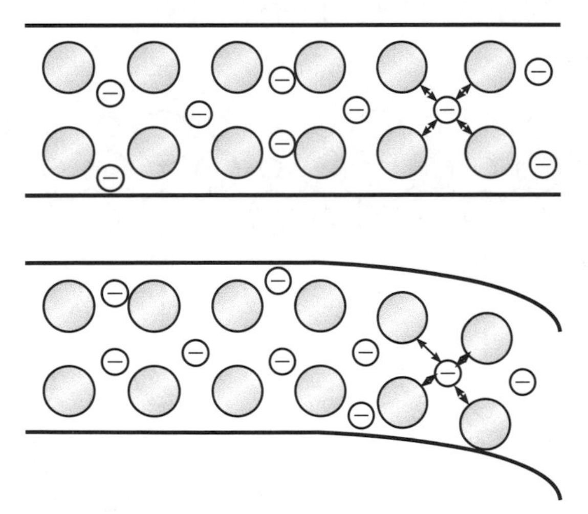

圖 2-11　金屬鍵受外力彎曲而移動的情形，因此金屬多具有良好的延展性

2-3 次鍵結(secondary bonding)

本節所討論的鍵結爲鍵結力比較小的次鍵結，其原子間的鍵能相對於主要鍵結微弱，因此稱爲次鍵結。主要爲凡得瓦爾鍵(Van Der Waals bonding)和氫鍵(hydrogen bonding)，凡得瓦爾鍵是一種分子與分子之間微弱引力，而氫鍵則比凡得瓦爾鍵來得強一些。

2-3-1 凡得瓦爾鍵(Van Der Waals bonding)

在所有介紹過的鍵節中，凡得瓦爾鍵是最弱的一種鍵結，通常爲鈍氣原子或是價帶已經填滿的分子，如：CH_4、CO_2、H_2…等等。它們的分子與分子間會因爲瞬間的偶極化(polarization)產生吸引力，形成所謂的凡得瓦爾鍵。

氬(argon)原子是由帶正電的原子核以及帶負電的電子所組成的，而電子如雲狀般地包住原子核，如果把兩個氬原子放在一起，會發現電子雲因爲兩者的交互作用產生電偶極(induced dipole-dipole interaction)，如圖 2-12 所示。

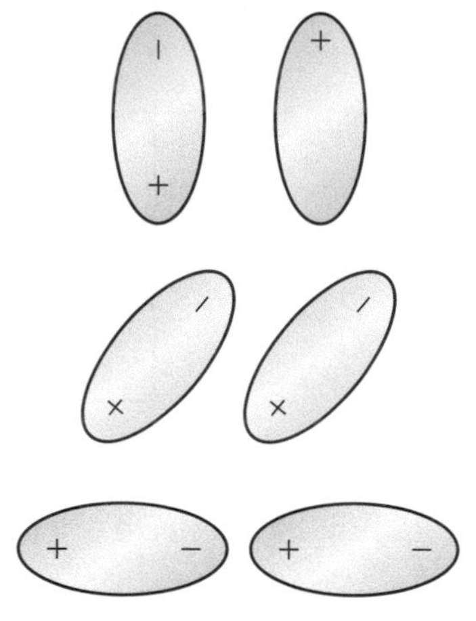

圖 2-12

另一種凡得瓦爾力則是存在於分子與分子之間，在分子鏈(chain)與鏈之間的每個分子產生了凡得瓦爾吸引力，使聚氯乙烯具有良好的韌性，如圖 2-13 所示。

異性電荷的一端會互相吸引而有引力產生，此即凡得瓦爾力的來源，但若太過於靠近則原子核會有互相排斥的現象(因皆帶正電)。

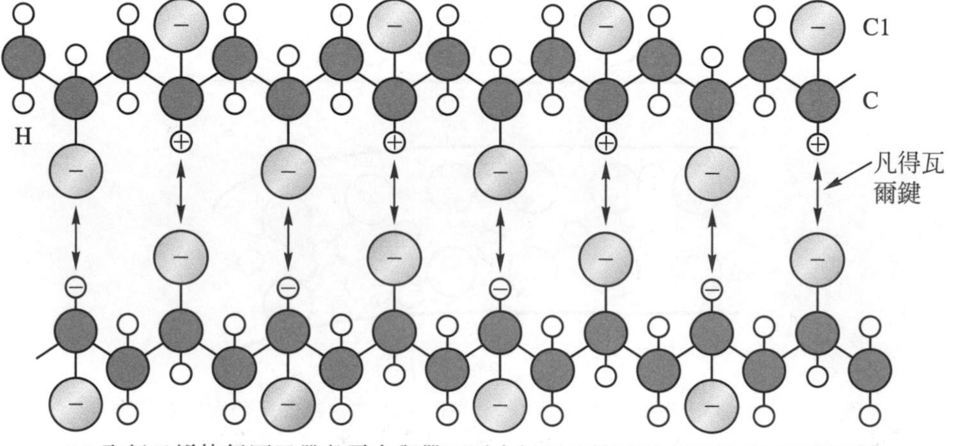

(a) 聚氯乙烯的氯原子帶負電會與帶正電之氫原子相吸引，而形成凡得爾瓦鍵

圖 2-13

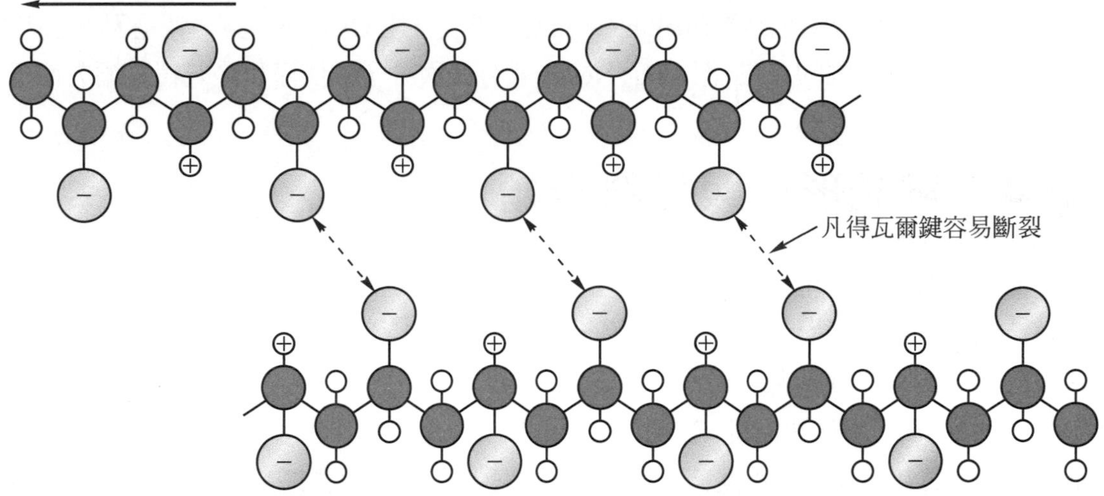

(b) 當一個外力加在高分子時，若要產生鏈與鏈之間的滑動，需一一破壞每個鏈結

圖 2-13　(續)

2-3-2　氫鍵(hydrogen bonding)

氫鍵基本上跟凡得瓦爾鍵相當類似，也是由於偶極距的靜電力相互吸引，但僅僅發生於氫原子而已，尤其是陰電性(electro-negativity)大的原子，如：N、O、F，如表 2-4 所示，容易吸引極性分子(polar molecules)上氫原子的鍵結電子而形成氫鍵，且具有方向性，例如水與冰驚人的物理性質差異及偶極距之靜電吸引，就是因為氫鍵的關係。

表 2-4　各元素的陰電性

H																
2.1																
Li	**Be**											**B**	**C**	**N**	**O**	**F**
1.0	1.5											2.0	2.5	3.0	3.5	4.0
Na	**Mg**											**Al**	**Si**	**P**	**S**	**Cl**
0.9	1.2											1.5	1.8	2.1	2.5	3.0
K	**Ca**	**Sc**	**Ti**	**V**	**Cr**	**Mn**	**Fe**	**Co**	**Ni**	**Cu**	**Zn**	**Ga**	**Ge**	**As**	**Se**	**Br**
0.8	1.0	1.3	1.5	1.6	1.6	1.5	1.8	1.8	1.8	1.9	1.5	1.6	1.8	2.0	2.4	2.8
Rb	**Sr**	**Y**	**Zr**	**Nb**	**Mo**	**Tc**	**Ru**	**Rh**	**Pd**	**Ag**	**Cd**	**In**	**Sn**	**Sb**	**Te**	**I**
0.8	1.0	1.2	1.4	1.6	1.8	1.9	2.2	2.2	2.2	1.9	1.7	1.7	1.8	1.9	2.1	2.5
Cs	**Ba**	**La**	**Hf**	**Ta**	**W**	**Re**	**Os**	**Ir**	**Pt**	**Au**	**Hg**	**Tl**	**Pd**	**Bi**	**Po**	**At**
0.7	0.9	1.1	1.3	1.5	1.7	1.9	2.2	2.2	2.2	2.4	1.9	1.8	1.8	1.9	2.0	2.2

其中 HF、H_2 及 NH_3 的熔點(melting point)之所以會比 CH_4、Ne 高，就是因爲它們的分子與分子之間有氫鍵的存在，而 CH_4、Ne、一般分子與分子間僅僅只是凡得瓦爾力而已。

2-4 鍵結形式與材料分類

從前面的討論，我們知道鍵結的形式分爲主鍵結，包括離子鍵、共價鍵跟金屬鍵三種，而次鍵結則包含凡得瓦爾鍵以及氫鍵兩種。而材料，如陶瓷、高分子、金屬以及半導體等這些材料就是由這些鍵結所組成的，如表 2-5 所示。

圖 2-14 就把材料裡面鍵結形式的關係做了一個很好的簡單說明，例如高分子(polymer)、聚乙烯，具有共價鍵結凡得瓦爾鍵，所以位於四面體的共價鍵和次鍵結之間。鐵是金屬，只由金屬鍵所構成，所以它位於四面體的左下角。依此類推，這個圖我們可以從它的材料上約略推測出鍵結的形式。

表 2-5 材料的種類及其所構成的鍵結形式

材料的種類	鍵結的形式	例子
金屬	金屬鍵	鐵或合金
陶瓷和玻璃	離子/共價鍵	矽石(siO_2)、晶體和非晶體
高分子聚合體	共價鍵以及次鍵結	聚乙烯$(c_2H_4)_n$
半導體	共價鍵或共價/離子鍵	矽(si)或硫化鎘(cdS)

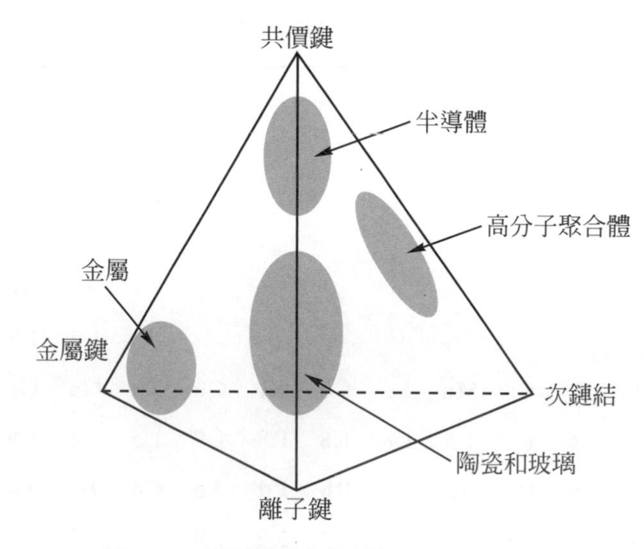

圖 2-14 四面體代表材料與不同鍵結的關係

研讀完此章節，應該對於原子的結構以及材料內原子間的鍵結有了大概的認識。不同的原子與鍵結方式形成了各種不同的材料，比較強的鍵結，如金屬鍵、離子鍵以及共價鍵所形成的物質通常都具有較強的機械強度，熔點以及沸點也較高。但是光從原子的種類以及鍵結的方式並沒有辦法完全的解釋一個材料的特性，我們將在下一個章節藉由對於『晶體結構』的探討，讓大家對於材料的特性有更深一層的瞭解。

重點總結

1. 原子是由電子、中子以及質子等次粒子所組成，其物性以及化性與其組成有相當大的關係。
2. 電子在原子中的能量分佈可由『量子效應』解釋，能量的表示可分爲主量子數、角量子數、磁量子數、自旋量子數。
3. 由原子外層電子的分佈我們可以推導出原子的週期表，其陰電性與週期表有關。原子的主要鍵結包括：離子鍵、共價鍵和金屬鍵。次要鍵結包括凡得瓦爾鍵以及氫鍵等等。
4. 離子鍵爲相異電性之離子間的庫侖吸引力；共價鍵爲兩原子間共用相同電子而形成的鍵結力；金屬鍵則因爲價帶電子形成電子海包覆住原子而形成鍵結。凡得瓦爾鍵爲偶極間相互的微小作用力；氫鍵則是陰電性太大的原子形成電子雲不均勻，造成分子間有微小的作用力。
5. 離子晶體的配位數與其離子的半徑比相關，不同的半徑比範圍有不同的配位數。

習題

1. 氫原子由 $n=3$ 越至 $n=1$ 時，所放出的光子能量、動量及波長爲何？
2. 一個氫原子發出波長 4.863 nm 的光(a)此輻射是由何種躍遷所造成的？(b)它是屬於哪一系的譜線？
3. 週期表中的每一族元素，熔點是否會隨著原子序的增加而減少？原因爲何？
4. 一原子的 N 殼層中，最多能容納多少個電子？如果一個元素的 K、L、M 及 N 殼層中的所有可能能階都正好填滿，則該元素的原子序爲何？
5. 銦的原子序爲 49，除了 4f 能階外，其他的內部能階都已經填滿。試由原子結構來決定銦的價數。
6. 試繪出離子化合物 MgO 中 Mg^{2+}與 O^{2-}的淨力(f_C+F_R)對原子間的距離圖，由 0.19 nm 至 0.23 nm，已知 $a_0=0.21$ nm。

7. 試計算出 NaCl 中 Na^+和 Cl^-的庫侖吸引力及斥力。
r_{Na^+} ＝0.098 nm，r_{Cl^-} ＝0.181 nm，試求出配位數為六的最小半徑。

8. 在 CsCl 內所有離子其 CN＝8，試估計 Cs^+和 Cl^-離子間，中心至中心的距離為何？
r_{Cs^+} ＝0.167 nm，r_{Cl^-} ＝0.181 nm。

9. A、B、C 三種材料，可能分別由金屬鍵、離子鍵及凡得瓦爾鍵結合而成的材料，試由能量-距離曲線圖(圖 2-15)指出三條曲線各代表何種材料？試寫出各種鍵結的形式。

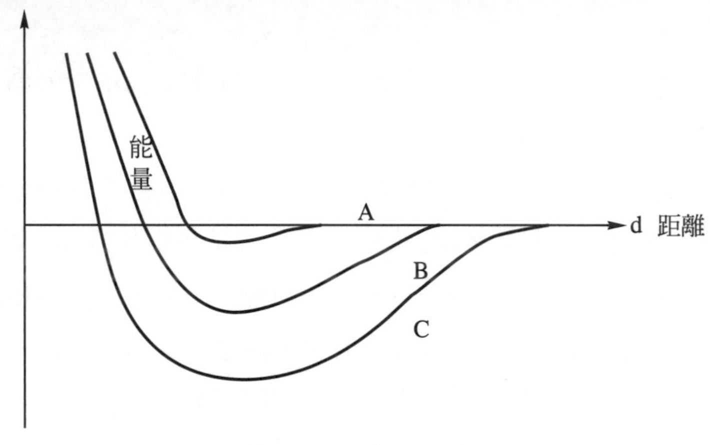

圖 2-15　能量-距離曲線

參考文獻

1. J. C. Anderson, "Materials Science for Engineer", 5th ed., CRC Press, 2003.

2. D. R. Askeland, "The Science and Engineering of Materials", 7th ed., Van Nostrand Rcinhold, 2015.

3. J. F. Shackefold, "Introduction to Materials Science for Engineers", 8th ed., Pearson, 2014.

4. K. M. Ralls, "Introduction to Materials Science and Engineering", John Wiley & Sons, inc., 1976.

5. L. H. Van Vlack, "Elements of Materials Science and Engineering", 6th ed., Addison-Wesley, 1989.

chapter

3

晶體結構

從人類演進的角度來看，從最早期的石器時代，進而演進至青銅器以及鐵器時代，直至現代科技下的產物，如：塑膠、纖維複合材料、精密陶瓷、光學纖維以及電子元件等等...；材料的發展廣泛而且深遠地影響了人類的文明生活，可見材料已經成為支配文明計畫的原動力。在現代二十一世紀『尖端科技』的發展中，大凡電機、機械、土木、化工，都需要藉由材料的革新以得到大幅的進步。

工程師在選用材料之時，對於每一種已知的材料都要考慮其特性以求發揮適當的功效，因此我們一定要先瞭解材料的性能與性質及其原理，而材料之性能與性質不同乃是因為內部結構的不同。因此，材料的特性取決於其晶體結構的排列，由微觀的角度來看則包含了原子的排列以及其周圍電子的配位，而整個晶體的結構則決定了材料巨觀的性質。

本章節闡述晶體結構，首先介紹構成晶體之晶格與晶胞，以及晶體的分類-七大晶系，乃至於晶體幾何學，包括晶體內部之位置、方向與平面形成的空間立體概念。然後依次才介紹材料四大類的晶體結構-金屬晶體、陶瓷晶體、分子晶體、半導體晶體。最後則介紹分析晶體結構的兩種方法：X 光繞射以及電子繞射。

學習目標

1. 如何辨識晶體結構。
2. 晶體結構的分類以及各種不同晶系的結構(七大晶系)。
3. 認識晶體幾何學，瞭解晶體中方向以及平面的表示方式。
4. 認識金屬晶體、陶瓷晶體、分子晶體以及半導體晶體的結構以及其特性。
5. 瞭解分析晶體結構的幾個基本方法，如晶體繞射分析。
6. 認識同素異形體。

3-1 晶格與晶胞

一般而言，所有的金屬和大部分的陶瓷以及某些聚合體，當其凝固成固體時，均會在空氣中產生週期性之原子有序排列，即有結晶的特性，產生了不同的晶體結構(crystal structure)，因此有了不同性質之材料。晶格(lattice)便是由週期性的原子排列所成的空間，而以特定間隔重複排列具晶格對稱性的最小原子組合，稱為單位晶胞(unit cell)。以此單位晶胞，向所有方向重複延伸，即可得到整個晶格。如圖 3-1 所示，單位晶胞為晶格的細分，而保持其晶格的全部特性。由此圖可知所有的單位晶胞都是相同的。因此，我們只要瞭解單位晶胞之結構及特性，便可擴及對整個晶體性質之瞭解，可使對整個材料內部結構分析簡化不少。

兩個相鄰的單位晶胞之相對位置是一晶格平移向量(lattice translation vector)，而相同的單位晶胞之堆積而成一種特殊的空間晶格。一種空間晶格可已有許多不同的單位晶胞，但一般，我們都選擇最簡單而且包含最少晶格點之幾何圖形作為單位晶胞。圖 3-2 為所列晶體結構之各種不同的結構單位，而其最簡單的結構單位是單位晶胞。注意，可以有許多不同的單位晶胞。

若單位晶胞的三個邊我們用三個互相不平行的晶軸向量來表示，而使得晶格點((圖 3-1 中的 lattice point)，3-2 節七大晶系中會有對晶格點的詳細說明)僅僅落在單位晶胞的各角落上，故八個角落上，每個角落各佔有 1/8 個晶格點，亦即每個單位晶胞上僅有一個晶格點，這種單位晶胞稱為原始單位晶胞(primitive cell)。

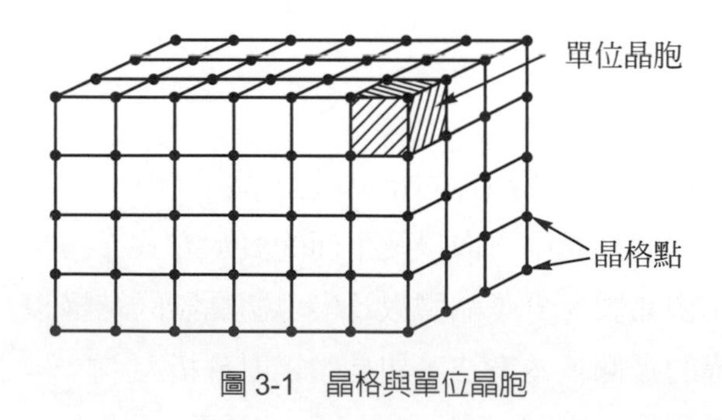

圖 3-1　晶格與單位晶胞

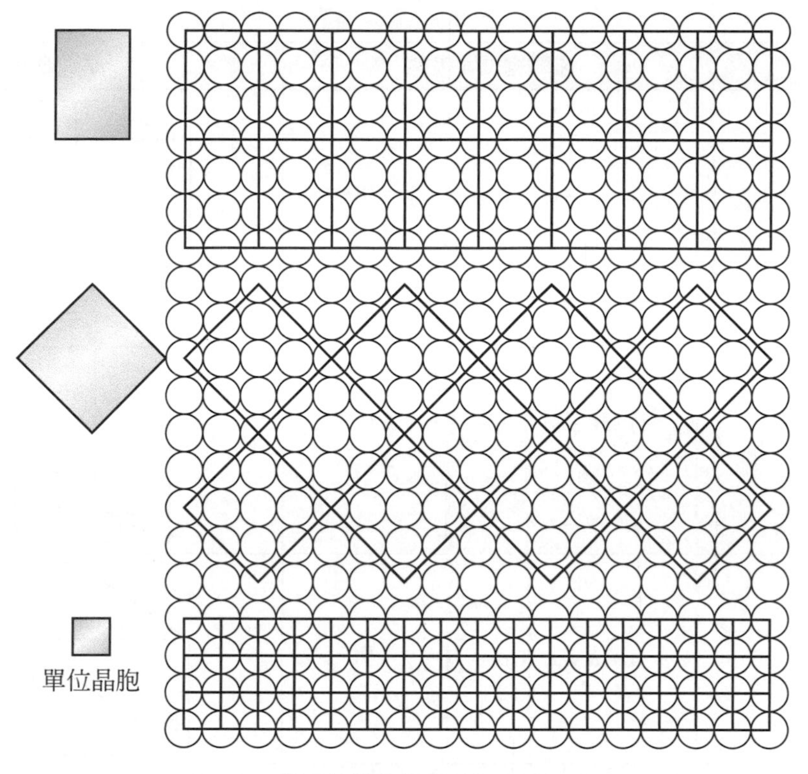

圖 3-2　相同結構之各種不同的單位晶胞

3-2　七大晶系

在所有可能的晶體結構中，皆可用少數幾個基本的晶包幾何圖形來描述，如圖 3-3 所示，習慣上，我們沿著各軸方向上，將單位晶胞上的邊長分別以 a、b、c 表示，而將 x、y、z 軸之指向分別訂爲向前、向右和向上，而兩軸的夾角分別以 α、β、γ 表示。

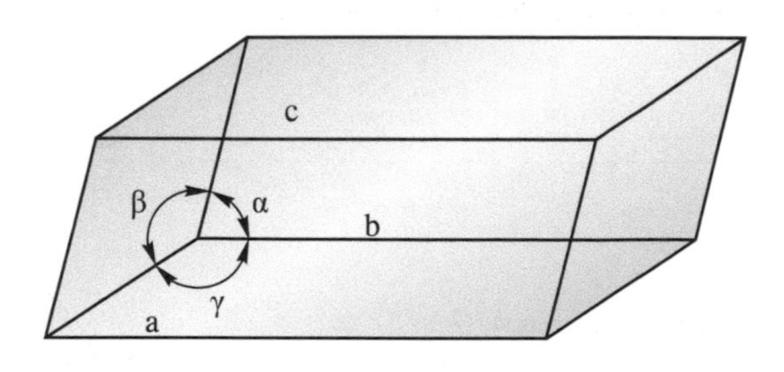

圖 3-3　晶軸與單位晶胞的幾何

軸之夾角(axial angle)和 a, b 和 c 之相對大小的變化，可以產生七種(只有七種)晶系(crystal system)，這些晶系表示於表 3-1。

表 3-1　七大晶系

晶系	晶軸邊長和夾角	晶胞幾何
立方體	$a = b = c$；$\alpha = \beta = \gamma = 90°$	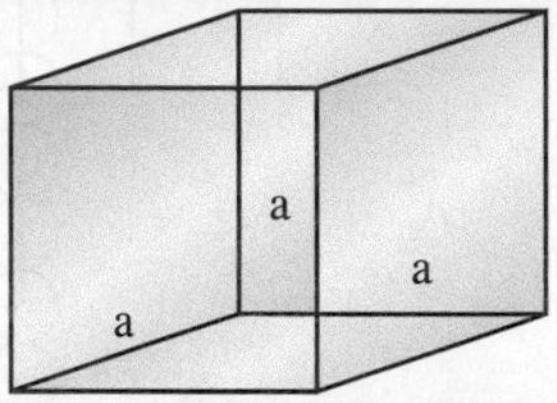
正方體	$a = b \neq c$；$\alpha = \beta = \gamma = 90°$	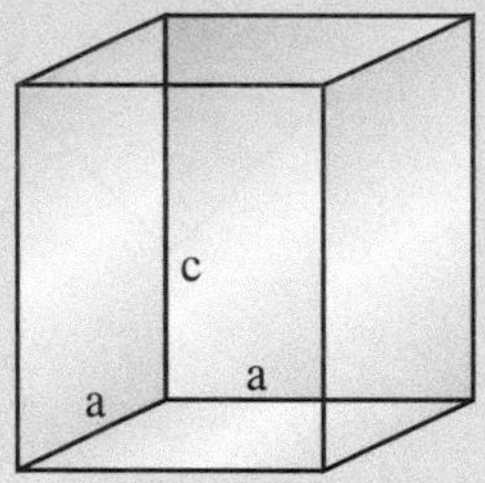
斜方體	$a \neq b \neq c$；$\alpha = \beta = \gamma = 90°$	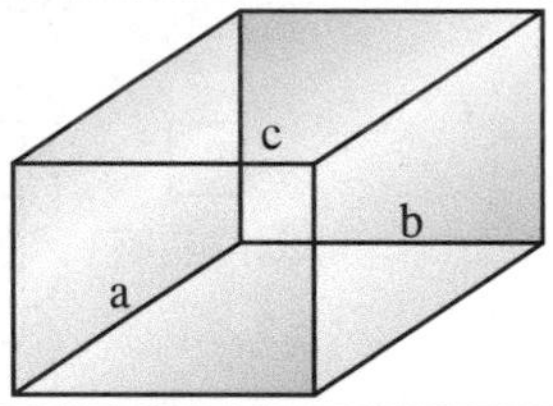
菱方體	$a = b = c$；$\alpha = \beta = \gamma \neq 90°$	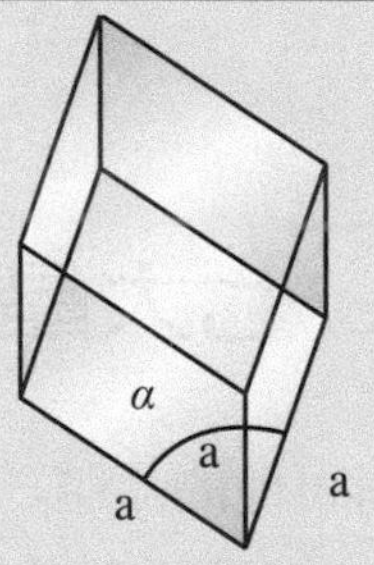
六方體	$a = b \neq c$；$\alpha = \beta = 90°$，$\gamma = 120°$	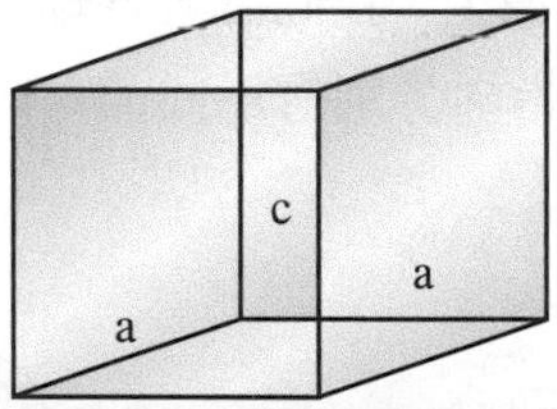
單斜體	$a \neq b \neq c$；$\alpha = \beta = 90° \neq \gamma$	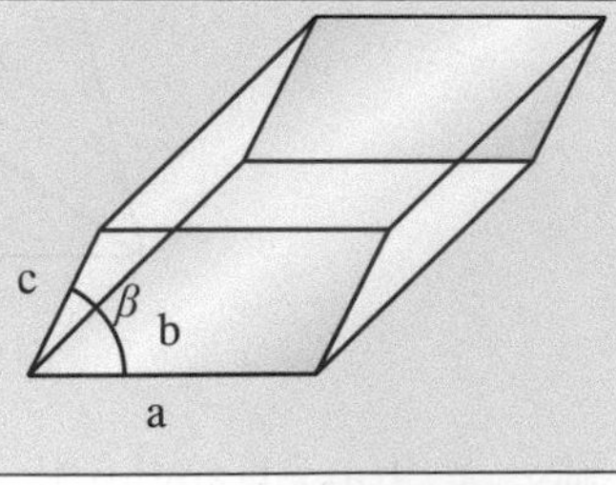
三斜體	$a \neq b \neq c$；$\alpha \neq \beta \neq \gamma \neq 90°$	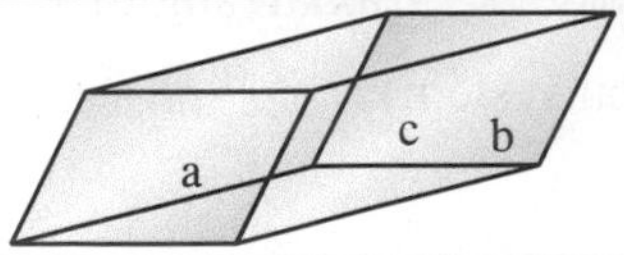

其中最常碰到者爲立方體系(cubic system)，這是最對稱的晶系，大部分的金屬結構都是屬於此種晶系。而其它重要的非立方體系有正方體系(tetragonal system)、斜方體系(orthorhombic system)和六方體系(hexagonal system)。

空間晶格是點在三度空間之無限排列，在此排列裡之每一點周圍情況都完全相同，如圖 3-1 這些點稱爲晶格點(lattice point)，而此晶格點之所有排列方式僅屬於七大晶系中，總共 14 種不同排列方式，稱之爲 Bravais 晶格，如表 3-2 所示。

所以任一種晶體結構必屬於此 14 種 Bravais 晶格中之一種。一個晶格點可由一個原子形成，也可以由一群原子所形成，但不變的是對相同結構之同一種晶胞的晶格點的原子數是相同的。

表 3-2　14 種布拉姆斯(Bravais)晶格

晶系	晶格
三斜晶體	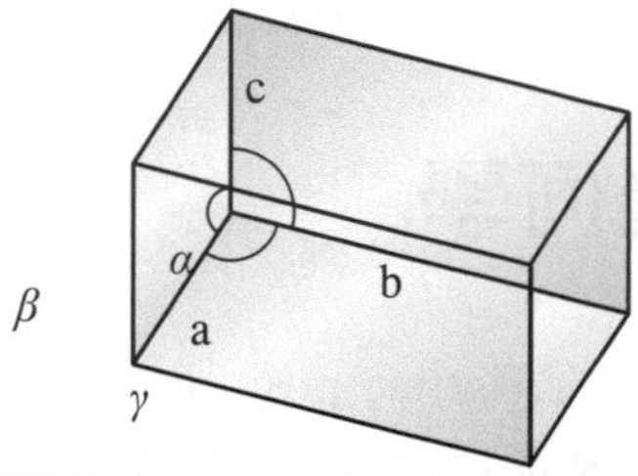 c, b, a, α, β, γ
單斜晶體	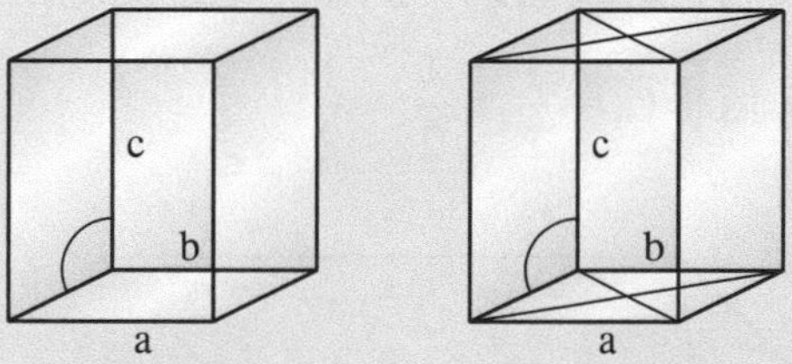 c, b, a　c, b, a
斜方晶體	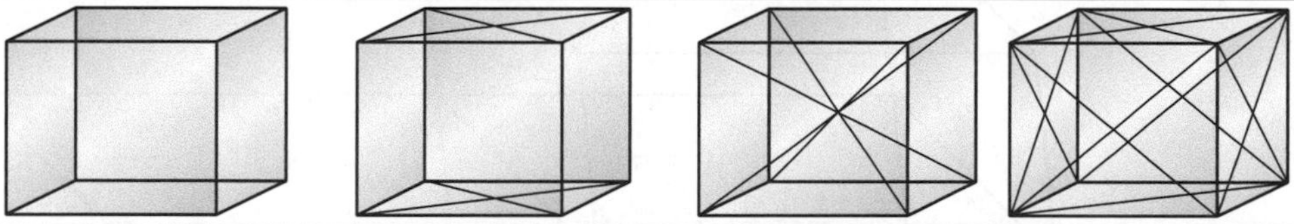
正方晶系	 c, a, b
菱方晶系	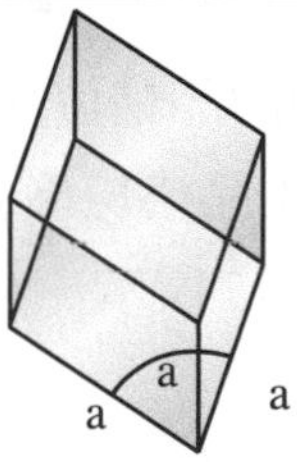 a, a, a

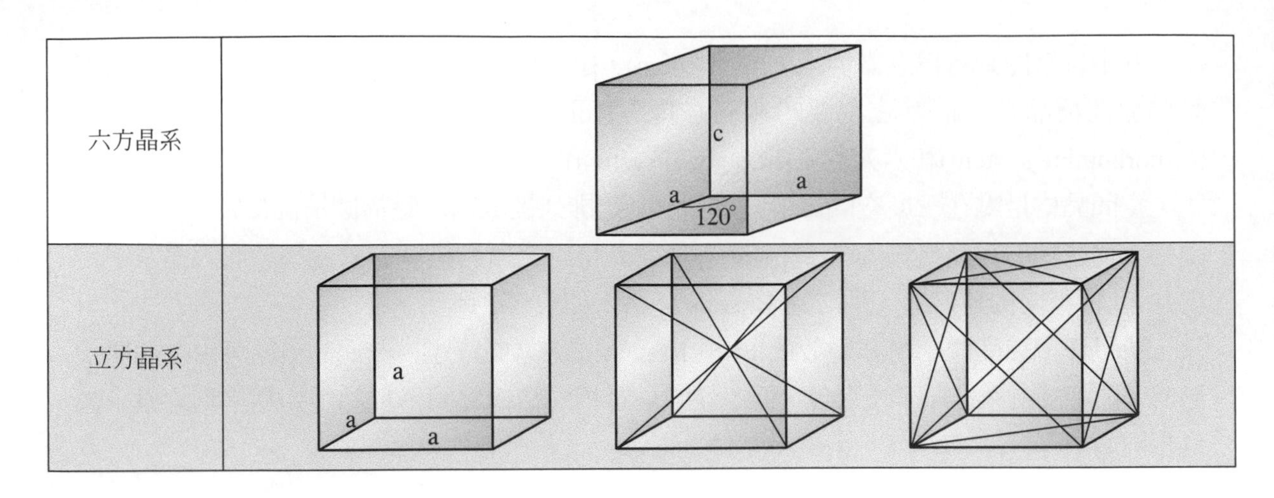

六方晶系	
立方晶系	

3-3 晶體幾何學

如圖 3-4，描述晶格位置(lattice positions)，可用沿著三個座標軸之係數來表示。這些位置係數為晶胞邊長的分數或倍數。例如，單位晶胞之原點是 0，0，0。而晶胞之中心是在 $\frac{a}{2}$，$\frac{b}{2}$，$\frac{c}{2}$，故位置指標為 $\frac{1}{2}$，$\frac{1}{2}$，$\frac{1}{2}$。

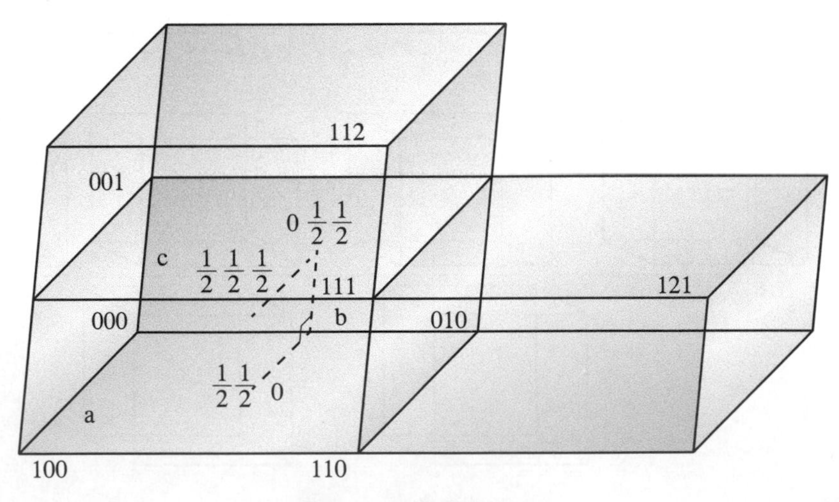

圖 3-4 晶格位置的表示

在相同結構之某一單位晶胞的晶格位置對另一個單位晶胞之相同位置而言是對等的(equivalent)，而這些對等位置是由晶格位移向量所連接，包括了平行晶軸方向之晶格常數(lattice constant)的整數倍，如圖 3-5 所示。

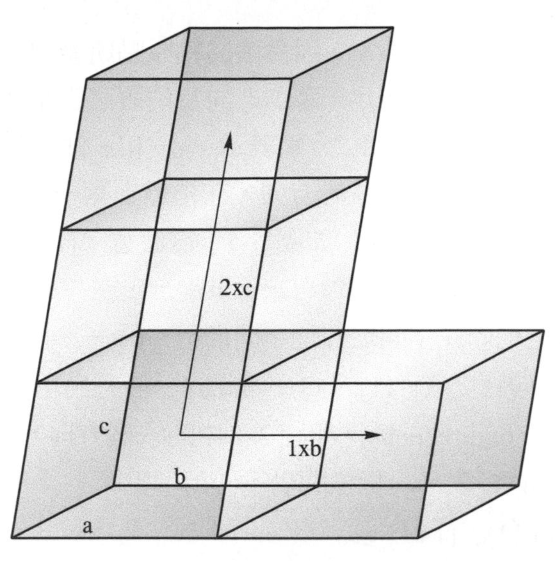

圖 3-5　在不同的單位晶胞中，結構上對等的位置由晶格位移所連接

3-3-1　晶體方向

因為晶體的性質是具有方向性的，因此要瞭解晶體結構和不同性質間之相互關係時，必須先瞭解晶體的方向(lattice direction)，如圖 3-6 所示。

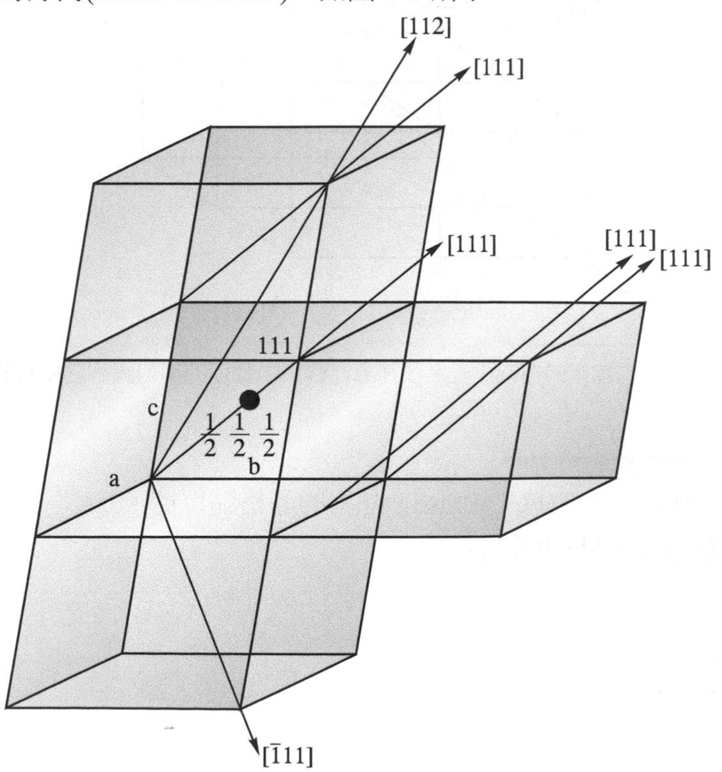

圖 3-6　晶格方向之表示。注意，平行的[*uvw*]方向

方向之描述均以最小整數組來表示，因爲由晶軸原點所畫出之線的方向只有一個，在此線上所有平行方向皆用同一指標表示。區別方向及位置之表示法，我們將方向指標以方形括弧表示，如[p q r]，其中 p、q 和 r 分別表示 x、y 和 z 軸三個方向的指標。平行的方向其指標是相同的。注意，晶軸上之負的方向，在指標上劃一線來表示。如$[11\bar{1}]$(在指標之間，不能有逗點)表示負的 z 軸方向。如圖 3-5，需注意，[111]和$[11\bar{1}]$是結構上非常相似的，兩者都是通過相同單位晶胞的體對角線。事實上，立方晶體系統之所有體對角線都出現結構上的相同，只是他們在空間之方位不同而已。另一方面，如果我們對晶軸方位做不同的選擇，則$[11\bar{1}]$方向將變成[111]方向。如此的一個方向組，他們的結構是對等的，因而被稱爲方向族(family of directions)，如圖 3-7 中的八個方向，其任何性質將是相同的。此方向族將以角型括弧<111>表示，指標間仍不使用逗點。

<111> ＝ [111]，$[\bar{1}11]$，$[1\bar{1}1]$
$[11\bar{1}]$，$[\bar{1}\bar{1}\bar{1}]$，$[1\bar{1}\bar{1}]$
$[\bar{1}1\bar{1}]$，$\bar{1}\bar{1}1]$

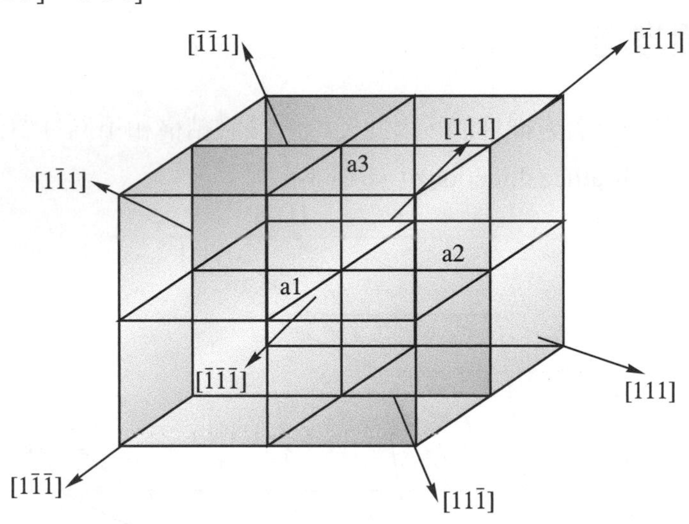

圖 3-7　<111>方向族的方向，表示了在立方體系中鄰近的單位晶胞之所有體對角線

例 3-1

(a)列出表 3-2 中面心立方(FCC)Bravais 晶格的晶格點位置。

(b)對面心斜方(FCC)晶格重複此動作。

解 (a)對角落位置：

000，100，010，001，110，101，011，111

對面心立方：

$\frac{1}{2}\frac{1}{2}\ 0$，$\frac{1}{2}\ 0\ \frac{1}{2}$，$\frac{1}{2}\frac{1}{2}\ 1$，$\frac{1}{2}\ 1\ \frac{1}{2}$，$1\frac{1}{2}\frac{1}{2}$(b)與(a)之解答相同。

晶格常數不出現在晶格位置之表示式中。

例 3-2

列出立方晶體系統中<110>方向族的數目。

解 包括了單位晶胞之所有面對角線：

$$\langle 110\rangle = [110],[1\bar{1}0],[\bar{1}10],[\bar{1}\bar{1}0]$$
$$[101],[10\bar{1}],[\bar{1}01],[\bar{1}0\bar{1}]$$
$$[011],[01\bar{1}],[0\bar{1}1],[0\bar{1}\bar{1}]$$

例 3-3

計算在立方晶系中[110]和[111]方向間之夾角。

解 取方向[uvw]和[$u'v'w'$]爲向量

$D = ua + vb + wc$ 和 $D' = u'a + v'b + w'c$

則兩方向的夾角 δ 爲：

$$D \cdot D' = |D||D'|\cos\delta \qquad (3\text{-}1)$$

$$\text{或}\quad \cos\delta = \frac{D\cdot D'}{|D|\ |D'|} = \frac{uu'+vv'+ww'}{\sqrt{u^2+v^2+w^2}\sqrt{u'^2+v'^2+w'^2}} = \frac{1+1+0}{\sqrt{2}\sqrt{3}} = 0.816 \qquad (3\text{-}2)$$

$$\delta = 35.5°$$

需注意：公式(3-1)和(3-2)只能用於立方晶系中。

沿著某一方向計算原子的線密度(linear density)是晶體的另一性質。在晶體內，相同位置間的重複距離將隨著方向和結構而有所不同。例如，在立方晶體之原始晶胞中的[111]方向中，每 $\sqrt{3}\,a$ 有一重複；而在[110]方向中，僅 $\sqrt{2}\,a$ 就有一重複，但在 FCC 中，則爲 $\frac{\sqrt{2}}{2}a$。反過來說，這些重複距離的倒數稱爲線密度。而金屬的變形是沿著原子最密集的方向進行，即線密度最大的方向。

$$\text{線密度} = \frac{\text{晶格點數}}{\text{單位長度}}$$

3-3-2 晶體平面

在一晶體內原子所構成的某些面亦極爲重要，例如，金屬是沿著原子最密集的平面變形。而晶格平面的表示，就如晶格方向一樣，可用一組整數來表示，稱爲米勒指標(Miller index)，它們是由該平面與座標之截距所得來的。如圖 3-8(a)所示的平面與 x, y 和 z 軸分別

交於 $\frac{1}{2}a, b$ 與∞處。其米勒指數並非正比於這些截距，而是正比於其倒數 $\frac{1}{\frac{1}{2}}$ 、$\frac{1}{1}$ 、$\frac{1}{\infty}$，米勒指數是指與這些倒數具有相同的比之最小整數，即 2、1、0，以括弧表示即(210)。

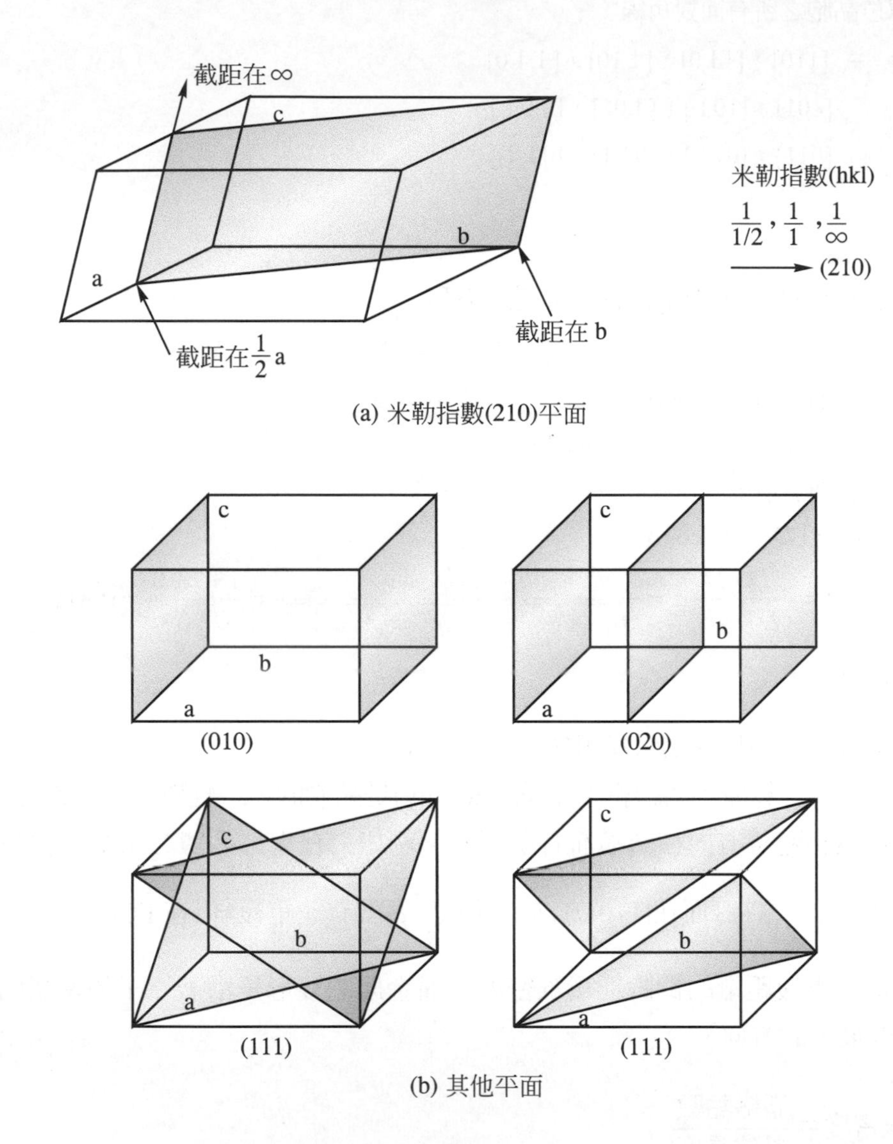

(a) 米勒指數(210)平面

(b) 其他平面

圖 3-8

在運用面的米勒指標，下面幾點需要留意：

(1) 一晶面與它的負號所代表的面是同一個晶面(這與晶格方向的情況不同)。

(2) 一晶面它乘上某數後所得到的面不是同一個面(這與方向的規則又不同)。如(010)與(020)面在簡單立方晶胞中的平面密度截然不同(即一晶面被原子所佔據該晶面的面積佔該面的比例不同)。在簡單立方晶胞中，(010)面切過角落原子的中心，而(020)面部切過任何原子，故

$$(010)\text{面的平面密度} = \frac{(\frac{1}{4}\text{原子 / 角落})(\text{四個角落})(r^2\pi)}{a^2_0} = \frac{(\frac{1}{4}(4)(r^2\pi))}{(2r)^2} = 0.79 \quad (3\text{-}3)$$

(020)面的平面密度＝0

因平面密度不同，故非同一個晶面。

(3) 與方向族相同，平面族之所有平面代表對等面的集合。我們以{}符號來代表同一族平面的集合，如圖 3-9 所示的{100}族

{100}＝(100)，(010)，(001)

$(\bar{1}00)$，$(0\bar{1}0)$，$(00\bar{1})$

和其上的晶面爲同一個，如圖 3-9。

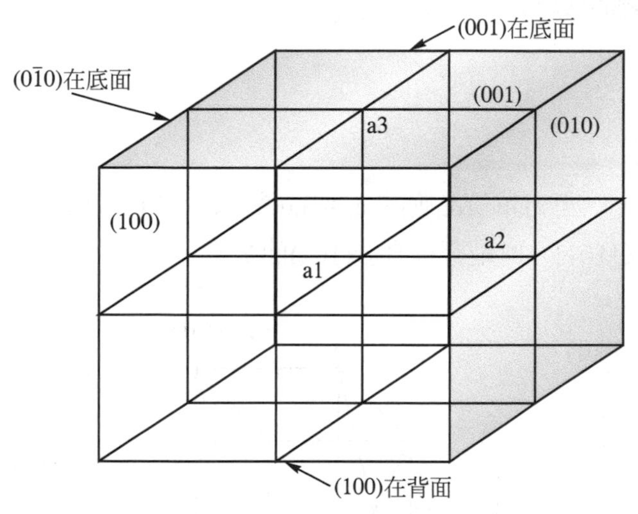

圖 3-9　{100 平面族}

(4) 在立方晶系中，一方向與它具有相同指標的面垂直。面對非立方晶系的晶包並不一定成立。如圖 3-10 之立面的指數是(100)，而垂直於此面的 x 軸指數是[100]。

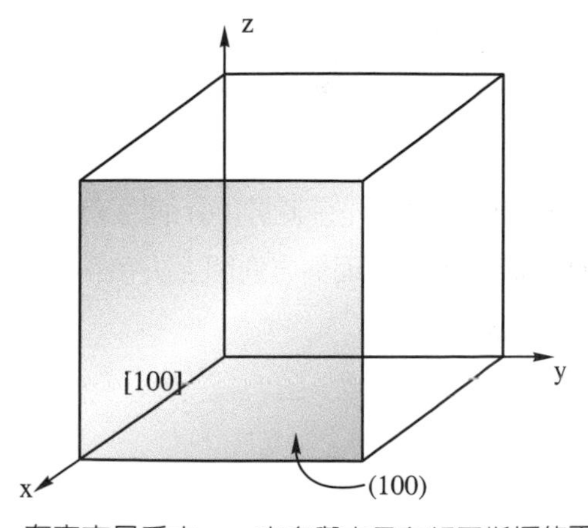

圖 3-10　在立方晶系中，一方向與它具有相同指標的面相垂直

例 3-4

某平面包含 0、0、0 和$\frac{1}{2}$、$\frac{1}{4}$、0 和$\frac{1}{2}$、0、$\frac{1}{2}$三點。求其米勒指標。

解 因爲平面經過原點，故將原點變換，如在 x 方向上爲一單位長。則其截距變成 $-a$、$0.5a$、和 $+a$；故其指標爲$(\bar{1}21)$。

例 3-5

(111)和(112)平面之交叉線方向爲何？

解 可以兩平面之指標的外積來求得：$[1\bar{1}0]$(或$[\bar{1}10]$)。

例 3-6

如圖 3-11 所示，一正方單位晶胞的 $a_0=3.0$ Å，$c_0=5.0$ Å，請問它的[001]方向是否垂直於(001)面？又[101]方向是否垂直於(101)面？

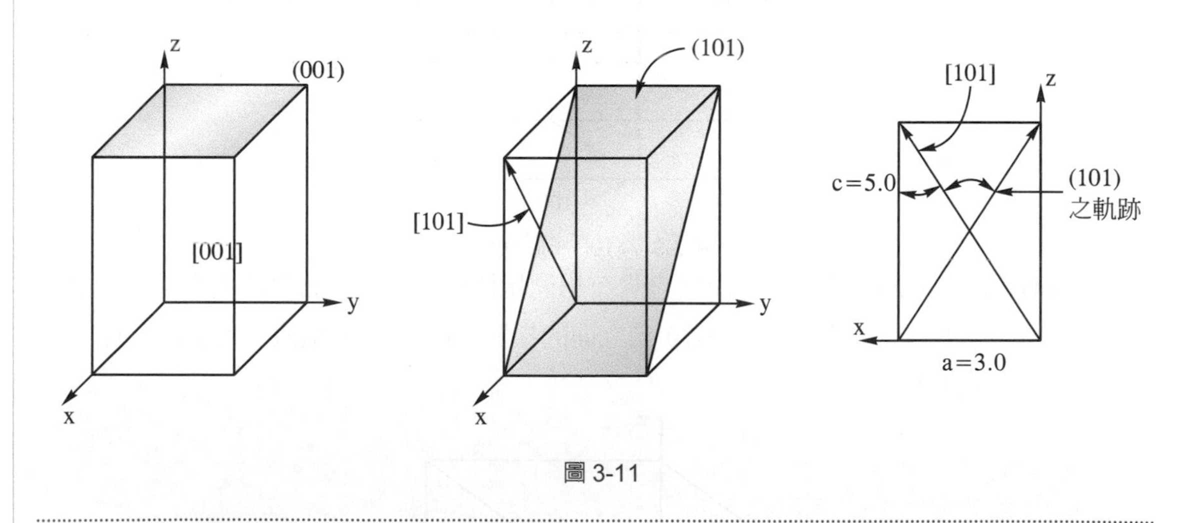

圖 3-11

解 明顯地，由圖中我們可以看出[001]方向是垂直於(001)面。然而，我們由正方晶胞之 y 方向，可看出[101]方向不垂直(101)面，而它們面與方向間之夾角爲：

$$\theta = 2\phi = 2\tan^{-1}(\frac{3}{5})=2(30.96)^{\circ}=61.92^{\circ}$$

3-4 金屬晶體

爲方便起見，我們通常將金屬結晶考慮成硬球疊在一起的結構，即所謂的硬球模型(hard-ball model)。在此，圓球半徑相當於最靠近之兩原子中心距離的一半。

3-4-1 體心立方晶(BCC)

鐵在常溫之下具有體心立方(body-centered cubic)的結構。如圖 3-12，在單位晶胞中的每一個角落均具有一個鐵原子，此原子並不單獨屬於任何一個單位晶胞，而是環繞它周圍的八個單位晶胞所共有。一個單位晶胞共有八個角，故每一個單位晶胞包含一個角落原子(有八個角落，每個角落原子有 $\frac{1}{8}$ 屬於該晶胞，故屬於該晶胞的角落原子有 $8\times\frac{1}{8}=1$ 個)加上一個中心原子，共有兩個原子。此結構爲金屬中最常見，鉻、鉬和鎢也屬於此種結構。由圖 3-12 模型可知中心的原子與每個角落原子共線而且在晶格中連續著。此四個立方對角線構成 BCC 的密排方向，在這個方向上原子最密。在 BCC 中所有原子皆是同等的，即所有角落原子皆可視爲晶胞中心原子，反之亦然。

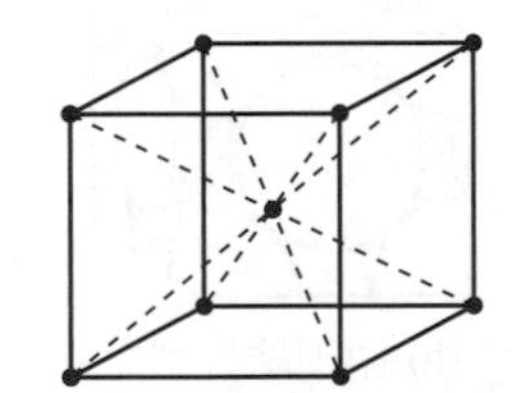

(a) BCC 單位晶胞中晶格點之排列

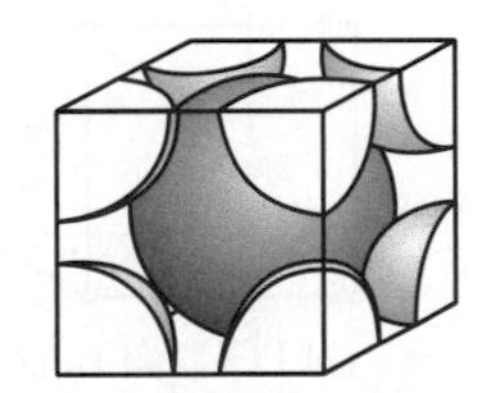

(b) 由硬球排列之模型晶胞

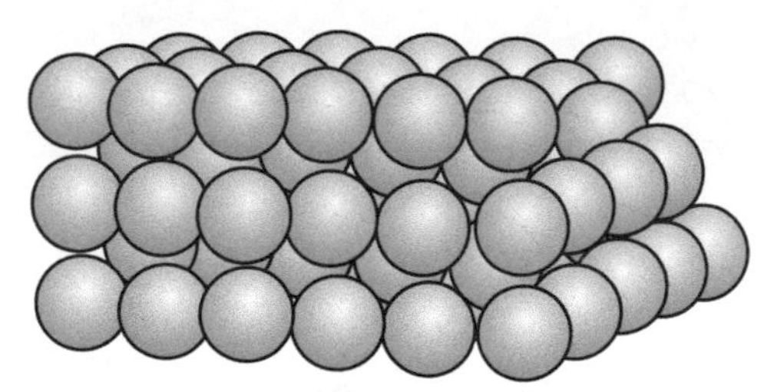

(c) 重複的 BCC 結構

結構：體心立方
bravais 晶格：BCC
原子/單位晶胞 $=1+8\times\frac{1}{8}=2$
典型晶屬：α -Fe，V，Cr，Mo 和 W

圖 3-12

晶體結構的配位數(coordination number)乃等於晶格中某一原子之最鄰近的原子個數。於 BCC 中，中心原子有八個鄰近之角落原子，因其所有原子皆是對等的，所以其配位數爲八。

3-4-2 面心立方晶(FCC)

面心立方(face-centered cubic)，金屬銅的的原子排列如圖 3-13 單位晶胞，除每一個角落均有一個原子外，在每一面之中心亦有一個原子，但中心處則無任何原子存在。和 BCC 結構相同，FCC 結構亦爲金屬中常見的原子排列，如鋁、銅、鎳、銀、鉛和金。FCC 金屬結構，八個角落共有一個原子(原因請參考 BCC 結構)，而六個面共有三個原子(因爲每個面上的原子被兩個晶胞分享，共有六個面所以在面上的原子數爲 $6\times\frac{1}{2}=3$ 個原子)，故每個單位晶胞共有四個原子。因 FCC 結構之配位數爲 12，因此結構的原子都盡可能地緊密排列，爲一種最密堆積結構，若將一個晶胞的角落原子移去便可出現{111}的密排面，爲一八面體晶面(octahedral plane)，在此八面體晶面上有三個密排方向，沿著這些方向，圓球是互相接觸成一直線，此及立方體面之對角線，面心立方晶中有六個這種密排方向。又面心立方晶有四個密排面，如將八個角落的原子移去，可有八個密排面，但因對角兩個面是平行的，故共有四個八面體晶面。FCC 是唯一擁有最多數目的密排面以及密排方向，使得 FCC 金屬的物理性質異於其他金屬，例如它易於變形及有較大的可塑性。

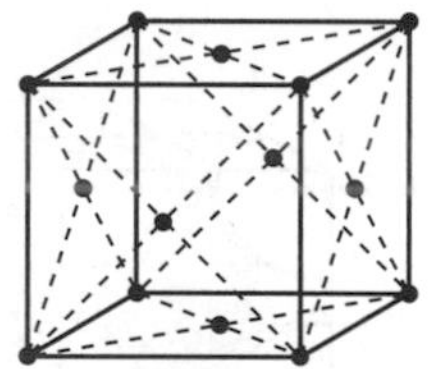
(a) FCC 單位晶胞中晶格點之排列

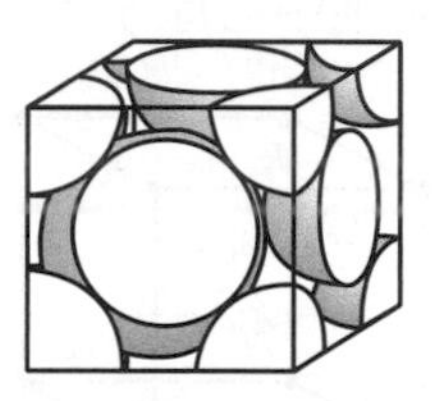
(b) 由硬球排列之模型晶胞

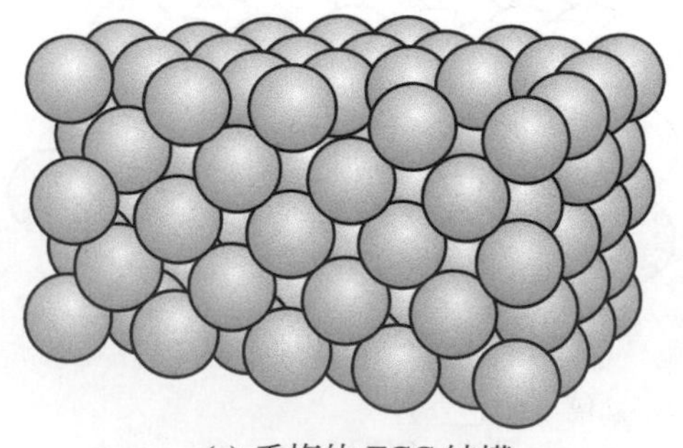
(c) 重複的 FCC 結構

結構：面心立方
bravais 晶格：FCC
原子/單位晶胞= $6\times\frac{1}{2}+8\times\frac{1}{8}=4$
典型晶屬：γ -Fe，Al，Ni，Cu，Ag，Pt 和 Au

圖 3-13

3-4-3　六方最密晶(HCP)

如圖 3-14 所示為六方最密堆積(hexagonal closed-packed)結構之菱形(rhombic)表示法，在其基底平面(basal plane)內之夾角為 120°和 60°，此單位晶胞中含有兩個原子，一個在晶胞內部中心，另一個來自角落處(四個 $\frac{1}{6}$ 原子和四個 $\frac{1}{12}$ 原子)。但我們常用六方體之表示法，它含有三個菱形的晶胞，且可顯示出六方體的 6-重(6-fold)對稱性。其特徵為每一原子皆緊接著位於鄰接原子層空隙之正上方或正下方，而使原子之配位數和 FCC 相同為 12(每一原子與自己同層的六個原子，及上下鄰接平面各三個原子相互接觸)。故 HCP 結構與 FCC 結構一樣皆為最密堆積系統，都具有最高效率的堆積因子(packing factor) 0.74 而 BCC 之堆積因子則為 0.68。如鎂、鋅、鈦和鈹皆屬於六方最密堆積結構。HCP 和 FCC 相同，皆有密排面，但是它們的堆積次序並不相同，FCC 之堆積次序為 *ABCABC*……，而 HCP 的堆積方式則是 *ABABAB*……，兩者均為理想的密排面，但它們的物理性質卻不同。而其最大的不同點是因為密排面的個數不同，FCC 有四個最密堆積面(八面體面)；而六方最密堆積則只有一個密排面，即基面，故 HCP 之可塑性變形要比 FCC 更具方向性之特質，如圖 3-15 所示。

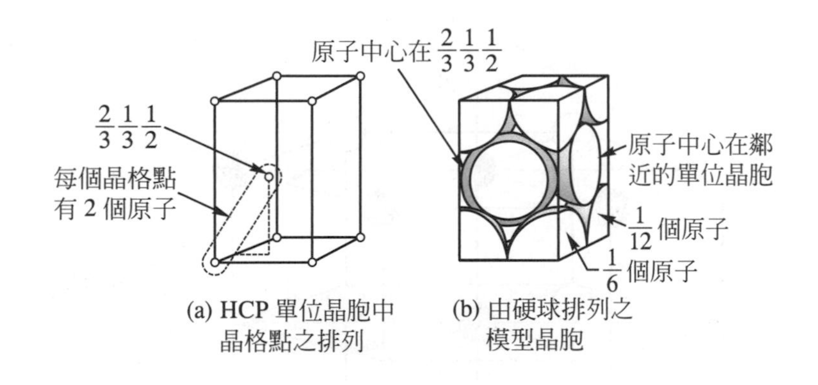

(a) HCP 單位晶胞中晶格點之排列　(b) 由硬球排列之模型晶胞

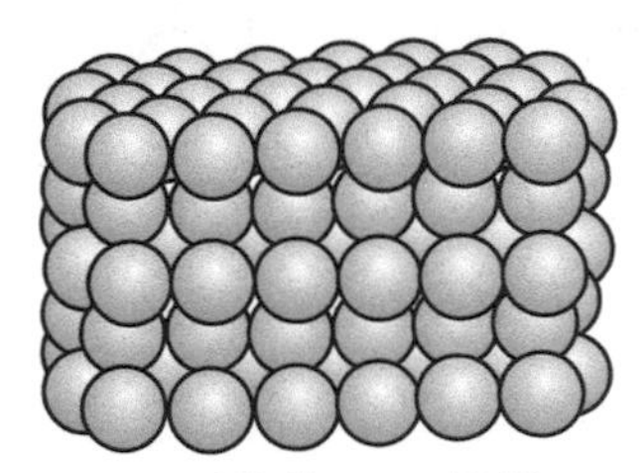

(c) 重複的 HCP 結構

結構：六方最密堆積
bravais 晶格：HCP
原子/單位晶胞 $=1+4\times\frac{1}{6}+4\times\frac{1}{12}=2$
典型晶屬：Be，Mg，α-Ti，Zn 和 Zr

圖 3-14

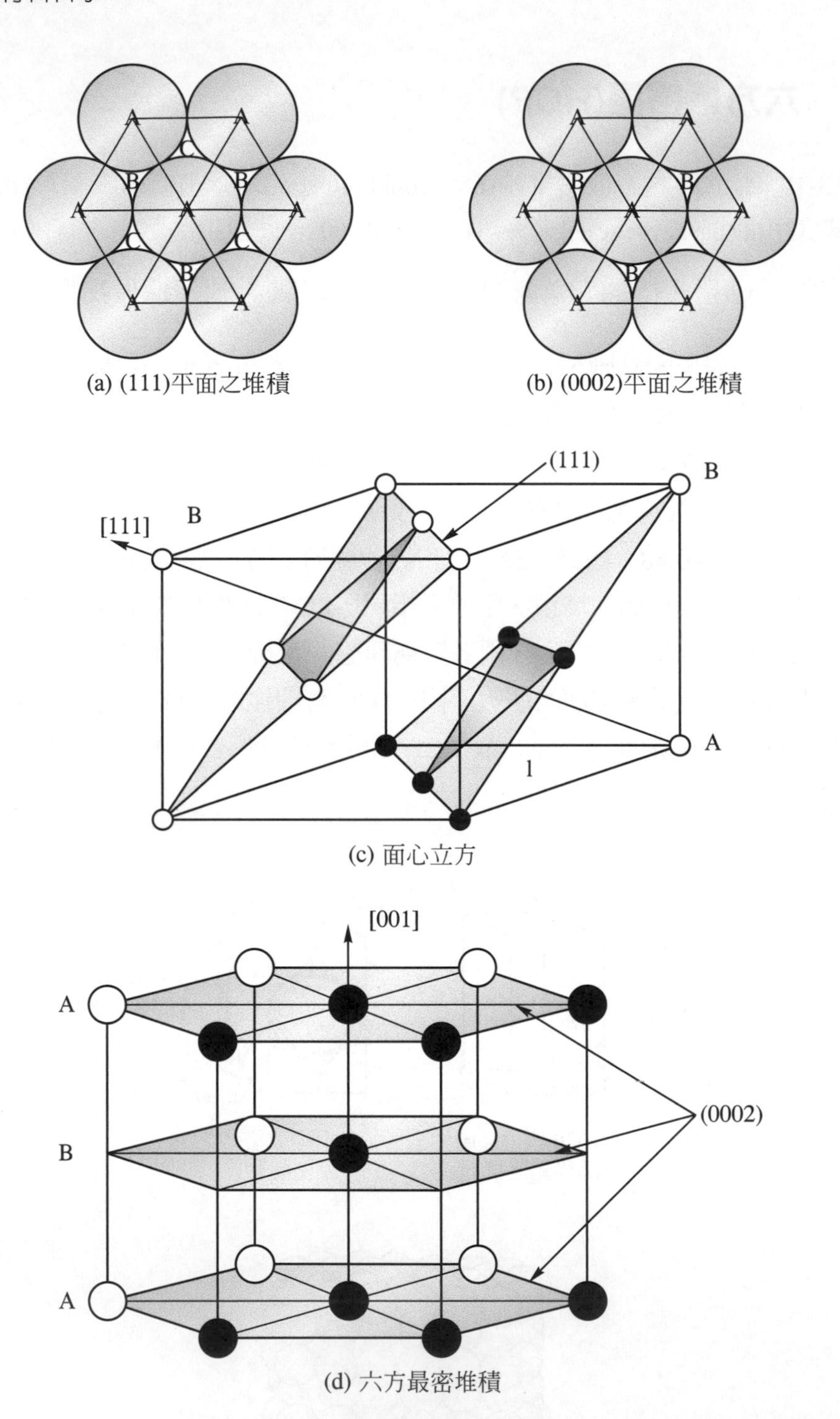

圖 3-15　FCC 和 HCP 結構之比較，兩者皆是最密堆積結構。兩結構不同的是堆積次序

3-4-4　其他金屬之晶體結構

雖然大部分最主要的金屬結構屬於前面我們提過的三種主要結構(體心立方結構、面心立方結構、六方最密堆積結構)，但還有少數的金屬有較不常見的結構。α-鈾即是一個相對地複雜的結構之例。如圖 3-16 所示唯一底心斜方(based-centered orthorhombic) Bravais 晶格，每一晶格點上有兩個原子，而每一個單位晶胞有四個原子。

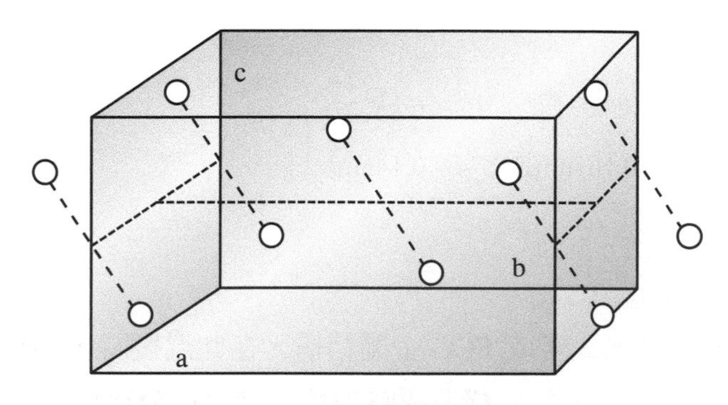

圖 3-16　鈾所示之較不常見的金屬結構的單位晶胞。原子中心位置如圖所示

例 3-7

計算(a)FCC 金屬之原子堆積密度(pF)。

(b)銅具 FCC 之堆積結構，且原子半徑是 0.1278 nm，求其密度。

解 (a) 因 FCC 原子在沿著面對角線是互相接觸的，故

$4R = a_{\text{FCC}}\sqrt{2}$，或晶格常數 $a_{\text{FCC}} = \dfrac{4R}{\sqrt{2}}$

$$\text{堆積密度(pF)} = \frac{\text{原子之體積}}{\text{單位晶胞之體積}} = \frac{4[4\pi r^3/3]}{3} = \frac{4[4\pi r^3/3]}{[4R/\sqrt{2}]^3} = 0.74 \qquad (3\text{-}4)$$

(b) $a = 4\sqrt{2}\,(0.1278\text{nm}) = 0.3615\text{nm}$

$$\text{密度} = \frac{\text{質量/單位晶胞}}{\text{體積/單位晶胞}} = \frac{4[63.5/(0.602\times10^{24}\,\text{g/cm}^3)]}{(0.3615\times10^{-9}\,\text{m})} = 8.93\ \text{Mg/m}^3 \qquad (3\text{-}5)$$

例 3-8

(a)假設原子為硬球模型，則 HCP 金屬之 c/a 值(a 為基面邊長，c 為柱面之邊長)。

(b)鎂為 HCP 金屬，其 pF 為 0.74，求其單位晶胞之體積。(r_{Mg}＝0.161nm)

解 (a) 考慮三個中心原子和在頂面中心之原子，為一正四面體邊長 $a=2R$，由幾何學

$h=\frac{2}{3}$，$c=2h=2a\sqrt{\frac{2}{3}}=1.63a$

(b) 先計算單位晶胞中六個原子的體積＝$6\cdot\pi R^3$

V_{uc} ＝6 atoms $(\frac{4\pi}{3})$ $(0.161\text{nm})^3/0.74$＝0.14nm^3

例 3-9

鐵在 912℃由 BCC 結構改變成 FCC 金屬結構。在此溫度時，兩結構之鐵原子半徑分別為 0.126nm 和 0.129nm，當結構改變時體積改變之百分比為 V/O。

解 選用四個鐵原子，因此，BCC 結構有兩個單位晶胞，而 FCC 結構有一個單位晶胞。又：

$a_{BCC}\sqrt{3}=4R_{BCC}$ 和 $a_{FCC}\sqrt{2}=4R_{FCC}$

$2V_{BCC}=2a^3_{BCC}=2[4(0.126\text{nm})/\sqrt{3}]^3=0.049276$

$V_{FCC}=a^3_{FCC}=[4(0.129\text{nm})/\sqrt{2}]^3=-14V/O$

例 3-10

(a)計算在 BCC 鎢中沿著[111]方向的原子線密度為何？($r_{鎢原子}$＝0.137nm)

(b)重複(a)對 FCC 鋁。($r_{鋁原子}$＝0.143nm)

解 (a) 對一個 BCC 結構，原子沿著[111]方向接觸，因此其重複距離等於一個原子直徑

$R=d_{鎢原子}=2R_{鎢原子}=2(0.137)=0.274$ nm

因此 $R^{-1}=\frac{1}{0.274\text{nm}}=3.65$ 原子/nm

(b) 對一 FCC 結構而言，在立方體中心處無原子存在，而在每一面之中心有一個原子，故原子在沿著面對角線是相互接觸的。

面對角線距離＝$2d_{鋁原子}=4R_{鋁原子}=\sqrt{2}\,a$

或　$a=(4/\sqrt{2})R_{鋁原子}=4/\sqrt{2}\,(0.143\text{nm})=0.404\text{nm}$

其重複距離 R＝體對角線長$=\sqrt{3}\,a=\sqrt{3}\,(0.404\text{nm})=0.701\text{nm}$

故線密度為 $R^{-1}=1/0.701\text{nm}=1.43$ 原子/nm

例 3-11

(a)計算 BCC 鎢中(111)平面的原子密度。

(b)重複(a)對 FCC 鋁。

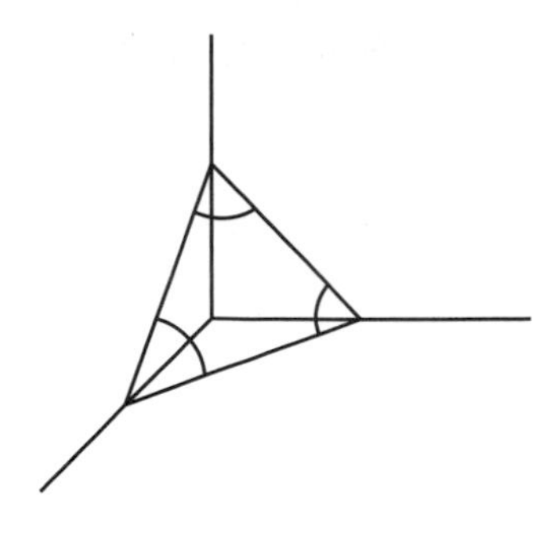

解 (a)對 BCC 結構，其(111)平面只相交於單位晶胞中之角落原子從例 3.11(a)中，得

$\sqrt{3}\,a = 4R_{\text{鋁原子}}$

或 $a = (4/\sqrt{3})R_{\text{鎢原子}} = (4/\sqrt{3})(0.137\text{nm}) = 0.316\text{nm}$

面對角線長 l

$l = \sqrt{2}\,a = \sqrt{2}\,(0.316\text{nm}) = 0.447\text{nm}$

在單位晶胞內之(111)平面之面積

$A = \frac{1}{2}bh = \frac{1}{2}(0.447\text{nm})(\frac{\sqrt{3}}{2} \times 0.447\text{nm}) = 0.0867\text{nm}^2$

在單位晶胞中(111)平面所形成之正三角形在每個角落各有 $\frac{1}{6}$ 個原子，

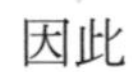

因此

$\text{原子密度} = \frac{3 \times \frac{1}{6}\text{原子}}{A} = \frac{0.5\text{原子}}{0.0867\text{nm}^2} = 5.77\ \text{原子/nm}^2$

(b) 對 FCC 結構，其(111)平面與單位晶胞相交於三個角落原子與三個面心原子從例 3.11(b)中，得面對角線長

$l = \sqrt{2}\,\text{a} = \sqrt{2}\,(0.404\text{nm}) = 0.572\text{nm}$

在單位晶胞內之(111)面的面積

$A = \frac{1}{2}\text{bh} = \frac{1}{2}(0.572\text{nm})(\frac{\sqrt{3}}{2} \times 0.572\text{nm}) = 0.0867\text{nm}^2 = 0.142\text{nm}^2$

在此面積中有 $3 \times \frac{1}{6}$ 個角落原子加上 $3 \times \frac{1}{6}$ 個面心原子得：

$\text{原子密度} = \frac{(3 \times \frac{1}{6} + 3 \times \frac{1}{2})\text{原子}}{0.142\text{nm}^2} = \frac{2\text{原子}}{0.142\text{nm}^2} = 14.1\ \text{原子/nm}^2$

例 3-12

求圖 3-17 中 *A* 與 *B* 面以及 *C* 與 *D* 方向的米勒指標。

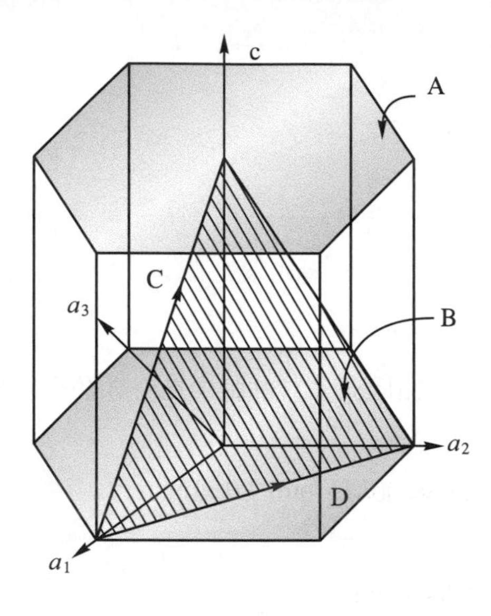

圖 3-17

解 A 面：

(a)$a_1 = a_2 = a_3 = \infty$, $c = 1$。

(b)$\frac{1}{a_1} = \frac{1}{a_2} = \frac{1}{a_3 = 0 \text{ ，} \frac{1}{c} = 1}$ 。

(c)無分數需除去。

(d)(0001)。

B 面：

(a)$a_1 = 1$，$a_2 = 1$，$a_3 = -\frac{1}{2}$ ，$c = 1$。

(b)$\frac{1}{a_1} = 1$，$\frac{1}{a_2} = 1$，$\frac{1}{a_3 = -2 \text{ ，} \frac{1}{c} = 1}$ 。

(c)無分數需除去。

(d)$(11\bar{2}1)$。

C 方向：

(a)這兩點分別爲 0，0，1 與 1，0，0。

(b)0－1，0－0，1－0＝－1，0，1。

(c)無分數需除去或化簡。

(d)$[\bar{1}01]$。

D 方向：

(a)兩點分別爲 0，1，0 與 1，0，0。

(b)0－1，1－0，0－0＝－1，1，0。

(c)無分數需除去或化簡。

(d)[$\bar{1}$10]

3-5 陶瓷晶體

陶瓷材料(ceramic materials)是金屬與非金屬元素之複雜化合物，它們是以離子鍵或共價鍵做結合。和基本的金屬元素相比較，陶瓷化合物呈現了一廣泛的化學組成。此種差異性可由晶體結構反映出來。由於化合物較其成分元素具有複雜的原子鍵結，因此對變形而產生的原子滑移之阻力較大，而使得陶瓷材料較一般的金屬或聚合物(polymers)之成分元素硬，且熔點極高，化學安定性及熱安定性良好，抗壓強度高；但其材質較脆、延展性差、導電及導熱度低，不耐拉伸。

陶瓷材料用途極廣，從玻璃、磚、介電絕緣體、耐高溫材料、磁體、電子元件及壓電材料等。以下我們將一些最重要及最具代表性的結構作有系統的介紹。

3-5-1 AX 結構

AX 結構是最簡單的陶瓷化合物，具有相同數目的金屬元素 A 與非金屬元素 X。其形成立方晶有三種主要型式爲：

CsCl　配位數＝8

NaCl　配位數＝6

ZnS　配位數＝4

CsCl 型，如圖 3-18 此種結構很類似 BCC 結構，但實際上是由簡單立方晶組成，因爲角落與中心原子並不相同。每個晶格伴隨著兩個離子(Cs^+及 Cl^-)，亦即每單位晶格有一個 Cs^+及一個 Cl^-。而離子半徑和即爲立方體之對角線長：

$$2(r_{Cs^+}+r_{Cl^-})=\sqrt{3}a$$

NaCl 型結構具有 FCC 結構相互交錯地排列在一起，也可以視爲是一個 FCC 晶格，而每個晶格點由兩個離子(Na^+和 Cl^-)所組成，且每個晶格由八個離子(四個 Na^+，四個 Cl^-)所組成。晶格常數 a 等於兩個離子半徑和的兩倍，$2(r_{Na^+}+r_{Cl^-})$。同樣 N 組構重要者有：MgO、CaO、FeO 和 NiO 等。如圖 3-19 所示。

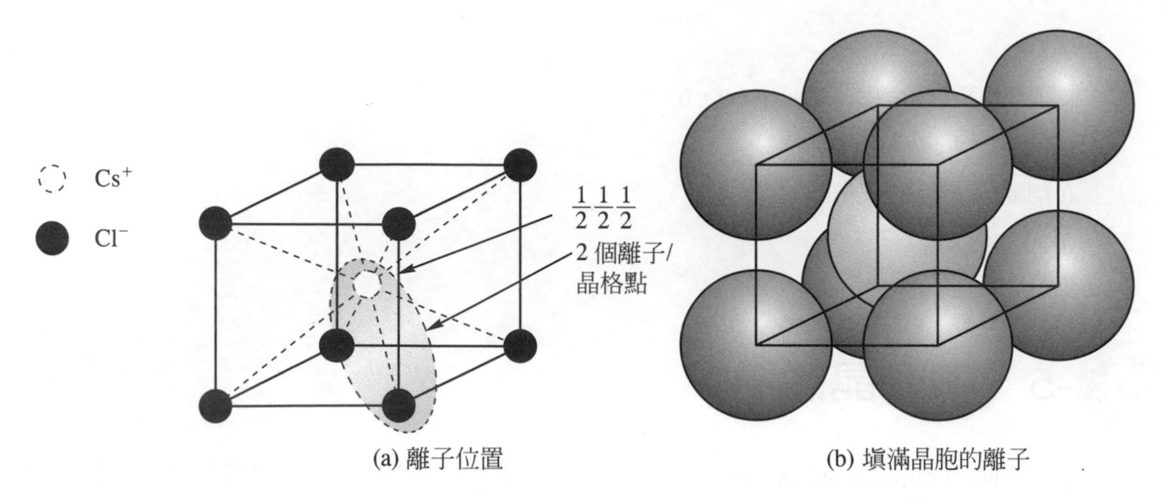

(a) 離子位置

(b) 塡滿晶胞的離子

圖 3-18 CsCl 單位晶胞顯示，每單位晶胞有兩個離子，如圖(a)中虛線所圈之處

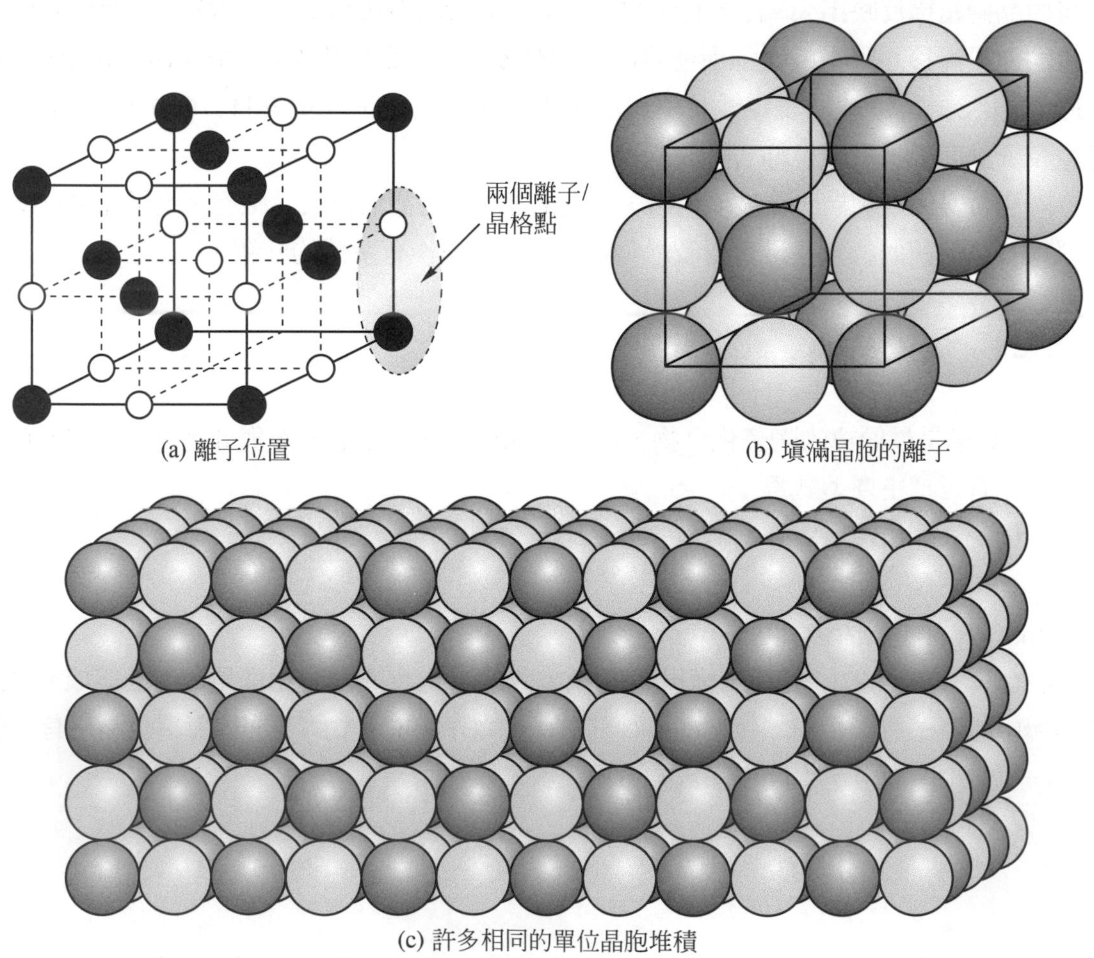

(a) 離子位置

(b) 塡滿晶胞的離子

(c) 許多相同的單位晶胞堆積

圖 3-19 NaCl 結構顯示

ZnS 型結構和鑽石立方體結構極為類似，同屬 FCC 結構。所不同的是位於正常 FCC 結構位置的 S 原子：

$$0，0，0 \qquad \frac{1}{2}，\frac{1}{2}，0 \qquad \frac{1}{2}，0，\frac{1}{2} \qquad 0，\frac{1}{2}，\frac{1}{2}$$

而與正常 FCC 結構的位置位移$[\frac{1}{4}\frac{1}{4}\frac{1}{4}]$，而位移 8 個四面體空系中的 4 個 Zn 原子：

$$\frac{1}{4}，\frac{1}{4}，\frac{1}{4} \qquad \frac{3}{4}，\frac{3}{4}，\frac{1}{4} \qquad \frac{3}{4}，\frac{1}{4}，\frac{3}{4} \qquad \frac{1}{4}，\frac{3}{4}，\frac{3}{4}$$

故每個單位晶胞中有 8 個原子，以四個共價鍵形成來鍵結。因在晶胞原來的 S 原子 0，0，0 到$\frac{1}{4}$，$\frac{1}{4}$，$\frac{1}{4}$的 Zn 原子間距離為立方體晶胞對角線長的$\frac{1}{4}$，即：

$$4(r+R)=\sqrt{3}\,a$$
$$a=4(r+R)/\sqrt{3}$$

如圖 3-20 所示，ZnS 結構：

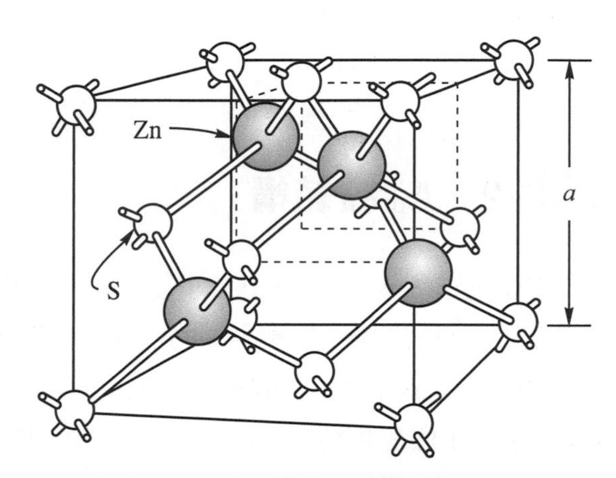

圖 3-20　ZnS 晶體結構

例 3-13

計算 MgO 的(a)堆積因子(pF)，(b)密度，其為 NaCl 型結構。

($r_{Mg^{2+}}$ ＝0.078nm；$r_{O^{2-}}$ ＝0.132nm)

解 (a) $a=2(r_{Mg}+r_{O})$

$a=2(0.078\text{nm}+0.132\text{nm})=0.420\text{nm}$

$$\therefore \text{pF}=\frac{4(\frac{4}{3}\pi r_{Mg^{2+}}^3+\frac{4}{3}\pi r_{O^{2-}}^3)}{a^3}=\frac{16\pi/3[(0.078\text{nm})^3+(0.132\text{nm})^3]}{(0.420\text{nm})^3}=0.627$$

(b) 由(a)知道 a＝0.420nm，則單位晶胞之體積＝0.0741nm^3

$$\rho=\frac{4(24.31\text{g}+16.00\text{g})/(0.6023\times10^{24})}{0.0741\text{nm}^3}=3.691(\text{g/cm}^3)$$

例 3-14

MnS 有三種同素異形體，其中兩種爲 NaCl 型結構及 ZnS 型結構。當由 ZnS 型變成 NaCl 型時，求其體積變化的百分比 V/O。(參見附錄)

解 因 NaCl 及 ZnS 每一單位晶胞中皆有 4 個 Mn^{2+}及 4 個 S^{2-}離子，而且

$a_{NaCl} = 2(r + R)$；$a_{ZnS} = 4(r + R)$

$V_{NaCl} = a^3[2(0.080\text{nm}+0.184\text{nm})]^3=0.147\text{nm}^3$

$V_{ZnS} = a^3[4(0.073\text{nm}+0.167\text{nm}/\sqrt{3})]^3=0.170\text{nm}^3$

$\therefore(\Delta V/V)=-14V/O$

3-5-2 A_mX_n 結構

如化學式 AX_2 包括了許多重要的陶瓷結構。氟石(fluorite)(CaF_2)的結構爲 FCC 結構，如圖 3-21 其中陰離子填滿全部的四面體位置，故每個晶格點有三個離子(1 個 Ca^{2+}和 2 個 F^-)，每個單位晶胞有 12 個離子(4 個 Ca^{2+}和 8 個 F^-)，同此結構之陶瓷尚有 UO_2、ThO_2 及 TeO_2 等。注意在此晶格中晶位晶胞之八面體空隙位置未被填滿，如晶胞的中心，以及那些在晶胞各邊中點位置皆是空的。這些空位在核子材料技術中扮演很重要的角色，如作爲核子燃料元素 UO_2 與(CaF_2 的結構相同)中容納反應產物如氦氣所需要的空間。因而能避免擾人的膨脹問題。

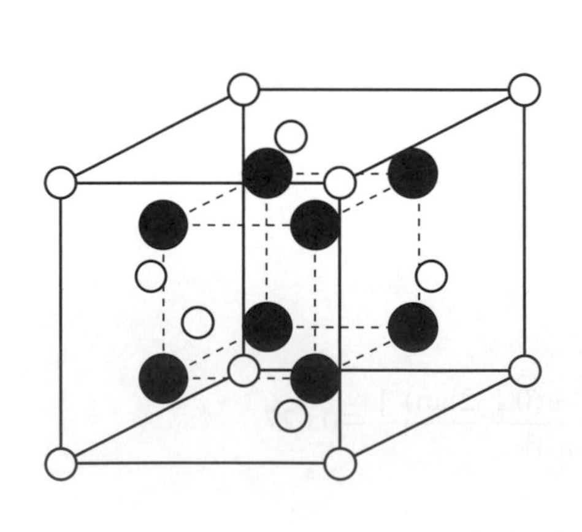

(a) 離子位置

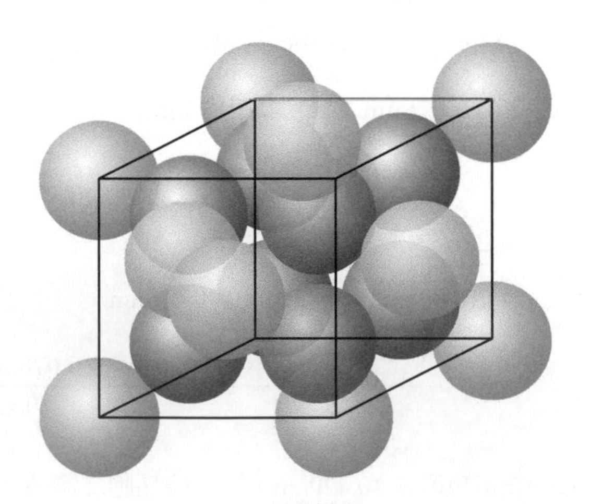

(b) 填滿模型

結構：氟石(CaF_2)型
bravais 晶格：FCC
離子/單位晶胞：$4Ca^{2+} + 8F^-$
典型陶瓷：UO_2，ThO_2，和 TeO_2

圖 3-21 CaF_2 單位晶胞

在 AX_2 結構中，二氧化矽(SiO_2)是最重要的一種結構形式，它可以用此結構本身或是其他元素結合成其他氧化物，如矽酸鹽(silicates)。而此結構並不簡單，它能隨著溫度及壓力的不同而產生結構上的變化。如圖 3-22 所示，矽酸鹽的主要單位結構是 $SiO4^{4-}$四面體，其中一個矽原子進入四個氧原子的空隙中形成配位，其中之鍵結有離子鍵及共價鍵。而 SiO_2 (矽土)結構是一個 FCC 結構晶格，每個晶格點上有 6 個離子(2 個 Si^{4+}及 4 個 O^{2-})，亦即每個單位晶胞中有 24 個離子(8 個 Si^{4+}及 16 個 O^{2-})，此結構是眾多 SiO_2 結構中最簡單的。基本上 SiO_2 可視爲 $SiO4^{4-}$之四面體的連續網狀結構，2 個 $SiO4^{4-}$之間共用一個 O^{2-}爲橋(且每一個矽原子是在四個氧原子之間)。如 Fe 在不同溫度有不同之結構，SiO_2 也是一樣，其 $SiO4^{4-}$四面體的連接關係會因溫度而改變。因此 SiO_2 陶瓷經過轉換溫度時，造成性質變化，使用上須注意。

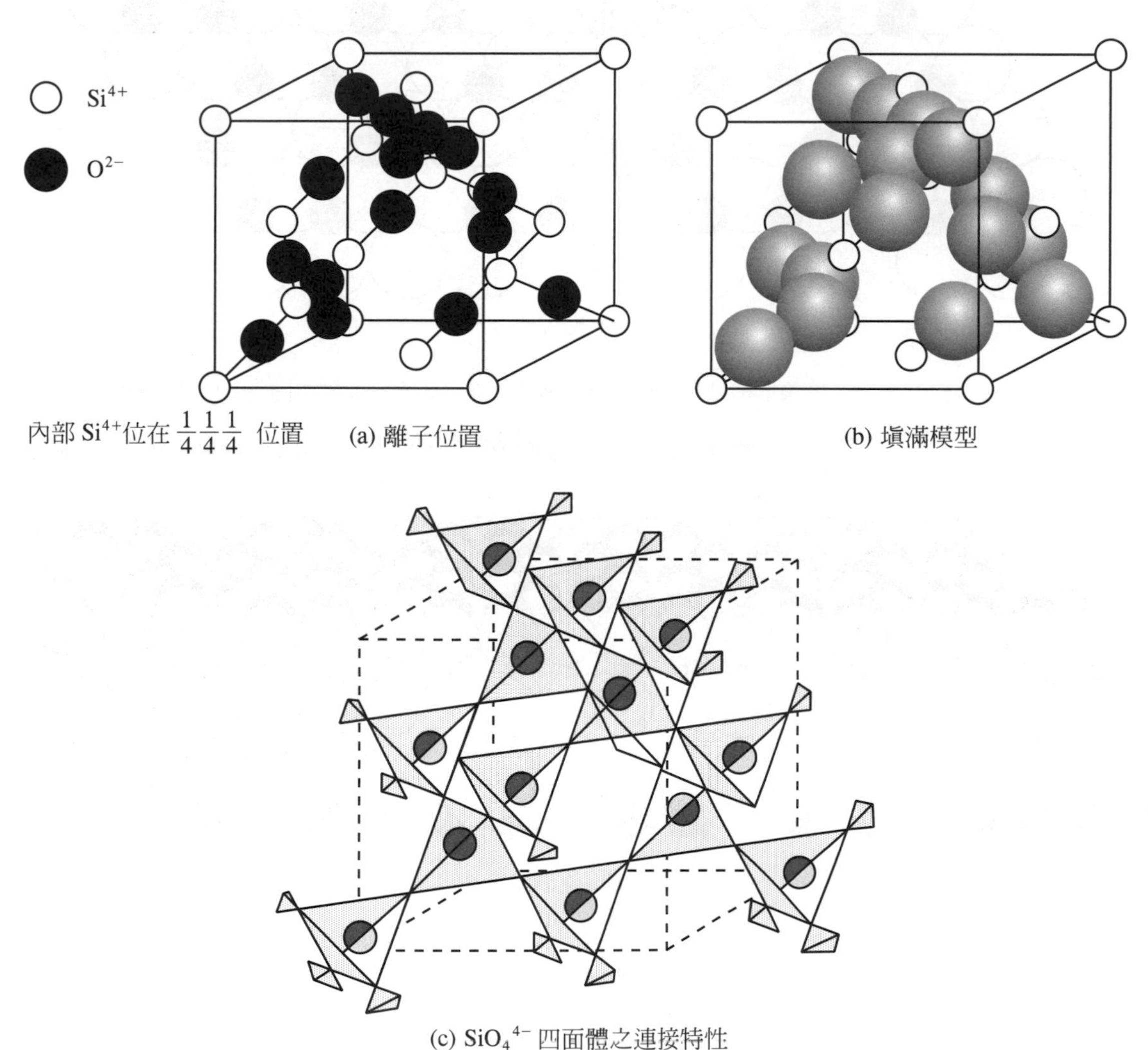

(a) 離子位置　(b) 填滿模型

(c) $SiO_4{}^{4-}$ 四面體之連接特性

圖 3-22　SiO_2 單位晶胞

化學式爲 A_2X_3 的陶瓷，如金剛砂(Al_2O_3)的結構如圖 3-23 所示，這是一個斜方六面體(rhombohedra)晶格形式，但可以用六面體(hexagonal)晶格來近似。每個晶格點有 30 個離子，每個單位晶胞也是 30 個離子(12 個 Al^{3+}和 18 個 O^{2-})。此結構可近似描述由 O^{2-}之緊密排列層之間有的八面體空隙位置由 Al^{3+}所佔據。另外如：Cr_2O_3 及 α-Fe_2O_3 亦是相同結構。Al_2O_3 是工業上應用最廣泛的一種陶瓷材料，如用於火星塞上，印刷電路板到汽車排氣系統中，盛放催化金屬的耐高溫材料。

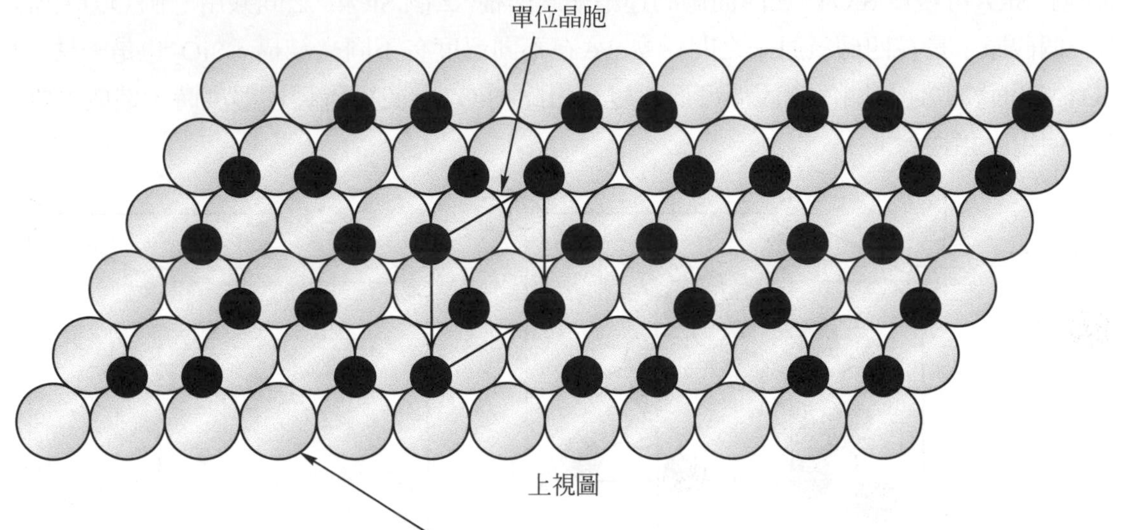

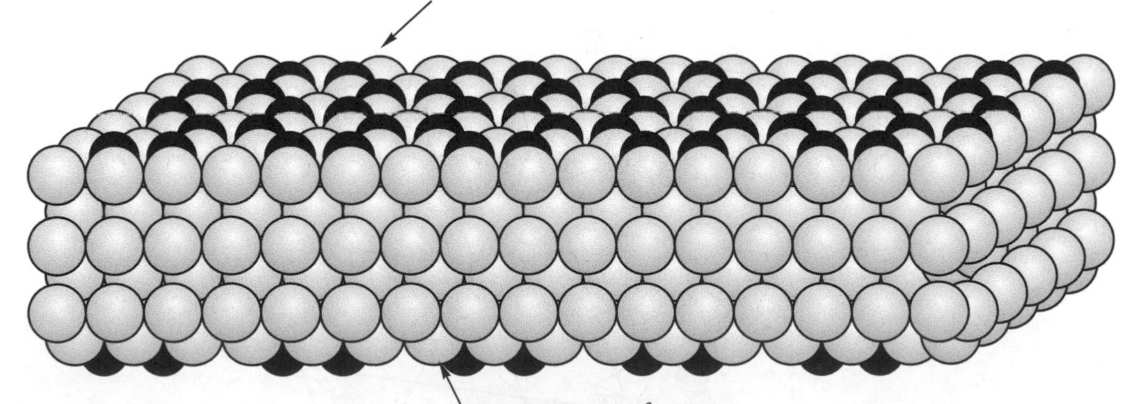

結構：金剛砂(Al_2O_3)-type
bravais 晶格：六方體
離子/單位晶胞：$12Al^{3+}+18O^{2-}$
典型陶瓷：Al_2O_3，Cr_2O_3，$\alpha-Fe_2O_3$

圖 3-23

當原子種類數增加至 3 個時，我們舉出在電子陶瓷中最重要的一族，鈣鈦礦(perovskite)型($CaTiO_3$)，如圖 3-24 似乎是簡單立方、BCC 和 FCC 結構的綜合型。於晶胞中心是 Ti^{4+}，面心位置是 O^{2-}，角落是 Ca^{2+}，但我們可用簡單立方晶格來描述，在每單位晶胞中有 5 個離子(1 個 Ca^{2+}，1 個 Ti^{4+}，3 個 O^{2-})。而有相同結構之 $BaTiO_3$ 用於唱機上的陶瓷材料，在低於 120℃時結構會稍微改變，使它成爲有用的壓電材料。

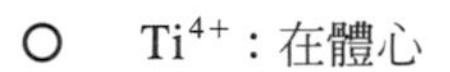

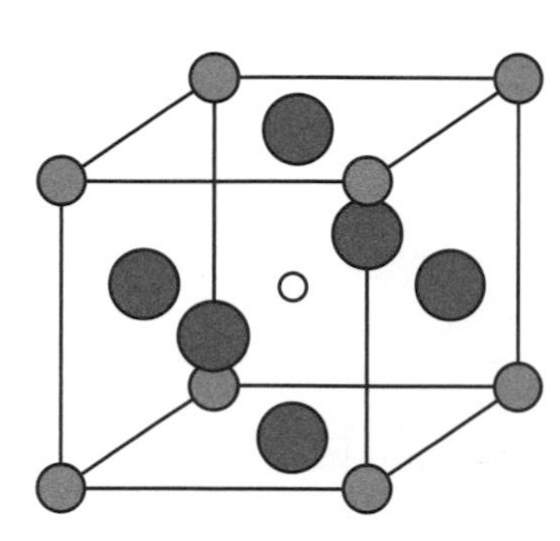

(a) 離子位置

(b) 塡滿模型

結構：鈣鈦礦($CaTiO_3$)-type
bravais 晶格：簡單立方
離子/單位晶胞：$CaTiO_3$ 和 $BaTiO_3$

圖 3-24　$CaTiO_3$ 單位晶胞

3-5-3　尖晶石結構

化學式如 A_2X_4 包含了磁性陶瓷中重要的一族，像尖晶石(spinel, $MgAl_2O_4$)結構，如圖 3-25 所示，可視爲由 FCC 晶格所組成，每個晶格點有 14 個離子(12 個 Mg^{2+}，16 個 Al^{3+}，8 個 O^{2-})，而單位晶胞中有 56 個離子(8 個 Mg^{2+}，16 個 Al^{3+}，32 個 O^{2-})，同種結構之材料有 $NiAl_2O_4$、$ZnAl_2O_4$、$ZnFe_2O_4$。在圖 3-25 中，Mg^{2+}離子是在四面體位置，即由 4 個 O^{2-}離子配位，而 Al^{3+}離子則在八面體位置，Al^{3+}離子是由 6 個 O^{2-}離子所包圍。商業上重要的陶瓷磁體則是尖晶石結構稍做改變，變成反尖晶石(inverse spinel)結構。其八面體位置由 A^{2+}離子及一半的 M^{3+}離子所佔據，而其餘的 M^{3+}離子

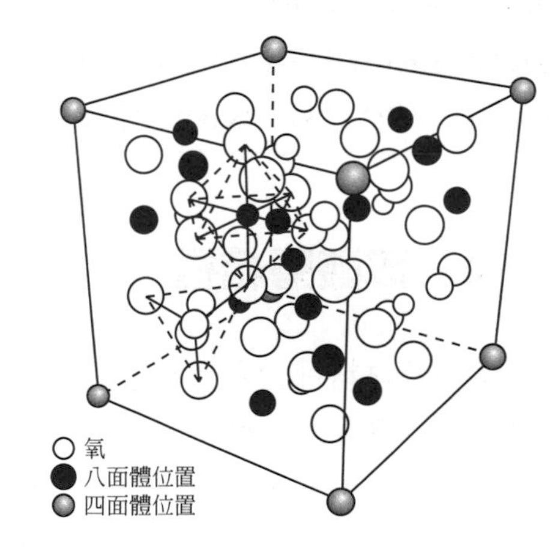

圖 3-25　Spinel ($MgAl_2O_4$)結構中的離子位置圖。大圓圈表示 Mg^{2+}離子(在四面體或配位數為 4 的位置)，而黑圓點表示 Al^{3+}離子(在八面體或配位數為 6 之位置)

佔據四面體位置，這類材料之化學式可用 $A''(A'A'')X_4$ 描述，A' 爲 2+，A'' 爲 3+。例如，$FeMgFeO_4$、$FeFe_2O_4$(＝Fe_3O_4)、$FeNiFeO_4$，和許多其他商業上重要的鐵氧磁體(ferrites)或亞鐵磁性(ferri-magnetic)陶瓷。

例 3-15

CaF_2 的晶格常數爲 0.547nm，求 $r_{Ca}+R_F$ 之和在$[1\bar{1}2]$方向上晶格點的線密度。

解 (a)在[111]方向上即單位晶胞之對角線，F^-離子與周圍 4 個 Ca^{2+}離子間之距離均相等，故它在 1/4 的點上

$4(r+R)=\sqrt{3}\,a$

$r+R=(0.547)\sqrt{3}/4=0.237\text{nm}$

(b) 其重複距離 t，是由 0，0，0 到$\frac{1}{2}$，$-\frac{1}{2}$，1

$t=\sqrt{(a/2)^2+(-a/2)^2+a^2}=a\sqrt{1.5}=(0.547\text{nm})\ (1.225)$

線密度 $=1.49/\text{nm}$

例 3-16

一尖晶石晶格有 32 個氧離子，16 個鐵離子及 8 個二價離子。如果二價離子是 Zn^{2+}及 Ni^{2+}，其比爲 3：5，求製造時 ZnO，NiO 及 Fe_2O_3 的混合比例。

解 $5NiO+3ZnO+8Fe_2O_3\rightarrow(Zn_2，Ni_6)Fe_{16}O_{32}$

$5NiO=5(58.71+16.00)=373.5\rightarrow0.197$

$3ZnO=3(65.37+16.00)=244.1\rightarrow0.129$

$8Fe_2O_3=8[2(55.85)+48.00]=1277.6\rightarrow0.674$

3-5-4 矽酸鹽結構

許多陶瓷材料都含有矽酸鹽，一方面是由於矽酸鹽含量豐富而便宜，另一方面是因爲它們具有工程應用的特殊性。

矽酸鹽結構的基本單位爲氧化矽四面體(SiO_4^{4-})，其行爲就如同一離子基；在四面體各角落上的氧原子與其他原子或離子基銜接，以滿足電荷平衡。如圖 3-26 之所有可能之結構。圖(a)中此 SiO_4^{4-} 離子從其他鍵結離子獲得四個電子。圖(b)中雙重四面體單元$(Si_2O_7)^{6-}$，中心的氧原子被兩個四面體單元所共用，因此變成一個氧橋。圖(c)和圖(d)中當氧化矽四面體兩兩以角落相銜接時，將會形成化學式$(SiO_3)_{n2n-}$的環形或鏈形結構，其中 n 爲環或鏈中$(SiO_3)^{2-}$基的數目。

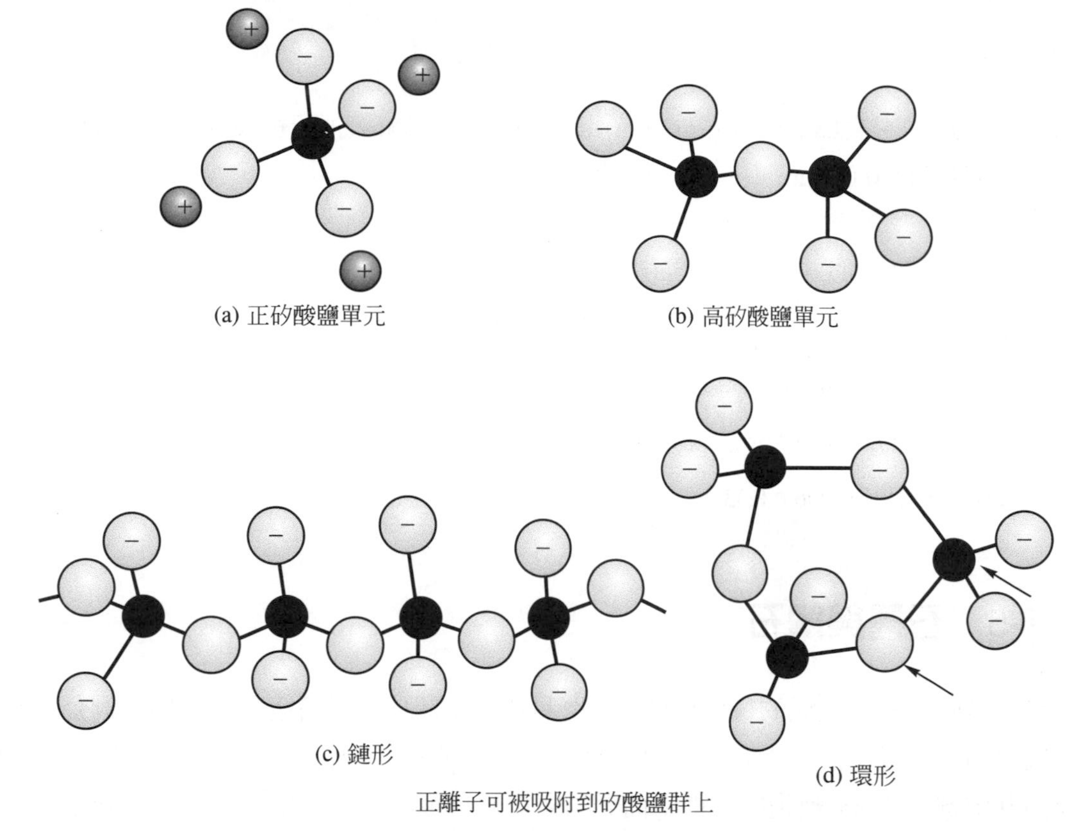

圖 3-26　氧化矽四面體的排列

當所加入的氧化物將 SiO_4^{4-} 四面體的連接性打斷，產生化學式 Si_2O_5 時，氧化矽四面體即結合成片狀結構，例如黏土和雲母。高嶺土 (kaolinite) 爲水和矽酸鋁 ($2(OH)_4Al_2Si_2O_5$)結構，是一典型的片狀矽酸鹽。從巨觀上看，許多黏土皆有平板狀或薄片狀結構。如圖 3-27 所示。

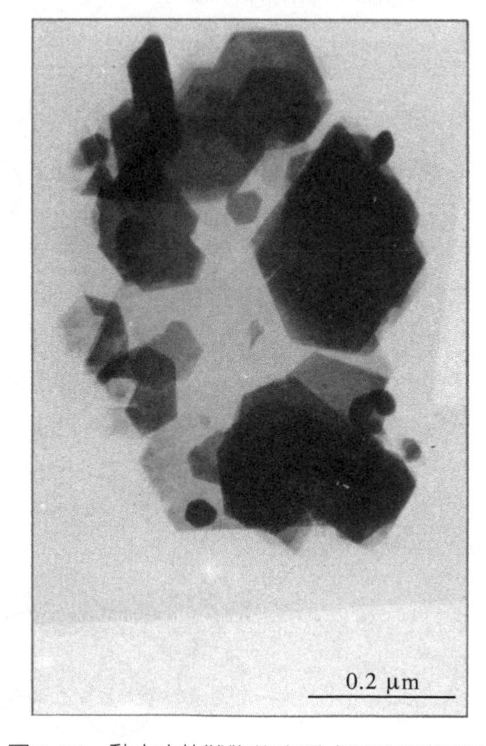

圖 3-27　黏土中片狀物的穿透式電子顯微照片

例 3-17

石英(SiO_2)的密度爲 2.65 Mg/m^3。(a)每 m^3 中有多少個矽原子(與氧原子)；(b)當矽與氧的半徑分別爲 0.038nm 與 0.114nm 時，其 pF 爲何？

解 (a) 每一 mole 的 SiO_2(0.6×10^{24} 個 SiO_2)有 60.1g

$$SiO_2/m^3 = \frac{2.65\times10^6\ g/m^3}{60.1g/0.6\times10^{24}SiO_2} = 2.645\times10^{28}SiO_2/m^3 = 5.29\times10^{28}O/m^3$$

(b) $V_{Si/m^3} = (2.645\times10^{28}/m^3)(4\pi/3)(0.038\times10^{-9}m)^3 = 0.006m^3/m^3$

$V_{O/m^3} = (5.29\times10\times10^{28}/m^3)(4\pi/3)(0.14\times10\times10^{-9}m)^3 = 0.328m^3/m^3$

$\therefore pF = 0.328 + 0.006 = 0.33$

3-5-5 石墨與鑽石

石墨是碳元素在室溫的一種穩態，它雖是單原子組成，但構造形式卻如同陶瓷，碳原子是被共價鍵連成平面的六方形排列，而層與層之間是由凡得瓦爾力連接，如圖 3-28 此一層面共價鍵是在 sp^2 軌道間；而平面間的弱鍵較具金屬性，使得石墨在平行於這些平面的方向，比起垂直於這些平面的方向上其導電性與導熱性強很多，也使石墨具有易碎的本質，可做爲乾式潤滑劑的應用。

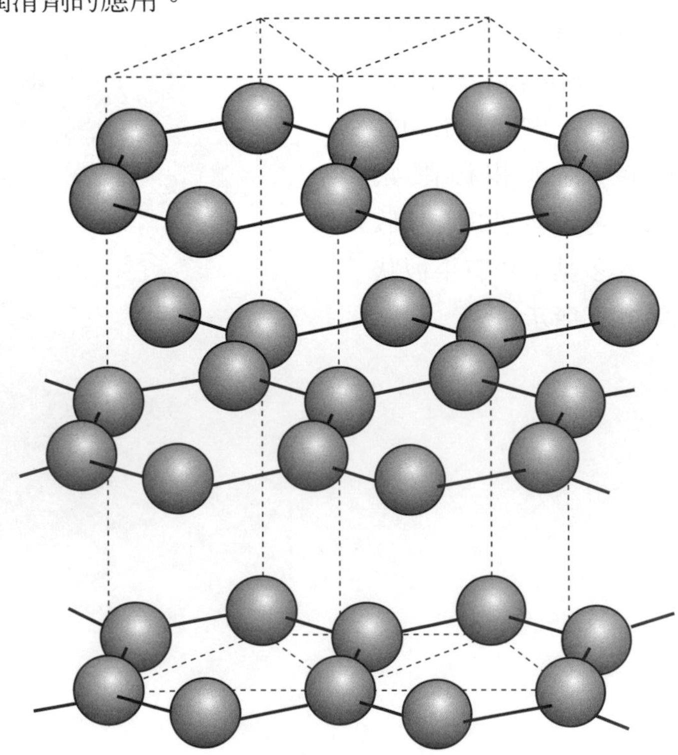

圖 3-28 石墨的晶體結構，顯示碳原子的六方形層狀結構。碳原子之配位數為三

而碳在高壓下的穩定形式爲鑽石立方(diamond cubic，DC)晶體結構，其所有之鍵結均爲共價鍵，爲 sp^3 軌道之重疊所產生出來的，如圖 3-29 其晶格爲 FCC 結構。且在 0，0，0；$\frac{1}{4}$，$\frac{1}{4}$，$\frac{1}{4}$處的兩個相同原子爲一個晶格點。在單一晶胞中有八個原子，其堆積因子爲 0.34。矽、鍺和灰錫皆有相同的結構。

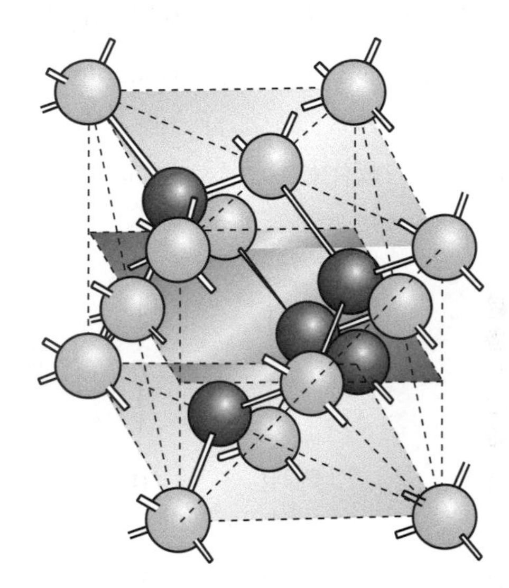

圖 3-29　鑽石立方晶體結構。淡球顯示 FCC 晶格，每個晶格點有兩個原子

例 3-18

試求鑽石的堆積因子。

解 由 0，0，0 原子到$\frac{1}{4}$，$\frac{1}{4}$，$\frac{1}{4}$原子之距離($2r$)爲單位晶胞對角線之$\frac{1}{4}$。所以

$$\sqrt{3}\,a = 8r$$

$$\text{pF} = \frac{(8\text{原子/晶胞})(\frac{4}{3}\pi r^3)}{a^3} = \frac{8(\frac{4}{3}\pi r^3)}{(8r/\sqrt{3})^3} = 0.34$$

3-6 分子晶體

繼金屬、陶瓷之後，下一個我們所要討論的材料爲分子晶體，通常是由有機原料得來。長久以來，有機物質就已被使用做工程材料，且被工程師廣泛地使用著，其不限於自然的有機材料，許多人工有機材料已被發展出來。例如聚合物(polymer)工業上俗稱的塑膠(plastics)，它是由許多重複的小分子基體(mer)組合而成的巨大分子。隨著聚合物尺寸的增加，它們的熔點增高，而且聚合物變得越強越硬。

聚合物主要的優點是重量輕，對腐蝕的抵抗力與電絕緣性極佳，但其最大的特色，卻是可以最小的勞力，塑造成複雜的幾何形狀。但其抗拉強度相當低，且不適合在高溫下使用。

3-6-1 小分子晶體

乙烯(ethylene)是一種氣體，化學式為 C_2H_2，內部的碳原子利用雙共價鍵來結合每個碳原子結合了兩個氫原子，在此乙烯分子稱為單體(monomer)。在有熱、壓力的情況下，碳原子間的雙鍵會斷掉，以致於每個碳原子都有一個未滿的鍵。此時乙烯分子稱為基體(mer)，而基體與基體結合而產生一條由碳原子為骨幹的鏈。此種乙烯分子長鏈稱為聚乙烯(polyethylene)。如圖 3-30 所示。

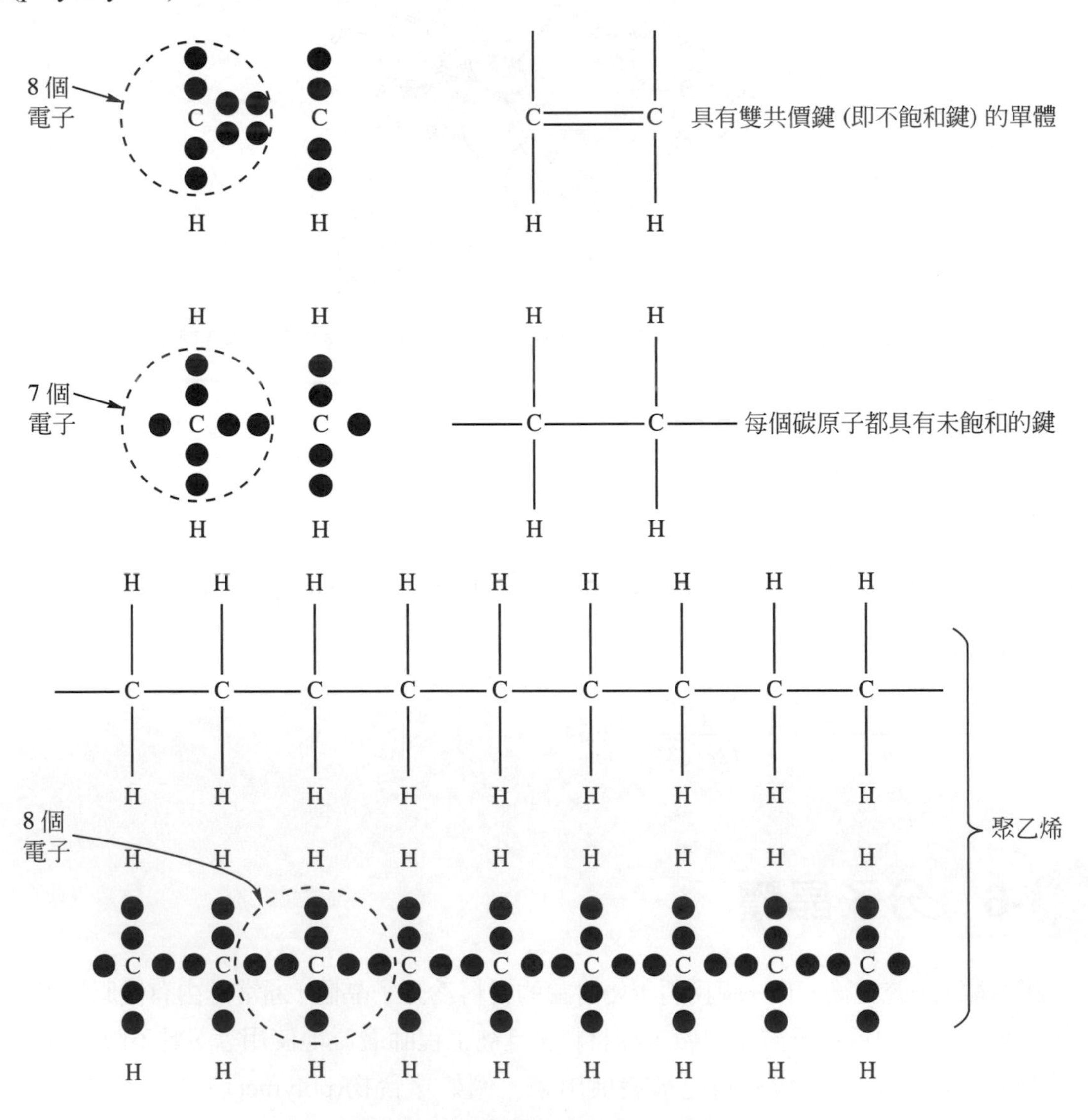

圖 3-30 由乙烯分子形成的聚乙烯

上面之反應稱爲加成聚合，是以碳共價鍵爲基礎，此共價鍵是一種不飽合鍵，形成單鍵時碳原子間仍連接著，但已和其它分子相連在一起。碳之價數爲 4，它與四個鄰近原子共用它的價電子而形成一個四面體結構，在有機分子中，四面體某些位置被氫、氯、氟所佔據。由於氫只有一個價電子，故此四面體無法進一步延伸。圖 3-31(b)是甲烷(menthane) CH_4 結構，它無法做簡單的加成聚合反應。在乙烷中，碳原子以一個共價鍵與另一個碳原子結合，同樣地也無法發生聚合反應。如圖 3-31(c)。然而，乙烯內碳原子是用一種不飽和的雙鍵結合，圖 3-31(d)在聚合反應中雙鍵被打斷，且每個碳原子皆可吸引一個新基體。

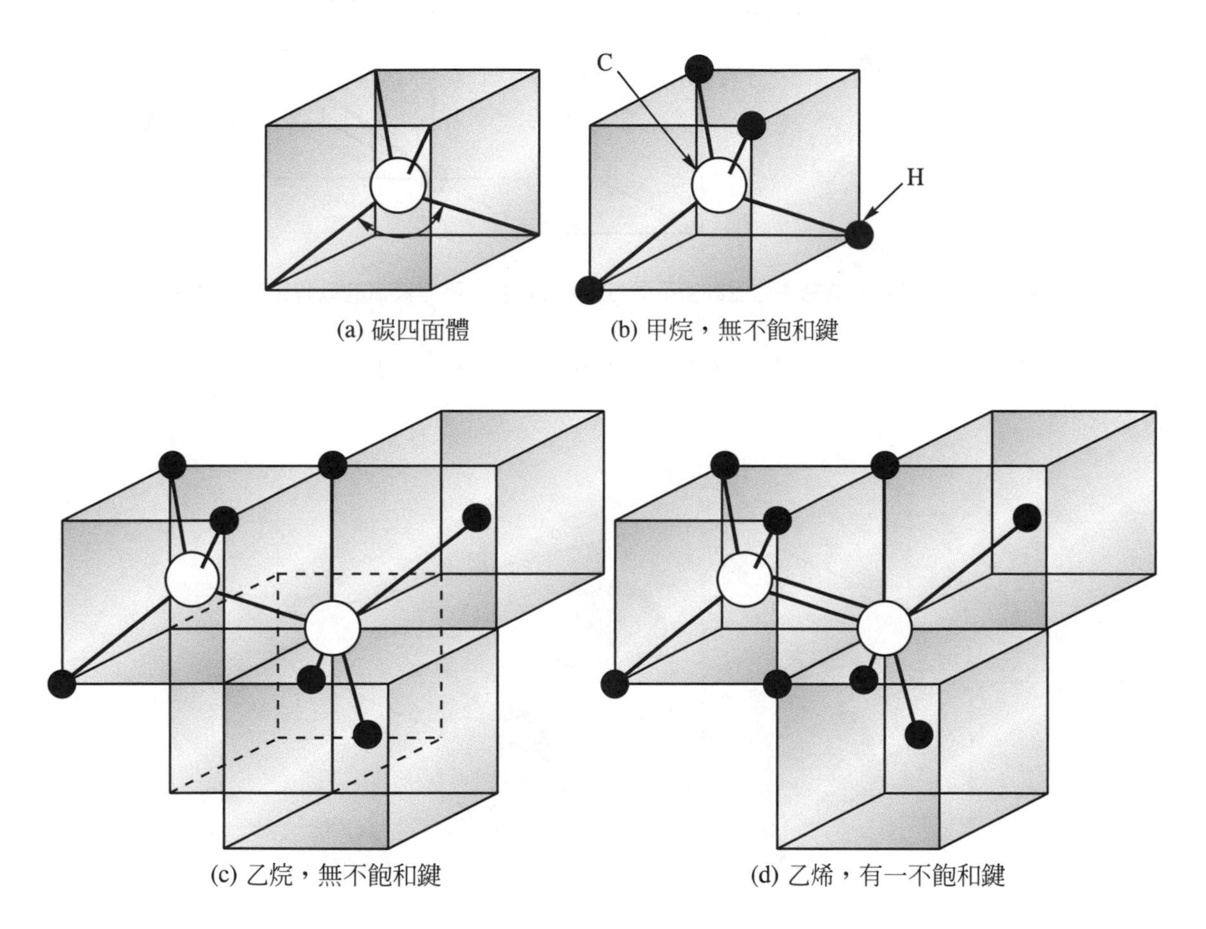

圖 3-31　碳的四面體結構可以許多不同方式形成晶體、不可聚合的氣體和聚合物

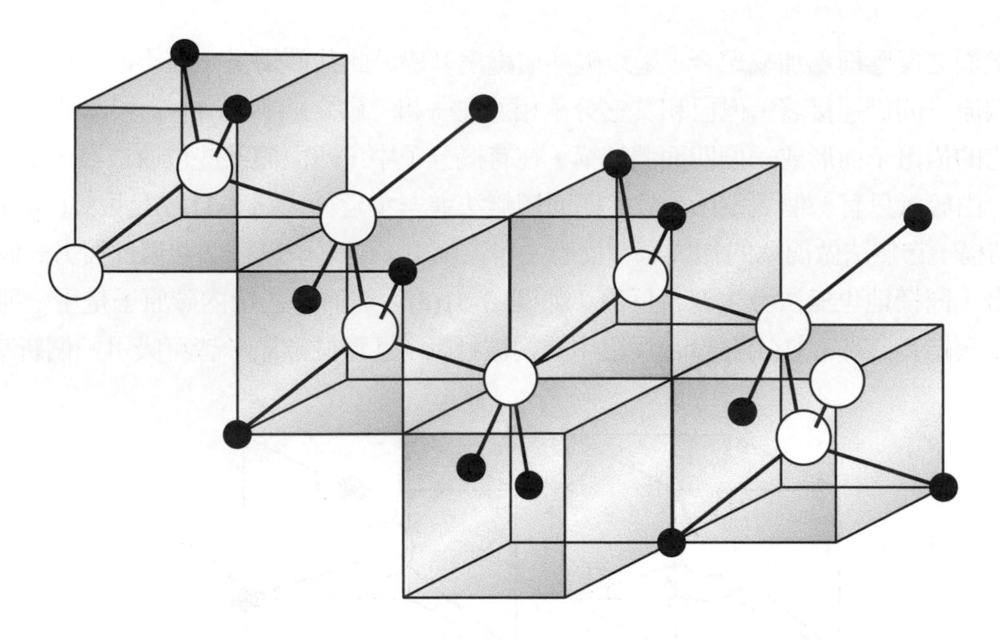

圖 3-31 碳的四面體結構可以許多不同方式形成晶體、不可聚合的氣體和聚合物(續)

圖 3-32 爲甲烷之分子晶體，因分子 CH_4 相當對稱，近乎球狀，故爲分子晶體中較易觀察之一。

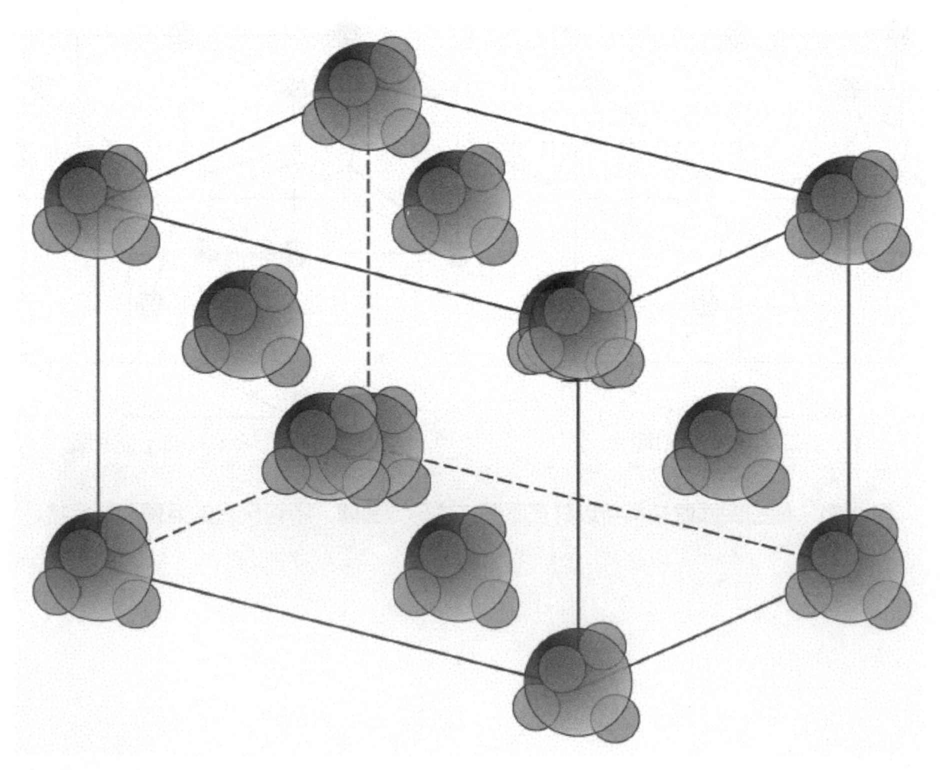

圖 3-32 FCC 化合物(甲烷)，每一個 FCC 格子點含有五個原子。甲烷在－183℃(90K)時凝固。在 20K 及 90K 之間，分子可在其格子點位置上旋轉。低於 20K，分子的排列正如圖所示

3-6-2　高分子晶體

因爲每一分子不只含有一個原子，故分子晶體較金屬或陶瓷這些排列規則且重複的結構更來得困難。結果大部分的商業塑膠，有極大程度之非結晶性，在結晶性的顯微結構區域中，其結構是相當複雜的。

聚乙烯$(C_2H_2)_n$結晶時，其長鏈分子向前及向後折疊，形成了複雜的結晶構造，如圖 3-33 所示。其是斜方體的單位晶胞，爲分子晶體常見的結晶系統。圖中每單位晶胞有兩個基體。聚乙烯之單晶是極難成長的，它通常會成爲厚 10nm 的薄平板狀。因爲聚合鏈長是數百個 nm 長，其鏈必須是像前後摺疊而形成一短程之原子尺度的編織狀，如圖 3-34。

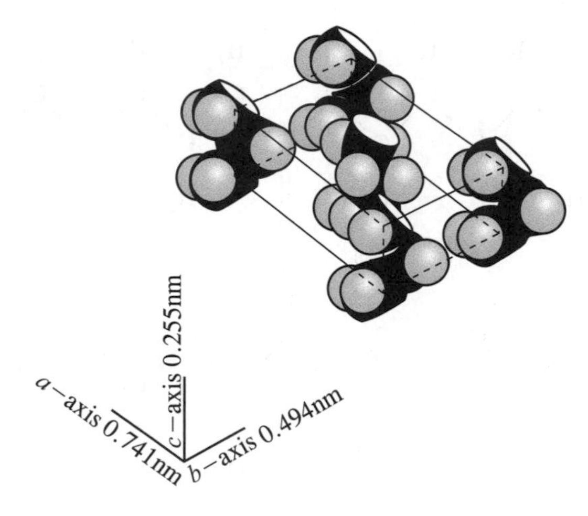

圖 3-33　聚乙烯單位晶胞中聚合鏈的排列。黑球代表碳原子，白球代表氫原子

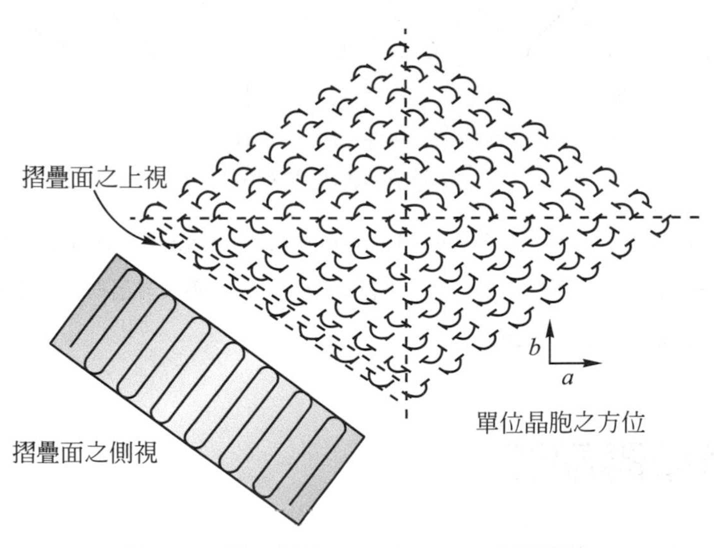

圖 3-34　聚乙烯薄平版狀結晶的編織狀圖形

聚乙烯晶體，當超過某種距離時，相鄰接的鏈要維持完美的"鋸齒狀"排列，幾乎是不可能的，尤其是受熱振動和鏈的長度不同時。故商業用聚乙烯之密度通常比理想晶體的密度低，以致其堆積密度會降低而有額外的自由空間。

尼龍晶體的形成比聚乙烯容易多了，因爲聚乙烯中相鄰鏈幾乎無鍵結的情形。而在尼龍的情形中，帶著＝N－H 之鏈會與相鄰的 O＝C＝基，形成鍵結，如圖 3-35 所示，此種氫橋(hydrogen bridge)可促進相鄰鍵間在晶體中成直且平行的排列。

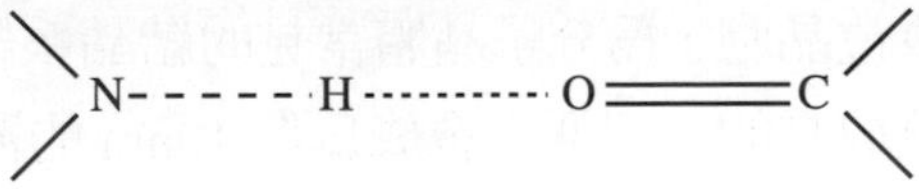

(a) 鏈結(氫橋)

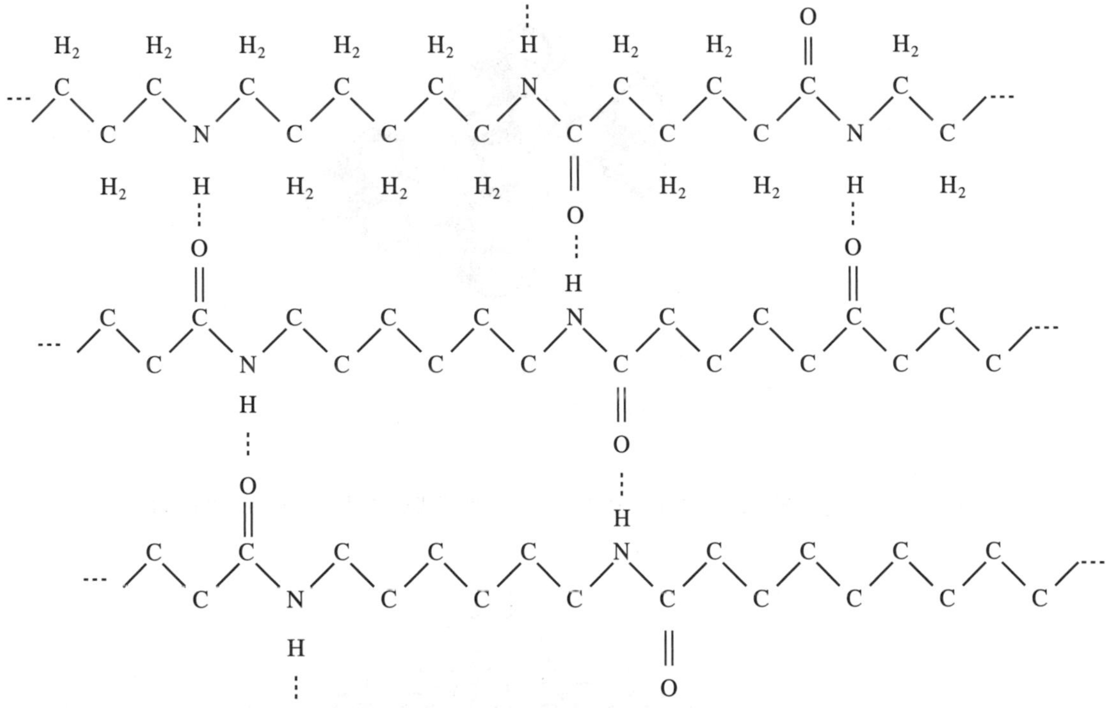

(b) 分子晶體(尼龍 6/6)

圖 3-35　圖(a)的縮和機構產生分子鏈。帶有極性的 C＝O 群與下一個鏈藉著氫橋鍵結著。這有助於鄰接分子的相配並導致較聚乙烯更完全的結晶。在晶體中，分子並不像非晶形聚合體一樣地扭結與捲繞(未橋化之氫只示於上面的分子鏈)

3-7　半導體晶體

我們所利用到的各種不同材料可區分爲三類：導體(conductor)、半導體(semiconductor)和絕緣體(insulator)。金屬是屬於導體，因它們具有自由電子而成爲電和熱的良導體。絕緣體則包含陶瓷與聚合物，因它們的電子必須躍過一很大的能隙(energy gap)才能到達傳導帶(conduction band)。而半導體的能隙較小，所以能讓數目很多的電子躍至傳導帶，而在價帶(valence band)中留下電洞(帶正電荷)，此電子及電洞皆是傳輸電荷的電荷載體(carriers of charge)。

3-7-1 單元素半導體

元素半導體矽、鍺和灰錫的晶體結構爲鑽石立方(DC)型，如圖 3-36 所示，此結構爲兩個交替的 FCC 晶格，每一個晶格點有兩個原子，而每一單位晶胞有八個原子，每個晶格中的原子都是相同的，而原子配位數爲四，分別位於四面體的四個角，這是 IV A 元素之結構鍵結形狀的特徵。

兩個交替的面心立方晶格，相互位移了 $\frac{1}{4}$，$\frac{1}{4}$，$\frac{1}{4}$ 位置，故兩個晶體間的距離為沿著對角線 $a\sqrt{3}/4$ 的長度，其劈開面(cleavage plane)為(111)平面。

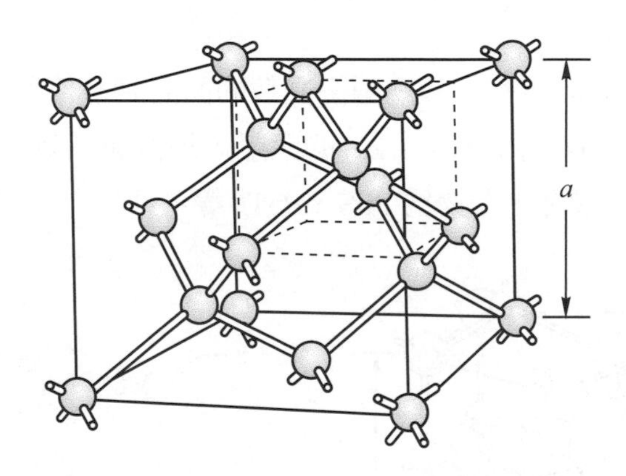

圖 3-36 鑽石立方晶格(鑽石、矽、鍺等)

3-7-2 雙元素半導體

週期表中第 IV 族元素如矽和鍺是單原子的半導體，此外尚有一些兩個或多個不同元素複合而成的半導體化合物，而 MX 型式的化合物其原子結合的平均價數爲＋4。如 GaAs 中其 Ga 爲＋3 價而 As 爲＋5 價；CdS 化合物其 Cd 爲＋2 價而 S 爲＋6 價。而在這些複合半導體中，大部分的 III-VI 族化合物擁有閃鋅晶格結構(zincblende structure)，如圖 3-37 GaAs 晶格，除了其兩個面心副晶格一爲 Ga 在 $\frac{1}{4}$，$\frac{1}{4}$，$\frac{1}{4}$；$\frac{1}{4}$，$\frac{3}{4}$，$\frac{3}{4}$；$\frac{3}{4}$，$\frac{1}{4}$，$\frac{1}{4}$；$\frac{3}{4}$，$\frac{3}{4}$，$\frac{1}{4}$ 四個四面體位置；而另一副晶格爲 As 在 0，0，0；0，$\frac{1}{2}$，$\frac{1}{2}$；$\frac{1}{2}$，0，$\frac{1}{2}$；$\frac{1}{2}$，$\frac{1}{2}$，0 位置外，其結構是與鑽石結構相同的。如 GaAs、GaP……等。

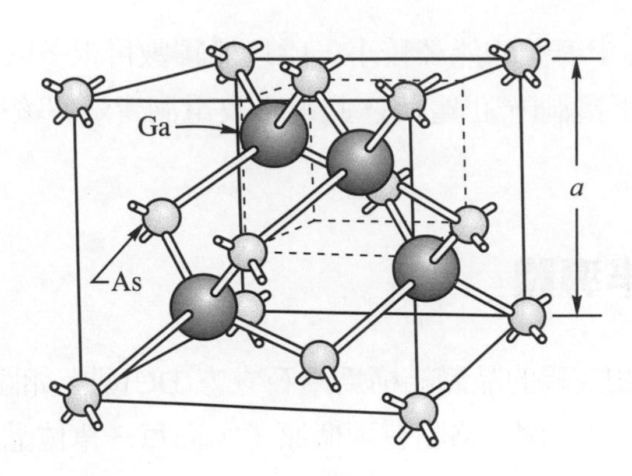

圖 3-37 閃鋅晶格結構。如 GaAs、GaP

然而，許多化合物半導體(包括某些 III-VI 族化合物)具有 Wurtzite 或 Rock-salt 之晶格結構。圖 3-38(a)顯示 Wurtzite 晶格，此晶格爲兩個六方最密堆積晶格交替所形成，即 CdS 有兩個副晶格，一爲 Cd 所形成，另一爲 S 所擁有。而 Wurtzite 晶格和閃鋅晶格結構相類似，每個原子有最鄰近的四個原子(配位數爲四)，且這四個原子形成四面體的排列。相同結構有 CdS、ZnO 等。

圖 3-38(b)爲 Rock-salt 晶格，其爲兩個交替的面心副晶格所形成(即爲 NaCl 晶格結構)，兩個副晶格朝著<100>方向位移 1/2a 的距離，每個原子有六個最鄰近的相異原子，配位數爲 6。而有相同結構之化合物爲 PbS、PbTe 等。

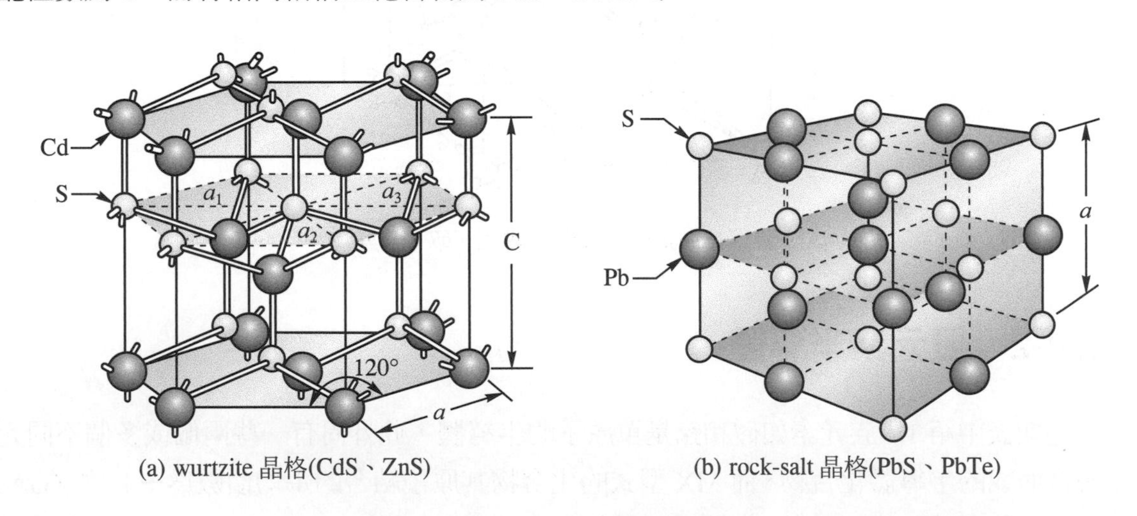

(a) wurtzite 晶格(CdS、ZnS)　　(b) rock-salt 晶格(PbS、PbTe)

圖 3-38 兩個化合物半導體之單位晶胞

3-8 晶體繞射分析(crystal diffraction, CD)

晶體是由週期性的規則原子排列所組成，具最高密度的面與線，因此有三度空間繞射光柵的作用，假如一入射的光波波長等於光柵間距，則此光線可被光柵所繞射。在晶體中，等距離排列的原子平面間距極小，只有數個Å，一般可見光波長 4000Å～8000Å是無法被晶體平面所繞射的，但低電壓(約 50 kV)X 光與電子顯微鏡之電子波長具有適當大小之波長，皆能被晶體所繞射，因而可分析一未知材料，決定該材料的晶格常數，而確認此未知材料，也可決定一晶體的指向(orientation)。

3-8-1　X 光繞射

當 X 光照在排列規則的原子上時，其散射會相互干涉，在某些方向爲建設性干涉；而某些方向則爲破壞性干涉。而事實上 X 光由晶體中許多具有相等間距之平行平面上之原子所共同散射而產生互相干涉之結果，因此建設性干涉必須在布拉格定律(Bragg's law)下才能產生。如圖 3-39 所示，X 光束同時被表面兩原子層反射的情形，實際上，X 光是被無數個平行之晶面所反射。圖中之 d 表示兩個晶面間的距離，要使繞射發生則兩相鄰晶面之散射束必須是同相的。否則會產生破壞性干涉而沒有散射強度。故爲了要散射束同相產生建設性干涉，則必須使相鄰之 X 光束之波長差 ABC 必須是波長的整數倍 $n\lambda$，即得布拉格定律：

$$N\lambda = 2d\sin\theta \tag{3-6}$$

其角度 θ 通常稱爲布拉格角，而 2θ 是繞射角，如圖 3-40 所示。

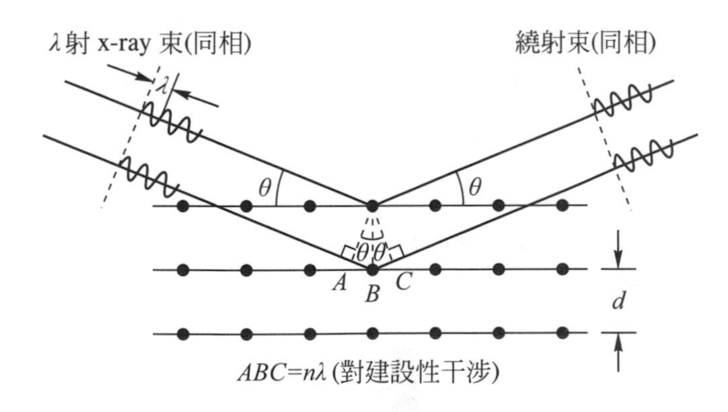

圖 3-39　X 光繞射的幾何圖形布拉格定律($n\lambda = 2d\sin\theta$)描述繞射情形

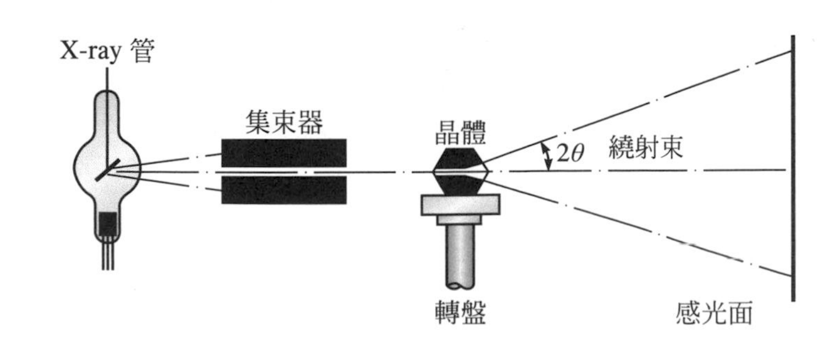

圖 3-40　X 光繞射的儀器

但布拉格定律對繞射來說是必要而且是充分必要條件。因上面所討論的繞射情況是針對晶格點只在單位晶胞的角落之原始晶胞而言，如簡單立方(simple cubic)和簡單正方(simple tetragonal)。而非原始晶胞之晶體結構有原子在其他的晶格位置，如晶胞邊、晶胞面和晶胞內部中心。這些多餘的散射中心會在某一布拉格角引起不同相散射，結果使滿足布拉格定律情況的繞射不發生。表 3-3 表示了普通金屬結構的選擇率(selection rule)。所以要產生繞射情況，不只是要滿足布拉格定律，且要同時滿足選擇率。

表 3-3 X-ray 繞射對普通金屬結構的選擇率

晶體結構	繞射不發生，當	產生繞射，當
體心立方(bCC)	$h+k+1=$ 奇數	$h+k+l=$ 偶數
面心立方(fCC)	h, k, l 混合(奇偶皆有)	h, k, l 未混合(全奇或全偶)
六方最密(hCP)	$(h+2k)=3n$ ，l 奇數(為整數)	所有其他情況

假使把晶體與 X 光成一固定方位的情況，且入射 X 光包含波長大於最小值 λ_0 的連續 X 光，而使得單晶晶體之每一晶面皆產生繞射，稱為勞氏繞射法(laue technique)，有兩種基本方法：一為分析從晶體反射回來的繞射束，如圖 3-41 稱為反射式勞氏法(back-reflection Laue technique)，此法是用於晶體太厚而 X 光不能穿透時。另一為分析穿過晶體的繞射光束，稱為穿透式勞氏法(transmission Laue technique)，用於較薄的晶體上。如圖 3-42 所示為 MgO 單晶之 X 光繞射圖，圖中每一點即相當於從一晶面所繞射的 X 光。圖 3-43 中試樣不是只有一個單晶，而是有許多很小晶體的粉末，具有許多方位散亂的小晶體，故粉末試樣之 θ 角為變數，用單一波長的 X 光，由於粉末晶體在空間中的方位是散亂的，所以這些繞射線將不會出現在同一方向上，而是沿著與入射線成 2θ 夾角之圓錐表面的方向射出。米勒指數越高的晶面，其反射線構成之圓錐角度就愈大。此法稱為粉末法(powder method or Debye-Scherrer)。

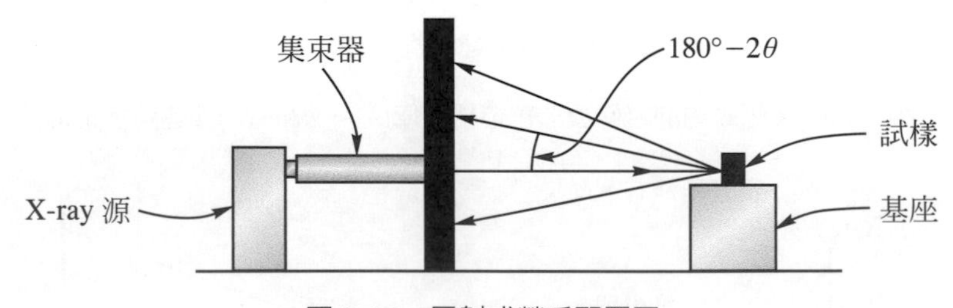

圖 3-41 反射式勞氏配置圖

圖 3-42　MgO 單晶之繞射圖形

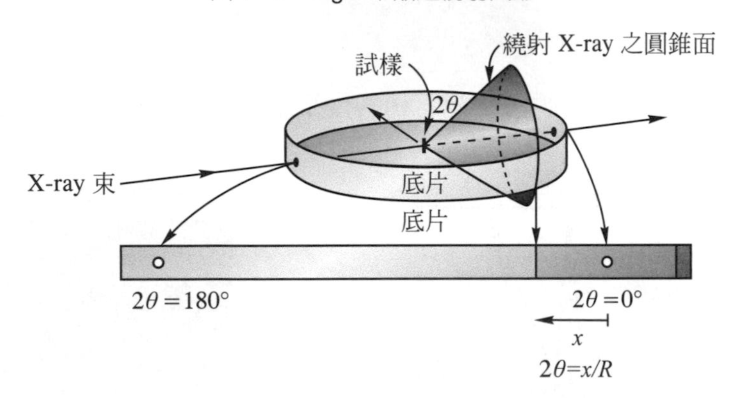

圖 3-43　The Debye-Scherrer X-ray 繞射所為粉末試樣

圖 3-44 爲 X 光分光儀(X-ray spectrometer)的繞射圖形，爲測量 X 光繞射強度的一種裝置，包括粉末試樣和蓋格計數器(Geiger counter)可使兩者同時旋轉，不過計數器之轉速爲試樣的兩倍，以保持 $\theta-2\theta$ 之間的關係。此法可正確地量出繞射強度，故可作定性及定量分析。

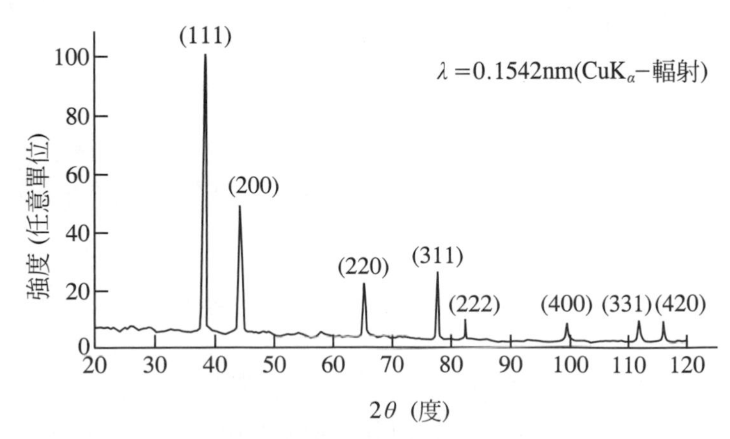

圖 3-44　Al 粉末之繞射圖形。每一個波峰即相當於一個反射面

3-8-2 電子繞射

近年來穿透式電子顯微鏡(transmission electron microscope)是分析顯微結構及缺陷之有效且重要的方法。其使用薄膜晶體厚約數百個 nm 以下，通常操作電壓約在 100 kV 左右，則電子波長與速度 V 有下列關係：

$$\lambda = h/mV = 0.039\,\text{Å} \tag{3-7}$$

此值為 X 光波長的百分之一而已。根據布拉格定律

$$n\lambda = 2d\cdot\sin\theta \tag{3-8}$$

假設繞射晶面的間距為 2 Å，則布拉格角 θ

$$\theta \fallingdotseq \sin\theta = 0.01° \tag{3-9}$$

表示當一電子束通過一晶體薄膜時，只有那些幾乎平行於入射線的晶面能繞射。

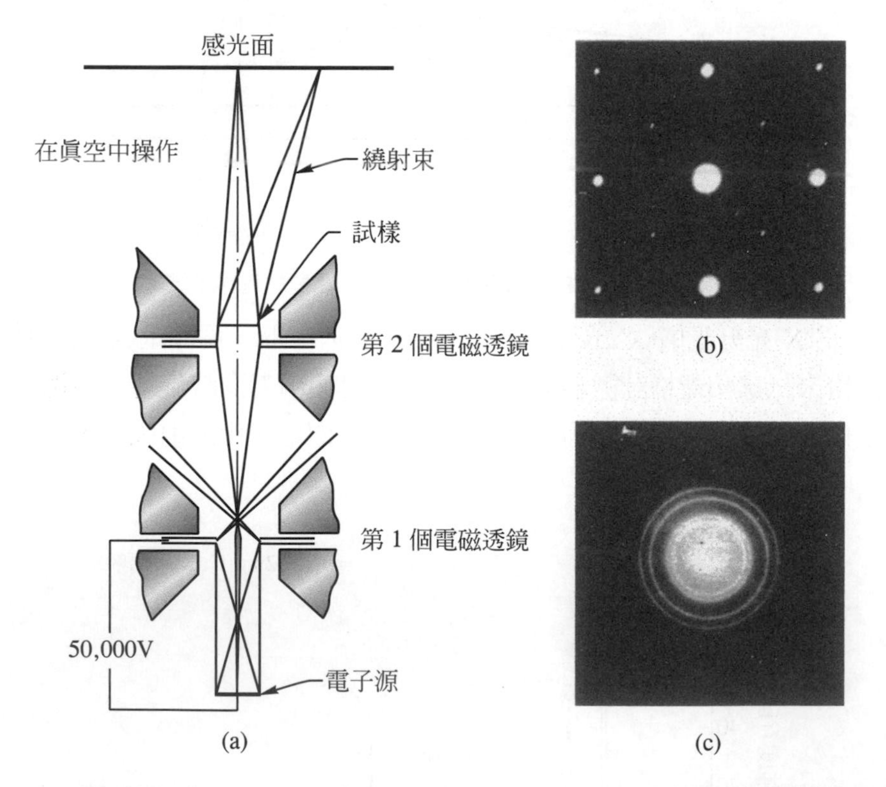

圖 3-45 (a)電子顯微鏡構造圖，(b)GaAs 單晶之繞射圖形，(c)Al 粉末繞射圖形電子束沿著(001)方向

如圖 3-45(a)為穿透式電子顯微鏡之構造圖。若我們將試片傾斜到某一個晶帶軸(zone axial)(各平面相互交集於一共同方向，該交集線稱為晶帶軸)平行於顯微鏡之電子方向時，

則所得到繞射圖樣上的點各代表一晶帶面(the plans of zone)如圖 3-45(b)，在繞射圖中繞射束與直接穿透電子束點之間的距離剛好反比於其晶面間距。而在立方體中，晶面間距離為

$$d_{hkl} = \frac{a}{\sqrt{h^2 + j^2 + k^2}} \tag{3-10}$$

式中　a：晶胞之邊長

h,k,l：米勒指數

故我們可以由晶面間距離 d 的關係而求出各個繞射點所對應的晶面。

我們只要能觀察出：由不同之"繞射圖形"，不但可以非常精確地決定格子常數之大小，而且可以辨認晶體格子繞射分析在研究材料內部的結構，是一個非常有用的工具。

3-9 同素異形體

"同素異形體"(allotropy)這個自是由希臘文中"另一種形式"(another form)一詞所演變而來，如由元素碳(carbon)所形成之鑽石(diamond)與石墨(graphite)即為同素異形體的一種。從前，同素異形體的判別主要是由其物理性質來判斷，如表面的顏色以及物質的密度，但是這樣的方法並不準確，因為表面的顏色會因為晶體顆粒大小的不同或是內含摻雜物的不同而有所改變，而物質的密度亦很難準確的量測出來。最準確的判斷方法是對物質的晶體排列做結構分析，因為同素異形體會有不同的原子排列。

不同的原子排列可能是由於分子複雜度的改變，如硫(sulfur)在不同的情況之下可能由六個原子或八個原子構成一個分子，而同一種分子的排列方向改變就會形成一種同素異形體，像是 S_8 分子便具有斜方硫(rhombic sulfur)和單斜硫(monoclinic sulfur)兩種不同的結構，為其同素異形體。

此外，"同位素"(isotopy)和"同素異形體"不同，同位素是指質子數以及電子數相同但中子數卻不同的元素而言，同位素因為具有相同的電子數與電子組態，所以其化學性質相同，但因為中子數目不同，故其原子質量並不相同。如 C^{12} 與 C^{11} 便為同位素。

3-10 非晶態材料

"非晶結構"(amorphous)是指原子的排列缺乏系統性及規律性，我們可以由圖 3-46 中看見二氧化矽的(a)晶體結構以及(b)非晶結構，雖然圖中每個矽原子都與三個氧原子相連接，但是還是可以清楚的看出圖(b)的原子排列遠比圖(a)較為不規則。

通常物質由液體快速地變成固體時，會產生非晶結構。因為在快速結晶的過程中，會產生許多結晶的成核點，使得結晶的大小無法擴張，因此形成了非晶結構。雖然構成的元

素沒有改變，但是其物理、化學、熱學以及電學等等各方面的性質都與晶體結構有顯著的不同。

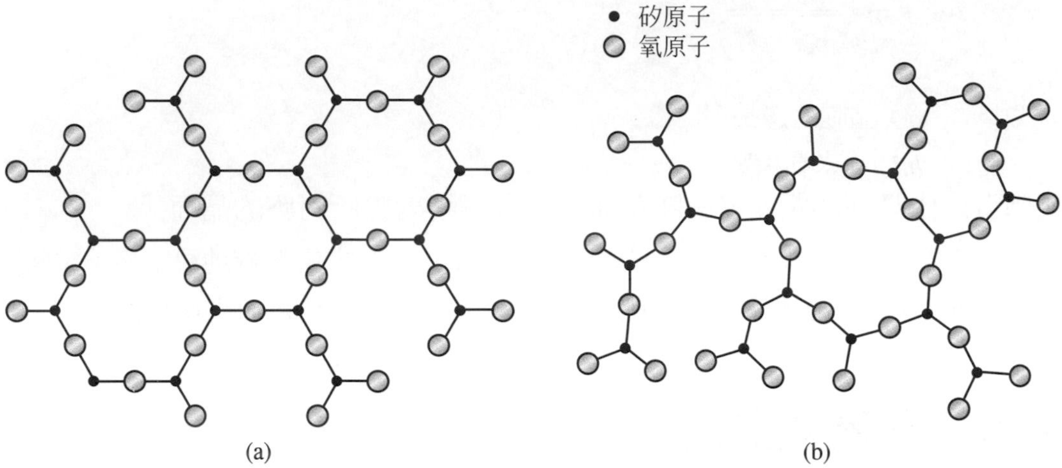

● 矽原子
○ 氧原子

(a)

(b)

圖 3-46 二氧化矽的(a)晶體結構與(b)非晶結構

研讀完此一章節，我們會發現即使是相同的原子但是不一樣的結構也會有不一樣的材料特性。基本上要定義一種材料單從原子的種類是不夠的，還必須要考慮到晶體結構以及晶體的大小，如我們在討論『矽』這項材料的時候，單單知道它是由矽原子組成的並沒有辦法描述它材料的特性，還要知道它的晶體排列結構還有晶粒的大小，像是單晶矽、複晶矽以及非晶矽的材料特性就截然不同。因此我們可以知道瞭解晶體的排列在材料科學方面具有多大的意義。

重點總結

1. 晶體是由原子的規則性所構成，爲了更簡單的分析晶體結構我們可以把晶胞視爲構成晶胞的最簡單單位，晶胞對任何方向的重複排列形成了晶體。
2. 晶體的結構可以分爲七大晶系，以晶體的邊長以及所夾的角度我們可已經晶體的結構分爲七類，其中包括了立方體、正方體、斜方體、菱方體、六方體、單斜體、三斜體。
3. 金屬晶體的結構大概可以分爲：體心立方、面心立方以及六方最密堆積，體心立方包含了兩個原子，面心立方包含三個原子，六方最密堆積則是包含了兩個原子(與旁邊晶胞分享原子的結果)。
4. 陶瓷晶體的結構主要有：AX 結構、A_mX_n 結構、尖晶石結構、矽酸鹽結構、石墨與鑽石。爲金屬與非金屬元素之複雜化合物，它們是以離子鍵或共價鍵做結合，熔點極高，化學安定性及熱安定性良好，抗壓強度高；但其脆、延展性差、導電及導熱度低，不耐拉伸。

5. 分子晶體主要可以分爲兩類：小分子晶體、高分子晶體。是由許多重複的小分子基體(mer)組合而成的巨大分子。隨著聚合物尺寸的增加，它們的熔點增高，而且聚合物變得越強越硬。優點是重量輕，對腐蝕的抵抗力與電絕緣性極佳，但其最大的特色，卻是可以最小的勞力，塑造成複雜的幾何形狀。但其抗拉強度相當低，且不適合在高溫下使用。

6. 半導體晶體主要可以分爲兩類：單元素半導體、雙元素半導體。主要特性在於其電阻的大小介於導體與絕緣體之間，因爲其導帶與價帶之間的能隙介於兩者之間。藉此特性已經發展出很多電子元件，爲近代最重要的材料之一。

7. 晶體的分析主要藉由波動或粒子晶體繞射的結果而得，如 X 光繞射以及電子繞射。藉由繞射的圖形可以推導出晶體內部結構。

習 題

1. FCC 鎳的原子半徑爲 1.243 Å。試求鎳(a)晶格常數；(b)密度。
2. 鈀的晶格常數是 3.8902 Å，密度爲 12.02 g/cm^3。決定鈀的結構是 SC、BCC 或 FCC。
3. 錫是斜方體，且 $c/a=0.546$。每單位晶胞有四個原子。(a)單位晶胞體積；(b)格子邊長。
4. 鍺具有 DC 結構，原子半徑 1.225 Å。求鍺的(a)晶格常數；(b)密度。
5. 金箔的厚度 0.08 nm，面積 670 mm^2，$a=0.4076$ nm，金是 FCC，密度 19.32 Mg/m^3。(a)此金箔含有多少個單位晶胞？(b)每一單位晶胞的質量。
6. 證明在 HCP 金屬中 c/a 比爲 1.633。
7. 證明 HCP 晶胞的堆積因子爲 0.74。
8. 鋅之結構爲 HCP。單位晶胞高度 0.494 nm。在單位晶胞之基面中原子間距離 0.2665 nm。(a)其單位晶胞體積；(b)密度與實際密度 7.135 Mg/m^3 是大或小。
9. 鈦在高溫時爲 BCC 冷卻時爲 HCP，其半徑增加 2%求其體積改變百分比。
10. 金屬錫有正方體結構，$a=0.5820$ nm，$c=0.3157$ nm 且單位晶胞有四個原子，而灰錫具有 DC 結構，$a=0.649$ nm，當灰錫變態成爲金屬錫時，其體積改變？
11. 我們可以只由兩個位置和四個位置來確認 BCC 及 FCC 金屬結構，這些位置爲何？
12. FCC 中有一四面體空隙 $\frac{1}{4}$，$\frac{1}{4}$，$\frac{1}{4}$，其他等效空隙位於何處？

13. 在[111]方向之某處經過$\frac{1}{2}$，$\frac{1}{2}$，0，在其路徑上另外兩點是甚麼？

14. 畫一線由$\frac{1}{2}$，$\frac{1}{2}$，0 到下一個單位晶胞中心$\frac{1}{2}$，$\frac{3}{2}$，$\frac{1}{2}$，求此方向。

15. 包含在(111)面上的 6 個<110>族的方向。

16. 包含[111]方向的所有{110}族平面。

17. (a)立方晶體中[101]和[01]間的夾角。(b)如果是在正立方體中？

18. (a)銅 FCC，a＝0.361 nm 之<100>方向；(b)鐵 BCC，a＝0.286 nm 之<100>方向，線密度爲何？

19. 比較 FCC 中(100)、(200)及(111)面之平面密度？

20. 在立方晶體中<210>族中有多少個方向在正方體中呢？

21. 計算(a)CaO：(b)FeO；(c)NiO 之 pF。這些化合物皆有 NaCl 結構。(d)而 NaCl 型結構之 pF 值是唯一嗎？

22. MgF_2能否具有 CaF_2 相同結構？請解釋。

23. FeO 具 NaCl 型結構；如果 FeO 內部每 10 個單位晶胞中有一個 Fe^{+2} 爲 Fe^{+3} 所取代。計算 FeO 中每 cm^3 中空位數及氧的 a/o 與 w/o。

24. 有一 SiO_2 之高壓同素異形體 Coesite 密度爲 2.9 Mg/m^3，其堆疊密度。(r_{Si}＝0.038 nm，R_0＝0.114 nm)

25. 一玻璃紙含有 Na_2O 與 SiO_2 其結構中有 72%的氧原子作爲兩鄰接矽原子間的氧橋。求每 100 個養原子中有多少個鈉原子與矽原子？

26. 一聚乙烯分子，其分子量爲 22,400 amu，被溶於一液體溶劑中。(a)此聚乙烯之端點至端點可能最長的距離爲？(不改變 109.5° C-C-C 角)(b)最短呢？

27. 計算聚乙烯的原子堆積因子。

28. 計算矽中(a)沿著[111]方向原子的線密度；(b)(111)平面的面密度。

29. 計算閃鋅晶格的堆積因子。

30. 計算 wurtzite 結構的離子堆積因子。

31. (a)MgO 單晶之(111)面之 Laue 氏繞射點，產生於底片中心具 1 cm 處，計算繞射角 2θ(設試片距底片 3 cm)。

(b)計算產生第 1、2、3 階(n＝1,2,3)的 X-ray 之波長爲多少？

32. 波長 0.058 nm 之 X 光用來計算鎳之 d_{200}，繞射角 2θ＝19°，求單位晶胞的大小。

33. 一 NaCl 晶體被用來量 X 光之波長。如對氯離子之 d_{111} 繞射角 $2\theta = 10.2°$，求其波長。

34. HCP 金屬之最低三個繞射峰的(h, l, k)平面指標爲何？

35. 試在立方單位晶胞上繪出體心立方晶的密排方向，並以方向指數標示。

36. 試在立方單位晶胞上繪出面心立方晶的密排方向，並以方向指數標示。

37. 繪出六方最密堆積單位晶胞，並求出晶體中球型原子所佔有的空間比例。

38. 繪出 HCP 與 FCC 單位晶胞，指出兩種情況之晶格點與原子位置。

39. 將立方 ZnS 的晶體結構與鑽石做比較。

40. 在一立方體中，(111)與[111]兩平面的交線之米勒指數爲何？

41. 試計算電子經 100,000 伏特電壓加速後的速度及其波長。

42. 架設電子顯微鏡中電子波長爲 3.9×10^{-2} Å，求鐵晶體之{100}面反射的布拉格角。

43. 證明 FCC 單位晶胞外側之兩個(010)晶面中間還有一個(010)面的存在，試以晶格參數 a 表示出此晶格中這種眞正{100}面的晶面間距，並由

$$d = \frac{a}{\sqrt{h^2 + j^2 + k^2}}$$

決定出該{100}面之 h, k, l 值。

44. 一種屬於立方金屬的粉末狀樣品以 Cu 輻射來撞擊，Cu 輻射之波長爲 $\lambda = 1.54$ Å，繞射線之角度被測量出：20°，29°，36.5°，43.4°，50.2°，57.35°，65.55°，試求晶格參數並決定其晶體結構。

45. FCC 中爲何沒有{100}反射，試以 43 題之解答說明。

參考文獻

1. D. R. Askeland, "The Science and Engineering of Materials", 7th ed., CL Engineering, 2015.

2. J. F. Shackefold, "Introduction to Materials Science for Engineers", 8th ed., Pearson, 2014.

3- B. K. Vainshtein, "Modern Crystallography", Springer-Verlag Berlin Heidelberg, 1981.

4. S. M. Sze, "Physics of Semiconductor Devices", 3rd ed., John Wiley & Sons, inc., 2007.

5. W. G. Moffatt, "The Structure and Properties of Materials. Volume l, Structure", John Wiley & Sons, inc., 1980.

6. L. H. Van Vlack, "Elements of Materials Science and Engineering", 6th ed., Pearson, 1989.

7. J. C. Anderson, “Materials Science”, 5th ed., CRC Press, 2003.

8. D. R. Askeland, “Essentials of Materials Science”, 3rd ed., CL Engineering, 2013.

9. W. E. Addison, “The Allotropy of the Elements” Oldbourne Book Co. Ltd. 1964.

chapter

4

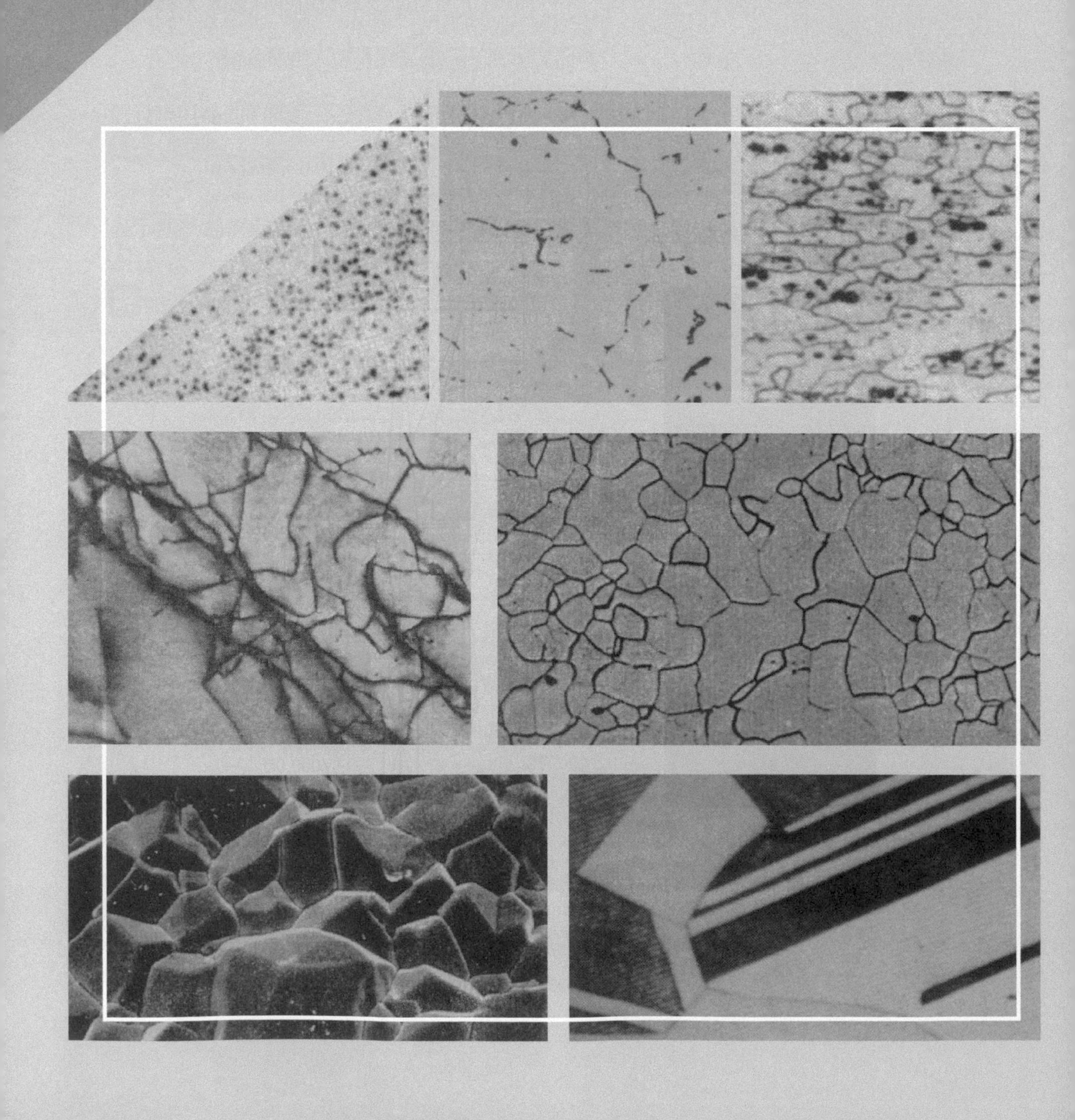

晶體缺陷

沒有一個真實存在的晶體是完美的，即使是在非常特殊的條件下製造晶體，也一定會含有某種程度的缺陷，材料中的缺陷指的就是原子排列不規則的位置或區域。它們的存在有些是熱力學上平衡狀態的必然現象，有些是由於不平衡的製造程序或環境所造成，如鑄造、機械加工及化學侵蝕等。根據缺陷的尺寸，可歸納為四大類別：

(1) 點缺陷(point defect)：尺寸數量級約 10^{-8} cm，如晶體中的空缺(vacancy)及溶入的其他元素之原子。

(2) 線缺陷(line defect)：尺寸介於 10^{-7} ～ 10^{-3} cm 間，此缺陷在晶體中呈線性形狀，如直線、曲線、環或網線，沿線缺陷之附近原子偏離原來規則的排列，此種缺陷，統稱為差排(dislocation)。

(3) 面缺陷(interfacial defect)：尺寸介於 10^{-6} ～ 10^{0} cm 間，材料內部因結晶方位、構造、成份或磁性的不同而有不同的區域，區域間的界面即為面缺陷，如自由表面(free surface)、晶界(grain boundary)、孿晶界(twin boundary)、疊差(stacking fault)、相界(interphase boundary)、磁壁(domain wall)等。

(4) 體缺陷(bulk defect)：尺寸介於 10^{-2} ～ 10^{2} cm 間，此缺陷為材料內部巨觀的不連續區域，如孔洞、裂隙、夾雜物等。

缺陷對材料的性質有很大的影響，但不盡然是負面的，例如 Si 晶加入 0.01%的 As 原子，可使導電率提高 10,000 倍；金屬內差排含量愈多，強度愈高但延性降低；玻璃如果不含有微小裂隙，斷裂強度可高達 10^{6} psi，但若含約 1μm 大小的裂隙，即可使斷裂強度降為 10^{4}psi，因此材料的缺陷理論是十分重要的課題。

學習目標

1. 瞭解點缺陷的種類。
2. 瞭解平衡空缺濃度與溫度的關係。
3. 計算及表示材料的成分。
4. 說明差排的種類及其機械製成的方式。
5. 敘述布格向量的定義及各類差排布格向量的差異。
6. 解釋差排密度的單位。
7. 說明面缺陷的種類及其能量。
8. 說明傾斜型及扭轉型低角度晶界的差排模型及角度關係。
9. 由金相照片計算晶粒度及晶粒尺寸。
10. 說明體缺陷的種類及對機械性質的影響。

4-1 點缺陷

4-1-1 空缺(vacancy)

空缺是最簡單的點缺陷，當晶格位置未被原子佔據而留下一個空位，即形成為一個空缺，如圖 4-1 所示。圖中並顯示空缺附近原子往內聚的現象。一個材料在熱動平衡狀態，皆含有平衡濃度的空缺，其關係可表示為：

$$\frac{n_v}{N} = e^{-E_v/kT} \tag{4-1}$$

其中 n_v：空缺之個數

N：晶格位置的個數

E_v：形成一個空缺所需的能量

k：波茲曼常數

T：絕對溫度

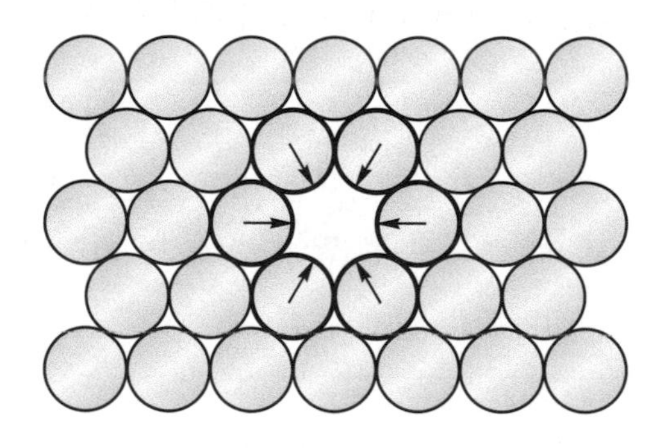

圖 4-1　原子平面含空缺的示意圖

由此式可瞭解溫度升高時，空缺濃度愈高。表 4-1 為數種元素的 E_v 值以及不同溫度的空缺平衡濃度，愈靠近熔點，空缺的含量大幅增加。除平衡濃度外，塑性變形或輻射線照射會更增加材料的空缺濃度，但若施以退火處理，可消除此額外的空缺，而接近平衡濃度。

表 4-1　不同元素之 E_V 值及不同溫度下之空缺平衡濃度

元素	ΔE_r (eV)	T_m* (°C)	空缺平衡濃度(空缺數/cm^3)			
			25°C	300°C	600°C	T_m*
Ag	1.1	960	1.5×10^4	1.5×10^{13}	3×10^{16}	7.8×10^{17}
Al	0.76	660	1.0×10^{10}	1.2×10^{16}	2.4×10^{18}	5.0×10^{18}
Au	0.98	1063	1.5×10^6	1.5×10^{14}	1.5×10^{17}	1.2×10^{19}
Cu	1.0	1083	1.1×10^6	1.4×10^{14}	1.4×10^{17}	9.0×10^{18}
Ge	2.0	958	<1	1.3×10^5	1.3×10^{11}	8.2×10^{13}
K	0.40	63	2.1×10^{15}	liquid	liquid	1.3×10^{16}
Li	0.41	186	4.7×10^{15}	liquid	liquid	1.4×10^{18}
Mg	0.89	650	4.4×10^7	6.4×10^{14}	3.5×10^{17}	5.7×10^{17}
Na	0.40	98	4.0×10^{15}	liquid	liquid	1.0×10^{17}
Pt	1.3	1769	8.7	2.7×10^{11}	2.0×10^{15}	4.2×10^{19}
Si	2.3	1412	<1	3.1×10^2	2.5×10^9	8.0×10^{15}

註：T_m*爲熔點

4-1-2　修基缺陷與法蘭克缺陷

此缺陷發生於離子固體，如圖 4-2 所示，在保持局部電荷中性的情況下，相鄰的正負離子對同時出缺，而留下一對空缺，稱爲 Schottky 缺陷；若一個離子移至晶格空隙的位置，成爲空缺—間隙離子對，稱爲 Frenkel 缺陷。由於間隙離子的能量較高，Frenkel 缺陷較不易存在，但在核能反應器中，受高能粒子之撞擊，此缺陷存在的比例大增。

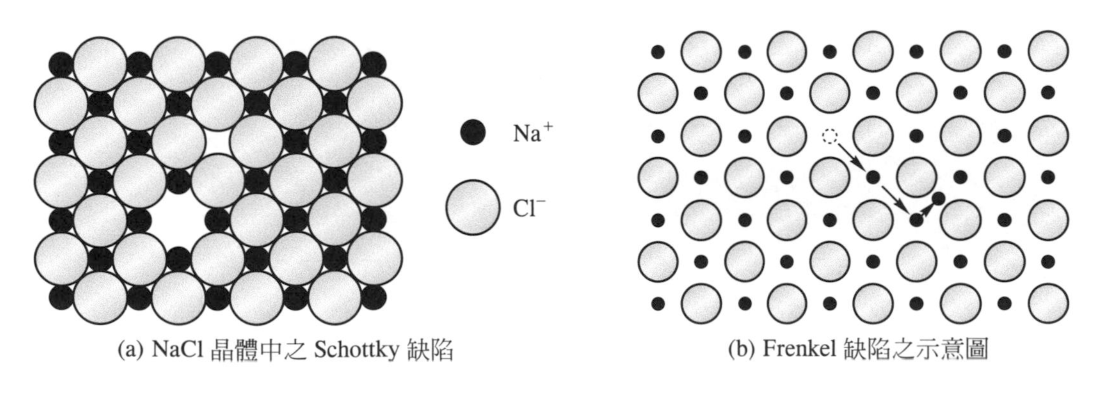

(a) NaCl 晶體中之 Schottky 缺陷　(b) Frenkel 缺陷之示意圖

圖 4-2　離子固體中之 Schottky 及 Frenkel 缺陷

4-1-3 填隙型原子(interstitial atom)

如同均匀混合的溶液(liquid solution)一樣，當一種或多種原子均勻的混合在另一種原子所形成的固體中，而未形成新的構造，這種固體稱爲固溶體(solid solution)，前者稱爲溶質原子(solute atom)，後者稱爲主原子(host atom)或溶劑原子(solvent atom)。

有些原子如 H、B、C、N、O 的原子半徑甚小，容易填入主原子間的空隙中，如圖 4-3 所示，稱爲填隙型原子，所形成的固溶體稱爲填隙型固溶體(interstitial solid solution)，但由於這些原子都會比空隙大，故與鄰近原子會產生互相排擠現象，形成壓縮應變。FCC、BCC 及 HCP 三種晶格都具有四面體空隙以及八面體空隙，四面體空隙爲 4 個相鄰原子所構成的四面體的中心位置，八面體空隙爲 6 個相鄰原子所構成的八面體的中心位置，晶胞中所含空隙的數目如表 4-2 所示，圖 4-4 舉例說明 FCC 晶胞內四面體空隙以及八面體空隙。例如鐵在 910℃以上爲 FCC 結晶，碳原子溶入時是佔據八面體的空隙，910℃以下爲 BCC 結晶，碳原子溶入時也是佔據八面體的空隙。但因爲 FCC 的空隙較 BCC 的空隙大，碳填入時應變較小，因此對碳最大溶解度約爲 2wt%，遠大於在 BCC 中的最大溶解度約 0.02wt%。

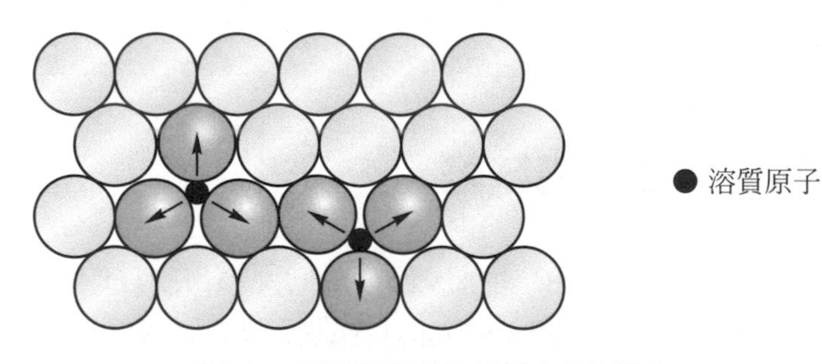

圖 4-3 溶質原子填入晶格空隙的情形

表 4-2 三種常見晶格之空隙

晶格構造	晶格空隙	
	四面體空隙	八面體空隙
BCC	12	6
FCC	8	4
HCP	12	6

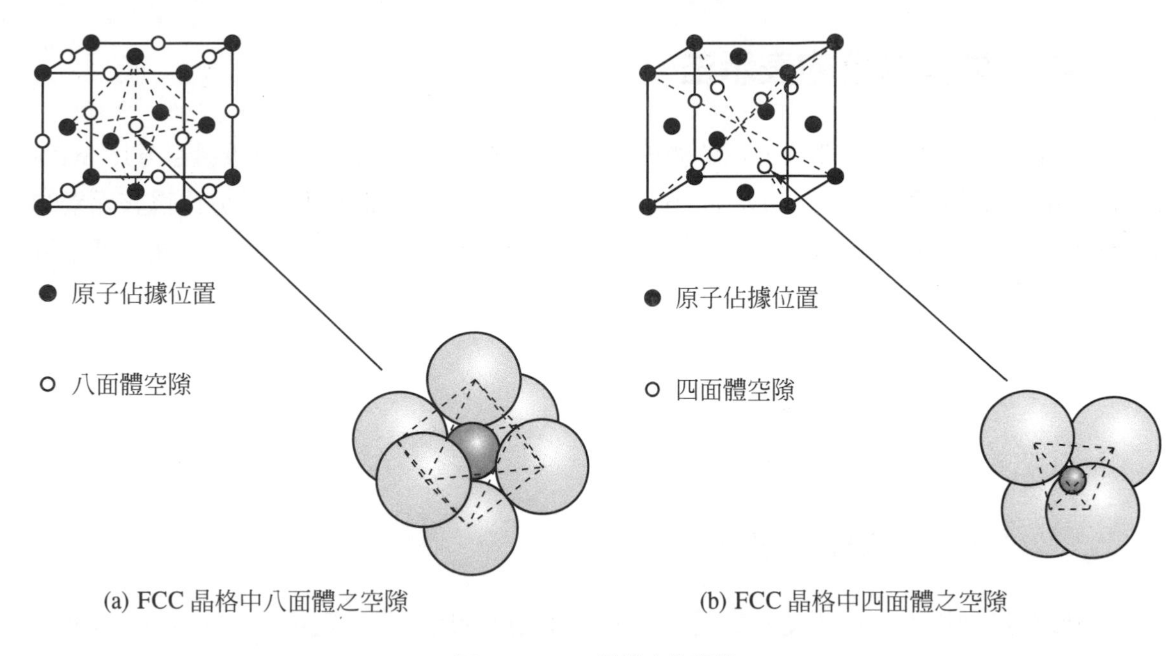

(a) FCC 晶格中八面體之空隙　(b) FCC 晶格中四面體之空隙

圖 4-4　FCC 晶格中的空隙

4-1-4　置換型原子(substitutional atom)

此種點缺陷指溶質原子佔據主原子位置，如果溶質原子較主原子半徑大，與周圍原子將產生互相排擠，形成壓縮應變，如圖 4-5 所示；如果溶質原子較小，則周圍的原子將發生往內擠的鬆弛現象，形成拉張應變。例如銅的晶體中加入鋁、錫、鋅、鎳溶質原子，都是屬於置換型原子，所形成的固溶體稱爲置換型固溶體(substitutional solid solution)。

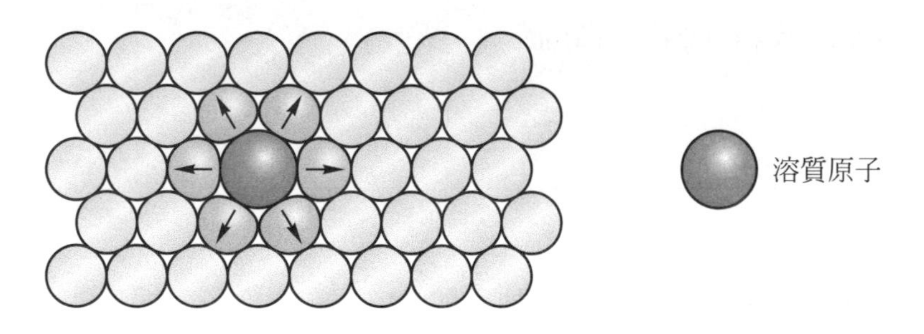

圖 4-5　置換型溶質原子佔據晶格位置的情形

4-1-5 材料成分的表示法

合金的成分通常以各組成元素的濃度表示，最常用的濃度表示法爲重量百分比 wt%(weight percent)或原子百分比 at%(atom percent)。任一組成元素的重量百分比爲該元素的重量除以總合金的重量，取百分比而得。例如 A-B-C 合金中 A 元素重量 W_A，B 元素重量 W_B，C 元素重量 W_C，則 A, B, C 元素濃度分別爲

$$C_A = W_A / (W_A + W_B + W_C) \times 100\text{wt}\% \tag{4-2}$$

$$C_B = W_B / (W_A + W_B + W_C) \times 100\text{wt}\% \tag{4-3}$$

$$C_C = W_C / (W_A + W_B + W_C) \times 100\text{wt}\% \tag{4-4}$$

由於質量乘以重力加速度 g 爲重量，所以重量百分比又等於質量百分比 mass%(mass percent)。

原子百分比又等於莫耳百分比 mol%(mole percent)，所以以莫耳數爲計算基礎，先計算各元素的莫耳數，再計算各元素佔總莫耳數的百分比。由於上例 A、B、C 的莫耳數分別爲 $N_A = W_A / A_A$ 、 $N_B = W_B / A_B$ 、 $N_C = W_C / A_C$ ，其中 A_A、A_B、A_C 分別爲 A、B、C 的原子量，因此 A、B、C 的原子百分比分別爲

$$C_A' = N_A / (N_A + N_B + N_C) \times 100\text{at}\% \tag{4-5}$$

$$C_B' = N_A / (N_A + N_B + N_C) \times 100\text{at}\% \tag{4-6}$$

$$C_C' = N_C / (N_A + N_B + N_C) \times 100\text{at}\% \tag{4-7}$$

陶瓷或離子固體成分的計算方式與合金類似，如 Al_2O_3-SiO_2 陶瓷可採重量百分比及分子的莫耳百分比來表示。

4-2 線缺陷

4-2-1 線缺陷的種類

線缺陷又稱爲差排，我們可以利用機械製成的方式來瞭解它的構造，考慮一個簡單立方的晶體，如圖 4-6(a)所示，若沿 *ABCD* 平面將原子鍵結切斷，而後將此平面上方晶體相對於下方晶體作一個原子距離的相對滑移，滑移後再將鍵結回復，就可在 *AB* 線上形成差排，沿此差排線的附近原子，顯然產生不規則排列現象，距離差排線愈遠，不規則現象愈輕微。

根據相對滑移的方向，可得到三類差排；(1)如果滑移方向垂直於 *AB* 線，則在 *AB* 線上方將多出半個原子平面，如同刀刃之插入，*AB* 線稱爲刃差排(edge dislocation)，如圖 4-6(b)所示；(2)如果滑移方向平行於 *AB* 線，則原子面將以 *AB* 線爲軸心形成螺旋梯面，*AB* 線稱爲螺旋差排(screw dislocation)，如圖 4-6(c)所示；(3)如果滑移方向與 *AB* 線不垂直也不平行，而爲其他夾角，則 *AB* 線附近原子排列情形將爲刃差排及螺旋差排之混合體，稱爲混合差排(mixed dislocation)，如圖 4-6(d)所示。顯然地，若滑移方向愈接近垂直方向，混合差排之構造以刃差排爲主，愈接近平行，則以螺旋差排爲主。

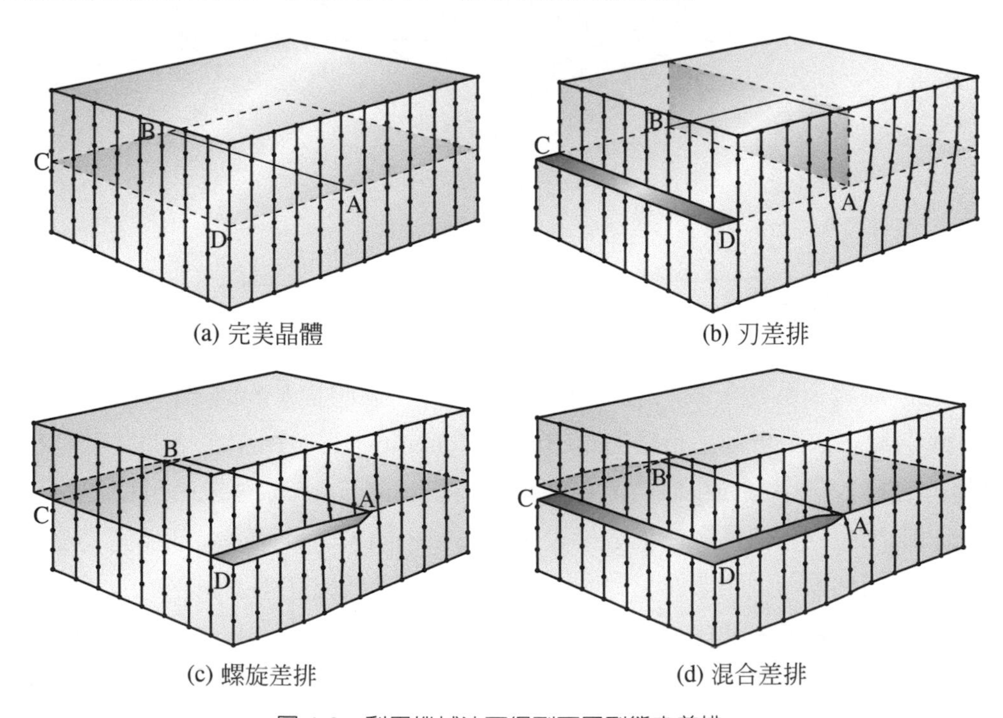

圖 4-6　利用機械法可得到不同型態之差排

由以上描述，不難看出差排實即為滑移區域(slipped region)與未滑移區域(unslipped region)的界限，滑移方向決定差排類別與特性。同樣地，若滑移區域與未滑移區域之界限為一封閉環，則可得到差排環，如圖 4-7 所示，圖中 $\vec{b}$ 方向為斜線區上方晶體相對於下方晶體所作的滑移方向，由於滑移方向與環線上不同位置線段之角度有所差異，差排環上不同位置的差排型態因而亦有差異，與 $\vec{b}$ 垂直的線段為刃差排，相對邊之刃差排則互為相反型態，半原子平面在上方者屬正刃差排(positive edge dislocation)，半原子平面在下方者，屬負刃差排(negative edge dislocation)；與 $\vec{b}$ 平行的線段為螺旋差排，相對邊也是相反型態，也就是其一為右旋螺旋差排(right-hand screw dislocation)，另一個為左旋螺旋差排(left-hand screw dislocation)；而其餘線段與 $\vec{b}$ 呈斜角度，故為混合差排，所含刃差排及螺旋差排之比重視角度而定。

在此說明一個螺旋面左旋及右旋的判別法，首先以右手大拇指指向螺旋軸心的任一方向，再以另四指循螺旋面旋轉前進，若所得前進方向與拇指指向相同，即為右旋，若不相同，則屬左旋，與左手的旋轉相符。所以圖 4-6(c)為左螺旋差排。

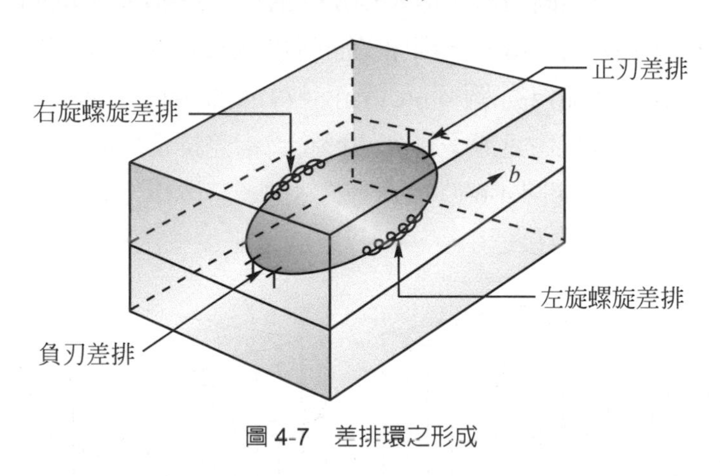

圖 4-7 差排環之形成

4-2-2 布格向量

為了方便討論與解析，我們通常賦予特定差排一個向量 $\vec{b}$，稱之為布格向量(Burgers vector)，此向量之決定可利用布格迴路(Burgers circuit)求得，所謂布格迴路就是在晶格中作一順時針迴路，其中每一小段為晶格向量(lattice translation vector)，且此迴路往右與往左之小段個數須相同，往下與往上之小段個數亦須相同，如果迴路內部為完美晶格，亦即不包含差排的情形，則迴路顯然呈封閉迴路，但若迴路環繞在差排周圍，則迴路將不再封閉，而形成一個晶格向量差，此相差之向量即為布格向量，圖 4-8(a)所示為正刃差排的情形，面對刃差排指向書內的方向作一順時針迴路，即可得 *FS* 為其布格向量，同理，圖 4-8(b)之螺旋差排亦可得 *FS* 為其布格向量，由此我們可發現刃差排的布格向量與差排線垂直而螺旋差排的布格向量與差排線平行。若對於混合差排作布格迴路，亦可發現布格向量與差排線成一斜角。事實上參照前述形成差排之滑移向量，可看出布格向量與滑移向量是平行的。

如果我們將差排指向朝向書外而作順時針迴路，所得布格向量將與前述相反，所以差排的特性必須由差排指向與布格向量共同決定才不致混淆，兩個差排的指向與布格向量皆相同或皆相反時，屬於相同型態的差排，若其中只有一項相反，則為相反型態的差排。例如圖 4-8(a)的半原子平面如果在下方，成為負刃差排，所得布格向量與正刃差排相反；圖 4-8(b)之右旋螺旋差排如果改為左旋螺旋差排，所得布格向量亦與右旋螺旋差排相反。

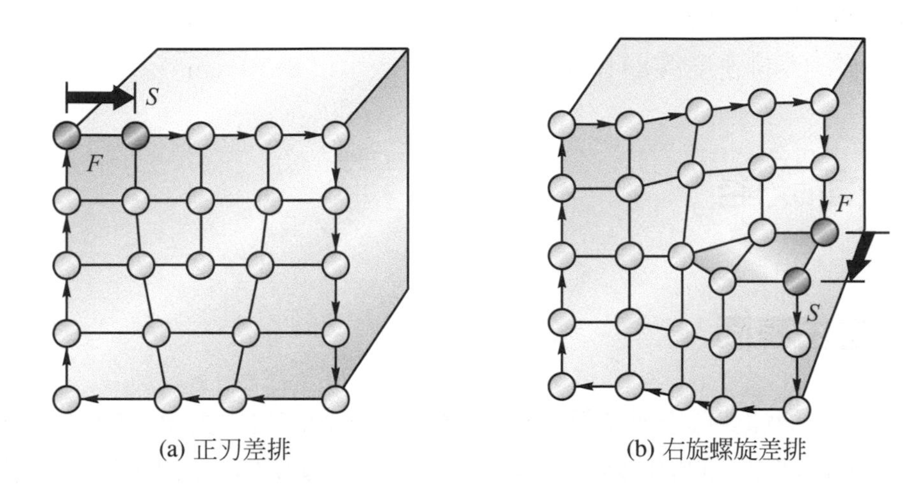

圖 4-8　利用布格迴路求差排之布格向量，其中 S 為起點，F 為終點

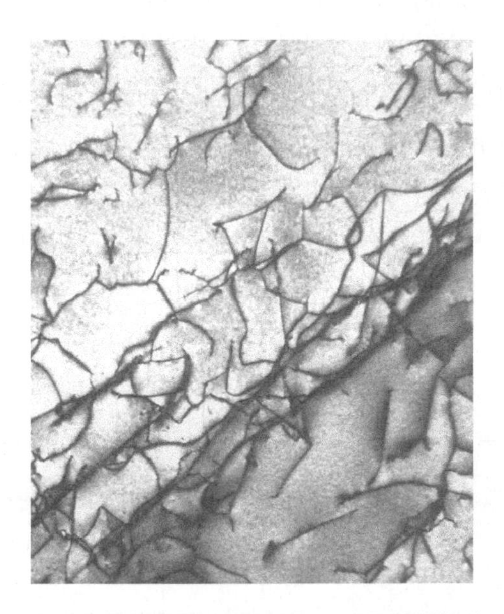

圖 4-9　為鈦合金的電子顯微鏡照片，暗色的條紋為差排線

有許多方法可觀察差排的存在，其中穿透式電子顯微鏡可直接觀察到差排的影像，直接證明差排的存在，例如圖 4-9 爲鈦合金做成箔片狀試片後在電子束下高倍觀察的影像，暗色的條紋即因差排線上不規則的原子排列對電子束漫射產生的結果。除非以特殊的技術製造如頭髮般的鬚晶(whisker crystal)可避免差排的存在，否則結晶性材料在結晶的過程中都會有許多因素產生差排，如大量空缺的聚合(collapse)及溫度梯度、成分梯度引起晶格變化所產生足夠大的內應力，因此結晶性材料形成時都會存在某種含量的差排，不但如此，後續加工變形或熱處理也會影響它們的含量。差排的含量通常以密度來表示：單位體積內的總長度或穿過單位面積的差排數，此兩種表示法可視爲相同，例如某一銅合金完全退火後，經分析所得的差排密度爲 8×10^6 cm/cm^3，亦可表示爲 8×10^6/cm^2。

4-3 面缺陷

4-3-1 自由表面

所有的固體或液體與真空或氣體的界面都稱爲外表面或自由表面，在自由表面上，原子的配位數少於內部原子的配位數，其排列的規則性及吸附現象也不同於內部，由於表面原子之鍵結數較少，所處的能量狀態因而較內部原子高，此一高出的能量差，即爲自由表面的表面能。由於形成表面須額外給予能量，因此表面能之定義爲形成單位面積表面所需的能量。對於一個晶體而言，不同晶面的表面，由於配位數的不同，其表面能亦不同，採最密堆積面爲表面，相對於其他晶面配位數最多，表面能因而最低，例如 FCC 晶體(111)面之表面能低於(001)面，所以一個晶體的表面傾向由最低表面能的晶面所構成，而形成多面體的晶體，以降低總表面能。吸附其他原子可增加配位數及鍵結能，也可使表面能降低，因此真空下的自由表面能比氣氛下的表面能高。對於液體而言，因沒有晶面的問題，所以表面傾向球面，以獲得最小面積及最小總表面能。

表 4-3 爲不同金屬材料之表面能，可看出熔點愈高的材料，表面能愈高，這是因爲熔點愈高的材料原子間鍵結能愈強，其表面原子與內部原子能量狀態差異也愈大。

表 4-3 數種金屬在絕對零度下所測得之表面能

材料	測量溫度(°C)	表面能(ergs/cm^2)
Al	2800	1180
銀	750	1320
金	～900	1540
銅	～1000	1770
鐵	1450	2360

4-3-2　晶界

單結晶體簡稱爲單晶(single crystal)，而兩個或三個單晶所構成的結晶體稱爲二晶(bicrysta1)或三晶(tricrystal)，很多結晶體所組成的固體稱爲多晶(polycrystal)。結晶性材料絕大部份都屬於多晶材料，多晶材料內每一個晶體稱爲晶粒(grain)，由於相鄰晶粒的方位不同，在交界面處原子會有不規則的排列情形，稱爲晶界(grain boundary)。

晶界有低角度晶界(low-angle boundary)與高角度晶界(high-angle boundary)兩類，低角度晶界指相鄰兩晶粒方位角度差在 10 度以下，而高角度晶界指角度差在 10 度以上。前者由於角度差小，其界面的原子排列較爲規則，實際上是由一組或多組差排所排列構成，而後者的原子排列不規則，無法由差排所構成。

最簡單的低角度晶界是傾斜型低角度晶界(low-angle tilt boundary)，其晶界爲一組刃差排排列構成，如圖 4-10 所示，設差排平均間隔爲 D，布格向量爲 b，則由圖可得傾斜角度 θ 爲

$$\tan\theta = \frac{b}{D} \quad 即\ \theta \approx \frac{b}{D} \tag{4-8}$$

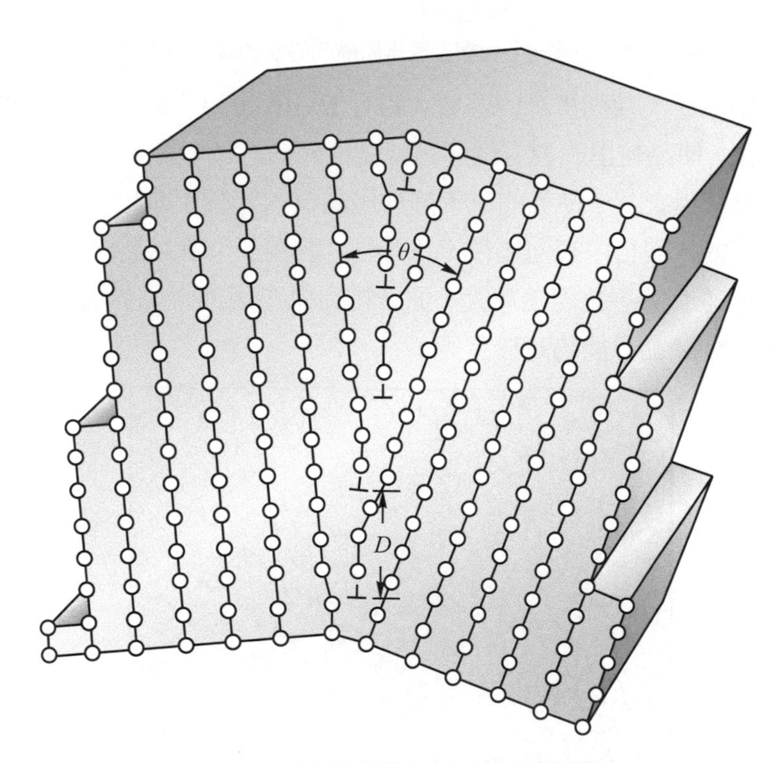

圖 4-10　由刃差排所構成的低角度傾斜型晶界

扭轉型低角度晶界(low-angle twist boundary)是另一種簡單型晶界，兩晶粒以晶界之垂直軸來看，結晶方位相差一個扭轉角度，此種晶界是由兩組互相交錯的螺旋差排所組成，如圖 4-11 所示，設差排間隔爲 D，布格向量爲 b，則扭轉角度差爲：

$$\tan\theta = \frac{b}{D} \quad 即\theta \approx \frac{b}{D} \tag{4-9}$$

大部份的低角度晶界是由這兩種基本型式所構成，也就是由刃差排與螺旋差排所共同組合而成，以不同的組合方式而構成實際的低角度晶界。

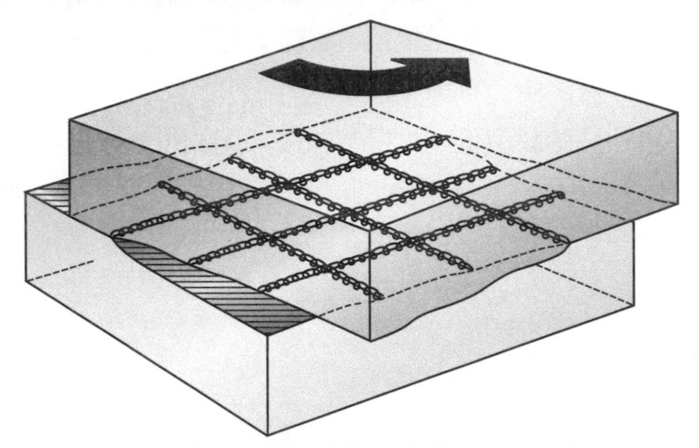

圖 4-11 由兩組平行螺旋差排所構成的低角度扭轉型晶界

高角度晶界中原子不規則排列的區域大約有 2～10 層原子厚度，其排列的方式基本上是一種過渡的排列，使晶粒由一種方位逐漸轉變爲另一方位，圖 4-12 爲此類晶界的模型。不論是低角度或高角度晶界，晶界的原子排列比晶粒內部較不規則，能量狀態因而較高，此能量差即爲晶界能。與自由表面比較，晶界配位數較多，所以晶界能較表面能小；晶界能與晶粒方位角度差有關，角度差愈大，原子排列愈不規則，晶界能也愈高，角度差 20 度以上的不規則排列及晶界能約趨於定值。

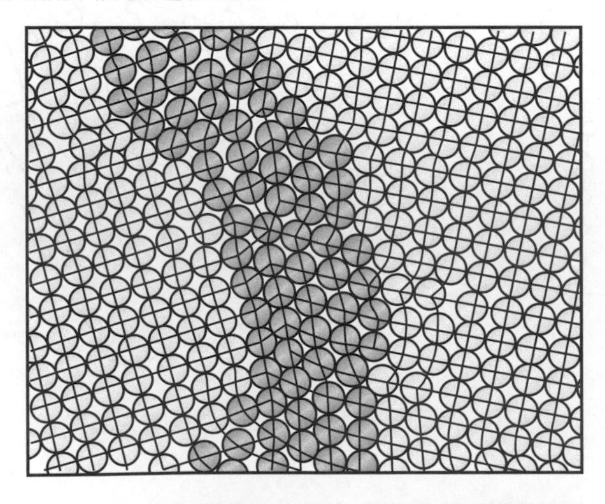

圖 4-12 高角度晶界之模型，灰色的原子構成晶界

例 4-1

設銅金屬內某一晶界之刃差排間隔為 1000 Å，則兩晶粒之角度差 θ 為何？

解 由於銅之晶體為 FCC，晶格常數 a 為 3.615 Å，布格向量為 $\frac{a}{2}$ <110>，故布格向量長度為

$$b=\frac{3.615}{\sqrt{2}}=2.557\text{Å}$$

因而　$\theta=\frac{b}{D}=0.002557\approx 0.15°$

材料通常在製成的時候即形成多晶結構，例如將金屬熔湯冷卻固化所得的鑄體即為多晶結構，圖 4-13 說明固化時的晶體凝固過程，此過程可分為晶體成核、晶體成長以及碰撞三個階段，由於晶體成核為隨機方位，碰撞後自然產生了晶界。

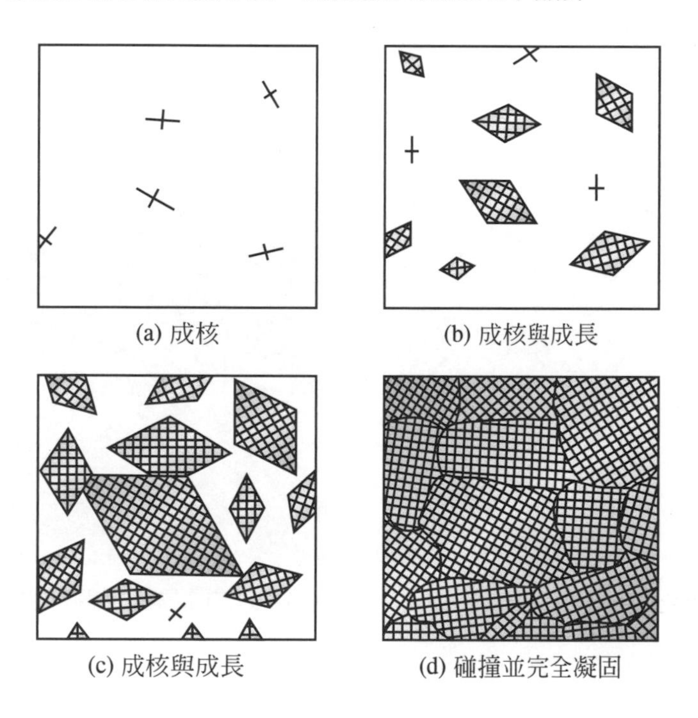

(a) 成核　(b) 成核與成長　(c) 成核與成長　(d) 碰撞並完全凝固

圖 4-13　固化過程的示意圖

材料亦常為多相結構，不同相間的成分或晶體結構不同，其界面即稱為相界，相界因具有較高的能量狀態而有相界能，相界能與晶界能屬於同一數量級，依原子排列的不規則度而定。若兩相晶體結構差異小，相界能相當於低角度晶界能，若差異大，相界原子排列不規則度大，相界能相當於高角度晶界能。

晶粒尺寸對材料之性質有相當的影響，例如金屬的晶粒愈小，不但強度愈高，延性、伸長率、韌性及耐蝕性也愈佳，晶粒尺寸小於 10μm 時，通常具有超塑性(superplasticity)且容易加工的特性，在適當的操作條件下，其伸長率可達 300%以上，因此晶粒尺寸常須

加以定量。圖 4-14 爲低碳鋼經研磨拋光及浸蝕後在光學顯微鏡下觀察所拍攝的金相照片，由於晶界原子的能量狀態較高，較易被腐蝕而形成溝槽，故可看出拋光面所截到的晶粒分佈形態，由於不同方位的晶粒腐蝕反應不同，粗糙度及反射不同，故呈現不同色調；圖 4-15 爲 TiN 材料表面的掃描式電子顯微鏡照片，利用電子顯微鏡較大的景深，可看出表面晶粒三度空間的形狀。晶粒大小通常是利用金相照片求得，美國材料測試協會(American society for testing and materials 簡稱 ASTM)建立晶粒度(grain size number)的求法，若試片在 100 倍放大下，每一平方英吋有 N 個晶粒，則晶粒度 n 爲

$$N = 2^{n-1} \tag{4-10}$$

另一種常見的求法是截線法(linear intercept method)，在金相照片上劃出不同角度的直線，每一直線約 10 公分長，而後計算相交晶界的總數，再依下式求得晶粒平均尺寸：

$$d = \frac{1}{M} \times \frac{l}{N_l} \tag{4-11}$$

其中　M 爲放大倍數，l 爲總長度，N_l 爲相交晶界數。

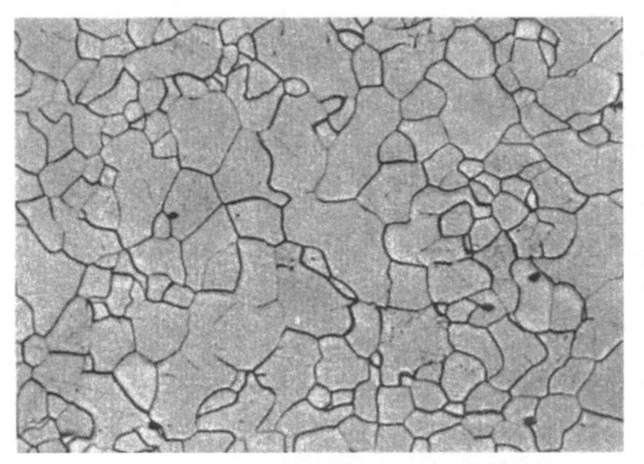

圖 4-14　低碳鋼晶粒組織之光學金相，60X

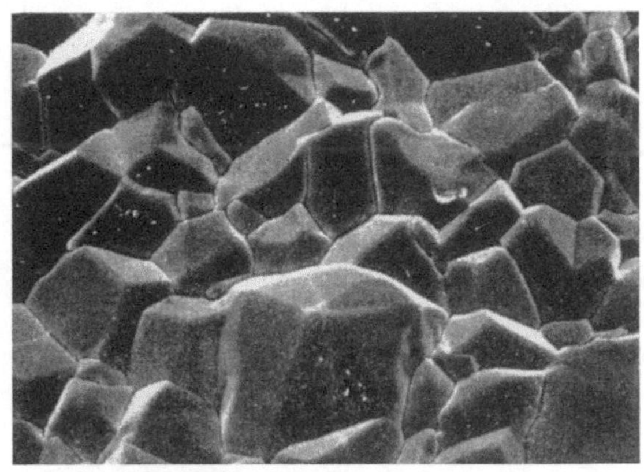

圖 4-15　TiN 晶粒之掃描式電子顯微鏡照片，340X

例 4-2

設在 250 倍下，每平方英吋有 16 個晶粒，試求晶粒度。

解 由於 100 倍下，每平方英吋的面積在 250 倍觀察爲 $\left(\frac{250}{100}\right)^2$ 平方英吋，因此 100 倍下，每平方英吋的晶粒數爲 $N = \left(\frac{250}{100}\right)^2 \times 16 = 100$ 個

由 $N = 2^{n-1}$ 之關係，可得 $\log 100 = (n-1)\log 2$

所以晶粒度 $n = 7.64$。

4-3-3　孿晶界

孿晶界為孿晶(twin)間之界面，在此界面兩側之晶體相同但互成鏡像關係，故稱為孿晶或雙晶，孿晶的形成有兩種，一種是在變形時形成，如圖 4-16 所示，孿晶區域的原子因受剪力的作用產生特定的均勻剪移(homogeneous shear displacement)而形成鏡像晶體，故稱為變形孿晶(deformation twin)；另一種孿晶是在退火時形成，稱為退火孿晶(annealing twin)。Cu-Zn 合金(即黃銅)是有名的例子，因為它在變形後加以退火，會有許多孿晶成核及成長，圖 4-17 為它經退火後的金相組織，晶粒內平行線之間的區域皆為孿晶，由於孿晶方位的差異經腐蝕作用而造成不同粗糙度及反射性，因而有豐富的色調對比。一般而言，退火孿晶易發生於 FCC 金屬，變形孿晶易發生於 BCC 及 HCP 金屬。

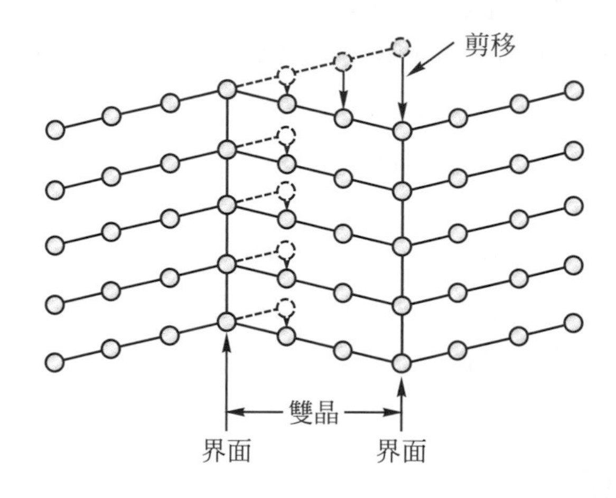

圖 4-16　在受剪應力作用下，原子面發生均勻剪移而產生雙晶

圖 4-17　黃銅退火後的晶粒組織，有許多孿晶形成，300X

孿晶晶界上之原子排列雖然沒有明顯不規則的現象，但是其配位數與晶格內部仍有點差異，因此亦具有晶界能，表 4-4 列舉數種金屬之孿晶晶界能，可看出甚小於晶界能。

表 4-4 數種金屬界面能(ergs/cm²)之比較

界面型式	Al	Cu	Ag	Ni
疊差	166	78	22	128
雙晶界	75	24	8	43
晶界	324	625	375	866

4-3-4 疊差

FCC 晶體可視爲由最密堆積原子面以 ABCABC……的方式堆積而成，HCP 晶體可視爲以 ABABAB……的方式堆積而成，然而在實際的 FCC 或 HCP 晶體中，常在局部區域發生原子面堆疊方式偏差的現象，例如 FCC 晶體中發生 ABCAB/ABCABC……堆積，在斜線所指位置少了 C 層原子面而成 ABAB 之 HCP 型式的堆積，此種堆疊偏差，稱爲疊差，除這種疊差外，還有其他型式的疊差，例如 FCC 晶體中之 ABC/B/ABCA……以及 HCP 晶體中之 ABA/C/BAB……等。由於疊差使第二配位數及鍵結能改變，同樣的具有界面能，稱爲疊差能(stacking fault energy)，表 4-4 列舉數種金屬之疊差能，可看出疊差能與孿晶晶界能屬於同一數量級，但疊差能較大。

4-4 體缺陷

體缺陷是立體的缺陷，其尺寸較大，在光學顯微鏡甚至肉眼下即可分辨，包括夾雜物(inclusion)、孔洞(cavity or pore)、裂隙(crack)等，由於它們是應力集中位置及材料破裂裂縫的起源，對機械性質通常有不良的影響，此種缺陷存在的數量愈多，強度、伸長率、韌性、耐疲勞性皆愈差。

夾雜物是材料中最常見的體缺陷，有些來自原料本身的雜質元素(impurity elements)所形成的粗大顆粒，有些來自熔煉時熔湯與氧、硫等產生的反應物及渣，也有部份是由於爐壁或熔煉設備剝落的顆粒，例如鋼鐵材料常見的夾雜物有氧化鋁、氧化矽、硫化錳等顆粒，而鋁合金常見的有鋁化鐵、鎂化矽等顆粒。圖 4-18 爲 6061 鋁合金(Al-1%Mg-0.6%Si 合金)經鑄造、軋滾及退火後之金相組織，除可看到晶粒組織外，更可看到 Mg_2Si 黑色夾雜物顆粒散佈其中。

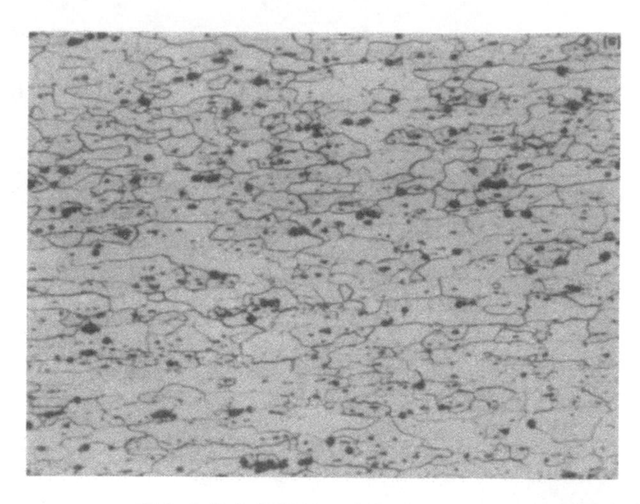

圖 4-18　6061 鋁合金的金相照片，黑點為 Mg_2Si 之夾雜物，230X

依原料的純度、熔煉、加工及熱處理的條件，夾雜物的種類、含量、分佈、形狀將有所差別，對材料性質的不良影響亦有所不同，因此如何控制原料及製程以降低夾雜物的不良作用一直是很重要的課題。圖 4-19 顯示夾雜物體積比對銅合金延性的影響情形，含量愈高，延性愈低，值得注意的是夾雜物含量在 10%以內，對延性即有嚴重的影響，此意味在 10%以內降低夾雜物含量，對延性的提升很有效益。其他的金屬亦適用此一觀念。

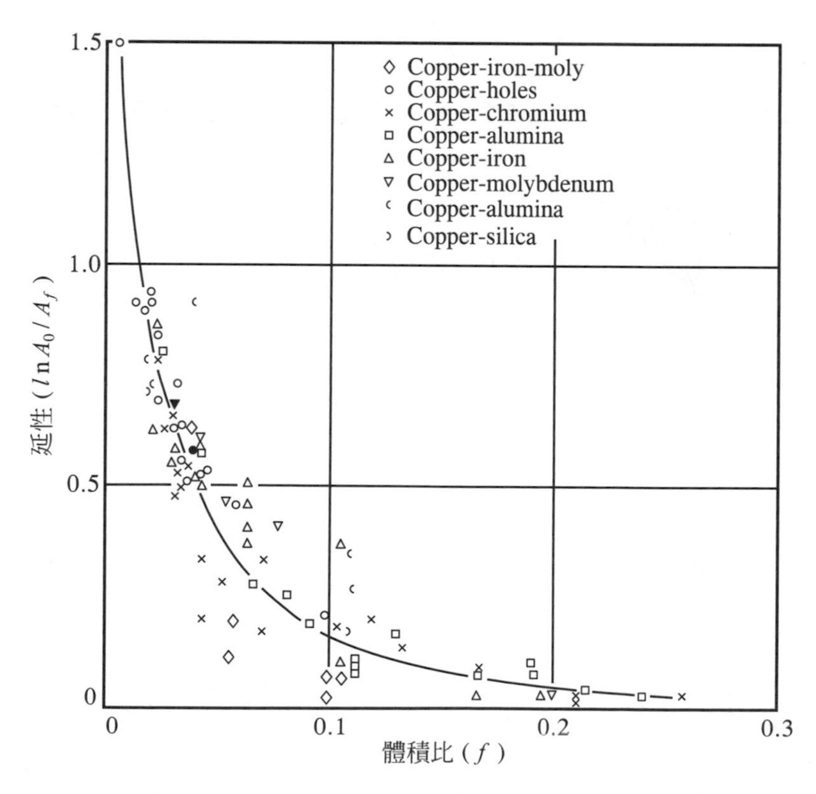

圖 4-19　不同夾雜物的體積比對粉末燒結銅合金延性的影響

孔洞包括縮孔(shrinkage cavity)及氣孔(gas hole)，皆在熔湯固化時形成，其中縮孔是由於固化時體積大量收縮，熔湯來不及補充填滿所致，圖 4-20 顯示 6063 鋁合金(Al-0.7% Mg-0.4%Si)鑄錠中樹枝晶間不規則的微小縮孔；而氣孔則由於熔湯注入時的擾流捲氣現象及固化時釋出大量溶入的氣體，來不及排出而殘留的結果，圖 4-21 顯示 6063 鋁合金鑄錠中所含圓形的小氫氣孔。適當的合金選擇以增加流動性、減小收縮性以及適當的鑄模設計及操作條件皆可有效地降低縮孔，同時降低澆鑄溫度，作好熔湯除氣工作及適當的排氣設計也可以減少氣孔的含量。

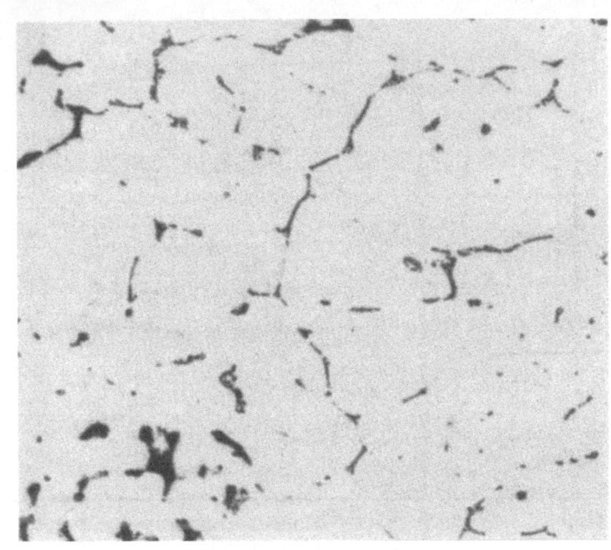

圖 4-20 6063 鋁合金鑄錠中所含的偏析及縮孔(黑色之大孔洞)，100X

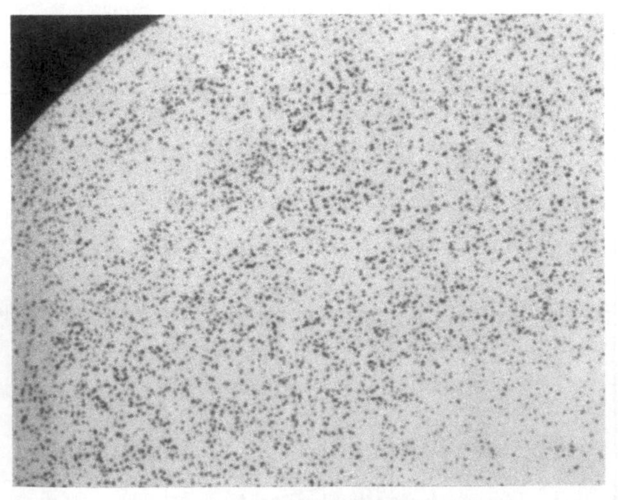

圖 4-21 6063 鋁合金鑄錠中所含的氫氣氣孔，1X

裂隙在材料的製造程序中可能發生，例如鑄件凝固時，後凝固部位受先凝固部位的拉扯易發生裂隙；延性較差的材料加工時在高度變形的區域易發生裂隙；高碳鋼由紅熱狀態水淬硬化易在表面引發裂隙；而銲接後被銲物與銲道間冷熱不均衡產生的熱應力常使銲道或其附近發生裂隙。材料在使用中亦可能發生裂隙而損壞，如反覆應力作用下可能引發疲勞裂隙，腐蝕或應力腐蝕作用下可能產生腐蝕裂縫。

一般材料都應避免裂隙的存在，因裂隙促進應力集中及破裂，裂隙愈多愈長對材料性質愈不利。高強度、韌性差的材料對微小裂隙更是敏感，例如玻璃如果不含任何裂隙，其斷裂強度可達 1,200 ksi，但實際上玻璃很難避免微裂隙的存在，當含有約 1μm 深的表面微裂隙，其斷裂強度即降爲約 10 ksi，這也是玻璃實際強度不高的眞正原因。利用鑽石尖在玻璃表面劃出更深的凹痕，即可輕而易舉地折斷玻璃，因此玻璃雖硬卻易於裁切。相反地，延性愈大的材料能忍受的裂隙愈長，因爲裂隙尖端的應力集中較易透過局部塑性變形而使尖端鈍化，進而緩和應力集中及破裂。

重點總結

1. 所有的固體都非完美無缺的晶體，或多或少都有缺陷的存在，依缺陷的尺寸可分爲點缺陷、線缺陷、面缺陷及體缺陷四大類。
2. 點缺陷有空缺、填隙型溶質原子、置換型溶質原子；離子固體更有修基缺陷與法蘭克缺陷。
3. 點缺陷會產生晶格應變，若點缺陷較小，使周圍的原子發生往內擠的鬆弛現象，將呈拉張應變，若點缺陷較大，發生互相排擠現象，則呈壓縮應變。
4. 合金成分通常以各組成元素的濃度表示，最常用的濃度表示法爲各組成元素的重量百分比 wt%或原子百分比 at%，前者亦可表爲質量百分比 mass%，後者亦可表爲莫耳百分比 mol%。
5. 線缺陷即差排，可分爲刃差排、螺旋差排及混合差排三種，三種差排線周圍晶格扭曲型態不相同。
6. 利用布格迴路可求得差排的布格向量，此即形成差排之滑移向量，刃差排的布格向量與差排線垂直，螺旋差排的布格向量與差排線平行，混合差排的布格向量與差排線成一斜角。
7. 面缺陷有自由表面、低角度晶界、高角度晶界、攣晶界、疊差、相界、磁壁等。由於面缺陷中的原子所處的能量狀態較內部原子高，此一高出的能量差，即爲界面能。
8. 晶粒大小通常利用金相照片求得，美國材料測試協會 ASTM 建立晶粒度的求法，晶粒愈小，晶粒度愈大；另一種求法是截線法，可得晶粒的平均尺寸。
9. 體缺陷包括夾雜物、孔洞、裂隙等，由於它們是應力集中位置及材料破裂裂縫的起源，對機械性質通常有不良的影響。

習題

1. 假設純銅中每 500 個原子有一個空缺，晶格常數爲 3.6153 Å，求其密度。
2. 設一個 BCC 結構的鐵單晶量測密度爲 7.87 g/cm^3，晶格常數爲 2.866 Å，求空缺的百分比爲多少？
3. 在 25℃時，金所含的空缺平衡濃度爲 1.5×10^6 個/cm^3，求形成一個空缺所需的活化能爲多少 eV？
4. 設鉛金屬形成空缺所需的活化能爲 0.55 eV，求 300℃時空缺的比例爲多少？
5. 設氧化鎂 MgO 的密度爲 3.58 g/cm^3，晶格常數爲 4.20 Å，求每個晶胞中所含的 schottky 缺陷數。
6. 計算鐵 FCC 晶體中八面體的空隙恰好可容納的原子直徑應爲多少 Å？鐵 BCC 晶體中八面體空隙又如何？已知鐵原子的直徑爲 2.52 Å。
7. 一個合金含 80 克的銅、20 克的鎳、10 克的銀及 40 克的鋅，請以重量百分比及原子百分比表示其成分。
8. 在純鎳金屬中，由刃差排每隔 500 Å 排列而成的低角度晶界，傾斜角 θ 爲多少？由刃差排每隔 50 Å 排列而成的低角度晶界，傾斜角 θ 爲多少？布格向量爲 2.49 Å。
9. 設一個金屬的 ASTM 晶粒度爲 4，則在 100 倍下每平方英吋含有多少晶粒？平均晶粒尺寸應爲多少 μm？
10. 假設 400 倍下攝取的金相照片中每平方英吋有 16 個晶粒，求 ASTM 晶粒度爲多少？

參考文獻

1. H. G. van Bueren, “Imperfections in Crystals”, North-Holland Publishing Co.,Amsterdam (Wiley-Interscience, New York),1960.
2. W. R. Tyson, "Surface Free Energies of Solid Metals: Estimation from Liquid Surface Tension Measurements", Surface Science 62 (1977), pp. 267-276.
3. F. J. Humphreys, M. Hatherly, "Recrystallization and Related Phenomena", Elsevier Science Inc., New York, 1995.
4. J. Wulff, “Structure and Properties of Materials”, John Wiley & Sons, Inc., New York, 1984.

5. Metals Handbook , vol. 9, "Metallography and Microstructure", Ninth Edition,ASM, Metals Park, Ohio, 1985.

6. Reza Abbaschian and Robert E. Reed-Hill, "Physical Metallurgy Principles" 4th Edition- SI Version, Cengage Learning, Stanford, 2009.

7. William D. Callister and David G. Rethwisch, "Fundamentals of Materials Science and Engineering: An Integrated Approach", 4th Edition, John Wiley & Sons, Inc., New Jersey, 2011.

8. William Smith and Javad Hashemi, "Foundations of Materials Science and Engineering", 5th Edition, McGraw-Hill Company, New York, 2011.

9. William D. Callister and David G. Rethwisch, "Materials Science and Engineering", 9th Edition, SI Version, John Wiley & Sons, Inc., New Jersey, 2014.

10. James F. Shackelford, "Introduction to Materials Science for Engineers", 8th Edition, Pearson Education Limited, England, 2016.

chapter

5

$\frac{dc}{dt}=\frac{d}{dx}\left(D\frac{dc}{dx}\right)$
J_1
J_2
濃度
Δx
(1)
(2)
距離 x

擴散

擴散(diffusion)指原子或分子在固體、液體或氣體中的運動現象，此一現象可消除成份之不均勻性而得到均勻的成份分佈，或更嚴謹地說，可消除各原子化學位能(chemical potential)的不均勻而得均勻分佈的化學位能。雖然如此，即使在成份均勻或化學位能均勻的情況下，原子仍然具有擴散的現象，只不過是淨流動為零罷了。

若將 Cu 金屬棒與 Ni 金屬棒的端面接合起來即形成一個擴散偶(diffusion couple)，將此偶放置於高溫爐中作不同溫度不同時間處理，即可進行 Cu 與 Ni 原子間的擴散現象研究，經高溫擴散後，取不同位置切片分析成分，可發現 Ni 往 Cu 棒內部擴散，而 Cu 往 Ni 棒內部擴散，時間越久，擴散深度越深，並由此可計算擴散係數。

材料中許多現象包括相變態、晶粒成長、表面滲入、腐蝕、氧化、燒結(sintering)等皆與固體擴散有密切關連，且關係到反應速率的快或慢，而這些現象在材料工程領域中包括鑄造、熱處理、積體電路製作、腐蝕防蝕、粉末冶金、陶瓷燒製等屢見不鮮，因此擴散是相當基本而重要的知識，例如在操作時，我們常須利用此一知識評估不同條件下成份的變化、微結構的變化、反應速率及反應時間，進而控制微結構及性質。

學習目標

1. 說明不同的擴散機構。
2. 解釋晶格原子何以採空缺機構來擴散。
3. 解釋擴散活化能的意義。
4. 推導費克第一定律。
5. 計算穩定狀態的擴散現象及原子流。
6. 推導費克第二定律。
7. 計算一些典型的不穩定狀態擴散現象。
8. 說明不同的擴散路徑及重要性

5-1 擴散機構(diffusion mechanism)與活化能(activation energy)

即使在 100%純度的固體中，原子仍然有運動擴散的現象，由於此時原子是在自己的晶體中擴散，故稱爲自擴散(self-diffusion)，此一現象可利用同位素原子的擴散來加以瞭解，同位素雖具有不同質量數，其化學性質並無不同，例如 Au 原子量爲 197，如果將 ^{195}Au 同位素鍍於正常的 Au 試片上，再放置於適當溫度，就會發現同位素 ^{195}Au 會逐漸往內部擴散的現象，如圖 5-1 所示，經很長時間後，整個試片的同位素濃度將達到完全均勻。

對於不同原子，其擴散也是同樣的道理，例如將 Au 鍍於 Cu 試片上，在高溫放置一段很長時間使之擴散，Au 最終也是均勻的分散在 Cu 的基地中。前述提及的 Cu-Ni 擴散偶也是一樣。由於這種擴散現象關係到不同元素原子之間的擴散，故稱爲互擴散(interdiffusion)或異質擴散(impurity diffusion)。

有關擴散機構已有多種被提出，圖 5-2 即爲這些機構的示意圖，空缺機構(vacancy mechanism)認爲原子跳入相鄰的空缺，使得原子與空缺以相反方向各移動一個原子距離，換言之，原子需仰賴空缺的交換才能完成其前進；間隙機構(interstitial mechanism)認爲原子利用晶格間隙位置進行擴散；交換機構(exchange mechanism)認爲相鄰兩原子互相交換位置而達擴散作用；環形機構(ring mechanism)則認爲三個以上的原子同步構成環形運動而達擴散目的。

以上四個機構中，交換機構的原子須嚴重排擠周圍原子，才能通過，但此能障(energy barrier)很高，原子的振動能實很難越過此能障，因此此機構可能性很低；而環形機構排擠較少，能障較低，但多個原子作同步運動的可能性實在很小，此機構同樣不明顯；間隙機構顯然不適合晶格原子的擴散，僅適合於填隙型原子的擴散，因爲填隙型原子 H、B、C、N 由一個晶格間隙跳入相鄰的間隙，其對周圍原子的排擠現象遠較晶格原子的跳動小，由於晶格間隙很多，故填隙型原子很容易在間隙空位中跳動前進；空缺機構則適合晶格原子的擴散，因爲原子由晶格位置跳入空缺不必使周圍原子作大量排擠，其能障較低，由於晶格中都有空缺的存在，且溫度愈高空缺濃度愈高，故晶格原子主要靠空缺機構完成擴散。圖 5-3 說明空缺擴散及間隙擴散時能量的變化情形，原子前進至下一個位置的途中皆有能障的存在，一般而言，空缺擴散的能障較填隙型原子的間隙擴散高。能障 Q 也可以看成是原子擴散時完成跳躍的活化能(activation energy)，當活化能愈低時，原子的振動能愈能超越能障而完成跳躍，擴散速率愈高，表 5-1 爲常見金屬的擴散活化能，主要分爲間隙擴散、自我擴散及互擴散三類，後兩者是靠空缺來擴散，如前所述，可看出兩者之活化能皆較間隙擴散高(以 Fe 爲例)。

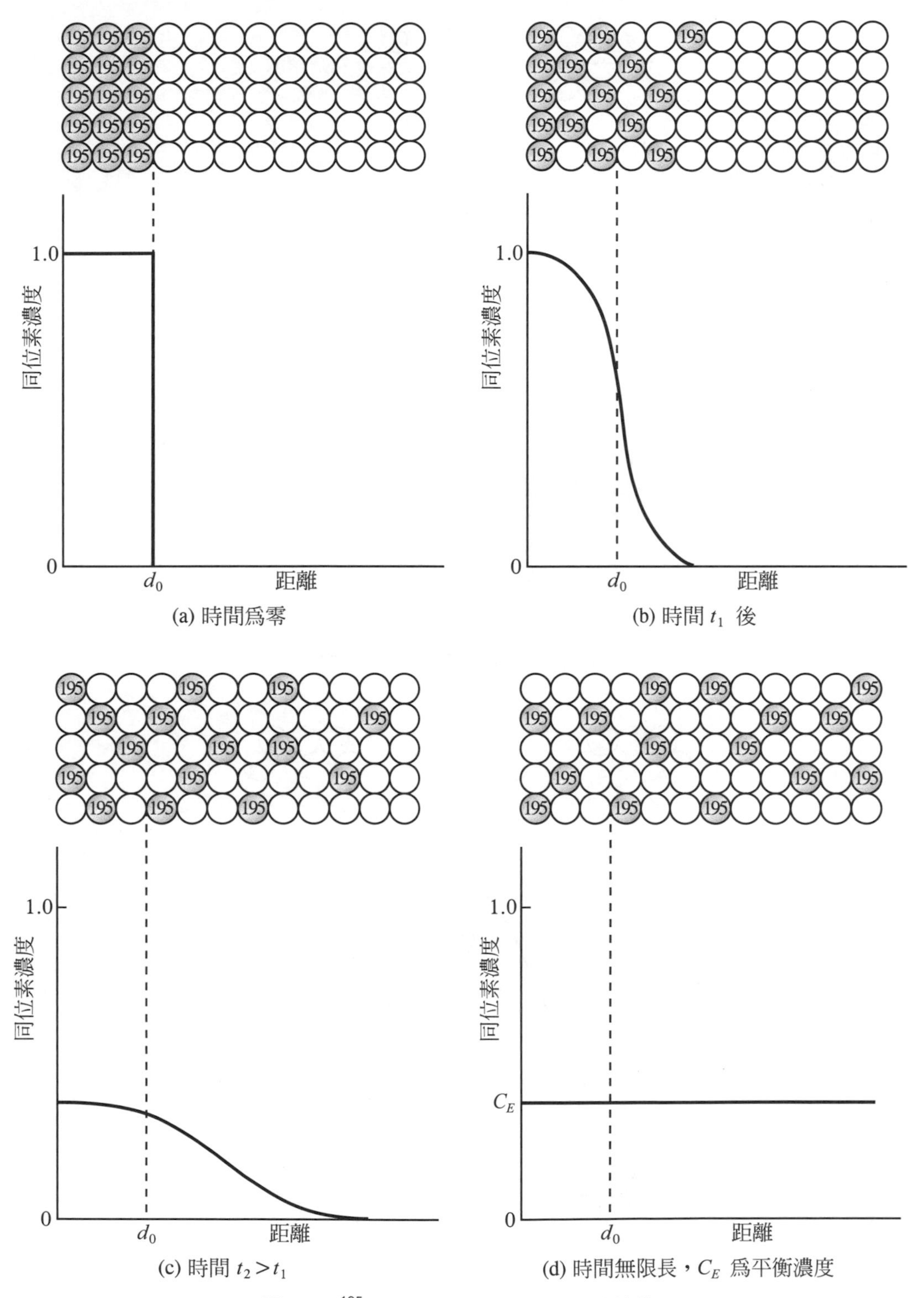

(a) 時間爲零

(b) 時間 t_1 後

(c) 時間 $t_2 > t_1$

(d) 時間無限長，C_E 爲平衡濃度

圖 5-1　^{195}Au 鍍於 Au 試片表面後之自擴散

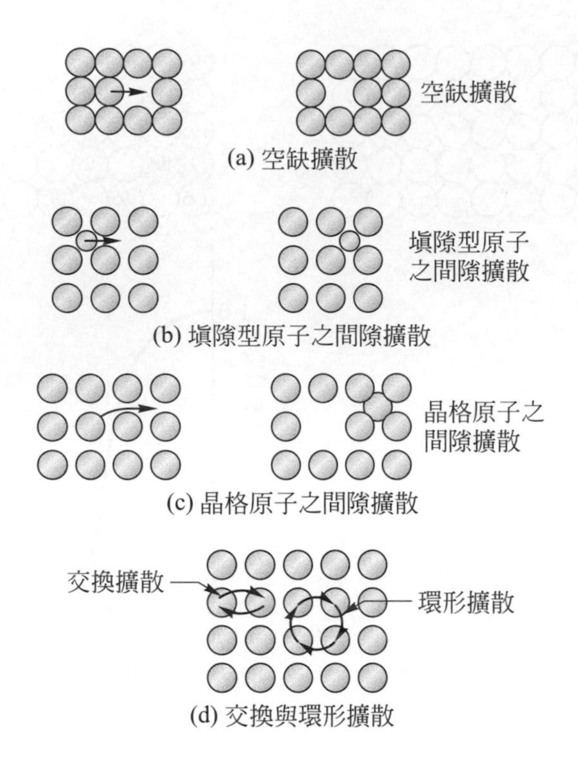

圖 5-2　材料中不同的擴散機構

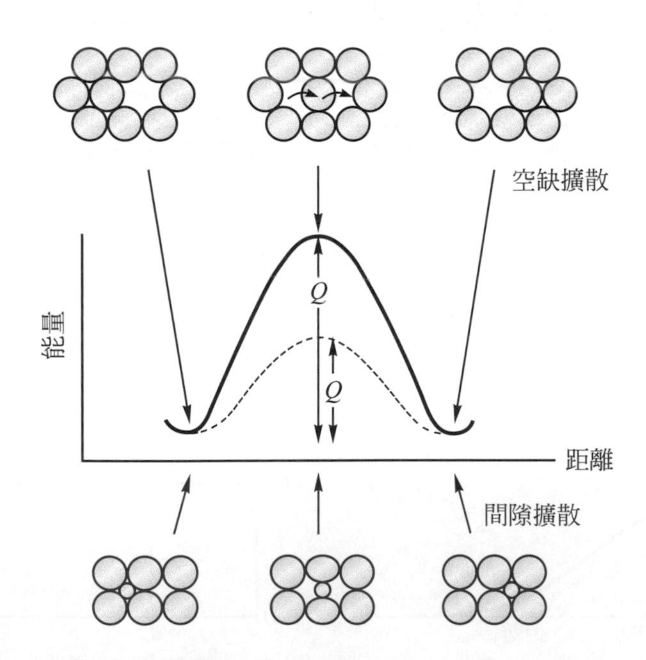

圖 5-3　空缺擴散及間隙擴散時能量的變化情形，前者之能障通常高於後者

表 5-1　常見金屬的擴散活化能及頻率因子 D_0

擴散型態	Q(cal/mol)	D_0(cm^2/s)
間隙擴散		
C 在 FCC Fe	32,900	0.23
C 在 BCC Fe	20,900	0.011
N 在 FCC Fe	34,600	0.0034
N 在 BCC Fe	18,300	0.0047
H 在 FCC Fe	10,300	0.0063
H 在 BCC Fe	3,600	0.0012
自擴散		
Au 在 Au	43,800	0.13
Al 在 Al	32,200	0.10
Ag 在 Ag	45,000	0.8
Cu 在 Cu	49,300	0.36
Fe 在 FCC Fe	66,700	0.65
Pb 在 Pb	25,900	1.27
Pt 在 Pt	67,600	0.27
Mg 在 Mg	32,200	1.0
Zn 在 Zn	21,800	0.1
Ti 在 HCP Ti	22,900	0.4
Fe 在 BCC Fe	58,900	4.1
異質擴散		
Ni 在 Cu	57,900	2.3
Cu 在 Ni	61,500	0.65
Zn 在 Cu	43,900	0.78
Ni 在 FCC Fe	64,000	4.1
Au 在 Ag	45,500	0.26
Al 在 Au	40,200	0.072
Al 在 Cu	39,500	0.045

5-2　費克第一定律(Fick's first law)

費克建立兩個描述擴散的定律，分別稱爲費克第一定律及第二定律，所有的擴散現象皆可利用這兩定律加以解析，本節先討論第一定律。

考慮圖 5-4 的情形，兩個相鄰原子平面距離為 a，第(1)面單位面積有 N_1 個溶質原子，第(2)面有 N_2 個溶質原子，假設 $N_1 > N_2$，則沿 x 方向將有淨流動的現象；設原子跳離原來

位置的頻率爲 r，則由於晶格中有 6 個跳動方向，由(1)面跳入(2)面或由(2)面跳入(1)面的頻率因而爲 $\frac{1}{6}r$，因兩原子面之濃度不同，因此由(1)面往(2)面的淨流動爲

$$J=\frac{1}{6}(N_1-N_2)r \tag{5-1}$$

其中 J 爲單位時間內通過單位面積的原子數目。

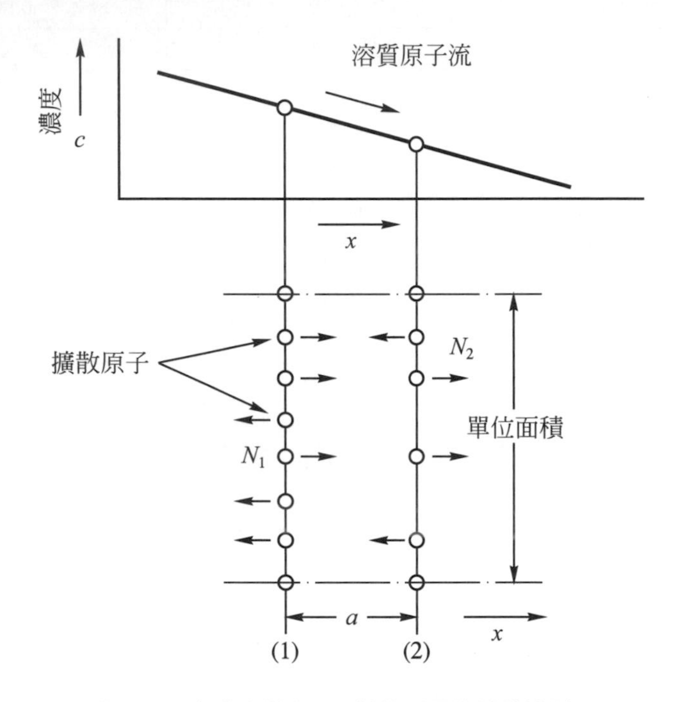

圖 5-4 在濃度梯度下，擴散原子的跳動情形

由於兩原子面的溶質濃度可表爲 $c=N/a$，(5-1)式可改寫爲

$$J=\frac{a}{6}(c_1-c_2)r \tag{5-2}$$

將濃度梯度 $\frac{dc}{dx}=\frac{c_2-c_1}{a}$ 代入(5-2)式得

$$J=\frac{1}{6}a^2r\frac{dc}{dx}=-D\frac{dc}{dx} \tag{5-3}$$

(5-3)式即爲費克第一定律，說明原子流 J 與濃度梯度間成正比關係，但方向相反，式中比例係數 D 稱爲擴散係數(diffusion coefficient)，等於 $\frac{1}{6}a^2r$。

在前節所說明的各種擴散機構中，原子欲跳躍至下一個位置皆須克服一個活化能，根據統計熱力學(statistical thermodynamics)，原子克服活化能而跳躍成功的頻率爲

$$r = A\exp\left(\frac{-Q}{RT}\right) \tag{5-4}$$

其中 Q 爲每莫耳原子所需的活化能，A 爲常數，R 爲氣體常數。因此(5-3)式的擴散係數爲

$$D = \frac{1}{6}a^2 A\exp\left(\frac{-Q}{RT}\right) = D_0\exp\left(\frac{-Q}{RT}\right) \tag{5-5}$$

其中 D_0 稱爲頻率因子。

(5-5)式說明 D 與 D_0、Q 及溫度的關係，常見金屬的 D_0 與 Q 值如表 5-1 所列，而圖 5-5 則顯示數種金屬及陶瓷的擴散係數與溫度的實驗關係，符合(5-5)式的對數關係。由於 $\ln D$ 與 $1/T$ 成正比的線性關係，且直線的斜率即爲 $-Q/R$，直線與擴散係數軸的截距即爲 $\ln D_0$，因此藉此作圖可求得 Q 及 D_0。

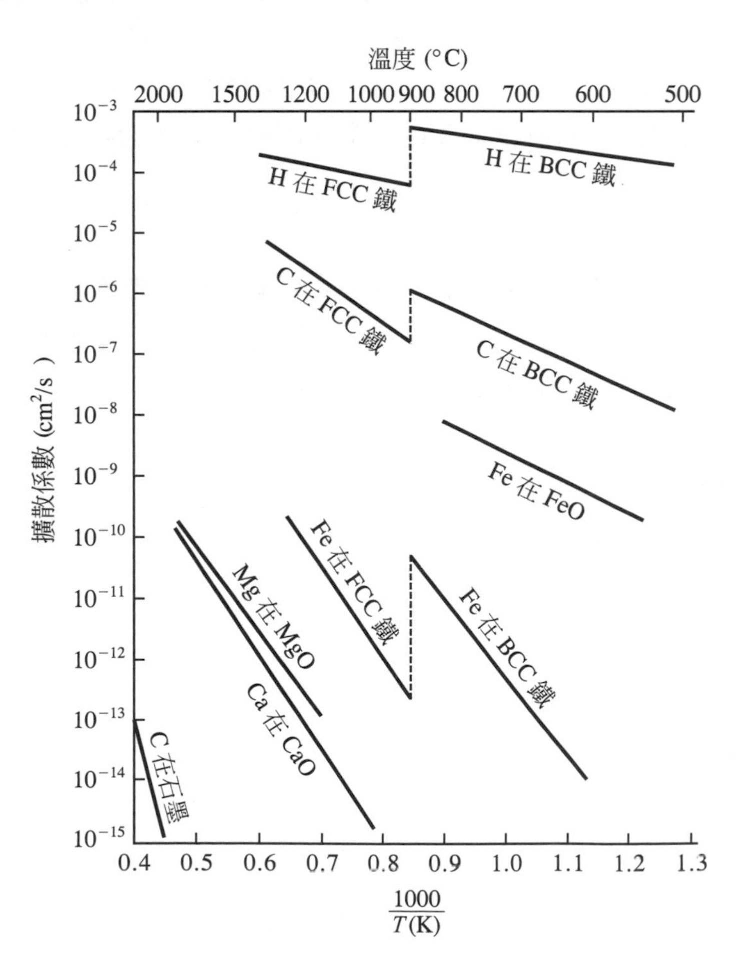

圖 5-5　數種金屬與陶瓷之擴散係數與溫度的關係

例 5-1

在 200℃及 500℃時，Al 原子在 Cu 晶體中的擴散係數分別爲 2.5×10^{-20} cm²/s 及 3.1×10^{-13} cm²/s，試計算其活化能。

解 因 $D = D_0 \exp\left(\frac{-Q}{RT}\right)$

而 200℃ = 473 K　　500℃ = 773 K

故 $$\frac{D_{773}}{D_{473}} = \frac{D_0 \exp\left(\frac{-Q}{(2)(773)}\right)}{D_0 \exp\left(\frac{-Q}{(2)(473)}\right)} = \frac{3.1\times10^{-13}}{2.5\times10^{-20}}$$

即 $\exp(0.00041Q) = 1.24\times10^{7}$

$Q = 39{,}800$ cal/mole

費克第一定律可用來解析穩定狀態(steady state)的擴散現象，也就是濃度分佈不隨時間改變的擴散現象，並進而計算原子流。例如氫的純化就是一種穩定狀態的擴散現象，將 Pd 薄片的一面暴露於含有氫、氧、氮、水等不純氣體的腔體，而另一面的腔體維持於一個較低的氫壓力，則由於只有氫會穿透 Pd 薄膜，因此可達收集純氫的效果。

例 5-2

有一直徑 3cm 的厚銅管，內部裝有 0.001cm 厚的鐵薄膜，設薄膜一端之氮氣濃度維持爲 0.5×10^{20} 氮原子/cm³，而另一端維持爲 1×10^{18} 氮原子/cm³，試計算 700℃時，每秒穿透薄膜的氮原子數，設擴散係數爲 4×10^{-7} cm/s。

解 由於 $c_1 = 0.5\times10^{20}$ 氮原子/cm³

$c_2 = 1\times10^{18}$ 氮原子/cm³

而 $\Delta x = 0.001$ cm

所以濃度梯度爲

$$\frac{dc}{dx} = \frac{49\times10^{18}\text{氮原子/cm}^3}{0.001\text{cm}}$$

已知 $D = 4\times10^{-7}$ cm²/s，根據費克第一定律

$$J = -D\frac{dc}{dx} = 1.96\times10^{16}\text{ 氮原子/cm}^2\times\text{s}$$

因此總流量爲

$$\left(\frac{\pi}{4}d^2\right)J = \frac{\pi}{4}(3)^2(1.96\times10^{16}) = 1.39\times10^{17}\text{ 氮原子/s}$$

5-3 費克第二定律(Fick's second law)

對於不穩定狀態(nonsteady state)的擴散現象，費克第一定律不足以描述及解析，此時須再結合第二定律才能描述及解析。

考慮圖 5-6 之兩個平行平面，其間距爲 Δx，假設某一原子通過(1)面的原子流爲 J_1，通過(2)面的原子流爲 J_2，且 $J_1 > J_2$，則由於通過兩面的原子流不相等，在兩面間將會有原子累積的現象，使局部濃度提高，換言之，原子累積速率與濃度變化速率應相等，即

$$\frac{dc}{dt}=\frac{J_1-J_2}{\Delta x} \tag{5-6}$$

當 Δx 趨近於零，(5-6)式可寫成

$$\frac{dc}{dx}=-\frac{J_{(x+\Delta x)}-J_{(x)}}{\Delta x}=-\frac{dJ}{dx} \tag{5-7}$$

此即費克第二定律。

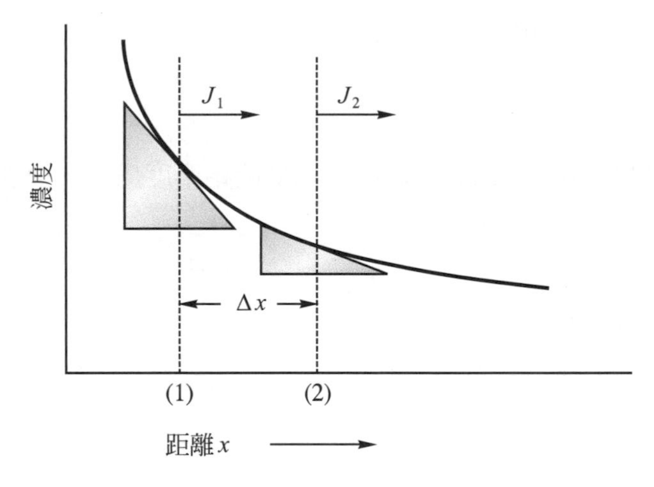

圖 5-6　不穩定狀態的擴散

爲了解析擴散現象，數學上常將第一定律與第二定律合併而得到下列之微分方程式：

$$\frac{dc}{dt}=\frac{d}{dx}(D\frac{dc}{dx}) \tag{5-8}$$

若 D 不隨濃度而改變，則 D 亦與位置無關，上式更可簡化爲

$$\frac{dc}{dt}=D\frac{d^2c}{dx^2} \tag{5-9}$$

此式的通解爲

$$c(x,t) = A + Berf(\frac{x}{2\sqrt{Dt}}) \tag{5-10}$$

其中 erf 函數爲 Gaussian error function。

因此對於一般擴散問題，若 D 與濃度無關，則利用邊界條件，可求出 A 及 B 常數，即得到濃度與位置及時間的函數關係。

(5-10)式之通解告訴我們一個重要推論，若 $c(x, t)$爲定值，則$\frac{x}{2\sqrt{Dt}}$亦爲定值，也就是 $x = A\sqrt{Dt}$ ，以例 5-3 來考慮，若$c(x,t) = \frac{c_1 + c_0}{2}$取，則 erf$(\frac{x}{2\sqrt{Dt}})$ =0.5，即$\frac{x}{2\sqrt{Dt}}$ =0.5 或 $x = \sqrt{Dt}$ ，此一推論說明兩點：

(1) 以特定濃度所定的擴散深度(diffusion depth)與$\sqrt{Dt}$成正比。

(2) 表面濃度與起始濃度平均值之位置等於$\sqrt{Dt}$ 。

鋼鐵材料的滲碳硬化處理，其表面碳濃度通常爲定值，因此可應用上述之結果來估計濃度之變化、擴散深度及擴散時間。

例 5-3

設一半無限厚的固體(semiinfinite solid)，內部起始濃度爲c_0，而表面濃度維持爲c_1，試求其濃度分佈函數。

解 根據費克第二定律的通解

$$c(x,t) = A + Berf(\frac{x}{2\sqrt{Dt}})$$

將邊界條件：$t = 0$ ，$x > 0$時$c = c_0$且$t > 0$ ，$x = 0$時$c = c_1$

代入得 $c_0 = A + Berf(\infty) = A + B$

且 $c_1 = A + Berf(0) = A$

聯立解得 $A = c_1$ $B = c_0 - c_1$

因此濃度分佈函數爲

$$c(x,t) = c_1 + (c_0 - c_1)erf(\frac{x}{2\sqrt{Dt}})$$

其濃度分佈曲線如圖 5-7 所示。

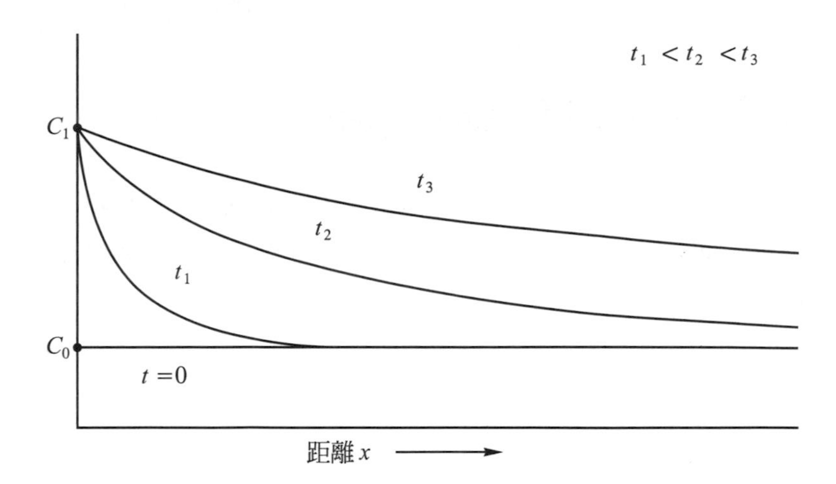

圖 5-7　溶質由半無限厚固體之一端擴散所形成之濃度分佈曲線，隨時間而改變

例 5-4

齒輪滲碳處理時，在 800℃經 10 小時可得 0.1cm 的滲碳深度，試求在 900℃時，欲獲得相同的滲碳深度所需之時間爲何？

解 因在兩種溫度下之滲碳深度相同，所以

$$\sqrt{D_{1073}t_{1073}} = \sqrt{D_{1173}t_{1173}}$$

$$t_{1173} \equiv \frac{D_{1073}t_{1073}}{D_{1173}}$$

由表 5-1 可知 C 在 FCC 鐵中之 Q 値爲 32,900 cal/mole

故 $$t_{1173} = \frac{D_0\exp(-32900/(2)(1073))}{D_0\exp(-32900/(2)(1173))}\cdot 10h = 10\exp(-1.31) = 2.7h$$

例 5-5

Al 在 Si 晶體中之 D_0 爲 8.0 cm^2/s，Q 爲 80,000 cal/mole，將 Si 晶體鍍上一層 Al 並加熱至 1300℃，使發生擴散，試求在表面下 0.01 mm 位置獲得半個表面 Al 濃度的時間爲多少？

解 $$D = D_0\exp\left(\frac{-Q}{RT}\right) = (8.0\text{cm}^2/\text{s})\exp\left[-\frac{80,000\text{cal/mole}}{2\text{cal/mole}\cdot\text{K}(1573\text{K})}\right] = 7.2\times10^{-11}\text{cm}^2/\text{s}$$

由於 $x = \sqrt{Dt}$

故 $$t = \frac{x^2}{D} = \frac{(0.001\text{cm})^2}{7.2\times10^{-11}\text{cm}^2/\text{s}} = 13,888\text{ s} = 3.9\text{ h}$$

5-4 擴散路徑(diffusion path)

前述所討論的擴散現象係發生在晶體的內部，未考慮到表面、裂縫、晶界及差排的影響，故稱爲體擴散(volume diffusion)，對於一般材料而言，這些面缺陷及線缺陷常對擴散現象有相當的影響，不容忽視。由於這些缺陷所含的原子鍵結較弱，排列較鬆散，以致原子擴散所需之活化能較小，有效的擴散速率較體擴散快，因而提供了快速的擴散路徑。圖 5-8 說明表面鍍層經退火的擴散情形，可看出沿裂隙表面、晶界之擴散路徑皆有擴散較快的現象，圖 5-9 爲 Ag 單晶與多晶體自擴散係數隨溫度的變化，可看出約在 700℃以上，單晶擴散係數 D_L 與多晶擴散係數 D_{app} 相等，而在 700℃以下，多晶擴散係數較大，顯示晶界擴散在較低溫時，地位變得重要，提高整體的擴散速率。

以固態析出的相變化爲例，可說明擴散路徑的效應，在固態析出中我們常發現差排與晶界上的析出物較基地中的析出物大，可歸因於兩個主要因素：(1)因爲它們提供快速擴散路徑，使析出物成核及成長較快；(2)因爲它們分別具有差排能及晶界能，使析出物容易優先成核於其上。而晶界的效應又比差排大，因此我們可發現晶界上之析出物更大於差排上之析出物。

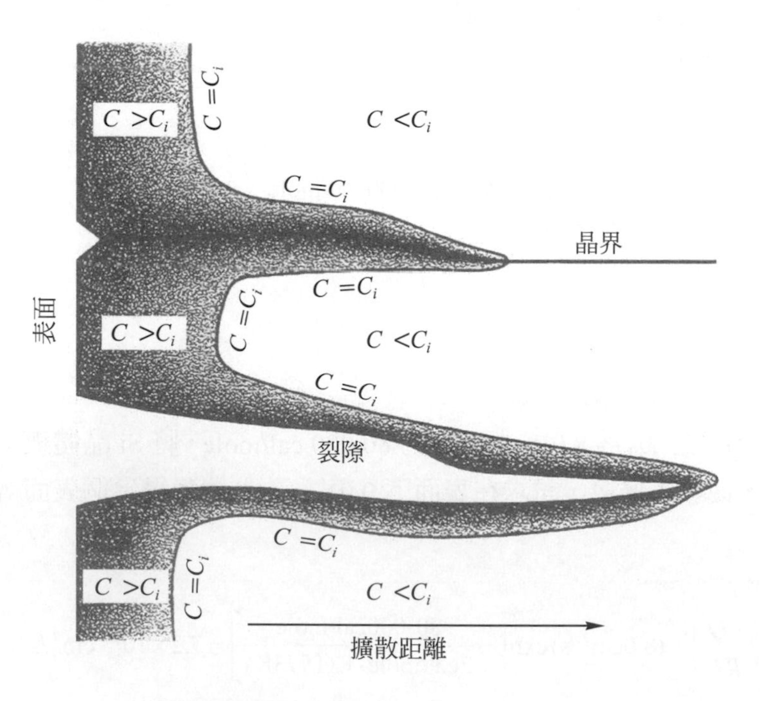

圖 5-8　表面鍍層擴散後，沿表面、晶界、裂隙之等濃度曲線

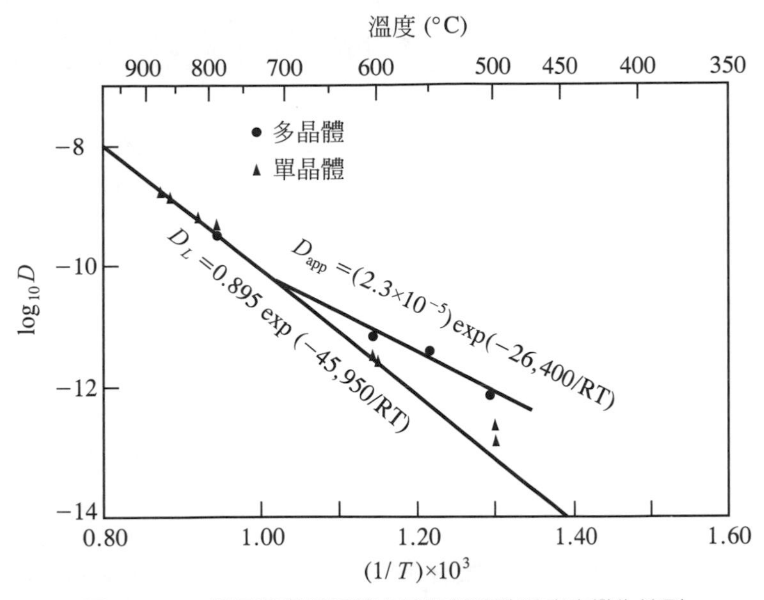

圖 5-9　Ag 單晶體與多晶體之擴散係數隨溫度之變化情形

重點總結

1. 原子在自己的晶體中擴散，稱為自擴散；不同元素原子之間的擴散，稱為互擴散或異質擴散；塡隙型原子的擴散屬間隙擴散。
2. 晶格原子的擴散機構有空缺機構、間隙機構、交換機構及環形機構被提出，但實際上以空缺機構為主。
3. 能障 Q 是原子擴散時完成跳躍的活化能，當活化能愈低時，原子的振動能愈能超越能障而完成跳躍，擴散速率愈高。
4. 費克第一定律為 $J=-D\dfrac{dc}{dx}$，其中擴散係數 $D=D_0\exp(\dfrac{-Q}{RT})$。穩定態的擴散現象可由此定律計算。
5. 費克第二定律為 $\dfrac{dc}{dt}=-\dfrac{dJ}{dx}$，若 D 不隨濃度而改變，則費克第二定律可寫為 $\dfrac{dc}{dt}=D\dfrac{d^2c}{dx^2}$，此式的通解為 $c(x,t)=A+B\,erf(\dfrac{x}{2\sqrt{Dt}})$。由此可解析一些不穩定狀態的擴散現象。
6. 面缺陷及線缺陷常對擴散現象有相當的影響。由於這些缺陷所含的原子鍵結較弱，排列較鬆散，以致原子擴散所需之活化能較小，提供了快速的擴散路徑。

習題

1. 在鈀(Pd)薄片純化氫的操作之中，若鈀薄片厚度爲 5mm，面積爲 $0.5m^2$，且兩側表面的氫濃度分別維持爲 $2.5kg/m^3$ 及 $0.5kg/m^3$，求 500℃下每小時有多少 kg 的氫氣穿透鈀薄片？擴散係數爲 $1.0\times10^{-18}\ m^2/s$。
2. 於 725℃將 1mm 厚的鐵片做成隔膜，兩側表面分別暴露於滲碳及脫碳的氣氛之中，當穩定態達成時，表面碳濃度分別爲 0.012wt% 及 0.0075wt%，碳原子流爲 $1.40\times10^{-8}\ kg/m^2s$，求擴散係數。
3. 以 900℃爲例，鐵及碳原子在 FCC 鐵中的擴散係數與在 BCC 鐵中的擴散係數孰低？解釋其原因。
4. 已知 1000℃下鐵在鎳中的擴散係數爲 $9.4\times10^{-16}\ m^2/s$，1200℃下擴散係數爲 $2.4\times10^{-14}\ m^2/s$，求 D_0 値及活化能；1100℃的擴散係數爲多少？
5. 設 800℃下鋁原子由表面往銅中擴散，當鋁擴散使 0.01mm 深處含有一半的表面濃度，需費時多少？
6. 將 0.1wt% C 碳鋼在表面碳濃度 1.2wt%C 下施以滲碳處理，若欲在 0.1cm 深處得到 0.65wt%C 濃度，需費時多久？(a)900℃；(b)1000℃。
7. 將含 0.002wt%N 之鋼材在 650℃施以氮化處理，若欲在 1 小時後於距表面 0.0126cm 深處獲得 0.15wt%N 濃度，則表面氮濃度應控制爲多少？
8. 將含 0.03wt%N 之鋼材放於 680℃之眞空腔中，經 6 小時後距表面 0.07cm 深處之氮含量爲多少？
9. 假設鋼材在 800℃滲碳 8 小時即可得到理想的滲碳層，若時間縮短爲 1 小時，則溫度應調整爲多少？
10. 將純銅及銅鎳合金做成一個擴散偶，經 1000℃擴散 30 天後，在銅的一方距離界面 0.50mm 處的鎳濃度爲 10.0wt%，求銅鎳合金的初始成分？

參考文獻

1. J. Wulff, "Structure and Properties of Materials", John Wiley & Sons, Inc., New York, 1984.
2. P. G. Shewmon, "Diffusion in Solids", McGraw-Hill Book Company, New York,1986.
3. Reza Abbaschian and Robert E. Reed-Hill, "Physical Metallurgy Principles" 4th Edition- SI Version, Cengage Learning, Stanford, 2009.
4. William D. Callister and David G. Rethwisch, "Fundamentals of Materials Science and Engineering: An Integrated Approach", 4th Edition, John Wiley & Sons, Inc., New Jersey, 2011.
5. William Smith and Javad Hashemi, "Foundations of Materials Science and Engineering", 5th Edition, McGraw-Hill Company, New York, 2011.
6. William D. Callister and David G. Rethwisch, "Materials Science and Engineering", 9th Edition, SI Version, John Wiley & Sons, Inc., New Jersey, 2014.
7. James F. Shackelford, "Introduction to Materials Science for Engineers", 8th Edition, Pearson Education Limited, England, 2016.

chapter

6

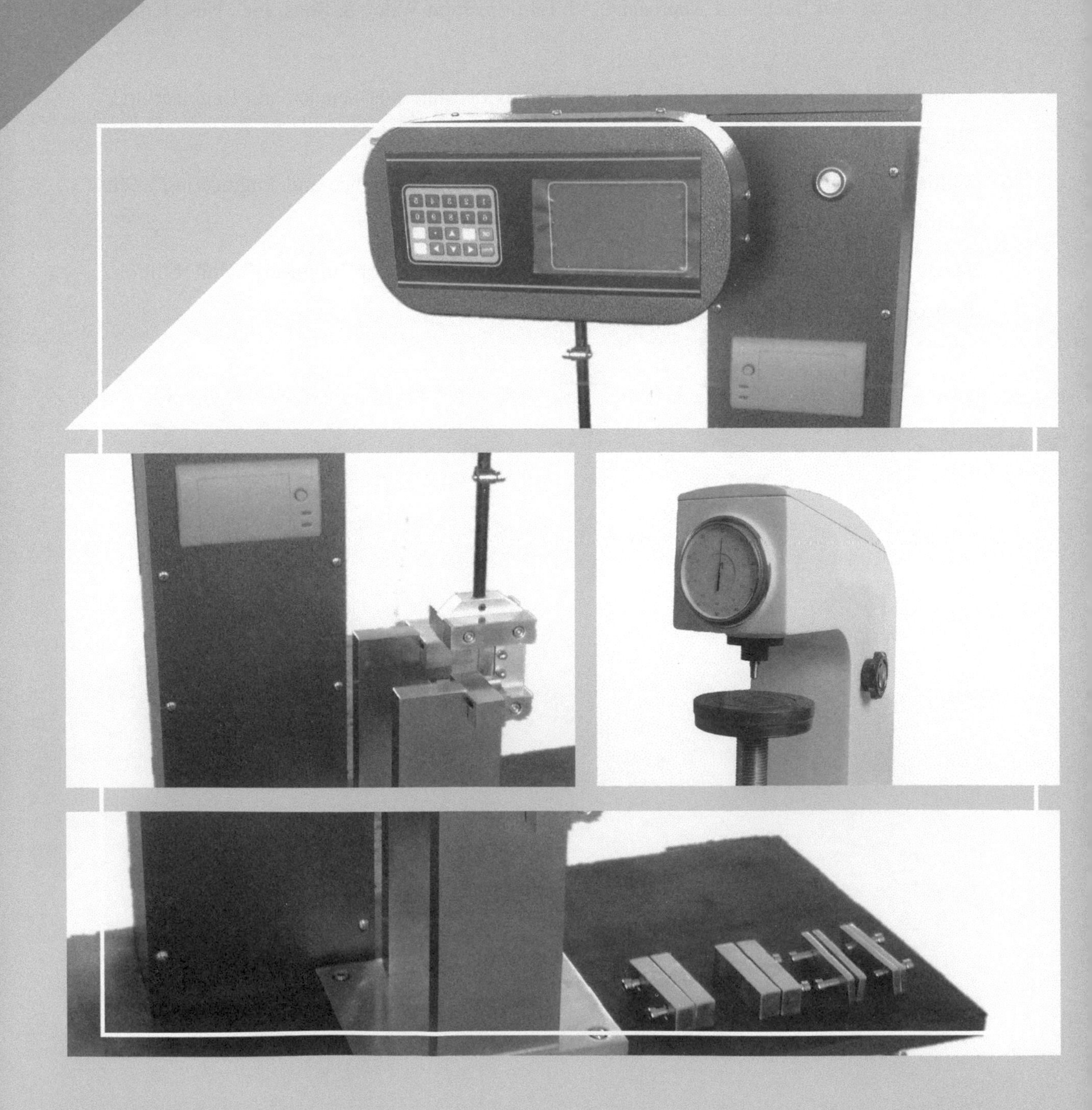

機械性質及測試

當橋樑、房屋、車、船等構造性材料受到負荷時，一般均限於彈性變形(elastic deformation)，而不發生塑性變形(plastic deformation)，更不許發生破壞。此時便希望材料具有較高的強度。相對的，對於如鋼板的輥軋或抽線等材料製造者而言，當材料受到外力作用時，往往需要產生極大的塑性變形，此時便希望材料有較低的(降伏)強度，以便易於加工。所以對於材料的不同使用者，各自對材料的機械性質要求就不同，而機械性質的測試，可反應出外力對材料機械行為(如彈性變形、塑性變形、斷裂等)之影響，其數據可供使用者作有益的參考。

學習目標

1. 定義工程應力、工程應變、眞應力、眞應變。
2. 由工程應力-工程應變曲線，求出材料之(1)彈性模數；(2)降服強度；(3)拉伸強度；(4)伸長量百分比；(5)彈性能模數及；(6)(靜態)韌性。
3. 正確說出參種硬度測試技術，並指出其不同點。
4. 說明硬度與強度之間的關聯性。
5. 描述兩種衝擊破裂試驗技術。
6. 描述(靜態)韌性與破裂韌性的區別。
7. 瞭解量測數據的正確表示法。

機械性質測試時，須考慮的因素包括受力的種類、受力的大小、受力時間的長短及環境狀況等。可能的受力有拉伸、壓縮、剪切、扭力等之作用，如圖 6-1 所示。而受力的時間則可能長達數年，也有可能極短。另外如溫度高低，是否有腐蝕環境等因素都是影響材料機械性質的重要因素。

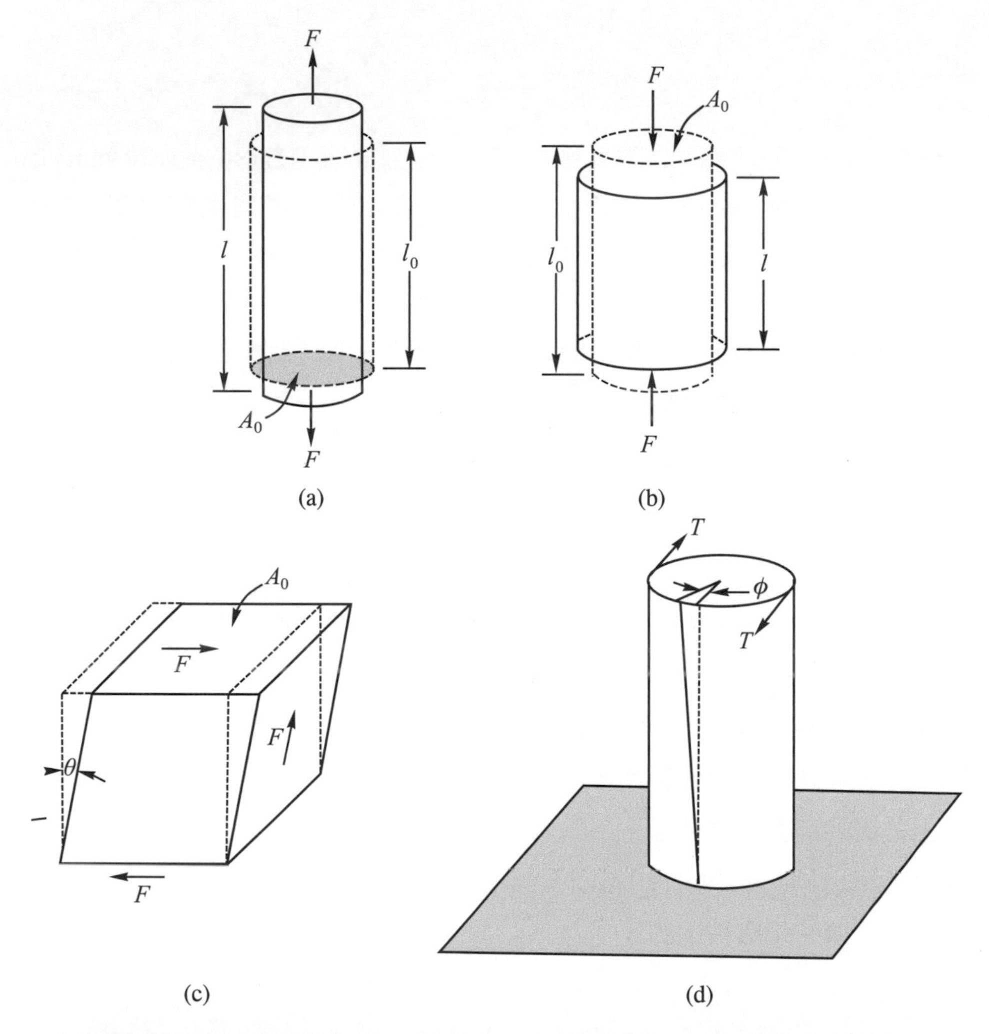

圖 6-1 不同種類之負荷造成線性應變簡圖，虛線代表未變形前之形狀，實線代表變形後之形狀；(a)拉伸負荷，(b)壓縮負荷，(c)剪力負荷造成剪應變$\gamma = \tan\theta$，(d)扭矩(T)產生扭轉變形(ϕ)[1]

由於使用族群的不同(如：製造者、使用者等)，對材料機械性質之關心重點也不同。所以必須有一被認可的標準測試方法來完成材料機械性質的測試。美國材料測試學會－ASTM(american society for testing and materials)，每年所出版的材料性質測試標準年鑑，極具參考價值。

材料試驗中，最常用的有拉伸試驗(tensile test)、硬度試驗(hardness test)、衝擊試驗(impact test)、疲勞試驗(fatigue test)、潛變試驗(creep test)及破裂韌性試驗(fracture toughness test)等。有關疲勞、潛變及破裂韌性三種測試將於第 8 章介紹。

6-1 應力及應變的觀念

當材料受到一相對變化緩慢的外力(或靜力)作用時，其機械行為可由應力(stress)/應變(strain)關係來瞭解。正如圖 6-1(a)中的拉伸試片，其標距長(gauge length)為 l_0，橫截面積 A_0，當受到軸向 F 拉力時獲得瞬間長度為(l_i)，則工程應力σ(engineering stress)及工程應變ε(engineering strain)分別為：

$$工程應力(\sigma)=\frac{F}{A_0} \quad (6\text{-}1a)$$

$$工程應變(\varepsilon)=\frac{l_i-l_0}{l_0}=\frac{\Delta l}{l_0} \quad (6\text{-}1b)$$

(l_i-l_0)的量可以表示為 Δl，工程應變是沒有單位的。應變亦可被表示成百分比，此時應變值需乘 100，如方程式(6-8a)。

而當材料受到如圖 6-1(c)所示的純剪力(F)作用時，剪應力τ(shear stress)與剪應變γ(shear strain)的計算是根據

$$(\tau)=\frac{F}{A_0} \quad (6\text{-}2a)$$

$$(\gamma)=\tan\theta \quad (6\text{-}2b)$$

來計算的，其中 F 是荷重或平行於上及下平面之施力，上及下平面之面積為 A_0，剪應變γ定義成應變角θ的正切，如圖中所示。剪應力和應變的單位和拉伸試驗的單位相同。

6-2 材料的彈性特質

對於大部份的金屬而言，在拉伸應力較低時，材料將產生彈性變形，此時其應力(σ)與應變(ε)將依虎克定理(Hooke's law)呈正比關係，即

$$(\sigma)=E\cdot\varepsilon \quad (6\text{-}3)$$

式(6-3)中的比例常數 E(GPa 或 psi)是彈性係數或彈性模數(modulus of elasticity)或楊氏模數(Young's modulus)。

同樣的，當材料受到壓力、剪力或扭轉時，也會引起彈性變形。而剪應力(τ)和剪應變(γ)間的彈性行爲可由下式表示之

$$(\tau) = G\gamma \tag{6-4}$$

其中 G 是剪力模數(shear modulus)。對於等向性(isotropic)材料而言，剪力模數、彈性模數和蒲松比(v)間有下列關係存在：

$$E = 2G(1 + v) \tag{6-5}$$

蒲松比(v)的定義如下，當一沿著 z 方向的拉伸應力作用於材料時，在 z 軸會產生一彈性伸長，假設其應變量爲ε_z，相對的，在 x 和 y 軸上，會產生一彈性收縮。假設其應變量分別是ε_x 及ε_y。如果材料爲一等方向性，則$\varepsilon_x = \varepsilon_y$，此時材料的蒲松比 v(Poissous ratio)被定義成：

$$v = -\left(\frac{\varepsilon_x}{\varepsilon_z}\right) = -\left(\frac{\varepsilon_y}{\varepsilon_z}\right) \tag{6-6}$$

常見金屬材料的蒲松比之範圍約在 0.25 到 0.35 之間。另外，許多材料是彈性異向性(an-isolropic)，也就是彈性行爲會隨著結晶方向的不同而變化，由於大部份多晶材料的晶粒方向是雜亂分佈，因此，多晶材料可視爲等方向性。因此以下有關機械行爲的討論均將假設爲等方向性。

例 6-1

對於機械性質而言，單晶材料與多晶材料可視爲等方向性嗎？

解 許多材料是異向性(an-isolropic)，也就是其性質(如機械性質)會隨著結晶方向的不同而變化。

(a)因爲單晶每個方向之機械性質不同，所以單晶材料不具有等方向。

(b)多晶材料的晶粒方向是雜亂分佈，因此，多晶材料可視爲等方向性。

例 6-2

有一直徑 $d_0 = 10$ mm 之圓柱形銅合金，其彈性模數 $E = 110$ GPa，標距長 $l_0 = 150$ mm，蒲松比 $v = 0.34$，當其在軸向(假設爲 x 軸)受到 175 MPa 的拉伸應力時，其變形完全是彈性的。試計算(a) x 軸之伸長量(Δl)及應變量(ε_x)，(b) y 軸之應變量(ε_y)，(c)受力時之直徑(d)。

解 (a)彈性變形下，利用虎克定理式(6-3)，$(\sigma) = E \cdot \varepsilon$ 及式(6-1) $(\varepsilon) = \dfrac{\Delta l}{l_0}$，可以得到：

$$(\sigma_x) = E \cdot \varepsilon_x = E \cdot \frac{\Delta l_x}{l_0}$$

$$\therefore (\Delta l_x) = \frac{\sigma_x \cdot l_0}{E} = \frac{(175\ \text{MPa})(150\ \text{mm})}{110 \times 10^3\ \text{MPa}} = 0.239\ \text{mm}$$

$$(\varepsilon_x) = \frac{0.239\ \text{mm}}{150\ \text{mm}} = 1.59 \times 10^{-3}$$

(b)利用式(6-6) $v = -\left(\dfrac{\varepsilon_x}{\varepsilon_y}\right)$

$$\varepsilon_y = -v\varepsilon_x = -0.34x(1.59 \times 10^{-3}) = -5.41 \times 10^{-4}$$

(c)由 $\varepsilon_x = \left(\dfrac{\Delta d}{d_0}\right) = \left(\dfrac{d_0 - d}{d_0}\right) = \left(1 - \dfrac{d}{d_0}\right)$

$$\therefore d = (1 - \varepsilon_x) \cdot d_0 = (1 - 1.59 \times 10^{-3}) \cdot 10\ \text{mm} = 9.98\ \text{mm}$$

6-3 拉伸試驗

拉伸試驗(tensile test)的主要目的是測定材料的強度和延性。拉伸試驗機通常是利用油壓或馬達施加負載於試片上來進行試片拉伸，油壓式萬能試驗機(universal testing machine)是一種非常普遍的拉伸機，除了可做拉伸試驗外，還可以做壓縮、彎曲等試驗。拉伸試片規格可以是圓棒形或矩形，圖 6.2 顯示圓棒狀之試片與其規範。

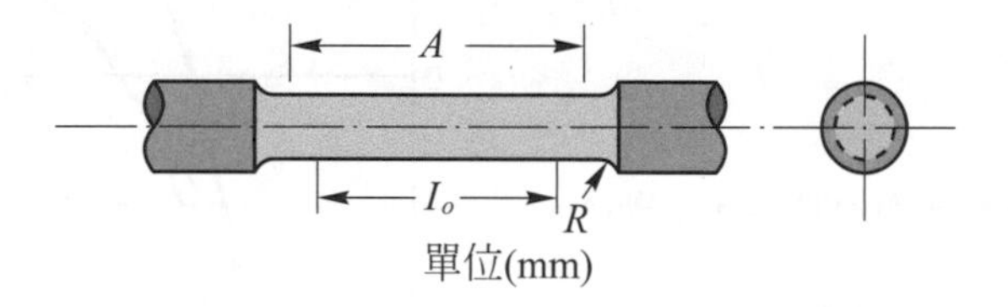

	標準試片	小型試片(比例於標準型)			
	12.5mm	8.75mm	6.25mm	4.00mm	2.50mm
標距長(l_0)	50.0 ± 0.10	35.0 ± 0.10	25.0 ± 0.10	16.0 ± 0.10	10.0 ± 0.10
直徑(D)	12.5 ± 0.25	8.75 ± 0.18	6.25 ± 0.12	4.00 ± 0.08	2.50 ± 0.05
內圓角半徑(R)	> 10	> 6	> 5	> 4	> 2
減縮段長(A)	> 60	> 45	> 32	> 20	> 16

圖 6-2　圓棒狀拉伸試片規格

6-3-1 彈性變形之應力-應變特性

當材料受到較低的拉伸應力作用時，將發生彈性變形，而在工程應力(縱座標)/應變(橫座標)圖中呈線性關係(參考後面的圖 6-4)。式(6-3)中的彈性模數(E)即爲圖中最初直線部份的斜率。彈性模數可視爲材料之剛性(stiffness)。

有一些材料(例如：灰鑄鐵、混凝土和許多聚合體材料)的應力-應變曲線的起始彈性的部份不是線性的(圖 6-3)；因此，無法使用如上面所敘的方法，利用曲線斜率來決定彈性模數。對此種非線性行爲而言，通常使用正切或割線(tangent or secant)模數，正切模數是取某一特定應力水平的應力-應變曲線的斜率，而割線模數代表由原點到曲線上某一已知點之割線的斜率，這些模數的決定說明於圖 6-3(a)中。

在原子尺度上，巨觀的彈性應變被表現於原子間離的小變化。因此，彈性模數的大小是表示相鄰原子間之鍵結力的一種量測，如圖 6-3(b)的原子鍵結力(F)與原子間距之圖示中，於原子平衡間距(r_0)處的斜率即是該材料之彈性模數(E)：

$$E \propto \left(\frac{dF}{dr}\right)_{r_0} \tag{6-7}$$

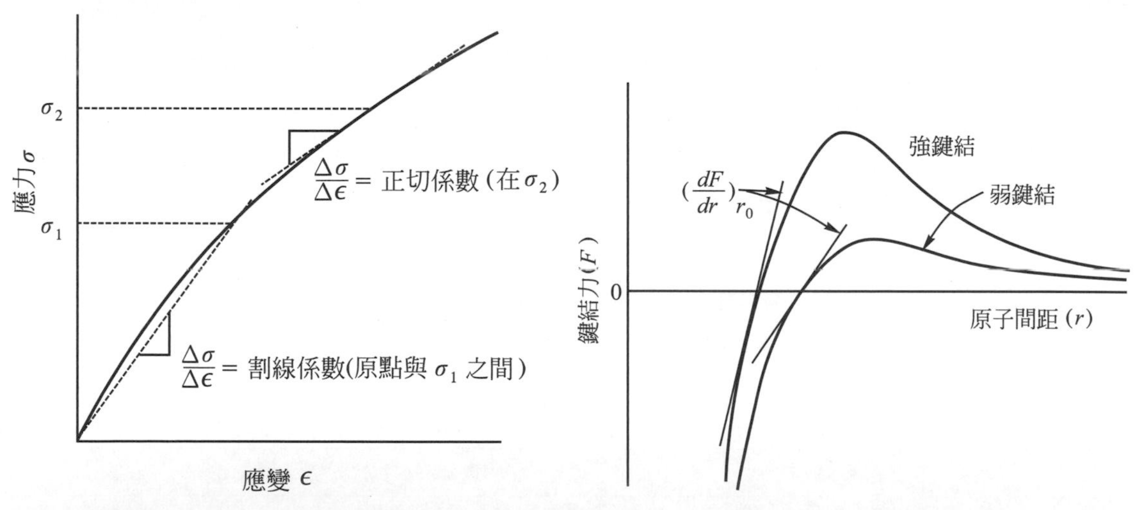

圖 6-3 非線性彈性變形之彈性模數求取法，分別為割線模數與正切模數，(b)彈性模數與原子鍵結力之關係，強鍵結材料具有較大之彈性模數

6-3-2　拉伸數據之應用

由拉伸試驗最少可以得到以下八種數據(圖 6-4)，分別爲：

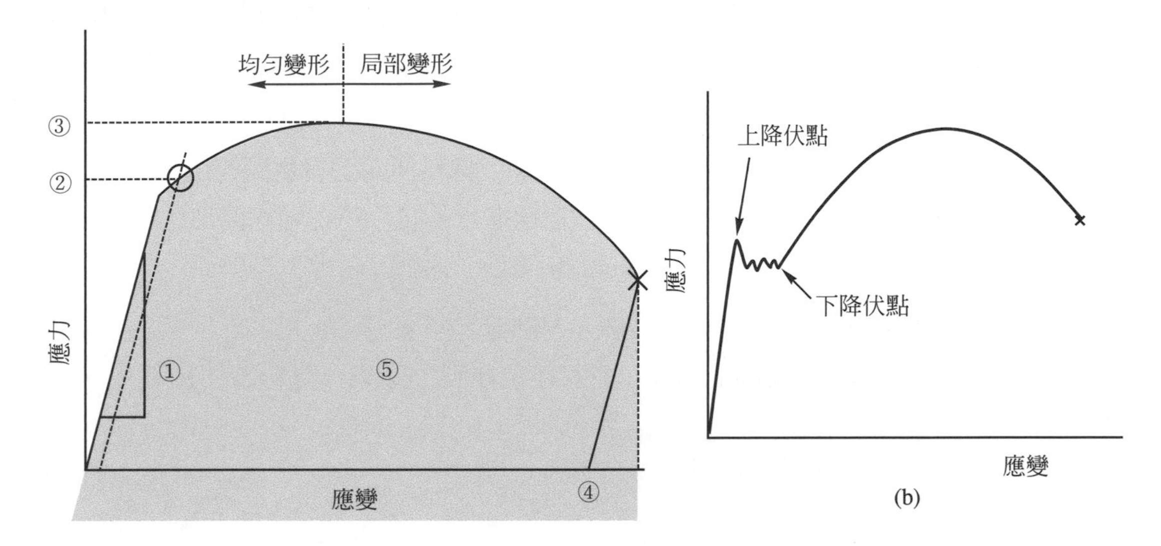

圖 6-4　兩種應力(σ)-應變(ε)曲線圖，(a)無明顯降伏點，(b)具明顯降伏點，由拉伸試驗可獲得到的數據；①彈性模數，②降伏強度(σ_y)，③拉伸強度(UTS 或 TS)，④延性=100(ε_f)，⑤韌性=$\int_0^{\sigma_f} \sigma d\varepsilon$ ，圖中也顯示比例限(σ_P)，彈性限(σ_s)與彈性回復

1. 比例限(proportional limit-σ_p點)：應力和伸長量依照虎克定律(彈性定律)變化的一個臨界點。
2. 彈性限(elatic limit-σ_E點)：除去應力時，試片變形能完全消除的一個臨界點。
3. 彈性係數(modulus of elasticity)：比例限內的應力與應變之比值。
4. 降伏點與降伏強度(σ_y-yield strength)：
   (1) 降伏點之種類：明顯與不明顯降伏點
      (i) 明顯降伏點：應力-應變曲線上有明顯降伏點，如圖 6-4(b)所示，降伏強度可直接讀取，這種曲線常有兩個降伏點，上降伏點(upper)與下降伏點(lower)，一般下降伏點是發生在某一變形範圍區，上下小幅變動，下降伏點之平均應力值便是材料之降伏強度(σ_y)。
      (ii) 無明顯降伏點：圖 6-4(a)所示的應力-應變曲線中之直線部份的最高點(比例限點-σ_P點)，被視爲材料發生降伏(yielding)的開始點。但此點的位置無法精確決定，因此，降伏點或降伏強度可利用偏位降伏強度法(offset yield strength method)求得。

(2) 偏位降伏強度法：

如圖 6-4(a)所示，在應力-應變曲線上定出一偏位應變量(一般是 0.2%)，引伸一直線平行於彈性變形直線，並與拉伸曲線相交，此一交點所對應的應力即爲降伏強度(σ_y)，工程上，設定應力大於降伏強度，才被視爲發生塑性變形。

5. 拉伸強度(UTS 或 TS)：

UTS 就是材料對變形的最大抵抗力，在 UTS 之前的拉伸試片之變形是均勻變形(uniform deformation)，當拉力達到 UTS 時，材料便開始發生頸縮(necking)的局部變形(local deformation)現象。當拉伸繼續進行，試片將在頸縮的部位斷裂，此一斷裂時的應力稱爲斷裂應力(fracture stress)。

6. 延性：以伸長率或斷裂面縮減率表示材料延性

(1) 伸長率(%EL-%elongation)：當材料拉伸到(l_f)斷裂，材料的伸長率：

$$\%EL = \left[\frac{l_f - l_0}{l_0}\right] \times 100 = \varepsilon_f \times 100 \tag{6-8a}$$

(2) 斷裂面縮減率(%AR-reduction area)：斷裂處面積(A_f)與原截面積(A_0)的差再與(A_0)相除求得：

$$\%AR = \left[\frac{A_0 - A_f}{A_0}\right] \times 100 \times 100 \tag{6-8b}$$

需特別注意的是材料的延性(%EL)與試片的標距長(l_0)有關，標距愈短則延性愈大，這是因爲當材料受力大於拉伸強度(TS)時，塑性變形將被限制在頸縮區所導致的結果。所以在表示材料延性時，需同時指出所選用的標距長才有意義。工程應用上，常選用 50 mm(2 in)作爲標距長(請參考習題 6-2)。

7. (靜態)韌性 $= \int_0^{\varepsilon_f} \sigma d\varepsilon$ (6-9)

8. 彈性能 $= \int_0^{\varepsilon_y} \sigma d\varepsilon$ (6-10)

例 6-3

有一鋁合金，其標距長 $l_0 = 50$ mm，直徑 $d_0 = 4$ mm，當受拉力時，最大負荷 10 kN，斷裂時，標距伸長爲 $l_f = 80$ mm，斷裂面直徑爲 $d_f = 3$ mm，試計算(a)拉伸強度(UTS)；(b)伸長率百分比(%EL)；(c)應變量(ε)，及(d)斷面縮減率百分比(%AR)。

解

(a) $\text{UTS} = \dfrac{F}{A_0} = \dfrac{10000N}{\pi\left(\dfrac{4^2}{4}\right)\text{mm}^2} = 796(\text{N/nm}^2) = 796\text{MPa}$

(b) $\%\text{EL}=\dfrac{80\text{ mm}-50\text{ mm}}{50\text{ mm}}\times 100\% = 60\%$

(c) $\varepsilon=\dfrac{80\text{ mm}-50\text{ mm}}{50\text{ mm}} = 0.6$

(d) $\%\text{AR}==\dfrac{A_0-A_f}{A_0} = \dfrac{\pi\left(\dfrac{4^2}{4}\right)\text{mm}^2-\pi\left(\dfrac{3^3}{4}\right)\text{mm}^2}{\pi\left(\dfrac{4^2}{4}\right)\text{mm}^2}\times 100\% = 43.8\%$

6-3-3 真應力-真應變($\sigma_t-\varepsilon_t$)曲線

圖 6-5(a)是眞應力-眞應變曲線($\sigma_t-\varepsilon_t$)和對應的工程應力-工程應變曲線($\sigma-\varepsilon$)所做的比較圖，拉伸過程中，絕大部分的合金受到變形後都有加工硬化現象。所以根據試片標距長度(l_0)與未變形的橫截面積(A_0)所得到的工程應力-工程應變曲線，並無法眞正提供材料變形的特性。

因此，根據合金在拉伸過程中，瞬時長度(l_i)與瞬時橫截面積(A_i)所得到的眞應力-眞應變($\sigma_t-\varepsilon_t$)曲線是有必要的。當試片受到之負荷時，則眞應力(σ_t)與眞應變(ε_t)分別定義如下：

$$(\sigma_t) = \frac{F}{A_i} \quad (6\text{-}11a)$$

$$(\varepsilon_t) = \int_{l_0}^{l_i}\frac{dl}{l} = \ln\frac{l_i}{l_0} \quad (6\text{-}11b)$$

若假設變形過程中，材料體積不變，亦即：$A_0l_0 = A_il_i$

則眞應力-眞應變與工程應力-工程應變間之關係爲

$$(\sigma_t) = \sigma(1+\varepsilon) \quad (6\text{-}12a)$$

$$(\varepsilon_t) = \ln(1+\varepsilon) \qquad (6\text{-}12b)$$

式(6-12)僅適用於均匀變形範圍，也就是應力須小於拉伸強度(UTS)時才適用，若應力超過 UTS，也就是試片發生頸縮，則眞應力與眞應變的值須由式(6-11)來決定。

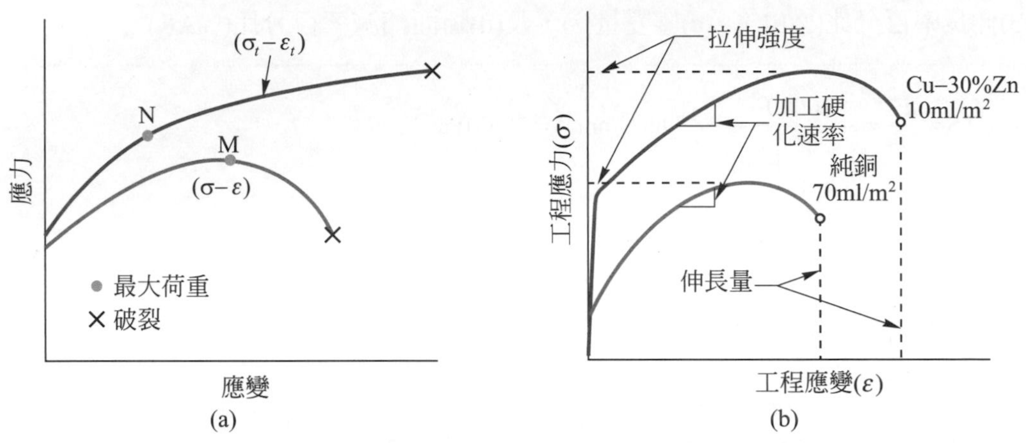

圖 6-5 (a)工程應力－工程應變($\sigma-\varepsilon$)與真應力－真應變($\sigma_t-\varepsilon_t$)曲線之比較；M 與 N 點分別是發生頸縮的開始點，(b)純銅與黃銅之(σ-ε)曲線，顯示黃銅具有高加工硬化速率

例 6-4

一拉伸試片直徑 d_0= 12.8 mm，標距長 l_0= 50 mm，拉伸強度$(\sigma)_{UTS}$ = 520 MPa，直徑 d_{UTS} = 12.1 mm，試求在拉伸強度時之(a)試片荷重(F_{max})及(b)眞實應力$(\sigma_T)_{UTS}$。

解

(a) $F_{max} = (\sigma)_{UTS}\cdot A_0 = (520\times10^6\ \text{N/m}^2)\cdot\left[\left(\dfrac{\pi}{4}\right)\cdot(12.8\ \text{mm})^2\right]\left[\dfrac{1\ \text{m}^2}{10^6\ \text{mm}^2}\right] = 66900\text{N}$

(b) $(\sigma_t)_{UTS} = \left[\dfrac{F_{max}}{A_{UTS}}\right] = \left[\dfrac{66900\ \text{N}}{\left[\left(\dfrac{\pi}{4}\right)(12.1\ \text{mm})^2\right]\left[\dfrac{1\ \text{m}^2}{10^6\ \text{mm}^2}\right]}\right] = 582\ \text{MPa}$

6-3-4 應力-應變曲線與金屬成形性(進階)

1. **金屬成型性之評估**

   車用鋼板不僅需強度高，還需擁有低溫容易成型的特性，強度增幅(即拉伸強度與降伏強度之差)與均匀伸長量乘積之大小，可作為合金成型性之評估指標。通常合金降伏強度愈低、且加工硬化速率愈大時，則會擁有較高的拉伸強度增幅與(均匀)伸長量，此時合金將呈現較高之成型性。

2. **金屬成型性之理論：康氏準則**(Considere's criterion)

拉伸過程中，絕大部分的金屬變形時都有加工硬化現象，從圖 6-5(a)的($\sigma_t - \varepsilon_t$)與($\sigma - \varepsilon$)的比較圖中，金屬所承受之最大負荷 P_{max} 是發生在($\sigma - \varepsilon$)曲線圖的最高點上(圖 6-5(a)中之 M 點)，M 點所顯示的應力就是金屬的拉伸強度(UTS)，若工程應變未超過 M 點，則合金變形爲均勻變形，若工程應變超過 M 點時，合金就發生頸縮變形(necking)，但在眞應力-眞應變($\sigma_t - \varepsilon_t$)曲線上，則無法看出哪一點(圖 6-5(a)中的 N 點)是發生頸縮變形的開始點。

康氏準則(Considere's criterion)即是提供求得『($\sigma_t - \varepsilon_t$)曲線上發生頸縮變形的開始點的一個準則』，茲略述如下：

(1) 金屬變形時，負荷 P 是：$P = A\sigma_t$　(6-13)

(2) 頸縮發生在最大負荷點 P_{max}，$\therefore d(P_{max})_{neck} = 0$

則 $(d(P_{max})_{neck} = (Ad\sigma_t + \sigma_t dA)_{neck} = 0$　(6-14)

(3) 將(式 5-8)重新整理後，可獲得：

$$\left(\frac{d\sigma_t}{\sigma_t}\right)_{neck} = -\left(\frac{dA}{A}\right)_{neck} \tag{6-15}$$

(4) 假設變形過程中，體積(V)固定，即：$V = A \times l$　(6-16)

$$\therefore dV = d(A \times l) = l \times dA + A \times dl = 0 \tag{6-17}$$

且 $\dfrac{dl}{l} = d\varepsilon_t$　(6-18)

(5) 將(式 6-15)重新整理後，可獲得：

$$-\frac{dA}{A} = \frac{dl}{l} = d\varepsilon_t \tag{6-19}$$

(6) 因此(6-15)成爲：

$$\left(\frac{d\sigma_t}{\sigma_t}\right)_{neck} = -\left(\frac{dA}{A}\right)_{neck} = (d\varepsilon_t)_{neck} \tag{6-20}$$

即 $\left(\dfrac{d\sigma_t}{d\varepsilon_t}\right)_{neck} = (\sigma_t)_{neck}$　(6-21)

式(6-21)即爲康氏準則(Considere's criterion)，由康氏準則可以在圖 6.5(a)的($\sigma_t - \varepsilon_t$)曲線中求得金屬發生頸縮變形的開始點，圖中的 N 點恰好是位於金屬加工硬化速率($d\sigma_t/d\varepsilon_t$)曲線等於眞應力(σ_t)的點上，也就是金屬頸縮變形的開始。

(7) 康氏準則也指出當金屬加工硬化速率($d\sigma_t/d\varepsilon_t$)不小於眞應力(σ_t)時，即：

$$\left(\frac{d\sigma_t}{d\varepsilon_t}\right)_{\text{neck}} \geq (\sigma_t)_{\text{neck}} \tag{6-22}$$

金屬將維持均勻變形，也就是高加工硬化速率，使金屬足以克服頸縮的發生。反之，當金屬加工硬化速率($d\sigma_t/d\varepsilon_t$)小於眞應力(σ_t)時，金屬將發生頸縮。依據式(6-22)，只要金屬在加工過程中具有高加工硬化速率，則金屬就不易發生頸縮變形，而會擁有較高之延伸率。

圖 6-5(b)顯示黃銅(Cu-30Zn)之加工硬化速率大於純銅，這是因爲 Zn 原子的添加，除了增加固溶強化效果外，也降低了金屬的疊差能(由 70 降爲 10 mJ/m^2)，這兩項因素致使黃銅於拉伸變形時具有高加工硬化速率，抑制了頸縮的發生，除了強度增加外，其延性也同時增加。

例 6-5

試說明(a)康氏準則與金屬成形性之關係，(b)室溫下，黃銅之成形性比純銅高之原因。

解 (a) 依據式(6-22)的康氏準則：$\left(\frac{d\sigma_t}{d\varepsilon_t}\right)_{\text{neck}} \geq (\sigma_t)_{\text{neck}}$，當金屬加工硬化速率($d\sigma_t/d\varepsilon_t$)不小於眞應力($\sigma_t$)時，即金屬在加工過程中，只要具有高加工硬化速率，則金屬就不易發生頸縮變形，而會擁有較高之延伸率(即高成形性)。

(b) 由圖 6-5(b)，

(i)當 Zn 原子添加到銅時，發生兩件爲結構之變化，分別是固溶強化與降低疊差能(由 70 降爲 10 mJ/m^2)。

(ii)低疊差能之金屬，由於疊差寬度較大，所以變形時不易發動態回復(dynamic recovery)，也就是低疊差能金屬比高疊差能金屬，變形時容易發生加工硬化。

(iii)依據式(6-22)，黃銅具有固溶強化與加工強化兩項因素，於拉伸變形時具有高加工硬化速率，抑制頸縮的發生，除了強度增加外，其延性也同時增加。

(iv)在($\sigma-\varepsilon$)曲線中，強度增幅(即拉伸強度與降伏強度之差)與均勻伸長量之乘積值，是金屬成型性之評估指標。因黃銅變形時具有高強度增加量與高延性，所以具有高成形性指標，因而具有高成形性。

6-4 硬度試驗

機械性質試驗中，硬度試驗(hardness test)是最簡便、最常用的一種，然而也是定義最不明確者。茲列舉五種不同意義的硬度定義，而各種硬度試驗機即以此定義所開發：

6-4-1 硬度試驗之分類

1. **壓痕硬度(indentation hardness)：**
   受靜力或動力作用時之殘留壓痕抵抗，如勃氏(Brinell)、洛氏(Rockwell)、維克氏(Vickers)等型硬度試驗機。
2. **反跳硬度(rebound hardness)：**
   對於衝擊負載之能量吸收程度，如蕭氏(Shore)硬度試驗機。
3. **刮痕硬度(scratch hardness)：**
   對於刮痕之抵抗，如莫氏(Mohs)硬度試驗。
4. **磨損硬度(wear hardness)：**
   對於磨蝕之抵抗，如試驗岩石之戴佛(Deval)磨損試驗機。
5. **切削硬度(cutting hardness)：**
   對於切削及鑽孔之抵抗，稱為切削硬度或切削性(machinability)，如切削硬度試驗機。

6-4-2 壓痕硬度

以上各種硬度之試驗方法各有其實際用途，然最普遍者為第一種的壓痕硬度，較常用之壓痕硬度機有勃氏硬度、洛氏硬度、維克氏硬度等。

1. **勃氏硬度(H_B)**
   勃氏硬度(BHN 或 H_B)係於 $D = 5$ 或 10mm 直徑的鋼球(或碳化鎢球)上施加 100 到 3000kg 的油壓負荷(P-Kg)，如表 6-1 所示，鋼球壓於金屬表面，使金屬表面產生凹陷(深度 $= t$, mm)而測其硬度。在負荷移去後使用低倍率顯微鏡測量壓痕直徑(d-mm)，深度(t-mm)，壓痕的表面需平滑且避免有灰塵或鏽。勃氏硬度值(H_B，單位是 kg/mm^2)可經查表或利用負荷(kg)除以壓痕的表面積(mm^2)求得，此公式為(參考習題 6.5)：

$$H_B = \frac{P}{A} = \frac{P}{\left(\frac{\pi D}{2}\right)(D - \sqrt{D^2 - d^2})} = \frac{P}{\pi D t} \tag{6-23}$$

表 6-1　各種壓痕硬度測試技術之說明表

試驗法	壓表器	壓表的形狀		負荷	硬度值數學公式
		側視圖	上視圖		
勃氏	10mm 鋼球或碳化鎢	D, d	d	P	$H_B = \frac{2P}{\pi D(D - \sqrt{D^2 - d^2})}$
錐克氏微硬度	鑽石錐體	136°	d_1, d_1	P	$H_V = 1.854\ P/d_1^2$
諾普微硬度	鑽石錐體	$l/b = 7.11$, $b/t = 4.00$	b, l	P	$H_K = 14.2\ P/l^2$
洛氏和表面洛氏	鑽石	120°		60 kg, 100 kg, 150 kg 洛氏	洛氏：HRB, HRC 等
	$\frac{1}{16}, \frac{1}{8}, \frac{1}{4}, \frac{1}{2}$ in 直徑鋼球			15 kg, 30 kg, 45 kg 表面洛氏	表面洛氏：HR15N, HR30T HR45X 等 (N =鑽石, $T = \frac{1}{16}$ in , $X = \frac{1}{4}$ in)
硬度數學式之單位：P(所施加之負荷)是 kg，D、d、d_1 和 l 都是以 mm 爲單位。					

2. 洛氏硬度

洛氏硬度試驗是以一定的負載(P)將壓痕器壓入試片表面，使試驗片產生壓痕，由壓痕深度來表示洛氏硬度。

洛氏硬度所用之壓痕器有鑽石圓錐(diamond cone，夾角 120°，尖端爲 0.2mm 半徑弧)，及直徑爲 1/16 吋、1/8 吋、1/4 吋及 1/2 吋之鋼球等五種(表 6-1)，硬度值是由施加一 10 kg 之次荷重接著施加一較大主荷重後，由壓入試片表面之深度的差異來決定的。荷重分 60 kg、100 kg、150 kg 三種。相互組合使用，可有十五種不同量測硬度之尺度(scale)，如表 6-2 所示，如量測高硬度之金屬時用 150 kg 荷重與鑽石圓錐壓痕器，其代號爲 C 尺度，表示爲 HRC。

表 6-2　洛氏硬度尺度選用表

尺度記號	壓痕器	主重 kg	刻度	用途
第一類 B	1/16" 鋼球	100	紅	鋼合金、軟鋼、鋁合金、延性鑄鐵
第一類 C	鑽石圓錐	150	黑	鋼、硬鑄鐵、波來延性鑄鐵、深表面硬化鋼
第二類 A	鑽石圓錐	60	黑	燒結碳化物、薄鋼、淺表面硬化鋼
第二類 D	鑽石圓錐	100	黑	薄鋼、鋁及鎂合金、軸承金屬
第二類 E	1/8" 鋼球	100	紅	鑄鐵、鋁及鎂合金、軸承金屬
第二類 F	1/16" 鋼球	60	紅	退火銅合金、薄軟金屬板片
第二類 G	1/16" 鋼球	150	紅	磷青銅、鈹銅、延性鑄鐵
第二類 H	1/8" 鋼球	60	紅	鋁、鋅、鉛
第二類 K	1/8" 鋼球	150	紅	軸承合金或其他非常軟或薄之材料，使用最小之鋼球及不致產生墊塊效用之最大荷重
第三類 L	1/4" 鋼球	60	紅	
第三類 M	1/4" 鋼球	100	紅	
第三類 P	1/4" 鋼球	150	紅	
第三類 R	1/2" 鋼球	60	紅	
第三類 S	1/2" 鋼球	100	紅	
第三類 V	1/2" 鋼球	150	紅	

洛氏硬度刻度盤的 l 刻度表示 0.002mm 的深度，HRC 採用從基準刻度 100 減去相當於 h(mm)深度的刻度來表示。而 HRB 採用的基準刻度爲 130，所以

$$HRC = 100 - \frac{h}{0.002} = 100 - 500\,h \tag{6-24}$$

$$HRB = 130 - 500\,h \tag{6-25}$$

洛氏硬度試驗法中被量測之試件以平面爲標準，如試件之表面爲非平面，則測試所得之硬度值須加以修正，例如當測試面爲圓柱體之弧形面時，則因爲缺乏材料阻止壓痕之變形，致使壓痕加深，而使所測得之硬度值較相同材料之平面試件爲低。弧度愈大(即直徑愈小)則對硬度值之影響也愈大(硬度降低愈多)，表 6-3 顯示 CDA 三種尺度洛氏圓柱體修正表，如將弧面磨平少許即無修正之必要。

表 6-3　洛氏圓柱體修正表

	CDA 尺度	鑽石圓錐壓痕器試件直徑 in						
		1/4	3/8	1/2	5/8	3/4	7/8	1
刻度盤指示數值	80	0.5	0.5	0.5	0	0	0	0
	70	1.0	1.0	0.5	0.5	0.5	0	0
	60	1.5	1.0	1.0	0.5	0.5	0.5	0.5
	50	2.5	2.0	1.5	1.0	1.0	0.5	0.5
	40	3.5	2.5	2.0	1.5	1.0	1.0	1.0
	30	5.0	3.5	2.5	2.0	1.5	1.5	1.0
	20	6.0	4.5	3.5	2.5	2.0	1.5	1.5

3. **洛氏表面硬度**

洛氏表面硬度試驗機專供只容許有極淺之壓痕及量測材料最表層之硬度試驗。測試之對象爲氮化鋼、薄層滲碳物、刀片、銅片等。由勃氏、洛氏及表面洛氏三種硬度試驗機所得壓痕之相對大小如圖 6-6 所示。

洛氏表面硬度試驗與通用之洛氏硬度試驗之原理完全相同，不同者爲表面硬度法使用之副重爲 3 kg，全荷重分別爲 15、30 或 45 kg(參考表 6-1)。

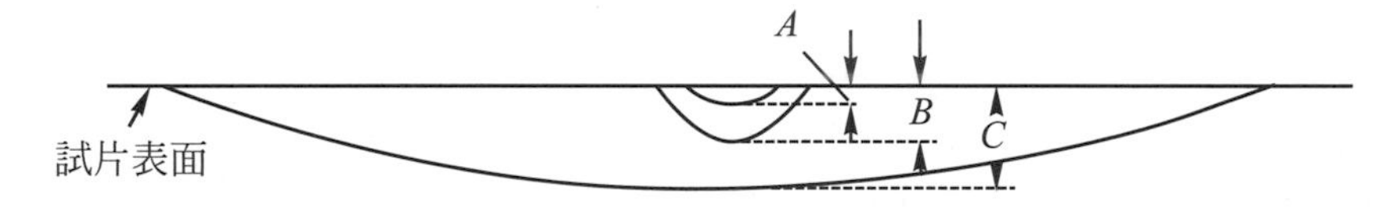

圖 6-6　HRC39 之鋼鐵經洛氏表面(A)、洛氏(B)及勃氏(C)三種硬度測試後相對壓痕深度比較示意圖

6-4-3　硬度轉換

各種硬度值雖無精確之轉換關係，然有其近似之關係；但此種轉換不但會因材料而異，也會因機械處理與熱處理而異，因此硬度轉換表僅能參考，不能過於信賴。目前鋼鐵之硬度轉換關係做得比較多。

6-4-4　硬度與強度之關係

硬度與強度並不存在一個固定的換算關係，主要是因爲硬度試驗時，材料是承受三軸向壓應力，而拉伸試驗時，材料在均勻變形區是承受單軸向之應力，於頸縮變形(necking)區時才承受三軸向之應力。

但無論如何，因爲壓痕硬度與強度均是代表材料對塑性變形的抵抗能力，所以可以預期壓痕硬度值與材料之強度(UTS、YS)有下列『參考』關係：

$$強度 = C(H_B) \tag{6-26}$$

其中 C 爲比例常數，H_B 爲勃氏硬度，對各別不同的材料，有不同的比例常數，圖 6-7 顯示鋁與鋼鐵材料之硬度與降伏強度之關係圖。

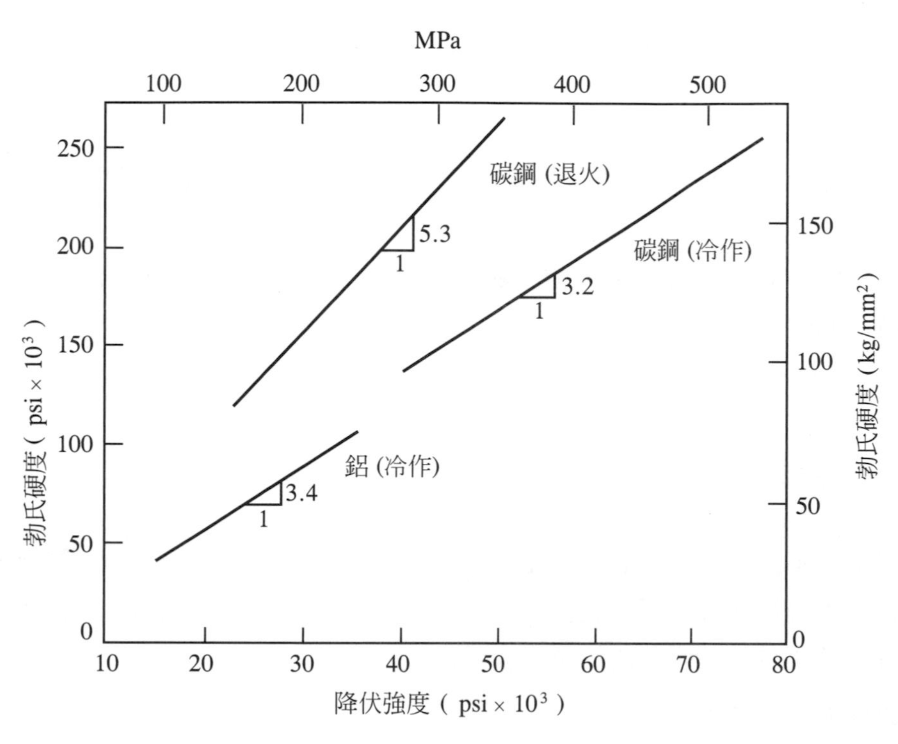

圖 6-7　勃氏硬度與降伏強度之關係圖

例 6-6

有一鋼鐵，其拉伸強度 50 kg/mm²，現以 10mm 的鋼球，荷重 1000kg 測量該鋼鐵之勃氏硬度(H_B)，試計算其壓痕直徑(d)，假設強度與硬度之值相同。

解

1. 由式(6.23)與(6-26)，
2. $H_B = \dfrac{P}{A} = \dfrac{P}{\left(\dfrac{\pi}{2}\right)(D-\sqrt{D^2-d^2})} = \dfrac{1000}{\left(\dfrac{10\pi}{2}\right)(10-\sqrt{10^2-d^2})} = 50(\text{Kg/mm}^2)$

$\therefore d = 4.88$ mm

6-4-5 硬度測試時之注意事項

測試硬度時，若試片太薄、壓痕太靠近試片邊緣或兩個壓痕彼此太近都會使結果不正確。通常試片厚度至少必須是壓痕深度的 10 倍，而壓痕中心與壓痕中心或壓痕中心與試片邊緣間的距離至少必須是 5 倍的壓痕直徑。

另外，測試硬度時，因圓弧狀試片對壓痕器四周之塑性變形阻力較平面試片低，所以圓弧狀試片之硬度測量值會較小，此時，正確之硬度值須依弧度之大小加以修正。

例 6-7

鄰近前次硬度測定處所作的硬度測試，會顯出較高或較低的硬度值？

解 因為第一次壓痕周圍有塑性變形及彈性變形，材料會產生加工硬化，所以第二次在近鄰測出的硬度值會較高。

6-5 衝擊試驗

由於靜態拉伸試驗無法預測材料受到動態衝擊下的破斷行為，所以衝擊試驗常被用來測試材料在受到高變形速度下之破裂韌性。這種試驗是對有凹溝的試片施以衝擊力，將它打斷，而從試片破壞時所吸收的能量來表示破裂韌性的大小。

1. **衝擊試驗的方法**

   最常採用的衝擊試驗有沙丕(Charpy)和易佐(Izod)衝擊試驗兩種，其中金屬材料之測試均採用沙丕衝擊試驗。沙丕試驗是把有凹溝的試片水平放置在兩個墩座之間，利用擺錘從凹溝的背面施以衝擊力。易佐試驗是把有凹溝的試片固定在垂直位置，然後對有凹溝的面施以衝擊力，如圖 6-8 所示，沙丕為方形試片，其開槽形式有 *V* 形槽(*v*-notch)、鑰孔槽(keyhole notch)及 *U* 形槽(*u*-notch)三種。易佐試驗所使用之試片可為圓狀或方形，在靠近夾緊端有一刻槽。

2. **擊試驗的原理**

   圖 6-9 表示衝擊試驗的原理，試驗時，把擺錘提高到一定高度(h_1)，架設好試片後令擺錘自由擺下，而衝斷試片。試片破斷時會吸收擺錘的一部份能量，而擺錘所剩下的能量會使擺錘擺到相反方向的某一高度(h_2)。假設：

   W：擺錘的重量，kg

   R：擺錘的重心到迴轉中心的距離(m)

   α：擺錘被提高到規定位置的角度

   β：打斷試片後擺錘自由上升的角度

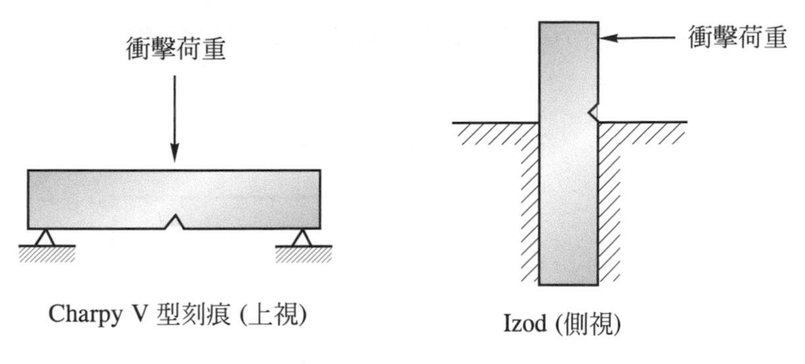

圖 6-8　Charpy 與 Izod 衝擊試驗加荷重方式之比較

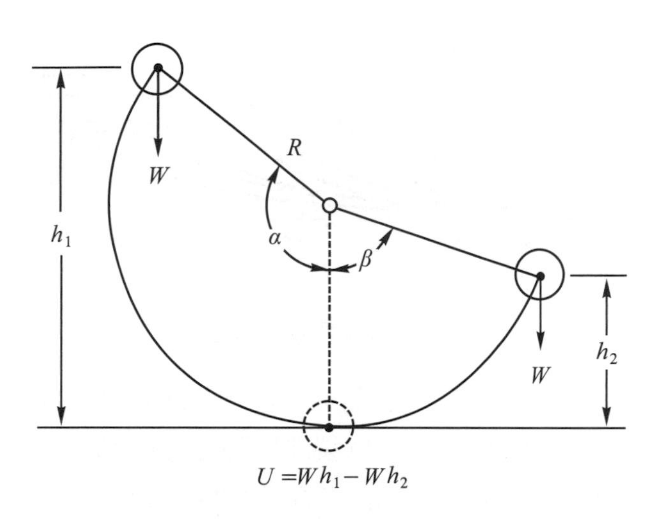

圖 6-9　衝擊試驗(原理圖)

由圖 6-9 可知

$$\text{擺錘的原有能量} = Wh_1 = WR(1-\cos\alpha) \quad (6\text{-}27a)$$

$$\text{擺錘的餘留能量} = Wh_2 = WR(1-\cos\beta) \quad (6\text{-}27b)$$

假如不考慮擺錘搖擺時的摩擦損失和試片由墩座飛出時的能量損失，則試片所吸收的能量可以用(6-28)式計算：

$$U = Wh_1 - Wh_2 = WR(\cos\beta - \cos\alpha)(\text{kg-m}) \quad (6\text{-}28)$$

其中 U 值稱爲衝擊值。上式中的 W、R 是試驗機的常數，所以試驗時，讀出 β 後代入上式就可以計算衝擊值。

3. **韌-脆轉變**

材料作衝擊試驗時，在某一溫度範圍會有韌-脆轉變(ductile to brittle)現象(圖 6-10)，在某一溫度之上，材料具有良好的韌性，而在此溫度之下，韌性變得很差，此一溫度，稱爲韌-脆轉換溫度(transition temperature-Tt)。由圖 6-10 可知 Tt 愈低，材料在低溫時愈有韌性，衝擊試驗在工程上的一項重要用途就是求得溫度-衝擊值曲線，以作爲選擇材料使用的重要參考。

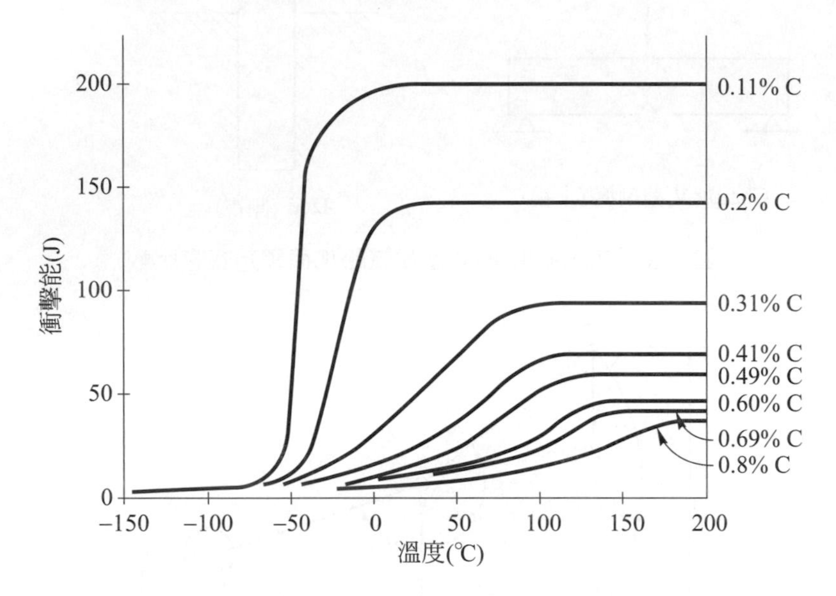

圖 6-10 碳鋼韌脆轉換溫度與含碳量之關係

從衝擊試驗的材料斷裂面，可以檢查破斷面是否爲韌性的剪破斷(shear-fracture)或是脆性的劈裂破斷(cleavage)。劈裂破斷面較亮，反射性較高，韌性破斷面則較暗及較鈍。通常可由斷面外觀估計韌性斷面的百分比，如圖 6-11 所示。

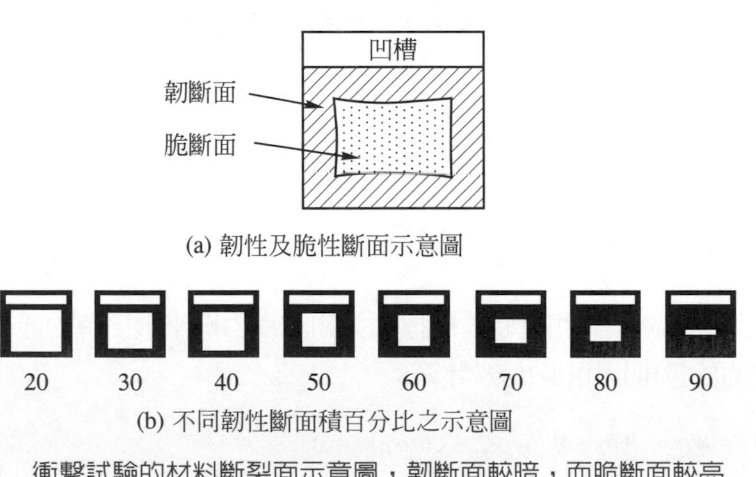

(a) 韌性及脆性斷面示意圖

(b) 不同韌性斷面積百分比之示意圖

圖 6-11 衝擊試驗的材料斷裂面示意圖，韌斷面較暗，而脆斷面較亮

6-6　材料性質的表示法

由於材料工程或熱處理涉及到很多實作，量測材料機械性質或其他材料特性時，所得到的數值總會有某些分散性，並非一固定值，所以將介紹材料性質的表示法作為這一章的結尾。

6-6-1　量測數據變異性的表示法

在顯示材料性質時，通常利用平均值來表現(需注意有效數不能大於測量值)，而分散性的大小則以標準差 S(standard deviation)來表現。在數學中，表示某一數的平均($\bar{y}$)及標準差(s)可由式(6-29)求得。

$$\bar{y} = \frac{\sum_{i=1}^{n} y_i}{n} \tag{6-29a}$$

$$s = \left[\frac{\sum_{i=1}^{n} (y_i - \bar{y})^2}{n-1} \right]^{1/2} \tag{6-29b}$$

其中 n 是量測的次數，y_i 是量測值。

例 6-8

四根拉伸試棒經拉伸試驗，測得其拉伸強度(TS)分別為 620MPa、612 MPa、615 MPa 及 622 MPa，試計算(1)平均拉伸強度(TS)、(2)標準差(S)，及(3)此拉伸機之最小刻度是多少？

解 利用方程式(6-29)：

(1)TS = (620 + 612 + 615 + 622)/4 = 617.25，取有效數，則 TS = 617MPa

(2)$S = \{(620-617)^2 + (612-617)^2 + (615-617)^2 + (622-617)^2\}^{1/2}/(4-1) = 2.65$ MPa，取有效數，則 S = 3MPa

(3)10Mpa

6-6-2 設計因子與安全因子

若預估材料在使用時,所須承受的最大應力值為σ_C,則在設計上,其設計應力σ_d (design stress)須大於σ_C,即設計因子 N_d(design factor)須大於 1,表示如下:

$$\sigma_d = N_d\sigma_C \tag{6-30a}$$

另一方面,也可以利用安全應力σ_s (safe stress 或 working stress)來取代設計應力,安全應力的定義如下:

$$\sigma_s = \frac{\sigma_y}{N_s} \tag{6-30b}$$

其中σ_y是材料的降伏強度,N_s是安全因子(safety factor),選擇適當的 N_s是必需的,太大的 N_S將導致過當的設計,可依經驗、經濟、生命財產的損失等因素來考量選用的標準,一般安全因子是介於 1.2 到 4.0 之間。

例 6-9

設計上選用安全因子的依據是什麼?

解 (1)過往材料使用的經驗,(2)精確的材料特性數據計算結果,(3)經濟因素的考量 (4)生命財產損失的考量。

重點總結

1. 材料的機械行為(如彈性變形、塑性變形、斷裂等)可以藉由機械性質測試的結果來描述。
2. 有兩種不同的應力-應變數據被使用,即工程應力-工程應變與眞應力-眞應變。應力是材料單位面積上所承受的荷重,而應變則是由應力所引發的材料變形量。
3. 降伏現象發生於材料塑性變形的起始點,降伏強度可以利用應力-應變曲線的偏位法決定,若是應力-應變曲線呈現明顯降伏點,則降伏強度可以直接讀取。
4. 材料延性的大小(伸長率百分比表示時)與測試試片的標距長有關,愈短的標距將呈現較大的延性。

5. 彈性能是材料於彈性變形時吸收能量的能力，彈性能模數是工程應力-工程應變曲線中，低於降伏應力時的面積。

6. 靜態韌性是材料拉伸試驗時，當材料受力後至斷裂為止所吸收的能量，其值是整個工程應力-工程應變曲線下的面積，延性材料通常較脆性材料之韌性高。

7. 衝擊試驗可以定性的測定材料的動態破裂韌性，可以決定材料延性-脆性的轉換溫度，對於結構應用上，材料之使用溫度應超過此轉換溫度，以避免發生脆性斷裂。

8. 材料(機械)性質測試的數據總會有某些分散性，一般材料性質是利用平均值來表示，而以標準差來表示性質的分散性。設計時，通常利用設計或安全應力來排除非預期的失效。

習 題

1. 拉伸實驗時(1)可以獲得哪些材料的特性數據？(2)表示材料延性時，是否需標示所選用的標距長？

2. 試說明材料之伸長率(%EL)如何受試片標距長(l_0)的影響？

3. 伸長率(%EL)和斷裂面縮減率(%AR)間可加以相互轉換否？

4. 試推導康氏準則(Considere's criterion)，$\left(\dfrac{d\sigma_t}{d\varepsilon_t}\right)_{\text{neck}} = (\sigma_t)_{\text{neck}}$。

5. 試推導方程式(6-23)：$H_B = \dfrac{P}{A} = \dfrac{P}{\left(\dfrac{\pi D}{2}\right)(D - \sqrt{D^2 - d^2})} = \dfrac{P}{\pi D t}$

6. 材料的(1)強度與硬度之定義有何異同？(2)可以直接由材料強度換算而求得其硬度否？(3)對於不同尺度之硬度是否有一個固定的轉換關係？

7. 簡述(1)材料衝擊試驗之目的，(2)何謂韌-脆轉變溫度？

8. 洛氏硬度機上最小刻度為 0.5，在量測兩個鋼片之洛氏 C 尺度硬度值(HRC)時，若硬度機之指針分別指在(1)HRC51、與(2)HRC64/R64.5 之中間，分別寫出其硬度值。

9. 若量尺之最小刻度為 0.1 公分，當測量一個盒子的長度與寬度時，長度恰巧與量尺的 14 公分對齊，而寬度恰巧與量尺的 11.3/11.4 公分之中間對齊，分別寫出盒子之長度與寬度。

參考資料

1. Willam D. Callister, JR, "Materials Science and Engineering an Introduction" 8th ed., John Wiley and Sons, 2011.
2. William F. Smith, Javad Hashermi, "Foundations of Material Science and Engineering" 5th ed., 2011.
3. G.E. Deiter, "Mechanical Metallurgy" 3rd ed., McGraw-Hill 1988.
4. H.W. Hayden, W. G. Moffatt, and J. Wulff, "The Structure and Proptrties of Materials", 1945.
5. 江詩群，"金屬材料試驗"信義美術印刷公司，民國 71 年。
6. J. A. Rinebolt and W. J. Harris, Jr., Traus, ASM., Vol. 43, p.1197, 1951.

chapter

7

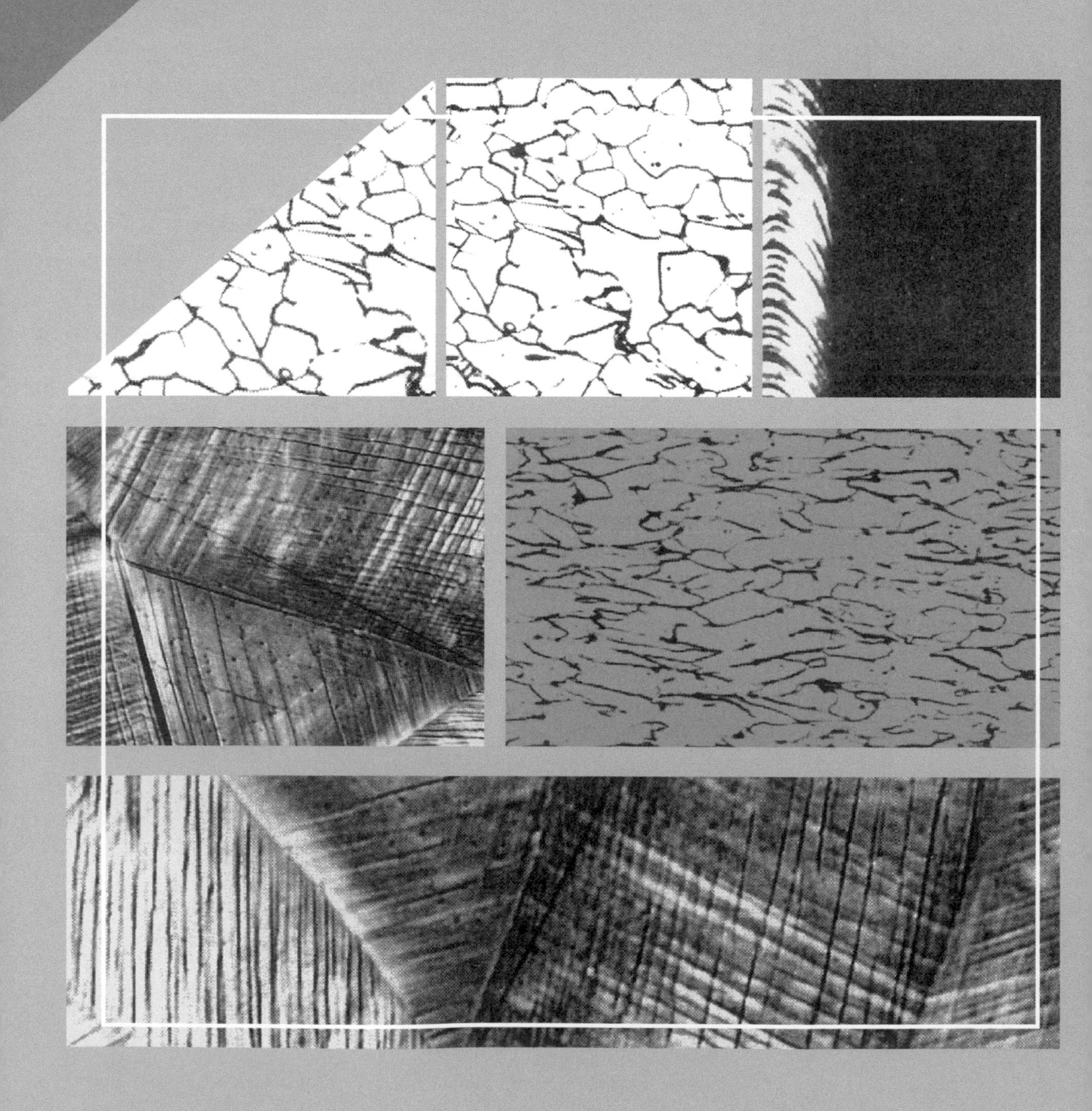

差排與塑性變形

第六章中曾說明材料受力下的變形可分為彈性變形及塑性變形兩部分，當施力釋放後，彈性變形消失，但塑性變形卻保留下來，所以塑性變形屬於永久性的變形。就微觀來看，材料發生塑性變形時，有許多原子作大量的位移，位移時原子間的舊鍵結斷裂新鍵結又重新建立。對非結晶固體而言，原子的位移好比流體的流動(viscous flow)；對結晶固體的塑性變形而言，原子的位移通常藉助於差排的移動，1930 年代差排首度被提出，並用來說明結晶固體的塑性變形現象，不但成功地解釋為何實際強度遠低於理論強度，而且還能解釋許多變形及破裂現象。1950 年代才在電子顯微鏡下直接觀察到差排的影像。

學習目標

1. 說明差排的滑動如何造成晶體的變形。
2. 解釋晶體的實際強度遠低於理論強度。
3. 寫出 FCC、BCC 及 HCP 主要的滑動系統。
4. 計算一個單晶在單軸向應力下，其滑動系統的分解剪應力。
5. 說明臨界分解剪應力的定義。
6. 說明晶界在多晶材料的變形中所扮演的角色。
7. 解釋孿晶變形的機制及與滑動變形的差異。
8. 敘述易發生孿晶變形的條件。

7-1 差排與變形

第四章對於差排的種類及構造曾作說明，可知差排即結晶體中的線缺陷，實即為滑移區域與未滑移區域的界限，而滑移方向決定差排類別與特性，由滑移方向(亦即布格向量)與差排線的夾角的不同，可分為三大類，垂直時為刃差排，平行時為螺旋差排而斜角時為混合差排。在材料的製程中有多種原因產生差排，例如液相固化時結晶成長的過程、溫差或成分差產生的內應力、塑性變形加工等。由於材料製造過程的差異，差排的密度可有很大的變化，例如鬚晶幾乎不含差排，積體電路用的矽單晶差排密度約在 $10^5/cm^2$ 以下，一般金屬在退火狀態約含 10^6～$10^8/cm^2$ 的差排，高度變形狀態的金屬可高達 $10^{12}/cm^2$。

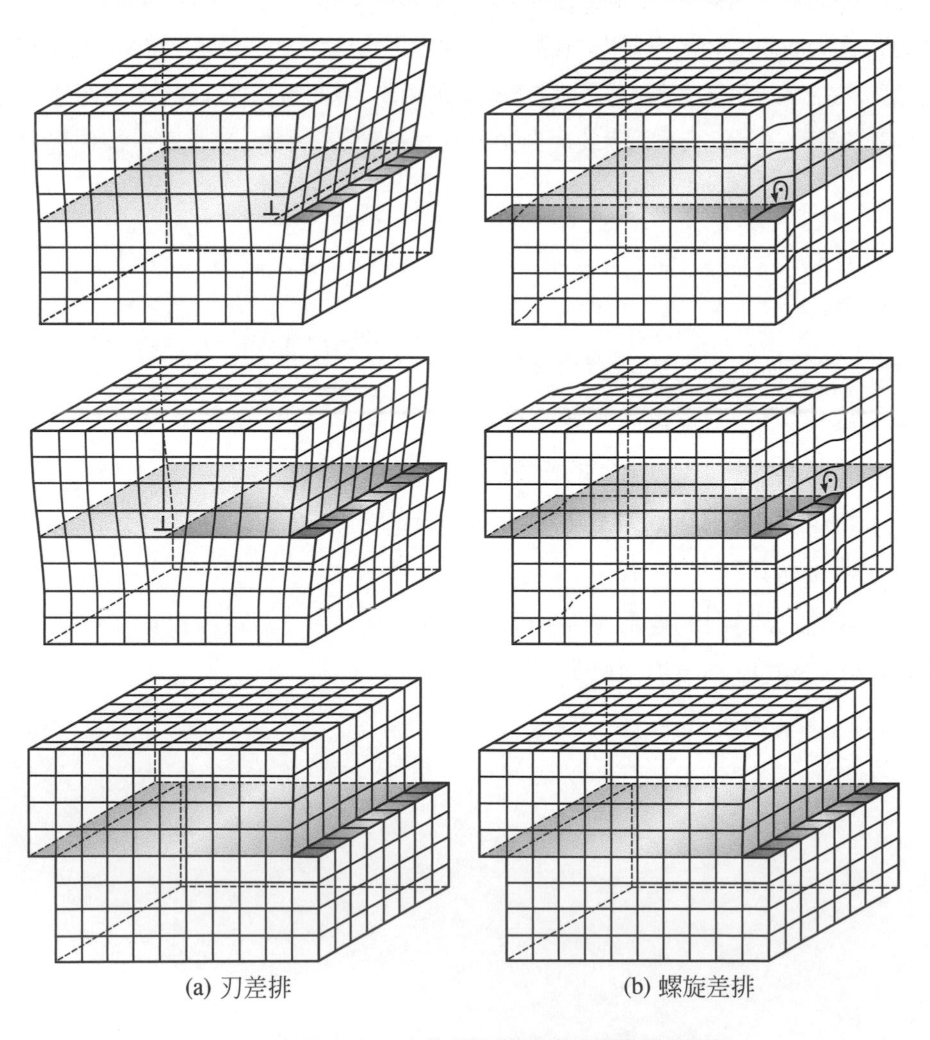

(a) 刃差排　　(b) 螺旋差排

圖 7-1　差排受力下產生運動而造成晶體變形的情形

由於差排的結構蓄積著晶體滑移的模式，當差排滑移時，即造成晶體的滑動，而發生塑性變形，圖 7-1 顯示差排滑移與變形的關係，圖(a)為刃差排的情形，圖(b)為螺旋差排的情形，由於布格向量與刃差排線垂直，與螺旋差排線平形，可看出無論是刃差排或螺旋差排的移動，晶格滑動的方向與布格向量是平行的，當差排滑出晶體表面即形成一個階梯(step)，其大小爲布格向量的尺寸。假設有很多差排在同一位置滑出，即可累積成很大的階梯，對於混合差排或非直線形的差排，此一效應仍然相同，當差排滑出晶體表面時皆將形成一個階梯，其大小爲布格向量的尺寸。

7-2　晶體的理論強度與實際強度

考慮一個簡單立方的晶體，受到剪應力 τ 的作用，上半部晶體相對於下半部晶體作剪移，也就是滑動面的上層原子面相對於下層原子面作 x 距離的剪移，如圖 7-2(a)所示，利用虎克定律(Hooke's law)我們可以求出此一位移的阻力以及理論強度，由於晶格具有週期性，所以相鄰原子面相互位移的阻力也具有週期性，以滑動方向原子的距離 b 爲其週期，我們可大略的以正弦函數來描述外加應力與位移的變化關係，如圖 7-2(b)所示，並寫成下列式子：

$$\tau = \tau_{\max} \sin\frac{2\pi x}{b} \tag{7-1}$$

其中 $\tau_{\max}$ 爲最大阻力，可視爲連續滑移所需的臨界應力，亦即理論強度。

當位移量 x 很小時，此式可表爲

$$\tau \approx \tau_{\max} \cdot \frac{2\pi x}{b} \tag{7-2}$$

由於此時屬剪彈性變形，剪應力及剪應變的關係滿足虎克定律即

$$\tau = G\gamma = G \cdot \frac{x}{a} \tag{7-3}$$

其中 G 爲剪彈性係數(shear modulus)。

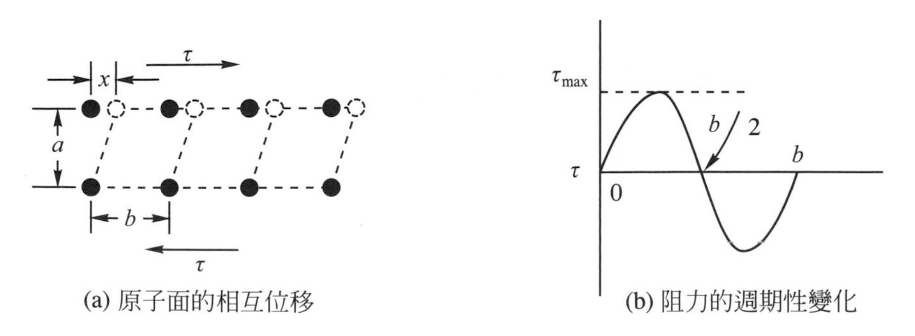

(a) 原子面的相互位移　　(b) 阻力的週期性變化

圖 7-2　晶體中原子平面相互滑動之阻力變化

故得下式之關係：

$$\tau_{max}\frac{2\pi x}{b}=G\cdot\frac{x}{a} \tag{7-4}$$

即

$$\tau_{max}=\frac{bG}{2\pi a} \tag{7-5}$$

由於 $a\approx b$，因而理論強度為

$$\tau_{max}\approx\frac{G}{2\pi} \tag{7-6}$$

由此可知晶體滑移變形的理論強度約為剪彈性係數的 6 分之一，然而實驗上所測得的實際降伏強度卻約為剪彈性係數的 1/1000 至 1/10000，顯然兩者之間存在很大的差距，關於此一困惑，一直到 1934 年差排觀念提出後，才獲得解釋。

最早提出的差排模型為刃差排模型，其構造在第四章已說明，以此種差排為例，即可解釋實際強度甚低的原因，參見圖 7-3，可看出刃差排由 *A* 位置移動到 *B* 位置的過程僅須調整差排線附近原子的排列即得。差排依此方式移動下去，即造成上下原子面相互位移，也就是滑動區上半部晶體相對於下半部晶體往右一個原子距離。若沒有差排，即屬於圖 7-2 的情形，上下原子面欲相互位移一個原子距離所需力量顯然須克服滑動面上所有鍵結的力量，所需之應力遠大於差排的幫助。Peierls 與 Nabarro 即曾經計算差排在週期性晶格中移動的阻力，證實阻力確實很小。關於此一效應我們可由地毯的移動現象得到基本的體會，若我們在地毯的一端將地毯拉動，顯然須克服地毯與地面的摩擦力而覺得很吃力，然而如果先在一端產生一個皺摺，如圖 7-4 所示，則用很小的力量可將皺摺推進，當皺摺抵達另一端時，地毯即前進了一個距離。

由以上的說明可瞭解實際的結晶性材料因含有許多差排可促進滑動變形，所得強度必遠低於理論預測的強度。

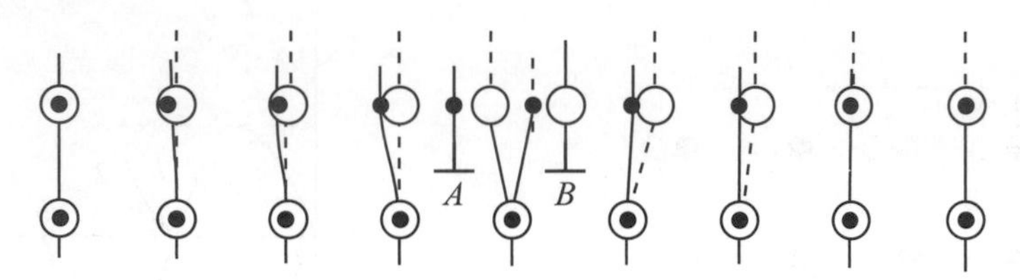

● 差排在 *A* 時的原子排列位置

○ 差排在 *B* 時的原子排列位置

圖 7-3 刃差排移動一個原子距離的過程中，只須局部之原子作些微之移動

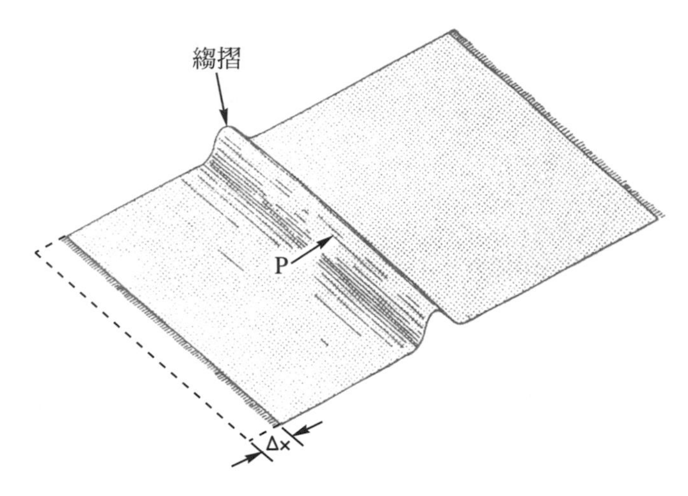

圖 7-4　模擬差排運動的地毯，皺摺前進之阻力甚低於無皺摺時之移動

7-3 滑動系統(slip system)

晶體的滑動係藉助差排的移動而達成，其滑動面(slip plane)即爲差排的移動面，而滑動方向(slip direction)即平行於差排的布格向量，不論布格向量指向是正方向或負方向，滑動方向皆順從應力方向。然而不是所有的晶格面皆適合作爲滑動面，同樣地也不是所有的晶格方向可作爲滑動方向，我們實際上所常觀察的滑動面與滑動方向只屬特定的晶面與晶向，一般而言，晶格中最密堆積的原子面是最主要的滑動面，而最密堆積方向是最主要的滑動方向。表 7-1 列舉常見晶體之主要滑動面與滑動方向，HCP 金屬由於最密堆積面的間距隨不同金屬而有所差異，進而影響滑動阻力，故除{0001}及<1120>之外，可能有其他晶面與晶向成爲主要滑動面與方向，BCC 金屬除最密堆積面{110}外，{112}也是較常見的滑動面。

何以晶體的滑動方向爲最密堆積方向？主要是由於晶體中的差排能量約爲 Gb^2，爲了傾向於能量最小的安定狀態，自然大部分的差排會以最密堆積方向之最小晶格向量爲其布格向量，表 7-1 所示的布格向量即爲最小晶格向量，而由於晶體的滑動方向與差排的布格向量是平行的，所以我們所觀察到的滑動方向自然以最密堆積方向爲主。而滑動面爲最密堆積平面的原因有二：(1)滑動面必須包含布格向量，最密堆積面因包含布格向量，所以成爲可能的滑動面；(2)由於最密堆積面間距最大，使得差排滑動時阻力最小，因而成爲最優先的滑動面。

表 7-1　常見金屬之滑動面及滑動方向

晶體構造	例	滑動面	滑動方向	布格向量
FCC 金屬	Cu，Ag，Au，Al，Ni 及其合金	{111}	〈110〉	$\frac{a}{2}$〈110〉
HCP 金屬	Be，Mg，Zn，Sn，Ti，Co，石墨	{001} {101} {113}	〈110〉 〈110〉 〈113〉	a〈110〉 a〈110〉 a+c
BCC 金屬	Li，Na，K，Fe，大部分鋼材，V，Cr，Mn，Nb，Mo，W，Ta	{111} {112}	〈111〉 〈111〉	$\frac{a}{2}$〈111〉 $\frac{a}{2}$〈111〉
鑽石	鑽石，Si，Ge	{111}	〈110〉	$\frac{a}{2}$〈110〉
NaCl	Na，Cl，LiF，MgO，AgCl	{110}	〈110〉	$\frac{a}{2}$〈110〉

晶體的滑動係由滑動面與滑動方向所決定，不同的滑動面與方向構成不同方位的變形效果，我們定義一個滑動面與其上之一個滑動方向組合為一個滑動系統，則對 FCC 晶體而言，共有 12 個滑動系統，因為滑動面{111}共有 4 個，而每個滑動面上共有三個可能的滑動方向<110>。同理 BCC 晶體{110}<111>型的滑動系統共有 12 個。

一個滑動系統並不能使晶體作任意變形，如圖 7-5 所示，其變形的情形很類似於一疊撲克牌的滑動現象。von Mises 曾經證明至少需要 5 個獨立的滑動系統才能作任意變形。因此若一個金屬可用的滑動系統低於 5 個，則其多晶材料的延展性通常不好，例如 HCP 金屬 Zn 及 Mg 在室溫下只有{001}<110>三個滑動系統，其多晶材料在變形時，晶粒界面將容易產生嚴重的應力集中而造成破裂，故其延性及加工性甚差；而 FCC 及 BCC 之滑動系統遠超過 5 個，可作任意變形，故其多晶材料的延性及加工性因而較好。

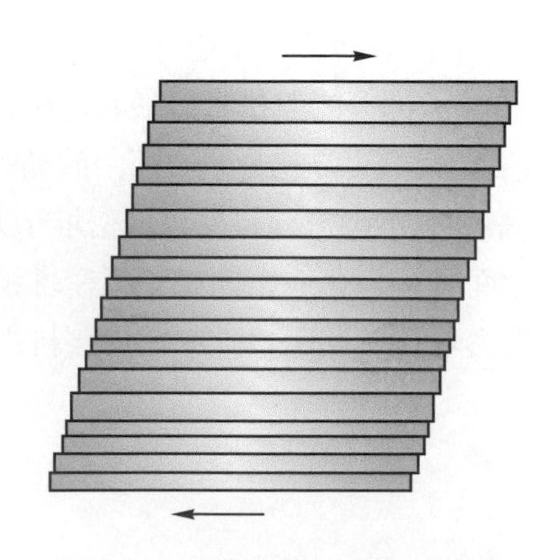

圖 7-5　一個滑動系統所構成的變形

7-4 單晶變形與臨界分解剪應力(critical resolved shear stress)

工程結構材料大都爲多晶材料，由許多單晶晶粒所構成，因此多晶材料的變形可視爲這些單晶晶粒的變形以及晶粒之間晶界的變形所組成，對單晶的變形現象的瞭解將有助於瞭解多晶材料的變形。假設一個單晶受到單軸向應力(uniaxial stress)的作用如圖 7-6 所示，則對於晶體中的任意滑動系統而言，皆受到分力的作用，我們定義平行於滑動面及滑動方向的應力稱爲分解剪應力(resolved shear stress)，可由圖 7-6 的角度關係求得。圖中ϕ 角爲施力軸與滑動面法線向量之夾角，而 λ 角爲施力軸與滑動方向之夾角，因此滑動面之橫截面積 A 爲 $A_0/\cos\phi$，而滑動方向之分力 F_r 爲 $F\cos\lambda$，故在此滑動系統上之分解剪應力爲：

$$\tau_r = \frac{F_r}{A} = \frac{F}{A_0}\cos\phi\cos\lambda = \sigma\cos\phi\cos\lambda \tag{7-7}$$

此式稱爲 Schmid 定律。

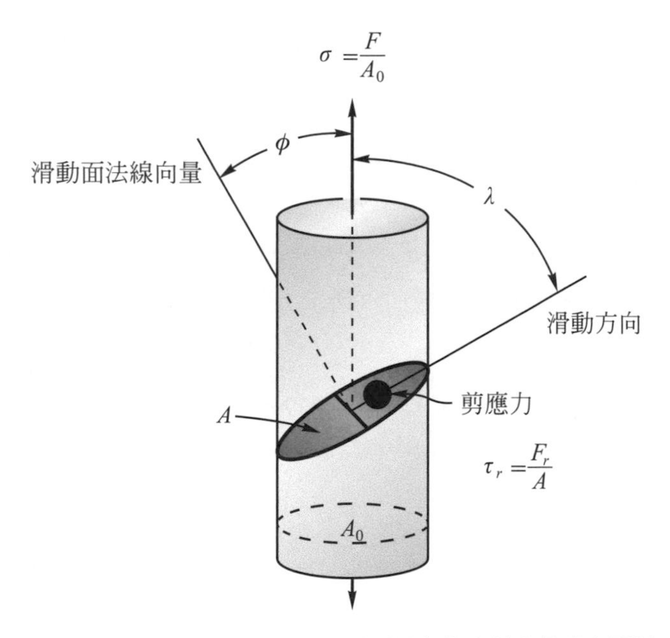

圖 7-6　單軸向應力作用下，滑動系統與施力軸向角度之關係

由上式可知當滑動面垂直於拉力軸時，$\phi = 0°$，$\lambda = 90°$，其τ_r爲零，當 $\phi = 45°$、$\lambda = 45°$ 時，分解剪應力τ_r爲最大值，等於$\sigma/2$。

臨界分解剪應力定義爲差排在該滑動系統上運動所需的最小剪應力，若外加應力在某一滑動系統的分解剪應力達到臨界分解剪應力時，此系統的滑動即會發生，進而造成晶體的塑性變形。臨界分解剪應力可以說是差排運動的阻力，有很多因素可增加此一阻力，例如增加溶質原子濃度、析出物、差排密度、晶界等都可有效的提高臨界分解剪應力，而不易發生塑性變形，關於此一強化機構將在第 11 章材料之強化加以介紹。

設臨界分解剪應力爲 τ_{crrs}，且首先發生降伏變形的滑動系統與施力軸的夾角分別爲 ϕ_1 及 λ_1，則由 Schmid 定律可知材料的降伏強度 σ_y 爲

$$\sigma_y = \tau_{crrs}/\cos\phi_1\cos\lambda_1 \tag{7-8}$$

若 ϕ_1 及 λ_1 恰巧爲 45 度，則降伏強度 $\sigma_y = 2\tau_{crrs}$。

圖 7-8 爲一個單晶在受拉力的情況下，採用某一滑動系統滑動變形的情形，雖然滑動在多處進行，但滑動平面及滑動方向仍屬同一個滑動系統，此滑動系統的方位顯然是比其他滑動系統更有利，獲得更大的分解剪應力而優先滑動。由於此一滑動，會有差排滑出表面而在表面造成階梯，且通常會有許多差排由同一位置滑出，造成更明顯的階梯，所以表面階梯可由肉眼或顯微鏡加以辨識。圖 7-9 爲一個鋅單晶經拉伸變形的外觀，有許多階梯形成。

當晶體繼續的變形下去，滑移線及階梯的高度(凸出的距離)皆會增加，滑動系統很少的 HCP 晶體很可能滑至破斷爲止，但對滑動系統多的 FCC 及 BCC 晶體，則常見有第二個以上的滑動系統陸續啓動，此時也將觀察到晶體表面有更多組不同角度的滑移線出現。

例 7-1

假設沿 FCC 晶體[001]方向施加的拉應力爲 10,000 psi，計算(111)[$\bar{1}$01] 滑動系統上之分解剪應力。

解 此一施力方向與滑動系統之關係，如圖 7-7 所示，可知 $\lambda = 45°$而 $\cos\phi = 1/\sqrt{3}$，$\phi = 54.76°$，故由 Schmid 定律得

$\tau_r = \sigma\cos\lambda\cos\phi = 10{,}000\text{psi} \times 0.707 \times 0.577 = 4{,}079\text{psi}$

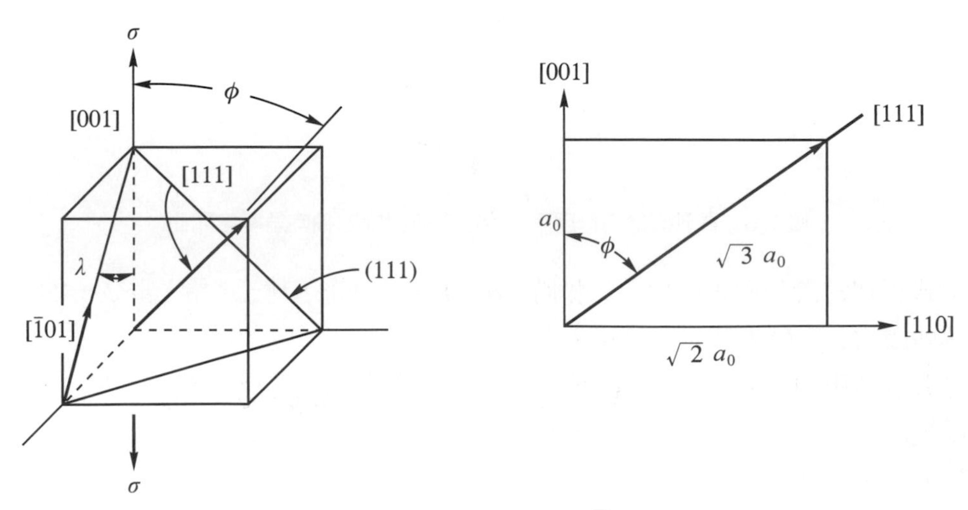

圖 7-7 [001]方向之施力軸與(111)面及[$\bar{1}$01]方向之角度關係

例 7-2

考慮一個滑動系統，其 $\lambda = 70°$，$\phi = 30°$，當外加拉應力為 5,000 psi 時，發生滑動現象，試計算臨界分解剪應力。

解 由於發生滑動時，分解剪應力為

$\tau_r = \sigma \cos\lambda \cos\phi = 5{,}000\text{psi} \times \cos 70° \times \cos 30° = 1{,}481 \text{ psi}$

故此滑動系統之臨界分解剪應力為 1,481 psi。

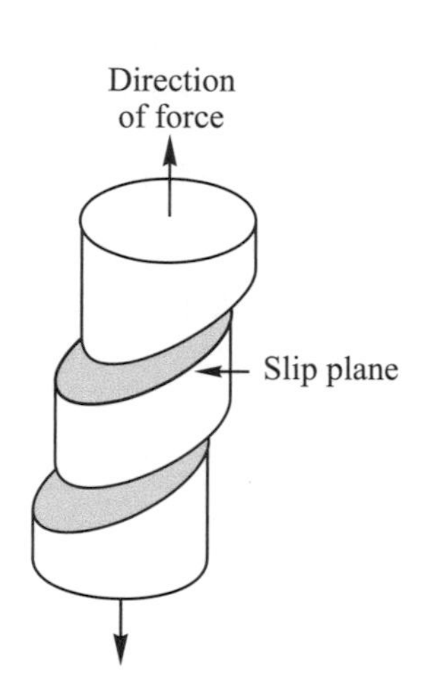

圖 7-8　一個單晶在受力下的滑動變形

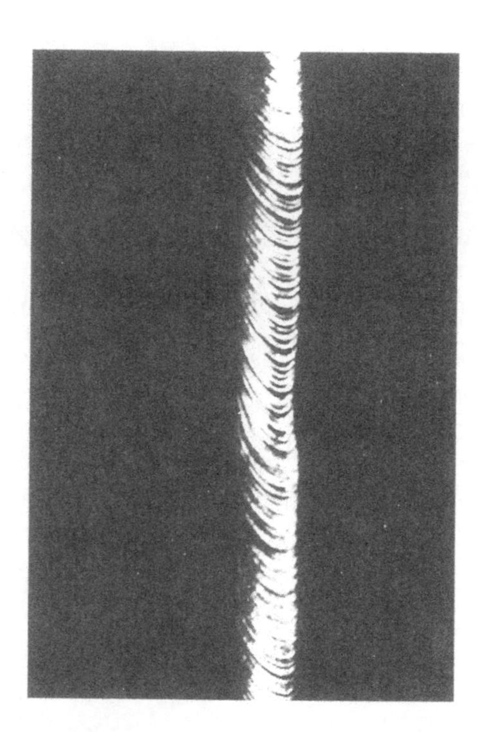

圖 7-9　鋅單晶在受拉力下的滑動變形，外觀呈階梯狀

7-5　多晶材料的變形

多晶材料的變形及滑動比單晶變形複雜，由於多晶材料中晶粒間的方位不同，不同晶粒發生滑動及降伏的現象將先後有別，同時由於晶界將相鄰的晶粒結合在一起，為保持材料的連續性，相鄰晶粒的變形將互相影響，使複雜性增加。對於單一晶粒而言，其開始滑動的條件如前節所述，亦即當方位最有利的滑動系統達到臨界分解剪應力時，其差排即開始滑移。圖 7-10 為多晶黃銅經過塑性變形的表面，由於在變形前表面先經研磨拋光，所以變形後有明顯的滑移線形成，由不同晶粒滑移線角度的差異可證明晶粒的方位確實有所差別。

圖 7-10 多晶的銅合金經塑性變形後晶粒產生滑移線的情形

除非晶界的結合力不足，在變形中沿晶界發生分離而破裂，否則跨越晶界仍會保持材料的連續性，此時相鄰的晶粒間形狀的改變將互相影響及妥協，使得晶界附近區域會有較大的應變及變形現象。圖 7-11 爲多晶材料變形前及變形後晶粒形狀的比較，可看出變形前的等軸晶在變形中沿著變形方向拉長的情形，由於相鄰晶粒的變形有所不同，顯然可預期晶界附近區域將藉由更多的變形容納晶粒間變形的差異性。

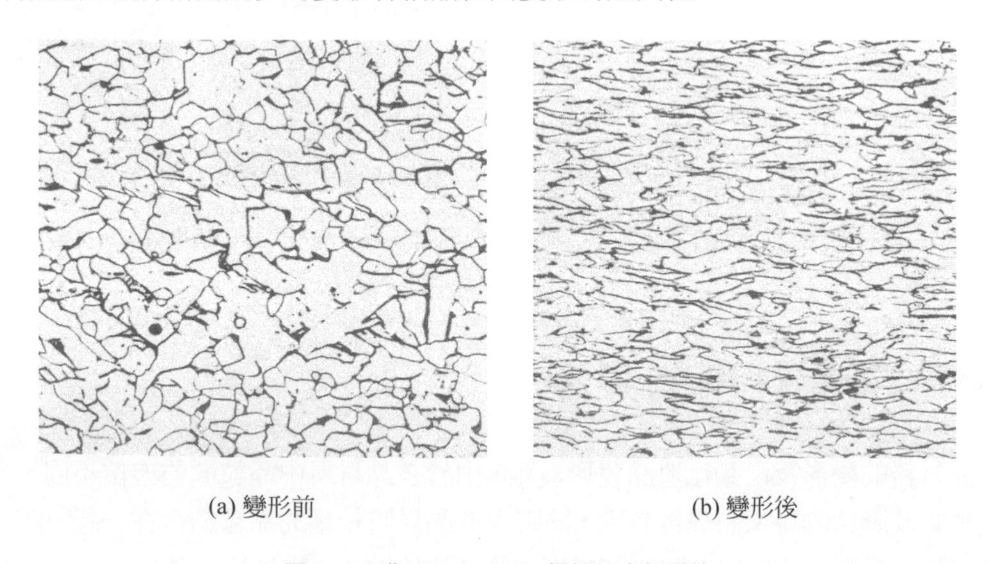

(a) 變形前　　(b) 變形後

圖 7-11 為 Fe-0.08%C 鋼板的金相照片

由於晶界的存在，多晶材料的強度將比單晶高，假設一個晶粒具有最有利的方位而使得它的某一滑動系統獲得最大的分解剪應力，優先達到滑動所需的臨界分解剪應力條件，但由於相鄰晶粒尚未達滑動變形條件，該晶粒因而將受到限制(constraint)仍無法滑動變形，此時只有提高施加的外力使其相鄰的晶粒也能作適當的變形，該晶粒才能發生變形，因此晶界可視爲晶粒變形的阻礙而有強化的作用。當晶粒越小，晶界越多，此強化作用也越大，第 11 章將就此一強化進一步說明。

7-6 孿晶變形(deformation by twinning)

除藉由差排的滑移造成晶體的滑動變形外，尙有另一種塑性變形的方式，即藉由機械孿晶(mechanical twin)或變形孿晶(deformation twin)的形成而得變形的效果，第四章曾對孿晶的結構做過說明，在孿晶晶界的兩側，原子排列的位置互爲鏡像關係，故稱爲孿晶。在受力的條件下，透過原子的規則移動可以形成孿晶如圖 4-16 所示，圖中圓圈代表未移動的原子，虛圓圈及黑圓點分別代表形成孿晶時移動前及移動後的位置，可看出原子移動的距離與離孿晶晶界的距離成正比關係。

對於不同晶格而言，形成孿晶的晶界平面及原子移動的方向有所差異，例如 BCC 的孿晶平面(twinning plane)爲{112}，孿晶方向(twinning direction)爲$<11\bar{1}>$；FCC 的孿晶平面爲{111}，孿晶方向爲$<11\bar{2}>$。當一個單晶屈服於剪力的作用而產生滑動變形及孿晶變形，可發現兩者具有不同的特徵：(1)滑動變形發生於多個不同的原子平面上，如圖 7-5 所示，滑動時，滑動面上下原子相對的滑動距離爲原子距離的倍數，但孿晶變形時，整個孿晶區域內原子平面作均勻移動，相鄰原子平面間相對移動的距離小於一個原子距離；(2)滑動變形後，每個滑動面上下晶體的方位不變，但孿晶變形後，孿晶的方位相對於原來的晶體方位作了轉變，並成爲鏡像對稱。孿晶變形機制通常是在差排難以滑移的情況下，被激發出來，低溫或高速衝擊下的變形中差排較不易滑移，易發生孿晶變形。一般而言，FCC 金屬較少發生，BCC 及 HCP 金屬較易發生，HCP 金屬的滑動系統少，尤其容易發生。雖然差排不易滑動而引發孿晶變形，但孿晶變形發生後，由於晶格方位旋轉，反而使得孿晶獲得更有利的方位，讓新的滑動系統具有較高的分解剪應力，促進差排滑移的變形。

重點總結

1. 無論是刃差排或螺旋差排的移動，晶格滑動的方向與布格向量平行，當差排滑出晶體表面即形成一個階梯，其大小爲布格向量的尺寸。

2. 晶體的理論強度爲 $\tau_{\max} \approx \dfrac{G}{2\pi}$，但實際上所測得的降伏強度卻約爲剪彈性係數 G 的 1/1000 至 1/10000，此一困惑直到 1934 年差排觀念提出後才獲得解釋。

3. 一般而言，晶格中最密堆積的原子面是最主要的滑動面，而最密堆積方向是最主要的滑動方向。

4. 一個滑動面與其上之一個滑動方向組合即構成一個滑動系統。FCC 晶體{111}<110>型滑動系統共有 12 個，BCC 晶體{110}<111>型的滑動系統共有 12 個，HCP 晶體$\{0001\}\langle 11\bar{2}0\rangle$型滑動系統只有三個。

5. Von Mises 證明至少需要 5 個獨立的滑動系統才能作任意變形。若一個金屬可用的滑動系統低於 5 個，則多晶材料的延展性通常不佳，如 HCP 的 Zn 及 Mg。

6. 一個單晶受到單軸向應力的作用，平行於滑動面及滑動方向的應力稱爲分解剪應力。若 ϕ 角爲施力軸與滑動面法線向量的夾角，而 λ 角爲施力軸與滑動方向的夾角，在此滑動系統上之分解剪應力爲 $\tau_r = \sigma\cos\phi\cos\lambda$，此式稱爲 Schmid 定律。

7. 臨界分解剪應力的定義爲差排在其滑動系統上移動所需的最小剪應力，若外加應力的分解剪應力達到臨界分解剪應力時，此滑動系統即會發生滑動，進而造成晶體的塑性變形，或形成降伏。

8. 臨界分解剪應力可以說是差排運動的阻力，增加溶質原子濃度、析出物、差排密度、晶界等都可提高臨界分解剪應力及強度，較不易發生塑性變形。

9. 由於晶界將相鄰的晶粒結合在一起，爲保持多晶材料的連續性，相鄰晶粒的變形將互相影響，使複雜性增加。晶界將被迫產生較大的應變以容納晶粒間變形的差異。

10. 滑動變形或孿晶變形具有不同的特徵：(1)滑動變形時，滑動面上下原子相對的滑動距離爲原子距離的倍數，但孿晶變形時，整個孿晶區域內原子平面作均勻移動，相鄰原子平面間相對移動的距離小於一個原子距離；(2)滑動變形後，每個滑動面上下晶體的方位不變，但孿晶變形後，孿晶的方位相對於原來的晶體方位作了轉變，並成爲鏡像對稱。

11. 孿晶變形的發生通常是在差排難以滑移的情況下，被激發出來。

習 題

1. 請描繪 FCC 晶體中滑動面爲{111}且布格向量爲<110>的刃差排附近原子排列情形。

2. 假設沿 BCC 晶體的[100]方向施力達到 8,000 psi 時，差排開始沿(101)$[11\bar{1}]$滑動系統移動，(a)求臨界分解剪應力；(b)此時差排可否沿(211)$[\bar{1}11]$系統移動？

3. 已知 FCC 晶體(111)$[10\bar{1}]$滑動系統的臨界分解剪應力爲 480 psi，則沿[100]方向應施力多少才能造成滑動？

4. 比較 FCC 晶體中{111}平面及 BCC 晶體中{110}平面的原子密度，此差異對兩者的臨界分解剪應力有何影響？何故？

5. 在 Schmid 定律中 $\cos\phi\cos\lambda$ 又稱爲 Schmid 因子，今沿 FCC 晶體[100]方向施加應力，求滑動系統的 Schmid 因子爲多少？
6. 設施力軸的方向與 HCP 單晶基面的垂直方向成 65°，而與三個滑動方向各成 30°、48° 及 78°，試問那個方向先滑動？若施力達到 500 psi 時開始滑動，則分解剪應力爲多少？
7. 設施力軸的方向與 BCC 晶體的[100]方向平行，臨界分解剪應力爲 600 psi，則施力需多大其滑動系統才能開始滑動？請列出那些是最可能的滑動系統。
8. 已知鋁單晶的臨界分解剪應力爲 55 psi，則其降伏強度至少爲何？
9. 解釋爲何低角度晶界的強化效果不如高角度晶界？
10. 解釋孿晶變形機制及滑動變形機制的差異點。

參考文獻

1. J. Wulff, “Structure and Properties of Materials”, John Wiley & Sons, Inc., New York, 1984.
2. J. P. Hirth, and J. Lotter, “Theory of Dislocations”, 2nd edition, Wiley-Interscience, New York, 1982.
3. J. Weertman, and J. R. Weertman, “Elementary Dislocation Theory”, The Macmillan Co., New York, 1964.
4. D. Hull, “Introduction to Dislocations”, 3rd edition, Pergamon Press, Inc.,Elmsford, New York, 1984.
5. Reza Abbaschian and Robert E. Reed-Hill, “Physical Metallurgy Principles” 4th Edition- SI Version, Cengage Learning, Stanford, 2009.
6. William D. Callister and David G. Rethwisch, “Fundamentals of Materials Science and Engineering: An Integrated Approach”, 4th Edition, John Wiley & Sons, Inc., New Jersey, 2011.
7. William Smith and Javad Hashemi, “Foundations of Materials Science and Engineering”, 5th Edition, McGraw-Hill Company, New York, 2011.
8. William D. Callister and David G. Rethwisch, “Materials Science and Engineering”, 9th Edition, SI Version, John Wiley & Sons, Inc., New Jersey, 2014.
9. James F. Shackelford, “Introduction to Materials Science for Engineers”, 8th Edition, Pearson Education Limited, England, 2016.

chapter

8

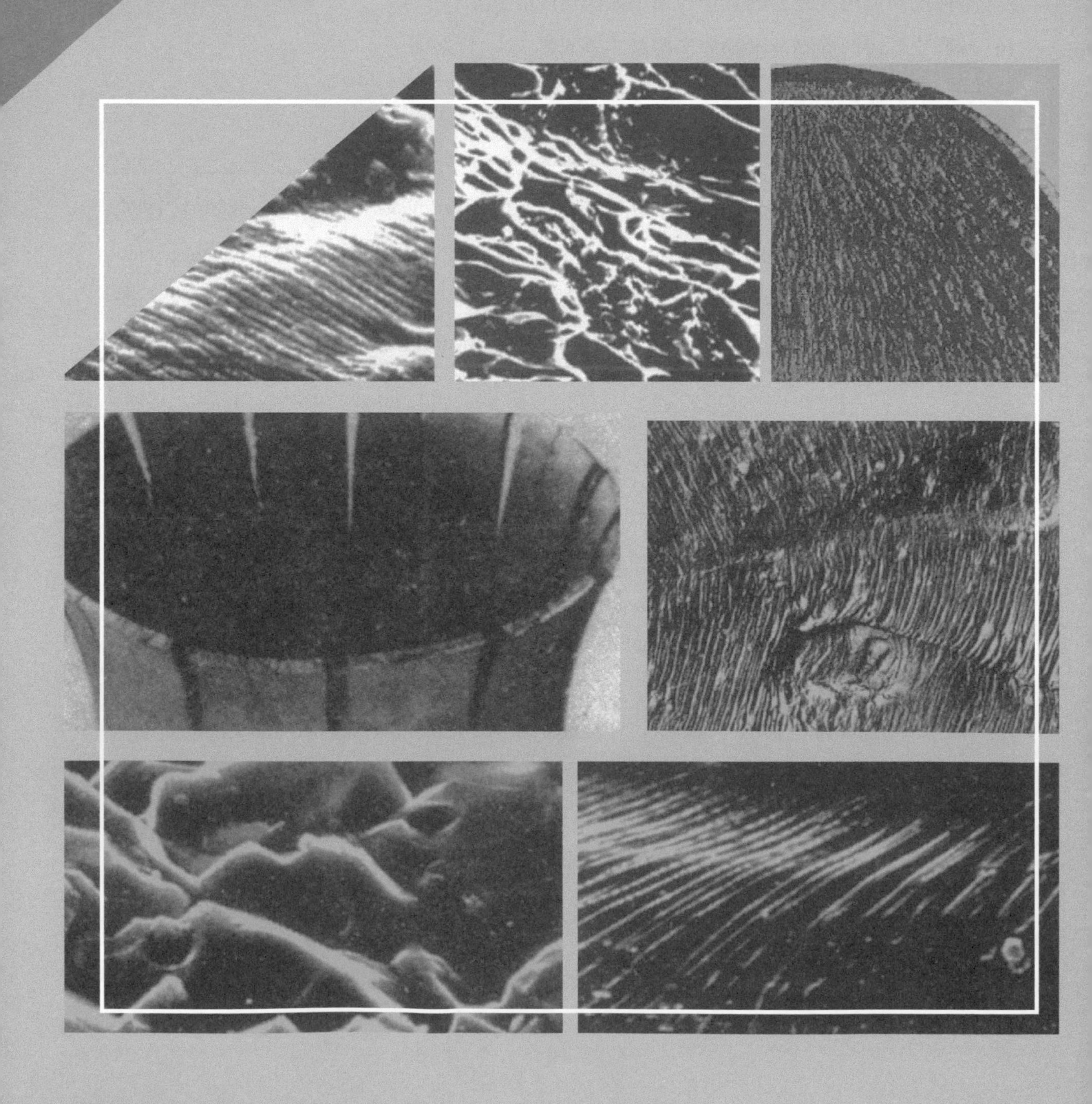

材料之損壞與分析

結構材料在使用中常發生損壞(failure)，材料損壞之後，其所擔任的功能將因而喪失，對於重要功能的構件，可能造成很大的損失，例如油槽破裂、汽車轉軸斷裂、船體折斷、發電廠或飛機之渦輪葉片破斷等，都會釀成重大災害。預防此類事件發生，必須對材料損壞的原因有所瞭解，材質的缺陷、性能的不足、設計的錯誤、環境的影響都可能造成損壞，若事前作好評估工作，便能防患於未然。即使在事件發生之後，能找出根本原因所在而加以改善，也能避免第二次的災害。因此材料的損壞與分析愈來愈重要，愈受重視。本章將就破裂型態、破壞力學、疲勞及應力腐蝕破裂、非破壞性檢驗等項目加以說明，以對此領域有概括的瞭解。

學習目標

1. 分辨不同的破裂型態。
2. 敘述疲勞破裂的三階段。
3. 區別韌性與凹痕韌性的意義。
4. 瞭解理論結合強度、Griffith 破裂準則及實際斷裂強度。
5. 定義破壞韌性及應力強度因子。
6. 說明試片厚度對破壞韌性的影響。
7. 解釋設計強度、破壞韌性與檢測裂隙長度的關連。
8. 說明不同的疲勞試驗法。
9. 疲勞限及忍耐限。
10. 說明疲勞裂隙起源及裂隙擴展的機制。
11. 寫出裂隙成長速率與應力強度因子振幅的經驗公式。
12. 預測疲勞作用下的安全壽命。
13. 說明影響疲勞壽命的因素及改進方法。
14. 說明應力腐蝕破裂及裂隙成長曲線。
15. 說明潛變曲線的三階段特徵。
16. 說明溫度及應力對穩定潛變速率的影響。
17. 寫出 Larson-Miller 參數及說明其應用。
18. 說明常用的材料缺陷檢驗法。

8-1 破裂型態

結構材料常見的破裂型態有延性破裂(ductile fracture)、脆性破裂(brittle fracture)、疲勞破裂(fatigue fracture)、應力腐蝕破裂(stress corrosion fracture)等，對於材料的破裂，若知其破裂型態及歸屬將有助於破裂的分析及防制。對爾後材料的選擇、環境的改良、機械設計的檢討將具有重要的參考價値。

8-1-1 延性破裂

延性破裂通常發生於延性、韌性好的金屬材料，屬於穿晶型的破裂，即裂隙貫穿晶粒而破裂，在材料斷裂的區域可看到明顯的塑性變形以及頸縮現象(necking)，因此斷裂所需的能量甚大。以最簡單的單軸向拉伸試驗爲例，延性斷裂裂隙(crack)通常起源於斷面中央部份，係由微孔洞(microvoid)孕核、微孔洞成長及微孔洞合併(coalescence)所達成，如圖 8-1 所示，微孔洞起源於晶界或夾雜物等應力集中位置，而後隨外加應力增加，微孔洞逐漸長大，最後孔洞間合併構成較大的裂隙，此裂隙隨後由中央往外擴展，擴展面大約垂直於拉力軸方向，其擴展過程仍是由孔洞孕核、成長、合併的步驟所組成。當裂隙擴展至試片邊緣時，由於 45°方向剪力很大，故沿 45°方向擴展而斷裂，因此此種斷裂面屬於杯錐形(cup and cone)的斷裂，兩裂口分別呈杯形及錐形，如圖 8-2 所示，杯形周圍爲 45°剪唇(shear lip)。對於較細或較薄的試棒，與拉力軸垂直的斷裂面部份較少，而 45°剪唇的比例相對地較大，主要是裂隙較容易達到剪唇斷裂的條件，圖 8-3 爲 1018 碳鋼薄試片的斷裂情形。利用掃瞄式電子顯微鏡觀察延性斷裂面，可看到表面佈滿蜂巢式的空窩(dimple)，此空窩即是上述微孔洞合併後斷裂留下來的半邊孔洞，中央斷裂面的部份由於受拉伸應力的作用較強，所以空窩呈圓形等軸狀，然而剪唇部份由於剪力的作用較強，空窩呈橢圓形拉長狀，如圖 8-4 所示。

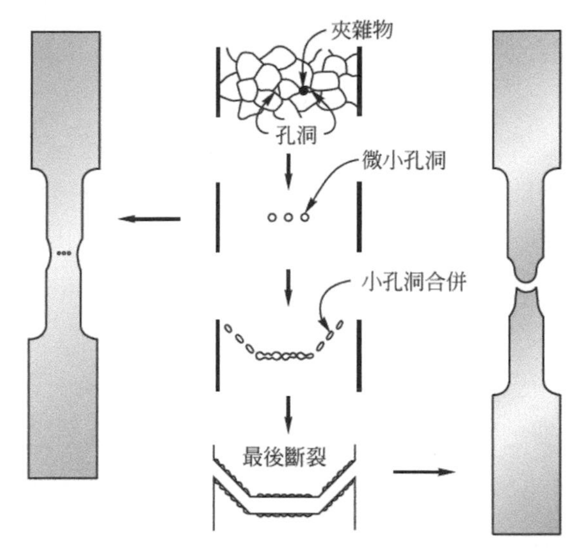

圖 8-1　拉伸試棒斷裂面形成的過程

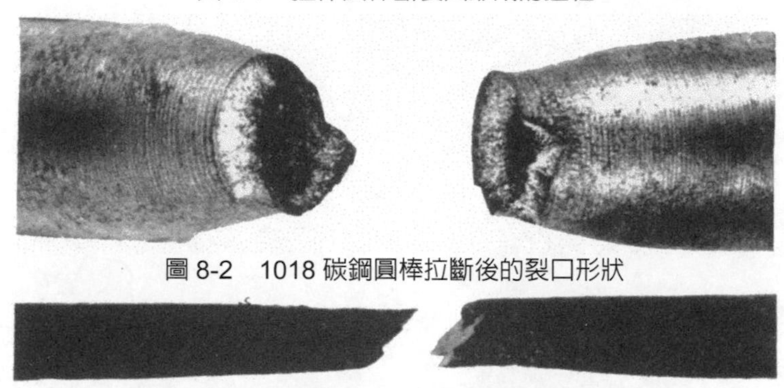

圖 8-2　1018 碳鋼圓棒拉斷後的裂口形狀

圖 8-3　1018 碳鋼薄試片拉斷後的裂口形狀

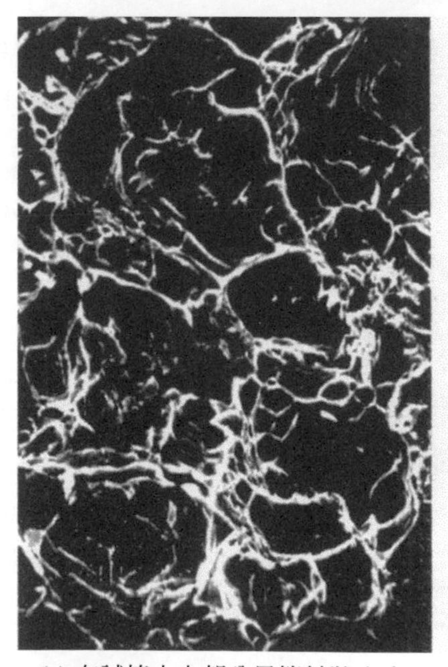

(a) 在試棒中央部分呈等軸狀空窩

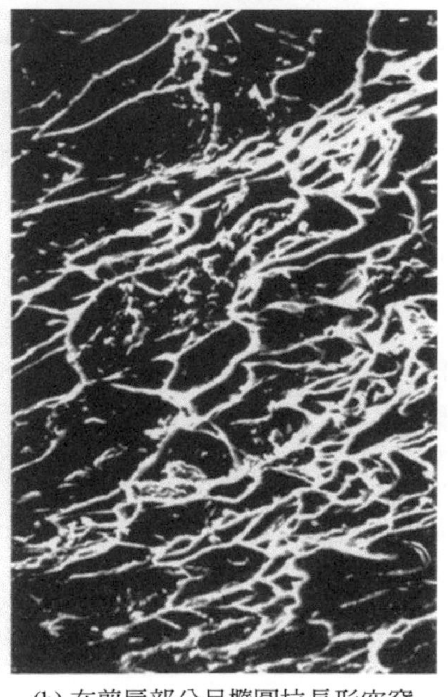

(b) 在剪唇部分呈橢圓拉長形空窩

圖 8-4　1018 碳鋼圓棒斷裂面上空窩的型態

8-1-2　脆性破裂

脆性破裂通常發生於延性及韌性差的材料，在斷裂的區域只有小量甚至無塑性變形的存在，因此斷裂所需的能量甚小。凹痕(notch)、低溫以及高應變速率如衝擊的作用都會促進脆性破裂的發生。沿晶斷裂通常都屬脆性斷裂，因爲晶界上發生了偏析或粗大的析出物，使晶界容易破裂分離，提供了斷裂的優先路徑。圖 8-5 爲沿晶斷裂的照片，可看出晶粒形狀相當完整，顯示斷裂前晶粒未作較大的塑性變形。

劈裂(cleavage)型的斷裂也是常見的脆性斷裂，雖然爲穿晶型斷裂，但是卻沿晶粒之某一類晶面發生優先破裂，例如鋼鐵材料在低溫下發生的低溫脆裂現象，其劈裂面即以{100}晶面爲主，圖 8-6 爲劈裂型斷裂的示意圈，可看出晶粒方位不同，劈裂面角度亦隨之不同。

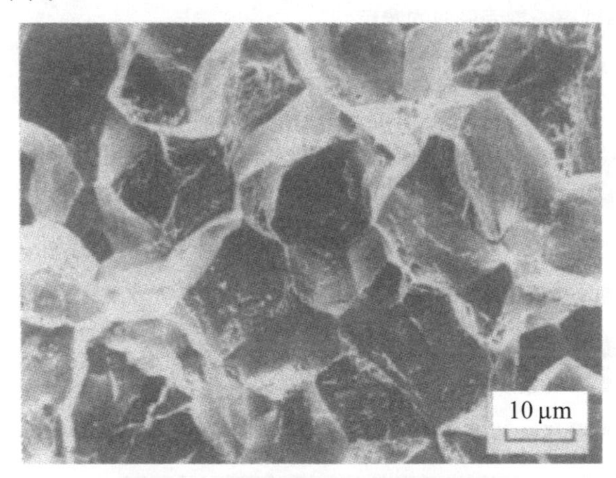

圖 8-5　某鋼鐵材料所發生的沿晶斷裂

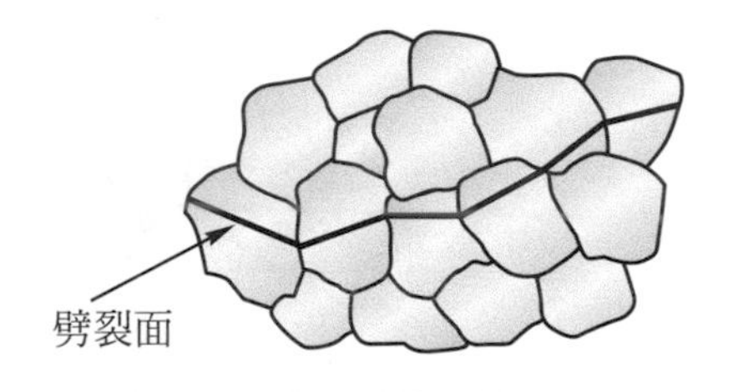

圖 8-6　劈裂型斷裂路徑示意圖

在肉眼或低倍率的光學觀察下，延性斷裂面上的空窩不具反射光線的能力，顯得灰暗，而脆性斷裂面不論是沿晶或劈裂斷裂，將提供許多小鏡面的反射，看起來較亮而耀眼。此外，脆性斷裂面較平整且與拉伸應力方向大約垂直，對於具有︾形圖樣(chevron pattern)的脆性斷裂面，由於裂隙由起源點開始以︾形往外擴展，直至斷裂，所以斷裂面如圖 8-7 所示，由︾形圖樣我們可以容易追溯裂隙起源點。

陶瓷材料係採共價鍵或離子鍵結結合而成，缺乏塑性變形的能力，屬於脆性斷裂，結晶性陶瓷材料的劈裂面通常爲最密堆積、間距最遠的原子平面，圖 8-8(a)爲氧化鋁破裂的情形，雖然不同晶粒有不同方位的劈裂面，但破裂面大約平整，不像脆性金屬有︾形圖樣可追溯起源點。非結晶性陶瓷如玻璃，沒有特定劈裂晶面，但破裂面呈現貝殼圖樣(conchoidal pattern)，如圖 8-8(b)所示，在起源點附近先有一個平整的鏡面區，區外轉成輻射狀的撕裂紋線(tear line)，因而由此紋線可追溯裂隙起源位置。

(a) 脆性斷面的≫形圖樣

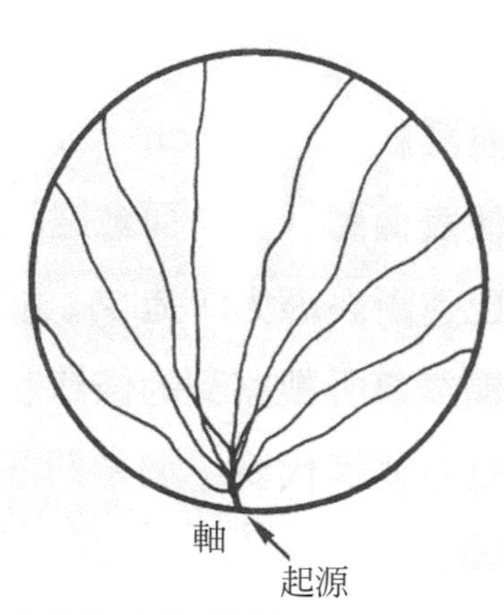

圖 8-7　脆性斷裂面的特徵

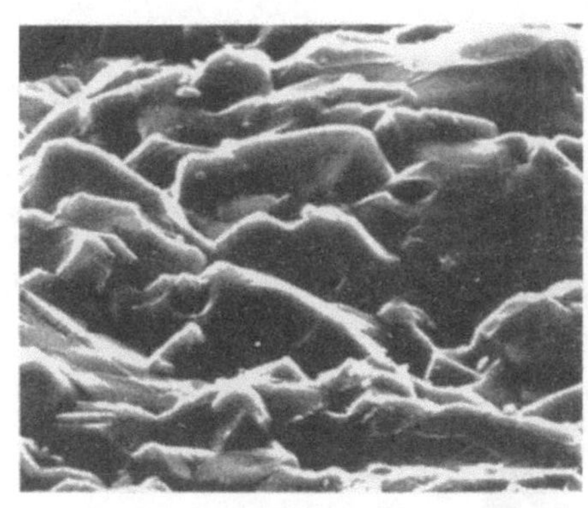

(a) 氧化鋁陶瓷的脆性破裂面

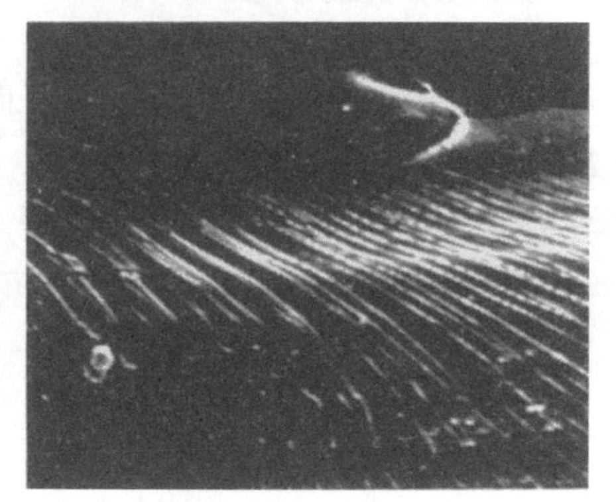

(b) 玻璃的脆性破裂面

圖 8-8　氧化鋁及玻璃的斷裂面

8-1-3　疲勞破裂

疲勞破裂係指一個材料在反覆應力(cyclic stress)的作用下所發生的斷裂現象，由於疲勞破裂過程分爲三個階段：(1)裂隙起源(crack initiation)，(2)裂隙擴展(crack propagation)，(3)最後斷裂(final fracture)，故疲勞斷裂面呈現此三階段的區域，如圖 8-9 所示，圖(a)顯示裂隙孕核起於表面而後往內擴展以致最後斷裂，若在擴展過程中所承受的應力振幅有所變化，則此區域會形成海灘紋路(beach mark)圖樣，較靠近起源點的部份長時間受壓縮應力的摩擦作用變爲最光滑而愈離起源點愈粗糙。最後斷裂區域的特徵與拉伸試驗的斷裂面一樣，因爲截面積已小到平均應力超過斷裂應力。圖(b)顯示掃瞄式電子顯微鏡在擴展區域所觀察到的條紋狀圖樣(striation)，是疲勞破裂的重要特徵之一，每一條紋代表一個週期下疲勞裂隙擴展前進的痕跡。

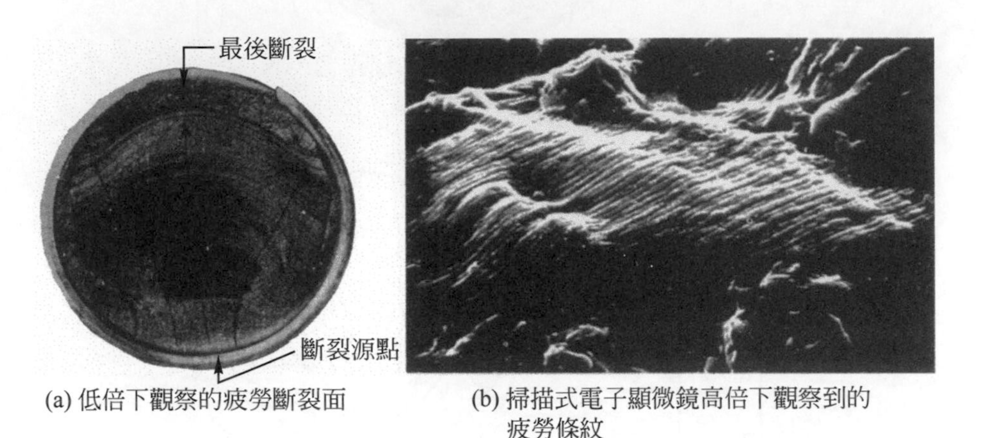

(a) 低倍下觀察的疲勞斷裂面　(b) 掃描式電子顯微鏡高倍下觀察到的疲勞條紋

圖 8-9　疲勞斷裂面的特徵

8-1-4　應力腐蝕破裂

應力腐蝕破裂係低應力與低腐蝕性環境的共同作用所造成的破裂現象，兩種條件若分開作用，都不致造成拉斷或明顯的腐蝕破壞。許多材料的應力腐蝕現象係屬於沿晶斷裂，由於晶界常存在溶質原子的偏析或析出物，易造成局部的氧化電位差，促進應力腐蝕作用，圖 8-10 爲應力腐蝕裂隙附近的金相，可看出裂隙沿著晶界前進，並有沿晶界分枝的現象。

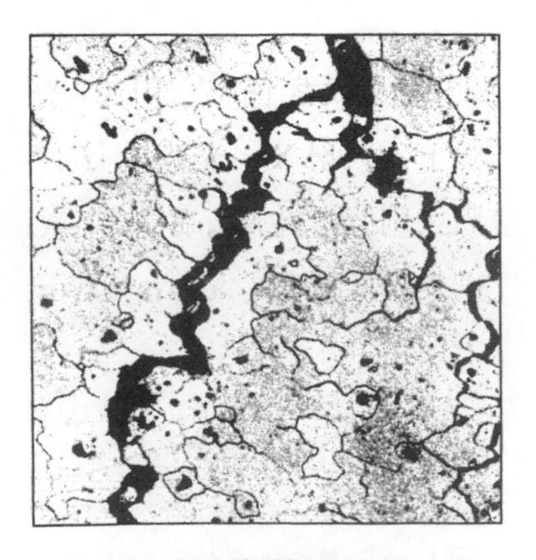

圖 8-10　應力腐蝕裂隙附近的金相

8-2 韌性與破壞力學

長期以來，為了增加飛行器爬升力、飛航距離、速度以及載重量等性能，工程師及科學家對於開發更高強度的輕質鋁合金、鈦合金等可說是不遺餘力。由於這些合金在高強度下具有較低的韌性，如果設計不當，將很容易造成斷裂，釀成災害，因此在開發高強度高韌性合金的同時，另發展出破壞力學作為飛機結構設計以及材料選擇上的依據。為了節省能源，目前車輛、船舶以及機械零件也逐漸採用輕質高強度合金，使得破壞力學的應用性愈來愈廣泛。低強度合金通常具有高延性及韌性，若只承受靜態力量，破壞力學顯得較不重要，因為只要設計在降伏強度以下，就不致發生破壞，但對於反覆應力或腐蝕環境下造成的疲勞斷裂及應力腐蝕斷裂，則另當別論。

8-2-1 韌性與凹痕韌性(notch toughness)

材料的韌性可簡單的定義為材料斷裂前所吸收的能量，藉由拉伸試驗的應力-應變曲線，我們可依此定義求出材料韌性，並比較韌性的大小。拉伸時，變形至斷裂所作的功為外力對位移的積分即

$$W = \int_{l_0}^{l_f} P dl \qquad (8\text{-}1)$$

其中 P 為施加的外力，l_0 為試片原來的標距長度，l_f 為斷裂後的標距長度，所以單位體積所作的功為

$$\frac{W}{V} = \int_{l_0}^{l_f} \frac{Pdl}{Al} = \int_{0}^{\varepsilon_f} \sigma d\varepsilon \qquad (8\text{-}2)$$

其中 σ 為真應力，ε_f 為斷裂時的真應變。

因此韌性可由真應力-真應變曲線下方的面積求得，如圖 8-11 所示，此圖並比較低韌性及高韌性材料的拉伸曲線，若強度愈高、伸長率愈大，其韌性也愈大。

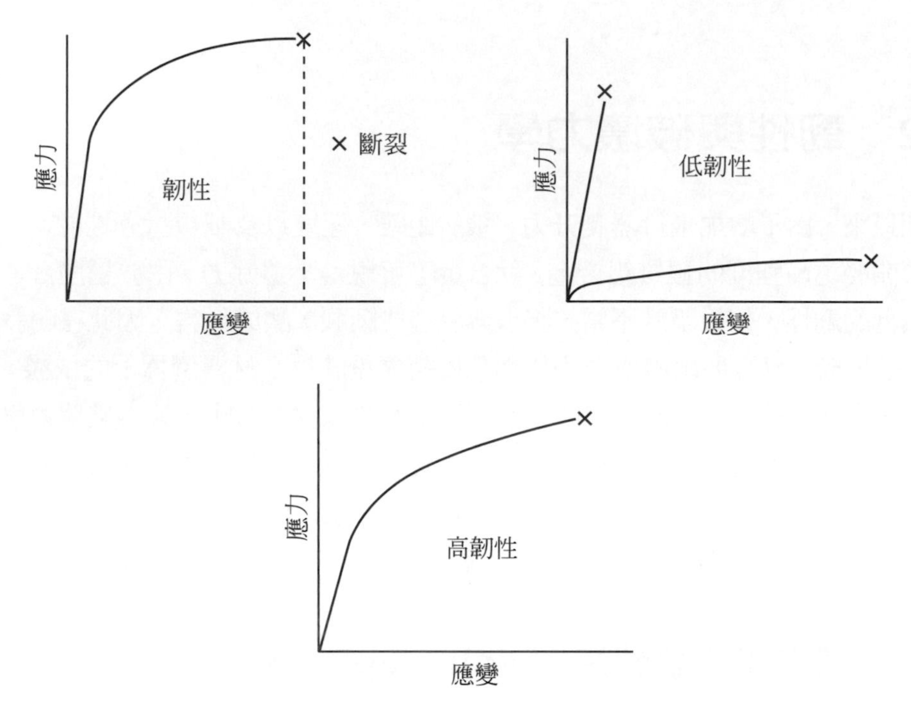

圖 8-11　由應力-應變曲線可求得材料之韌性

例 8-1

設某材料之眞應力-眞應變曲線符合下式關係

$\sigma = 10^5\ \varepsilon^{0.5}$ psi

且其斷裂應變 ε_f 爲 0.3，試求其斷裂部份單位體積所吸收的能量。

解 單位體積所吸收的功爲

$$\int_0^{\varepsilon_f} \sigma d\varepsilon = \int_0^{0.3} 10^5 \varepsilon^{0.5} d\varepsilon = 66.7 \times 10^3 (0.3)^{1.5} = 11{,}000 \text{ psi}$$

然而上述韌性的定義並不實用，在實際的應用環境中，材料常含有凹槽、刻痕、孔洞、裂痕，使得材料的韌性有所損失，有些材料對這些缺陷很敏感，有些則不敏感，此敏感性稱爲凹痕敏感性(notch sensitivity)，圖 8-12 比較玻璃棒、銅棒及鋼質銼刀的敏感性，玻璃若以鑽石刀在表面刻上凹痕，則沿凹痕很容易折斷，但銅棒則可作大量彎曲仍不斷裂，銼刀由於表面溝槽，也很容易發生折斷現象，由此可見玻璃及銼刀對凹痕很敏感，事實上，較脆性的材料都具有此一特質。

爲了評估材料在實際應用中之凹痕敏感性，可先在試片表面或中心預作凹痕或裂隙再測其韌性，此類試驗所得的韌性通稱爲凹痕韌性，例如衝擊試驗所得的韌性即爲一種凹痕韌性，圖 8-13 爲沙丕衝擊試驗(Charpy impact test)之示意圖，係利用撞錘將有 V 型凹痕的試片衝斷，而由撞錘在撞擊前後的位能差當作試片的韌性，即衝擊能(impact energy)。鋼鐵材料在低溫時會呈現所謂的低溫脆性，即利用衝擊試驗加以評估，所測得的韌脆轉變溫度與實際環境的觀察十分符合。若利用拉伸試驗來測其韌性，所評估的轉變溫度將偏低，出入甚大。此外，破壞力學中常使用的破壞韌性(fracture toughness)也是一種凹痕韌性，下一節將加以說明。

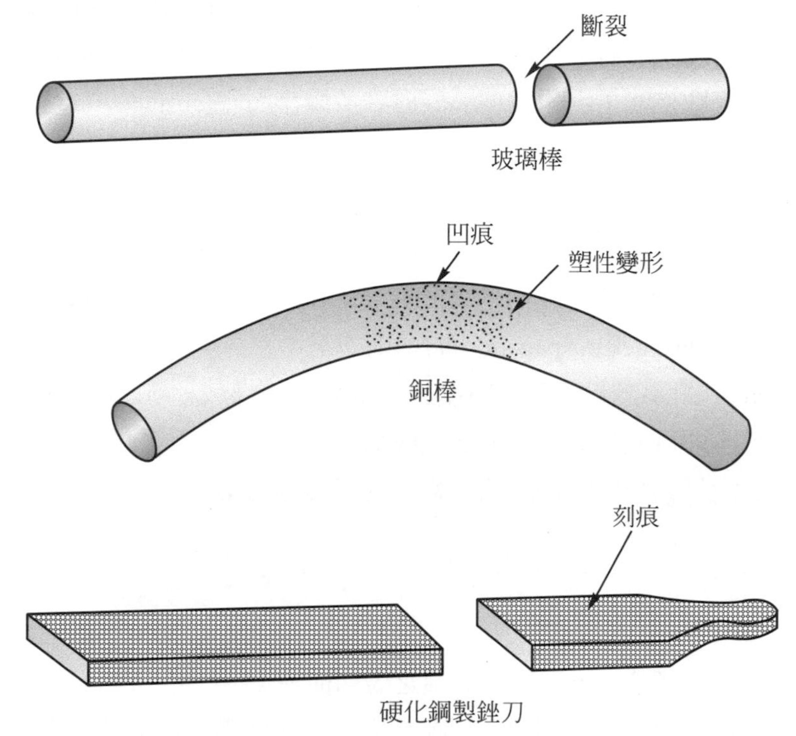

圖 8-12　含凹痕之玻璃棒、銅棒及硬化鋼製銼刀之彎曲試驗結果比較

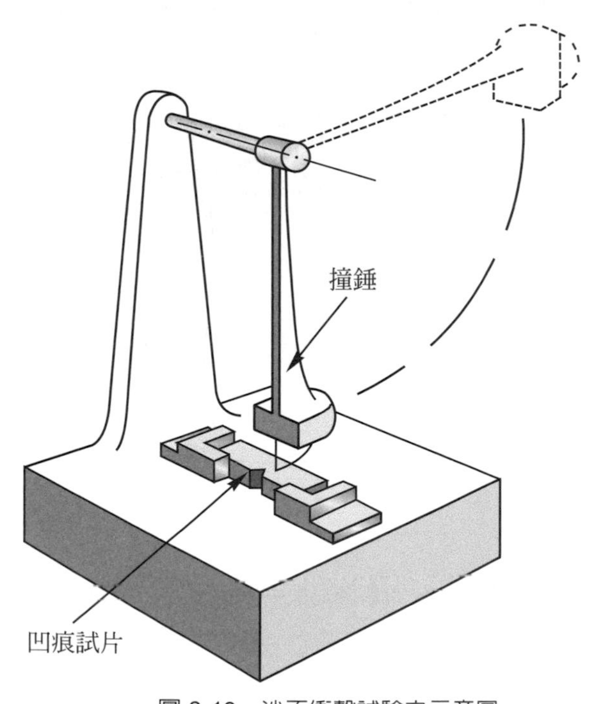

圖 8-13　沙丕衝擊試驗之示意圖

8-2-2 破壞力學

1. 葛立費思理論(Griffith theory)

在 20 世紀初期，葛立費思即提出一項理論解釋脆性材料的斷裂現象，他對玻璃棒作斷裂試驗時，發現利用斷裂的玻璃繼續作試驗會得到愈來愈高的斷裂強度，他機警地推測這現象與玻璃表面許多微小裂隙(surface flaw)有關，他認為微小裂隙使玻璃強度降低，當玻璃長度越短，較大的微小裂隙也愈少，玻璃強度相對地愈來愈高，他由此觀念進一步推導含有裂隙時之斷裂強度。

假設一塊脆性材料板片含有長度 $2a$ 之裂隙如圖 8-14 所示，那麼受 σ 應力拉伸時，其斷裂應力應為多少？葛立費思提出一項斷裂準則(fracture criterion)，也就是裂隙擴展(crack propagation)的準則如下：

「當裂隙前進時，若彈性應變能的減少(或釋放)大於或等於裂隙增大所需的表面能時，即可產生劇烈擴展而造成斷裂。」

他由兩種能量的平衡關係證明了臨界的斷裂應力 σ_f 為

$$\sigma_f = \sqrt{\frac{2E\gamma_s}{\pi a}} \tag{8-3}$$

其中 E 為楊氏係數，γ_s 為單位面積之表面能。

此一結果說明斷裂應力與裂隙長度、楊氏係數及表面能之關係，裂隙愈長，斷裂應力降低，而楊氏係數及表面能愈大，則可提高斷裂應力。

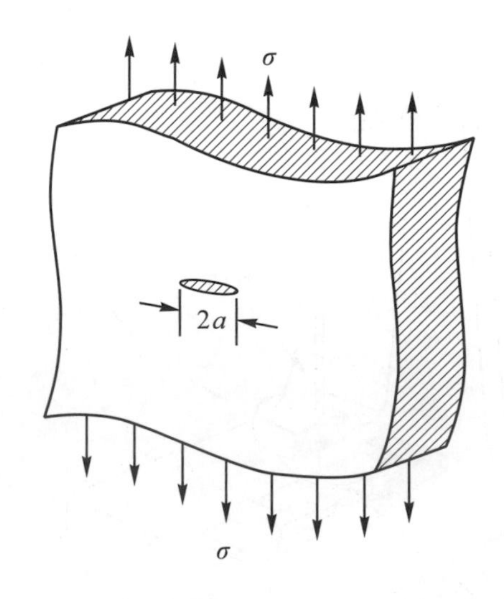

圖 8-14 含 $2a$ 長裂隙之板片承受 σ 之拉應力

例 8-2

設一鈉玻璃含一裂隙如圖 8-14 所示，若表面能 γ_s 為 0.3 J/m^2，楊氏係數 E 為 69,000 MPa，裂隙長度 $2a$ 為 0.1 mm，求其斷裂強度。

解 由 Griffith 理論知 $\sigma_f = \sqrt{\dfrac{2\gamma_s E}{\pi a}}$，所以斷裂強度為

$$\sigma_f = \sqrt{\frac{2(0.3\ \text{J/m}^2)(69{,}000\ \text{MPa})}{\pi(5\times10^{-5}\ \text{m})}} = \sqrt{2.64\times10^{14}\,(\text{Pa})^2} = 16.2\ \text{MPa}$$

在 Griffith 之前，科學家已計算過材料的斷裂強度，即克服斷裂面原子鍵結所須之最大應力，因為是在不含任何裂隙的條件下計算，所以稱為理論結合強度 (theoretical cohesive strength)，此理論強度約等於 $E/10$，以上述例子而言，此理論強度應為 6900 MPa，遠高於實際強度。Griffith 理論提出後，此一困惑才得以破解，也就是脆性材料由於微裂隙的存在，斷裂強度大幅地降低。

Griffith 的理論可延伸應用於脆性的金屬材料，由於金屬本質上容易發生差排滑動，或多或少在裂隙尖端應力集中處都會產生塑性變形而吸收外加功，因此斷裂時彈性應變能的釋放，除用於增加表面能外，尚須提供塑性變形所需的能量，假設裂隙擴展單位面積所需之塑性應變能為 γ_p，則延伸 Griffith 理論，斷裂強度可依下式計算

$$\sigma_f = \sqrt{\frac{2E(\gamma_s + \gamma_p)}{\pi a}} \qquad (8\text{-}4)$$

由於 γ_p 甚大於 γ_s，故上式通常簡化為

$$\sigma_f = \sqrt{\frac{2E\gamma_p}{\pi a}} \qquad (8\text{-}5)$$

由此可瞭解脆性金屬比玻璃等脆性陶瓷材料具有較高的斷裂強度，也可忍受較長的裂隙。

2. 破壞韌性

對於圖 8-14 所假設的試片及受力，若應力達到臨界應力時，裂隙立即擴展而破裂，根據破壞力學，此材料的破壞韌性定義為

$$K_C = \sigma_f \sqrt{\pi a} \qquad (8\text{-}6)$$

實際上，破壞韌性的定義與應力強度因子(stress intensity factor)有密切關連，圖 8-15 顯示裂隙尖端附近之應力場及位置的極座標，根據彈性力學，應力分佈函數爲

$$\sigma_x = \sigma\sqrt{\frac{a}{2r}}\cos\frac{\theta}{2}\left(1-\sin\frac{\theta}{2}\sin\frac{3\theta}{2}\right) \tag{8-7}$$

$$\sigma_y = \sigma\sqrt{\frac{a}{2r}}\cos\frac{\theta}{2}\left(1+\sin\frac{\theta}{2}\sin\frac{3\theta}{2}\right)$$

$$\tau_{xy} = \sigma\sqrt{\frac{a}{2r}}\sin\frac{\theta}{2}\cos\frac{\theta}{2}\cos\frac{3\theta}{2}$$

$\sigma_z = 0$ (平面應力的情形如薄板試片)

$\sigma_z = v\,(\sigma_x + \sigma_y)$ (平面應變的情形如厚板試片)

其中 $\sigma\sqrt{a\pi}$ 爲應力強度因子 K。

由此式可知應力場的強弱除與位置座標有關外，與應力強度因子有直接關連，當外加應力及裂隙長度愈大，則 K 愈大，應力場愈強。由於材料斷裂時，應力強度因子達到最大値 $\sigma_f\sqrt{a\pi}$，故破壞力學將臨界應力強度因子定義爲破壞韌性。此值隨材料的不同而不同，如同降伏強度一樣，屬於材料的一種特性。

前述係適用於無限寬的板片，實際上不可能採用無限寬板片作試驗，對於寬度爲 W 的試片，我們須作幾何因子 f 的修正才可求出破壞韌性，即 $K_C = \sigma_f\sqrt{a\pi}\,f(a/W)$。此幾何因子與試片尺寸、預先裂隙尺寸及試驗方式有關。

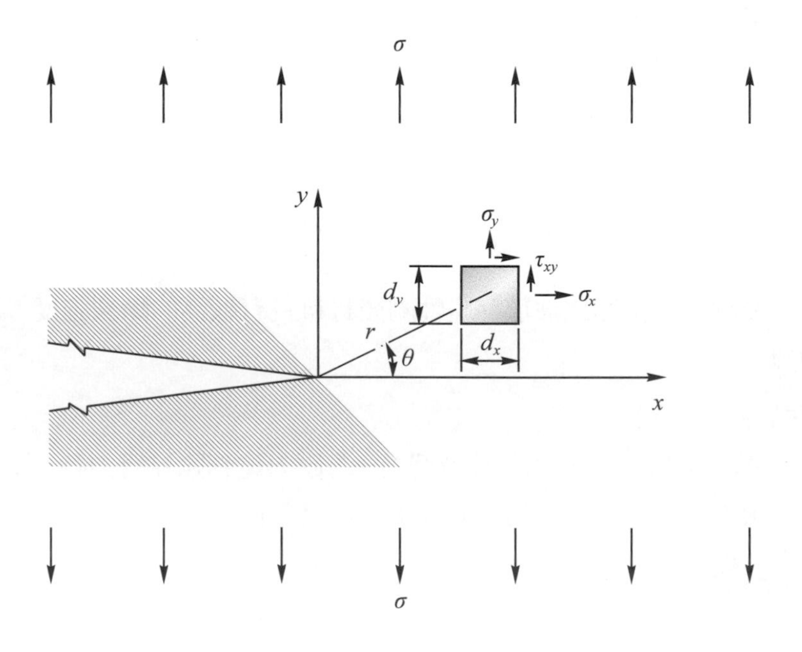

圖 8-15 裂隙尖端附近(r，θ)座標位置之 σ_x、σ_y 及 τ_{xy} 應力方向

試片厚度對所測得的破壞韌性 K_C 有所影響，圖 8-16 爲典型的影響，當厚度超過某一值後，破壞韌性即不隨厚度而變化，由於厚度小時，應力屬於平面應力狀態(厚度方向無應力)，厚度大時屬於平面應變狀態(厚度方向由於應變受到限制，無應變發生)，所以斷裂韌性可分爲平面應力破壞韌性 K_C 與平面應變破壞韌性 K_{IC} 兩種，由於 K_C 隨厚度而變，K_{IC} 不變，故 K_{IC} 被視爲材料常數(material constant)，僅隨材料成份微結構而變，不受試片及測量方式影響，通常厚度大於 $2.5\left(\frac{K_{\mathrm{IC}}}{\sigma_y}\right)^2$ 即可達平面應變條件，因而若欲求 K_{IC}，試片厚度須足夠厚，以滿足平面應變條件，表 8-1 及表 8-2 列舉常見高強度金屬材料及非金屬材料的 K_{IC} 韌性。

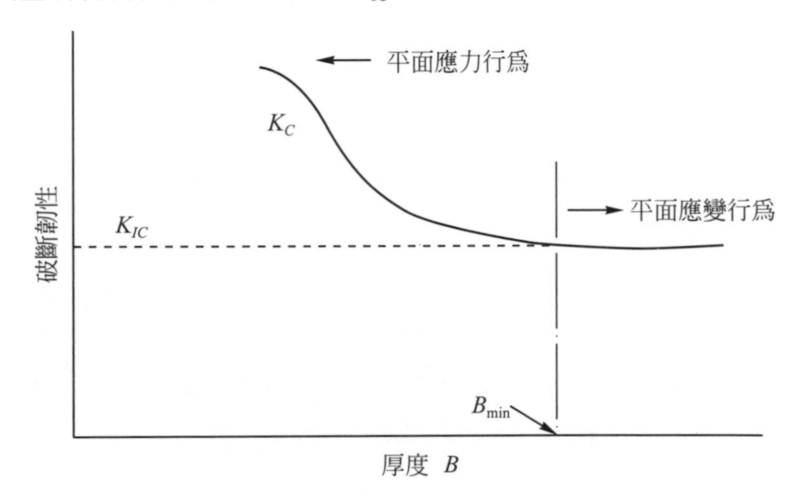

圖 8-16　試片厚度對破壞韌性的影響

表 8-1　常見高強度合金之降伏強度及平面應變破壞韌性

材料	K_{IC}		降伏強度	
	MPa-m$^{1/2}$	ksi-in$^{1/2}$	MPa	ksi
鋁合金				
2014-T651	24	22	455	66
2024-T3	44	40	345	50
2024-T851	26	24	455	66
7075-T651	24	22	495	72
7178-T651	23	21	570	83
7178-T7651	33	30	490	71
7475-T7651	47	43	462	67
鈦合金				
Ti-6 Al-4V	115	105	910	132
Ti-6 Al-4V	55	50	1035	150

表 8-1 常見高強度合金之降伏強度及平面應變破壞韌性(續)

材料	K_{IC}		降伏強度	
	MPa-m$^{1/2}$	ksi-in$^{1/2}$	MPa	ksi
合金鋼				
4340	99	90	860	125
4340	60	55	1515	220
4335 + V	72	66	1340	194
4335 + V	132	120	1035	150
17-7pH 不銹鋼	77	70	1435	208
15-7Mo 不銹鋼	50	45	1415	205
H-11 工具鋼	38	35	1790	260
350 麻時效鋼	55	50	1550	225
350 麻時效鋼	38	235	2240	325
52100 軸承鋼	14	13	2070	300

表 8-2 常見非金屬材料之平面應變破壞韌性

材料	K_{IC}	
	MPa $\sqrt{m}$	ksi $\sqrt{in}$
灰泥	0.14～1.4	0.13～1.3
混凝土	0.25～1.57	0.23～1.43
Al_2O_3	3.3～5.8	3～5.3
SiC	3.7	3.4
Si_3N_4	4.6～5.7	4.2～5.2
鈉石灰玻璃	0.8～0.9	0.7～0.8
電子陶瓷	1.1～1.37	1.03～1.25
WC-3%Co	11.6	10.6
WC-15%Co	18.1～19.9	16.5～18
印第安那石灰石	1.09	0.99
PMMA	0.9～1.92	0.8～1.75
PS	0.9～1.2	0.8～1.1
聚碳酸塑膠	3.02～3.6	2.75～3.3

3. 破壞力學與設計

破壞韌性對於高強度金屬材料或脆性陶瓷材料的結構設計、材料選擇以及維修十分重要，由(8-6)式可瞭解破壞韌性、破壞應力以及裂隙長度相互的關連，如果我們已知材料的破壞韌性，那麼就可預測在特定使用應力下，該結構材料能忍受的裂隙長度，在使用環境中，材料難免因爲腐蝕、應力腐蝕或疲勞等作用而產生裂隙，當此裂隙擴展至所能忍受的裂隙長度時，材料將立即發生斷裂。利用非破壞性檢驗，如超音法檢驗可測出材料表面或內部所含裂隙的位置及長度，若發現裂隙達不安全之長度，即應予更換維修，以策安全。同樣地，(8-6)式對材料選擇也很重要，例如飛機結構材料所設計之應力通常爲降伏強度的 80%，(8-6)式可改寫爲

$$K_C = 0.8\sigma_y\sqrt{\pi a} \quad (8\text{-}8)$$

假若非破壞性檢驗儀器能檢測的裂隙長度最小值爲 0.5 mm，那麼所選擇的材料 K_C 值勢必要大於 $0.8\sigma_y\sqrt{0.5\text{ mm}\times\pi}$ 才能獲得保障，否則裂隙的長度還未成長到被偵測的長度，材料即已破裂，來不及更換。

例 8-3

有兩種結構材料，其一之 $K_{IC} = 150\text{ ksi}\sqrt{\text{in}}$，$\sigma_y = 70$ ksi，另一之 $K_{IC} = 27\text{ ksi}\sqrt{\text{in}}$，$\sigma_y = 77$ ksi，試估計測試 K_{IC} 值試片所需之最小厚度。

解 對於高韌性材料，最小厚度應爲

$$2.5\left(\frac{K_{IC}}{\sigma_y}\right)^2 = 2.5\left(\frac{150\text{ ksi}\sqrt{\text{in}}}{70\text{ ksi}}\right)^2 = 11.5\text{ in}$$

對於低韌性材料最小厚度應爲

$$2.5\left(\frac{27\text{ ksi}\sqrt{\text{in}}}{77\text{ ksi}}\right)^2 = 0.3\text{ in}$$

由此可看出高韌性材料之測試試片甚厚，較難準備及測試。

4. 影響破壞韌性的因素

冶金因素(metallurgical factors)包括成份、微結構、斷裂型態及性質，對破壞韌性皆具有相當的影響，例如較細緻的微結構、較少的夾雜物、較多的延性穿晶斷裂以及較低的強度通常都具有較高的破壞韌性，圖 8-17 爲某高強度低合金鋼 K_{IC} 與強度的關係曲線，可看出強度愈高韌性愈差的現象，圖 8-18 則爲某低碳鋼 −196℃下，晶粒大小對破壞強度的影響，顯示晶粒愈細，韌性愈大。

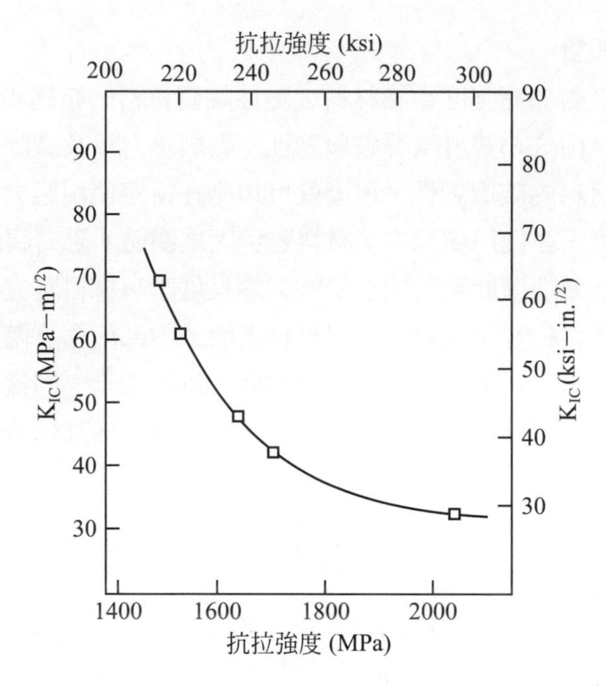

圖 8-17 高強度低合金鋼強度對 K_{IC} 的影響

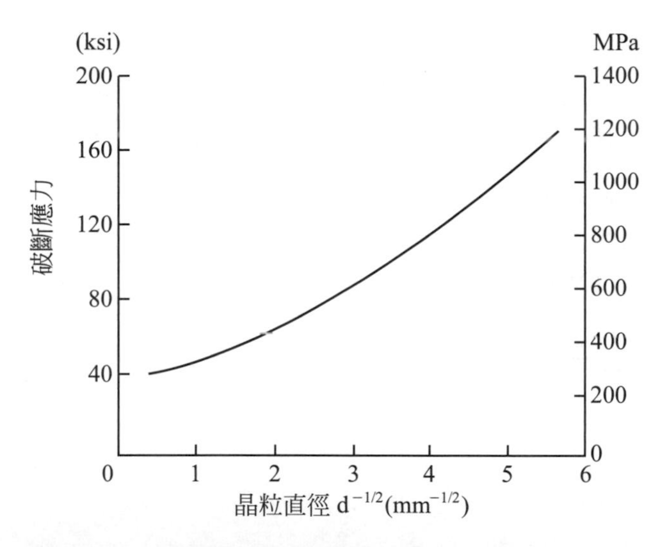

圖 8-18 低碳鋼之晶粒大小對破壞應力的影響(− 196˚C)

由前面的討論可知破壞韌性的重要性，若韌性不足，將無法被選擇應用，通常高強度材料具有較低的韌性，因此如何提高韌性成爲很重要的課題，在高強度合金的開發上，如何使強度更加提高並不是困難的事情，韌性的提高反而是一項瓶頸，若韌性很低，更高的強度往往沒有用處。

8-3 疲勞現象

疲勞破裂係指一個材料在反覆應力作用下所發生的斷裂現象，由於造成此一斷裂所需的應力往往低於降伏強度，而且在機械或工程結構上有高達 80%的破壞事故來自疲勞破裂，所以疲勞破裂是一種很重要的破壞方式，值得探討。工程材料如金屬、陶瓷、高分子、複合材料皆可能發生疲勞破裂。

疲勞所承受的反覆應力可能是外加的應力，也可能是溫差所引起的熱應力(thermal stress)，後者的疲勞現象又稱爲熱疲勞(thermal fatigue)。圖 8-19 顯示兩種簡單的反覆應力，圖(a)以零點爲中心，正負應力反覆變化，圖(b)以 σ 平均值爲中心作反覆變化，所有變化皆爲拉應力。在實際應用中，反覆應力更是複雜，圖 8-20 顯示各種實際環境中發生的應力狀態。由於不同反覆應力的疲勞現象有所差異，所以在疲勞試驗中能夠模擬實際的環境，其結果將更符合實際。

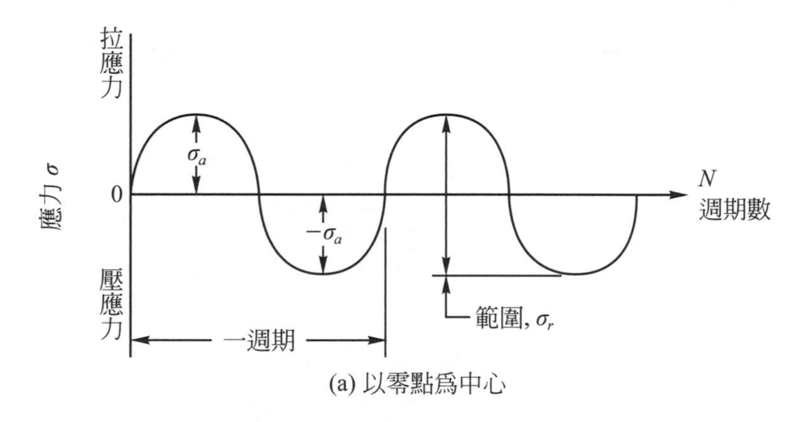

(a) 以零點爲中心

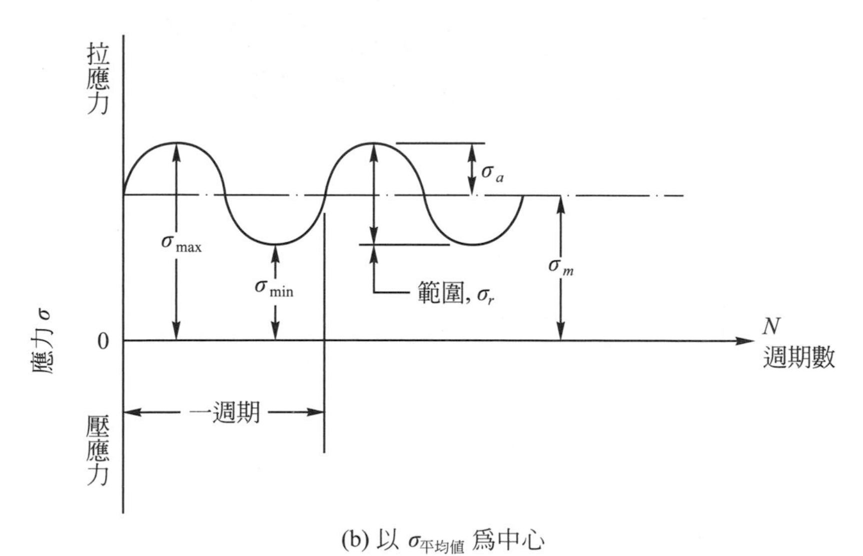

(b) 以 $\sigma_{平均值}$ 爲中心

圖 8-19　兩種簡單的正弦函數應力變化

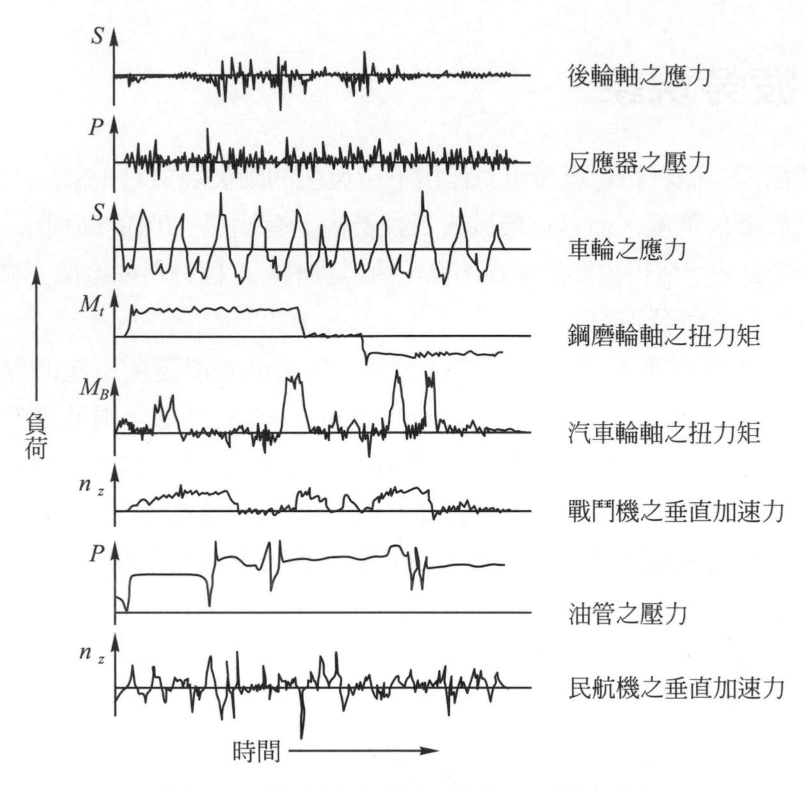

圖 8-20 幾種應用環境中反覆應力的變化情形

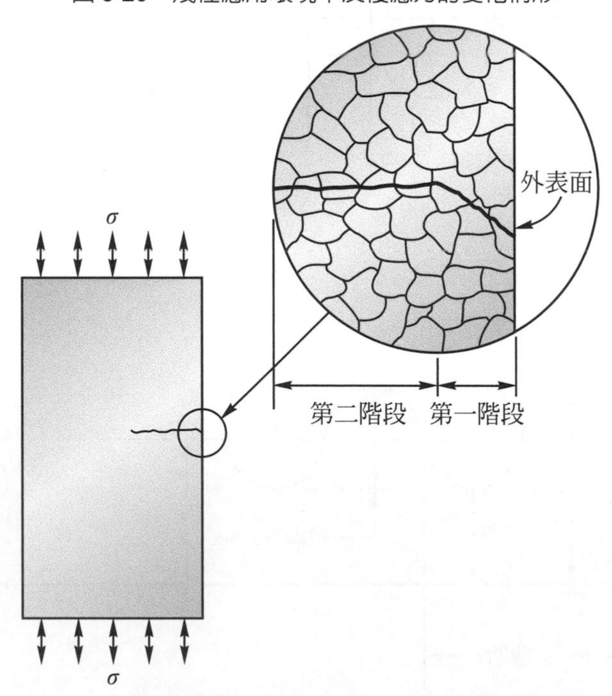

圖 8-21 疲勞裂隙形成的前兩階段：裂隙起源及裂隙擴展

疲勞破裂可分爲三個階段：裂隙起源、裂隙擴展及最後斷裂，如圖 8-21 所示，裂隙通常起源於材料表面，而後沿垂直於應力的方向擴展，至達到臨界長度後，發生最後斷裂，因此疲勞壽命(fatigue life)爲此三階段所費時間的總和，由於第三階段屬立即斷裂，故疲勞壽命實爲前兩階段時間的和。通常在低應力下，起源所費時間較長，佔據疲勞壽命的大部份，而在高應力下，起源在早期時間內即發生，擴展階段佔據大部份的疲勞壽命。低應力的壽命約在 10^5 週期以上，稱爲高週期疲勞(high-cycle fatigue)，高應力的壽命低於 10^5 週期，稱爲低週期疲勞(low-cycle fatigue)。

8-3-1　疲勞試驗與 S-N 曲線

疲勞試驗的方法有很多種，除模擬特定的應用環境外，通常採用簡單型的疲勞試驗來測試材料的疲勞性質，圖 8-22 爲三種常見的疲勞試驗裝置，圖(a)爲迴轉樑法(rotating beam test)，試片兩端承受荷重而彎曲，在迴轉中，試片即受週期性的拉伸-壓縮應力作用；圖(b)爲迴轉懸樑法(rotating cantilever beam test)，試片一端承受荷重，同樣地也是承受拉伸-壓縮反覆應力；圖(c)則爲單軸向施力法，可對試片施加拉伸-拉伸或拉伸-壓縮或壓縮-壓縮的反覆應力。在試驗中，施以不同應力 S 可測得斷裂所需的週期數 N，此 N 又稱爲疲勞壽命，如果將 S 與 N 的關係繪成曲線，即得到 S-N 曲線，圖 8-23 爲 5 種合金的 S-N 曲線。此曲線之基本特性是應力愈大，壽命愈短。鋼鐵材料通常在低應力時具有水平部份，當應力低於此一水平所對應的應力，則疲勞壽命無限，也就是不發生疲勞現象，此臨界應力稱爲疲勞限(fatigue limit)，但非鐵金屬如 Al、Cu、Mg 合金通常不具有水平部份而呈連續下降，對此類曲線，通常取 10^7 週期所對應之應力當作忍耐限(endurance limit)。

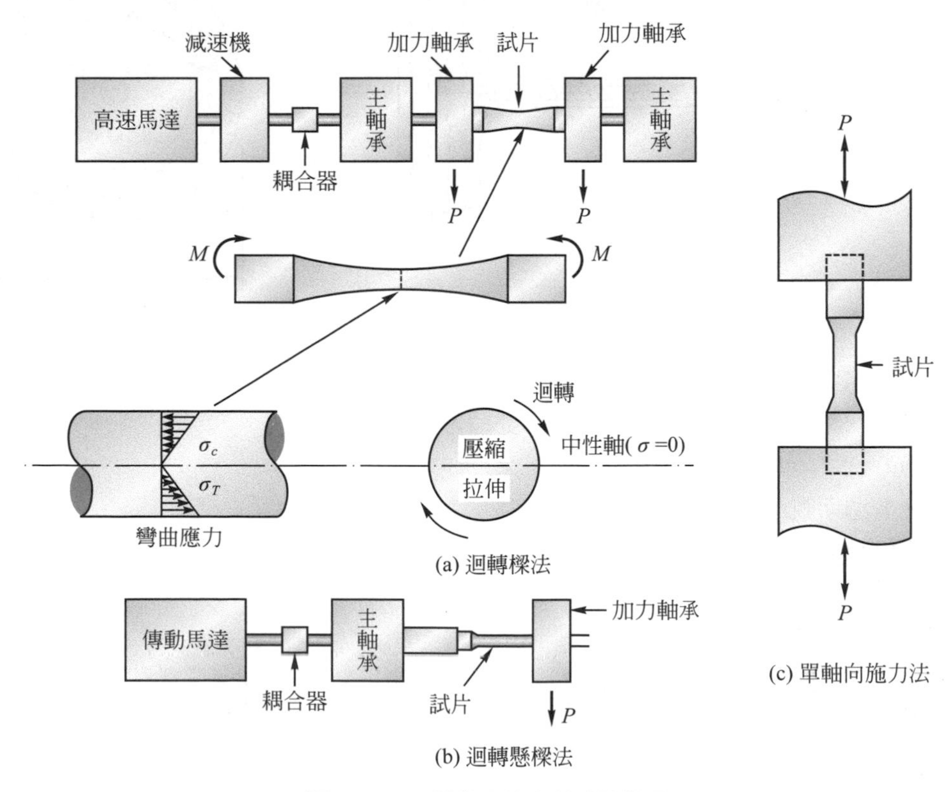

圖 8-22　三種常見的疲勞試驗裝置

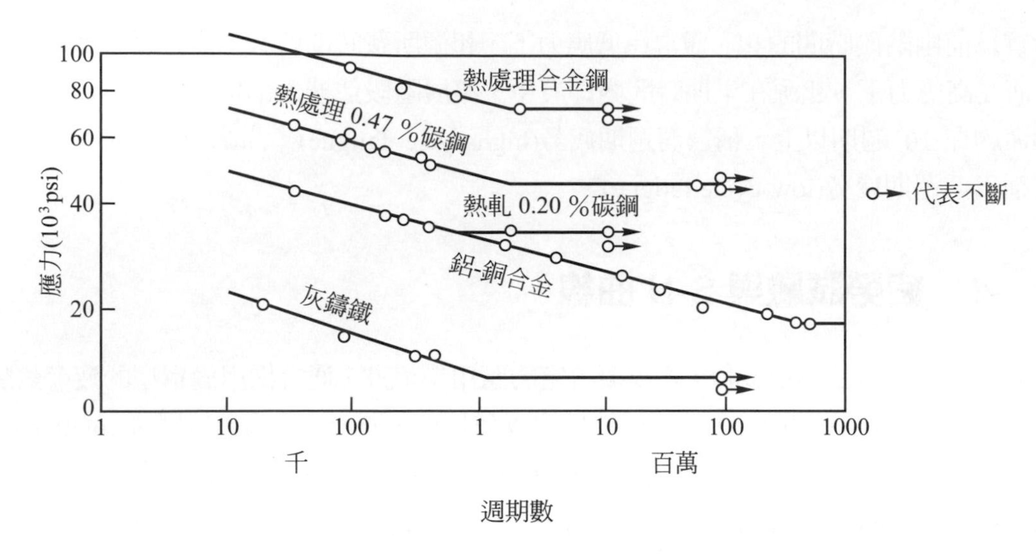

圖 8-23 五種合金之 S-N 曲線

例 8-6

有一合金準備被選用爲輪軸材料，但須先通過疲勞試驗，檢驗標準是在某一特定應力下能行駛 321,800km 的距離，試求：(a)疲勞試驗時，此應力之週期數應多少才合格？(b)若疲勞試驗機迴轉頻率爲 500rpm，則試驗時間需多久？

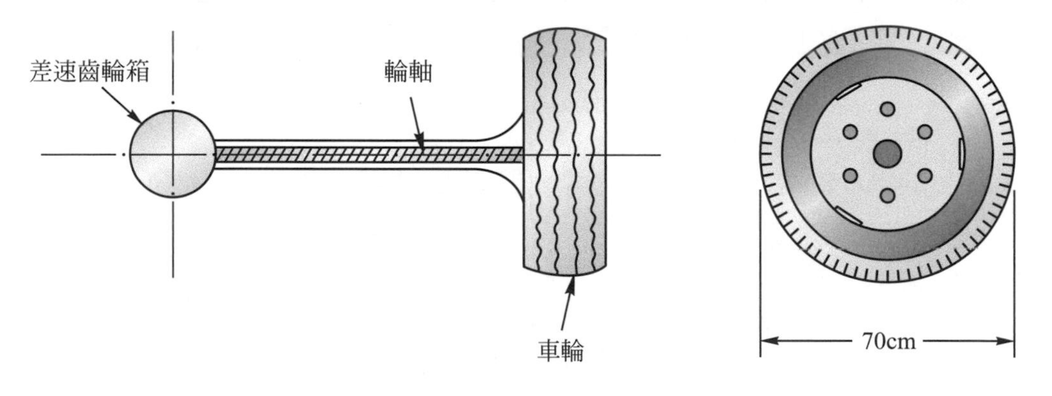

解 (a)由於輪子直徑爲 70cm，故旋轉一次可行走

$d\pi = (0.7\text{m})\pi = 2.2\text{m}$

因此耐疲勞週期數至少爲

$$N = \frac{321{,}800\ \text{km}}{2.2\ \text{m/rev}} = 1.46\times10^{8}\ \text{cycles}$$

(b)由於操作頻率爲 500rpm，故試驗時間爲

$$t = \frac{1.46\times10^{8}\ \text{cycles}}{3\times10^{4}\ \text{cycles/hr}} = 4{,}866\ \text{hr} = 203\ \text{days}$$

此結果顯示試驗時間相當長。

8-3-2　疲勞裂隙起源

疲勞裂隙起源的基本理論就是滑動機構(slip mechanism)，即由於表面附近產生局部滑動，而產生微小裂隙，圖 8-24 說明此機構的過程，圖(a)之步驟(1)沿某一滑動面形成一個階梯，步驟(2)沿另一滑動面形成另一階梯，此時滑動源錯開一個位置，步驟(3)原來滑動源運作，發生之階梯與步驟(1)之階梯不在同一位置而形成凹入(intrusion)，步驟(4)另一滑動面再次運作，產生一個階梯而構成凸出(extrusion)。如此繼續下去，表面凹入或凸出數量增多，深度也愈大，最終形成明顯的微裂隙。圖(b)則說明單一滑移帶(slip band)來回滑動也能產生凸出及凹入的現象，圖 8-25 爲鋁合金經疲勞作用後的表面金相照片，可看到許多凹入及凸出的線條。如果表面原本粗糙或有溝痕，將造成應力集中促進裂隙的形成，夾雜物或氣孔也是促進裂隙起源的位置，它們使起源時間縮短，減短疲勞壽命，圖 8-26 顯示此兩種缺陷在鎳合金中發生裂隙的現象。

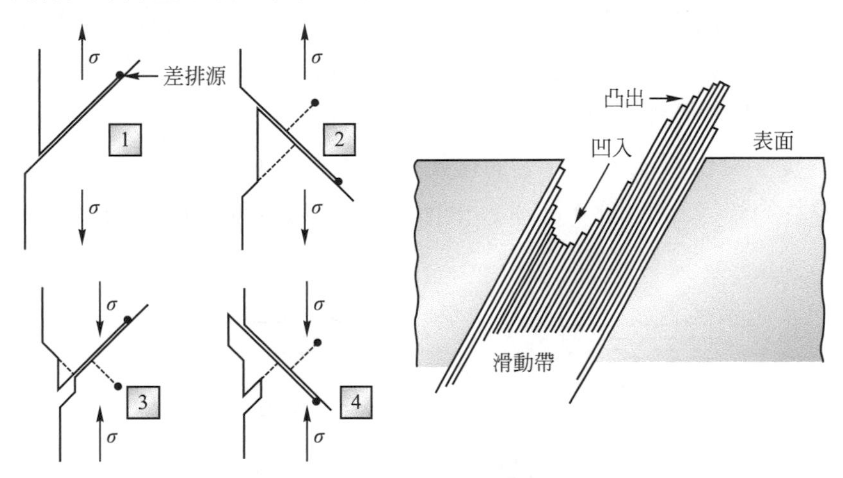

(a) 兩種滑動系統所造成凸出及凹入現象　(b) 單一滑動帶造成之凸出及凹入

圖 8-24　造成疲勞裂隙起源的機構

圖 8-25　鋁合金之疲勞裂隙起源：表面有凸出及凹入的線條

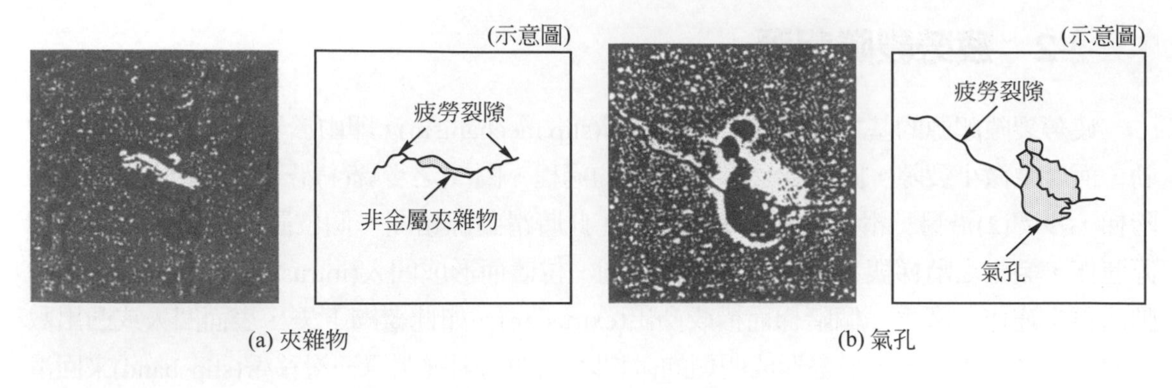

(a) 夾雜物 (b) 氣孔

圖 8-26 鎳合金中由缺陷形成疲勞裂隙的情形

8-3-3 疲勞裂隙擴展

裂隙在反覆應力下擴展是一個漸進的過程，每一週期可作小量的前進，圖 8-27 說明此一過程，稱為塑性鈍化過程(plastic blunting process)，當裂隙受拉應力時，尖端由於約 45°方向滑移作用發生鈍化現象並因而擴展一些距離，而當壓應力作用時，尖端反而發生尖化現象，如此週而復始，裂隙不斷前進，因而疲勞擴展的斷裂表面呈現條紋狀的圖樣，如圖 8-9 及圖 8-28 所示，此類條紋稱為疲勞條紋(fatigue striation)。

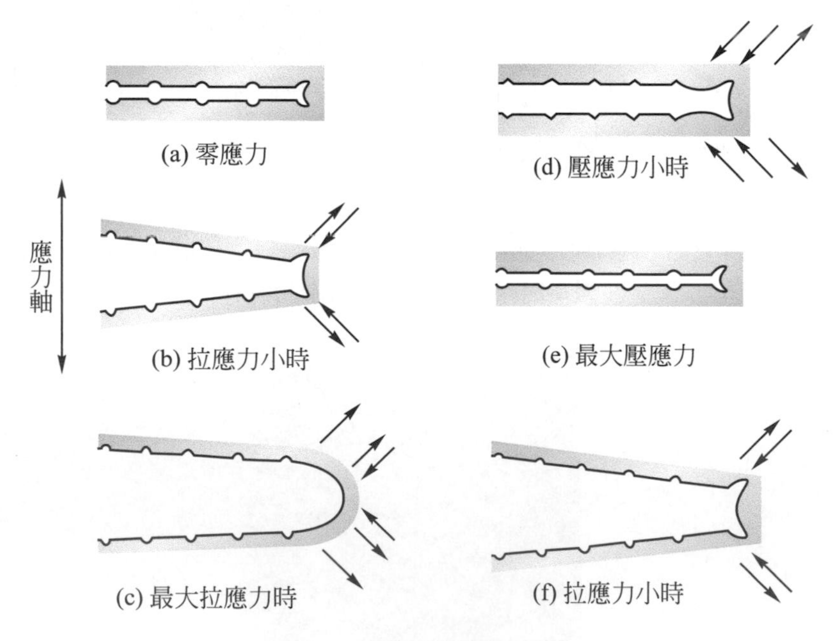

圖 8-27 疲勞裂隙擴展的機構

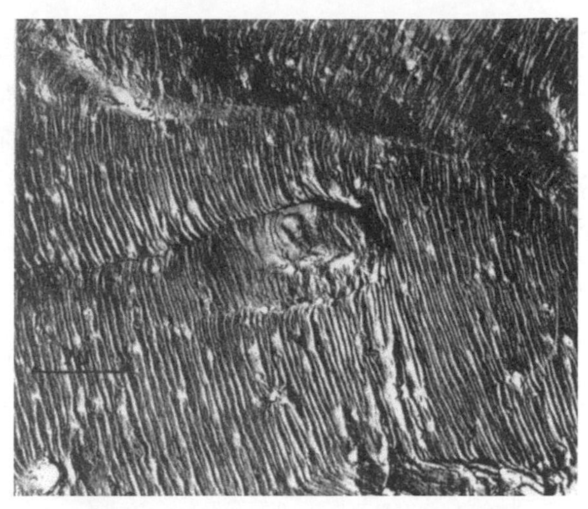

圖 8-28　Al-Cu-Mg 合金疲勞斷裂面上的條紋

8-3-4　影響疲勞壽命的因素

疲勞性質對工程結構材料而言，是一項很重要的考慮項目，疲勞限愈高，壽命愈長，其安全性愈高。有很多冶金因素會影響材料的疲勞性質，我們可將之歸納為三大類：(1)機械因素，(2)微結構因素，(3)環境因素，分述如下：

1. 機械因素

在 *S-N* 曲線疲勞試驗中，我們已瞭解應力振幅愈大，疲勞壽命愈短的現象。此外，平均應力σ_m對疲勞壽命也有影響，如圖 8-29 所示，圖中 σ_a 及 σ_m 分別為：

$$\sigma_a = \frac{\sigma_{\max} - \sigma_{\min}}{2} \tag{8-11}$$

$$\sigma_m = \frac{\sigma_{\max} + \sigma_{\min}}{2} \tag{8-12}$$

當 σ_m 愈偏向壓縮應力，疲勞壽命愈長，疲勞強度愈高。這種現象很容易瞭解，由於裂隙的起源與擴展皆需要拉應力的作用，當拉應力成份愈少時，這兩階段的發展自然較慢。當材料有局部應力集中的情形時，例如凹槽、孔、螺牙等，將使裂隙起源與擴展容易進行，降低疲勞強度與壽命，因而利用研磨降低表面

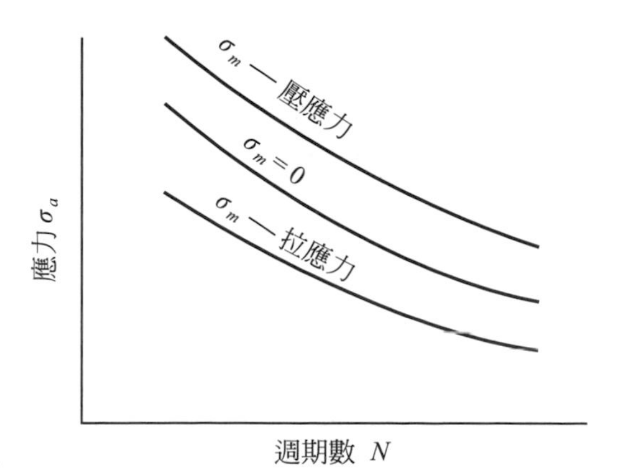

圖 8-29　平均應力 σ_m 對疲勞壽命的影響

粗糙度，對耐疲勞性將有改善，表 8-3 比較不同表面研磨之鋼材所獲得的疲勞壽命，以細磨及拋光的表面壽命最長。此外，材料表面較易發生滑動與變形，以致於通常成為疲勞裂隙的起源位置，所以施以表面硬化熱處理增加表面硬度或利用珠擊法(shot-peened)使表面加工硬化並形成壓縮型殘留應力，皆能有效地提高耐疲勞性，圖 8-30 說明表面壓縮型殘留應力如何有效地降低表面拉應力的現象。

表 8-3　表面狀況對疲勞壽命的影響

加工法	表面細度		疲勞壽命(週期)
	μm	μin	
車削	2.67	105	24,000
手拋光(部份)	0.15	6	91,000
手拋光	0.13	5	137,000
研磨	0.18	7	217,000
研磨及拋光	0.05	2	234,000

註：SAE3130 鋼，反覆應力＝655.5MPa (95ksi)

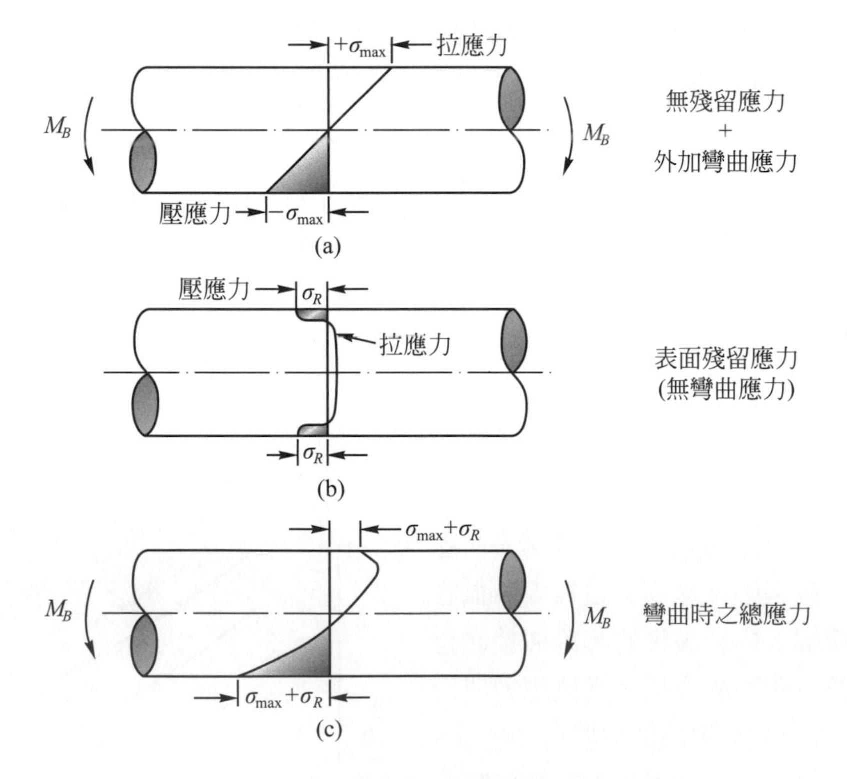

圖 8-30　壓縮型殘留應力對表面應力分佈的影響

2. 微結構因素

微結構的改良對疲勞性質也具相當的改善作用。例如晶粒微細化產生晶粒強化(grain-size strengthening)，可使表面較不易變形及形成裂隙起源；純度較高的合金，夾雜物較少，較不易產生微小裂隙，所以耐疲勞性較好；塑性加工可使材料沿加工方向具有較佳的強度與韌性，其縱向(longitudinal)疲勞性質較橫向(transverse)優越，橫向疲勞壽命通常爲縱向的 0.6 至 0.7 倍。

3. 環境因素

溫度愈低時，抗拉強度提高，疲勞強度也跟著提高，但是對於低溫較脆的材料具有凹痕敏感性(notch sensitivity)，疲勞強度會因爲凹痕的存在反而變差。對於反覆升溫降溫的環境，由於熱脹冷縮引發熱應力(thermal stress)如下式所計算，將造成所謂的熱疲勞(thermal fatigue)現象，圖 8-31 顯示渦輪機葉片所使用的耐高溫鎳基超合金的熱疲勞性質，溫差愈大，壽命愈短。

$$\sigma = \alpha E \Delta T \tag{8-13}$$

其中 α：線性熱膨脹係數

E：楊氏係數

ΔT：溫度差

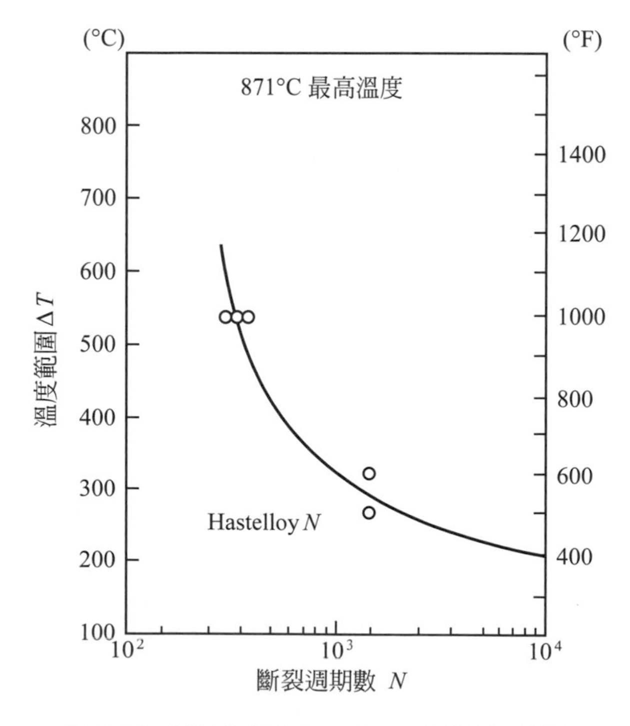

圖 8-31　鎳基超合金 Hastelloy N 的熱疲勞情形

腐蝕性的環境對耐疲勞性也有不良影響，由於腐蝕作用可加速表面裂隙的形成，而使裂隙孕核壽命期明顯地減少，圖 8-32 比較不同環境疲勞試驗對一般合金的 *S-N* 曲線影響程度，說明浸泡腐蝕性溶液的腐蝕作用對高週期疲勞影響最大。

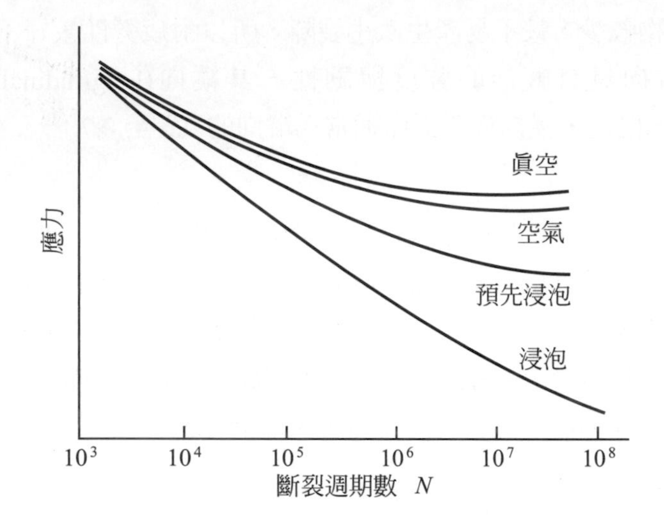

圖 8-32 腐蝕環境對一般性合金 *S-N* 曲線的影響情形

8-4 應力腐蝕破裂

一個材料在沒有明顯腐蝕的氣態或液態環境中，在應力的共同作用下，仍可能引發斷裂現象，由於此種斷裂受腐蝕環境或應力的個別作用皆不會發生，特稱爲應力腐蝕破裂，應力腐蝕的作用通常不易被察覺，主要有下列諸項因素：

(1) 環境對該材料不具明顯的腐蝕性。
(2) 環境中促成應力腐蝕的成份通常很微量，不易偵測。
(3) 在局部區域形成微小裂隙而擴展，不易偵測。
(4) 材料本身所具有的殘留應力常足以引發應力腐蝕而無需外加應力。

應力腐蝕的壽命類似於疲勞壽命，爲裂隙起源及裂隙擴展兩階段所費時間的總和，其量測方式因此也有兩種方式，一種是利用不含預先裂隙的試片作試驗，在特定環境中施以不同應力而得其壽命，圖 8-33 爲典型的壽命－應力曲線，外加應力愈低時，壽命愈長，而在臨界應力下，不發生裂隙擴展，壽命非常長。

另一種方式則利用預先裂隙的試片量測其裂隙成長速率，如同疲勞的作用一樣，裂隙成長速率與應力集中因子有密切關連，圖 8-34 顯示典型的曲線，曲線可分爲三個區域，在臨界應力集中因子 K_{ISCC} 以下，裂隙不發生擴展，在第 I 區時，K 愈大，成長速率愈快，在第II區時，成長速率約爲常數，而在第III區時，成長速率快速增加。

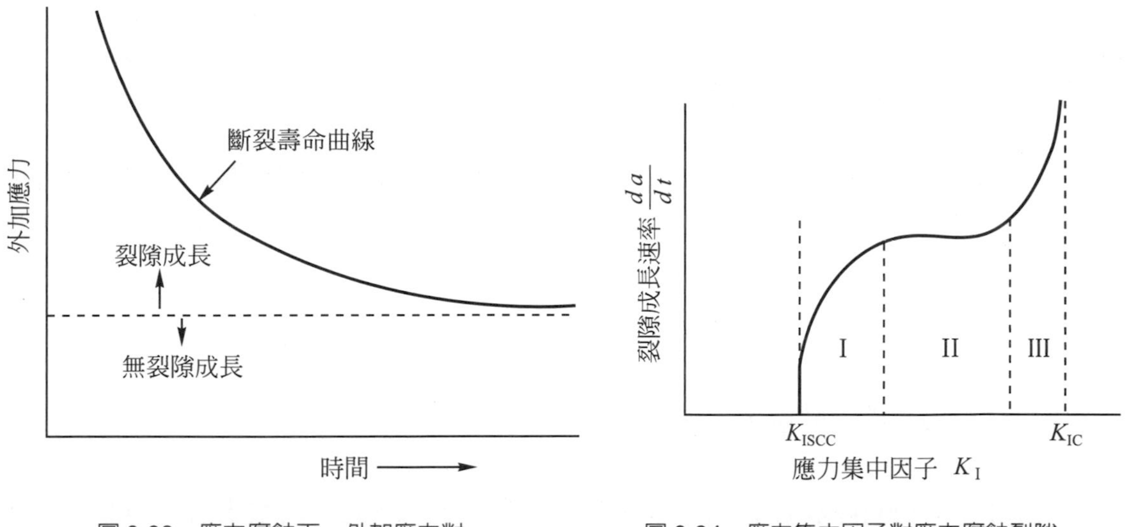

圖 8-33　應力腐蝕下，外加應力對斷裂壽命的影響

圖 8-34　應力集中因子對應力腐蝕裂隙成長速率的影響曲線

殘留應力經常造成應力腐蝕破裂，圖 8-35 爲某不銹鋼板經沖罐加工後放置數天後的破裂情形，就是殘留應力與大氣共同作用所造成的應力腐蝕破裂，若沖罐後儘快地施以退火處理可避免此一現象；黃銅的季裂(seasoning cracking)也是一種應力腐蝕破裂，係由於加工之殘留應力與大氣中氯氣的共同作用所導致，當 Zn 含量超過 20%時，季裂現象即很嚴重。

圖 8-35　沖罐後的不銹鋼杯在放置架上自行發生破裂的情形

8-5 潛變(creep)

材料都具有潛變現象，因爲它們在足夠高溫的環境下承受一個靜態的應力時，都會隨著時間的增加而逐漸變形甚至斷裂。蒸汽渦輪機的葉片、高壓高溫的管線、焚化爐中的爐條等都存在潛變的問題，潛變造成的過度變形及破壞使得高溫結構件的壽命受到限制，因而潛變的現象及機制是材料開發及應用的重要課題。

8-5-1 典型的潛變行為

利用潛變試驗可瞭解潛變行爲，在高溫下對試片施以固定的荷重或應力，可求得典型的變形-時間關係曲線，不同的荷重或應力及溫度，都會影響潛變的速率。圖 8-36 是在固定荷重下所得典型的潛變曲線，當荷重開始施加時，即產生彈性變形，爾後的曲線可分爲三個不同特徵的區域，第一區稱爲初期潛變(primary creep)，潛變速率隨時間而減小，顯示應變硬化增加了潛變的抵抗能力，但應變硬化逐漸變緩，這是由於復原軟化逐漸增加抵銷應變硬化的現象；第二區稱爲二期潛變(secondary creep)或稱爲穩定潛變(steady-state creep)，此階段呈一直線，潛變速率爲定値，通常也是時間最長的階段，此階段顯示應變硬化與復原軟化達到平衡，第三區稱爲三期潛變(tertiary creep)，此階段的潛變速率加速直達最後斷裂(rupture)爲止。由結構或冶金因素來看，潛變時期材料可能發生差排滑移、晶粒變形、晶界滑動等現象，最後甚至形成內部孔洞而斷裂。

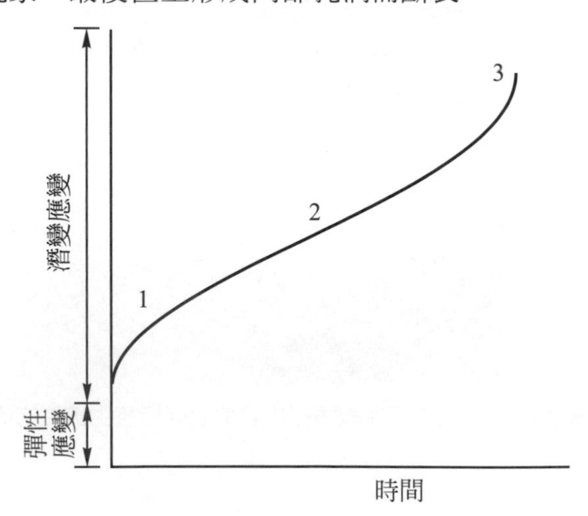

圖 8-36 固定荷重下典型的潛變曲線

在潛變曲線中以二期潛變的斜率最小，也就是二期潛變具有最小的潛變速率，由於它佔的時間通常最長，所以利用它可預測使用的壽命，這一速率對於高溫結構的設計十分重要，尤其是長時間高溫應用的結構件材質的選擇，例如核能電廠的結構件希望能運轉數十年以上。另一方面對於壽命相當短的應用如飛機噴射引擎的渦輪葉片，特別重視斷裂壽命(time to rupture or rupture lifetime)作爲安全設計的依據，故其試驗必須做到斷裂爲止，稱爲潛變斷裂試驗(creep rupture test)。

8-5-2　應力及溫度的影響

對於金屬而言，當溫度甚低於 $0.4T_m$ 時，潛變速率幾乎爲零，當溫度高於 $0.4T_m$ 時，有潛變發生，且溫度愈高或應力愈大，潛變現象愈明顯，曲線的變化如圖 8-37 所示，可看出溫度愈高或施力愈大，將使(1)彈性應變增加；(2)穩定潛變速率增加；(3)斷裂壽命減短。

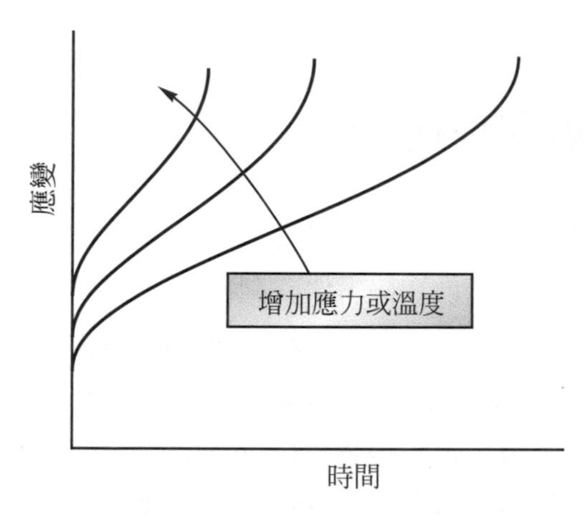

圖 8-37　溫度及應力對潛變曲線的影響

穩定潛變速率與應力的關係可表示爲下列的經驗公式

$$\dot{\varepsilon}_s = K_1 \sigma^n \tag{8-14}$$

其中 K_1 及 n 分別爲材料常數，若應力及潛變速率皆取對數，則兩者之間成線性的關係，圖 8-38 爲鎳合金在不同溫度下潛變速率與應力的對數關係，顯示符合線性的公式。對於溫度的影響，則與活化能 Q_C 有關，可表示爲下列的公式：

$$\dot{\varepsilon}_s = K_2 \sigma^n \exp\left(-\frac{Q_c}{RT}\right) \tag{8-15}$$

由於此一關係，進一步的發展出方便設計的預測參數即 Larson-Miller 參數，此參數定義爲：

$$T(C + \log t_r) \tag{8-16}$$

其中 C 與應力無關，約爲 20，T 爲絕對溫度，t_r 爲斷裂壽命，以小時爲單位。由於此參數隨應力而改變，所以針對不同應力作較高溫短時間的潛變試驗，即可將此參數與應力的關係曲線定出來，如此一來，應力、溫度及斷裂壽命即可方便的加以預測。

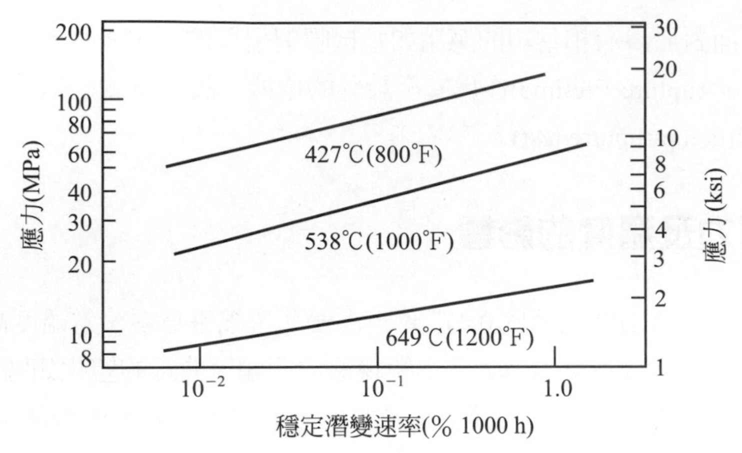

圖 8-38 鎳合金在不同溫度下潛變速率與應力的關係(應力(Ksi))

8-6 材料缺陷的檢驗

材料的製造過程如鑄造、變形加工、銲接、熱處理等作業，常因爲控制條件或設備的缺失而使材料產生內部缺陷與表面缺陷，如孔洞、裂隙、雜質等，這些巨觀缺陷常成爲材料斷裂的主因，因此爲了確保產品的品質，須作好缺陷檢驗工作，這些巨觀缺陷的檢驗方法主要採非破壞性檢驗法(nondestructive testing)，常見的有輻射線照相法(radiography)、超音波檢驗法(ultrasonic testing)、磁粉檢驗法(magnetic particle inspection)、渦電流檢驗法(eddy current testing)、液體滲透檢驗法(liquid penetrant inspection)，分述如下：

8-6-1 輻射線照相法

此法係利用輻射線穿透量或吸收量的差異性，而得到內部缺陷的影像，例如圖 8-39 的材料中含有孔洞，由於孔洞不吸收 X-光，穿透強度較其他部份爲高，所以底片上具有較高的感光量，經顯影處理後，成爲較暗的區域。輻射源除 X-光外尚有 γ-射線及中子射線。

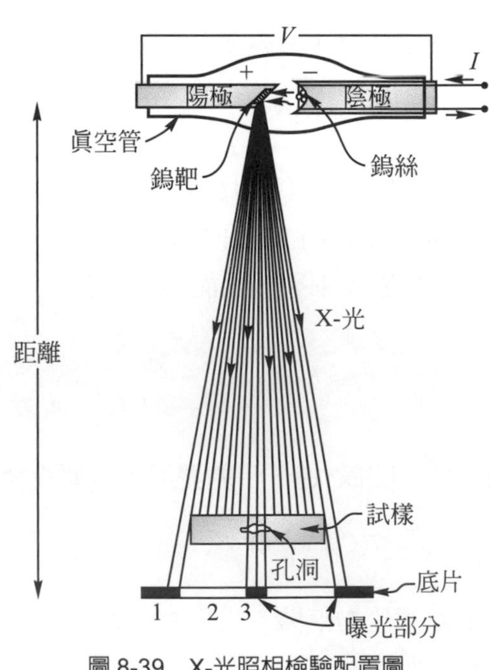

圖 8-39 X-光照相檢驗配置圖

8-6-2 超音波檢驗

超音法檢驗係利用材料傳導、吸收及反射彈性波的特性來檢驗材料的缺陷，超音波轉換器(tranducer)具有壓電效應(piezoelectric effect)能將電壓脈衝轉換爲應力的脈衝射入材料之中。振動頻率大於 100kHz 屬於超音波的範圍。材料的超音波速度爲

$$V = \sqrt{\frac{Eg}{\rho}} \tag{8-17}$$

其中 E 爲楊氏係數，g 爲重力加速度，ρ 爲密度。

超音波檢驗法檢驗有三種方式：

1. **脈衝回音(pulse-echo)或反射(reflection)法**

原理如圖 8-40 所示，當一個脈衝產生並穿透材料後，在另一表面將產生反射脈衝，並傳回轉換器，於是在示波器(oscilloscope)上將在不同時間出現穿透與反射脈衝，利用時間差乘以材料的音速，即可求出材料的兩倍厚度，若音波在穿透時碰到不連續界面，則產生部份反射的現象，此時示波器上在較短的時間位置將多出一個脈衝，藉此可求得缺陷的位置。

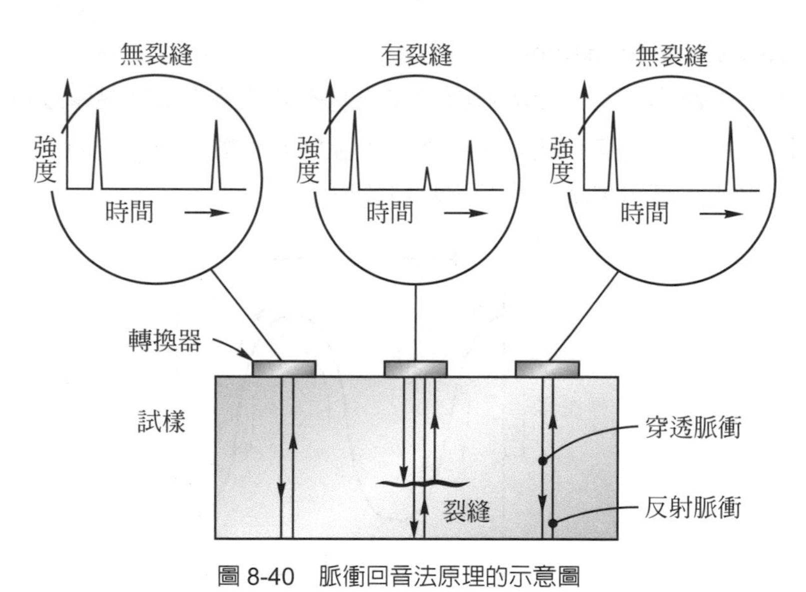

圖 8-40　脈衝回音法原理的示意圖

2. **完全穿透法**(through-transmission method)

圖 8-41 說明其原理，由材料一端的轉換器先發射超音波脈衝，給另一端的轉換器接收，示波器上將顯示發射波及接收波的尖峰，如果發射波行進時碰到不連續界面，則接收波之尖峰高度將較低，顯示能量被部份反射回去，藉此可偵測缺陷的存在與否。

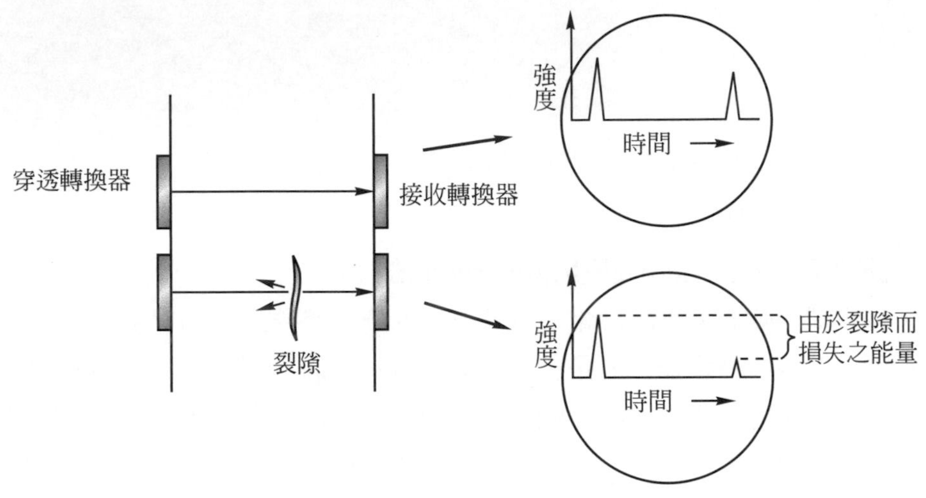

圖 8-41　完全穿透法原理之示意圖

3. **共振法**(resonance method)

此法由轉換器產生連續脈衝形成一連續彈性波，當材料厚度爲半個波長的整數倍時，將產生駐波，如圖 8-42 所示，若有不連續界面存在時，此駐波即無法形成，利用此法可用來精確的測定材料的厚度。

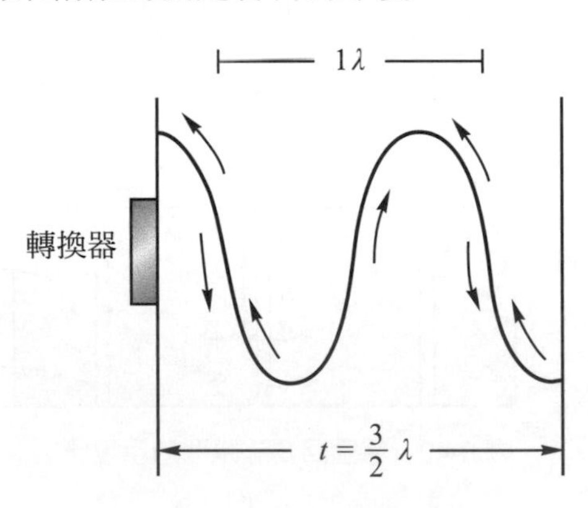

圖 8-42　共振法測厚度之原理

8-6-3　磁粉檢驗

磁粉檢驗主要用來偵測鐵磁性材料表面附近的缺陷，圖 8-43 顯示表面附近缺陷存在時，可干擾垂直方向磁力線的流通而發生局部漏磁現象，此區城的磁粉將受吸引而顯現缺陷的位置。

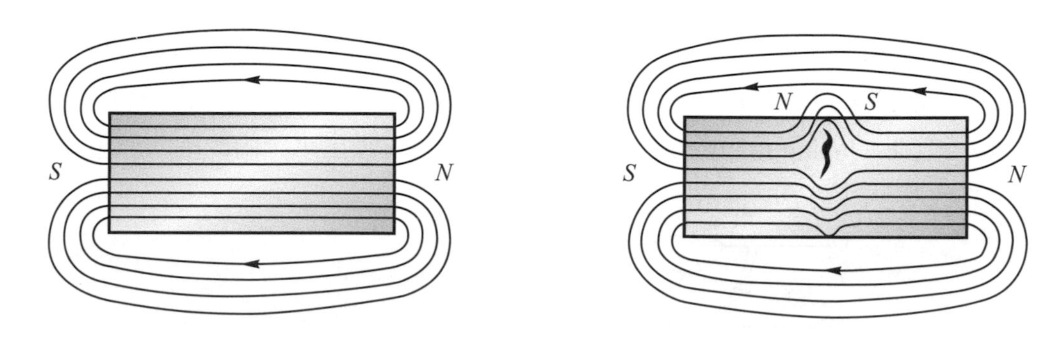

圖 8-43　表面附近含裂隙所發生漏磁的現象

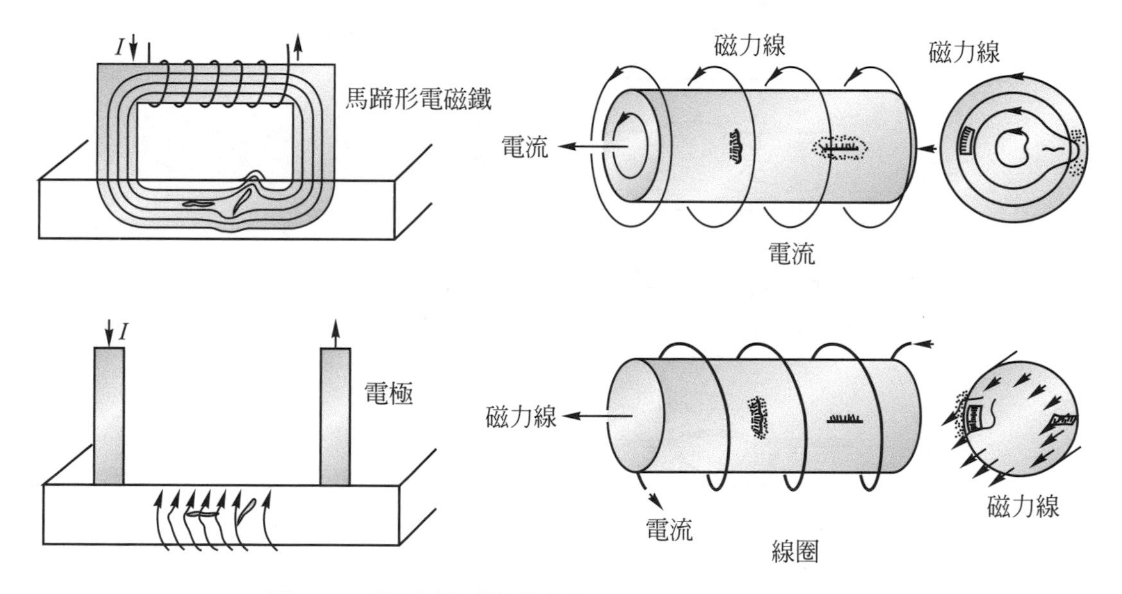

圖 8-44　不同外加磁場的方法與所偵測缺陷方位的關係

外加磁場的方式很多種，如圖 8-44 所示，可利用馬蹄形磁鐵的磁場或直接通電流產生的環形磁場或局部通電流產生局部環形的磁場或外加線圈形成的平行磁場。不同方法所顯現缺陷的方位有所不同。基本上，一個缺陷容易被偵測的條件有下列四項：

(1)　不連續界面與磁力線垂直。

(2)　不連續界面在表面附近。

(3)　不連續界面具有較低的導磁率(magnetic permeability)。

(4)　爲鐵磁性材料。

磁粉的塗布方法有幾種，可用乾式粉，也可加入水或油中成爲液體，甚至可染色或鍍上螢光劑來增進識別度。

8-6-4 液體滲透檢驗法

材料表面露出的裂縫可利用染料滲透檢驗法加以偵測，由於毛細作用，液體可滲入極微細的裂縫而標示出位置。圖 8-45 說明其操作法，共分爲四個步驟：(1)將材料表面完全清潔；(2)噴上液體染料並放置一段時間，讓染料產生滲透作用；(3)將表面染料予以清除；(4)噴上顯示液(developing solution)，使滲透裂縫的染料再吸出來，由改變的顏色或紫外線燈下的螢光效應辨識裂縫的位置。

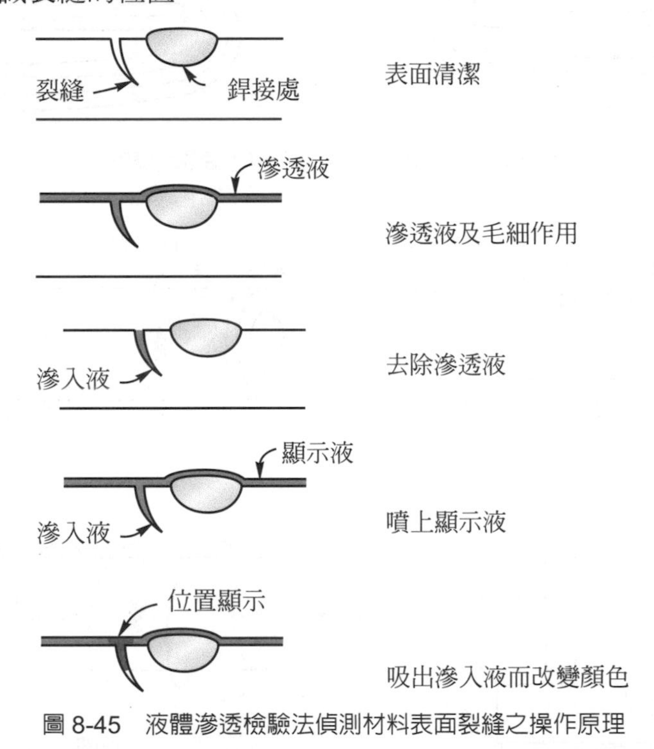

圖 8-45 液體滲透檢驗法偵測材料表面裂縫之操作原理

重點總結

1. 破裂型態分爲延性破裂、脆性破裂、疲勞破裂及應力腐蝕破裂，破裂面各具特徵。
2. 疲勞破裂三階段爲裂隙起源、裂隙擴展及最後斷裂，裂隙通常起源於材料表面，而後沿垂直於應力的方向擴展，至達到臨界長度後，發生最後斷裂。
3. 韌性指材料斷裂前所吸收的能量；凹痕韌性指先在試片表面或中心預作凹痕或裂隙所測得的韌性。

4. Griffith 破裂準則是「當裂隙前進時，若彈性應變能的減少(或釋放)大於或等於裂隙增大所需的表面能時，即可產生劇烈擴展而造成斷裂。」

5. 脆性材料由於微裂隙的存在，使得實際斷裂強度遠低於理論結合強度。

6. 破壞韌性定義為含裂隙的試片在斷裂時，裂隙尖端臨界應力強度因子。

7. 試片厚度對破壞韌性有所影響，厚度愈大，破壞韌性愈小，達臨界厚度後，破壞韌性成一定值。

8. 破壞韌性對於高強度金屬材料或脆性陶瓷材料的結構設計、材料選擇以及維修十分重要，由 $K_C = \sigma_f \sqrt{\pi a}$ 式子可瞭解破壞韌性、破壞應力以及裂隙長度相互的關聯。

9. 常見的疲勞試驗法有迴轉樑法、迴轉懸樑法及單軸向施力法。

10. 鋼鐵材料 *S-N* 曲線通常在低應力時具有水平部份，此臨界應力稱為疲勞限，但非鐵金屬如 Al、Cu、Mg 合金通常不具有水平部份而呈連續下降，通常取 10^7 週期所對應之應力當作忍耐限。

11. 降低表面粗糙度、表面硬化熱處理及珠擊法皆能有效地提高耐疲勞性。

12. 應力腐蝕裂隙的成長曲線分為三個區域，在臨界應力集中因子 K_{ISCC} 以下，裂隙不發生擴展，在第 I 區時，K 愈大，成長速率愈快，在第II區時，成長速率約為常數，而在第III區時，成長速率快速增加。

13. 在固定荷重下的潛變曲線可分為三個不同特徵的區域，第一區為初期潛變；第二區為二期潛變或穩定潛變；第三區為三期潛變，此階段的潛變速率加速直達最後斷裂為止。

14. 溫度及應力對穩定潛變速率的影響可表為 $\dot{\varepsilon}_s = K_2 \sigma^n \exp\left(-\dfrac{Q_c}{RT}\right)$。

15. Larson-Miller 參數定義為 $T(C + \log t_r)$，利用較高溫短時間的潛變試驗，先定出此參數與應力的關係，即可預測同應力其他溫度下的斷裂壽命。

16. 常用的材料缺陷檢驗法有輻射線照相法、超音波檢驗法、磁粉檢驗法、液體滲透檢驗法。

習 題

1. 有一機件須承受 45,000 psi 的應力，但在製造時，由於車削加工會造成 0.2 mm 深的表面凹痕，試問此機件所選的材料應具有多少破壞韌性？
2. 石英之表面能爲 17.1×10^{-5} in-lb/in^2(4.32 J/m^2)，彈性係數爲 10×10^6 psi(70,000 MPa)，若石英板用來承受 5,000 psi(35 MPa)的應力，那麼所能忍受的最大裂隙爲多少？
3. 假設一結構材料含 0.250 in 長的裂隙且承受 40,000 psi 的應力如圖 8-15 所示，試求在 $\theta = 0$ 的平面上 $r = 0.050$ in、$r = 1$ in 及 $r = 5$ in 位置的 σ_y 應力。
4. 假設你的 NDT 檢驗能力可鑑別 1 mm 以上長度的裂隙，那麼一個機件承受 55,000 psi(380 MPa)拉應力是否可採用下列的材料：(1)7178-T651 合金(YS = 83 ksi)，(2)Ti-6Al-4V(YS = 132 ksi)。設 $f(a/W)$等於 2。
5. 一條鐵鏈在承受大荷重時發生斷裂，經檢視斷裂位置含有大量塑性變形及頸縮現象，試問發生此一斷裂的可能因素爲何？
6. 有一引擎的曲柄軸發生斷裂，經檢視斷裂面平整，沒有塑性變形的現象，且附近有一些小裂痕，試問這種斷裂應爲何種斷裂？
7. 已知方向性凝固 CM247 超合金承受 207 MPa (30 ksi)應力下的 Larson-Miller 參數爲 27,800 K・h，試求此應力下 980℃時的斷裂壽命爲多少小時？
8. 若一個超音波脈衝在 3 in 厚的銅板中花費 1.8×10^{-5} sec 反射回到轉換器，是否有裂縫存在？銅的聲速爲 1.82×10^5 in/sec。
9. 已知酚醛塑膠的密度爲 1.28 g/cm^3，彈性係數爲 550,000 psi，試求聲速應爲多少。
10. 對於生產有縫管的銲接作業，應採用何種非破壞性檢驗法來確定銲道的品質？

參考資料

1. D. Broek, “Elementary Engineering Fracture Mechanics”, Martinus Nijhoff Publishers, The Hague, Netherlands, 1982.
2. R. W. Hertzberg, “Deformation and Fracture Mechanics of Engineering Materials”,3rd edition, John Wiley & Sons, New York, 1989.
3. M. A. Meyers and K. K. Chawla, “Mechanical Metallurgy: Principles and Applications”, Prentice-Hall, Inc., Englewood Cliffs, New Jersey, 1984.

4. G. E. Dieter, "Mechanical Metallurgy", Third Edition, McGraw-Hill Book Company, New York, 1986.

5. Reza Abbaschian and Robert E. Reed-Hill, "Physical Metallurgy Principles" 4th Edition- SI Version, Cengage Learning, Stanford, 2009.

6. William D. Callister and David G. Rethwisch, "Fundamentals of Materials Science and Engineering: An Integrated Approach", 4th Edition, John Wiley & Sons, Inc., New Jersey, 2011.

7. William Smith and Javad Hashemi, "Foundations of Materials Science and Engineering", 5th Edition, McGraw-Hill Company, New York, 2011.

8. William D. Callister and David G. Rethwisch, "Materials Science and Engineering", 9th Edition, SI Version, John Wiley & Sons, Inc., New Jersey, 2014.

9. James F. Shackelford, "Introduction to Materials Science for Engineers", 8th Edition, Pearson Education Limited, England, 2016.

chapter

9

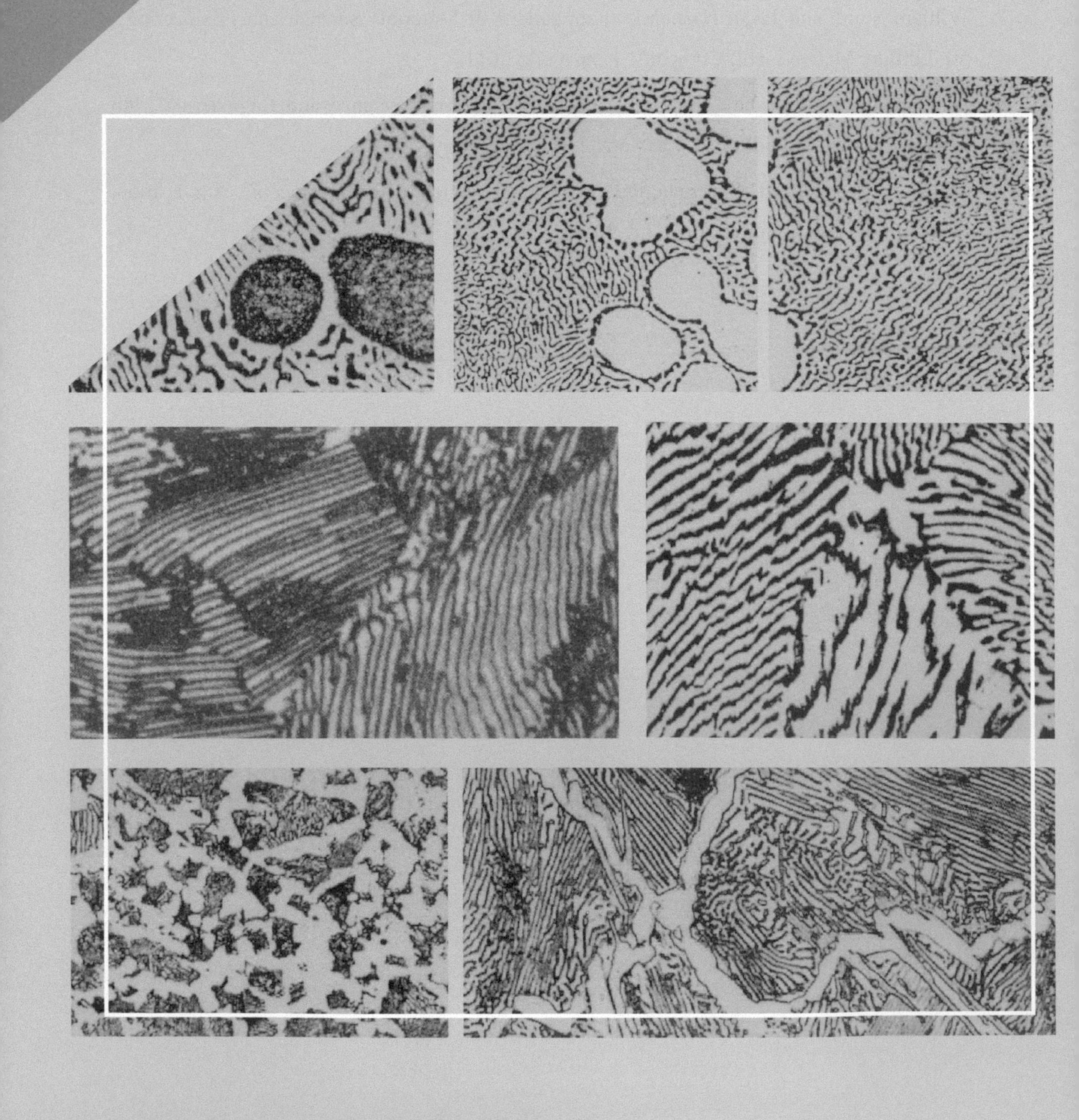

相平衡圖

由材料的微結構(micro-structure)，可以推測材料的性質(properties)與材料的製程(processing)，所以，充分了解材料結構，對於工程師而言，是一項非常重要的工作。而相平衡圖(phase equilibrium diagram)或稱相圖、狀態圖(state diagram)是描繪材料在完全平衡時，材料可存在之平衡相的一種圖示。由相圖中，可以推測材料在各種不同平衡條件下(主要是溫度及壓力的變化)其平衡相之變化，從而得悉微結構之變化。

學習目標

1. 試描繪簡易的各類晶系之相圖，並利用槓桿原理計算兩相區中的重量比。
2. 在某已知二元相圖中，描述下列問題：
   (1) 指出共晶、包晶、包析、偏晶等反應點及反應方程式。
   (2) 在某一成份下，其平衡及非平衡之冷卻微結構變化。
3. 利用 Fe-Fe_3C 二元相圖：
   (1) 指出共析鋼、亞共析鋼、過共析鋼之碳含量範圍。
   (2) 指出相圖中的三相反應點之座標與反應方程式。
   (3) 描繪過共析鋼在常溫下的平衡微結構。

9-1 緒論

在敘述相圖之前，需了解一些常用的術語，如系統或系(system)、成分(compo-nent)、組成物(constitute)、相(phase)、狀態(state)、平衡(equilibrium)及介穩平衡(metastable equilibrium)等。

所謂系統是指一與外界隔離的物質體，而系統中的成份是指構成該系統的元素(或化合物)，例如銅-銀系的純銅與純銀是成份。組成物則是微結構中可以明顯區分的部份，他可以是單一的相(如肥粒鐵、雪明碳鐵)，也可以是多相的混合物(如波來鐵是肥粒鐵與雪明碳鐵的混合物)。

至於相，是一可作物理性或機械性區分的均勻質體，一物質的三態(液、固、氣態)都是此物質不同的相。故一純金屬，例如銅，在一大氣壓下，可以在不同溫度範圍內，以其固相、液相或氣相存在。由此觀點，可把相和狀態(state)看作同樣意思。

當一系統可由兩方向達到相同狀態時，稱此系統爲平衡存在。以熱力學的說法，對一固定變數而言(如溫度、壓力及成份等變數固定)，當系統之自由能最小時即達到平衡狀態。例如在 1atm 時，冰和水之平衡，不論是由冰融化或水結冰所得的二相平衡，其溫度是相同的(0℃)。反之若是小心並急速的冷卻液態水，可能在－ 5℃才開始結冰，反之無法由冰融化而得−5℃之水。因此在 0℃以下的水是處於介穩定平衡狀態(metastable equilibrium)。這樣的狀態不能由兩個方向處理而得到。

爲了充分了解相圖的功能，首先將介紹相律(phase rule)，由相律可以得知在某種平衡條件下，系統可存在的相之數目。而後就不同的相圖特性加以討論介紹，同時利用槓桿法則(lever rule)求取各平衡相的數量，有了上述的了解，對於材料微結構之變化將會有極大的幫助。

9-2 一元相圖與相律

單一成分的 H_2O 在一大氣壓下會因溫度不同而變成固態的冰，液態的水或者氣態的水蒸氣，其中的冰是單一固相(single solid phase)、水是單一液相(single liquid phase)、水蒸氣是單一氣相(single vapor phase)。而由兩種成分完全互溶的海水(H_2O + NaCl)，也是單一液相，或稱爲單一液溶體 (liquid solution)，這些單一相或溶體(phase or solution)爲一均勻系(homogeneous system)。

同樣的，單一成分的 H_2O 在一大氣壓與 0℃下，液相和固相共存，便成爲由液相和固相所構成的兩相非均質系。在凝固期間，這非均質系內的固相和液相是保持平衡的，這時可以由相律(phase rule)得知究竟在何種條件下才能保持這種平衡。換言之，相律是支配系統平衡關係的重要法則。而由兩種以上的相所構成的系統叫做非均質系(heterogeneous system)或多相系。

概言之，固溶體是一個由兩種(或以上)成分完全互溶所形成的均勻系，均勻系中的原子或分子是以單一原子或單一分子的型態均勻相互混合所形成的單相結構。而非均質系或多相系中的原子或分子則是以原子團或分子團的型態相互混合，而存在著兩種(或以上)相。

某一純物質在平衡狀態時，這個系統的自由度(degree of freedom-F)、成份數(C)和相數(P)之間有下列的關係：

$$F = C - P + 2 \tag{9-1}$$

現以日常所見的 H_2O 之三種狀態水蒸氣、水、冰爲例來說明相律的基本概念(見圖 9-1)，由於 H_2O 是圖 9-1 中唯一存在的成份，所以稱爲“一元”相圖。由圖 9-1(a)中，影響 H_2O 的相平衡之變數是溫度與壓力(即式(9-1)中的數字 2)。而 H_2O 的成份是單一的，所以 $C = 1$，因此，在 H_2O 的一元相圖中，相律成爲：

$$F = C - P + 2 = 3 - P \tag{9-2}$$

由式(9-2)可知，當 H_2O 在三相共存時($P = 3$)，其自由度= 0(即 $F = 3 - P = 0$)，也就是在圖 9-1(a)中的兩個變數(溫度與壓力)均爲定值，分別爲 0.006atm 與 0.0075℃，由此可知自由度是代表某一種物質系(如 H_2O)能保持某一平衡狀態時(如 H_2O 的三相共存)，可以隨意改變的變數之數目。

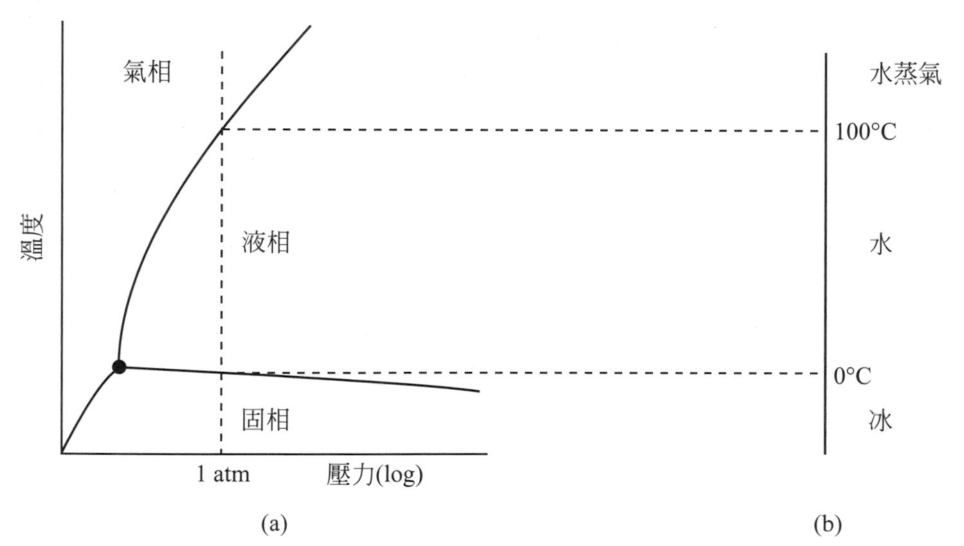

圖 9-1　H_2O 之一元相圖(a)三相點 O 之座標為(0.006atm，0.0075℃)，(b)壓力固定(1atm)下，H_2O 之一元相圖

當 H_2O 在兩相共存時(圖 9-1(a)中的實線 $P = 2$)，其自由度 $F = 3 - P = 1$，表示在相圖上的兩個變數(溫度與壓力)，只能有一個自變數，即在相圖上的溫度與壓力間需依圖中的實線來改變，並非獨立的變數，如此才可以維持 H_2O 的兩相共存之平衡狀態。而當 H_2O 以單相存在時($P = 1$)，則其自由度 $F = 3 - P = 2$，即在相圖上的兩個變數是完全獨立，可以在單相區內任意變化，而不影響單相之平衡。

就平常所討論的平衡關係而言，壓力通常保持在 1 大氣壓附近，而且壓力的微小變化對平衡幾乎沒有影響，所以不必把壓力當作可自由變化的量，如圖 9-1(b)或如二元之相平衡圖(9-4 節)，它們的壓力均被固定在 1atm，因此相律的自由度可減去 1，就是在一定壓力(如 1 大氣壓)下，相律可寫成：

$$F = C - P + 1 \qquad (9\text{-}3)$$

9-3 固溶體與修門-羅素理法則

嚴格來說，並無 100%純度的金屬材料存在，金屬中包含各種極微量的不純物，所以幾乎所有的金屬材料都含有多元成分，而被視為合金(alloy)。對於一般合金在液相時，除了將於 9-4-4 節討論的偏晶反應之合金外，均為單一均勻相，但是凝固後的合金，會因合金種類或成份的不同，會變成純金屬(pure metal)、終端固溶體(terminal solid solution)或中間相(intermediate phase)的其中一種，或者變為數種相的混合物。

兩種或兩種以上的成分(或原子)完全以個別成分(或原子)形成均勻混合物時，稱為溶體或相(solution or phase)。當此溶體為固體時稱為固溶體(solid solution)。在第 4 章已述及固溶體依溶質原子所佔晶格位置之差異會形成兩種不同的形式，第一種是置換型固溶體(substitutional solid solution)。它是溶質原子在晶體中直接取代由溶劑原子所佔據的位置。第二種是插入型固溶體(interstitial solid solution)，溶質原子並未取代溶劑原子，而是進入溶劑原子隙縫中。由第 4 章可知，插入型固溶體中的溶質原子必定很小。碳(直徑= 7.1nm)、氮(7.1nm)、氧(5.0nm)、氫(4.6nm)及硼(4.6nm)是五種最重要的插入型溶質原子。由於插入型固溶體之溶質及溶劑原子直徑相差極大，當溶質的數量達到某一程度時，便會有第二相的析出，也就是說插入型固溶體無法使溶質與溶劑達到任意比例互溶的程度。

但是，對於置換型固溶體而言，當溶質與溶劑滿足修門－羅素理法則(Hume-Rothery rule)時，常有完全互溶的現象出現。依據修門－羅素理法則，若合金要是完全互溶，則合金原子要滿足下列四條件：

(1) 原子半徑差少於 15%。

(2) 有相同的晶體結構。

(3) 負電性(electronnegativity)相近。

(4) 有相同的價數。

由於銅－鎳二元合金之固相完全符合修門－羅素理法則，故當在固態時較易形成完全互溶的固溶體。

由於元素要完全滿足修門－羅素理法則，才有可能達到完全互溶的目的，對於大部份合金而言，並不容易達成，所以造成各種型式的固相出現。而合金的固相一般來說，有兩種主要的型態，一種是終端固溶體(terminal solid solution)即以純金屬之結晶構造形成固溶體。第二種是中間相(intermediate phase)，它可以是固溶體(稱爲中間固溶相)也可以是化合物(稱爲中間化合物)，中間相的晶體結構與純金屬不同，會失去金屬的某些特性，一般均爲硬脆的物質，有關中間相之介紹，將於 9-4-8 節說明。

9-4 二元相圖之分類

依據二元相圖的形式，重要的相圖有下列六種：

1. 同型合金型相圖：又稱完全互溶型相圖，也就是液相時完全互溶，固相也完全互溶，此種合金稱爲同型合金(isomorphous alloy)。
2. 偏晶反應型相圖：液相時部分互溶，固相時完全不互溶(或部分互溶)，凝固時發生偏晶反應(monotectic reaction)。
3. 共晶反應型相圖：液相時完全互溶，固相時完全不互溶(或部分互溶)，凝固時發生共晶反應(eutectic reaction)。
4. 包晶反應型相圖：液相時完全互溶，固相時完全不互溶(或部分互溶)，凝固時發生包晶反應(peritectic reaction)。
5. 完全不互溶型相圖：液相時完全不互溶(或部分互溶)，固相時完全不互溶。
6. 形成中間相之相圖：凝固成固相時會有中間相生成。

9-4-1 二元同型合金系與平衡冷卻微結構

這一型合金包括了 Cu-Ni 合金、Au-Ag 合金、Ni-Co 合金及 MgO-NiO 等系統。相圖是由三個相域所構成，如圖 9-2(a)所示，即液相區(L)、固相區(α)、及雙相區($\alpha + L$)，在相當高溫時 Cu 和 Ni 能完全互溶，而形成液相區。在相圖中，雙相區與液相區的界面線稱爲液相線(liquidus)，而與固相區的介面稱爲固相線(solidus)。若溫度高於液相線，則合金形成單一液相，所以液相線也就是合金之熔點溫度。若溫度低於固相線，則合金形成固溶體(solid solution)。

合金於冷卻或加溫過程中，若相之變化完全依循相圖所示而變化，此種相變化稱爲平衡相變化，由平衡冷卻(equilibrium cooling)，所得到的微結構即爲平衡微結構。現就圖 9-2(b)

中的 Cu-45wt%Ni 合金來說明合金於冷卻過程中的平衡微結構變化。當合金由 1350℃的液相狀態慢慢冷卻到常溫時，也就是液相區的 *A* 點，此液體具有 Cu-45wt%Ni 之成分(圖中以(45Ni)標示)，在冷卻過程中，假設相的平衡仍被維持著，所有相的成分均會與相圖成分吻合。當溫度冷卻到 *B* 點時(～1300℃)，在液相內會產生固相(*α*)結晶核，而開始凝固，晶出最初的固溶體，它的成分是位於通過點的恆溫線與固相線的交點處。即其成份為(57Ni)，此時液相成分仍為(45Ni)。

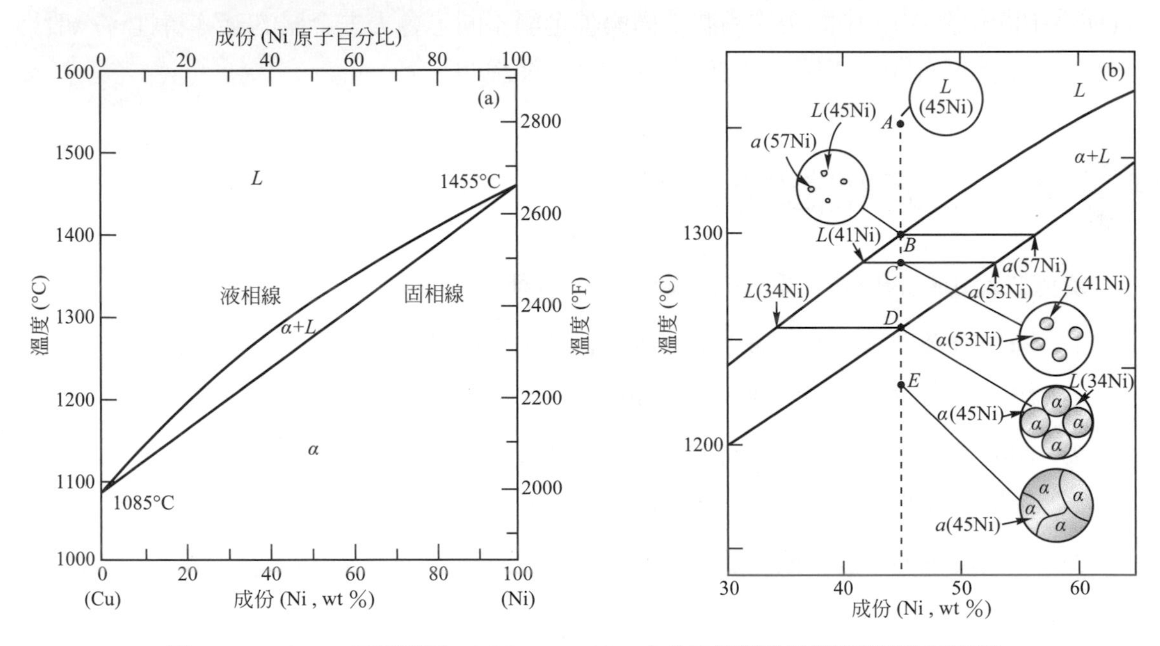

圖 9-2　(a)Cu-Ni 二元相圖，(b)Cu-45wt%Ni 合金之平衡冷卻微結構變化示意圖

若溫度再下降時會繼續晶出固溶體，因為能晶出固溶體之 Ni 元素濃度都比原始的 Ni 元素濃度為高，所以溶液的 Ni 元素濃度會減少，而隨著溫度下降該液體的濃度會沿著液相線發生變化，而固溶體的濃度會沿著固相線變化。例如溫度降到 *C* 點時(～1290℃)，固溶體中的 Ni 含量為(53Ni)而液體的 Ni 含量為(41 Ni)，合金冷卻到 *D* 點(～1260℃)時，殘留液體的 Ni 元素濃度會達到最低點的(34 Ni)，此時，固溶體的 Ni 元素為(45Ni)。

當溫度稍低於 *D* 點時，則所有的合金將形成含 Ni 元素濃度為 45wt%的固溶體。在這溫度下，便不會再有相的變化。依上面的說明，可以發現在雙相區內，某一相(如液相)所含 Ni 元素的濃度受到另一相(如固相)所含 Ni 元素的影響。可以利用下一節即將介紹的『槓桿法則』來計算兩相的重量比。

在上述同型合金相圖中，液相線與固相線只能相交於純成份的組成上，但是有一種不同形式的同型合金相圖，其液相線與固相線的形狀會出現極小或極大。故在相圖中雙相區的邊界除了相交於純成份組成位置外，尚能相交於合金之某一固定的組成位置，此位置稱為調和點(congruent point)，此種形式之相圖如圖 9-3 所示。

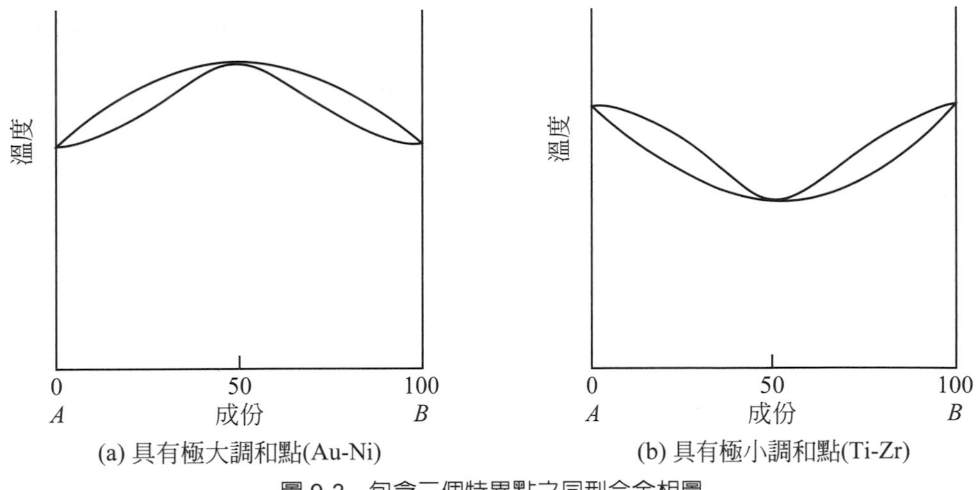

圖 9-3　包含三個特異點之同型合金相圖

液相線與固相線之交點稱爲特異點(singular point)，亦即在相圖中除了特異點外，單相區都是被雙相區所分隔。具有此種特性的相圖有 Au-Ni(圖 9-7)、Ti-Zr 等。另外，由圖 9-3 可知位於調和點之合金，若發生相變化時(如由液相變成固相)，其成份並沒有改變，此種相變化稱爲調和相變化(congruent transformation)。

9-4-2　槓桿法則

槓桿法則(lever rule)是計算二元相圖中雙相區之平衡相佔有量的一個重要法則。現假設合金成份爲 C_0(圖 9-4 中之 C_0)，在溫度 T 時，合金存在於兩相區($\alpha+\beta$)，此時α相的成份爲 C_α；而β相的成分爲 C_β，利用質量平衡原理，可以求得兩相之重量比，其程序如下：

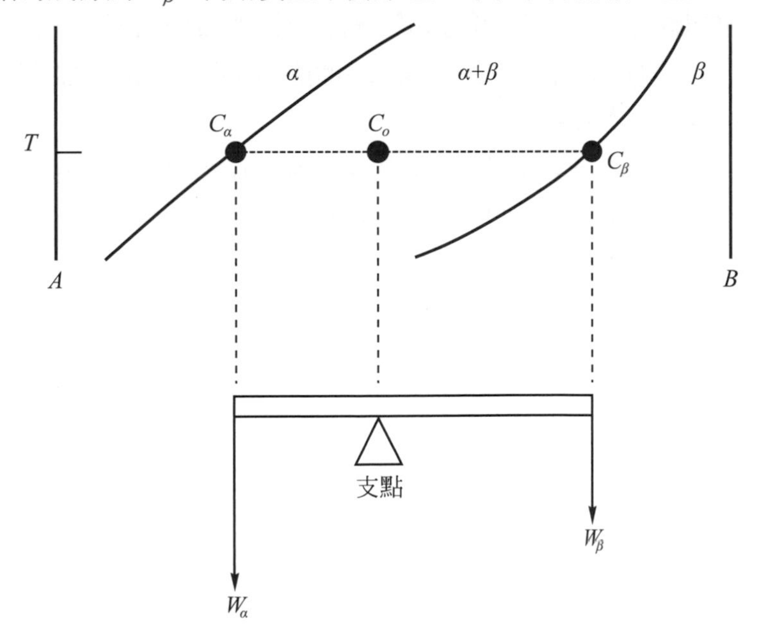

圖 9-4　槓桿法則之圖示，圖中之虛線為一結線(tie line)

1. 先找出兩相的成份：依指定溫度在雙相區內劃一連接雙相區邊界的恆溫線段(圖 9-4 中的 $C_\alpha C_\beta$線段)，此線段即爲結線(tie-line)，結線的兩個交點即表示兩相的成份(在此設α相的成份爲 C_α；而β相的成分爲 C_β)。
2. 求出兩相的重量比例(W_α：W_β)：依重量平衡之關係可知

$$C_\alpha W_\alpha + C_\beta W_\beta = C_0(W_\alpha + W_\beta) \tag{9-4}$$

3. 將上式重新安排可得：

$$(W_\alpha/(W_\alpha + W_\beta)) = (C_\beta - C_0)/(C_\beta - C_\alpha) \tag{9-5}$$

$$及(W_\beta/(W_\alpha + W_\beta)) = (C_0 - C_\alpha)/(C_\beta - C_\alpha) \tag{9-6}$$

式(9-5)及式(9-6)便是所謂的槓桿法則，當槓桿的支點位置，其兩端有 W_α及 W_β之荷重，其力臂之長度分別爲$(C_0 - C_\alpha)$及$(C_\beta - C_0)$，依槓桿法則，當其平衡時則

$$W_\alpha(C_0 - C_\alpha) = W_\beta(C_\beta - C_0) \tag{9-7}$$

此即式(9-4)。所以說，在雙相區內可以利用槓桿法則，很**容易計算出**兩個相的重量比。

9-4-3 二元同型合金系之非平衡冷卻微結構

在 9-4-1 節所討論的二元同型合金之平衡冷卻微結構中，只有在相當緩慢的冷卻速率下，才可能產生如相圖所預測的平衡微結構。對於實際的凝固情況；合金的冷卻速率都較平衡冷卻快很多，其顯微結構並非如相圖所預測的平衡微結構，而是形成非平衡冷卻(nonequilibrium cooling)的微結構。

同樣利用 Cu-45wt%Ni 合金來說明其非平衡冷卻之微結構變化。此合金之部分相圖如圖 9-5 所示，在此爲了簡化討論，假設原子在液相中可以完全擴散，而維持平衡狀態，而原子在固相中則無法完全擴散。

首先假設合金從約 1350℃開始冷卻，也就是液相區的 A'，此液體具有 Cu-45wt%Ni 之成份(圖中以 L(45Ni)標示)，當溫度降到液相線 B點時(約 1300℃)，α相晶粒開始形成，由結線可知α相之成份爲α(57Ni)。而當冷卻到 C點時(約 1280℃)液相成份轉變成 L(39Ni)，而由結線可知，此時α相之平衡成份爲α(50Ni)。但因爲原子在固溶α相中的擴散速率非常緩慢，在 B'點所形成的α相並沒有改變其成份，仍爲α(57Ni)。而α相晶粒的成份則漸次由晶粒中心的α(57Ni)變成晶粒外圍的α(50Ni)。因此，在 C 點形成的晶粒，其平均成份介於 57Ni 與 50Ni 之間，爲了方便討論，取其平均成份爲 Cu-52wt%Ni[α(52Ni)]。

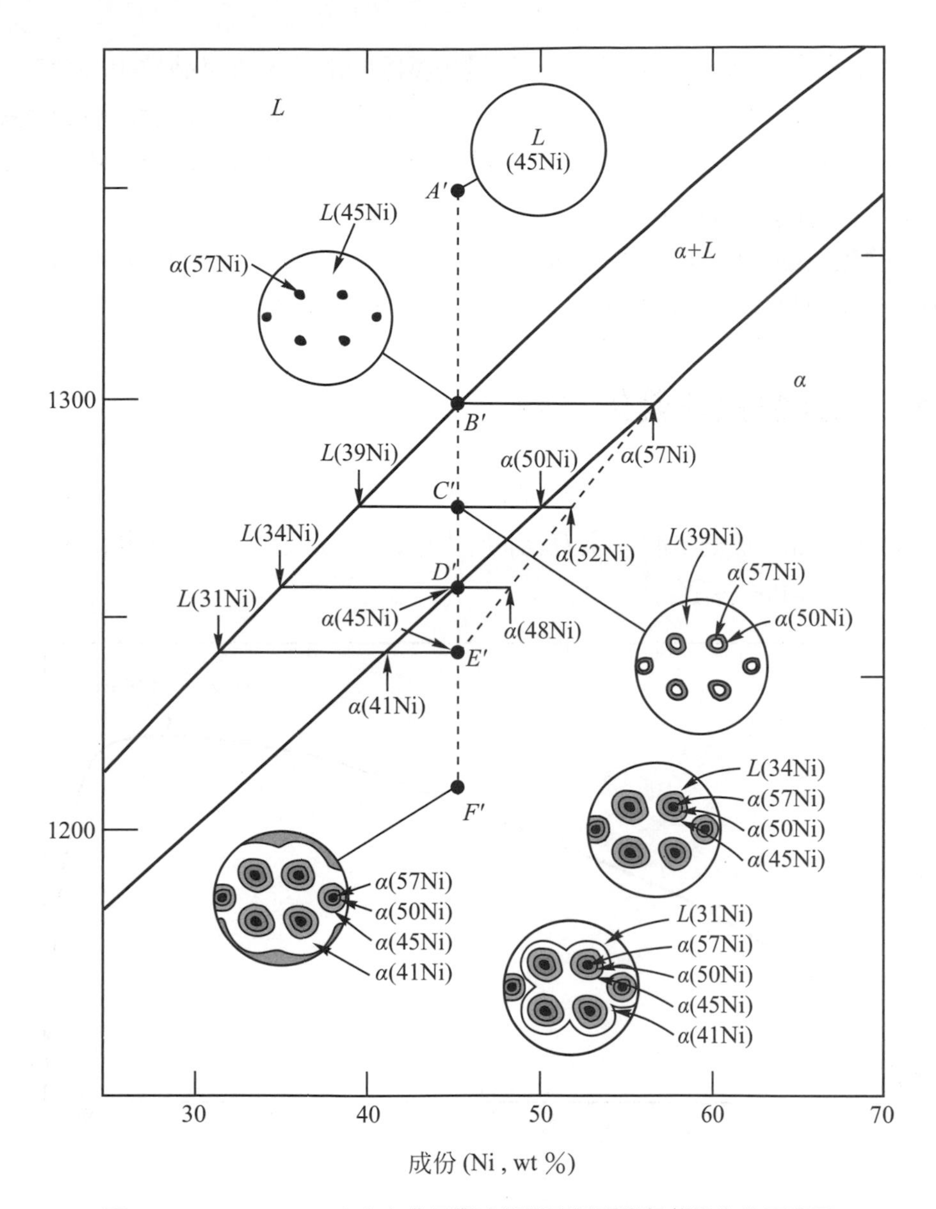

圖 9-5　Cu-45wt%Ni 合金在非平衡冷卻期間其顯微結構變化的示意圖

另外，由槓桿法則可知，這些非平衡冷卻所出現的液體含量將較平衡冷卻所出現的液體爲多。此種非平衡冷卻過程意味著相圖上的固相線已經轉移到含較高 Ni 的位置，即圖 9-5 中的虛線位置。而因原子能在液相中完全擴散，所以液相線仍維持於平衡狀態。

對圖 9-5 中的 *D'*點(～1260℃)而言，Cu-45wt%Ni 合金在平衡冷卻期間，凝固應該完成。但對非平衡冷卻而言，仍然有一部分液體留下，而形成具有 α(45Ni)的成份；其平均成份是 α(48Ni)。非平衡冷卻最後在 *E'*點(～1245℃)到達非平衡固相線，此點凝固的相成份是(41Ni)，其平均成份爲 α(45Ni)。在 *F'*點的插圖顯示出整個固體材料的微結構。

同型合金由於非平衡冷卻，將使得晶粒內的元素分佈不均，此種元素在晶粒內分佈不均的現象，稱爲微偏析(micro-segregation)。在圖 9-5 中，在低溶點的 Cu 中加入高溶點的

Ni 時，合金融點會升高，每個晶粒中心是最先凝固的部分，所以晶粒中心含有較多的高熔點元素(如 Cu-Ni 中的 Ni 原子)，在晶界處含量最低，具有這種形態的偏析微結構稱爲核心結構(coring)。具核心結構或微偏析結構對合金而言，將降低合金性質。一般可藉由均質化熱處理(homogenization)降低晶粒內的成份分佈不均。

另外，發生包晶反應(peritectic reaction)的合金也會形成微偏析(參考圖 9-14)，在 Fe-C 合金系中，包析反應所招致的微偏析，常是一貫作業煉鋼廠需克服的問題。

9-4-4 二元合金之偏晶反應

如果合金在液相時不完全互溶，則當合金冷卻時，一般均會有偏晶反應發生。在日常生活中，常見的油及水是不能完全互溶的。同樣的，對於某些金屬也有相同的現象如 Zn-Pb、Cu-Pb、Al-Pb 等系合金。

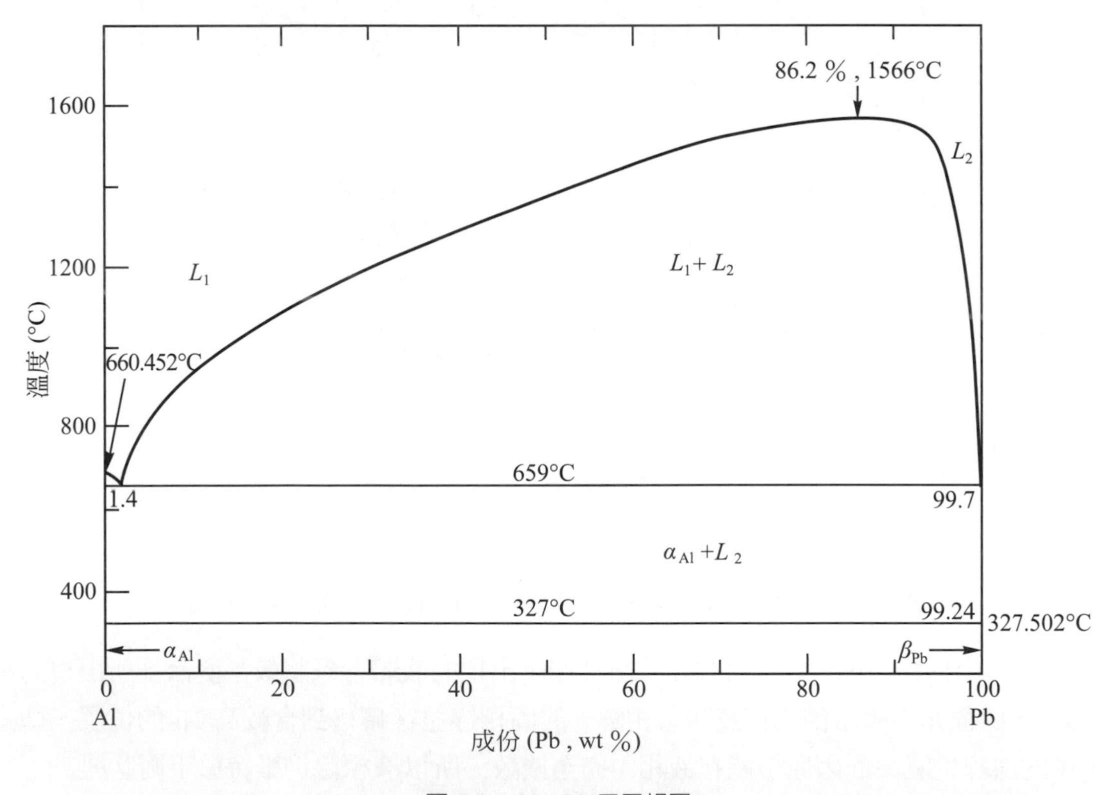

圖 9-6 Al－Pb 二元相圖

圖 9-6 的 Al-Pb 二元相圖是一個偏晶系的代表，由圖中可以發現當合金中的 Pb 含量介於 1.4wt%～99-7wt%時，若溫度高於 1566℃，Al 原子與 Pb 原子能以任何比例互溶而形成單一液相，而當溫度低於 1566℃時，則 Al 原子與 Pb 原子無法完全互溶，而會形成兩個液相(L_1+L_2)共存的混相區(miscibiliy gap)，一般當合金於液態形成混相區時，若將此合金冷卻，會有偏晶反應(monotectic reaction)發生，在圖 9-6 中，偏晶溫度爲 659℃，偏晶

成份爲 Al-1.4wt%Pb，在平衡條件下，當冷卻時 Al-Pb 合金在偏晶點(659℃，1.4wt%Pb)，發生下列的偏晶反應。

$$L_1(1.4\text{Pb}) \rightleftharpoons \alpha_{\text{Al}}(\sim 0\text{Pb}) + L_2(99\text{-}7\text{Pb}) \qquad (9\text{-}8)$$

偏晶反應進行間，因有三個相存在(L_1、α_{Al}、L_2)相($P = 3$)，成份數 2 個($C = 2$)，則其自由度(F)爲 0($F = C - P + 1 = 0$)，亦即反應時三相點(即偏晶點)的成份與溫度固定，爲相圖中不可變的點(invariant point) 。在冷卻時，含 1.4%的液相(L_1)，在 659℃時，會變成幾乎不含 Pb 的固相 Al 及含 99-7%Pb 的液相(L_2)。

上述所討論的液相不完全互溶現象，在固溶體更爲常見，如圖 9-7 的 Au-Ni 二元相圖所示。當在高溫時，此相圖與 Cu-Ni 相圖類似，也可以任何比例凝固成固溶體，這一完全互溶的固相在溫度下降時，其成份會重新分佈。

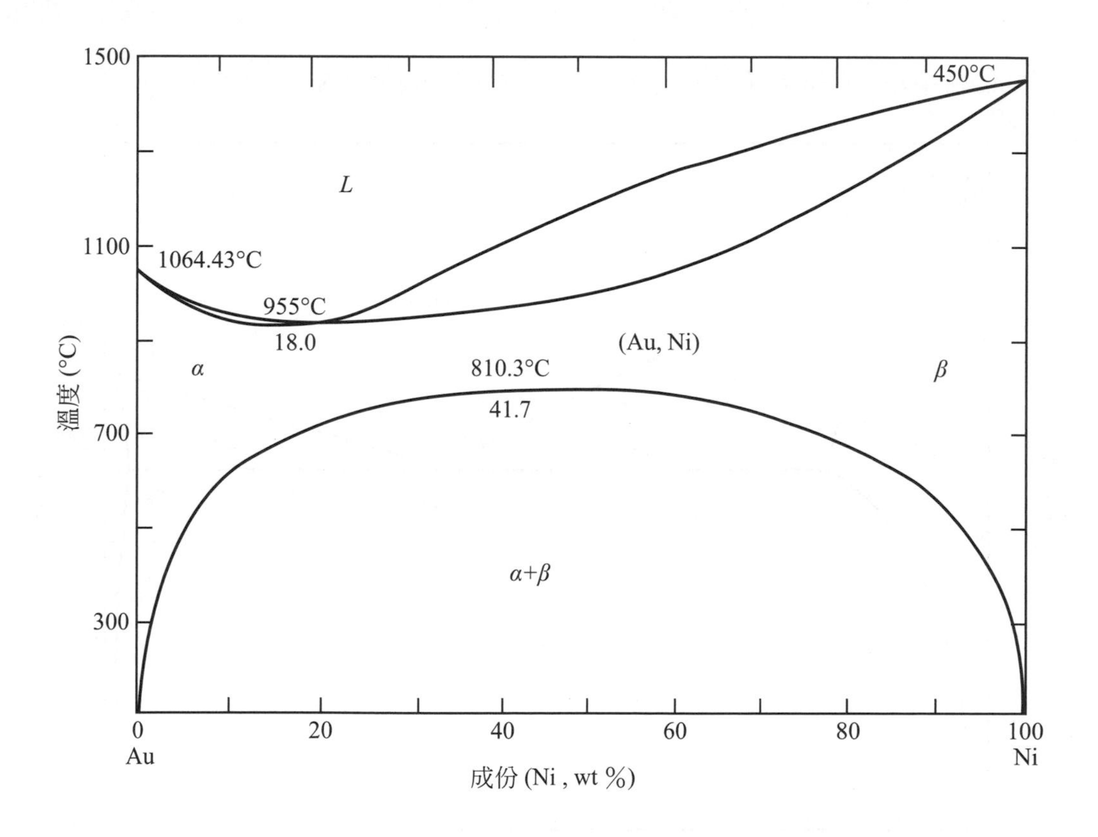

圖 9-7　Au-Ni 二元合金相圖

查看相圖中下半部的曲線，在 810℃以下的區域有兩個穩定的α與β相，其中α相是一種 Ni 原子溶入 Au 晶格的固溶體，而β相則是 Au 原子溶入 Ni 晶格的固溶體。這兩種相都是面心立方晶，不過其晶格參數、密度、顏色與其他物理性質均不同，而且此兩個固溶體混合分佈於晶粒內，這是因爲在固相中不像原子在液相中那麼容易擴散，以致無法像液相的 Al-Pb 合金可以分成兩層。

9-4-5 二元共晶合金系之相圖

圖 9-8 所示之 Pb-Sn 相圖是共晶系的代表，在這個合金系中有一個稱為共晶組成(eutectic composition)的合金，總是比其它組成的合金具有更低的凝固溫度。在接近平衡條件下，該合金會像純金屬一樣在單一溫度發生凝固，但是它的凝固反應卻是截然不同於純金屬，因為它所形成的是兩種不同固相的混合。亦即在共晶溫度時，單一液相同時轉變成為兩種固相。於固定壓力下，依相律可知，三相唯有在固定成分(共晶成分)與固定溫度(共晶溫度)時才會維持平衡。共晶成分與共晶溫度在相圖中所定出的點，稱為共晶點(eutectic point)，鉛-錫合金的共晶點是 61.9wt%Sn 與 183℃，共晶點也是一個相圖中不可變的點，其共晶反應為：

$$L(61.9\%Sn) \rightleftharpoons \alpha(19\%Sn) + \beta(97.5\%Sn) \quad (9\text{-}9)$$

上述形式的合金除 Pb-Sn 合金外常見者尚有 Ag-Cu 合金和 Al-Si 合金等。

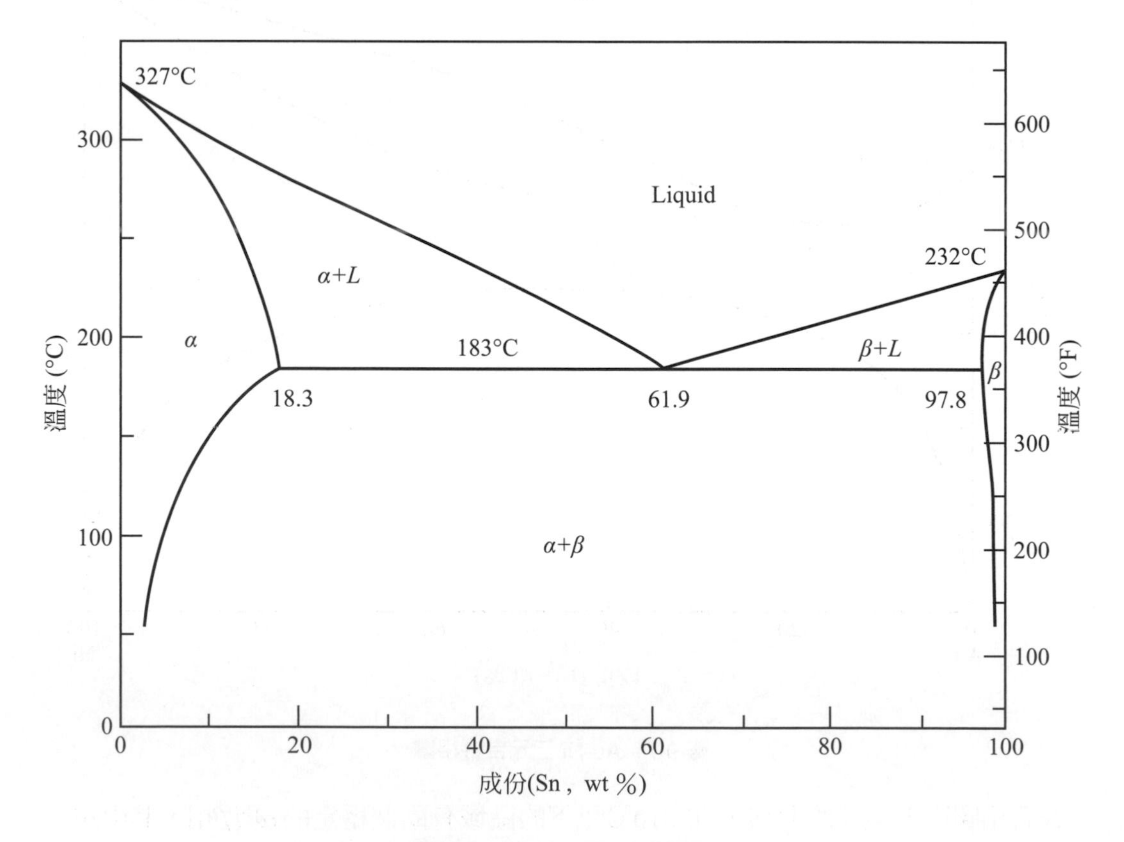

圖 9-8 Pb-Sn 二元合金相圖

圖 9-8 之共晶系相圖可以想像成是具有極小調和點的同型合金相**圖(9-3(b))與**兩個固溶體混相區(solid solution miscibility gap)(如圖 9-7 之下半部)合成的結果，這時候，本來是同型合金系相圖的兩相區會被分成兩個部分，左邊爲$(\alpha + L)$之兩相區，右邊爲$(\beta + L)$之兩相區，圖 9-9 中兩個固溶體混相區域爲 fckdg 曲線所圍之範圍。

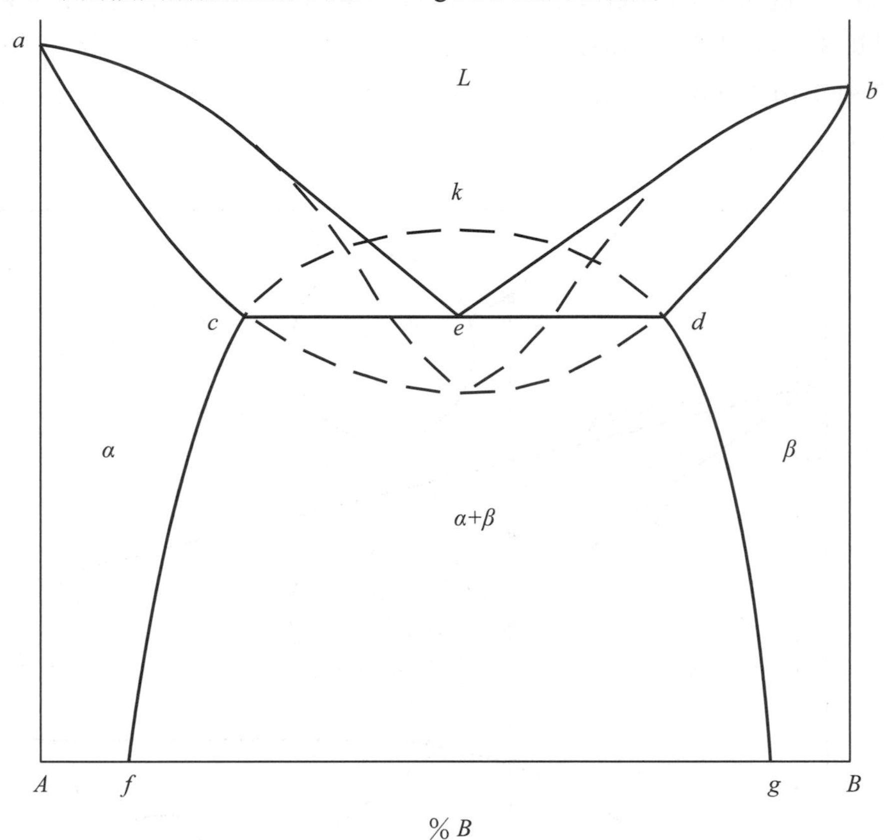

圖 9-9　二元共晶合金系相圖之分析圖

圖中的α相是 A 金屬中固溶 B 金屬的固溶體，β相是 B 金屬中固溶 A 金屬的固溶體。e 是共晶點。曲線 ae、be 是液相線，cf、與 dg 是固溶線(solvus)，cf 表示在各溫度下，A 金屬中能固溶 B 金屬的極限量(就是溶解度)，dg 表示在各溫度下 B 金屬能固溶 A 金屬的極限量。

另外，值得注意是二元共晶合金之相圖，一般可以分兩類，一種是如上所述的 Pb-Sn 合金，固相時有溶解度。另一種形式是固相時完全不互溶，這一型的合金有 Al-Sn 合金、Cr-Bi 合金等，這種形式的共晶合金，可以應用圖 9-9 來說明，當α固溶體內的 B 金屬、或β固溶體的 A 金屬的量非常少時，圖中的 c 點將向純金屬 A 趨近，而 d 點將向純金屬 B 趨近，即表示當共晶組成之合金由液相冷卻時，會同時晶出純金屬 A 與純金屬 B，而不是固溶體。如此，將形成固相完全不互溶的共晶合金相圖。日常習見的(H_2O-NaCl)二元相圖也屬於固相完全不互溶的共晶二元相圖。

9-4-6 二元共晶合金系之平衡冷卻微結構

討論共晶系合金的微結構時，習慣將共晶點左邊的合金稱爲亞共晶(hypoeutectic alloy)，共晶點右邊的合金稱爲過共晶(hypereutectic alloy)，所以由左至右察看 Pb-Sn 相圖時，可以得知 Sn 含量少於 61.9wt%的合金是亞共晶，而高於 61.9wt%的合金則是過共晶。

現在就圖 9-10 的 Pb-Sn 二元部分相圖來說明各種比例 Pb-Sn 合金從液相冷到常溫時的平衡微結構變化。

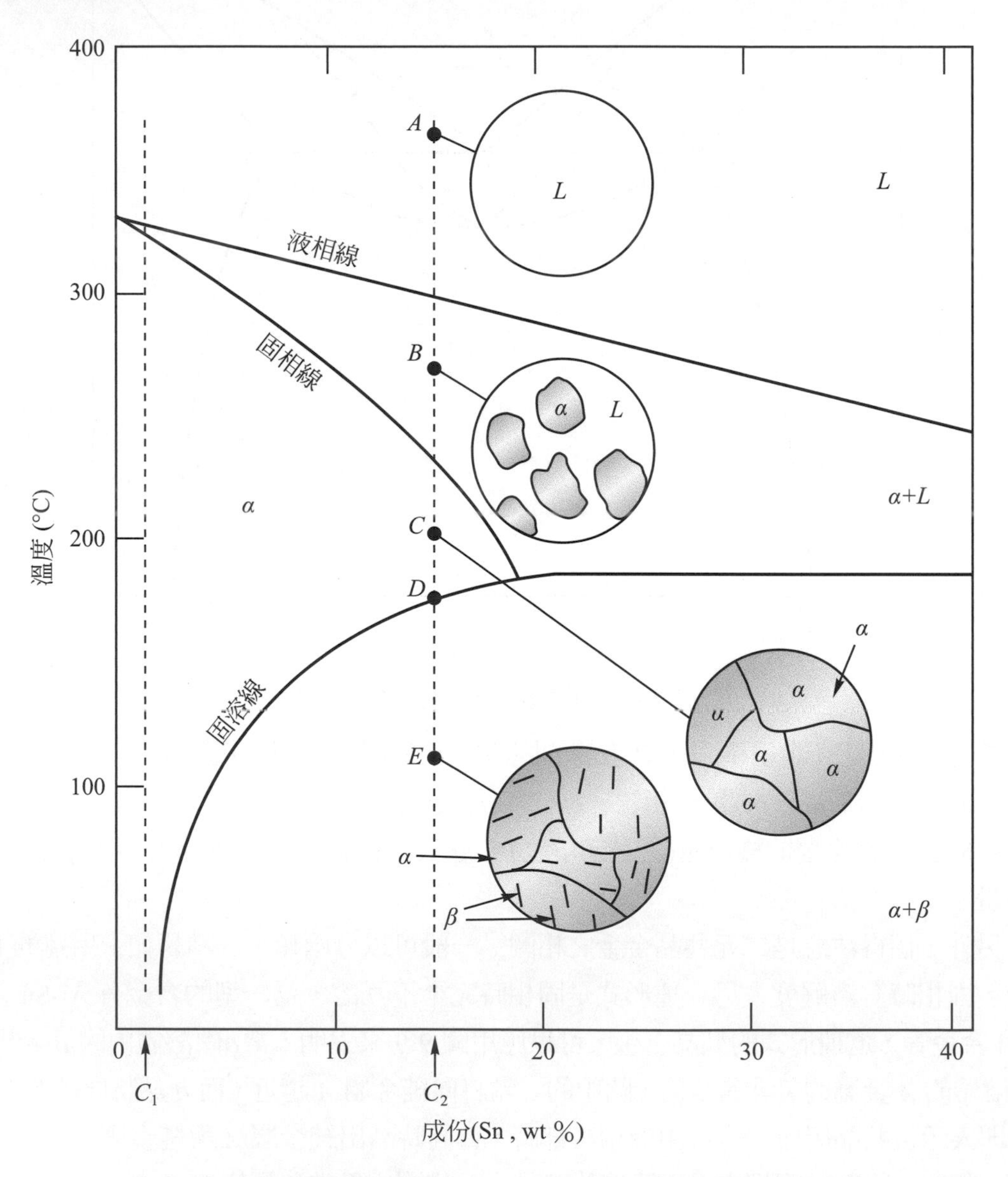

圖 9-10 成份為 C_1 與 C_2 之 Pb-Sn 二元合金之平衡冷卻微結構示意圖

首先考慮室溫時，成分介於純金屬(Sn)與固溶線之間的亞共晶合金 C_1，此種合金即爲 9-4.1 節所討論的同型合金。當合金從液相冷卻時，其凝固過程和同型合金完全相同。就是冷卻到液相線時便開始凝固，而冷卻到固相線時完全變爲固溶體，這種固溶體被稱爲初晶(primary crystal)。

第二個要考慮的成分是介於室溫固溶限(～2%Sn)與共晶溫度時的最大固溶限(18.3%)間之亞共晶合金(C_2)，與合金 C_1 相同，在液相線完成凝固後變成固溶體α，圖中的 C 點便是含有成份(C_2)的α晶粒。當溫度下降到固溶線上的 D 點時，固溶體α中的 Sn 原子已達飽和。所以當溫度低於 D 點時，在固溶體α內將析出β相，如圖中的 E 點所示，β相是一種 Sn 原子中固溶 Pb 原子的固溶體。從固溶體α所析出來的固溶體β稱做二次晶(secondary crystal)，此時α爲基地相(matrix)而β是散佈相(dispersion phase)。

在 E 點所析出的固溶體β的成分可由通過 E 點的結線端點(負 Sn 邊)來決定，當溫度由 D 點下降到 E 點時，固溶體α與固溶體β的成分也隨固溶線而變化，而且β相的重量百分比隨溫度下降而稍微增加，此時，固溶體β之顆粒尺寸也將稍微成長增大。由初晶α中析出二次晶時，因爲這種相變化是在固溶體內進行，所以β相會就地變成較小的結晶，不容易互相集中在一起變爲大的結晶。因此會均勻析出在結晶之內。

第三個要考慮的成分是如圖 9-11 所示的 C_3 共晶合金(61.9wt%Sn)，當共晶合金由液相冷卻時，在共晶溫度(183℃)開始凝固而發生共晶反應(式 9-9)，當溫度稍低於 183℃時(G 點)，由液相變態成兩個固體α(18.3Sn)與β(97.8Sn)的共晶結構(eutectic structure)此時，α相與β相的成分如共晶等溫線的兩個端點成分所示。

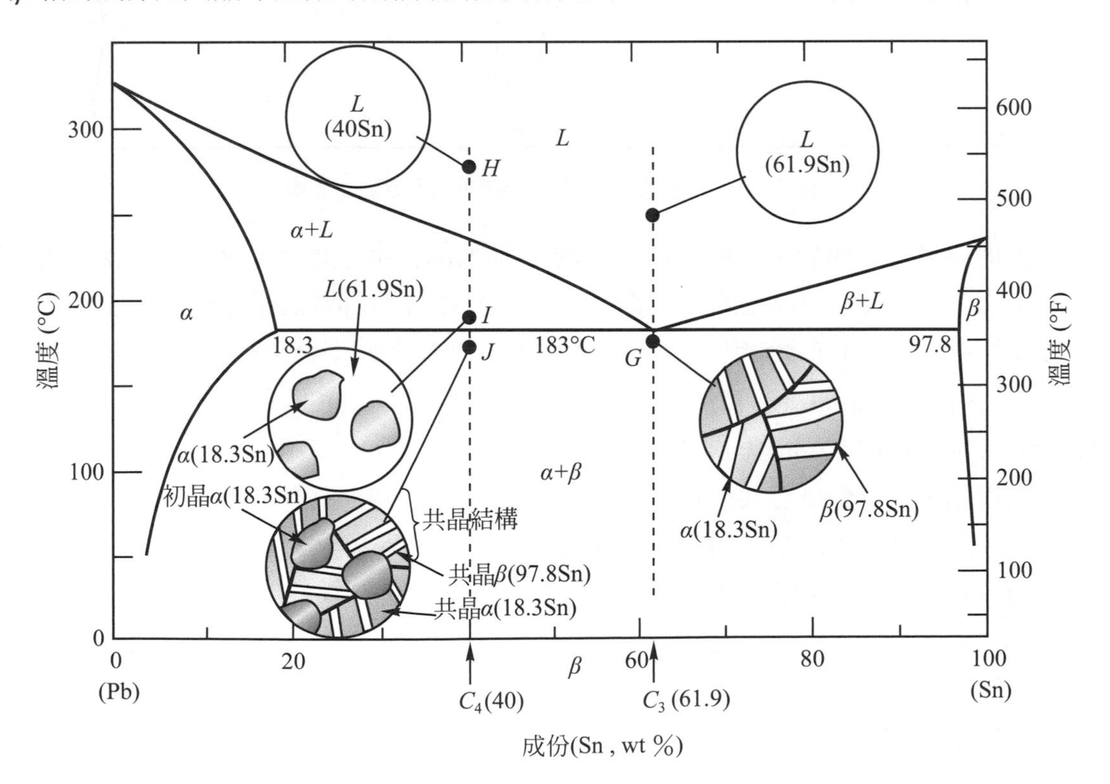

圖 9-11　共晶成份 C_3 與亞共晶成份 C_4 之 Pb-Sn 合金之平衡冷卻微結構示意圖

一般共晶結構由於受到固相中原子不易擴散之限制，其微結構常呈層狀結構(lamellar structure)。共晶反應的微結構變化如圖 9-12 所示，α/β層狀共晶結構於相變化過程中往液相內成長。Pb 原子和 Sn 原子在固液界面處的液相中擴散，達到原子重新分佈的目的。圖中顯示 Pb 原子往α相擴散，使 Sn 原子由液相的 61.9wt%成為α相中的 18.3wt%，相反的，Sn 原子往β相擴散，使 Sn 原子由液相的 61.9wt%成為β相的 97.8wt%。圖 9-13(b)為 Pb-Sn 共晶合金之微結構圖。

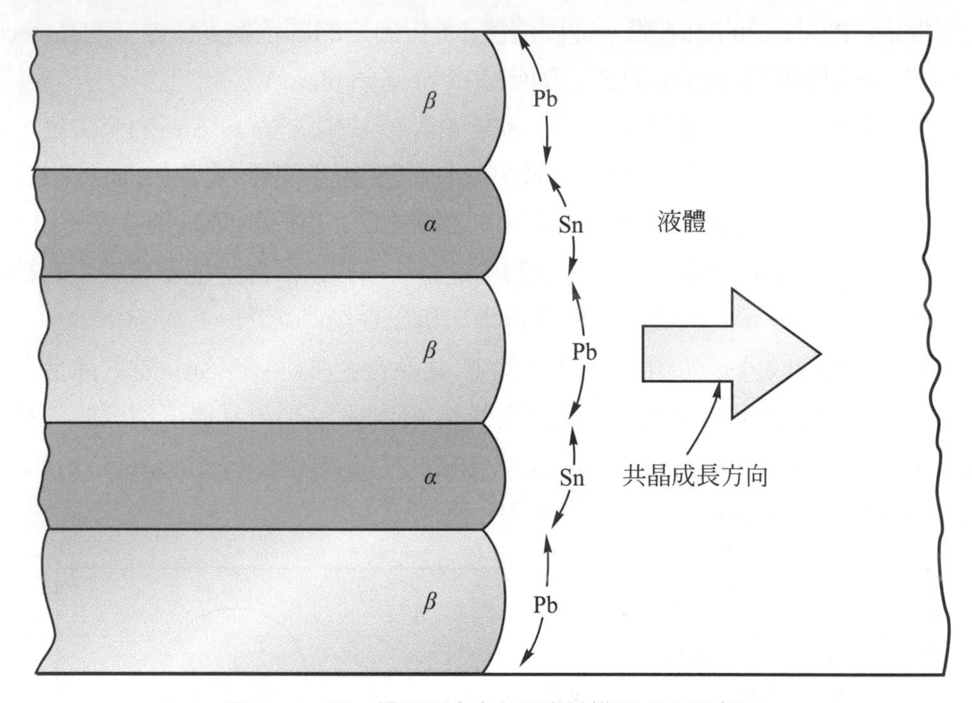

圖 9-12 鉛－錫二元合金共晶微結構形成之示意圖

第四個要考慮的成分是如圖 9-11 所示的 C_4 亞共晶合金，此合金成分介於最大固溶限(18.3Sn)與共晶組成(61.9Sn)之間，當溫度由液相的 H 點冷卻到液相線時，在液相中將會有初晶α產生，而當溫度冷卻到 I 點時，其微結構之變化與同型合金相同。I 點之溫度僅較共晶溫度(183℃)稍高(如 184℃)，此時其平衡微結構是由α相和液相共存，由結線約略可知其成分分別為α(18.3%Sn)與 L(61.9%Sn)。

當溫度剛好下降到低於共晶點溫度的 J 點(如 182℃)時，具有共晶成分的液相將發生共晶反應，形成共晶微結構。因此在 J 點溫度時，亞共晶合金(C_4)之微結構中含有初晶α與共晶($\alpha+\beta$)微結構兩種組成，而共晶結構中的α與β相，分別稱為共晶α相與共晶β相，如圖 9-11 中附圖所示。圖 9-13(a)為 Pb-50wt%Sn 合金之微結構，於圖中可以觀察到初晶α相(大黑團)與層狀共晶結構，而共晶結構是由富 Pb 的共晶α相(黑色層)與富 Sn 的共晶β相(白色層)以交錯層狀結構存在。

同樣的過共晶合金之平衡冷卻微結構之變化，也可以利用相圖加以預測。圖 9-13(c)為 Pb-70wt%Sn 合金之微結構圖，同樣的，可以觀察到初晶β相與層狀共晶結構。

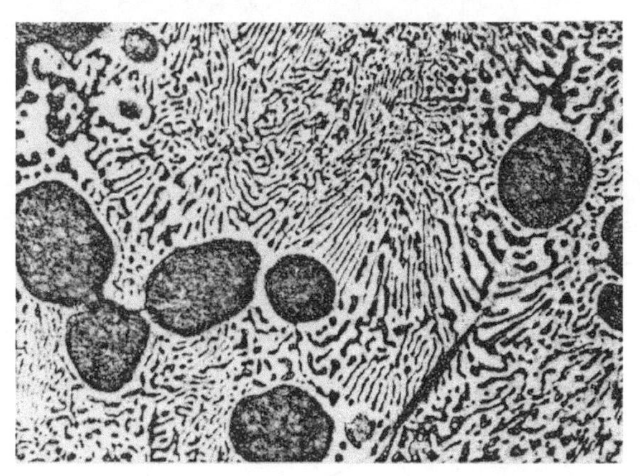

(a) 亞共晶合金(黑塊狀為初晶α-Pb)

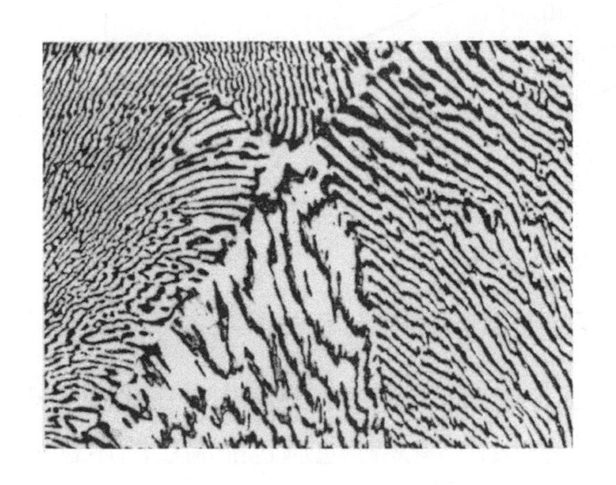

(b) 共晶合金(暗層為α-Pb，亮層為β-Sn)

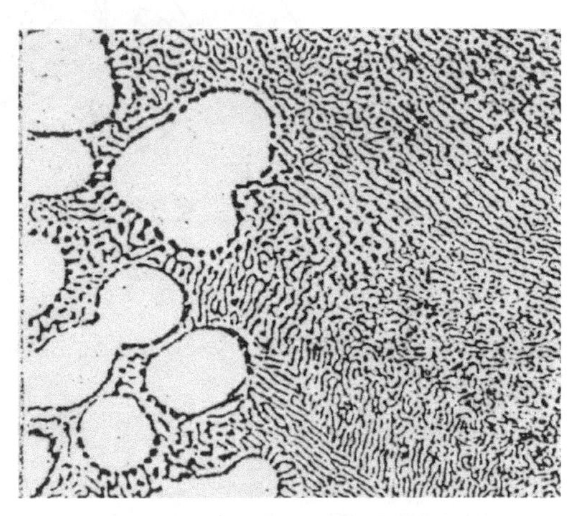

(c) 過共晶合金(大塊亮區為初晶β-Sn)

圖 9-13　鉛－錫二元合金之微結構圖

9-4-7　二元合金之包晶反應

如圖 9-14 之 $Fe\text{-}Fe_3C$ 相圖是具有包晶反應(peritectic reaction)的一種常見相圖。當溫度在 1394℃以上的部分，體心立方相稱為 δ 相，而面心立方相稱為 γ 相。在圖示的溫度範圍中碳含量介於 0.09%碳與 0.54%碳的合金在凝固時所形成的固相會隨著溫度的下降從(δ + L)相變成 γ 相。這一部份相圖的關鍵點是位於 0.17wt%碳(包晶組成)與 1493℃(包晶溫度)的包晶點。

藉圖中的虛線(即含 0.17%C)來瞭解包晶合金的凝固反應。當液相的溫度到達點 B 時，凝固反應即開始發生，溫度介於 B 點與包晶溫度之間時，合金處於液相(L)與 δ 相的雙相區中。所以開始凝固時所形成的是低含碳量的體心立方晶(δ 相)。在稍高於包晶點(1493℃)溫度時，δ 相與液相的含碳量分別是 0.09wt%與 0.54wt%，且由槓桿法則，可以算出 δ 相與液相之重量百分率分別是 82%與 18%。

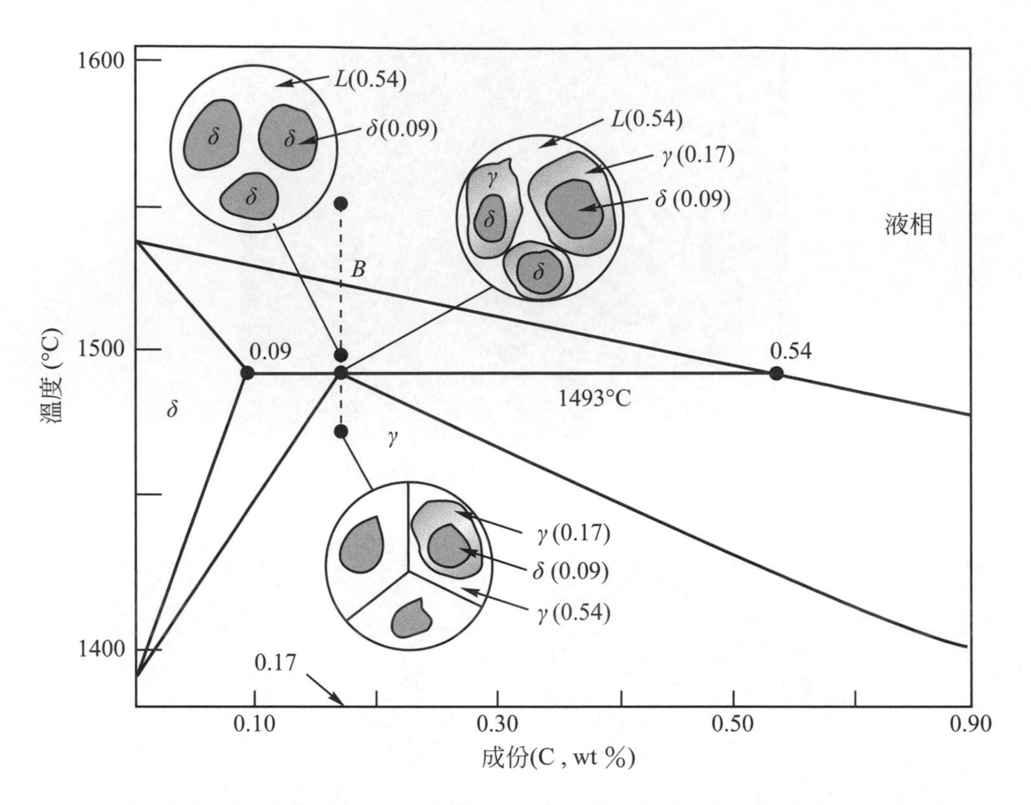

圖 9-14 Fe-Fe_3C 二元相圖之包晶反應及非平衡微結構示意圖

在包晶溫度以上時，包晶合金的結構是在液相中含有固態的 δ 相，但是由相圖可知此一合金在包晶溫度以下時是單一的均勻固溶相(γ 相)，顯然在通過包晶溫度的冷卻過程中，δ 相與液相(L)聯合起來形成 γ 相，造成鐵碳系的包晶反應，即

$$L(0.54\text{wt\%C}) + \delta\,(0.09\text{wt\%C}) \rightleftharpoons \gamma\,(0.17\text{wt\%C}) \tag{9-10}$$

與偏晶反應及共晶反應一樣，包晶反應中參與反應的三個相均有固定的比例：82wt%的 δ 相(0.09wt%碳)與 18wt%的液相(0.54wt%碳)共同形成 γ 相(0.17wt%碳)。

當合金進行包晶反應時，γ 固溶體隔開兩個參與反應的相(液相與 δ 相)，當反應繼續進行時，碳原子需由高碳的液相穿越 γ 相，才能與 δ 相作用。由於固相中的原子擴散不易，除非冷卻速率非常慢，否則包晶反應所造成的微偏析(segregation)是一個無法避免的現象，此時之微結構爲一非平衡微結構，(如圖 9-14 附圖所示)。若平衡相變化達成時，則 γ 相取代原先的 δ 相。

事實上，Fe-0.17C 合金的非平衡包晶微結構比圖 9-14 所示爲複雜，當合金由高溫液相冷卻到液相線時，液相中開始晶出低碳的 δ 相，隨著溫度下降，δ 相晶粒也發生核心偏析(coring)。當溫度低於包晶溫度時，δ 相將依含碳量的不同，逐漸析出不同含碳量的 γ 相。而含 0.54%碳的液相，則在原來的(0.17 碳)γ 相上晶出碳含量逐漸增高的 γ 相，而在最後凝固的晶界上，碳含量會最高，其值會遠高於 0.54%碳，在極端下，甚至有可能晶出 Fe_3C。

綜合言之，Fe-0.17C 合金最終的非平衡包晶之晶粒中心是含低於 0.17%碳之核心偏析 γ 相，晶粒外層是含高於 0.17%碳之核心偏析 γ 相，中間夾一層含 0.17%碳之 γ 相。

9-4-8 生成中間相之二元合金系相圖

中間相在相圖中極爲常見，當合金凝固時形成中間相最常發生的方法有兩種，即在極大調和點發生調和相變化(congruent transformation)或是進行包晶反應，圖 9-15 之 Al-Li 二元相圖中，液相合金於 M 點發生調和相變化，生成中間相β，而在圖中的 N 點，當合金冷卻時發生偏晶反應：$L+\beta \rightarrow Al_2Li_3$，形成 Al_2Li_3 的中間相。

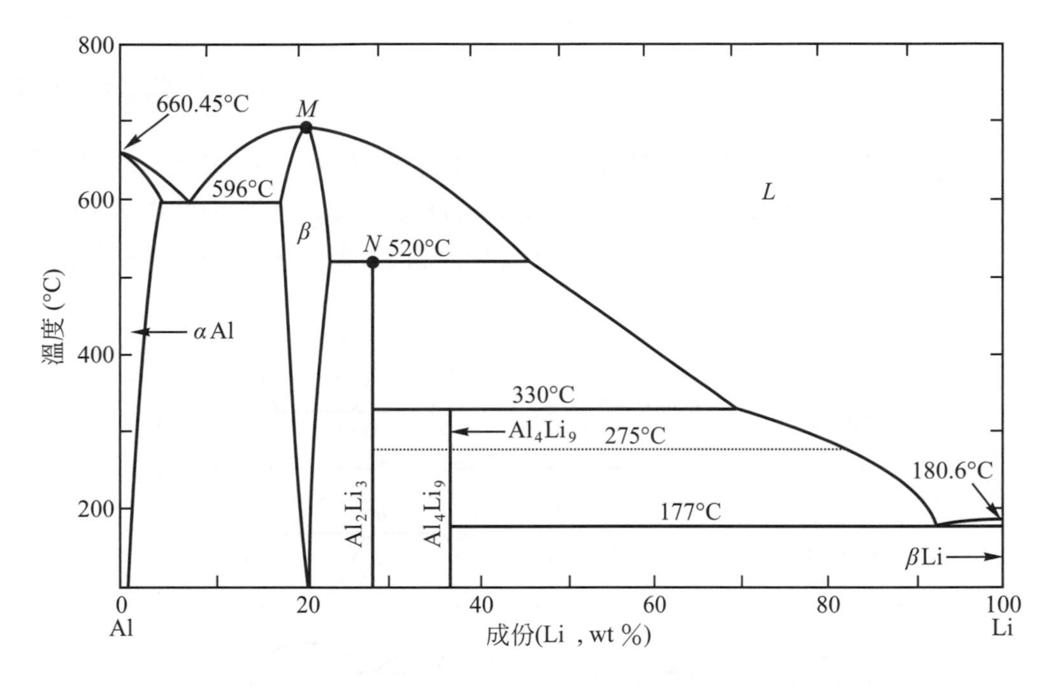

圖 9-15 Al-Li 二元合金相圖

中間相的組成可以是在一個固定範圍內改變，也可以是固定比例。圖 9-15 中的 Al_2Li_3 中間相，其成分爲一定值，這種中間相稱爲中間化合物(intermediate compound)或計量型中間相(stoichiometric intermediate phase)。而圖中之中間相β，其成分則分佈在一固定範圍內，此種型式的中間相爲一固溶體，稱爲中間固溶體(intermediate solid solution)或非計量型中間相(non-stoichiometric intermediate phase)。

9-4-9 共析與包析反應

前面已介紹過三種基本型式的三相反應(共晶、包晶與偏晶反應)，這些相變化都有液相與固相參與反應，所以與合金的凝固或熔解過程有所關連。而有幾種三相反應則只是固相之間相變化，其中最重要的有共析(eutectoid)與包析(peritectoid)反應。共析反應是當溫度降低時一種固相分解成另外兩種固相的反應即：

$$\gamma \rightleftharpoons \alpha + \beta \tag{9-11}$$

包析反應則是兩種固相組合形成另一固相的反應，即：

$$\alpha + \beta \rightleftharpoons \gamma \tag{9-12}$$

共析與包析之間的類似情形就如同共晶與包晶之間的關係一樣，這些二元相圖中有三相參與反應，而這些三相反應稱為不變反應(invariant reaction)，其自由度為零，所以在二元相圖中屬於不可變的點(invariant point)。上述所討論到的二元相圖中之五種三相反應歸納於圖 9-16 中。

名稱	反應	相圖
共晶 (eutectic)	$L \rightarrow \alpha + \beta$	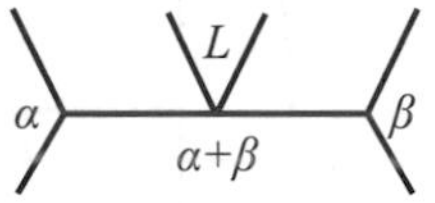 L；α；β；$\alpha+\beta$
包晶 (peritectic)	$\alpha + L \rightarrow \beta$	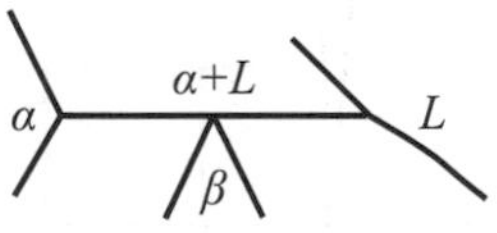 $\alpha+L$；α；L；β
偏晶 (monotectic)	$L_1 \rightarrow L_2 + \alpha$	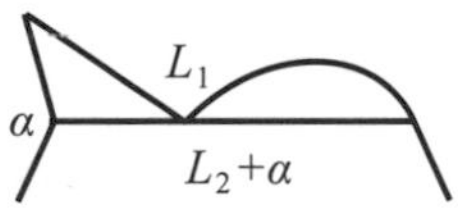 L_1；α；$L_2+\alpha$
共析 (eutectoid)	$\gamma \rightarrow \alpha + \beta$	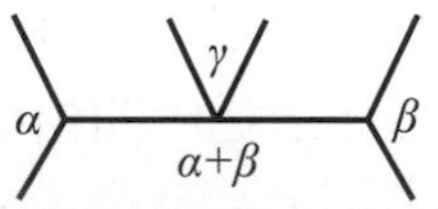 γ；α；β；$\alpha+\beta$
包析 (peritectoid)	$\alpha + \beta \rightarrow \gamma$	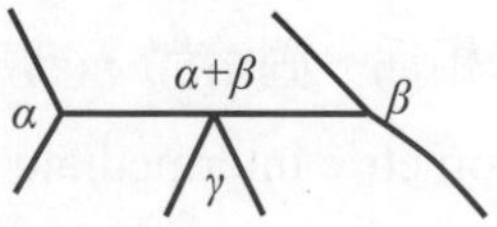 $\alpha+\beta$；α；β；γ

圖 9-16 在二元合金相圖中最常見的五個三相反應

一般常用的相圖，往往是一種混合型式的相圖。如圖 9-17 之 Al-Ni 二元相圖，他含有兩個共晶點(圖中之 1 及 2)、三個包晶點(圖中 3～5)，一個包析點(圖中之 6)與一個調和點(圖中之 7)。另外在 Al-Ni 二元相圖中包含七個固相，分別為兩個終端固溶體：α_{Al}(可溶

0～0.24wt%Ni)與β_{Ni}(可溶 0～11.0wt%Al)，五個中間相：Al_3Ni(42Ni)、Al_3Ni_2(55.9～60.7Ni)、AlNi(61～83.0Ni)、Al_3Ni_5(79～82Ni)與 $AlNi_3$(85～87Ni)。

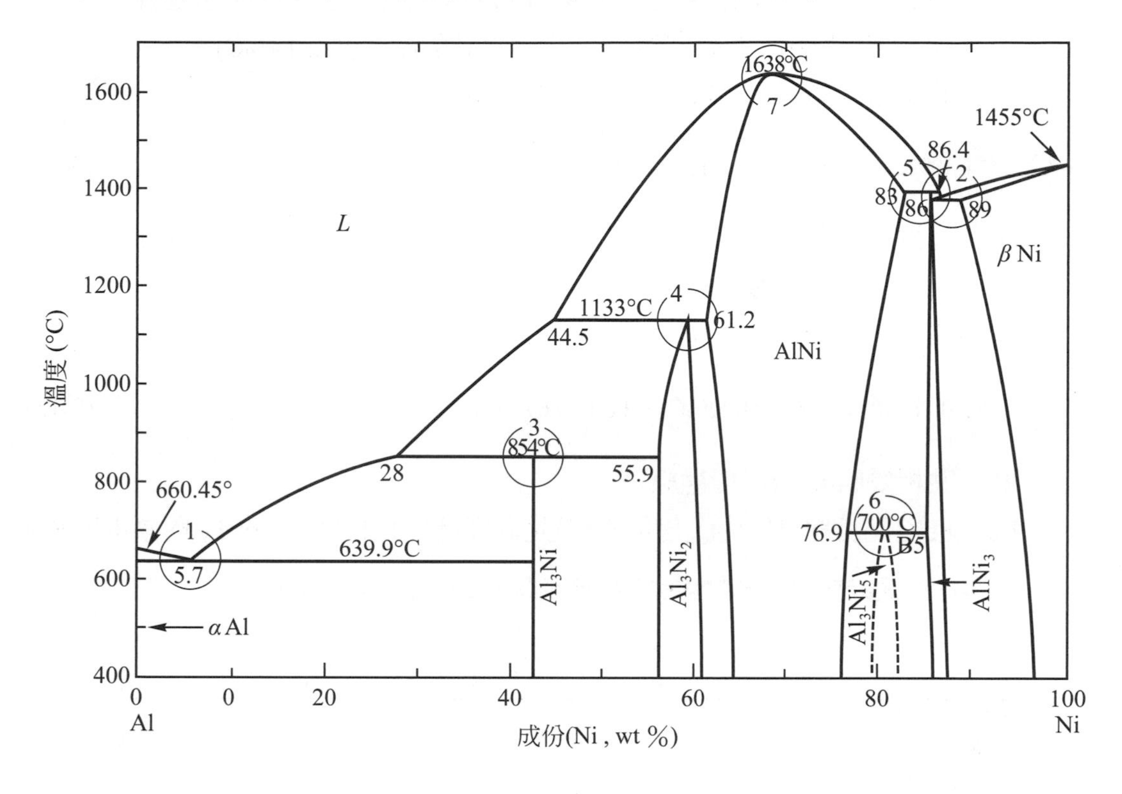

圖 9-17　Al-Ni 二元相圖

9-5 Fe-C 合金相圖

鋼鐵材料是使用最多的一種金屬材料，而鋼鐵中最重要的合金元素是碳，所以為了能對鋼鐵材料做深入瞭解，首先必須充分瞭解 Fe-C(石墨)二元相圖。

9-5-1 Fe-Fe_3C 二元相圖

圖 9-18 為 Fe-Fe_3C(雪明碳鐵)二元相圖，為 Fe-C 二元相圖的一部份。嚴格來講，雪明碳鐵僅是一介穩相。也就是說在 Fe-Fe_3C 所顯示的 FeC 並非一眞正的安定相，例如在 700℃時，Fe_3C 經過數年後將會慢慢分解成 Fe(肥粒鐵)與 C(石墨)。但無論如何，由於 Fe_3C 之分解速度相當緩慢，幾乎所有鋼鐵材料中的碳元素均以 FeC 存在，而不是以石墨存在。因此圖 9-18 的 Fe-Fe_3C 二元相圖為一實用之相圖，圖中各點線的意義說明如下：

A　純鐵溶點，1538℃。

BC　包晶線，於包晶點(0.17wt%C，1493℃)發生包晶反應。

$$L(0.54\%C) + \delta Fe(0.09\%C) \rightleftharpoons \gamma Fe(0.17\%C) \tag{9-13}$$

D　純鐵之同素異型相變化點(1394℃)，δFe ⇌ γFe。也稱爲 A_4 變態點。

E　Fe(沃斯田鐵)在共晶溫度(1147℃)處之碳的飽和度(2.14%C)。

F　共晶點(4.30%C，1147℃)發生共晶反應。

$$L(4.30\%C) \rightleftharpoons \gamma Fe(2.14\%C) + Fe_3C(6.67\%C) \tag{9-14}$$

G　純鐵之同素異形相變化點(912℃)，γFe ⇌ αFe。也稱爲 A_3 變態點。

GH　αFe 初析線(A_3 變態線)

H　共析點(0.76%C，727℃)發生共析反應。

$$\gamma Fe(0.76\%C) \rightleftharpoons \alpha Fe(0.022\%C) + Fe_3C(6.67\%C) \tag{9-15}$$

PH　共析變態溫度(A_1 變態線)

EH　Fe_3C 初析線，稱爲 A_{cm} 變態線，就是溫度低於 EH 曲線時於γFe 內會析出 Fe_3C。

* Fe_3C(雪明碳鐵)、與αFe(肥粒鐵)之磁性變態溫度分別稱為 A_0(210˚C)、與 A_2(760˚C)

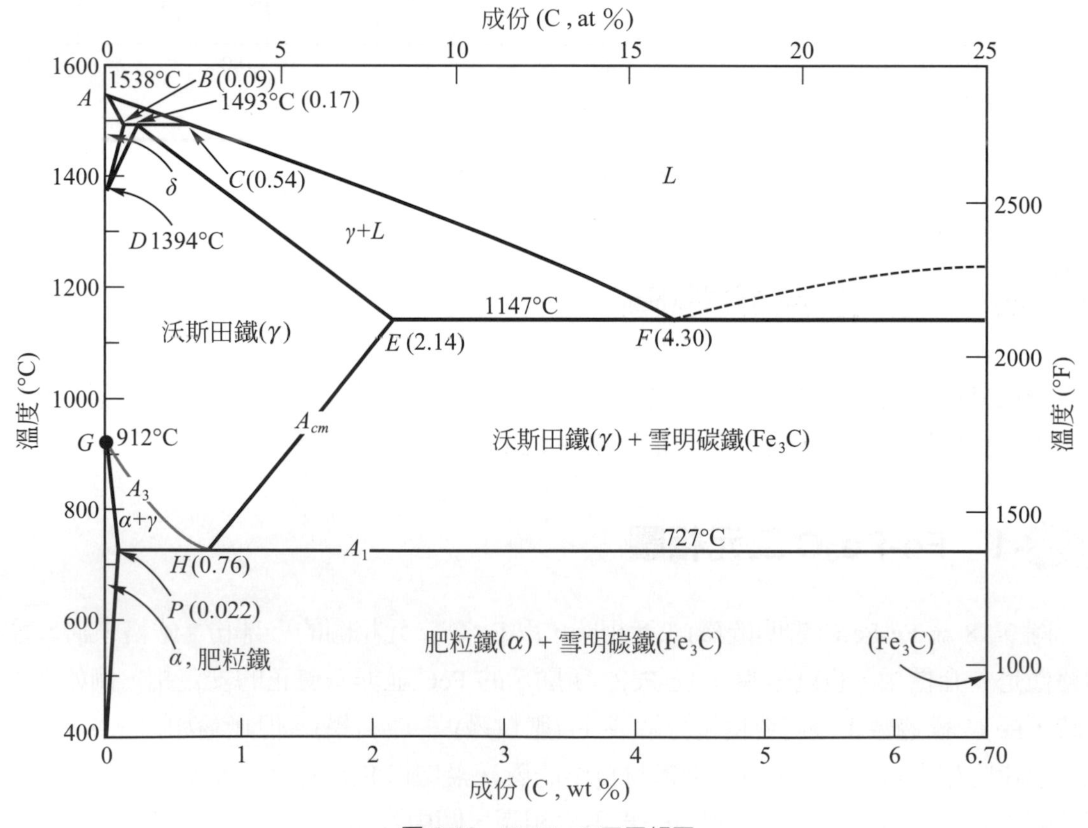

圖 9-18　Fe-Fe_3C 二元相圖

由圖 9-18 之 Fe-Fe_3C 二元相圖中，可以發現固態純鐵受熱或冷卻過程中，於 *D* 點(1394 ℃)與 *G* 點(912℃)發生同素異形相變化(allotropic phase transformation)。由於 δFe 與αFe 除了存在的溫度範圍不同外，其結構與性質幾乎完全相同，所以在一大氣壓下，純鐵因溫度的變化，會有四種相的改變(氣相、液相、及兩個固相)。

9-5-2 鐵碳合金平衡冷卻微結構(equilibrium cooling of Fe-C alloys)

Fe-C 合金由沃斯田鐵(γ相區冷卻到低溫時，所產生的相變化類似於共晶系統，例如圖 9-19 中的共析合金(Fe-0.76%C)，由γ相區(圖中 *A* 點)冷卻，在共析溫度(727℃)到達之前沒有產生任何相變化，當溫度到達共析點 *B* 時，γ相發生共析相變化(式 9-15)。

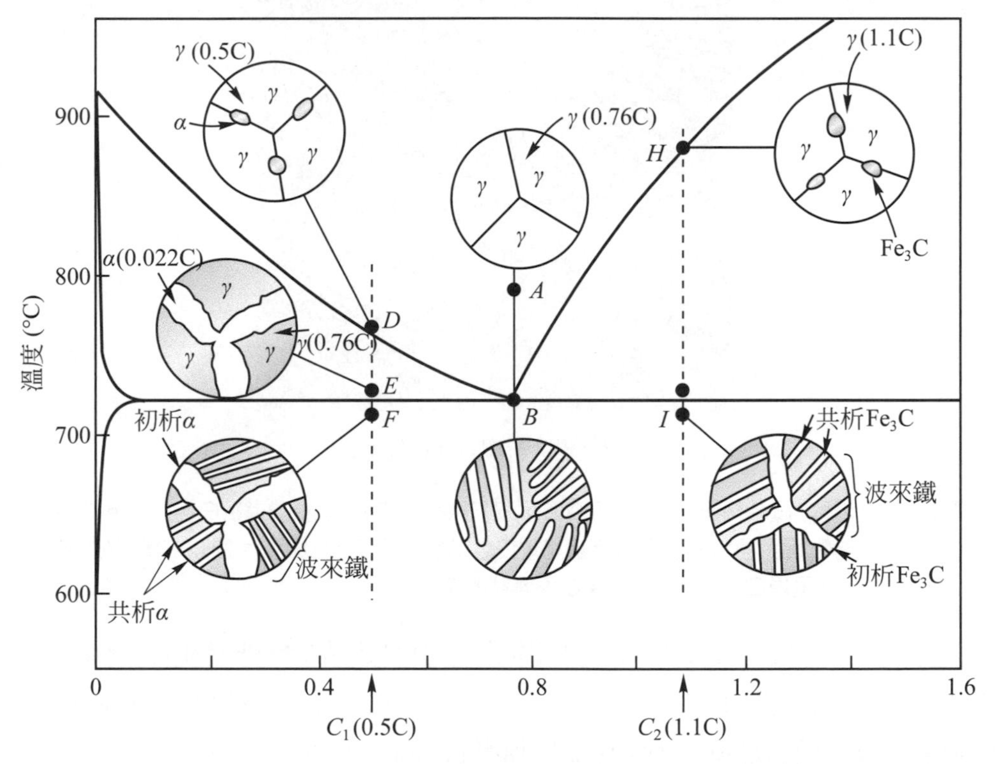

圖 9-19　局部 Fe-Fe_3C 相圖顯示不同溫度下之平衡微結構

共析鋼(eutectoid steel，成分 0.76% C)平衡冷卻通過共析溫度所產生的微結構為交錯的肥粒鐵(αFe-白色)與雪明碳鐵(Fe_3C-暗黑色)之層狀組織，如圖 9-20(a)所示，由槓桿法則可知，Fe 與 Fe_3C 的重量比約為 8：1，由於 Fe 與 Fe_3C 之密度相近，所以此一層狀組織厚度大約也是 8：1，圖 9-20(a) 所示的微結構，由於其外觀與珍珠(pearl)殼的紋路非常相似所以稱為波來鐵(pearlite)。

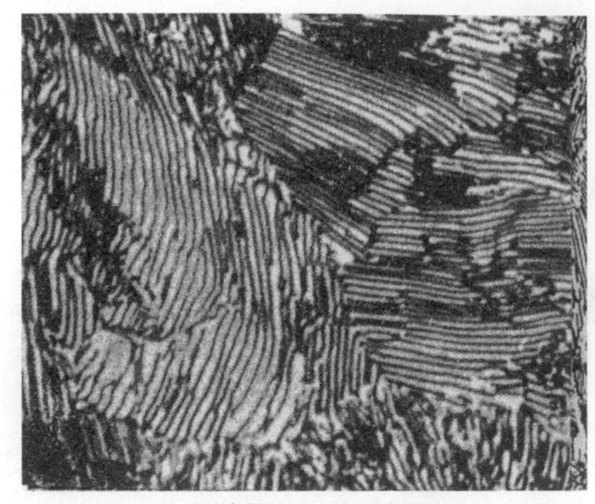

(a) 共析鋼 (0.72wt % C)

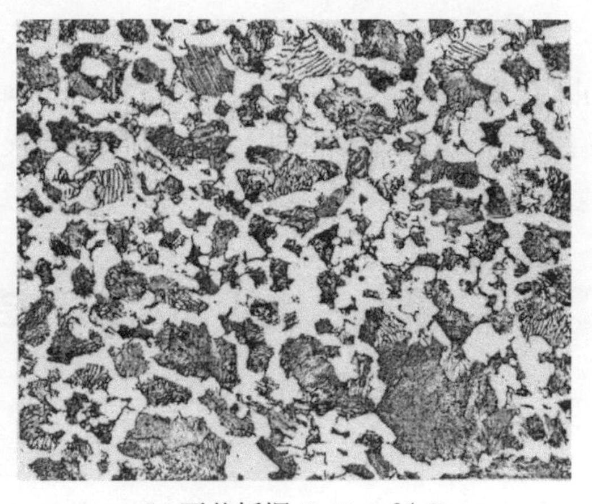

(b) 亞共析鋼 (0.45wt % C)

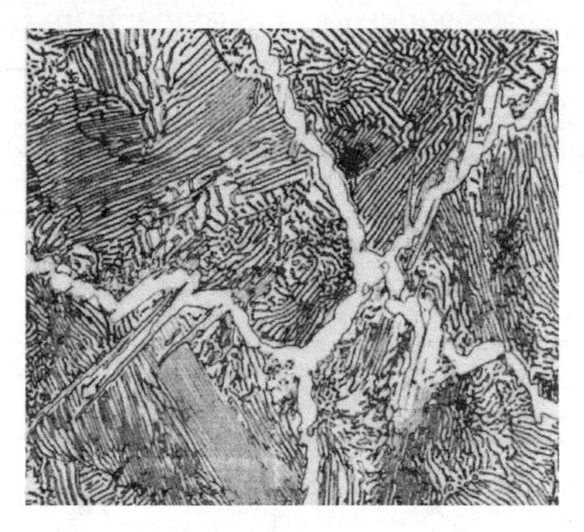

(c) 過共析鋼 (1.4wt % C)

圖 9-20 碳鋼之微結構圖，(a) 共析鋼顯示波來鐵為交錯層狀的肥粒鐵(白色)與 Fe_3C 雪明碳鐵(暗黑色)，(b) 亞共析鋼呈現白色塊狀的初析α相與層狀的波來鐵，(c) 過共析鋼呈現白色網狀初析 Fe_3C 與層狀的波來鐵

波來鐵中αFe 和 Fe_3C 交錯形成層狀組織的原因與共晶結構非常相似(圖 9-12)。由於共析相變化時，合金中碳原子需重新分佈，碳原子由 0.022%的αFe 區域擴散到 6.67 wt%的 Fe_3C 層區域。波來鐵的形成原因是由於此種層狀組織可以減少碳原子的擴散距離所致。

另外當層狀物方向相同時，形成一個波來鐵的晶粒，稱爲群集(colony)，由一個群集到另一個群集其層狀物方位會變化。波來鐵微結構中，由於 Fe_3C 較薄，因此相鄰界面不易分辨，在此種倍率下的 Fe_3C 便會於微結構中顯出暗黑色，而αFe 則爲明亮層。

現在考慮圖 9-19 共析點左邊(亞共析鋼)介於 0.022 和 0.76% C 之間的 C_1 成分，當合金由γ相區冷卻到 A_3 溫度(D 點)時，α相開始在γ相的晶界析出，此時的α相稱爲初析α相(pro-eutectoid ferrite)，且α相的含量隨著溫度的下降而漸漸增加。在兩相區($\alpha+\gamma$)內，α相與γ相的含碳含量可由適當的節線來決定。

當亞共析鋼 C_1 剛好冷卻到共析溫度上方的點時，此時藉由通過 E 點的結構，可以得知α相與γ相的碳含量分別爲 0.022 與 0.76%。當溫度下降到剛好低於共析溫度的 F 點時，所有在 E 點形成的γ相，將依據(式 9-15)發生共析反應轉換成波來鐵。此時合金中的α相將以在波來鐵中的共析肥粒鐵(eutectoid ferrite)與初析肥粒鐵兩種方式存在。

圖 9-20(b)是 Fe-0.45%C 合金之微結構圖，較白色亮區爲初析肥粒鐵，而層狀組織則爲波來鐵。許多波來鐵顯示出黑色是因爲放大倍率不足以解析層狀α相與 Fe_3C 之故。

最後考慮共析點右邊成分的 C_2(圖 9-19)合金，即介於 0.76%C 和 6.67%C 間之過共析鋼。當 C_2 合金由圖中γ相區冷卻到 A_{cm} 溫度(H 點)時，Fe_3C 開始在相區的晶界析出，此時的 Fe_3C 稱爲初析雪明碳鐵(pro-eutectoid Fe_3C)，且 Fe_3C 的含量隨著溫度下降而漸增。

由相圖可知，當溫度下降時，Fe_3C 的成分保持不變(6.67%C)，但是γ 相的成分則會沿著 A_{cm} 的曲線而變化。當溫度冷卻到剛好通過共析溫度的 I 點時，所剩下的γ相將轉換成波來鐵。圖 9-20(c)爲 Fe-1.4%C 合金之微結構圖，值得留意的是初析雪明碳鐵呈白色網狀。這是由於其厚度較大，所以其界面可以在顯微鏡下充分解析之故。

9-5-3 合金元素對 Fe-Fe_3C 相圖之影響(alloy effect on Fe-Fe_3C phase diagram)

合金元素(Ni、Cr、Mn 等)的添加會使 Fe-Fe_3C 二元合金相圖產生十分戲劇性的改變。圖 9-21 是表示 Fe-Fe_3C 二元相圖中的共析溫度(723℃)與共析組成(0.76wt%C)受合金元素影響的圖示。由圖中可以發現，由於合金元素的添加將改變共析點的位置，也會改變鋼鐵材料中各個組成相的相對分率。因此，當合金元素添加到碳鋼後，將使得鋼鐵材料發展出各式各樣的合金鋼，大大的擴大了鋼鐵材料的用途。

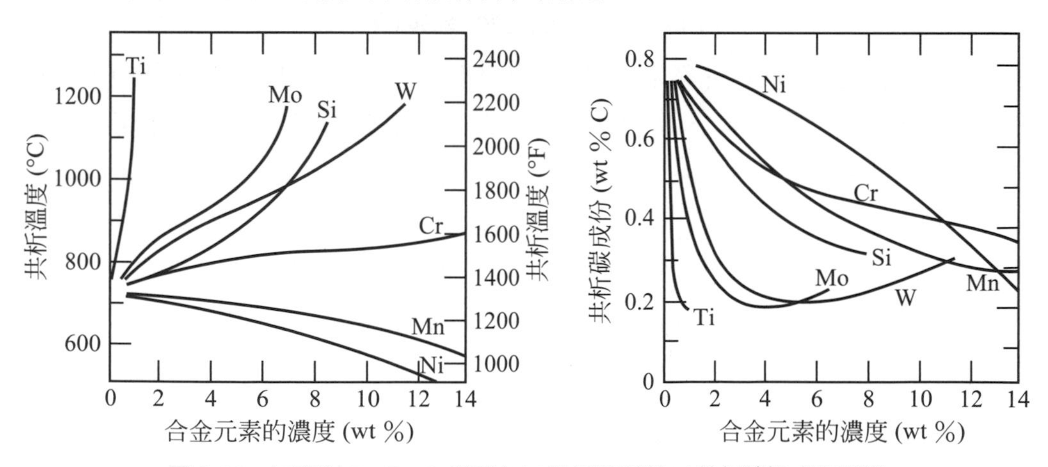

圖 9-21 元素對 Fe-Fe_3C 相圖之(a)共析溫度與(b)共析碳組成的影響

9-6 三元合金相圖

商用合金中，往往其成份不只兩個而是三個或更多，若是合金由三種成份所構成，稱爲三元合金系，爲了描述三元合金系的平衡狀態，習慣上是以三度空間的相圖來表示。此時壓力爲常數(一大氣壓)，它可視爲是由三組二元合金相圖所合成，如圖 9-22 所示，圖 9-22(a)是一個最簡單的三元相圖，它是由三個二元同型合金系所構成，而圖 9-22(b)是由兩個二元共晶系(A-C 合金及 A-B 合金)、及一個二元同型合金系(B-C 合金)所構成。

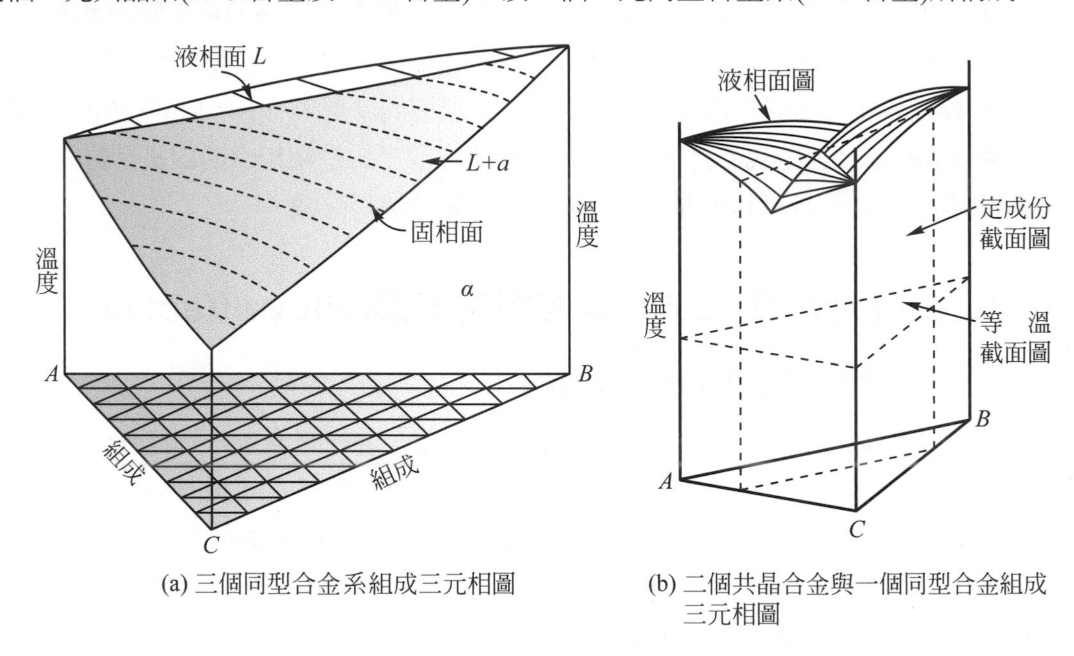

(a) 三個同型合金系組成三元相圖

(b) 二個共晶合金與一個同型合金組成三元相圖

圖 9-22 三元合金相圖的簡圖

通常三度空間相圖可水平(等溫)或垂直(定成份)切成一個二度空間之截面，因爲二度空間截面比三度空間方便易讀，所以較常用，在二度空間的三元相圖最常用的有下列三種：(1)等溫截面圖(isothermal section plot)、(2)定成份截面圖(isopleth section plot)、及(3)液相線投影圖(liquidus plot)，圖 9-22(b)顯示等溫截面圖與定成份截面圖之截取法，在圖 9-22 中可以看到三成份組成是以三角形來表示，三種成份(A、B、C)分別在三個頂點上。

爲讀組成方便起見，可以在等邊三角形的各邊劃分成數條平行線，如圖 9-22(a)的底面所示，組成則可直接讀出。

重點總結

1. 相平衡圖是表示合金系統在平衡狀況下可以存在的平衡相之一種圖示，由相平衡圖可以推測合金在不同平衡條件下(主要是溫度及成份的變化)其平衡相之變化。
2. 對於一固定溫度下已確定成份之二元合金，在兩相區內，可以利用結線與槓桿法則來計算兩相的重量比。
3. 相律是一個簡單的方程式，利用相率可以得悉在平衡時，合金系統中可以存在的平衡相數目、自由度的數目、成份的個數及非成份變數(如溫度或壓力等)的數目之間的關係。
4. 依據修門—羅素理法則，合金若滿足下列四條件，則有完全互溶的可能：原子半徑差小於 15%；有相同的晶體結構；負電性相近及有相同的價數。
5. $Fe\text{-}Fe_3C$ 相圖是最重要的相圖之一，其中的共析反應對於鋼鐵材料的相變化提供其顯微結構變化的依據。

習 題

1. 有一 Cu-Ni 合金，其重量百分比為 Cu-40Ni，試求其原子百分比？
2. 假設一物質的成份數為 C，相數為 P，自由度為 F，試推導相率：$F = C - P + 2$。
3. 試由圖 9-1(a)的相圖，說明為什麼在高山上，不易將飯煮熟，而當使用壓力鍋滷製食物時，則極易煮熟。
4. 利用相律，說明同型二元合金各個相域(phase-field)之自由度。
5. 在一大氣壓下，Ni-60wt%Cu 合金在 1250℃時，固相及液相共存，計算此合金之自由度，並說明其意義。
6. 利用圖 9-3 計算下列兩種冷卻下 Cu-Ni 二元合金在 1290℃時，液相及固相之重量百分比。(a)平衡冷卻，(b)非平衡冷卻。
7. 基於修門-羅素理法則(Hume-Rothery rule)，Au-Ni 二元合金(圖 9-7)是否可能在固相時完全互溶，試與 Ni-Cu 二元合金作一比較。
8. 試繪製下列合金之冷卻曲線圖：(a)純鐵，(b)同型合金，(c)共晶型合金，(d)包晶型合金。
9. 簡述調和(congruent)相變化與非調和(incongruent)相變化之差異。

10. 簡述平衡相(equilibrium phase)與介穩相(metastable phase)之區別。

11. 簡述下列偏析發生之原因：(a)核心偏析(coring)，(b)包晶偏析。

12. (a)共晶合金在共晶反應時，爲什麼會形成一種兩相的交錯層狀微結構？(b)共析成份合金，在共析反應時，爲什麼也會形成包含兩相的交錯層狀微結構？

13. 圖 9-23 是 H_2O-NaCl 的二元相圖的一部分，由此相圖簡略回答下列問題：

(a)爲什麼海水較水不容易凝固？

(b)寒帶地區冬天馬路上的結冰，如何消除，以免發生車輛打滑，而發生危險？

(c)多少重量百分比的鹽(NaCl)，才可以在– 20℃時，有 70%冰，30%HO？

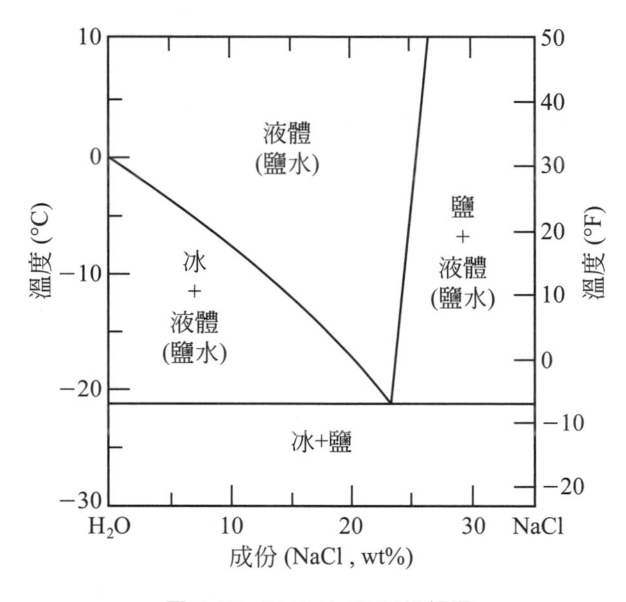

圖 9-23 H_2O-NaCl 二元相圖

14. 考慮 Pb-30wt%Sn 合金，請問此合金是亞共晶型或過共晶型合金？試求(a)固化期間首先形成的固體之成分，(b)184℃時各相的數量與成分，(c)182℃時各相的數量與成分，(d)室溫時各顯微組成的數量與成分，以及 0℃時各相的數量與成分。

15. 有一 Fe-0.13wt%C 合金，當稍低於包晶溫度時，計算δ相與γ 相之重量百分比。

16. 試列出 Fe-Fe_3C 相圖中的不變反應點。

17. Fe-C 二元合金中，肥粒鐵(α)與雪明碳鐵(Fe_3C)之密度分別爲 7.87 與 7.66，如果波來鐵中的每一層雪明碳鐵之厚度是 3×10^{-3}cm，試計算(a)每一層肥粒鐵之厚度，(b)波來鐵之密度。

18. 有一 Fe-C 二元合金，在室溫下，其微結構中含有 20%Fe_3C 與 80%肥粒鐵(α)，試求(a)此合金之碳含量，(b)它是屬於亞共析鋼還是過共析鋼。

參考文獻

1. Binary Alloy Phase Diagrams, 2nd edition, Vol.1, T. B. Massalski (Editor-in-Chief), 1990.
2. Metals Handbook, 9th edition, Vol.9- Metallography and Microstructures, ASM, Materials Park, OH, 1991.
3. ASM Handbolk, "Binary phase Diagrams", Vol.3, ASM International, 1992.
4. E. C. Bain, Functions of the Alloying Elements in Steel, ASM, 1939, p.127.
5. F. N. Rhines, "Phase Diagrams in Metallurgy, their development and application".
6. D. R. Askeland, P. P. Fulay and W. J. Wright, "The Science and Engineering of Materials", 6th ed., Cengauge Learning (2011).

chapter

10

相變化

達到熱力學的平衡狀態時，由相圖中可知存在那些相。但是，需多少時間才能達到平衡狀態，而且平衡相出現之前，可能會出現一些非平衡相，即亞穩相(metastable phase)，這些都牽涉到一些動力學(kinetic)方面的問題。熱力學可以讓我們知道那些相自由能較低，會有出現的趨勢；而動力學則專門著重在這些相出現的過程為何。各相間的變化過程，我們通稱為相變化(phase transformation)。

由上面的說明，可知相變化比相平衡圖多考慮一個時間因素。一般處理相變化的問題都是把相變化的過程分成孕核與成長(nucleation and growth)兩個部份。先孕育出新相的核粒，這些核粒再長大，而逐漸將舊相轉變成新相。在孕核的初期，舊相中產生極小的新相微粒，這些微粒可能變大或變小，稱之為胚核(embryo)。當胚核大於一臨界值時，再長大則可使能量降低而容易穩定成長，此一臨界大小的微粒稱為核粒(nucleus)。

相變化的孕核部份是在討論形成核粒的問題；而成長部份則是探討核粒繼續長大的問題。因此孕核速率(每秒鐘產生多少個核粒)與成長速率(每秒鐘長大多少)相乘即直接關連變成新相的速率，即相變化速率。

本章先從最簡單的氣相中形成液相的相變化開始討論；再探討液相變成固相的固化過程；而後討論固相間的相變化，如 TTT 曲線；最後再考慮冷加工與退火現象及略述非金屬的相變化。

學習目標

1. 算出氣相中形成一個半徑爲的球形液滴，其總自由能的變化以及其臨界半徑與臨界自由能。
2. 說明凝固相變化中溫度 vs.時間圖形爲何是 C 型曲線？
3. 說明鑄錠結構與鑄錠的缺陷種類。
4. 了解鋼鐵中波來鐵、麻田鐵、變韌鐵相變化的異同。
5. 解讀 TTT 與 CCT 曲線。
6. 應用硬化能曲線。
7. 說明冷加工及退火對微結構與性質的影響。

10-1 氣相中形成液相

圖 10-1 是單成份的相圖，其變數有溫度、壓力。在 P_1 壓力下時，若溫度爲 T_a，則液相爲平衡相；T_b 則平衡相爲氣相；而 T_e 時，液相及氣相同時存在。因此若原來在 T_b 的溫度，降到 T_a 時，則氣相不穩定，會有變成液相(平衡相)的趨勢，此種相變化前後其兩種狀態的自由能改變量，即爲相變化的趨動力(driving force)，可表爲

$$\Delta G = \Delta H - T\Delta S \tag{10-1}$$

其中 ΔG 爲兩相之自由能差，以 J/m³ 表示；ΔH 爲兩相之焓差，亦以 J/m³ 爲單位；T 爲絕對溫度，以 K 爲單位；ΔS 爲兩相的熵差，單位爲 $J/m^3 \cdot K$。

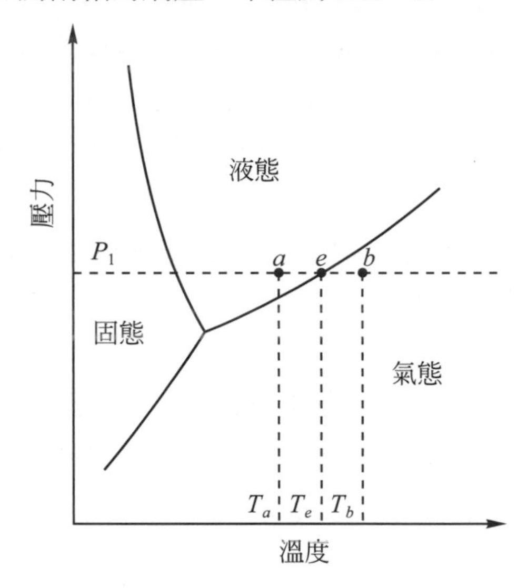

圖 10-1 假想之單成份溫度對壓力相圖

由 ΔG 的正負可知相變化的趨勢。若 ΔG 爲負時，表示相變化後自由能較低、較穩定，即有產生相變化的趨勢；若 ΔG 爲正値，則不會產生相變化。因此，在圖 10-1 中，當 $T < T_e$ 時 $G_l < G_g$，即($\Delta G = G_l - G_g < 0$)，所以氣相會變成液相；反之，當 $T > T_e$ 時，則以氣相穩定存在。而在 T_e 時，則有

$$\Delta G_e = G_l - G_g = \Delta H_e - T_e\Delta S_e = 0 \tag{10-2}$$

$$\therefore \Delta S_e = \Delta H_e/T_e \tag{10-3}$$

假設 H 及 S 不隨溫度而變，則當氣體在其他溫度液化時，可將自由能變化表示爲

$$\Delta G = \Delta H_e - T\Delta S_e = \Delta H_e[(T_e - T)/T_e] \tag{10-4}$$

其中 ΔH_e 即爲平衡狀況下(T_e 時)氣體液化時焓的改變量，通常爲負值(即放熱)；所以在 $T < T_e$ 時，ΔG 即爲負值而可使氣相液化。而在溫度非常接近 T_e 時，液化的速度非常慢，要有明顯的液化速率通常需要適當的過冷(supercooling)，即溫度要低於 T_e 一段距離才能明顯液化，此爲相變化自然的現象，以下將討論此一問題。

相變化需先經由孕核產生，在氣體液化時，必由氣體原子或分子聚集一起成一小滴，此一小滴較像液體；假設此一小液滴半徑爲 r。形成此小液滴必同時產生一個氣/液界面，若以 γ_{lv} 代表形成 1 m^2 的界面所需的能量，則形成此一球形液滴需要 $4\pi r^2\gamma_{lv}$ 的能量。另外，以 ΔG_v 代表液化時單位體積的自由能改變(10-4 式的 ΔG)，則形成液滴的體積自由能變化即爲 $4/3\pi r^3\Delta G_v$。因此氣相中形成一個半徑爲 r 的球形液滴，其總自由能的變化爲

$$\Delta G_r = 4\pi r^2\gamma_{lv} + 4/3\pi r^3\Delta G_v \qquad (10\text{-}5)$$

由於界面能爲正值，所以上式第一項部份爲正值，亦即須能量來產生界面；第二項則當 ΔG_v 爲負值時，即爲負值。兩項之大小分別決定於 r^2 及 r^3；所以總自由能的大小隨液滴半徑而變化的情形會像圖 10-2 所示。當 r 很小時，r^2 較重要；而 r 變大時，r^3 項的重要性漸增加；造成 ΔG_r 在 r 小時爲正值，r 大時漸有變成負值的傾向。其中有一臨界半徑 r^*，當半徑小於 r^*，液滴變大時，其自由能增加；當半徑大於 r^*，則變爲液滴增大時，其自由能下降。也就是說，一顆液滴，當其半徑等於或大於臨界半徑時，則可以自發性長大，而可以稱爲核粒；小於臨界半徑的液滴則有變小的傾向，也可能因氣體原子混亂碰撞其上而變大，是一不穩定狀態，稱爲胚核。此一臨界半徑可從(10-5)式微分爲零時求得

$$r^* = -2\gamma_{lv}/\Delta G_v \qquad (10\text{-}6)$$

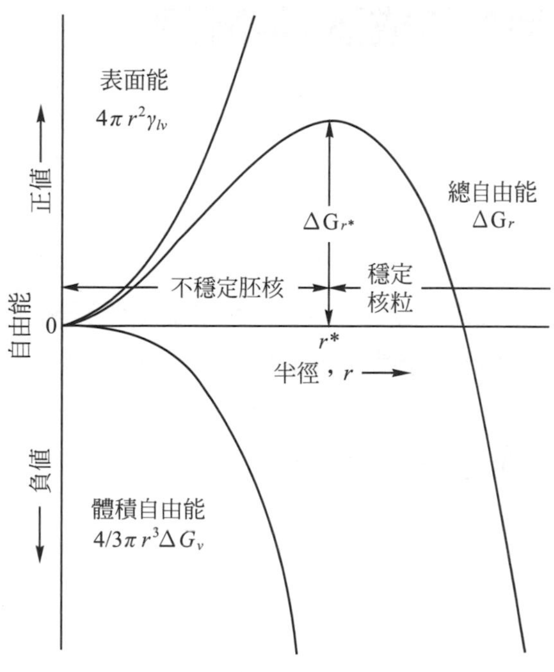

圖 10-2　液滴自由能改變隨液滴半徑而變情形

在臨界半徑時，自由能最大，其值爲

$$\Delta G_{r*} = 16\pi\gamma_{lv}^3 / 3\Delta G_v^2 \tag{10-7}$$

從(10-6)式可知，祇有當 ΔG_v 爲負值時，r*才爲正值，才有物理意義。ΔG_{r*}可視爲此相變化過程所需克服的能障(energy barrier)，亦即此反應之活化能(activation energy)。r*及ΔG_{r*}愈小，則反應愈容易進行。

在兩相平衡時，$\Delta G_v = 0$，則由上二式可知，r*及 ΔG_{r*}都是無窮大，亦即無法孕核產生相變化，是故需有些過冷，使 ΔG_v 爲負值時才可能孕核。過冷度愈大，ΔG_v 絕對值愈大，r*及 ΔG_{r*}愈小，孕核愈迅速。

上面的討論是基於均質孕核(homogeneous nucleation)的情形，需相當過冷度才可明顯孕核；假使在氣體中的灰塵粒子或器壁上孕核，因已有既存界面，可使所需的表面能項較小，而較容易孕核，稱爲異質孕核(heterogeneous nucleation)。

從氣體中凝結液滴是最簡單的一種相變化，在此新相可看成簡單的球形。若是從氣體或液體中產生固體，則必需考慮固相結晶的方位 (orientation)不同，其表面能亦不同；再者結晶核粒成長時，原子必需恰好排入適當晶格位置，因而需考慮原子附著到晶體表面的問題。另外，氣相變成液相尚有一因素可簡化，即沒有牽涉到應變能問題；若是在固相間的相變化，新舊兩相界面上常無法完美地接合，因兩相之晶格參數不一定相同，而造成新舊兩相的變形，此時應變能的因素即不能忽略。最後一點是氣相本身可以運用理想氣體的觀念及動力論作模擬描述，而使問題簡化。

10-2 由液相中形成固相-凝固

液相是一種較不熟悉的狀態，基本上，液相可看成具有短程規律性的原子排列，而且不斷地變化其原子位置。從熔化潛熱的釋放量遠低於蒸發潛熱的事實(約 1/25-1/40)來看，可認爲液相的原子堆積較接近固相者，兩者的配位數相近；但液相中則存有大量未知的缺陷，使其無法達到固相結晶所具有的長程規律結構，也造成液相原子極易移動。此可由擴散係數的測量，發現液相的擴散係數比相近溫度的固相者快幾個數量級獲得證明。由於液相原子極易移動，造成液體具有流動性(fluidity)，亦即無法承受任何剪應力。

10-2-1 凝固過程之自由能變化

在液相中形成固相同樣要有孕核與成長的步驟，其相變化的趨動力是來自自由能的改變，我們可以仿照(10-4)式寫出

$$\Delta G_f = \Delta H_f(T_m - T)/T_m \tag{10-8}$$

ΔG_f是凝固之自由能(體積自由能)變化；ΔH_f凝固熱，通常爲負值(放熱)；T_m爲熔點。當相變化溫度 T 低於 T_m時，ΔG_m爲負值，即液相有變成固相的趨勢。有此趨勢尚不一定會有固體出現，因爲相出現時必有一正值的界面能出現，而可能使總自由能改變爲正值。

假使不考慮固相晶面的影響，且假設從液相中產生一半徑 r 的球形固體，則總自由能的變化(如同上一節氣相凝結液相)

$$\Delta G_r = 4\pi r^2 \gamma_{sl} + 4/3\pi r^3 \Delta G_f \tag{10-9}$$

$$r^* = -2\gamma_{sl}/\Delta G_f = 2\gamma_{sl} T_m/\Delta H_f(T_m - T) \tag{10-10}$$

$$\Delta G_{r^*} = 16\pi\gamma_{sl}^3 / 3\Delta G_f^2 = 16\pi\gamma_{sl}^3 T_m^2 / 3\Delta H_f^2 (T_m - T)^2 \tag{10-11}$$

其中 γ_{sl}爲液/固界面能(J/m^2)；ΔG_f爲體積自由能的變化(J/m^3)；r^*及 ΔG_{r^*}，分別爲臨界胚核半徑及對應之總自由能變化。當過冷度(T_m − T)較大時，臨界胚核尺寸較小，且孕核的活化能也較低，所以較容易孕核。

10-2-2　凝固速率

先看孕核速率，以純金屬的凝固爲例，假設液相中形成固相球形核粒，則凝固孕核速率正比於臨界胚核數目($Ne^{-\Delta G_{r^*}/RT}$)以及原子附著於胚核的速率。若溫度太高、接近熔點的高溫時，孕核速率主要受制於形成臨界胚核的能障(ΔG_{r^*})太大；而當溫度太低時，孕核速率則受制於原子越過固/液邊界的能障；兩者之孕核速率都不大。最大的孕核速率是發生在低於熔點一些(過冷)的時候，臨界胚核的能障不大且原子越過固/液邊界的能障也容易的狀況下。如圖 10-3 所示。

接下來看固/液界面成長情形，可用較具物理意義的過程來分析，把它看成純材料的凝固與熔化速率的差值。凝固過程有一活化能 ΔG^*，而熔化過程的活化能爲 $\Delta G^* - \Delta G$，其中 $\Delta G = G_s - G_l$，即爲液相變成固相時的自由能改變。當溫度低於熔點(T_m)時，則 ΔG 爲負值，傾向於凝固。凝固速率可寫成下式

$$v_f = \alpha_f e^{-\Delta G^*/RT} \tag{10-12}$$

其中α_f爲幾何因子，代表界面上具有足夠熱能越過能障的一個原子移向固相方向的機率及此一原子能進入固相結晶位置的概率。同樣的想法亦可用於熔化速率 v_m，即

$$v_m = \alpha_m e^{-(\Delta G^* - \Delta G)/RT} \tag{10-13}$$

凝固淨速率(就是凝固界面成長速率)$v_n = v_f - v_m$，如圖 10-3 所示，凝固淨速率亦在某一特定的過冷度有一極大值。

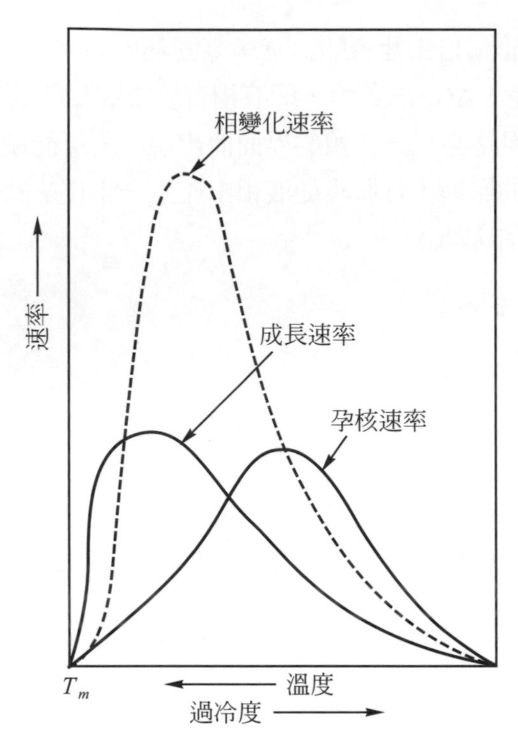

圖 10-3　過冷度(或溫度)對凝固孕核、成長及相變化速率的影響

將上述所討論的孕核速率與成長速率(凝固淨速率)相乘即得到凝固過程的相變化速率，其示意圖如圖 10-3 所示，可知在太高溫(接近熔點)或溫度太低時，相變化速率都很小。太高溫時熱能高，但熱力學上相變化的趨動力不夠，所以反應慢；太低溫時趨動力大但熱能少，亦難以造成相變化。因此在不太低溫而有適當過冷度時，可得到最大的相變化速率。

由於低溫時相變化很難，以若能迅速冷卻到很低溫度，則也可能使某些材料來不及固化結晶而凍結液相結構，如此即會形成無晶質的玻璃相(glassy glasses)，假使是金屬液體，那就會形成金屬玻璃(metallic glasses)。

若將相變化速率取倒數，即代表得到一定相變化量所需的時間，其圖形變成像圖 10-4(a)所示，此即爲 *C* 形曲線。*C* 形曲線可以說是所有需熱能產生相變化的共同特徵。不管是液相中形成固相或各種固相中產生新相的情形，都是這種 *C* 形曲線。

若以固定溫度來看相變化量隨時間而變的情形，則會如圖 10-4(b)所示的 *S* 形曲線。通常要隔一段時間才開始產生相變化，此段時間稱爲潛伏期(incubation time)；然後相變化速率漸加快；約一半相變化量時，速率最快；而後相變化速率逐漸減緩，直到完全相變化。若將許多溫度的 *S* 形曲線作出後，取某一相變化量所需的時間爲橫軸，縱軸爲溫度，則可得到前述圖 10-4(a)。

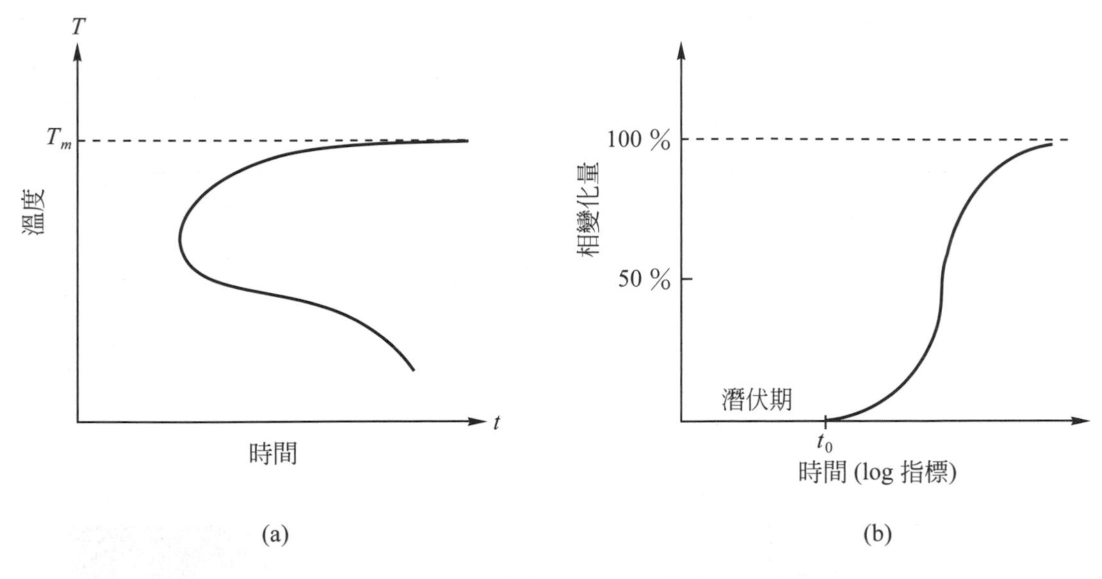

圖 10-4 需熱能產生相變化的 (a) *C* 形曲線 (b) *S* 形曲線

10-2-3 凝固結構

液相凝固後的結構當然是與固相孕核速率及成長速率有密切的關連。若孕核速率很快，而成長速率緩慢，則凝固後將是一種細晶結構；反之，則得到粗大晶粒結構。從凝固微結構來看，過冷度 ΔT 有重要的影響。

看純物質凝固時，固相與液相中的溫度梯度的影響，如圖 10-5 所示。熱量自外部固相取走，所以固相溫度梯度都是正向；而液相溫度梯度可能是正向，亦可能是負向。前者是液體較高溫狀態；後者則是液體較低溫且凝固熱放出，提高界面局部溫度所致。前者之溫度梯度如圖(a)的粗黑線所示，若有任何擾動造成界面突出於液體中，則此突出固體將感受到較小過冷度而成長緩慢，於是漸又回到平面界面狀況，故此種液體之正溫度梯度，造成一平面界面漸漸向液相前進。

在液相溫度梯度爲負的情形，如圖 10-5(b)所示，則假如界面擾動造成固體突入液體中，則將感受到較大過冷度，而有利於此突出更易散熱及結晶成長，造成枝狀成長，最後就凝固成樹枝結構(dendritic structure)。最先長出的枝狀爲一次枝，同樣的道理，在一次枝上可能長出二次枝、三次枝。樹枝生長的方向雖然優先在平行溫度梯度的方向上，但亦受到晶體中那一方位長得快的影響。

以上是純物質的情形，若是合金，則因凝固有先後，其成份也跟著改變。由於先凝固的固相，其溶質含量較少，而將多出的溶質排入液體中靠近固相的界面附近，造成液相中的溶質分佈情形爲界面最高而向內遞減。從相圖知道濃度較大的液相，其平衡凝固溫度較低；濃度較小則凝固溫度較高。所以造成界面前的液相中，平衡凝固溫度隨位置而變，情形會如圖 10-6 所示，即濃度曲線是彎曲下降，而凝固溫度曲線是彎曲上升的。因此即使在界面前的溫度梯度是正値，在界面前的液相亦會形成過冷的情形，如圖所示，此情形在純物質並不出現，純粹是合金液相中組成變化所致，所以稱爲組成過冷(constitutional supercooling)。

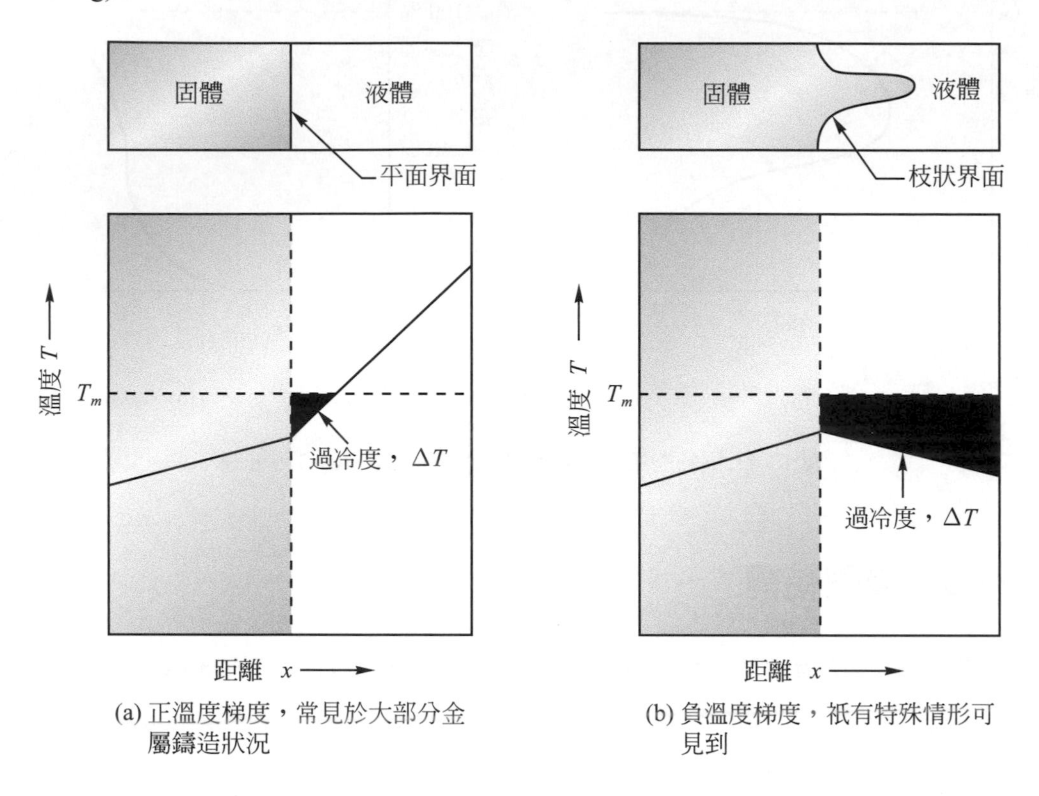

(a) 正溫度梯度，常見於大部分金屬鑄造狀況

(b) 負溫度梯度，祇有特殊情形可見到

圖 10-5 純物質凝固時，液相中(a)正向溫度梯度與(b)負向溫度梯度對固/液界面的影響

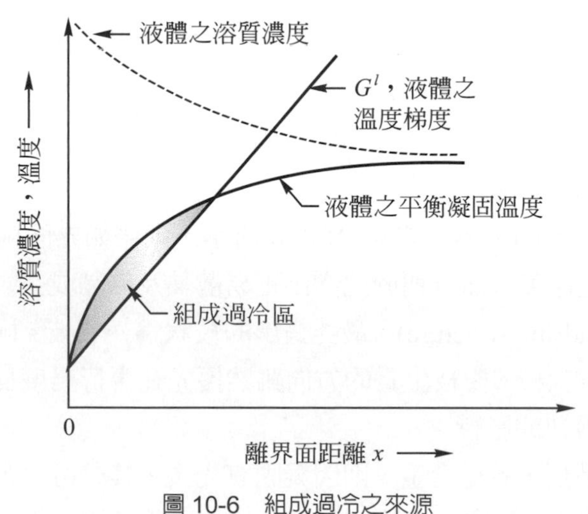

圖 10-6 組成過冷之來源

在純金屬正向溫度梯度是造成平面界面凝固；而合金則有組成過冷可能形成兩種不穩定結構，即胞室(cellular)及樹枝結構。當過冷度不大時，表面的混亂突出衹能前進一點，而可維持此種突起形狀，並整個界面向前移動。由於突出處的固相濃度較小，突起旁邊濃度較大，造成凝固結構的橫切面是由富溶質邊界圍住少溶質區域的細胞狀結構，稱爲胞室結構，如圖 10-7(a)所示爲錫之胞室結構。

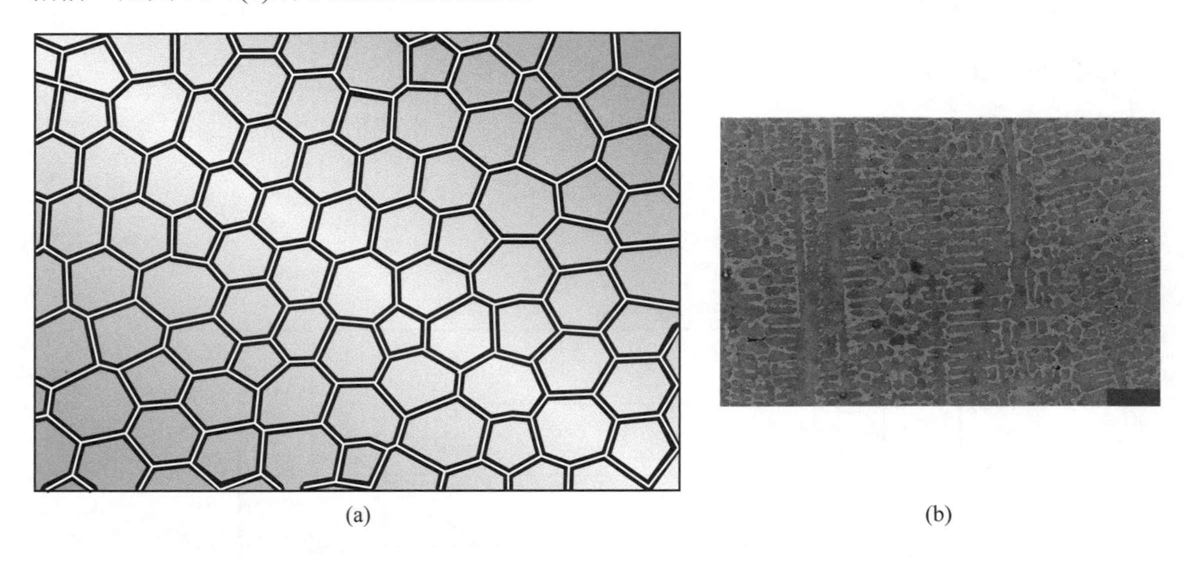

(a)　(b)

圖 10-7　(a)錫之胞室結構(From J.W. Rutter, ASM Seminar, Liquid Metals and Solidification, (1958)243.)，(b) Cu-Ni-Al-Co 四元等莫耳合金之鑄造樹枝晶，垂直方向為熱流方向與一次枝方向，水平方向為二次枝方向(洪育德，國立清華大學碩士論文，2001)

當過冷度變大時，則漸傾向成樹枝結構，與純物質負向溫度梯度情形類似，衹是在合金系統中有液相溶質較多、擴散現象以及過冷層較薄的情形。這些因素會使樹枝結構的形成量受到限制。由於樹枝間液相含較多溶質，所以凝固後樹枝與樹枝間的溶質濃度不同，是爲偏析(segregation)，如圖 10-7(b)所示。此種成份不均狀況，可藉均質化(homogenization)處理來消除。即將凝固結構經高溫(不得高於任何液相出現的溫度)、長時間(約 48 小時)的擴散，使成份均勻。

例 10-1

先結晶的固相溶質較少(純度較高)的現象，可用來純化材料，此即所謂帶熔精煉法(zone refine)，就是在桿狀試樣施以一小區段的局部加熱熔化，然後慢慢單方向移動加熱區，則雜質將由液相逐漸帶到一端。同方向重覆操作多次後，則在試桿中最先固化的一端，即可得到純度極高的材料。圖 10-8 爲 Al-Si 相圖，富矽β相可溶少量鋁：

(a)假設 β 相之固溶線是線性，則在 1300℃之 β 相組成爲何？

(b)一合金含 98Si-2Al，在 1300℃達平衡時將液相除去，則鋁有多少比例被除去？

(c)剩下的固相再 1450℃熔化後，則降到哪個溫度會有新固相產生？

(d)此固相之組成爲何？

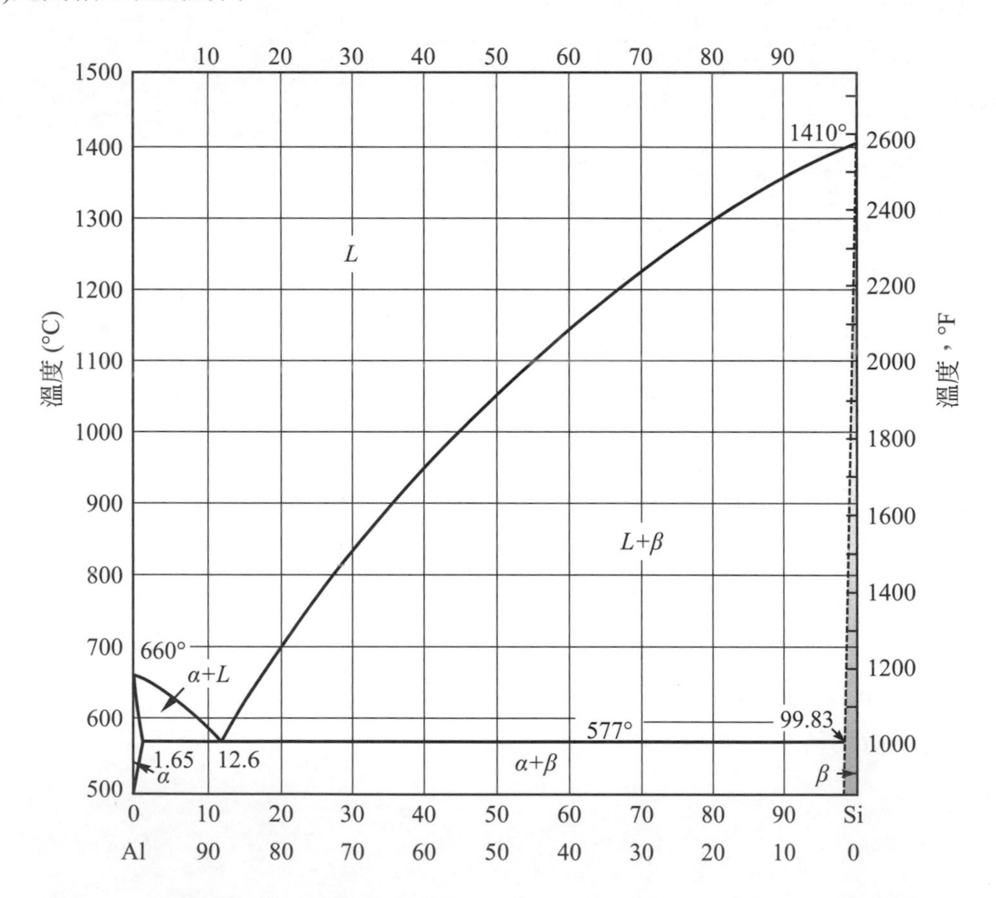

圖 10-8 Al-Si 相圖(From ASM Handbook, vol. 3, ASM International, Ohio, (1992)252)

解 (a) 線性固溶線可依比例算出 β 相含鋁量 C_β 如下

$$\frac{0.17\%}{1410-577}=\frac{C_\beta}{1410-1300}\text{ ；}C_\beta=0.023\%\text{Al}$$

(b) 設合金重量爲 100 g，則由槓桿法則知平衡時液體與固體各有

$$L=100g\times\frac{C_\beta-C}{C_\beta-C_L}=100g\times\frac{0.023-2}{0.023-21}=9.47g$$

β= 100g − 9.4g = 90.6g

∴除掉鋁的比例爲 $\dfrac{9.4g\times 0.21}{100g\times 0.02}=0.99$

(c) 在 1300℃以上，液化線也可以看成近似線性

$$\therefore\frac{21}{1410-1300}=\frac{0.023}{1410-T}\text{ ；}T=1410-0.124(℃)$$

(d) 重複(a)的方法

$$\frac{0.17\%}{1410-577}=\frac{C'_\beta}{0.124}\text{ ；}C'_\beta=0.00003\%\text{Al}$$

由此可知最先固化的 β 相已近於純矽，鋁雜質已經非常少；矽已達 99.99997%。

10-2-4　鑄錠結構

將液相金屬倒入鑄模中使其冷卻凝固，即得鑄錠。所有金屬都是先作成鑄錠，有些鑄錠需再作軋延(rolling)、鍛造(forging)；有些則直接使用。前者是鍛造用材料，後者即爲鑄造用材料。有必要對最基本的鑄錠結構作一番瞭解。

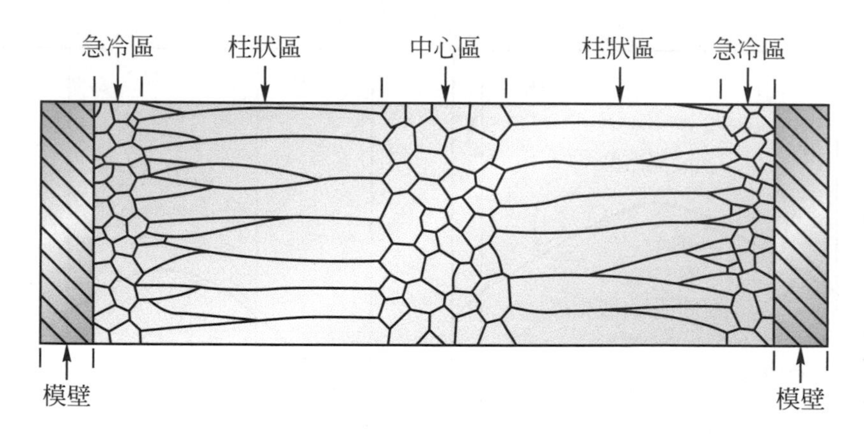

圖 10-9　大型鑄錠斷面之微結構(From Ref. 1, p. 455)

鑄錠結構受到幾個因素的影響，如模溫、液相金屬溫度、模壁散熱、凝固熱、合金成份。可將鑄錠結構分成三個區域，如圖 10-9 所示，靠近模壁的區域有一急冷區(chilled zone)，是等軸晶粒(equiaxed grain)，晶粒方位(grain orientation)是混亂不規則；隨後有柱狀

區(columnar zone)，晶粒呈長柱形，且常有優先方位(preferred orientation)；最後在鑄錠中央有中心區(centra1 zone)，是等軸晶粒且方位雜亂。一般中心區的晶粒較急冷區大，而以柱狀區的晶粒最大。以下討論此鑄錠結構的形成過程。

首先考慮純金屬情形，將液相金屬注入鑄模時，與較低溫模壁接觸的金屬液體急速冷卻，而有相當大的過冷度，孕核速率相當快速(通常是異質孕核於模壁或其鄰近區域)，而產生很多方位雜亂的晶核；由於受到鄰近同時孕出晶核的空間限制，遂形成微細且尺寸均勻的等軸晶粒，此即急冷區的結構。

由於急冷區的凝固會釋放相當高的凝固潛熱(熔化熱)，而容易造成固、液相界面前有負向溫度梯度的出現，有利於長出樹枝狀伸入過冷液相中，乃形成柱狀區；但因連續凝固持續放出的熔化熱很快消除界面前的負向溫度梯度，而使界面前液相又回復到正向溫度梯度，界面得以穩定的前進成長。基本上，柱狀區晶粒是急冷區晶粒的延續，祇是在柱狀區，晶粒成長佔優勢而少有孕核產生，此與急冷區截然不同。另外在成長過程中，平行溫度梯度的優先結晶方位樹枝臂較不平行者成長得快，而使不平行的樹枝臂成長受到抑制，甚至消失；因此柱狀區向模內前進時，晶粒變大，也會有優先方位出現，在圖 10-9 的柱狀區即有畫出晶粒變粗的情形。

對純金屬而言，若是樹枝有斷掉進入模子中心區的液相中(攪拌液相即可能造成此種結果)，且沒有回熔(remelting)，則中心區可能以此殘留樹枝臂來孕核。除此狀況外，純金屬的鑄錠可以柱狀區一直成長到互相接觸爲止，亦即不會有中心區形成。

但是對合金系統而言，除熱過冷外，尙有組成過冷的因素。組成過冷不但促進樹枝的成長，更重要的是它也促進中心區等軸晶粒的形成。當相對面的固/液界面向鑄模中心移動時，其個別的組成過冷終將重疊一起，而造成極大的過冷度，如圖 10-10 所示。其原因有兩個：

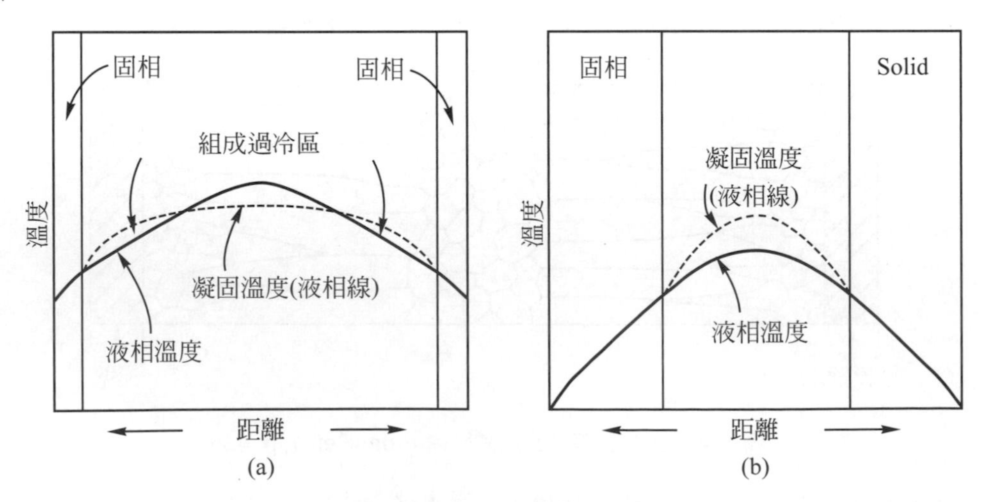

圖 10-10　(a)組成過冷逐漸靠近，(b)最後在中心區重疊，產生極大過冷，而形成中心等軸區

(1) 界面前液相的溶質濃度會漸增加，使界面上的凝固溫度愈來愈低，亦即造成液相中的凝固溫度線較爲上凸；

(2) 界面逐漸接近，中間液體數量減少，熱量很快散逸到固體，而使實際液相溫度曲線變得較爲水平。

因此可得到相當大的組成過冷(雖然溫度梯度仍爲正向)。此一過冷可能再個別孕核而得到等軸晶粒，這些個別孕核的晶核也因熔化熱的釋出而以樹枝晶形成長，直到完全接觸；然後樹枝間也繼續凝固，最後即完成凝固過程。但因過冷度不及急冷區，所以其中心區的晶粒要比急冷區者來得大。

上述鑄錠結構的凝固過程中，我們常以晶粒度(grain size)來說明。實際上一個晶粒就是等於一個個別孕出的晶核，以樹枝狀一直成長到與別的晶核所成長的樹枝晶互相接觸時爲範圍。等軸晶可以任一方向的尺寸來表示晶粒大小，而在柱狀區就要以柱狀晶長及寬來表示晶粒尺寸。至於平面界面前進的胞室結構，則基本上是屬於單晶結構。

10-2-5　鑄錠缺陷

鑄錠缺陷就是指鑄錠內部成份不均或含有孔隙。先後凝固的固體其成份不會一樣，此即鑄錠的一種成份不均的缺陷，稱爲偏析。除偏析外，成份不均的缺陷尚有第二相粒子，如一些氧化物、矽化物、硫化物，懸浮在液相金屬中，而留存在鑄錠結構內，形成一種夾雜物(inclusions)缺陷。

先看偏析情形，基本上可將偏析分成巨偏析(macrosegregation)與微偏析(microsegregation)兩種。其分際在於與一個晶粒尺寸比較，巨偏析是指成份不均的範圍比晶粒尺寸大許多，通常是比較其平均成份；微偏析則是小於晶粒尺寸的成份不均。

巨偏析有來自先後凝固成份不同的情形；也可能源自重力的因素(稱爲重力偏析)，即液相中自由成形的固相晶粒，其密度常與液相不同，而可能上浮或下沈，造成鑄錠上下層的成份不同。Pb-Sb 合金系中，其共晶點是 11.1%Sb 及 262℃，當 Sb 含量超過 11.1%的合金在凝固時，先產生 Sb 初晶，而由於 Sb 結晶的密度比液相小，往往浮在液相上層；最後的鑄錠結構變成上層大多爲初晶銻，而下層則是共晶固相。

另一種巨偏析叫做逆偏析(inverse segregation)，一般合金鑄錠最後凝固的中心區比最先凝固的外圍有較多的溶質；而在某些合金，其樹枝臂在間隙被塡滿之前已延伸很長距離，在特定狀況(如內部有壓力出現)，這些樹枝臂間的管道可能成爲中心液體流到表面的通路，而造成鑄件表面有一層富溶質的薄層，此即逆偏析。像青銅(Cu-Sn)鑄件上的錫汗(tin sweat)即是逆偏析：由於富錫的液體經由樹枝臂間管道從中心區逆流到鑄件表面，而在青銅黃色表面鍍上一層很薄的白色合金(含錫約 25%)。

微偏析如前述圖 10-7 的胞室結構即是，另外更常見的是樹枝晶的內偏析(coring)，即先產生的樹枝臂其溶質含量較低，而樹枝間後凝固的固相則溶質較多。這種內偏析很難抑制，即使快速凝固也不一定能消除。也因為有微偏析，我們才能利用浸蝕液將鑄件蝕刻出對比，而得以觀察到樹枝晶之微結構。

關於孔隙缺陷，除因鑄件冷卻速率不同造成的縮裂(shrinkage crack)外，主要是液體溶解的氣體較多，形成固體時必將多餘的氣體排出；若氣體來不及逸出表面，則將陷在鑄錠內形成氣孔(porosity)缺陷。另外一個主要因素是金屬液體與固體的比體積不同，形成較小體積的固體無法充滿原來由液體所充滿的範圍而留下孔隙。

由凝固時金屬體積的收縮造成的孔隙，主要是鑄錠中心的縮孔(shrinkage)及樹枝間孔隙 (interdendritic porosity)。前者是中心區最後的液體凝固時，由於外殼已固化無法變形，且沒有液體補充凝固的收縮量，而在鑄錠中心產生深長的孔洞。因此常在鑄件上端加上補澆冒口(raiser)，以補充液體減少縮孔。樹枝間孔隙則是在柱狀區樹枝臂間的液體被吸往中心區而留下孔隙的情形。

10-3 鋼之相變化

以下討論固相中常見的相變化。鋼鐵中的相變化研究最多(因用得最廣)，而且也最有代表性。所以我們將優先討論鋼鐵中的相變化及其熱處理，再介紹鋼的硬化能。此外，析出反應及退火現象也是常見的相變化，析出反應將在下一章討論，退火現象則在本章討論。最後一節則簡述一些非金屬的相變化。

10-3-1 波來鐵相變化

從上一章相圖中，我們知道共析碳鋼(0.8%C)在 727℃會由沃斯田鐵變成波來鐵。由於波來鐵是由肥粒鐵與雪明碳鐵兩相組成，其成份跟沃斯田鐵都不一樣；所以很明顯的，沃斯田鐵分解成肥粒鐵與雪明碳鐵的相變化過程需要原子的擴散，此種相變化是屬於擴散型相變化(diffusional trmsformation)；原子需擴散移動很長的距離(與原子間距比較)重新組合成新相，需相當時間來進行此種相變化。另一類型的相變化叫作無擴散相變化(diffusionless transformation)，在其相變化過程原子間相對位移少於原子間距，相變化的速率就非常快，如沃斯田鐵很快冷卻(即為淬火，quenching)，使波來鐵來不及產生，則在低溫時就可能出現此種無擴散相變化，稱為麻田鐵相變化(martensitic transformation)。

研究波來鐵相變化通常都是用恒溫變態(isothermal transformation)的方法，準備兩個鹽浴(salt bath，內含一些食鹽、硝酸鹽等鹽類，在一相當大溫度範圍能維持液態)。第一個是在 727℃以上，用來將小試片變成沃斯田鐵；第二個是在 727℃以下，用來求取各個溫度相變化所需的時間。以許多小試片(如壹圓銅幣大小)懸吊在第一個鹽浴中，使其完全變成沃斯田鐵，再取出數個小試片迅速移入第二個鹽浴(如 680℃)內，每隔幾秒鐘取出一個小試片立刻淬火於冷水(如 0℃) 中。由於波來鐵在室溫是穩定相不再改變，但未變態的沃斯田鐵則轉變成麻田鐵；從浸蝕後的金相試片中，可以看出較易浸蝕、色澤較暗的是波來鐵，而得知有多少部份變成波來鐵。因此即可繪出恒溫變態曲線，如圖 10-11(a)所示，爲 S 形曲線，且需有一段時間才開始產生波來鐵；在 50%左右相變化進行得很快；終了時又慢下來，爲標準的原子擴散型變態情形。

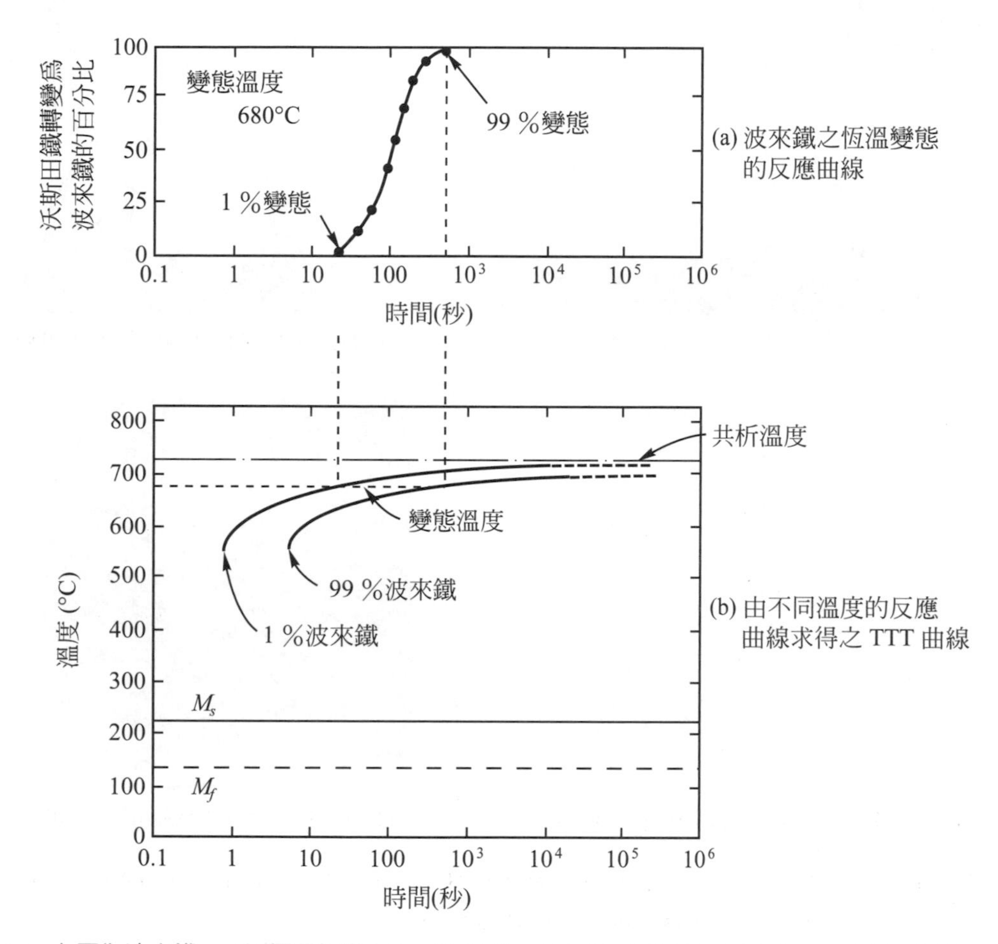

圖 10-11　上圖為波來鐵 680℃恆溫相變化之反應曲線；再由不同溫度之反應曲線，可求得下圖之 TTT 曲線

作不同溫度的恒溫變態反應曲線，我們可以得到圖 10-11(b)的時間-溫度-變態量曲線(time-temperature-transformation curve)，簡稱 TTT 曲線。注意到靠近平衡溫度(共析溫度)時，相變化需很長時間；而過冷度較大時，反應較快，與凝固相變化情形類似，是典型的 C 形曲線。但是在 550℃以下，不再產生波來鐵，而產生另一種相變化(變韌鐵相變化，稍後將述及)。所以波來鐵的 TTT 曲線祇畫到 550℃附近，550℃也是波來鐵反應最快的溫度，不到 1 秒鐘即有波來鐵出現，稱爲鼻端(nose knee)。

波來鐵是一種層狀結構，如圖 10-12(a)所示。較高溫形成的波來鐵(如 700℃)，由於高溫擴散快，加上反應時間長，碳原子能擴散到較遠位置而形成粗波來鐵，層狀間距較大，硬度較低；反之，較低溫形成的波來鐵，如 550℃，則較微細，光學顯微鏡(最大倍率 3000 倍)不易看清楚，硬度也較高。

(a) Fe-0.75C 之層狀波來鐵，500X

(b) Fe-1.40C 之針狀麻田鐵，1000X

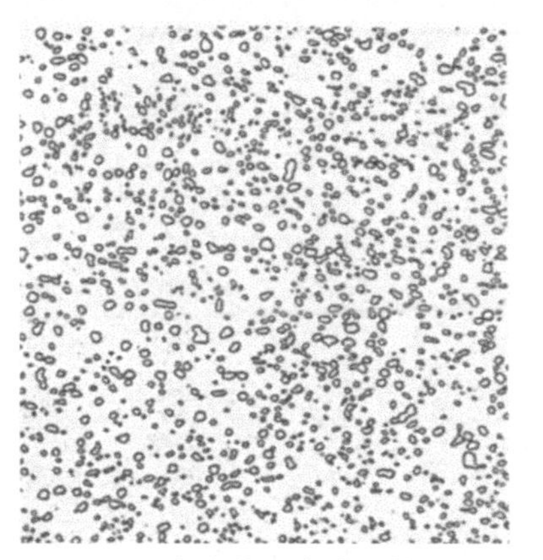

(c) Fe-0.74C 之球狀回火麻田鐵，1000X

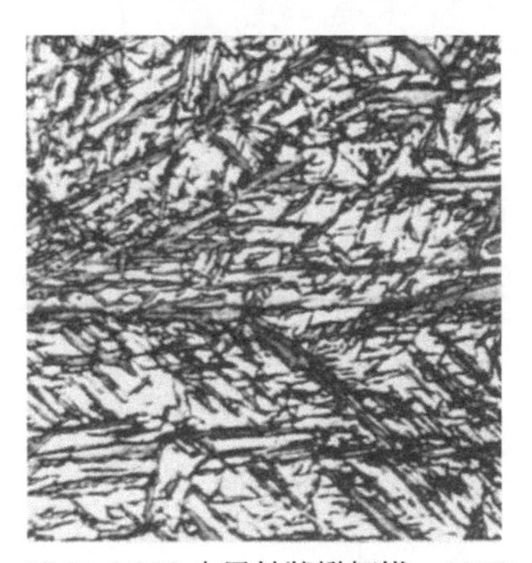

(d) Fe-0.95C 之黑針狀變韌鐵，550X

圖 10-12　碳鋼四種常見的微結構(From Metals Handbook, 9-th Edition,Vol. 9,American Society for Metals, Ohio, (1985)190-194)

波來鐵的孕核與成長都是異質孕核於沃斯田鐵晶界上或第二相上，一般認爲是波來鐵中的雪明碳鐵(cementite，Fe_3C)先出現在晶界上，由於雪明碳鐵的碳含量(6.67%)遠超過原來沃斯田鐵的 0.8%，所以雪明碳鐵成長時會取走其周圍沃斯田鐵的碳，而造成周圍的沃斯田鐵碳含量大量減少，故促進肥粒鐵的出現(因肥粒鐵碳含量很少，約 0.02%)。肥粒鐵孕核出來以後，隨著肥粒鐵的成長，多餘的碳勢必被排擠到周圍的沃斯田鐵中，而使其含碳量增多；增加到某一程度則又出現雪明碳鐵，如此重複即可形成肥粒鐵與雪明碳鐵交替層狀的波來鐵結構。

10-3-2　麻田鐵相變化

共析鋼在 727℃以下，沃斯田鐵已不穩定，若是冷卻較慢，有足夠時間讓碳原子擴散，就可形成波來鐵；但是若快速冷卻通過鼻端，則來不及產生波來鐵。而隨著溫度降低，沃斯田鐵愈發不穩定，則在 215℃左右開始出現另一種相變化，叫做麻田鐵相變化；溫度更低，沃斯田相更加不穩定，產生麻田相的量也增多。開始產生麻田鐵(約 1%)的溫度稱爲 M_s(～215℃)；完全變成麻田鐵的溫度稱爲 M_f(～ −40℃)。通常我們會將 M_s 與 M_f 標示在 TTT 曲線圖上(參閱後面圖 10-15)。麻田鐵是甚麼呢？它是保留沃斯田母相的成份，但其晶體結構不是原來沃斯田相的 FCC 結構，而是變成接近 BCC 的 BCT 結構(體心正方晶)，如圖 10-13 所示。本來 FCC 的結構就可以看成 BCT 的結構，祇是其晶胞的晶格參數 c/a 比值爲 1.414；但是在 BCT 麻田鐵的 c/a 比值則爲 1.036 (BCC 肥粒鐵的 c/a 比值爲 1)。原先分佈在 FCC 體心及邊線中央的碳原子在變成麻田鐵時，並未重新分佈，所以大都在 BCT 的 c 軸上，因而使 c 軸拉長；碳原子愈多，c/a 比值就愈大。

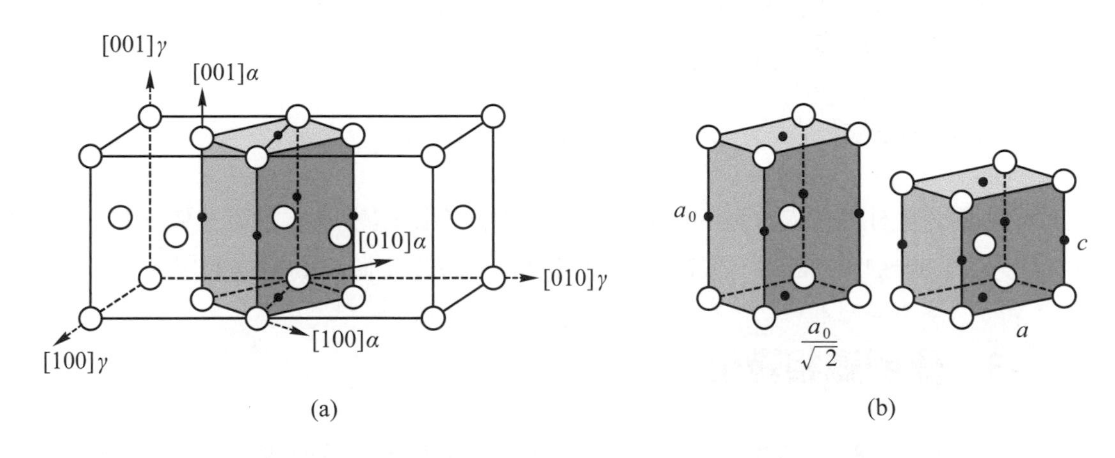

圖 10-13　沃斯田鐵變成麻田鐵的晶胞間關係，○代表鐵原子，● 代表碳原子。(a)FCC 沃斯田鐵母相可看成 BCT，(b)比較沃斯田鐵之 BCT 與麻田鐵之 BCT

麻田鐵微結構是一種針葉狀或板狀的外形，如圖 10-12(b)所示。由於共析鋼的麻田鐵晶體結構對稱性較差，且固溶多量的碳原子，造成具有高強度且硬、脆的特質，通常不直接使用。麻田鐵是一種介穩相(metastable phase)，在室溫下看不出明顯變化，但是若加熱到較高溫(如 400℃)，則麻田鐵會分解成肥粒鐵加上雪明碳鐵，此種熱處理稱爲回火(tempering)，得到之結構稱爲回火麻田鐵(tempered martensite)。此與波來鐵一樣是肥粒鐵與雪明碳鐵的雙相結構；但波來鐵是層狀，而回火麻田鐵則是雪明碳鐵顆粒散佈在肥粒鐵基地上，如圖 10-12(c)所示。

回火麻田鐵是較穩定的結構，有較佳的韌性、延展性，可依需要作不同溫度、時間的回火處理得到適當的強度與韌性。回火溫度愈高、時間愈久，則回火麻田鐵的韌性愈高，但強度、硬度愈低。事實上，鋼鐵中的麻田鐵相變化祇是眾多麻田相變化的一種而已，在其它金屬甚至高分子材料及陶瓷材料亦有麻田相變化，祇要是不需原子擴散而祇有晶格扭曲、剪移、旋轉成一新相的相變化，都可稱爲麻田相變化(martensitic transformation)。

例 10-2

沃斯田鐵變成麻田鐵時體積有所變化，室溫下含 1.0%C 的沃斯田鐵晶格常數 $a = 0.3592$ nm；而麻田鐵的晶格常數 $a = 0.2848$ nm，$c = 0.2977$ nm。試計算室溫下沃斯田鐵變成麻田鐵之體積改變。

解 將沃斯田鐵 FCC 結構看成 BCT，此一 BCT 晶胞含 2 個鐵原子，其體積爲

$$V_A = a \times \frac{a}{\sqrt{2}} \times \frac{a}{\sqrt{2}} = \frac{(0.3592)^3}{2} = 2.315 \times 10^{-2}\ \text{nm}^3$$

麻田鐵的 BCT 晶胞亦含 2 個鐵原子，其體積爲

$$V_A = c \times a \times a = 0.2977 \times (0.2848)^2 = 2.414 \times 10^{-2}\ \text{nm}^3$$

∴沃斯田鐵變成麻田鐵之體積改變爲

$$\frac{V_M - V_A}{V_A} = \frac{2.414 - 2.315}{2.315} \times 100\ \text{vol\%} = 4.3\ \text{vol\%}$$

長度變化約爲體積變化的三分之一，所以爲 4.3%/3 = 1.4 %。

此一體積改變對所有碳含量的碳鋼都類似，因沃斯田鐵變成麻田鐵主要是將 c/a 比值由 1.414 變爲 1.00～1.09 之間，碳含量不同只使麻田鐵的比值略爲變化而已。

10-3-3 變韌鐵相變化

在 10.3-1 小節中有提到共析鋼在冷卻到 550℃以下時，不再形成波來鐵，而出現另一種相變化，叫做變韌鐵相變化(bainite transformation)。變韌鐵與波來鐵都是一種雙相結構，由肥粒鐵與碳化鐵構成。在純粹鐵碳合金中，波來鐵與變韌鐵相變化的 TTT 曲線會重疊；但是若合金中含有一些置換型合金元素，則常可以將兩種相變化曲線分開而易於研究。

變韌鐵相變化最令人困惑的一點就是它具有雙重特性，在許多方面它與波來鐵相變化一樣，具有典型的孕核、成長過程，有恒溫變態的 S 形曲線；不過，它同時亦具備麻田鐵相變化的特徵，如溫度不夠低時，無法完全變成變韌鐵；與麻田鐵相變化的 M_s、M_f類似，變韌鐵相變化亦有 B_s、B_f溫度。

在變韌鐵相變化過程，均勻分佈在沃斯田鐵的碳會濃縮到高碳含量的局部區域(形成碳化鐵)，而留下幾乎沒有碳的基地(形成肥粒鐵)。所以變韌鐵的形成含有成份的改變，需藉助碳原子的擴散，此點顯然與麻田鐵不同。不過，變韌鐵反應中，置換型合金元素並不重新分佈，亦即肥粒鐵與碳化鐵中的置換型合金元素的數量都一樣。對高溫波來鐵而言，所有合金元素(包括碳及其它置換型合金元素)都需要重新分配。所以純鐵碳合金的相變化

中，波來鐵與變韌鐵相變化都是祇有碳原子在擴散(沒有其它合金元素)，造成兩者之 TTT 曲線重疊；而含大量置換型合金元素的鋼鐵，波來鐵相變化速度較變韌鐵慢(因合金元素擴散慢)，即變韌鐵 TTT 曲線較波來鐵提前，而可分開。雖然變韌鐵也是雙相結構，但卻不是波來鐵的層狀結構，因爲變韌鐵的形成機制較類似於麻田鐵相變化，所以變韌鐵亦會長成針葉形狀；祇是麻田鐵通常數分之一秒即完成相變化，而變韌鐵可能需數分鐘到數小時才能完成相變化，因它需要碳原子的擴散。

變韌鐵的微結構相當細微，通常需要數千倍以上才看得清楚。前面圖 10-12(d)是較低溫形成的變韌鐵，圖上的針葉狀即爲變韌鐵，內含極微細的碳化鐵散佈在肥粒鐵基地上(需更高倍率才看得出來)。由其微結構的特徵，我們也可猜測出變韌鐵的機械性質，基本上是介於波來鐵與麻田鐵之間，亦即其強度比波來鐵大，而韌性比麻田鐵高，是一種強韌的微結構。

10-3-4 完整的 TTT 曲線圖

由上面的敘述，我們可以知道共析鋼從高溫的沃斯田相冷卻下來時，在較高溫會形成波來鐵；較低溫會形成變韌鐵；若兩者都不出現，則產生麻田鐵。可以畫出完整的 TTT 曲線如圖 10-14 所示，爲 1080 碳鋼的 TTT 曲線圖，是恒溫變態的情形。在 550℃以上沃斯田鐵完全變成波來鐵；在 550～450℃波來鐵與變韌鐵混合出現；在 450～215℃祇有變韌鐵形成，且溫度低，相變化速率慢；若急速冷卻而未形成波來鐵與變韌鐵時，則產生麻田鐵，溫度愈低，麻田鐵量愈多。

圖 10-14 尚繪出幾條任意的時間-溫度路徑，藉以瞭解 TTT 圖的使用原理。先將試樣在 727℃以上沃斯田化後再冷卻

路徑 1： 試樣急速冷卻到 160℃，並維持一段時間。由於冷卻太快，來不及形成波來鐵，在 M_s 之前仍爲不穩定的沃斯田相，通過 M_s 後即開始產生麻田鐵，到 160℃大約一半沃斯田鐵形成麻田鐵。由於恒溫下形成的麻田鐵很少，所以維持一段時間，麻田鐵的含量仍然 50%左右。

路徑 2： 先冷卻到 250℃保持 100 秒，由於時間尚不足以形成變韌鐵，所以再淬火到室溫時則完全變成麻田鐵。此種冷卻路徑稱爲中斷淬火(interrupted quench)，可以使試片表面及中心幾乎達到同一溫度，而能再次淬火時同時轉變成麻田鐵，較不易淬裂。

路徑 3： 在 300℃恒溫維持 500 秒的時間，產生一半變韌鐵及一半沃斯田鐵殘留的結構；再第二次淬火到室溫，則得到一半麻田鐵一半變韌鐵。假使一直在 300℃恒溫保持到完全變成變韌鐵(如 5000 秒)，則全部變爲變韌鐵，然後再冷卻到室溫，結構不再改變，此一處理即稱沃斯回火(austempering)。

路徑 4： 在 600℃維持 8 秒，即將沃斯田鐵完全(99%)變成微細波來鐵，此一結構相當穩定，即使維持 10^4 秒也不改變結構，所以冷卻到室溫時，得到微細波來鐵的結構。

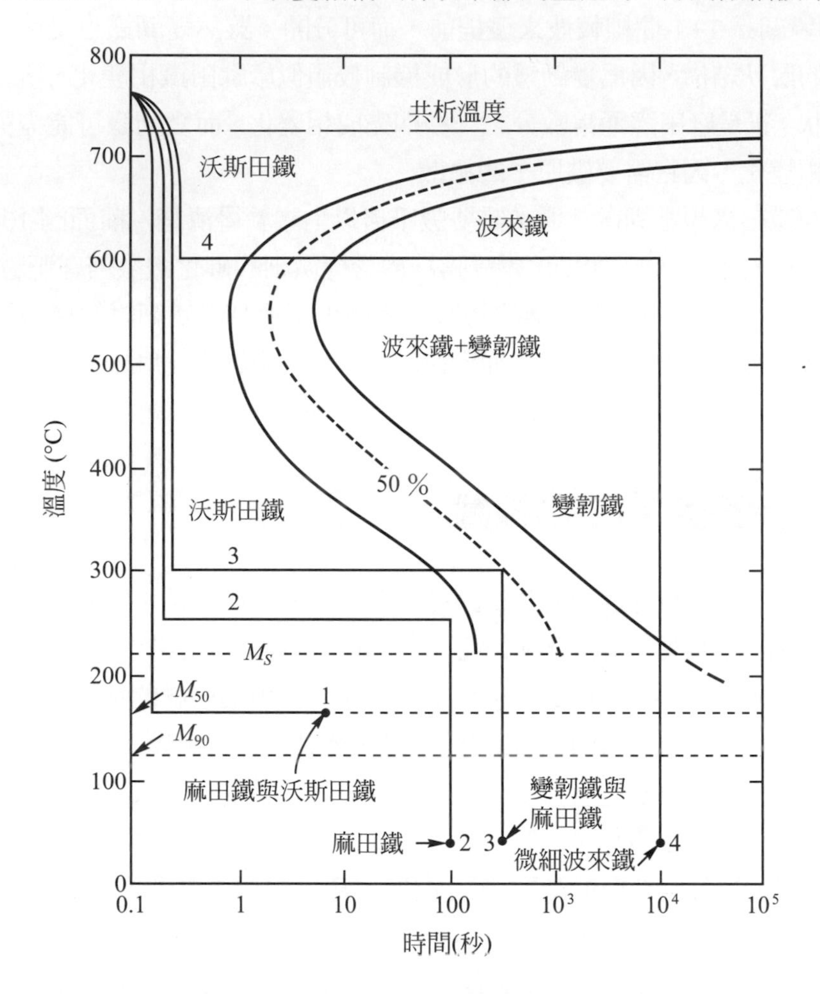

圖 10-14 Fe-0.80C 共析鋼的 TTT 曲線，圖上並畫出數條冷卻曲線(From Ref. 1, p. 622)

對於非共析成份的碳鋼也同樣可作出其 TTT 曲線圖。與共析鋼(0.8 %C)的 TTT 曲線比較，有兩個重要不同。第一點是非共析碳鋼的波來鐵反應比共析鋼快；第二點是非共析鋼在形成波來鐵之前有前共析(proeutectoid)產物產生。即亞共析鋼有前共析肥粒鐵先產生；過共析鋼則有前共析雪明碳鐵先出現。即使很快冷卻也很難完全避免前共析產物的出現。另外值得注意的是碳含量愈高，麻田鐵愈難形成，其 M_s、M_f點愈低。

10-3-5 CCT 曲線圖

上述之 TTT 曲線圖是以恒溫變態所作出來，而實際上的熱處理，基本上都是一種連續冷卻的情形，即從沃斯田相溫度直接連續降溫下來的情形，其相變化曲線與 TTT 曲線稍有不同，稱爲連續冷卻曲線(continuous coo1ing transformation curve)，簡稱 CCT 曲線。

圖 10-15 為共析鋼的 CCT 曲線，圖上尚用虛線畫出 TTT 曲線，兩相比較可看出有兩點不同。

第一點是 CCT 曲線在 TTT 曲線的右下方，亦即連續冷卻需更久的時間才能變成波來鐵。因為連續冷卻過程必定有段時間花在較高溫處，而較高溫要產生波來鐵需較久的時間，所以 CCT 曲線較 TTT 曲線慢一些。第二點不同的地方是 CCT 曲線沒有變韌鐵相變化的部份。冷卻較慢則完全形成波來鐵，不會再相變化；冷卻較快，則因待在變韌鐵區域時間太短，仍無法產生變韌鐵。因變韌鐵愈低溫所需的變態時間會急速增長(對純碳鋼而言)，冷卻下來是得到波來鐵及麻田鐵，若有變韌鐵的話也是非常少量。這種 CCT 曲線沒有變韌鐵相變化的原因，是因純碳鋼中波來鐵與變韌鐵相互重疊之故；若有大量置換型合金元素存在，則可能使變韌鐵的 TTT 曲線向左移而與波來鐵者分開，此時 CCT 曲線就會有變韌鐵相變化產生。

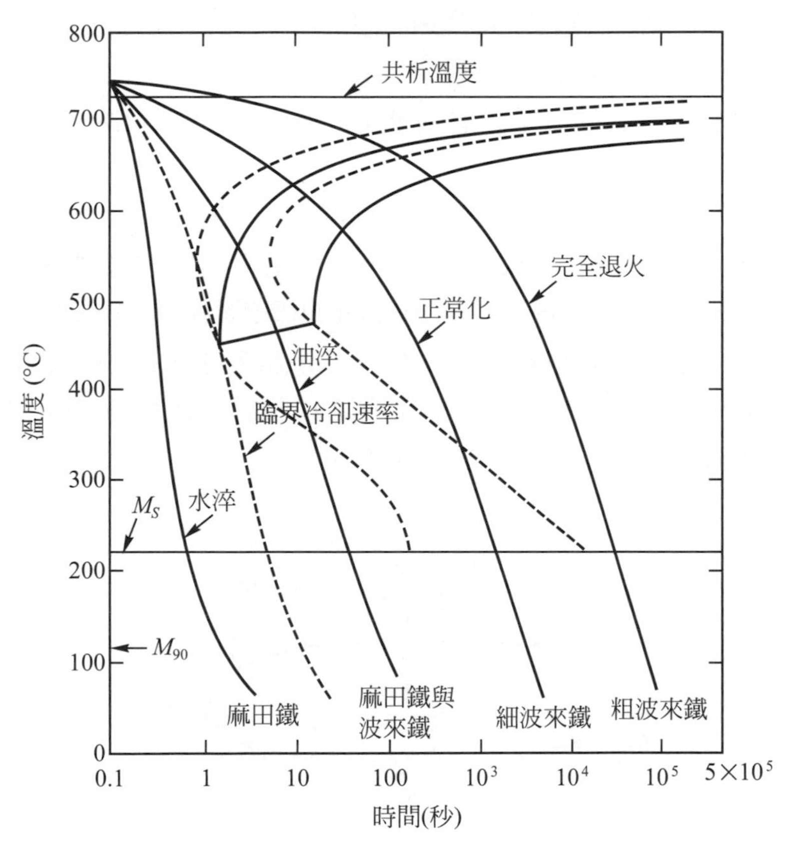

圖 10-15　Fe-0.80C 共析鋼的 CCT 曲線，圖上並畫出數種冷卻方法得到的微結構 (From Ref. 1, p. 634)

圖 10-15 標出數條不同冷卻曲線，來說明不同冷卻速率如何產生不同的微結構。標示完全退火(full anneal)的曲線是代表極緩慢的爐冷，即將已完全沃斯田化的試片留在爐內，關掉熱源，使其以約一天的時間冷卻下來，此種狀況相變化的溫度接近共析溫度，而得到粗波來鐵；標示正常化(normalizing)的曲線，則代表從爐中取出置於空氣中，作中等冷卻

速率，此狀況相變化的溫度約在 550～600℃，得到微細波來鐵結構；標示油淬的冷卻曲線是代表更快一些的冷卻速率，如將爐中的試片取出置於油浴中即是，得到細波來鐵與麻田鐵混合的微結構。標示水淬是淬於水中，冷卻速率最快，來不及產生波來鐵，而得到全部變成麻田鐵的結構。標示虛線是代表產生完全是麻田鐵的臨界冷卻速率，冷卻速率快於此則全部變成麻田鐵；慢於此臨界冷卻速率，則無法得到完全麻田鐵的結構，此一臨界冷卻速率的大小直接關係到此鋼鐵材料的硬化能(hardenability)，以下將詳述之。

10-3-6 鋼之硬化能

從上述 TTT 曲線及 CCT 曲線的知識，我們已經知道冷卻速率愈快，愈容易得到麻田鐵，硬度也愈大。但每一鋼料的 TTT 曲線不同，獲得全部是麻田鐵的難易程度也不同。此種鋼料獲得麻田鐵而硬化的難易，即是鋼的硬化能。硬化能較大的鋼種，較慢的冷卻速率也可得到全部是麻田鐵，較大的零件也容易全面硬化；硬化能較小的鋼種，需較快冷卻才能得到麻田鐵，祇有截面較小的試片才可能全面硬化；截面太大時，內部的冷卻速率較慢，不易硬化。

一個鋼種的硬化能大小雖可以從 TTT 或 CCT 曲線的資料獲得；但在實用上，則以簡易的爵明立端面淬火法(Jominy end-quench test)，直接測出其硬化能曲線。此法的裝置如圖 10-16 所示，將一直徑爲 25 mm，長爲 100 mm 的標準試棒，先經沃斯田化處理後；一端固定，另一端以一定的水柱上噴而淬火，待完全冷卻後；將鋼棒側面磨出一平面，而從淬火端開始，每隔一段距離(如 2 mm)測其硬度值，而可以得到硬度隨位置而變的曲線，稱爲硬化能曲線(hardenability curve)，如圖 10-17 所示。

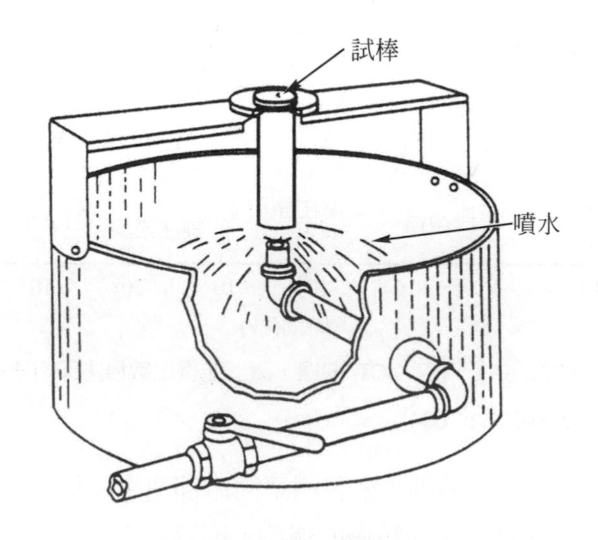

圖 10-16 爵明立端面淬火法測量鋼之硬化能的裝置

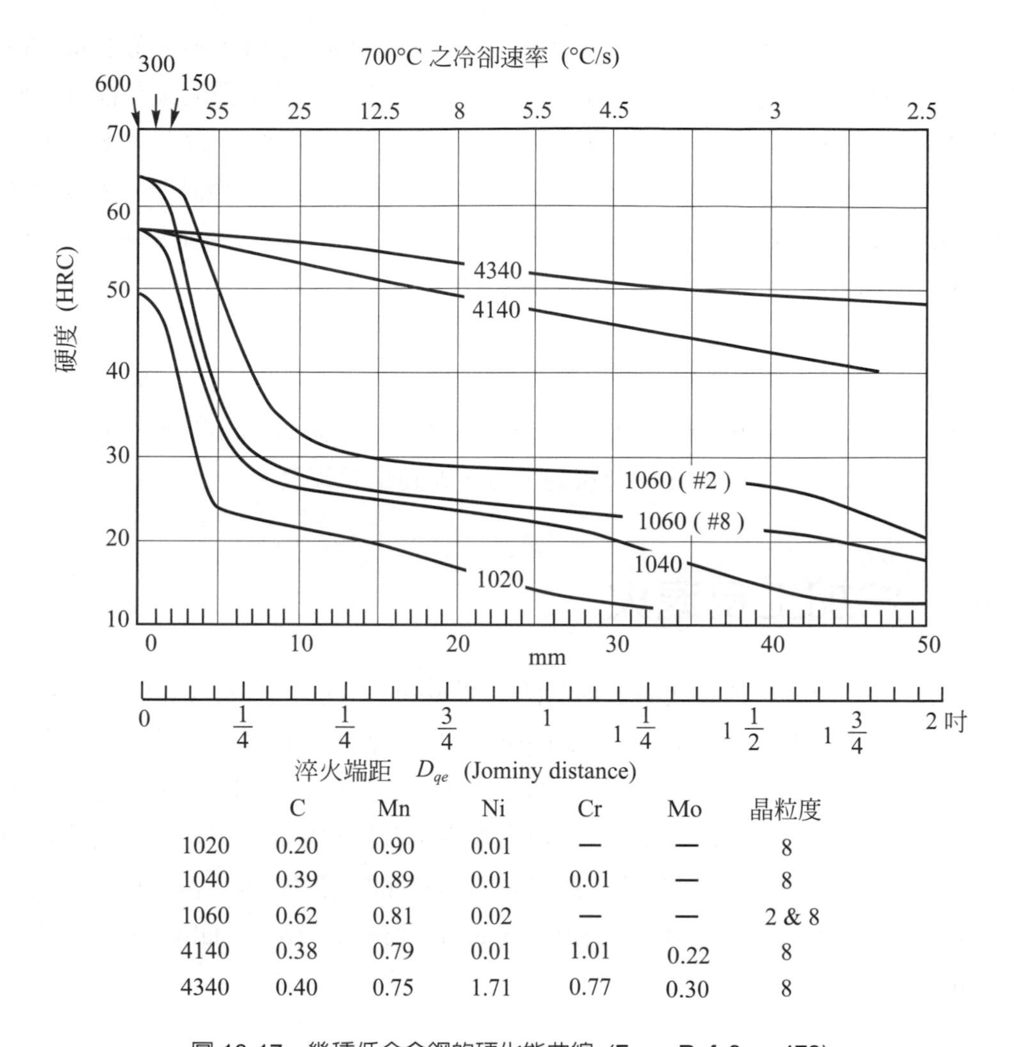

	C	Mn	Ni	Cr	Mo	晶粒度
1020	0.20	0.90	0.01	—	—	8
1040	0.39	0.89	0.01	0.01	—	8
1060	0.62	0.81	0.02	—	—	2 & 8
4140	0.38	0.79	0.01	1.01	0.22	8
4340	0.40	0.75	1.71	0.77	0.30	8

圖 10-17　幾種低合金鋼的硬化能曲線 (From Ref. 2, p. 472)

對所有碳鋼及低合金鋼(合金總含量少於 5%)而言，主要成份是鐵，其熱傳導可視為相同，亦即各種低合金鋼的硬化能試棒各位置的冷卻速率都類似。以淬火端直接水淬的冷卻速率最快，而隨著距離淬火端愈遠，冷卻速率愈慢。因此相同位置不同鋼種所呈現的硬度大小，就是指特定冷卻速率下，鋼種所得到的淬火硬度。從硬化能曲線中，可以獲得某一鋼種在已知冷卻速率下的硬度為若干；反之，已知某一鋼料的硬度時，則可推算其冷卻速率為多少。圖 10-17　中畫出幾種低合金鋼的硬化能曲線，其差異源自 TTT 曲線的不同。從圖上可歸納三個影響硬化能曲線的因素。

第一個是碳含量，碳鋼的碳含量在共析成份以下時，碳愈多則愈容易硬化，如圖 10-17 中所示，比較 1020、1040 與 1060 三條硬化能曲線，可看出碳愈多，硬化能愈好。此可從亞共析鋼的 TTT 曲線比共析鋼者容易產生波來鐵相變化而得知，因為碳愈多需擴散重新分配的時間也愈多。

第二個因素是合金元素，如圖 10-17 中所示，比較 4340 與 1040 兩條硬化能曲線，可看出同樣含 0.40%C，而 4340 的硬化能遠勝於 1040。事實上純碳鋼的硬化能都不好，需在極快冷卻才能完全硬化。合金元素的作用主要是形成波來鐵時，合金元素亦需重新分配，而合金元素多爲置換型元素，其擴散速率遠比填隙型之碳原子慢許多，因而減緩沃斯田鐵變成波來鐵，也就是較慢冷卻亦不產生波來鐵。易言之，即容易產生麻田鐵相變化，所以其 TTT 曲線向右移，而使其硬化能比碳鋼好許多。

第三個因素是沃斯田鐵晶粒大小，前面已知沃斯田鐵晶界處是波來鐵優先孕核的位置，晶界愈多就愈容易產生波來鐵相變化，所以有較多晶界的細晶結構較粗晶結構的硬化能差。如圖 10-17 中，1060 碳鋼的 8 號晶粒(平均晶粒尺寸約 20 μm)的硬化能曲線在 2 號晶粒(晶粒約 160 μm 大小)的硬化能曲線的下方，即硬化能較差。

10-4　冷加工及退火

冷加工及退火是將材料製成所需形狀的必要步驟。冷加工(cold working)是指在低溫(如室溫)下加以塑性變形；而退火(annealing)則是指已冷加工的材料加熱到較高溫度使其軟化。冷加工到一定程度後，即無法進一步加工，否則會破裂；退火則可將加工材軟化，如此即可進一步冷加工。基本上冷加工及退火都不包含相的變化，但是因爲有明顯的微結構變化及導致性質改變，所以仍然將其歸於動力學方面的相變化來討論。以下將依序討論加工的情形以及退火的三個步驟：回復(recovery)、再結晶 (recrystallization)、晶粒成長(grain growth)。

10-4-1　冷加工

在討論冷加工造成內部微結構及性質變化之前，我們先定義一個冷加工量表示冷加工的程度，冷加工量可表示爲變形之截面積減少量，即

$$\text{冷加工量}(\%) = \frac{A_o - A_f}{A_o} = 100\%$$

其中 A_o、A_f 分別是變形前後的橫截面面積。

在微結構方面，塑性變形會使差排產生移動、增加差排的數量，也會增加點缺陷的含量；另外差排在移動過程會彼此交叉干擾而形成差排糾結(entangled)的現象。在完全退火未塑性變形的金屬，其差排的密度大約在 10^6～10^7 cm^{-2}；而在大量加工的金屬可達 10^{12} cm^{-2}。若以光學顯微鏡來觀察，則如圖 10-18 所示，爲三七黃銅(Cu-30%Zn)未加工、30、50 及 70%冷加工的微結構。比較可知冷加工造成微結構的改變有下列四點：

(1) 冷加工會產生許多滑線(slip line)，這些滑線即爲差排所在位置經浸蝕後顯現，每一條滑線代表一個滑動平面，上面可能累積許多差排。加工量愈大，滑線愈多愈複雜。

(2) 冷加工會使晶粒沿加工塑性流動方向延伸，加工量愈大，此現象愈明顯；亦即會有沿加工方向晶粒拉長的情形，在軋延冷加工則最後變成牛舌餅(長薄餅)的晶粒形狀。若有第二相介在物，也會在軋延冷加工時，沿加工方向拉長、斷裂成點線狀。

(3) 冷加工會使晶界及雙晶界受滑線交叉通過而模糊，不再有明顯的界面。

(4) 冷加工亦可使晶粒方位改變，最後會沿著加工方向趨向於同一方位，此一情形稱爲織構(texture)，常要特殊金相技術(偏極光)才能看到，或用 X-光繞射分析。

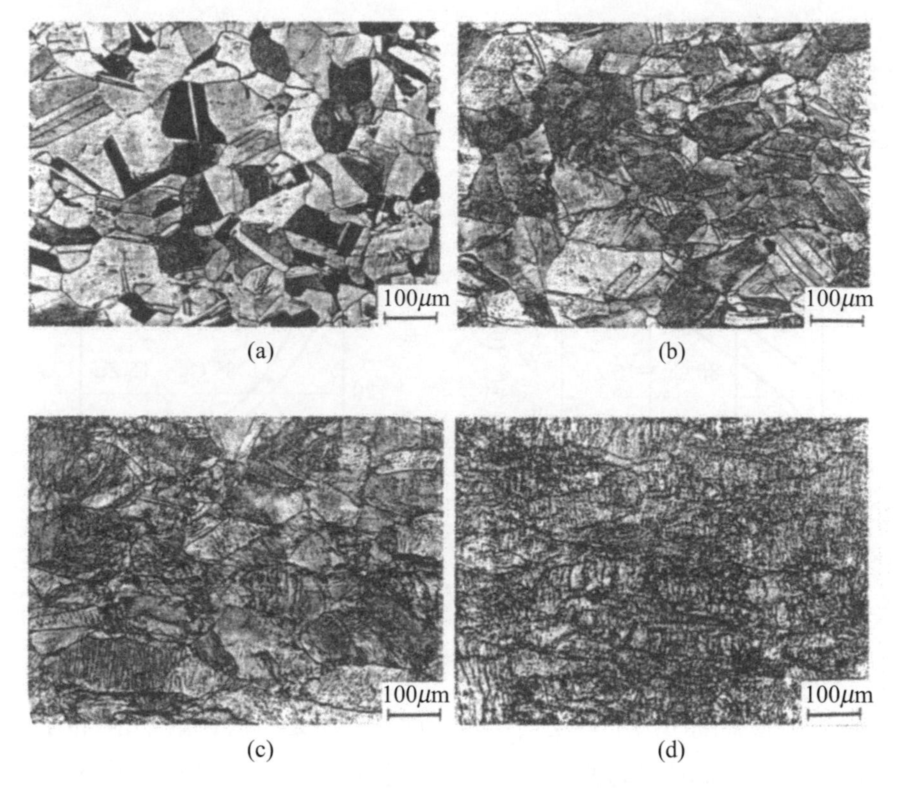

圖 10-18　三七黃銅(a)未加工、(b)30 %、(c)50 % 及 70 % 冷加工軋延面的微結構

另外冷加工造成的點缺陷增加及疊差(stacking fault)現象，則在光學顯微鏡下觀察不到。

冷加工造成微結構的變化當然會反映在機械性質及電性質上。圖 10-19 是黃銅(銅鋅合金)的冷加工量對其機械性質的影響，對硬度、抗拉強度、降伏強度而言，冷加工量愈大，這些機械性質也愈高，但有飽合的趨勢；而對伸長率及韌性方面的機械性質，則是冷加工量愈大，其數值愈低。這些變化主要是冷加工使差排增加及差排糾結，造成差排移動而變形的困難度增加，所以傾向於強硬但較脆的現象，稱爲加工強化(work hardening)。

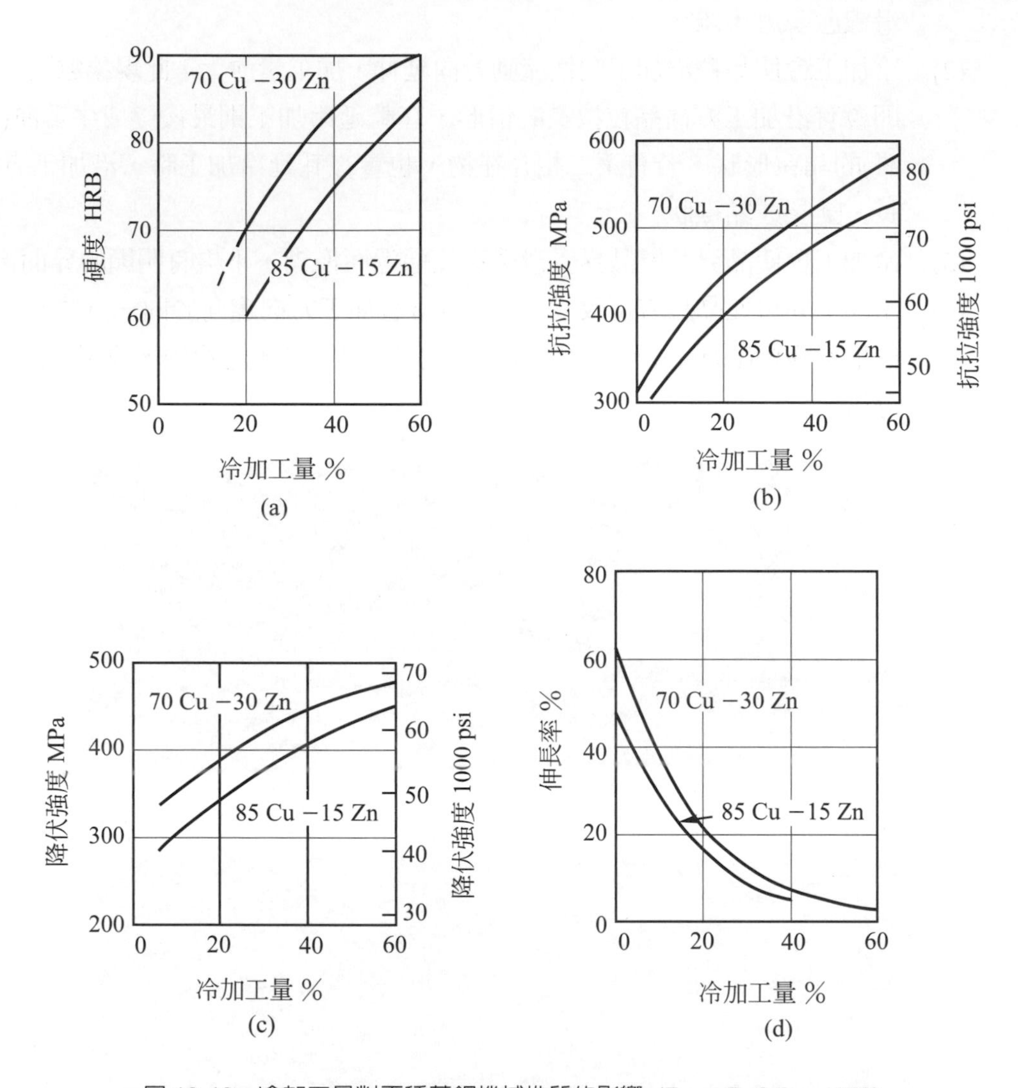

圖 10-19 冷加工量對兩種黃銅機械性質的影響 (From Ref. 2, p. 176)

若從電阻率來看，則冷加工會使其電阻率增加。主要是因爲缺陷增加(空位及差排)使晶格上的原子不在正規位置的數量增加，而使電子在晶格內運動時，容易遭受散射(scattering)，造成電子的平均自由路徑減少而升高其電阻率。

冷加工時所輸入的能量大都以熱能形式散出，而大約有十分之一的加工能量會以缺陷形式儲存在材料內部，此即應變能(strain energy)。此狀態的材料，其自由能較高，因此若升高溫度增加原子活動能力，則可能導致原子重新排列，減少缺陷並釋放出應變能，而變成較完美晶體的低能量狀態，此即所謂退火(annealing)處理。依照其微結構及性質的變化情形，我們將退火處理分成三個步驟，最早發生的是回復，其次爲再結晶，最後是晶粒成長。三階段並沒有非常明顯的界限。有些材料是以回復爲主，有些則是主要爲再結晶現象，而一旦再結晶完成則隨時有晶粒成長現象。

10-4-2 回復

冷加工後的金屬，在退火初期(較低溫退火或較短時間退火)會產生回復。此階段微結構上變化不大，主要是點缺陷的相互抵消，如空位與填隙的點缺陷相互接觸而成爲完美晶格；另外可能有差排作短距離移動而進入較低能量位置(或少部份的差排相互抵消，正刃差排與負刃差排抵消；左旋差排與右旋差排抵消)，而形成差排較規則排列的差排胞室結構(dislocation ce1l structure)；即差排聚集在胞壁，而胞內差排較少。此種結構也可稱爲次晶粒 (subgrain)。光學顯微鏡上，回復現象能夠看到冷加工的滑線會變得較清楚，如圖 10-20(a)所示。

回復現象造成的性質變化，以機械性質來說，並無明顯變化，可是在電阻率上卻有明顯的下降(參考圖 10-21)。主要是因爲差排數量(關係到機械性質)在回復過程沒有大量下降；而點缺陷(影響到電阻率)卻大量消除的緣故。

圖 10-20　三七黃銅冷軋 70%後，在(a)300°C、(b)400°C、(c)500°C、(d)700°C退火 30 分鐘的微結構。顯示 300°C只有回復，400°C有部分再結晶，500°C已完全再結晶，700°C則有晶粒成長

10-4-3 再結晶

再結晶是退火處理最重要的階段，在此階段，微結構及性質都有明顯的變化。從微結構觀點來看，所謂再結晶是指從儲存應變能的結構中重新孕核出無應變的細小晶粒，差排在再結晶過程會大量消除。圖 10-20(b)爲部分再結晶，無應變的小晶粒從應變較嚴重的滑線交叉處或滑線與晶界(或雙晶界)交叉處先孕核出來，大部分變形區已被細小新晶粒取代；(c)則爲再結晶完成，全部的應變區域都被無應變細小新晶粒取代；再接下去則爲晶粒成長範圍(參考下一小節)。

再結晶現象造成的性質變化如圖 10-21 所示，這是將冷加工後的金屬線以定速率加熱，隨時測量其放熱量(功率差)，以及不同溫度退火所得的結果(硬度、電阻率)；在 600℃可看到硬度突然下降，電阻率也明顯下降且有明顯放熱尖峰出現，此溫度即爲再結晶溫度(recrystallization temperature，T_r)。在前面所講的回復過程約發生於 250℃左右，電阻率明顯下降，亦有較小的放熱峰，但硬度變化不明顯。

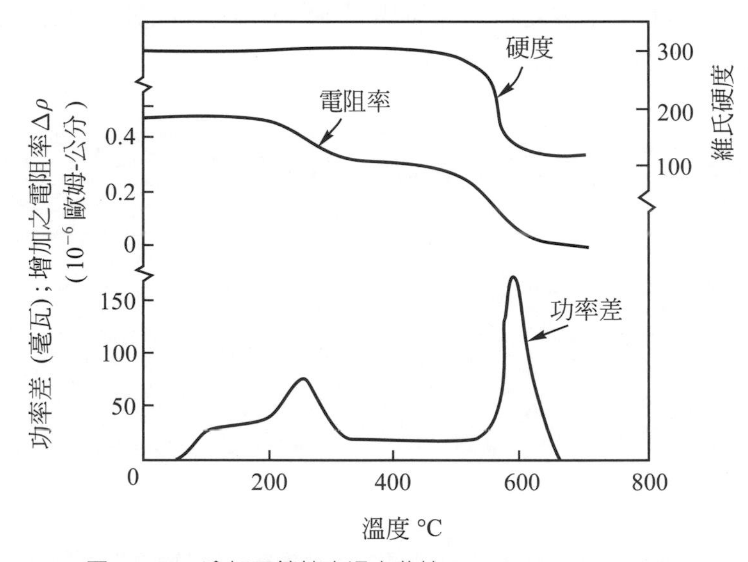

圖 10-21 冷加工鎳線之退火曲線 (From Ref. 1, p. 472)

金屬的再結晶溫度受到幾個因素的影響。第一個是金屬的種類，熔點愈高，再結晶溫度也愈高，通常再結晶溫度介於熔點(以絕對溫度表示)的 0.3～0.6 之間。主要是因爲再結晶需原子的擴散，而擴散的快慢直接與鍵結強弱(熔點)有關之故。第二個因素是純度，愈純則再結晶溫度愈低。主要是因爲雜質阻礙差排運動，而使差排不易消除的緣故。第三個因素是時間，因再結晶需擴散，亦即需時間來完成。如商用純鋁冷加工 75%時，350℃加熱 1 分鐘可再結晶；而 300℃約需 1 小時；若是 230℃則大約需 40 天。通常以 1 小時爲準來訂定再結晶溫度。第四個因素是冷加工量，要產生再結晶通常要大於某一臨界冷加工量才會發生，加工量愈大則再結晶溫度愈低；因爲冷加工量愈大，缺陷愈多，儲存應變能也愈多，則其再結晶的趨動力愈大，愈容易發生再結晶。

10-4-4 晶粒成長

當變形之結構完全被再結晶新晶粒取代時，即完成再結晶，此後進入晶粒成長階段。如前面圖 10-20(c)爲剛完成再結晶的情形，更久時間或更高溫退火，則如圖 10-20(d)所示，晶粒很明顯的比圖(c)來得粗大，此即爲晶粒成長的結果。

晶粒成長是藉晶界移動而將小晶粒合併於大晶粒之中；事實上，我們亦可由小晶粒內每一原子所分配到的晶界較多，能量較高，所以會被較穩定的大晶粒所併吞的觀點，來理解晶粒成長中大吃小的現象。

影響晶粒成長的因素與影響差排運動速率的因素相關，主要有溫度、溶質及介在物(第二相粒子)。溫度愈高，原子運動快，晶粒成長也較快；溶質可在差排附近形成溶質氛圍(atmosphere)，在晶界附近亦有類似現象而阻礙晶界移動；介在物的存在更能有效地阻礙晶界移動，所以像鋁合金中常加入少量 Cr、Mn、Zr 之類的元素，形成介金屬化合物(intermetallic compound)微細介在物(～0.1 μm)，而能有效地抑制晶粒成長，得到較細的晶粒結構。

晶粒成長會使強度、硬度再略微下降，基本上符合霍爾-貝曲關係(Hall-Petch relationship)，即強度與晶粒尺寸的平方根成反比。至於電阻率方面的下降則不明顯；因爲祇剩晶界散射的下降而已，比點缺陷、線缺陷的影響小。

10-5 非金屬的相變化

前面所討論的相變化幾乎都是以金屬爲例，事實上，非金屬材料的相變化也大致類似，祇是非金屬材料一般擁有較複雜的晶體結構，相變化速率較緩慢一些。當然相變化速率的資料對非金屬材料的製程有很大的影響，所以非金屬相變化也值得研究。

像圖 10-22 爲天然橡膠的結晶速率曲線，亦是標準的相變化 C 形曲線，大約在 −25℃ 結晶最快，2.5 小時即可完成結晶。圖 10-23 爲 Na_2O-$2SiO_2$ 玻璃產生部份結晶化(10^{-4} vol%)的 TTT 曲線，與鋼鐵的 TTT 曲線非常類似。因爲這兩種相變化基本上都需藉助原子擴散，經由孕核與成長來完成。

最近發展的玻璃陶瓷(glass-ceramics)就與孕核與成長有密切關連。所謂玻璃陶瓷是先做成無結晶的玻璃狀態，再小心將其結晶化，變成微細多晶結構的產品，而具有高強度。主要關鍵是在如何控制較低溫孕出大量結晶核，再升到較高溫使其晶核成長，最後得到微細的晶粒結構。

圖 10-24 爲 CaO-ZrO_2 的部份相圖，純 ZrO_2 在 1000℃ 會由正方晶(tetragonal)變成單斜晶(monoclinic)，由電子顯微鏡的分析得知此相變化有疊差及雙晶，再加上具針葉狀外形，可判定是屬於一種麻田相變化(martensitic transformation)。此種相變化伴隨大量的體積改

變，而可能使塊狀 ZrO_2，在冷卻過程化成一堆粉末。從相圖中知道在 ZrO_2，加入 10 wt% (20 mol%) CaO，則可形成立方晶氧化鋯固溶體，從室溫到熔點(～2500℃)都沒有相變化產生，也就沒有化成粉末的危險。此種添加 10% CaO 的 ZrO_2，即稱爲安定化氧化鋯(stabilized zirconia)。

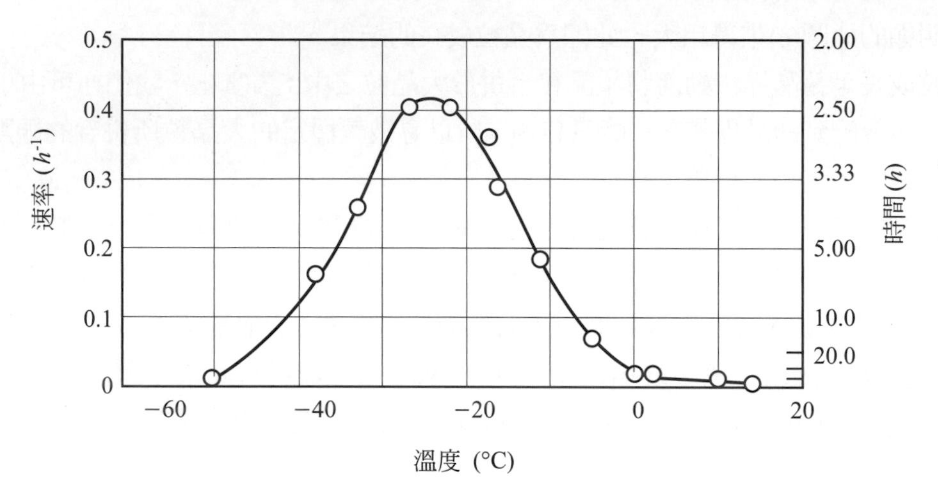

圖 10-22　橡膠之結晶速率隨溫度而變情形 (From L.A. Wood et al., Advances in Colloid Science, Vol. 2, Wiley Interscience, New York, (1946)57)

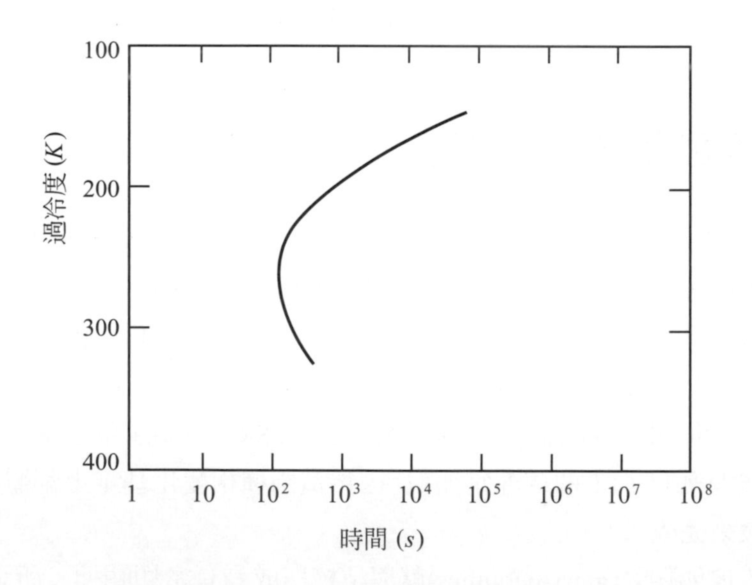

圖 10-23　$Na_2O \cdot 2SiO$ 玻璃產生 10^{-4} vol% 結晶的 TTT 曲線 (From G.S. Meiling et al., Phys. Chem. Glasses, 8(1967)62)

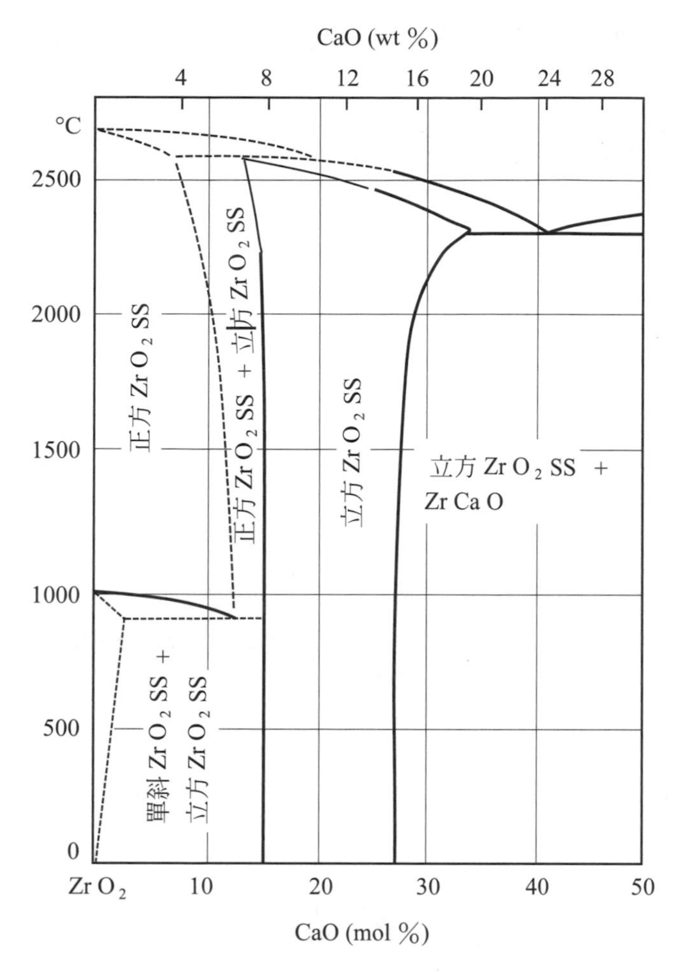

圖 10-24　CaO-ZrO_2 (From Phase Diagrams for Ceramists, Vol. 1, American Ceramic Society, Columbus, Ohio, 1964)

在實用上，通常採取較高強度的部份安定化氧化鋯(partially stabilized zirconia，PSZ)，它的成份是介於單斜晶與立方晶兩相之間。當其冷卻下來時，會在立方晶中產生單斜晶的析出物，而有如同鋁合金的析出強化效果，所以其強度較高。另外，部份安定化氧化鋯算是陶瓷材料中韌性最大的一種，因為它可以相變化韌化，請參考 16.7.1 小節。

重點總結

1. 氣相中形成一個半徑為 r 的球形液滴，其總自由能的變化 $\Delta G_r = 4\pi r^2\gamma_{lv} + 4/3\pi r^3\Delta G_v$，其臨界半徑 $r^* = -2\gamma_{lv}/\Delta G_v$，其臨界自由能 $\Delta G_{r^*} = 16\pi\gamma_{lv}^3 / 3\Delta G_v^2$。

2. 太高溫時熱能高，相變化的趨動力不夠，反應慢；太低溫時趨動力大但熱能少，亦難相變化。因此在不太低溫而有適當過冷度時，可得到最大的相變化速率。

3. 鑄錠結構有靠近模壁的等軸晶粒急冷區，晶粒呈長柱形的柱狀區，鑄錠中央的等軸晶粒中心區。

4. 波來鐵是由沃斯田鐵緩慢冷卻所得，爲肥粒鐵與雪明碳鐵交替的層狀結構，碳原子與合金元素都要重新分配，屬於擴散型相變化。

5. 麻田鐵是由沃斯田鐵快速冷卻所得，爲針葉狀 bct 單相結構，碳原子與合金元素都沒有重新分配，屬於無擴散型相變化。麻田鐵經回火後，變成粒狀雪明碳鐵散佈在肥粒鐵基地上的結構。

6. 變韌鐵相變化具有波來鐵相變化的特徵，如孕核、成長過程，S 形曲線；亦具備麻田鐵相變化的特徵，如有 B_s、B_f溫度。變韌鐵內含極微細的碳化鐵散佈在肥粒鐵基地上，外型爲針葉狀。

7. 碳含量增加、合金元素增加、粗晶可以提高鋼之硬化能。

8. 冷加工造成許多滑線、晶粒沿加工方向拉長、晶界及雙晶界模糊、形成織構，增加強度、硬度與電阻率，減少韌性、伸長率。

9. 退火三步驟：首先回復時，點缺陷減少，電阻率下降；其次再結晶時，消除差排，材料軟化，電阻率再下降；最後晶粒成長時，晶粒變粗，性質變化不大。

習　題

1. 銅在 200℃到熔點之間的比熱爲 $C_p = (0.092 + 2.2 \times 10^{-5}\ T)$cal/g℃，其中 T 爲攝氏溫度。另知銅的熔化熱爲 50.0 cal/g。則欲使銅在凝固中溫度無法回升到熔點 1083℃ (假設沒有熱量損失)，則，(a)需多少的過冷度才可能？(b)你認爲是否有可能做到？試說明之。

2. 室溫下，沃斯田鐵的晶格參數可寫成 a(nm) = 0.3548 + 0.0044x；麻田鐵則 a(nm) = 0.2861 + 0.0116x，c(nm) = 0.2861 − 0.0013x，其中 x 爲碳之重量百分比，試計算 0.2%C 及 0.8%C 的沃斯田鐵變成麻田鐵之體積變化。

3. 參考上題，在 1080 碳鋼淬火後尚有 5 vol%的沃斯田鐵未變成麻田鐵，此殘留沃斯田鐵是以很小晶粒(～1 μm)存在，試計算要克服多大壓力才能使此殘留沃斯田鐵變成麻田鐵，已知麻田鐵中，壓力與體積變化之比例常數，即體模數(bulk modulus)爲 163×10^3 MPa。

4. 60 mm 圓鋼棒水淬時，其表面的冷卻速率爲 150℃/s，而中心爲 15℃/s；油淬時，表面冷卻速率爲 25℃/s，中心爲 8℃/s。試求 1040、4140 及 4340 三種鋼料兩種淬火所得到的鋼棒表面及中心硬度各爲多少？

5. 一個 40 mm 直徑的 1020 鋼棒，表面滲碳達含碳量 0.60%；離表面 2 mm 的地方，碳含量爲 0.40%；距表面 4 mm 後，碳含量仍爲原來的 0.20%。假設水淬時表面之冷卻速率相等於爵明立試驗的淬火端距 1.5 mm，表面下 2 mm 處爲 2 mm，表面下 4 mm 處爲 3 mm，$\frac{3}{4}R$ 處爲 3.5 mm，$\frac{1}{2}R$ 處爲 6 mm，中心處爲 8mm。試比較滲碳及未滲碳的 1020 鋼棒，水淬後的硬度分佈。
6. 一個 4340 鋼料的傳動軸，其硬度要求爲 HRC 50 以上，則在熱鍛(高於沃斯田化溫度)後冷卻速率至少要多快才能達此要求？若是 4140 則此冷卻速率能達到多大的硬度？
7. 以圖 10-20 的兩種黃銅作爲零件，要求其抗拉強度大於 345MPa，伸長率大於 20%，則各需多大的冷加工量才能達此要求？選那一種黃銅較佳？爲何？
8. 有一黃銅棒(Cu-30%Zn)直徑爲 10 mm，現要得到 1 mm 的黃銅線，要求其降伏強度大於 400 MPa，伸長率大於 5%，則應如何製造此黃銅線。
9. $BaTiO_3$ 的燒結速率從 750℃改爲 794℃時，增加爲 10 倍，則要增爲 100 倍時需在幾度燒結。

參考文獻

1. Robert E. Reed-Hill and Reza Abbaschian, Physical Metallurgy Principles, 3-rd Edition, PWS-KENT Publishing Company, 1992, Chap. 7, 13, 15-18.
2. Lawrence H.Van Vlack, Elements of Materials Science and Engineering, 5-th edition, Additon-Wesley Publishing Company, 1985, Chap. 11.
3. William D. Callister, Jr., Materials Science and Engineering, 8-th Edition, John-Wiley & Sons, Inc., 2011, Chap. 10.
4. James F. Shackelford, Introduction to Materials Science for Engineers, 4-th Edition, Prentice-Hall, Inc., 2016, Chap. 10.
5. William F. Smith, Foundations of Materials Science and Engineering, 5-th Edition, McGraw-Hill, Inc., 2011, Chap. 4., Chap. 9.
6. Donald R. Askeland, The Science and Engineering of Materials, 3-rd Edition, PWS Publishing Company, 1994, Chap. 8.
7. Milton Ohring, Engineering Materials Science, Academic Press, Inc.,1995, Chap. 6.

chapter

11

材料之強化

自 1930 年代起，科學家以差排(dislocation)理論說明金屬材料塑性變形的現象，材料強化的原理才開始有較深入的瞭解。而到 1950 年代，差排的存在直接由電子顯微鏡的觀察而被確立。自此以後，差排理論就被廣泛應用來解釋晶體材料的諸多物理特性。

材料強化即意謂塑性變形時材料對差排有較大的阻擋力，所以材料之強化與差排的運動難易有不可分的關係。另外，一般“材料強化”(strengthening)與“材料硬化”(hardening)往往是互通的兩個名詞，在本書中此兩名詞常通用而不加以區分。

金屬材料強化的方法有很多種，包括固溶強化(solution)、細晶強化(fine grain size)、應變強化(strain)、散佈強化(dispersion)、共晶強化(eutectic crystal)、析出強化(precipitation)、麻田散鐵強化(martensite)、織構強化(texture)、限制強化(constrain)、及複合強化(composite)等等。

學習目標

1. 由原子觀點，描述材料強化的機構。
2. 列出三種材料強化的方法，並指出其強化原理。
3. 說明析出強化與散佈強化的異同點。
4. 說明複合強化與散佈強化的異同點。
5. 說明析出強化的熱處理過程及 Al-Cu 合金之析出強化機構。

11-1 應變強化

應變強化可定義成材料在冷加工時，隨加工程度的增加，材料強度會漸漸增加的現象。圖 11-1 表示純銅在冷加工時機械性質之變化曲線，隨著冷加工程度的增加，降伏強度及抗拉強度皆會隨之增加，然而延性逐漸減少，並趨近於零，若再進一步冷加工，則銅將會斷裂。因此，對於一種材料，其冷加工的程度有一極限。圖中橫座標所標示的是冷加工百分比(%CW)，其定義如下：

$$\%CW = \left[\frac{A_o - A_d}{A_o}\right] \times 100 \quad (11\text{-}1)$$

其中 A_0 是材料未受變形時的截面積，A_d 則爲變形後的截面積。

由於板材之冷(輥軋)加工過程之寬度(w_0)受摩擦力限制，並未因加工量的增加而加寬，所以冷(輥軋)加工之加工量 CW(%)也可表示爲板材變形之厚度減少量，即：

$$CW(\%) = \frac{t_0 - t_d}{t_0} \times 100\% \quad (11\text{-}2)$$

其中 t_0 是材料未受輥軋變形時的厚度，t_d 則爲輥軋變形後的厚度。

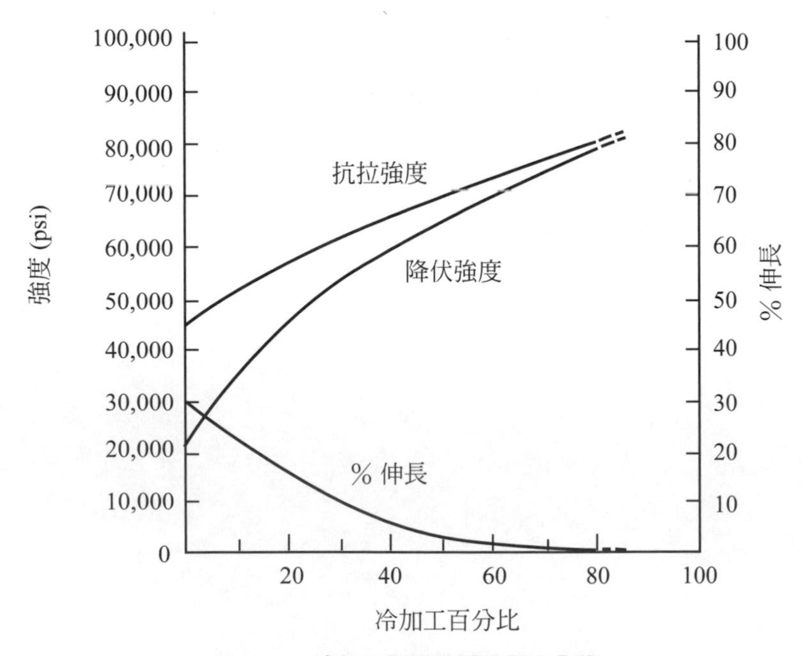

圖 11-1 冷加工對銅機械性質之影響

從微觀上，因爲金屬塑性變形的產生即代表差排的移動，且變形量愈大，差排密度愈高，所以應變強化與差排的增多及差排的不易移動，有密切的關係。假如差排的移動很容易，材料就不容易發生強化。當金屬材料受到加工時，晶體內的差排及其他缺陷(例如空孔)將增加，而這些差排與差排間或差排與缺陷間將發生相互作用，使差排越來越不容易移動，此時須增加外力才能使晶體繼續發生塑性變形，因而造成金屬的強化。

11-2 固溶強化

當原子溶入結晶金屬的基地中時，無論以置換型或插入型溶入，都將產生原子晶格的畸變。由於溶質原子所產生的應力場，會干擾差排，而使差排運動受到阻礙，故產生強化作用。這種強化作用稱爲固溶強化(solution strengthening)。固溶強化決定於下列兩項因素：

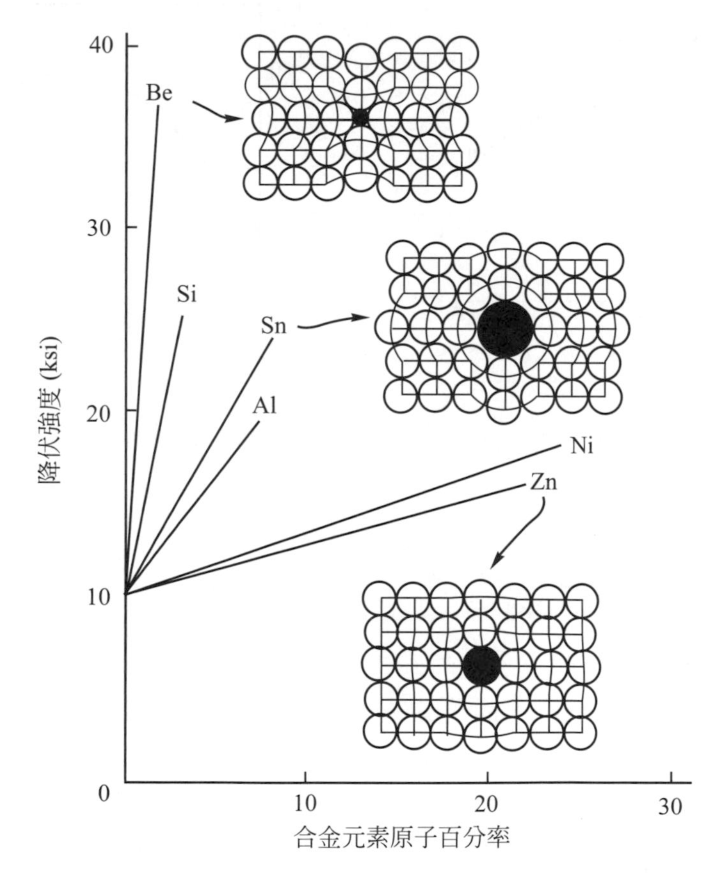

圖 11-2　合金元素對純銅降伏強度之影響

1. 尺寸因素(size factor)：溶質(solute)原子與溶劑(solvcnt)原了半徑相差愈人，則金屬的原子晶格畸變就愈嚴重，晶格有如受到較大加工硬化般，使得差排不易滑動，如圖 11-2 所示，當 Cu 金屬(半徑爲 0.135nm)中加入 Be(0.105nm)，Si(0.118

nm)，Sn(0.145 nm)，Al(0.143 nm)，Ni(0.135nm)及 Zn(0.135nm)等 6 種原子時，由於 Ni 及 Zn 原子半徑與銅較接近，故固溶強化較不明顯，但 Be 及 Sn 與銅原子半徑相差極大，故引起明顯的固溶強化現象。

2. 數量因素(amount effect)：在圖 11-2 中，同樣的可以看出外加的溶質數量增多時，有明顯的固溶強化現象，例如 Cu-20%Ni 比 Cu-10%Ni 強，但若溶質加入的量超過金屬的溶解度極限時，則金屬基地中會析出硬脆的第二相，此時，除了固溶強化外，尙會引起另外一種強化---散佈強化(dispersion strengthening)。

圖 11-3 是完全固溶的 Cu-Ni 同型合金之機械性質變化圖，Cu 與 Ni 之拉強度分別爲 20 kg/mm^2 及 40 kg/mm^2，當形成合金時，由於發生固溶強化。如果合金元素之強度相同，則合金最高強度應發生在 50at%Ni 的位置上。但因純 Ni 比純銅之強度高兩倍，故最高強度偏在 Ni 之方向。

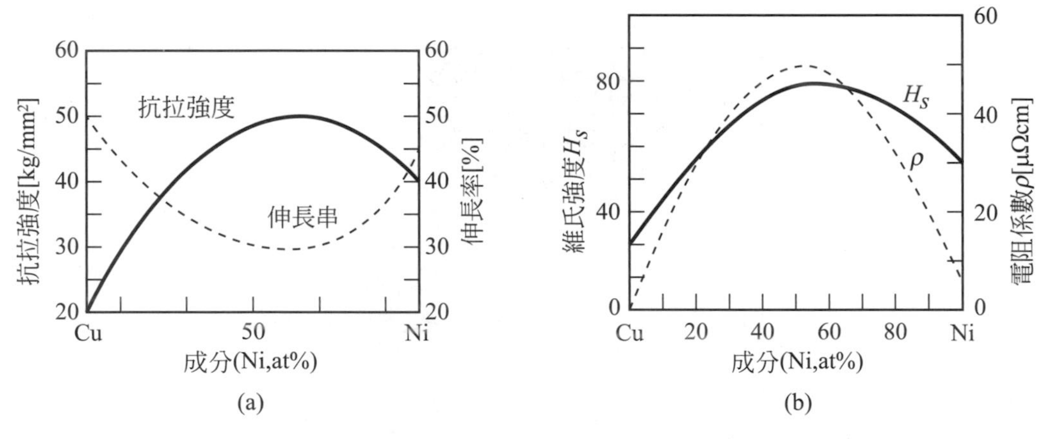

圖 11-3 CuNi 合金性質之變化：(a)強度與延性， (b)硬度與電阻係數

11-3 細晶強化

一般而言，金屬材料在低於再結晶溫度(recrystallization temperatuye)時，晶界之強度較晶粒內部高，所以晶粒愈細，則晶體之界面缺陷愈多，材料塑性變形時，差排受到界面的阻力就愈大，造成細晶強化效果，多晶金屬幾乎都顯示其晶粒大小對硬度及強度有很大的影響力。晶粒愈小，金屬的硬度或變形應力愈大。圖 11-4 是鈦金屬在常溫拉力試驗中，三個不同應變量(2%、4%、8%)下的變形應力與晶粒直徑(d)的關係，此直線關係即是著名的霍沛屈(Hall-Petch)方程式，可寫成

$$\sigma = \sigma_o + Kd^{-1/2} \qquad (11\text{-}3)$$

其中 σ 爲變形應力(拉伸降伏強度或剪降伏強度)；d 爲平均晶粒直徑；σ_o 爲直線與縱座標之截距，相當於假想之無限大晶粒下的應力，但也非指單晶之強度，另外圖 11-4 中，

除了顯示鈦金屬的細晶強化外，也顯示了應變強化之特性。雖然 Hall-Petch 方程式已被廣泛接受，在許多的例子中，發現和 $d^{-1/2}$ 有直線關係，但有些研究也指出和 d^{-1} 或 $d^{-1/3}$ 作圖時，也會得到很好的直線關係。但無論如何，當溫度低於再結晶溫度時，材料的晶粒愈小，強度將愈低是可以確定的。

圖 11-4 中也顯示當合金加工量愈大時，曲線斜率愈小，此意謂合金加工量愈大時，應變強化之強化機構愈顯著，使得細晶強化效果較不明顯。

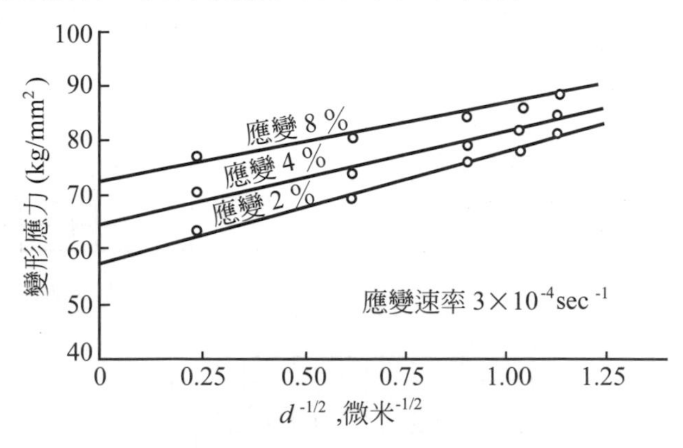

圖 11-4　多晶鈦之變形應力與晶粒直徑之平方根倒數之關係

11-4 析出強化

析出強化(precipitation strengthening) 也稱爲時效強化(aging strengthening)是利用熱處理方法，使過飽和的溶質原子在軟的基地(matrix)內，產生一種均勻分佈的微細且硬脆的第二(介穩)相析出物，這些析出物與基地間的界面會形成整合或部份整合(coherency or partial coherency)。利用析出強化，有些材料的強度可提高五至六倍，因而析出強化是十分重要的強化機構。是很多實用結構材料主要的強化機制之一。它們包括鋁合金、鈦合金、鎂合金、超合金、麻時效鋼、銅鈹合金及一些不銹鋼。

1. **析出強化與散佈強化之區別**

   由於析出強化與散佈強化(dispersion strengthening)皆是使微細且硬脆的第二相粒子分佈在晶體(軟質)基地內來達到強化效果，故須先分辨兩者的不同點，才能對它們的強化機構作深入的瞭解。

   析出強化是在固溶體中析出微細的第二(介穩)相，而此第二(介穩)相會隨著時效時間的增加而成長與改變晶體結構，隨著第二(介穩)相的成長，與基地的界面依序會形成整合(coherency)、部份整合(partial cohcrency)、半整合(semi-coherency)、或非整合(incoherency)，如圖 11-5 所示。

而散佈強化是一種廣義的用語，它亦指第二相所造成的強化現象，但此第二相爲安定相，且與基地間並沒有整合性存在，如圖 11-5(c)所示即第二相非整合存在於基地上，例如在碳鋼的回火麻田散鐵中，球狀碳化物(Fe_3C)存在於肥粒鐵基地中，便是一例。

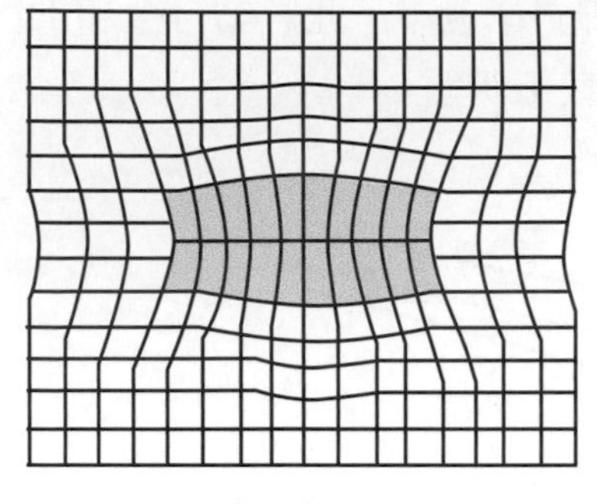

(a) 整合面

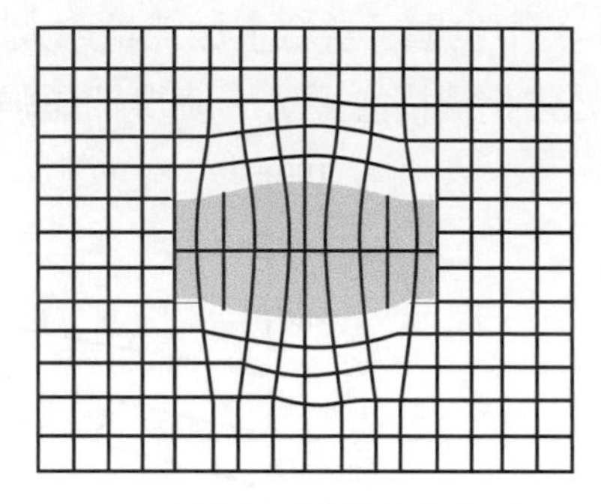

(b) 半整合面或部份整合面

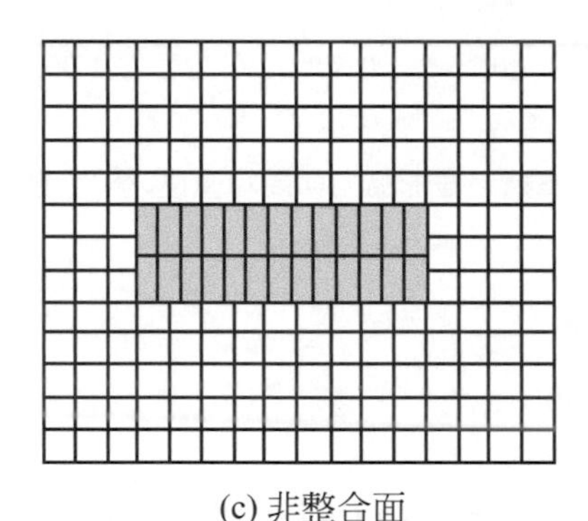

(c) 非整合面

圖 11-5 析出相與基地之界面的關係(3)

2. **產生析出強化合金之條件：**

   依據以上之說明，合金須滿足以下四個條件，才有析出強化的可能。

   (1) 固溶度須隨溫度下降而降低。

   (2) 析出相須較基地相硬脆。

   (3) 合金必須是具良好淬火性。

   (4) 析出相須是細小且密集的非平衡析出，且與基地整合(或部份整合)析出。

3. **Al-Cu 合金之析出強化熱處理(precipitation strengthening treatment)**

   Al-Cu 合金是最早被發現具有時效強化之合金，時效過程中，與基地界面整合的析出物；GP 帶(GP zone，即 GP[1])首先在銅過飽和的鋁基地中析出，隨著時效時間的增加，GP [1]晶體結構會改變與成長，其變化依序爲：GP[1](整合)→θ'' (部分整合或半整合)→θ'(部分整合或半整合)→θ (非整合)，其中的 GP[1]、θ'、θ'' 等析出相爲介穩過渡相，θ 相爲平衡相，這些析出相之晶體構造並不同，但組成均爲 $CuAl_2$。

(1) 析出強化熱處理步驟(steps of precipitation strengthening treatment)

析出強化熱處理的基本過程包含下列三步驟：固溶處理(solution treatment)→低溫淬火(quenching)→時效處理或稱析出處理(aging or precipitation treatment)。如圖 11-6 所示。

固溶處理是將材料升溫到固溶線以上之單相區一段時間，使介入析出強化之合金元素，全部溶於基地中而成為單一固溶體；低溫淬火則將此單一固溶體淬火到固溶線以下溫度，使呈過飽和固溶體(super saturation solid solution)；時效處理則是再將此過飽和固溶體置於適當溫度與時間，使其逐漸析出第二(介穩)相而造成性質之變化。

上述的析出強化熱處理可以圖 11-6 簡單表示，在圖中之鋁銅合金，銅含量約為 4.5 wt%。它首先在 α 單相區 1，而後淬火於的 $\alpha+\theta$ 兩相區 2，並在 3 作時效處理。

時效處理又分為自然時效(natural aging，NA)與人工時效(artificial aging，AA)兩種，自然時效是在室溫下進行，而人工時效則在高於室溫下來處理。

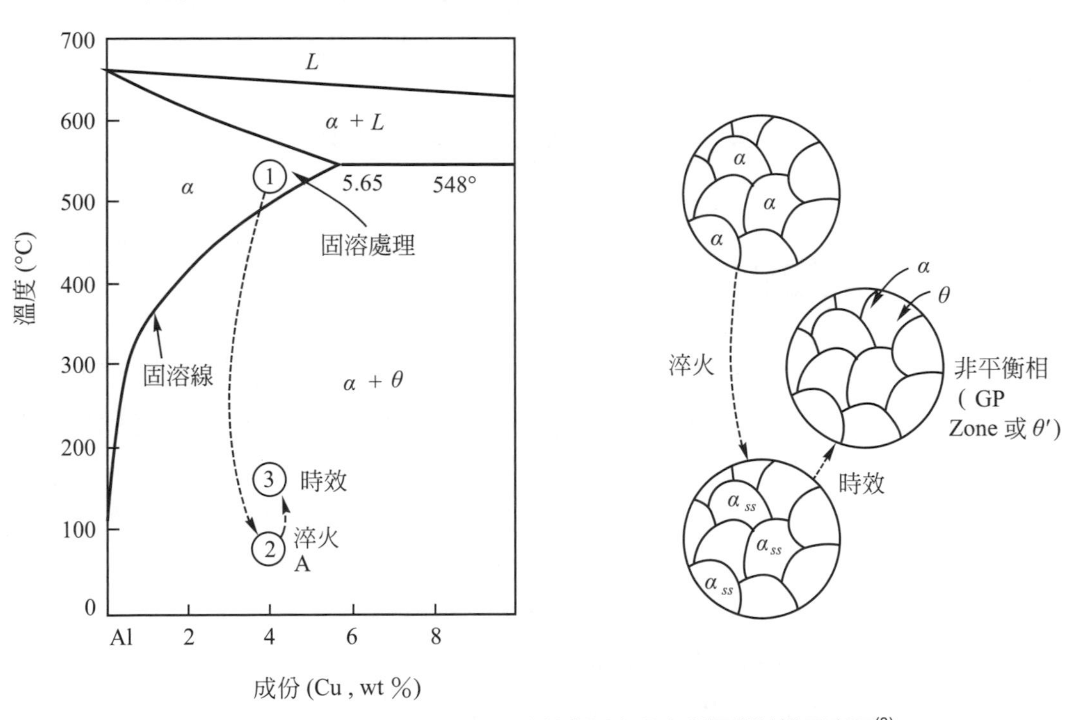

圖 11-6　Al-Cu 二元相平衡圖及時效處理之程序所得微結構示意圖[3]

(2) 時效曲線

圖 11-7 顯示 Al-(2~4.5)% Cu 合金在 130℃之時效曲線，圖中也標示出析出物之種類，由圖中可知，當析出時間增加時，析出物愈粗大且與基地整合性愈低(如 θ'' 或 θ)，其強度就愈低。當強度超過頂時效(peak-aging)之強度時，就發生過時效(over-aging)的現象，合金之強度隨時效時間的增加而逐漸降低。

通常時效溫度愈高，原子擴散速率愈快，將促進析出速率，以致其硬化速率較低溫快，但是由於高溫之析出成核數較少，將造成析出物分佈較粗疏，其最高時效硬度反而較低溫時效為低。

而 Cu 含量愈多，過飽和度愈大，析出驅動力(driving force)也就愈大，對析出速率，成核數目及析出體積而言，皆有提高的作用，且最高時效硬度也愈大。

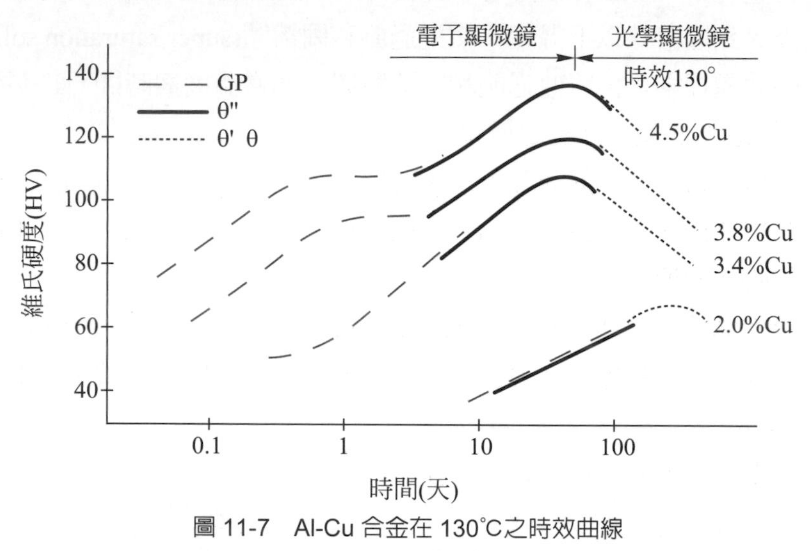

圖 11-7 Al-Cu 合金在 130°C之時效曲線

11-5 散佈強化

散佈強化(dispersion strengthening)與析出強化相同，都是由第二相造成基地強化的現象，但散佈強化中的第二相(也就是散佈相)與基地間的界面一般都是不具有整合性。常見的散佈強化例子很多，如前述所提及的在碳鋼中的球狀碳化物(Fe_3C)存在於肥粒鐵中，又如金屬基地中均勻分部的氧化物或陶瓷顆粒等複合材料等。例如，在鎢絲中加入細 ThO_2 顆粒，可大大的提高鎢絲的抗高溫潛變能力。另外，在鋁合金內加入 SiC 等細 Al_2O_3 顆粒，常被應用於積體電路的散熱基板，是非常有用的工程材料。

散佈強化機構一般是與析出強化機構所描述的相同，也就是第二相顆粒作為差排移動的障礙物，故在此種情況下，析出強化之理論都可用來描述散佈強化的過程。

11-6 鐵碳系之麻田散鐵強化

鋼鐵材料由沃斯田鐵相淬火時，藉由無擴散的剪變形(diffusionless shear deformation)轉換成麻田散鐵結構，是鋼鐵材料最普遍的強化過程。雖然麻田散鐵的相變化發生於許多合金系統(如鈷、鈦等)。但目前爲止，僅有鐵碳之合金才有強化效果。圖 11-8 顯示麻田散鐵的硬度(及強度)隨碳含量改變的情形。圖中對波來鐵微結構及球狀碳化物微結構之機械性質作一比較，很明顯的具有麻田散鐵微結構之碳鋼其強度較諸波來鐵或球化微結構高出很多。

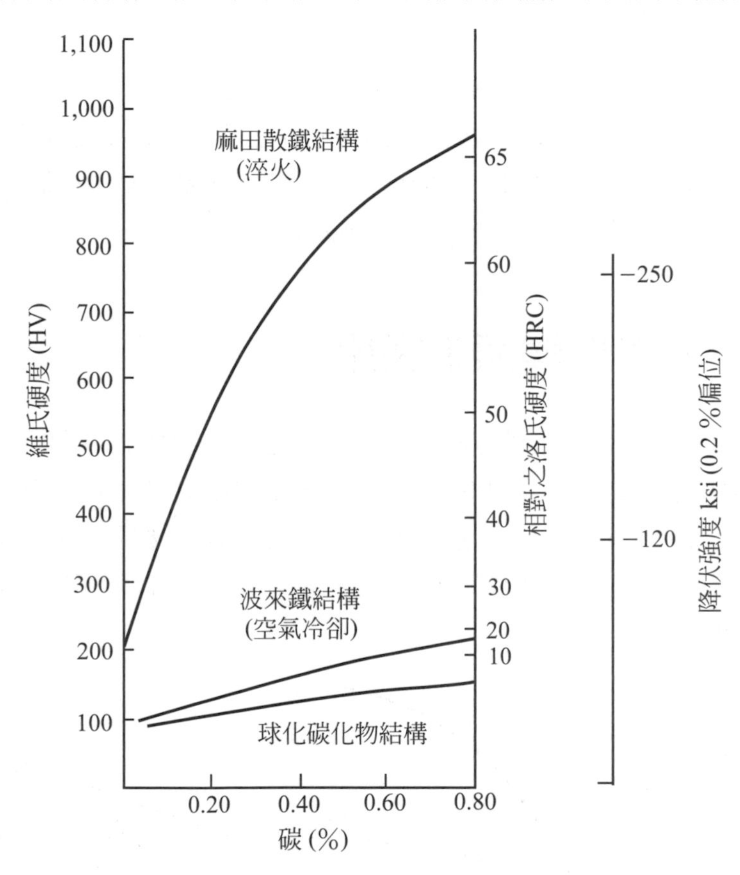

圖 11-8　碳鋼中不同微結構造成的硬度差異(以維氏硬度測量)

麻田散鐵之所以具有高強度，其主要強化機構可分成三方面來討論：

1. **碳固溶於麻田散鐵所造成的固溶強化：**

   由於由高溫『淬火』，所以麻田散鐵中的碳原子呈現嚴重過飽和現象，這種極高的碳過飽和造成很大的固溶強化效果。

2. **麻田散鐵內的高差排(或高雙晶)密度所造成的應變強化：**

   由於『剪變形』相變化係藉由差排滑移或雙晶來完成，所以低碳麻田散鐵(稱爲片狀麻田散鐵;lath martensite)，是以差排爲主要的缺陷，差排密度很高，約在 10^{11}

至 10^{12} cm/cm^3 之間，而高碳麻田散鐵(稱爲針葉狀麻田散鐵-plate martensite，或稱透鏡狀麻田散鐵 -lenticular martensite)，是以高密度雙晶爲主要缺陷。

決定這兩種結構之相對體積分率的主要因素是碳的含量，碳含量較高的鋼其雙晶化麻田散鐵的體積分率較大。低碳鋼中之麻田散鐵主要是板狀麻田散鐵。

3. **麻田散鐵的 BCT 結構的滑動系統太少，導致加工硬化顯著。**

11-7 共晶強化

大部分的共晶微結構具有層狀(lamellar)結構。在共晶合金內的各種相都有某種程度的固溶強化，Pb-Sn 合金中的 α 相是一種錫在鉛內的固溶體，其強度比純鉛高。此外，共晶數量、尺寸和分佈對強度亦有影響。一般情況下，共晶數量愈高、板層間距(interlamellar spacing)愈低、共晶的晶粒愈細，合金之強度就會更強。

11-8 織構強化與限制強化

(1) 織構強化是因微結構方向排列差異所造成，如圖 11-9 顯示金屬衝擊試片沿輥軋縱向及橫向之衝擊強度之差異，(L-T)試片的刻痕垂直板面，(L-S)試片的刻痕平行板面，(T-L)試片的刻痕與(L-T)試片相同，不過其試片方向則與輥軋方向垂直，由圖中可看出不同方向之試片在高能量階段時會有相當大的差異。

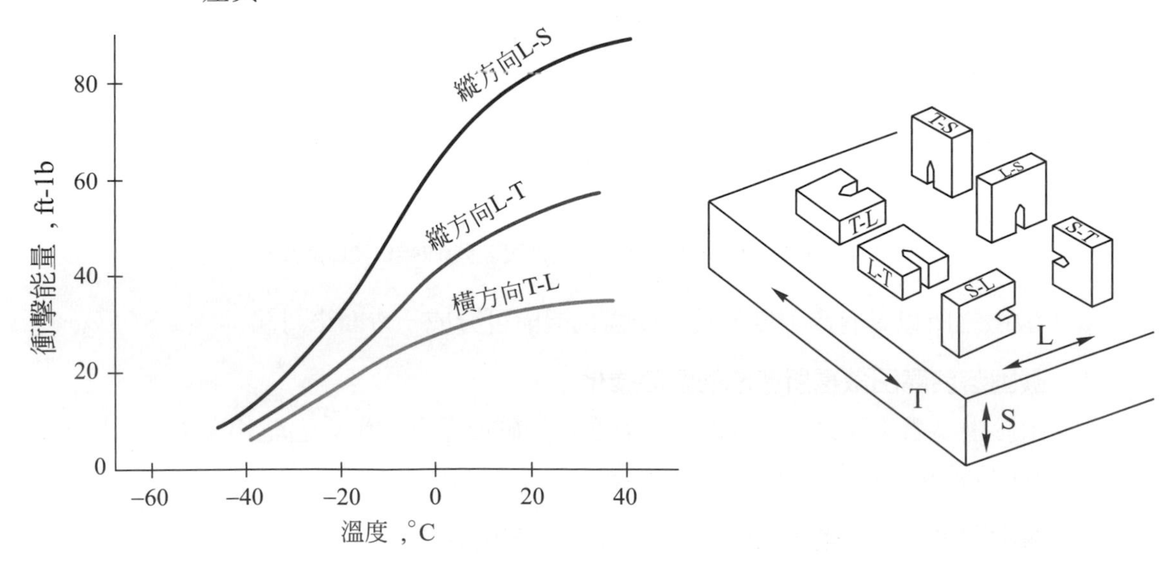

圖 11-9　金屬輥軋方向對衝擊強度之影響

(L：縱方向，T：橫方向，S：短軸)

(2) 限制強化是因具多相合金間互相限制變形所造成，塑性變形時，差排從一相滑移到另一相時，除了要克服相界面外，也需克服不同相基地的不同滑移系統。上述的共晶強化，也是限制強化的一種。

11-9 複合材料強化

所謂複合強化是指將各單獨材料相互結合成複合材料，而使材料的強度增加，依據此種定義，複合材料的強化便可視爲是由於第二相(或更多相)的加入到基地相中所引致材料強化的一種現象。但一般所謂的複合強化僅限於“複合材料的平均性質，可由每個相的個別性質來決定”的範疇內。

所以如前所述的散佈強化或析出強化並不能視爲複合強化的一種，在散佈強化或析出強化中，第二相顆粒通常較小，其直徑一般是在 10～100 nm 之間，當材料受荷重時，基地承受較大部份的負荷，第二相則是作爲阻礙差排移動之用。而在複合強化中，散佈相一般都較爲粗大，例如切削用具的 WC-Co 複合材料。其特性是由硬脆的第二相(WC)提供硬度，由較軟的金屬基地(鈷 Co)提供韌性，這些特性的決定無法由原子或分子的層次來說明，而須用組合作用原理(principle of combined action)來解釋。

重點總結

1. 材料強化即意謂著塑性變形時，差排的運動受到較大阻力所造成的，基於此原理，可以探討不同的強化機構如下：

(1) 應變強化是材料受塑性變形時，差排密度增加，差排間的應變場相互干擾的程度增大所造成的結果。

(2) 固溶強化是由於溶質原子所產生的應力場與差排所造成的應力場相互干擾的結果。

(3) 細晶強化是由於晶界阻礙差排移動或是塑性變形時材料晶界上差排的釋放所造成材料強化的結果。

(4) 析出強化與散佈強化是由於第二相粒子分佈在晶體基地內，當材料塑性變形時，第二相粒子阻礙了差排的運動所產生的強化效果，但析出強化的第二相與材料基地一般是以整合性或部份整合性存在的，而散佈強化的第二相並不與基地整合。

(5) 鐵碳系之麻田散鐵強化是由於高差排密度的應變強化與高碳原子的固溶強化兩種因素所造成的結果。

(6) 織構強化是因微結構方向排列差異所造成。

(7) 限制強化是因具多相合金間互相限制變形所造成。

2. 一般所謂的複合(材料)強化，由於其強化相均相對粗大，其強化特性無法由原子或分子的差排理論來說明，而須使用組合作用原則來解釋。

3. 產生析出強化的合金，須滿足以下四個條件，才有析出強化的可能：

(1) 固溶度須隨溫度下降而降低。

(2) 析出相須較基地相硬脆。

(3) 合金必須是具良好淬火性。

(4) 析出相須是細小且密集的非平衡析出，且與基地整合(或部份整合)析出。

習 題

1. 沃斯田鐵型 304(即俗稱的 18-8)不銹鋼的主要強化機構是什麼？

2. 有一完全退火的純銅板，在室溫下經過滾軋加工，其厚度由 2cm 變成 1cm，如果滾軋過程銅板之寬度維持不變，試求加工後銅之(1)冷加工百分率(%CW)，(2)抗拉強度，(3)降伏強度及(4)伸長率。

3. 試由原子半徑的觀點，說明利用銅原子與合金原子的尺寸差異，預測圖 11-2 中所表現的強化量。

4. 有一不銹鋼，在常溫下受到拉伸變形，假設變形過程中材料體積維持不變。

(1)試證明拉伸試驗時，當拉伸應力低於拉伸強度時，其冷加工百分比(%CW)與工程應變(ε)有以下關係：$\%CW=\left[\dfrac{\varepsilon}{\varepsilon+1}\right]\times 100\,\%$

(2)當受到$\varepsilon = 0.2$之工程應變時，其冷加工百分比(%CW)是多少(假設應力仍低於拉伸強度)？

5. 當鎳合金的晶粒直徑是 4×10^{-2} mm 時，其拉伸強度為 25,000 psi。而當晶粒直徑是 3×10^{-3} mm 時，其拉伸強度為 38,000 psi。則當鎳合金的晶粒直徑是 9×10^{-3} mm 時，試求其拉伸強度。

6. 請略述析出強化處理的方法。

7. 散佈硬化材料與析出硬化材料相似，只是在所有的溫度下散佈的第二相並不與基地整合。試提出產生散佈硬化材料的可行方法。(例如：ThO_2 粒子散佈在 Ni 內，MgO 散佈在 Ag 內，或 Al_2O_3 散佈在 Al 內)。

8. 自然時效與人工時效有何差別？

9. 在描述強化機構時，複合強化與散佈強化之間有何差異？

參考文獻

1. D.R. Askeland, P. P. Fulay and W. J. Wright, "The Science and Engineering of Materials" 6th ed., Cengauge Learning (2011).

2 W.G. Moffatt, G.W. Pearsall, and J. Wulff, The Structure and Properties of Materials, Vol.1, Structure, John Wiley & Sons, NY,(1964)

3. W.D. Callister and D.G. Rethwisch, "Materials Sci. and Eng.", 8th edition, John Wiley & Sons, Inc., New York, (2011)

4. H.W.Hayden, W.G.Moffatt and J. Wulff,"The Structure and Properties of Materials"Vol.III, Mechanical Behavior, John Wiley & Sons, Inc., New York, (1965)

chapter

12

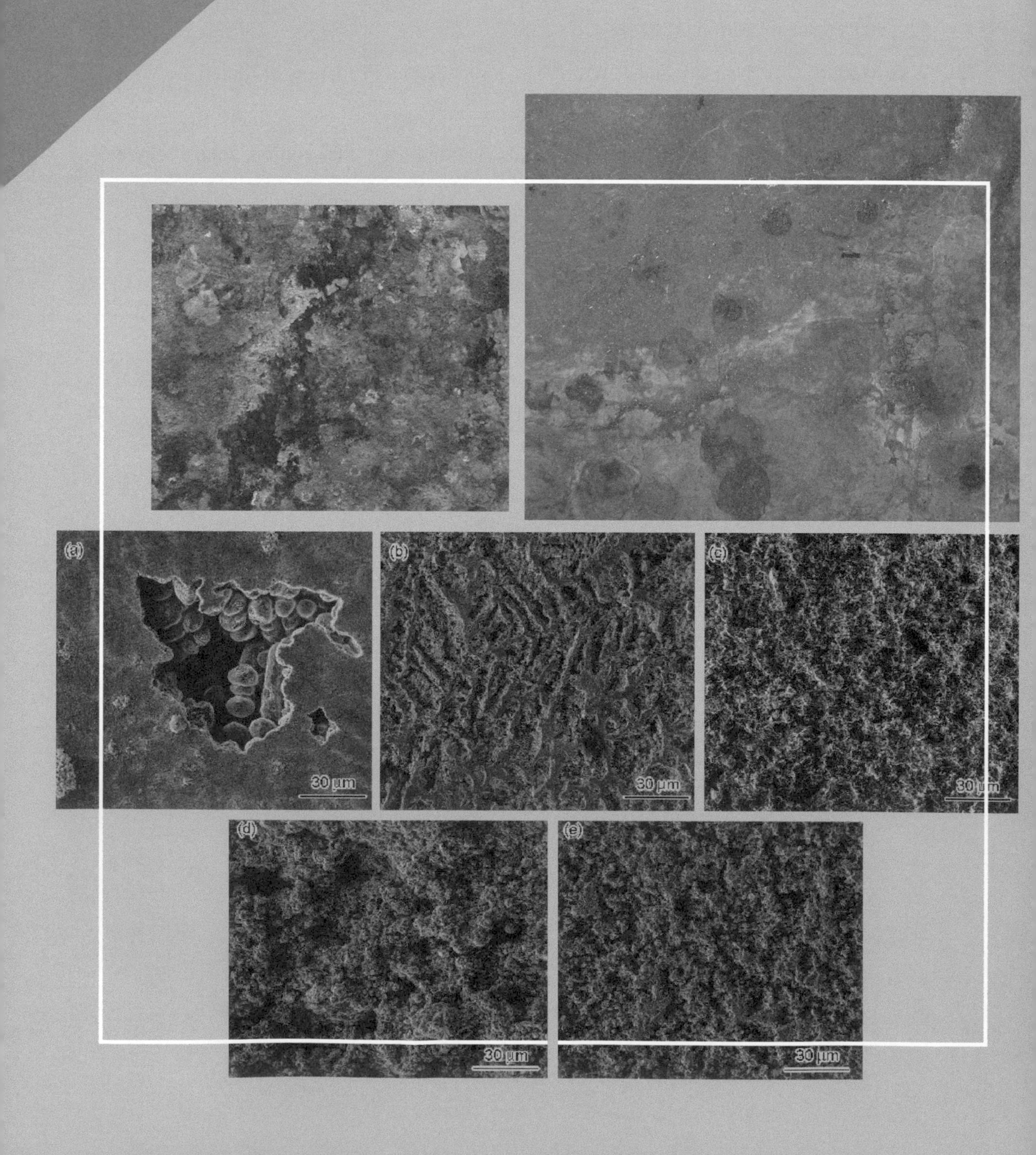

腐蝕及材料損傷

所有材料置於一定的環境中，總會有某種劣化(degradeation)的情形。劣化是指材料品質降低的現象，而損壞(faiure)則是已不堪使用的狀況。一種材料都有變成氧化物或其他更穩定化合物之傾向，人類利用科技的進步，耗費能源把礦石提煉成金屬，而大自然隨時都有將它轉變成更穩定的化合物，回歸為礦石的狀態，因而造成材料的損傷。

金屬劣化或損壞的原因很多，如受到化學或電化學反應造成破壞性侵害，金屬與某些陶瓷在高溫下能與氣態環境起反應，以致因氧化物或其他化合物的形成而發生破壞，聚合物曝露於高溫氧氣中或含硫氣氛中，可能發生交聯(cross-linking)而劣化，曝露於輻射線下，有可能會發生輻射損傷(radiation damage)。另外，有許多不同的磨耗或磨耗-腐蝕(wear-corrosion)均會造成材料的劣化或損傷。

上述所描述材料受環境影響所造成的劣化或損壞現象都是屬於廣義的一種腐蝕現象。考慮到腐蝕的過程和原因，可以將腐蝕定義為“材料受到周圍介質的作用下，由於化學反應(如鐵的生銹、聚合物的交聯反應等)，電化學反應(如鋼鐵在海水中的腐蝕)或物理溶解(如鋼鐵在液態鋁中的溶解)而產生的破壞”。

儘管腐蝕將造成材料的劣化或損壞，但是並非所有材料和環境的作用均是破壞性的，也有極少數的化學反應對抗腐蝕是有益的，如不銹鋼在一般環境下，在其表面會形成一層緻密的保護膜(Cr_2O_3)，可以有效阻隔外在環境的接觸，而達到阻止腐蝕繼續進行的目的。

學習目標

1. 瞭解電化學電池中發生氧化與還原的電極。
2. 指出標準電動勢及伽凡尼系列之不同點。
3. 兩種金屬浸於其相對離子中且連通後，能
   (1) 計算出電池電位。 (2) 寫出自發電化學反應方程式。
4. 以腐蝕電流密度來計算金屬的腐蝕速率。
5. 了解極化的型態。
6. 說明各種腐蝕的型態及其防治法。
7. 描述溼式氧化與乾式氧化的差別。

12-1 腐蝕和電化學反應

1. **電化學電池**

最常見的金屬腐蝕是藉由電化學反應所造成的結果，所謂電化學反應是由於電流的通過而發生的化學反應。例如，將兩片不同的金屬放置在一可導電的溶液(稱爲電解質或電解液(electrolyte))中時，就構成一組電化學電池(electrochemical cell)，圖 12-1 爲銅/鋅所構成的電化學電池，將銅與鋅分別插入由隔膜隔開的硫酸銅與硫酸鋅溶液中，這時導線中將有電流通過(電流方向從銅往鋅)。

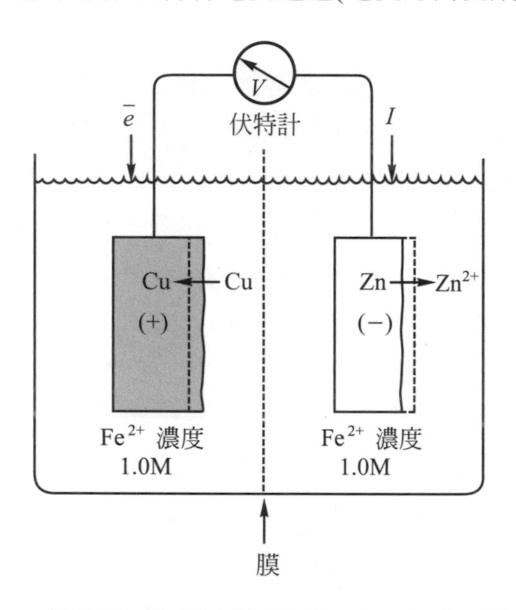

圖 12-1 銅與鋅所構成的電化學電池，陽極為鋅、陰極為銅

銅/鋅電化學電池係由作爲陽極(anode)的鋅金屬、陰極(cathode)的銅金屬、電解液(硫酸銅與硫酸鋅)所構成，當電池的兩極經由電子通路(或稱作負載)相接時，電流的通過將使陽極發生鋅的分解反應：

$$Zn_{(s)} \rightarrow Zn^{2+} + 2e^{-} \text{(氧化反應)} \quad (12\text{-}1)$$

而在陰極的反應爲銅離子的析出

$$Cu^{2+} + 2e \rightarrow Cu_{(s)} \quad \text{(還原反應)} \quad (12\text{-}2)$$

而電池之總反應爲

$$Zn_{(s)} + Cu^{2+} \rightarrow Zn^{2+} + Cu_{(s)} \quad (12\text{-}3)$$

利用上述的電化學反應之化學能而變成電池之電能。電化學電池短路時，由於電流經由低電阻之導線，由陰極流向陽極，所以陰極電位高，爲正極(+)，陽極電位低爲負極(–)。而在電解液中，則藉著離子(帶電荷的原子或原子群)的運動來傳遞電流。電池中電解液之正電流和負電流的總和恰等於在金屬中電子所帶的電流。

2. **由以上的討論可知，電化學電池是由四部份所構成的：**

(1) 陽極：發生氧化(oxidation)的電極(或電流離開電極進入電解液之電極)，此時金屬釋出電子給電路而受腐蝕。

(2) 陰極：發生還原(reduction)的電極(或是電流從電解液進入的電極)，此時，陰極藉著化學反應，接收來自電路的電子。

(3) 物理接觸(physical contact)：陽極和陰極必須作電性連接，一般是利用物理接觸(如電導線)，才能讓電子從陽極流到陰極。

(4) 電解液或電解質(electrolyte)：電化學電池中，必須有電解液與陽極及陰極相接觸，電解液可導電，因而構成完整的電路。電解液作爲金屬離子離開陽極表面的介質，並確保此離子能移動至陰極去接收電子。

電化學反應的驅動力是兩極之間存在的電位差，這個電位差可以是由於電極反應自由能變化不同，自然存在的，也可以由電源供應器提供，譬如：電鍍槽或電解槽等便是由電源供應器提供電位差。

3. **常見的陽極反應與陰極反應**

下面將介紹一些常見的陽極反應與陰極反應。

(1) 陽極反應：陽極通常是金屬所構成，在電化學電池中，它發生氧化反應，其中的金屬原子被離子化，而進入電解液中；相對的，電子則離開陽極導入連線部份，一般氧化的通式爲

$$M \rightarrow M^{n+} + ne^- \quad (12\text{-}4)$$

因爲金屬原子分解爲離子及電子，所以陽極受到腐蝕，一般常見的例子有

$$Ag \rightarrow Ag^+ + e^- \quad (12\text{-}5)$$

$$Zn \rightarrow Zn^{2+} + 2e^- \quad (12\text{-}6)$$

$$Al \rightarrow Al^{3+} + 3e^- \quad (12\text{-}7)$$

(2) 陰極反應：陰極處發生還原反應，這是氧化反應的逆反應，有幾個重要的陰極反應，可分述如下：

金屬沉積(電鍍) $M^{n+} + ne^{-} \rightarrow M$ (12-8)

金屬離子還原 $M^{n+} + me^{-} \rightarrow M^{(n-m)}$，$(n-m > 0)$ (12-9)

產生氫氣 $2H^{+} + 2e^{-} \rightarrow H_2$ (12-10)

中性或鹼液中氧還原 $O_2 + 2H_2O + 4e^{-} \rightarrow 4OH^{-}$ (12-11)

酸液中氧還原 $O_2 + 4H^{+} + 4e^{-} \rightarrow 2H_2O$ (12-12)

上述的式(12-10)、(12-11)及(12-12)都可以利用較穩定的材料(如 Pt、Au 等)作爲電極以作爲陰極反應之界面。

12-2 電極電位

12-2-1 標準電極電位(或電動勢序列)及伽凡尼系列

各種金屬之還原傾向不同，爲求得一金屬獲得其電子之趨勢，常以半電池(half-cell)爲基準來測量此金屬電極與一標準電極之間的電位差。爲了方便起見，若以 $2H^{+}+2e^{-} \rightarrow H_2$ 之半電池反應之標準電位(1 大氣壓、25℃、活化度 1)爲參考標準，將其電位定爲零，則可以還原電位代表還原傾向。還原電位愈大(也就是氧化電位愈小)，則金屬愈不活潑(貴性)。

根據國際純化學及應用化學聯盟會議，一致贊成採用電極的半電池還原電位爲電極電位(electrode potential)，各種金屬的標準電極電位如表 12-1(表 12-1 亦稱電動勢序列)，需注意的是，標準電極電位是在 25℃，且當金屬與金屬離子活化度(activity)等於 1 的電解液相接觸時，所測得的平衡電位。

表 12-1　標準電極電位表(25˚C，以氫電極為基準之標準還原電位 ϕ^0)

	電極反應	電極電位 (伏特 ϕ^0)
↑ 惰性 (陰極)	$Au^{3+} + 3e^- = Au$	+1.498
	$O_2 + 4H^+ + 4e^-(PH0) = 2H_2O$	+1.229
	$Pt^{2+} + 2e^- = Pt$	+1.2
	$Pd^{2+} + 2e^- = Pd$	+ 0.987
	$O_2 + 2H_2O + 4e^-(PH7) = 4(OH)^-$	+ 0.82
	$Ag^+ + e^- = Ag$	+ 0.799
	$Hg^{2+} + 2e^- = Hg$	+ 0.788
	$O_2 + 2H_2O + 4e^-(PH14) = 4(OH)^-$	+ 0.401
	$Cu^{2+} + 2e^- = Cu$	+ 0.337
	$2H^+ + 2e^- = H_2$	+ 0.000
	$Pb^2 + 2e^- = Pb$	– 0.126
	$Sn^{2+} + 2e^- = Sn$	– 0.136
	$Ni^{2+} + 2e^- = Ni$	– 0.250
	$Co^{2+} + 2e^- = Co$	– 0.277
	$Cd^{2+} + 2e^- = Cd$	– 0.403
	$Fe^{2+} + 2e^- = Fe$	– 0.440
	$Cr^{3+} + 2e^- = Cr$	– 0.744
	$Zn^{2+} + 2e^- = Zn$	– 0.763
	$Al^{2+} + 2e^- = Al$	– 1.662
	$Mg^{2+} + 2e^- = Mg$	– 2.363
	$Na^{2+} + e^- = Na$	– 2.714
↓ 活性 (陽極)	$K^+ + e^- = K$	– 2.925
	$Li^+ + e^- = Ni$	– 3.05

表 12-2 在海水中之伽凡尼系列

↑	鉑
惰性	金
(陰極)	石墨
	鈦
	銀
	316 不銹鋼(惰性)
	304 不銹鋼(惰性)
	英高鎳(Inconel) (80Ni-13Cr-7Fe)(惰性)
	鎳(惰性)
	莫鎳(70Ni$_3$0Cu)
	銅鎳合金
	青銅(Cu-Sn)
	銅
	黃銅(Cu-Zn)
	英高鎳(Inconel)(活性)
	鎳(活性)
	錫
	鉛
	316 不銹鋼(活性)
	304 不銹鋼(活性)
	鑄鐵
	鋼鐵
	鋁合金
	鎘
活性	商用純鋁
(陽極)	鋅
↓	鎂與鎂合金

實際應用上，金屬離子之活化度受其環境的影響很大，所以要由電動勢序列中預測兩種相接觸金屬的極性有種種的限制。再者電動勢序列中，未包括合金，所以科學家便增列了伽凡尼系列(Galvanic series)。此系列是根據已知金屬或合金在某一特定環境中測定之電位而排列，金屬在海水中的伽凡尼系列如表 12-2 所示，在表中可發現某些金屬在伽凡尼系列中佔有兩個位置，此乃由於金屬爲活性態(active state)或鈍化狀態(亦稱惰性狀態)(passive state)而有所不同。

在電動勢系列中，金屬只佔有活性態的位置，因爲只有在活性狀態才能達到眞正的平衡。反之，惰性幾乎爲不平衡的狀態，在此狀態中，由於表面膜的形成，金屬與其離子被表面膜隔離，不再達成平衡。因此，雖然在電動勢系列中，金屬僅佔有一個位置，但是由於在各種環境中形成表面膜的傾向不同，或是形成錯離子的傾向不同，伽凡尼系列可能有好幾個。是故，對於每一環境均存在一個伽凡尼系列，而且金屬在伽凡尼系列中的相關位置也會因環境而異。

12-2-2　濃度及溫度對電極電位的影響

電極電位與電解液之濃度與溫度有關，現在考慮涉及陽極反應的金屬 M_1 與陰極反應的金屬 M_2 所構成的標準電化學電池反應

$$M_1 \rightarrow M_1^{n+} + ne^- \qquad -\phi_1^0 \tag{12-13a}$$

$$M_2^{n+} + ne^- \rightarrow M_2 \qquad +\phi_1^0 \tag{12-13b}$$

其中$-\phi^0$是表 12-1 中的標準還原電動勢，由於式(12-13a)為氧化，所以與表中符號相反。將上列兩式相加其全反應為：

$$M_1 + M_2^{n+} \rightarrow M_1^{n+} + M_2 \tag{12-14}$$

整個電池之標準電動勢為

$$\Delta\phi^0 = \phi_2^0 - \phi_1^0 \tag{12-15}$$

由於電化學反應可由自由能的變化量(ΔG)來預測其反應方向，若 ΔG 是負值時，則狀態的改變為自發性反應(spontaneous reaction)，反之則為非自發性反應，ΔG 與兩極電位差($\Delta\phi^0$)之關係為：

$$\Delta G = -nF(\Delta\phi^0) \tag{12-16}$$

其中 F 是法拉第常數(96500 庫倫/克當量)，n 是參與反應之電子數目(即克當量)，由此可知，當式(12-15)的 $\Delta\phi^0$ 為正值時則自由能變化量($\Delta\phi^0$)為負值，則式(12-14)為一自發性電化學反應。

式(12-14)所描述的電化學反應，若其電解液之濃度與溫度並非在標準狀態下，依能斯特方程式(Nernst equation)來推算 M_1 與 M_2 兩電極在溫度 T 和莫耳離子濃度$[M_1^{n+}]$、$[M_2^{n+}]$下，電池之電動勢為：

$$\Delta\phi = (\phi_2^0 - \phi_1^0) - \left(\frac{RT}{nF}\right)\ln\left[\frac{[M_1^{n+}]}{[M_2^{n+}]}\right] \tag{12-17}$$

其中 R 為氣體常數，如此在 25℃時，式(12-17)成為：

$$\Delta\phi = (\phi_2^0 - \phi_1^0) - \left(\frac{0.0592\text{V}}{n}\right)\log\left[\frac{[M_1^{n+}]}{[M_2^{n+}]}\right] \tag{12-18}$$

例 12-1

在 25℃下，有一由 Ni 與 Co 金屬電極所構成的電化學電池，它們分別浸在含 Ni^{2+}與 Co^{2+}離子的溶液中，且此二電解液以孔狀隔膜隔離，分別於下列情況下，求其電位差

(a)若為標準電池。

(b)若 Ni^{2+}與 Co^{2+}離子之濃度分別是 0.001M 和 0.1M 時。

解 (a) 由表 12-1 可知 Co 較 Ni 活性，所以 Co 電極會氧化，而 Ni 電極會還原，因此其反應為：

陽極 $Co \rightarrow Co^{2+} + 2e^-$ $\qquad -\phi_1^0 = +0.277V$

陰極 $Ni^{2+} + 2e^- \rightarrow Ni$ $\qquad \phi_2^0 = -0.250V$

全反應為：

$Co + Ni^{2+} \rightarrow Co^{2+} + Ni$

$\Delta\phi^0 = -0.250 - (-0.277) = 0.027V$

(b) 利用式(12-17)及表 12-1

①$Co(0.1M) \rightarrow Co^{2+}(0.1M) + 2e^-$

$$-\phi_1 = 0.277 - \frac{0.0592}{2}\log(0.1M)$$

②$Ni^{2+}(0.001M) + 2e^- \rightarrow Ni(0.001M)$

$$\phi_2 = -0.250 - \frac{0.0592}{2}\log\left(\frac{1}{0.001M}\right)$$

全電池反應為① ＋ ②

$$Co(0.1M) + Ni^{2+}(0.001M) \rightarrow Co^{2+}(0.1M) + Ni(0.001M) \qquad (12\text{-}19)$$

$$\Delta\phi = \phi_2 - \phi_1 = -0.250 - (-0.0277) - \frac{0.0592}{2}\log\frac{0.1}{0.001} = 0.027 - 0.0592 = -0.032V$$

由於其電位差為 － 0.032V 由全電池反應之自由能($\Delta G = -n\Delta\phi F$)為正値，故反應(12-19)方向應向左，所以 Co 電極為陰極，Ni 電極為陽極，此時電極之極性與標準電池恰好相反。

12-3 腐蝕速率

腐蝕速率的表示可分成兩種方式，一種是以腐蝕穿透速率(corrosion penetration rate，CPR)來表示，另一種是以電流密度來表示。

12-3-1 以腐蝕穿透率(CPR)來表示腐蝕速率

均勻腐蝕速率單位的表示法有好幾種，一般常用的是 mcs(mg/cm^2-s，每秒每平方公分損失的毫克重)與 mdd(mg/dm^2-day，每天每平方公寸損失的毫克數)及 mpy(mile/year，每年腐蝕的 mil 數，1mil = 0.001 英吋)三種。不論用那一個單位，計算時必須除去金屬表面附著或不附著的腐蝕生成物。

以鋼爲例，在海水中的腐蝕率平穩，約等於 25mdd，相當於 5mpy。上面所表示的數值是平均值，一般來說，腐蝕的初始速率(initial rate)通常比最終速率(final rate)大。因此在記述腐蝕速率時，必須記錄腐蝕的過程，若以外插法計算腐蝕速率可能造成錯誤。

不論是 mcs, mdd 或 mpy，都是屬於腐蝕穿透速率(CPR)，可以式(12-20)表示

$$\text{CPR} = \frac{KW}{DAt} \tag{12-20}$$

式中，W 爲重量損失(mg)，D 爲密度(g/cm^3)，A 爲面積(in^2)，t 爲腐蝕時間(hour)而 K 是常數，若 CPR 以 mpy 爲單位時 $K = 534$，若 CPR 以 mm/yr 爲單位，則 $K = 87.6$，此時，A 之單位須採用 cm^2 (請參考例題 12-2)。

爲了方便起見，在均勻腐蝕中，評估 Fe 和 Ni 的抗蝕性，可依腐蝕速率分爲下列幾類：

(1) ＜1mpy　抗蝕性強(outstanding)
(2) 1mpy～5mpy　抗蝕性優(excellent)
(3) 5mpy～20mpy　抗蝕性好(good)
(4) 20mpy～50mpy　抗蝕性尚可(fair)
(5) 50～200mpy　抗蝕性差(poor)
(6) ＞200mpy　不能用(unacceptable)

12-3-2 以電流密度來表示腐蝕速率

由於腐蝕爲一電化學之陽極反應，電極之腐蝕重量損失(W)，可利用法拉第定理求得爲：

$$W = \frac{ItM \times 1000}{nF} \tag{12-21}$$

其中 W 是腐蝕之重量損失(mg)，I 是電流(A，安培)，M 是原子量(g/mol)，F 是法拉第常數 = 96,500 C/mol，則當表示成 mcs(mg/cm^2-sec)時，則式(12-21)成爲：

$$\text{腐蝕速率(以 mcs 爲單位)} = \frac{W}{At} = \frac{i \times M \times 1000}{nF} \tag{12-22}$$

其中，i 是電流密度(A/cm^2)。對於某一固定材料而言，因其 M、n、F 均爲定值，則式(12-22)可改成：

$$\text{mcs} = (\text{const}) \times i \tag{12-23}$$

式中的常數會隨金屬的種類而改變。同樣的，mpy、mdd 都能以電流密度來表示。

例 12-2

假設 Zn 的腐蝕電流密度爲 3.42×10^{-7} A/cm^2，以下列單位來表示 Zn 的腐蝕速率。(a)mcs，(b)mdd，(c)mpy。

解 (a) 以 mcs 表示

$$\text{腐蝕速率} = \frac{i \times M \times 1000}{nF}$$

$$= \left(\frac{3.42 \times 10^{-7}\,\text{C}}{\text{s} \cdot \text{cm}^2}\right)\left(\frac{65.37}{\text{mol}}\right)\left(\frac{\text{mol}}{2 \times 96500\text{C}}\right)\left(\frac{1000\,\text{mg}}{\text{g}}\right)$$

$$= 1.16 \times 10^{-7}\text{mg/cm}^2 \cdot \text{s} = 1.16 \times 10^{-7}\text{mcs}$$

(b) 以 mdd 表示

$$\text{腐蝕速率} = \left(\frac{1.16 \times 10^{-7}\,\text{mg}}{\text{cm}^2 \cdot \text{s}}\right)\left(\frac{3600\,\text{s}}{\text{h}}\right)\left(\frac{24\,\text{h}}{\text{day}}\right)\left(\frac{1000\,\text{cm}^2}{\text{dm}^2}\right)$$

$$= 1\text{mg/(dm}^2\,\text{day)} = 1\text{mdd}$$

(c) 以 mpy 表示

$$\text{腐蝕速率} = \left(\frac{1\,\text{mg}}{\text{dm}^2 \cdot \text{day}}\right)\left(\frac{1\text{g}}{1000\,\text{mg}}\right)\left(\frac{1\,\text{dm}^2}{100\,\text{cm}^2}\right)\left(\frac{365\,\text{day}}{\text{year}}\right)\left(\frac{\text{cm}^3}{6.49\,\text{g}}\right)\left[\frac{1000(0.001\text{inch})}{2.54\,\text{cm}}\right]$$

$$= 0.22(0.001\text{inch})/\text{year} = 0.22\text{mpy}$$

[註]：mpy/mdd = 1.44/D，mcs/mdd = 1.16×10^{-7}

12-4 極化現象

在圖 12-2 中所示之鋅/氫電化學電池未接通時(開路)，電極是處在各自的平衡狀態，量得的電壓爲 0.76V。當接通後(短路)，系統呈非平衡狀態，此時鋅金屬(陽極)發生氧化反應，氫電極(陰極)發生還原反應，鋅金屬氧化反應的阻力會隨著其氧化的進行而增加，致使鋅電極趨向惰性，而氫電極還原反應的阻力也會隨著其還原的進行而加大。造成氫電極趨向活性。

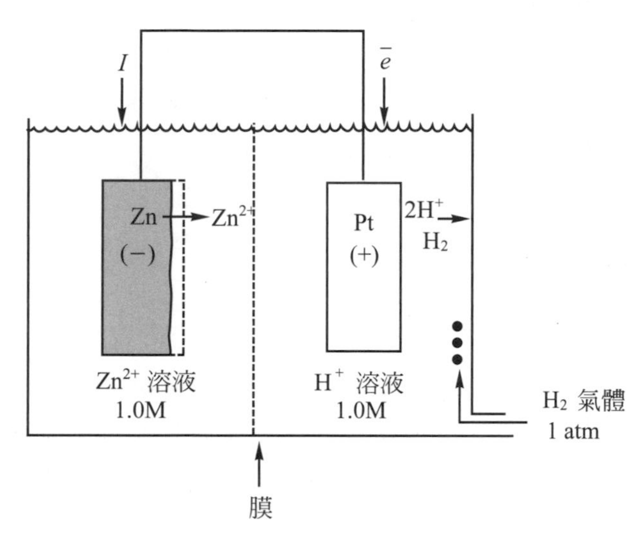

圖 12-2　鋅和氫電極(以白金為反應界面)所組成之標準電化學電池

由表 12-1 中，可知鋅與氫的平衡電位分別爲– 0.76V 與 0V，而當電化學反應進行時，假設此時之非平衡的電位分別爲– 0.56V(較平衡電位– 0.76V 爲惰性)與– 0.35V(較平衡電位 0V 爲活性)，則量得的兩極非平衡電壓爲 0.21V(0.56V– 0.35V)較平衡狀態時所量得的電壓 0.76V 爲低。若將鋅金屬放置在鹽酸中的腐蝕現象爲例，鋅的氧化與氫的還原都發生在金屬鋅表面，由於金屬鋅爲一良導體，故兩極必有相同電位，則在這種情況下量得的電壓將是零。

上述所描述的兩電極非平衡電位(– 0.56V 與– 0.35V)均與各自的平衡電位(– 0.76V 與 0V)存在一電位差，這種現象稱爲極化(polarization)，它是一種電化學反應的阻力，這種阻力通常是以過電壓(overvoltage，η)來表示，如上述的鋅陽極之過電壓(η) = – 0.56– (– 0.76) = 0.2V，爲一正値，而氫陰極之過電壓(η) = – 0.35 – 0 = – 0.35V，爲一負値，也就是陽極極化時，電極電位總是向正方向移動，陰極極化時，電極電位總是往負方向移動。

極化現象可區分爲活性極化(activation polarization)、濃度極化(concentration pllarization)與電阻極化(resistance polarization)三種，它們同時而且獨立發生於電化學反應過程中，當反應進行時，電極於電解液界面進行著電荷的轉移。電荷轉移後，電極就發生氧化或還原。活性極化就是電荷轉移時的阻力，如同化學反應須克服活化能(activation energy)相似，濃度極化則爲電極附近的電解液的離子濃度，因電化學反應造成濃度梯度所產生的反應阻力。電子極化係在電化學反應進行中所產生對電化學反應繼續進行的阻力，當電流愈大阻抗就愈大。

電極發生極化的根本原因在於電子的遷移速度比電極反應速度大。例如在圖 12-2 中的鋅/氫電化學電池中，電流從陰電極流出進入陽極，而電子的遷移方向則相反。在陽極，鋅離子溶解的速度小於電子從陽極流出的速度，於是在陽極上有正電荷的累積，而使陽極電位變得更正値。而電子流入陰極的速度又比陰極反應(氫離子的還原)速度大，結果在陰極造成電子的累積，而使電極電位變得更負。

12-4-1　活性極化

將鋅置於無水電解質內，則鋅一方面會氧化，另一方面會還原，即 $Zn \rightarrow Zn^{2+} + 2e^-$，$Zn^{2+} + 2e^- \rightarrow Zn$，達平衡時，兩式之反應速率相同，而無淨腐蝕產生。事實上電子仍有釋放與再結合，祇是兩者速率一樣，即 $i_{oxid} = i_{red} = i_0$，i_0 稱爲交換電流密度(exchange current density)其單位爲 amp/cm^2。此外，i_0 値隨系統(如電解液之種類、濃度、反應介面等)之不同而改變。並非一定値。

離子從陽極進入溶液內(氧化反應)，或電子在陰極處與離子結合(還原反應)，都需要活化能。如果金屬離子進入溶液的反應速度小於電子由陽極通過導線流向陰極的速度，則陽極就有過多的正電荷累積，使陽極電位向正方向移動。也就是造成陽極活性極化的現象，同樣的，由於陰極反應須要活化能，而造成電子累積，而使得陰極電位向負方向移動，因而產生陰極活性極化的現象。

電化學反應實際上是一種不斷的離子與電子的交流作用，而這種交流現象的難易是與通過電極之電流的大小有關的，活性極化的過電壓(η_a)可簡化成塔弗(Tafel)公式

$$\eta_a = \pm \beta \log \frac{i}{i_0} \tag{12-24}$$

其中 i_0 爲交換電流密度，β 爲塔弗常數，正號爲氧化(陽極)反應負號爲還原(陰極)反應，圖 12-3 爲氫電極的活性極化曲線示意圖，由圖中可知 β 爲曲線之斜率，所以 β 也稱之爲塔弗斜率。在平衡狀態下，平衡電位和塔弗直線的交點即爲交換電流(i_0)。

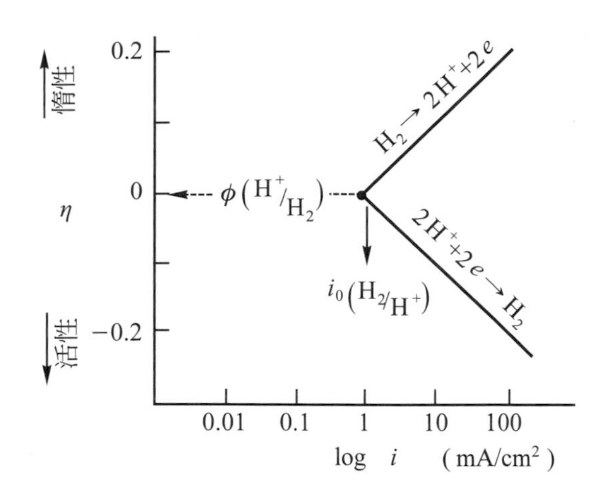

圖 12-3　氫極的活性極化，過電壓 η 和電流密度 $i(\log i)$成直線關係

12-4-2　濃度極化

濃度極化可以由氫離子在電極上的還原作用來說明(圖 12-4)在平衡狀態時，氫離子在溶液中的分佈是均勻的如圖 12-4(a)所示。當還原作用進行時，電極介面附近的氫離子濃度必然減少，嚴重時甚至形成一氫離子的空乏區，如圖 12-4(b)所示，這種陰極附近嚴重發生離子濃度的缺乏，將造成還原反應減緩，而造成電子於陰極上的累積，也就是發生濃度極化的現象，由以上的討論也可以推知陽極離子形成時，並不易產生陽極濃度極化。

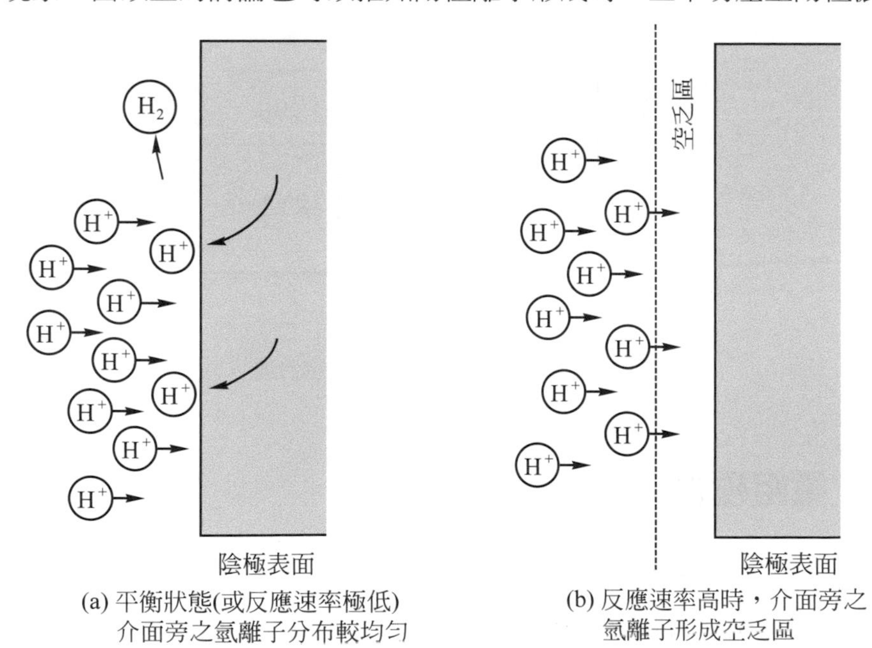

圖 12-4　氫離子在陰極介面上因還原反應，而造成濃度極化(a)平衡狀態(或反應速率極低)介面旁之氫離子分布較均勻，(b)反應速率高時，介面旁之氫離子形成空乏區

在一固定系統中，因濃度極化的關係，會有一個最大的還原速率存在，也就是有一個極限的電流密度(i_L)存在，其意義爲當離子的擴散速率最大值時，電極介面的氫離子濃度因還原反應而將離子消耗至零時。此時電流也就到達極限電流。如圖 12-5(a)所示，如果電解質的濃度較高，溫度上昇或電解液受到攪拌時，i_L 值將會增大如圖 12-5(b)所示。

圖 12-6 爲氫電極結合活性極化與濃度極化的極化曲線，由圖中，可以發現陽極極化僅有活性極化，而陰極極化則包括活性極化與濃度極化二者。

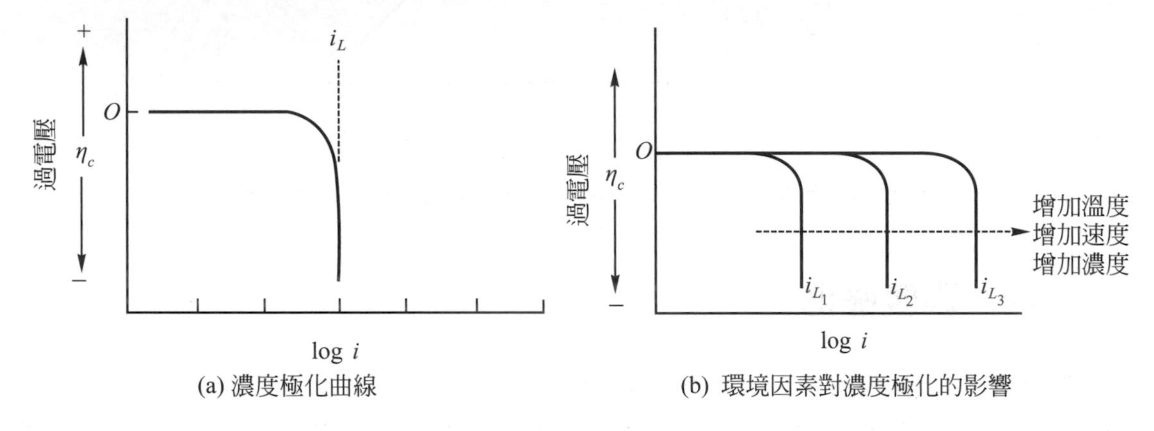

圖 12-5 濃度極化所造成過電壓(η_c)與電流密度(log$i$)之關係圖，i_L 為極限電流密度[1]

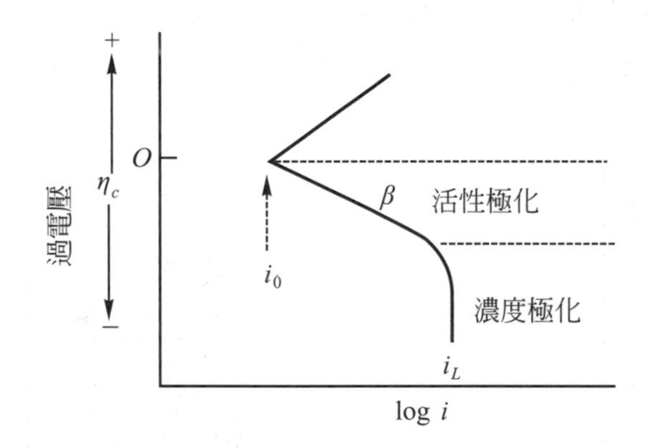

圖 12-6 活性極化與濃度極化的結合圖[1]

12-4-3 電阻極化

當電流通過電解液時，由於電解質具有電阻，電流會受到阻力，延緩氧化或還原反應的發生，如此也就會造成陽極極化(即正電荷的累積)與陰極極化(即電子的累積)的現象。

12-4 極化數據預測腐蝕速率

假設鋅/氫電化學電池(圖 12-2)之反應速度不快，濃度極化的現象可以省略，此時兩電極的反應均受活性極化所支配。由於陽極電流必定和陰極電流相等，陽極電流也就是腐蝕電流。圖 12-7 的鋅陽極與氫電極(陰極)的極化曲線交點的電位相等。兩者電流也相等，因此金屬的腐蝕電位(ϕ_{corr})與腐蝕電流(i_{corr})可以很容易由圖解獲得。

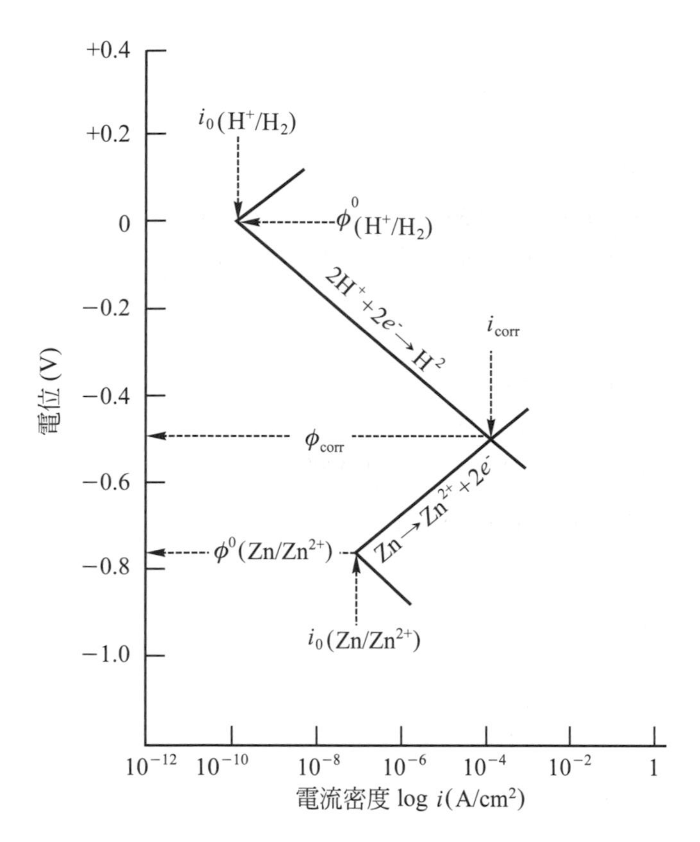

圖 12-7 兩種電極連成通路之電位與電流密度(即腐蝕速率)之關係。陽極為鋅，陰極為氫氣包圍之白金電極，當兩極接通且面積相等時，若電位相同，則有一腐蝕電流密度，i_{corr}，產生

例 12-3

Fe 在鹽酸中的半電池反應及相關數據爲

$Fe \rightarrow Fe^{2+} + 2e^-$　$\phi^0_{(Fe/Fe^{2+})} = -0.440V$，$i_0 = 1.0 \times 10^{-6}(A/cm^2)$，$\beta_a = 0.15$

$2H^+ + 2e^- \rightarrow H_2$　$\phi^0_{(H^+/H_2)} = 0V$，$i_0 = 1.0 \times 10^{-8}(A/cm^2)$，$\beta_c = -0.10$

(a)假設氧化和還原均由活性極化所控制，試計算 Fe 的腐蝕速率，並分別以 mcs(mg/cm^2-sec)與(mol/cm^2-sec)爲單位表示。

(b)計算腐蝕電位(ϕ_{corr})。

解 由式(12-24)可知

對氫(陰極)還原而言 $\phi_H = \phi^0_{(H^+/H_2)} + \beta_H \log(i/i_{0H})$

對鐵(陽極)氧化而言 $\phi_{Fe} = \phi^0_{(Fe/Fe^{2+})} + \beta_{Fe} \log(i/i_{0Fe})$

由於 $\phi_H = \phi_{Fe} = \phi_{corr}$ 所以

$0 - 0.10 \log(i/1.0 \times 10^{-8}) = -0.44 + 0.15 \log(i/1.0\times10^{-6})$

解得腐蝕電流密度

$i_{corr} = i = 9.16 \times 10^{-6}$ (A/cm²)

(a) 則①以 mcs 爲單位時

$$腐蝕速率 = \frac{i \times M \times 1000}{nF}$$

$$= \left(\frac{9.16\times10^{-6}\,\text{C}}{\text{S-cm}^2}\right)\left(\frac{55.85\text{g}}{\text{mol}}\right)\left(\frac{\text{mol}}{2\times96500\text{C}}\right)\left(\frac{1000\,\text{mg}}{\text{g}}\right)$$

$$= 2.65 \times 10^{-6}\ \text{mcs}$$

②以(mol/cm²-sec)爲單位時

$$腐蝕速率 = \frac{i}{nF} = \left(\frac{9.16\times10^{-6}\,\text{C}}{\text{S-cm}^2}\right)\left(\frac{\text{mol}}{2\times96500\text{C}}\right)$$

$$= 4.75 \times 10^{-11}\ \text{mol/cm}^2\text{-sec}$$

(b) 腐蝕電位(ϕ_{corr})

$$\phi_{corr} = \phi^0_{(H^+/H_2)} + \beta_H \log\left(\frac{i_{corr}}{i_{OH}}\right)$$

$$= 0 + (-0.10)\log\left(\frac{9.16\times10^{-6}}{1.0\times10^{-8}}\right)$$

$$= (-0.10)(2.962) = -0.296\text{V}$$

12-5 金屬之鈍化

鈍化(passivity)亦稱惰性，是一種特殊的極化現象，在 1840 年代，法拉第研究鐵在室溫的硝酸中腐蝕行爲，如圖 12-8，首先將鐵放到約 70%濃度的硝酸溶液中，如圖(a)，鐵幾乎不會受到硝酸的腐蝕，其腐蝕速率接近零。如果在圖(a)中的燒杯中，加入與硝酸同體積的水來稀釋硝酸，如圖(b)所示，鐵仍然不會受稀硝酸腐蝕。但是如果圖(b)中的鐵受到刮傷，如圖(c)所示，則鐵立刻與稀硝酸產生激烈的反應，而發生嚴重的腐蝕，並放出氮氣。如果鐵直接放入稀硝酸中，同樣的會發生嚴重的腐蝕現象。圖 12-8 中，(b)及(c)分別代表鐵的鈍化或活性的狀態，它們的腐蝕速率可相差 10^4～10^6 倍。

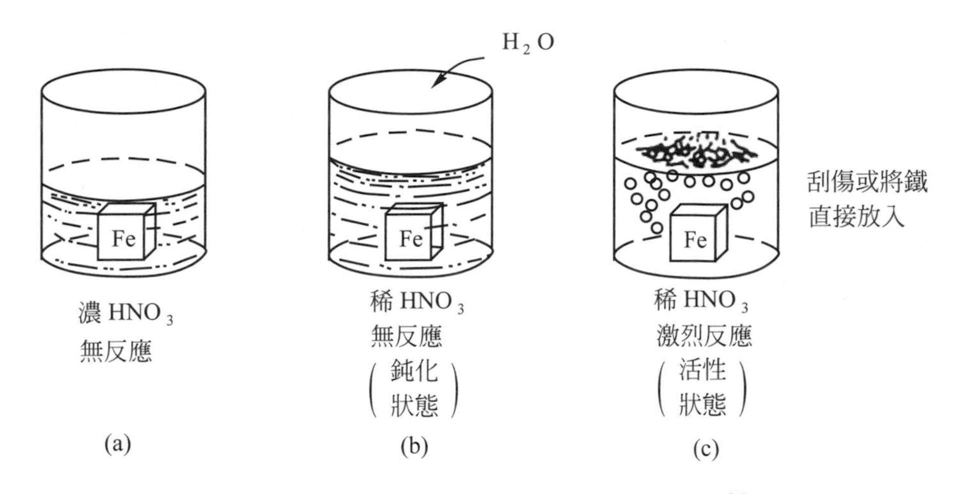

圖 12-8　鐵在不同濃度的硝酸溶液中之腐蝕情形[1]

依據上述的簡單實驗，可以得悉：(1)在鈍化狀態下，金屬的腐蝕速率極低，(2)鈍化狀態是不穩定的，當受到刮傷時，鈍化狀態將被破壞。所以，在工程應用觀點上，鈍化可以提供有效的腐蝕防治，但在使用時，需相當的留意，否則會造成很大的損傷。鈍化是由於在金屬表面上形成一層保護膜所致，如鐵在濃硝酸中，形成氫氧化鐵薄膜。這一層保護膜的厚度約在 30 Å 以下。

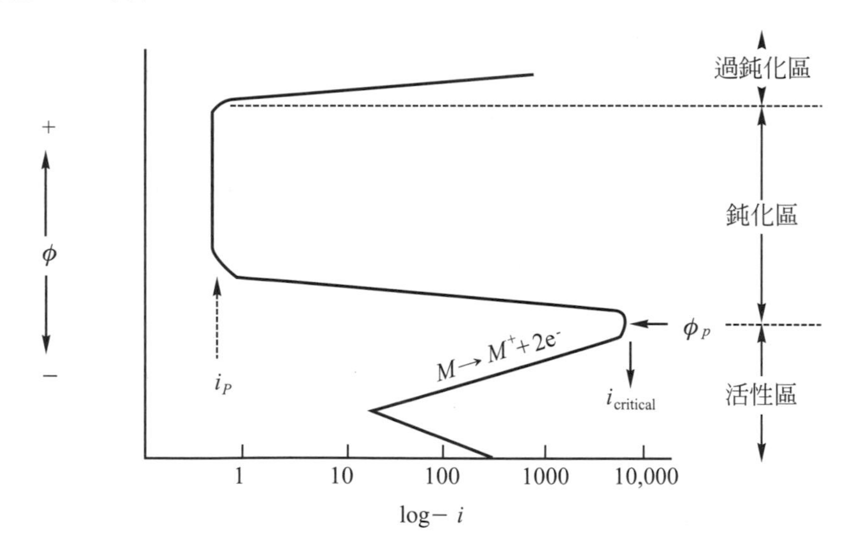

圖 12-9　標準活性-鈍化金屬(active-passive metal)之陽極極化曲線[1]

不銹鋼、鉻、鈦、鋁等合金在某些環境下均顯現活性-鈍化的轉變(active-passive transitions)，標準的活性-鈍化金屬之陽極極化曲線如圖 12-9 所示，圖中可分成活性區、鈍化區及過鈍化區(trans-passive)。在陽極極化的初期($M \rightarrow M^+ + e^-$)其極化的現象與非鈍化金屬(如鋅)相同，當電極電位增加，腐蝕速率隨之增加，這是屬於活性區。當陽極極化到某一臨界電位(ϕ_p 稱爲鈍化電位)，則腐蝕速率亦到達一臨界電流密度 $i_{critical}$，此時電流驟然下降了幾個數量級，此時的電流密度稱爲鈍化電流密度 i_p，這是屬於鈍化區。在鈍化區中，當電極電位增加時，其電流密度仍維持在極低的 i_p，能有效的降低腐蝕速率。若更進一步的極化(電極電位增加)，則金屬將進入過鈍化區，腐蝕速率又再度的增大。

為了瞭解圖 12-8 中鐵在不同濃度硝酸中的腐蝕特性，利用圖 12-10(a)的極化曲線來說明。首先由 Nernst 方程式可知當氧化劑(oxidize reagent)的濃度增加時，其電位會增加，在圖中的氧化劑(即硝酸，將發生還原反應)濃度的濃稀程度是用阿拉伯數字 1 至 7 來表示。1 表示最稀，7 表示最濃。另外，為了簡化說明，在此假設氧化劑的交換電流密度(i_{OR})是常數，而不隨氧化劑濃度變化。因為陽極極化曲線與陰極極化曲線的交點是代表金屬(M)的腐蝕電流密度(即腐蝕速率)，所以由交點的位置，可以解釋氧化劑的濃度對金屬材料的腐蝕速率。

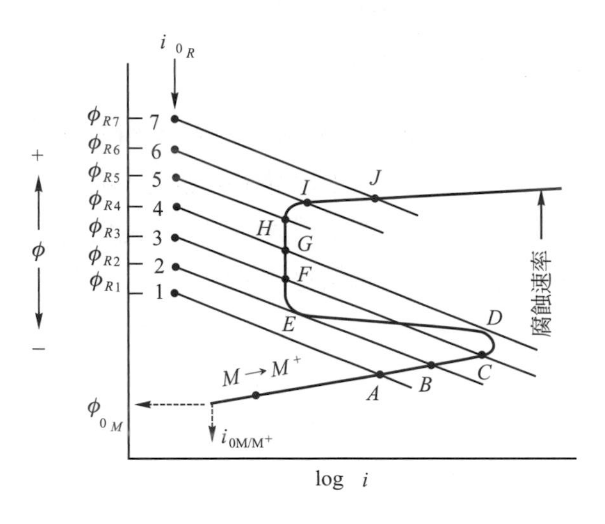

(a) 氧化劑濃度對活性-鈍化金屬腐蝕行為的影響

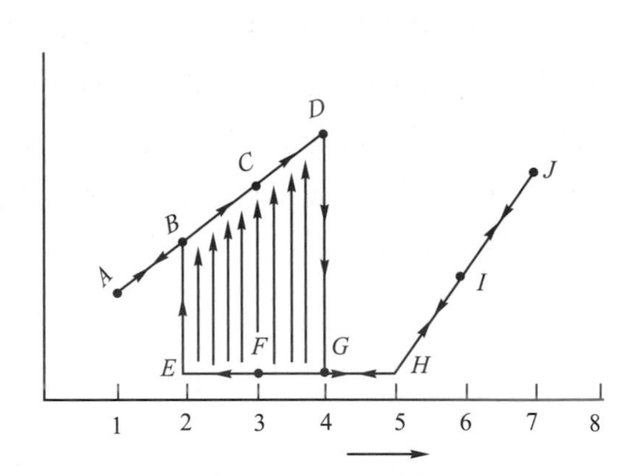

(b) 氧化劑濃度對活性-鈍化金屬腐蝕速率的影響

圖 12-10 氧化劑濃度對活性-鈍化金屬電化學特性之影響[1]

首先，當金屬(M)放入濃度為 1 至 3 的氧化劑中時，金屬位於活性區且其腐蝕速率由 *A* 增加到 *C*。這時候的金屬為非鈍化狀態，腐蝕速率會隨氧化劑的濃度增加而增加。但是，當氧化劑的濃度成為 4 時，腐蝕速率會由 *D* 降到 *G*，此時的 *G* 點位於鈍化區。若濃度增加到 5，則腐蝕速率維持在 *H*，此值極低且是一個常數。當氧化劑的濃度更增高時(如 6 及 7)則進入過鈍化區腐蝕速率又會隨著濃度的增加而增大(由 *I* 升到 *J*)。

如果將氧化劑由高濃度的 7 稀釋到 1，則其腐蝕速率將會由 *J* 開始，沿著 *I-H-G-F-E-B-A* 的路線回復到 *A*(如圖 12-10(b)所示)。但是如果金屬在鈍化狀態時，若表面受到任何刮傷，則金屬會立刻由鈍化轉變成活性，而引起極大的腐蝕速率。例如圖 12-10(a)中的 $G \to D$，$F \to C$ 或 $E \to B$。

12-6 腐蝕之型式及其防治法

鐵的生鏽爲一均勻性的腐蝕，其腐蝕速率可以完全預測。但是在大部份腐蝕工程上，腐蝕現象是局部的，它的一些機械性質之劣化，無法單純由腐蝕速率來預測。所以往往局部腐蝕在腐蝕工程研究上，比均勻腐蝕重要。腐蝕型式之分類可達近六十種，本書將介紹十種較被重視的型式。

(1) 均勻腐蝕(uniform or general attack corrosion)。
(2) 伽凡尼腐蝕或不同金屬之腐蝕(Galvanic or two-metal corrosion)。
(3) 穿孔腐蝕(pitting corrosion)。
(4) 縫隙腐蝕(crevice corrosion)。
(5) 沿晶腐蝕(intergranular corrosion)。
(6) 應力腐蝕(stress corrosion)。
(7) 沖蝕腐蝕(erosion corrosion)。
(8) 選擇腐蝕(selective corrosion or parting)。
(9) 渦穴腐蝕(cavitation corrosion)。
(10) 移擦腐蝕(fretting corrosion)。

12-6-1 均勻腐蝕

這種型式的腐蝕包括我們所熟識的鐵生鏽及銀銪色(tarnish)，其他如鎳的成霧(fogging)及金屬高溫氧化等都是均勻腐蝕的例子。均勻腐蝕的防治法可以藉由：(1)保護層之披覆，(2)加抑制劑及(3)陰極防蝕法來防治，這些防治法將在 12-8 節論述。

12-6-2 伽凡尼腐蝕

在一腐蝕環境下，當兩種金屬或合金相接觸時，便會構成一電化學電池，稱爲伽凡尼電池(Galvanic cell)，較活潑的金屬(即電位較高的金屬)成爲電池的陽極。它將受到腐蝕，而較貴性 (noble)的金屬則受保護，圖 12-11 是鍍錫鋼(即馬口鐵)與鍍鋅鋼(即伽凡尼鋼)之示意圖。此二金屬之包覆層均能將鋼與電解質隔開，然而，當包覆層被刮破而底下的鋼曝露出來時，這兩種包覆層的腐蝕行爲就完全不同。對鋼而言鋅是陽極，鋼仍受到保護。然而，對錫而言鋼是陽極，因此，在鍍錫層被刮破時，就產生一微小的鋼陽極，鋼就迅速地腐蝕。

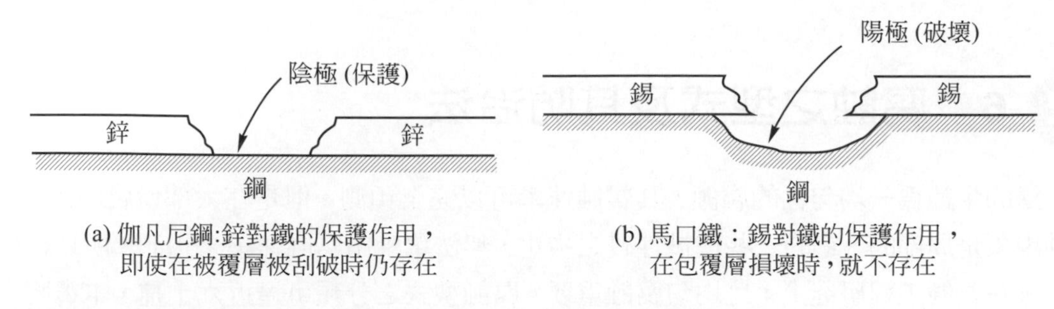

圖 12-11　伽凡尼腐蝕之示意圖[1]

依電動勢系列及伽凡尼系列，錫均較鐵安定。由於錫的無毒性，所以馬口鐵被作爲製罐材料，但依上述的說法，除非錫能完全被覆鐵，否則將有鐵腐蝕的現象，似乎與製罐材料的要求相矛盾。事實上食物與馬口鐵相接觸時，由於食物中某些元素會與 Sn^{2+}結合爲可溶性的錯離子，使 Sn^{2+}濃度降低，大大降低了 Sn^{2+}的活化度，而依能斯特方程式可知，當 Sn^{2+}的活化度減少時，Sn 的電位便會降低，而致使錫的電位較鐵活潑，達到保護鐵的目的。

另外，在伽凡尼腐蝕中，需特別留意面積效應(area effect)，即陰極金屬與陽極金屬之面積比，如果陰極面積遠大於陽極面積時，則會造成陽極的嚴重腐蝕，其原理將在 12-8 節討論。

12-6-3　穿孔腐蝕

這是一種極端的局部金屬腐蝕，不易偵測，眞正腐蝕的面積非常小，但往往會造成災難性的破壞，一般穿孔腐蝕的起始位置，位於材質不均勻的位置(structural heterogeneities)，如介在物等，或缺氧的位置上(註：若一金屬在腐蝕環境中，含氧量隨位置而有濃淡之分時，高氧濃度的地方爲陰極，而低氧濃度的位置爲陽極。此種電化學電池稱爲氧濃淡電池(oxygen concentration cell)，其詳細說明可參考習題 12-4)。

而穿孔腐蝕的成長則相信是由於在孔洞的位置上有較高的酸之沉積所致。圖 12-12 是金屬(M，如鋼鐵材料)在充氣的海水中發生孔洞成長的示意圖，首先因孔洞底部氧不易補充而缺氧，發生金屬分解反應 $M \rightarrow M^+ + e^-$，而孔洞的四週有較高濃度的氧，便發生還原反應 $O_2 + H_2O + 4e^- \rightarrow 4(OH)^-$，故孔洞的四週便受到保護，同時爲了使溶液的電性維持平衡，故溶液中的 Cl^-便會向孔洞集中，致使金屬氯化物與水發生下列反應

$$M + Cl^- + H_2O \rightarrow MOH + H + Cl^- \tag{12-25}$$

使得孔洞的 H^+濃度增加，而增加陽極反應速率。如此，整個穿孔腐蝕的過程便成爲自動催化(auto-catalytic)的現象。

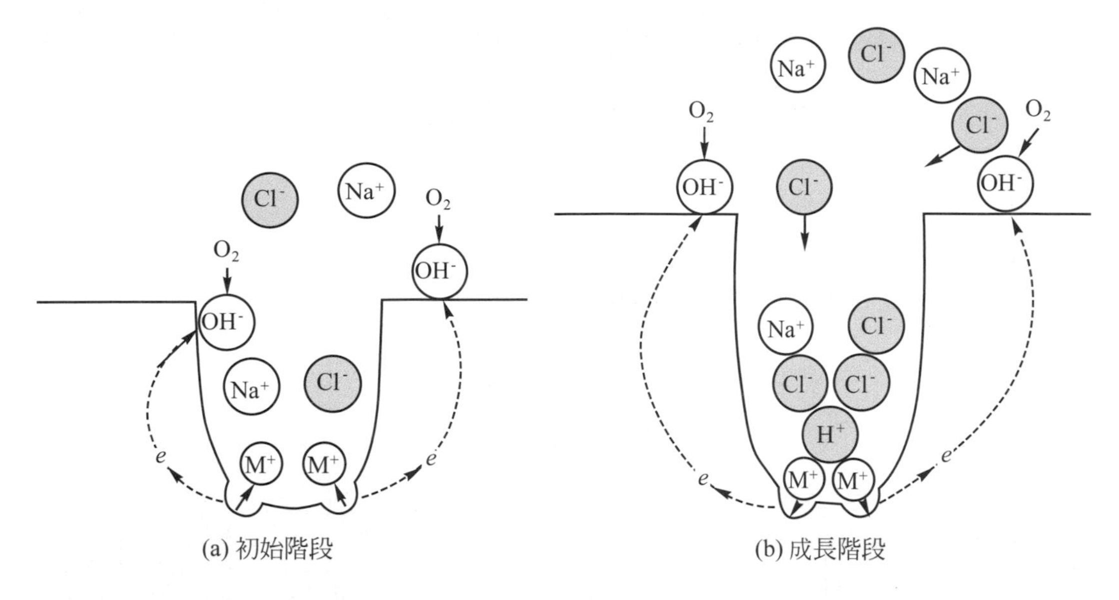

圖 12-12　金屬材料(M)在 NaCl 溶液中的穿孔腐蝕

爲了防治穿孔腐蝕的發生，最好的方法是選用可抗穿孔腐蝕的材料，例如在海水中，若以 316 不銹鋼(18Cr-8Ni-2Mo)取代常用的 304 不銹鋼(18Cr-8Ni)，則有明顯的抗穿孔腐蝕性。

12-6-4 縫隙腐蝕

縫隙腐蝕是一種發生在有縫隙處(如金屬鉚接處，墊圈處等)的局部電化學腐蝕。許多合金均會有縫隙腐蝕發生，如不銹鋼、鈦合金、鋁合金、銅合金等。所以在工程應用上，須相當的小心。縫隙須大小適中才可能發生縫隙腐蝕。它需有足夠的寬度能使溶液進入，但又需相當的窄，以保持溶液的停滯(stagnant)，所以其寬度一般約小於幾個微米(μm)。

縫隙腐蝕之機構類似穿孔腐蝕，在圖 12-13 中，利用金屬(M，如鋼鐵材料)在充氣的 NaCl 溶液中來說明縫隙腐蝕之機構。首先，縫隙因氧濃度均勻分佈，故腐蝕呈均勻分佈，但當在較後階段，因氧濃淡電池的發生，引起缺氧區發生陽極反應。

$$M \rightarrow M^{+} + e^{-} \qquad (12\text{-}26)$$

而在不缺氧的區域，發生陰極還原反應

$$O_2 + 2H_2O + 4e^{-} \rightarrow 4(OH)^{-} \qquad (12\text{-}27)$$

由於縫隙內的氧無法補充，則陽極位置與陰極位置無法變更，則陽極反應持續在同一位置進行。而產生高濃度的正離子(M^+)。爲了平衡電性，則 Cl^-會朝陽極位置移動，而形成 $M^+ + Cl^-$，而此氯化物會進一步與 H_2O 結合，產生 H^+離子。

$$M^{+} + Cl^{-} + H_2O \rightarrow MOH + H^{+} + Cl^{-} \qquad (12\text{-}28)$$

H^+與 Cl^-將使不銹鋼的鈍化膜破壞，而引起進一步的腐蝕。

防止縫隙腐蝕的方法須從工程設計著手，如：

(1) 利用銲接取代鉚接。

(2) 容器設計應避免溶液停滯的發生。

(3) 儘可能利用非吸附性(nonabsorbent)的墊片，如鐵弗龍等。

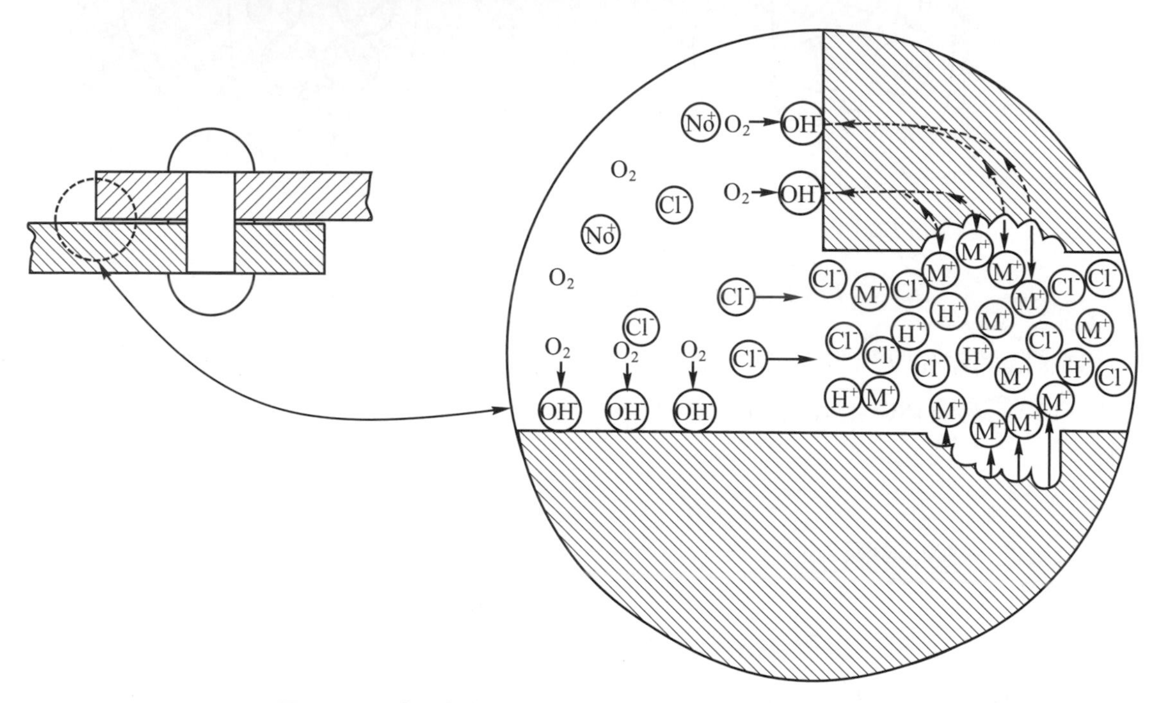

圖 12-13 金屬材料(M)在 NaCl 溶液中的縫隙腐蝕示意圖

12-6-5 沿晶腐蝕

這是金屬在晶界處發生的局部腐蝕，因爲一般材料之晶界爲陽極，晶粒爲陰極。在如 304 不銹鋼(如圖 12-14)或杜拉鋁(Al-4Cu)合金中，若經過不適當的熱處理後，在短時間即發生嚴重的沿晶腐蝕，其結果將使金屬喪失強度及延展性。304 不銹鋼由高溫冷卻時，若在敏感化溫度 425℃～870℃間徐冷的話，則在晶界有碳化鉻($Cr_{23}C_6$)的析出，致使晶界處形成一缺鉻區，在此缺鉻區的沃斯田鐵含鉻量低於產生保護膜的最低含鉻量，而產生沿晶腐蝕，稱爲敏化(sensitization)，爲了防止不銹鋼的沿晶腐蝕，可採用下列方法：

(1) 如果該不銹鋼的含碳量少於 0.03%如 304L，它就不會形成碳化鉻。

(2) 如果鉻所佔的比率很高，即使形成碳化鉻也不致於使晶界的含鉻量低於產生保護膜的最低含鉻量。

(3) 添加鈦或鈮使碳優先結合爲 TiC 或 NbC，亦能防止碳化鉻形成，此種作法稱爲不銹鋼的安定化。

(4) 在製造或使用期間應儘量避開敏感化溫度範圍(425℃至 870℃)。

(5) 以退火及淬火熱處理，將此不銹鋼加熱到 800℃以上可使碳化鉻重新溶入沃斯田鐵中，此時，其組織爲 100%沃斯田鐵，然後迅速地淬火以避免碳化物的形成。

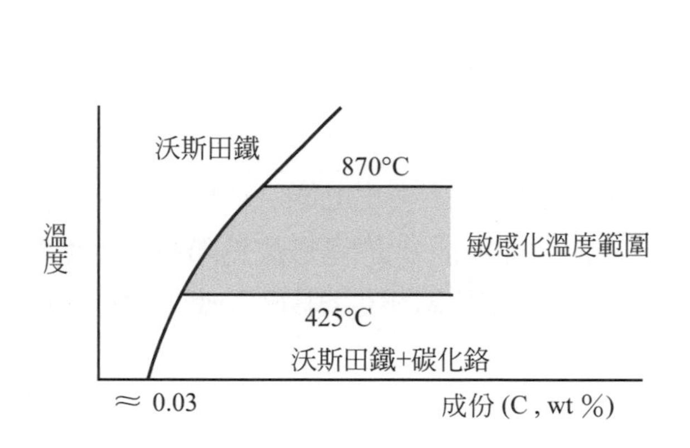

(a) 沃斯田鐵系 Fe-18 % Cr-18 % Ni 不銹鋼的敏化溫度

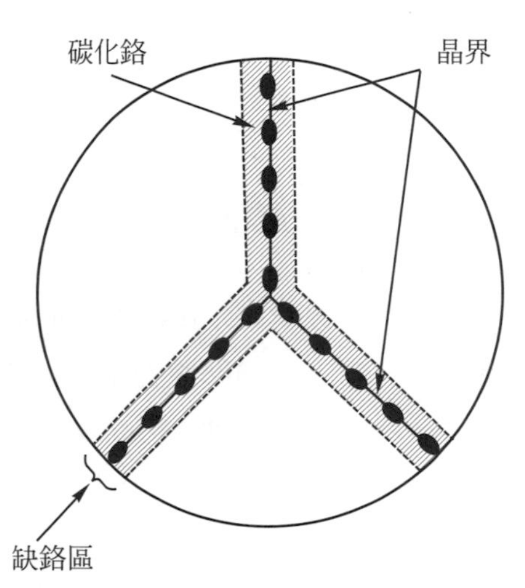

(b) 緩慢地冷卻使得碳化鉻在晶界處析出

圖 12-14　沃斯田鐵不銹鋼敏化之沿晶腐蝕示意圖

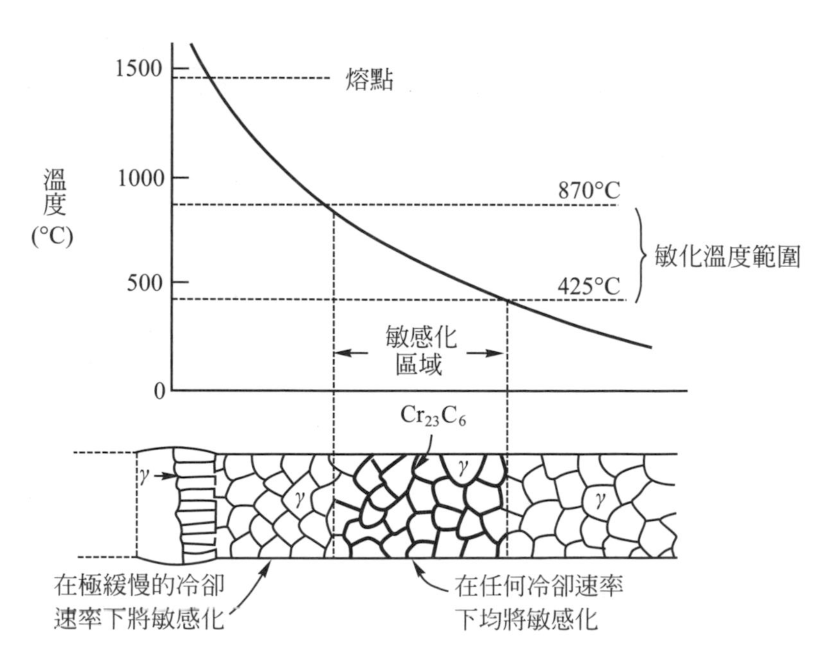

圖 12-15 不銹鋼銲接區域的溫度變化與不同冷卻速度，所產生的敏化結構示意圖

例 12-4

304 不銹鋼銲接後銲件快速冷卻，銲道附近的溫度分佈如圖 12-15 所示。在此種溫度分佈下，銲件的那一部份最可能發生腐蝕？

解 圖 12-15 繪出銲接部份被加熱到敏感化溫度範圍的區域，被加熱到敏感化範圍內的區域最後會含有碳化鉻。但對於被加熱到高於敏感化範圍的區域，除非銲件冷卻得很快，否則無法抑制碳化物析出，因此，在極緩慢冷卻情況下，整個熱影響區都會敏化而將受到腐蝕。而在快速冷卻情況下，只有被加熱到敏感化範圍內的區域會受到腐蝕。

12-6 應力腐蝕

應力腐蝕斷裂(stress corrosion cracking，SCC)是由於應力與腐蝕聯合作用所造成的結果。當金屬內有局部應力不相同的區域時，受高應力(即高能量)的區域成為陽極，而應力低的區域則成為陰極。經高度冷加工的區域比低度冷加工的區域更具陽性，應力的存在會加速腐蝕速率，如圖 12-16 所示。

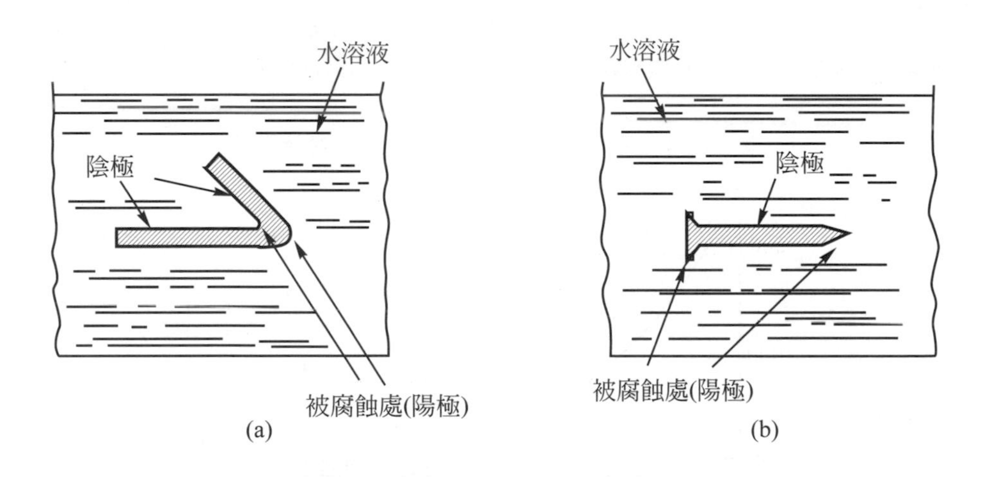

圖 12-16 受到加工變形相對不加工處能量較高，易受到應力腐蝕

SCC 之機構包括起始(initiation)、傳播(propagation)及斷裂(crack)三階段。當材料受到應力作用時，先在金屬表面形成裂口起始，當裂口已存在時，裂口尖端會有應力集中而形成高應力區。當在腐蝕環境下，便會形成陽極，如此在應力及陽極腐蝕的雙重作用下，加速裂口的傳播，以至於斷裂。應力腐蝕斷裂的狀況有些是經沿晶，有些是經穿晶(transgranular)，須視金屬環境而定。

此種型式的破壞和前面所提到的沿晶腐蝕在基本上有明顯的不同，因為沿晶腐蝕未談到是否施加應力。一般防治 SCC 之方法可歸納如下：

(1) 降低材料所受之應力，此一應力可能是外加應力(如拉應力)或殘留內應力，若是內應力可藉退火來消除或降低。
(2) 降低環境的腐蝕性。
(3) 如果應力及腐蝕環境無法改變，則選用抗應力腐蝕之材料，如以 Ti 合金取代不銹鋼作爲在海水中使用的熱交換器。
(4) 利用陰極防蝕法。
(5) 加抑制劑。

12-6-7　沖蝕腐蝕

許多金屬在高速液體的衝擊下(液體內可能含有固體粒子)，易造成腐蝕的加速，稱爲沖蝕腐蝕(erosion corrosion)，此時金屬表面受到腐蝕及機械磨耗(mechanical wear)的雙重作用。例如銅及黃銅製的冷卻管之轉角或管徑較小處，均易發生沖蝕腐蝕的現象。一般防治沖蝕腐蝕的方法可以歸納如下：

(1) 良好的設計，避免造成流體的渦液或撞擊。
(2) 改善腐蝕環境，過濾去除液體中的懸浮物或添加抑制劑。
(3) 表面處理，增加抗沖蝕能力。
(4) 利用陰極防蝕法。
(5) 改善材料耐蝕特性。

12-6-8　選擇腐蝕

選擇腐蝕(selective corrosion or parting)是合金中的一種或多種金屬元素先腐蝕，而剩餘保有原來合金形狀的多孔性殘留物。最常見的例子爲七三黃銅(70Cu-30Zn 合金)的除鋅腐蝕(dezincification)，此現象是因鋅原子較銅原子優先腐蝕，而殘餘多孔性的富銅相及腐蝕生成物。合金遭受此種腐蝕常保有原來的形狀，因而除表面顏色改變外，並未有明顯的損傷，但抗拉強度及延展性卻減少很多。

除鋅腐蝕的理論有兩種，第一種說法是黃銅中的鋅直接由晶格中析出，這種理論較不易令人信服，因爲晶格內層的鋅原子，須擴散到表面，才會有析出，而固體擴散是相當緩慢的，因此，除鋅作用幾乎是不容易發生的，而第二種理論是較被接受的，即除鋅包含三個步驟：(1)黃銅溶解產生鋅與銅離子，(2)鋅離子留在溶液中而，(3)銅離子和表面的鋅原子發生取代，銅被鍍回去。

防止黃銅的除鋅腐蝕方法可藉著：(1)降低黃銅中的鋅含量，如 85Cu-15Zn。(2)以鎳取代鋅，形成 cupronickel 合金，其成份爲 70～90Cu-10～30Ni。

另外一個有名的選擇腐蝕的例子是灰鑄鐵的石墨化腐蝕(graphitic corrosion)。灰鑄鐵其結構為片狀的石墨交錯在鐵的基地內，若在腐蝕環境中，Fe 為陽極發生腐蝕，而石墨為陰極，發生還原。所以當發生腐蝕時，沿石墨邊線的鐵被腐蝕，而使灰鑄鐵成為一多孔的外觀。

12-6-9 渦穴腐蝕

渦穴腐蝕(cavitation corrosion)發生在一液體進入一低壓力區域之時，在低壓力區域液體中產生氣泡，到達高壓力區時，氣泡會收縮，崩潰，造成液柱及震波，如圖 12-17 所示。此時所產生的壓力局部震波對它鄰近的材料可能高達 60 ksi 的壓力，如此高的應力加上腐蝕的作用，足以造成材料表面極大的破壞。在螺旋槳、壩體及溢洪道以及水力泵中經常會遭遇到渦穴腐蝕。

圖 12-18 為渦穴腐蝕的幾個步驟：(1)氣泡在金屬表面(圖示的金屬表面具有保護性)形成。(2)氣泡破裂並摧毀保護膜。(3)新保護膜形成。(4)在相同位置上，又形成氣泡。(5)氣泡破裂而使孔洞加深。(6)又形成新的保護膜。依以上的方式一再的重覆，以致造成極深的孔洞。

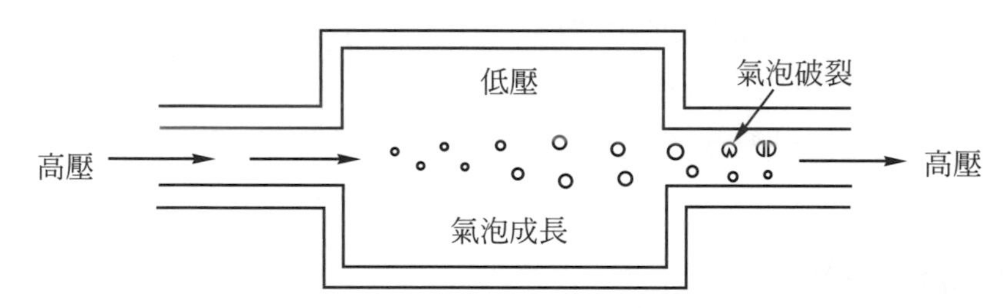

圖 12-17 當液體在低壓區域成長的氣泡重新進入高壓區而破碎之時就發生渦穴腐蝕[3]

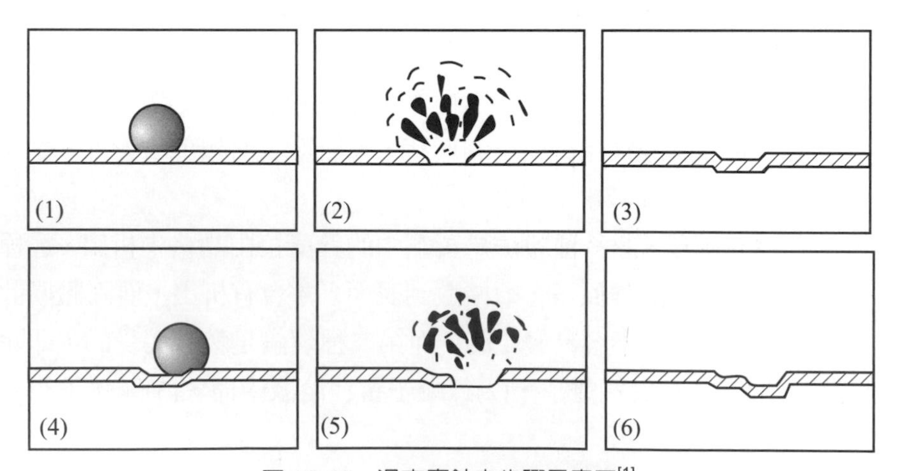

圖 12-18 渦穴腐蝕之步驟示意圖[1]

12-6-10 移擦腐蝕

移擦腐蝕(fretting corrosion)經常發生於有輕微相互振動的接觸面上，並且具有氧化磨屑的嚴重磨耗現象，它不但發生在機械操作中，而且也常於未加固定的機件運輸中發生，這是因爲車輛或輪船的軸承在運輸過程中會產生輕微振動之故。由於這種磨損伴隨著氧化磨損，通常在金屬的界面生成連續的孔洞，金屬氧化物常填滿孔洞，因此只有除去腐蝕生成物時，才能看見孔洞。

關於移擦腐蝕產生的原因，可以利用輕微振動促成正常氧化之擴大發生來說明。也有研究結果傾向於是由黏附磨耗和磨料磨耗合起來作用產生的，這是由於輕微振動使因黏附而產生磨屑，因輕微振動不易使磨屑排出接觸面外，而再因磨屑產生磨料磨耗，如此循環作用產生嚴重的移擦磨耗。

爲了防止移擦腐蝕的發生，可設法使潤滑油存在於振動面，或一些金屬表面處理(例如以磷酸鹽處理)均有利於降低移擦磨耗。

12-7 腐蝕防治

在 12.6 節中對於各類型的腐蝕防治法皆有個別的介紹，而有一些較普遍的防蝕技術，如耐蝕材料的選用，腐蝕環境的改善，機件設計的改良，保護層和陰極保護等方法的採用，對於金屬的防蝕均會有所助益。

在已知的腐蝕環境及使用條件下，合乎經濟考量時，合宜的耐蝕材料選用，無疑是最簡單的防蝕方法。而腐蝕環境之特性能加以改善，如降低流體溫度、速度等，通常也可以減低材料之腐蝕速率。有時增加或降低腐蝕溶液之濃度，也能改善腐蝕。

而在腐蝕液中，添加適當的抑制劑(inhibitor)也可能降低材料的腐蝕速率，某些抑制劑是藉由消除(或減輕)腐蝕液中的化學活性物質，而達到抗蝕之目的，而有些抑制劑分子則會附著在腐蝕物體表面，形成一薄保護層。抑制劑通常是使用於封閉系統，如汽車水箱等。

在設計機件時，伽凡尼腐蝕、縫隙腐蝕與沖蝕腐蝕等均須加以減輕或消除。而系統中，也應包含排除空氣的裝備，因爲空氣中氧的存在是一項重要的陰極反應，它將會加速腐蝕的發生。另外，若伽凡尼腐蝕是一項不可免的設計時，應朝大陽極面積與小陰極面積之方向設計才可降低腐蝕的速率。

有些物理障壁層如電鍍，油漆等與化學性的障壁層，如鋁及不銹鋼的陽極處理鍍層在某些特定腐蝕環境下，也能有效提升材料耐蝕性。基本上，此種障壁層發揮其防蝕功能，須與材料表面有良好的結合性與機械特性，才足以抵抗機械損傷，並且不與腐蝕環境反應等特性，才會有其抗蝕功能，下面將再介紹陰極防蝕(cathodic protection)與陽極防蝕(anodic protection)兩種方法。

12-7-1 陰極防蝕

陰極防蝕也許是所有防蝕方法中最重要的一種，在欲保護的金屬中，以人為方式供應電子，強迫金屬成為陰極，而達到保護的目的。供應給欲保護的金屬之電子的來源有兩種方式，一種是外加電壓；另一種是利用犧牲陽極，茲分述於下：

1. **外加電壓之陰極防蝕法**

   一外加電壓係由一連接在輔助陽極(由金屬或非金屬導體所構成)及欲保護的金屬間之直流電源所構成。如圖 12-19(a)中，埋在土壤內的鋼管，接受電子而成陰極，便受到保護。而輔助陽極，若為金屬，則會發生腐蝕，故需定期更換。

2. **犧牲陽極之陰極防蝕法**

   一犧牲陽極被連接到一需要保護的金屬，而構成一電化學電路如圖 12-19(b)所示。此犧牲陽極受到腐蝕且提供電子給金屬，如此得以防止在金屬處發生陽極反應。典型的犧牲陽極材料為鋅或鎂等，在它消耗完後，必須加以換新，其應用包括埋設的管道、船、離岸的鑽油平台及熱水爐等之防蝕。圖 12-11(a)所示的伽凡尼鋼即鍍鋅鋼也是犧牲陽極之陰極防蝕法的一個常見例子。在大氣或大部份的水溶液中，若有任何鋅鍍層之損傷，鋅陽極均會保護著鋼(陰極)。

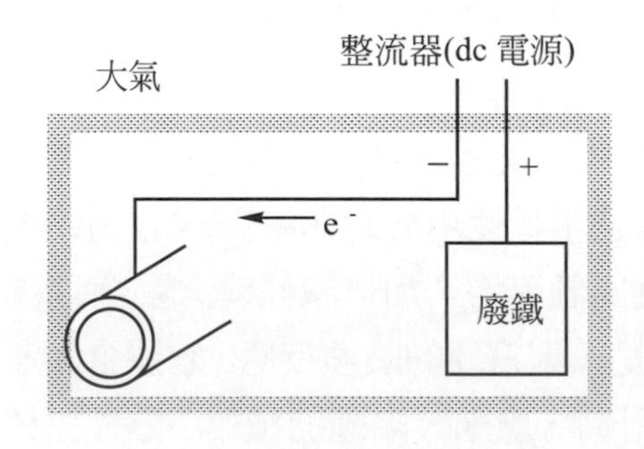

(a) 在一廢鐵輔助陽極與鋼管間之外加電壓確保鋼管為陰極

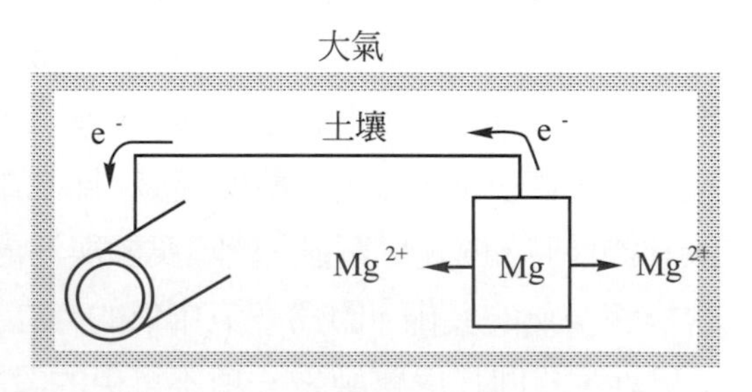

(b) 一犧牲鎂陽極確保電池中的鋼管為陰極

圖 12-19 埋設的鋼管之陰極保護示意圖[3]

12-7-2 陽極防蝕

如果金屬材料在腐蝕環境中，具有如圖 12-9 所示的活性－鈍化轉變的特性，便可以利用電化學原理，使金屬表面產生保護性的鈍化膜，降低腐蝕速率。而達到防蝕的目的，這便是陽極防蝕。

爲了說明陽極防蝕的原理，考慮圖 12-9 的極化曲線圖。如果在自然腐蝕狀態下，腐蝕電流密度係位於活性區，無法保護金屬，如果利用恆電位儀(potentiostate)將陽極電位維持在鈍化區，則腐蝕電流密度變爲 i_p(passive)，便會有效的降低腐蝕速率。適當的陽極保護電位，應該是位於鈍化區的中點，因爲在這個位置上，電位輕微的改變，並不會影響防蝕效果。

利用圖 12-20 之活性－鈍化極化曲線圖，更進一步分析陽極防蝕原理，由於在電化學反應中，在某一電位下，依據混合電位理論(mixed-potential theory)，電荷應遵循守恆定理(charge conservation)，則在圖 12-20 中，若陽極與陰極面積相等時，在某一電位下，陽極電流密度(i_{oxid})應等於陰極電流密度(i_{red})與外加的陽極電流密度($i_{app(anodic)}$)之和，即

$$(i_{oxid}) = i_{app(anodic)} + i_{red} \quad 或 \quad i_{app(anodic)} = (i_{oxid}) - (i_{red}) \tag{12-29}$$

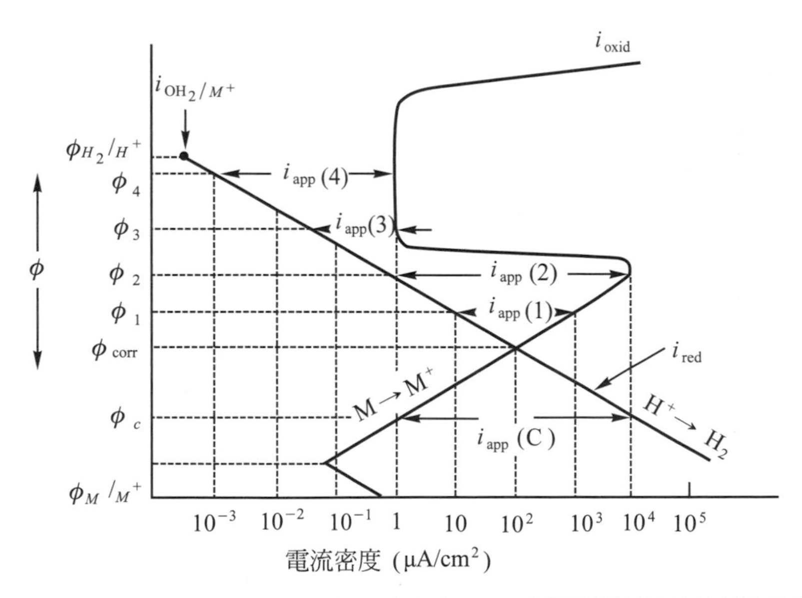

圖 12-20　活性-鈍化金屬中只要外加陽極電流密度[i_{app}(4)]便可以維持最佳的鈍化狀態，圖中也顯示出陰極保護流密度[i_{app}(C)]之圖示[1]

在圖 12-20 中，當陽極電極腐蝕電位(ϕ_{corr})經 ϕ_1、ϕ_2、ϕ_3 到 ϕ_4 時，外加陽極電流密度之變化如下：

(1)　$\phi = \phi_{corr}$，$i_{app(anodic)} = (i_{oxid}) - (i_{red}) = 0$

　　腐蝕電流密度 $i_{corr} = i_{oxid} = i_{red} = 100\mu A/cm^2$

(2) $\phi = \phi_1$，$i_{app(anodic)} = 1000 - 10 = 990\mu A/cm^2$
腐蝕電流密度 $i_{corr} = i_{oxid} = 1000\mu A/cm^2$

(3) $\phi = \phi_2$，$i_{app(anodic)} = 10000 - 1 \cong 10000\mu A/cm^2$
腐蝕電流密度 $i_{corr} = i_{oxid} = 10000\mu A/cm^2$

(4) $\phi = \phi_3$，$i_{app(anodic)} = 1 - 0.1 = 0.9\mu A/cm^2$
腐蝕電流密度 $i_{corr} = i_{oxid} = 1\mu A/cm^2$

(5) $\phi = \phi_4$，$i_{app(anodic)} = 1 - 0.001 \cong 1\mu A/cm^2$
腐蝕電流密度 $i_{corr} = i_{oxid} = 1\mu A/cm^2$

由以上的數據可知，在陽極防蝕中，電位應在ϕ_3或ϕ_4最有效率，但為了安全起見以ϕ_4為宜。

例 12-5

銅與鋅鉚接在一起，如果通過銅陰極的電流密度為 0.05A/cm^2，則當(a)銅陰極面積為 1000cm^2 且鋅陽極面積為 1cm^2，(b)銅陰極面積為 1cm^2 且鋅陽極面積為 1000 cm^2 及(c)銅陰極與鋅陽極面積均為 1000cm^2 時，試計算鋅電極的腐蝕速率。

解 此電化學電池內之電流，在銅電極內與在鋅電極內必定相等。即

$I_{Zn} = I_{Cu}$

即 $i_{Zn}A_{Zn} = i_{Cu}A_{Cu}$

則 $i_{Zn} = i_{Cu}(A_{Cu}/A_{Zn})$

(a) 若 $A_{Cu} = 1000\ cm^2$，$A_{Zn} = 1\ cm^2$

則 $i_{Zn} = i_{Cu}(A_{Cu}/A_{Zn}) = (0.05)\cdot\left(\dfrac{1000cm^2}{1cm^2}\right) = 50A/cm^2$

利用式(12-22)

鋅腐蝕速率 $= \dfrac{50\times65.37\times1000}{2\times96500} = 16.935mg/cm^2\cdot s = 16.935mcs$

(b) 若 $A_{Cu} = 1\ cm^2$，$A_{Zn} = 1\ 000cm^2$

則 $i_{Zn} = i_{Cu}(A_{Cu}/A_{Zn}) = (0.05A/cm^2)\cdot\left(\dfrac{1cm^2}{1000cm^2}\right) = 5\times10^{-5}A/cm^2$

鋅腐蝕速率 $= \dfrac{5\times10^{-5}\times65.37\times1000}{2\times96500} = 1.6935\times10^{-5}mg/cm^2\cdot s = 1.6935\times10^{-5}\ mcs$

(c) 若 $A_{Cu} = A_{Zn} = 1000\ cm^2$

則 $i_{Zn} = i_{Cu}(A_{Cu}/A_{Zn}) = (0.05A/cm^2)\left(\dfrac{1000cm^2}{1000cm^2}\right) = 0.05A/cm^2$

鋅腐蝕速率 $= \dfrac{0.05\times65.37\times1000}{2\times96500} = 1.6935\times10^{-2}\ mg/cm^2\cdot s = 1.6935\times10^{-2}\ mcs$

【註】由例中可知當陽極(鋅)面積遠大於陰極(銅)面積時，其腐蝕速率最小。

12-8 氧化(oxidation)

前面幾節的討論是處理金屬材料在水溶液中電化學反應所發生的陽極氧化現象。但是金屬材料也可以在氣體中發生氧化作用，形成氧化層，這種氧化現象是一種氣固反應的乾蝕(dry corrosion)現象。

12-8-1 氧化機構

金屬氧化機構與金屬在水溶液中的腐蝕相同，也是一個電化學反應機構，假設一個兩價的金屬，其氧化反應可以簡化為下列反應式

$$M + \frac{1}{2}O_2 \rightarrow MO \tag{12-30}$$

上式反應由氧化和還原半反應所構成，氧化反應形成金屬離子

$$M \rightarrow M^{2+} + 2e^- \tag{12-31}$$

式(12-27)發生於金屬/氧化層之介面上，如圖 12-21 所示，而還原反應產生氧離子，其反應為：

$$\frac{1}{2}O_2 + 2e^- \rightarrow O^{2-} \tag{12-32}$$

其發生於氧化層/氣體的介面上。

氣固之間的氧化作用可視為是另一種型式的電化學反應，但電化學反應須有：兩個電極、供離子流通的電解液與供電子流通的導體。而在圖 12-21 所示的氧化反應中，氧化層通常是一半導體，它可作為離子的通道(即電解液)與電子的通道(即導體)，而陰極與陽極分別位於氧化層/氣體介面，與金屬/氧化層介面上，可見氧化反應確實是另一種形式的電化學反應。

由於電子在氧化層的導電性遠大於離子。因此離子的擴散速度往往是決定氧化速率的因素。而金屬離子與氧離子的擴散速度也有很大的差異，而不同的離子擴散速率影響到氧化層之成長位置，有的氧化層會在氧化層內成長，而有的會在金屬/氧化層或氧化層/氣體介面處成長。

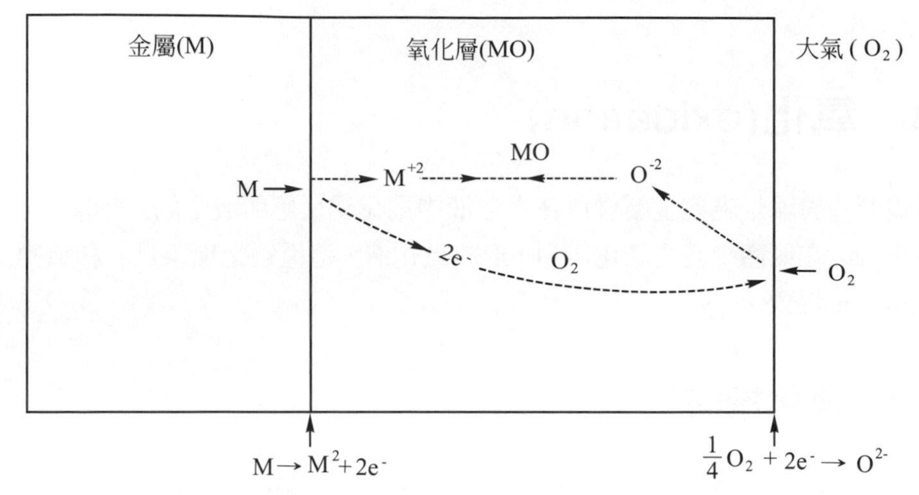

圖 12-21　氧化物的成長位於氧化層內之氧化過程示意圖，在金屬/氧化層介面進行陽極反應，在氧化層/氣體介面進行陰極反應[1]

12-8-2　氧化層之保護性

氧化層的種類決定了氧化發生的速率及此氧化層是否具有保護性。不論氧化層是稠密或多孔性，均可藉由所產生之氧化物體積與所消耗之金屬體積之比值來推論，此比值是有名的 pilling-bedworth 比值(R)，對於下列反應：

$$aM + \frac{b}{2}O_2 \rightarrow M_aO_b \tag{12-33}$$

所形成的氧化物 M_aO_b 而言

$$R = \frac{Md}{amD} \tag{12-34}$$

式中 M 是氧化物 M_aO_b 之分子量，其密度為 D，金屬之分子量與密度分別以 m 及 d 代表，若干金屬氧化物的 pilling-bedworth 比值如表 12-3 所示。

如果 R 值小於 1，則氧化物所佔有的體積小於原金屬。此種氧化層含有很多孔隙，不具保護性，鋰、鈉、鉀的比值均約 0.5，氧化物鬆疏。如果 R 值介於 1～2 間，則氧化物與原金屬的體積較相等，由表 12-3 中可知，極有可能產生一種具黏著性、無孔隙且具保護性的氧化膜，鋁與鉻是這類氧化物的代表。

如果 R 值大於 1(一般大於 2)，則氧化物的體積大於原金屬。則在初期，此氧化物形成一種有保護作用的薄膜。然而，隨著氧化膜厚度增加，氧化膜內發展出很高的拉應力。於是，氧化物會從金屬表面剝落而曝露出新鮮的金屬，如此金屬便不斷地氧化進去，例如鎢和鉬的比值均為 3.4，氧化層極易破裂。

表 12-3　pilling-bedworth 比值表

保護性氧化膜	非保護性氧化膜
Be-1.59	Li-0.57
Cu-1.68	Na-0.57
Al-1.28	K-0.45
Si-2.27	Ag-1.59
Cr-1.99	Cd-1.21
Mn-1.79	Ti-1.95
Fe-1.77	Mo-3.40
Co-1.99	Cb-2.61
Ni-1.52	Sb-2.35
Pd-1.60	W-3.33
Pb-1.40	Ta-2.33
Ce-1.16	U-3.05
	V-3.18

12-8-3　氧化層之成長速率

隨著氧化的進行，氧化層將不斷加厚而金屬厚度不斷減少。假如氧化層不具保護性，則金屬表面會受到直接的侵蝕，則氧化層將以等速率成長，因此若以 W 代表氧化物重量，則

$$\frac{dW}{dt}=(\text{常數})$$

$$W=(\text{常數})t+(\text{另一常數}) \tag{12-35}$$

假如氧化層有保護性，金屬或氧離子或電子必須擴散過氧化層。氧化物表面上之組成是常數，我們可以應用 Fick 的第一擴散定律導出下列關係式：

$$\frac{dW}{dt}=\frac{(\text{常數})}{W}$$

$$W^2=(\text{另一常數})t+(\text{第三常數}) \tag{12-36}$$

假如氧化層保護性太強，導電度特別的低，則可能須採用對數關係的成長速率定律：

$$W=A\log(Bt+C) \tag{12-37}$$

式中 A、B 與 C 均為常數。此種情況是因為電子或離子在氧化層內建立起一層正或負之不移動電荷層，阻止進一步擴散之進行。鐵與鎳在低溫下之氧化速率就是依循這個定律，因此即使在一段長時間之後，其氧化物厚度仍不超過 100 到 200 Å。鋁與鈹之氧化物也以對數函數成長，鋁氧化物之導電性很大，但離子卻不容易通過，因此金屬離子在氧化層內建立起電荷層，而使氧化層依對數成長。

對於某些特殊的氧化層，其氧化速率會依循下列方式：

$$W^3 = (常數)t + (另一常數) \tag{12-38}$$

圖 12-22 繪出各種型式的氧化膜成長速率。

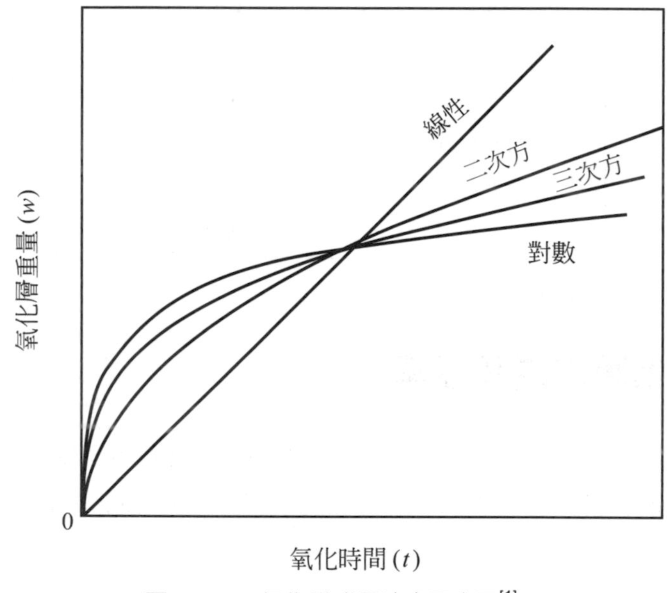

圖 12-22　氧化膜成長速率示意圖[1]

例 12-6

有一鎳基合金，在時間 $t = 0$ 時，其氧化層重量為 50mg。當放入 700℃的氧化爐中處理 1 小時後，氧化層重量增為 100mg。若其氧化速率遵循拋物線成長定律，則在 700℃的氧化爐中放置 1 天，其氧化層重量為多少？

解 由式(12-36)

$W^2 = C_1 t + C_2$

$t = 0$，$(50)^2 = C_1 \cdot 0 + C_2$，則 $C_2 = 2500(\text{mg})^2$

$t = 1\text{hr}$，$(100)^2 = C_1 \cdot 1 + C_2$，則 $C_1 = 7500(\text{mg})^2$

$t = 1\text{day} = 24\text{hr}$，$W^2 = 7500 \times 24 + 2500 = 182500(\text{mg})^2$

故　$W = 430\text{mg}$

所以在 700℃的氧化爐中放置 1 天，鎳之氧化層重量約為 430mg。

12-9 陶瓷材料的腐蝕與高分子材料的劣化

由於陶瓷材料是金屬與非金屬元素之化合物，其結構已可視爲腐蝕生成物，如 Al_2O_3、MgO 等，因此它們在大部份的環境中並不容易發生如 12.8 節所介紹的氧化腐蝕現象，然而陶瓷材料常會受到一些化學溶液的溶解，此種現象與電化學反應不同，其腐蝕過程主要是涉及化學作用，以浸蝕溶解與化學腐蝕最爲常見。

玻璃材料是以 SiO_2 爲主要的成份，同時含有一定量的鹼金屬氧化物(如 Na_2O)，玻璃材料具有極佳的耐酸能力，但對於鹼性溶液則會發生嚴重的化學腐蝕。玻璃材料之所以耐酸不耐鹼主要是鹼(OH^-)離子會破壞 Si-O 的鍵結所致。由於鹼金屬氧化物並未完全與網狀結構的 SiO_2 鍵結，以致在玻璃中容易產生一些游離的金屬離子，當玻璃在酸性溶液中時，鹼金屬離子會向玻璃表面擴散，與向玻璃內部擴散的氫離子(H^+)發生離子交換反應：

網狀$(-Si-O-Na^+) + H^+ \rightarrow$ 網狀$(-Si-OH) + Na^+$

但上式中的鹼金屬離子在玻璃內擴散速度非常慢，以致 H^+對玻璃的浸蝕性是非常慢的。如果玻璃中的鹼金屬含量愈低或以高價金屬氧化物(如 Al_2O_3)代替 Na_2O，則玻璃之耐酸性更高。

若玻璃被置於鹼性溶液中時，由於$(OH)^-$離子會破壞玻璃中的矽－氧鍵而發生下列反應：

$$\text{網狀}(-Si-O-Si-) + OH^- \rightarrow \text{網狀}(Si-O) + SiO^- \qquad (12\text{-}39)$$

而含有鹼土金屬的氧化物如 CaO，MgO 的陶瓷材料，則耐鹼不耐酸。

高分子材料受各種環境因素的作用而性能逐漸變差，以致喪失使用價值的現象稱爲劣化或老化。引起高分子材料劣化的因素有物理因素(如光、熱等之作用)、化學因素(如酸、碱、氧、硫等作用)、生物因素(如微生物的作用)等。

沒有一種高分子材料不會發生劣化的，高分子材料在劣化過程中性能下降的原因，主要是分子鏈發生了裂解(chain scission)，或交聯反應(cross-linking)。鏈的裂解導致分子量下降，致使材料變軟，發生黏稠並喪失機械強度。而交聯反應將使高分子材料變脆或失去彈性。

12-10 磨耗

磨耗(wear)是一種材料的磨損和破壞作用，除了試車或金屬切削加工等特殊例子外，磨耗是需要減少或加以控制的，以維持材料或機件的使用壽命。它不但和表面性質、環境及運動條件等有關，而且和測定的工具和方法也有關，即同一種磨耗現象以不同方法測定，結果常會有相當大的差異，因此至今仍無一磨耗定律爲大家所共同接受及應用。

磨耗可定義為當表面有相對運動時，表面物質損失的一種現象。表面相對運動並不限於二表面作相互運動，也可以流體對表面作相互運動，而表面上的物質損失可以屬於物理也可以是化學性的，可以是因為另一表面造成也可以因流體動力等造成。

磨耗現象的種類很多，一般可以分為三大類：黏附磨耗(adhesive wear)、非黏附磨耗(non-adhesive wear)和複合磨耗(composite wear)。黏附磨耗是當兩相對滑動的表面在接觸點發生熔接黏附，因滑動而拉開此接觸點，在拉開時，有時會伴隨著物質的轉移或因材料的破裂而產生磨屑。非黏附磨耗主要為磨料磨耗(abrasive wear)，磨料磨耗即在兩相對滑動面間存在堅硬的磨料顆粒，以致在表面上犁耕出槽溝，同時也會犁出一些磨屑。而複合磨耗則是兩種以上機構產生的，如 12.6.10 節所介紹的移擦磨耗。除了這些磨耗現象外，尚有不少磨耗現象屬於比較特殊的磨耗。

重點總結

1. 金屬腐蝕是一種電化學的氧化反應，其系統為一電化學電池，係由四個部份所構成，即(1)陽極；(2)陰極；(3)物理接觸及(4)電解液。
2. 金屬氧化的難易程度不同，一金屬(陽極)發生腐蝕時，另一金屬(陰極)就發生還原反應。陽極與陰極之間所存在的電位差是腐蝕反應推動力的指標。
3. 標準電動勢序列與伽凡尼系列是金屬腐蝕傾向的簡單排序。標準電動勢序列是以金屬與標準氫電極在 25℃下的相對電位，伽凡尼係列是由金屬(或合金)於海水中的相對反應性所排序的。
4. 金屬材料的腐蝕速率可以(1)腐蝕穿透速率(CPR)與(2)腐蝕電流密度兩種方式來表示。
5. 極化是電極電位偏離其平衡值的一種表現，偏離值的大小被稱為過電壓，極化有三種型式：活性極化、濃度極化與電阻極化。
6. 金屬的腐蝕速率會被極化所限制，一特定反應的腐蝕速率可以利用陽極極化曲線與陰極極化曲線的交點處的電流來計算。
7. 有些合金在某特定環境下會有鈍化(即喪失化學反應性)的現象，利用具活性－－鈍化的極化曲線，可以分別金屬在活性區與鈍化區的腐蝕速率。
8. 金屬材料可以藉由與乾燥氣體的化學反應來產生氧化，如果金屬和氧化膜的體積相近時，則氧化膜可當作後續氧化反應的障礙，而達到保護金屬繼續氧化之目的。
9. 氧化層之成長速率與時間之關係可呈拋物線、線性或對數關係。
10. 磨耗現象一般可分為黏附磨耗、非黏附磨耗與複合磨耗三種。

習 題

1. 一塊鐵與一塊銅共同放置於稀氯化鈉溶液中，露在外面的一端以導線相連。試繪此電池並標出：(1)陽極。(2)陰極。(3)導線中，電子之流動方向。(4)陽極半反應。(5)陰極半反應。(6)何種金屬會被腐蝕。

2. 若有一非標準狀態下的電化學反應：$M_1 + M_2^{n+} \rightarrow M_1^{n+} + M_2$，其中 M_1，M_2 分別為陽極與陰極 M_1^{n+}，M_2^{n+}分別為其離子態，假設此電化學反應之溫度為 T，而離子濃度分別為$[M_1^{n+}]$，$[M_2^{n+}]$。試推導能斯特(Nernst equation)方程式來求取電化學反應之電池電動勢($\Delta\phi$)

$$\Delta\phi = (\phi_2^0 - \phi_1^0) - \frac{RT}{F}\ln\frac{[M_1^{n+}]}{[M_2^{n+}]}$$

其中，R 為氣體常數，n 為參與反應之電子數目，F 為法拉第常數。

3. 在 25℃下，有一由兩個 Zn 電極所構成的電化學電池。如果與一 Zn 接觸的電解液為 0.1M $ZnSO_4$，而與另一 Zn 電極接觸的電解液為 0.05M $ZnSO_4$，且此二電解液以孔狀隔膜隔離，當電池短路時，求其電動勢之大小。

4. 在水溶液中的兩個氧電極所構成之電池，其一電極通入 1 大氣壓的純氧氣；另一電極則通入 1 大氣壓的空氣(約等於 0.2 大氣壓的氧及 0.8 大氣壓的氮之和)，試求何者為陽極，何者為陰極。

5. 試求式(12-20)CPR = kW/DAt 中之 k 值，即當 CPR 以(1)mpy 為單位，(2)mm/yr 為單位，(3)mcs 為單位時之 k 值。

6. 試證明以 CPR 為單位表示的腐蝕速率，也可以用腐蝕電流密度 i(A/cm^2)來表示。

7. 一面積為 500cm^2 的鐵板，放置於工業區的空氣中，一年後發現其腐蝕之損失重量為 465 克(1)以 mpy，(2)mm/yr，(3)mcs(mg/cm^2-sec)及(4)電流密度(安培/cm^2)為單位，計算其腐蝕速率。

8. (1) 說明活性極化和濃度極化間的主要差別。
(2) 於何種情況下活性極化是控制電化學反應的主要因素？
(3) 於何種情況下濃度極化是控制電化學反應的主要因素？

9. 假設某兩價金屬 M 在酸性溶液中的半電池反應及其相關數據為：

$M \rightarrow M^{2+} + 2e^-$　$\phi^0 = -0.47V$，$i_0 = 5.0\times10^{-12}$(A/cm^2)，$\beta_a = 0.15$

$2H^+ + 2e^- \rightarrow H_2$　$\phi^0 = 0V$，$i_0 = 2.0\times10^{-9}$(A/cm^2)，$\beta_c = -0.12$

(1) 如果氧化和還原反應兩者皆由活性極化所控制，決定金屬 M 之腐蝕速率，以(mol/cm^2-sec)為單位表示之。

(2) 計算此反應之腐蝕電位。

(3) 試繪出極化曲線。

10. 試描述鈍化的現象，列出兩種常見的鈍化金屬。

11. 試計算罐頭內 Sn^{2+}的濃度要低到何值，才會使錫較鐵活潑？

12. 假設銅與鐵組成一個電化學電池，其電流密度為 0.05A/cm^2，如果陽極與陰極的面積皆為 100cm^2，試求每小時鐵陽極失去的重量及銅陰極增加的重量。

13. 在不銹鋼(如 304,316)銲件中，沿晶腐蝕現象常發生於熱影響區(Heat Affected Zone HAZ)，而不發生於銲道上，試說明其原因？

14. 為什麼經過冷加工的金屬較沒有冷加工的金屬容易腐蝕？

15. 鋁的密度為 2.7g/cm^3，Al_2O_3的密度為 4g/cm^3。試述氧化鋁膜的特性，並將它與鎢的氧化膜作一比較。鎢的密度為 19.254g/cm^3，WO_3的密度為 7.3g/cm^3。

16. 鋯(Zr)及氧化鋯(ZrO_2)之密度分別為 6.51g/cm^2與 5.89g/cm^3，計算其 Pilling-Bedworth 值(P-B 值)，並略述氧化膜之可能特性。

17. 試證明當離子擴散控制氧化時，可用拋物線成長來描述氧化速率。

18. 有一鎳基合金，在時間 $t = 0$ 時，其氧化層厚度為 50nm。若放到 700℃的氧化爐中處理 1 小時後，氧化層厚度增為 100nm。若其氧化速率遵循拋物線定律，則在 700℃的氧化爐中放置 1 天，其氧化層厚度為多少？

19. 略述金屬腐蝕與(a)陶磁腐蝕(b)高分子劣化之差異。

參考文獻

1. M. G. Fontana, “ Corrosion Engineering ”, 3 rd ed., McGraw-Hill, 2005.

2. R. W. Revie and H. H. Uhlig, “ Corrosion and Corrosion Control : an Introduction to corrosion Sci. and Eng.”, 4th ed. John Wiley & Sons, 2008.

3. Willam D. Callister, JR, “ Materials Science and Engineering an Introduction”8th ed., John Wiley and Sons, 2011.

4. D.R. Askeland, P.P.Fulay and W.J.Wright,“The Sci. and Eng. of Mate.”, 6th ed.,,Cengauge Learning, (2011)

chapter

13

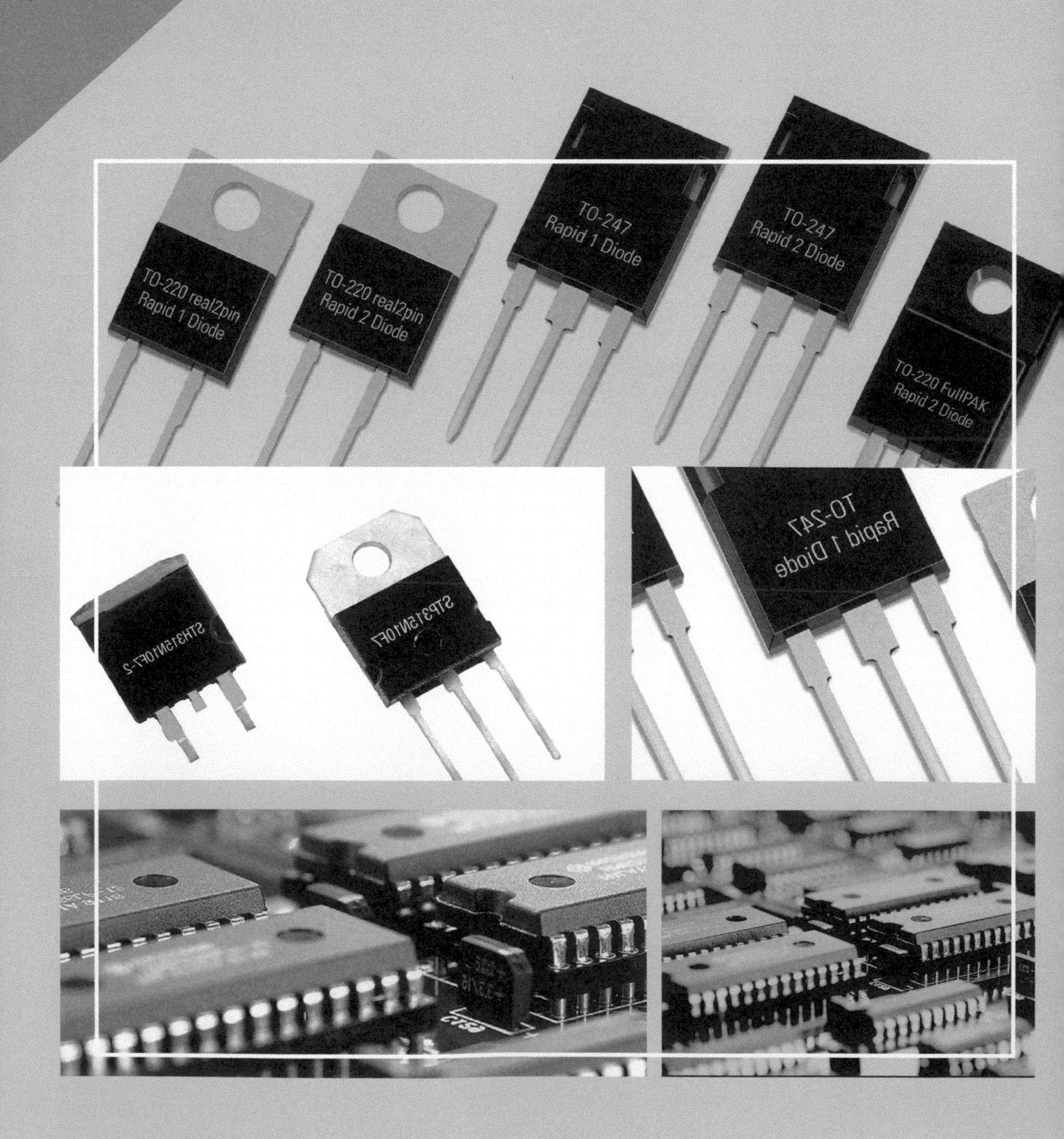
TO-220 real2pin
Rapid 1 Diode
TO-220 real2pin
Rapid 2 Diode
TO-247
Rapid 1 Diode
TO-247
Rapid 2 Diode
TO-220 FullPAK
Rapid 2 Diode
TO-247
Rapid 1 Diode

材料之導電性質

在一些應用上，我們選擇使用的材料時，對於材料物理性質的要求往往比其他一些性質來的嚴格。其中，對於長距離電力的傳輸，我們就必須選擇高導電度的金屬，以防止電力在傳送的過程中喪失。此外，導電度介於金屬和絕緣體之間的半導體，更是今日微電子工業的主流。本章將從能帶的觀點來探討材料的導電性質，對於介電材料將探討電偶極、介電強度、壓電與鐵電性質等。

學習目標

1. 瞭解電傳導機制與歐姆定律。
2. 清楚固體中能帶結構的差異。
3. 明白影響金屬電阻的因素。
4. 說明本質與外質半導體的差異；N 型與 P 型半導體的形成方法。
5. 瞭解現在常用的一些電子元件。
6. 瞭解極化與電容的形成原因。
7. 明瞭鐵電與壓電性質的原因。

13-1 電傳導性

在材料裡，電性的傳導主要是藉由一些原子尺度粒子的移動達成，這些粒子我們稱之爲電荷載子(charge carriers)。最簡單的例子就是電子(electron)，一種帶負 1.6×10^{-19} 庫侖的粒子。相對的觀念是電洞(hole)，在電子海的某個地方有一個電子跑掉了，就會留下一個空位，這個空位相對於周圍的電荷而言，是帶正 1.6×10^{-19} 庫侖，我們稱之爲電洞。電子與電洞在半導體材料中扮演非常重要的角色，在離子材料中，陽離子是帶正電，而陰離子是帶負電，它們所帶的電荷都是 1.6×10^{-19} 庫侖的整數倍。

13-2 歐姆定律

測量導電性最簡單的方法是對試片外加一個電壓 V，測量電流 I，試片本身的電阻 R，如圖 13-1 所示。若試片是導體，將遵守歐姆定律(Ohm's law)

$$V = IR \tag{13-1}$$

V 的單位是伏特(volts)，I 的單位是安培(amperes)，R 的單位是歐姆(ohms)。其中，試片的電阻和幾何形狀有關

$$R = \rho \ell / A \tag{13-2}$$

ℓ 是試片長度，A 是截面積，ρ 是常數，稱爲電阻率(resistivity)，單位是歐姆•米(ohm•m)

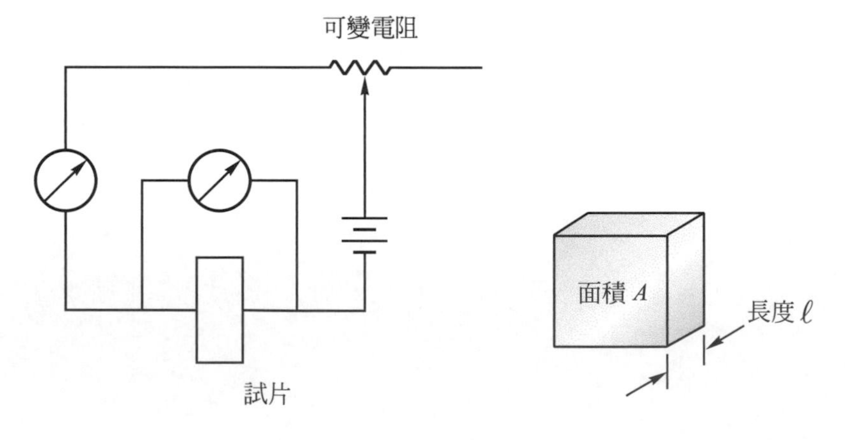

圖 13-1 量測導電性的電路

13-3 導電性

導電度(conductivity)σ是電阻率ρ 的倒數，單位是 $ohm^{-1} \cdot m^{-1}$

$$\sigma = 1/\rho \tag{13-3}$$

導電度將是我們對材料電性分析的一個重要參數，導電度是電荷載子的濃度 n 和每個載子的電荷大小 q 及移動率(mobility) μ 的乘積：

$$\sigma = nq\mu \tag{13-4}$$

n 的單位是米，q 的單位是庫侖，μ 是米 ^{2}/(伏特•秒)。移動率是載子的平均速度，v(漂移速度，Drift velocity)和電場強度 E 的比

$$\mu = v/E \tag{13-5}$$

若正電荷和負電荷一起參與導電的話，(13-4)式將修正爲：

$$\sigma = n_n q_n \mu_n + n_p q_p \mu_p \tag{13-6}$$

其中下標，n、p 各代表負電荷與正電荷。

13-4 電子和離子的導電性

帶電粒子在外加電場等外力作用下會有電荷流動的現象，稱之爲電流。在電場作用下正電荷會朝著電場的方向加速運動，負電荷則朝相反方向加速。在固態物體中，如果電流是藉由電子的移動而造成，稱爲電子傳導(electronic conduction)，例如金屬材料，如：Al、Au 和 Cu；離子物體中，電流由移動的離子所組成，則稱之爲離子傳導(ionic conduction)，例如離子晶體，如：ZnO。

13-5 固體中的能帶結構

單一原子中的電子只能佔據某些特定能量的能階，而根據包力不相容原理(Pauli exclusion principle)，每個軌域最多只能有兩個電子。例如，2s 能階有一個軌域，可以容納 2 個電子。2p 能階有三個軌域，可以容納 6 個電子。鈉原子的能階圖如圖 13-2。假設有四個鈉原子靠的很近，結合成一個 Na_4 分子，內層電子的能階圖沒有改變，但外層的價電子是四個鈉原子共用，因爲包力不相容原理指出此四個價電子不可在同一個軌域上，因此

3s 能階就分裂成四個能量不大相同的能階，如圖 13-3。若有相當多的鈉原子彼此結合成鈉金屬固體，同樣地，內層電子的能階圖沒有改變，但 3s 能階將會分裂成很多能量不同的能階。由於這些 3s 軌域能量範圍不大，也就是說兩個相鄰的軌域能量相差很小，於是我們視這些軌域爲連續的能階，稱之爲能帶(energy band)。對鈉金屬而言，價電帶(valence band)只有一半被填滿，如圖 13-4。對所有金屬而言，價電帶都只有部分被填滿，電子可以自由的移動，這就是金屬是電的良導體的原因。

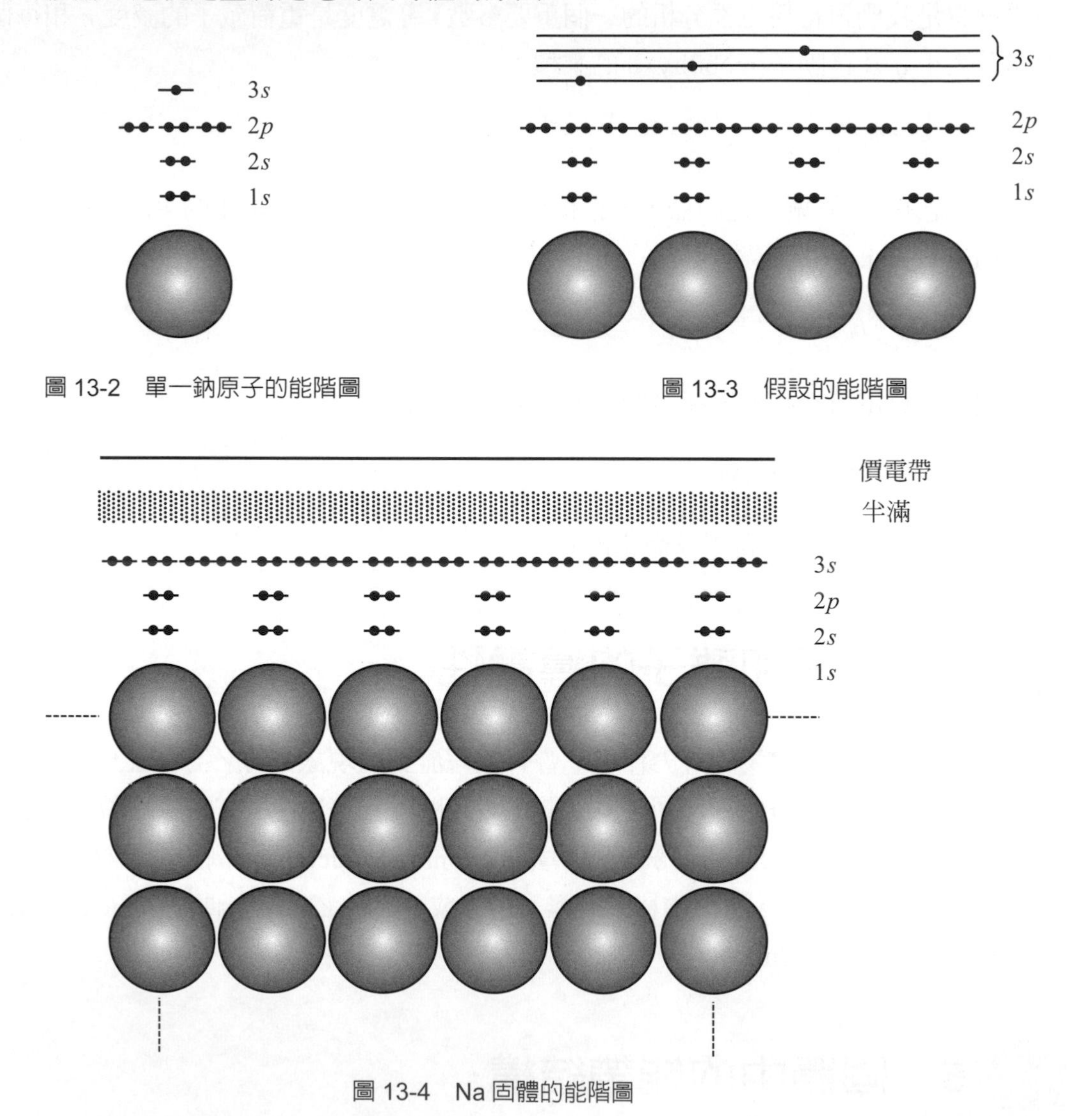

圖 13-2 單一鈉原子的能階圖

圖 13-3 假設的能階圖

圖 13-4 Na 固體的能階圖

事實上，電子佔據能帶中不同能量的能階是和溫度有關的。在圖 13-4 中，電子所擁有的能量全部都在價電帶中點以下的情況，只要在絕對零度時才成立。電子佔據最高的能階，也就是價電帶一半的地方，就是所謂的費米能階(Fermi level)。在某個能階 E 上，被電子佔據的機率函數，稱爲費米函數(Fermi function)，($f(E)$)，$f(E)$介在 0 和 1 之間。圖 13-5 表示在溫度 $T = 0$ K 時，價電帶被電子佔據的情形和其對應的費米函數，在能量大於費米能階 E_f以上，$f(E) = 0$，而在能量小於費米能階，$f(E) = 1$。當溫度 $T > 0$ K 時，其價電帶被電子佔據的情形和其費米函數如圖 13-6 所示。一些電子佔據 E_f 以上的能階，而 E_f 以下的能階不再全由電子填滿。費米函數和溫度的關係如下：

$$f(E)=\frac{1}{e^{(E-E_f)/kT}+1} \tag{13-7}$$

其中 k 是波茲曼常數(Boltzmann constant，1.38×10^{-23})。當 $T>0$ K 時，在 $E\ll E_f$，$f(E)$接近 1，在 $E\gg E_f$時，$f(E)$趨近於 0，而在 E_f附近，$f(E)$有明顯的變化，在 $E=E_f$，$f(E)$正好是 0.5。隨著溫度的增加，$f(E)$從 1 降到 0 的區域將增加，但 $f(E)$都是 0.5。圖 13-7 表 $f(E)$ 隨溫度 T 變化的情形。

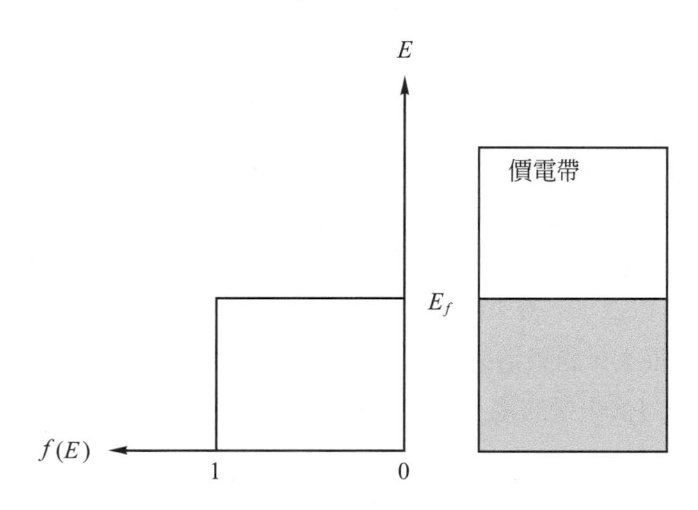

圖 13-5　在 $T=0$ K 時價電帶被電子佔據的情形與費米函數

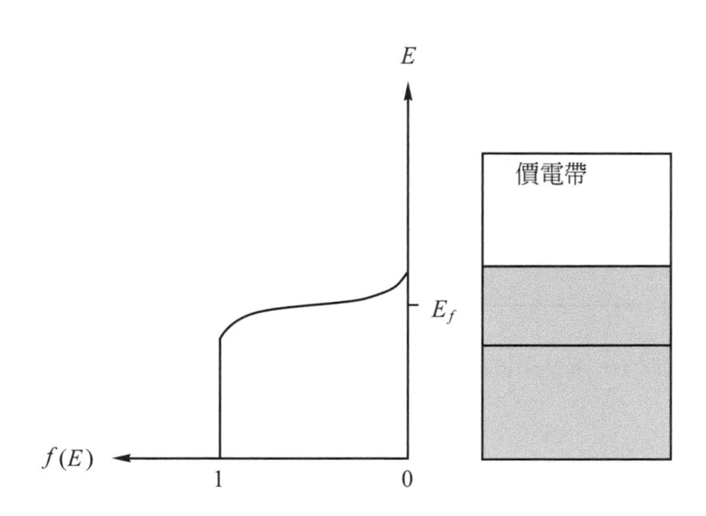

圖 13-6　在 $T>0$ K 時價電帶被電子佔據的情形與費米函數

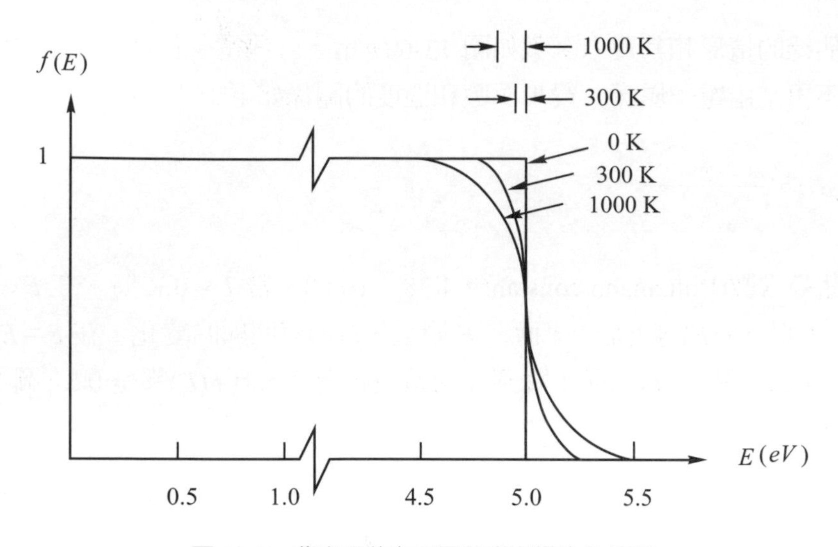

圖 13-7 費米函數在不同溫度下變化的情形

以上的討論是針對金屬，金屬是電的良導體。現在我們考慮絕緣體的例子。鑽石結構的碳是絕緣體。由於碳原子和鄰近的碳原子以共價鍵鍵結，結果造成每個碳原子的價電帶是滿的。若欲把電子從混合 sp^3 的價電帶躍升到導電帶，必須要增加相當於能隙(energy gap)，E_g的能量才可以達到。費米能階的觀念仍然適用，如圖 13-8。E_f剛好在 E_g的中央，對於絕緣體 E_g 通常很大，結果造成在價電帶 $f(E) = 1$ 而在導電帶(conduction band) $f(E) = 0$。光靠熱能是無法將價電帶的電子提升到導電帶的。

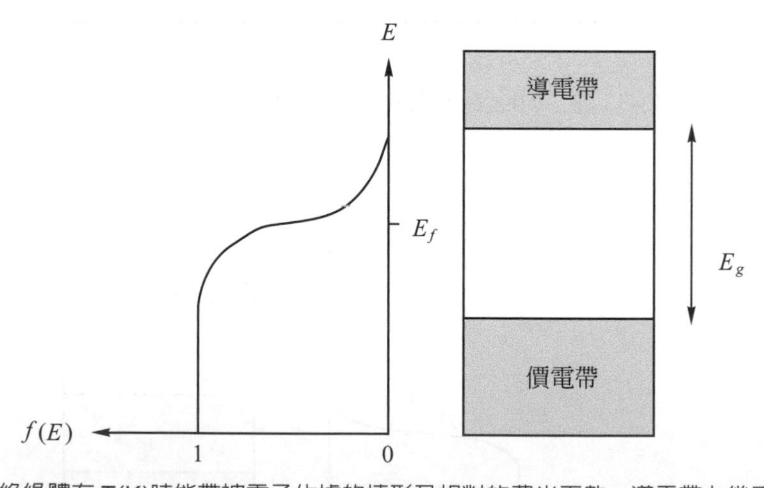

圖 13-8 絕緣體在 T(K)時能帶被電子佔據的情形及相對的費米函數，導電帶上幾乎沒有電子

13-6 以能帶及原子能帶模式傳導

參與導電過程中的電子稱爲自由電子(free electrons)，因爲他的能量高於費米能階，因此在電場的作用下能夠自由的移動。

對金屬而言，可能的能帶結構圖如圖 13-9(a)、(b)所示，在費米能階以下是填滿的能階，而在其之上是空的能階，電子要成爲自由電子必須獲得能量，才有機會從填滿的能階跳到空的能階上，金屬中這樣的躍遷所牽涉的能量很小，因此一般電場的作用即可達到效果，因此在金屬中有大量的自由電子存在而造成極高的導電性。

相反的，絕緣體中其能帶結構如圖 13-9(c)所示，在空的能階與填滿的能階中相隔一個不小的能隙，所以電子要獲得足夠大的能量才有機會從填滿的能階中跳到空的能階中而形成自由電子，所以導電性相較於金屬就差很多，滿足能隙般大小的能量來源，一般而言電場是達不到的，只有藉由光或熱的方式才能滿足。再者，半導體之能隙結構圖如圖 13-9(d)，期能隙大小正好介於金屬與絕緣體之間，一般其能隙大小爲 0 至 5 電子伏特(eV)，所以可以藉由電場、磁場、熱能與光能將電子激發從填滿的能階中跳到空的能階中而形成自由電子，導電能力則介於導體與絕緣體之間。

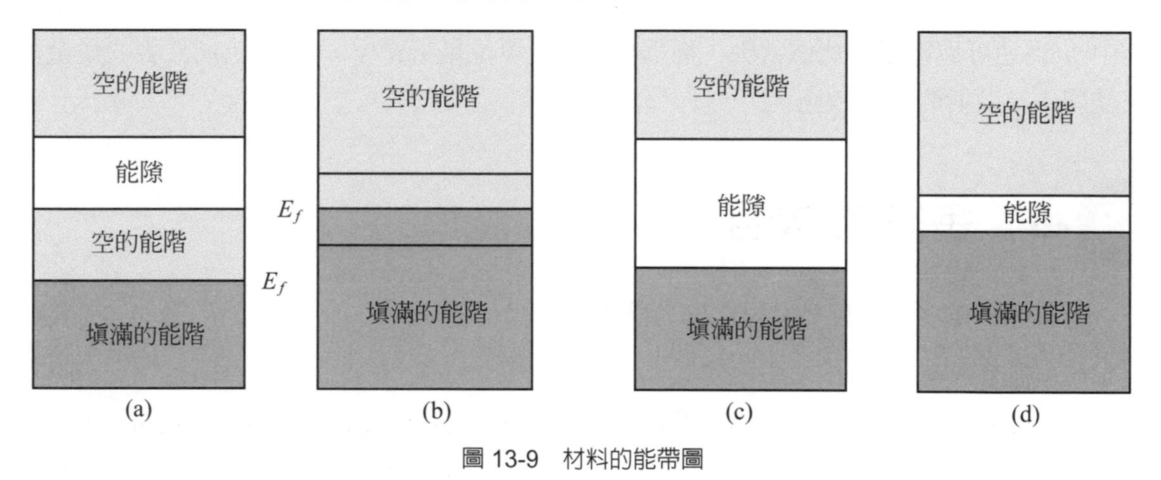

圖 13-9　材料的能帶圖

13-7 電子移動

當一物質被施以外加電場時，內部的自由電子或電洞將受到一加速作用力，因爲電子帶負電，所以作用力將使得其朝電場相反方向運動；相反地，電洞運動方向將與電場同向。這種因電場而產生的電荷移動稱爲飄移(drift)，因電荷的移動而產生的電流則稱爲飄移電流(drift current)。

假如一電荷密度爲ρ的電荷以平均飄移速度 v_d 移動中，則其造成的飄移電流密度大小將是

$$J_{\text{drif}} = \rho v_d \tag{13-8}$$

電流密度單位是安培/公分 ^{2}，若帶電粒子是負電荷的電子，則

$$\rho = -en \tag{13-9}$$

$-e$ 是電子的電荷量，n 則是電子的密度，所以電子的飄移電流密度將是

$$J_{\text{drif}} = -env_d \tag{13-10}$$

當電荷在晶體中受電場作用而加速時，它的速度也會因而增加。當加速中的電荷碰撞到晶體中的原子或粒子時，將會損失大部分的能量，同時將再次因爲電場的作用而加速，之後又再發生碰撞而失去能量，此事件不斷地重複發生。電荷在這過程中將會存在有一平均飄移速度，而在低電場強度下時，此平均飄移速度正比於電場的大小

$$v_d = \mu E \tag{13-11}$$

其中 μ 爲速度與電場的比例常數，稱爲移動率，單位是 $cm^2/V \cdot s$，而它所代表的是電荷在晶體中被散射的整體效應。

13-8 金屬的電阻

金屬的導電度和溫度與晶格缺陷有關：

1. **溫度效應**

   當金屬的溫度升高，原子的熱能增加，原子在晶格位置上會擺動(vibration)，增加對電子的散射(scattering)，使電子的平均自由路徑降低，於是電子的移動率下降，電阻增加。電阻率和溫度的關係可以下式簡單地表示，

$$\rho_T = \rho_r(1 + \alpha \Delta T) \tag{13-12}$$

   ρ_r 是在室溫(25℃)下的電阻率，ΔT 表金屬的溫度和室溫的差距，而α稱爲溫度電阻係數(temperature resistivity coefficient)。所以電阻率和溫度的關係是線性的。

2. **晶格缺陷效應**

   假如原子非常規律地排列在晶格上，電子將可很順利地通過原子。若原子排列散亂或含有許多雜質，那麼電子將會受到散射，降低移動率，增加電阻率。圖 13-10 是示意圖。在固體溶液(solid solution)中，電阻率將增加

$$\rho_d = b(1-x)x \quad (13\text{-}13)$$

ρ_d 是由晶格缺陷所增加的電阻率，x 表雜質或固體溶液的分率，b 表缺陷電阻係數(defect resistivity coefficient)。同樣地，空孔(vacancy)、差排(dislocation)、晶界(grain boundary)都會降低金屬的導電率。

所以，綜合以上兩種效應，金屬的電阻率應為：

$$\rho = \rho_T + \rho_d \quad (13\text{-}14)$$

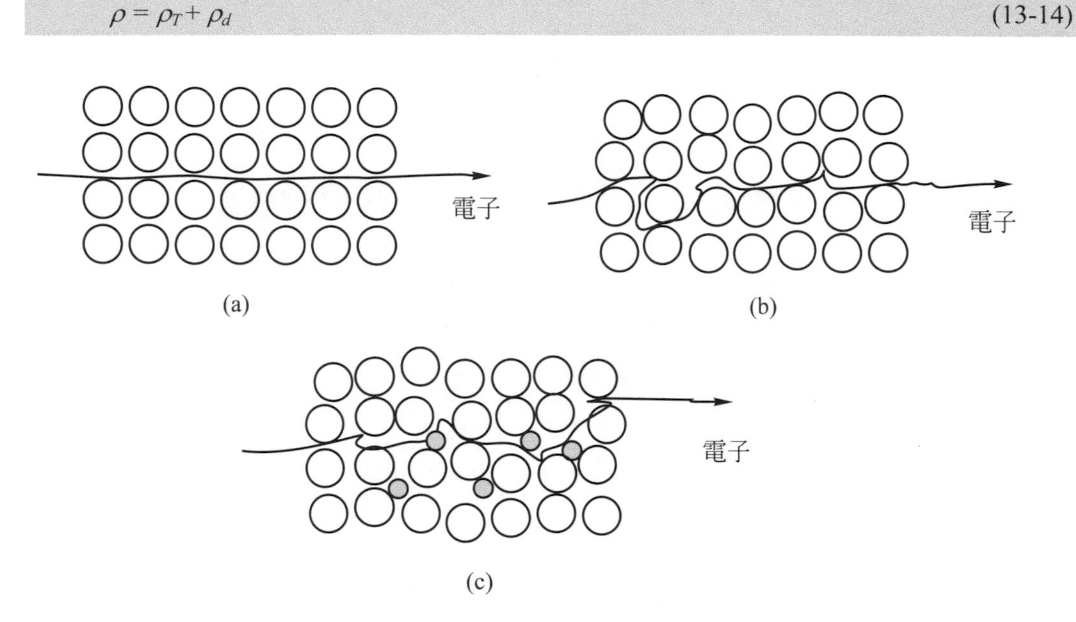

圖 13-10　電子經過(a)完美晶體，(b)高溫下散亂的晶體，(c)含有缺陷的晶體

13-9 商用合金的電性

金、銀、銅與鋁都是導電性極佳的金屬，都可應用於積體電路製程中作為導體材料，金線因為延展性佳最常用在封裝導線接合(wire bonding)上，銅與鋁在半導體製程上的用途也多是後段(back end)製程中的導體材料，不過隨積集度越來越高總導線長度持續增加下，銅導線的重要性已凌駕鋁之上，銀受限於過高的成本，一般並不用在半導體製程上。

一般合金或金屬為了符合商用的目的，會經過固溶處理或是冷加工增加強度，使得導電性變差，通常藉由適當的熱處理後可以達到增加導電性的要求。

13-10 半導體

半導體一般而言是一種單晶的物質，它和導體與絕緣體的差別在於能隙的大小。由能帶理論，金屬沒有能隙，所以有許多的自由電子可以自由移動。一般又把能隙大於 4 電子伏特(eV)的材料歸類爲絕緣體，而能隙小於 4 電子伏特的材料稱爲半導體。絕緣體的能隙大所以室溫下可供導電的電子相當少，因此導電度低。半導體的能隙小，自由電子數量介於金屬與絕緣體之間，所以導電度亦然。表 13-1 列舉一些導體、半導體和絕緣體材料的導電度。

表 13-1 室溫下各種材料的導電度

導電範圍	材料	導電度($\Omega^{-1}m^{-1}$)
導體	鋁(退火過)	35.36×10^6
	銅(退火過)	58.00×10^6
	鐵(99.99 + %)	10.30×10^6
半導體	鋼(鋼絲)	5.71×10^6～9.35×10^6
	鍺(高純度)	2.0
	矽(高純度)	0.40×10^{-3}
絕緣體	硫化鉛	38.4
	氧化鋁	10^{-10}～10^{-12}
	硼玻璃	10^{-13}
	聚乙烯	10^{-13}～10^{-15}
	耐隆 66	10^{-12}～10^{-13}

完美的半導體晶體是完全的單晶，晶體內沒有任何的缺陷與雜質，稱之爲本質半導體(intrinsic semiconductor)。然而一般藉由長晶方式成長的半導體，內部多少會有一些缺陷與雜質的存在，而這些缺陷與雜質也會影響它本身的電特性。實際應用上，會在半導體內摻雜少量的雜質原子用以改變本身的電特性，這類經過摻雜的半導體我們稱之爲外質半導體(extrinsic semiconductor)，下列章節就對這兩種半導體做初淺的介紹。

13-11 本質半導體

理想的本質半導體是經體內毫無雜質與缺陷的純半導體。在溫度 0 K 時，價電帶是填滿電子的，而導電帶是空的，當溫度升高後，部分電子藉由熱能從價電帶被激發到導電帶，而在價電帶上留下電洞，如圖 13-11。在本質半導體中，電子與電洞是成對出現的，也就是說當電子在導電帶上出現必伴隨著電洞出現在價帶上，所以導電帶中的電子數目一定與價電帶上的電洞數目相同。

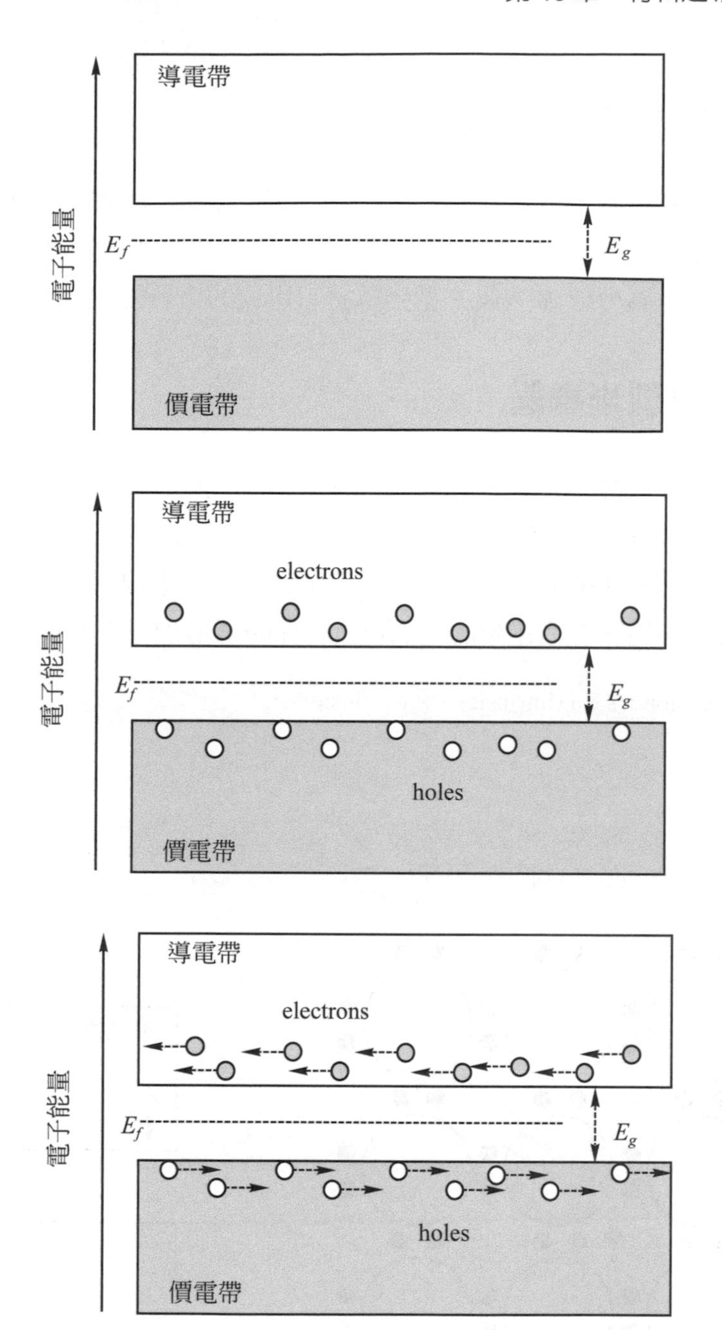

圖 13-11　(a)絶對零度時，電子和電洞在價電帶與導電帶的分佈，(b)在高溫時，電子和電洞在價電帶與導電帶的分佈，(c)當加一個電壓於半導體時，在導電帶的電子和價電帶的電洞往相反方向移動

13-12 外質半導體

我們不容易精確控制本質半導體的導電度，因爲本質半導體的導電度容易受環境溫度的影響而改變。若我們加入一些雜質原子就可以形成所謂的外質半導體，又因摻雜週期表上不同族的原子又可區分成 N 型與 P 型半導體。(III族的摻雜是 P 型，V族的摻雜是 N 型)

13-12-1 *N* 型半導體

若我們在矽或鍺中加入有五個價電子的磷原子。磷原子五個電子中有四個和矽形成共價鍵，另一個多餘電子的能隙是在導電帶的下方。由於這個多餘的電子和原子的鍵結不強，因此只需要一個較小的能量 E_d，即可將電子激發到導電帶。如圖 13-12。當此施體的電子被激發到導電帶時，在價電帶的電洞並沒有伴隨著增加。因此在半導體的載子濃度

$$n_{\text{total}} = n_e(\text{donor}) + n_e(\text{intrinsic}) + n_h(\text{intrinsic}) \tag{13-15}$$

或

$$n_{\text{total}} = n_{0d} \times \exp\left(-\frac{E_d}{kT}\right) + n_0 \times \exp\left(-\frac{E_g}{2kT}\right) \tag{13-16}$$

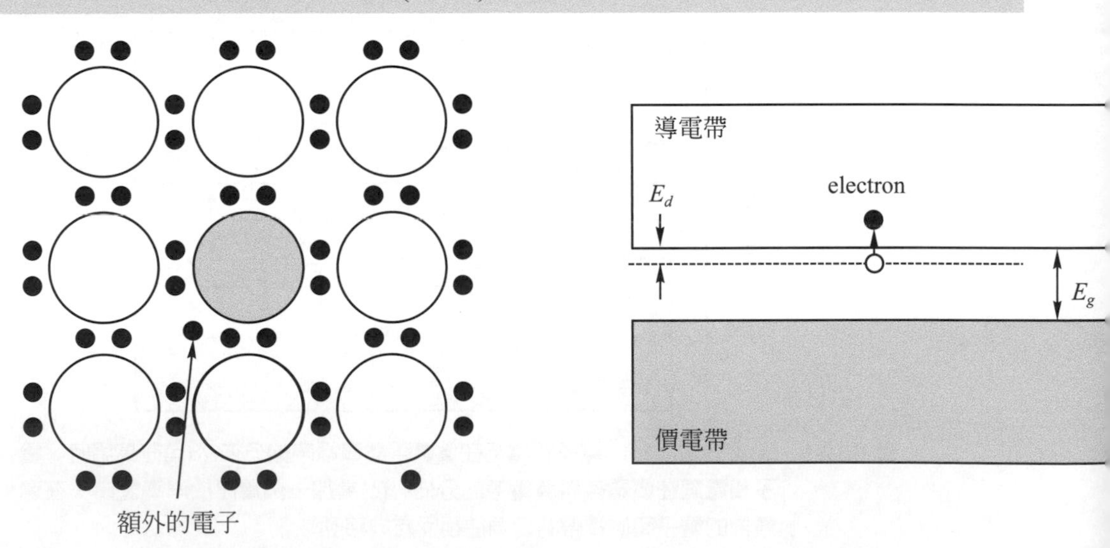

圖 13-12 矽中加入五價的原子，就有一個多出來的電子和施體能階，因此只要較小的能量 E_d，就可以將電子激發到導電帶

此處，n_{0d}、n_0 可視爲常數。在低溫時，本質的電子與電洞濃度很少，因此全部的載子濃度約爲：

$$n_{\text{total}} = n_{0d} \times \exp\left(-\frac{E_d}{kT}\right) \tag{13-17}$$

當溫度升高，施體中的電子躍過能隙 E_g 到導電帶的數目就越多。

13-12-2　*P* 型半導體

若加入矽的雜質是有三個價電子的鎵，並沒有足夠的價電子和鄰近的四個矽原子完全鍵結，就會有電洞產生，而且可以被其他位置的電子所填滿，如圖 13-13。在價電帶的電子只要較少的能量 E_a 即可跳出價電帶，而在價電帶上產生一個電洞。同樣地，本質的電子、電洞亦會產生，所以全部的電荷載子

$$n_{\text{total}} = n_h(\text{acceptor}) + n_e(\text{intrinsic}) + n_h(\text{intrinsic}) \tag{13-18}$$

或

$$n_{\text{total}} = n_{0a} \times \exp\left(-\frac{E_a}{kT}\right) + n_0 \times \exp\left(-\frac{E_g}{2kT}\right) \tag{13-19}$$

在低溫時

$$n_{\text{total}} = n_{0a} \times \exp\left(-\frac{E_a}{kT}\right) \tag{13-20}$$

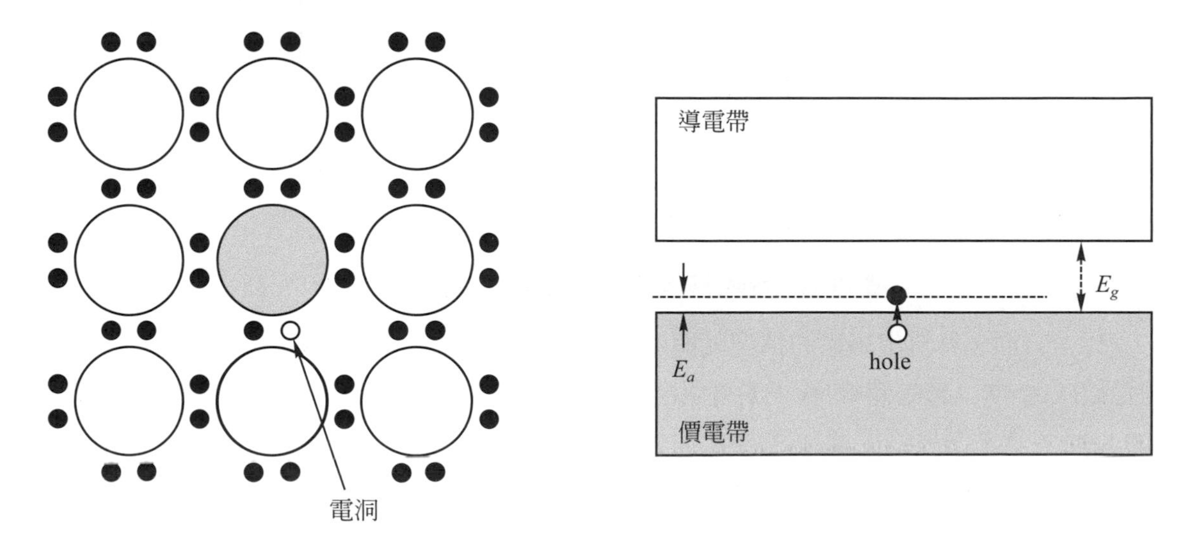

圖 13-13　當加入矽的原子價電子數少於四個，就有一個電洞和受體能階產生

13-13 溫度改變傳導係數及載體濃度

圖 13-14 代表的是矽與鍺其本質載子濃度對溫度的變化曲線圖，值得注意的是兩者的濃度都隨著溫度增加而增加，此外相同溫度下鍺的濃度都高於矽。載子濃度隨溫度增加是因價電帶中的電子獲得的熱能隨溫度而變大，因此越多的電子可以從價帶中跳到導電帶中形成自由電子。後一個特徵可藉由本質載子濃度公式說明：

$$n_i = \sqrt{N_c \cdot N_v} \times \exp\left(-\frac{E_g}{2kT}\right) \tag{13-21}$$

載子濃度反比於能隙的指數次方，鍺的能隙約是 0.66 電子伏特，矽是 1.12 電子伏特，因此相同溫度下鍺的本質載子濃度高於矽。

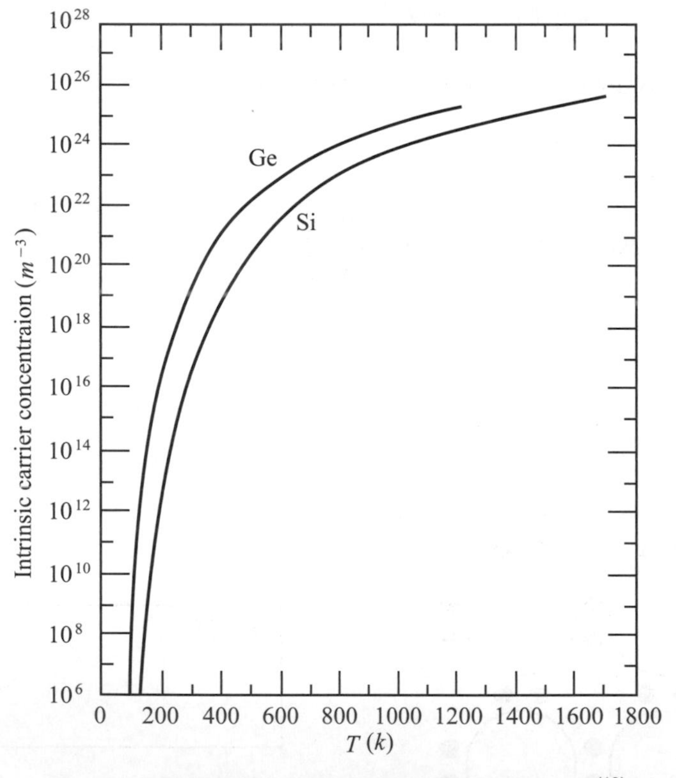

圖 13-14 矽與鍺其本質載子濃度對溫度的變化曲線[10]

另一方面，外質半導體的情況就與本質半導體的情形不同，舉例來說，圖 13-15 表示的是矽($n_d = 10^{-15}$ cm^{-3} 磷)的載子濃度對溫度的曲線圖，明顯的可以分爲三個部分，在低於 100 K 時，載子濃度隨溫度升高而增加，因在低溫時電子無法獲得足夠的熱能從價帶躍遷到導帶，因此隨溫度升高，獲得能量的電子數目增加，所以載子的濃度也跟著增加。當溫度在 100 K~ 500 K 這範圍內，載子濃度正好等於摻雜的離子濃度，不受溫度的影響，也就是所有摻雜離子都已經夠獻出其電子成為載子。當超過 500 K 後，濃度又將隨溫度的上升而增加，在此區域中其濃度主要是依循本質載子濃度的曲線，因為當溫度達到高溫時本質載子濃度將大過於摻雜離子濃度，因此特性上將由本質載子所主導。

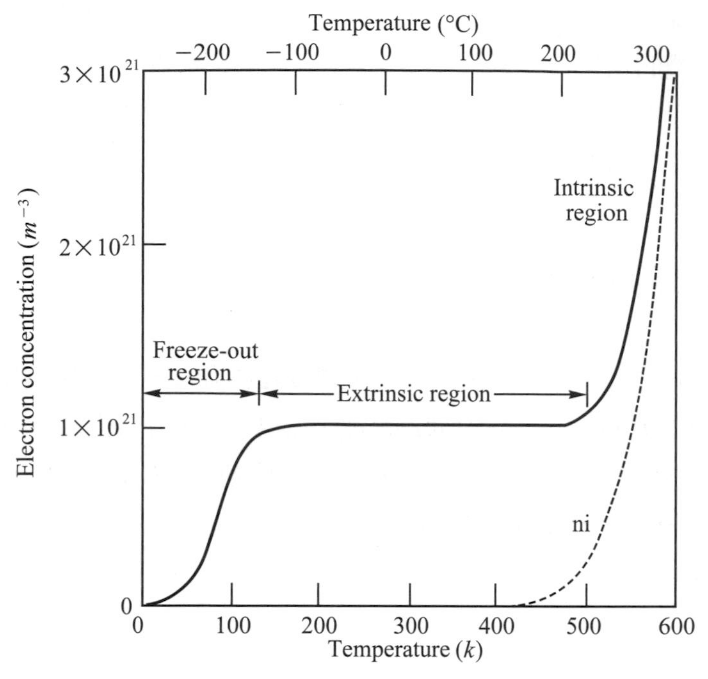

圖 13-15　矽($n_d = 10^{-15}$ cm^{-3} 磷)的載子濃度對溫度的曲線圖(10)

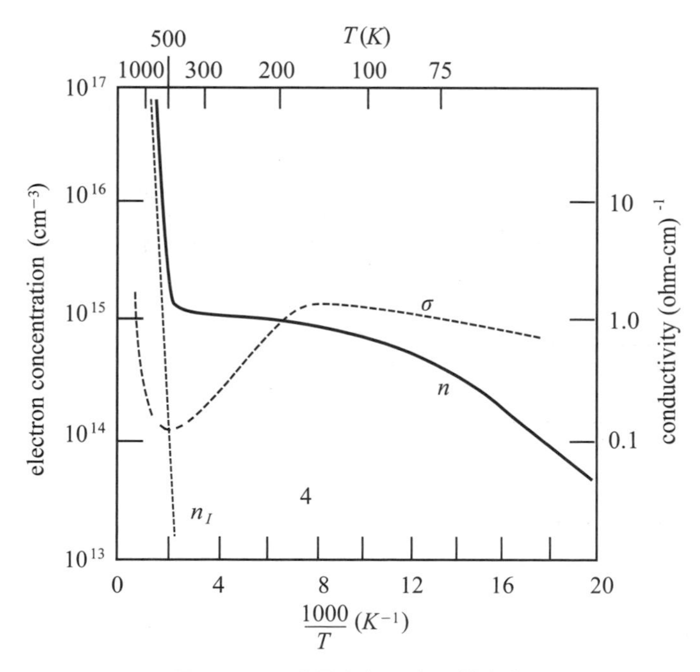

圖 13-16　導電度對溫度的變化曲

在說明了溫度對載子濃度的影響後，現在談談溫度對於導電度的影響，導電度一般正比於載子濃度與遷移率的乘積，對半導體來說遷移率會隨著溫度的增加而降低，因爲聲子散射的關係。圖 13-16 表示導電度對溫度的變化曲線，除了中間區段是隨溫度升高降低外，其他兩個區域是隨溫度升高而增加，會降低的原因是因爲這區間中載子的濃度不變而遷移率卻降低，所以整體的結果造成導電度下降，而升高的因素在於載子增加的幅度大於遷移率下降的趨勢，所以曲線是上升的，因爲決定導電率的因素包含載子濃度與導電率兩種，決定因素取決於兩者的乘積。

13-14 霍爾效應

欲判斷半導體是 N 型或 P 型、求多數載子濃度和移動率，可利用霍爾效應(hall effect)，其方法是將所測的半導體之某一方向通以電流，在另一方向上施加磁場，量測第三方向面的兩端電壓，即可判斷出 N 型或 P 型、載子濃度和移動率。如圖 13-17 所示。所量測的電壓稱爲霍爾電壓 V_H(hall voltage)，其值可正、可負。

以圖 13-17 爲例，若測出的 V_H爲正電壓，則爲 P 型半導體，若 V_H爲負電壓，則是 N 型。載子濃度可由下列公式求出：

$$n(\text{多數載子濃度}) = \frac{I(\text{電流}) \times B(\text{磁場強度})}{q(\text{單位電荷}) \times t(\text{厚度}) \times V_H} \tag{13-22}$$

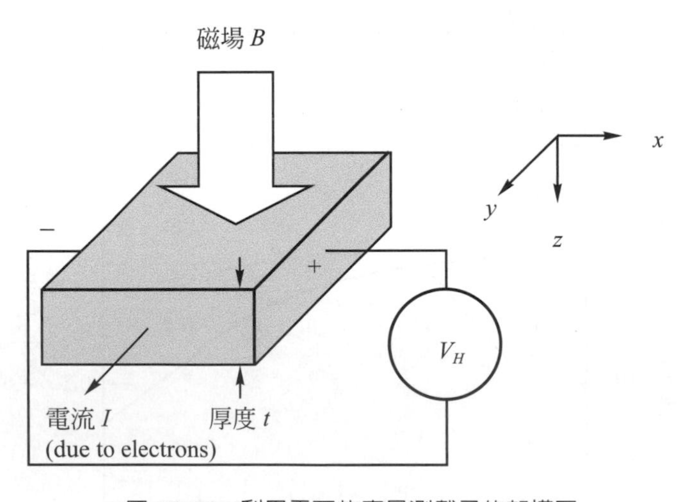

圖 13-17　利用霍爾效應量測載子的架構圖

■ 化合物半導體

由兩種以上的元素組成的半導體，稱爲化合物半導體，目前發展的化合物半導體有二元、三元、四元等多種類形，比較常見的是二元化合物半導體，見表 13-2。

表 13-2　常見的二元化合物半導體

Ⅳ-Ⅳ	Ⅲ-Ⅴ	Ⅱ-Ⅵ
SiC	BP	ZnS
	AlSb	ZnSe
	GaP	ZnTe
	GaAs	CdS
	GaSb	CdSe
	InP	CdTe
	InAs	HgSe
	InSb	HgTe

化合物半導體所具有的優點如下：

(1)　許多化合物半導體具有直接能隙(direct bandgap)，這可以提高發光效率。

(2)　某些化合物半導體具有高的電子移動率，適合高速元件的製作。

(3)　容易做成異質結構(heterostructure)，可作爲異質接面元件提高工作效率。

(4)　有助於量子井(quantum well)、超晶格(superlattice)的發展。

目前發光二極體是由 GaAs、GaP、GaAsP 做成，螢光材料則由 ZnS 做成，光偵測器通常用 InSb、CdSe，當然還有其他用途的如半導體雷射、導波管等。

■ 非晶質半導體

如果一個結晶的半導體固體，其原子排列結構不具有週期性，則稱此半導體爲非晶半導體(amorphous semiconductor)。目前非晶質半導體仍未大量取代傳統的晶質半導體。常見的非晶質半導體列在表 13-3。

表 13-3　常見的非晶質半導體

Ⅳ	Ⅵ	Ⅲ-Ⅴ	Ⅳ-Ⅵ	Ⅴ-Ⅵ
Si	S	GaAs	GeSe	As_2Se_3
Ge	Se		GeTe	
	Te			

非晶質半導體常用在太陽能電池材料上，目前這種半導體大約佔了太陽能電池四分之一的市場，因爲太陽能是一種不會消耗資源與無污染的能源，相信只要改善其能量轉換效率，其前途必將看好，近來非晶矽(amorphous silicon)已用在製作薄膜電晶體上，將來非晶質半導體的新用途將逐漸被發展出來。

13-15 半導體裝置

半導體製成的電子元件，廣泛地被應用在各種設備上，不僅在軍事和工業用途上，像日常生活用的家電設備也離不開半導體元件，而且其製作也朝向高密度化的目標，本節只介紹幾種簡單的電子元件。

13-15-1 二極體

二極體(diode)，其製成的形式有兩種，如圖 13-18 所示，圖 13-18(a)將 *P-N* 接面在單晶棒上成長，圖 13-18(b)是一種平面化的 *P-N* 接面，利用擴散原理將 *P* 型半導體擴散在 *N* 型上。二極體主要是利用其 *P-N* 接面的整流效果，在順向偏壓(forward biased)時，大的順向電流是由多數載子所提供(*N* 型是電子，*P* 型是電洞)。在逆向偏壓(reverse biased)時，有個極小的漏電流是由少數載子提供的，其理想情況和實際狀況的 I-V 圖形如圖 13-19 所示。(順向偏壓是型接正電壓，*N* 型接負電壓，逆向偏壓則相反)

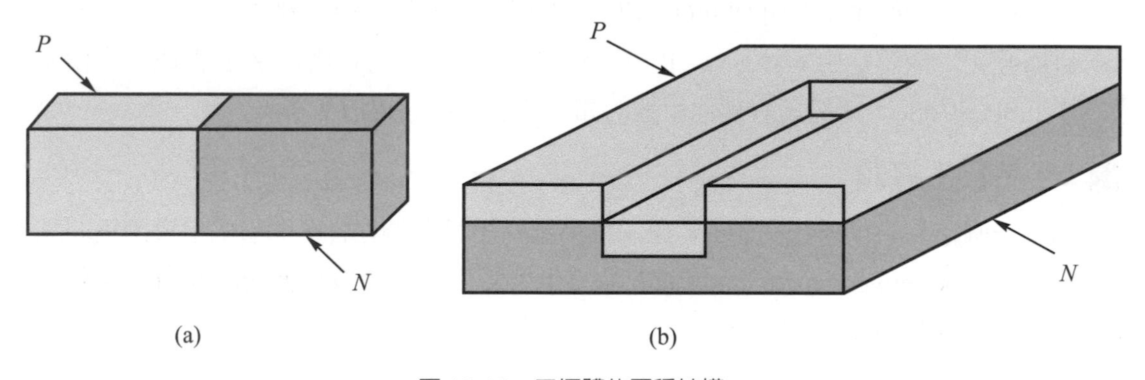

圖 13-18　二極體的兩種結構

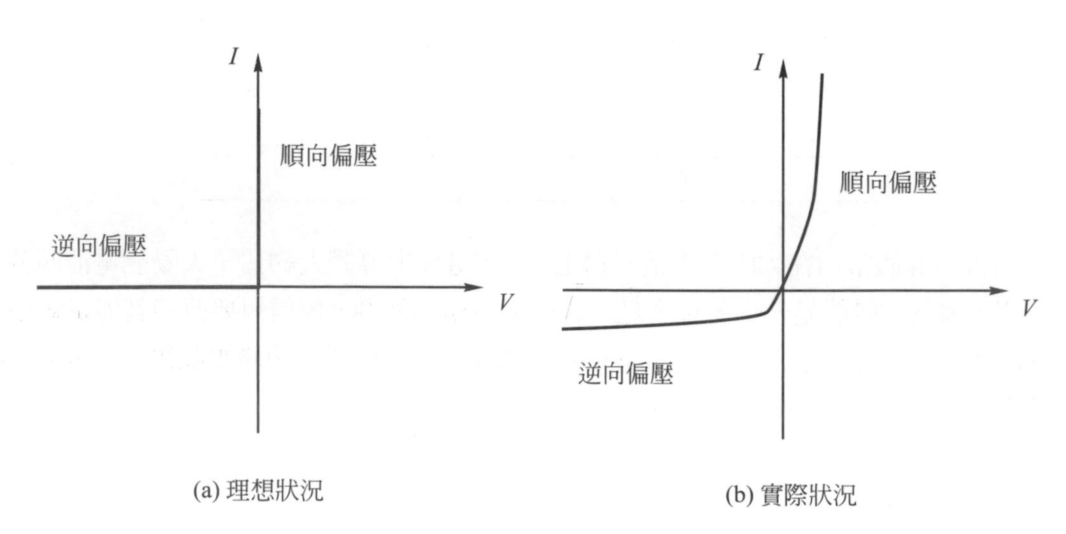

圖 13-19　二極體的 I-V 曲線

二極體的應用有兩種：①整流型二極體，②崩潰型二極體，又稱爲齊納二極體(zener diode)。其者是用來將交流電壓轉換成近似直流電壓，他是利用 I-V 曲線的順向偏壓時的特性，如圖 13-20。後者則是利用在超過逆向偏壓後達到崩潰區時，其電流和電壓無相關且電壓近似定值。如圖 13-21，常常用來當作電壓調整器(voltage regulator)。

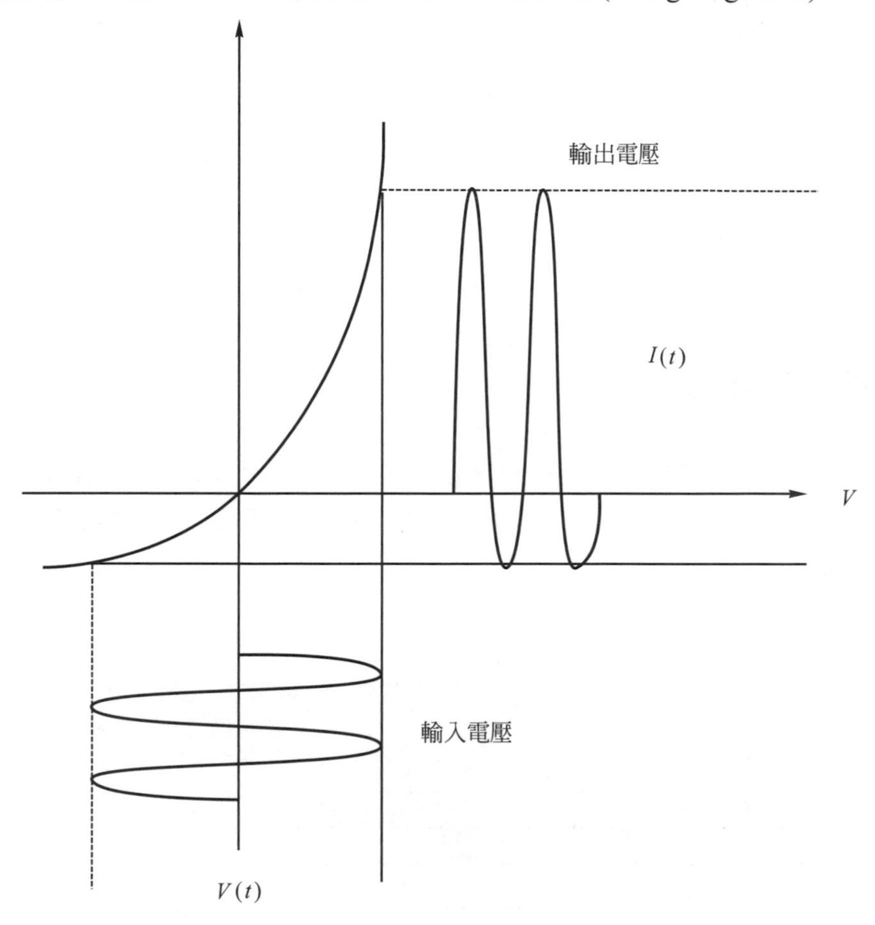

圖 13-20　整流型二極體的整流情形

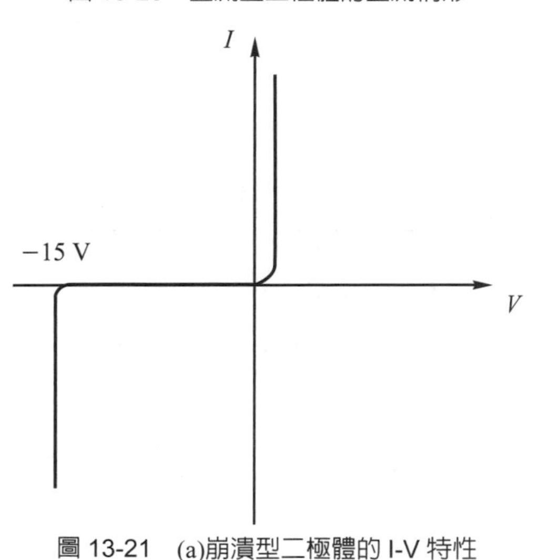

圖 13-21　(a)崩潰型二極體的 I-V 特性

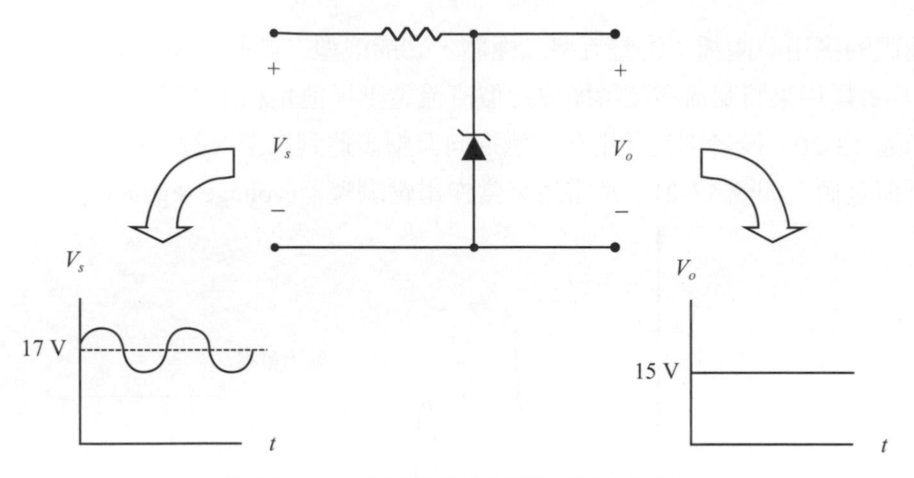

圖 13-21　(b)崩潰型二極體應用於電壓調整

13-15-2　電晶體

電晶體(transistor)是近代電子電路的核心元件，它的主要功能是做電流的開關，就如同控制水管中水流量的閥(valve)，依照工作原理可粗分爲雙載子接面電晶體(BJT)與場效電晶體(FET)兩部分。

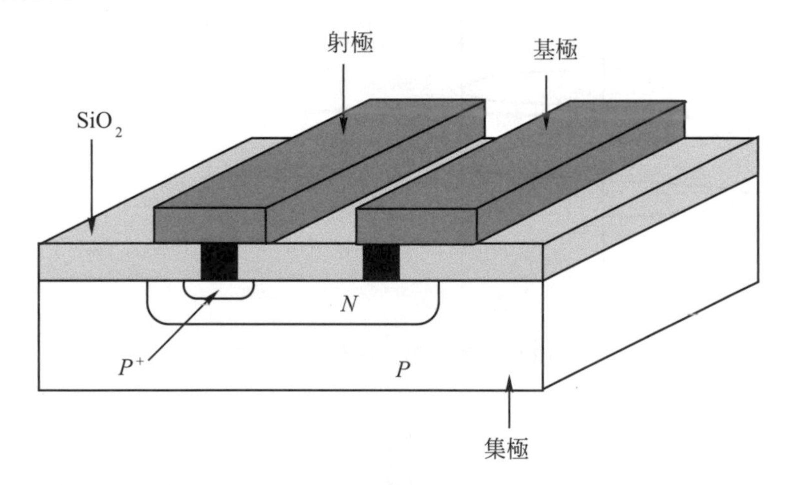

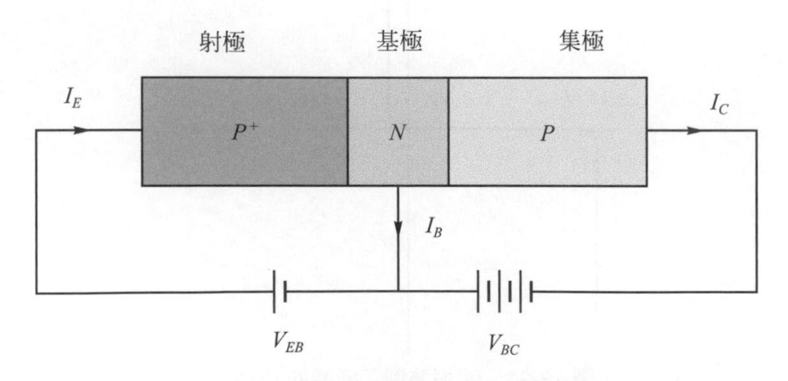

圖 13-22　(a)*PNP* 電晶體的透視圖，(b)*PNP* 電晶體的順向操作模式

一、雙載子接面電晶體

雙載子接面電晶體(bipolar junction transistor)通常是用來當作電流放大器(current amplifier)，他有兩個 *P-N* 接面，且其傳導作用是靠電子和電洞的參與。其分爲 *PNP*(如圖 13-22(a))及 *NPN* 兩種。

這種電晶體有三個極分別是：射極(emitter)、基極(base)、集極(collector)，兩個接面分別是：射-基極接面 JEB 和集-基極接面 JCB，其工作模式如表 13-4。順向作用模式具有放大信號功用，接法如圖 13-22(b)。截止和飽和模式用來當作開關(switch)使用。反向作用時的放大增益極低。

表 13-4　BJT 的工作模式

模式	JEB	JCB
順向作用	順向偏壓	反向偏壓
截止	反向偏壓	反向偏壓
飽和	順向偏壓	順向偏壓
反向作用	反向偏壓	順向偏壓

二、接面場效電晶體

接面場效電晶體(junction field-effect transistor)只由一種載子(電子或電洞)來參與傳導過程，他是利用施加垂直方向的電場來控制橫向的電流大小，其結構包括一個導電通道(channel)，源極(source)、汲極(drain)、閘極(gate)等三極，如圖 13-23 所示。前兩個極是歐姆接觸(Ohmic contact)，源極是載子的來源，汲極則是用來收集載子，而閘極與通道形成整流接面(rectifying junction)，是用來控制通道的寬窄，以達到控制電流大小。以通道的材料可分爲 *N* 型與 *P* 型兩種。*N* 型通道載子是電子，其移動率比 *P* 型通道載子-電洞來的高，所以較被採用。

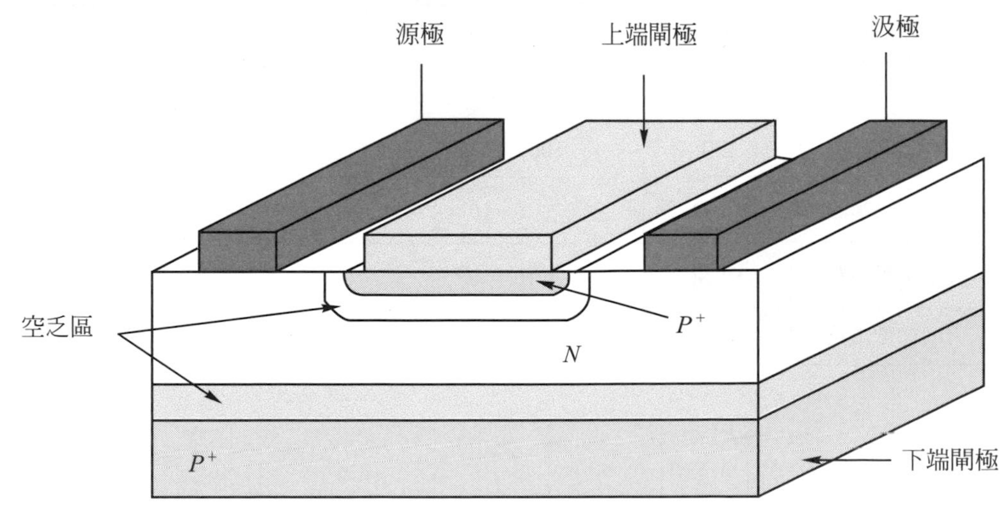

圖 13-23　*N* 型通道的 JFET 透視圖

這種電晶體的工作情形有四種狀況：線性區(linear region)、飽和區(saturation region)、截止區(cut-off)和崩潰區(breakdown)。與雙載子接面電晶體一樣可以當作開關與放大器使用，其特點是比雙載子接面電晶體容易製作且所佔的面積小。

三、金氧半場效電晶體

圖 13-24 表示的是金氧半場效電晶體(metal-oxide-semiconductor field effecttransistor)的結構圖，其與接面場效電晶體的結構極為類似，包含導電通道、源極、汲極、閘極與閘極絕緣層(gate insulator)。通道材料也分為 *N* 型及 *P* 型兩種，藉由在閘極上施加電壓使得閘極下的通道形成一相反電性的高導電層，作為電流倒通的通道。現在閘極絕緣層的材料多是二氧化矽，不過隨著元件特性上地考量，高介電常數(high k)的閘極絕緣層將是未來趨勢，此外隨元件縮小化而遭遇的問題將有賴更深一層的研究。

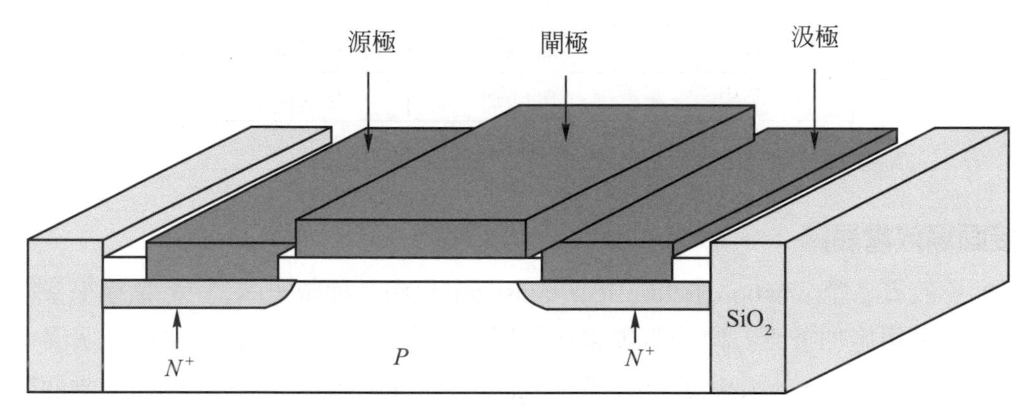

圖 13-24 *N* 型通道的 MOSFET 透視圖

表 13-5 電子元件的縮小趨勢

	英文縮寫	單位晶方的電晶體數量	最小尺寸(μm)	發展年代
小型積體電路	SSI	1~100	10	1964
中型積體電路	MSI	100~1000	5	1968
大型積體電路	LSI	1000~100000	3~1	1971
超大型積體電路	VLSI	10^5~10^7	1	1980
特大型積體電路	ULSI	10^7~10^9	1~0.1	1984
巨大型積體電路	GLSI	10^9～	<0.1	1994

因爲半導體技術不斷的提升，使得電子元件的體積越來越小，而且將許多不同功能的元件製作在同一晶片(chip)上，也使得線路越來越複雜，功能也越來越強，表 13-5 列出電子元件縮小情形的趨勢，元件密度高是未來的一大特點，但也必須考慮其元件可靠度問題、散熱問題、損壞元件的偵測等良率問題、接點與電路設計等多方面的配合才能完成最佳的性能。

■ 離子化陶瓷和高分子中的導電性

大部分的陶瓷和高分子都是絕緣體，其能帶結構包含有不小的能隙，通常大於 2 電子伏特，所以在室溫下陶瓷與高分子多爲導電性差的物質。

13-16　離子化材料中的傳導

離子物體中的電流是由帶電的粒子經由外加電場的作用，使其發生移動或擴散所造成的。帶電的粒子除了電子外還包含陰離子與陽離子兩種，因此總導電係數應包含電子與離子兩種貢獻：

$$\sigma_{\text{total}} = \sigma_{\text{electronic}} + \sigma_{\text{total}} \quad (13\text{-}23)$$

移動率 μ_i 與離子物質的關係式如下：

$$\mu_i = n_i e D_i / kT \quad (13\text{-}24)$$

其中 n_i 代表是離子的價數，而 D_i 則表示離子的擴散係數。假設電子與離子數隨溫度的增加而增加，一般電子移動率會隨溫度的增加而降低(聲子散射的關係)，相反的離子移動率會隨溫度增加而增加，所以離子對於導電性質的貢獻在高溫時會較重要。

13-17　高分子電性

大多數的高分子物質都屬於電的不良導體，主要是因爲物質中的自由電子數目不多，不過通常高分子的導電機制多屬於電子傳導。

■ 介電行爲

介電材料有大的能隙，所以這類材料通常具有很大的電阻，其應用上主要是電的絕緣體與電容器(capacitor)。

13-18　電容

在電容器兩電極板間施以一電壓，一電極板將充滿正電荷，另一電極板則被負電荷所佔據，兩電極板間存在一電場從正極指向負極。而電容值 C(capacitance)指的是兩電極板儲存的電荷量 Q 的能力

$$C = Q/V \qquad (13\text{-}25)$$

V 是兩電極板間的電壓值，電容值的單位是庫侖/伏特或是法拉(farads)。

13-19　電場向量和極化

考慮空間中兩正、負電荷，電荷量 q 且相距距離 d，如圖 13-25 所示，則其所造成的電偶極(dipole moment) p，大小如下：

$$p = qd \qquad (13\text{-}26)$$

實際上，電偶極是一向量，方向從負電荷指向正電荷。在電場 E 的作用下，電偶極將受到一個作用力使得其朝電場方向偏移。這樣的現象圖示於圖 13-26 中，而這樣的現象稱爲極化(polarization)。

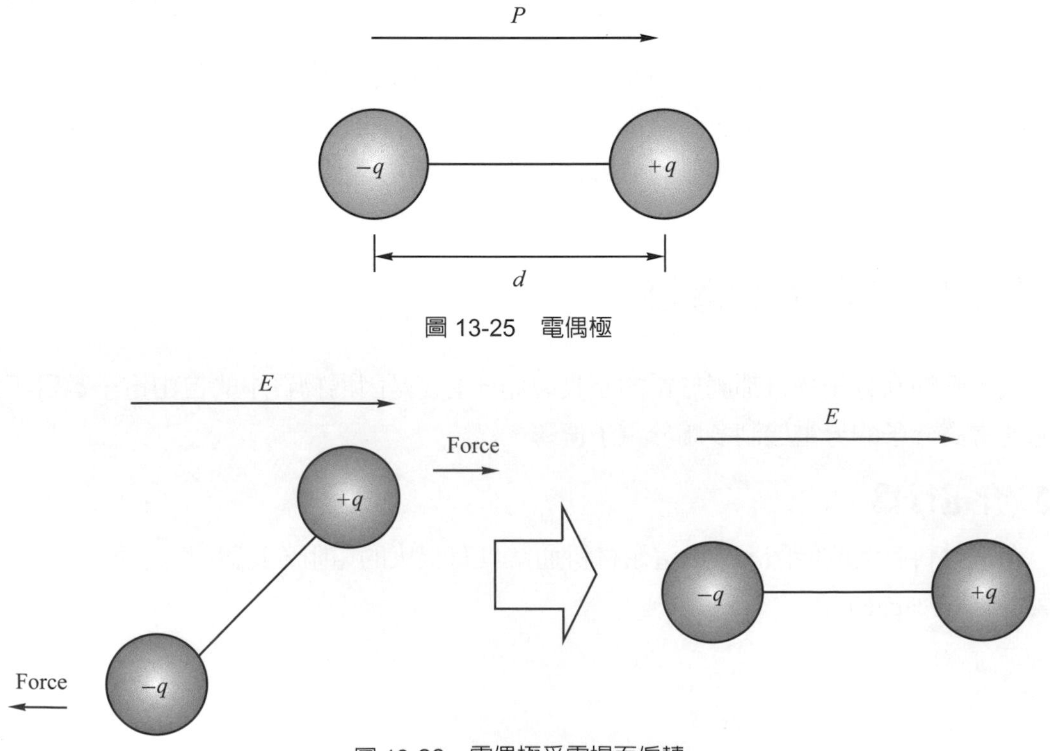

圖 13-25　電偶極

圖 13-26　電偶極受電場而偏轉

電場能誘導電子極化與離子極化，並能使永久極性分子依序排列。相反地，極化也可使電容器的電荷密度增加。現在考慮兩個形狀、面積相同的電容，上、下極板面積皆爲 A，距離爲 d，其中一個電容器的極板間放置厚度爲 d 的介電材料，另一個電容器則否，如圖 13-27。在圖 13-27(a)中，極板單位面積帶電荷量爲 D，電容極板間的電場強度爲 E，則

$$D = \varepsilon_0 E \tag{13-27}$$

$\varepsilon_0 = 8.854 \times 10^{-12}$ C/Vm，電容的大小爲

$$C = Q/V = DA/Ed = \varepsilon_0 A/d \tag{13-28}$$

其中 Q 是每個極板的電荷，$Q = DA$，V 是所加的電壓，$V = Ed$。在圖 13-27(b)中，由於放入介電材料，因此極板單位面積所帶的電荷爲

$$D = \varepsilon_0 E + P \tag{13-29}$$

P(polarization)是由於介電材料所引發的。我們亦可寫爲

$$D = \varepsilon E \tag{13-30}$$

所以，此時電容的大小爲

$$C = Q/V = DA/Ed = \varepsilon A/d \tag{13-31}$$

我們稱ε和ε_0之比爲此材料的介電常數(dielectric constant)k，

$$k = \varepsilon/\varepsilon_0 \tag{13-32}$$

我們由(13-28)、(13-29)式和(13-31)式得知

$$P = (k-1)\varepsilon_0 E \tag{13-33}$$

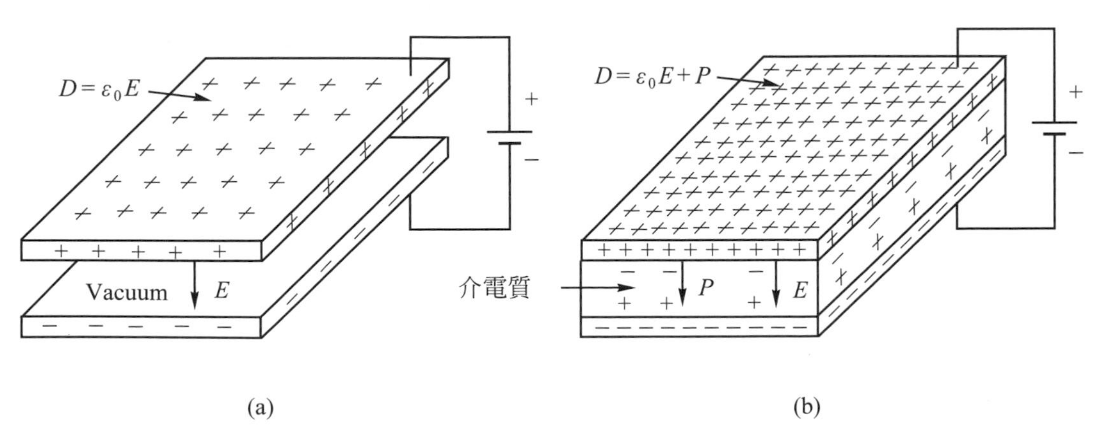

圖 13-27　兩個電容器，其中(a)置於真空中，(b)兩極板間加一介電材料，其電荷有所不同

13-20 極化的型態

當加一個電場於材料時，偶極會在原子或分子的結構中形成，且會沿著電場方向平行排列著。除此之外，材料內的永久電偶極(permanent dipoles)亦會平行於電場。極化強度，P(庫侖/米^3)

$$P = Zqd \quad (13\text{-}34)$$

其中 Z 表示每立方公尺內帶電的粒子數，q 是電子的電荷，d 是電偶極內正、負電荷的距離。有四種引起極化的機制：①電子極化(electronic polarization)，②離子極化(ionic polarization)，③分子極化(molecular polarization)，④空間電荷(space charge)，也稱爲界面極化(interfacial polarization)，如圖 13-28。受電場作用，原子核和其電子偏離正常的位置，稱爲電子極化。離子極化是負離子和正離子分別朝正、負極所造成。和電子極化一樣，離子極化也是被誘導出來的，因爲正、負離子的相對位移只發生在電場存在時。有一些分子，由於結構上不對稱或原子不同，而造成偶極。當極性分子存在一電場中時，就會發生所謂的分子極化，此極化是永久性的。當材料內有雜質存在時，在相與相之間的介面上會產生電荷。在電場中，這些電荷會往表面移動，稱爲空間電荷，在一般的介電材料裡，此種極化方式較不重要。

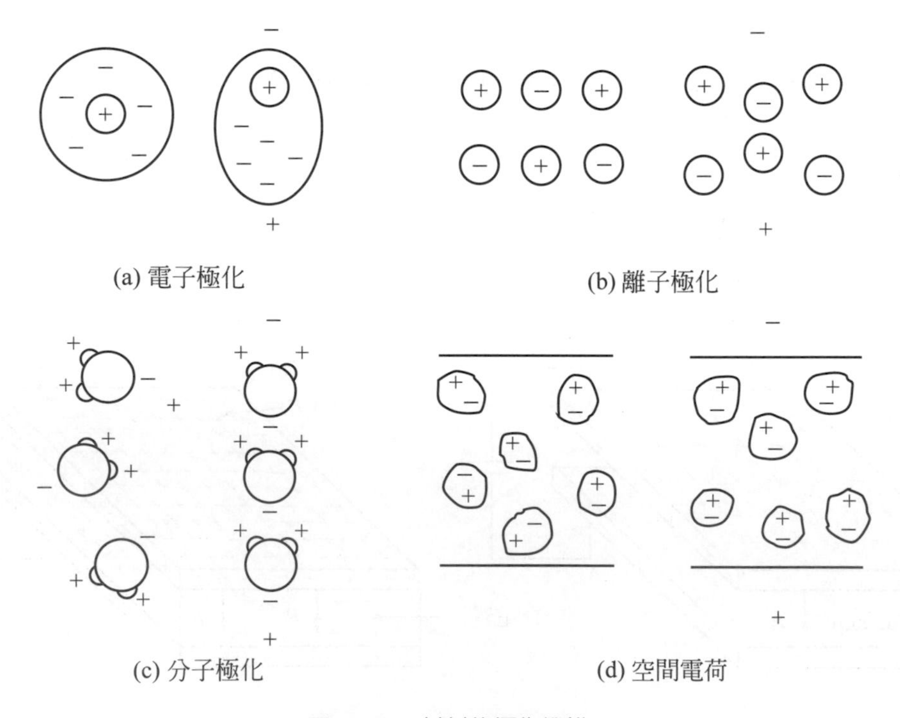

圖 13-28 材料的極化機構

13-21　介電常數的頻率相依性

一般材料應用的情況多在高頻的環境中，極化體積越小，越容易在高頻的電場下被極化，因此電子極化的頻率可高到 10^{16} Hz，除了在 60Hz 的電路及無線電頻率中會極化，也會對光的頻率(約 10^{15} Hz)有反應，如圖 13-29。

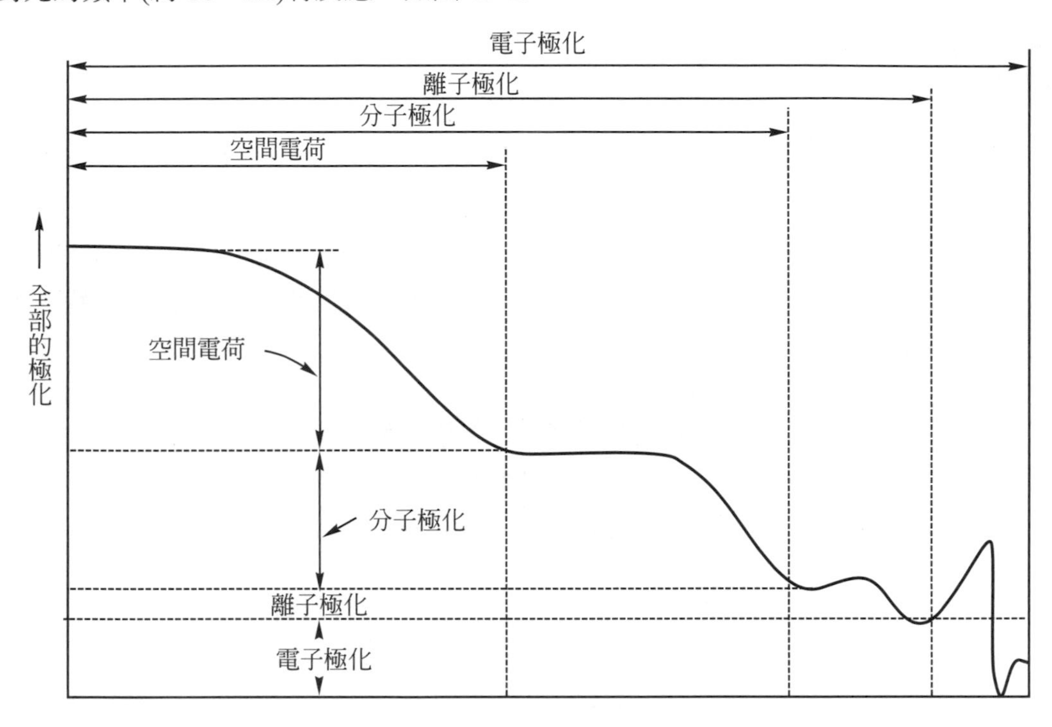

(a) 極化和頻率的關係

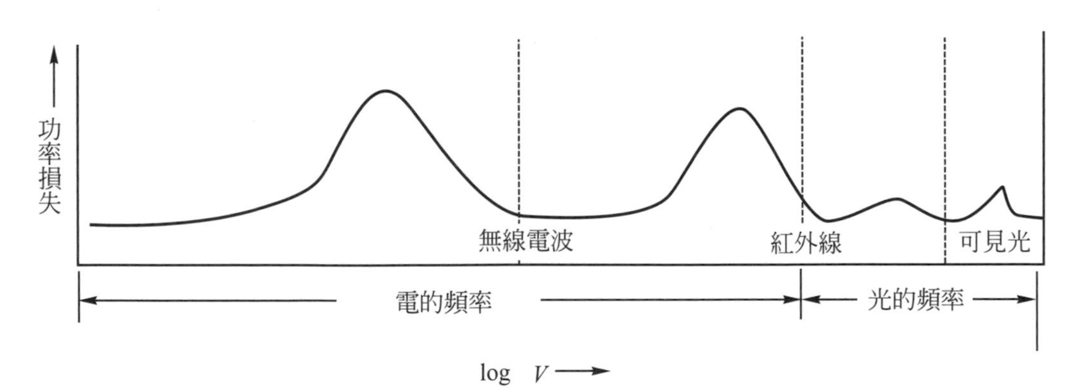

(b) 介質材料能量的損失和頻率的關係

圖 13-29　材料介電常數的頻率相依性

13-22 介電強度

若電容板的距離過短或所加電壓過大，都會造成電容器的崩潰(breakdown)或放電(discharge)。介電強度是指材料可承受最大的電場強度，單位是伏特/米。

13-23 介電材料

多數的陶瓷與高分子材料是電的不良導體，電阻係數大於 10^{11} ohm·cm 因此多用以作爲絕緣材料或是電容器，一些材料的介電常數列於表 13-6。陶瓷的介電常數介於 6 到 10 之間，本身具有一定的機械強度與穩定性，因此作爲絕緣體或是電容器都非常適合。多數高分子的介電常數不如陶瓷來的高，約介於 2 到 5 之間，所以多作爲導線的絕緣體，也有少數作爲電容器使用。

表 13-6 常見材料的介電性質

材料	介電常數		介電強度 (10^6 V/m)
	在 60Hz	在 10^6 Hz	
Polyethylene	2.3	2.3	20
Teflon	2.1	2.1	20
Polystyrene	2.5	2.5	20
PVC	3.5	3.2	40
Nylon	4.0	3.6	20
Rubber	4.0	3.2	24
Phenolic	7.0	4.9	12
Epoxy	4.0	3.6	18
Paraffin wax	—	2.3	10
Fused silica	3.8	3.8	10
Soda-lime glass	7.0	7.0	10
Al_2O	9.0	6.5	6
TiO_2	—	14～110	8
Mica	—	7.0	40
$BaTiO_3$	—	3000	12
Water	—	78.3	

■ 材料的其他電性

另兩種相當重要的材料性質：鐵電性與壓電性將在以下討論。

13-24 鐵電性

有些材料本身並沒有極化，但若自電場移出後，卻擁有極化，這是因爲有殘留的永久偶極之故。當電場消失後，能擁有一個淨極化(net polarization)的材料，稱爲鐵電材料(ferroelectric material)。$BaTiO_3$ 又是一個很好的例子。

一些材料即使有永久偶極，但不見得就會有鐵電性質(ferroelectricity)，當電場一移開偶極又呈現散亂的現象，每個偶極的極化都和鄰近偶極的方位，而有一致的排列，我們以圖 13-30 來解釋電場對極化的效應。

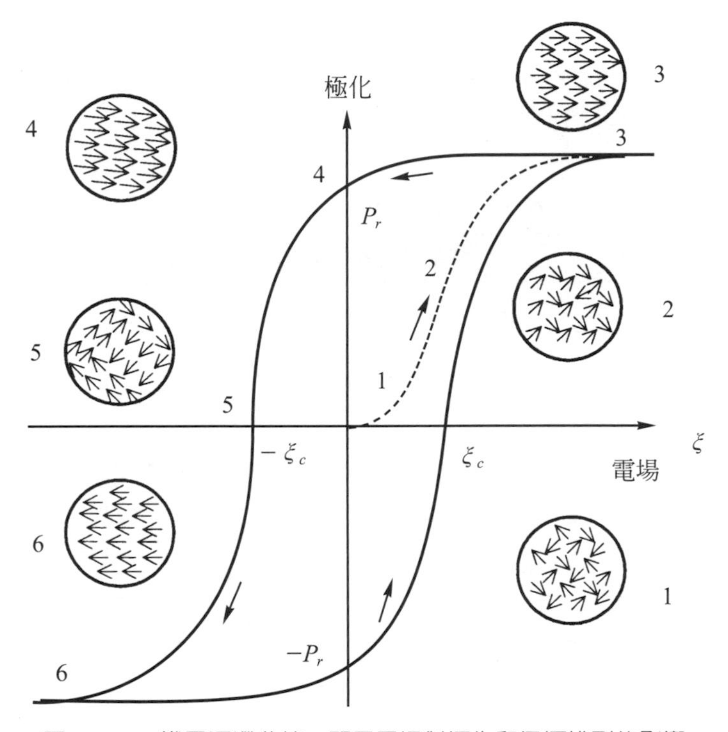

圖 13-30　鐵電遲滯曲線，顯示電場對極化和偶極排列的影響

一開始晶體內的偶極方向是散亂的，所以沒有淨極化。當施一電場於晶體，偶極就開始沿著電場方向排列，在圖 13-30 點 1 到點 3。當電場大到某個程度，所有偶極全都有一致的排列，所以就有最大或飽和的極化 P_s，點 3。當電場移去，存在一頑極化(remanent polarization) P_r，點 4。此時材料擁有永久的極化，擁有極化的能力使得鐵磁材料得以保存資訊，這在電腦電路中是很有用的。

當所加的電場方向相反時，偶極就會反轉。若要把殘留的極化去除必須在相反方向加一矯頑電場(coercive field) ζ_c，點 5。若增加反向電場，反向的極化亦會飽和，點 6。電場方向再轉向，就會得到一個極滯圈，說明了極化如何隨著電場的改變而改變。

鐵電現象和溫度有關，在居里溫度(Curie temperature)以上時，介電性質和鐵電性質都將會消失，如圖 13-31。一些典型的鐵電材料的居里溫度列於表 13-7。

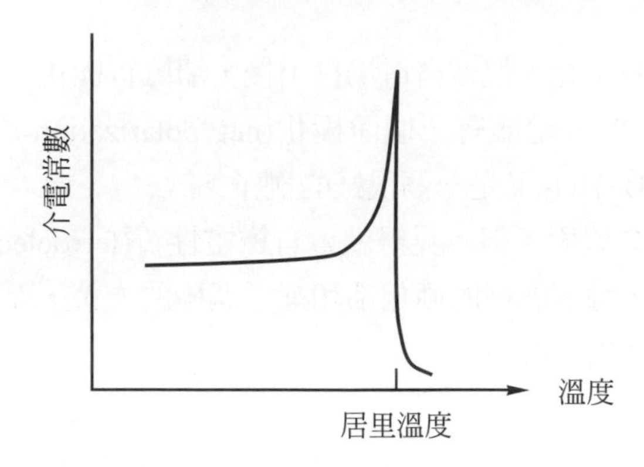

圖 13-31　溫度對 $BaTiO_3$ 介電常數的影響。在居里溫度以上時，由於晶體結構改變，分子極化消失，$BaTiO_3$ 不再具有鐵電性

表 13-7　各種鐵電材料的居里溫度

鐵電材料的居里溫度	
材料	居里溫度(℃)
$SrTiO_3$	– 200
$Cd_2Nb_2O_7$	– 88
Rochelle salt	24
$BaTiO_3$	120
$PbZrO_3$	233
$PbTa_2O_6$	260
$KNbO_3$	435
$PbTiO_3$	490
$PbNb_2O_6$	570
$NaNbO_3$	640

13-25　壓電性

有一些分子擁有永久極性。相同的，某些晶體也有永久電偶極，主要是因爲它們的正、負電荷中心都不在晶胞的中心位置上。因此，這類的晶體具有極性，以 $BaTiO_3$ 來說明。在溫度 120℃以上時，$BaTiO_3$ 具有立方結構，如圖 13-32(a)。但在低於 120℃時內部結構發生變化，中心的 Ti^{4+}離子相對於角落的 Ba^{2+}離子移動了 0.006 nm，O^{2-} 離子朝相反方向亦移動了 0.006 nm，如圖 13-32(b)，於是產生了偶極。

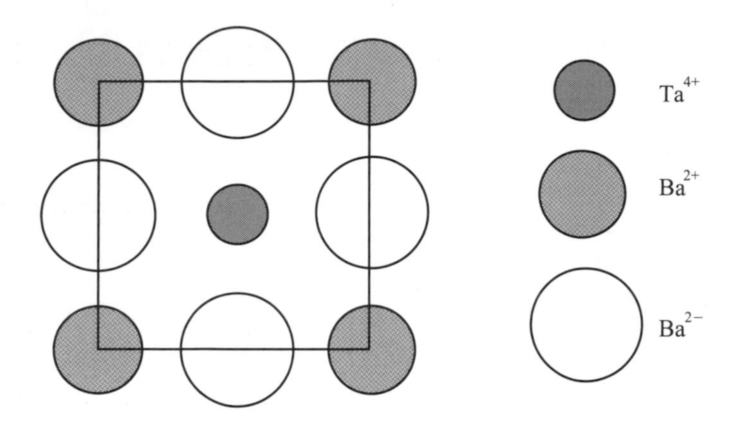

(a) 在 120℃以上是立方結構

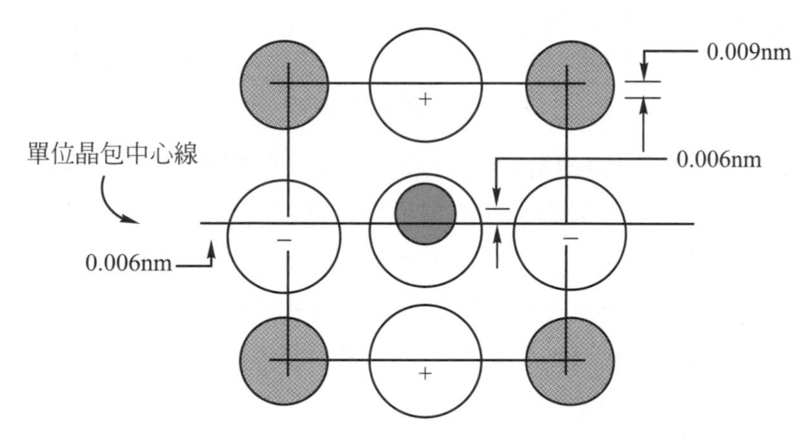

(b) 在 120℃以下由於原子移動產生了電偶極

圖 13-32　$BaTiO_3$ 的結構

當 $BaTiO_3$ 這種材料被加置電場時，他的尺寸會改變，因爲正電荷移向負極，負電荷移向正極，因此使得偶極的距離變大。由(13-34)式知其極化變大。若我們施一應力於 $BaTiO_3$ 時，會使材料產生應變(strain)，因此改變了偶極的距離，同時也會影響極化。若施加的應力是壓應力，偶極距離變小，極化變小，晶體兩端的電荷將會過剩，若此時線路是斷路的，那將產生一電位差。若接通電路，電子將由一端流向另一端。如圖 13-33。於是我們可以將機械能轉換成電能。這種材料稱爲壓電材料(piezoelectric material)，具有這類能力的裝置稱爲轉換器(transducer)。

壓電材料的應用很廣，$BaTiO_3$ 型的晶體如 $PbZrO_3$-$PbTiO_3$ 常被製成壓力計，電唱機夾頭(phonograph cartridges)，高頻率聲波產生器(high-frequency sound generators)等。石英晶體亦具有壓電性質，可作爲特殊需要頻率控制的電路之用。石英晶體的彈性震動頻率非常固定$\left(精確到\frac{1}{108}\right)$，所以可應用在精密的鐘錶電路上。近年來，喬治亞理工學院的 Zhong Lin Wang 團隊利用氧化鋅的壓電特質在衣服上混合編織低溫化學成長之氧化鋅奈米線陣列用以製備發電衣，該發電原理即是應用行進中衣服之形變進而產生電力，最終目標想將此一電力應用於穿戴式電子裝置之充電。

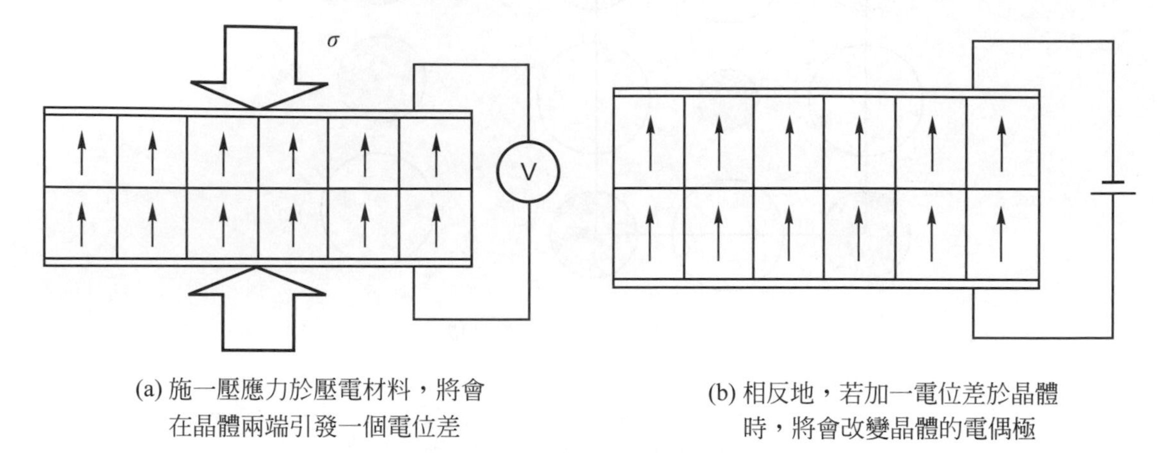

(a) 施一壓應力於壓電材料，將會在晶體兩端引發一個電位差

(b) 相反地，若加一電位差於晶體時，將會改變晶體的電偶極

圖 13-33　壓電材料特性

材料中的電傳導機制主要是藉由電子、電洞或離子的移動達成。電阻率與導電率互成倒數的關係也是材料中的重要現象，他決定了材料是否爲導體、半導體與絕緣體。

因爲包力不相容原理，當原子極度靠近時，能階會發生分離的現象，分離的能階就構成了能帶的觀念。金屬沒有能隙或導電帶與價電帶互相重疊；絕緣導體的能隙很大，因此在室溫下電子無法跨過能隙到達導電帶中；半導體的能隙比絕緣體小，所以部分電子可以越過能隙到導電帶中形成自由電子。

移動率對於半導體元件是非常重要的一個概念，因爲它影響整個元件的操作操作速度。本質半導體中經過摻雜不同價數的原子可以形成不同電特性的外質半導體，主要差異爲導電的載子一個是電子(N 型)，一個是電洞(P 型)。藉由半導體技術，一些常見的電子元件包括：二極體、雙載子接面電晶體、接面場效電晶體、金氧半場效電晶體……等，各自有其特殊特性與應用。

材料的介電性質也是非常重要的物理特性，常見的介電材料主要都應用在絕緣體或電容器上，因爲材料受電場極化而帶有的極性對於一些記憶體元件是非常好的電容絕緣層。另外，鐵電性質對於非揮發記憶體元件與壓電性對於量測探針上都是非常重要的應用。

習題

1. (1)假設在圖 13-1 中試片是直徑 1 公分，長 10 公分的鋼棒，導電度爲 $7.00\times10^{6}\ \Omega^{-1}\text{m}^{-1}$，若圖中跨在試片上的伏特計顯示 10 mV 時，電流爲多少？(2) 對高純度的矽(導電度參考表 13-1)，重覆計算(1)。

2. 一個直徑為 1 mm 上面載有 10 安培電流的導線，要求其功率消散(power dissipation，IR^2)不超過 10 W/m，在表 13-1 中的材料內，哪些是合乎要求的。

3. 試計算電子經由熱能出現在碳的傳導能帶的機率，在 50℃及 100℃下的機率為何？(E_g = 5.6 eV)

4. 在什麼溫度下鑽石的電子出現在傳導能帶上的機率和矽的電子在 25℃下出現在傳導能帶上的機率相同，若矽的 E_g 為 1.12 eV。(這個答案顯示鑽石在什麼溫度範圍下被視為半導體而非絕緣體。)

5. 銅在室溫下的電阻率為 1.67×10^{-6} Ω·m，溫度電阻係數為 0.0068 Ω·cm/℃，試計算銅的導電度(1)400℃時，(2) – 100℃時。

6. 純鍺的導電度為 2 $\Omega^{-1}m^{-1}$，它所含有的負載子數目 nn 與正載子 np 相等，請問鍺的導電度中由電子與電洞所貢獻的比例各佔多少？

7. 欲使本質矽的導電度達到 1.1 $\Omega^{-1}m^{-1}$ 所需要的電子(與電洞)數是多少？

8. 在矽中，電子移動率為 0.14 m^2/V·s，請問(1)欲使橫過 2 mm 厚矽片的電子漂移速度達到 0.7 m/s 所需的電壓為何？(2)在傳導能帶內的電子濃度應是多少，才能使得自負載子的導電度達到 20 $\Omega^{-1}m^{-1}$？(3)若無任何雜質存在，這種矽的導電度為何？

9. 某外質鍺係經由在 100g 鍺中溶入了 3.22×10^{-6} g 的銻所製成。(1)請問此半導體是 n 型或 p 型材料？(2)試求銻在鍺中的濃度(以原子/公分 ^{3} 為單位來表示)。鍺的密度是 5.35 Mg/m^3 或 5.35 g/cm^3。

10. 已知矽的密度為 2.33 g/cm^3，請問(1)每立方公尺的矽中含有多少個矽原子？(2)如果我們在矽中添加磷使之成為一導電度為 100 $\Omega^{-1}m^{-1}$ 且移動率為 0.14 m^2/V·s 的 n 型半導體，則每立方公尺的矽中含有多少個施體電子。

11. 一平行電板長、寬各為 25、10 cm，一個介電常數為 5 的介電材料放入距離 3 cm 的兩極板內，(1)試計算電容大小，(2)若施加 1000 伏特的電壓，試計算電板上的帶電量，(3)介電材料內側單位面積的帶電量 D 為多少？

12. 某平板電容器的電容必須達到 0.25 μF。如果我們採用介電係數為 3.0，厚為 0.0005 in 的 Mylar 帶作間隔物，請問電容器的面積應是多大。

13. 當一電場使得壓電性石英晶體的極化自 3.51 C/m^2 變成 3.54 C/m^2 時，此石英晶體(E= 300,000 MPa，壓電常數= 500×10^{-12} m/V)所生成的尺寸的變化是多少%？欲產生相同應變量所需的應力是多大？

14. 試就 100 kg 的作用力在(1)$BaTiO_3$ (壓電常數=100×10^{-12} m/V)，(2)石英(壓電常數=500×10^{-12} m/V)，製成的 0.5 cm×0.5 cm×0.005 cm 壓電性晶體上所發生的電場作一比較。($BaTiO_3$ 及石英的彈性模數分別爲 10×10^6 psi 與 10.4×10^6 psi)

參考文獻

1. J. F. Shackefold, "Introduction to Materials Science for Engineers", 8th ed., Pearson, 2014.

2. D. R. Askeland, "The Science and Engineering of Materials", 7th ed., CL Engineering, 2015.

3. L. H. Vlack, "Elements of Materials Science and Engineering", 6th ed., Pearson, 1989.

4. K. M. Ralls, "Introduction to Materials Science and Engineering", John Wiley & Sons, inc., 1976.

5. R. D. Rawlings, "Materials Science", 4th ed., Springer, 1990.

6. R. E. Reed-Hill, "Physical Metallurgy Principles", 4th ed., CL India, 2008.

7. D. R. Askeland, "Essentials of Materials Science", 3rd ed., CL Engineering, 2013.

8. R. M. Eisberg, "Fundamentals of Modern Physics", John Wiley& Sons, inc., 1990.

9. R. A. Alberty, "Physical Chemistry", 4th ed., John Wiley& Sons, inc., 2004.

10. W. D. Callister, "Materials Science and Engineering", 9th ed., John Wiley& Sons, inc., 2014

11. D. A. Neamen, "Semiconductor Physics & Devices", 3rd ed., McGraw-Hill, 2002.

chapter

14

材料之熱、磁、光性質

在一般應用上，我們選擇所使用的材料時，對材料的物理性質的要求往往比材料的機械性質來得嚴格。因此了解材料本身的基本性質是非常重要的。本章針對材料的熱、磁、光三種性質，來討論說明。

許多材料在某些情況下必須加熱或是低溫處理，此時熱對於材料的影響是不容忽視的。充分了解各種熱性質，才能明確地預測材料因熱產生的變化，如熱應力的產生可能會對材料造成損裂。對於永久磁性的材料，我們可以應用在玩具或電腦的記憶儲存上。不具永久磁性的軟磁材料亦可應用在馬達上。至於材料的光性質，更是目前熱門的研究方向，所研發出的發光二極體如 LED、Laser 都是炙手可熱的。進一步的更應用到通訊上，發展光纖通訊，這些都必須利用到材料的不同光性質。以下就先針對材料的熱性質開始討論。

學習目標

1. 了解材料熱性質對材料的影響，並能計算出材料所吸收、傳導的熱或內部產生的熱應力之值。
2. 充分理解磁性如何產生，與其不同磁性之間的差異，所造成的磁性表現爲何。
3. 明白磁滯曲線的意義，並利用磁滯曲線來判斷硬磁、軟磁材料的不同。
4. 電磁輻射出的光譜範圍爲何，電磁波又如何與材料產生交互作用。
5. 爲何物質有的是透明、半透明或是不透明，且顏色是如何產生的。
6. 了解材料發光的原理，熟悉光如何應用於雷射、光纖等方面。

14-1 熱性質

材料的熱性質包含許多，本章節僅提供常用的幾種性質來討論。熱性質，顧名思義，在發生事件時一定與熱有關，當然原子的振動與熱息息相關。當原子獲得熱能或損失熱能時，都會反應到原子振動的改變。

14-1-1 熱容量

在絕對零度時，材料內的原子完全靜止。但溫度升高，原子獲得熱能，而以特定的振幅與頻率振動。此種振動的彈性波，我們稱之為聲子(Phonon)。聲子的能量可用波長、頻率或溫度來表示：

$$E = kT \tag{14-1}$$

其中 k 為波茲曼常數，T 為絕對溫度。材料經由獲得或失去聲子來獲得或失去能量。我們可用熱容(Heat capacity)或比熱(Specific heat)來表示材料改變溫度所需的能量。

熱容是使一莫耳材料溫度上升 1 度所需的能量。熱容又分為兩種，一為定壓熱容 C_p，另一定容熱容 C_v。比熱是使 1 克的材料上升 1 度所需的能量，因此比熱與熱容的關係為

$$\text{比熱} = C = \frac{\text{熱容}}{\text{原子量}} \tag{14-2}$$

理論上，一已知體積的材料的熱容是定值

$$C_p = 3R = 6\ \text{卡/莫耳} \tag{14-3}$$

其中 R 為氣體常數。然而事實上材料只有在高溫時，熱容才趨近於常數，在低溫時，則熱容是溫度的函數，如圖 14-1。在大多數工程計算中，以使用比熱較為方便，若干材料的比熱(在 27℃下)列在表 14-1 中。

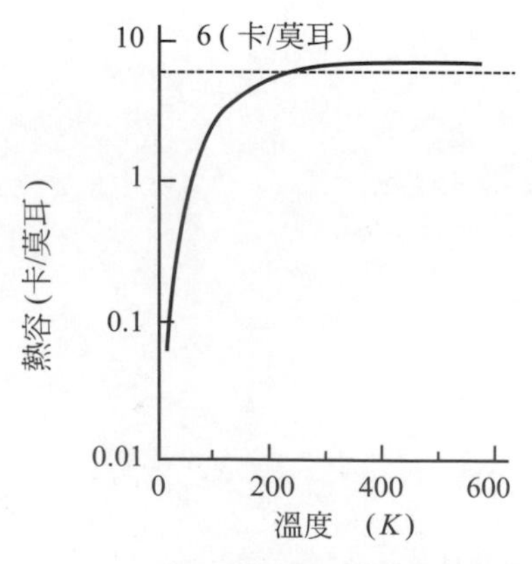

圖 14-1 材料的熱容是溫度的函數[2]

表 14-1　若干材料在 27℃時的比熱

材料	比熱(cal/g · K)
Al	0.215
Cu	0.092
B	0.245
Fe	0.106
Fb	0.038
Mg	0.243
Ni	0.106
Si	0.168
Ti	0.125
W	0.032
Zn	0.093
Water	1.0
He	1.24
N	0.249
Polymers	0.20～0.35
Diamond	0.124

例 14-1

試計算材料在 27℃時所發射聲子的能量及波長。並求使 1 克銅溫度由 27℃上升至 28℃需吸收多少聲子？

解 由(14-1)式

$E = kT = (13.8 \times 10^{-24}\ \text{J/K})(273 + 27)$

$= 4.14 \times 10^{-21}\text{J} = 9.9 \times 10^{-22}$ 卡

$$\lambda = \frac{hc}{E} = \frac{(6.62\times10^{-34}\ \text{J}\times\text{s})(3\times10^{10}\ \text{cm/s})}{(4.14\times10^{-21}\ \text{J})(10^{-8}\ \text{cm/Å})} = 480{,}000\ \text{Å}$$

此波長太長以致肉眼看不到。

銅的原子量爲 63.546 克/莫耳。假設銅的熱容爲 6 卡/莫耳，則使 1g 的銅溫度上升 1 度，必須供給熱能 6/63.546 = 0.0944 卡/克，所以

$$\text{聲子的數目} = \frac{0.0944\ \text{cal/g}}{9.9\times10^{-22}\ \text{cal/phonon}} = 0.95 \times 10^{20}\ \text{聲子/克}$$

14-1-2 熱膨脹

獲得熱能並開始振動的原子之行爲，如同一個原子半徑較大的原子。因此，原子間的平均距離和材料整體的體積都變大。我們定義線膨脹係數(Linear coefficient of thermal expansion) α 爲材料每單位長度的增加量。

$$\Delta l = \alpha L \Delta T \tag{14-4}$$

其中ΔT 爲溫度的增加量。材料的膨脹係數和它的本身的鍵結強度有關。爲使原子從平衡位置移開，我們必須供給材料能量。如果材料的的原子鍵結所具有的能量凹槽很深(圖 14-2)，則原子分開的程度較小，線膨脹的係數亦小。這關係說明了具有高熔點的材料，由於他們的原子吸引力大，使得它們的熱膨脹係數小。表 14-2 列出許多不同材料的線熱膨脹係數。

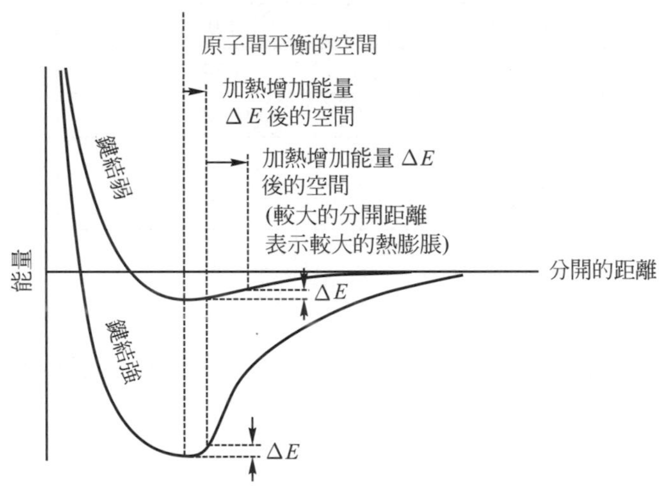

圖 14-2 兩個原子間的距離和能量圖。一具有深凹槽的陡峭曲線其線膨脹係數小[2]

表 14-2 若干材料在 27°C時的線熱膨脹係數

材料	線熱膨脹係數($\times 10^{-6}$°C^{-1})
Al	25
Cu	16.6
Fe	12
Pb	29
Mg	25
Ni	13
Si	3
Ti	8.5
W	4.5
不銹鋼	17.3
黃銅	18.9
環氧樹脂	55

摘錄自 handbook of chemistry and physics

例 14-2

有一鋁棒在溫度 660℃下的長度爲 25cm，若鋁棒冷卻至室溫下時其長度應爲多少？

解 由表 14-1 可查得鋁的線熱膨脹係數爲 $25 \times 10^{-6}℃^{-1}$。由(14-4)式

$\Delta l = \alpha L \Delta T = (25 \times 10^{-6}℃^{-1})(25\text{cm})(27 - 660℃) = -0.4$ cm

由 660℃冷卻到室溫會因熱膨脹而收縮 0.4 公分，故總長度由 25 cm 變化爲 25 – 0.4 = 24.6 cm。

14-1-3　熱導性

熱導度(Thermal conduction) K 是量度熱傳導通過一材料之速率的一種指標。熱導度是每秒傳導通過一已知面積 A 的熱量 Q 與存在的溫度梯度的比例$\Delta T/\Delta x$，如圖 14-3。

$$\frac{Q}{At} = K\frac{\Delta T}{\Delta x}\text{，(t：time)} \qquad (14\text{-}5)$$

値得注意的是熱導度 K 在熱傳導中所扮演的角色和質量傳遞中的擴散係數 D 完全相同。(t：time)

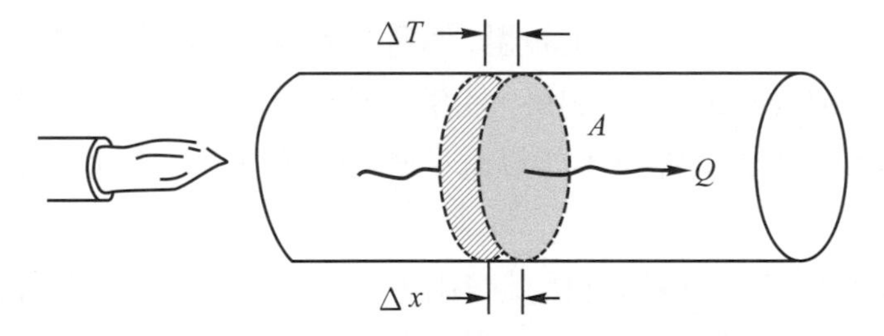

圖 14-3　當棒的一端被加熱時，有一熱通量 Q/A

如果價帶內的電子很容易被激發進入導帶，則熱能可經由電子傳導。被傳導的能量大小取決於受激發的電子數及它們的移動率。因此我們可以預期導熱度和導電度之間將有某種關係。

$$\frac{K}{\sigma T} = L = 5.5\times10^{-9}\text{cal}\cdot\Omega/\text{s}\cdot\text{K}^2 \qquad (14\text{-}6)$$

其中 L 爲勞倫茲常數(Lorentz constant)。原子受熱引發的振動所產生的聲子也能將能量傳導通過該材料。我們可以預測高溫可增大熱傳導的速率，因爲此時聲子的能量較高。表 14-3 爲各種材料的導熱度。

表 14-3 若干材料在 27°C的導熱度

材料	導熱度(cal/cm · s · K)
Al	0.57
Cu	0.96
Fe	0.19
Pb	0.084
Mg	0.24
Si	0.36
Ti	0.052
W	0.41
碳化矽	0.21
不銹鋼	17.3
黃銅	0.53
鈣鈉玻璃	0.0023
聚乙烯	0.45

在固體中的熱能傳導，主要分為兩種形式來進行導熱：(1)自由電子，(2)晶格振動(即聲子)。在電的良導體中有相當多的自由電子，可以自由的在晶格中移動。正如同這些電子可傳遞電荷，它們也可以將熱能由高溫區傳遞至低溫區，此與氣體情況相同，因此這些電子常被稱為電子氣(Electron gas)。另外，能量在材料的晶格中也能以振動能量形式傳遞，一般而言，晶格振動所傳遞的能量不如以電子傳遞的那麼大，由此可見，電的良導體幾乎也是熱的良導體。

金屬材料內部有許多自由電子，因此自由電子是金屬主要傳導熱能的方式。當然金屬也是電的良好導體，因此也是傳遞熱的良導體。這主要是因為其能帶結構的價電帶(Valance band)與導電帶(Conduction band)之間並無能隙(Energy gap)，電子非常容易進入導電帶形成自由電子幫助導電或導熱。

陶瓷與絕緣體材料，因為其能隙太大，電子必須獲得很高的能量才能被激發到導電帶，因此導熱的方式則以晶格振動主導。此類材料的本身性質也是影響導熱度的因素，如具有緊密堆積及高彈性模數的材料可產生高能量的聲子，這些聲子能促成高導熱度。此外，材料內部的孔隙也會影響導熱，孔隙越多的材料導熱度會降低。

至於能隙大小介於金屬與絕緣體之間的半導體，其導熱的方式則以晶格振動與自由電子兩種並行。在低溫時，電子無法被激發成為自由電子，因此主要以晶格振動來導熱。在高溫時，電子可被激發至導電帶幫助導熱，此時導熱度會大幅增加。

14-1-4 熱應力

材料內的應力除了由外力作用而產生外，溫度變化也會引起材料內產生應力。對非力學孤立系統如圖 14-4(a)，當溫度變化時，因原子振動的改變，整個材料可自由膨脹或收縮，不會因溫度而產生應力。但對力學孤立系統而言，材料因溫度變化所產生的變化量受到限制而無法自由伸縮。如圖 14-4(b)中材料受到兩端固定，溫度變化產生時無法自由伸縮，故材料的變化量為零，而導致支承對材料施加一作用力，使材料內部產生應力，此應力稱為熱應力(thermal stress)。

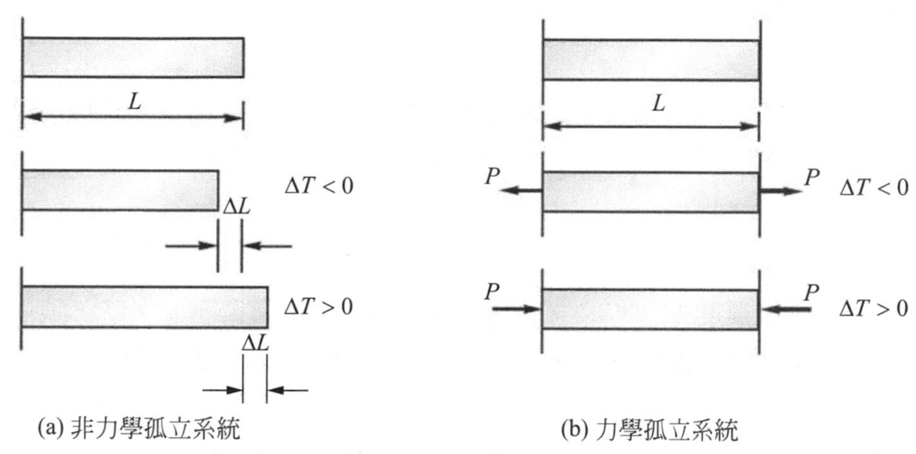

(a) 非力學孤立系統　　(b) 力學孤立系統

圖 14-4　熱應力會在力學孤立系統中產生

而因熱而產生的應力，其計算如下：

在非力學孤立系統中，溫度產生而引起的變化量為

$$\Delta l = \alpha L \Delta T \tag{14-7}$$

在力學孤立系統中，材料的總變化量不變

$$\Delta L = \Delta l_T + \Delta l_P = 0$$

即以一力 P 將材料拉長或壓縮 Δl_P，其中

$$\Delta l_P = \frac{PL}{EA} \quad \text{(請參考材料力學)} \tag{14-8}$$

E 爲材料的彈性係數(Modulus of elasticity)，亦稱楊氏係數(Young's modulus)。A 是材料的截面積。故

$$\alpha L\Delta T+\frac{PL}{EA}=0 \quad (14\text{-}9)$$

$$P=-A\alpha E\Delta T \quad (14\text{-}10)$$

則因溫度變化 ΔT 而產生的熱應力爲

$$\sigma=\frac{P}{A}=-E\alpha\Delta T \quad (14\text{-}11)$$

其中負號表示 σ 與 ΔT 之符號相反。當溫度升高時，ΔT 爲正，σ 爲負，此時材料內受到壓應力；當溫度降低時，ΔT 爲負，σ 爲正，此時材料內受到拉應力。

例 14-3

一銅桿長 1m，於溫度 77℃時置於兩固定支承間，當溫度降至室溫時，試求桿內所生成之應力。銅的彈性係數 $E=1.05\times10^{6}\ \text{kg/cm}^2$，線熱膨脹係數 $\alpha=16.6\times10^{-6}\text{°C}^{-1}$。

解 若不考慮銅桿固定於支點上，當溫度由 77℃降至室溫時，其長度改變量爲

$\Delta l_T=\alpha L\Delta T=(16.6\times10^{-6}\text{°C}^{-1})(100\text{cm})(27-77\text{°C})=-0.083\ \text{cm}$

然而實際上銅桿兩端受到固定，以致無法改變總長，故產生一內力 P 限制銅桿縮短，因此

$\Delta L=\Delta l_T+\Delta l_P=0$

$\Delta l_P=-\Delta l_T-0.083\ \text{cm}$

由(14-8)式可推得應力 σ

$$\Delta l_P=\frac{PL}{EA}$$

$$\Rightarrow\sigma=\frac{P}{A}=\frac{\Delta l_P E}{L}=\frac{(0.083\text{cm})\times(1.05\times10^{6}\ \text{kg/cm}^2)}{100\text{cm}}=871.5\ \text{kg/cm}^2$$

或直接代入(14-11)式

$$\sigma=\frac{P}{A}=-E\alpha\Delta T=-(1.05\times10^{6}\text{kg/cm}^2)(16.6\times10^{-6}\text{°C}^{-1})(27-77\text{°C})=871.5\ \text{kg/cm}^2$$

14-1-5　熱動式無熔絲斷路器

而熱應力的應用在我們生活中處處可以看到，最常見的就是熱動式無熔絲斷路器(如圖 14-5)，其方法是將兩個不同膨脹係數的金屬片疊合，在電流增大時，金屬片的溫度及膨脹量會持續提升，且因兩片金屬疊合，金屬熱阻絲會彎向膨脹係數小那面金屬，當彎曲程度到一定量時，會使電路斷路，即是我們俗稱的跳電(如圖 14-6)。

圖 14-5　熱動式無熔絲斷路器

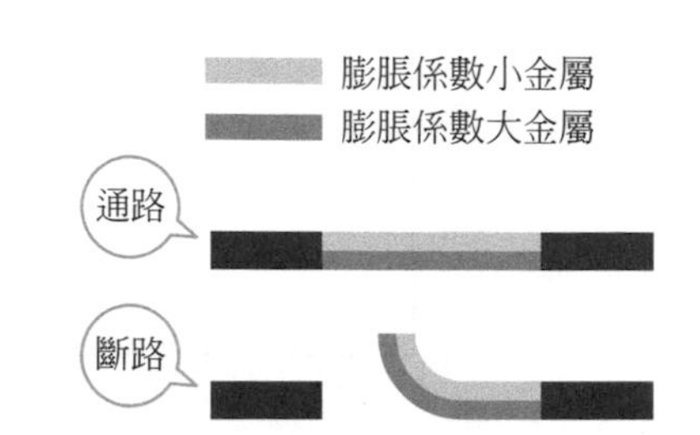

圖 14-6　熱動式無熔絲斷路器操作原理

14-1-6　熱應變矽薄膜

而半導體應用領域也有相關熱應力應用，近年來許多文獻在針對透過應變矽來提升載子遷移率，進而提升元件特性的探討，而許多國內外知名研究團隊係透過雷射施打過程藉由矽與二氧化矽之間的膨脹係數(表 14-4)差來產生此熱應變矽薄膜。而應變矽即是透過製程方式將原本的矽晶格常數做伸張或壓縮之動作(如圖 14-7)，受應變力的矽元素會因此有等效質量降低及載子遷移率提升等不同之改變。

表 14-4　矽與二氧化矽的膨脹係數

	矽	二氧化矽
膨脹係數($10^{-6}K^{-1}$)	2.5	0.5

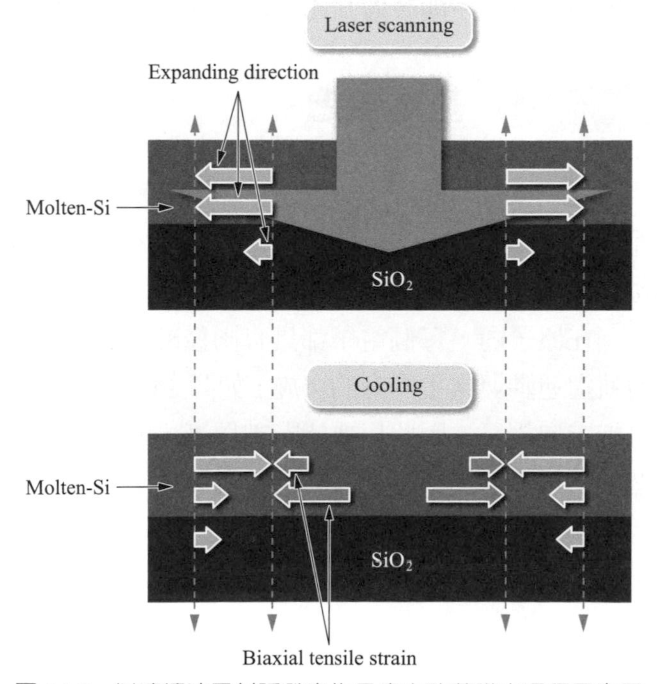

圖 14-7　以連續波雷射誘發產生具應力矽薄膜之過程示意圖

國內已有團隊透過綠光連續波雷射結晶過程得到達應力 800 MPa 的矽薄膜，其 n 型薄膜電晶體的場效載子遷移率也提升了 1.5 倍之多，如圖 14-8 所示。

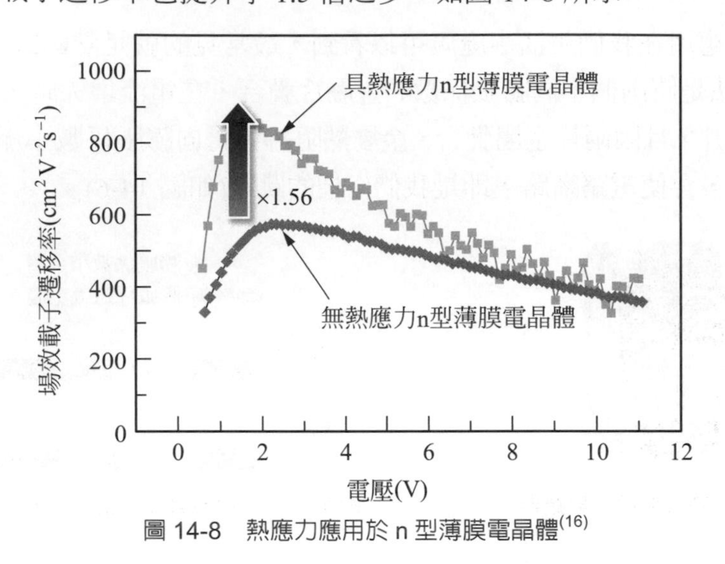

圖 14-8 熱應力應用於 n 型薄膜電晶體[16]

14-2 磁性質

在科學史上，磁性是最老的現象之一。據說在公元前數世紀，就已經發現磁鐵石(Magnetite or lodestone)爲天然的磁鐵。這種礦石大多在小亞細亞的 Magnesia 發現，所以稱爲 Magnetite，因而衍生出 Magnetism 這個字。磁性可分爲好幾種，各有其特有的磁性結構與性質。本節將簡介不同的磁性分類，以及相關的磁性現象。

14-2-1 基本概念

就介電材料而言，極化的產生是感應電偶極或永久電偶極藉材料與電場間的交互作用而有一致的方向。類似的情形，磁化(Magnetization)的發生是因感應磁偶極或永久磁偶極藉材料與磁場的作用而有了一致的方向。

在原子內，每個電子都具有兩種磁矩(Magnetic moments)。分別是由電子環繞原子核的軌道運動與電子本身的自旋，如圖 14-9。每個軌域可以容納兩個電子，而這兩個電子的自旋方向相反。因此只要能階被填滿，就沒有淨磁矩。而過渡金屬多擁有未填滿的 3d 能階，所以大多具有磁性。利用這個觀念，來了解以下不同的特性。

了解電子自旋的觀念後，還得對磁場與磁化現象之間有一定的知識。圖 14-10 是決定磁場(H)與磁通密度或稱磁感(B)的關係圖，其彼此關係爲

$$B = \mu_0 H \text{ (眞空中)} \qquad (14\text{-}12)$$

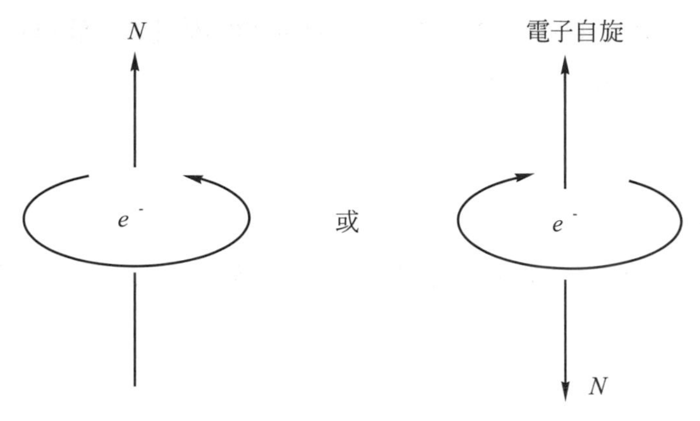

(a) 電子的自旋產生了一個磁場

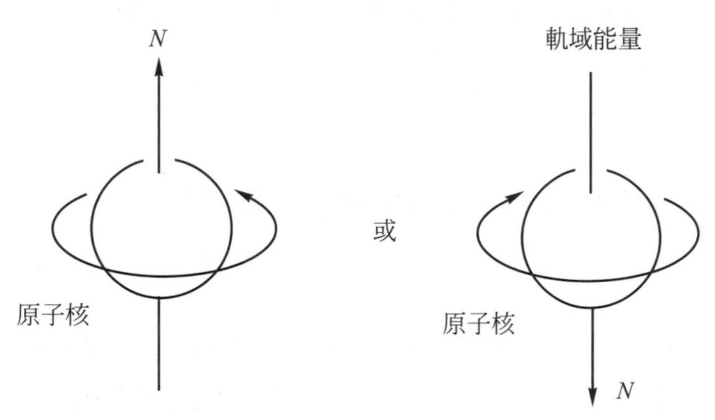

(b) 電子環繞原子核的運動產生一個原子的磁場

圖 14-9　磁偶極的產生[2]

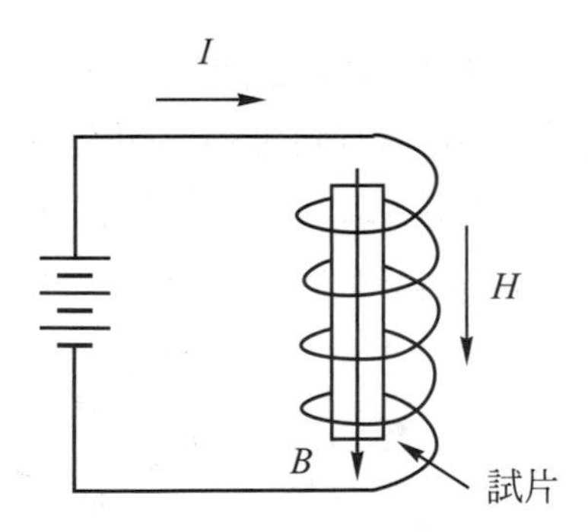

圖 14-10　決定磁性材料 B-H 關係的電路

其中磁場的磁通密度 B 的單位為 web/m^2(Tesla)，磁場 H 的單位為 A/m。μ_0 為真空中的導磁率(Magnetic permeability)，真空的導磁率為常數，值為 1 web/Am。

當我們把材料置於非真空中的磁場內時，此時的磁通密度則為

$$B = \mu H \tag{14-13}$$

其中 μ 爲材料在非眞空下的磁場中的導磁率，與眞空的導磁率之間存在一個關係比，稱爲相對導磁率(Relative permeability)μ_r：

$$\mu_r = \frac{\mu}{\mu_0} \tag{14-14}$$

磁化強度(Magnetization) M 代表因核心材料而增加的磁通密度。因此把磁通密度的公式重寫爲

$$B = \mu_0 H + \mu_0 M \tag{14-15}$$

另一參數爲磁化率(Magnetic susceptibility) χ 定義爲磁化強度與磁場的比值

$$\chi = \frac{M}{H} \tag{14-16}$$

因爲通常 $\mu_0 M$ 這項會遠大於 $\mu_0 H$，因此(14-15)式可簡化爲

$$B \approx \mu_0 M \tag{14-17}$$

因此磁通密度與磁化強度可相互代替，由以上關係式來看，若想要材料產生高磁通密度或高磁化強度，所選用的材料應具有高相對導磁率或高磁化率的特性。

14-2-2 反磁性和順磁性

順磁性：當材料有未成對的電子，由於電子的自旋未全抵消使每個原子都帶有淨磁矩。在磁場的作用下，偶極都會順著磁場方向排列，而形成一正的磁化。但因爲偶極之間並無作用，偶極是散亂的排列著，如圖 14-11。所以若要使偶極全部並排需要非常大的磁場。這種效應稱爲順磁性(Paramagnetism)。鋁金屬就是一個例子。

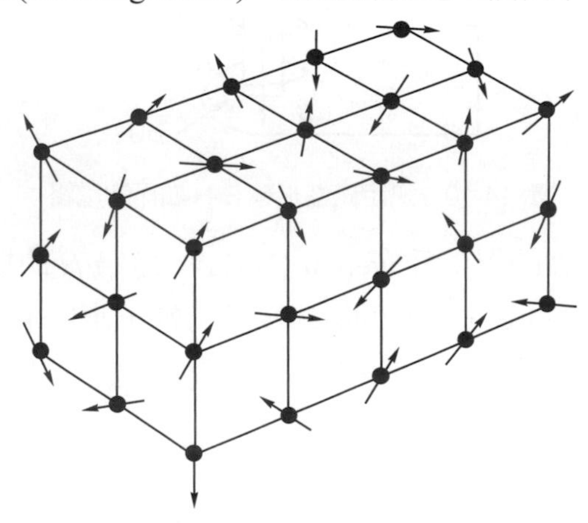

圖 14-11 順磁性材料其原子的磁矩並不一致，各方向都有

反磁性：由於軌域中的電子都是成對出現，因此整個原子並沒有淨磁矩產生。作用在任意一原子上的磁場係藉著繞行軌道的電子所產生的磁矩而使得整個原子感應一磁偶極，則這些偶極方向將與磁場方向相反，使磁化小於零。此種效應稱爲反磁性(Diamagnetism)，銅是一個例子。反磁性在磁性材料或磁性裝置方面的應用並不重要。

14-2-3　鐵磁性

最重要的鐵磁性材料(Ferromagnetic materials)如鐵、鈷、鎳等，主要由於擁有未填滿的能階。在鐵磁性材料內部的永久偶極能依平行作用磁場的方向排列。這些偶極之所以能輕易的並排於磁場內是由偶極間的互相加強所造成，如圖 14-12。因此只要有一個很小的磁場就可使鐵磁性材料擁有很大的磁感。由於偶極的方向會受鄰近偶極的影響，因此會造成磁區(Domains)，即同一個磁區內的原子其偶極方向一致，但不同的磁區其方向就不一定會相同，如圖 14-13。

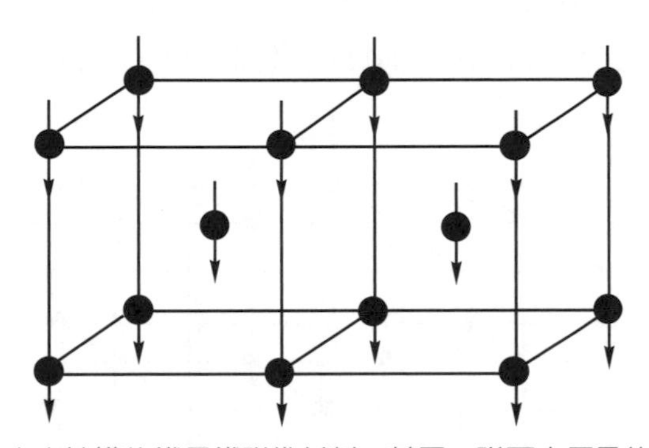

圖 14-12 體心立方結構的鐵是鐵磁性材料，其同一磁區內原子的偶極方向一致

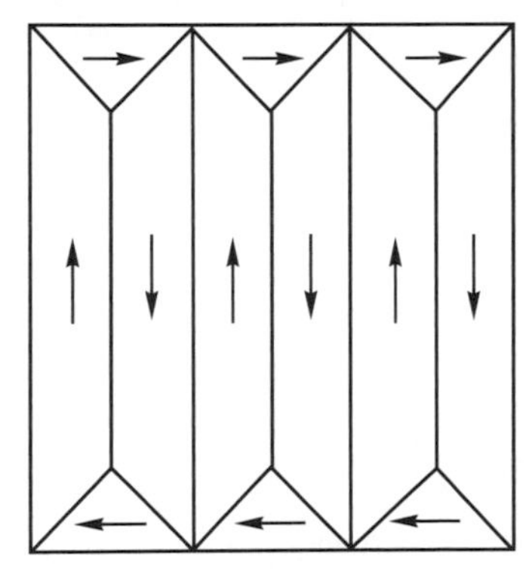

圖 14-13 鐵磁性材料之磁區，每個磁區內的箭頭即代表磁化方向

14-2-4 反鐵磁性和亞鐵磁性

反鐵磁性(Antiferromagnetism)：對於某些元素(如錳)以及陶屬化合物(如氧化錳及氧化鎳)而言，其原子序與鐵磁性物質的很相近，且在元素週期表中的位置也在鐵的附近，其原子磁偶極間距也有很強的耦合力。但是此耦合力卻使得電子的自旋以反方向互相平行的排列，如圖 14-14。在相鄰原子間，電子的自旋方向各自相反，因此造成淨磁矩為零。這種磁性材料稱為反鐵磁性材料。

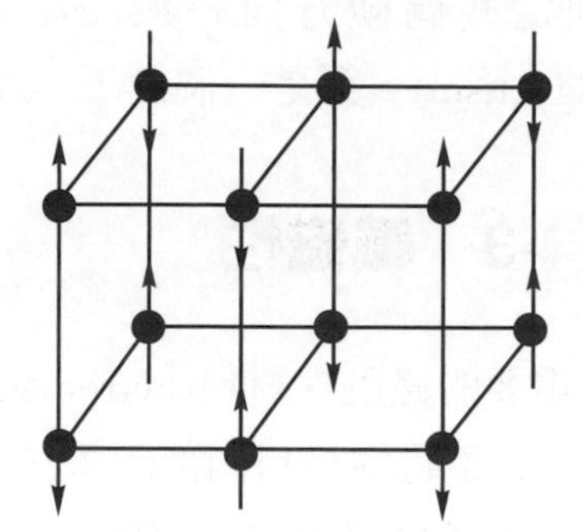

圖 14-14 反鐵磁性材料的兩兩原子具有磁性相反、大小相同，故磁矩為零

亞鐵磁性(Ferrimagnetism)：對陶瓷磁體(Ceramic magnets)而言，不同的離子具有不同的磁矩，其偶極反向排列，但大小不同，故仍可得到一淨磁矩，如圖 14-15。其磁性介於鐵磁性與反鐵磁性之間。這種磁性材料稱為亞鐵性材料(Ferrimagnetic materials)。

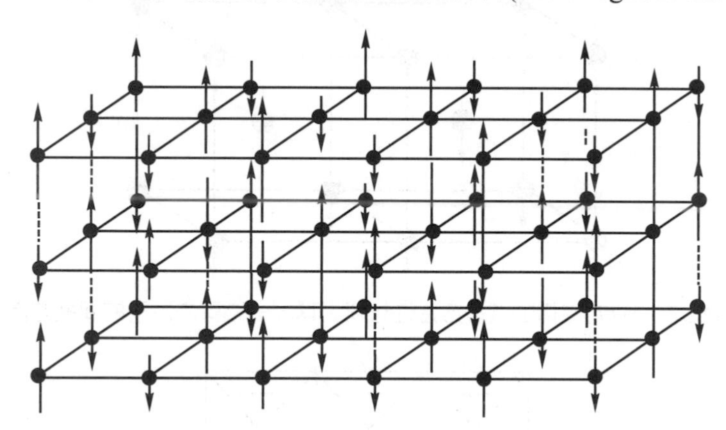

圖 14-15 亞鐵磁性材料不同的位置的原子(或離子)其磁矩可能相反，但大小不同

14-2-5 磁區和磁滯

■ 磁區(Magnetic domain)

磁區的觀念首先是在 1907 由科學家韋斯(P. Wess)所提出，他假設一試片會被細分為許多不同的區域，且各磁區形成不同方向的磁化，如圖 14-13。若當試片中的磁區皆為同一磁化方向時，即可表現出外部磁場；若磁區皆不具相同磁化方向，可能因為相互抵消而呈現未磁化狀態。

磁區與磁區之間的介面並不是單純的一線之隔，1932 年布洛赫(Bloch)提出理論，說明磁區之間有一層厚度可使磁化方向漸漸地由一磁區轉為另一磁區者如圖 14-16，此層稱為磁壁或是布洛赫磁壁(Bloch wall)。

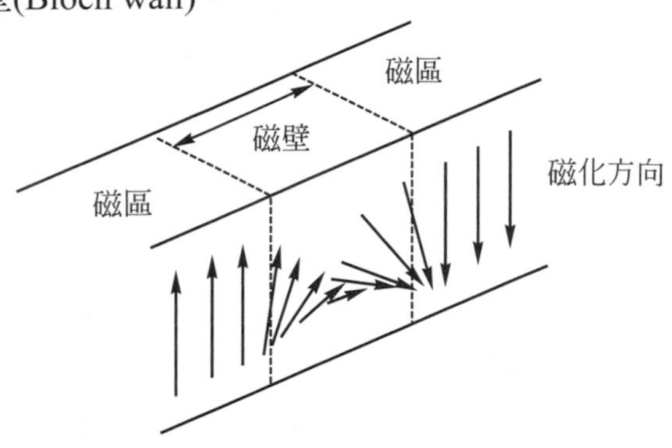

圖 14-16　磁化方向於磁壁中的改變

■ 磁滯(magnetic hysteresis)

由圖 14-10 來說明磁性材料磁化的情形，當材料尚未磁化時電流 $I=0$，如果電流慢慢增加，則磁場強度(H)也隨之增加，因此材料內部的磁通密度(B)亦隨之增加，如圖 14-17 的曲線 ab 段所示。當磁場強度繼續增加到最大時，磁通密度增加的速率漸漸緩和，此時材料已進入磁飽和的狀態，也就是若磁場強度再增加，但磁通密度已達飽和，所增加的量也微乎其微。將磁場強度逐漸減少，可觀察圖 14-17 中 bcd 曲線，其磁通密度並不依原磁化曲線(ab 段)減少，當磁場強此對應的磁通密度 B_r 為殘餘磁通密度(residual flux density)或稱為頑磁感(remanent introduction)，因為大部分的磁性材料均具有頑磁性，而使得磁通密度(B)的變化滯於磁場強度(H)，這種現象即稱為磁滯(magnetic hysteresis)現象。若繼續反方向增加磁場強度到達 d 點，然後再減少磁場強度，最後會構成一個迴路，此迴路稱為磁滯圈(hysteresis loop)。

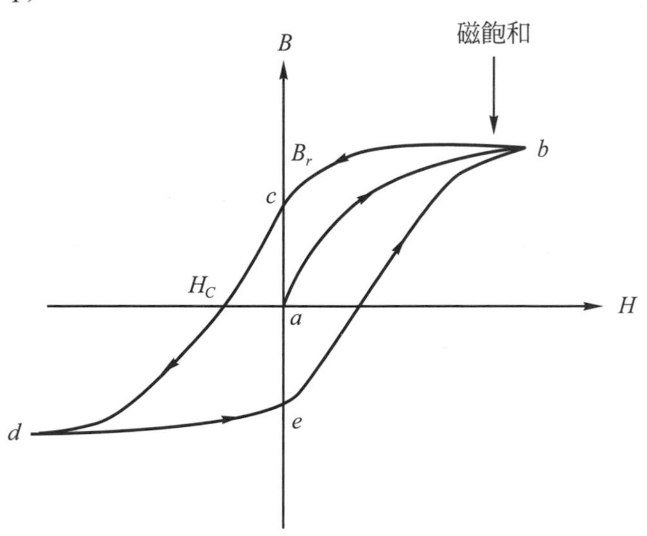

圖 14-17　典型的磁滯圈

14-2-6 溫度對磁性行為的影響

對於反磁性材料、順磁性材料而言，磁化率 χ 與溫度無關。當鐵磁性材料的溫度開始上升時，加入的熱能會擾亂原來的磁化方向，使磁區的的方向不規律化，因此導致磁化降低。故在高溫下磁化、頑磁感、矯頑磁場均會變小，如圖 14-18。在高溫時，混亂的效應會更為顯著，到最後會使磁化強度嚴重降低。圖 14-19 所示，在居禮(Curie)溫度 Tc 時，磁化強度會小到使鐵磁性消失。在溫度高於居禮溫度時，材料將不再有鐵磁性行為，而須藉由施加外磁場來引至部分排列，此時材料表現著順磁性的行為，所以重要且有用的鐵磁性在居禮溫度以上是無效的。反鐵磁性材料也有與鐵磁材料相同，在其居禮溫度以上，其磁性排列完全雜亂。居禮溫度取決於磁性材料的種類(表 14-5)，並可利用合金元素加以改變。

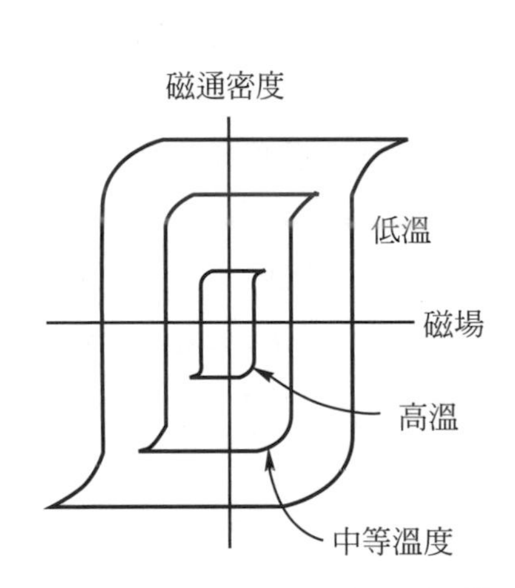

圖 14-18 溫度對磁滯圈的影響(2)

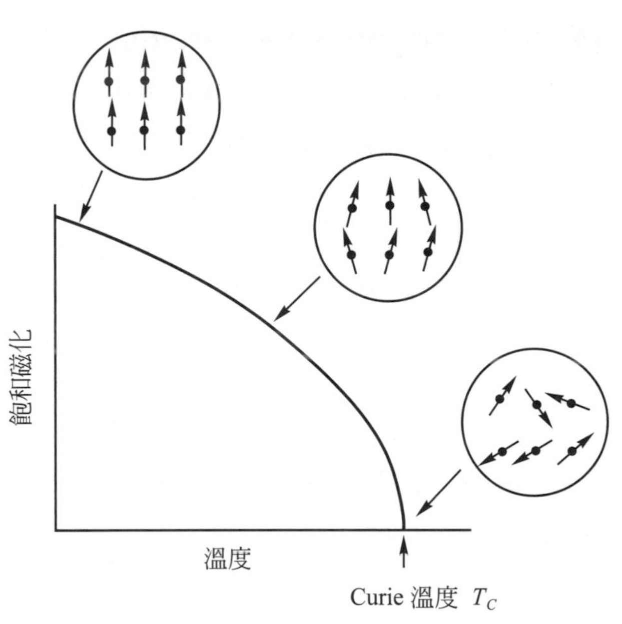

圖 14-19 當溫度高於居禮溫度時，磁化現象將會消失(2)

表 14-5 若干磁性材料的居禮溫度

材料	居禮溫度(°C)
Gd	16
Ni	358
Fe	770
Co	1131

14-2-7 軟磁材料

在商業上重要的金屬磁鐵是鐵磁性的(ferromagnetic)材料。一般而言，將此種材料分爲兩類：軟磁材料(soft magnetic materials 或稱軟磁體(soft magnets)和硬磁材料(hard magnetic materials)或稱硬磁體(hard magnets)。若強磁性材料的磁區很容易被外加的磁場所感動，這就是所謂的軟磁材料。相反地，如果磁區不容易被外加磁場所感動，這種則稱爲硬磁材料。組成和結構的因素造成磁性硬度(magnetic hardness)的強弱就如同產生的機械強度一樣。

硬磁與軟磁材料之間的差異主要可以磁滯圈來說明。就軟磁材料而言，當磁場移去時其磁化曲線幾乎完全依循原軌跡折回，如圖 14-20 所示，因此軟磁材料容易被磁化與去磁化。軟磁材料是作爲交流電或高頻率應用方面明顯的選擇，因爲他們必須在一秒鐘之內被磁化和去磁化很多次，其要求的性質是要有高的飽和磁感、小的矯頑磁場及大的最高導磁率。導磁率(permeability)爲 B/H 比，因爲 BH 行爲並非線性，所以一般是採用 B/H 比的最大值。B/H 比越大，表示該軟磁性材料越容易被磁化，即一很小的磁場就能產生很高的磁通密度(磁感)。

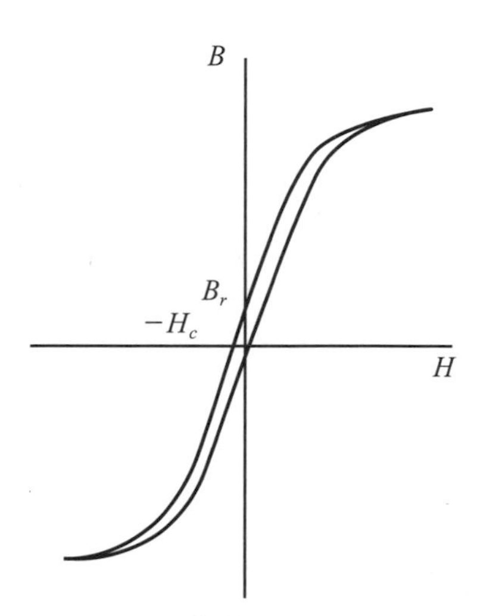

圖 14-20 軟磁性材料的磁滯圈

大量的磁性材料被用在發電設備。最常見的例子就是鐵磁性線圈(ferromagnetic core)在變壓器中使用，這種線圈就是軟磁材料做的。磁滯的迴路面積表示經過一次迴路(loop)所損耗的能量。對於交流電的使用，磁滯迴路可以用 50 到 60 Hz 的頻率來循環，甚至更高的頻率。因此，軟磁材料的小面積磁滯迴路可以提供最小電源損耗之一。儘管小的磁滯迴路面積很重要，但是高的飽和感應磁場一樣重要。不同軟磁材料的一些典型磁性質列於表 14-6。

表 14-6 若干軟磁材料的性質

軟磁材料	飽和磁感 B_r (V·s/m^2)	矯頑磁場 $-H_c$ (A/m)	最大相對導磁率 μ_r (max)
純鐵(BCC)	2.2	80	5000
Fe-3%Si(有方向性)	2.0	40	15000
Permalloy，Ni-Fe	1.6	10	2000
Superpermalloy，Ni-Fe-Mo	0.2	0.2	100,000
Ferroxcube A，(Mn，Zn) Fe_2O_4	0.4	30	1,200
Ferroxcube B，(Ni，Zn) Fe_2O_4	0.3	30	700

在交流電使用上，第二種能量損耗的起因是由於變動磁場(fluctuating magnetic core)感應的渦電流(eddy current)所造成的。這種損耗是直接由焦耳熱所損耗，即功率＝電流 ^{2} ×電阻。只要增加材料的電阻值可以減少損耗。因為這個理由使得高電阻的鐵-矽合金(iron-silicon alloy)取代平碳鋼(plain carbon steel)，在低頻電能上使用。矽的加入也提高了導磁係數和飽和感應磁場 Bs。經由冷滾(cold-rolling)的矽鋼更是改善磁的性質。這種特定組向的微觀結構(textured microstructure)如圖 14-21 所示。

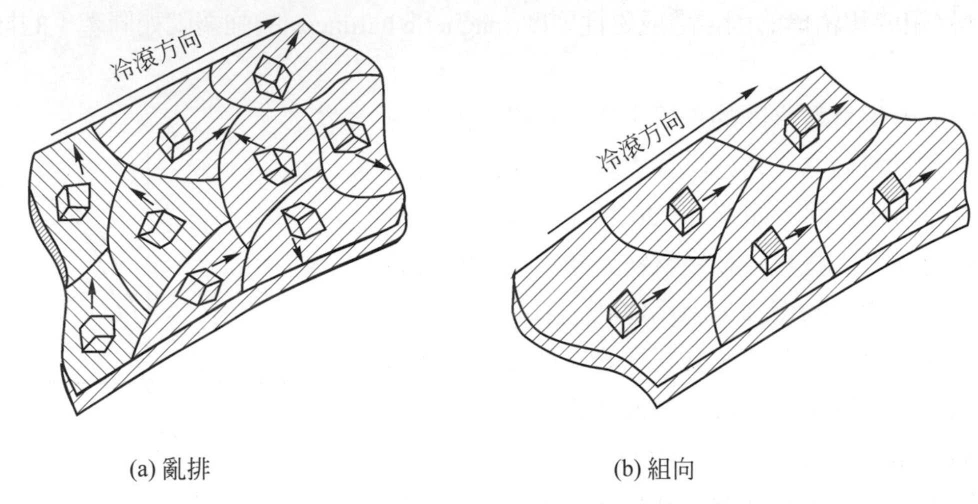

(a) 亂排　　(b) 組向

圖 14-21　亂排和組向的多晶鐵-矽合金的微觀結構比較

圖 14-22　是對普通碳鑄鐵(plain carbon cast iron)(3 wt%C)，亂排的鐵－3.25 wt%矽合金和(100)平面的組向的鐵－3.26 wt%矽合金三種材料的初始磁化(initial magnetization)比較。

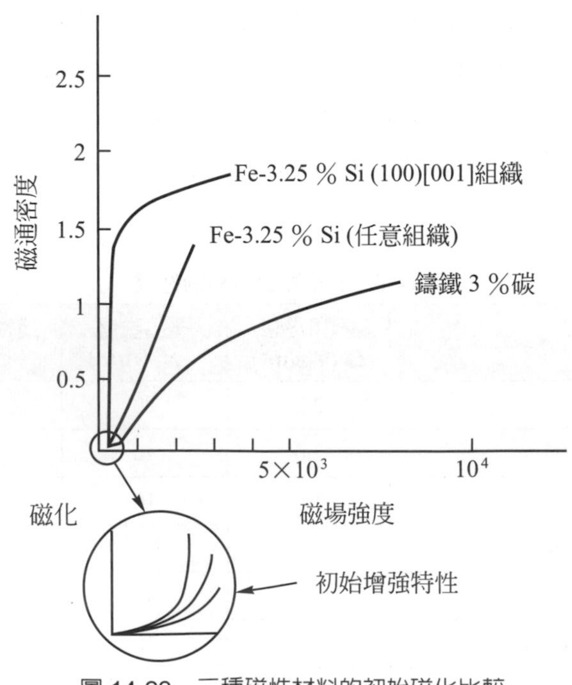

圖 14-22　三種磁性材料的初始磁化比較

14-2-8　硬磁材料

硬磁(hard magnetic)材料的磁化曲線則與軟磁材料大不相同。當磁場被移去時，硬磁材料仍保有大部分的頑磁感(B_r)。當磁場反向增加時，若要使磁感降至爲零必須達到某逆向磁場強度，稱爲矯頑磁場(coercive field，$-H_c$)，如圖 14-23。硬磁與軟磁材料的共同點，即是磁滯圈皆具有 180°的對稱性。相較於軟磁材料，硬磁材料僅有施以強磁場時，才能將其磁化，一旦被磁化後，即很難將其去磁，所以又稱之爲永久磁體(permanent magent)。

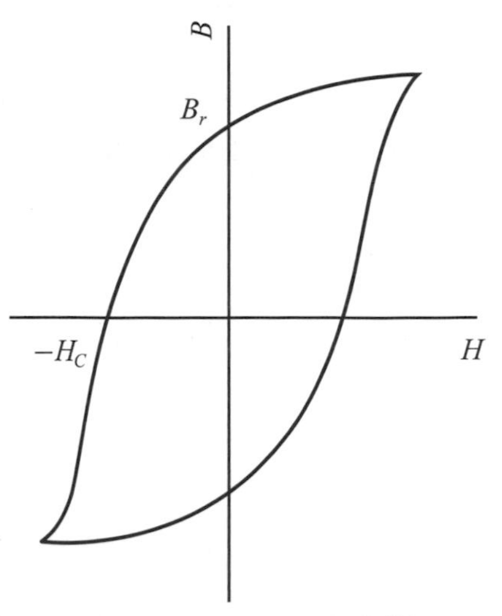

圖 14-23　硬磁材料的磁滯圈

硬磁材料不適合交流使用，卻是一種理想的永久磁鐵。其面積的磁滯迴路暗示著有大的交流損耗，也同時表示其具有永久磁體的能量。對於硬磁材料的永久磁化程度，可用除去磁感所需的矯頑磁場來表示(即解磁，demagnetization)，而最佳的測定方法是 BH 的乘積。最廣爲採用的是最大的瞬間 BH 乘積，因爲這代表所必須超越的臨界能障。如圖 14-24 所示。典型的硬磁材料列於表 14-7 以供參考。

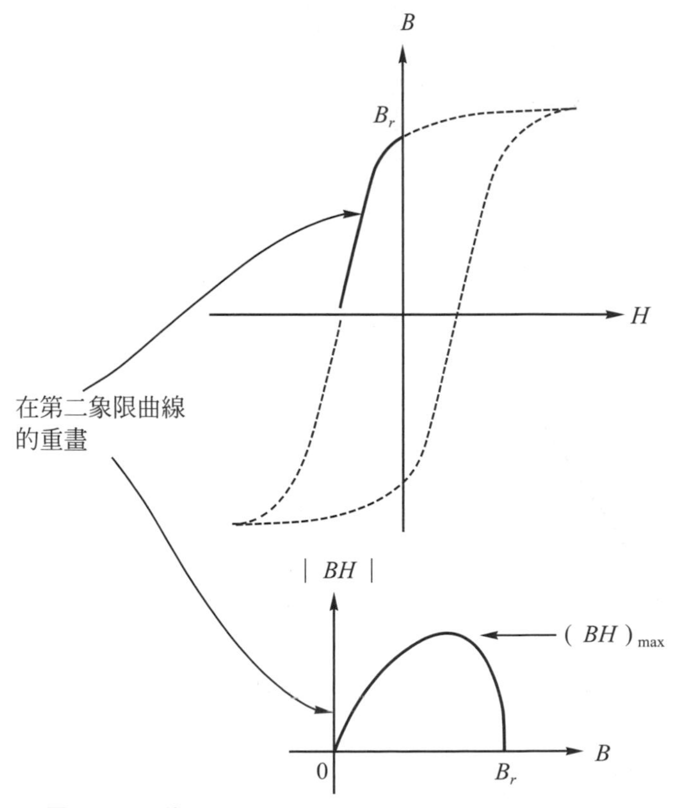

圖 14-24　將磁滯迴路中的第二象限曲線重畫來求 BH_{max}

表 14-7 若干硬磁材料的性質

硬磁材料	頑磁感 B_r (V·s/m²)	矯頑磁場 $-H_c$ (A/m)	最大去磁化乘積 BH_{max} (J/m³)
碳鋼	1.0	0.4×10^4	0.1×10^4
合金磁鐵 V	1.2	5.5×10^4	3.4×10^4
鋇鐵氧體($BaFe_{12}O_{19}$)	0.4	15.0×10^4	2.0×10^4

例 14-4

根據下圖，計算此硬磁體的磁體能量(即 BH_{max} 的值)？

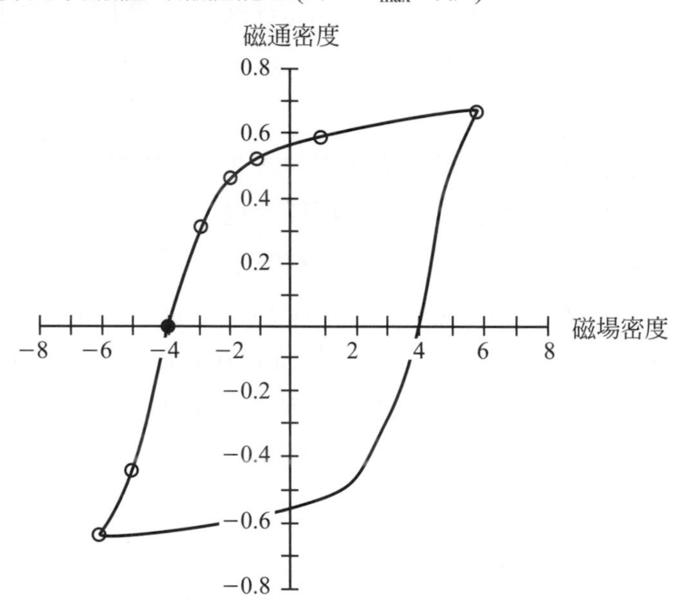

解 將上圖如同圖 14-24 重畫可得

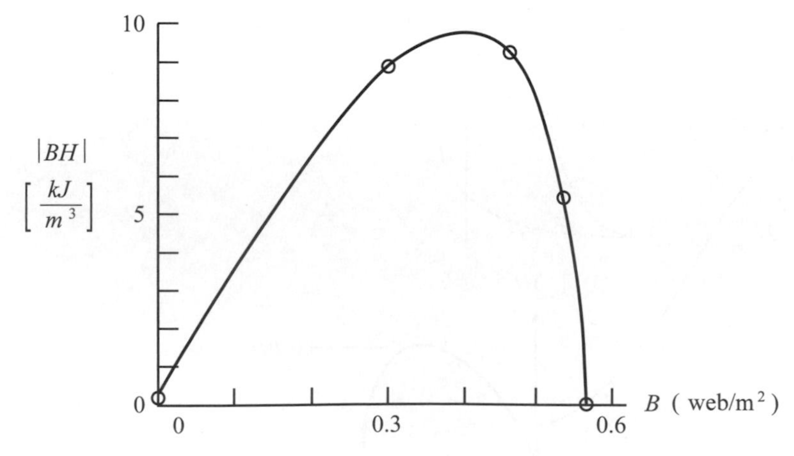

即 $BH_{max} \fallingdotseq 10 \times 10^3$ J/m³

14-2-9　磁電阻式隨機存取記憶體(MRAM)

磁性材料的存錄性質已被廣泛應用，可將音響、影像、文字、數據、以及其他各種資訊，轉換爲可在磁體內適合磁化及大小的形態。目前已有影像卡帶、影碟、硬碟、信用卡等產品問世，與日常生活已密不可分。而磁電阻式隨機存取記憶體(magnetoresistive random access memory, MRAM)，爲屬於記憶體目前最先進的技術之一，MRAM 屬於非揮發性記憶體，處理資訊速度快、低耗能，可望成爲下一代的非揮發性記憶體而 MRAM 的特性主要是利用自旋電子經過磁性結構中自由層不同的磁化方向產生之磁電阻變化產生電位的變化來儲存訊號裡的"0"與"1"，當磁化方向相同爲訊號"1"，反之磁化方向相反爲訊號"0"，如圖 14-25 (a)(b)所示。

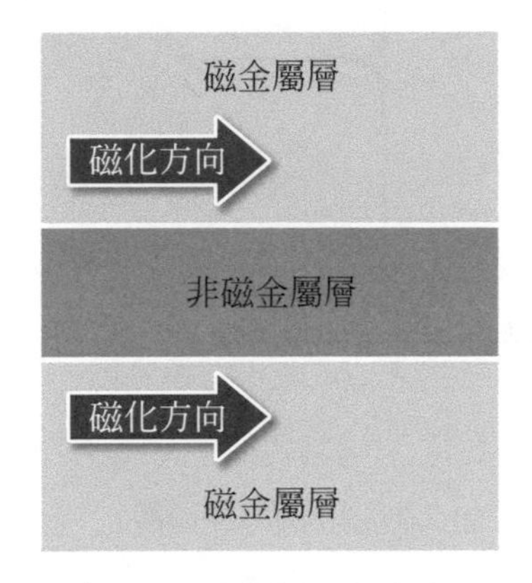

(a) 磁化方向相同，訊號爲 1

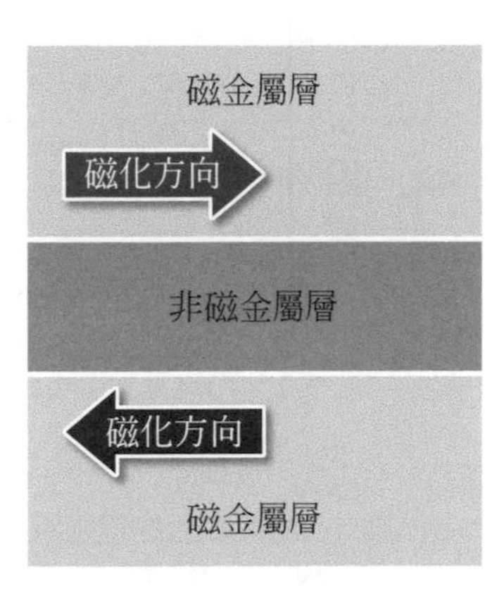

(b) 磁化方向相反，訊號爲 0

圖 14-25

磁性儲存是利用磁頭來完成，磁頭是在高導磁率之磁性材料所構成的磁蕊上，纏繞線圈所形成的電磁鐵，在線圈上導通電流時，則磁蕊內部產生磁通，以使其集中附加在局部位置處。利用磁頭將磁性材料局部磁化而達到訊號的轉換，當然也可利用磁頭讀取已磁化的材料，即是所謂的寫(written)和讀(read)。

早期採用 γ-Fe_2O_3 作爲磁性儲存材料的磁粉，目前仍以此項材料爲主，加以對其各類磁性特質的改進及微粒化方面的努力結果，近來，多樣化的磁粉已邁入實用化的境界。如針狀 γ-Fe_2O_3 與鈷黏附型 γ-Fe_2O_3 即是常用的磁粉。對於磁性儲存材料的基本需求，是以飽和磁通密度與矯頑磁力均高，磁滯曲線爲方形爲佳。

14-2-10　超導體

在日常生活中，我們可以看到超導材料應用有超導磁浮列車、核磁共振。超導磁浮列車可以減少汙染和噪音，其磁浮列車是利用磁鐵原理：同極相斥、異極相吸的道理;而核磁共振是顧名思義就是用共振吸收的現象，來對人體進行探測，現在我們以超導體應用在核磁共振上，可以增加核磁共振的感測能力，讓所掃描出來的圖像更加清晰。一般金屬的導電度隨溫度的下降而升高，但即使在絕對溫度幾度下，金屬的導電度仍然是有限的，也就是說電阻率不為零。但有一些金屬則例外。如圖 14-26，水銀的電阻率在溫度 T_C 臨界溫度(critical temperature)下忽然變為零。也就是說水銀在臨界溫度 T_C 下，成為超導體(superconductor)。水銀是第一個被發現具有超導現象的材料，其他像鈮(Nb)、釩(V)、鉛(Pb)、鋁(Al)也都具有超導現象。相對於超導現象，金屬在室溫下的導電性就不算好了。超導體的轉換溫度隨著電流密度或磁場的增加而降低，當磁場強度大過某個值甚至就不具超導現象，如圖 14-27。

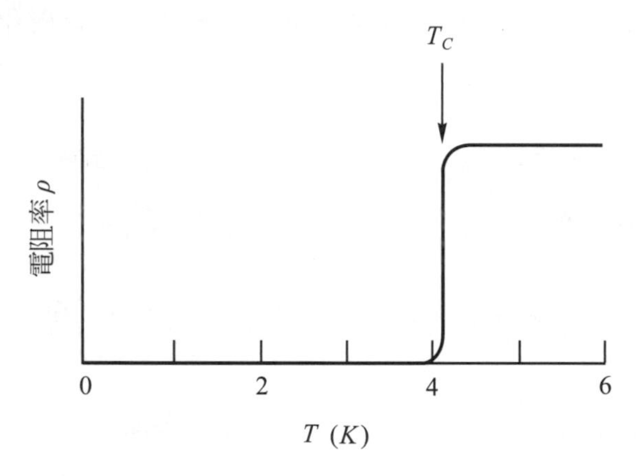

圖 14-26　水銀的電阻率在 T_c (= 4.12K)以下忽然降為零

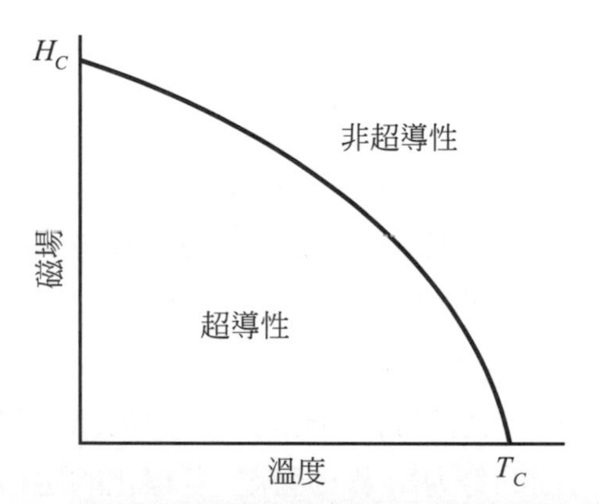

圖 14-27　磁場對超導體發生超導現象的轉換溫度的影響

一般金屬的臨界溫度都在 20K 以下。最近研究發現一些氧化物(例如釔-鋇-銅-氧)有較高的臨界溫度，約在 100K 左右。若能將臨界溫度提高至室溫，那麼超導體的應用將無限量。

超導的理論頗為複雜，一般相信，當溫度降到臨界溫度時，相同能量但不同自旋的電子形成一對一對(pairs)，因此和晶體的缺陷或原子的熱振動沒有作用。

14-3 光性質

19 世紀以來，隨著實驗技術水平的提高，光的干涉、繞射和偏振等實驗結果表明，光具有波動性，並且光是橫波，使光的波動說獲得了普遍的承認。19 世紀後半，馬克士威提出了電磁波理論，並爲赫茲的實驗所證實，人們才認識到光不是機械波，而是一定波段的電磁波，從而形成了以電磁波理論爲基礎的波動光學(wave optics)。19 世紀末到 20 世紀初，光學的研究深入到了光的產生以及光與物質交互作用的微觀機制問題，光學已發展成爲研究微波、紅外線、可見光、紫外線直到 X 射線的寬廣波段範圍內的電磁輻射的發生、傳播、接收和顯示，以及與物質交互作用的科學，著重研究範圍是從紅外線到紫外線波段。

本章節即針對電磁波與物質的交互作用進行說明，並進一步了解目前光學所應用的方向。

14-3-1 電磁輻射

古典觀念中，電磁輻射是包含電場與磁場的電磁波，電場方向與磁場方向彼此垂直且與波傳遞方向也相互垂直。在空間傳播中，電場強度 E 與磁場強度 H 呈現週期性變化，也就是說，以 E 向量和 H 向量的振動在空間中傳播，如圖 14-28。電磁輻射形式包含光、熱、雷達、無線電波和 X 光，每種形式皆有特定的波長範圍。輻射的電磁光譜所涵蓋的範圍從短波長爲 10^{-12} m 的γ射線(γ - ray)經過 X 光(x-ray)、紫外線(ultraviolet)、可見光(visible)、紅外線(infrared)、微波(microwave)到長波長爲 10^4 m 的無線電波，如圖 14-29。其中可見光只佔光譜中的一小範圍，其的波長範圍介於 0.4 μm(4×10^{-5} m)和 0.7 μm(7×10^{-5} m)之間。顏色的展現與波長有關，由長波長至短波長依序爲紅、橙、黃、綠、藍、紫，白光即爲所有波長的光混和所呈現的顏色。

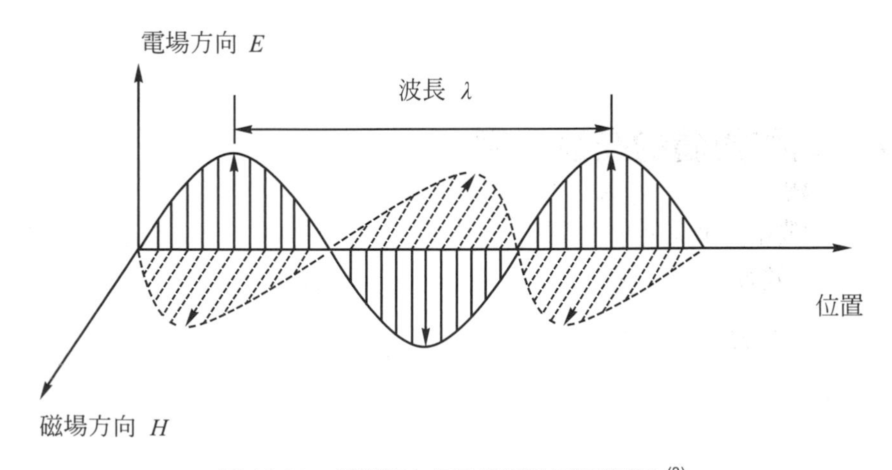

圖 14-28　電磁波中的電場與磁場週期變化[3]

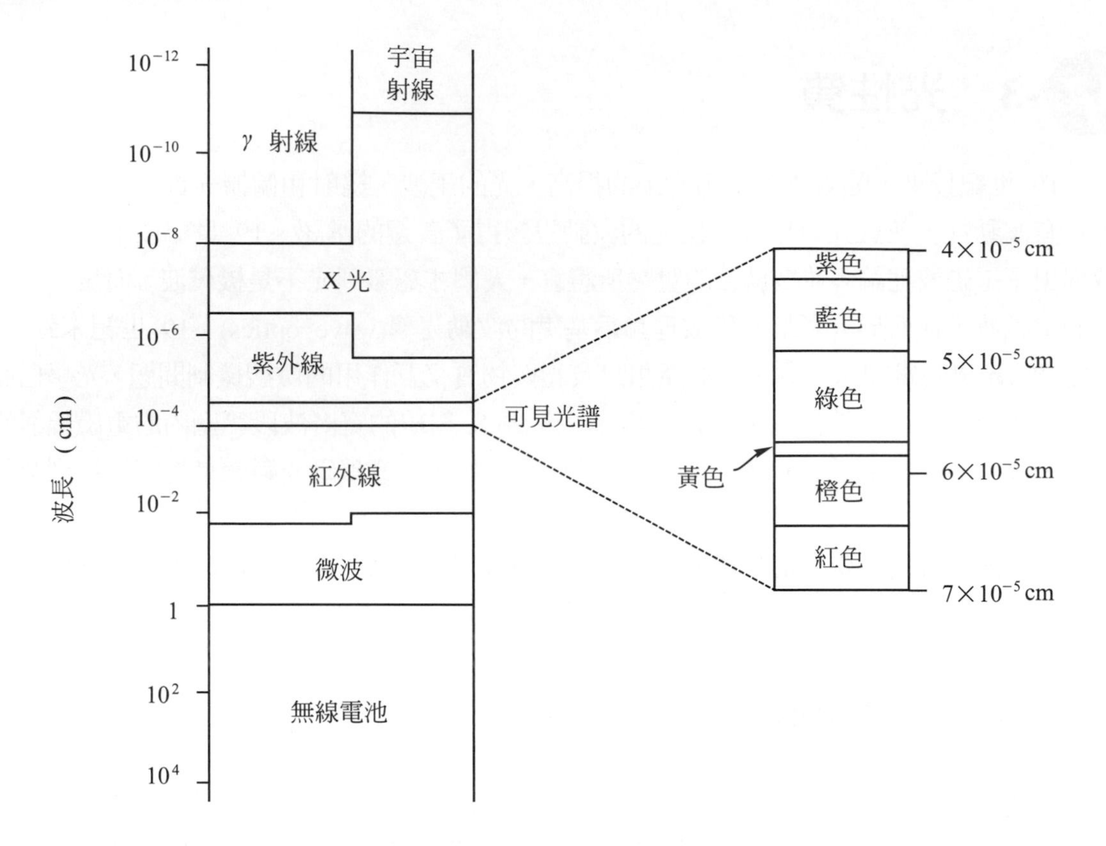

圖 14-29　輻射之電磁光譜[3]

所有電磁輻射在眞空中都有相同的速度，即以光速 3×10^8 m/s 前進。此速度 c 與眞空中介電常數 ε_0(electrical permittivity)和導磁率 μ_0(magnetic permeability)有關

$$c = \frac{1}{\sqrt{\varepsilon_0 \mu_0}} \tag{14-18}$$

然而電磁輻射的頻率 v 和波長 λ 也是速度的函數

$$c = \lambda v \tag{14-19}$$

14-3-2 光和固體的交互作用

當光通過某一介質進入另一介質時，將會發生許多事件。部分光可能會穿透介質而出、有些光則被介質所吸收、或是光在介面時就被反射而無法進入介質中。一束光的原強度若為 I_0，將會等於這些事件個別強度的總合。即

$$I_0 = I_R + I_A + I_T \tag{14-20}$$

I_R爲反射光強度(intensity of reflected beams);I_A爲光被吸收的強度(intensity of absorbed beams);I_T爲光穿透出介質的強度(intensity of transmitted beams)。

其反射率 R(reflectivity,I_R/I_0)、吸收率 A(absorptivity,I_A/I_0)和穿透率 T(transmissivity,I_T/I_0)之和爲 1

$$R + A + T = 1 \tag{14-21}$$

關於反射、吸收和穿透將會於下幾節中有詳細的說明。

若材料有較強的穿透光,且反射與吸收很小,則材料呈現透明狀;而半透明的材料是因穿透光於介質內部發生散射,使穿透光的強度降低,因此無法完全看透材料。而有些材料無法使可見光穿透,故肉眼所見則爲不透光。

14-3-3 原子和電子的交互作用

在固體材料中發生的光學現象,也包含了電磁波輻射和原子、離子或電子之間的交互作用。其中較重要的兩個交互作用爲電子極化(electronic polarization)和電子能量的轉換(electron energy transitions)。

■ 電子極化(electronic polarization)

電磁波中的電場會與原子周圍的電子雲交互作用,導致電子極化使電子雲隨電場方向產生與原子核相對移動,如圖 14-30。極化後的兩重大結果:(1)部分輻射能量可能被吸收,(2)光波在介質中傳遞速度減慢。

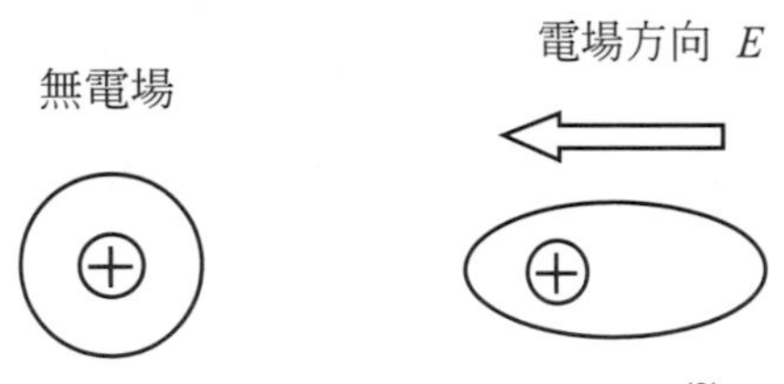

圖 14-30 電場使電子產生極化[3]

■ 電子能量的轉換(electron energy transitions)

電磁輻射的吸收與發射包含電子於兩能階之間的轉換。兩能階的能量差取決於輻射頻率

$$\Delta E = h\nu \tag{14-22}$$

其中 h 爲 Planck 常數。在此論點中,有兩項觀念要了解。第一,因爲原子能階都是分離的,故能量差ΔE 是特定的值,只有當特定頻率的光才能被吸收。第二,被激發的電子無

法一直持續停留於激發態(excited state)能階上，經過一段時間後將會掉回基態(ground state)，伴隨電磁輻射的發射。

對於固體材料的光學特性，能以材料的電子能帶結構來解釋電磁輻射的吸收與發射。

■ 金屬之光學性質

金屬是不透光的，因爲其電子能帶結構會將入射的輻射光吸收。光被完全吸收只需要很薄的厚度即可，通常只要 0.1 μm。因此金屬厚度必須小於 0.1 μm，才能使可見光不被完全吸收而穿透。

金屬另一個的光特性就是它們都著閃耀的光芒，這是因爲金屬有很高的反射係數，這也與金屬內的自由電子有極大的關係，所以銀和鋁常被當作鏡面使用。圖 14-31 爲銀從紅外線到紫外光的反射率，我們可以看到在紅外線區其反射率幾乎爲 100%，到可見光區仍保有 80%以上，而在紫外線區急速降低。此現象也能在其他金屬觀察到相同的行爲，因此金屬在紫外線區都能被穿透，而反射紅外線與可見光。

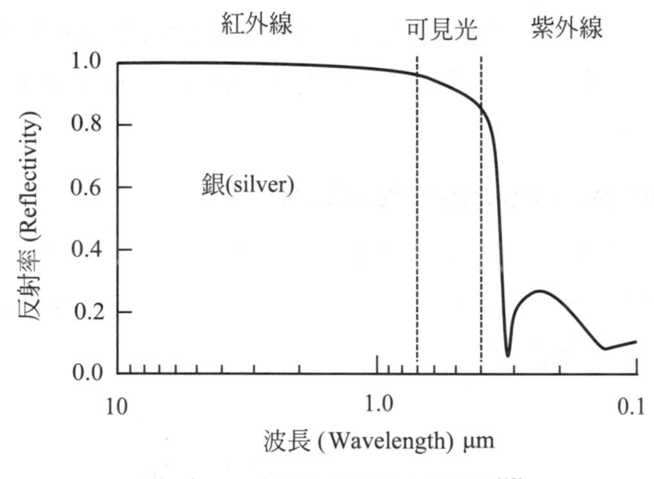

圖 14-31　銀的反射率與波長關係[12]

■ 非金屬的光學性質

由於它們的電子能帶結構，可見光可能穿透非金屬材料，因此必須再加以考慮反射、折射、吸收和穿透等現象的發生。

14-3-4　折射

當光行進經過不同介質的介面時如圖 14-32，因爲不同介質有不同的折射率(refractive index，n)，因此會使光產生偏折的現象。折射率的定義爲光速與光在介質中的速度比：

$$n = \frac{c}{v} \tag{14-23}$$

偏折的角度則依循 Snell's law：

$$\frac{\sin\theta_1}{\sin\theta_2}=\frac{n_2}{n_1} \tag{14-24}$$

n_1 及 n_2 為不同的折射率。當 $n_2 > n_1$，則 $\theta_1 > \theta_2$，即光由密介質進入疏介質時，光會向法線偏折；當 $n_2 < n_1$，則 $\theta_1 < \theta_2$，即光由疏介質進入密介質時，光會向介面偏折。注意：入射光、折射光與法線在同一平面上。

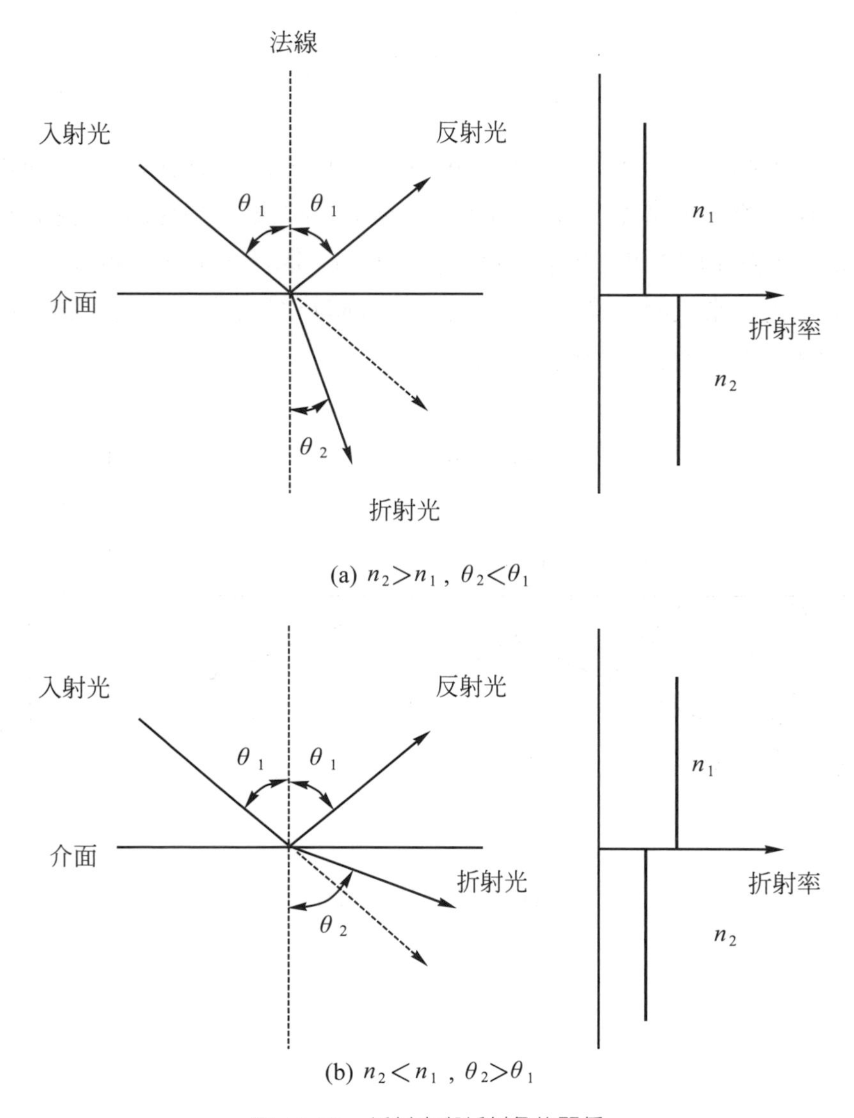

圖 14-32　折射率與折射角的關係

而對半導體而言，材料內的電子越容易極化，光子越容易與材料相互作用，並且折射的程度越大，因此折射率與介電常數之間有一個關係：

$$n=\sqrt{k} \tag{14-25}$$

容易極化的材料，例如介電材料，具有較高的折射率。密度較高的材料折射率也較大。表 14-8 為若干材料的折射率。

表 14-8　若干材料的折射率

材料	折射率
ice	1.309
water	1.333
NaCl	1.544
diamond	2.417
TiO_2	2.7

另外還有一個特殊情況，光在介面折射時可能會發生全反射(total internal reflection)的現象。圖 14-33 所示，當光由密介質(折射率為 n_1)進入疏介質(折射率為 n_2)，意即折射率必須 $n_1 > n_2$，由圖 14-32 可知折射角會大於入射角，因此入射角度越大；折射角度也會越大而向介面靠近。當入射角等於臨界角θ_c時，此時折射角為 90°。若入射角超過此臨界角，光無法穿透介面，而在介面產生全反射。

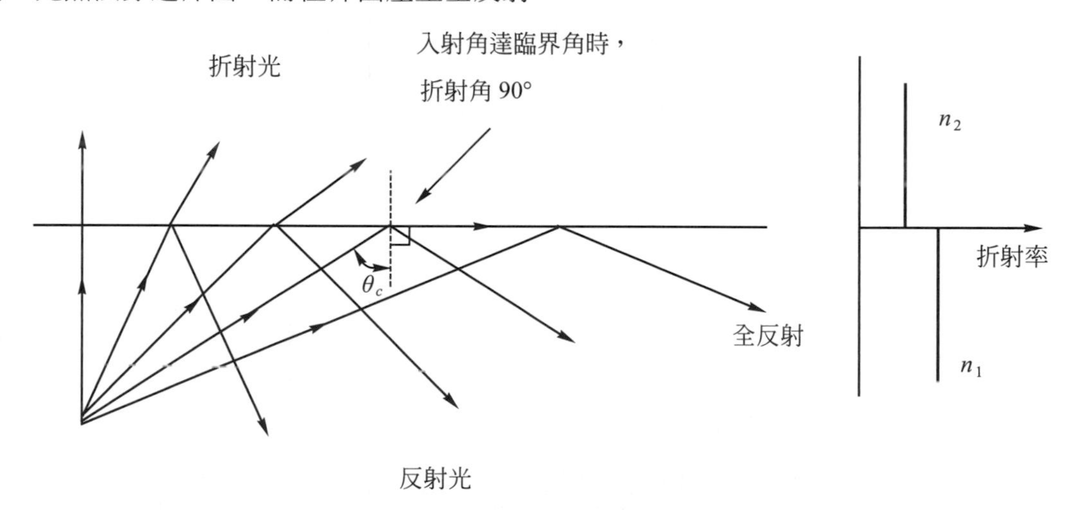

圖 14-33　光的全反射

例 14-5

在眞空中，一道光以入射角 10°進入某一材料，穿出後的角度爲 30°，試求材料的折射率與介電常數。

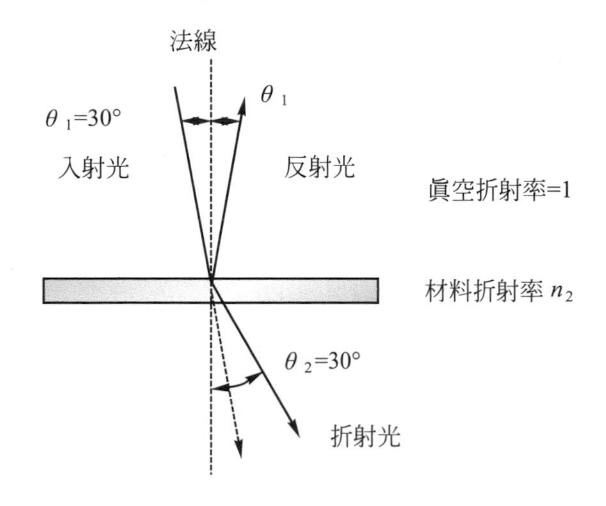

解 利用 Snell's Law 即可求出折射率

$$\frac{\sin\theta_1}{\sin\theta_2}=\frac{n_2}{n_1}\Rightarrow\frac{\sin 10°}{\sin 30°}=\frac{n_2}{1}$$

$n_2 = 0.347$

再利用折射率與介電常數的關係式，求得介電常數

$N=\sqrt{k}\Rightarrow k=0.121$

14-3-5 反射

光在通過介面時除了會進入另一介質產生折射外，在介面即會發生光被反射回來的現象。反射率(reflectivity，R)即是反射回來的強度與入射光的強度比。一般而言金屬或合金的反射率 R 較大，在某些狀況下甚至接近 1。對玻璃而言，其反射率約爲 0.05。折射率越大的材料，其反射率亦大，R 與 n 之關係爲

$$R=\left(\frac{n-1}{n+1}\right)^2\times 100\% \tag{14-26}$$

因此對折射率低的材料而言，光大部分是穿透而不是反射。

14-3-6 吸收

當光進入介質時，如果介質對入射光中的特定波段內的波長的光吸收程度大致相同，稱爲一般吸收(general absorption)。這種吸收只是介質把入射光的總強度減弱，使穿透光變暗而已，因此不會改變顏色。如果介質對於某些波段的光有強烈的吸收，稱爲選擇吸收(selective absorption)。這種吸收的主要波段若在可見光區，則會使我們肉眼覺得穿透光改顏色，因而覺得物質也呈現顏色。

一般而言，除了眞空，沒有一種物質對於所有電磁波都是絕對穿透的。光在通過介質的同時，部分光會被介質所吸收，其被吸收的比例與介質的線吸收係數(linear absorption coefficient) α 與厚度 l 有關。以圖 14-34 來說明，當一強度爲 I_0 的光束進入一厚度 dl 的材料後，其穿出的強度假設爲 $I(l)$，減少的強度 dI 與厚度的關係可以下列表示：

$$dI = -\alpha dl \times I(l) \quad (14\text{-}27)$$

上式積分之後，所得公式稱爲 Beer's law：

$$I(l) = I_0 e^{-\alpha l} \quad (14\text{-}28)$$

I_0 是光進入介質前的強度，吸收係數 α 與頻率有很強的函數關係。另一方面，若介質足夠厚或吸收係數夠大，入射光在深入介質內一段距離後將被吸收殆盡，此段距離稱爲穿透深度(penetration depth)；一般定義穿透深度 δ_p 爲當光被吸收使到其強度衰減至入射強度的 e^{-1} 時之深度，亦即：

$$\delta_p = \frac{1}{\alpha} \quad (14\text{-}29)$$

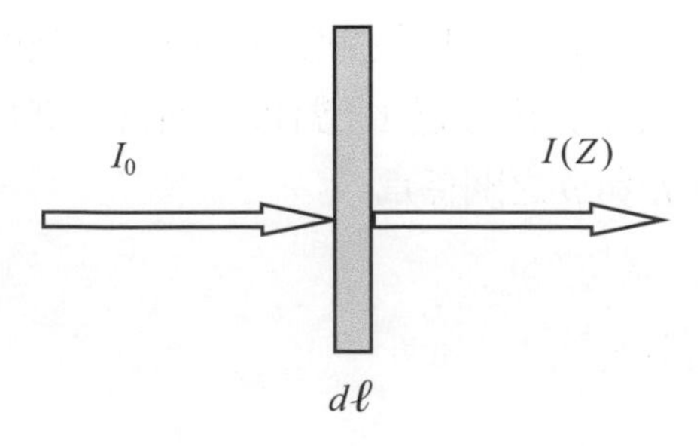

圖 14-34 光入材料中被吸收的關係圖

對於非金屬材料來說，吸收的發生也與其能態結構有關。如圖 14-35，當入射光的能量 $h\nu$ 大於材料的能隙 E_g 時，位於價電帶的電子可吸收入射光的能量躍遷到導電帶。我們所能看到的可見光波長範圍約為 400 nm～700 nm，若材料要看起來有顏色，則其能隙必須介於範圍之內，計算如下：

$$E_g(\text{eV}) = \frac{hc}{\lambda} = \frac{1240(\text{nm}\cdot\text{eV})}{\lambda(\text{nm})} \tag{14-30}$$

$\lambda = 700$ nm，$E_g = 1.77$ eV

$\lambda = 400$ nm，$E_g = 3.1$ eV

當材料的能階小於 1.77 eV 時，可見光範圍的能量皆可被材料吸收，因此看起來是不透明的。同理，當材料的能階大於 3.1 eV 時，可見光的最大能量仍無法使材料吸收，因此看起來是透明的。只有當材料的能階介於 1.77 eV～3.1eV 之間，讓部分的可見光被吸收或穿透，才能使肉眼看到顏色的產生。

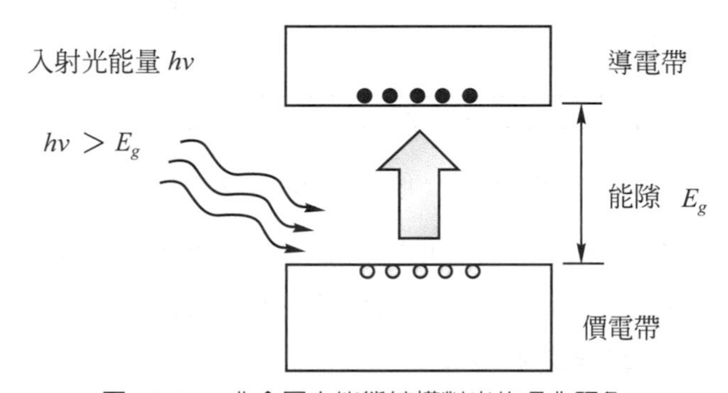

圖 14-35　非金屬之能態結構對光的吸收現象

同樣波長的光照射具備不同吸收係數的材料，會產生不一樣的結果。舉例來說，表 14-9 為三種常見材料對波長 248 nm 的紫外光之吸收係數與穿透深度。若今天以波長 248 nm 的紫外光分別照射這三種厚度同為 100 nm 之材料薄膜，可得入射光將在矽薄膜表面吸收殆盡，而被氮化矽薄膜部分吸收；另一方面，此紫外光幾乎不會被二氧化矽吸收，亦即將幾近完全穿透。

表 14-9　三種常見材料對波長 248 nm 的紫外光之吸收係數與穿透深度

材料	Si	SiO_2	Si_3N_4
α (1/cm)	1.81×10^6	極小	1.54×10^4
δ_p (nm)	5.5	極大	650

14-3-7 穿透

光通過介質經由反射、吸收等作用，殘留的光則穿透介質而出。其穿透的強度與入射強度的比稱爲穿透率(transmissivity，T)。以圖 14-36 爲例，其穿透率爲

$$T=(1-R_1)e^{-\alpha d}(1-R_2) \tag{14-31}$$

在同一材料，視其反射率 R 相同，其穿透率則爲

$$T=(1-R_1)^2e^{\alpha d} \tag{14-32}$$

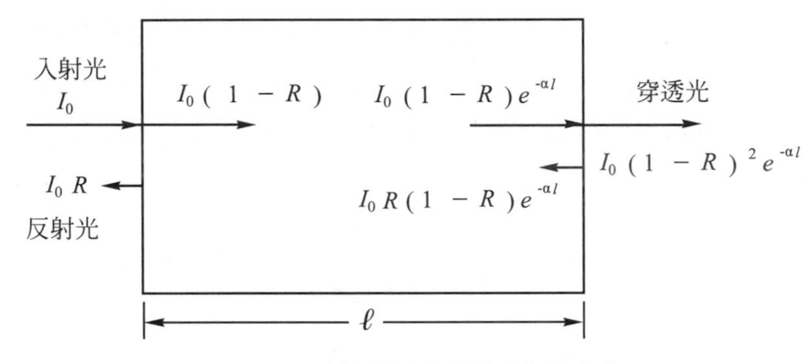

圖 14-36 材料對光的反射吸收和穿透

圖 14-37 顯示氧化鋅奈米線對不同波長光源之對應穿透率，由圖中得知，氧化鋅奈米線在可見光波段具有高度穿透率，但由於氧化鋅爲寬能隙(能隙約爲 3.4 eV)材料，因此會吸收紫外光，故紫外光波段穿透率爲零。

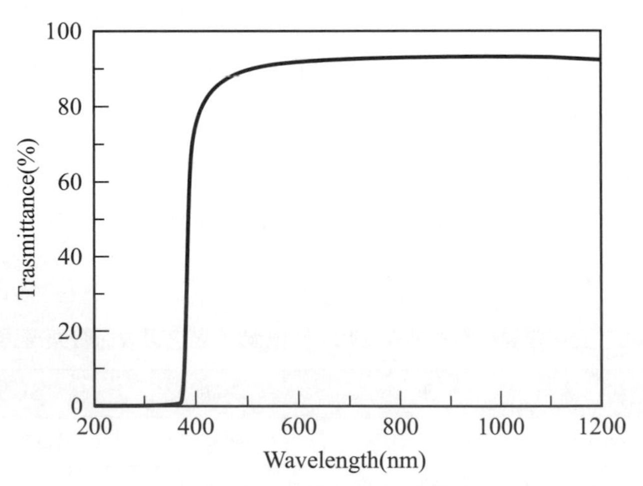

圖 14-37 氧化鋅奈米線對應不同波長光源之穿透率

近年來，熱門的材料石墨烯(graphene)，亦即單層石墨，如圖 14-38 所示，它是目前世界上最薄，只有一個碳原子厚度的二維材料，但卻也是目前最堅硬的奈米材料。單層石墨烯之穿透率約為 98%，近乎完全透明，已有研究單位將高溫成長之石墨烯轉移至聚對苯二甲酸乙二酯(pET)軟性基板上並量測其透光度，如圖 14-39 所示，從該圖中可見加入石墨烯導電層後透光度僅減少約 5%且維持在 80%左右之透光度，極具潛力應用於未來軟性透明電極。此外，由於其高電子遷移率(常溫下超過 15000 $cm^2/V{\cdot}s$)、極低電阻率(10^{-6} $\Omega{\cdot}cm$)以及可撓曲等優越特性，目前被廣泛應用於觸控面板、發光二極體、太陽能電池等研究領域。

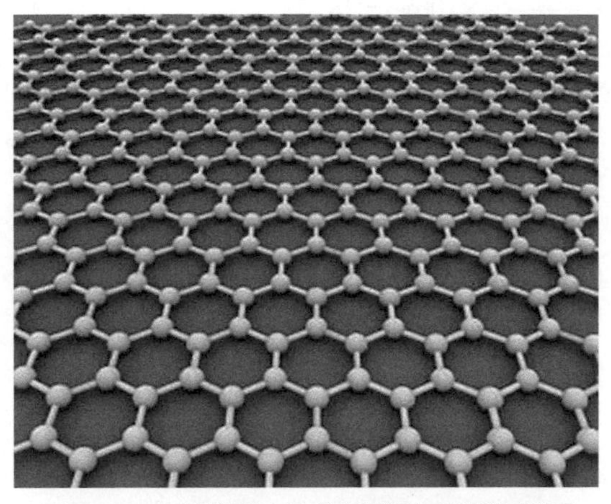

圖 14-38　由碳原子組成之單層石墨烯示意圖

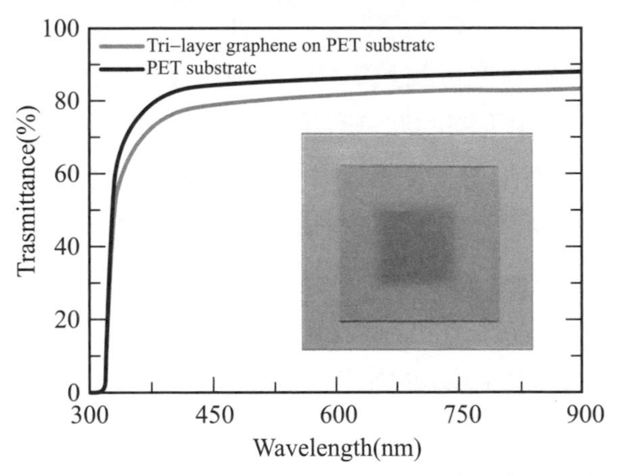

圖 14-39　石墨烯轉移至聚對苯二甲酸乙二酯(pET)軟性基板之穿透率頻譜[17]

例 14-6

有一束光通過 1cm 厚的玻璃，透射出來的強度爲原強度的 60%，玻璃的介電常數爲 3.2，試求光在玻璃中的線吸收係數。

解 玻璃折射率爲

$$n = \sqrt{k} = \sqrt{3.2} = 1.79$$

有部分的光被反射

$$R = \left(\frac{n-1}{n+1}\right)^2 \times 100\% = \left(\frac{1.79-1}{1.79+1}\right)^2 \times 100\% = 28.3\%$$

所以進入玻璃中的光強度爲 100 – 28.3 = 71.7%，最後光的強度爲 60%

$$I(l) = I_0 e^{-\alpha l}$$

$$\Rightarrow \ln\frac{I(l)}{I_0} = -\alpha l$$

$$\Rightarrow \ln\left(\frac{60}{71.7}\right) = -0.178 = -\alpha l$$

$$\alpha = \frac{0.178}{1} = 0.178\,\text{cm}^{-1}$$

14-3-8 顏色

白光其實由許多不同波長(亦可說頻率，因 $v = \lambda f$，在相同速率下，波長與頻率成反比。)的光所構成，而在可見光譜中不同的波長有不同的顏色如圖 14-29。在吸收的部分有提到一材料的吸收係數α與頻率有很強的函數關係。因此不同的材料有不同的吸收係數，對於所吸收的頻率也有所不同，故光穿透材料的頻率會不同。以穿透光呈現顏色的，稱爲體色(body color)；另一方面材料也會反射特定波長的光，因而呈現出不同顏色。以表面反射而來的顏色稱爲表色(surface color)。當一束白光進入一材料介質，若此材料只不吸收藍色波長的光，而使藍光穿透，即材料呈現的顏色爲藍色。若材料皆會吸收可見光區的波長，代表沒有光穿透，則呈現黑色。如銅跟金只反射某一範圍內的波長之光，其他光則被吸收。銅吸收可見光譜的藍色或紫色那一端波長較短之光，但反射可見光譜紅色這端波長較長的光。由於我們只看到反射光，所以銅呈現紅色。

可見光是指能被人的眼睛感受到的一定波段的電磁波，其波長大約在 390～760 nm 的狹窄範圍內，所對應的頻率範圍爲(7.7～3.9) × 10^{14} Hz。不同頻率的可見光會引起人的眼睛有不同顏色的感覺，其詳細區分大致列於表 14-10。人的眼睛對於不同顏色的光的靈敏度不同，平均正常人的眼視覺靈敏度曲線如圖 14-40 所示，由圖可見，人的眼睛對波長約爲 555 nm 的黃綠光最敏感。實際上，可見光譜兩端的界線是不明確的，只要輻射足夠強，眼睛還可以看見可見光譜界線以外一定範圍內的電磁輻射。

表 14-10

名稱	波長範圍	頻率範圍/Hz
遠紅外光	100 μm～10 μm	3×10^{12}～3×10^{13}
中紅外光	10 μm～2 μm	3×10^{13}～1.5×10^{14}
近紅外光	2 μm～760 nm	1.5×10^{14}～3.9×10^{14}
紅光	760 nm～622 nm	3.9×10^{14}～4.7×10^{14}
橙光	597 nm～577 nm	4.7×10^{14}～5.0×10^{14}
黃光	577 nm～492 nm	5.0×10^{14}～5.5×10^{14}
綠光	492 nm～450 nm	5.5×10^{14}～6.7×10^{14}
藍光	450 nm～435 nm	6.7×10^{14}～6.9×10^{14}
紫光	435 nm～390 nm	6.9×10^{14}～7.7×10^{14}
紫外光	390 nm～5 nm	7.7×10^{14}～6.0×10^{16}

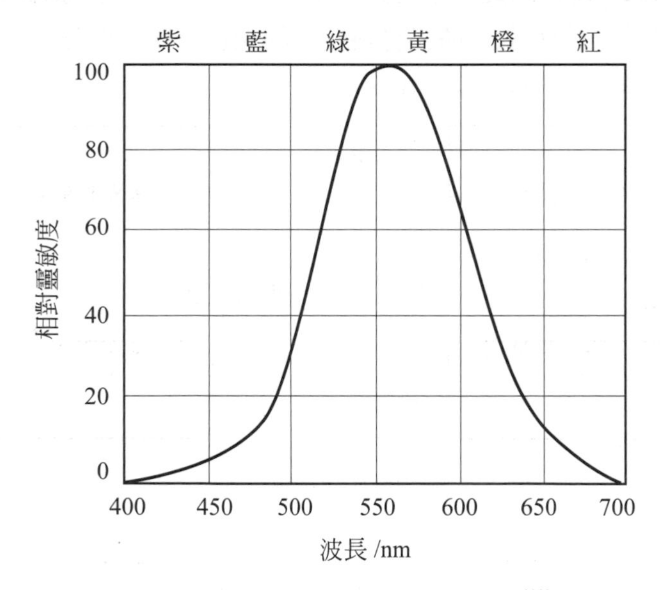

圖 14-40　視覺對各顏色的相對靈敏度(13)

14-3-9　絕緣體中之不透明和半透明

對於原有透明的介電材料，其半透明與不透明的程度取決於材料本身的反射與穿透的特性。許多本質上爲透明的介電材料，可能因爲內部的反射與折射作用而變成半透明或是不透明。穿透束會受到許多散射的因素使行進方向被偏折，導致光束擴散，穿透度則會降低。不透明就是因爲入射光被完全散射，使光無法到背面穿出。

造成內部散射的因素有很多。多晶材料的折射率為非等向性，因此通常看起來為半透明。在晶界處會產生反射與折射，導致入射光發散，其原因為不同結晶方向的晶粒彼此間的折射率仍有些微不同，因此在晶界處會產生反射與折射。散射的現象也會發生在兩相材料(two-phase materials)，也是因為兩相的折射率不同，故在兩相交界處也會發生散射現象。因此折射率改變越大，散射的效應也會越大。

14-3-10 發光

當低能階的電子獲得能量而激發至高能階，再由高能階躍遷到低能階時，以光的形式釋放出能量，此現象稱為發光(luminescence)。以發光的延遲時間即電子在高能階停留的時間可來區分發光材料，延遲時間小於 10^{-8} 秒的材料所發出的光稱為螢光(fluorescence)，而稱為螢光材料；延遲時間較長的所發出的光稱為磷光(phosphorescence)，稱此種材料為磷光材料。圖 14-41，就螢光材料而言，導電帶的電子能立刻掉回價電帶，使光立即發出，發出的光皆有相同的波長($\lambda = hc/E_g$)。磷光材料則因內部有缺陷或雜質，導致能帶上會出現施體能階(donor level，E_d)，因此電子會先掉落到施體能階上，再脫離陷阱而到回價電帶，故所需的發光時間較螢光材料長。磷光材料發出的光也有相同的波長，但其光子的能量則是能帶與施體能階的差($\lambda = hc/(E_g - E_d)$)。

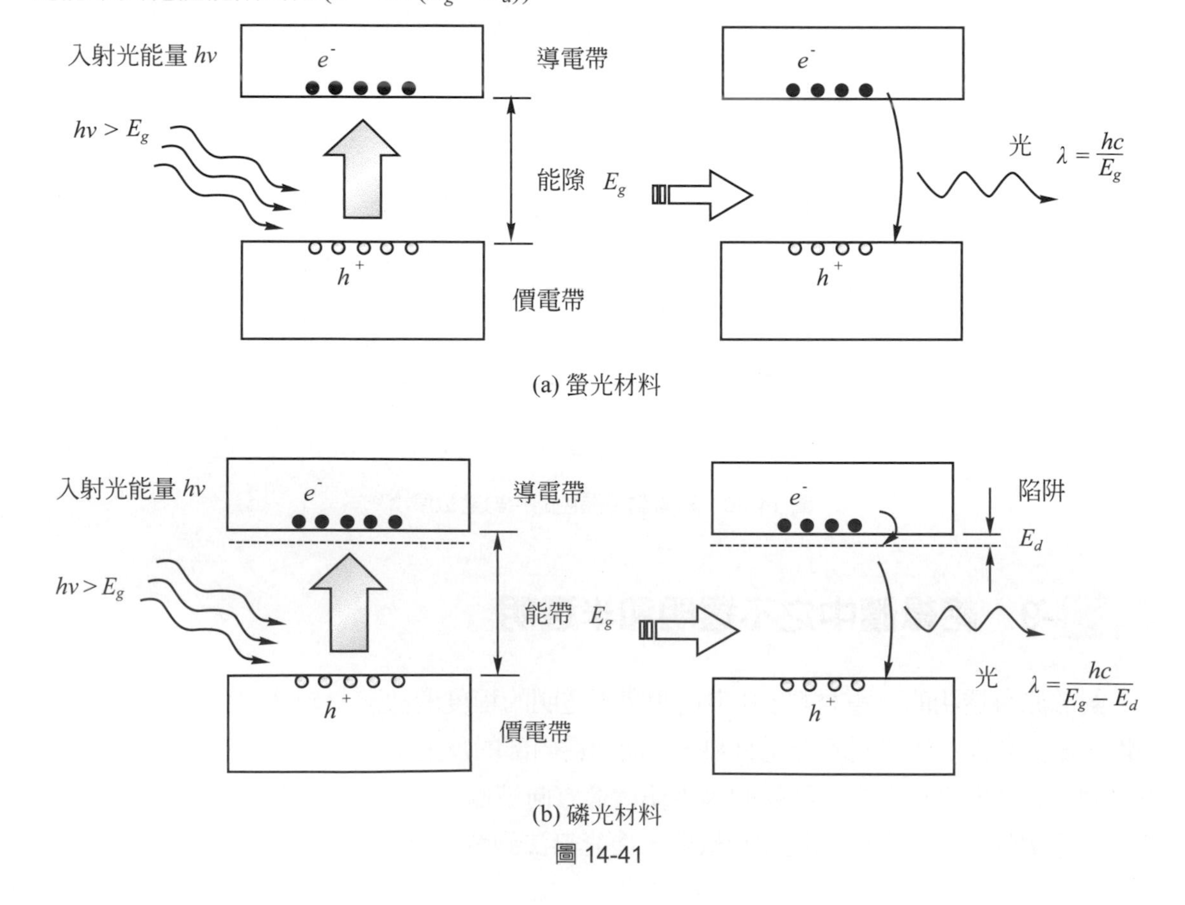

(a) 螢光材料

(b) 磷光材料

圖 14-41

以發光機制來說，可分爲三種形式

1. 光子激發光(photoluminescence)：以一束高能量的光子使電子吸收而躍升高能階狀態，再由高能階躍遷至低能態而發出光。
2. 電激發光(electroluminescence)：以半導體爲例，通以電流注入電子與電洞，使電子與電洞再結合而放出光來。
3. 陰極射線激發光(cathodoluminescence)：利用陰極射線提供電子能量跳至高能階，再從高能階躍遷到低能階時而放出光。

14-3-11　光電導性

光電導性(photoconductivity)是指半導體或絕緣體的電導度。光電導性的物理基礎是價帶電子受到光激發跳躍到導帶，產生成對的自由載子(電子-電洞對，Electron-hole pair)，可增加材料的導電性。

而影響光電導性最重要的是產生電子-電洞對的速率(generation rate)與其壽命(lifetime)。電子-電洞對產生的速率越快、壽命越長，相對於導電性也會增加。電子-電洞對的形成，主要是由波長與入射光的強度而定。電子-電洞對的再結合則因材料中有缺陷，而在能帶之間產生能階，誘使電子與電洞結合。

14-3-12　雷射

對某些特殊的材料而言，因激源而產生的光子可進一步激發出具有相同波長的額外光子。結果該材料發射出的光子數目倍增。這種增大被激發放射出輻射的光稱爲雷射(laser)，其裝置如圖 14-42。若適當選擇材料和激源，可使放射出的光子波長落在可見光區內。雷射的輸出是一束平行的光子，其光子不僅具有相同的能量，亦具有同相的波，稱爲同調性(coherent)，所以不會發生破壞性干涉。雷射的應用很多，在金屬的熱處理及熔化、銲接、外科手術……等都極爲有用。

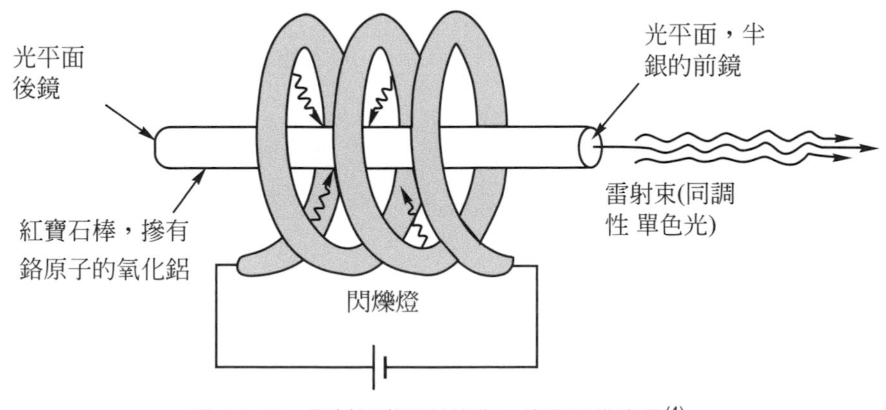

圖 14-42　雷射把激源轉換為一束同調性光子[4]

雷射(LASER)是由 Light Amplification by Stimulated Emission of Radiation 五個英文字的字首組合命名的。其意義爲：藉著激發放射方式，使光產生放大。因此雷射又稱爲激光。雷射組成的三個要素爲：(1)活性介質(active medium)—具有粒子數反轉(population inversion)特性的介質。(2)幫泵能源(pumping sources)—提供能量使得處於低能階的原子或分子被激發到高能階，以使原子數目分佈達到粒子數反轉。(3)光學共振腔(optical resonator)—放出來的光可重複來回地在活性介質內傳播震盪，這種過程又稱爲光學回饋(optical feedback)。

1. 活性介質

一般材料都會吸收入射光波，使光的強度因而減弱，這種材料稱爲被動材料(passive)。但有些材料若被適當的能源所激發後，就具有將入射光放大的能力，所以稱爲活性介質。雷射器件就是使用這種活性介質來產生雷射光。

雷射材料的種類很多，依照所使用的活性介質型式可分爲：

(1) 氣體雷射：所使用的活性介質有 He-Ne 混合氣、氬離子、CO_2-He-N_2 混合氣等。

(2) 液體雷射：所使用的活性介質有染料 RB(rhodamine B)、染料 Rhodamine 6G、染料 Arcidine red 等。

(3) 固體雷射：所使用的活性介質有稀土族、紅寶石、釹石榴石晶體、釹玻璃等。

(4) 半導體雷射：所使用的活性介質有 GaAs、InGaAs、GaAlAs 等。

2. 幫浦能源

幫浦能源是用來供給活性介質，使它能滿足粒子數反轉的條件。能源的形式隨著活性介質的不同而有所不同。就氣體雷射而言大都利用直流或射頻放電來激發氣體原子或分子。對液體雷射而言，則利用閃光燈或雷射光照射活性介質。固體雷射係利用弧光燈或強力閃光燈。半導體雷射是利用電流供應器。大致上可將幫浦能源分爲電幫浦和光幫浦。

3. 光學共振腔

如果沒有光學共振腔使自發輻射出來的光能重複地來回在活性介質內傳播震盪，雷射充其量僅可看成頻率較窄的光放大裝置而已，而無法輸出較純單色且極平行的雷射光。

對於大多數雷射器件而言：只現實粒子數反轉分布還不足以達到雷射震盪，必須引光學正回饋(optical positive feedback)，才能達到雷射震盪，而獲得強的雷射輸出。

圖 14-43 爲最簡單的光學共振腔構造，是由兩塊平面反射鏡所組成，活性介質置於腔內，R_1 爲全反射鏡，R_2 爲部分反射鏡，沿兩鏡面公共法線(光軸)往返行進的光，可以多次通過活性介質來誘發在介質內處於激發狀態的粒子，使得光能屢次

增強。當這種光增益作用足夠強，以致於能抵償各種腔內的損失與部分反射鏡的透射損耗時就可以形成持續的震盪。而由部分反射鏡 R_2 透射出的震盪光，就稱爲雷射光。

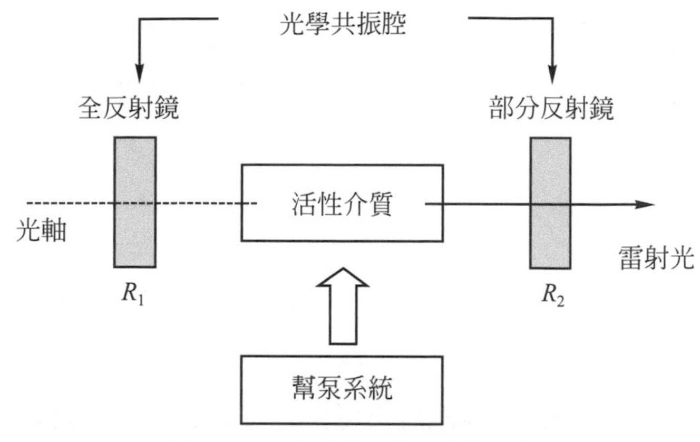

圖 14-43 簡易的雷射光學共振腔

14-3-13 通信用之光纖

光纖通信(optical fiber communication)顧名思義就是利用光在光纖中傳播，使訊號能傳達到很遠的地方。早期人類已懂得利用光來傳遞訊息，如使用烽火或是旗語來達到通訊的目的，但是因爲光在空氣中會受到干擾而使訊號減弱，因此所能傳達訊息的距離有限。要能將訊息傳達更遠更清晰，其需求就是要有足夠強的光源以及能將光傳遞且訊號不易減弱的良好導光物質。

1960 年，美國物理學家梅曼(Theodore Harold Maiman)成功地研究出紅寶石雷射，其雷射光因爲具有同調性，即爲單色光，能將訊號強度加大並且所能傳送的訊息也更多，此項發明開啓了光纖通信的大門。有了強大的光源之後，良好的導光物質是進一步所需求的。1968 年，由中國工程師高錕提議使用玻璃光學纖維導管做爲光通訊的導光物質，以實驗證明只要提高玻璃的純度即可使光的損耗明顯降低。1970 年，美國康寧(Corning)玻璃公司宣佈研製出能使光損失降爲每公里二十分貝(20 dB/km)的光纖，接著因爲當時的砷化鎵鋁(GaAlAs)半導體雷射已能在室溫下長時間運作，使得光纖通信的實用性更進一步受到肯定。

光纖基本上是由兩部分所構成，結構如圖 14-44 所示，中心部份稱爲核心(core)或稱爲纖核，直徑約爲 8～65 μm，折射率爲 n_1；外層的部分則稱爲外殼(cladding)或纖殼，直徑約爲 100～200 μm，折射率爲 n_2。若要使光能在光纖中傳遞，必須利用全反射原理，光由密介質進入疏介質時才可能發生，即核心的折射率 n_1 要大於外殼的折射率 n_2，如此光才能在光纖中不斷地傳播。光纖的核心與外殼只是最基本的架構，其材質爲石英玻璃，就機械性質而言是非常容易脆斷。因此必須被覆外層來加強光纖的強度與韌性，並可保護光纖表面避免被侵蝕或破壞。最常用的被覆材料是尼龍(nylon)，其他塑膠材料如 PE、PVC

和 PP 也可以，端看其不同應用的需求。未被覆外層的光纖稱為裸光纖(bare fiber)，被覆後則稱為被覆光纖(jacketed fiber)。

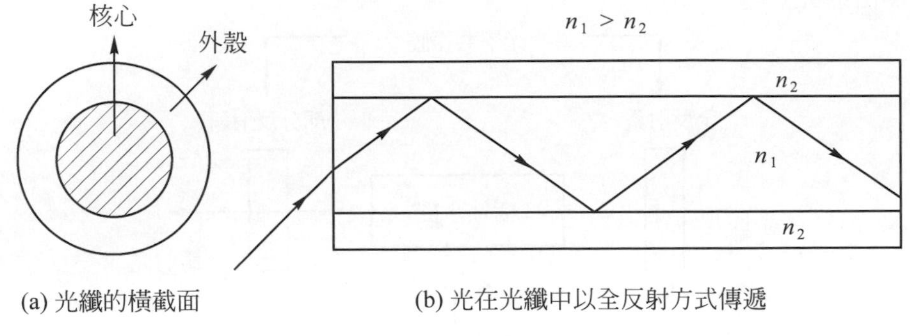

(a) 光纖的橫截面　　(b) 光在光纖中以全反射方式傳遞

圖 14-44　光纖的基本構造

光纖通信的地位已漸漸成為傳輸訊息不可少的技術之一，其擁有的優點是許多傳統傳輸系統所達不到的，未來更以這些優點廣泛地被應用。

1. **體積小且重量輕**

   光纖的直徑很小，即使將千條光纖綁成一束，其總直徑也只有幾公分而已，相較於傳統的銅線要來的得小且輕。因此光纖較能有效的利用空間，相對的，其所能傳遞的訊息容量也較銅線多。

2. **不受電磁干擾**

   光纖是利用光波傳導，因此不受電磁與無線電波干擾。例如電車經過時，其匯電架與輸電線之間會產生火花，而產生干擾性的電磁波，會使附近的通信設備受到影響，因此若使用光纖則不會有這種困擾產生。

3. **傳輸訊號損耗低**

   當選擇適當的雷射光波長和品質好的高純度石英玻璃做為光纖的光源與傳導物質，可使光損失降低，如波長 1.55 μm 其損失低至 0.2 dB/km；波長 2～10 μm，其損失更可低至 0.001 dB/km。和金屬電纜相較，其能傳遞的距離較長，因而其所需的中間轉發站可比金屬電纜少，可減低成本。所以光纖通訊適合長距離的通訊。

   光纖損失的表示單位為分貝，其公式定義為：

$$\alpha \equiv \frac{1}{L} \cdot 10 \cdot \log_{10} \frac{P_i}{P_0} \ \ (\text{dB/km}) \tag{14-33}$$

   α：每單位長度內的光纖損失

   P_i：耦合進入光纖的光功率

   P_0：光纖輸出的光功率

   L：光纖長度(km)

例 14-7

當平均光功率爲 100 μW 的光信號耦合進入光纖中傳遞，若光纖的長度爲 10 km，其最後輸出的光功率降爲 15 μW，求(a)每單位長度的光纖損失，(b)若進入與輸出的光功率不變，而光纖損失爲 0.2 dB/km，則光纖的長度應爲多長？

解 (a) 每單位長度的光纖損失

$$\alpha \equiv \frac{1}{L}\cdot 10\cdot \log_{10}\frac{P_i}{P_0}=\frac{1}{10}\cdot 10\cdot \log_{10}\frac{100\times 10^{-6}}{15\times 10^{-6}}=0.82\ (\text{dB/km})$$

(b) 適當的光纖長度 L

$$\alpha \equiv \frac{1}{L}\cdot 10\cdot \log_{10}\frac{P_i}{P_0}$$

$$0.82\equiv \frac{1}{L}\cdot 10\cdot \log_{10}\frac{100\times 10^{-6}}{15\times 10^{-6}}\ L=41.2\ (\text{km})$$

由此可知，光纖損失若能由 0.82 dB/km 降爲 0.2 dB/km，在相同的進入與輸出光功率的情況下，光可傳遞的長度則可由原先的 10 km 增加爲 41 km。因此研製出光纖損失越低的光纖，光訊息所能傳遞的距離也越長，當然所需的中間轉發站數量也會減少。

4. **頻寬大**

光纖的光波頻率約落在 10^{13}～10^{16}Hz，其所提供的頻寬遠大於電通訊中頻率最高的無線電波約在 10^{10} Hz。一般而言，傳遞通訊量的大小取決於傳送訊號的頻率高低：也就是說，頻率越高，所能傳送的資訊量也就越多。目前光纖的頻寬已達 GHz・km 以上，仍有機會繼續擴充。

光纖通信的整體架構是很複雜的，在此僅能稍微簡介其原理與優點。尚未提到的部分，如光纖通信的光源選擇與檢光器的種類等，也都是構成光纖通信的重要一環。讀者可找尋相關專業書籍，進一步了解光纖通信的特性。

本章主要是在說明材料的物理性質，由材料的熱、磁、光性質作一個簡單的陳述。目的在於使讀者能獲得對材料物理性質的基礎認識。

14-3-14　發光二極體(LED)

發光二極體(light emitting diode, LED)是屬於電激發光(electroluminescence)的一種，其具備著體積小、壽命長、省電、可靠度高、發光效率佳、反應時間短等優點，而且又是安全且環保的一種固態電子元件。因此 LED 的應用非常廣泛，簡單的分類可分爲顯示及照明兩種。在顯示領域，包含我們日常生活中常見的紅綠燈，機場、火車站或巴士站等各種公共運輸工具上，都拿 LED 作爲平面顯示器來顯示一些相關訊息。因 LED 具備著壽命長、顏色穩定度佳、廣色域等優點所以目前液晶顯示器(LCD)是用白光 LED 作爲背光源。在固態照明上，自從人類發明白熾燈泡以來，人們對於照明的要求也越來越高，除了要能照明，還要能提供舒適的照明環境，而白光 LED 可藉由控制不同電壓來調變紅綠藍三個 LED 所發出的亮度，來提供適合的顏色，營造出一些舒適的照明環境。除了居家照明外，LED 照明也應用在路燈、緊急指示燈，醫院用病床燈、建築外觀、太陽能燈等地方，如圖 14-45 所示。目前 LED 已經廣泛地運用在我們日常生活當中，除了上述所述的兩大領域外，在車用領域上，LED 的應用也逐步在成長當中。

圖 14-45 夜間道路使用 LED 當作照明光源

LED 的基本原理是利用一個 p 型與 n 型的半導體材料做結合，形成 PN 接面，當 PN 接面形成後，會在接面處產生空乏區。當施加順向偏壓後，電子與電洞就會相遇而複合，並且以光和熱的形式散發出能量，就如同在 14-3-10 中所提到的，是以一種電激發光的形式放出光的能量。

而放出的光能量會影響到放出的光波長，如公式：

$$E = \frac{c}{\lambda} \tag{14-34}$$

E：電子或電洞所放出之能量 (eV)

h：普朗克常數 (6.63×10^{-34} J · s)

c：眞空中光速 (3×10^{8} m/s)

λ：光的波長 (nm)

把普朗克常數與光速相乘後，可得

$$E = \frac{1240}{\lambda} \tag{14-35}$$

或

$$\lambda = \frac{1240}{E} \tag{14-36}$$

而這個光能量通常都與材料的能隙(band gap)有關。一般所熟知的半導體材料，如矽(Si)或鍺(Ge)都屬於間接能隙的材料。在室溫下，這類型的材料，電子電洞在複合時並不會發出光子，所以並不會產生光。所以 LED 在選擇材料上都選擇以直接能帶為主的材料，藉由這些材料的結合可能產生不同的能隙，進而產生出不同波長的光，如紅光、藍光、綠光及不可見光等。

目前商業化的 LED 的材料大多使用III-V族的化合物半導體，如：GaAsP、GaP、GaAs、GaN、AlGaAs、AlInGaP、InGaN 等，而其他化合物半導體，如：IV-IV族的 SiC 及II-VI族的 ZnS、ZnSe，也都有在研究開發當中，表 14-11 列出常用之不同顏色 LED 材料。

表 14-11　不同化合物半導體所對應出不同發光之顏色

材料	發光色	波長(nm)
GaAs	紅外光	890～940
GaP	紅光	690～700
GaAsP	橙光、黃光、綠光	580～660
AlGaAs	紅光、紅外光	650～830
AlGaInP	橙光、紅光	590～655
InGaN	紫外光、藍光、綠光	365～560
SiC	紫外光　、紫光	400～460

熱性質包括熱容量、熱膨脹、熱導性及熱應力。熱容是使一莫耳材料溫度上升 1 度所需的能量，材料對於熱的吸收與其熱容的值有很大的關係。材料吸收熱之後，導致原子獲得能量而產生振動，故原子間距因振動而擴大，材料也因此產生膨脹的現象。當然材料獲得熱時，會因本身的導熱性將熱由高溫區傳遞至低溫區，使熱均勻分布。讓熱均勻分布的時間快慢，則依賴於材料的導熱度好不好。導熱的方式可分為自由電子和晶格振動。至於熱應力的產生，是由於材料置於力學孤立系統中無法自由的伸縮，如同受到一作用力的壓制。

材料的磁性質可因電子自旋的觀念，分為順磁性、反磁性、鐵磁性、反鐵磁性和亞鐵磁性。磁性材料的內部可細分為許多磁區，每個磁區都有各自的磁性方向，材料可能因為不同磁區的磁性相加乘或相互抵銷，而使整體表現出磁性或不帶磁性。對於鐵電材料，皆有磁滯的現象，所形成的磁滯曲線成 180°的對稱。根據磁滯曲線可區分軟磁材料與硬磁材料的不同。磁滯曲線細長的軟磁材料，容易被外加磁場所感動，常被使用於高頻元件。磁滯曲線寬胖的硬磁材料，不容易被外加磁場感動，常被選擇當作記憶體使用。居禮溫度是磁性材料的一個特定溫度，當溫度升高愈靠近居禮溫度時，磁性排列開始出現雜亂，溫度高於居禮溫度則不再具有磁性。磁性材料的資訊儲存，需要不易被外加磁場影響的特性，故磁滯曲線要以方形爲佳，由此可知硬磁材料較適合作爲記憶材料的原因。

光進入固體材料會發生許多交互作用，如反射、折射、吸收和穿透。電磁波包含了不同波段的光，與材料交互作用後，可能因爲可見光區的反射、吸收或穿透，使我們的眼睛接收到這些波長的光，而覺得材料有顏色。看似透明的材料是因爲完全讓可見光波段穿透，不透明的材料則是對可見光完全吸收所造成。材料的吸收係數與其本身的能帶結構的能隙，都是與波長有關係。近來，光學現象應用的研究發展迅速，已成爲目前的新寵兒。如雷射的發明，利用光的吸收與發光現象，成功的製造出強大的光源。讓原本缺乏強大光源的光纖通訊，獲得了新的希望，未來將是光纖通訊的新世界。

嚴格來說，關於熱、磁、光性質仍有許多未談到的部分或是更深入的理論，有興趣更進一步了解的讀者可查閱專業的書籍。

習 題

1. 試求使 1 克鎳的溫度由 27℃上升到 28℃所需的聲子數。
2. 假設有 10^{21} 個聲子爲 1 克的鈦(原來的溫度爲 27℃)所吸收，試求該金屬後來的溫度。
3. 典型的熱容 6 卡/莫耳是否能準確地預測(1)鑽石，(2)鉛，(3)氮的比熱？請說明原因。
4. 一直徑 3 公分、長 20 公分的銅棒一端被加熱到 600℃，另一端浸沒在 1000 ml 溫度 27℃的水中(1)假設溫度梯度是常數，試求每秒內傳導通過冷卻端的熱量 Q，(2)如果熱量不散到周圍環境，推算使水溫上升到 30℃所需時間。
5. 鉛溶液被注入一被加熱到 150℃的鐵質永久模內。如果我們希望最後鉛鑄件之尺寸爲 25 cm × 25 cm × 3 cm，試求 27℃時此鐵塊應挖出的空穴(即成爲鐵模)之尺寸大小。(假設鐵模在注入與固化期間皆維持一定的溫度。)
6. 假設有一熔融石英瓷釉被黏著在一長 25 cm 的灰鑄鐵鑄件上，如果溫度由 27℃上升到 500℃，試就兩者膨脹後的長度作一比較。請問該瓷釉披覆層會發生何種變化。

7. 一鋼桿長 2 m，一端固定而另一端與一固定直牆相距 0.6 mm，如圖 14-46 所示，試求鋼桿上升 120℃後桿內所生成的應力。鋼的膨脹係數爲$\alpha = 12 \times 10^{-6}$℃$^{-1}$，彈性係數 E = 200 GPa。

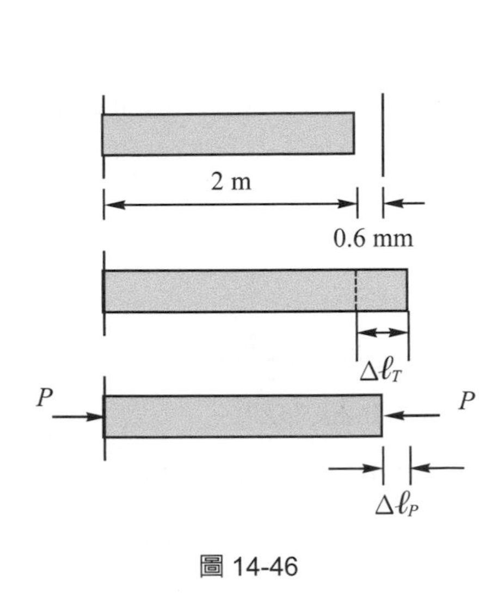

圖 14-46

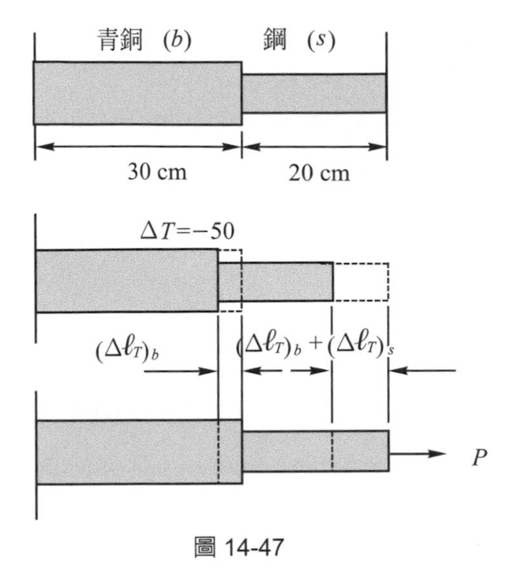

圖 14-47

8. 青銅與鋼的之組合桿置於兩固定支點間，如圖 14-47 所示，試求溫度降低 50℃後鋼桿與青銅桿內之應力。

9. 試比較順磁性與鐵磁性材料的不同。

10. 假設一鐵磁性材料的飽和磁化強爲 16000 gauss、相對導磁率爲 5000。請問需要多大的磁場才能使該材料的磁化飽和？

11. 試著由(14-13)式和(14-15)式來推算出磁化率與相對導磁率之間的關係式爲何？

12. 假設射入一材料的一束光子有 40%透過該材料，而材料厚度 0.5 cm 且介電常數爲 1.544，(1)試求反射、吸收及穿透分別佔有的比例，(2)試求該材料對光子的線吸收係數。

13. 一厚 2 cm 材料的線吸收係數爲 1.3 cm^{-1}。一束起初強度爲 100 的光子穿透之後強度爲 5。試求該材料的的反射率、折射率與介電常數。

14. 一束光子與一材料表面法線成 28° 射入該材料內，透出的光子與材料另一表面法線成 15°穿出。試求此材料的折射率。並推算出反射的光子佔全部光子的比例。

15. 光纖通訊中，若訊息所需要傳遞的總長度爲 100 公里。此使用的入射光功率爲 80 μW 和損耗爲 0.5 dB/km 的光纖。若光傳遞到中間轉發站時，所需的轉化光功率最小爲 20 μW，才能再將光增大爲原來的 80μW 而繼續傳遞。請問在全長 100 公里中，所需的中間轉發站最少要多少個？

參考文獻

1. J. F. Shackefold, “Introduction to Materials Science for Engineers”, 8th ed., Pearson, 2014.
2. D. R. Askeland, “The Science and Engineering of Materials”, 7th ed., CL Engineering, 2015.
3. W. D. Callister, “Materials Science and Engineering”, 9th ed., John Wiley& Sons, inc., 2014
4. L. H. Vlack, “Elements of Materials Science and Engineering”, 6th ed., Pearson, 1989.
5. K.M. Ralls, “Introduction to Materials Science and Engineering”, John Wiley & Sons, inc., 1976.
6. J. C. Anderson, “Materials Science for Engineer”, 5th ed., CRC Press, 2003.
7. R. E. Reed-Hill, “Physical Metallurgy Principles”, 4th ed., CL India, 2008.
8. D. R. Askeland, “Essentials of Materials Science”, 3rd ed., CL Engineering, 2013.
9. R. M. Eisberg, “Fundamentals of Modern Physics”, John Wiley& Sons, inc., 1990.
10. K.A. Jones, “Introduction to Optical Electronics”, John Wiley& Sons, inc., 1987.
11. R.A. Alberty, “Physical Chemistry” , 4th ed., John Wiley& Sons, inc., 2005.
12. Mark Fox, “Optical Properties of Solids”, 2nd ed., Oxford University Press, 2010.

13- R. Resnick, “Fundamentals of Physics Extended”, 10th ed., John Wiley& Sons, inc., 2013.

14- C. R. Barrett, “The Principles of Engineering Materials”, Facsimile ed., Pearson, 1973.

15. J. P. Holman, “Heat Transfer”, 10th ed., McGraw-Hill, 2010.
16. C. H. Chou, W. S. Chan, I. C. Lee, C. L. Wang, C. Y. Wu, P. Y. Yang, *et al.*, "High-Performance Single-Crystal-Like Strained-Silicon Nanowire Thin-Film Transistors via Continuous-Wave Laser Crystallization," IEEE *Electron Device Letters,* vol. 36, pp. 348-350, Apr 2015.
17. Gwangseok Yang, Younghun Jung, Camilo Vélez Cuervo, Fan Ren, Stephen J. Pearton, and Jihyun Kim, “GaN-based light-emitting diodes on graphene-coated flexible substrates,” *Optics Express*, 22, S3, pp. A812, 2014.

chapter

15

電子材料與製程

本章主題是介紹半導體工業中普遍使用的電子材料，將分成三個部分來說明。首先，先介紹一些常用的半導體材料，重點將放在矽晶上。其次，將稍微簡介一下半導體製程的過程與步驟。最後，會對電子構裝的材料與方式概略性的介紹。

學習目標

1. 瞭解現今矽晶圓的製作過程。
2. 初步瞭解半導體製程的基本步驟。
3. 清楚電子構裝的方法與材料。

15-1 常見的半導體材料

二十世紀初期的電子工業依賴的是眞空管(vacuum tube)與一些被動元件，如電阻與電容器所組成的簡單電路作爲電子運算單元。眞空管具有電流開關與作爲放大器的功能，但是眞空管存在一些缺點，如體積大、佔空間、眞空度維持困難、易脆與需要極高的操作電壓等。二十世紀中期時，第一個固態電子元件，電晶體的發明，因其體積小、製作成本低等優點迅速地取代眞空管工業，新興一股席捲全球的半導體工業就此展開。

半導體工業除了以矽爲主的產業外，還包含其他三五族、二六族與二元、三元、四元等化合物半導體，常用的半導體材料與其主要應用列於表 15-1 中。其中包含積體電路(integrated circuit，IC)工業與光電(optoelectronics)產業，以矽基爲主的積體電路工業佔整個半導體工業超過八成的比例，主要包含微處理器與記憶體，不斷地微小化是其技術發展的重要關鍵，因爲微小化後帶來的成本節省將是主要利益所在。光電產業近來也是一相當受到注目的產業，如半導體雷射、發光二極體、平面顯示器等，近年產值已逐漸追上積體電路工業，其中平面顯示器方面爲國家重點發展產業之一，在國際間具有極高的佔有率。

表 15-1 主要的半導體材料及相關的應用領域

種類	材料	應用
Si	Si	積體電路 太陽能電池 微機械元件
化合物	GaAs	高速、高頻積體電路
	GaP	發光二極體
	InP	光測器
	ZnSe	半導體雷射
	ZnS	平面顯示器螢光劑

15-2 矽

矽晶在週期表上屬於四族的元素，是地球上含量相當豐富的元素，其氧化物普遍存在地球表面，一般泥土中都含有相當多的矽砂。矽的晶體結構屬於立方晶系，鑽石結構，其傳統晶胞示於圖 15-1 中，而其相關的物理性質則列於表 15-2。

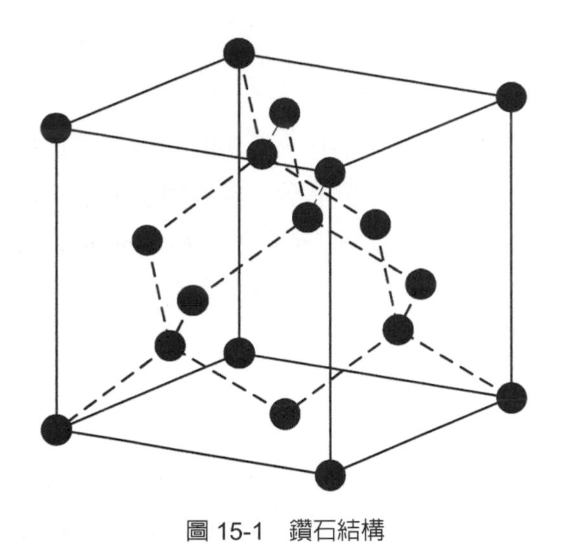

圖 15-1　鑽石結構

表 15-2　矽元素的物理性質

名稱	矽
符號	Si
原子序	14
原子量	28.0855
鍵長	2.352 A
密度	2.33 g/cm^3
硬度	6.5
電阻係數	100000 μΩ·cm
熔點	1412℃
熱傳導係數	2.6 × 10^{-6} K^{-1}
膨脹係數沸點	2900℃

15-3　矽晶圓

一般矽砂是由二氧化矽與許多的雜質所組成，所以先藉由在高溫下利用碳與二氧化矽產生反應，碳將取代二氧化矽中的矽而產生一氧化碳與二氧化碳氣體，整個化學反應式如下：

$$SiO_2 + 2C \xrightarrow{\Delta} Si + 2CO \qquad (15\text{-}1)$$

經由此步驟原本的矽砂將可產生出純度高達 99%的多晶態矽，也稱爲冶金級矽(metallurgical grade silicon，MGS)。冶金級矽中除了高純度的矽之外也含些許多雜質，此雜質含量仍然過高，在半導體製程中是不被允許的，因此在製作矽晶圓前必須先經過純化的步驟。冶金級矽的存化包括先將其磨成微細的粉末，然後在 300℃的溫度下利用氯化氫(HCl)氣體與粉末反應產生三氯矽烷($SiHCl_3$)，反應式如下：

$$Si + 3HCl \xrightarrow{\Delta} SiHCl_3 + H_2 \qquad (15\text{-}2)$$

藉由反應生成的三氯矽烷氣體經由一連串的過濾、純化和冷凝過程，將形成超高純度的三氯矽烷液體，純度高達 99.9999999%，此高純度三氯矽烷液體混以氫氣在極高溫度1100℃下發生反應，而產生高純度的多晶矽，反應式如下：

$$SiHCl_3 + H_2 \xrightarrow{\Delta} Si + 3HCl \qquad (15\text{-}3)$$

此高純度的多晶矽稱爲電子級矽(electronic grade silicon，EGS)，矽砂經過上述步驟最後得到的電子級矽，其純度已經符合被拉成矽晶棒的要求。

15-4 長晶

在長晶過程中，之前所取得的電子級矽必須經由高溫使之熔化，再藉由矽單晶作爲矽晶成長的晶種，以決定晶體的方向，如此就可以成長出需要的單晶矽。半導體工業中常用的拉晶法有兩種，查克洛斯基法(Czochralski zone method，CZ)與懸浮帶區法(floating zone method，FZ)。長晶過程中同時也要進行摻雜的動作，用以製作 *N* 型或 *P* 型的半導體。

15-4-1 查克洛斯基法

大部分的長晶方式都採用查克洛斯基法，主要是因爲成本低廉、成長效率高、適合於大尺寸的晶棒成長，多用於成長 12 吋晶圓，整個成長製程圖示於圖 15-2 中，在充滿氬氣的成長環境中，用以長晶的矽材置於石英坩堝中，坩堝周圍附有加熱用的電阻線圈，使地坩堝溫度高於矽材的熔點(1412℃)，轉動的晶種緩緩地下降並接觸到熔融的矽晶後，再緩慢地上升，晶棒的直徑大小可藉由改變拉升的速率與精準的溫度來控制，而晶棒就從晶種處開始結晶成長。藉由查克洛斯基法所得的晶棒會含有些許的氧與碳雜質，主要來源是成長時的坩堝材料。

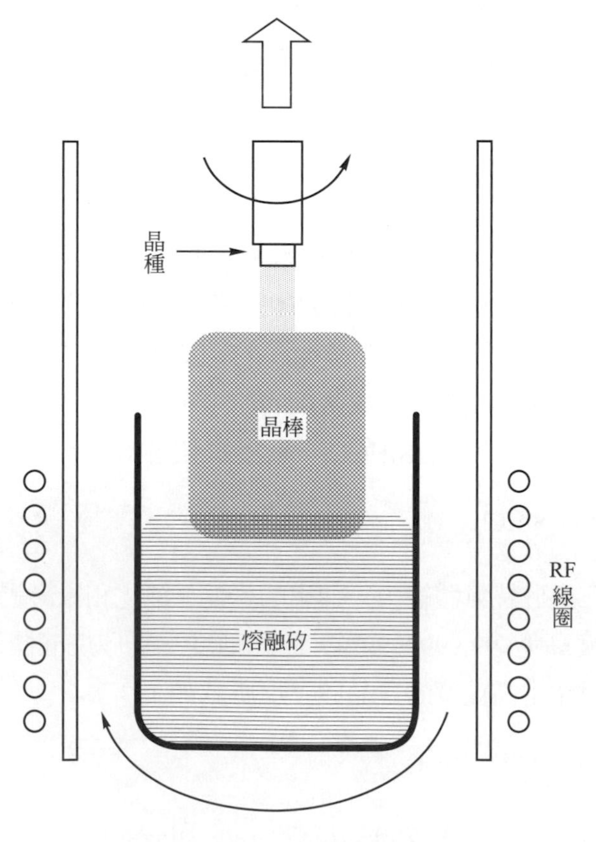

圖 15-2 查克洛斯基法長晶法

15-4-2　懸浮帶區法

懸浮帶區法圖示於圖 15-3，它是利用射頻(radio frequency，RF)線圈加熱，不使用坩堝加熱，因此不會有坩堝污染的問題，此外它是對整根晶棒利用射頻線圈做局部性的加熱，首先將晶棒直立並旋轉，加熱線圈從晶棒底部緩緩往上移動，晶種與底部的熔融矽晶接觸時就開始結晶的過程，當加熱線圈通過整根晶棒後，晶棒的長晶過程就完成了。由於成長過程中牽涉到重力與表面張力的問題，因此成長的晶棒尺寸受到很大的限制，最大尺寸直徑爲 6 吋晶圓。因爲是非接觸式的加熱所以雜質濃度低、純度高、成本也較高。

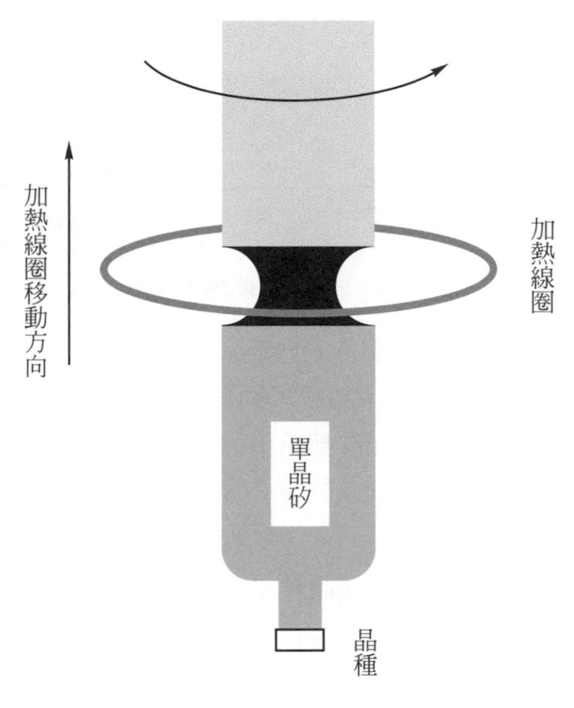

圖 15-3　懸浮帶區長晶法

15-5　晶圓備製

成長好的晶棒先將頭尾的部分去除後，就將晶棒做表面的研磨動作，主要是控制晶棒的直徑大小，另外除掉晶棒上不規則的表面，使其形成一圓形。再來對晶棒做晶體方向上的檢測，確定成長晶體方向符合需求，接下來對晶棒做平邊(flat)或缺口(notch)研磨，主要是用以標定晶體方向，一般直徑 150 毫米以下的晶圓採用平邊，而大於 200 毫米的晶圓使用缺口，如圖 15-4 所示。

完成方向上的標定後，就將晶棒切成晶圓，通常直徑越大的晶圓厚度也會越大。切鋸好晶圓會先進行粗拋(rough polishing)的動作，使得表面粗糙度降低，並去除因切割時對表面造成的刮痕與破壞。粗拋後利用化學機械研磨(chemical mechanical polishing，CMP)將晶圓表面平坦化，其主要是結合化學蝕刻與機械研磨的方式將表面磨平，經過這一步驟後晶圓表面幾乎是一平坦的平面，圖 15-5。

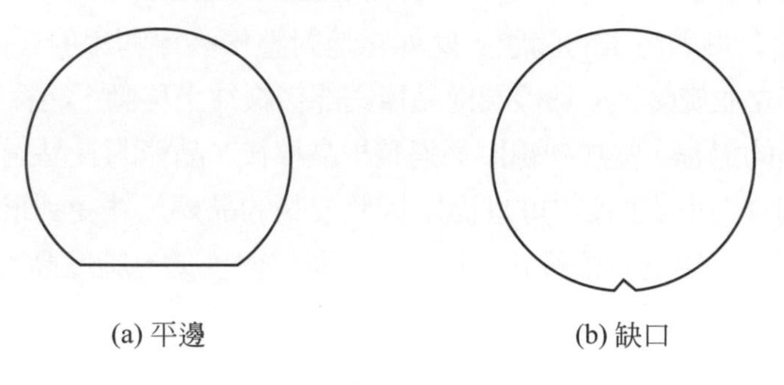

圖 15-4 平邊與缺口的表示方式

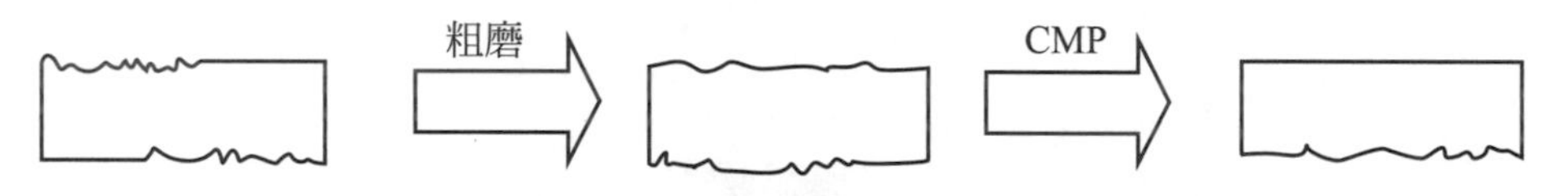

圖 15-5 晶圓表面粗磨與 CMP

最後的步驟則是在晶圓背面刻意製作一些缺陷與差排，圖 15-6，主要目的是利用這些缺陷捕捉重金屬、可移動離子與其他污染物，稱爲去疵法(gettering)，因爲所有的積體電路製程都只利用到晶圓的單一面，且深度都只集中在表面幾十微米的區域，所以背面這些刻意產生的缺陷不會影響最後元件的特性。接下來晶圓會做邊緣研磨 (edge grinding) 的動作，主要目的是圓滑晶圓邊緣，圖 15-7，確保晶圓在之後的製程中不會因過於尖銳的邊緣而發生脆裂的狀況，使得脆裂的碎片或微粒子污染整個製程。到此步驟整個晶圓製作流程幾乎已經完成，之後就看對於晶圓本身是否有特殊需求，如表面氧化層或是磊晶層(epitaxial silicon)，則必須再做氧化或磊晶的製程，接著就進行包裝而送到半導體製造商的手中。

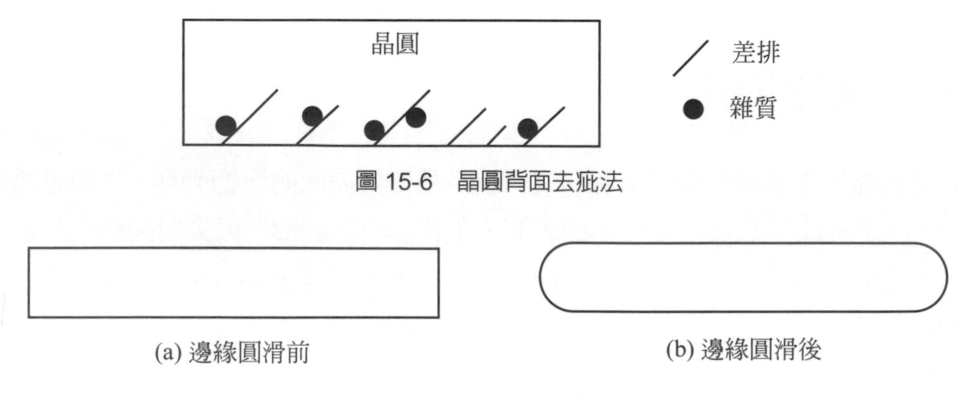

圖 15-6 晶圓背面去疵法

圖 15-7 晶圓邊緣圓滑處理

15-6 半導體製程

積體電路中的各個組成單元都是由數層不同厚度的薄膜所構成，且每個組成的圖案也不相同，爲了要達到高積集度的整合，各種不同性質的半導體製程單元就構成了整個製程流程，以下將就各部分簡單的介紹。

15-6-1 清洗

因爲晶體電路中的元件或線路大小都屬於微米階級，因此一般大小的微粒子對於整個製程良率傷害很大，所以製程必須在微粒數目受到控制的潔淨室(clean room)中，此外晶圓表面的清洗步驟在整個製程中所佔的比例超過兩成，可見清洗步驟的重要性，清洗中常用的液體是去離子水(deionized water)，因爲水中的離子對於元件特性有嚴重的影響，所以水中的離子必須經過處理去除才可以用來清洗晶圓。晶圓清洗主要目的是爲了除去表面上的微粒子、有機殘留物、金屬離子與氧化層等，表 15-3 中列出常用於前段晶圓清洗步驟中常用的清洗溶液。

表 15-3　清洗溶液與目的

溶液	目的
NH_4OH：H_2O_2：H_2O	去除微粒子與有機物
H_2SO_4：H_2O_2：H_2O	去除有機物
HCl：H_2O_2：H_2O	去除金屬
HF：H_2O	去除原生氧化層及金屬
HF：H_2O_2：H_2O	去除原生氧化層及金屬
HF：NH_4F	氧化層濕式蝕刻
H_3PO	氮化層濕式蝕刻

15-6-2 氧化

矽之所以會成爲最普遍的半導體材料，除了它是地球上含量豐富的元素外，它能夠忍受高溫的熱製程與容易成長的氧化物(二氧化矽)，都是它佔優勢的原因。矽暴露在含有氧氣或水氣的環境中時會發生以下化學反應：

$$Si + O_2 \rightarrow SiO_2 \tag{15-4}$$

$$Si + 2H_2O \rightarrow SiO_2 + 2H_2 \tag{15-5}$$

當矽的表面生成一層二氧化矽後，氧氣或水氣就不容易藉由擴散到達晶圓表面繼續進行反應，所以二氧化矽厚度增加的速率變慢。晶圓表面的矽容易在大氣下生成氧化物，此氧化物厚度約 1 到 2 nm，稱為原生氧化層(native oxide)。成長二氧化矽的方法除了上述直接消耗晶圓成長氧化層外，還可利用化學氣相沈積(CVD)的方式，通入反應氣體後藉由化學反應產生二氧化矽薄膜。在積體電路中的應用非常廣泛，如元件間的隔絕氧化層、MOS 元件中的閘極絕緣層、金屬導線間的絕緣層等，常見的氧化層應用列於表 15-4。

表 15-4 氧化層的應用

氧化層名稱	厚度(å)	應用
原生氧化層	15～20	不必要的
屏蔽氧化層	～200	離子植入
遮蔽氧化層	～5000	擴散
場區及局部氧化層	3000～5000	絕緣
襯墊氧化層	100～200	氮化矽應力緩衝
犧牲氧化層	＜1000	缺陷移除
閘極氧化層	30～120	閘極介電層
阻擋氧化層	100～200	淺溝槽絕緣

15-6-3 薄膜沈積

積體電路的組成是各種不同厚度的薄膜，薄膜沈積不會消耗基材的晶圓，積體製程中多數的金屬導線與介電層都是藉由薄膜沈積方式形成。薄膜沈積以反應方式可區分為：①物理氣相沈積(physical vapor deposition，PVD)，與②化學氣相沈積(chemical vapor deposition，CVD)。兩者各有其優缺點，但在積體製程線寬越來越微細之後，PVD 漸漸無法解決一些製程上的困難，相形之下 CVD 的重要性日益凸顯出來。

一、物理氣相沈積

在半導體製程上，主要的 PVD 技術有蒸鍍(evaporation)與濺鍍(sputtering)兩種。蒸鍍是對被蒸鍍物加熱，藉由被蒸鍍物在高溫時具有的飽和蒸氣壓進行薄膜沈積，加熱的方式有熱蒸鍍(thermal evaporation)與電子束蒸鍍(e-beam evaporation)等，熱蒸鍍早期常用在鋁材的蒸鍍，因為鋁的熔點約是 660℃，所以鋁用一般電阻加熱式的熱蒸鍍成本低且效率高。電子束蒸鍍是利用電子對被蒸鍍物加熱，因為電子束很小且溫度可以達到很高的溫度，所以用來蒸鍍一些比較高熔點的金屬，此外用電子束蒸鍍因為加熱區域小所以雜質造成的污染可以降低。兩種蒸鍍方式簡單示意於圖 15-8。

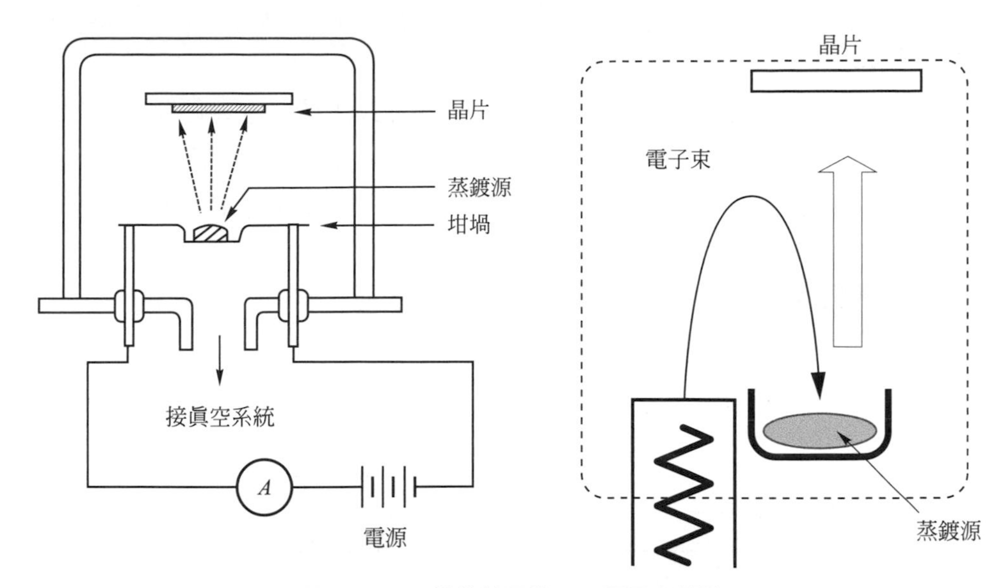

圖 15-8　(a)熱蒸鍍設備，(b)電子束蒸鍍

濺鍍是利用電漿(plasma)中產生的離子對被濺鍍物進行離子轟擊(ion bombardment)，藉由動量轉移(momentum transfer)的現象，將離子的動能轉移到被濺鍍物上，使得原子脫離靶材而進行沈積的動作，如圖 15-9。PVD 的主要缺點是階梯覆蓋(step coverage)能力差，尤其當元件尺寸越來越小、積集度變高、金屬導線線寬變窄與溝渠(trench)深度變深後造成高深寬比(high aspect-ratio)的結構越來越多，傳統利用蒸鍍方式已經無法滿足這樣的製程，因為填塞不良的現象很容易發生，如圖 15-10。所以 CVD 的發展逐漸凌駕 PVD 之上。

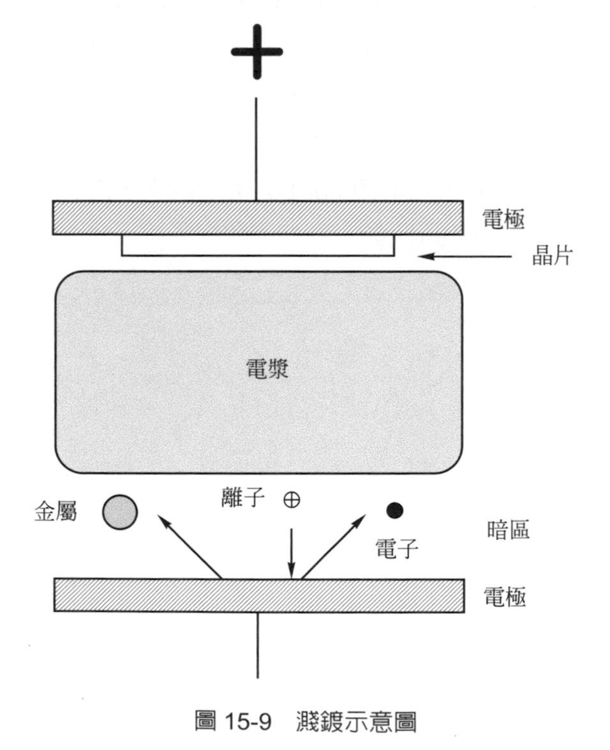

圖 15-9　濺鍍示意圖

圖 15-10　不良的薄膜階梯覆蓋能力

二、化學氣相沉積

積體製程中常用的介電材料大多是利用 CVD 的方式沈積，主要優點包括沈積薄膜的組成可以控制地很精準，除此之外良好的階梯覆蓋能力更是 PVD 所不及。除了介電材料，少數導體材料也可以藉由 CVD 沈積，表 15-5 中列出可用 CVD 沈積的薄膜與相關應用。

表 15-5 CVD 沈積的薄膜與應用

材料種類	材料	反應氣體
介電材料	SiO_2	$SiH_4 + O_2$；$Si(oC_2H_5)_4$
	PSG	$SiH_4 + O_2 + PH_3$；$SiH_4 + N_2O + PH_3$
	BPSG	$PO(oCH_3)_3 + B(oC_2H_5)_3$
	Si_3N_4	$SiH_4 + NH_3$；$SiH_2Cl_2 + NH_3$
導體材料	Polysilicon	SiH_4
	W	$WF_6 + SiH_4$；$WF_6 + H_2$

15-6-4 微影

微影(photolithography)是積體電路製程中最爲重要的一個步驟，晶圓上的圖案都是藉由這個步驟達成。首先，先在晶圓上塗附一層感光物質，稱爲光阻(photoresist)，透過一玻璃爲主的光罩讓一平行光通過，因爲光罩上畫有元件製程圖案，所以會有透光與不透光的部分，藉由這樣的區別，光阻也會有照光與不照光的區域，所以光罩上的圖案就可以轉移到晶圓上，這個過程稱爲曝光(exposure)。曝光過的光阻利用溶液做顯影(development)的動作，其原理類似於洗底片一樣，光阻會因照光與否而產生去留的動作。光阻依其感光特性可區分成兩種：正光阻與負光阻，正光阻其照光部分會被顯影液洗掉，反之負光阻照光部分則會被保留下來，所以兩種光阻形成的圖案是互補的，圖 15-11 表示正、負光阻顯影後的圖案的差異。顯影後的光阻圖案再經過蝕刻的步驟就可以在晶圓上留下圖案，眞正達到圖案轉移的目的，表 15-6 中也簡單的列出正、負光阻的比較。

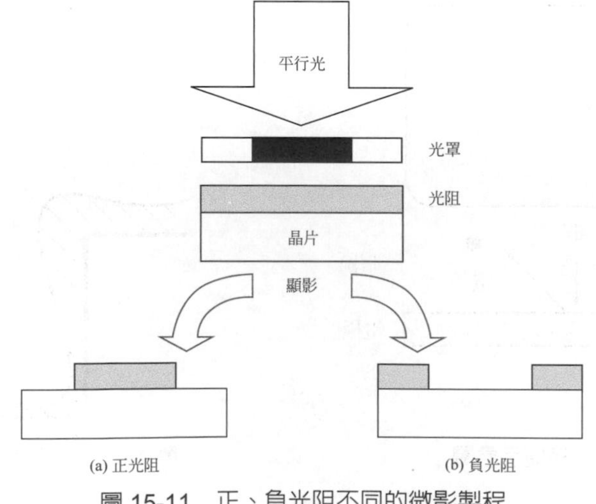

圖 15-11 正、負光阻不同的微影製程

微影過程決定圖案轉移的正確性，也影響到之後蝕刻後的線寬大小，對於製程良率影響甚巨。整個微影過程包括光阻塗佈、曝光、顯影等步驟，其中光阻的成分是由樹脂、感光劑與溶劑所組成，其中樹脂與感光劑提供光阻足夠的強度以進行之後的蝕刻製程，而溶劑則提供光阻具有一定的流動性使得其容易旋塗在晶圓表面與控制光阻厚度。表 15-7 中列出一些常見的光阻材料。

表 15-6　正、負光阻的比較

特性	正光阻	負光阻
對矽的附著	普通	佳
對比	較佳	較差
價格	較貴	便宜
顯影劑	水溶液	有機溶液
尺寸偏差	＜0.5 μm	±2 μm
曝光速度	慢	快
電漿蝕刻阻抗	好	差
階梯覆蓋能力	好	差
熱安定性	好	普通
濕化學阻抗	普通	極佳

表 15-7　光阻材料

光阻型式	化學組成	曝光儀器
負	異戊二烯橡膠、疊氮化合物	光罩對準儀
負	酚樹脂、疊氮化合物	深紫外光
負	氯聚苯乙烯	深紫外光
負	酚醛樹脂、疊氮化合物	I-線紫外光
負	酚樹脂	深紫外光
正	酚醛樹脂、疊氮	G-線紫外光或深紫外光
正	聚甲基丙烯酸甲酯	深紫外光
正	聚甲基丁基酮	I-線紫外光
正	酚醛樹脂疊氮	I-線紫外光

15-6-5　蝕刻

之前提到顯影後的光阻可當成蝕刻時的罩幕，用以選擇性去除光阻底下的基材或薄膜，圖 15-12。半導體上的蝕刻技術可分成兩種：濕式蝕刻(wet etch)與乾式蝕刻(dry etch)。濕式蝕刻主要是利用溶液化學反應進行薄膜的蝕刻，乾式蝕刻可以利用氣體或電漿離子進行化學或物理性蝕刻。濕式蝕刻因爲是利用溶液作爲蝕刻物所以除了垂直方向會蝕刻外，側向也會發生蝕刻，稱爲等向性(isotropic)蝕刻，圖 15-13(a)；相反地，如果只有垂直方向的蝕刻，側向沒有底切(undercut)的現象，稱爲非等向性(anisotropic)蝕刻，圖 15-13(b)，乾式蝕刻可以達到非等向性蝕刻的目的。

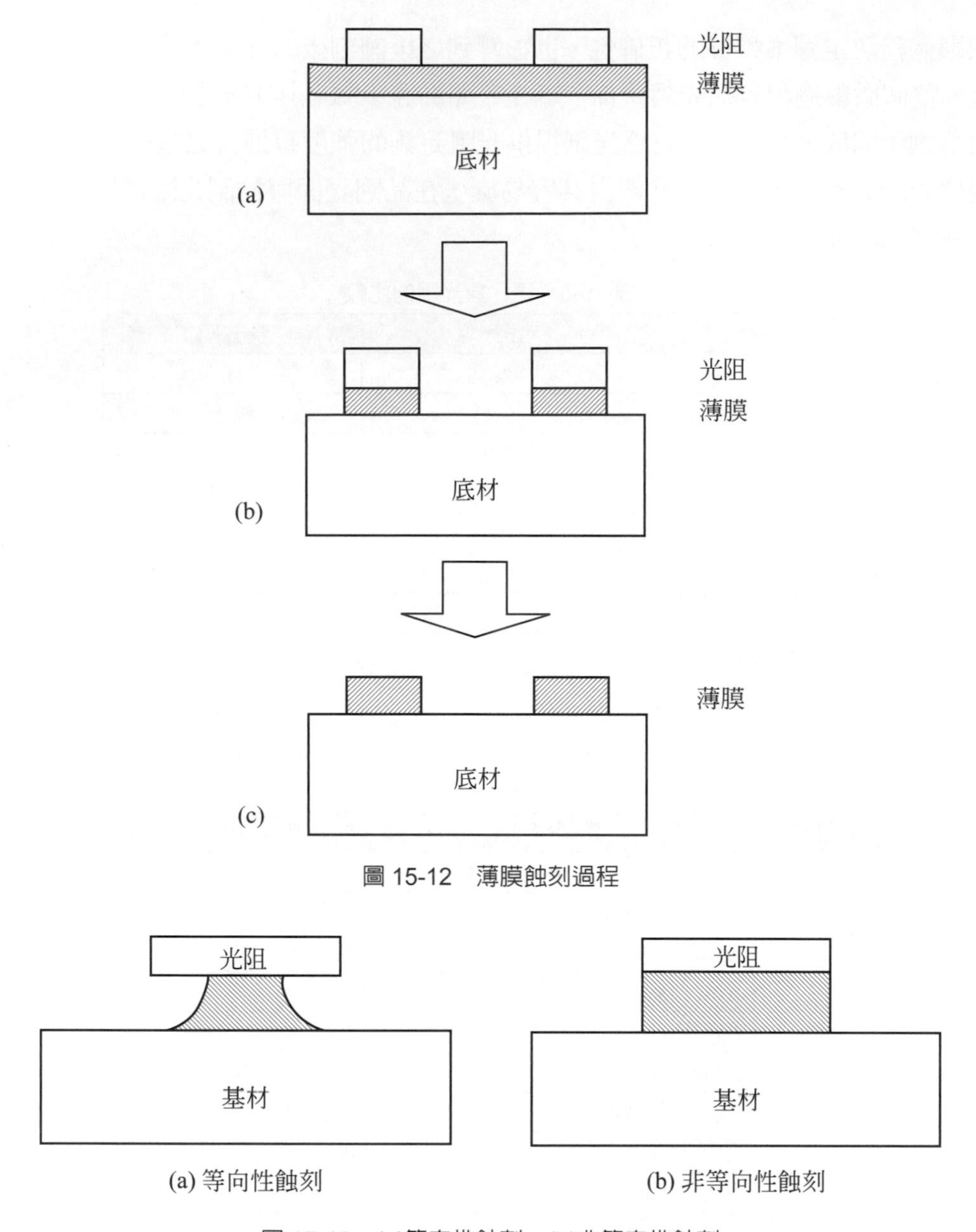

圖 15-12　薄膜蝕刻過程

圖 15-13　(a)等向性蝕刻，(b)非等向性蝕刻

濕式蝕刻雖然會有底切的現象，但是利用溶液蝕刻有一個好處那就是選擇性(selectivity)比一般乾式蝕刻佳，選擇性指的是不同材料間的蝕刻速率比。乾蝕刻是利用電漿產生的離子對被蝕刻物做離子轟擊的物理現象來進行，所以它是非等向性的，但選擇性也差。另外，在反應腔內通入蝕刻氣體，藉由電漿將氣體解離出的蝕刻離子與薄膜發生化學反應進行蝕刻，如此一來選擇性改善但底切現象變嚴重了，所以第三種乾蝕刻方式，則是同時結合物理性離子轟擊與化學性離子反應，折衷兩者的優點，即可達到選擇性佳與非等向性蝕刻，這樣的蝕刻方式稱爲反應性離子蝕刻(reactive ion etch，RIE)。表 15-8 中列出不同薄膜常用的乾蝕刻配方。值得一提的是，爲提升矽太陽能電池之光捕捉效應以及增加異質接面之面積，許多文獻已廣泛使用氫氧化鉀(KOH)溶液來蝕刻矽基板，利用不同平

面蝕刻速率之不同來產生金字塔結構以增加矽表面積，因爲(100)矽平面的蝕刻速率爲(111)矽平面的 100 倍，所以非等向性蝕刻(100)矽平面爲一自我限制(self-limited process)之製程，如圖 15-14 所示。

表 15-8　不同材料的乾蝕刻配方

待蝕刻物質	矽	矽化物	二氧化矽	氮化矽
蝕刻劑	Cl_2	$CFCl_3$	CHF_3	$CF_4 + O_2$
	F_2	CF_2Cl_2	$CF_4 + O_2$	CHF_3
	HF	CCl_4	$CF_4 + H_2$	C_2F_6
	$CFCl_3$	$BCl_3 + Cl_2$	$SiCl_4$	
	CF_2Cl_2	$CF_4 + O_2$	C_2F_6	
	CCl_4	SF_6	C_3F_8	
	$BCl_3 + Cl_2$	NF_3		
	$CF_4 + O_2$			
	SF_6			
	NF_3			
	HBr			
	SiF_4			

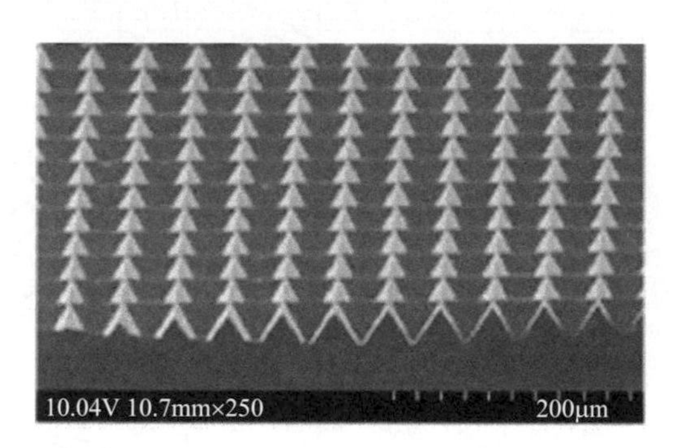

圖 15-14　利用 KOH 溶液非等向性蝕刻矽基板所產生之倒金字塔結構

15-6　摻雜

半導體導電性介於金屬與絕緣體之間，矽的能隙約爲 1.12 電子伏特，在室溫下導電性不佳，元件應用上必須藉由外加雜質以增加其導電性，而這個過程稱爲摻雜(doping)。摻雜雜質有施子(donor)與受子(acceptor)兩種，前者可以提供多餘的電子，後者則提供電洞。現在積體技術常用的摻雜技術主要有兩種：擴散法(diffusion)與離子植入法(ion implantation)。擴散法是藉由摻雜離子的濃度差使得離子在矽基內進行摻雜動作；離子植入法則是利用離子加速裝置將摻雜離子打進矽基裡面。

擴散指的是原子由高濃度區往低濃度區移動的現象，整著過程屬於熱平衡狀態，所以最後的離子濃度分佈多呈現高斯分佈(Gaussian distribution)。擴散法包括離子預置(predeposition)與趨入(drive-in)兩步驟，如圖 15-15。預置主要是將摻雜離子置入晶圓表面，因爲不同溫度下不同物質對不同離子有不同的固態溶解度，所以溫度的控制相當重要，不同物質對矽的固態溶解度示於圖 15-16，預置使得被摻雜物體的表面充滿摻雜離子作爲趨入時的離子源。進行趨入的步驟溫度與時間也非常重要，藉由空孔與間隙爲路徑的擴散過程容易受到溫度的影響，此外時間長短也影響到摻雜後接面(junction)的深度。

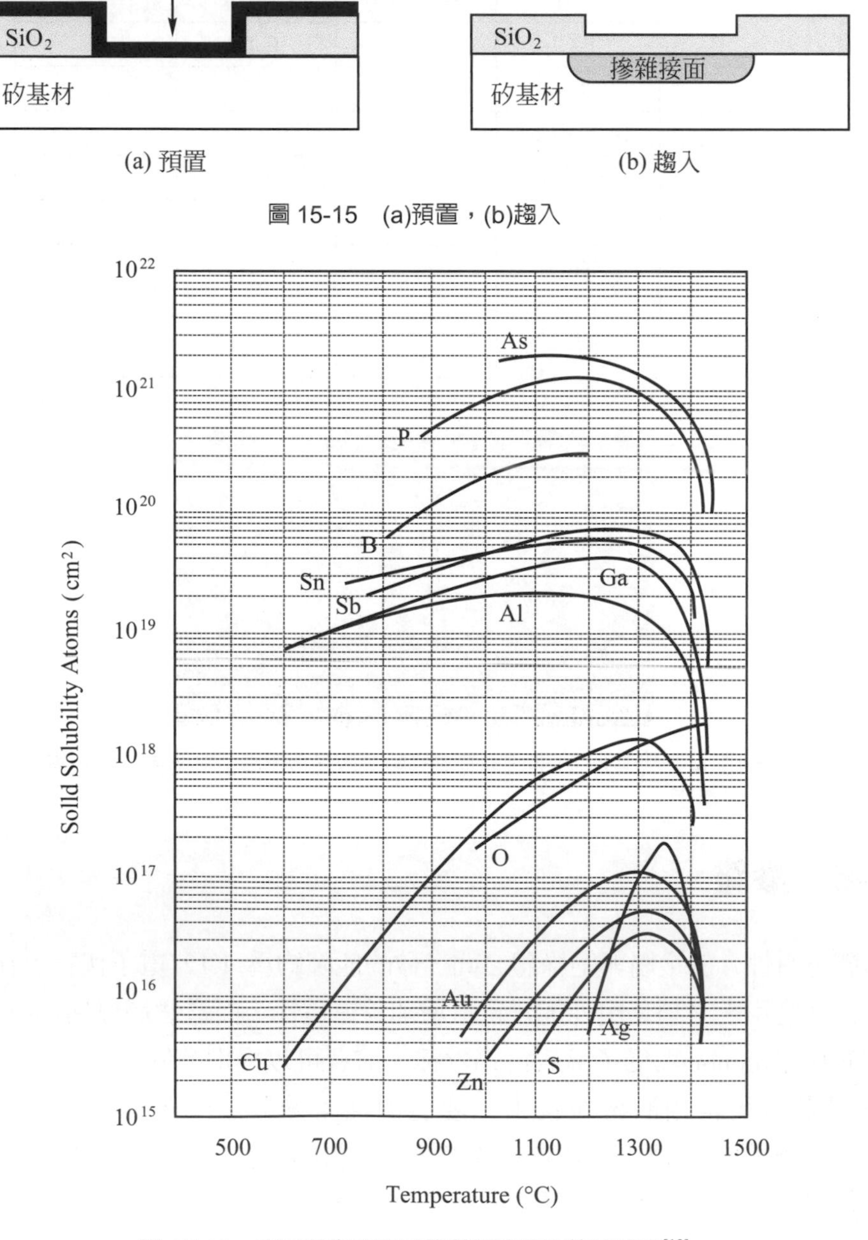

圖 15-15 (a)預置，(b)趨入

圖 15-16 不同溫度下不同雜質對矽的固態溶解度[13]

擴散法對於離子濃度與接面深度的控制不佳，因爲兩者都與溫度與時間有關，所以要精確的控制並不容易。離子植入法可以克服這些問題，藉由控制電子加速器的電流大小可以精準的改變離子密度。另外，改變離子加速電壓可以控制離子速度與能量，進而控制離子植入時的接面深度，因此先進的摻雜設備都已經採用離子植入法，如圖 15-17。不過離子植入法必最後要有一道離子活化(activation)的步驟，因爲強迫式的植入不是熱平衡過程，所以許多的離子是處在間隙的位置上，這些位置上的離子無法提供電子或電洞，因此經過一高溫活化過程使得他們重新分佈，而達到摻雜的目的，同時修復因爲植入時所造成的破壞。

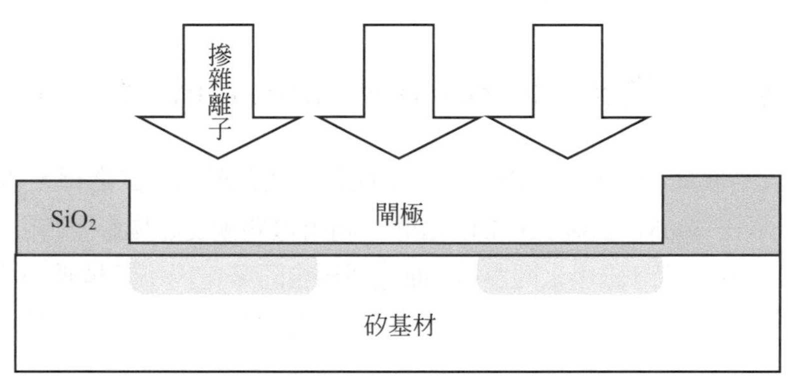

圖 15-17　離子植入過程

15-7 退火

退火(annealing)主要是指一種材料曝露於高溫一段很長時間後，然後再慢慢冷卻的熱處理製程。實施退火的目的主要包括：(1)釋放應力，(2)增加材料延展性和韌性，以及(3)產生特殊顯微結構。

一般機械製品於加工面總是免不了會有殘留應力的存在，若製品未經適當應力退火處理，在不當的暴露於熱源下，會產生變形的現象，另外由殘餘應力經常是高度集中在某一局部區域，因此會局部降低製品的機械強度。爲避免這些問題，採用退火處理將製品緩慢而均勻的加熱至一低於相變化點之溫度，然後至於此溫度一段時間，在緩慢而均勻的逐步冷卻下來，在此過程中最重要的是必須保持製品各區域之冷卻速度相同，否則冷卻後，由於各區冷卻速率的差異，會再度造成殘餘應力的出現。此點對複雜形狀之製品尤其嚴重。半導體製程中，大多數的電子元件都是由薄膜所構成，因此薄膜沈積後殘留應力的消除不僅可以改善薄膜本身的特性，使得其不容易發生剝離的現象，另外也可以改善元件本身的電性表現；常見的退火製程有：①離子植入後的退火，②金屬矽化物的退火。

15-7-1 快速熱退火(Rapid Thermal Annealing,RTA)

退火為一種加熱製程，是一種運用熱能所產生物理或化學的變化。通常是為了在經過離子佈植後，因高能量之轟擊，使元件內部產生許多缺陷及不均勻的雜質，消除及均勻擴散分佈，使原子能排列組合重整，再進行結晶。

快速熱退火處理系統，主要是利用快速升降溫的方式對晶片做有效的熱處理，並減少雜質的外擴散效應，較傳統的爐管減少許多熱運算，並且作用時間比爐管退火時間較為縮短，約為幾秒鐘之時間。同時，通入氧氣後，此系統具有長薄氧化層的功能(RTO)。

15-7-2 微波熱退火(Microwave Annealing,MWA)

微波熱退火的原理類似於微波爐，是以一種電磁波輻射的形式進行，其波長在 1m 至 1mm 之間，頻率在 300MHz 到 300GHz 之間。利用電偶極受磁場影響時隨著磁場方向改變之特性，當微波射入時，磁場來回震盪，而電偶極會隨著電場不斷轉動，因而產生熱能。由於微波能給予每個原子均勻的能量，因此在製程溫度低的情況下，也可以達到活化之效果。

15-7-3 毫秒退火(Millisecond Annealing,MSA)

毫秒退火是用高能量脈衝輻射熱加熱晶圓表面，產生極大的垂直溫度梯度以達到表面快速冷卻。其加熱功率密度約是傳統尖峰退火的 1000 倍，並且需要使用高能閃光(flash)或者連續波雷射(laser beam)在晶圓表面掃描。如圖 15-18(a)(b)為不同形式下作用。

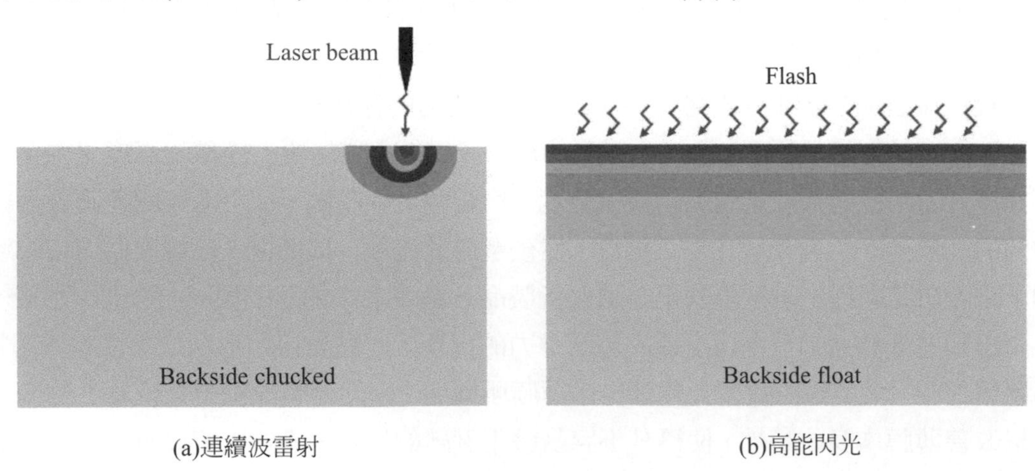

(a)連續波雷射　　(b)高能閃光

圖 15-18

然而在科技快速的進步下，元件尺寸將越來越小，儘管在傳統快速熱製程就已經存在，但毫秒退火的高加熱功率密度會在更小的尺寸內，能產生更大的溫度梯度。在不同元件大小使用下，依不同時間所需退火應用對照表，如圖 15-19，不同溫度及時間下，各種退火統整溫度與時間對照統整表。

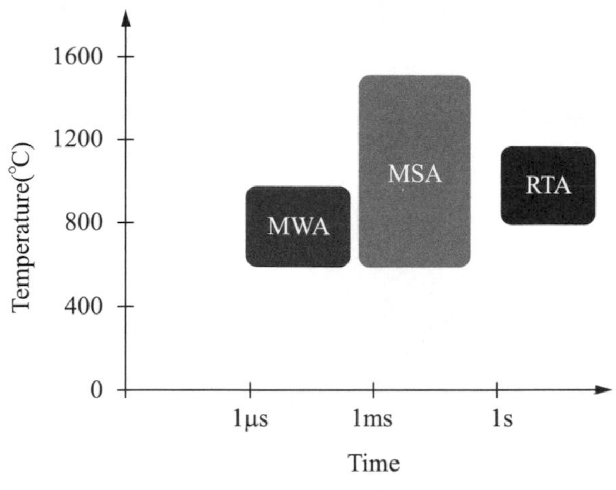

圖 15-19　顯示傳統的 RTA 和毫秒退火的 T-t 範疇

15-8 電子構裝

以薄膜技術在晶圓上製作的積體電路與元件，體積小且結構脆弱，因此在運送或操作過程中爲避免外界環境的破壞與污染，會對已經製作好的晶片(chip)包裝起來，使其能夠發揮功能與不受外力破壞。

15-8-1 構裝的目的與種類

電子構裝(electronic packaging)的目的包含幾項：電能傳送、訊號傳遞、散熱與晶片保護。從晶片的切割、黏結到產品完成中，電子構裝可以分成三種不同的層級(level)，如圖 15-20：第一層級指的是將晶片黏結在構裝模組(module)上的步驟，第二層級則是模組組合到印刷電路板(printed circuit board, PCB)上，第三層級是將電路板整合到主機板(mother board)上。第一層級時，模組上依照黏結的晶片數目又可區分成單晶片模組(single chip module, SCM)與多晶片模組(multi-chip module, MCM)兩種。

封裝用的密封材料一般可分成三種：塑膠、陶瓷與金屬。塑膠的成本低、製程簡單，不過熱傳導性差；陶瓷的機械強度佳、保護能力好、熱傳性高於塑膠且耐熱性質好，但是成本過高；金屬有極高的導熱性質所以散熱佳。這三種材料適用的封裝範圍列於表 15-9 中。不同的引腳(lead)型態與分佈可區分成下列幾種：單邊引腳、雙邊引腳、四邊引腳、底部引腳與無引腳等五種，表 15-10 中簡列出一些不同引腳分類的例子與圖形。除了引腳型態外，依模組組合到電路板上的接合方式可以區分成引腳插入型(pin through hole，PTH)與表面黏著型(surface mount technology，SMT)兩種。PTH 是將引腳插入腳座或導孔中利用銲接的方式固定，如圖 15-21(a)；SMT 則是直接在表面用焊接方式固定，如圖 15-21(b)。構裝的種類眾多，採用哪一種方式取決於不同的因素，成本、性能、尺寸大小與可靠度是主要的考量。

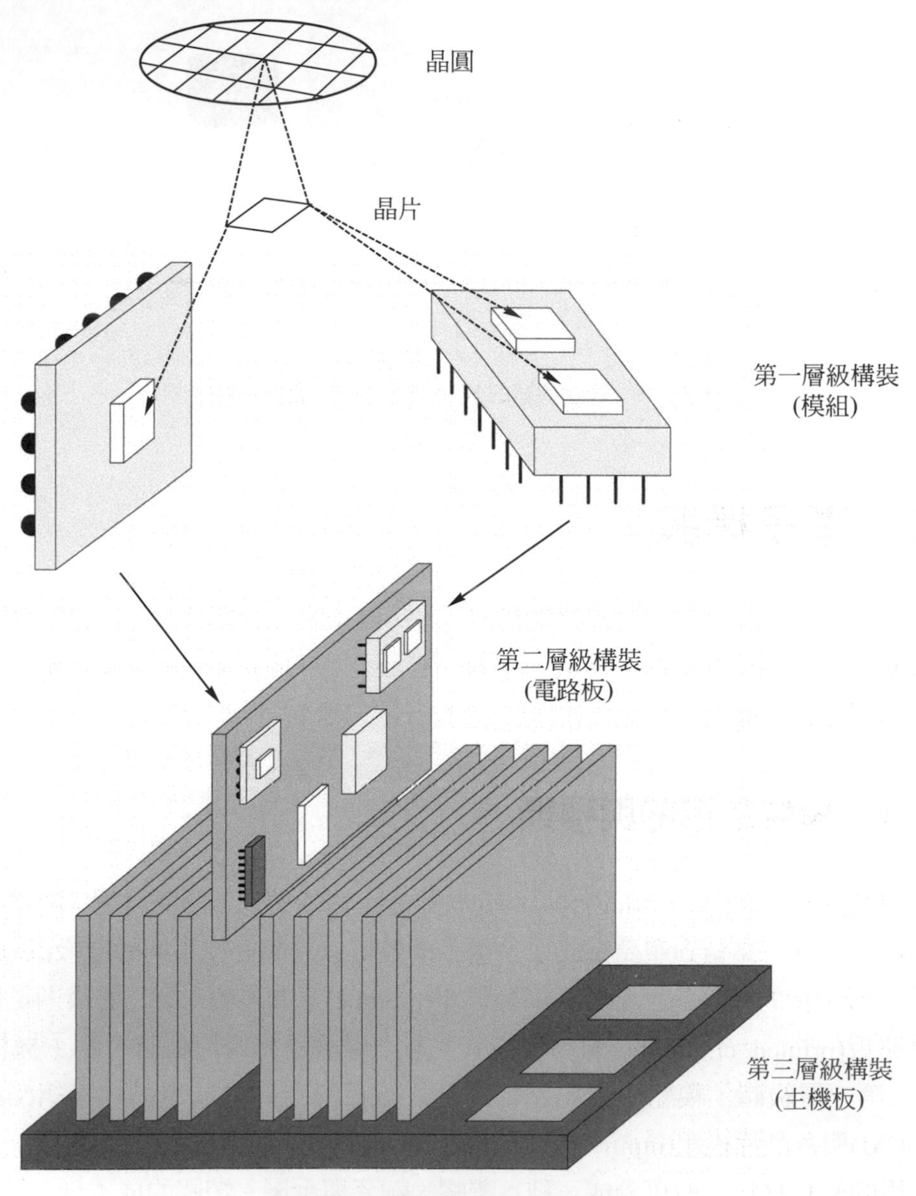

圖 15-20　電子構裝中的三種層級

表 15-9　三種封裝材料的應用

材料	應用範圍
陶瓷	1.立體式 2.平面式 3.測邊銲接 4.晶粒承載器 5.樑腳 6.覆晶 7.無腳倒立 8.針格陣列
塑膠	1.立體積體電路 2.電晶體 TO-92 爲主 3.晶粒承載器 4.球格陣列
金屬	1.金屬蓋 2.金屬底座 3.卷帶晶粒承載器

表 15-10　不同引腳形式的封裝

引腳形式	種類	圖形
單邊引腳	單列式	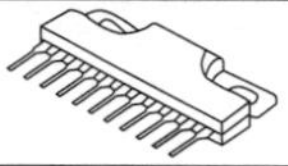
	交叉引腳	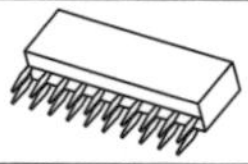
雙邊引腳	雙列式	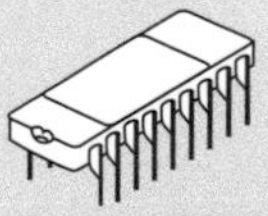
	小型化	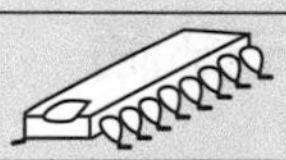
四邊引腳	四邊平面	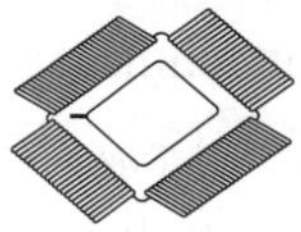
底部引腳	金屬罐式	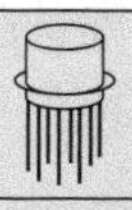
	針格式	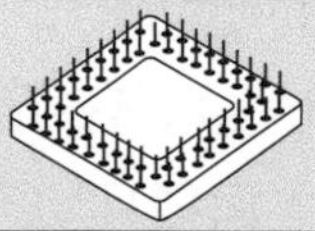
	引腳晶粒承載器	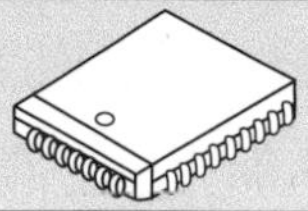
無引腳	無引腳晶粒承載器	

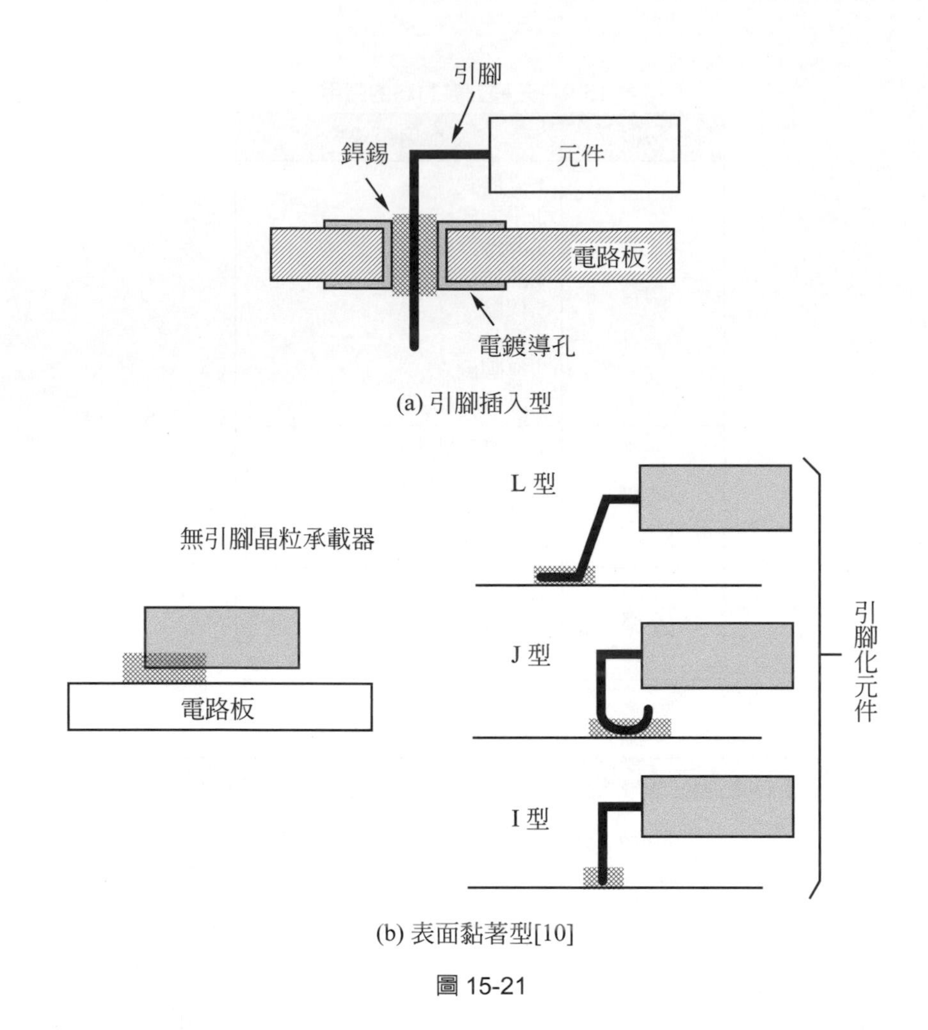

(a) 引腳插入型

(b) 表面黏著型[10]

圖 15-21

15-8-2 晶片黏結

晶片黏結(die attachment)主要是將製作好的積體晶片黏著在引腳架上的晶片承載座上，這個步驟屬於第一層級封裝。目的是提供可靠的黏著、良好的導熱與導電性。陶瓷封裝上常採用金-矽或金-錫共晶接合；塑膠封裝則多採用高分子黏著劑。

金-矽共晶接合是利用金矽合金(組成爲 97wt%金 – 3wt%矽)有一共晶溫度 363℃，此溫度遠低於金與矽的熔點所以不會對晶片本身產生太大的影響。常用的方法是直接在基板上鍍上一層金膜，然後藉著矽晶片底部與金膜在高溫下發生共晶反應而產生接合。共晶接合的缺點包括無法大面積且均勻的接合，此外矽晶上的原生氧化層也不利於接合發生。高分子黏著劑主要成分爲環氧樹脂(epoxy)或聚醯亞胺(polyimide)等高分子，其中也會加入金屬粒子(銀)用以提高熱與電的傳導性，並在高溫下產生黏著，所以高分子物質必須選擇可以承受因溫度變化而產生的熱應力與熱應變。另外，還有玻璃膠黏結與銲接黏結法。玻璃膠黏結類似高分子黏著，先在低溫下(約 75℃)將有機溶劑去除，再加高溫度(375℃)使得玻璃熔融接合，因此玻璃膠要有一定的厚度，通常需要達到 50 微米以上。銲接黏結也是利用合金共晶反應進行黏結的方法，常見材料包括：金-矽、金-錫、錫-鉛、鉛-銀-銦等合金。

15-8-3 引腳架

引腳架主要是作爲晶片導電、導熱的途徑，另外也作爲承載的工具，對於整個封裝極爲重要。引腳架製作或設計需考慮多項因素：必須是電與熱的良導體、熱膨脹係數與矽接近、提供晶片黏結時好的附著性、抗氧化、機械強度高、防腐蝕與可以低價地大量製作等。

引腳架材料多爲以銅爲主的合金、鐵-鎳合金與一些複合金屬，常見的引腳架材料列於表 15-11 中。其中以銅爲主的合金是電、熱的良導體，不過機械強度不好，所以會藉由添加一些金屬(鐵、鈷、鋅等)增加強度，各種不同添加金屬的作用列於表 15-12。因熱膨脹係數高達 16.5×10^{-6} ℃$^{-1}$，所以不適合金-矽共晶接合，但符合塑膠封裝要求(塑膠基板 FR4 的熱膨脹係數 15.8×10^{-6} ℃$^{-1}$)。Alloy 42(42 wt%鎳-58 wt%鐵)熱膨脹係數爲 4.3×10^{-6} ℃$^{-1}$ 接近矽材(2.5×10^{-6} ℃$^{-1}$)，不過過低的熱傳導率(15.89 W/m℃)是它的缺點。目前國內超過半數以上的引腳架都是進口的，生產國以日本爲主。

表 15-11　常見引腳架材料與特性

引腳架合金種類	熔點 (℃)	比重	熱傳導率 (W/m℃)	熱膨脹係數 (ppm/℃)	電傳導率 (%1ACS)	強度 (GPa)	楊氏係數 (GPa)	伸長率 (%)	維氏硬度
42 鐵-58 鎳(Alloy 42)	1425	8.15	15.89	4.3	3	0.64	144.83	10	210
銅-0.1 鋯	1000	8.94	359.8	17.7	90	0.35	120.37	7min	104
銅-2.3 鐵-0.03 磷-0.1 鋅	1000	8.8	261.5	16.3	65	0.41	120.37	3min	135
銅-1.5 鐵-0.8 鈷-0.6 錫-0.1 磷	1090	8.92	196.65	16.9	50	0.47	118.89	3min	147
銅-0.034 銀-0.058 磷-0.11 鎂	1002	8.91	347.27	17.7	86	約 0.4	117.43	3	約 120
銅-0.1 鐵-0.058 磷	1083	8.9	435.14	17	92	0.39	120.37	4min	125
銅-3.2 鎳-0.7 矽-0.3 鋅	1090	8.9	219.66	17	55	0.54	124.28	7min	180
銅-0.1 鋅-0.1 鐵-0.03 磷	1083	8.9	376.56	17	82	0.39	127.22	4min	140
銅-2.0 鋅-0.1 鐵-0.03 磷	1068	8.9	133.89	16.5	35	0.54	120.37	7min	180
銅-2.0 鋅-0.2 鎳-0.15 磷	1065	8.8	154.81	16.9	30	0.59	112.54	7min	185
銅-0.15 鋅-0.006 磷	1083	8.9	376.65	17.7	92	0.34	117.43	4min	105
銅-0.75 鐵-1.25 錫-0.03 磷	1075	8.8	138.07	16.7	40	0.48	117.43	4min	150
鐵-12 鉻	NA	7.8	24.27	11	30	0.62	19.96	5min	220
銅-0.6 鐵-0.05 鎂-0.02 磷-0.23 錫	1085	8.82	261.5	16.9	65	0.56	120.37	1.9	160
銅-0.6 鐵-0.05 鎂-0.02 磷	1086	8.84	320.49	16.8	80	0.45	117.41	1.5	144
銅-1.0 鎳-0.2 矽-0.03 磷	1090	8.9	259.41	16.9	60	0.55	127.22	4.8	160

表 15-12 各種不同添加金屬的作用

添加金屬	目的
鐵	析出強化
磷	與鐵、鈷、鎳與鎂發生反應並析出強化
錫	增加剛性
鎳	固溶強化
矽	與鎳反應析出強化
鋅	加強電移效應
鈦	與鐵、鈷、鎳與矽發生反應並析出強化
鉻	析出強化

15-8-4 連線技術

傳統封裝過程中當晶片黏結步驟完成後，就會進行電路連線步驟，如此晶片上的元件才能運作。常見的連線技術有打線接合(wire bonding)、卷帶自動接合(tape automated bonding，TAB)與覆晶接合(fip chip)三種。圖 15-22 中表示三種不同的連線技術中每一個晶片上所能形成的接線數目，表 15-13 中則是三種技術的比較。

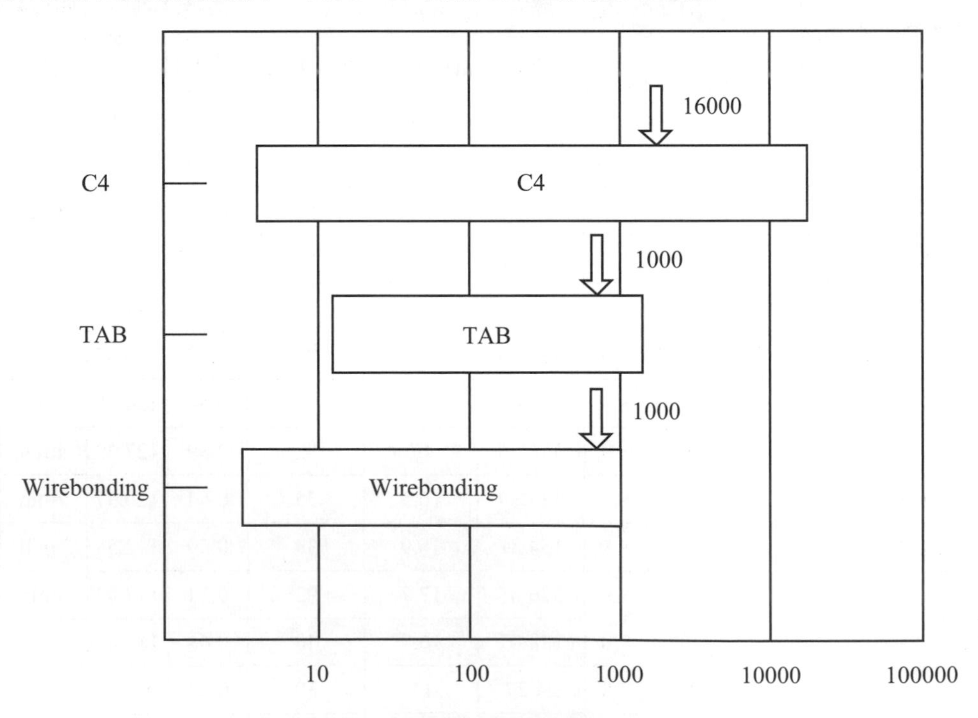

圖 15-22 不同的連線技術接點數目比較

表 15-13　三種連線技術的比較

	覆晶接合	自動卷帶接合	導線接合
金屬	銲錫、導電膠	銅	金、鋁-矽
製程	熔融	熱壓	熱/超音波
晶片金屬化	鉻/銅/金	鈦/鎢/金	鋁，鈦/鎢/金
基材金屬化	鎳/金	錫-鉛/金	鎳/金

一、打線接合

打線接合是利用超音波(ultrasonic)、熱音波(thermosonic)或熱壓(thermocompression)熔接的方式將導線打在晶片與引腳架上或基板的接墊上，用以形成電路。依接點形狀可分成球形(ball)接點與楔形(wedge)接點兩類，如圖 15-23 所示。

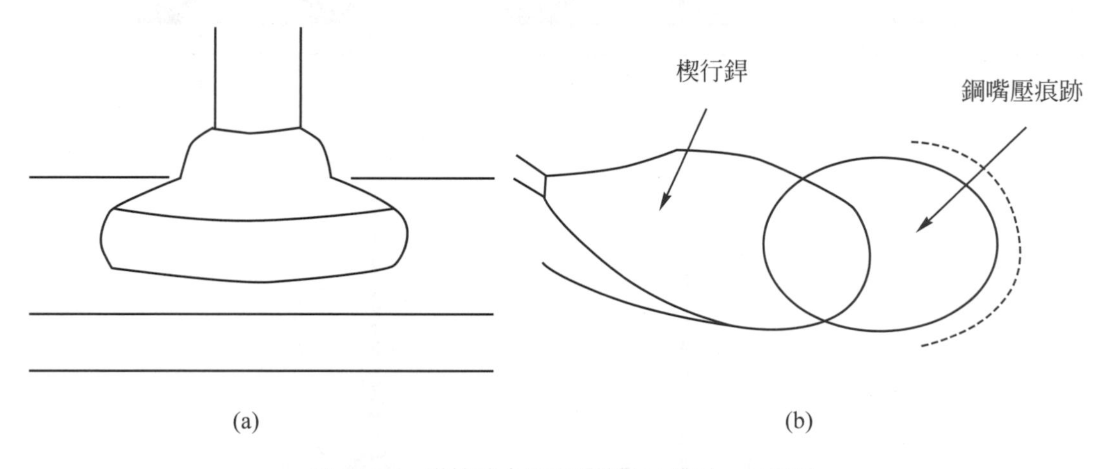

圖 15-23　導線接合的兩種接點(a)球形，(b)楔形

超音波接合是先將導線迫近在接墊上，接著施加頻率約 60Hz～120Hz 的超音波，迫使導線冷銲於接墊上而完成接合，過程示於圖 15-24。一般的超音波接合只能形成楔形接點，優點包括製程溫度低(70℃～80℃)、超音波可以磨除接墊表面的污染物與氧化物、適合鋁線的接合。熱壓接合是先利用電子點火(electrical flame-off，EFO)或氫焰(hydrogen torch)將導線形成球狀進行接合，因此它是屬於球形接點，當第一個接點形成後，接線工具就移到第二個接墊行接合，第二個接點是利用熱壓截斷方式形成，所以是屬於楔形接點，不過形狀不同於超音波接合，它的形狀近似於新月狀(crescent)，整個流程示於圖 15-25。熱壓接合過程中接合工具與接墊都必須要加熱(前者約 300℃～400℃間，後者約 150℃～250℃間)。熱超音波接合是結合超音波接合與熱壓接合兩種方法，不同的地方是接合工具不需加熱，接墊仍須加溫在 150℃～250℃間，製程溫度比熱壓接合低，可以避免接合介面劣化的現象。三種打線接合的比較列於表 15-14。

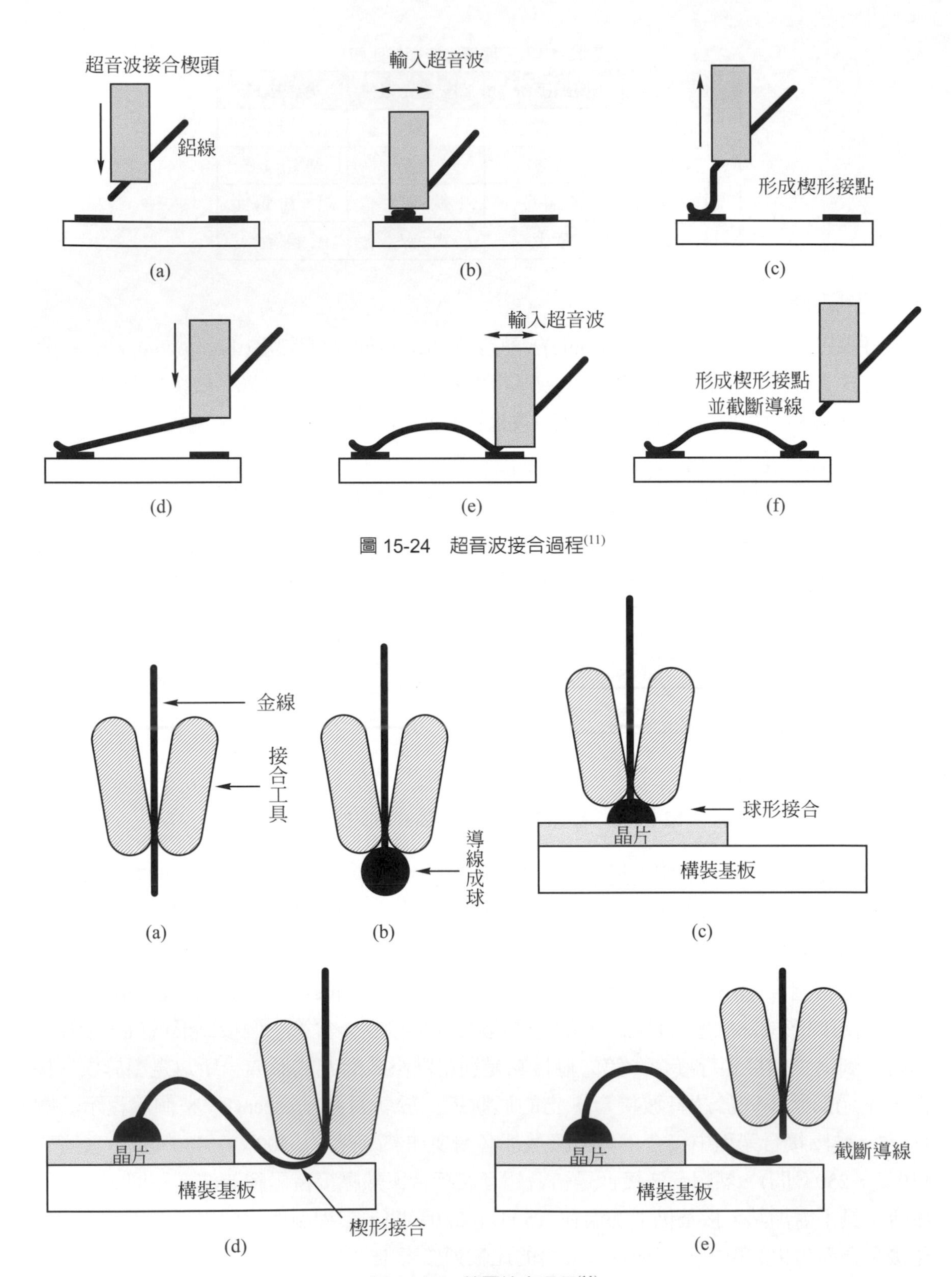

圖 15-24 超音波接合過程[11]

圖 15-25 熱壓接合過程[11]

表 15-14　三種導線接合技術的比較

方法	一般金屬化	溫度	壓力	時間
熱壓法	金線，鋁或金墊	300℃～400℃	High	High (40 ms)
超音波法	鋁合金線，鋁或金墊	室溫	Low	Low (20 ms)
熱超音波法	鋁線，鋁或金墊	150℃～225℃	Low	Low (20 ms)

鋁與金是打線接合常用的導線材料，純鋁因機械強度不足所以會添加 1%的矽以增加鋁線的強度。另外，添加 0.5%～1%的鎂對於鋁線的抗疲勞性有顯著的幫助。純金因爲過軟所以也必須藉由添加一些雜質(鈹、鈣、銅)提高強度。銅也可以當作導線使用，它比金與鋁都要硬，不過接合過程必須在惰性氣體中進行以防止銅的氧化，三種材料的比較列於表 15-15 中。

表 15-15　三種導線材料的比較

物理性質	鋁	金	銅
比熱(J/kg-℃)	900	128.9	385
熱傳導率(W/m-℃)	237	319	403
比重(kg/m^3)	2.698×10^{-3}	19.32×10^{-3}	8.96×10^{-3}
熔點(℃)	660.37	1064.43	1083.4
電阻率(Ω-m)	2.658×10^{-8}	2.249×10^{-8}	1.73×10^{-8}
電阻率溫度係數(Ω-m/℃)	4.3×10^{-11}	4×10^{-11}	6.8×10^{-11}
降伏強度(Pa)	1.034×10^{7}	1.724×10^{7}	6.894×10^{7}
拉伸強度(Pa)，線材	4.482×10^{8}	2.068×10^{8}	2.206×10^{8}
Possion 係數	0.346	0.291	0.339
熱膨脹係數(ppm/℃)	46.4	14.2	16.12
硬度	17	18.5	37
延伸率(%)	50	4	51

二、卷帶自動接合

1960 年代左右，美國通用電器(General electrical，GE)研究實驗室的 MiniMod 構裝計畫是 TAB 整個技術的源起。它是利用貼有蜘蛛腳形狀引腳的軟式卷帶，藉由自動化過程將內引腳與晶片接著，外引腳與封裝基板接合，卷帶圖形示於圖 15-26。TAB 發展目的是節省人工、採用全自動化流程，用以封裝大體積與低接點的元件，成本比起打線接合要低。

TAB 技術中的卷帶有三種不同的寬度：35 毫米、48 毫米與 70 毫米。除了寬度外每種卷帶都有其尺寸上的限制，例如傳動孔的大小、間距等。此外，依照結構上的差異又可分成單層、雙層與三層三種，三種結構圖示於圖 15-27，相關的製作過程列於表 15-16。因爲 IC 晶片上都是由許多薄膜所製作的元件與線路，因此當晶片製作完成前都會加以一鈍態保護層，避免晶片上的內連線氧化或腐蝕，這些保護層一般都比晶片上的接墊高，所以在進行 TAB 過程前，會先在引腳上或晶片上長好接合突塊(bump)，這樣可以提高接合的成功性。因為突塊可以長在晶片接墊上或在引腳架上，所以 TAB 又可以區分成突塊化卷帶(bumped tape)與突塊化晶片(bumped chip)兩種，兩種結構表示於圖 15-28 中。

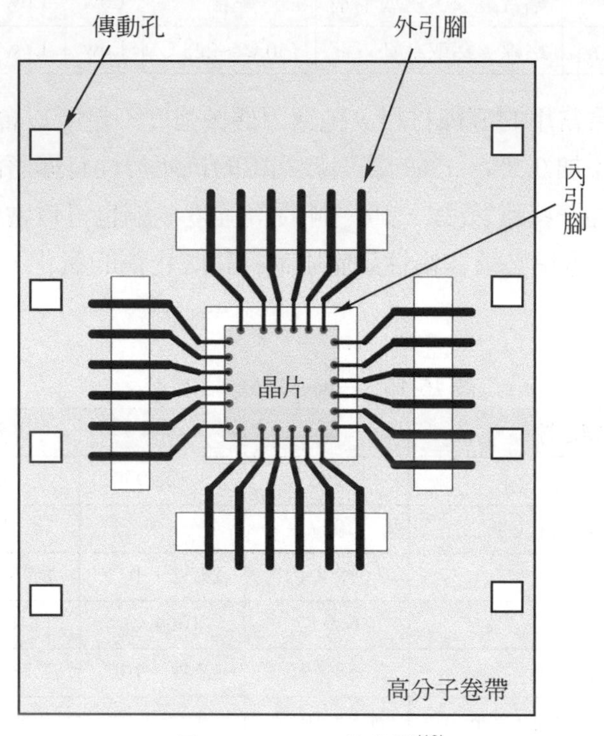

圖 15-26　TAB 的卷帶[10]

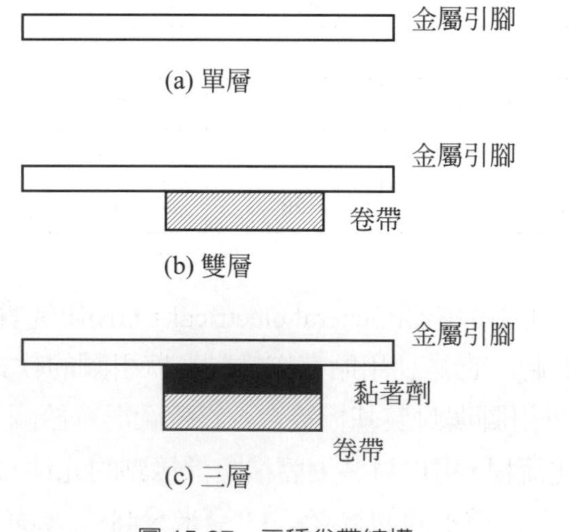

圖 15-27　三種卷帶結構

表 15-16　三種卷帶的製作過程

單層	雙層	三層
1.Slit metal foil 2.Apply photoresist 3.Exposure 4.Develop 5.Etch metal pattern 6.Strip photoresist 7.Clean 8.Surface plate	1.Deposit metal adhesion layer/ common electrode 2.Apply photoresist (two side) 3.Exposure (two side) 4.Develop 5.Pattern plate 6.Etch polymer 7.Strip photoresist 8.Etch common electrode 9.Clean 10.Surface plate	1.Punch adhesive-coated polymer 2.Laminate metal foil 3.Cure adhesive 4.Apply photoresist 5.Exposure 6.Develop 7.Coat back side for lead protection 8.Etch metal 9.Strip photoresist 10.Clean 11.Surface plate

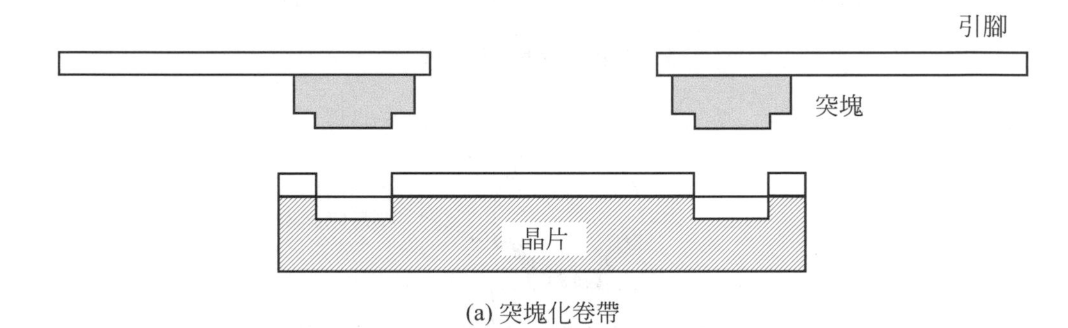

(a) 突塊化卷帶

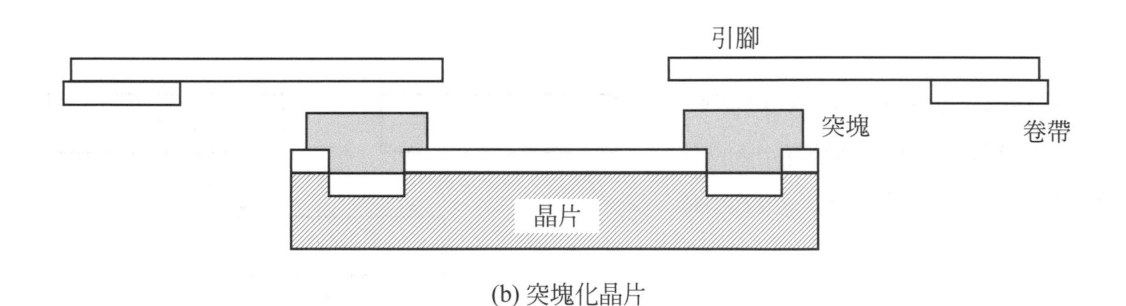

(b) 突塊化晶片

圖 15-28　(a)突塊化卷帶，(b)突塊化晶片

突塊的製作可以與引腳製作時一起進行，通常是利用引腳蝕刻的方法完成，比較常見於單層卷帶上。卷帶爲雙層與三層時，多採用突塊轉移技術(transferred bump)，示於圖 15-29。它是將引腳與突塊的製作分開再將兩者結合的技術，藉由轉移可以避免因爲突塊蝕刻對卷帶所產生的破壞。金是常用的突塊材料，但是金對於矽晶圓的附著性不佳，所以在晶片上製作突塊需要一黏著層增進金的附著性。另外，金是過渡金屬會嚴重影響元件的電特性，所以也需要一擴散阻障層防止金的擴散，金突塊於突塊化晶片的側面結構圖示於圖 15-30。

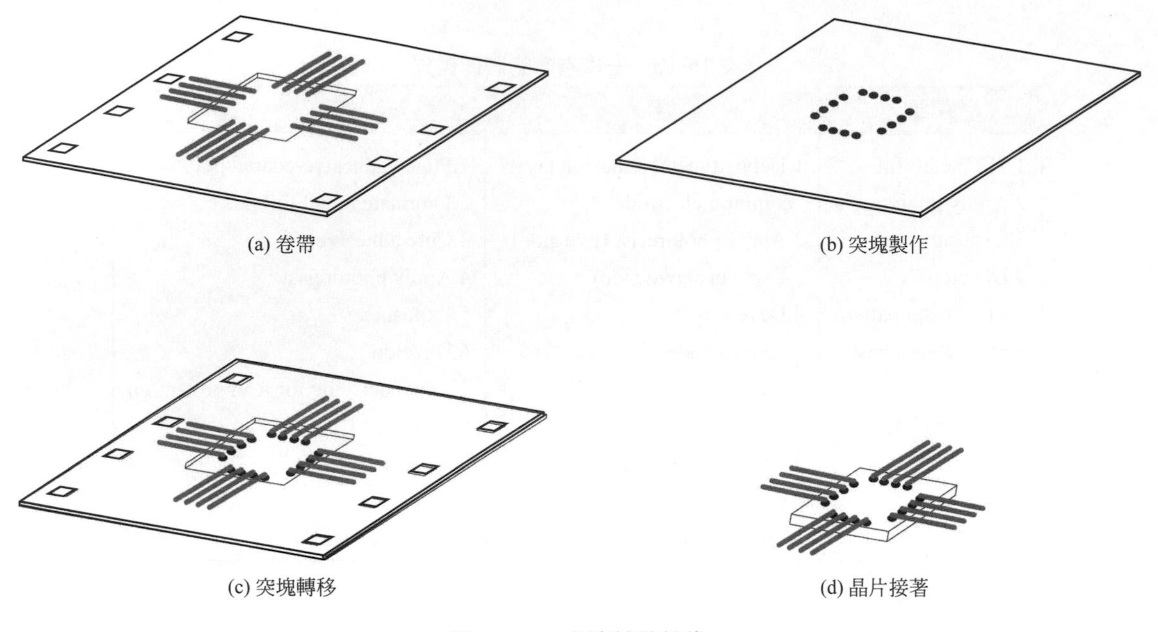

圖 15-29　突塊轉移技術

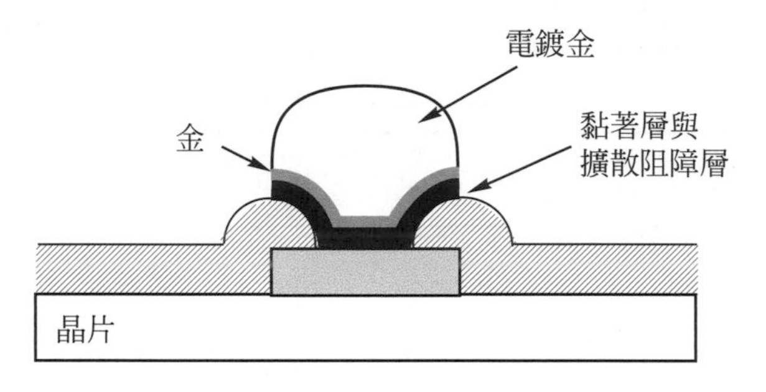

圖 15-30　金突塊

圖 15-31 是整個 TAB 技術製程，包含卷帶的製作、突塊的形成、內引腳接合、外引腳接合、密封與測試等步驟。TAB 提供了經濟、自動化封裝過程，當 IC 接合數目、運算速度與操作要求增加後，一般的打線接合數已經無法滿足需求時，TAB 適時提供另一選擇，尤其應用於液晶顯示器、印刷頭與高階的電腦等。

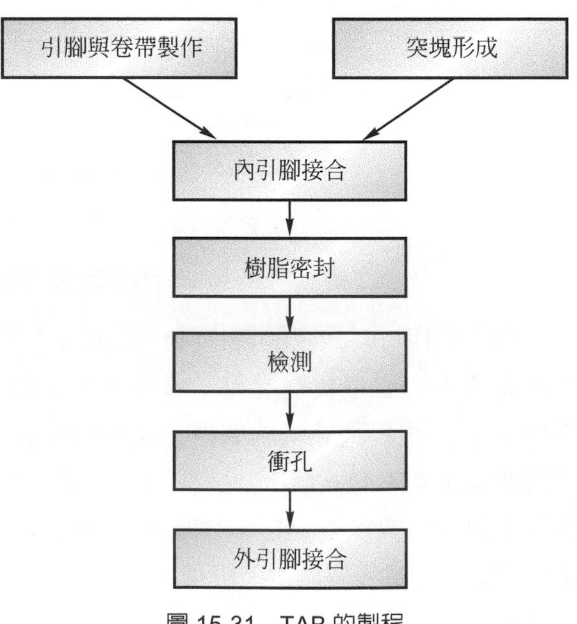

圖 15-31　TAB 的製程

三、覆晶接合

1960 年美國公司 IBM 發展一平面陣列式(area array)接合方法稱之爲控制崩潰晶片接合(controlled collapse chip connection，C4)，它是將晶片正面翻轉與接合基板對準後產生結合，而晶片上的突塊是利用迴流(reflow)過程的銲錫。因爲晶片必須翻轉的關係又稱爲覆晶接合，圖 15-32 是覆晶接合的示意圖。C4 接合是封裝技術由週列式(peripheral)接合進展到平面陣列式的重要發展，三十多年來一直是封裝技術上的主流。

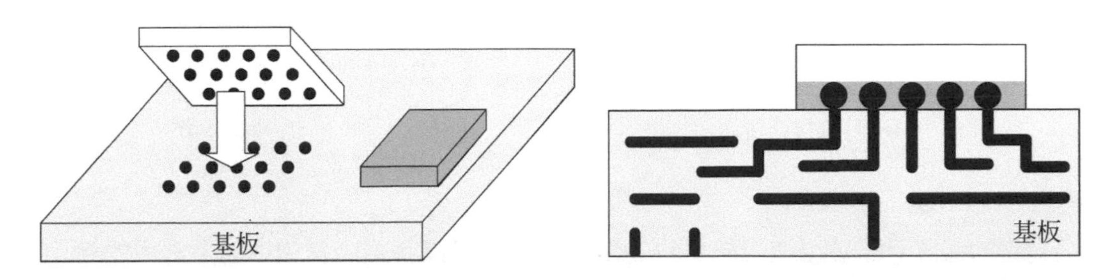

圖 15-32　覆晶接合技術

突塊的製作在覆晶接合上是重要的一個步驟，依照接合突塊的種類覆晶接合可以分成以下幾種：銲錫突塊覆晶(solder-bumped FC)、導電膠突塊覆晶(conductive adhesive bump FC)、複合突塊覆晶(compliant bumps FC)、異向性導電膠覆晶(anisotropic conductive FC)、打線接合覆晶(wire-bonding FC)與連線技術(wire interconnection technology，WIT)等。圖 15-33 說明各種覆晶接合的結構差異。

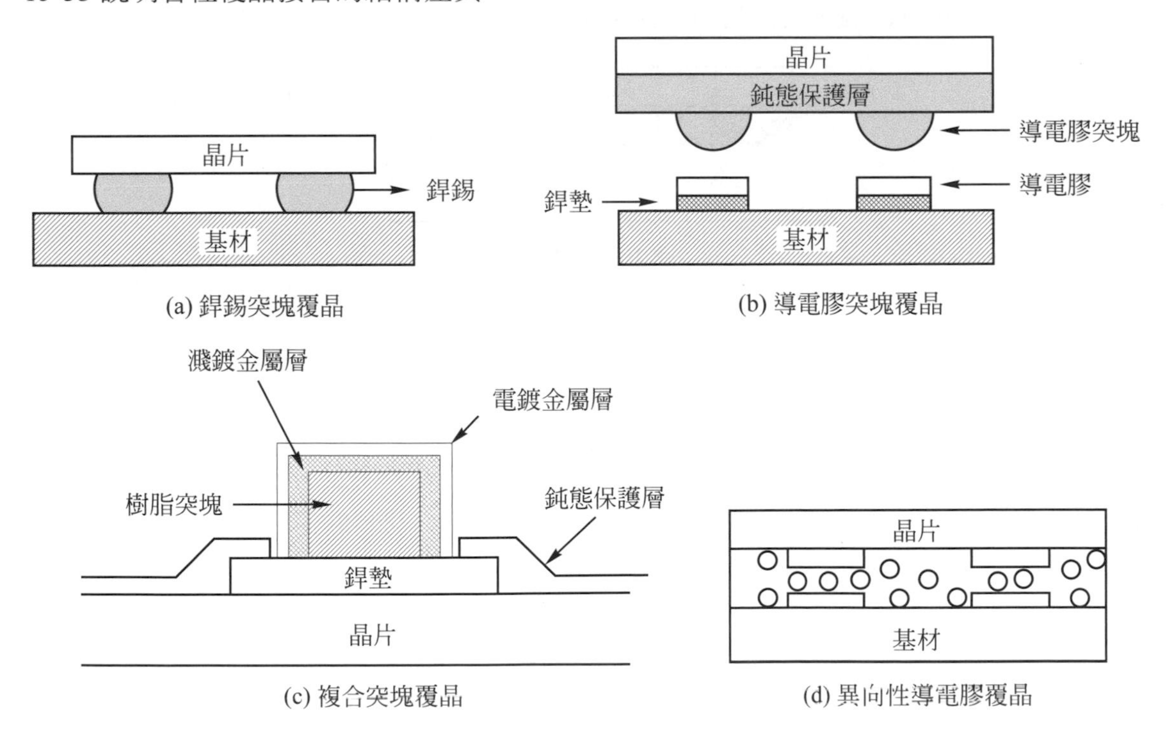

圖 15-33

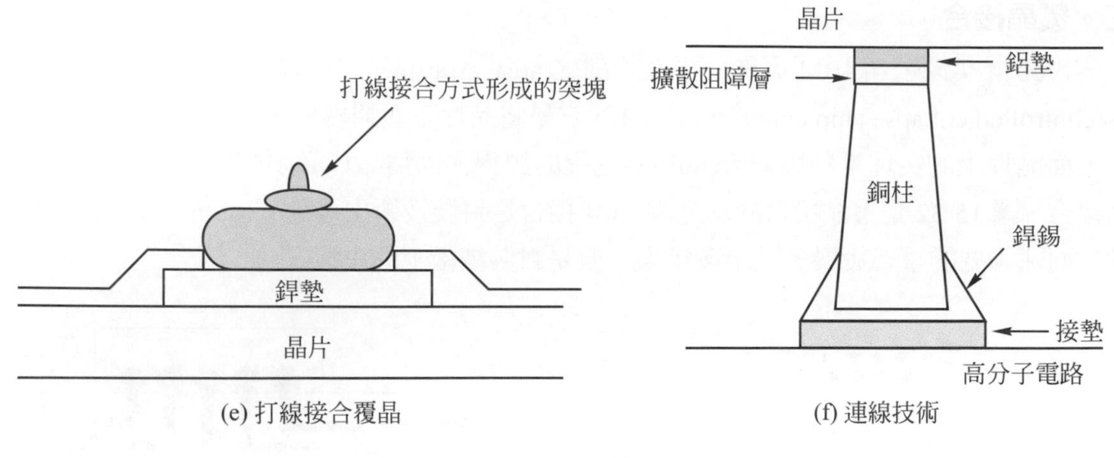

(e) 打線接合覆晶　　(f) 連線技術

圖 15-33 (續)

銲錫突塊的選擇必須取決於材料的熔點，低溫銲錫合金中常用，其中常用的合金有共晶組成的錫-鉛合金(63wt%錫-37wt%鉛)或高鉛成分的合金(5wt%錫-95wt%鉛)，前者的熔點低(約 183℃)只需要助銲劑(flux)且可應用於塑膠基板上；後者熔點高(約 310℃)，在接合時必須對晶片與基板加溫，因此基板必須要能耐高溫。因爲銲錫接點處是兩種不同材質基板結合的地方，因此容易因溫度變化產生熱應力與應變，進而發生熱疲勞的現象，爲了消除這樣的狀況發生，銲錫點間的空隙會填入填充料，填膠(underfill)，以增強抵抗熱疲勞，圖 15-34。近年，環保意識高漲下，對於會對環境與人體產生影響的金屬鉛用量有逐年禁用的共識，無鉛銲錫的發展成爲目前銲錫接點材料的主流。

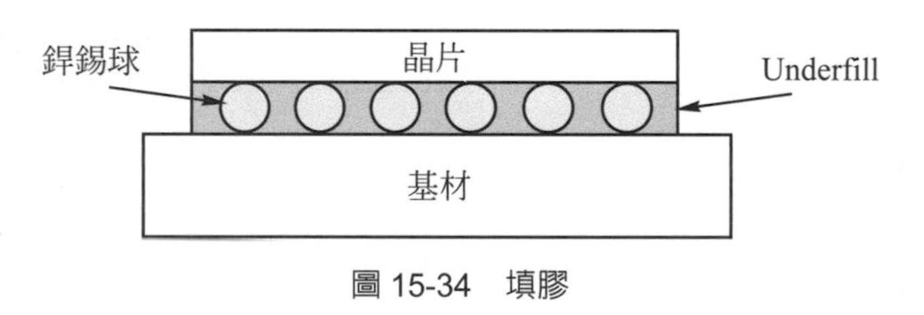

圖 15-34　填膠

15-8-5　密封

構裝中的密封步驟(圖 15-35)是爲了保護晶片。當元件在工作時，晶片上的濕氣經過證明會對元件電性產生影響。另外，濕氣與化學殘留物也會腐蝕晶片，這些都是必須防止的狀況。爲了達到所謂氣密性密封(hermetic sealing)，密封材料的選擇就非常重要，多種材料水氣滲透性示於圖 15-36 中。

光電產品的封裝中爲確保元件不至於氧化而有較長的壽命，必須將元件封裝在眞空或惰性氣體中以隔絕氧氣或水氣，使元件的可靠度增加，目前現有的技術包括：玻璃膠接合、金矽共晶接合、熔融接合(fusion bonding)與陽極接合(anodic bonding)。玻璃膠是目前被廣泛使用的氣密性封裝材料，一般是以點膠機將玻璃膠塗佈在元件四周，升溫至 75℃使有機溶劑蒸發，再升溫到 350℃～450℃將膠脂燒掉而完成密封。金矽共晶接合技術是利用金與矽在共晶成分(97wt%金-3wt%矽)時，有一很低的共晶溫度 363℃，藉由共晶反應產生接合。熔融接合可用來接合兩片矽晶片，原理是利用矽晶片表面氧化層內的 OH 基在高溫下(800℃)產生鍵結，所以表面平整度要求很高。陽極接合也常用來接合矽晶片與鈉含量較高的玻璃，接合的機制相信是由基材內部離子的移動所造成。與熔融接合相比，陽極接合的製程溫度較低且對表面平整度要求較低。

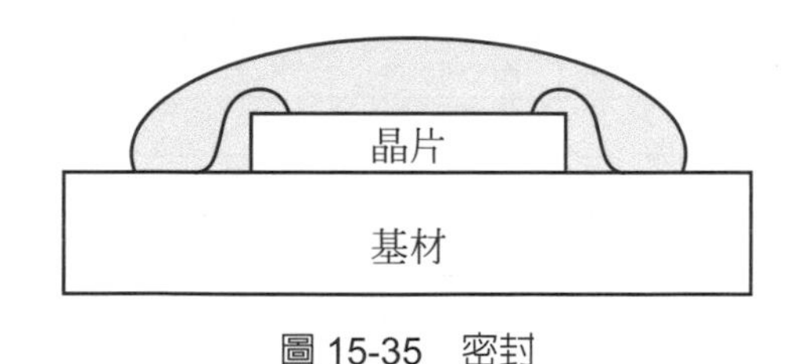

圖 15-35　密封

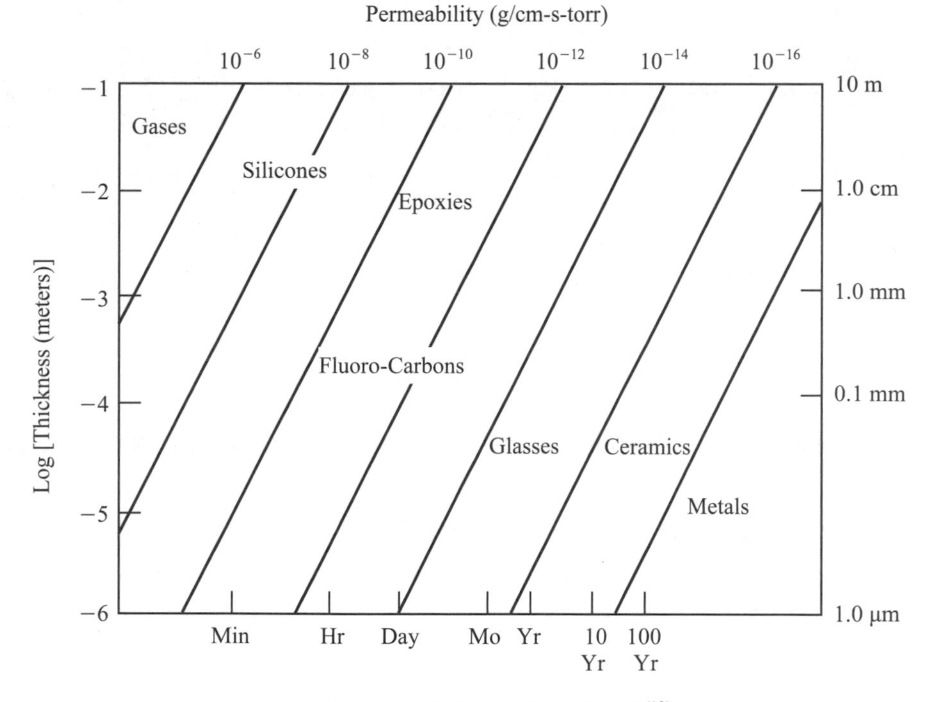

圖 15-36　不同材料對水氣的滲透性[12]

15-8-6　印刷電路板

印刷電路板是附有內部或外部導線電路的有機基板，它能提供電子元件足夠的支撐強度與電路連結路徑。硬式電路印刷板的基材包括高分子樹脂與紙基板或玻璃強化纖維組成，常見高分子樹脂與玻璃強化纖維列於表 15-17 與表 15-18。FR4 環氧樹脂是硬式印刷電路板最常見的高分子材料，鋁與銅則是常用的電路導線材料。當電路導線完成後，印刷板上除了接墊與插孔外，其他部分會塗上一層高分子薄膜，避免線路受到外力破壞。綠漆的組成是環氧樹脂或丙醯酸醋脂，綠漆可藉由網印、乾膜、液態光成像等方法塗佈到電路板上，需具有良好的附著性、電絕緣性、耐磨耗、抗腐蝕等特性。

表 15-17 各種樹脂製成的電路板特性[10]

電路板組成	介電係數 (1MHz)	介電強度 (kV/mm)	崩潰電壓 (kV)	玻璃轉移溫度 (℃)	熱膨脹係數 (ppm/℃)	熱傳導係數 (W/m℃)	吸水性 (%)
FR4＋E 玻璃	4.1～4.2	48～56	70～75	125～135	12～16	0.35	1.1～1.2
BT 樹酯 ＋E 玻璃	3.85～3.95	48～56	70～75	180～190	－	－	0.8～0.9
氰酸鹽酯 ＋E 玻璃	3.5～3.6	32～40	65～70	240～250	－	－	0.6～0.7
PI＋E 玻璃	3.95～4.05	48～56	70～75	＞260	11～14	0.35	1.4～1.5
PTFE＋E 玻璃	2.45～2.55	32～40	40～45	327	24	0.26	0.2～0.3
FR4＋ 氬醯酸纖維	3.9	－	－	125	6～8	0.12	0.85
PI＋ 氬醯酸纖維	3.6	－	－	250	5～8	－	1.5
FR4＋ 石英纖維	－	－	－	125	6～12	－	NA
PI＋ 石英纖維	－	－	－	260	6～12	0.13	0.5

表 15-18 玻璃強化纖維的組成與性質[10]

纖維種類	化學組成(%)							物理性質	
	SiO_2	Al_2O_3	CaO	MgO	B_2O_3	Fe_2O_3	Zr_2O_3	熱膨脹係數 (ppm/℃)	介電係數
E-玻璃	52～56	12～16	15～25	0～6	8～13	－	－	5.04	5.8
S-玻璃	64～66	22～24	＜0.01	10～12	＜0.01	0.1	＜0.1%	2.8	4.52
D-玻璃	73～75	0～1	0～2	0～2	18～21	－	－	2	3.95
石英	99.97	－	－	－	－	－	－	0.54	3.78

15-9 三維積體電路(three-dimensional integrated circuit，3D-IC)

在場效電晶體(field-effect transistor，FET)隨著摩爾定律(Moore's law)逐漸微縮之下，如圖 15-37 所示，半導體製程幾乎快達到電子材料的物理極限，於是便有人提出以垂直堆疊的方式來製作 3D-IC，也因其具有諸多優勢，例如：提升晶片密度、提高效能、降低功耗和異質整合等，是近期熱門的話題之一，也是很好的研究主題。

另外現今產品需求有多功能的趨勢，卻依然想擁有小尺寸、便宜、高效能的優點，所以該如何進行整合設計，在小尺寸中裝入更多功能性且高效能的技術，已經成了現今半導體產業的重要挑戰之一，而 SoC(system on chip)與 SiP (system in package)已成爲過去十多年來半導體產業發展的重點。

3D-IC 和 SoC 或是 SiP 雖然主要都是來整合晶片，但其在概念以及技術上卻有很大的不同。3D-IC 是將同質或異質的晶片在垂直方向上堆疊，並將其以矽穿孔(through-silicon via，TSV)的方式連結在一起，可視爲是一個獨立的晶片。SoC 則將各種功能性不同的晶片，利用製程整合的方式，從光罩設計、電路設計、RTL 的設計等等，直接將各種功能性不同的系統在單一晶片進行整合，成爲系統級的晶片，優點爲整合密度高，效能與功耗表現良好，但是由於從製程整合面進行，所以隨著 Moore's law 微縮下，整合困難度越來越高，因此有著成本高昂且產品開發時程過長的缺點，碰上生命週期短的產品就很難符合產業需求，因此比較適合產量大且生命週期長的產品，例如 CPU、手機 IC 等等。另外由於 SoC 開發時程長，爲了縮短開發時程，也發展出另一種方法，就是 SiP。SiP 不從製程面將各種功能不同的元件整合在單一晶片上，而是將各種功能性不同的晶片系統利用封裝技術，將多個晶片封裝在單一封裝體當中，以打線接合(bonding wire)的方式相連接，因此只須採用現有的晶片，不需要考慮製程整合的開發，只需進行基板生產與系統設計與測試即可，優點爲大幅縮短產品開發時程，而且成本比 SoC 低非常多，適合用在 Time to market 的消費性電子產品，例如 MP3、PND 等等，但是 SiP 缺點爲封裝越來越複雜時，晶片的金屬連接會造成額外的阻抗而速度延遲，還有多晶片需要獨立供電而導致功耗高的問題，因此 SiP 雖然生產快且成本低，但是效能與功耗卻是 SiP 在系統越來越複雜後難以解決的問題。

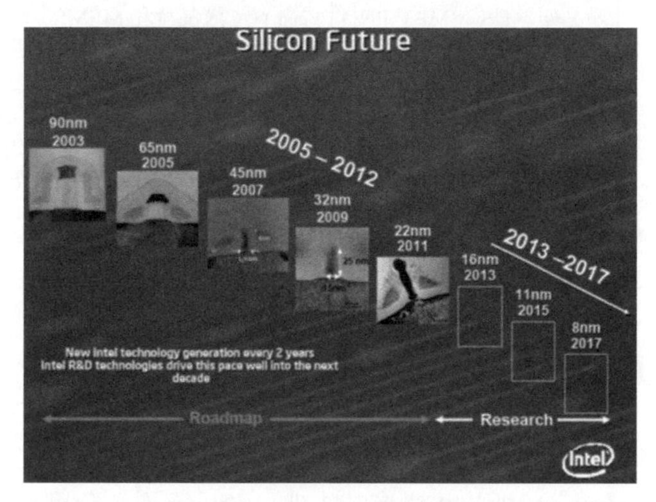

圖 15-37　摩爾定律(moore's law)隨著時間製程微縮示意圖

垂直堆疊式的 3D-IC 能夠擁有介於 SoC 與 SiP 兩者之間的優點，當 SiP 在晶片系統趨於複雜後，透過邊緣打線的方式來連結晶片，造成訊號傳遞要經過很長的距離，而 TSV 能夠將各個晶片系統用更短的距離連結，能有效減緩線路延遲(latency)的問題並提高線路頻寬(bandwidth)。所以整體的系統運作像是 SoC，但又不需要進行多晶片系統的製程整合，另外金屬連線的方式像是 SiP，但又不像 SiP 連接的路徑較長而導致速度變慢。因此使用 TSV 的 3D 垂直連接，同時兼具 SoC 的運作效能和系統功耗低的優點，還有 SiP 成本低和開發時間短的好處，其相關統整比較圖如表 15-19 所示。

雖然 3D-IC 如上述所列有很多的好處，但其製程上有很多困難，例如：如何蝕刻出具有高深寬比(aspect ratio，A/R)的洞來做爲 TSV、如何將導線材料填入高深寬比的洞、不同晶片層跟層間對準的問題、整合不同基板其理想製程溫度不同以及整塊獨立晶片的散熱問題等，都是影響 3D-IC 能否實際運用在產業上的關鍵。

以現今半導體演進歷程看來，3D-IC 勢在必行，攸關能否持續延續 Moore's law。下面章節將簡單介紹垂直堆疊式 3D-IC 的幾個重要概念，做一概括性的介紹。

表 15-19 SiP、3D IC 以及 SoC 統整比較表

System Type	SiP	3D IC	SoC
System compose	Multi-die package in a chip	Multi-die package in a chip	Multi-IC furction i ntegnated in a die
Density	Good	Very Good	Excellent
Package shrink	Good	Very Good	Excellent
Hetero geneous integration	Excellent	Very Good	Normal
Power consumption	Good	Very Good	Excellent
Development Time	Short	Middle(now) → Short	Long
Cost (production)	Low	Low	Normal
Cost (mass production)	Low	Low	Very Low
Main Application	適合 Time to market 消費性電子產品爲主。因此對於開發時間短、量不大的產品如：DSC、MP3、PND 尤其適合。其中在手機附加功能的 IC 或是新標準的網通 IC 等市場敏感度高的通訊產品亦適合藉由 SiP 技術搶佔市場	適合 Memory 和 Logic IC 整合，主要三大應用“記憶體(DRAM 和 NAND Flash)、CIS 晶片和 MEMS 的應用。未來應用重點項自包括 PC 相關晶片如：CPU、晶片組、GPU 和記憶體等將藉由 3D IC 技術整合以及 SSD 應用等。(PS 3D IC 仍在開發中 08 年宣布量產主要是 Intel、IBM 和 Samsung 等)	適合量大且生命適期性長的產品。如：PC 的 CPU、晶片組、GPU 等資訊產品和手機 IC、網通 IC 等通訊手持式電子產品爲主(主要應用廠商多爲國際大廠如：Intel、TI、Broadcom 和 Qualcomm 等)

15-9-1 堆疊方法(stacking approach)

在堆疊 IC 的時候，可將同質或異質的元件整合在一起，而這些元件可以是在晶片(die)上，亦或是在晶圓(wafer)上，所以堆疊方式主要可分爲三種，分別是 Die-to-Die(D2D)、Die-to-Wafer(D2W)或是 Wafer-to-Wafer(W2W)，各有其優缺點，像是 D2D 以及 D2W 的話，一般而言所使用的 Die 都會先經過測試，再拿製程成功的部分(known good dies)去做垂直堆疊，所以可以預期其整體良率(yield)較高，但相對而言，其產量(throughput)就會取決於 Die 的數目，所以產量正常來說都會比較低；然而若是 W2W 的話，由於是拿整片 Wafer 去做堆疊，沒有預先經過篩選的步驟，所以 Throughput 雖然會比較高，但其整體 Yield 會較低。可將比較結果簡略整理如表 15-20：

表 15-20 D2D 或 D2W 與 W2W 優劣之比較

堆疊方法 / 特性	D2D 或 D2W	W2W
Advantage	良率較高 較能整合異質基板的晶片	產量較高 可由單一製造商直接製作
Disadvantage	產量較低	良率較低

15-9-2 接合方式(bonding method)

當堆疊 IC 將元件接合在一起時，依據接合兩端的材料主要可分爲三種方式，分別是 Metal-to-Metal、Oxide-to-Oxide 或是 Polymer-to-Polymer(or Adhesive-to-Adhesive)，接合方式有些許的不同，也各有其優缺點，下面將做簡單的介紹。Metal-to-Metal 由於金屬其導電性和導熱性較佳，主要是藉由 Mechanical + Electrical bonding，同時製程所需潔淨度較低，完成之獨立晶片散熱性較佳，但缺點就是元件最上層通常不會是整面的金屬，所以非金屬區域的對準就比較不好掌控；Oxide-to-Oxide 主要是藉由 Mechanical bonding，同時可適當的設計讓接合面整面都是 Oxide，所以整體對準掌控性較佳，但缺點就是製程所需潔淨度很高，完成之獨立晶片散熱性較差；Polymer-to-Polymer 主要也是藉由 Mechanical bonding，同時可適當的設計讓 Polymer 完整附著於接合面，所以整體對診掌控性亦佳，且其接合的強度會比 Oxide-to-Oxide 高，但缺點就是製程所需潔淨度亦高，且會有 Polymer 汙染造成元件特性劣化的疑慮。可將比較結果簡略整理如表 15-21：

表 15-21 不同接合材料之優劣比較

接合方式 / 特性	Metal-to-Metal	Oxide-to-Oxide	Polymer-to-Polymer
接合形式	Mechanical + Electrical bonding	Mechanical bonding	Mechanical bonding
Advantage	製程所需潔淨度較低 散熱性較佳	對準掌控性較佳	對準掌控性亦佳 接合強度高
Disadvantage	對準掌控性較差	製程所需潔淨度很高 散熱性較差	製程所需潔淨度亦高 Polymer 汙染

15-9-3 堆疊方向(direction of stacking)

當堆疊 IC 將元件接合在一起時，依據兩端元件堆疊方向主要可分爲兩種形式，分別是 Face-to-Face 或是 Face-to-Back。Face-to-Face 顧名思義就是將要堆疊的兩片晶片以面對面的方向接合在一起，如此一來上方晶片的底部就不需要載體來支撐，所以可以進一步提高堆疊密度，但缺點就是由於上方晶片朝下堆疊，所以晶片佈局可能會左右顛倒，在設計時就必須把對稱性的問題考慮進去，不能直接用兩片相同的晶片進行 Face-to-Face 堆疊；Face-to-Back 則是兩片晶片直接以相同方向堆疊，所以晶片佈局不會左右顛倒，就不用考慮對稱性的問題，然而此時上方晶片的底部就需要載體來支撐，進而會降低堆疊密度。可將比較結果簡略整理如表 15-22：

表 15-22 Face-to-Face 與 Face-to-Back 之優劣比較

堆疊方向 / 特性	Face-to-Face	Face-to-Back
Advantage	堆疊密度較高	可直接以相同方向堆疊
Disadvantage	晶片佈局須考慮對稱性	堆疊密度較低

15-9-4 TSV 的製作(fabrication of TSV)

TSV 在堆疊式 3D-IC 中扮演很重要的角色，主要是用來連通不同層間的元件，讓整體成爲一個可獨立運作的晶片，其依據製程先後順序主要可分爲兩種形式，分別是 Via-First 或是 Via-Last。Via-First 一般而言是在 CMOS 製程或是後段(back-end-of-line，BEOL)製程之前完成 TSV 的製作，此種 Via 都會要求小一點的尺寸以方便晶片佈局，同時也就意謂著曝光時需要較高的對準準確度，但好處是由於早一點就能知道 TSV 的製作是否成功，成功的部分才會再繼續進行後續的步驟，因此 TSV 不會影響到整體最後的良率；而 Via-Last 則是在後段製程或是 Bonding 之後才進行 TSV 的製作，所以 TSV 製作的成功與否將會影響到整體最後的良率，但其好處是此種 Via 不用要求小一點的尺寸，因此曝光時的對準準確度就不用太高。可將比較結果簡略整理如表 15-23：

表 15-23 Via-First 與 Via-Last 之優劣比較

TSV 的製作 / 特性	Via-First	Via-Last
Advantage	TSV 製程不影響整體良率	曝光對準準確度要求較低
Disadvantage	曝光對準準確度要求較高	TSV 製程會影響整體良率

半導體工業堪稱二十世紀的明星產業，半導體材料的發展與製程的建立更是推動產業進步的關鍵。地球上含量豐富的矽材成爲整個工業的基石，藉由各種製程步驟發展出體系完善的半導體產業。

晶圓的製作，是所有製程中最基礎的步驟，因爲晶片中所有的元件與連線都必須先製作在晶圓上，而晶圓就提供了這樣的功能。矽晶成長材料是由矽砂經過一連串的反應與純化才提煉出高純度的矽晶。藉由主要的長晶方法成長矽晶棒後，才切出一般的晶圓形狀。

半導體製程包含許多重要的步驟：清洗、氧化、薄膜沈積、微影、蝕刻、摻雜……等。清洗過程去除晶片製作中產生的污染物，避免良率上的問題；氧化提供良好的隔絕效果與閘極氧化層；薄膜沈積形成各種介電層與金屬層；微影與蝕刻對於晶片上圖案的產生最爲重要，微影設備支出佔整個半導體製程很大的比重，因爲微縮的關鍵就在於微影；摻雜提供半導體不同的電特性。晶片製作牽涉的步驟繁雜，每個過程都會影響到別的步驟，因此需要的人力資源龐大。

構裝提供電、訊號傳遞與晶片保護、散熱等作用。不同的封裝材料有不同的功用，陶瓷的保護性佳、塑膠的成本低、金屬的散熱性好，端看需求是什麼。晶片封裝過程包含：黏晶、連線與密封等步驟。晶片的厚度薄且脆弱所以需要引腳架承載，而黏晶就是晶片黏結的技術；連線因為不同的需求可以採用不同的方式，打線接合的接點少，覆晶接合的接點多，TAB 對於自動化與人工節省有幫助；密封是為了避免水氣與化學物對於晶片的腐蝕，也提供良好的機械強度。所有經過封裝的晶片最後會組裝到電路板上，電路板提供 IC 間的工作線路與承載。

習 題

1. 試著比較，查克洛斯基法與懸浮帶區法提煉矽晶的異同處。
2. 藉由比較矽與鍺，說明為何元素半導體已經完全由矽主導，而鍺幾乎被淘汰。
3. 試著畫出一般熱氧化層中常出現的電荷分佈圖。
4. 試比較物理氣相沈積與化學氣相沈積的優缺點。
5. 列表比較正、負光阻的差異性，包含材料、成像過程與最後結果。
6. 試著比較乾蝕刻與濕蝕刻的不同。
7. 簡述離子植入所造成的通道效應與其避免方法。
8. 簡述電子構裝的分類方法與原則。
9. 試著比較 SoC、SiP 和 3D-IC 的不同，並簡述垂直堆疊式 3D-IC 的基本概念。

參考文獻

1. 莊達人，VLSI 製造技術，高立圖書有限公司。
2. 陳力俊，微電子材料與製程，中國材料科學學會。
3. 張勁燕，電子材料，五南圖書出版有限公司。
4. S. Wolf, “Silicon Processing for the VLSI Era, Vol. I ”, 1st ed., Lattice Press, 1986.
5. S. Wolf, “Silicon Processing for the VLSI Era, Vol. II ”, 5th ed., Lattice Press, 1990.
6. P. V. Zant, “Mircochip Fabrication”, 6th ed., McGraw-Hill, 2014.
7. D. A. Neamen, “Semiconductor Physics & Devices”, 4th ed., McGraw-Hill, 2012.
8. J. D. Plummer, “Silicon VLSI Technology”, 2nd ed., Prentice-Hall, 2008.

9. H. Xiao, "Introduction to Semiconductor Manufacturing Technology", 2nd ed., Society of Photo Optical, 2012.

10. M. L. Minges, "Packaging-Electronic Materials Handbook, Vol. 1", CRC Press, 1989.

11. R. Tummala, "Mircoelectronics Packaging Handbook", 2nd ed., Springer US, 1997.

12. S.M. Sze, "VLSI Technology", 2nd ed., McGraw-Hill, 1988.

13. P. E. Gise, "Modern Semiconductor Fabrication Technology", Prentice-Hall, 1986.

chapter

16

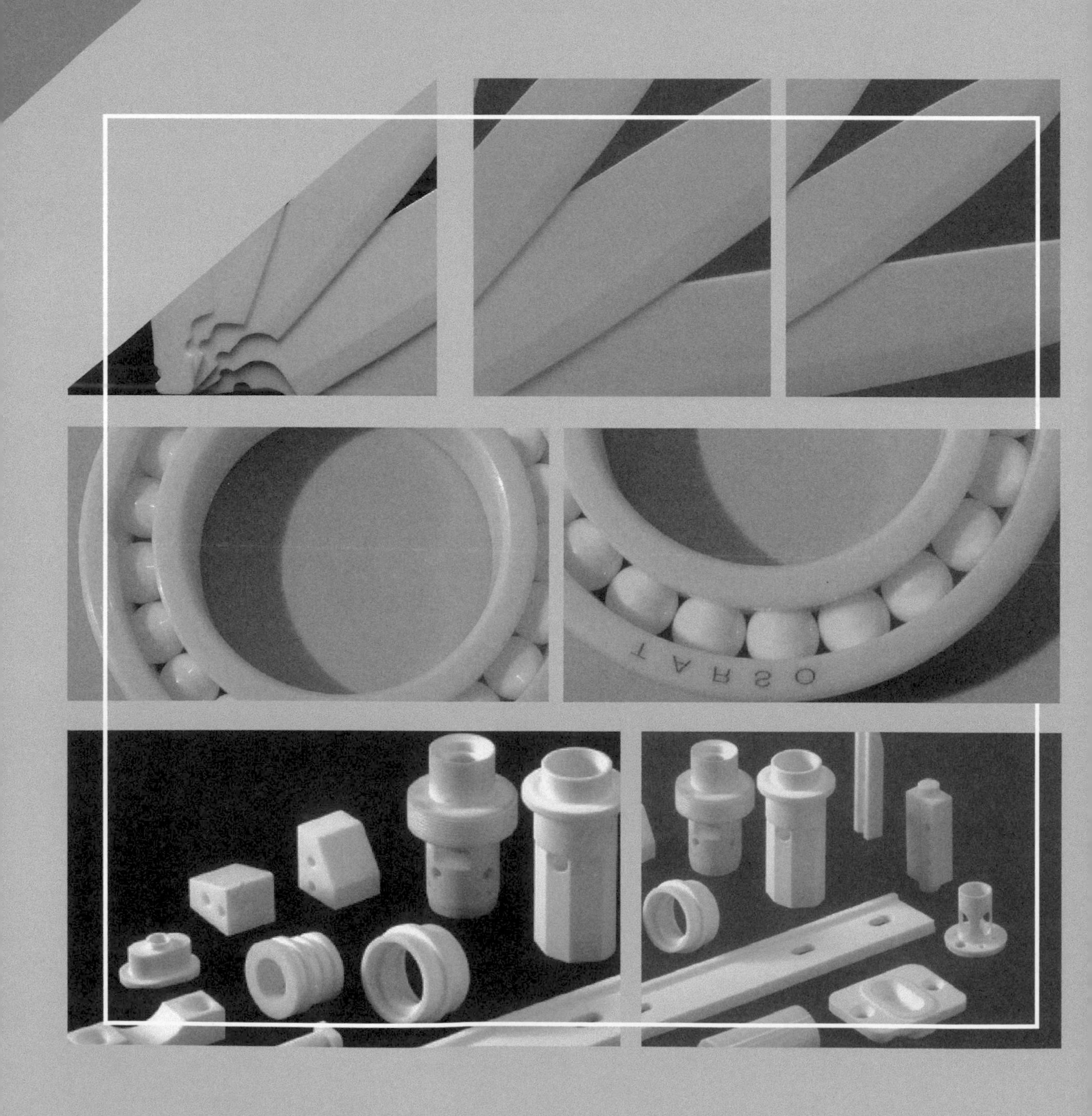

陶瓷材料

陶瓷材料(ceramic materials)是以離子鍵結或共價鍵結的化合物或固溶體，含有金屬元素及非金屬元素。一般具有硬、脆、耐高溫、絕緣、安定以及耐壓縮的特性。陶瓷材料既是一種最早使用的材料，也是最進步的材料。如已使用 5000 年以上的陶器是氧化物陶瓷；而最近的太空梭外表的隔熱磚，即為 SiO_2 陶瓷。祇是前者成份粗略、製作簡單；而後者成份精確、製作細緻而已。基本上，可將陶瓷材料分為結晶陶瓷與非晶質陶瓷(即玻璃)兩種，另外最近有發展出一種介於兩者之間的玻璃陶瓷，即是原來是非晶質狀態，而加以控制使其產生微細結晶的陶瓷。

本章將依序介紹陶瓷晶體結構、各種常見的陶瓷材料及其製程，再討論其機械性質；至於光學性質與電磁性質則包含於第 13、14 章材料之物理性質裏面。

學習目標

1. 畫出碳元素的四種晶體結構型式與說明其特性。
2. 畫出幾種簡單的 AX、AX_2 陶瓷晶體結構。
3. 列出矽酸鹽、非矽酸鹽氧化物與非氧化物的代表性陶瓷材料。
4. 說明玻璃結構特性與添加物的影響。
5. 玻璃陶瓷如何製造與有何特點。
6. 說明玻璃與結晶陶瓷的製程。
7. 了解陶瓷材料韌性不佳的原因與如何增進韌性。
8. 了解陶瓷材料熱膨脹係數與熱傳導係數，並說明如何造成熱衝擊。

16-1 陶瓷晶體結構

陶瓷材料組成元素較多，其晶體結構也會較為複雜。以下我們將一些最重要及最具代表性的結構作系統的介紹。

16-1-1 碳晶體

碳元素是具有多種結構型式的特殊元素，除了沒有結晶的碳黑(carbon black)外，室溫常壓下，有穩定的石墨(graphites)晶體、亞穩定的鑽石立方(diamond cubic，DC)晶體，還有 1985 年發現的富勒烯(fullerenes)、1991 年發現的碳奈米管(carbon nanotubes)與 2004 年發現的石墨烯(graphenes)。碳的共價鍵結與陶瓷鍵結類似，許多性質也與陶瓷類似，所以放在本節，加以綜合敘述。

鑽石立方晶體是碳在高溫、高壓下的穩定結構，如圖 16-1(a)所示，其晶格為 FCC 結構，原子位於 0，0，0；1/2，1/2，0；1/2，0，1/2；0，1/2，1/2；3/4，1/4，1/4；1/4，3/4，1/4；1/4，1/4，3/4；3/4，3/4，3/4；共 8 個位置，即每一單位晶胞中有八個原子，其堆積因子為 0.34。矽、鍺和灰錫皆有相同結構。

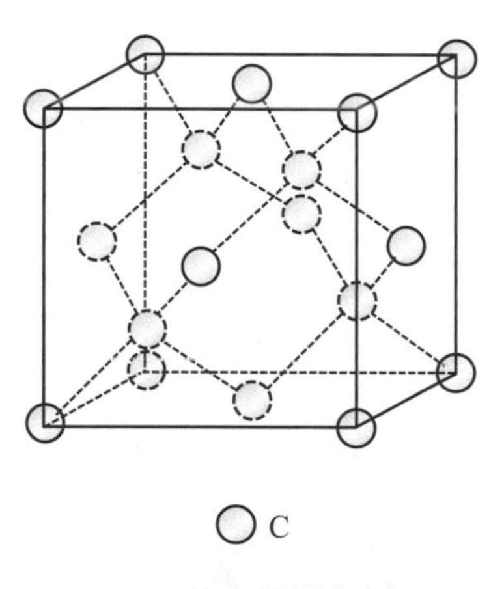

(a) 鑽石立方晶體結構

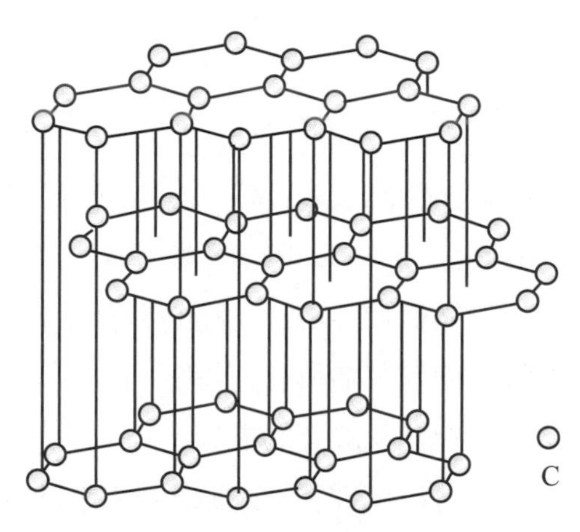

(b) 石墨晶體結構

圖 16-1 鑽石與石墨之晶體結構(from Ref. 5, p.468 and p.469)

由於鑽石立方晶體都是極強共價鍵，使鑽石具有最硬、模數最高、不導電、最高導熱、透明且最高折射率的極端特質，所以鑽石是珠寶之王，也是工業上耐磨、切削的最佳材料；最近的低溫化學氣相沉積的鑽石薄膜正大量研究中，可鍍在耐磨零件，甚至作為半導體元件或通訊元件的基板。

石墨中的碳原子是一種層狀結構，層內是共價鍵連成平面的六方形排列，而層與層之間是由凡得瓦爾鍵連接，如圖 16-1(b)所示。此一結構特性造成石墨易從層間劈裂，而可當固態潤滑劑。在平行於這些層面的方向，比起垂直於這些層面的方向上，其強度、模數、導電性與導熱性強很多。石墨在高溫非氧化環境下，具有高強度、高化學安定性的優點；也具有高導熱、低熱膨脹、高吸氣性、易加工諸多優點。主要用途為加熱元件、各式電極、坩鍋、模具、噴嘴、反應槽、電接觸、電刷、濾氣元件等。

富勒烯由 60 顆碳原子構成一個空心球狀分子，稱為 C_{60}；碳原子排列成六角形與五角形，形成類似足球形狀，常稱巴克球(Buckball)，如圖 16-2 所示為 20 個六角形與 12 個五角形構成之富勒烯，五角形彼此不接在一起。固態的 C_{60} 單元會排列成 FCC 晶體結構。純碳富勒烯固體不導電，但可加入雜質而變成高度導電或半導體。

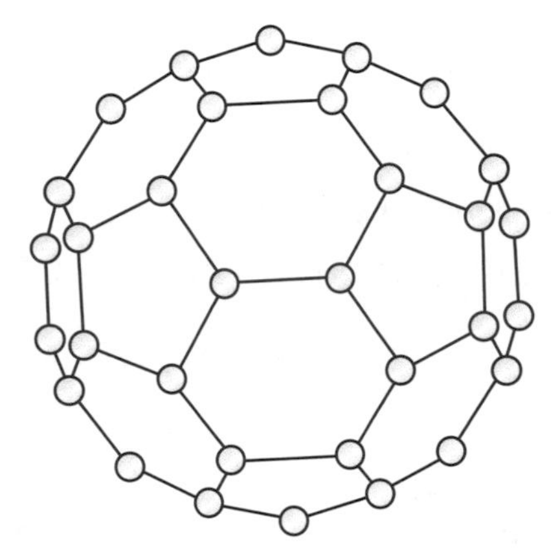

圖 16-2　C 分子結構(From Ref. 5, p. 470)

碳奈米管是將單層石墨捲成管狀，其直徑在 100 nm 以下，長度在數十微米以上，兩端可能是開放或各以半個 C_{60} 封起來，如圖 16-3 所示。最先是在做富勒烯時的副產品；後來也發現有多層石墨層的碳奈米管。

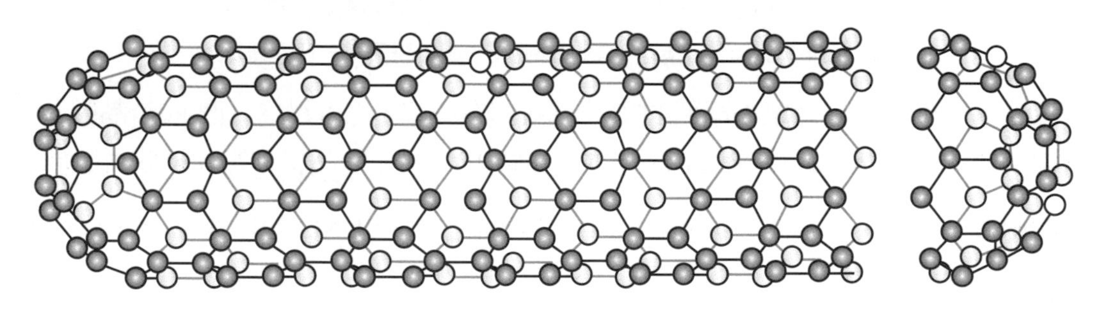

圖 16-3　碳奈米管結構(From M.S. Dresselhaus et al., Carbon, 33(1995)883)

碳奈米管極為剛強又具相當延性，單層碳奈米管抗拉強度可達 50～200 GPa，是碳纖維的 10 倍以上，也是目前知道的最強材料；彈性模數也最高，約 1000 GPa，斷裂應變 5～20%；而且密度相當低；因此可視為終極纖維，極具潛力使用於複合材中做為強化材。在電性方面，碳奈米管可以是金屬性或半導體性。最有潛力的應用是利用其傑出的場發射(field emission)能力，將碳奈米管網印做成平面全彩顯示器，會比 CRT 與 LCD 便宜又省電；另外一個應用是做為未來二極體或電晶體的奈米電子元件材料。

石墨烯是前述石墨結構中，六角型單層碳原子的二維材料，也可以看成奈米碳管展開的二維狀況。石墨烯目前是世上最薄卻也是最堅硬的奈米材料，它幾乎是完全透明的，導熱係數高於碳奈米管和鑽石，常溫下其電子遷移率也比奈米碳管或矽晶體高，而電阻率比銅或銀更低。因爲它的電阻率極低，電子的移動速度極快，因此被期待可用來發展出更薄、導電速度更快的新一代電子元件或電晶體。由於石墨烯實質上是一種透明，良好的導體，也適合用來製造透明觸控螢幕、光板、甚至是太陽能電池。

16-1-2　AX 結構

AX 結構是最簡單的陶瓷化合物，具有相同數目的金屬元素 A 與非金屬元素 X。其形成立方晶有三種主要型式爲：CsCl 配位數＝8；NaCl 配位數＝6；ZnS 配位數＝4。

CsCl 型結構，如圖 16-4，此種結構很類似 BCC，但實際上是由簡單立方晶組成，因爲角落與中心之原子並不相同。每單位晶胞有 1 個 Cs^+及 1 個 Cl^-。而離子半徑之和，即爲立方體之對角線長：$2(r_{CS^+}+r_{Cl^-})=\sqrt{3}a$。同樣結構尚有：CsBr、CsI。

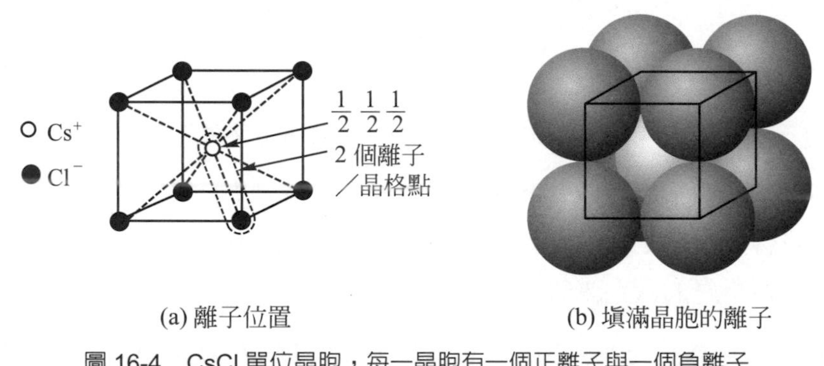

(a) 離子位置　　(b) 塡滿晶胞的離子

圖 16-4　CsCl 單位晶胞，每一晶胞有一個正離子與一個負離子

NaCl 型結構爲正、負離子兩個 FCC 交錯排列在一起，也可視爲一個 FCC 晶胞，每個晶胞由 8 個離子(4 個 Na^+，4 個 Cl^-)所組成，如圖 16-5 所示。晶格常數 a 等於兩個離子半徑和的兩倍，$2(r_{CS^+}+r_{Cl^-})=a$。同樣結構尚有：MgO、CaO、FeO、LiF、CoO、NiO、TiN、ZrN 等。

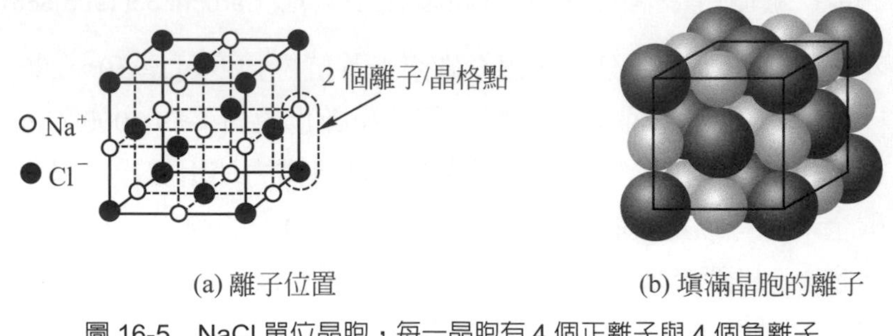

(a) 離子位置　　(b) 塡滿晶胞的離子

圖 16-5　NaCl 單位晶胞，每一晶胞有 4 個正離子與 4 個負離子

ZnS 型結構和鑽石立方體結構極為類似，同屬 FCC，每單位晶胞中有 8 個原子，且以四個共價鍵型式來鍵結，如圖 16-6 所示。4 個 S 原子在 FCC 位置上：0，0，0；1/2，1/2，0；1/2，0，1/2；0，1/2，1/2。而 Zn 原子則在 FCC 中 8 個四面體空隙中佔 4 個：3/4，1/4，1/4；1/4，3/4，1/4；1/4，1/4，3/4；3/4，3/4，3/4，晶胞內的 S 原子到 Zn 原子間距離為立方體晶胞對角線長的 1/4，即 $4(r_{Zn}+r_S)=\sqrt{3}a$ 或 $a=4(r_{Zn}+r_S)/\sqrt{3}$。同樣結構尚有：SiC(3C)、BN、GaAs、CdS、InSb。

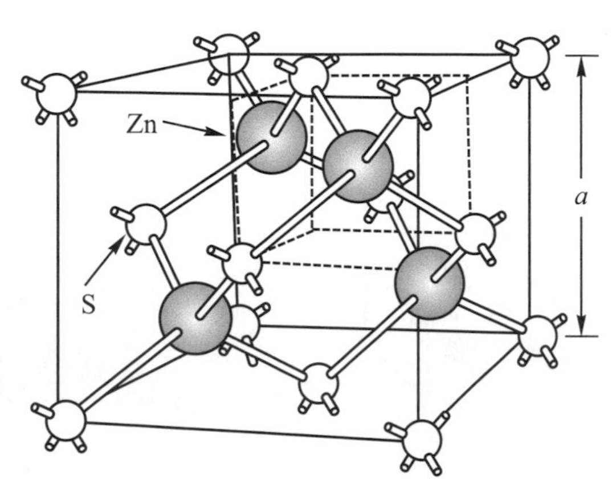

圖 16-6　ZnS 單位晶胞，每一晶胞有 4 個 Zn 原子與 4 個 S 原子

例 16-1

計算 MgO 的(a)堆積因子(PF)與(b)密度。MgO 為 NaCl 型結構，離子尺寸為：

$r_{Mg^{2+}} = 0.078$ nm ； $r_{O^{2-}} = 0.132$ nm。

解 (a) 堆積因子(pF)

$$a = 2(r_{Mg^{2+}} + r_{O^{2-}})$$

$$= 2(0.078\text{ nm} + 0.132\text{ nm}) = 0.420\text{ nm}$$

$$\therefore \text{PF} = \frac{4\left(\frac{4}{3}\pi r_{Mg^{2+}}^3 + \frac{4}{3}\pi r_{O^{2-}}^3\right)}{a^3}$$

$$= \frac{16\pi/3[(0.078\text{nm})^3 + (0.132\text{nm})^3]}{0.420\text{nm}} = 0.627$$

(b) 密度

由(a)知= 0.420 nm，則單位晶胞之體積= 0.0741 nm^3

$$\therefore \rho = \frac{4[24.31\text{g} + 16.00\text{g}]/(0.6023\times10^{24})}{0.0741\text{nm}^3}\times\left(\frac{10^7\text{nm}}{\text{cm}}\right)^3 = 3.61\text{ g/cm}^3$$

16-1-3 A_mX_n 結構

化學式 AX_2 包括了許多重要的陶瓷結構。其中氟石(fluorite，CaF_2)的結構為 FCC 型，如圖 16-7 所示，其中 Ca^{+2} 在 FCC 位置，而 F^- 則填滿四面體空隙位置；每個單位晶胞有 12 個離子(4 個 Ca^{+2} 及 8 個 F^-)；此種結構之陶瓷尚有 ZrO_2、UO_2、TbO_2 及 CeO_2 等。注意在此晶格中晶位晶胞之八面體空隙位置並未被填滿，如晶胞的中心，以及那些在晶胞各邊中點位置皆是空的；這些空隙在核子材料技術中扮演很重要的角色，可做為核子燃料 UO_2 中容納反應產物如氦氣所需要的空間，因而能避免了擾人的膨脹問題。

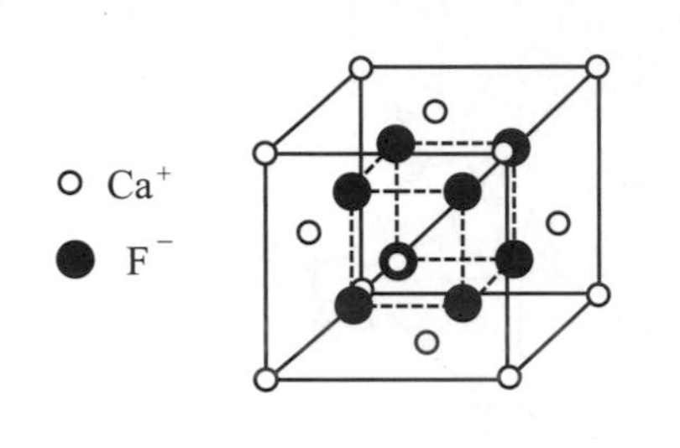

(a) 離子位置

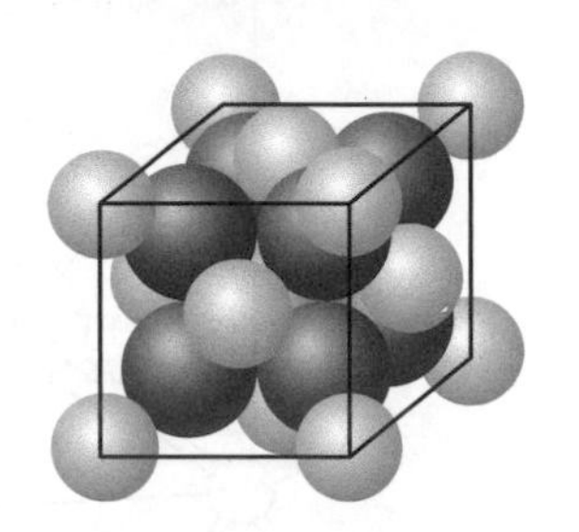
(b) 填滿晶胞的離子

圖 16-7 CaF_2 單位晶胞，每一晶胞有 4 個正離子與 8 個負離子

在 AX_2 結構中，二氧化矽(SiO_2)是最重要的一種結構型式，它可以以此結構本身或是和其他元素結合成矽酸鹽(silicates)。此種結構並不簡單，如圖 16-8(a)所示為白矽石結構(一種二氧化矽的結晶型式)，屬於 FCC 晶格，每個晶格點上有 6 個離子(2 個 Si^{4+} 及 4 個 O^{2-})，每個單位晶胞中有 24 個離子(8 個 Si^{4+} 及 16 個 O^{2-})，亦即 Si^{4+} 是在鑽石立方位置，而 O^{2-} 在每兩個最接近的 Si^{4+} 之間；其鍵結包含離子鍵與共價鍵；此結構是眾多 SiO_2 結構中最簡單者。

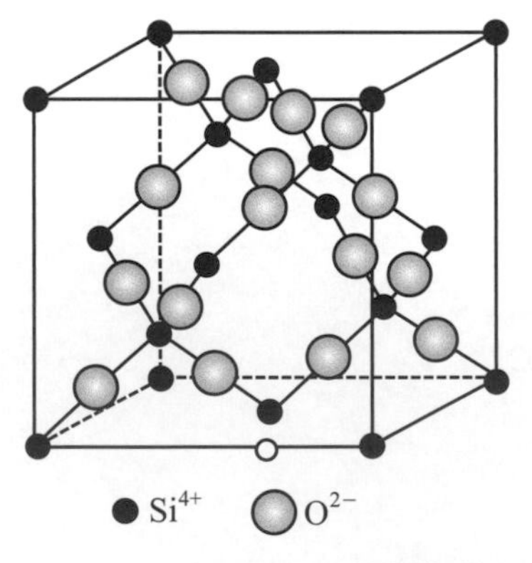

(a) SiO_2 白矽石單位晶胞

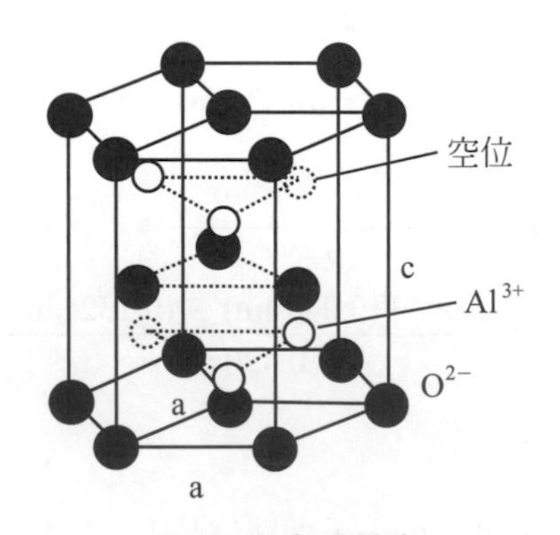

(b) Al_2O_3 部分晶胞

圖 16-8 (a)SiO_2 白矽石單位晶胞，(b)Al_2O_3 部分晶胞

化學式爲 A_2X_3 的陶瓷，其中金剛砂(corundum，Al_2O_3)的結構是菱方體(rhombohedral)晶格型式，但可以用六面體(hexagonal)晶格來描述，如圖 16-8(b)畫出 Al_2O_3 部分晶胞。此結構可近似描述成 O^{2-} 在緊密排列 HCP 結構位置，而層之間有 2/3 的八面體空隙位置由 Al^{3+} 所佔。另外如 Cr_2O_3 及 α-Fe_2O_3 亦是相同結構。

當原子種類數增加至 3 個時，晶體結構就更爲複雜；其中最簡單也是在電子陶瓷中最重要的一族爲鈣鈦礦(perovskite，$CaTiO_3$) 型，如圖 16-9 所示，屬於簡單立方晶，晶胞中心是 Ti^{4+}，面心位置是 O^{2-}，角落是 Ca^{2+}；每單位晶胞中有 5 個離子(1 個 Ca^{2+}，1 個 Ti^{4+}，3 個 O^{2-})。此種結構之陶瓷尙有 $BaTiO_3$、$PbTiO_3$、$SrTiO_3$ 及 Pb(Ti、Zr)O_3 等。這種結構之正負離子電荷中心不重疊，形成電偶極，而產生壓電、鐵電效應，屬於功能陶瓷材料。

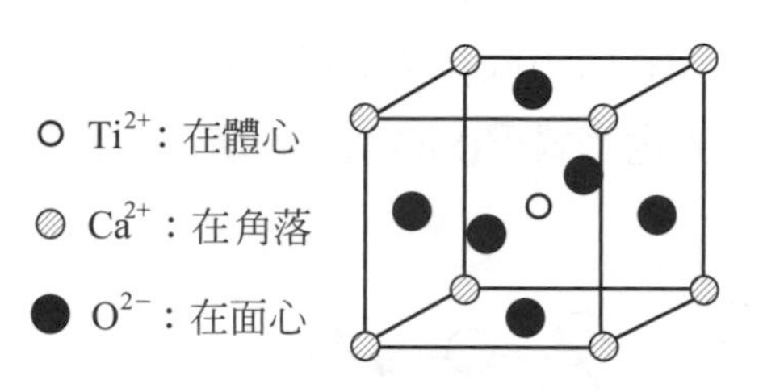

(a) 離子位置　　(b) 填滿晶胞的離子

圖 16-9　鈣鈦礦 $CaTiO_3$ 單位晶胞

例 16-2

CaF_2 的晶格常數爲 0.547 nm，求(a)正負離子半徑之和，(b)在[112]方向上格子點的線密度。

解 (a) [111]方向即爲單位晶胞之對角線，F^- 離子在對角線 1/4 的點上，所以

$$4(r_{Ca^{2+}} + r_{F^-}) = \sqrt{3}a$$

$$r_{Ca^{2+}} + r_{F^-} = (0.547)\sqrt{3}/4 = 0.237 \text{ nm}$$

(b) 其重複距離 t，是由 0，0，0 到 1/2，– 1/2，1

$$t = \sqrt{a^2 + (-a/2)^2 + (a/2)^2}$$

$$= a\sqrt{1.5} = (0.547 \text{ nm})(1.225) = 0.67 \text{ nm}$$

線密度= 1.49/nm

16-1-4 矽酸鹽結構

許多陶瓷材料都含有矽酸鹽，一方面是由於矽酸鹽含量豐富而便宜，另一方面是它們具有工程應用之特殊性質。

矽酸鹽結構的基本單位爲氧化矽四面體(SiO_4^{4-})，其情形就如同一離子基；在四面體各角落上的氧原子與其他離子銜接，以滿足電荷平衡並與四面體結合成複雜結構。圖 16-10 畫出幾種可能之四面體結合結構。圖(a)中，獨立的 SiO_4^{4-}四面體，氧矽比例爲 4：1，從其他鍵結離子獲得四個電子；如鎂橄欖石(forsterite，Mg_2SiO_4)，每一個 SiO_4^{4-}四面體有兩個 Mg^{2+}搭配，每一個 Mg^{2+}旁有 6 個最接近的 O^{2-}。圖(b)中雙重四面體單元($Si_2O_7^{6-}$)，氧矽比率爲 3.5：1，中心的氧離子被兩個四面體單元所共用，因此變成一個氧橋；如 $Ca_2MgSi_2O_7$ 即爲兩個 Ca^{2+}與一個 Mg^{2+}一齊鍵結於 $Si_2O_7^{6-}$。圖 16-10(c)～(e)，氧矽比率爲 3：1，四面體中兩個 O^{2-}離子被其他兩個四面體共用，形成化學式爲$(SiO_3)_n^{2n-}$的環形或鏈形結構，其中 *n* 爲環或鏈中$(SiO_3)^{2-}$基的數目。

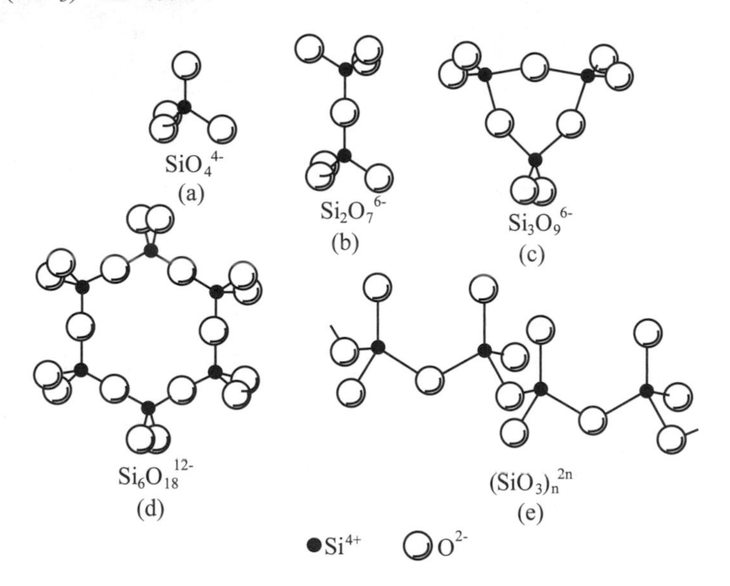

圖 16-10 氧化矽四面體(SiO_4^{4-})形成的五種矽酸鹽離子結構

當氧矽比例爲 2.5：1，四面體中三個 O^{2-}離子被其他三個四面體共用，將會形成化學式 $Si_2O_5^{2-}$，氧化矽四面體即結合成片狀結構，例如黏土和雲母。高嶺土(kaolinite)爲水合矽酸鋁($Al_2(OH)_4Si_2O_5$)結構，是一典型的片狀矽酸鹽，利用 $Al_2(OH)_4^{2+}$將 $Si_2O_5^{2-}$結合，而呈平板狀或薄片結構。

例 16-3

石英(SiO)的密度爲 2.65 Mg/m^3。(a)每 m^3 中有多少個矽原子與氧原子，(b)當矽與氧的半徑分別爲 0.038 nm 與 0.114 nm 時，其堆積因子爲何？

解 (a) 每一 mole 的 SiO_2(0.6×10^{24} 個 SiO_2)有 60.1 g

$$SiO_2/m^3 = \frac{2.65\times10^6\,g/m^3}{60.1g\,/\,0.6\times10^{24}SiO_2}$$

$$= 2.645\times10^{28}\ SiO_2/m^3$$

$$= 2.645\times10^{28}\ Si/m^3$$

$$= 5.29\times10^{28}\ O/m^3$$

(b) $V_{Si/m^3} = (2.645\times10^{28}/m^3)(4\pi/3)(0.038\times10^{-9}m)^3 = 0.006\ m^3/m^3$

$V_{O/m^3} = (5.29\times10^{28}/m^3)(4\pi/3)(0.038\times10^{-9}m)^3 = 0.328\ m^3/m^3$

$\therefore PF = 0.328 + 0.006 = 0.33$

16-2 結晶陶瓷

結晶陶瓷就是具有晶體結構的陶瓷材料，依照成份，我們將結晶陶瓷分爲氧化物與非氧化物，而氧化物又分爲矽酸鹽、非矽酸鹽兩類。

16-2-1 矽酸鹽陶瓷

矽酸鹽陶瓷就是以二氧化矽(SiO_2)爲主的陶瓷，二氧化矽簡稱矽氧(silica)，其結晶在室溫下是α-石英(α-quartz)；一大氣壓下，在 573℃會轉變爲β-石英；在 870 ℃再變成β-鱗石英(β-tridymite)；在 1470℃又變成β-白矽石(β-cristobalite)；而後在 1713℃熔化。從α-石英變成β-石英是屬於無擴散的麻田相變化，祇稍微調整一下鄰近數個原子的位置，即可改變晶體結構。

圖 16-11 即爲石英之β相變成α相的原子結構變化。在鱗石英及白矽石亦有此種α-β之麻田相變化。由於較高溫的β相爲較開放、較對稱的結構，其密度較低、比熱較大，所以在相變化過程會有體積變化，如α-石英變成β-石英約膨脹 0.5%，而可能造成龜裂。至於從石英變成鱗石英或鱗石英變成白矽石，則是重新排列原子結構，即將原來的鍵結破壞再重建，需很大的自由能，其過程包含孕核及成長，相變化的速率要比麻田相變化慢許多。

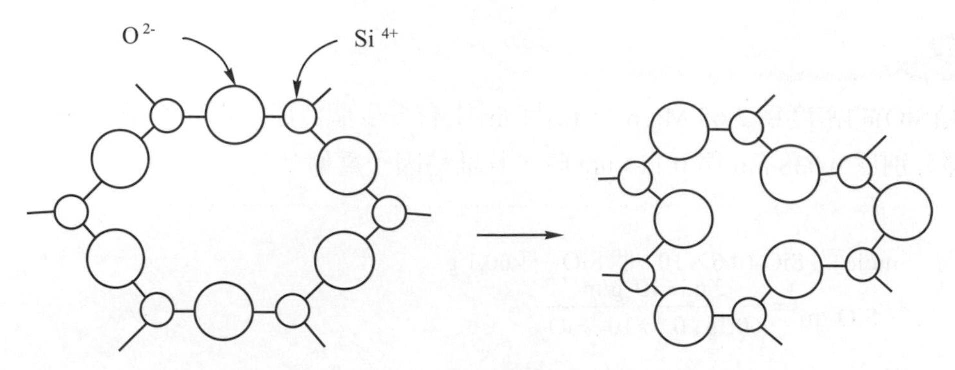

圖 16-11 石英由較高溫的β相變成較低溫的α相之原子結構變化

表 16-1 列出一些矽酸陶瓷的成份。事實上陶瓷材料的產量以矽酸鹽類陶瓷爲大宗，如表上所列的耐火材、水泥、瓷器，另外磚、瓷磚、陶器、釉瓷等也是矽酸鹽類陶瓷。圖 16-12 在 CaO-SiO_2-Al_2O_3 三元圖中標示出波特蘭水泥(Portland cements)、釉瓷(Glazes)及耐火材料(refractory)的成份範圍。以水泥來說，其存在的相有三種，即 $2CaO{\cdot}SiO_2$、$3CaO{\cdot}SiO_2$、$3CaO{\cdot}Al_2O_3$。耐火材料需在高溫下承受負荷，通常以耐火泥細粉黏結氧化物顆粒，細粉在燒成時熔化而提供鍵結，一般耐火磚含有 20～25%氣孔，以增進絕熱性質。

表 16-1 一些常用矽酸陶瓷的成份(From Ref. 1, p. 311)

	成份 (wt%)					
	SiO_2	Al_2O_3	K_2O	MgO	CaO	其他
矽氧耐火材(silica refractory)	96					4
黏土耐火材(fireclay refractory)	50-70	45-25				5
莫來石耐火材(mullite refractory)	28	72				—
電器瓷器(electrical porcelain)	61	32	6			1
塊滑石瓷器(steatite porcelain)	64	5		30		1
波特蘭水泥(portland cement)	25	9			64	2

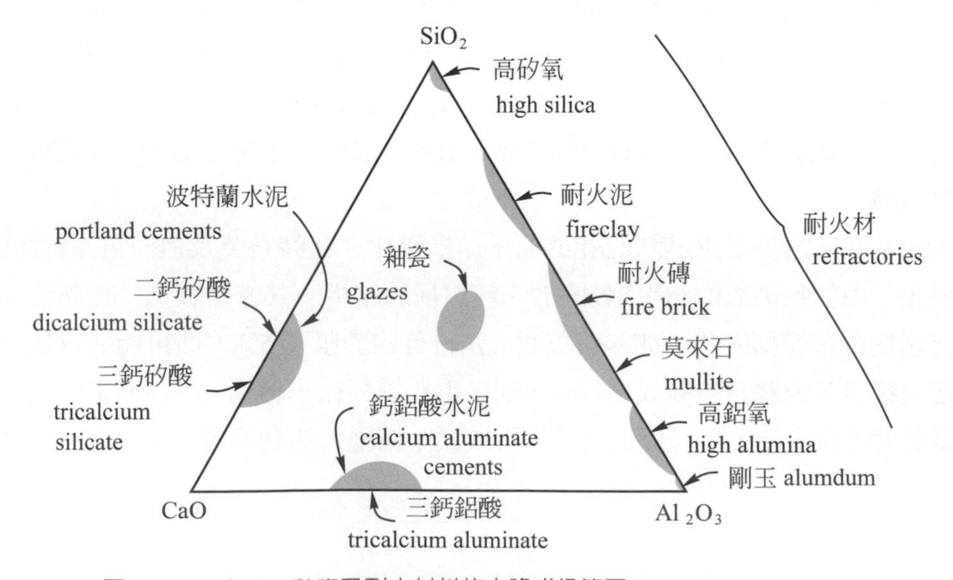

圖 16-12 水泥、釉瓷及耐火材料的大略成份範圍(From Ref. 2, p. 446)

16-2-2 非矽酸鹽氧化物陶瓷

表 16.2 列出一些非矽酸鹽氧化物陶瓷，包含傳統上使用於製鋼的 MgO。一般說來表上所列是屬於較尖端的陶瓷材料(精密陶瓷，Fine ceramics)。純氧化物是雜質含量在 1%以下，甚至只有幾個百萬分之一(ppm)的範圍，其昂貴的純化費用及後續製程都與傳統使用較便宜的矽酸陶瓷截然不同。矽酸陶瓷通常是各別地方使用，且爲不純礦物；而精密陶瓷則能應用於電子工業上。當然表 16-2 所列的產品也有可能含有幾個百分比的其他氧化物或雜質。UO_2 是一個最佳的核能陶瓷，內含輻射性鈾，作爲核反應器燃料。其結構是 U^{4+} 在 FCC 的位置上，而 O^{2-}則在距每個角落 1/4，1/4，1/4 的地方，其晶胞之中心點及對稱位置有很大空隙，恰可容納鈾分裂後多出來的原子。

表 16-2 常見非矽酸鹽氧化物陶瓷

主成份$^{+}$	常用產品名稱
Al_2O_3	鋁氧、鋁氧耐火材
MgO	鎂氧、鎂氧耐火材、菱鎂礦耐火材、方解石耐火材
$MgAl_2O_3$(＝$MgO{\cdot}Al_2O_3$)	尖晶石
BeO	鈹氧
ThO_2	釷氧
UO_2	二氧化鈾
ZrO_2^{*}	安定化或部份安定化鋯氧
$BaTiO_2$	鈦酸鋇
$NiFe_2O_4$	鐵酸鎳

+ 有些產品，如耐火材，常含一些其他氧化物及雜質(數個 wt%)

* 純 ZrO_2 在 1000℃有體積變化很大的相變化發生，易崩潰；加入 10 wt%CaO 可得到一立方結晶，達熔點 2500℃亦無相變化，是爲安定化鋯氧；若添加量少於 10 wt%，則爲雙相結構，是爲部份安定化鋯氣(PSZ)，具有變態韌化效應。

部份安定化鋯氧(Partially stabilized zirconia，PSZ)是陶瓷作爲構造用材料的最佳候選材料，甚至可取代一些金屬材料的用途，主要關鍵在於它具有“變態韌化(Transformation toughening)”的特點，本章後面會提到。而電子陶瓷 $BaTiO_3$ 及磁性陶瓷 $NiFe_2O_4$ 則屬於功能用陶瓷。

接下來我們再綜合介紹氧化物的耐火陶瓷，算是陶瓷在工程應用上非常重要的一種。耐火氧化物作成耐火材，一般可分成酸性、鹼性及中性三類，如表 16-3 所列。其中酸性耐火材都是矽酸鹽類，純 SiO_2，即爲爲一種酸性耐火材，可用來盛裝熔融金屬；若在 SiO_2 中加入 3～8%Al_2O_3，則其熔點太低，不適於耐火用途，需增加鋁氧含量，如高級耐火磚是含 43～44%的鋁氧。而高鋁氧耐火磚，則含大量莫來石結晶(富鋁紅柱石，$3Al_2O_3{\cdot}2SiO_2$，

Mullite)，具有高強度、高硬度及更耐溫的特性。鹼性耐火材，除方鎂石(Periclase，純 MgO)外，尚有菱鎂礦(Magnesite)、白雲石(Dolomite，MgO＋CaO)、橄欖石(Olivine，Mg_2SiO_4)。鹼性耐火材料比酸性昂貴，但因其與金屬熔液相容性較佳，常爲煉鋼及高溫用途所必用。中性耐火材料則爲鉻鐵礦(Chromite)或鉻鐵-菱鎂礦(Chromite-magnesite)，其用途爲隔開酸性及鹼性耐火材，避免彼此侵蝕。其他的氧化物耐火材尚有鋯氧(Zirconia，ZrO_2)及鋯英石(Zircon，$ZrO_2 \cdot SiO_2$)。

表 16-3 典型耐火材成份(wt%, From Ref. 1, p. 313)

耐火材料	SiO_2	Al_2O_3	MgO	Fe_2O_3	Cr_2O_3
酸性					
矽氧	95～97				
高級耐火磚	51～53	43～44			
高鋁氧火磚	10～45	50～80			
鹼性					
菱鎂礦	－		83～93	2～7	
橄欖石	43		57		
中性					
鉻鐵礦	3～13	12～30	10～20	12～25	30～50
鉻鐵-菱鎂礦	2～8	20～24	30～39	9～12	30～50

16-2-3 非氧化物陶瓷

表 16-4 列出一些非氧化物陶瓷材料，有些非氧化物陶瓷，如碳化矽，已在工業界使用數十年，作爲爐子的加熱元件及當作研磨料。其他碳化物、氮化物、硼化物以及石墨，也是耐火材料；祇是大部份的碳化物，如 TiC、ZrC 都不太能抵抗氧化，所以祇能用於還原氣氛下的高溫；但是 SiC 是一例外，在 1500℃以下，因爲 SiC 高溫氧化時會產生一層 SiO_2 薄層，保護 SiC 不被進一步氧化。氮化物及硼化物的熔點特別高，對氧化較不敏感。石墨則是極高溫、高壓、非氧化環境常用的材料。

另外，氮化矽及其相關材料，再加上前面所提的部分安定化鋯氧，它們開啓陶瓷技術進入更高境界，大量的研究發展已顯示出此等材料將是未來研製超級氣渦輪引擎零件的主角，未來這種構造用陶瓷的使用將膨脹很快，尤其是汽車用途上，預計將有數億美元以上的市場！

表 16-4　非氧化物陶瓷

主成份	常用產品名稱
SiC	碳化矽
Si_3N_4	氮化矽
TiC	碳化鈦
TaC	碳化鉭
WC	碳化鎢
B_4C	碳化硼
BN	氮化硼
C	石墨

16-3 非晶質陶瓷

最著名的非晶質陶瓷材料是矽酸玻璃，它是一種固相材料，在較高溫時很像是過冷液體；冷卻時會硬化而具剛性，但並未產生結晶。

純 SiO_2 的結晶在上一節已提過，其結晶原子構造相當複雜，所以若是較快冷卻，就有可能使其結晶來不及發生而得到非晶質材料。此種非晶質氧化矽稱爲玻化矽氧(Vitreous silica)或熔矽氧(Fused silica)、熔石英(Fused quartz)。圖 16-13 繪出 SiO_2，結晶及非晶質結構中，平面上原子排列情形。玻璃結構中祇有短程規律(Short-range ordering，即每一 Si^{4+} 與三個 O^{2-}連接，每一 O^{2-}與兩個 Si^{4+}連接)，並無長程規律。

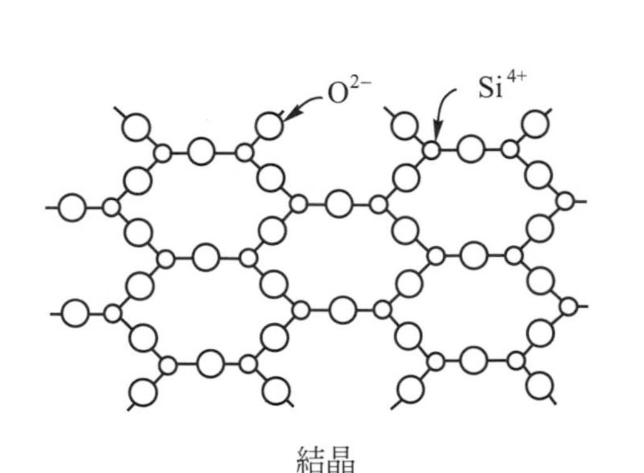

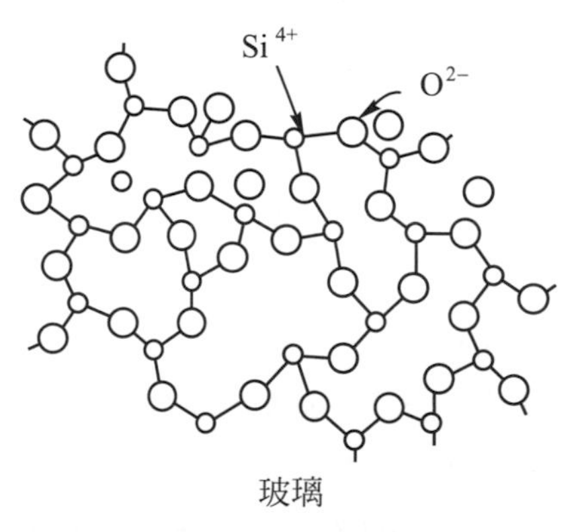

圖 16-13　SiO_2 之結晶及非晶質玻璃結構，兩者皆有短程規律，但祇有晶體結構有長程規律

熔矽氧具有極高的熔點，軟化溫度很高(1667℃)，且膨脹係數很小(5.5×10^{-7}/℃)，所以耐高溫且耐熱沖擊，可作爲實驗設備材料，可惜成型不容易。因此爲了適用各種用途，通常會在 SiO_2 中加入一些其他氧化物，而稱爲矽酸玻璃(Silicate glasses)。依照添加氧化物對 SiO_2 網狀結構的影響，我們可以將其分成三類，即成網物(Network formers)、中間物

(Intermediates)及修改物(Modifiers)，如表 16-5 所示。成網物也就是容易玻璃化的氧化物，一般是三價或三價以上的金屬元素；其離子很小、配位數亦較少，而且其氧化物之鍵結強度很大的元素，像 SiO_2、B_2O_3、GeO_2、P_2O_5、As_2O_5 及 As_2O_3。中間物的鍵結強度較小一些，通常本身並不形成玻璃結構，但可以大量加入成網物中的網狀結構上，如 Al_2O_3、TiO_2、ZrO_2、PbO_2 都是，當 PbO_2 大量加入 SiO_2 中時，可得折射率甚高的水晶玻璃(Crystal glass)。修改物與成網物恰好相反，價電子數較少、鍵結強度最低，典型的例子是 Na_2O 及 CaO，加到 SiO_2 中會破壞網狀結構，而不易玻璃化，亦即容易結晶。

表 16-5　玻璃中各種金屬氧化物的類別及其鍵結強度(From Ref. 2, p. 426)

金屬元素	鍵結強度 (kcal/mol)	金屬元素	鍵結強度 (kcal/mol)	金屬元素	鍵結強度 (kcal/mol)
成網物		中間物		修改物	
B	119	Ti	73	La	58
Si	106	Zn	72	Y	50
Ge	108	Pb	73	Sh	46
P	99	Al	60	Ga	45
V	99	Be	63	In	43
As	73	Zr	61	Pb	39
Sb	76	Cd	60	Mg	37
Zr	81			Ca	32
				Ba	33
				Sr	32
				Na	20
				K	13
				Cs	10

以 Na_2O 爲例，當其加入 SiO_2 中，則鈉離子進入網狀之空隙中，不屬於網狀的一部份；使原本連續的網狀，產生局部的不連續而斷橋(Nnon-bridge)的現象，如圖 16-14 所示。亦即加入 Na_2O，使氧離子過多，矽離子就不足以將氧離子全數連接而造成斷橋，使 Si：O 之四面體祇能連成鏈狀、環狀，不再形成連續網狀。當氧矽之比率大於 2.5 時，就難以形成玻璃結構；而當此值大於 3，則祇有特別處理才能形成玻璃。修改物加得愈多，網狀也就斷得愈多，則流動性增加、成型容易；但相對的，軟化溫度降低，使用溫度下降。

表 16-6 列出常見玻璃製品的成份及部份軟化溫度與膨脹係數。玻化矽氧是高純度的 SiO_2，缺乏任何的網狀修改物，使用溫度可以超過 1000℃，典型的應用例子是高溫坩鍋及高溫爐視窗。硼矽酸玻璃(Pyrex)則含十幾百分比的 B_2O_3 及 4 %的 Na_2O，仍具有相當安定性，耐熱沖擊且較易成型，可作爲廚具及化學實驗器具。最大宗的玻璃是鈉-鈣-矽氧(soda-lime-silica)，易成型，廣用於窗玻璃、燈泡及玻璃器皿。用作強化材的玻璃纖維，主

要是 E-玻璃(即電器用玻璃)，其成份亦列於表 16-6 中。另外表中亦列出鉛玻璃及光學玻璃的成份。

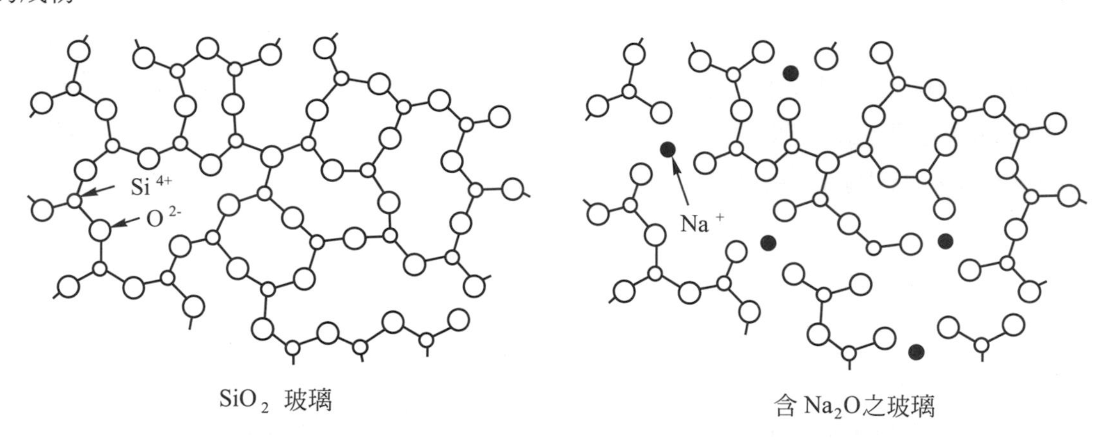

圖 16-14　Na_2O 對矽氧玻璃網狀結構的影響。Na_2O 使網狀產生斷橋，增進流動性、結晶性而不易玻璃化

表 16-6　常見玻璃材料的成份(wt%)及軟化溫度與膨脹係數(From Ref. 2, p. 428)

玻璃品名	SiO_2	Al_2O_3	CaO	Na_2O	B_2O_3	MgO	PbO	K_2O	BaO	ZnO	軟化溫度(℃)	膨脹係數(10^{-7}℃$^{-1}$)
熔矽氧	99										1667	5.5
威克(Vycor)	96				4						1500	8.0
派樂斯(Pyrex)	81	2		4	12						820	32
瓶玻璃	74	1	5	15		4					～700	～92
窗玻璃	72	1	10	14		2					～700	～92
板玻璃	73	1	13	13							～700	～92
燈泡玻璃	74	1	5	16		4					～700	～92
玻璃纖維	54	14	16		10	4					－	－
溫度計	73	6		10	10						－	－
鉛玻璃	67			6			17	10			－	－
光學鉛玻璃	50			1			19	8	13	8	－	－
光學玻璃	70			8	10			8	2		－	－
陶瓷釉料	60	16	7					11		6	－	－
金屬搪瓷	34	4			3		42	17			－	－

在表 16-6 中最後兩項是用來被覆陶瓷或金屬的釉瓷。釉料(Glazes)是指在陶瓷器表面被覆的玻璃，可得不透水且較光滑的表面；搪瓷(Enamels)則是被覆在金屬表面的玻璃，主要目的是保護金屬免於周圍環境的腐蝕。釉瓷的顏色可利用添加其他礦物而變化之，如鋯

矽酸可得白色、鈷氧化物得藍色、鉻氧化物得綠色、鉛氧化物得黃色，而紅色可得自硒、鎘硫化物混合。釉瓷的最大問題在於膨脹係數與底材不同時，很容易造成表面龜裂的現象。

玻璃中尚有一些非矽酸類，如 B_2O_3、GeO_2、P_2O_5；As_2Se_3、GeS_2；BeF_2、ZrF_4。其中如 B_2O_3 本身極少商用價值，因它很容易與大氣中的水蒸氣反應；然而它卻可加入矽氧中，作成硼矽酸玻璃；硫、硒、碲化物(Chalcogenides)，如 As_2Se_3 是作爲非晶質半導體極有潛力的材料；而氟化鋯(ZrF_4)則是一種在紅外線範圍，比傳統矽酸玻璃更透明的玻璃纖維材料。

討論過結晶陶瓷與非晶質陶瓷，我們再回頭介紹黏土系陶瓷材料，它可說是用量最多的陶瓷材料。主要是高嶺土(Kaolinite，$Al_2SiO_5(OH)_4$ 或微晶高嶺土(Montmorillonite，$Al_2(Si_2O_5)_2(OH)_2$)的黏土中加入一些粗料，如石英；再加上助熔劑，如長石(Feldspar，$(K, Na)_2O{\cdot}Al_2O_3{\cdot}6SiO_2$)而混合作成。圖 16-15 標出常見各種黏土系陶瓷的成份範圍。將三種材料與水混合，再經成型、乾燥、燒成(Firing)的步驟製成產品。黏土量較多可增進成型性，造型可複雜一些；長石含量較多，則降低液化線，燒成溫度可低一些；矽氧通常可看作是填充料。

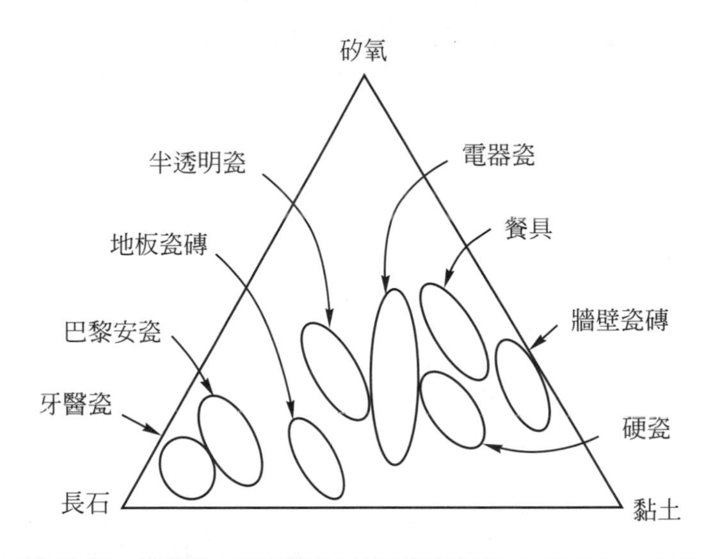

圖 16-15 常用黏土系陶瓷的大略成份範圍(From Ref. 2, p. 446)

磚頭及瓷磚是壓製或擠型成型後再乾燥、燒成而產生陶瓷鍵。較高溫燒成或較細原料粒子，較易玻璃化、孔隙較少、密度較大，有助於機械強度；但不利於絕熱效果。陶器(Earthenware)是在較低溫燒成，玻化較少、孔隙很多且常相通，故陶器會滲漏，需用不滲透的釉料包覆；較高溫燒成，玻化多、孔隙少而得到石器(Stoneware)，祇含 2～4%密封孔隙，可用爲下水道材料；再更高溫燒成，可得到完全玻化且幾乎無孔隙，是爲瓷器(China，Porcelain)。

例 16-4

一般鈉-鈣-矽氧玻璃是將 Na_2CO_3、$CaCO_3$ 與 SiO_2 一齊熔化，碳酸部份分解而釋出 CO_2 氣泡，恰可用來攪拌。若要得到 1000 kg 的窗玻璃(15 wt% Na_2O，10 wt% CaO，75 wt% SiO_2)，則三種原料各需多少？又此種玻璃，其 O^{2-} 有多少比例未完全與 Si^{4+} 連接？

解　一莫耳的 Na_2O 重：$2 \times 22.99 + 16.00 = 61.98(g)$

一莫耳的 Na_2CO_3 重：$2 \times 22.99 + 12.00 + 3 \times 16.00 = 105.98(g)$

一莫耳的 CaO 重：$40.08 + 16.00 = 56.08(g)$

一莫耳的 $CaCO_3$ 重：$40.08 + 12.00 + 3 \times 16.00 = 100.08(g)$

∴需 Na_2CO_3 的重量為

$$150\text{ kg} \times \frac{105.98}{61.98} = 256\text{ kg}$$

$CaCO_3$ 的重量為

$$100\text{ kg} \times \frac{100.08}{56.08} = 178\text{ kg}$$

SiO_2 的重量為 750 kg

又若以重量比來表示則需

$$\frac{256}{256+178+750} \times 100\text{ wt\%} = 21.6\text{ wt\% } Na_2CO_3$$

$$\frac{178}{256+178+750} \times 100\text{ wt\%} = 15.0\text{ wt\% } CaCO_3$$

$$\frac{750}{256+178+750} \times 100\text{ wt\%} = 63.3\text{ wt\% } SiO_2$$

至於斷橋的比率，一個 Na^+ 可使一個氧橋斷掉，而一個 Ca^{2+} 可使兩個氧橋斷掉，若以 100 g 來計算，此玻璃的 Na^+、Ca^{2+}、O^{2-} 三種離子的莫耳數應為

$$Na^+ : 2 \times \frac{15}{61.98} = 0.2420(\text{mol})$$

$$Ca^{2+} : 1 \times \frac{10}{56.08} = 0.1783(\text{mol})$$

$$O^{2-} : 1 \times \frac{15}{61.98} + 1 \times \frac{10}{56.08} + 2 \times \frac{75}{28.09 + (2 \times 16.00)} = 2.796(\text{mol})$$

因此斷橋的比例為

$$\frac{1 \times 0.2420 + 2 \times 0.1783}{2.796} = 0.214$$

亦即 1000 個 O^{2-} 中，有 214 個 O^{2-} 是斷橋。

16-4 玻璃陶瓷

玻璃陶瓷(Glass-ceramics)算是最複雜的陶瓷材料，如其名所指，它同時具有非晶質與結晶陶瓷的本質。玻璃陶瓷具有比傳統陶瓷更佳的機械強度及更耐熱沖擊能力。高強度是由於其內部甚少有應力集中的孔隙及微細均勻的細晶微結構；而耐熱沖擊則源自其膨脹係數特別低，表 16-7 列出主要的商用玻璃陶瓷的成份。最主要的系統是 Li_2O-Al_2O_3-SiO_2 系，在此系統中已有多種商品問世，如康寧瓷器(Corning ware)，其特性是膨脹係數特別低而可以耐熱沖擊。因爲其結晶相一β-史波杜兔相(β-spodumene，$Li_2O \cdot Al_2O_3 \cdot 4SiO_2$)膨脹係數很小，及另一結晶相一$\beta$-由克利太相($\beta$-eucryptite，$Li_2O \cdot Al_2O_3 \cdot SiO_2$)膨脹係數爲負的緣故。

表 16-7 商用玻璃陶瓷的成份(From Ref. 1, p. 318)

玻璃陶瓷	SiO_2	Li_2O	Al_2O_3	MgO	ZnO	B_2O_3	TiO_2*	P_2O_5*
Li_2O-Al_2O_3-SiO_2 系	74	4	16				6	
MgO-Al_2O_3-SiO_2 系	65		19	9			7	
Li_2O-MgO-SiO_2 系	73	11		7		6		3
Li_2O-ZnO-SiO_2 系	58	23			16			3

* 爲孕核劑

玻璃陶瓷是先作成玻璃狀態；再低溫熱處理，使之產生大量結晶核粒；再稍高溫讓結晶核成長，最後得到 90%的結晶。其結晶晶粒均勻細緻，約 0.1～1 μm 大小，殘留的玻璃相塡充於晶粒間，且沒有孔隙。這種結晶過程的孕核與成長，和一般固態相變化的情形並無兩樣，最容易在雜質相的界面上孕核。一般玻璃在熔融狀態產生結晶時，容易在器壁上產生少許的孕核點，而長成相當大的晶體結構，最後的微結構是粗大且不均勻；玻璃陶瓷不同於此，它是加入幾個百分比的孕核劑，如 TiO_2、P_2O_5，此種微細的孕核劑粒子密度可達 $10^{22}/mm^3$，而達到非均質大量孕核的目的，所以能夠得到均勻細緻的晶粒結構。

16-5 陶瓷製程

玻璃的製程是先製造出液體，再冷卻控制適當的溫度，使其具黏滯流動(Viscous flow)而加以成型，然後繼續冷卻，得到固定形狀的器具。結晶性陶瓷製成器具，則是先將細粉狀的原料作成生坯(Compact)，再利用各種技術加以鍵結，如化學反應、部份或全部玻化(Vitrification)、燒結(Sintering)。

16-5-1 玻璃製程

在介紹玻璃製程之前，有必要先對玻璃的特性作一番瞭解。當我們量測玻璃的長度隨溫度而變的情形時，可以得到圖 16-16(a)的曲線，在 T_g 的溫度其曲線有一明顯轉折現象。此 T_g 即稱爲玻璃轉化溫度(Glass transition temperature)，或簡稱爲玻璃溫度。T_g 劃分出兩個不同的熱膨脹係數，T_g 以下的溫度膨脹係數小；T_g 以上膨脹係數較大。若繼續測量線性膨脹係數，則發現在更高溫中有一溫度 T_s，曲線會突然下降，此一溫度稱爲軟化溫度(Softening temperature)，因此時玻璃已呈流體狀，不再能夠支持量測長度探針(一小型耐火棒)的重量而崩潰。

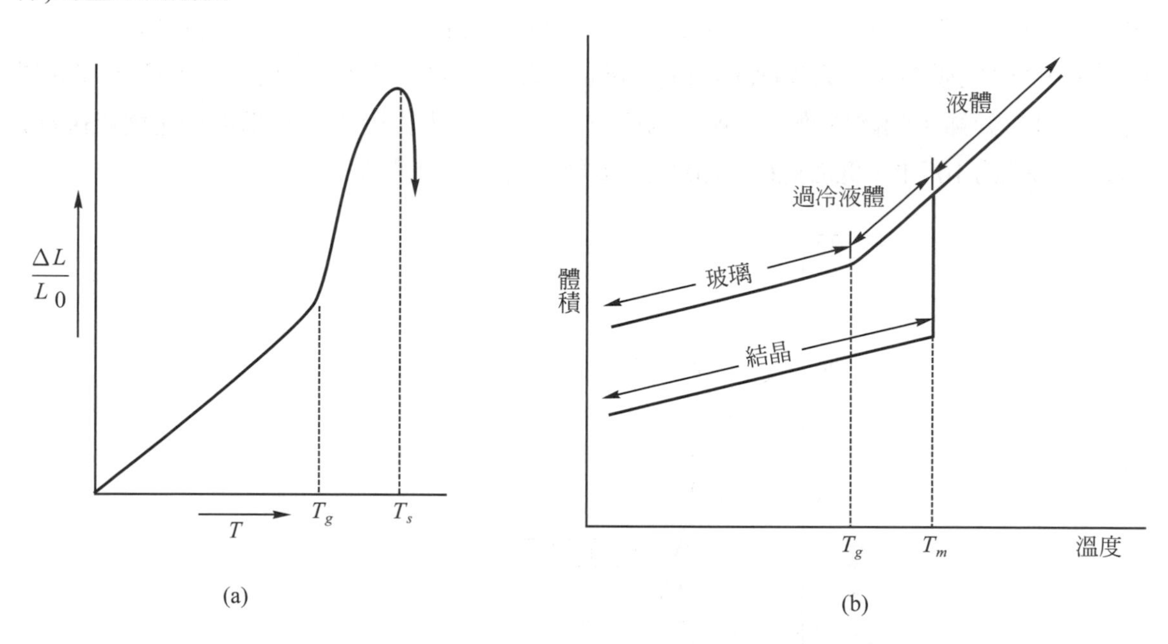

圖 16-16　玻璃之(a)典型線性熱膨脹率與(b)體積隨溫度而變情形

若是以體積變化來看，則熱膨脹情形會如圖 16-16(b)所示，此圖與圖 16-16(a)圖相似，在圖上另外畫上結晶狀況的體積變化以茲比較。結晶時，在熔點 T_m，體積有一明顯突降；而玻璃則在通過 T_m 仍維持液體的變化情形，直到 T_g 才改爲結晶固體的斜率。也就是說玻璃在 T_g 以上，當溫度下降時，除了原子振動減少而使體積收縮外，尚有因原子移動重排成更密集堆積，自由空間減少造成的體積減少；T_g 以下，則原子已無法移動重排，溫度下降時，只剩下熱振動減少而使體積減少的部份。因此 T_g 以上的熱膨脹係數要比 T_g 以下者來得大，而且由於玻璃固體仍未能形成最有效的密集結晶堆積，所以其體積仍比結晶狀況略大。

綜上所述，玻璃在 T_g 以上是屬於過冷液體，其變形爲黏滯流動；而在 T_g 以下是一彈性固體，原子排列類似液體的非晶質結構，但祇能彈性變形。

玻璃的黏滯性質可用黏滯係數(Viscosity，η)來描述，它是定義爲單位面積的剪力(F/A)與流體流速梯度(dv/dx)之間的比例常數，如下式

$$\frac{F}{A} = \eta \frac{dv}{dx} \tag{16-1}$$

η的單位是波益斯，P (poise＝1 g/(cm·s))，即 1P＝0.1 Pa·s。圖 16-17 爲鈉-鈣-矽氧玻璃的黏滯係數隨溫度而變的情形。此圖對玻璃製造很有用，在熔化區(1200～1500℃)，其η值在 50～500 P 之間，屬於一種流體(但同爲流體，水及金屬液體祇有 0.01 P 左右)；玻璃成型的加工範圍，其η值約在 10^4～10^8P，相當於 700～900℃；軟化點(Softening point)通常定義在$\eta = 10^{7.6}$ P (～700℃)，也就是在加工範圍的下限溫度；退火範圍是在$\eta = 10^{12.5}$～$10^{13.5}$ P，用來消除內應力；退火點(Annealing point)定義爲$\eta = 10^{13.4}$ P 的溫度(～450℃)，在此溫度大約 15 分鐘可消除內應力；玻璃溫度 T_g 大約在退火點附近。更低溫的應變點(strain point)，η約爲 10^{15} P，低於此(約 400℃)，玻璃可看成完全剛性。

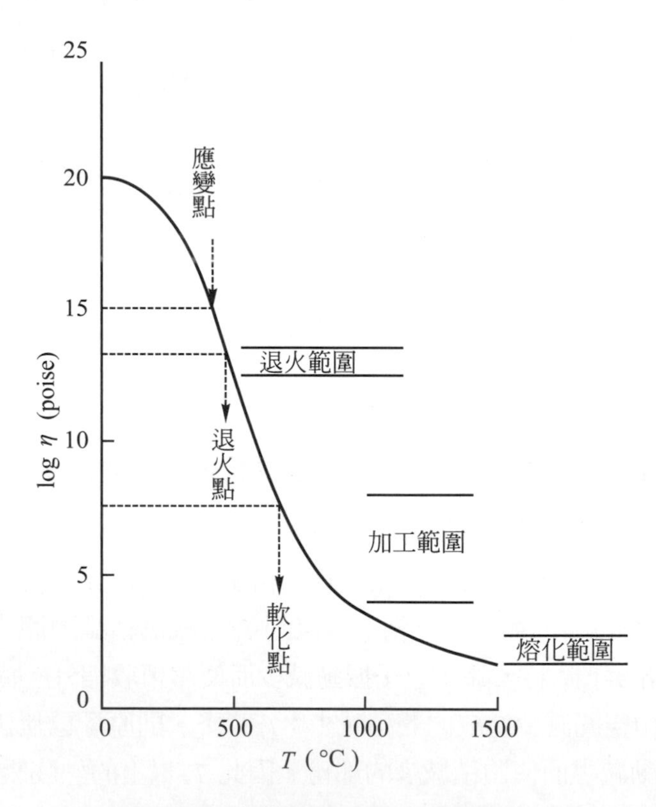

圖 16-17 鈉-鈣-矽氧玻璃之黏滯係數隨溫度而變情形(From Ref. 1, p. 330)

在 T_g 以上，η值與溫度的關係，可畫成阿瑞尼爾斯形式的關係(Arrhenius form relationship)，如圖 16-18 爲幾種玻璃的η值變化，可寫成

$$\eta = \eta_0 e^{+Q/RT} \tag{16-2}$$

其中 η_0 是常數，Q 爲黏滯變形之活化能，決定於原子群間移動的難易，R 是氣體常數，T 爲絕對溫度。要注意到指數項是正值，與擴散係數的負值不同，這是因爲黏滯係數的定義是溫度愈高其值愈低的緣故。我們也可定義流動係數(Fluidity)＝$1/\eta$，則指數項即可與擴散係數一樣是負值。

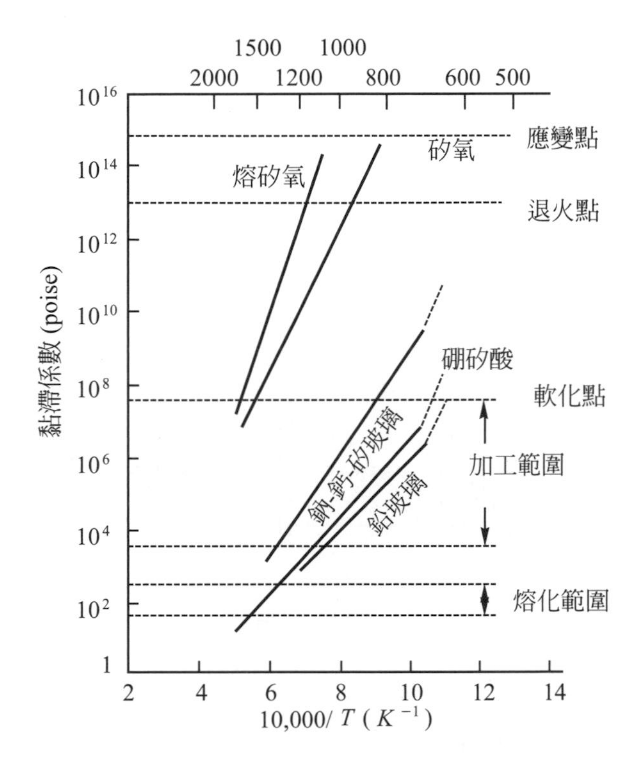

圖 16-18　幾種玻璃之黏滯係數隨溫度而變情形，符合阿瑞尼爾斯關係(From Ref. 1, p. 331)

談過玻璃的黏滯特性後，我們再來介紹玻璃的製造技術。玻璃板材的製造是在熔化區成型，成型方法有經由水冷滾筒或經由錫浴，使玻璃逐漸冷卻而硬化，如圖 16-19 所示。後者是較進步的技術，可得表面更光滑且無波紋的玻璃板，稱爲浮式玻璃。有些玻璃型品是採用熔化狀態直接鑄造成型，如大型光學透鏡即是；而像容器或燈泡，通常是在加工範圍的溫度，利用黏滯變形來成型。如圖 16-20 所示的壓製(Pressing)、壓吹(Press and blow process)、抽絲(Drawing)，此時玻璃是一種年糕狀凝塊，不會亂跑。

玻璃的熱處理主要是退火，即加熱到退火點或更高一些的溫度，再緩慢冷卻以消除應力避免龜裂。在退火處理時，玻璃常有反玻化作用(Dvitrification)，即會有結晶相析出於玻璃中。另外，利用熱處理也可以得到一種叫做強化玻璃(Tmpered glass)的產品。如圖 16-21 所示，先將玻璃板溫度升到 T_g 以上，此時可消除所有應力，如圖(a)；再利用吹氣冷卻(或油冷)，使表面先行冷卻收縮，此時由於內部仍高於 T_g 的溫度，外殼冷卻收縮造成的內部壓力大部份會鬆弛掉，表面會有一些拉伸應力，如圖(b)；當整體逐漸冷卻時，內部再行收縮，但因外殼已硬化，無法跟著收縮，因而造成外殼是殘留壓縮應力，而內部是輕微拉伸應力，如圖(c)。此一表層的殘留壓應力即爲強化的根源，因爲玻璃表面免不了有既存微裂隙，它是玻璃強度不大的主因(參考 16-6-1 節)；經此處理的玻璃受到外加拉力破壞之前，必先克服表面殘留壓應力，微裂隙才能感受到拉伸狀況，故能提高其破壞強度。因此，經此種處理的玻璃稱爲強化玻璃。強化玻璃的表面殘留壓應力，也可以利用離子交換的方法得到，即將較大的鉀離子以擴散方法滲入玻璃表層，取代鈉離子，而使表層殘留壓應力；此法在較薄玻璃板的強化效果優於熱處理法，常用於手機面板上。

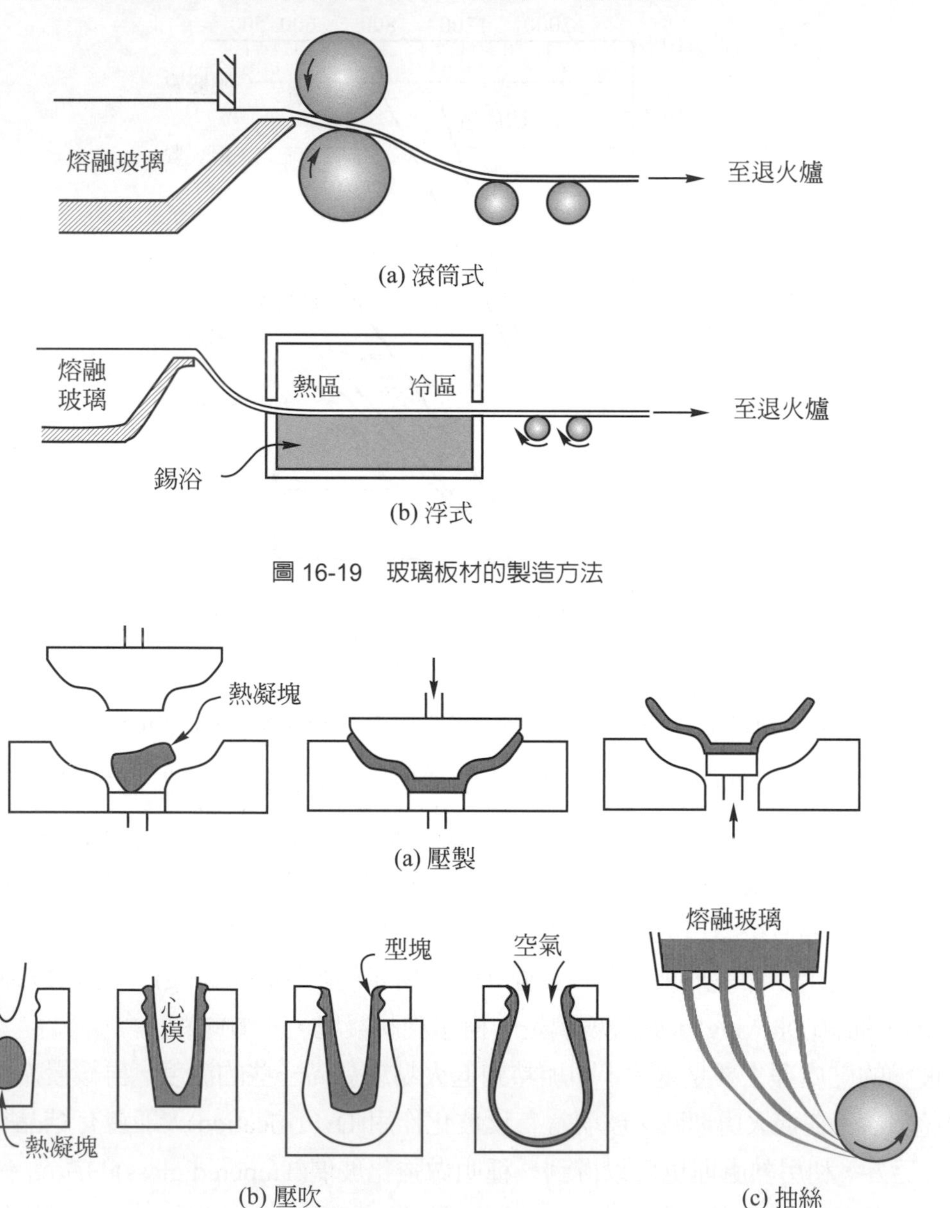

圖 16-19　玻璃板材的製造方法

圖 16-20　玻璃成型技術

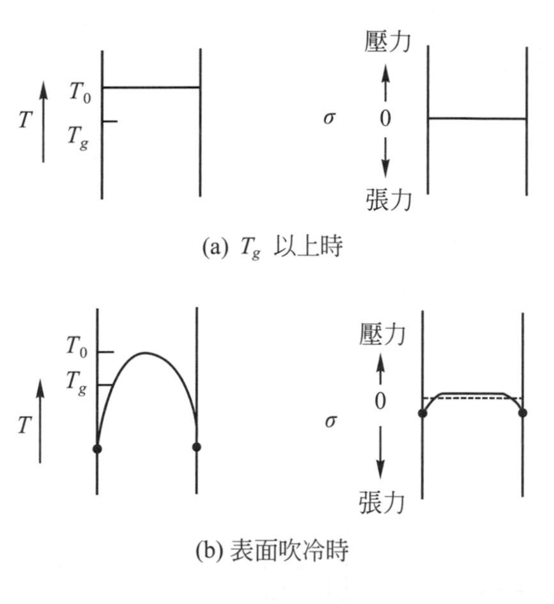

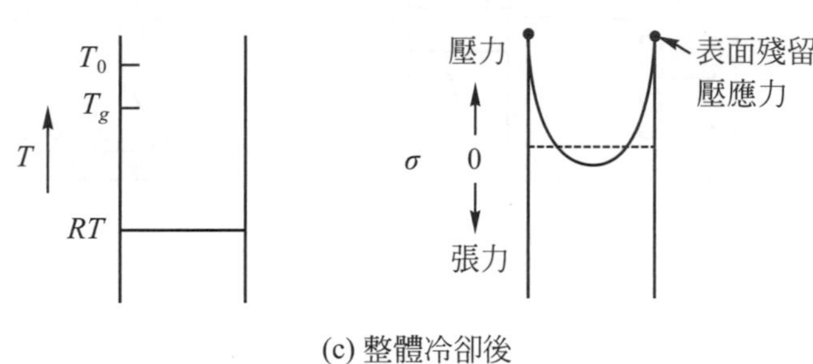

(c) 整體冷卻後

圖 16-21 強化玻璃處理過程的溫度與應力分佈情形

例 16-5

比較純矽氧與鈉-鈣-矽玻璃作玻璃板及玻璃瓶的溫度範圍。

解 從圖 16-18 中可知鈉-鈣-矽玻璃製瓶的加工溫度範圍為

$$7.5 < \frac{10000}{T} < 10.05$$

即 $1333\text{K} > T > 995\text{K}$ $1060^\circ\text{C} > T > 722^\circ\text{C}$

製板的溫度範圍為

$$5.5 < \frac{10000}{T} < 6.2$$

即 $1818\text{K} > T > 1613\text{K}$ $1545^\circ\text{C} > T > 1340^\circ\text{C}$

而對純矽氧(熔矽氧)而言，製瓶溫度高達

$$\frac{10000}{T} \sim 5.0$$

即 $T \sim 2000\text{K}$ 或 1727°C

純矽氧製板溫度還要更高。由此可見為何玻璃板及玻璃瓶要用鈉-鈣-矽玻璃。

16-5-2 結晶陶瓷製程

結晶陶瓷製程可分爲成型、乾燥、燒結三個步驟，分述於下。

首先將控制好粒子大小的陶瓷粉末混合均勻後，通常再加水攪拌，再加以成型，如圖 16-22 所示。半乾的混合物，可以壓製(Pessing)成有適當強度的生坯(Geen compact)。含水量較多者較具塑性，可用壓製、擠型(Etrusion)、拉坯(Jggering)及手工揑製。含水量更多時，則變成泥漿狀，可用泥漿鑄造(Sip casting)，就是將泥漿倒入多孔性模子內，泥漿中的水分被模子吸走，留下一層含水較少的軟性固體於模面上，當厚度達到所需時，將多餘的泥漿倒出，即留下一個殼狀生坯，如圖 16-22 的圖(e)。

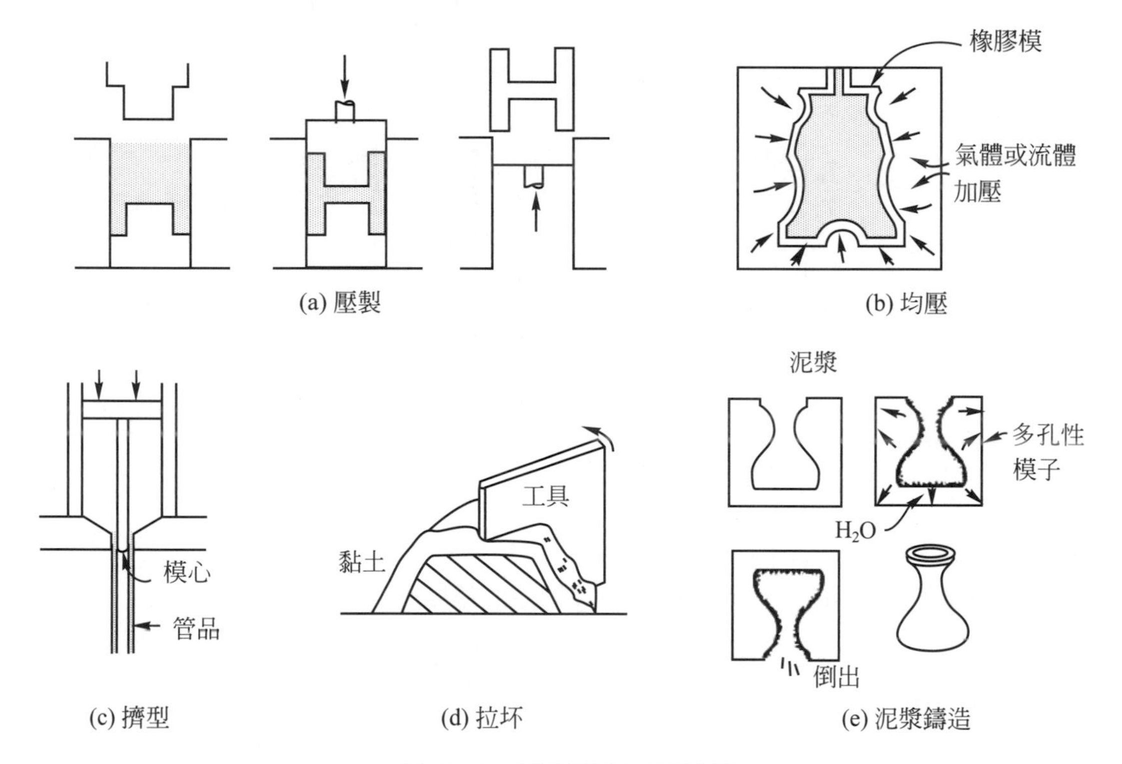

圖 16-22 結晶陶瓷之成型技術

作好形狀後，接下來就是要除掉大部份的水分，即乾燥程序(Dying process)，此時會有大量的體積收縮，如圖 16-23 所示；主要收縮是在乾燥初期，其粒子間的水分蒸發時；當粒子已彼此接觸留下一些孔隙，其中的水分再蒸發時，已不再收縮。乾燥的步驟最主要是如何控制溫度及濕氣，以免造成殘留應力而變形，甚至龜裂。

第三個步驟是燒成或燒結(Fring or sintering)，用以增加陶瓷的剛性及強度，同時造成陶瓷體內部孔隙再次減少而進一步收縮。最後的燒結微結構有四項特徵要控制，即晶粒大小、孔隙大小、孔隙形狀及分佈、玻璃質含量。控制的方法取決於燒結溫度、原始粒子大小及助熔劑(Fux)的使用。

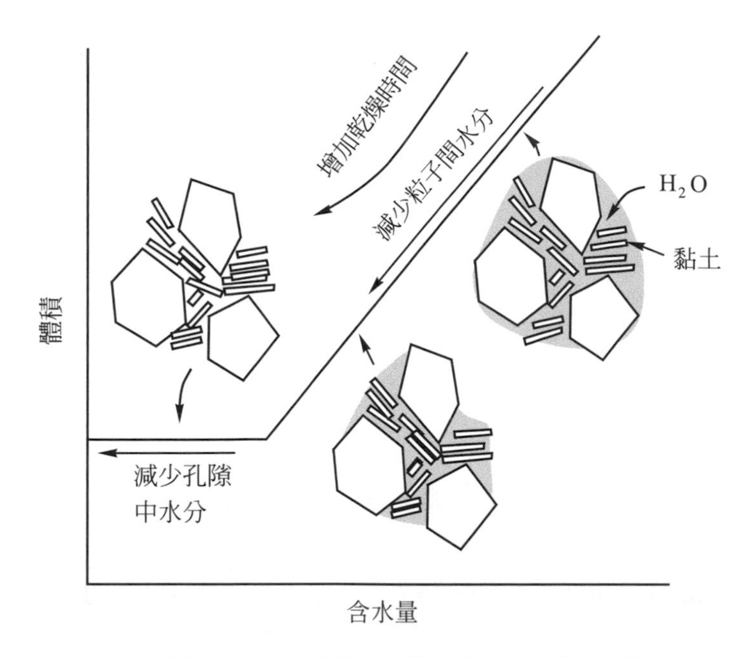

圖 16-23　乾燥過程，陶瓷體的體積隨其中水分減少而變小情形

在燒結過程中，原子首先沿著晶界及粒子表面向粒子間接觸點擴散，而使個別粒子間架橋連接；更進一步的晶界擴散將孔隙密合或變圓而增加密度，如圖 16-24 所示。原始粒子較小及燒結溫度較高都可加速孔隙縮減。

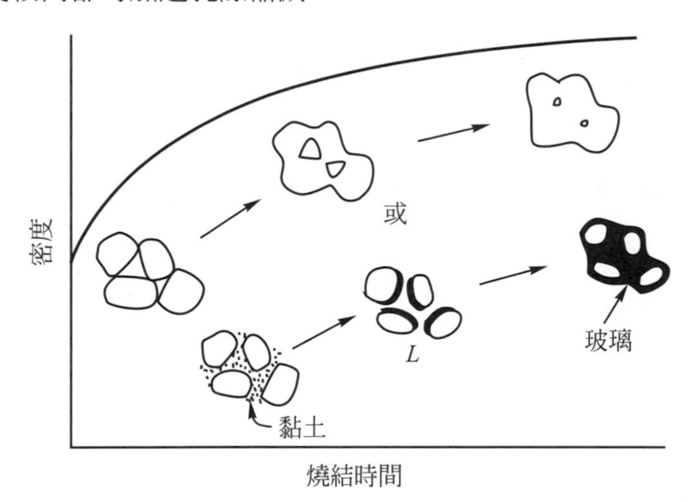

圖 16-24　陶瓷燒結時，擴散作用使粒子間架橋連接，也形成一些孔隙；另外助熔劑也可以將粒子鍵結在一起

當最後孔隙變小到不再足以阻止晶界移動時，就會發生晶粒成長(Grain growth)現象。此時孔隙可能被陷入晶粒內部，進一步消除晶粒內部孔隙，需藉助很緩慢的體積擴散(Volume diffusion)，效果不大。要改善這種情形，可加入一些第二散佈相抑制晶粒成長，而較快緻密化，可得到幾乎沒有孔隙的燒結體。

若原料中有加入助熔劑，則通常在燒結時會產生玻化或熔化現象；就是說助熔劑與陶瓷本體反應，而在粒子表面形成液相，此液體有助於消除孔隙。而當其冷卻時，即形成玻璃質，此種玻璃相當作黏結劑是爲陶瓷鍵結(Ceramic bond)。

燒結後的陶瓷內含孔隙，它們可能與外面相通或密封於內。所謂外觀孔隙度(apparent porosity)即是用來測量外通的孔隙量，此可決定陶瓷之滲透性(Permeability)，即氣體或流體通過陶瓷體的難易程度。外觀孔隙度，可用下式求出：

$$\text{外觀孔隙度} = \frac{(W_W - W_d)}{(W_W - W_S)} \times 100\,\% \tag{16-3}$$

其中 W_d 是乾燥的陶瓷體重量，W_S 是陶瓷體完全浸入水中所測得的重量，W_W 是陶瓷體浸入水中再取出所秤得的重量。

眞實孔隙度(True porosity)是包括外通及密封的孔隙，眞實孔隙度與陶瓷性質之間有較佳的關連，眞實孔隙度可寫成

$$\text{眞實孔隙度} = \frac{(\rho - B)}{\rho} \times 100\,\% \tag{16-4}$$

其中

$$B = \frac{W_d}{(W_W - W_S)} \tag{16-5}$$

B 就是體密度(Bulk density)，ρ是陶瓷眞實密度(完全沒有孔隙時)。

例 16-6

有一碳化矽燒結體，其眞實密度爲 3.2 g/cm^3，此一零件在乾燥狀況、在水中及浸水後取出秤得的重量分別爲 360、224、385 g，試求出其外觀孔隙度、眞實孔隙度、及孔隙中密封者所佔比例。

解

$$\text{外觀孔隙度} = \frac{(W_W - W_d)}{(W_W - W_S)} \times 100\% = \frac{(385-360)}{(385-224)} \times 100\% = 15.5\,\%$$

$$\text{體密度} = \frac{W_d}{(W_W - W_S)} = \frac{360}{(385-224)} = 2.24$$

$$\text{眞實孔隙度} = \frac{(\rho - B)}{\rho} \times 100\% = \frac{(3.2-2.24)}{3.2} \times 100\% = 30\%$$

$$\text{密封孔隙所佔比例} = \frac{(30\% - 15.5\%)}{30\%} = 0.483$$

16-5-3 膠結

前面已提過將陶瓷粒子混合一些黏土再高溫燒結，藉玻璃相來鍵結粒子的情形；而膠結(Cementation)是指利用不需要高溫燒結的黏結劑，將陶瓷材料(結晶或非晶質均可)黏在一起，是一種化學反應，主要是水凝鍵結(Hydraulic bond)。利用液相陶瓷，如矽酸鈉(水玻璃)、磷酸鋁或波特蘭水泥，在陶瓷粒子包覆一層，再將其架橋結合一起。在表 16-8 列出常見的膠結反應，而在前面圖 16-12 也有列出典型 $CaO\text{-}SiO_2\text{-}Al_2O_3$ 的膠結材料成份範圈。

由於膠結的陶瓷材料常有相當高孔隙度與滲透性，所以可用來作陶瓷濾器。此種黏結劑也常用來作金屬鑄件的鑄模，可使砂模具有剛、強鍵結，且有孔隙可讓氣體滲出，以避免在鑄件內部形成鑄造氣孔缺陷。

表 16-8　陶瓷系統中常見之膠結反應(From Ref. 2, p. 446)

石膏	$CaSO_4\cdot\frac{1}{2}H_2O+\frac{3}{2}H_2O \rightarrow CaSO_4\cdot 2H_2O$ 石膏粉　　　　　　　　石膏晶體
鋁酸鈣	$3CaO\cdot Al_2O_3+6H_2O \rightarrow Ca_3Al_2(OH)_{12}$ 三鈣鋁酸　　　　　　固相凝膠
磷酸鋁	$AlO_2O_3+2H_3PO_3 \rightarrow 2AlPO_3+3H_2O$ 鋁氧　　磷酸　　　　磷酸鋁
矽酸鈉	$x\,Na_2O\cdot y\,SiO_2\cdot z\,H_2O+CO_2 \rightarrow$ 玻璃 液態矽酸鈉
波特蘭水泥	$3CaO\cdot Al_2O_3+6H_2O \rightarrow Ca_3Al_2(OH)_{12}+$熱 $2CaO\cdot SiO_2+x\,H_2O \rightarrow Ca_2SiO_4\cdot H_2O+$熱 $3CaO\cdot SiO_2+(x+1)H_2O \rightarrow Ca_2SiO_4\cdot x\,H_2O+Ca(OH)_2+$熱

16-6 陶瓷材料的機械性質

機械性質對陶瓷材料很重要，尤其是作爲構造用途時。在上一節玻璃之製程中，我們已介紹過部份機械性質特性(黏滯變形)，以下將討論一些陶瓷材料中較特殊的機械性質。

16-6-1 脆性斷裂

金屬材料在拉伸試驗時，會有明顯的塑性變形；而陶瓷材料一般並無明顯塑性變形。圖 16-25 是緻密多晶 Al_2O_3 的單軸向負荷之應力應變曲線，在彈性範圍間發生破壞。這種脆性破壞就是陶瓷的特性。另外拉伸與壓縮的情形亦有顯著不同，拉伸負荷之破壞強度爲 280 MPa；而壓縮強度可達 2100 MPa。表示陶瓷拉伸時極弱，而壓縮時卻甚強。表 16-9 綜合各種陶瓷的彈性模數及強度，此處之強度所用的參數爲破裂模數(Modulus of rupture)，是從彎曲試驗的資料加以計算所得，如圖 16-26 所示；在三點彎曲試驗中，最外邊斷裂的破壞模式是屬於位伸型式，此法對脆性材料來說比用傳統拉伸試驗來得簡易。

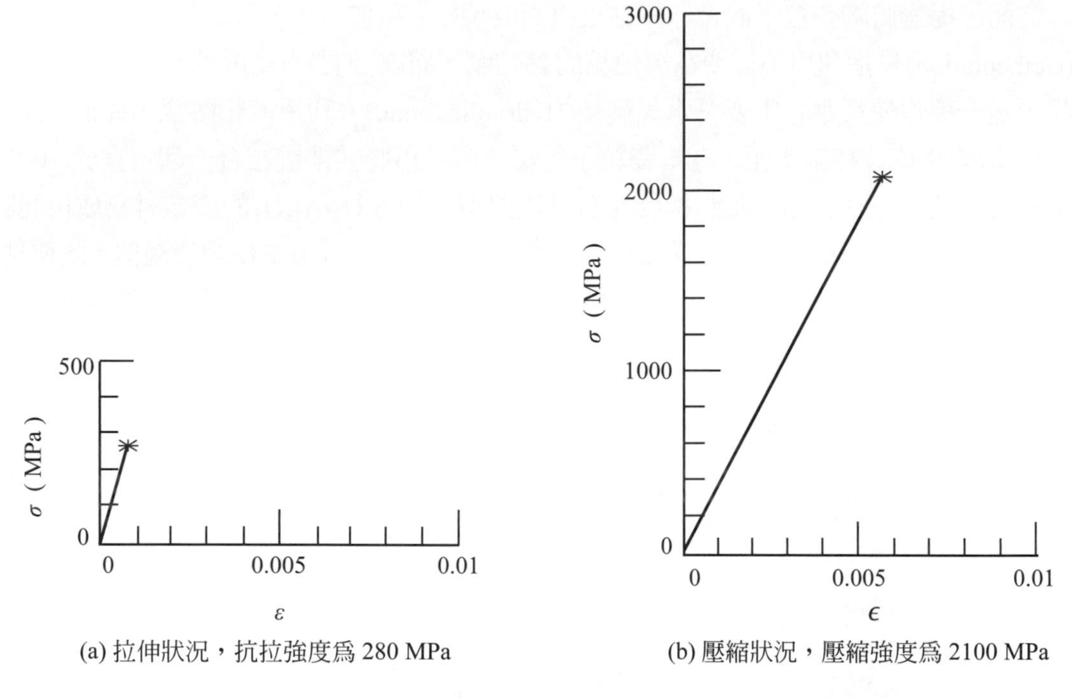

圖 16-25 緻密多晶 Al_2O_3 的單軸向應力應變曲線，顯示陶瓷燒耐壓不耐拉的特性(From Ref. 1, p. 319)

表 16-9 各種陶瓷的彈性模數與強度(破裂模數)(From Ref. 1, p. 320)

	E(MPa)	MOR(MPa)
莫來石瓷器(矽酸鋁)	69×10^3	69
塊滑石(steatite，矽酸鋁鎂)	69×10^3	140
超級耐火磚(矽酸鋁)	97×10^3	5.2
鋁氧(Al_2O_3)	380×10^3	340～1000
燒結鋁氧(～5%孔隙)	370×10^3	210～340
鋁氧瓷器(90～95%鋁氧)	370×10^3	340
燒結鎂氧(MgO，～5%孔隙)	210×10^3	100
菱鎂磚(MgO)	170×10^3	28
燒結尖晶石(鋁酸鎂，～5%孔隙)	238×10^3	90
燒結安定化鋯氧(～5%孔隙)	150×10^3	83
燒結鈹氧(～5%孔隙)	310×10^3	140～280
緻密碳化矽(～5%孔隙)	470×10^3	170
黏結碳化矽(～20%孔隙)	340×10^3	14
熱壓碳化硼(～5%孔隙)	290×10^3	340
熱壓氮化硼(～5%孔隙)	83×10^3	48～100
矽氧玻璃	72.4×10^3	107
硼矽酸玻璃	69×10^3	69

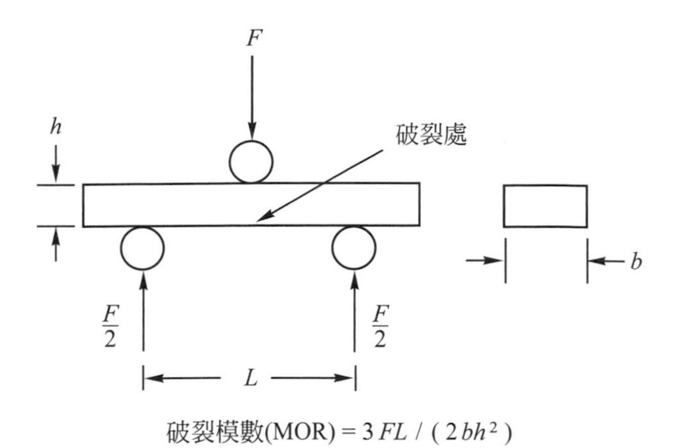

圖 16-26　求取破裂模數強度指標的彎曲試驗。試片從外緣受拉伸力量而破裂，所以此指標與抗拉強度類似

再回頭談到構造陶瓷的機械性質要考慮裂隙尖端的應力集中問題。這牽涉到斷裂韌性(Fracture toughness)，請參考第 8 章的破裂部份。對完全脆性的材料而言，討論此一問題，可以使用葛立費思裂隙模型(Griffith crack model)，葛立費思認爲任一眞實材料中，表面及內部都有無數的橢圓裂隙，其裂隙尖端所感受到的局部最大拉伸應力(σ_{max})爲

$$\sigma_{max} = 2\sigma(C/\rho)^{1/2} \tag{16-6}$$

其中σ爲外加拉伸應力；C 爲裂隙長度(若爲內部裂隙，則爲裂隙之一半長)；ρ爲裂隙尖端之半徑；此一尖端半徑可能小到原子間距大小，如此應力集中就會很大。對一般陶瓷在製造、操作時，無法避免此種葛立費思裂隙，而造成應力集中，所以拉伸時相當脆弱；反之，在壓縮時，裂隙是要密合而非張開，如此則無上述應力集中的作用，故壓縮強度要大許多。

近年來，有許多研究致力於如何增進斷裂韌性，以擴大構造陶瓷的應用範圍。圖 16-27 指出兩種以微結構技術增進斷裂韌性的機制。圖(a)部份安定鋯氧(PSZ)的變態韌化(Transformation toughening)機制。在鋯氧(ZrO_2)立方晶中散佈一些第二相的鋯氧正方晶，是增進韌性的關鍵。如圖所示當一裂隙前方造成局部應力場，而使正方晶鋯氧因應力引發變態成單斜晶鋯氧時；由於單斜晶較正方晶的體積略大，造成此局部相變化區域有壓縮負荷，進而擠壓(Squeezing)此裂隙，使裂隙不易前進，因而提高韌性。另一種阻擋裂隙的技巧，如圖 16-27(b)所示，在製造過程中特別引入一些微裂隙，藉以鈍化前進裂隙的尖端。我們由(16-6)式知道較大的尖端半徑能大量降低裂隙尖端的應力集中。另外的韌化技術則是在陶瓷材料中加入強化纖維，將在第 19 章述及。

傳統陶瓷在應力應變曲線上缺乏塑性變形的現象，亦反應在斷裂韌性特別低($\leq$ 5 $MPa \cdot m^{1/2}$)的事實上。如表 16-10 所示，絕大部份的陶瓷材料，其斷裂韌性都比最脆的金屬還低。祇有最近發展的變態韌化 PSZ 能與韌性較差的金屬相比。要更進一步韌化陶瓷材料，唯有利用複合材料的方法。

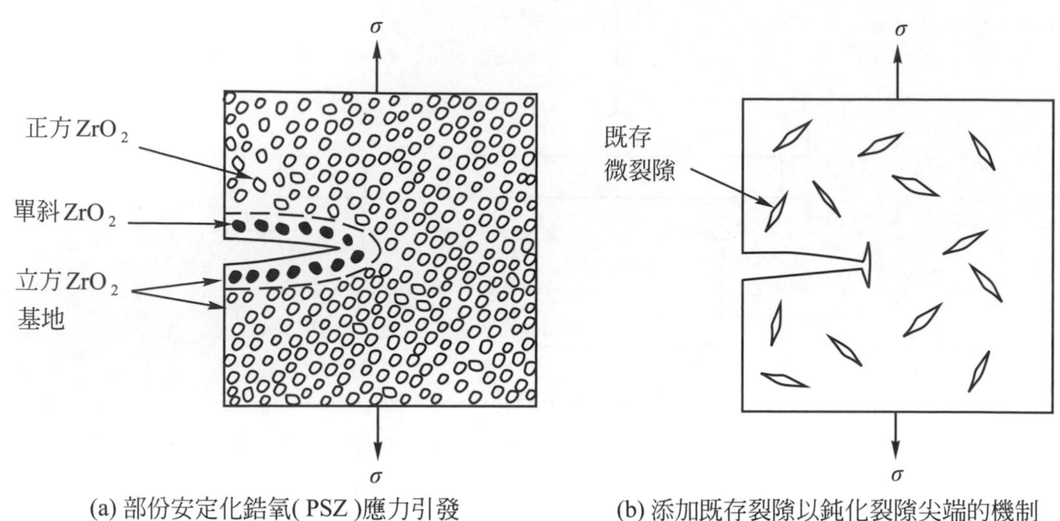

(a) 部份安定化鋯氧(PSZ)應力引發相變化的韌化機制

(b) 添加既存裂隙以鈍化裂隙尖端的機制

圖 16-27　阻擋裂隙前進以增加韌性的兩種機制

表 16-10　不同陶瓷材料與常見合金之斷裂韌性(From Ref. 1, p. 322)

材料	K_{IC}(MPa)
部份安定化鋯氧，PSZ	9
電器陶瓷	1
鋁氧(Al_2O_3)	3～5
鎂氧(MgO)	3
混凝土、水泥	0.2
碳化矽(SiC)	3
氮化矽(Si_3N_4)	4～5
鈉玻璃(Na_2O-SiO_2)	0.7～0.8
鋼料	50～200
鑄鐵	6～20
鈹	4
鋁合金	23～45
鈦合金	55～115

例 16-7

有一玻璃板表面有 1 μm 的微裂隙，其尖端約為一個 O^{-2} 離子大小；無缺陷的玻璃強度為 7.0 GPa，則此玻璃板的破壞強度為多少？

解

$$\sigma_{max} = 2\sigma(C/\rho)^{1/2}$$

$$\sigma = \frac{1}{2}\sigma_{max}(\rho/C)^{1/2}$$

$$\rho = 2r_{O^{-2}} = 2\times(0.132\ \text{nm}) = 0.264\ \text{nm}$$

$$\therefore \sigma = \frac{1}{2}\times(7.0\times10^{9}\ \text{Pa})\times(0.264\times10^{-9}\ \text{m}/1\times10^{-6}\ \text{m})^{1/2} = 57\ \text{MPa}$$

例 16-8

有一構造用陶瓷零件，保證其裂隙不會大於 25 μm，試計算若是(a)SiC，(b)PSZ，則能使用的最大應力分別為多少？

解 由斷裂力學(參考第 8 章)可知 $\sigma_f = \frac{K_{IC}}{\sqrt{\pi a}}$，而由表 16.10 可知 SiC 與 PSZ 之 K_{IC} 分別為 3 MPa·m$^{1/2}$ 與 9 MPa·m$^{1/2}$，代入＝25 μm，可得斷裂應力σ_f，此即為能使用之最大應力。

(a) SiC，$\sigma_f = \dfrac{3\text{MPa}\cdot\text{m}^{1/2}}{\pi\times25\times10^{6}\ \text{m}} = 339\ \text{MPa}$

(b) PSZ，$\sigma_f = \dfrac{9\text{MPa}\cdot\text{m}^{1/2}}{\pi\times25\times10^{6}\ \text{m}} = 1020\ \text{MPa}$

16-6-2　靜疲勞

對金屬而言，疲勞現象是在循環負荷下，造成內部微結構損壞而使其強度降低；但陶瓷材料的疲勞現象，則不必循環負荷即會產生。其原因是在陶瓷材料靜疲勞(Static fatigue)現象，有兩個重點，即(1)它發生在含水環境下，(2)它發生在室溫。水的角色如圖 16-28 所示，它與矽酸的網狀反應，一個 H_2O 分子與－Si－O－Si－反應，變成兩個－Si－OH，兩個氫氧並未鍵結，造成矽酸網狀的斷裂。此一反應發生於裂隙尖端時，使裂隙前進一個原子間距；由於是一種化學反應，與溫度很有關係，太高溫(＞150℃)則反應太激烈，不易測得此一機構，再者高溫會有其他效應出現，如黏滯變形等；反之，在太低溫(＜–100℃)，則反應太慢，其效應亦不明顯。因此在室溫附近易偵測出此一靜態疲勞的現象。

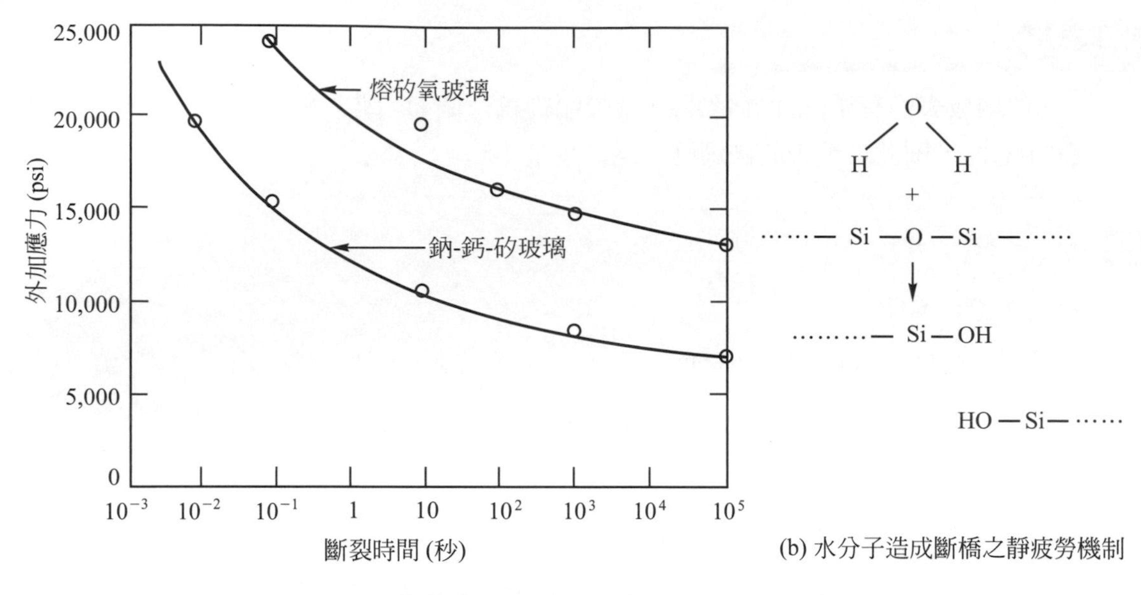

圖 16-28 靜疲勞(a)現象與(b)機制(From Ref. 1, p. 323)

16-6-3 潛變

陶瓷的潛變(Creep)算是很重要的性質，因為陶瓷廣用於高溫狀況。一般而言，金屬中的潛變現象可應用在陶瓷上，祇是陶瓷的擴散機制會比金屬複雜；因為在陶瓷中要考慮到電荷的平衡及正、負離子擴散速率不同。在陶瓷的潛變現象中，晶界常扮演一個重要角色。晶界兩邊的晶粒可以滑動而產生潛變變形。另外有些不純的耐火陶瓷，其晶界上有一層玻璃相，潛變可利用此玻璃層晶界的黏滯變形來產生晶界滑動，當然在使用上要避免此一弱化現象。而塊狀玻璃通常不使用潛變的字眼，而用黏滯變形來稱呼，如前面 16.5.1 節所討論。

表 16-11 列出一些多晶陶瓷在定溫(1300℃)定應力(12.4 MPa)下的潛變速率，可看出均壓法所做的 MgO 比泥漿鑄造者，來得耐潛變；而粗晶的 $MgAl_2O_4$ 的抗潛變能力也比細晶者來得好。定應力不同溫度的潛變速率可畫成符合阿瑞尼爾斯型式的直線關係，如圖 16-29 所示，顯然陶瓷的潛變也是一種原子擴散控制的過程。

表 16-11 一些多晶陶瓷的潛變速率(From Ref. 1, p. 324)

材料	潛變速率(mm/(mm·h)×10^6)
Al_2O_3	1.3
BeO	300
MgO(泥漿鑄造)	330
MgO(均壓法)	33
$MgAl_2O_4$(2～5 μm)	263
$MgAl_2O_4$(1～3 mm)	1
ThO_2	1000
ZrO_2(安定化)	30

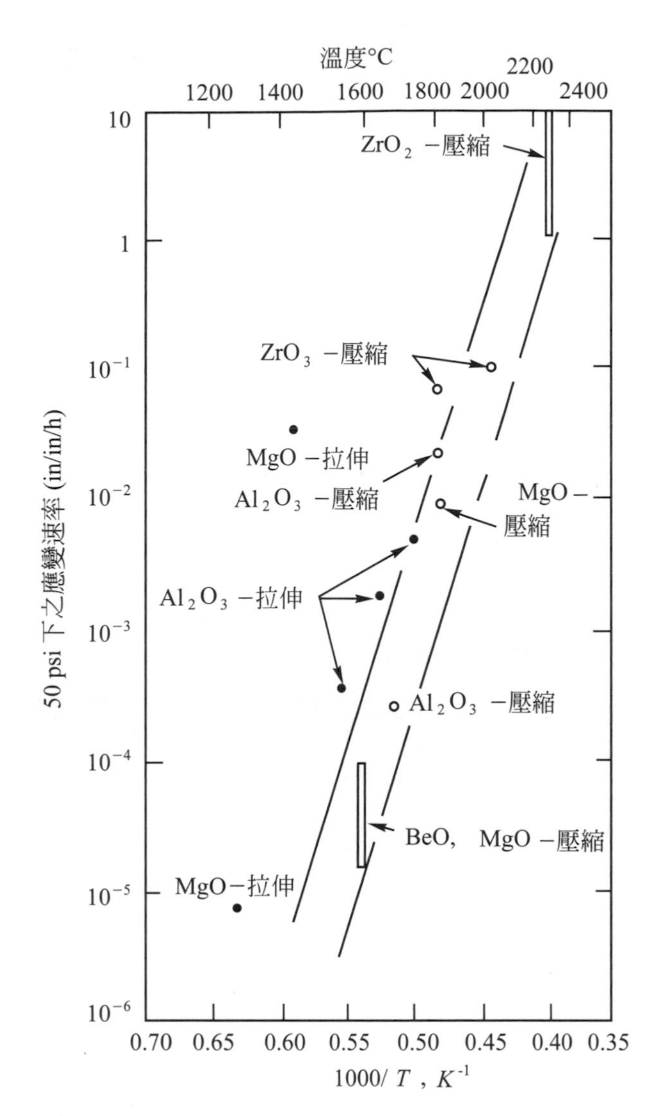

圖 16-29　多晶氧化物的潛變速率符合阿瑞尼爾斯關係。注意底下橫軸是採用向右時，$1/T$ 值較小的方式(from Ref. 1, p. 325)

16-6-4　熱沖擊

陶瓷材料常用在高溫，再加上脆性特質，衍生一特別的工程問題，叫做熱沖擊(thermal shock)。它可定義爲材料由於溫度改變(突然冷卻)而導致局部或全部斷裂的現象。

瞭解熱沖擊之前，我們先考慮兩個較基本的熱性質，即熱膨脹及熱傳導，請參考 14-1 節，熱膨脹現象可用線膨脹係數 α (linear coefficient of thermal expansion)來度量，定義爲

$$\alpha = \frac{dL}{LdT} \tag{16-7}$$

其中L為長度，α之單位為m/m·K。至於熱傳導，可定義一個導熱係數k (thermal conductivity)如下：

$$k = \frac{dQ / dt}{A(dT / dx)} \tag{16-8}$$

其中dQ/dt是在溫度梯度dT/dx之下通過面積A的熱傳速率。k的單位是J/s·m·K或W/m·K，若平板上熱傳達到穩定狀態時，上式可以平均值表示如下

$$k = \frac{\Delta Q / \Delta t}{A(\Delta T / \Delta x)} \tag{16-9}$$

(16-9)式可用於高溫爐的耐火爐壁熱流狀況。表 16-12 列出一些陶瓷材料的線膨脹係數與導熱係數。

表 16-12 一些陶瓷材料的線熱膨脹係數與導熱係數(from Ref. 1, p. 326-7)

材料	線膨脹係數平均值 0～1000℃ [(mm/mm·℃)×10^6]	導熱係數(j/s·m·K)	
		100℃	1000℃
莫來石($3Al_2O_3 \cdot 2SiO_2$)	5.3	5.9	3.8
瓷器	6.0	1.7	1.9
黏土系耐火材	5.5	1.1	1.5
Al_2O_3	8.8	30	6.3
尖晶石($MgO \cdot Al_2O_3$)	7.6	15	5.9
BeO	9.0	219	20
MgO	13.5	38	7.1
ThO_2	9.2	10	2.9
UO_2	10.0	10	3.3
ZrO_2(安定化)	10.0	2.0	2.3
SiC	4.7	—	—
TiC	7.4	25	5.9
B_4C	4.5	—	—
石墨	—	180	63
矽氧玻璃	0.5	2.0	2.5
鈉-鈣-矽玻璃	9.0	1.7	—

從熱膨脹及熱傳導的性質造成的熱沖擊有兩種形式，第一種是均勻熱膨脹受到限制而達到破壞應力產生破壞；第二種是快速改變溫度而有瞬間溫度梯度造成內應力。圖 16-30為限制熱膨脹而造成壓縮破壞的示意圖。相當於自由膨脹後壓縮到原來長度的情形，其常

見例子如爐子設計上，需容許耐火零件的自由膨脹；上釉或搪瓷時，要考慮到被覆層與底材之間，其膨脹係數的吻合程度。

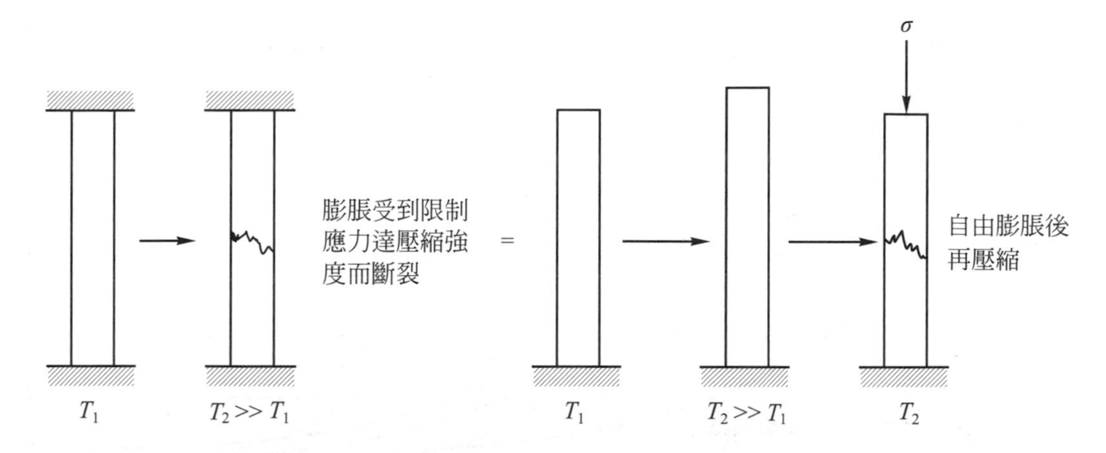

圖 16-30　均勻熱膨脹受到限制而產生的熱衝擊，相當於自由膨脹後再壓縮回原來長度的情形

即使在沒有外加限制下，由於有限的導熱係數常產生溫度梯度，也會引發熱沖擊。圖 16-31 說明快速冷卻高溫板材如何造成表面有拉伸應力的情形。由於表面先行冷卻，其收縮量自然較內部多，所以表面將內部拉成壓縮狀態；相對的，表面本身則產生拉伸狀態以維持力之平衡。而陶瓷表面有許多無可避免的瑕隙，此一拉伸應力即可能造成脆性破壞。一個材料能夠支持多大的溫度變化才會造成破壞，取決於熱膨脹係數、導熱係數、整體幾何形狀及材料本身的脆性程度，相當複雜。圖 16-32 是一些降溫型式對陶瓷材料造成熱沖擊破壞所需的溫差，一般陶瓷不能忍受溫差 100℃的水淬，但熔矽氧卻非常耐熱沖擊，可忍受溫差超過 2000℃的水淬。

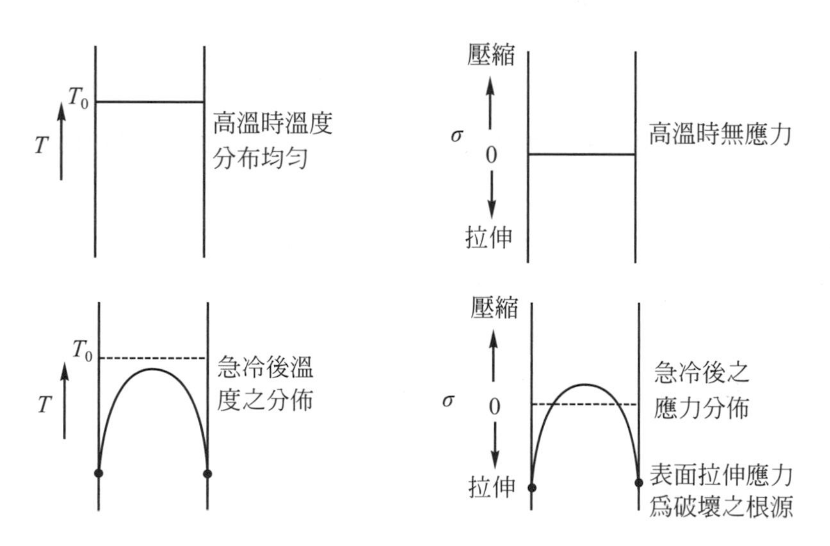

圖 16-31　導熱不佳造成熱梯度所引發的熱衝擊

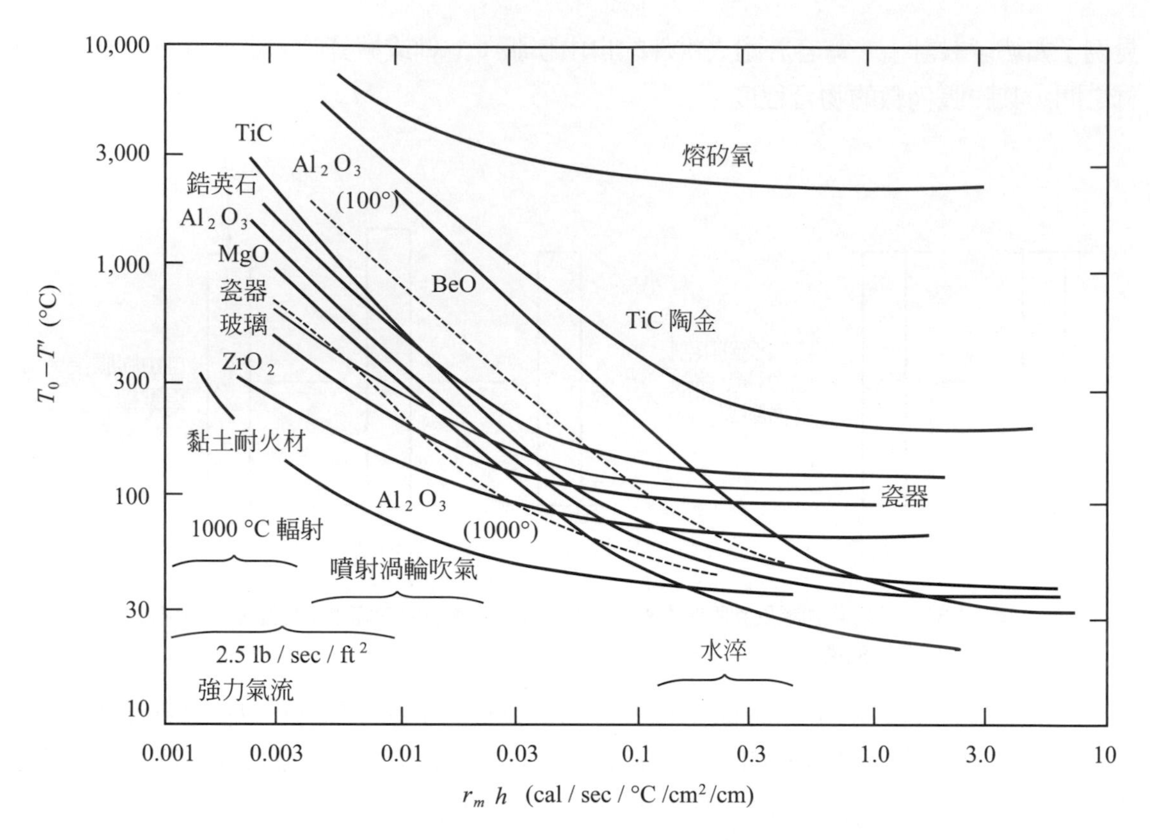

圖 16-32　各種材料能夠忍受的熱衝擊。縱軸為熱衝擊破壞所需溫差；橫軸為熱傳參數 $r_m h$，圖上有標出常見冷卻方法的 $r_m h$ (From Ref. 1,p. 330)

例 16-9

假設一 Al_2O_3 管式爐如圖 16-30 固定住，若從室溫(25℃)升到 1000℃，則產生多大的應力？

解 由表 16-12 查出 Al_2O_3 的線膨脹係數爲 8.8×10^{-6} m/m·K，則由 25℃升到 1000℃，自由膨脹量爲

$$\varepsilon = \alpha\Delta T = 8.8 \times 10^{-6}\ (\text{m/m}\cdot{}^\circ\text{C}) \times (1000 - 25)^\circ\text{C} = 8.58 \times 10^{-3}$$

而燒結 Al_2O_3 之彈性模數 $E = 370 \times 10^3$ MPa

$$\therefore \sigma = E\varepsilon = 370 \times 10^3\ \text{MPa} \times 8.58 \times 10^{-3} = 3170\ \text{MPa}\ (壓縮)$$

此一壓縮應力已超過 Al_2O_3 之壓縮強度(2100 MPa)，所以會產生破壞。

重點總結

1. 碳元素結構型式：沒有結晶的碳黑、石墨晶體、鑽石立方晶體、富勒烯與碳奈米管。
2. 陶瓷晶體結構主要需考慮電荷平衡與正負離子尺寸。
3. 結晶陶瓷分為氧化物與非氧化物，而氧化物又分為矽酸鹽、非矽酸鹽兩類。
4. 玻璃主要成份為 SiO_2，只有短程規律，而無長程規律；常加入 Na_2O 將網狀結構打斷，以增加流動成型能力。
5. 玻璃陶瓷是從非晶質結構中產生微細結晶，比傳統陶瓷有更佳的機械強度及耐熱沖擊能力。
6. 玻璃的製程是以黏滯流動加以成型，而結晶陶瓷則是先將細粉狀的原料作成生坯再燒結。
7. 陶瓷拉伸時極弱，而壓縮時卻甚強；陶瓷也因塑性變形能力很小且降伏強度極高，所以相當脆。
8. 陶瓷材料可以利用變態韌化、引入裂隙分散主裂隙、加入高強纖維來增進韌性。
9. 一般陶瓷不能忍受溫差 100℃的水淬，但熔矽氧卻可忍受溫差超過 2000℃的水淬，主要是熔矽氧的熱膨脹係數特別低。

習　題

1. MnS 有三種同素異形體，其中兩種為 NaCl 型結構及 ZnS 型結構。當由 ZnS 型變成 NaCl 型時，求其體積變化的百分比。
2. 試求鑽石的堆積因子。
3. 試計算尖晶石($MgO \cdot Al_2O_3$)與莫來石($3Al_2O_3 \cdot 2SiO_2$)中，氧化鋁(Al_2O_3)所佔的重量百分比。
4. 多少 Na_2O 可加入 SiO_2 中，使其 O：Si 比值為 2.5；又此一玻璃中，氧橋已斷之百分比為多少？
5. 一電器玻璃的加工範圍為 870℃($\eta = 10^7$ P)到 1300℃($\eta = 10^4$ P)，試估計其退火點($\eta = 10^{13.4}$ P)的溫度。

6. 一陶瓷零件其眞實密度爲 5.41g/cm^3，乾燥之重量爲 3.79g，含水時重 3.84g，水中秤重得 3.08 g，試求其(a)體密度，(b)外觀孔隙度，(c)眞實孔隙度，(d)密封孔隙佔總孔隙之比例。

7. 參考範例 16.7 試求表面裂隙爲 0.5 μm 長及 5 μm 長的時候，此玻璃的破壞強度。

8. 玻璃之靜疲勞是一種化學反應結果，符合阿瑞尼爾斯形式，取時間之倒數(定荷重下)，可得其與溫度之關係爲指數變化，其活化能爲 78.6 kJ/mol，若此玻璃在 50℃時經 1 秒鐘即斷裂，則同荷重下在－50℃可支持多久才斷裂？

9. 考慮一 Al_2O_3 爐管使用於 1300℃，12.4 MPa 下之應力狀況，試求其壽命(假設最大容許應變爲 1 %)。

10. 參考範例 16.9，試求上升到幾度可達 2100 MPa 之壓縮應力？

參考文獻

1. James F. Shackelford, Introduction to Materials Science for Engineers,4-th Edition, Prentice-Hall, Inc., 1996, Chap. 8.

2. Flinn and Trojan, Engineering Materials and Their Applications, 2-nd edition，Houghton Mifflin Company, Boston, 1981, Chaps. 7、8.

3. M. Bengisu (Ed.), Engineering Ceramics, Springer, 2001.

4. Yet-Ming Chiang, Dunbar Birnie, W. David Kingery, Physical Ceramics, John-Wiley & Sons, Inc., 1997.

5. William D. Callister, Jr., Materials Science and Engineering 8-th Edition, John-Wiley & Sons, Inc., 2011, Chap. 12,13.

6. Lawrence H.Van Vlack, Elements of Materials Science and Engineering, 5-th edition, Additon-Wesley Publishing Company, 1985, Chap. 7.

7. William F. Smith, Foundations of Materials Science and Engineering,5-th Edition, McGraw-Hill, Inc., 2011, Chap. 11.

8. Donald R. Askeland and Pradeep P. Phul'e, The Science and Engineering of Materials, International Student Edition, PWS Publishing Company, 2006, Chap. 15.

9. Milton Ohring, Engineering Materials Science, Academic Press, Inc.,1995, Chap. 6.

10. Kingery, Bowen, and Uhlmann, Introduction to Ceramics, 2-nd edition, John Wiley & Sons, 1976.

chapter 17

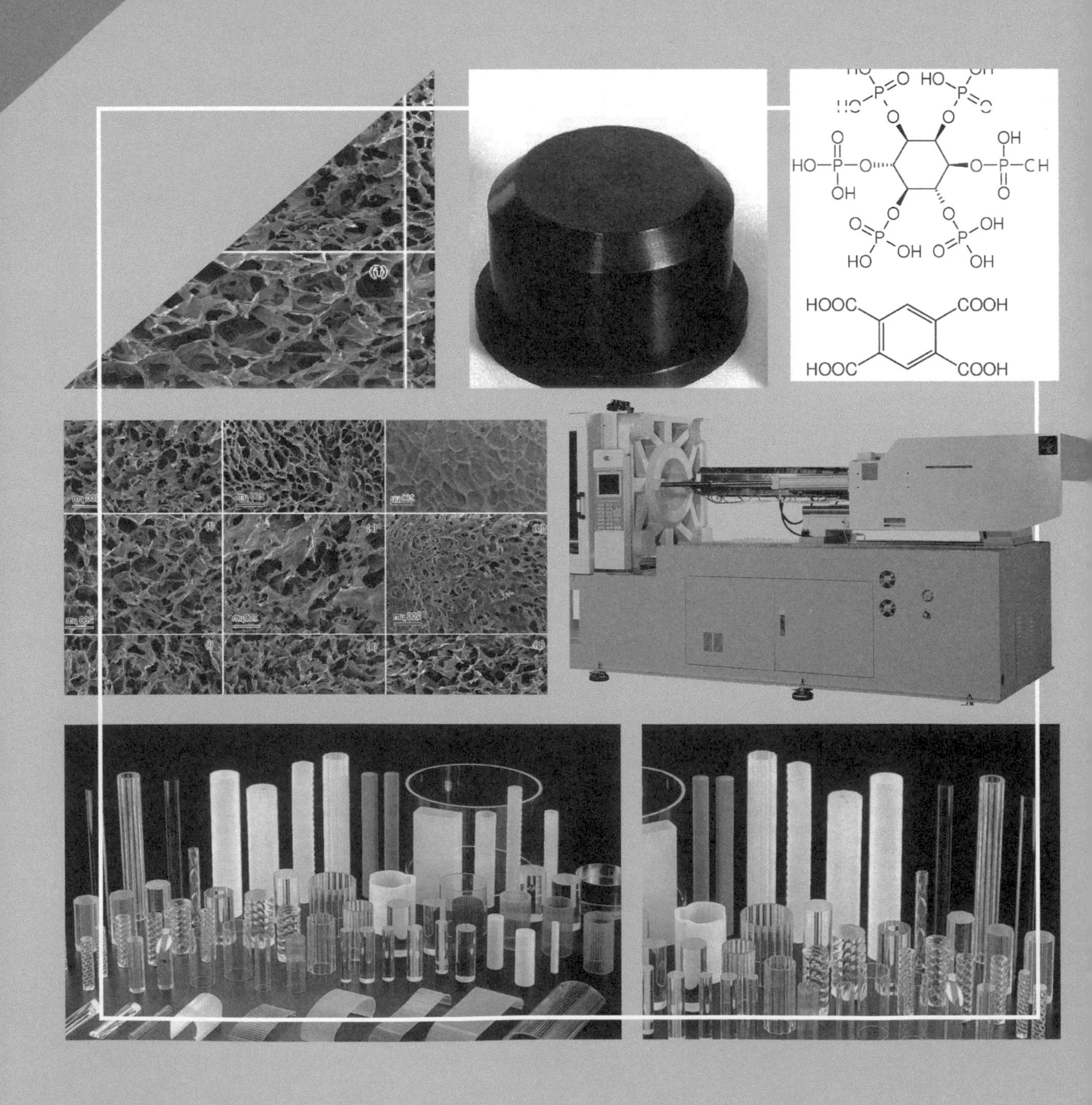

聚合體

聚合體(polymers)是由許多小分子集合成大分子，大分子內部是以共價鍵之類的主鍵結連接，而大分子之間則靠凡得瓦爾力之類的次鍵結結合。聚合體也叫作高分子材料(macromolecule materials)，因為由巨大分子組成；更通俗的名稱是塑膠(plastics)，因為一般聚合體很容易加以變形，做出各種形狀，如塊狀、板狀、薄膜狀、纖維狀等。聚合體的大分子骨架主要是碳，算是一種有機材料(金屬、陶瓷則是無機材料)，它的主要來源是石油化學工業的產物加以合成。

聚合體材料是現代文明的產物，是三種基本材料中最晚出現的材料。它具有輕量、耐蝕、絕緣及低強度、不耐溫的特點。除了廣用於日常用品，如玩具、文具、家庭器具、塗料、黏著劑之外；尚有所謂工程塑膠(engineering plastics)，可作為構造材料或功能材料，如汽車外殼、輪胎、保險桿或電子零件原料、複合材料基材(參考 19-2)等。

本章將從聚合體的產生方法、結構特性、產品種類、成型製程與各類性質依序討論。

學習目標

1. 分辨加成聚化及縮合聚化的不同點。
2. 計算聚合體分子量與分子長度，並說明其結晶特性。
3. 說明液晶種類、特性與應用。
4. 列出常見的熱塑聚合體、熱固聚合體、橡膠。
5. 列出常見的聚合體成型方法。
6. 說明聚合體彈性模數隨溫度而變情形，以及結晶與交聯對彈性模數的影響。
7. 說明聚合體應力-應變曲線的特性、遲滯效應與應力鬆弛現象。

17-1 聚化反應

聚合體這個名詞本身的意義是很多單體(Monomers)分子聚在一起的意思。聚化反應(Polymerization reaction)就是指用化學反應將單體結合成長鏈分子而變成聚合體。聚化反應可分成加成聚化(Addition polymerization)及縮合聚化(Condensation polymerization)兩種。

17-1-1 加成聚化

加成聚化也叫作鏈狀生長(Chain growth)，其反應的趨動力來自單體的碳與碳之間的一個雙鍵變成兩個單鍵降低能量，而彼此連接在一起，如乙烯(Ethylene)分子單體經加成聚化後變成聚乙烯(Polyethylene，PE)，可用下式表示：

$$n\left[\begin{array}{ccc} H & & H \\ | & & | \\ C & = & C \\ | & & | \\ H & & H \end{array}\right] \rightarrow \left[\begin{array}{ccc} H & & H \\ | & & | \\ -C & - & C- \\ | & & | \\ H & & H \end{array}\right]_n \tag{17-1}$$

我們可以計算一莫耳乙烯分子聚化反應成聚乙烯，看能否放出能量，而得知反應是否會進行。C－C 的鏈結能量爲 370 kJ/mole，而 C＝C 爲 680 kJ/mole；一莫耳乙烯分子聚化時，將破壞一莫耳的雙鍵並產生兩莫耳的單鍵，其能量變化爲

$$-370\ \text{kJ/mole} \times 2 + 680\ \text{kJ/mole} = -60\ \text{kJ/mole}$$

即產生聚化將放出 60 kJ/mole 的能量，亦即聚化後的產物比聚化前的能量低而較穩定，所以會有聚化的趨勢。

實際上(17-1)式的反應過程需經三個步驟來完成，即起始、進行、終結(Initiation、Propogation、Termination)。首先在分子單體中加入起始劑(Initiator)，如 H_2O_2 之類，此種起始劑容易分解成活性自由基(Active free radical)，如下式

$$H_2O_2 \rightarrow 2\,HO\cdot \tag{17-2}$$

起始的步驟，則是藉此自由基打開碳與碳之雙鍵，如下式

$$HO\bullet + \begin{array}{ccc} H & & H \\ | & & | \\ C & = & C \\ | & & | \\ H & & H \end{array} \rightarrow HO - \begin{array}{ccc} H & & H \\ | & & | \\ C & - & C\bullet \\ | & & | \\ H & & H \end{array} \tag{17-3}$$

其中黑點是代表未填滿之電子軌道，亦即可反應的位置。上式之生成物再與乙烯分子反應，如下所示

$$HO-CH_2-CH_2\bullet + CH_2=CH_2 \rightarrow HO-CH_2-CH_2-CH_2-CH_2\bullet \tag{17-4}$$

$$HO-CH_2-CH_2-CH_2-CH_2\bullet + CH_2=CH_2 \rightarrow HO-CH_2-CH_2-CH_2-CH_2-CH_2-CH_2\bullet \tag{17-5}$$

如此可將乙烯分子一個個加入，而形成一個長鏈的半分子，此即第二步驟-進行。而當一個長鏈半分子與自由基(・OH)相遇或與另一個長鏈半分子相遇時，則變爲一個完整的長鏈大分子，如下所示

$$HO-CH_2-CH_2-CH_2-CH_2\cdots\cdots CH_2-CH_2\bullet + \bullet OH \rightarrow HO-CH_2-CH_2\cdots\cdots CH_2-CH_2-OH \tag{17-6}$$

$$HO-CH_2-CH_2\cdots\cdots CH_2-CH_2\bullet + \bullet CH_2-CH_2\cdots\cdots CH_2-CH_2-OH \rightarrow HO-CH_2-CH_2\cdots\cdots CH_2-CH_2-OH \tag{17-7}$$

此即終結步驟。每一個 H_2O_2 分子恰可產生一個長鏈大分子。終結後，分子不可能再長大，也就是加成反應的最後大分子的大小決定於何時碰到另一半，因此其分子大小必有一個分佈範圍，而不是單一確定的數目。

假使單體溶液中含有不同形式的單體而產生聚化，則其聚合體稱爲共聚體(Copolymers)，如圖 17-1 所示爲乙烯及氯乙烯(Vinyl chloride)的共聚體。共聚體類似金屬中的固溶體。圖 17-1 的共聚體是屬於段式共聚體(Block copolymers)，即共聚體的個別成份在單一碳鏈中分段出現。不同單體的出現順序有規則或不規則兩種。另外還有一種摻合物(blend)，如圖 17-2 所示，類似合金系統中的雙相結構，是兩種已經形成的大分子混合在一起。

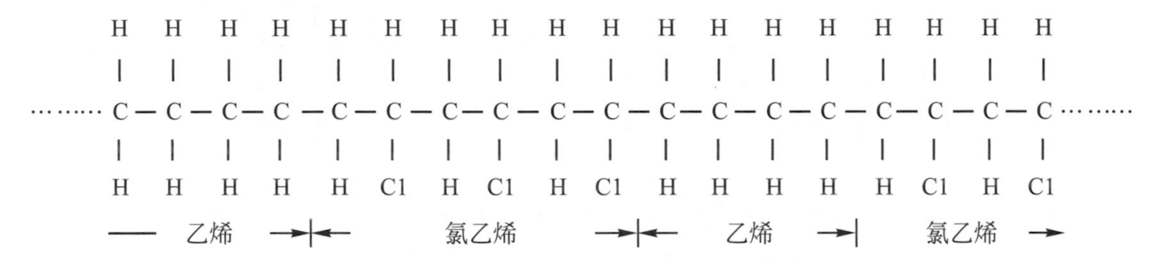

圖 17-1　乙烯與氯乙烯的共聚體，為段式共聚體

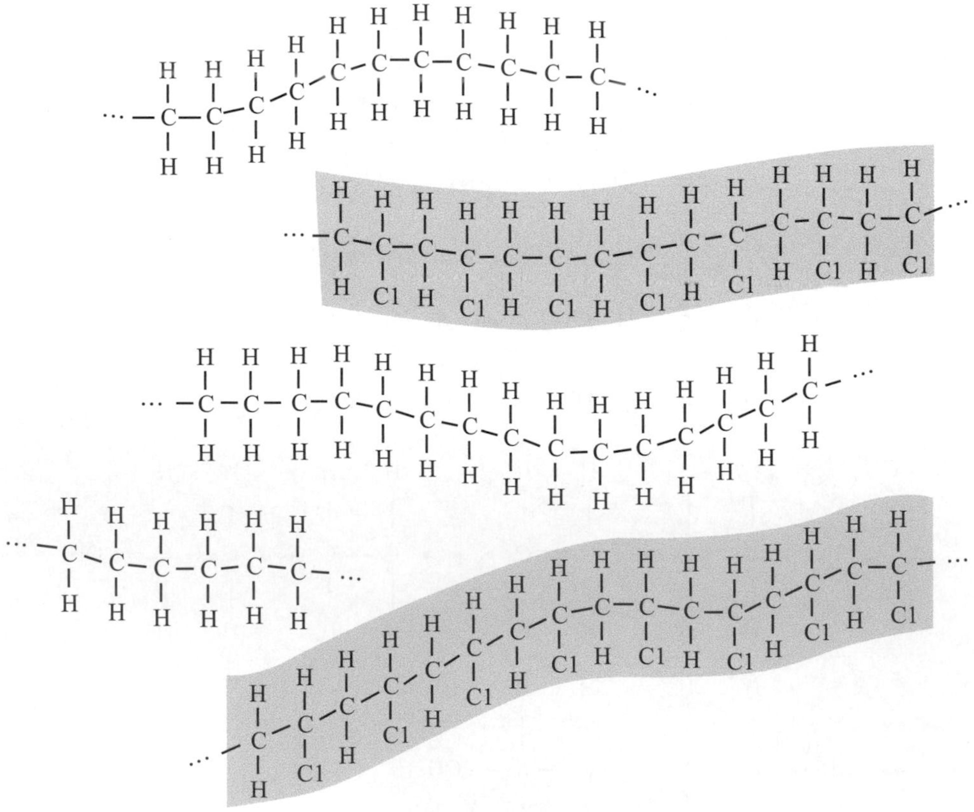

圖 17-2　聚乙烯及聚氯乙烯的摻合物

前述的線性聚合體是由碳與碳的雙鍵變成單鍵而聚化，另外也可能是碳與氧之一個雙鍵轉變爲兩個單鍵而產生聚化，如下列即爲甲醛(Formaldyhyde)變成聚甲醛的情形。

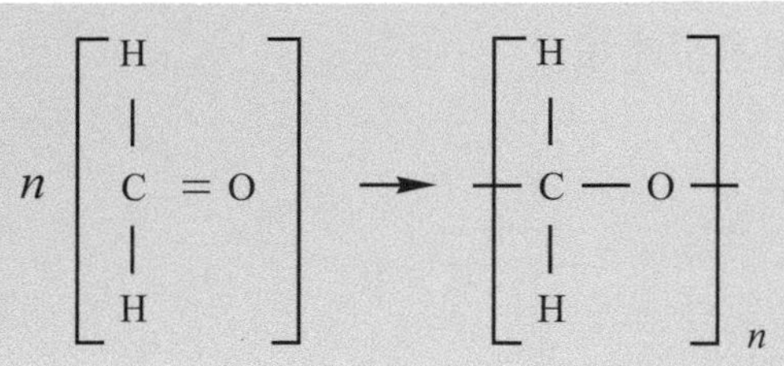

$$n\left[\begin{array}{c} H \\ | \\ C = O \\ | \\ H \end{array}\right] \rightarrow \left[\begin{array}{c} H \\ | \\ -C-O- \\ | \\ H \end{array}\right]_n \qquad (17\text{-}8)$$

聚甲醛也叫作聚氧化甲烯(Polyoxymethylene)或聚縮醛(polyacetal)。

17-1-2　縮合聚化

縮合聚化又稱作逐步生長(Step-growth)，如圖 17-3 所示。將對苯二甲酸雙甲酯與乙二醇混合，則乙二醇的 OH 與對苯酸酯的 CH_3 組成甲醇，剩下的變成對苯二甲酸乙二酯的較大分子。甲醇是副產品(By-product)。由於兩個單體反應物及其生成物都有兩個作用基，所以反應物可繼續加入，或其生成物也可繼續反應加入，而形成一個巨大分子，稱爲達克龍(Dacron)。

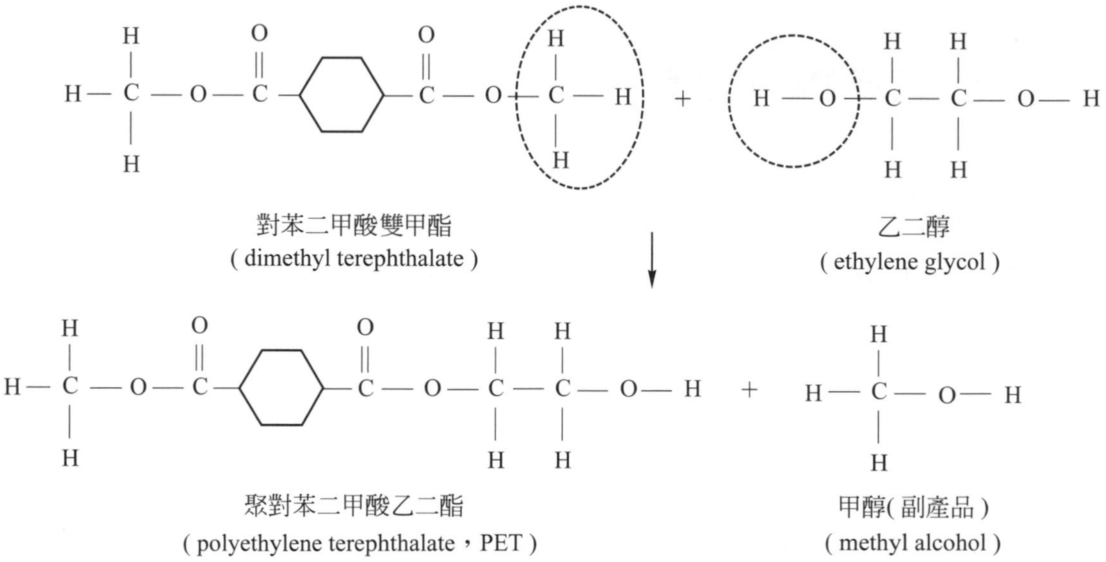

$$H_3C-O-\overset{O}{\overset{\|}{C}}-C_6H_4-\overset{O}{\overset{\|}{C}}-O-CH_3 \;+\; HO-CH_2-CH_2-OH$$

對苯二甲酸雙甲酯
(dimethyl terephthalate)

乙二醇
(ethylene glycol)

$$\downarrow$$

$$H_3C-O-\overset{O}{\overset{\|}{C}}-C_6H_4-\overset{O}{\overset{\|}{C}}-O-CH_2-CH_2-O-H \;+\; H_3C-O-H$$

聚對苯二甲酸乙二酯
(polyethylene terephthalate，PET)

甲醇(副產品)
(methyl alcohol)

圖 17-3　一種聚酯(PET)的縮合聚化，有副產品甲醇產生

基本上縮合反應的速率要比加成聚化慢，而且不會有終結現象；反應時間更久的話，則平均分子就愈大。縮合聚化反應的副產品，通常是一些簡單的小分子，如前述的甲醇，另外像 H_2O、HCl 也很常見。

例 17-1

尼龍-6(nylon-6)是由 $HOCO(CH_2)_5NH_2$ 縮合聚化形成之聚合體，試繪出其聚化過程，並計算產生一莫耳的 H_2O 到產品能放出多少能量？

解 聚化過程：

$$\begin{array}{ccccccccccccccccc}
 & O & H & H & H & H & H & & & O & H & H & H & H & H & & \\
 & \| & | & | & | & | & | & & & \| & | & | & | & | & | & & \\
HO- & C- & C- & C- & C- & C- & C- & N- & \boxed{H+HO} & -C- & C- & C- & C- & C- & C- & N- & H \\
 & & | & | & | & | & | & | & & & | & | & | & | & | & | & \\
 & & H & H & H & H & H & H & & & H & H & H & H & H & H &
\end{array}$$

此分子兩端皆可作用，而可以不斷加入或合併，產生一個 H_2O 分子的副產品需打斷 N－H 及 C－O 之鍵，而形成 C－N 及 H－O 兩個鍵，

∴	打斷鍵		形成鍵	
C－O	+ 360 kJ/mole		C－N	–305 kJ/mole
N－H	+ 430 kJ/mole		H－O	–500 kJ/mole
合計	+ 790 kJ/mole			–805 kJ/mole

因此形成一莫耳 H_2O 放出的能量為 + 790 – 805 = –15 kJ/mole 或為 –3.5 kcal/mole。

17-1-3 三度空間聚合體

上述二小節的聚合體，每一分子都是只有兩個作用基(Functional group)，所以只能得到線狀長鏈大分子。若是作用基有三個，則可以形成三度空間的大分子聚合體。不管是加成聚化或縮合聚化都有可能形成三度空間的聚合體分子。首先我們來看縮合聚化的情形。

將甲醛(H_2CO)與酚(phenol，C_6H_5OH)混合，可產生縮合聚化，如圖 17-4 所示。甲醛的 O 與兩個酚的 H 聯合產生 H_2O 的副產品，而以 CH_2 將兩個苯環連接。每個酚有 5 個 H，其中可用來連接的最多可達三個，由於三個 C－H 鍵不會共平面，所以酚醛的大分子變成三度空間的立體網狀結構，如圖 17-5 所示。此一酚醛聚合體俗稱電木，是很重要的人造樹脂。

利用加成聚化亦可使其結構變成立體網狀。如在苯乙烯(Styrene，$C_6H_5C_2H_3$)聚化成聚苯乙烯(Polystyrene，PS)時，添加二乙烯苯(Divinyl benzene，$C_6H_4(C_2H_3)_2$)，則利用二乙烯苯的兩個乙烯基進入聚苯乙烯分子中，以苯環將兩個聚苯乙烯連接在一起，如圖 17-6 所示。此稱為交聯(Cross-linking)，交聯數量增多時，則形成立體網狀結構。

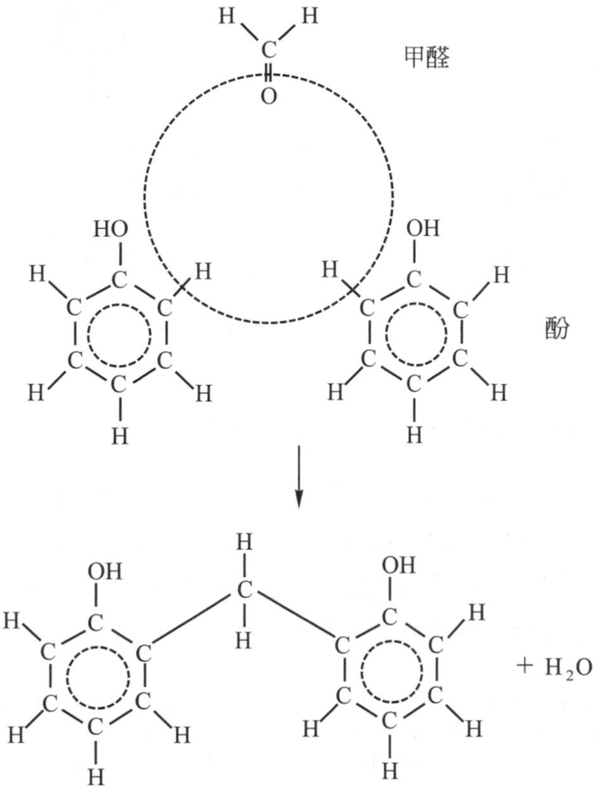

甲醛

酚

$+ H_2O$

圖 17-4　甲醛與酚經縮合聚化成酚醛樹脂(電木)及水

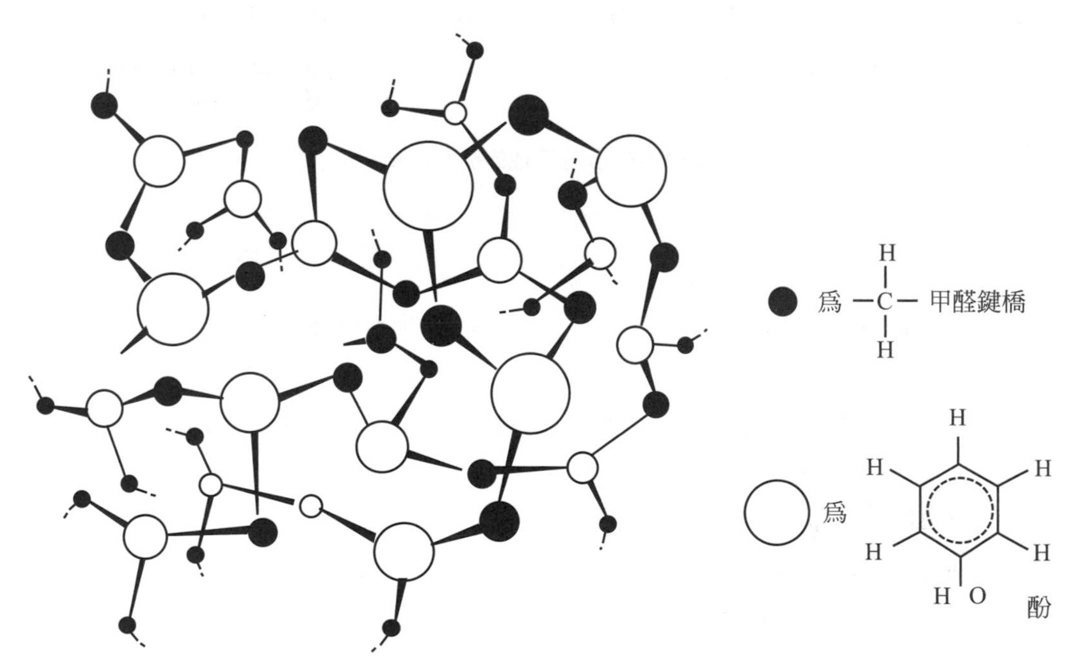

圖 17-5　酚醛樹脂之立體結構示意圖(From Ref. 1, p. 355)

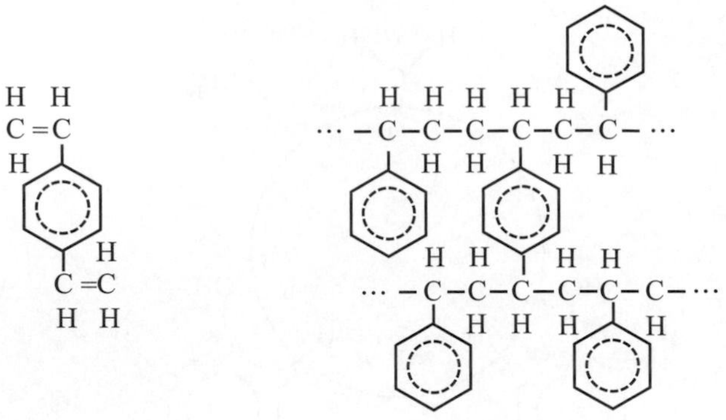

(a)　(b)

圖 17-6　(a)二乙烯苯分子，(b)二乙烯苯可將聚苯乙烯兩個分子交聯在一起

橡膠(rubber)的硫化(vulcanization)是利用硫將聚丁二烯(poly-butadiene)分子交聯在一起；本來聚丁二烯分子是線性長鏈，藉硫原子之加入將聚丁二烯分子中尚存的 C=C 打開而鍵結，如圖 17-7 所示情形。每兩個硫原子恰可打開兩個丁二烯單體的雙鍵，加入的硫愈多，交聯愈嚴重，最後變成立體網狀結構。

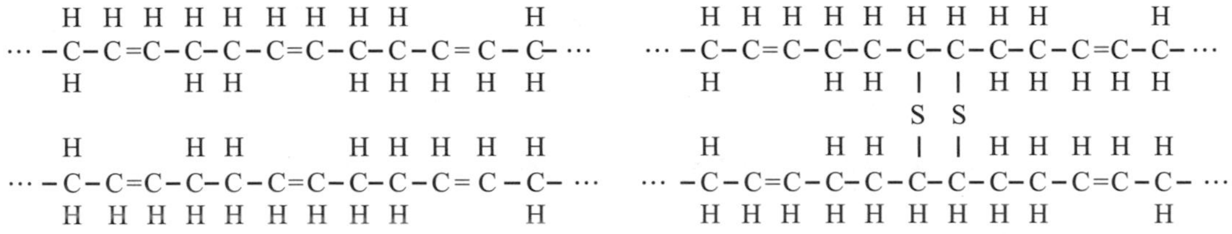

```
   H H H H H H H H H     H
…−C−C=C−C−C−C=C−C−C−C=C−C−…
   H     H H     H H H H H

   H     H H     H H H H H
…−C−C=C−C−C−C=C−C−C−C=C−C−…
   H H H H H H H H H     H
```

(a) 兩個聚丁二烯的線狀分子

```
   H H H H H H H H H     H
…−C−C=C−C−C−C−C−C−C−C=C−C−…
   H     H H | | H H H H H
             S S
   H     H H | | H H H H H
…−C−C=C−C−C−C−C−C−C−C=C−C−…
   H H H H H H H H H     H
```

(b) 硫將雙鍵打開，而把兩個線狀聚丁二烯分子交聯起來

圖 17-7　聚丁二烯的硫化交聯

例 17-2

得到 100 克的完全交聯的聚丁二烯硫化橡膠，需多少克的硫？

解 兩個硫原子可使一對 C_4H_6 單體交鏈，故完全交聯的 S/C_3H_6 莫耳比率爲 1：1

一莫耳 $C_4H_6 = 48 + 6 = 54$ g

一莫耳 S = 32 g

∴產品 100 g 需硫的量爲

$100\text{ g} \times 32/(54 + 32) = 37\text{ g}$

例 17-3

市面上買到的電木粉，假設苯環上平均只有兩個 H 被 CH_2 取代而連接(最多三個)，則(a)每公斤的電木粉需加入多少克甲醛才能完全變成立體網狀結構？(b)能放出多少克的水？

解 此電木粉的原料只有兩個作用處連接，故為線狀，加入甲醛時，其反應如下：

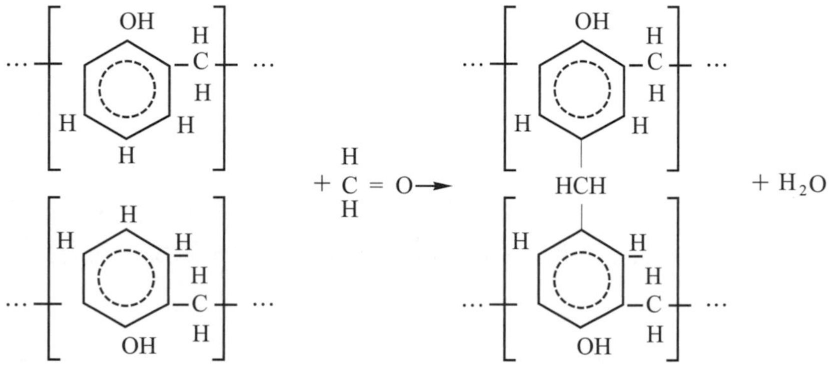

以產生一莫耳水來看，其各反應物與生成物的重量(g)如下：

	電木粉原料		甲醛原料
	2[6 × 12 + 3 + 16 + 1 + (12 + 2)]	+	[12 + 16 + 2]
	212		30
	產品		副產品
→	[12× 15 + 16× 2 + 1× 12]	+	[16 + 1× 2]
	224		18
∴(a)	x/1000 g＝30/212		x＝142 g
(b)	y/1000 g＝18/212		y＝ 85 g

17-2 聚合體之結構

我們已經知道聚合體是由許多大分子組成，不同於金屬及陶瓷材料的小分子，其結構特性也有許多特別的地方。在這一節中，先對聚合體的一些結構特性加以說明，如分子量、分子長度、空間異構物、分枝、結晶性，再述及聚合體的各種晶體結構。

17-2-1 分子量

聚合體的大分子是由許多單體構成，單體可能只有一種或不只一種，我們可以定義一個聚化度(Ddegree of polymerization)來表示一個分子的大小，如下列

$$聚化度(n)=\frac{(大分子之平均分子量)}{(單體分子之平均分子量)} \tag{17-9}$$

其中單體分子之平均分子量 $\overline{M}$ 爲

$$\overline{M}=\sum f_i M_i \tag{17-10}$$

f_i是第 i 種單體在一大分子中所佔的莫耳比，M_i則爲第種單體的分子量。若是只有一種單體，則聚化度即爲大分子量除以單體分子量；若是縮合聚化有副產品出現，則需扣除副產品之分子量，即

$$\overline{M}=\sum(f_i M_i - M_{ib}) \tag{17-11}$$

我們已知道實際上聚合體之大分子有大有小，亦即每一個大分子其分子量不一定相同，所以對於整個聚合體的平均分子量就有兩種方法來計算，一種是基於重量比的重量平均分子量(Weight average molecular weight，$\overline{M}_W$)。即

$$\overline{M}_W=\sum W_i M_i \tag{17-12}$$

其中是分子量在 i 範圍的平均值，W_i是其對應的重量比。另一種是基於數目比的數目平均分子量(Number-average molecular weight，$\overline{M}_N$)，即

$$\overline{M}_N=\sum X_i M_i \tag{17-13}$$

同樣的，M_i是分子量在 i 範圍的平均值，X_i則爲其對應的分子數目比率。

表 17-1 是假想聚氯乙烯分子尺寸分佈的情形。此一狀況是小分子佔較多；但是小分子之重量較輕，所以在重量比方面卻不一定較多。表中倘計算出兩種平均分子量，可知重量平均分子量比數目平均分子量大，兩者之比值爲 1.2，稱爲聚化散度(Polydispersivity index，PDI)，即

$$\mathrm{PDI}=\overline{M}_W/\overline{M}_N \tag{17-14}$$

一般商用的聚合體約 4 或 5，聚合散度值愈高表示小分子數目愈多，較不利於使用的熱安定性。

表 17-1　假想之聚氯乙烯分子尺寸分佈

分子尺寸範圍 kg/mole	M_i kg/mole	W_i	W_iM_i g/mole	X_i	$X_i M_i$ g/mole
5～10	7.5	0.12	900	0.26	1,950
10～15	12.5	0.18	2,250	0.23	2,875
15～20	17.5	0.26	4,550	0.24	4,200
20～25	22.5	0.21	4,725	0.15	3,375
25～30	27.5	0.14	3,850	0.08	2,200
30～35	32.5	0.09	2,925	0.04	1,300
		$\overline{M}_w = 19{,}200$ g/mole		$\overline{M}_N = 15{,}900$ g/mole	

例 17-4

分子量為 120,000 g/mole 的達克龍，其聚化度為多少？

解 參考上一節知道達克龍是由對苯二甲酸雙甲酯($H_3COCOCH_4COOCH_3$)與乙二醇(HOC_2H_4OH)，兩種單體等量混合，經縮合聚化而成，且每一反應有一個甲醇(CH_3OH)副產品。所以其單體平均分子量

$$\overline{M} = \sum(f_iM_i - M_{ib})$$

$$= \frac{1}{2}(1\times10 + 12\times10 + 16\times4) + \frac{1}{2}\ (1\times6 + 12\times2 + 16\times2) - (1\times4 + 12\times1 + 16\times1)$$

$$= 97 + 31 - 32 = 96(\text{g/mole})$$

$$\therefore n = \frac{120{,}000}{96} = 1250$$

例 17-5

試計算表 17-1 之聚氯乙烯的聚化度。

解 氯乙烯的單體為 C_2H_3Cl，一莫耳的單體重量為

$$12\times2 + 1\times3 + 35.5\times1 = 62.5\ \text{g/mole}$$

以 $\overline{M}_W = \sum W_iM_i$ 而言，$n = \dfrac{19200}{62.5} = 307$

若以 $\overline{M}_N = \sum X_iM_i$ 而言，$n = \dfrac{15{,}900}{62.5} = 254$

17-2-2 分子長度

對網狀結構的聚合體並無所謂的分子長度，但是對線性聚合體，則有兩個參數來表示分子長度，一個是伸張長度(Extended length, L_{ext})；另一個參數爲均方根長度(Root-mean-sqaure length, $\overline{L}$)。

大部份的聚合體多以碳爲骨架，伸張長度就是不改變碳鏈上碳與碳的鍵角(109.5°)之下，將碳鏈拉直所得到的分子長度，可如下表示：

$$L_{ext} = ml\sin(109.5°/2) \tag{17-15}$$

其中，m 是碳鍵數，l 是碳鍵長。圖 17-8 是聚乙烯計算伸張長度的分子結構，是線性鋸齒狀。而我們知道每一乙烯單體有兩個碳鍵，亦即 $m = 2n$，其中 n 即爲聚化度。此種伸張長度可看成是一種理論長度，因爲實際上，相鄰兩個碳鍵可以作 360°旋轉，而仍維持 109.5°的鍵角，如圖 17-9 所示。在此情形下，則大分子頭尾之間的距離，最大的可能性是以隨機走路(Random walk)的情形，亦即分子長度是等於均方根長度，表如下式

$$\overline{L} = l\sqrt{m} \tag{17-16}$$

其中 l 即爲一個碳鍵長度(步長)，而 m 則爲鍵數(步數)，這種隨機狀況的分子結構，如圖 17-9 所示，是一種糾纏扭結的現象。代表分子在聚合體內的眞實狀況，簡單來說線性聚合體內的分子如同一團麵線一樣。

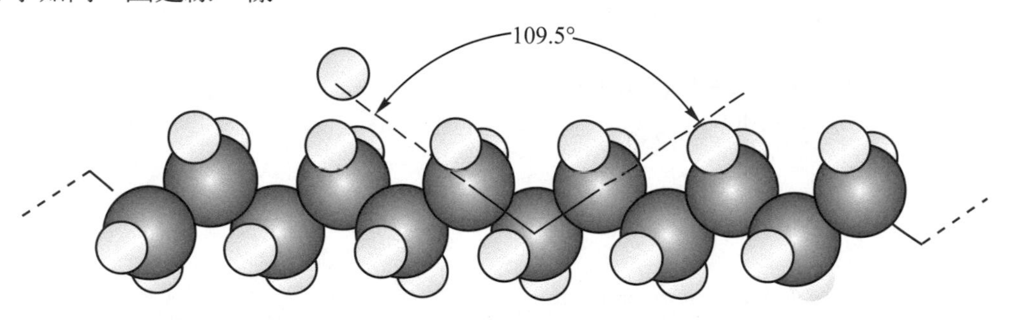

圖 17-8 聚乙烯分子計算伸張長度的直線鋸齒狀結構，較大者為碳原子，較小者為氫原子

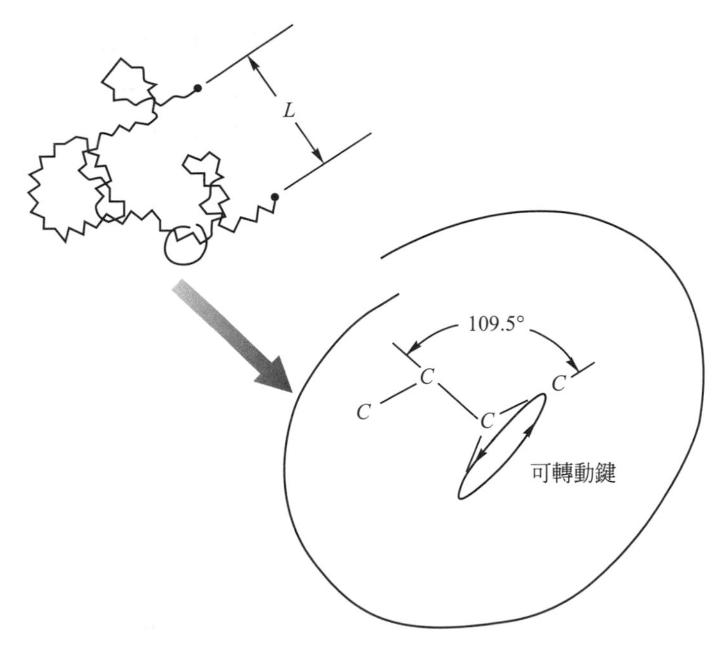

圖 17-9　聚合體分子計算均方根長度的分子結構是一種隨機走路的情形

例 17-6

試計算平均分子量是 10,000 g/mole 的聚乙烯分子的平均伸張長度及均方根長度(最可能的長度)。

解 聚乙烯的乙烯單體分子量爲 $12 \times 2 + 1 \times 4 = 28$ (g/mole)

$$\therefore \text{其聚化度 } n = \frac{10,000}{28} = 357$$

碳與碳之鍵長 $l = 0.154$ nm，鍵角爲 109.5°

$$\therefore L_{ext} = 2nl \sin(109.5/2) = 91.5 \text{ nm}$$

$$\overline{L} = l\sqrt{m} = 0.154 \text{ nm} \times \sqrt{2 \times 357} = 4.1 \text{ nm}$$

17-2-3　異構物

對線性聚合體而言，碳主鏈兩邊的原子或原子群若不完全一樣，則可產生一些空間異構物(Stereoisomers)。如圖 17-10 所示，圖(a)是最簡單的聚乙烯，碳主鏈兩邊都是氫原子，並無所謂的空間異構物。但是若其中的一些氫原子被其他原子或原子群(即稱邊團，side group，R)取代時，則可能產生一些空間異構物。其中 R 可以是 Cl、CH_3 … 等。圖 17-10 (b)是整聯(Isotactic)異構物，所有的邊團都在碳主鏈的同一邊；圖(c)爲對聯(Syndiotactic)異構物，邊團有規律的出現在碳主鏈的兩邊；圖(d)則爲亂聯(Atactic)異構物，邊團並無規律性出現。假使 R＝CH_3，則圖 17-10(b)～(d)就是聚丙烯的異構物；若是 R＝Cl，則爲聚氯乙烯的異構物。R 愈大則分子的對稱性愈差，分子間的移動就愈困難。

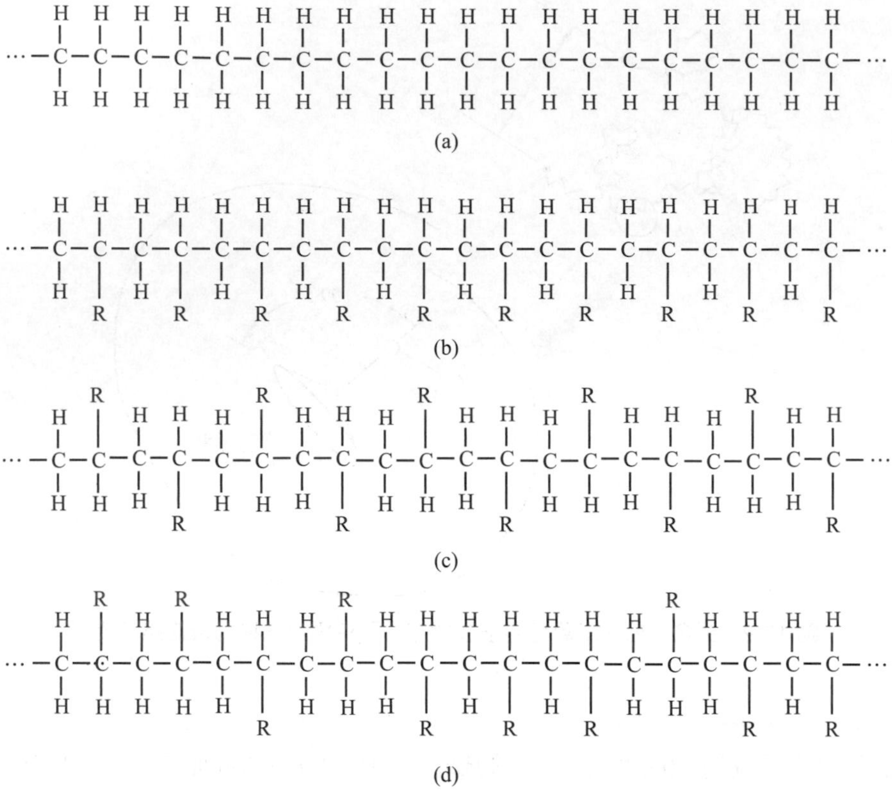

(a)

(b)

(c)

(d)

圖 17-10 (a)為簡單的對稱性聚乙烯原子排列情形，(b)、(c)、(d)則為乙烯基聚合體的異構物。(b)為整聯，邊團都在同一邊。(c)為對聯，邊團規律性出現在碳主鏈的兩邊。(d)為亂聯，邊團出現並不規律

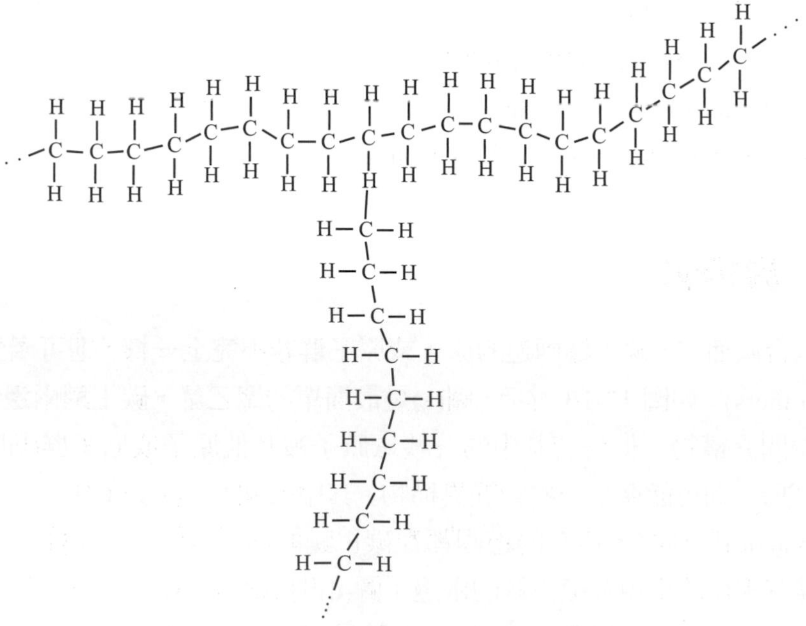

圖 17-11 在碳主鏈上有碳支鏈，稱為分枝

線性聚合體在聚化反應時，也有可能產生分枝(Branching)的結構，如圖 17-11 所示。就是碳主鏈中間有碳支鏈產生，也可以說是一個極大的邊團取代一個氫原子，也算是一種異構物。當然分枝結構中的碳支鏈也會妨礙到分子間的移動。

17-2-4 聚合體之結晶特性

對線性聚合體來說，分子內是很強的共價鍵結；而分子間則是微弱的二次鍵結(如凡得瓦爾力或氫鍵)。所以要將分子規則的排列整齊，其難易度就與分子結構的對稱性、簡易度有密切關連。對稱性好且簡單的聚合體就比較容易結晶化，如聚乙烯即是。較複雜的聚合體，如多種單體或不對稱的分子結構就難以結晶化。

結晶區的原子規則排列厚度通常可以達到 100 個碳原子厚的平板狀，利用 X-光繞射分析得知其晶體結構，而可以建立單位晶胞。如圖 17-12 爲聚乙烯分子晶體晶胞，屬於斜方體晶系，爲聚合體常見的結晶系統。圖中一個單位晶胞有兩個乙烯分子。

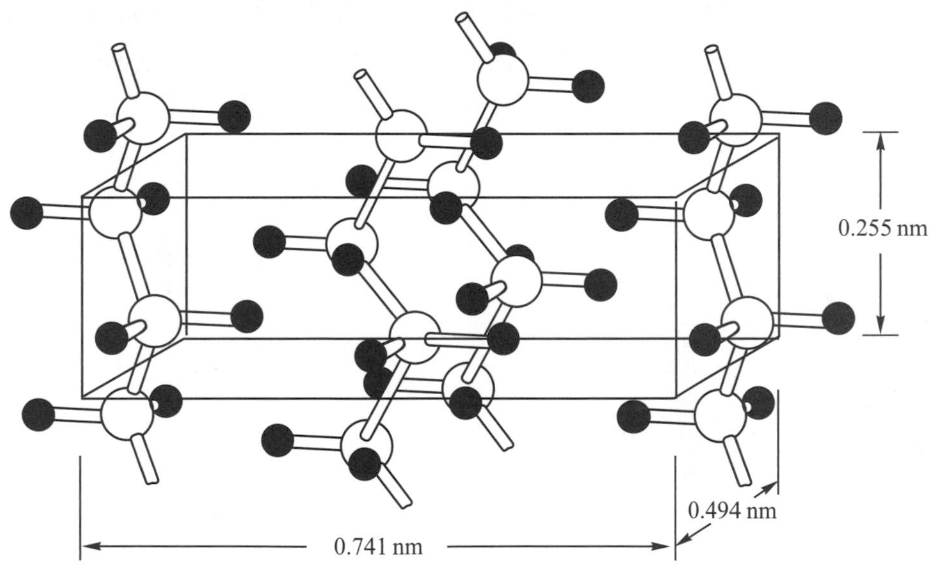

圖 17-12　聚乙烯的單位晶胞(From Ref. 4, p. 155)

聚合體的結晶通常很難達到 100%的結晶度。一般認爲其結晶情形如圖 17-13(a)所示，爲折疊晶(Folded)立體模型，即同一分子在局部區域規則折疊排列成結晶片，結晶片端緣的穗狀是非晶形區域，這種非晶形區域很難完全避免，因爲要將長分子中每一原子都按規則排列的機會並不大，何況其間的鍵結只是二次鍵而已。

上述穗狀結晶片通常以一個結晶孕核點出發排列成球晶(Spherulites)，如圖 17-13(b)所示；板片沿徑向向外發展，而產生如同國慶煙火的外形；隨著球晶成長，這些板片繼續向外開展，直到與其他球晶板片碰到；最後的微結構看起來(通常使用偏極光顯微鏡)就像晶粒結構一般。

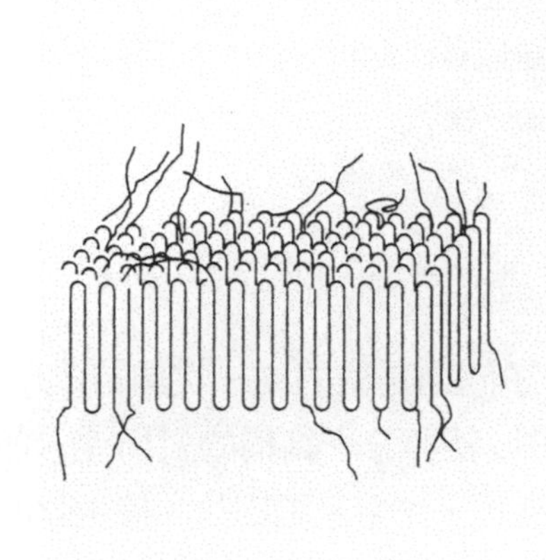

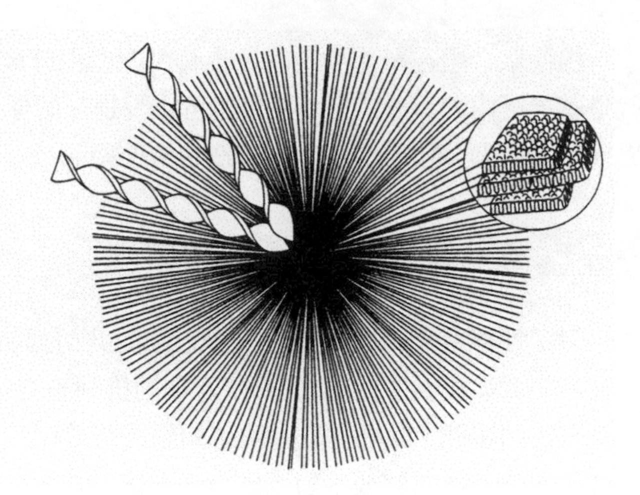

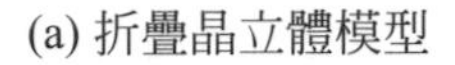

(a) 折疊晶立體模型

(b) 球晶模型：板片可平面式或扭旋式向外徑向成長

圖 17-13　結晶聚合體的結構模型(From Ref. 4, p. 156)

球晶結構是由靜止液體凝固而成，而一般聚合體是流動成型，則拉長晶體會沿流動方向排列而產生絲條狀微結構，如圖 17-14 所示。(a)圖爲典型烤肉串狀(Shish kebab)，橫向有拉長晶體，縱向則有徒長晶體。若聚合體在熔點以下，遭受大加工量抽拉，則晶體排列會更加嚴重；球晶內的層狀堆積會被強力拉扯成絲條束狀結晶，如圖(b)所示，這種情形可能使結晶率達到 95%的程度。

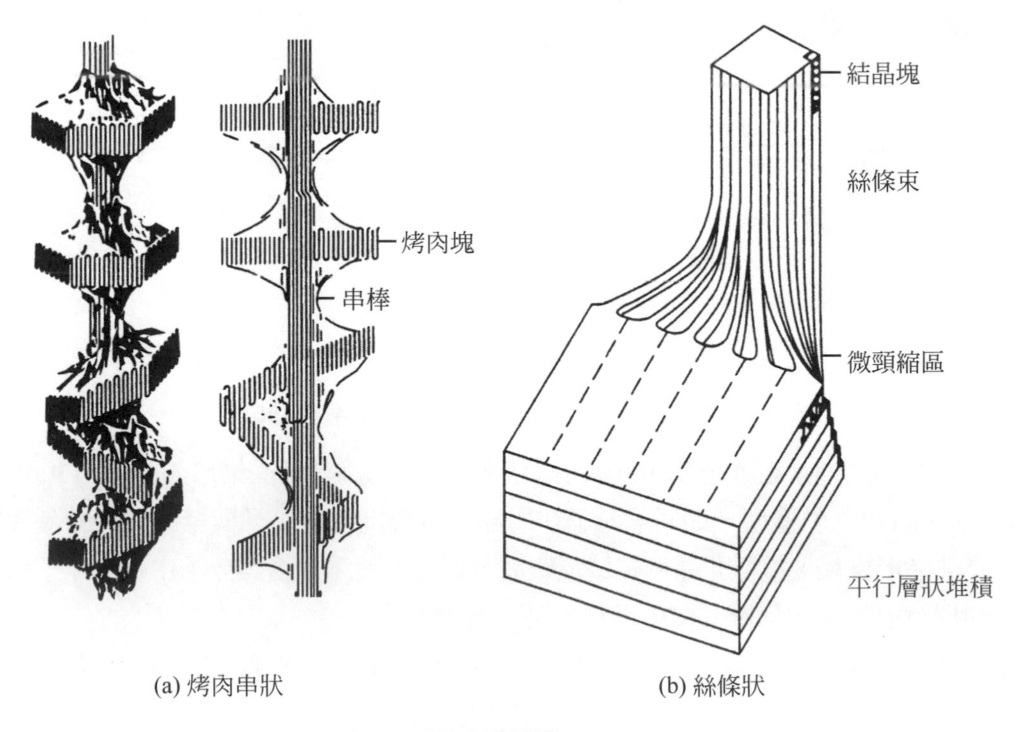

(a) 烤肉串狀

(b) 絲條狀

圖 17-14　流動成型的聚合體結構模型(From Ref. 4, p. 156)

上述結晶狀態有助於聚合體的熱安定性與機械性質，因爲結晶使分子間排列更緊密，而強化其鍵結。

17-2-5 聚合體液晶

液晶(Liquid crystals)是一種中介相(Mesophases)，規律性如同結晶固體，卻又流動如同液體；微結構規律上介於晶體之長程三維度規律與完全無長程規律的非晶質之間，算是液體與晶體之外的一種狀態。液晶可能是溫度型或溶液型，前者是特殊聚合體的溫度在熔點與固體之間存在液晶特性區間；後者則爲特殊聚合體分子加入溶液中達足夠濃度時，形成液晶。液晶特性來自液晶是由非均向性的中介元(Mesogens)所構成，中介元是擴張的棒狀或盤狀分子，彼此具有強大的吸引力而產生規律性。

依據中介元排列型式，液晶可分爲向列式、盤列式、旋列式(Nematic, Smectic, Cholesteric)三種，如圖 17-15 所示：向列式液晶：是最像液體的液晶，因規律性最少，棒狀分子沿一個方向排列，但彼此無規律，如圖 17-15(a)所示；此種液晶最常見。有些向列式液晶在電場下棒狀分子可以平行或垂直電場排列。

盤列式液晶：有許多種，圖 17-15(b)是其中一種，與向列式液晶類似，但達層狀規律性。

旋列式液晶：如圖 17-15(c)所示，一層層同向排列的棒狀分子盤旋而上，相鄰層間轉一角度，可能是右旋或左旋。

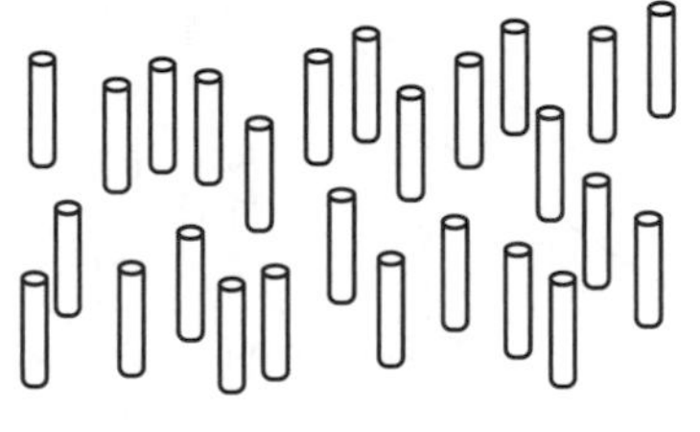

(a) 向列式

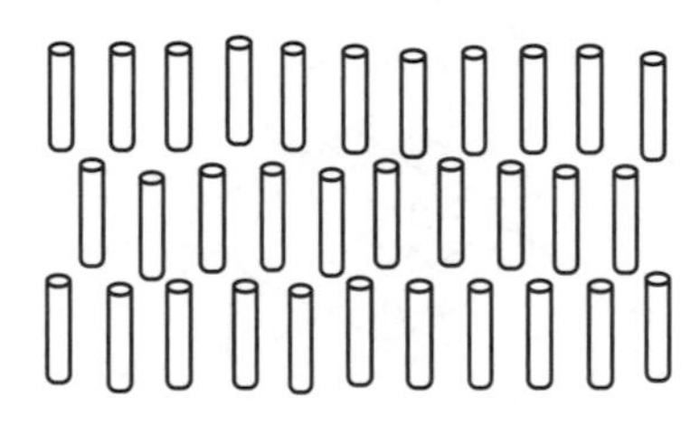

(b) 盤列式

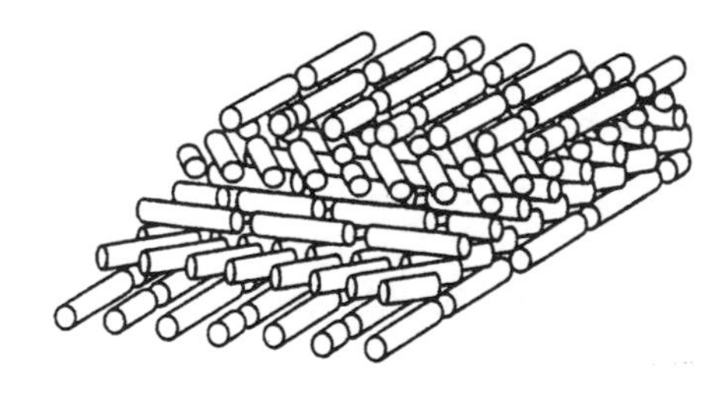

(c) 旋列式

圖 17-15　液晶材料。(a)向列式，(b)盤列式，(c)旋列式 (From Ref. 4, p. 604)

這種液晶聚合體由於具有極強的分子間作用力，造成其耐溫、化學安定、高強度的特性。如第 19 章複合材料中強化纖維述及之瀝青系碳纖組材與克夫龍纖維，都是利用液晶聚合體做成。而最有名的液晶應用是現在使用的液晶顯示器(Liquid crystal displays，LCD)，包括電腦液晶螢幕、手機螢幕、液晶電視等，具有極爲輕、薄的優勢。電腦液晶螢幕幾乎已經完全取代原來使用陰極射線管(CRT)的電腦螢幕，而液晶電視也大量出現中，與電漿電視一起競爭，已經取代傳統的 CRT 電視。

LCD 大都是使用旋列式液晶，其原理如圖 17-16 所示，一單元由兩個玻璃板夾一厚約 10 μm 液晶，玻璃板加偏極光板再鍍上透明電極(銦錫氧化物)，透過電極而可以加上電場。未加上電場時，偏極光由上玻璃板下來經過液晶高分子，順著棒狀方向偏折，而在下玻璃板剛好轉 90°，與下偏極光板同向而透過去；加上電場(約 5×10^{-5} V/m)時，液晶分子會垂直電場排列，而對入射偏極光沒有影響，所以無法穿透下偏極光板；如此即可利用不同單元加電場與否而形成對比。若以紅綠藍三色作一單元，再以薄膜電晶體(Thin film transistors，TFT)產生不同電場而控制透光度，則可以發出各種顏色的光，而得到彩色液晶顯示器。

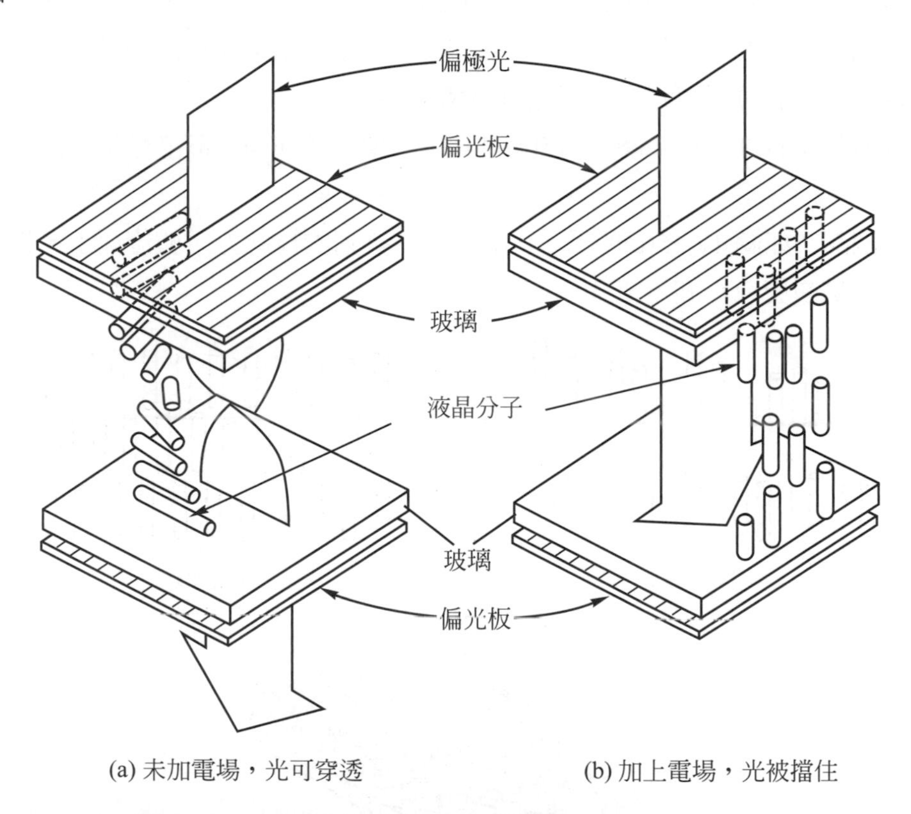

(a) 未加電場，光可穿透　　(b) 加上電場，光被擋住

圖 17-16　使用向列式液晶的顯示器單元(From Ref. 4, p. 605)

17-3 熱塑聚合體

熱塑聚合體(Thermoplastic polymers)是指加熱時，聚合體會變軟而可以加以變形者，其導因是熱塑聚合體爲線性聚合體分子。由於大分子間只靠次鍵結來結合，所以分子彼此容易互相滑動而變形。這種高溫塑性與金屬的高溫潛變現象中的晶粒互相滑動類似，都是一種熱活化的現象。只是金屬的潛變是在相當高溫，如 1000℃；而聚合體則只在 100℃左右即很明顯的塑性流動。當然這也是金屬鍵與次鍵結強度差別很大的緣故。

表 17-2 列出一些常見的熱塑聚合體，並分成兩類。一爲一般用聚合體，就是指日常生活用到的一些塑膠，如聚乙烯、聚氯乙烯、聚丙烯、聚苯乙烯、ABS 塑膠、壓克力等，共佔所有塑膠產量的六成以上。另外一類則爲工程用聚合體，亦即工程塑膠(Engineering plastics)，通常有較大的強度或較特殊的功能(如耐高溫)，常用來做一些機械零件或特殊用途(如纖維、薄膜)。

表 17-2 所列的聚合體中，可以看出來最簡單的就是聚乙烯。它是由乙烯分子聚化而成，我們可以將乙烯分子中的氫原子以其他原子或原子群代替，而仍保留其碳與碳之間的雙鍵，然後打破雙鍵變成單鍵連結碳原子，加以聚化。如聚氯乙烯爲一個氫原子被氯原子取代；聚丙烯則是一個氫原子被一個甲基原子群(CH_3)取代；聚苯乙烯則是一個氫原子被一個苯環(C_6H_5)所取代。這些只有乙烯分子的一個氫原子被取代的聚合體，稱爲乙烯基聚合體(Vinyl polymers)。亞乙烯基聚合體(Vinylidene polymers)則是乙烯分子中有兩個氫原子被其他原子或原子群所取代。如聚二氯乙烯(Polyvinylidene chloride)即爲兩個氯原子取代乙烯中的兩個氫原子。至於鐵弗龍(Teflon，即聚四氟乙烯)，則是乙烯的四個氫原子全部被氟原子取代。

這些將乙烯分子的氫原子以其他原子或原子群取代的目的是要得到更大的強度，因爲氫原子最小，用較大的原子或原子群取代可以阻礙分子間的滑動而提高強度。但是，這種旁邊的原子群也不能太大，否則使碳主鏈彼此間距離太遠，分子間吸引力會減弱而降低強度。另外，替換氫原子也會改變聚合體的鍵結強度，如鐵弗龍的 C－F 強鍵結使它具有極高熔點(327℃)；再者鐵弗龍的低磨擦特性，也使它常用來做軸承及不沾鍋塗層的原料。

除了二烯類外，熱塑性聚合體尚有許多較複雜的，不只兩個碳原子的分子聚化而成；或者主鍵不完全是碳的聚合體，表 17-2 有列出一些。此種聚合體通常有較大的強度及剛性，列爲工程塑膠。而 ABS 塑膠(Acrylonitrile-Butadiene-Styrene polymers)是一種共聚體混合物，由苯乙烯與丙烯腈共聚化成線性聚合體作爲基地，其內散佈一團團的苯乙烯與丁二烯共聚化線性聚合體(BS 橡膠)；此造成 ABS 有極佳的強度、剛性及韌性組合。

表 17-2 一些常見的熱塑聚合體(From Ref. 3, p. 478-480)

中文名稱	英文名稱	結構	用途	市場佔有量 [a]
一般聚合體				
聚乙烯	Polyethylene (PE)	H H │ │ ···– C – C –··· │ │ H H	透明板、瓶	29
聚氯乙烯	Polyethyl chloride (PVC)	H H │ │ ···– C – C –··· │ │ H Cl	地板、布、薄膜	14
聚丙烯	Polypropylene (PP)	H H │ │ ···– C – C –··· │ │ H CH_3	板、管、覆布	13
聚苯乙烯	Polystyrene (PS)	H H │ │ ···– C – C –··· │ │ H C_6H_5(苯環)	容器、泡沫材	6
熱塑聚酯(如聚對苯二甲酸乙二酯)	Polyester, thermoplastic type, Example: polyethylene terephthalate, PET, Dacron[b](fiber), Mylar[b](film)	H H │ │ HO–C–C–O–H HO–C–(苯環)–C–OH │ │ ‖ ‖ H H O O	磁帶、纖維、薄膜	5
壓克力塑膠(聚甲基丙烯酸甲酯)	Acrylic(Poly methyl metha-crylate, PMMA)	CH_3 │ –(CH_2C)– │ O = $COCH_3$	窗子	1
聚醯胺(尼龍)	Polyamide(PA, Nylon)	H–N(H)–C_6H_{12}–N(H)–H HO–C(=O)–C_4H_8–C(=O)–O	布、繩索、齒輪、機械零件	1
纖維素	Celluloses	CH_2OH │ CH – O / \\ –(OCH CH)– \\ / CH – CH │ │ HO OH	纖維、薄膜、被覆、炸藥	<1

表 17-2　一些常見的熱塑聚合體(From Ref. 3, p. 478-480) (續)

中文名稱	英文名稱	結構	用途	市場佔有量 [a]
工程用聚合體				
丙烯腈/丁二烯/苯乙烯共聚體(ABS 塑膠)	Acrylonitrile/ butadiene/ styrene copolmer (ABS)	$\cdots-CH_2CH=CHCH-CH(C_6H_5)CH_2-\cdots$; $\cdots-(CH_2CH(C_6H_5))-(CH_2CH(C\equiv N))-\cdots$	皮箱、電話	2
聚碳酸酯	Polycarbonates (PC, Lexan[c])	$-(C_6H_4-C(CH_3)_2-C_6H_4-OCO(=O))-$	機械零件、葉片	1
聚縮醛	Polyoxymethylene (POM, Acetal)	$-(CH_2-O)-$	器皿、齒輪	<1
聚四氟乙烯(鐵弗龍)	Polytetrafluoroethylene (PTFE, Teflon[b])	$\cdots-CF_2-CF_2-\cdots$	化學器皿、油封、軸承、墊圈	<1
聚醯亞胺	Polyimide (PI)	$-(N(CO)_2C_6H_2(CO)_2N-C_6H_4)-$	機械零件、齒輪	<1

a 係以美國 Modern Plastics, Jan., 1998 之資料爲準，爲所有塑膠中所佔重量百分比。
b 杜邦公司之註冊商標。
c 通用電氣之註冊商標。

17-4 熱固聚合體

熱固聚合體(Thermosetting polymers)與熱塑聚合體相反，熱固聚合體加熱時不變軟，反而會變硬且更剛性。主要是熱固聚合體是一種立體網狀分子結構，高溫時更促進網狀結構的形成，而冷卻時網狀結構依然保存，所以仍具剛硬的性質。這種熱固聚合體高溫不變軟的特性，也使其產品在高溫成型(如 200～300℃)後，不必等冷卻下來即可自模內取出，不必擔心成品形狀會扭曲；相對的熱塑聚合體則需等冷卻變硬後，才可自模內取出成品。

由於熱固聚合體的網狀結構具有較大的強度，所以也常用來做機械零件，算是工程塑膠，常可用來取代金屬，使用於一些較不受太大力量的地方。可惜熱固塑膠無法回收，而且可用的成型方法也較熱塑塑膠少。

表 17-3 列出一些常見的熱固聚合體，通常這些熱固聚合體都是由兩種液體的樹脂混合，配合壓力及溫度使其產生聚化而成。如酚醛樹脂(phenolic)，在 17-1-3 小節中已提到其聚化過程，也知道酚之苯環有三個位置可反應。而一般酚醛樹脂原料是很少或沒有交聯的線性聚合體(亦即只用掉兩個位置)及多出一些甲醛分子，當其再加壓加熱時，這些多出的甲醛分子即可將線狀大分子彼此交聯起來而形成立體網狀結構。酚醛樹脂可作爲黏著劑、電器設備及砂模黏結劑的原料。

表 17-3 一些常用的熱固聚合體(From Ref. 3, p. 484)

中文名稱	英文名稱	結構	用途	市場佔有量 [a]
聚胺酯	Polyurethane (PU)	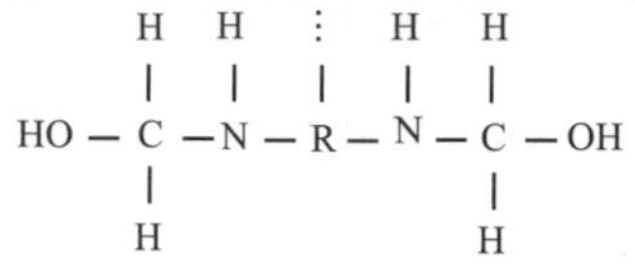 H H ⋮ H H HO − C − N − R − N − C − OH H H	板、管、泡材、彈性體、纖維	5
酚醛樹脂	Phenolic	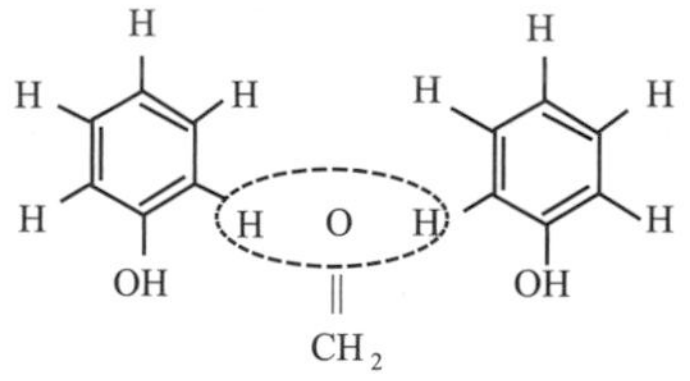 H H H H H H H (H O H) H OH ‖ OH CH_2	電氣設備	4
胺基樹脂	Amino resin (Example: urea formaldehyde)	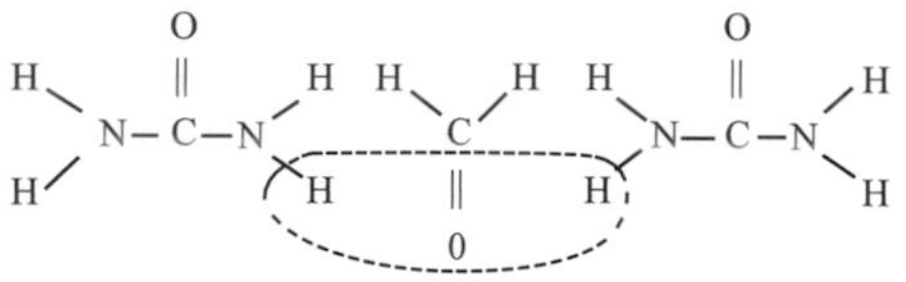 O O H ‖ H H H H ‖ H N − C − N C N − C − N H H ‖ H H 0	碟盤、積層板	2
聚酯	Polyester	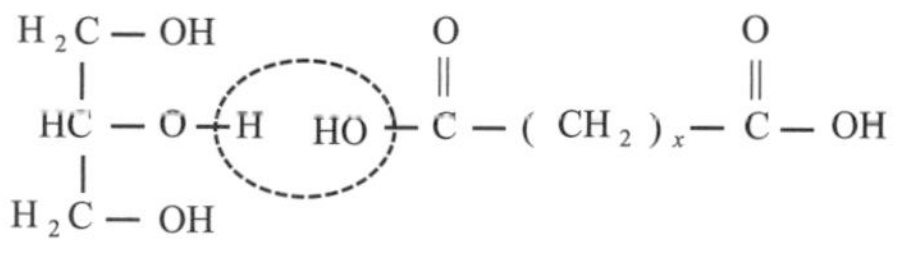 H_2C − OH O O ‖ ‖ HC − O − H HO − C − (CH_2)$_x$ − C − OH H_2C − OH	複合基材、被覆	2
環氧樹脂	Epoxy	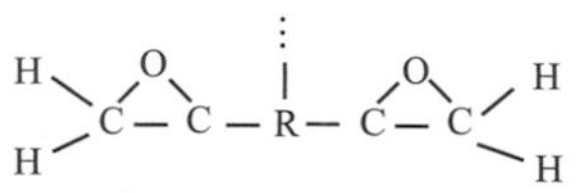 ⋮ H O O H C − C − R − C − C H H	複合基材、黏著劑、被覆	<1

a 係以美國 Modern Plastics, Jan., 1998 之資料爲準，爲所有塑膠中所佔重量百分比。

聚胺酯(polyurethanes)是先將異氰酸酯(isocyanate，R－N＝C＝O)分子與其他有機分子加成聚化成線性聚合體，再將分子鏈交聯得到。事實上，視正確成份及製程不同，聚胺酯有熱塑性、熱固性及彈性聚合體三種型式，用途相當廣泛。胺基樹脂(amino resin 或 amine)與酚醛樹脂類似，是由脲-甲醛(urea-formaldehyde)或者蜜胺-甲醛(melamine-formaldehyde，$C_3N_3(NH_2)_3-H_2CO$)縮合聚化而成。

聚酯(Polyester)是由有機酸(含－COOH 基)與醇類(含－OH 基)經縮合聚化產生長鏈。有機酸的分子常含有不飽和碳鍵，可利用乙烯基分子，如苯乙烯，將分子長鏈加成聚化而交聯；所以聚酯也可以是熱固性或熱塑性。環氧樹脂(Epoxy)是利用加成聚化產生一緊密 C－O－C 環的線性長鏈再結合成立體架構。在聚化過程 C－O－C 環可如下式裂開，鍵結重排再接於其他分子上。

$$\mathrm{H_2C\overset{O}{-}CH-\overset{\vdots}{R}-CH\overset{O}{-}CH_2} \rightarrow \mathrm{H_2C\overset{O}{-}\underset{\vdots}{C}H-\overset{\vdots}{R}-\overset{OH}{\underset{H}{C}}-\overset{H}{\underset{H}{C}}-\cdots} \qquad (17\text{-}17)$$

17-5　彈性體(橡膠)

彈性體(Elastomers)也就是橡膠(Rubbers)，是指一些天然或人造的線性聚合體。當其受力時會大量彈性變形；而在力量除去時，又完全恢復到原來的樣子。橡皮筋即為彈性體的典型。這種彈性體，由於其長鏈的順式結構(邊團在雙鍵同一邊)，使大分子形成卷曲狀態；在理想狀態，當它受力時，卷曲分子鏈被拉直而使聚合體伸展變形。此時分子間可排列成較規則狀態，即能量較低；力量放開時，分子鏈又恢復較高能量的卷曲狀態。所以我們可以拿一條較大的橡皮筋，利用敏感的嘴唇來偵測橡皮筋拉直時，會略微有放出能量，溫度上升的現象；而放鬆時，則有吸熱溫度下降的情形。

實際上，彈性體受力不只鏈被拉直，也多少有些分子鏈之間的滑動。也就是說除了鏈拉直的彈性變形之外，尚有鏈滑動的黏滯變形(Viscous deformation)。要保留大量彈性變形且防止黏滯變形，就要將分子鏈彼此交聯起來，如前面圖 17-7 所示，聚丁二烯的硫化(Vulcanization)即是藉硫原子打開碳與碳之間的不飽合雙鍵而將兩個分子鏈交聯起來。表 17-4 列出一些常用的彈性體，前面四種不飽和雙鍵及雙鍵旁有順式結構，也就是都可以利用硫化將分子鍵交聯起來。加入的硫愈多交聯愈嚴重，彈性變形能力也就愈減低，但強度、剛性也會相對提升。一般輪胎的硫化程度，大約是用掉 10%的交聯位置；而較硬的橡膠，則硫含量較多，最多可達總重的 30～40%，但已變得跟熱固聚合體的硬、脆網狀結構沒有兩樣，因此也有人將橡膠歸到熱固聚合體內。

聚異戊二烯(Polyisoprene)是天然橡膠也可以人工合成；而 BS 橡膠則是最普通的人造橡膠，它是丁二烯/苯乙烯(Butadiene/styrene)的線性共聚體；而聚矽酮(Silicones)是以矽、氧為主鏈的線性聚合體。這種主鏈使它能耐高溫達 315℃，由於聚矽酮並無不飽合鍵，它的交聯方法是引入過氧化物將 CH_3 的一個氫取出而交聯。如圖 17-17 所示。

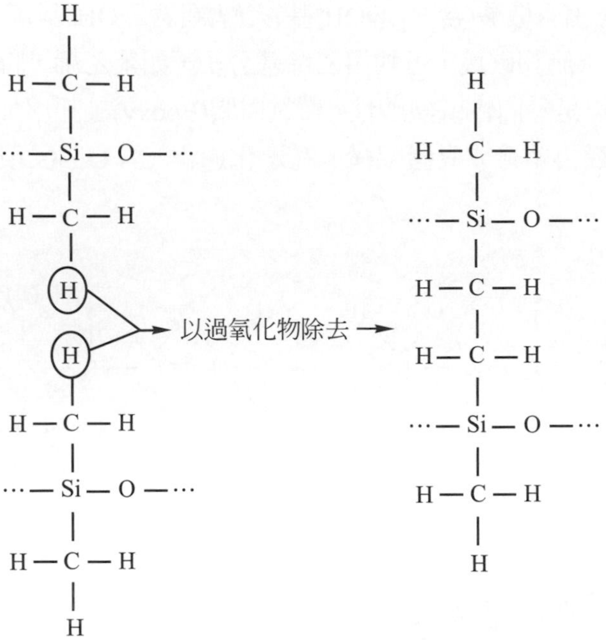

以過氧化物除去

圖 17-17　聚矽酮的交聯方法

另外一種熱塑彈性體是最近發展的橡膠。這種熱塑彈性體，基本上是由一些剛性彈性體區，散佈在軟質結晶熱塑聚合體中複合而成。其優點是很方便使用傳統的熱塑技術，也可以回收使用。

表 17-4　一些常用的彈性體(From Ref. 3, p. 485)

中文名稱	英文名稱	結構	用途	市場佔有量[a]
丁二烯/ 苯乙烯共聚體	Butadiene/ styrene (BS rubber)	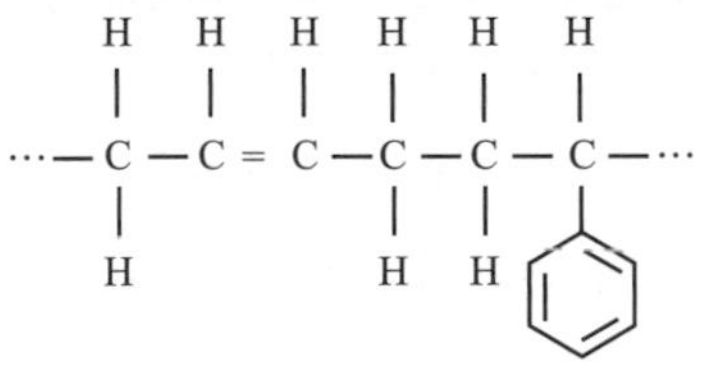 $\cdots-CH_2-CH=CH-CH_2-CH_2-CH(C_6H_5)-\cdots$	輪胎、模料	6
異戊間二烯 (天然橡膠)	Isoprene (natural rubber)	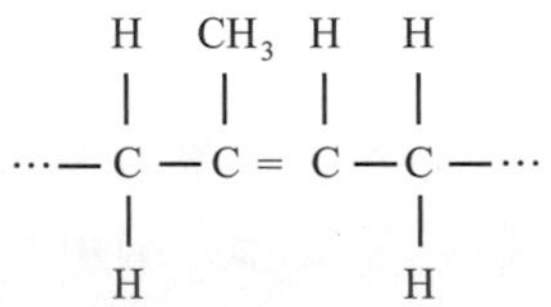 $\cdots-CH_2-C(CH_3)=CH-CH_2-\cdots$	輪胎、軸承、墊圈	3
熱塑彈性體如： 聚酯型	Thermoplastic elastomer Example: Polyester type	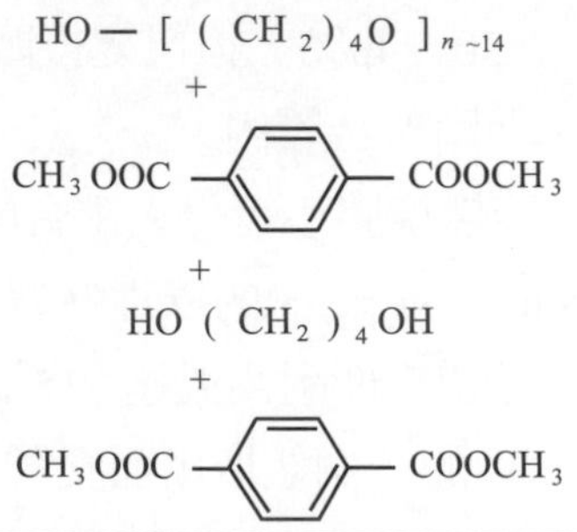 $HO-[(CH_2)_4O]_{n\sim14}$ + $CH_3OOC-C_6H_4-COOCH_3$ + $HO(CH_2)_4OH$ + $CH_3OOC-C_6H_4-COOCH_3$	運動鞋、接頭、管件	1

表 17-4　一些常用的彈性體(From Ref. 3, p. 485) (續)

中文名稱	英文名稱	結構	用途	市場佔有量 [a]
氯丁二烯	Chloroprece (Neoprene)	H　Cl　H　H $\cdots-\mathrm{C}-\mathrm{C}=\mathrm{C}-\mathrm{C}-\cdots$ H　　　　H	構造軸承、耐火泡材、動力皮帶	<1
異丁烯/異戊間二烯共聚體	Isobutene/ isoprene	CH_3　H　H　CH_3　H　H $\cdots-\mathrm{C}=\mathrm{C}-\mathrm{C}-\mathrm{C}=\mathrm{C}-\mathrm{C}-\cdots$ CH_3　H　H　　　H	輪胎	<1
二氟偏乙烯/六氟丙烯共聚體	Vinylidene fluoride/ hexafluoropropylene(Vitno[b])	F　H　F　CF_3 $\cdots-\mathrm{C}-\mathrm{C}=\mathrm{C}-\mathrm{C}-\cdots$ F　H　F　F	油封、O 型環、手套	<1
聚矽酮	Silicones	CH_3　　CH_3 $\cdots-\mathrm{Si}-\mathrm{O}-\mathrm{Si}-\mathrm{O}-\cdots$ CH_3　　CH_3	襯墊、黏著劑	<1

a 係以美國 Modern Plastics, Jan., 1998 之資料為準，為所有塑膠中所佔重量百分比。
b 杜邦公司之註冊商標。

17-6　添加劑

一種聚合體的整體性質常因加入添加劑(Additives)而生重大改變。如聚氯乙烯由於添加劑的不同，從硬質水管、嬰兒尿褲、輸送帶、足球到電線外皮都可以製成。依功能不同添加劑有填料、塑化劑、潤滑劑、安定劑、滯焰劑、著色劑、發泡劑、抗靜電劑、光降解劑等多種。以下摘要述之。

填料(Fillers)通常指摻入聚合體中以改善特定性質(主要是機械性質)的固體添加劑。最有名的例子就是橡膠裏面加入約三分之一的碳黑(Carbon black)，可以增加強度、耐磨性，並且吸收紫外線以避免橡膠的分子鏈被紫外線破壞；還有就是在聚合體中加入一些長纖維、短纖維、粒子或片狀的無機物，以增進機械性質，這些都是屬於複合材料部份，容第 19 章討論。填料還有一類叫增量劑(Extenders)的，就是以較便宜的各種材料，如木屑、黏土、滑石，金屬等，添加在聚合體中，可以增進尺寸的安定性、降低成本，甚至也有提高機械性質或增進加工性質者。通常填料須經過表面處理，即加上耦合劑(Coupling agent)。

如碳酸鈣可用硬脂酸處理，其中酸基部份連於塡料上；而脂族鏈則與聚合體連接。其他的耦合劑，如胺、乙二醇、矽烷等都是。

塑化劑(Plasticizers)是用來軟化聚合體的添加劑。通常是分子量較低的分子或分子鏈，可以降低玻璃溫度、增加流動性及增進物理性質(如柔軟度、可撓性)、增進加工性。塑化劑其功能主要作爲聚合物分子間的隔離作用，並有氫鍵之類的極性鍵來鍵結。本質上塑化劑是不揮發的溶劑，並常需有 300 以上的分子量。

潤滑劑(Lubricants)是用來降低聚合體的磨擦性質，可分成三類。一種是類似塑化劑，加入低分子量物質促進聚合體溶液的流動，但對聚合體固體並無影響；如胺蠟類(Amine waxes)之加入聚氯乙烯中。另一類是硬脂酸鈣之類，加工時，加入聚合體中，易滲出表面且與金屬較具親和力，而防止聚合體黏附於模具上。第三類是減少聚合體成品的磨擦，如石墨及二硫化鉬加於尼龍，以避免尼龍齒輪磨擦。

安定劑(Stabilizers)是用來減低環境對聚合體的損傷老化，這包含許多種材料，如抗氧化劑、熱安定劑、抗紫外線劑都是。聚合體氧化是一種自由基鏈反應型式，所以抗氧化劑可從阻止自由基的形成，或將自由基與試劑作用而終止反應；芳族胺類即爲橡膠常用的抗氧化劑。熱安定劑則是用來抵抗較高溫的氧化作用，橡膠常加酚族、醯胺、硫化物作爲熱安定劑。紫外光的傷害主要是波長 300～400 nm 的紫外線，可斷裂大部分的有機鍵(C－C、C－O、C－H、C＝C)，最有名的防止方法就是塗漆被覆一隔絕層，將紫外光吸收但不發生化學反應，如碳黑。

滯焰劑(Flame retardants)是用以減緩聚合體的燃燒，燃燒就是碳、氫與氧激烈反應並放出熱量。許多聚合體都會燃燒，但有些則不燃燒。如聚氯乙烯燃燒時放出的氯原子可以終結自由基鏈而阻止反應進行。所以含鹵素的化合物都有滯焰功能，如氯化石蠟、溴化合物；另外鹵磷酸酯、氧化銻、鋁三水合物也常併用。

著色劑(Colorants)是使聚合體有多種顏色以供選用，有兩種型式即顏料(Pigments)與染料(Dyes)。顏料是一種不溶而有顏色的粉末，典型的例子是結晶陶瓷，如氧化鈦、矽酸鋁，另外有機酸也常用。染料則是可溶之有機著色劑，可得到透明顏色。以上是屬於本體著色。當然我們也可以表面著色，只是會增加加工成本。至於表面染色，則只限於少量的聚合體，如尼龍類含有極性分子才可以。

發泡劑(Blowing agents)用來使聚合體變成泡狀塑膠，主要是用在聚苯乙烯及聚胺酯。將此等聚合體微粒與發泡劑混合，再加熱使發泡劑分解成氣體，此時聚合體已軟化，而由各泡眼膨脹至互相擠壓接觸成型。聚苯乙烯的發泡劑爲戊烷；聚胺酯有鹵碳化物、二氯甲烷。其他泡狀塑膠則用二聯氨之類。另外也可以在膠狀時，打入空氣攪拌形成泡狀塑膠。

抗靜電劑(Antistatic agents)是因大部份聚合體，尤其是熱塑聚合體，都是不良導電體，很容易產生靜電，吸附灰塵產生放電火花。抗靜電的方法可利用較佳導電物質，如銨化合物、磷酸酯之添加，而游移到聚合體表面形成較佳之導電性質避免靜電；或者添加吸濕性化合物，如聚乙二醇，使聚合體表面吸附水氣而阻止靜電之產生。

光降解劑(Photo-degradation agents)是指能將聚合體分子分解成較小分子(分子量小於 9000)，以利細菌生物自然分解的添加劑。聚合體分解得太緩慢造成的大量垃圾，目前已到不容忽視的地步。常用的方法乃在聚合物中摻入紫外光吸收劑成份，受紫外光照射時能產生高度活性反應物來分解聚合體大分子。二硫代胺基甲酸鐵即是此種光降解劑。另外澱粉加於低密度聚乙烯已達到商業化的成熟階段。

17-7　聚合體之成型

將聚合體原料與添加劑混合均勻後，再利用各種成型方法，做成有用的物品。其中包含軟化、成型及硬化三個步驟。軟化是指加熱或加溶劑而使原料熔化成有流動成型的能力；成型一般需給予應力而得到一定形狀；硬化則可能經由冷卻、化學反應或溶劑揮發，而固定形狀。我們已知道聚合體有熱固及熱塑兩類，其成型方法也不太一樣。一般熱塑聚合體可以加熱軟化，成型再冷卻硬化；而熱固聚合體則通常採用未聚化或部份聚化(如線性聚合體)的原料，再加熱使其完全聚化成三度空間網狀結構(或交聯)，不必等待冷卻即可自模內取出產品。以下介紹幾種較常見的聚合體成型方法。

17-7-1　擠型

擠型(Extrusion)過程如圖 17-18 所示。原料通常是粒狀熱塑聚合體，利用螺桿(Auger)將原料推向加熱區，一方面利用外面加熱裝置加熱；另外，螺桿之推壓能量亦轉化爲熱量，而使原料軟化或熔化，再推向模具出口。爲了精確控制溫度，加熱裝置通常一段一段獨立，每一區段都有熱電偶來控制，以得到整個套筒所需的溫度梯度。因爲不同種的聚合體有不同的軟化特性，如低密度聚乙烯是一種非晶質，隨著溫度升高而逐漸軟化；而尼龍是高結晶度的聚合體，在某一高溫會突然軟化。所以它們所用的加熱，加壓螺桿也不一樣。如圖 17-18 所示，對聚乙烯而言，是同時並連續的推入加熱及加壓以除掉氣泡；而尼龍則是當粒子進入短程的加熱區時才突然加壓。

擠壓機的模子有許多種形狀，當然一副模具做出的產品，其截面只能固定一種形狀而長度可以不限制。圓洞截面可以做出棒材；而縫隙則得到板材或薄膜材。另外若加上心軸(Mandrel)於模具出口內部，使塑膠從周圍流出，則可以得到各種形狀的管材。反過來我們也可以用心線代替心軸，而在線材上被覆一層塑膠，如電線。擠型的速率可達每分鐘一公里，視需要而決定出口是用空氣冷卻或水冷卻，以得到足夠剛性不會變形。

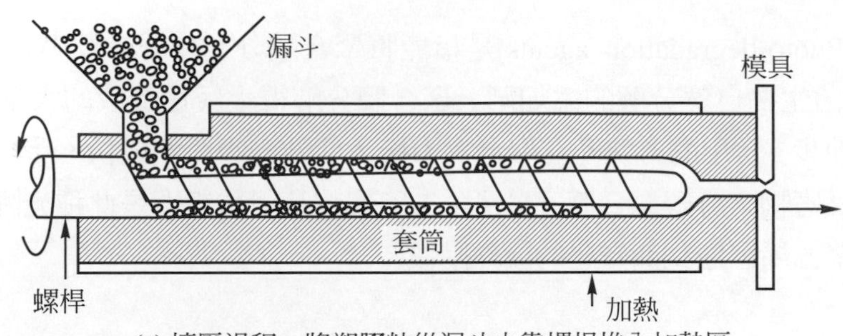

(a) 擠壓過程，將塑膠粒從漏斗中靠螺桿推入加熱區，再推向模具出口，而得到棒、管、板材

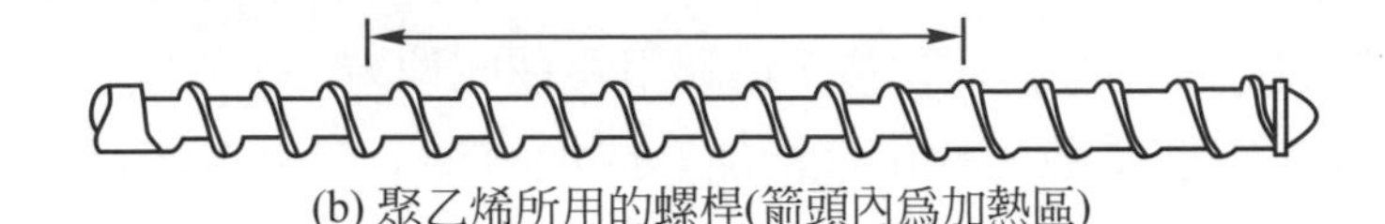

(b) 聚乙烯所用的螺桿(箭頭內為加熱區)

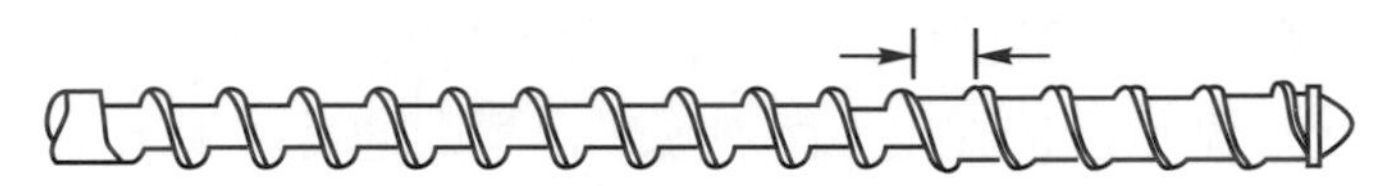

(c) 尼龍所用的螺桿(箭頭內為加熱區)

圖 17-18 熱塑聚合體的擠型

17-7-2 射出成型

將擠型的開放模改為密閉模，模子由兩片陰陽模構成，即為射出成型法(Injection molding)。如圖 17-19 所示，利用螺桿或油壓活塞將塑膠注入模子內。射出成型能夠做的形狀要比擠型多樣，其截面不必一樣。很多種塑膠產品都是用射出成型的方法，像圖 17-19 是電話機外殼。

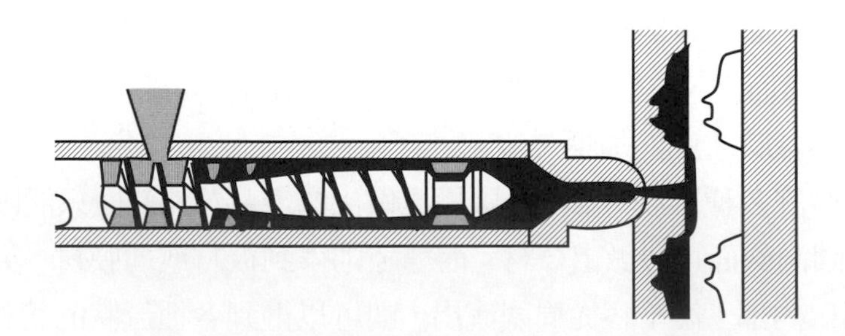

圖 17-19 射出成型法，此為用於熱塑聚合體的裝置

對一般熱塑聚合體是將塑膠粒餵入加熱到熔化，再射入模型內。模具通常利用水冷循環來冷卻硬化產品，以便能迅速冷卻而取出產品，再做下一成品。也因為水冷而使塑膠在進入低溫流道及模內，會有一層冷卻外殼，而需更大壓力來填滿模穴及避免氣孔。射出成型與金屬之壓鑄(Die casting)很相近。

對熱固聚合體而言，使用射出成型要比擠型容易。一般都是如圖 17-20 所示，有兩個模穴，先將部份聚化的熱固塑膠(大約是每單位用掉兩個鍵結，爲線性狀態)原料置入第一個模穴中加熱使其軟化、熔化，再將其射入第二模穴(爲成品形狀)中，進行二次聚化(熟化)成三度空間的熱固聚合體。熟化(Curing)完成後，不必冷卻即可取出成品。主要是需控制好原料的量及加熱溫度及時間，不可未射入第二模穴即發生二次聚化，否則容易造成模穴填不滿及活塞被黏住的現象。由於此種成型法，是從第一模穴，再轉入第二模穴，所以也叫移模成型(Transfer molding)。

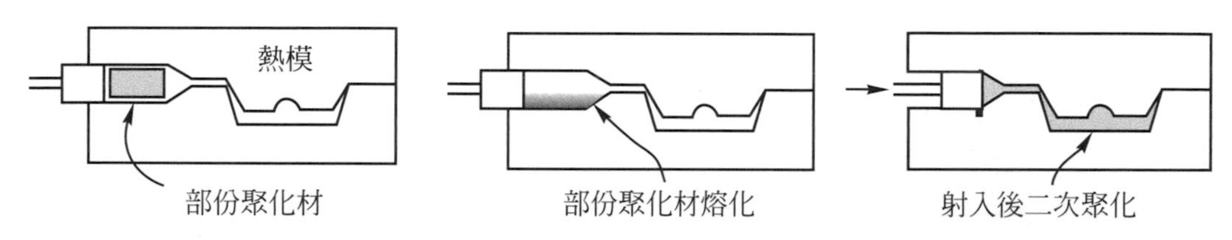

圖 17-20　熱固聚合體之射出成型-移模成型

17-7-3　板成型法

基本上，板成型法(sheet molding)是最簡單的成型方法。將擠型出來的熱塑聚合體板材周圍夾住，再以紅外線加熱使板材軟化，而利用氣壓或重力使板材緊貼模具外形。如圖 17-21 爲利用眞空吸附的方法，也叫作眞空成型法(Vacuum molding)。另外也可以在相反一邊加上氣壓來逼緊於模具外形。

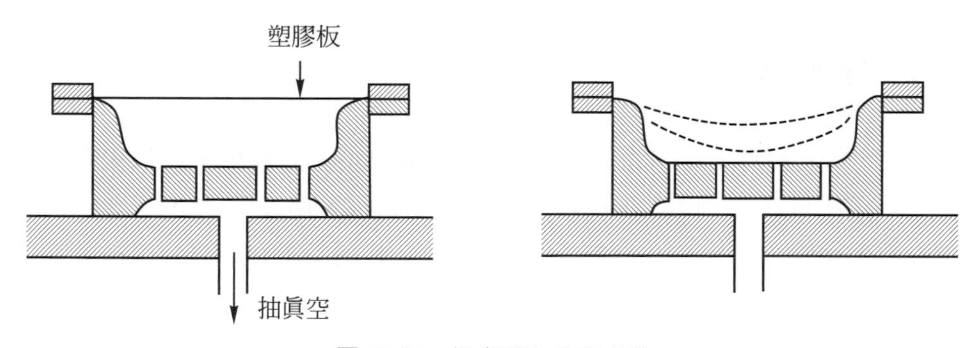

圖 17-21　板成型法-真空成型

板成型法是製造某些幾何形狀產品的便宜方法，從簡單的臉盆到複雜的汽車儀表板架都可以做。

17-7-4 吹模成型

瓶罐類這種窄口產品無法用前述的成型方法，因爲無法取出瓶內的模具。所以瓶罐產品是採用製造玻璃瓶的吹模成型(Blow molding)方法，如圖 17-22 所示。先把軟化的塑膠壓出初期的形狀或直接軟化一般塑膠管，再將此種型坯(Parison)夾入模具中；然後從模具出口吹入空氣，利用壓力差使塑膠擴張而緊貼模壁，即可得到瓶罐產品。吹模成型較其他成型法需要更多的知識及經驗，知識如塑膠的黏滯性、溫度的影響等；而經驗則需靠操作者工作的累積。

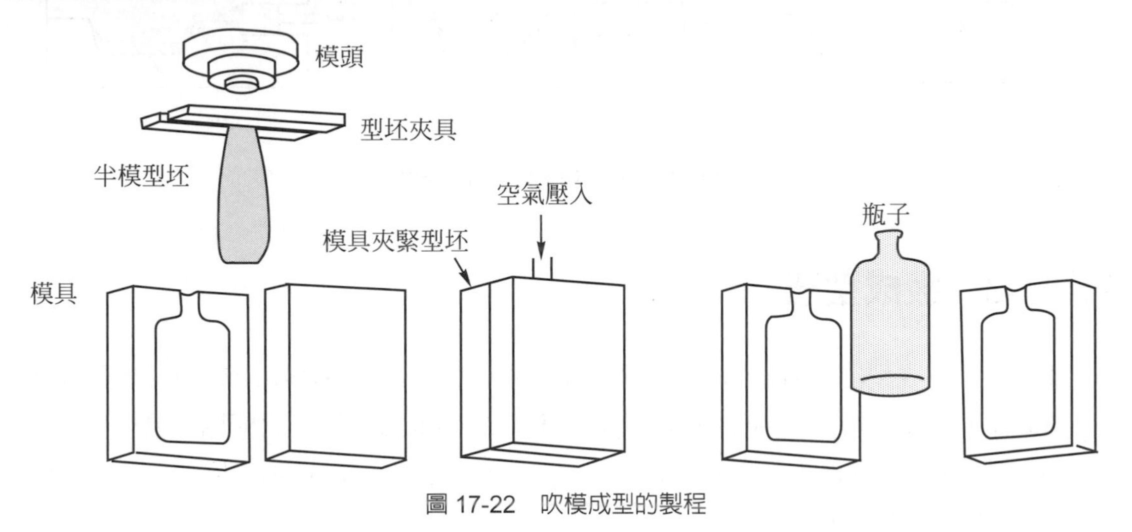

圖 17-22 吹模成型的製程

17-7-5 壓模成型

圖 17-23 是熱固聚合體壓模成型(Compression molding)的製程，先將未完全聚化或未聚化的原料，置於下模內；再將上模壓入並加熱，壓力約 10～20 MPa，在壓力下使其聚化變硬，不待冷卻即可取出。另外壓模成型也可用於熱塑聚合體，只需將模子冷卻使塑膠變硬再取出，以免變形。

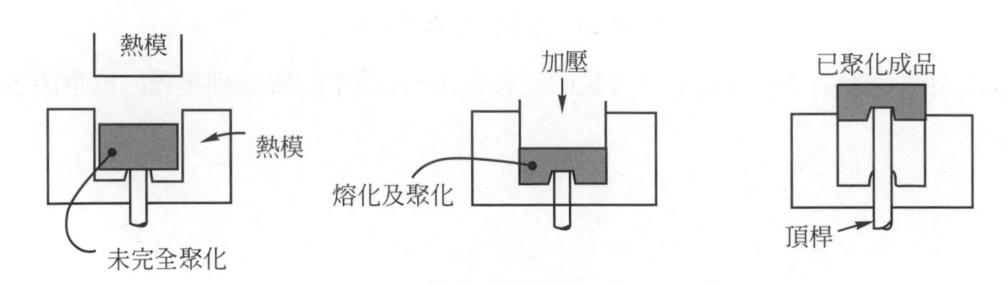

圖 17-23 壓模成型製程(熱固聚合體)

17-7-6　軋光成型

如同金屬之軋延(Rolling)一樣；在塑膠領域中稱爲軋光(Calendering)。圖 17-24 表示軋光情形，將熔融聚合體灌入一組輥筒中，輥筒間有很小的間隙使塑膠通過，而得到聚合體的板材或薄膜。許多聚氯乙烯板即是軋光產品。

圖 17-24　軋光成型之方法

17-7-7　紡絲

聚合體的纖維或紗線都是利用紡絲(Spinning)方法來得到。即將塑膠從紡嘴(Spinnerete)加壓流出，紡嘴通常有 100 或更多的開口，每一開口口徑小於 0.2 mm。紡絲方法可分成三種，即熔紡(Melt spinning)、乾紡(Dry spinning)、濕紡(Wet spinning)。

熔紡是用於熱塑聚合體，如尼龍、聚酯，將其加熱到低黏滯性，再加壓噴出細絲，細絲受到氣流的冷卻迅速變硬，而收集捲入捲筒內。如圖 17-25(a)所示。乾紡，像縲縈(Rayon)即用此法，是將塑膠溶解在丙酮之類的有機溶劑中，成爲黏稠溶液再自紡嘴口擠出，噴出之細絲所含丙酮揮發(收集再使用)乾燥再捲入捲筒內。這兩種紡絲法，速率可達每秒 15 公尺。至於濕紡則速率較慢，因爲紡嘴噴出之絲尚要在浴中反應聚化，如圖 17-25(b)所示，但濕紡可以做出熱固聚合體的紗線。

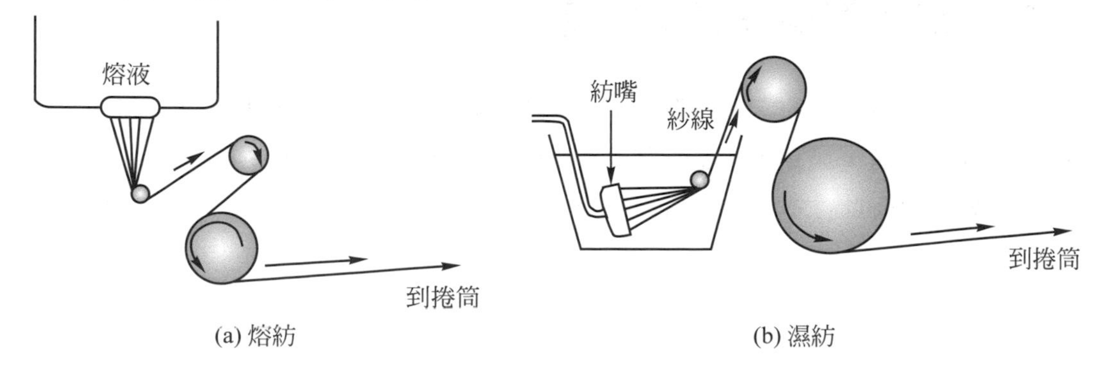

(a) 熔紡　(b) 濕紡

圖 17-25　紡絲法

在紡絲過程中，我們可以將剛噴出之纖維，在輥筒上多繞一圈，後面的輥筒再以更快速度轉動，使纖維延伸數倍。此有助於分子伸直，易於結晶，而使纖維更具剛性且提高耐溫能力及使 T_g 較不明顯，所以基本上紡絲都有此一作法。至於薄膜產品的強化則可採用雙向延伸的方法，如圖 17-26 所示的膜泡成型(Bubble forming)，從模具擠出的圓筒狀塑膠模受到心軸灌入氣體的壓力而膨脹成大圓筒(到溫度降為 T_g 以下即不再膨脹而固定)，再加上捲收方向的延伸，而有圓周方向及縱向的伸張強化，然後視需要而可以作成袋子或薄膜。

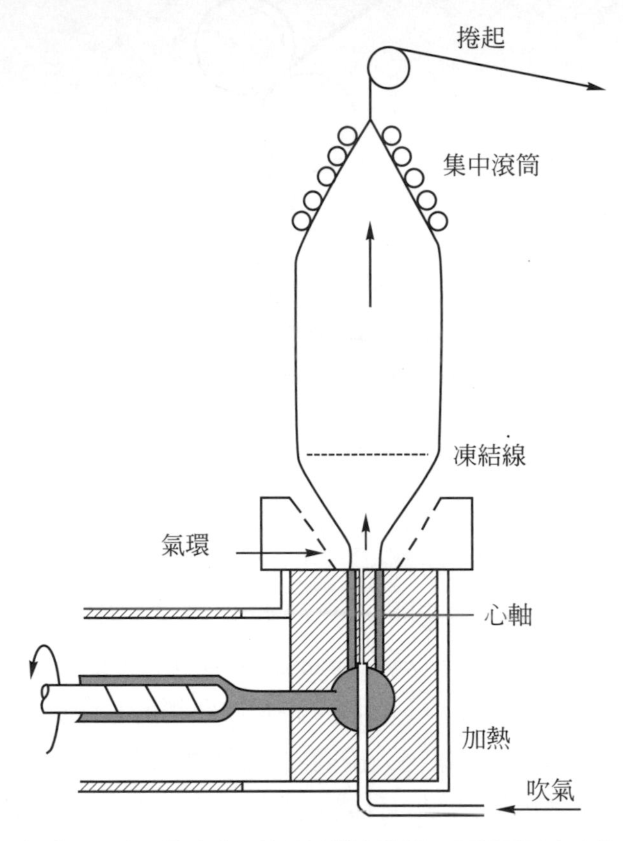

圖 17-26　膜泡成型方法，擠出之圓筒可以雙向擴張，而得到兩方向均有強化的薄膜

17-8　聚合體之機械性質

金屬中機械性質所用的字彙在聚合體也大部份適用，同樣的用於構造用途時，要講求抗拉強度及彈性模數，只是商用聚合體受機械變形時常具有黏彈性(Viscoelastic)，在上一章玻璃性質裏面也有此性質。以下將介紹一些聚合體特有的一些性質。

17-8-1　撓曲模數

在聚合體中有所謂工程塑膠，是用以取代金屬的部份用途，所以基本上要注重其應力對應變的資料，亦即強度與模數是很重要。但是聚合體在應用設計上常包含彎曲(bending)現象而非拉伸，因此撓曲強度(flexural strength)及撓曲模數(flexural modulus)有必要特別提出說明。撓曲強度(FS)相等於第 16 章圖 16-26 彎曲試驗中所定的破裂模數(modulus of rupture)，即

$$\mathrm{FS}=\frac{3}{2}\frac{FL}{2bh^2} \tag{17-18}$$

其中 F 是彎曲到斷裂所需的荷重，L 是兩點間距離，b 爲試片寬度，h 爲試片高度。同一彎曲試驗中，其撓曲模數或稱彎曲彈性模數(modulus of elasticity in bending, E_{flex})爲

$$E_{\text{flex}}=\frac{L^3m}{4bh^3} \tag{17-19}$$

其中 m 是指最初荷重對偏移曲線的直線部份斜率；其他項則與(17-18)式一樣。聚合體用撓曲模數的優點是它同時反映壓縮變形(加荷重的位置)及拉伸變形(加荷重的對面)。對金屬而言，拉、壓的模數通常是相同；而對塑膠來說則大部份都不一樣。

17-8-2　黏彈性變形

在很低溫時，聚合體甚爲剛性而呈彈性變形現象；而在很高溫時，則如同液體一般的黏滯變形。前一章玻璃性質中提過此種黏彈性變形(viscoelastic deformation)，彈性與黏滯變形的分界在 T_g 溫度；但在表示方法上，聚合體並不像玻璃中用黏滯係數來表示，而是用彈性模數來表示。圖 17-27 是結晶度 50%左右的典型熱塑聚合體的彈性模數隨溫度而激烈改變情形(注意到縱座標採對數指標)。可分爲四個區域，在 T_g 以下的低溫狀況是屬於剛性區(rigid region)，有類似金屬或陶瓷的剛性模數；但由於大分子間只有次鍵結，所以其模數要比全爲主鍵結的金屬，陶瓷低許多。在 T_g 附近彈性模數急速下降，是屬於皮質區(leathery region)；此時，聚合體可大量變形，並在除去應力時緩慢恢復到原來形狀。在稍高於 T_g 則有一橡膠區(rubbery plateau)，可以大量變形，而在除去應力時能快速彈回原來形狀。後面這兩個區域的彈性變形與前面金屬與陶瓷的小量且線性彈性變形有顯著不同。對聚合體而言，它可以大量、非線性的變形，而後仍可完全恢復，所以也應算是彈性變形。此點在下一小節中將再進一步探討。最後一個區域是逼近熔點(T_m)的黏滯區，此時模數再急速下降而漸成爲液體流動形式的黏滯變形。

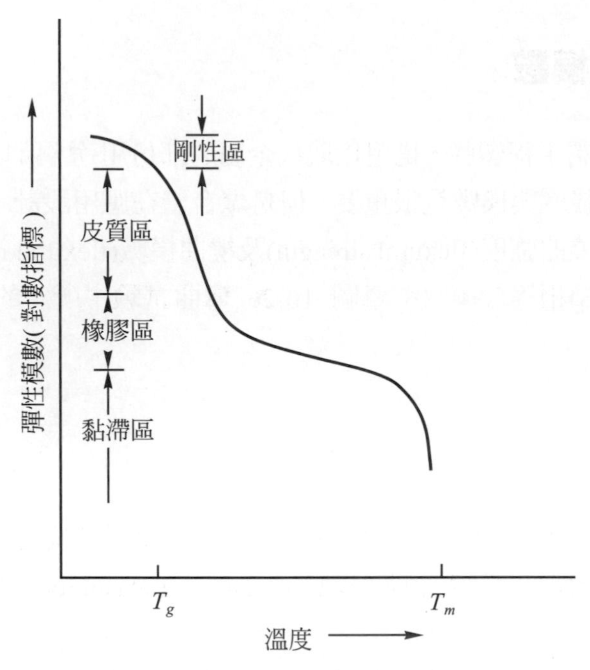

圖 17-27　含 50 %結晶之典型熱塑聚合體的彈性模數隨溫度而變形，可分為四個不同性質的區域

圖 17-27 是 50 %結晶的線性熱塑聚合體的情形，其彈性模數的變化介於圖 17-28 的完全非晶質及完全結晶狀況的中間。完全非晶質的曲線形狀類似圖 17-27；而完全結晶者則有明顯差異，一直都相當剛性，直到近熔點才急速下降，與金屬及陶瓷的特性較接近。另外，交聯數目增加亦有類似結晶度增加效果，因爲交聯也一樣可以增進剛性，只是一般交聯並不會結晶化。

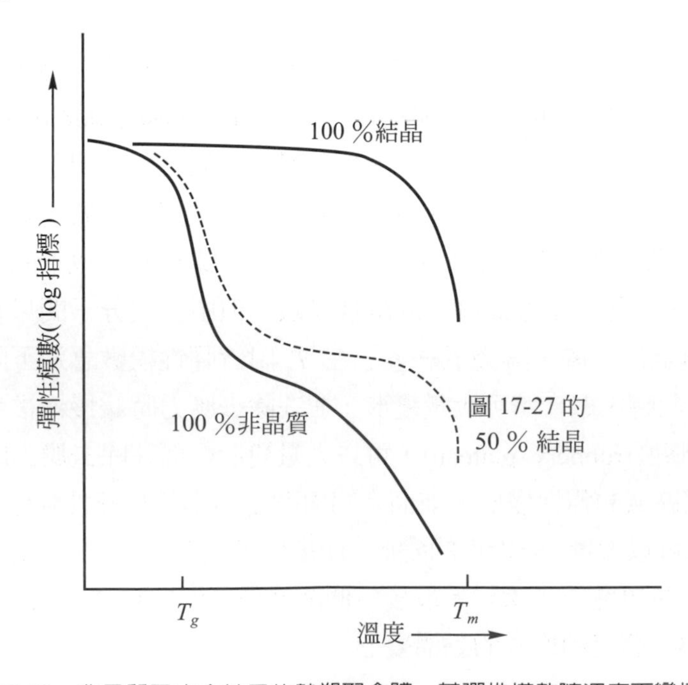

圖 17-28　非晶質及完全結晶的熱塑聚合體，其彈性模數隨溫度而變情形

17-8-3　膠彈性變形

在上一小節中我們已提及線性聚合體有一橡膠變形區；一種叫彈性體(Elastomers)的聚合體就是它的橡膠區是在常溫下，而其 T_g 則在更低溫度。圖 17-29 爲彈性體之彈性模數(取對數)隨溫度變化情形。天然橡膠(異戊間二烯)及人造橡膠都有此特性。在橡膠變形區，其模數有隨溫度而上升的現象；這是因爲溫度較高，原子活動能力增加，分子鏈更有力量捲曲糾結的緣故。當彈性體受力時，分子鏈會有拉直的反捲曲(Uncoiling)傾向，而能大量變形，當然不可能完全拉直。

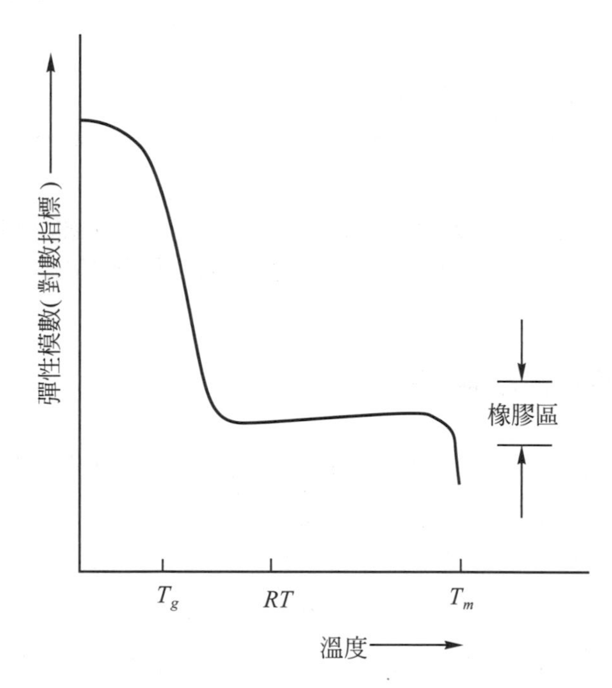

圖 17-29　彈性體的彈性模數隨溫度變化曲線中，有一明顯的橡膠區

圖 17-30 爲彈性體受彈性變形的應力-應變曲線，具有很強烈的非線性彈性變形。此與一般金屬線性情形截然不同；圖上可看出彈性模數(即斜率)隨應變量增加而變大。在低應變(≦15%)，其低模數是對應於只要小力量即能克服次鍵結及初期反捲曲；在大應變時，模數顯著升高，表示需較大的力量來拉直已感受到共價鍵結的分子鏈。然而不論是大應變或小應變，次鍵結仍佔重要部份，所以其模數仍遠比全爲主鍵結的金屬及陶瓷低。一般表列的彈性模數都是指經常使用的低應變區域部份。另外要注意到在除去負荷過程中，分子鏈會再度捲曲而使聚合體回到原來尺寸。但是在應力-應變曲線中，再捲曲不會走原來加上負荷的途徑，如圖 17-30 的虛線所示。因此加荷重及除荷重的不同路徑就定出一個遲滯效應(Hysteresis effect)，其間的差異即爲彈性體吸收之能量。

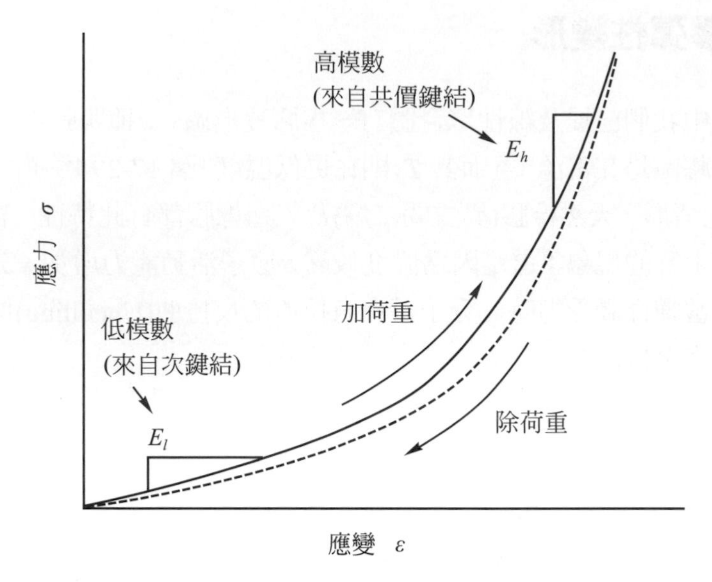

圖 17-30 彈性體之應力-應變曲線有明顯非線性彈性變形。初期的低彈性模數來自克服較弱的次鍵結；而後期之高彈性模數是因要對抗主鍵結

17-8-4 潛變與應力鬆弛

在金屬及陶瓷中我們已知道在高於一半熔點以上的溫度會有潛變現象；而對聚合體而言，其熔點甚低，所以潛變現象也是設計上需考慮的重要特性。潛變是指在施以一定應力之下，看它應變量逐漸增加的現象。而在聚合體應用上，常換另一角度來看，以應力鬆弛(Stress relaxation)來表示。就是施以一定應變之下，看其應力逐漸下降的現象。事實上潛變及應力鬆弛都是黏滯流動的現象，也就是在一段時間下，分子互相滑移所造成。我們都有這種經驗，就是把橡皮筋拉長保持一段時間以後再放開，就不會再回復到原來的長度而略有伸長；或者用橡皮筋綁東西，經一段時間後就不再那麼緊密。這兩種經驗分別就是潛變及應力鬆弛的現象。

應力鬆弛的現象，我們可以定義一個鬆弛時間(Relaxation time，τ)，就是應力σ下降到原始應力的 0.37(＝$1/e$)所需的時間，如此應力隨時間(t)指數遞減的情形，就可以表示爲

$$\sigma = \sigma_0 e^{-t/\tau} \tag{17-20}$$

應力鬆弛即是一種原子流動的現象，所以一般說來，存在著常常提到的阿瑞尼爾斯關係，如下所示

$$\frac{1}{\tau} = Ce^{-Q/RT} \tag{17-21}$$

其中 C 是常數，Q 是黏滯流動之活化能，R 爲氣體常數，T 爲絕對溫度。

例 17-7

一橡皮帶的鬆弛時間在 25℃時爲 50 天，則(a)若起始應力爲 2 MPa，則幾天後應力鬆弛爲 1 MPa？(b)若其鬆弛活化能爲 25 kJ/mol，則 10℃的鬆弛時間爲幾天？

解 (a) 由 $\sigma = \sigma_0 e^{-t/\tau}$

$$1\ \text{MPa} = 2\ \text{MPa}\, e^{-t/50}$$

$$t = -50\ \ln(1/2) = 34.7(\text{天})$$

(b) 由 $\dfrac{1}{\tau} = Ce^{-Q/RT}$

$$\frac{1}{\tau_{25}} = Ce^{-Q/R \cdot 298\text{K}}$$

$$\frac{1}{\tau_{10}} = Ce^{-Q/R \cdot 283\text{K}}$$

兩式相除可得

$$\tau_{10} = \tau_{25} \exp\left[\frac{Q}{R}\left(\frac{1}{283\text{K}} - \frac{1}{298\text{K}}\right)\right]$$

$$\tau_{10} = 50 \exp\left[\frac{25 \times 10^3\ \text{J/mol}}{8.314\text{J/mol} \cdot \text{K}} \frac{15\text{K}}{283\text{K} \times 298\text{K}}\right]$$

$$\tau = 85.4(\text{天})$$

17-8-5　機械性質資料

聚合體的應力-應變曲線，看起來與金屬的情形很類似，只是拉伸與壓縮狀況，其彈性模數也不太一樣，一般是拉伸的彈性模數較低；溫度的影響則相當強烈，溫度稍微增加即明顯的降低拉伸應力且斷裂應變大量增加。溫度也會明顯影響聚合體的疲勞 S-N 曲線，溫度愈高疲勞強度愈低。另外水氣也有影響，像聚酯或聚縮醛的工程塑膠是對水氣不甚敏感；但是有些工程塑膠卻很容易受到水氣而影響其性質，如尼龍即是；在室溫下相對濕度較大時，尼龍會吸收相當的水氣，此種水分子如同塑化劑一樣，使尼龍較容易變形，而降低其彈性模數與強度。

表 17-5 列出各種常見聚合體的一些機械性質。大部份的機械性質，其定義與金屬材料沒有兩樣；但其中衝擊値是指易佐衝擊試驗(Izod impact test)，而非金屬中較常用的沙丕衝擊試驗(Charpy impact test)；疲勞限在表上所列爲 10^6 週次，而非金屬(非鐵類)常用的 10^8 週次；荷重偏移溫度(deflection temperature under load，DTUL)是指在三點彎曲試驗中，受 1820 kPa (264 psi)荷重會產生偏移(0.25 mm，0.01 吋)的溫度，此一參數與玻璃溫度有密切關係。

表 17-5 聚合體之一些機械性質(From Ref. 1, p. 381, 383)

聚合體	E^a MPa(ksi)	E_f, E_d [b] MPa(ksi)	UTS MPa(ksi)	伸長率 %	洛氏 [c] 硬度	衝擊值 [d] J(ft・lb)	K_{IC} MPa $\sqrt{m}$	疲勞限 [e] MPa(ksi)	DTUL ℃	膨脹係數 10^{-6}/℃
1.一般用熱塑聚合體										
高密度聚乙烯	830(120)	—	28(4)	15～100	40	1.4～16	2	—	49	120
低密度聚乙烯	170(25)	—	14(2)	90～800	10	22(16)	1	—	—	180
聚氯乙烯	2800(400)	—	41(6)	2～30	110	1.4(1)	—	—	66	54
聚丙烯	1400(200)	—	34(5)	10～700	90	1.4～15	3	—	66	90
聚苯乙烯	3100(450)	—	48(7)	1～2	75	0.4(0.3)	2	—	82	69
熱塑聚酯	—	8960(1230)	158(22.9)	2.7	120	1.4(1)	0.5	40.7(5.9)	56	60
壓克力	2900(420)	—	55(8)	5	130	0.7(0.5)	—	—	93	72
尼龍 66	2800(410)	2830(410)	82.7(12.0)	60	121	1.4(1)	3	—	104	90
纖維素	3400～28000	—	14～55(2-8)	5～40	50～115	3～11(2～8)	—	—	46～68	135
2.工程用熱聚合體										
ABS 塑膠	2100(300)	—	28～48(4-7)	20～80	95	1.4～14	4	—	99	90
聚碳酸酯	2400(350)	—	62(9)	110	118	19(14)	1.0～2.6	—	135	45
聚縮醛	3100(450)	2830(410)	69(10)	50	120	3(2)	—	31(4.5)	124	79
鐵弗龍	410(60)	—	17(2.5)	100～350	70	5(4)	—	—	132	99
聚醯亞胺	2100(300)	—	76～117(11-17)	8～10	—	—	—	—	—	—
3.熱固聚合體										
酚醛樹脂	6900(1000)	—	52(7.5)	0	125	0.4(0.3)	—	—	149	81
聚胺酯	—	—	34(5)	—	—	—	—	—	88	58
胺基樹脂	10000(1500)	—	48(7)	0	115	0.4(0.3)	—	—	129	36
熱固聚酯	6900(1000)	—	28(4)	0	100	0.5(0.4)	—	—	177	76
環氧樹脂	6900(1000)	—	69(10)	0	90	1.1(0.8)	0.3～0.5	—	177	72
4.彈性體										
硫化丁二烯／苯乙烯	1.6(0.23)	0.8(0.12)	1.4～3.0 (0.20～0.44)	440～600	—	—	—	—	—	—
33％碳黑之硫化丁二烯／苯乙烯	3-6 (0.4～0.9)	8.7(1.3)	1.7～28 (2.5～4.1)	400～600	—	—	—	—	—	—
硫化異戊間二烯	1.3 (0.19)	0.4(0.06)	17～25 (2.5～3.6)	750～850	—	—	—	—	—	—
33％碳黑之硫化異戊間二烯	3.0-8.0 (0.44～1.2)	6.2(0.90)	25～35 (3.6～5.1)	550～650	—	—	—	—	—	—
硫化氯丁二烯	1.6 (0.23)	0.7(0.10)	25～38 (3.6～5.5)	800～1000	—	—	—	—	—	—

表 17-5　聚合體之一些機械性質(From Ref.1, p.381, 383) (續)

聚合體	E^a MPa(ksi)	E_f, E_d [b] MPa(ksi)	UTS MPa(ksi)	伸長率 %	洛氏 [c] 硬度	衝擊值 [d] J(ft‧lb)	K_{IC} MPa $\sqrt{m}$	疲勞限 [e] MPa(ksi)	DTUL ℃	膨脹係數 10^{-6}/℃
33％碳黑之硫化氯丁二烯	3.5 (0.4～0.7)	2.8(0.41)	21～30 (3.0～4.4)	500～600	–	–	–	--	–	–
硫化異丁烯／異戊間二烯	1.0 (0.15)	0.4(0.06)	18～21 (2.6～3.0)	750～900	–	–	–	–	–	–
33％碳黑之硫化異丁烯／異戊間二烯	3.4 (0.4～0.6)	3.6(0.52)	18～21 (2.6～3.0)	650～850	–	–	–	–	–	–
二氟偏乙烯／六氟丙烯	–	–	12.4(1.8)	–	–	–	–	–	–	–
聚矽酮	–	–	7(1)	400	–	–	–	–	–	500
聚酯彈性體	–	585(85)	46(6.7)	400	–	–	–	–	–	–

註：*a* 指低應變拉伸之彈性模數。*b* 爲剪移之彈性模數，熱塑聚合體爲 E_f(撓曲)，彈性體爲 E_d(動態)。*c* 所用壓痕器爲半徑半吋之鋼珠，荷重 60 公斤，指數範圍 1～150。*d* 爲易佐衝擊試驗。*e* 指撓曲 10^6 次的疲勞強度。

重點總結

1. 聚合體是由許多小分子集合成大分子，大分子內部是以共價鍵之類的主鍵結連接，而大分子間則靠凡得瓦爾力之類的次鍵結結合。聚合體也叫作高分子材料，更通俗的名稱是塑膠。

2. 加成聚化經起始、進行、終結變成大分子；縮合聚化反應的速率較慢，有副產品，但不會有終結現象。

3. 聚合體很難達到 100 ％的結晶度，一般以分子摺疊形成折疊晶，再聚集成球晶；而流動成型時，則形成絲條狀結晶之微結構。

4. 液晶可分爲向列式、盤列式、旋列式，具有高強度、熱安定性、化學安定性、光異向性，可作爲強化纖維與液晶顯示器。

5. 熱塑聚合體有聚乙烯、聚氯乙烯、聚丙烯、聚苯乙烯、ABS 塑膠、壓克力、鐵弗龍、纖維素等；熱固聚合體有酚醛樹脂、聚胺酯、聚酯、環氧樹脂等；橡膠有聚異戊二烯、聚矽酮等。

6. 聚合體成型方法有擠型、射出成型、移模成型、板成型、吹模成型、壓模成型、軋光成型、紡絲、膜泡成型等。

7. 聚合體的彈性模數 vs 溫度曲線可分為低溫的剛性區、皮質區、橡膠區到高溫的黏滯區，共四個範圍。

8. 聚合體的應力-應變曲線在加荷重及除荷重的路徑不同而有遲滯效應；聚合體常溫下受力也常黏滯流動而有應力鬆弛現象。

習 題

1. 試比較加成聚化與縮合聚化之不同處。

2. 尼龍-66 是由己二酸(adipic acid，HOOC-(CH_2)-COOH)與六次甲基二胺(hexamethylene diamine，H_2N-C_6H_{12}-NH_2)縮合聚化而成的聚醯胺類(polyamides)，其副產品為 H_2O。試繪出其聚化過程，並計算一莫耳 H_2O 產生時能放出多少能量？

3. 100 克的未硫化聚丁二烯，需加入多少克的硫才能產生(1)10％，(2)30％的交聯？

4. 10％ 硫化的聚丁二烯 100 g 放在空氣中，經一段時間的氧化(如同硫化一樣會產生交聯作用)後，重量增加 5 g，則共有多少百分比可發生交聯丁的二烯已經交聯？

5. 結晶聚乙烯的密度為 1.01 g/cm^3，而無結晶時聚乙烯密度只有 0.90 g/cm^3。試估計低密度(0.92 g/cm^3)聚乙烯(LDPE)及高密度(0.96 g/cm^3)聚乙烯的結晶量各佔多少？

6. 繪圖說明向列式、盤列式、旋列式液晶的結構。

7. 繪圖說明彩色液晶顯示器的結構與原理。

8. 簡述常見的聚合體成型方法。

9. 說明聚合體彈性模數隨溫度而變情形，以及結晶與交聯對彈性模數的影響。

10. 用為輕型齒輪的尼龍作撓曲試驗時，其試樣尺寸為 7 mm(h) × 13 mm(b) × 100 mm(l)；兩支點間距離 50 mm，而荷重-偏移曲線之起始斜率為 404 × 10^3 N/m，試計算其撓曲模數。

11. 試計算施以 1 MPa 的單軸應力，下列三種材料之應變為多少？

(1)高密度聚乙烯(E = 830 MPa)。

(2)硫化聚異戊二烯(E =1.3 MPa)。

(3)1040 碳鋼(E = 200 GPa)。

參考文獻

1. James F. Shackelford, Introduction to Materials Science for Engineers, 4-th Edition, Prentice-Hall, Inc., 1996, Chap. 9.
2. Lawrence H. Van Vlack, Elements of Materials Science and Engineering, 5-th Edition, Addison-Weslet, 1985, Chap. 6.
3. James F. Shackelford, Introduction to Materials Science for Engineers, 6-th Edition, Pearson Prentice-Hall, 2005, Chap. 13.
4. William D. Callister, Jr., Materials Science and Engineering-An Introduction, 6-th Edition, John-Wiley & Sons, Inc., 2003, Chap. 14,15.
5. William F. Smith, Javad Hashemi, Foundations of Materials Scionce and Engineering, 5-th Edition, McGrow Hill, 2011, Chap. 10.
6. Donald R. Askeland, The Science and Engineering of Materials, 3-rd Edition, PWS Publishing Company, 1994, Chap. 15.
7. Milton Ohring, Engineering Materials Science, Academic Press, Inc., 1995, pp. 603-605.
8. J. A. Brydson, Plastic Materials, 4-th Edition, Newnes-Butter Worths, 1985.
9. R. D. Deanin, Polymer Structure, Properties and Applications, Cahners Publishing Company, Inc., 1972.
10. M. Chanda and S. K. Roy, Plastics Technology Handbook, Marcel Dekker Inc., 1986.
11. Frex W. Billmayer, Jr., Textbook of Polymer Science, 3-rd Edition, John-Wiley & Sons, Inc., 1984.
12. Hans-Georg Elias, An Introduction to Polymer Science, VCH Publishers, Inc., 1997.

chapter

18

金屬材料

金屬材料因可提供高強度及韌性，是構造用材料中最重要的一種，可分為鋼鐵與非鐵金屬材料。其中鋼鐵材料是以鐵元素為主，再加入一些元素，如碳、矽、錳、鎳、鉻、鉬、鎢、釩、鈦等，可分為普通碳鋼、低合金鋼、工具鋼、不銹鋼、特殊鋼及鑄鐵；鋼鐵材料用途廣泛，在所有人造合金中鋼鐵材料的重量佔有 90%以上，如引擎中承受負荷及傳動的零組件都是鋼鐵材料。

非鐵金屬材料指的是主要成份不是鐵的金屬材料，它們包括鋁合金、鈹合金、鎂合金、鈦合金之輕金屬，以及銅合金、鎳合金、鈷合金、鉛合金、錫合金、耐火金屬、貴金屬等。由此可見非鐵金屬材料涵蓋的範圍非常廣泛，其性質以及應用更是多元化，對各項工業以及產品都有很重要的貢獻。本章將先介紹金屬材料常見的製程技術，再依序介紹各種鋼鐵材料與非鐵金屬材料。

學習目標

1. 了解鑄造、變形加工、接合、熱處理與表面處理製程。
2. 說明碳鋼的成份及其種類與用途。
3. 了解構造用合金鋼加入的合金元素的作用。
4. 了解構造用碳鋼與構造用合金鋼如何使用。
5. 說明合金工具鋼的種類與用途。
6. 了解碳工具鋼與合金工具鋼如何使用。
7. 了解不銹鋼成份特色及其種類與用途。
8. 了解鑄鐵微結構特色及其種類與用途。

18-1 金屬材料的製造加工

金屬材料從原料到成品要經過許多製造過程。一般而言，先把礦砂原料煉成金屬元素，再依據所需成份配置，經熔煉、鑄造成鑄錠或鑄件。鑄錠是用來做後續的變形加工，成為板材、型材、管材等，此類合金稱為鍛造用合金(wrought alloys)；鑄件則已經接近產品外型，可能只需要再做車削、熱處理與表面處理即可，此類合金稱為鑄造用合金(cast alloys)。以下將介紹常見的金屬加工製程。

18-1-1 鑄造

鑄造是非常重要的製程，不管哪一種金屬材料的鑄件及鍛製品，都要經過鑄造製程。將合金成份元素加入金屬熔湯中，經過除氣、除渣，確認成份無誤後，調整適當的熔湯溫度，就可以將合金熔湯灌入鑄模中；常用的鑄造技術，依使用材料或加力方式，可分為鍛造用合金的金屬模鑄造(steel mold casting)、連續鑄造(continuous casting)，與鑄造用合金的砂模鑄造(sand casting)、壓鑄(die casting)、包模鑄造(investment casting)、低壓鑄造(low pressure casting)，以下將陸續介紹。

■ 金屬模鑄造

金屬模鑄造是實驗室與工廠常用的方式，直接將金屬熔湯倒入金屬模內使其凝固，利用重力流動充填而得到鑄錠。這種鑄錠會因熔湯內氣體含量不同而有不同型式的鑄錠氣孔；如圖 18-1(a)、(b)、(c)分別為淨面鋼錠(rimmed steel ingot)、半靜鋼錠(semi-killed steel ingot) 及全靜鋼錠(killed steel ingot)。淨面鋼錠是煉鋼末期並沒有明顯的將鋼水脫氧所得的鋼錠。由於鋼水中含有大量的游離 O_2 及以氧化鐵狀態所存在的化合氧，鑄造前只添加錳鐵輕度還原，造成鋼塊凝固過程中有游離 O_2 逸出及氧化鐵與碳反應生成 CO 氣體，而呈沸騰狀態；凝固後，鋼錠內部含有大量氣泡。但因表面冷卻較快，純度較高，表面潔淨，故稱淨面鋼。如圖 18-1(a)所示，淨面鋼因有大量氣泡補充凝固收縮，所以鋼錠頂部的縮孔(piping)缺陷並不出現，但其內部有較多的不純物。

全靜鋼錠則是用矽鋼及鋁等充分還原鋼水，使內部沒有氣體，澆鑄成鋼錠時完全平靜並不發生氣泡。凝固後鋼錠內部材質大致均勻、不含氣泡，但是會在頂部留下縮孔，如圖 18-1(c)所示，往後加工需切除佔 10～20%鋼錠長度，此為缺點，但高級鋼料大都需使用全靜鋼。半靜鋼錠則介於全靜鋼及淨面鋼之間，縮孔較短，雜質也較淨面鋼少，常用為大型構造用鋼條及厚板鋼。

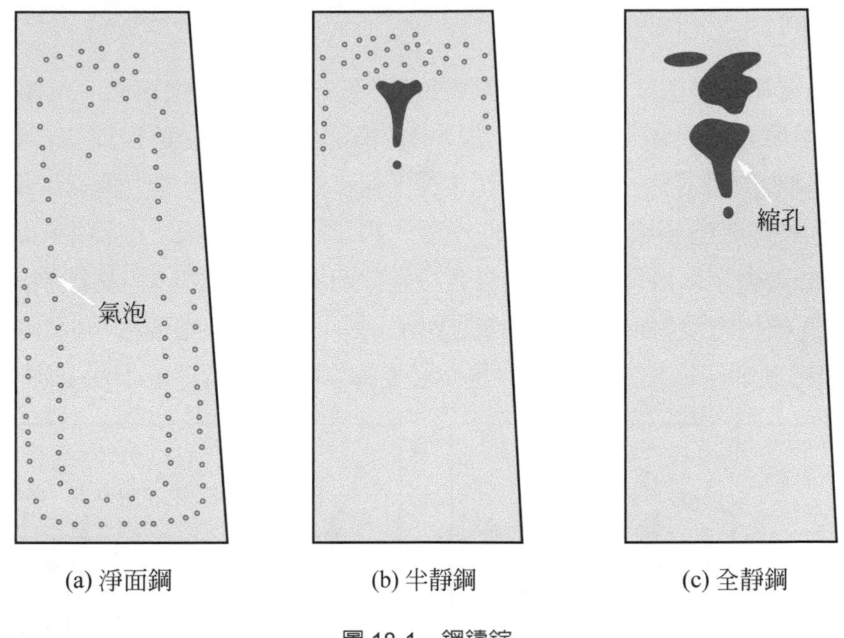

圖 18-1　鋼鑄錠

■ 連續鑄造

除了以金屬模鑄成鑄錠外，為了提高效率，也常採用連續鑄造(continuous casting)。將金屬熔湯連續凝固成所需斷面形狀的連續鑄片，如圖 18-2 所示。熔湯經由澆鑄漏斗(tundish)流入鑄模內，再經過噴水冷卻凝固成鑄片，利用夾送滾筒(pinch rol1)向下拉出，再切成適當長度。

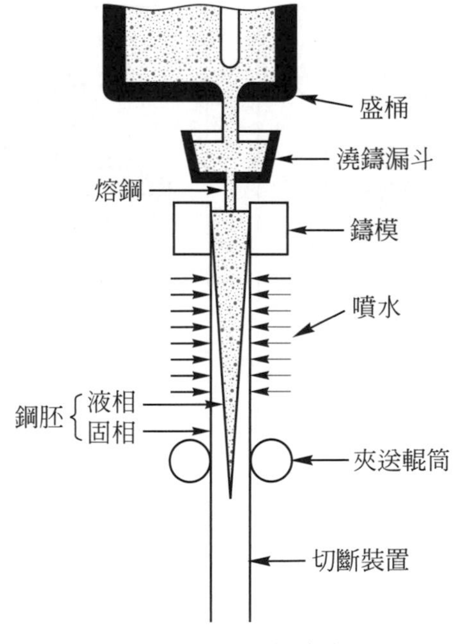

圖 18-2　連續鑄造法

此種連續鑄造技術也用來製造大型鑄錠，只是將底下夾送輥筒改成升降底座，鑄模尺寸大一些，可能達 0.5×1×2 m^3；若是鋼錠可能重達 10 噸。

■ 鑄造成型

圖 18-3 爲常見的鑄造成型技術，包括砂模鑄造、壓鑄、脫蠟鑄造、低壓鑄造。

若以產量計算，砂模鑄造比任何其他鑄造技術都用得多。從鑄鐵或鋁合金引擎本體、鑄鐵工具機、鋼製機械零件、不銹鋼幫浦本體、銅或鑄鐵管接頭到大型船用推進槳都是例子。通常先用木材或塑膠雕刻所要鑄件模型，再加上鑄口(gates)、澆道(runners)與冒口(risers)；然後放入對半模砂箱中，箱內含有特定鑄造用矽砂或鋯砂與黏結劑，需注意如何拆成對半，才能順利將模型取出；然後將模型取出留下模穴，乾燥後即可將金屬熔湯澆入；冷卻後將砂模敲破即可取出鑄件；鑄件再做必要的修整與熱處理或表面處理。

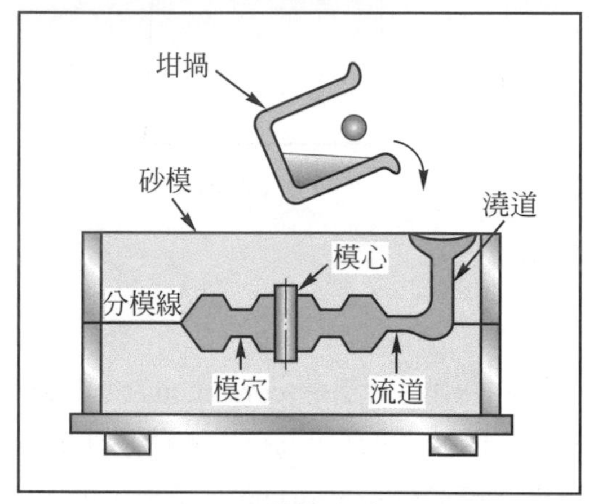

砂模鑄造

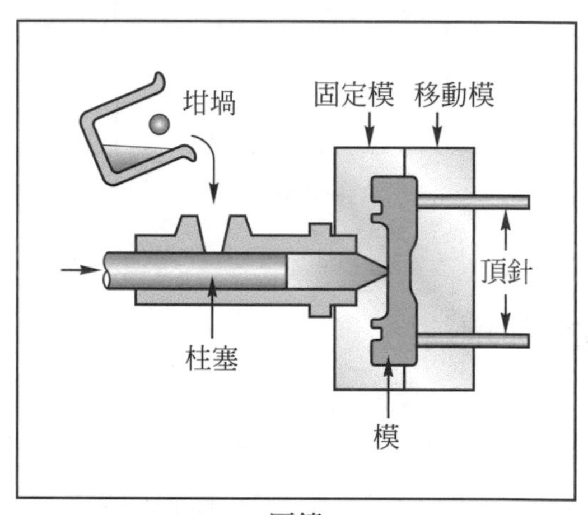

壓鑄

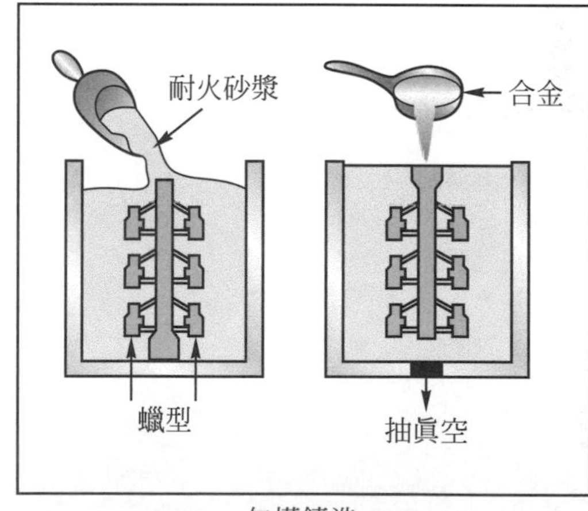

包模鑄造

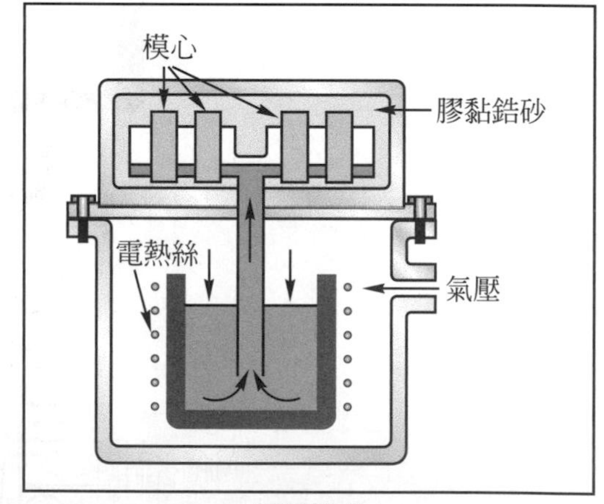

低壓鑄造

圖 18-3 鑄造成型技術

鑄造首先要考慮凝固收縮，所以經常要用冒口來補充熔湯於鑄件內部的收縮，避免縮孔的形成；其次要注意冒口的大小及冷卻情形，需設計到鑄件完全凝固後，才會凝固，否則空有冒口也無法補充熔湯於鑄件內部。另外也可以考慮使用冷激件(chills)來吸熱，使較厚處不致凝固太慢而產生縮孔。

壓鑄則是利用約 100 MPa 大壓力將熔湯擠入金屬模具，並在大壓力下快速凝固；尺寸精密、快冷細晶、沒有氣泡是壓鑄優點，但設備昂貴。包模鑄造是先做石蠟模型，再倒入耐火砂漿(如氧化鋯砂加水玻璃加水)，乾燥後加熱讓蠟流出，充分乾燥後再鑄造；脫蠟鑄造(lost wax casting)與包模鑄造類似，石蠟模型經過沾漿、除蠟、燒結成殼模再鑄造；兩者皆可做複雜、精密零件，又稱精密鑄造。低壓鑄造則是利用大約一大氣壓將熔湯慢慢注入模具，熔湯流動較平滑，鑄件品質優於砂模鑄造。

18-1-2　變形加工

以鋼爲例，鋼水鑄成大型鋼錠後尙需加以變形加工成各種尺寸及形狀，再供市面上使用。最常用的是軋延(rolling)，可分熱軋及冷軋。熱軋是先均熱於高溫爐，再取出軋延，通常是鋼錠初期軋延時採用。若是製造型鋼，則先由鋼錠軋成中鋼塊(bloom)，再軋成小鋼塊(billet)，再軋成各種形狀的型鋼；若是製造鋼板，則將鋼錠熱軋成板塊(slab)，再軋成鋼板(plate)。冷軋通常是在最後的完工軋延採用，可得較佳的表面及加工硬化。變形加工不只是成型作用，尙有促進材質均勻、增進機械性質的效果。

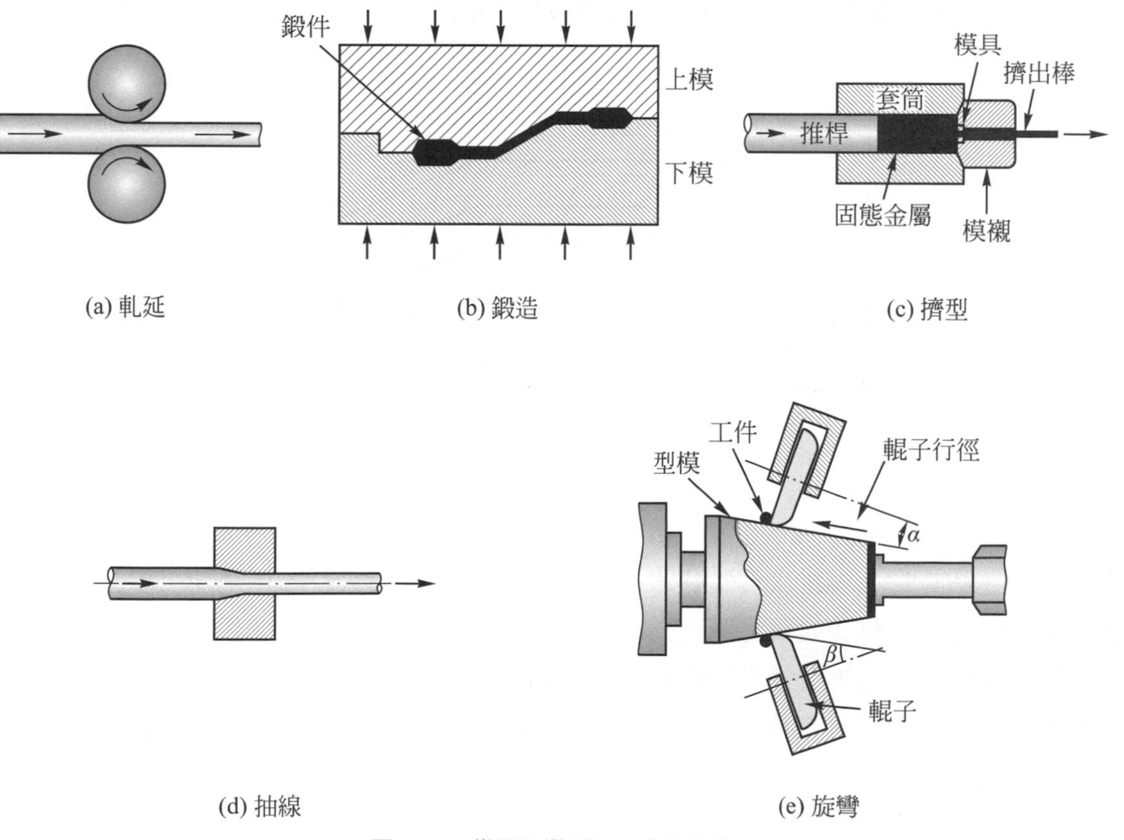

圖 18-4　常用的變形加工成型方法

圖 18-4 是各種常見的變形加工方法，圖 18-4(a)即爲軋延。由兩個轉動的滾筒，將板片軋薄；也可軋成棒材。圖 18-4(b)爲鍛造(forging)，將下模置於砧上，中置胚料，上模用動力推動下壓使之成型，圖示爲閉模式(closed die)，同樣的也有冷鍛、熱鍛之分。圖 18-4(c)爲擠型(extrusion)，屬於熱加工，例如先將鋼料加熱後(約 1100-1125℃)置於套筒內，利用推桿將鋼料推向模具出口而擠出棒、管或型料。圖 18-4(d)爲抽線(drawing)，模子爲固定，通常是採用夾具夾住線料往前抽，而使線徑變小。圖 18-4(e)爲旋彎(spinning)成型，利用桿杆將前端的圓頭或輥子推壓旋轉的金屬板於型模(mandrel)的外表面上成型，而作出中空的器具。

18-1-3 熱處理及表面處理

以鋼爲例，常用的鋼熱處理有退火、淬火、回火。圖 18-5 爲退火作業程序，退火是爲了軟化鋼料、消除應力、均質鋼料；可分爲完全退火(full annealing)、製程退火(process annealing)、正常化(normalizing)。完全退火是將鋼料加到 A_3(肥粒鐵完全轉變爲沃斯田鐵的溫度，適用於 0.8%C 以下的亞共析鋼)或 A_1(共析溫度，適用於 0.8%C 以上的過共析鋼)上方 30-50℃後，保持足夠時間後，在爐中或灰中冷卻。

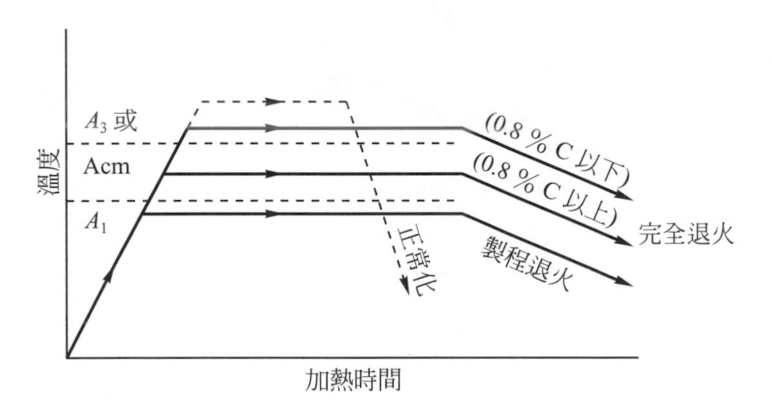

圖 18-5 鋼之退火作業程序

冷卻速度很慢有足夠時間進行相變化；可得軟質的組織，延性增加、內部應力也可消除。製程退火則因常溫加工會硬化，在 A_1 溫度下方施行退火時，可使加工變形的組織再結晶及消除應力，恢復延展性而可以再度冷加工。正常化則在 A_3(亞共析鋼)、A_{cm}(雪明碳鐵溶於沃斯田鐵的溫度，適用於 0.8%C 以下的過共析鋼)上方 30～50℃，維持一段時間後取出置於空氣中冷卻，主要是將組織微細化及消除內應力。

淬火(quenching)主要的目的是得到硬化的麻田鐵組織。先升溫到完全退火的溫度，維持一段時間後，取出急速冷卻。

回火(tempering)則是淬火後必做的熱處理，可分低溫回火及高溫回火兩種。前者是主要在消除淬火鋼的殘留應力，且保留相當高的強度、硬度；也使殘留沃斯田鐵安定化，以防止尺寸的變化；通常在 150～200℃回火。若爲了顧及韌性的要求，則通常回火到 500℃以上，此爲高溫回火。回火時，淬火得到的麻田鐵會分解成肥粒鐵及雪明碳鐵，分解的麻田散鐵我們稱爲回火麻田鐵 (tempered martensite)，其分解過程與回火溫度有密切的關係且相當複雜。回火可分七個步驟，第一步驟在室溫到 100℃左右，碳原子在麻田鐵內偏析與聚集；第二步驟在 80～100℃，非雪明碳鐵的過渡碳化物析出，偏析碳並未參與；第三步驟在 240～320℃殘留沃斯田鐵分解成變韌鐵(肥粒鐵加碳化物)；第四步驟在 260～350℃，偏析碳、過渡碳化物變成棒狀雪明碳鐵；第五步驟在 400℃ 以上，較明顯的就是雪明碳鐵的球化與粗化；第六步驟在 500～600℃，片狀肥粒鐵產生回復；第七步驟在 600～700℃，片狀肥粒鐵產生再結晶成爲等軸晶粒。在金相上，600℃以下回火，仍維持類似麻田鐵的板片狀外形，只是有碳化物析出變成肥粒鐵加上碳化物的雙相結構後，會很快速浸蝕出對比；而且因爲有碳化物析出在板片邊界，而使板片更加明顯。600℃以上回火，則因肥粒鐵變成等軸晶粒，金相上變成雪明碳鐵散佈在等軸肥粒鐵的微結構。

碳鋼回火只有這些步驟，而合金鋼添加 Cr、Mo、V 之類者，則在 500～550℃左右回火，會發生非雪明碳鐵(Fe_3C)的合金碳化物(內含較多的 Cr、Mo 或 V)析出，使硬度增加，稱爲二次硬化。

圖 18-6 爲 Cr-Mo 鋼回火性能圖，從此種圖中可尋找適當的回火溫度。圖中顯示強度、硬度會隨回火溫度的增加而降低；而韌性方面(伸長率、斷面縮率、衝擊值)則隨回火溫度上升而增加。

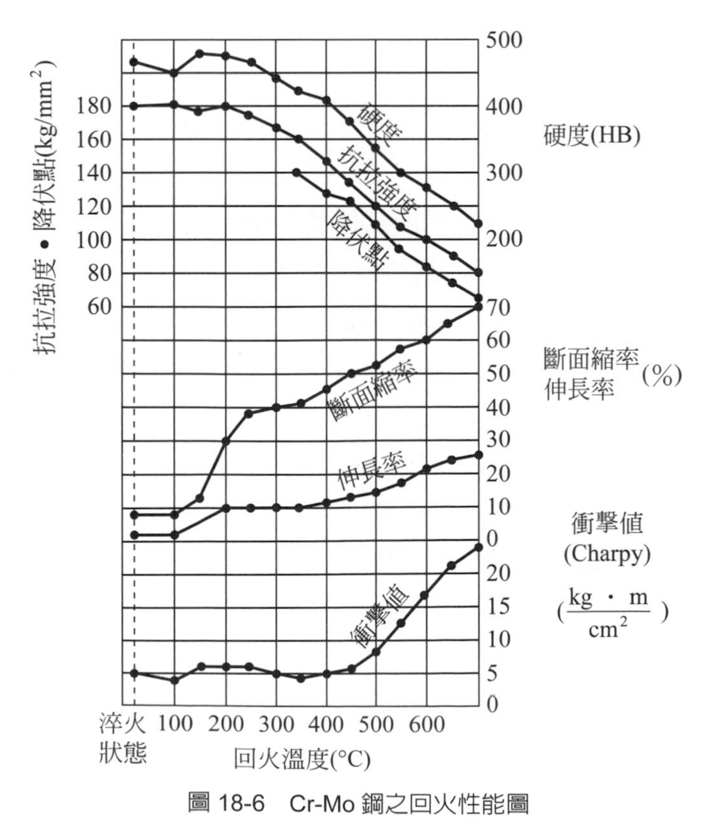

圖 18-6　Cr-Mo 鋼之回火性能圖

在衝擊值方面，可發現在 300～350℃衝擊值有下降情形，此爲回火脆性(temper brittleness)；此外，尚有 500℃高溫回火時效脆性(即回火時間愈久，衝擊值愈低)及 550～650℃的高溫回火徐冷脆性。

表面處理，一般是爲了達到表面硬化的目的，所以也常叫表面硬化法，主要是要求內部強韌而表面強硬的組合，如機械的軸或齒輪，需用強韌鋼來製造，再將其表面硬化，使表面接觸部份或齒面能耐磨；另外表面硬化也較能抵抗疲勞破壞，因爲疲勞破壞多是從表面開始。

表面硬化法可分成兩類，一類是表面化學成份不變但組織改變；另一類則不只表面組織不同於內部，且化學成份也不同。像滲碳、氮化屬於後者；而火焰硬化、高週波硬化則屬前者。

滲碳是將零件升到高溫(900℃以上)，再把碳滲入鋼料的表面，使表面碳含量增多；然後實施淬火，高碳表層部份變成麻田鐵，硬度很高；但內部碳含量低，淬火後組織不變，仍具有韌性。

氮化是指含 Al、Cr 的合金鋼，在無水 NH_3 氣流中長時間加熱於 500～550℃，使氮滲入表面層形成鋁、鉻氮化物，具有極高硬度。通常氮化前已先淬、回火，所以氮化後不必急冷且氮化溫度較低，因此氮化的變形很小。

高週波或火焰硬化法，先將鋼製零件先淬火、回火成強韌組織後，利用高週波或火焰將表層迅速加熱到沃斯田化溫度，而內部溫度仍然不高時，再迅速水冷，得到表層硬化內部強韌的組織。

18-1-4 銲接

銲接(welding)是用來接合金屬以構成結構體的最常用方法。銲接就是加熱到適當溫度，同時加壓或不加，可加金屬填料或不加，然後使局部區域合併成一體。銲接方法有很多種，依出現次序先後爲氧乙炔氣銲(gas welding)、塗料金屬弧銲(flux-shielded metal-arc welding)、惰氣鎢弧銲 (tungsten inert gas welding，TIG)、惰氣金屬弧銲(inert gas metal arc welding，MIG)，其他尚有電漿弧銲(plasma arc welding)、超音波銲(ultrasonic welding)、電子束銲(electron beam welding)、雷射銲(laser welding)等多種，主要是加熱的來源不同而已。最經濟實用的銲接方法主要是塗料金屬弧銲及 TIG、MIG，以下將述之。

圖 18-7 是塗料金屬弧銲，以塗有銲藥的銲條爲電極，母材爲另一電極；利用電極接近時(約 3 mm)可產生高溫電弧(可達 5440℃)，來加熱銲條及母材。銲條熔滴進入銲道內，而銲藥則燃燒產生大量氣體及形成銲渣，其比重較金屬小，漂浮於熔湯表面，故又稱浮渣；氣體及浮渣屏蔽電弧及金屬熔湯，一方面能隔離空氣對熔湯的氧化，另一方面也有穩定電弧的效果。

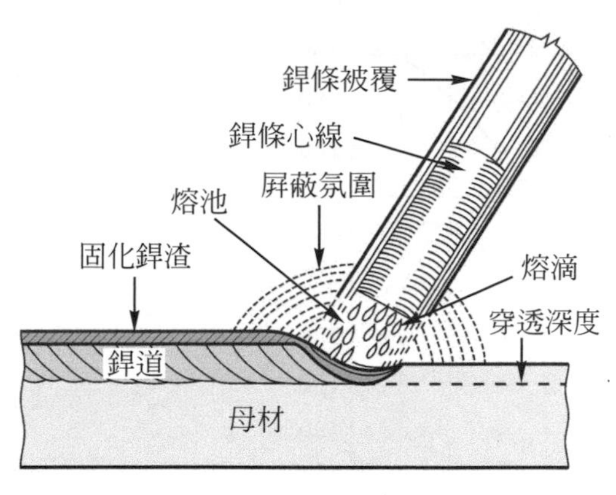

圖 18-7　塗料金屬弧銲

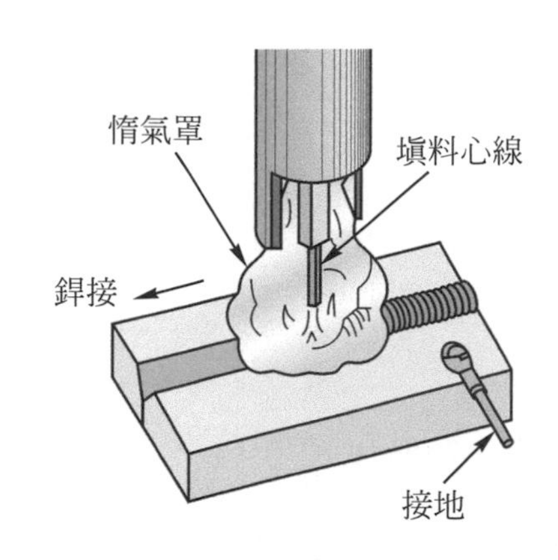

圖 18-8　惰氣金屬弧銲

惰氣弧銲不以焊藥來屏蔽電弧而用惰性氣體來保護電弧及金屬。在惰氣鎢極弧銲(tungsten inert gas，TIG)，惰氣常用氬氣，所以也叫氬銲；在惰氣金屬弧銲(metal inert gas，MIG)，惰氣則常使用較便宜的 CO_2，所以也叫 CO_2 銲。在 TIG，以鎢棒爲電極，填料另外加入；在 MIG 則直接以填料心線當電極，可自動保持一定電弧長度，所以操作上較容易。圖 18-8 是 MIG 的示意圖，若是 TIG，則填料心線改爲不消耗的鎢電極棒(通常有水冷)。

由於 TIG 及 MIG 是無色惰氣來屏蔽，操作時沒有濺射、火花、煙霧，可看清楚銲道狀況，所得銲道也更光滑；另外由於熱量集中範圍小，所以熱影響區小，可快速銲接且變形較小。

18-2　鋼鐵材料

以碳含量 2.0%爲分界，0.05～2.0%含碳量的鐵系合金稱爲鋼材；而 2.0～4.5%的碳含量則爲鑄鐵。在鋼材中，若主要合金元素祇有碳，則是普通碳鋼；合金元素的總量少於 5%者，稱爲低合金鋼；總量超過 5%合金元素者，稱爲高合金鋼。

合金元素含量愈多，則鋼鐵愈貴。鑄鐵、普通碳鋼、低合金鋼是用量最多(最便宜)的鋼鐵，主要是在構造用途上；而高合金鋼則爲了一些特殊用途不得不添加大量的合金元素。如不銹鋼主要是添加鉻及鎳，以得到良好的耐腐蝕性；而工具鋼，則添加鎢、鉻、鉬，以增加硬度及耐熱能力。

18-2-1　碳鋼

碳鋼是指鐵與碳的合金，含碳量在 0.02～2%間。碳鋼是最重要的工業用材料。碳鋼的機械性質大致上決定於含碳量及微結構。圖 18-9 表示正常化狀態，碳鋼的機械性質與含碳量的關係，可知抗拉強度、降伏強度、硬度都是隨碳含量增多而增加；但伸長率、斷面縮率及衝擊值則相反，即碳愈多韌性指標愈低。

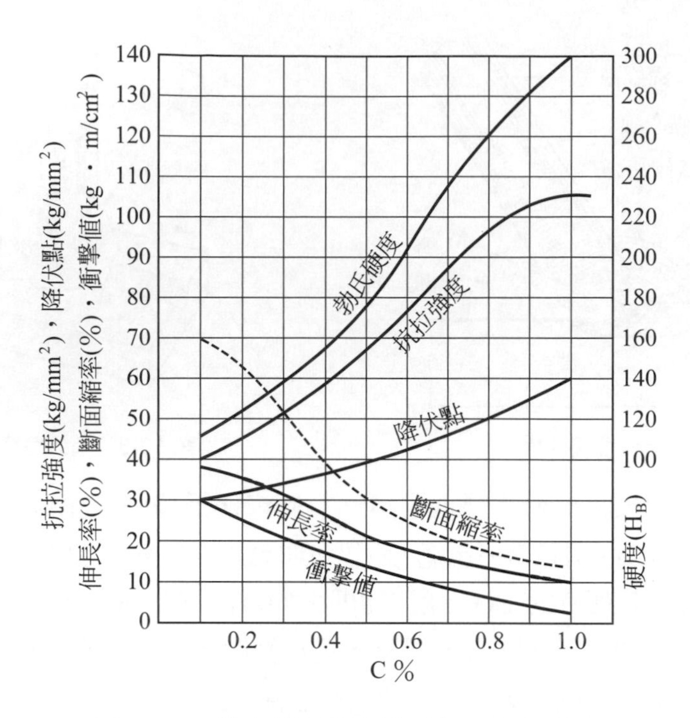

圖 18-9 正常化碳鋼的機械性質與含碳量的關係

碳鋼除了鐵、碳外，尚有一些不純物，如 Mn、Si、P、S 等。錳在碳鋼中是一有利元素，便宜又能增進硬化能力，約含 0.2～0.8%；矽含量通常在 0.3%以下，磷則在 0.06%以下，硫則需低於 0.05%，這些都算是雜質。

工業用碳鋼的含碳量在 0.05～1.5%左右的範圍，不同碳含量機械性質也不同，所以其應用範圍也有所差別，如表 18-1。一般而言，含碳較少者，大都作爲構造用途；含碳多者，則爲工具用途。

表 18-1 各種碳鋼的用途

碳鋼含碳量(%)	用途例
0.04～0.1	鎖，熔接棒，管，白鐵皮，深衝用鐵板
0.1～0.2	螺栓，螺帽，鉚釘，洋釘，建築用鋼筋，滲碳用鋼料
0.2～0.3	橋樑，柱子，鍋爐，起重機
0.3～0.4	軸，齒輪，螺栓
0.4～0.5	軸，鑄，船殼
0.5～0.6	鐵軌，軸，外輪胎
0.6～0.7	木工鋸，鍛造用模，外輪胎
0.7～0.8	鎚，砧，衝頭，鋸條，剪斷機刀口
0.8～0.9	針，衝床用模，圓鋸，岩石用鑽頭
0.9～1.0	彈簧，刀具
1.0～0.1	刀具
1.1～0.2	刀具，銑刀，螺紋攻，鑽頭，絞刀
1.2～0.3	安全剃刀具，銼刀
1.3～0.4	雕刻用刀具
1.4～0.5	冷硬鑄鐵用刀具，模

構造用碳鋼分為一般構造用及機械構造用兩種。前者是大量使用於建築、橋樑、船舶、車輛等一般構造用途上，其含碳量在 0.12～0.30％之間，大部份是以軋延狀態或鍛造狀態下使用，不加以熱處理。

機械構造用碳鋼，要求較嚴格，除含碳量較低(＜0.25％C)者，作 850～950℃正常化處理外，通常需淬火、回火後使用。其淬火溫度約在 800～900℃，回火溫度在 550～650℃之間，表 18-2 為機械構造用碳鋼之機械性質。

表 18-2　機械構造用碳鋼之機械性質

鋼種			碳含量 [a]	降伏強度 [b] kg/mm^2	抗拉強度 [c] kg/mm^2	伸長率 %	斷面縮率%	衝擊值 kg‧m/cm^2	硬度 HB
CNS	SAE	JIS							
S10C	1010	S10C	0.08～0.13	21	32	33	—	—	109～156
S15C	1015	S15C	0.13～0.18	24	38	30	—	—	111～167
S20C	1020	S20C	0.18～0.23	25	41	28	—	—	116～174
S25C	1025	S25C	0.22～0.28	27	45	27	—	—	123～183
S30C	1030	S30C	0.27～0.33	29 (34)	48 (55)	25 (23)	— (57)	— (11)	137～197 (152～212)
S35C	1035	S35C	0.32～0.38	31 (40)	52 (58)	23 (22)	— (55)	— (10)	149～207 (167～235)
S40C	1040	S40C	0.37～0.43	33 (45)	55 (62)	22 (20)	— (50)	— (9)	156～217 (179～255)
S45C	1045	S45C	0.42～0.48	35 (50)	58 (70)	20 (17)	— (45)	— (8)	167～229 (201～269)
S50C	1050	S50C	0.47～0.53	37 (55)	62 (75)	18 (15)	— (40)	— (7)	179～235 (212～277)
S55C	1055	S55C	0.52～0.58	40 (60)	66 (80)	15 (14)	— (35)	— (6)	183～255 (229～285)

註：a. 除碳外，S25C，含錳 0.30～0.60％；S30C-550C，含錳 0.60～0.90％；其它元素則 Si 0.15～0.35％，P≦0.03％；S≦0.035％，Cu＜0.03％。

b. 表列為正常化之最小值，而括號內則為淬火後回火之最小值。

c. 1 kg/mm^2 = 9.8 MPa。

由於碳鋼的硬化能較低、質量效果較大，所以尺寸較大的零件需改用合金鋼。至於含碳量更高的碳鋼則使用於彈簧及工具用途，歸類到彈簧鋼及工具鋼。

易切鋼(free cutting steel)也是一種碳鋼，是為了改良切削性及切削加工面而發展出來的鋼料。在鋼料內的 MnS 會使切削的切屑變成細小，所以加 S 可改良切削性；又添加少量的 P 可使鋼質變脆，可以增加切削加工面的光滑度。雖然此種鋼機械性質不太好，但對於需要容易切削且加工面良好而不太重視強度的螺絲、螺帽等，可採用此種鋼來製造，通常在正常化狀態使用。另外，加 Pb 於碳鋼中也可改良切削性，因 Pb 以微粒狀均勻散佈鋼內，切削時切屑變細小，也有潤滑作用，且 Pb 對機械性質不太影響；在 Ca 易切鋼，則因鈣脫氧時的生成物，在切削時容易熔著黏於切刃的刀面，而產生減磨作用，同時保護切刃，增加工具耐久性。

18-2-2 低合金鋼

在碳鋼中加入一種以上的合金元素，如 Ni、Cr、W、Si、Mn、Mo、Co、V、Ti、B 等，稱爲合金鋼。假使加入的合金元素總量在 5%以內，則稱爲低合金鋼；主要使鋼容易淬硬，並抵抗回火時的軟化，通常作爲構造用途，也稱作構造用合金鋼。若加入的合金元素總量大於 5%，則稱爲高合金鋼，主要是不銹鋼及工具鋼。低合金鋼可分爲熱處理用低合金鋼及不淬火、回火的高強度低合金鋼兩類。

1. 熱處理用低合金鋼

低合金鋼中加入合金元素的目的主要是增加硬化能及抵抗回火軟化。從硬化能的觀點來看，低合金鋼中加入的合金元素中，Mn、Mo、Cr 效果較大，而 Ni 較小。因此若只是要提高硬化能，則不必加昂貴的 Ni，只要添加較便宜的 Mn、Cr 或者少量的 Mo，則效果大且價格便宜。

再從回火軟化的抵抗性來看，普通碳鋼不但不易淬硬(硬化能較差)而且回火後的強度、硬度也不高，亦即回火軟化抵抗能力低；因此爲了兼顧韌性及強度，才要採用熱處理用低合金鋼。一般回火時，韌性都會隨回火溫度增加而遞增；若此時回火軟化抵抗佳，則可得較佳的強度-韌性組合。

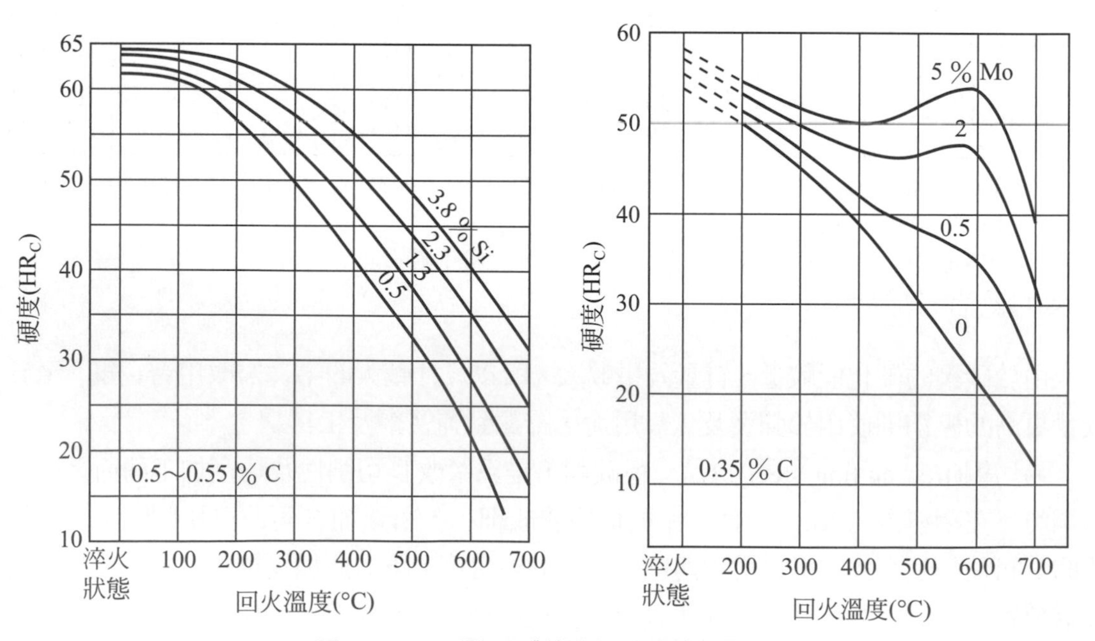

圖 18-10　Si 及 Mo 對鋼料回火硬度的影響

圖 18-10 是 Si 及 Mo 對鋼料回火硬度(由於鋼之硬度與強度呈線性關係，所以硬度與強度具相同意義)的影響。可知添加 Si 於鋼中，Si 愈多則回火軟化愈慢；Ni 及 Mn 也有類似效應。再看 Mo 的影響，與 Si 又不太一樣，除了回火軟化更慢以外，在較高溫回火尚有再度硬化的現象，此稱爲二次硬化(secondary hardening)，這是由於更穩定的合金碳化物取代了雪明碳鐵的形成。因爲合金碳化物要比雪明碳鐵更穩定、更耐溫，所以硬度上升。Cr、V、W 也有類似效應。

熱處理用低合金鋼在使用時，當然要施以淬火、回火，在作業上要注意到儘量完全淬硬後，再回火到所需的強度，如此可得較高的韌性與降伏強度。至於回火脆性，則可以加入 Mo 來防止高溫回火脆性；加入 Al、Ti、V 來防止低溫回火脆性。

熱處理用低合金鋼的種類可分爲 Cr 鋼、Ni-Cr 鋼、Cr-Mo 鋼及 Ni-Cr-Mo 鋼，如表 18-3 所列。

表 18-3　熱處理用低合金鋼的成份與機械性質

	鋼種			成份[a](%)					熱處理		降伏強度 kg/mm^2	抗拉強度 kg/mm^2	伸長率 %	斷面縮率 %	衝擊值 kgm/cm^2	硬度 HB
	CNS	AISi	JIS	C	Mn	Ni	Cr	Mo	淬火℃	回火℃						
Cr 鋼	S30Cr	5130	SCr 430	0.28～0.33	0.60～0.85	≤ 0.25	0.90～1.20	–	830～880 油冷	550～650 急冷	65	80	18	55	9	229～285
	S40Cr	5140	SCr 440	0.38～0.43	0.60～0.85	≤ 0.25	0.90～1.20	–	830～880 油冷	550～650 急冷	80	95	13	45	6	269～321
Ni Cr 鋼	S35Ni Cr1	3135	SNC 236	0.32～0.40	0.50～0.80	1.00～1.50	0.50～1.90	–	820～880 油冷	550～650 急冷	60	75	22	50	12	212～255
Cr Mo 鋼	S30Cr Mo	4130	SCM4 30	0.38～0.33	0.60～0.85	≤ 0.25	0.90～1.20	0.15～0.30	830～880 油冷	550～650 急冷	70	85	18	50	9	255～321
	S40Cr Mo	4140	SCM4 40	0.38～0.43	0.60～0.85	≤ 0.25	0.90～1.20	0.15～0.30	830～880 油冷	550～650 急冷	85	100	12	40	4	285～341
Ni Cr Mo 鋼	S40Ni CrMo1	8640	SNC M240	0.38～0.43	0.70～1.00	0.40～0.70	0.40～0.66	0.15～0.30	830～870 油冷	580～680 急冷	80	90	17	50	7	255～311
	S40Ni CrMo2	4340	SNC M439	0.36～0.43	0.60～0.90	1.60～2.00	0.60～1.00	0.15～0.30	820～870 油冷	580～680 急冷	90	100	16	45	7	293～352

註：a.雜質元素 Si 0.15～0.35%，P≦0.030%，S≦0.030%，Cu≦0.30%。

2. 高強度低合金鋼

高強度低合金鋼(high-strength low alloy steels，HSLA steel)是指具有低碳鋼板(0.15～0.25%)那麼好的銲接性及成型性；而且抗拉強度在 50 kg/mm^2 以上者。主要是因應大型化構造物的要求，如車輛、高樓、橋樑、舳舶等，需要銲接且難以再熱處理，所以需注意在正常化或軋延狀態就具有高強度，且銲接處不會造成硬脆麻田鐵出現。

一般正常化結構是肥粒鐵及波來鐵的組織，以 0.2%碳含量來說，肥粒鐵約佔有 75%；但肥粒鐵太軟，因此需設法強化肥粒鐵來強化鋼料。HSLA 即基於上述考慮，在 1970 年才發展出來的鋼種，這些 HSLA 鋼通常是一些專利的成份及製程，在市場上是以機械性質來區分而不是以成份來區分。

表 18-4 列出兩種 HSLA 的成份及機械性質。從成份可以看出與一般低合金鋼不同的地方是添加少量的 Nb、V 或 N；利用沃斯田鐵與肥粒鐵溶解度的差異，當沃斯田鐵變成肥粒鐵時，使 Nb、V 的碳化物析出於肥粒鐵基地中，而強化肥粒鐵，屬於一種相變化的析出強化。因爲其含碳量很低，所以銲接不會形成硬脆的麻田鐵，銲接時不必預熱也不需銲後熱處理，即能有碳化物析出而強化肥粒鐵，故能兼具成型性、焊接性及高強度。

表 18-4 兩種高強度低合金鋼的成份及機械性質

鋼種	成份%						最小抗拉強度 MPa	最小降伏強度 MPa	最小伸長率 %
	C	Mn	Si	Nb	V	N			
A633 A 級	0.18	1.00/1.35	1.15/0.30	0.05	—		435/573	290	23
A633 B 級	0.22	1.15/1.50	0.15/0.50	0.01/0.05	0.06/0.15	0.01/0.03	517/690	380/414	23

18-2-3 工具鋼

工具鋼的範圍很廣，從最便宜的高碳鋼到最貴的高合金鋼，如高速鋼 T1 含 18%W-4%Cr-1%V，CNS 爲 S80W1(HS)，即是典型的工具鋼。高合金的目的有兩個，一個是爲了提高硬化能力，淬火時可以緩慢冷卻，避免工具的變形或龜裂；第二個目的是提高回火軟化的抵抗性，因爲有高合金的麻田鐵加上大量的合金碳化物，使快速切削的高溫不致於軟化工具。

工具鋼依成份可分爲碳工具鋼、合金工具鋼、高速鋼；若依用途則可分爲切削用、耐衝擊用、耐磨用及熱加工用四種。表 18-5 列出幾種工具鋼的成份及熱處理，表中 AISI 的編號，其中 W 是水硬工具鋼，O 是指油硬工具鋼，L 是指特殊用途低合金工具鋼，S 爲耐衝擊工具鋼(shock-resisting tool steel)，D 是冷加工之高碳高鉻型工具鋼，H 爲熱加工工具鋼，T 爲鎢系(tungsten type)高速鋼，M 爲鉬系高速鋼。

1. 碳工具鋼

工具鋼中碳工具鋼的用途很廣，含 0.6～1.5%C、0.35%以下的矽及 0.50%以下的錳；其優點是價格便宜，淬火方法簡單，硬度也可以很高，鍛造、加工也很容易；缺點則有硬化深度淺，不耐高溫。由於工具鋼都是高級鋼，需從全靜鋼錠鍛造，其 P、S 雜質含量都很低。

作爲工具及刀具，不但要求硬度高，耐磨性也要好。最好的微結構是低溫回火麻田鐵上散佈一些球狀雪明碳鐵。爲了達到此種微結構，需先設法將多於 0.6

%的碳加以熱處理成球化雪明碳鐵；而後再加熱於高溫，使沃斯田鐵中含 0.6% C，然後淬火於室溫，即可得到 0.6%碳含量的完全麻田鐵；再加以 150-200℃回火，以保留硬度及增進耐磨性。因剛淬火的麻田鐵太脆，並不是最耐磨。

碳工具鋼的用途從碳含量較高的硬質車刀、銼刀到碳含量較低的帶鋸、衝模皆可見。只要是較小型較便宜的工具皆可用。

2. 合金工具鋼

合金工具鋼是在碳工具鋼中加入 Cr、W、Mo、V、Mn、Si，以(1)增進硬化能，(2)析出特殊碳化物以增加耐磨性，(3)增進回火軟化抵抗性。依用途可區分爲切削、耐衝擊、耐磨及熱加工四種。

切削合金工具鋼中有添加 Cr、CrW(CrWV)及 Ni 者，添加 Cr 者如 S140Cr(TC)，比相同碳含量的碳工具鋼有較高的硬度及耐磨耗性，主要用來製造高級銼刀。添加 Cr-W 者，是切削合金工具鋼的大宗，因 W 可形成特殊碳化物，能增加淬火硬度及高溫硬度，而提高耐磨及切削性。但 W 因形成碳化物，對硬化能不太能提高，所以需再添加 Cr 來提高硬化能而可以用油淬；也可再添加一些 V，其作用與 W 類似。主要用途有切削刀具、螺絲攻、鑽頭、弓鋸及冷抽線模。添加 Ni 者主要是增加鋼的強度及韌性，常用來製造需韌性的圓鋸、帶鋸；需韌性的帶鋸、圓鋸，需回火於 450～500℃高溫，而冷加工用切削合金工具鋼都在低溫回火，如表 18-5 所示。

耐衝擊合金工具鋼，主要用來製造承受衝擊力的鑿、衝頭、鉚釘頂模等工具。爲了提高韌性，耐衝擊合金工具鋼有三種類型：(1)將碳含量降低，如 S40CrW(TS)，(2)添加 V 使晶粒細化，降低硬化能，使淬火時只表層硬化，而內部保持韌性，如 S105V(TS)，(3)前兩者共同使用者，如 S80 CrWV(TS)。

耐磨合金工具鋼，可分低合金如 S95CrW(TS)及高合金如 Sl50CrMoV(TS)。前者等於將切削合金工具鋼 S105CrW(TC)的 Mn 增加，C 及 W 減少，以增加硬化能；而後者的硬化能相當好，大型的成型滾筒也能氣冷硬化，熱處理變形小又富韌性。

熱加工合金工具鋼主要用來製造高溫加工用的衝模、壓鑄用模，最具代表性的是表 18-5 所列的 S37CrMoV(TH)，這些鋼的碳含量較低，但具有高溫的強度與耐磨性，即使在 500～600℃也不容易軟化，又有耐氧化性。

3. 高速鋼

高速鋼不但有優秀的紅熱硬度及耐磨性，又有良好的機械性質。除用爲高速切削工具外，也用於模具、滾筒、耐磨零件等，最先發展出來的是鎢系高速鋼含 0.8%C、18%W、4%Cr、1%V。但因第二次世界大戰 W 的短缺，而發展含鎢較少的鉬系高速鋼，鉬系高速鋼尚有較韌的優點。另外高速鋼也有再添加 Co，以進一步提高高溫硬度，但 Co 太多，則鋼質太脆反而不利間斷切削。

表 18-5 部分工具鋼的成份及熱處理

成份別	用途別	編號			成份，%[a]								用途	退火℃	淬火℃	回火℃	淬火回火後硬度 R_C
		CNS	AISI	JIS	C	Si	Mn	Ni	Cr	Mo	W	V					
碳工具鋼	切削	S120C (T)	W1 120C	SK 1	1.10～1.30	＜0.35	＜0.50	≤0.25	≤0.20	–	–	–	車刀、銑刀、鑽頭、小衝頭、剃刀	750～780 緩冷	760～820 水冷	150～200 氣冷	＞63
碳工具鋼	切削	S75C (T)	W1 70C	SK 6	0.70～0.80	＜0.35	＜0.50	≤0.25	≤0.20	–	–	–	字印、圓鋸、帶鋸、傘骨	740～760 緩冷	760～820 水冷	150～200 氣冷	＞56
合金工具鋼	切削	S105CrW (TC)	O7	SKS 2	1.00～1.10	＜0.35	＜0.50	–	0.50～1.00	–	1.00～1.50	–	螺紋攻、鑽頭、弓鋸、成型模	750～800 緩冷	830～880 水冷	150～200 氣冷	＞61
合金工具鋼	切削	S80NiCr1 (TC)	L6	SKS 5	0.75～0.85	＜0.35	＜0.50	0.70～1.30	0.20～0.50	–	–	–	圓鋸、帶鋸	750～800 緩冷	800～850 油冷	450～500 氣冷	＞45
合金工具鋼	切削	S140Cr (TC)	W5	SKS 8	1.30～1.50	＜0.35	＜0.50	–	0.20～0.50	–	–	–	銼刀	750～800 緩冷	780～820 油冷	100～150 氣冷	＞63
合金工具鋼	耐衝擊	S40CrW (TS)	S1	SKS 41	0.35～0.45	＜0.35	＜0.50	≤0.25	1.00～1.50	–	2.50～3.50	–	鏨、衝頭、鉚釘頭模	770～820 緩冷	850～900 油冷	150～200 氣冷	
合金工具鋼	耐衝擊	S105V (TS)	W2	SKS 43	1.00～1.10	＜0.25	＜0.30	≤0.25	–	–	–	0.10～0.25	鑿岩機內活塞	750～800 緩冷	770～820 水冷	150～200 氣冷	＞63
合金工具鋼	耐磨	S95CrW (TA)	–	SKS 3	0.90～1.00	＜0.35	0.90～1.20	–	0.50～1.00	–	0.50～1.00	–	量規、螺絲、攻模、剪刀片	750～800 緩冷	800～850 油冷	150～200 氣冷	＞60
合金工具鋼	耐磨	S150Cr MoV (TA)	D2	SKD 11	1.40～1.60	＜0.50	＜0.50	–	11.00～13.00	0.80～1.20	–	0.20～0.50	螺紋滾筒、量規、成型模	850～900 緩冷	1000～1050 氣冷	150～200 氣冷	＞61
合金工具鋼	熱加工	S37CrMo V1 (TH)	H11	SKD 6	0.32～0.42	0.80～1.20	＜0.50	＜0.25	4.50～5.50	1.00～1.50	–	0.30～0.50	衝床模及壓鑄模	820～870 緩冷	1000～1150 氣冷	530～600 氣冷	＜51
合金工具鋼	熱加工	S37CrMo V2 (TH)	H13	SKD 61	0.32～0.42	0.80～1.20	＜0.50	＜0.25	4.50～5.50	1.00～1.50	–	0.80～1.20	衝床模及壓鑄模	820～870 緩冷	1000～1050 氣冷	530～600 氣冷	＞51
高速鋼	切削	S80W1 (HS)	T1	SKH 2	0.70～0.85	＜0.35	＜0.60	≤0.25	3.50～4.50	–	17.00～19.00	0.80～1.20	高速車刀、鑽頭、銑刀	820～880 緩冷	1250～1290 氣冷	550～580 氣冷	＞63
高速鋼	切削	S80W Mo (HS)	M2	SKH 51	0.70～0.90	＜0.35	＜0.60	≤0.25	3.50～4.50	4.00～6.00－	6.00～7.00	–	高速車刀、鑽頭、銑刀	800～880 緩冷	1200～1240 氣冷	540～570 氣冷	＞63

註：a. P＜0.030%，S＜0.030%，Cu%

高速鋼的熱處理比較特殊，以淬火來說，發展初期 S80Wl(HS)，在 900℃淬火後，硬度只 50HRC，因爲高合金鋼，其相圖已與鐵碳完全不同，900℃沃斯田化時，沃斯田鐵大約只含 0.3%C，所以淬火後只得 50HRC 的低碳麻田鐵而已；若將沃斯田化溫度提高到 1250℃，則可溶 0.6%碳，淬火後可得 64HRC 的麻田鐵。但是要注意太高溫沃斯田化，一不小心就可能有液相出現，而嚴重損壞鋼質。

在回火方面，高速鋼也很特別。一般淬火後高速鋼含有 60～70%麻田鐵及20～30%殘留沃斯田鐵及 5～15%未固溶碳化物。在 400～550℃回火時，麻田鐵會有合金碳化物析出而產生二次硬化；殘留沃斯田鐵也會在基地內析出碳化物而使固溶碳濃度降低，進而提高 Ms，冷卻時殘留沃斯田鐵會再變成麻田鐵，稱爲二次麻田鐵。因此第一次回火所得的硬度是由(1)麻田鐵回火的二次硬化，(2)殘留沃斯田鐵回火冷卻所形成的二次麻田鐵，(3)回火期間殘留沃斯田鐵析出的碳化鐵，三者共同貢獻。假使不作第二次回火，則無法使二次麻田鐵貢獻出二次硬化的效果。另外，二次回火不見得能使殘留沃斯田鐵完全變成麻田鐵，所以有時需作三次以上的多次回火。

18-2-4 不銹鋼

一般鋼鐵價格價宜，機械性質也良好，是最有用的金屬材料。但有一很大缺點就是容易生銹且不耐化學藥品腐蝕。若將鉻加入鐵或鐵鎳合金中，則能有效提高耐蝕性。雖然添加矽、鋁也可增加耐蝕性，但仍以鉻最有效。添加鉻在 5%以上者即可稱爲不銹鋼(stainless steel)。不銹鋼耐蝕性優良，在大氣中、水中或化學藥品中都不易腐蝕，用途廣泛，如化學工業、飛機零件、醫療器具、家庭用品都可見到。尤其是台灣的潮濕環境更使不銹鋼爲大家所喜用。

不銹鋼的合金元素除必有的 Cr 外，也常添加 Ni。兩者對鐵中各相的影響如圖 18-11所示，Ni 會擴張沃斯田相存在的範圍，當 Ni 加到 32%以上時，室溫下的穩定相即變爲沃斯田鐵；Cr 則相反，會使沃斯田相範圍縮小，當 Cr 添加達 13%時，則在各種溫度下，只有肥粒鐵會存在。

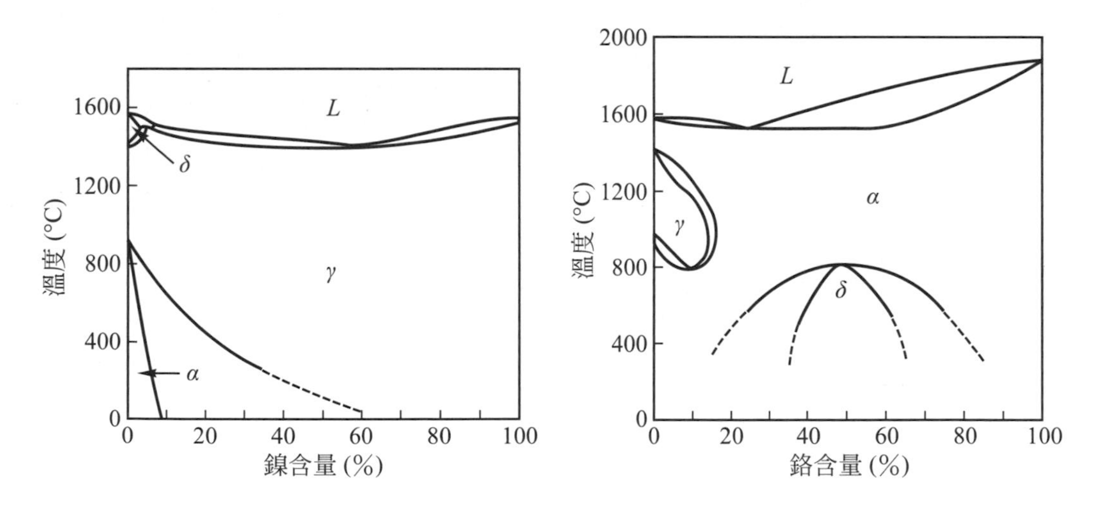

圖 18-11 鎳與鉻對沃斯田鐵與肥粒鐵相區的影響(From Metals Handbook,9-th Edition, Vol. 6, American Society for Metals, Ohio, 1985)

其他元素也有這些效應，像 Mn、Co、C、N，都會擴張 γ 相範圍；而 V、Ti、Si、Al、B 則與 Cr 相同，會縮小 γ 相範圍。若再加上碳的影響，則可能產生麻田鐵及析出強化。因此不銹鋼依照晶體結構及強化機制可以分成四類，即肥粒型、麻田型、沃斯田型、析出強化型，表 18-6 列出這些不銹鋼的成份及機械性質。

表 18-6 不銹鋼的成份及機械性質

類別	編號			成份，%				抗拉強度 MPa	降伏強度 MPa	伸長率%	硬度 HB
	AISI	JIS	CNS	C	Cr	Ni	其它				
沃斯田型	301	SUS301	S12NiCr1 (CR)	<0.15	16～18	6.0～8.0	—	760 (1280)	276 (970)	60 (9)	160 (388)
	304	SUS304	S6NiCr1 (CR)	<0.08	18～20	8.0～10.5	—	590 (760)	240 (520)	60 (12)	149 (240)
	304L	SUS304L	S2NiCr (CR)	<0.03	18～20	8.0～12.0	—	520	210	30	—
	316	SUS316	S6NiCrMo (CR)	<0.08	16～18	10～14	2～3 Mo	520	210	30	—
	321	SUS321	S6NiCr4 (CR)	<0.08	17～19	9～12	Ti (5×%C)	590	240	55	—
	347	SUS347	S6NiCr5 (CR)	<0.08	17～19	9～13	Nb (10×%C)	620	240	50	—
肥粒型	430	SUS430	S10Cr (CR)	0.12	16～18	—	—	550 (620)	380 (550)	25 (20)	140 (200)
	442	SUS442	—	0.12	18～23	—	—	520	280	20	—
麻田型	410	SUS410	S12Cr2 (CR)	<0.15	11.5～13.0	—	—	480 (970)	280 (690)	32 (20)	150 (300)
	431	SUS431	S18NiCr (CR)	<0.20	15～17	1.25～2.50	—	(1380)	(1035)	(16)	—
	440C	SUS440C	—	0.95～1.2	16～18	—	0.75Mo	760 (1970)	450 (1900)	14 (2)	230 (580)
析出強化型	630 (17-4PH)	—	—	0.07	16～18	3～5	0.15～0.45Nb	1310	1170	10	—
	631 (17-7PH)	—	—	0.09	16～18	6.5～7.8	0.75～1.25Al	1660	1590	6	400
	18Ni (300)	—	—	<0.03	9.0Co	18	5.0Mo、0.7Ti、0.1Al	2050	2000	7	500

註：a. 表列之性質數據，沃斯田型、肥粒型及麻田型是指退火狀態，析出強化型為時效硬化狀態，括號內則為冷加工狀態，但麻田型括號內為淬火後回火狀態。

1. 肥粒型不銹鋼

從圖 18-11 中可以看出，加 13%Cr 於純鐵中可得到全是肥粒鐵的結構。但是鋼中一定有碳，而會與 Cr 形成碳化物，1%C 可消耗掉 17%Cr。因此有碳存在時，必消耗掉部份的 Cr ，而使基地中的 Cr 含量不再是原來的添加量。所以像表 18-6 所列出的肥粒型不銹鋼，鉻含量要在 16%以上，且碳含量在 0.12%以下。由於肥粒鐵相一直存在各種溫度，所以具有質軟易加工、耐蝕性優良的優點，且是不銹鋼中最便宜者，雖然機械性質不強，但仍廣用於汽車內裝、廚房器具、機械零件上。

2. 麻田型不銹鋼

當前述之高鉻不銹鋼中，碳含量較多(如 440C)或鉻含量不是很高時(如 410)，我們可以將它加熱到 γ 相區域內，再淬火下來而得到麻田鐵結構。由於合金含量很多，所以硬化能力很好，有些只要氣冷即可得到麻田鐵；此外，回火軟化很慢，如同高合金工具鋼一樣，亦有二次硬化現象。

我們可依照碳含量及鉻含量的相對量來分辨肥粒型或麻田型，若是

$$[\%Cr - 17 \times \%C] > 13$$

則表示只有肥粒鐵相存在，是爲肥粒型；若是

$$[\%Cr - 17 \times \%C] < 13$$

則沃斯田鐵相可存在，若經沃斯田化後淬火成麻田鐵，即爲麻田型不銹鋼。

麻田型不銹鋼的耐蝕性較其他不銹鋼差(因 Cr 減少且爲雙相)，但仍有硬度、強度、耐蝕、便宜的優秀組合。表 18-6 所列的 410 是一般用途，如刀具、閥門、軸承、外科器具、彈簧；431 則爲高強度用途；440 則含高碳高鉻，淬火硬度很高，作爲耐磨、耐蝕的工具、刀具，可視爲是工具鋼的一種，此時回火通常只採用 100～180℃的低溫回火。

3. 沃斯田型不銹鋼

前述的鉻系不銹鋼對硫酸及鹽酸的耐蝕性不良，故添加 Ni 來增進耐蝕性，這種 Ni-Cr 系不銹鋼，其 C＜0.20%、Cr：17～20%、Ni：7～10%，其標準成份爲 18%Cr、8%Ni，所以通常叫 18-8 不銹鋼。

Fe-l8Cr-8Ni 的成份恰在 $\alpha + \gamma$ 與 γ 相區之界面附近；若要更加確定在 γ 相區內，則鎳多加一些，如 304、316 不銹鋼；反過來，301 不銹鋼則 Ni 稍微少一些，而可得到一部份肥粒相，具有更好的加工強化效果，所以其強度會比較大，如表 18-6。

沃斯田型不銹鋼在常溫下爲沃斯田鐵，耐蝕能力最佳，而質軟富韌性，加工性也良好且無磁性。雖然不能像麻田型不銹鋼，藉淬火、回火來改良機械性質；但可用冷加工來增加硬度、強度。依加工度不同，其降伏強度在 410～1650MPa，

抗拉強度在 725～2060MPa，伸長率在 50～20%，勃氏硬度在 170～460HB 的範圍。

18-8 不銹鋼的缺點是在晶界容易析出碳化物，尤其是加熱在 500～900℃之間，容易使晶界附近的 Cr 缺乏而遭受晶界腐蝕。所以熱處理時要儘快通過此溫度範圍，另外也可以加入 Ti 或 Nb，利用它們來與碳作用，而不消耗掉 Cr，以確保耐蝕性，此即爲 321 及 347 不銹鋼。至於 304L 則是碳含量特別低，當碳少於 0.03%時，則碳並不形成碳化物而固溶於沃斯田鐵內，也就沒有晶界腐蝕的現象。銲接時，難免溫度會上升到 1000℃以上，就要注意避免這種晶界碳化物的形成；像 304L 就可以用來作銲條，而不必擔心晶界腐蝕。

沃斯田型不銹鋼用途很大，像化工、食品工業、熱交換器、熱處理設備、核子工業等需耐蝕耐熱的地方都可能用得到。另外因爲沃斯田鐵並無韌脆轉換溫度，具有極高的低溫衝擊韌性，而可用於超低溫，如液態氦的容器及幫浦。只可惜合金添加太多昂貴的 Ni 及 Cr，價格太高一些。

4. 析出強化型不銹鋼

析出強化型不銹鋼可說是 18-8 不銹鋼的改良型，其成份類似 18-8 不銹鋼(Ni，Cr 較少一些)，只是多加了鋁、鈮或鈦；如表 18-6 所示的 630、631 不銹鋼。這種析出強化型不銹鋼，其性質來自固溶強化、加工強化、析出強化、麻田強化，即使碳很少也可得到很高的機械性質，主要用於飛機零組件。

製造出來的 17-7PH(即 631)不銹鋼是退火狀態，其熱處理需經三個步驟。首先是加熱於 700～1050℃之間沃斯田化(固溶)；然後淬於 15℃以下變成麻田鐵；再升溫到 500～600℃，使 Ni_3Al 及其他析出物析出於麻田鐵基地上；此時效處理溫度愈低強度愈高，但耗時愈久。

表 18-6 所列最後一行是麻時效鋼(maraging steel)，由美國國際鎳公司發展出來，如同 17-7PH 一樣是利用時效析出強化麻田鐵基地，隨添加成份不同，而有抗拉強度達 200ksi、250ksi、300ksi 及 350ksi 者，表 18-6 所列爲 300 ksi 者。添加合金元素有 Ni、Co、Mo、Ti、Al，其中 Co 主要是提高 Ms 溫度，使其 Ms 約在 200～300℃之間，另外也降低 Mo 在麻田鐵的濃度，以提高其析出量。而其他元素則形成金屬間化合物，如 Fe-Ni-Mo、Fe_2Mo、Ni_3Ti、Ni_3Mo、Ni_3A1 等來析出強化。固溶處理溫度在 820℃一小時，而後氣冷即可得到無碳的 BCC 麻田鐵；再置於 480℃作時效硬化三小時，即可得到表 18-6 所列的機械性質。固溶處理冷卻後，硬度約 30～35HRC，可以切削加工；再加以時效硬化。由於變形很少，強度很大，銲接性良好，所以麻時效鋼用途很大，如飛彈外殼、飛機鍛件、高級大型彈簧、高級工具、模具等。

18-2-5　其他特殊鋼

鋼的種類繁多，除前述各種鋼料外，以下將再述及一些較特殊用途的鋼料。

1. 耐熱鋼

耐熱鋼在 CNS 規格中屬於 HR 系列；JIS 規格則屬於 SUH 系列；AISI 或 SAE 則歸於不銹鋼系列，如 309、310、409。基本上耐熱鋼有些類似不銹鋼(所以 AISI 規格才歸於不銹鋼)，不過不銹鋼的重點在於耐蝕；而耐熱鋼的重點則在於耐熱(即耐高溫氧化及具高溫強度)，當然耐熱鋼也要能抵抗各種氣體的腐蝕。

要增加鋼的耐熱性，鉻是最主要的添加元素，另外再加一些 Ni、Al、Si、Co、W、Mo、V 等；這些元素能增加高溫強度，也常在鋼的表面產生黏著良好的硬質氧化膜，所以能抵抗高溫的氣體腐蝕。耐熱鋼的主要用途是飛機、石化工業、火力發電、加熱爐等裝置的高溫零件。可分爲鉻系耐熱鋼及鎳鉻系耐熱鋼。

2. 軸承鋼

軸承可分爲球軸承(ball bearing)或輥軸承(roller bearing)，所用的鋼材需具有高韌性、高硬度且耐磨；此外，疲勞限及降伏強度也要高，常用者爲高碳低鉻鋼(0.95～1.10％C、0.9～1.6％Cr、0～0.25％Mo)，屬於高級合金鋼，其磷、硫含量需低於 0.025％。軸承鋼需熱處理得到微細碳化物均勻分佈在基地內，通常在 780～850℃淬於油中，再 140～160℃回火，得到 HRC62～65 的硬度。

3. 彈簧鋼

彈簧主要有疊板彈簧(leaf spring)及螺旋彈簧兩種。彈簧鋼需具有高疲勞限、耐衝擊、不易永久變形的特性。常用有碳鋼、矽錳鋼、鉻鋼三種。彈簧用碳鋼有 0.75～0.90％碳含量者，用於疊板彈簧；而碳含量在 0.90～1.10％者則用於螺旋彈簧。矽錳彈簧鋼(0.55～0.65％C、1.5～2.2％Si、0.7～1.0％Mn)強度、韌性較碳鋼佳，可作成疊板彈簧、螺旋彈簧、扭力桿。彈簧用鉻鋼(0.45～0.60％C、0.15～0.35％Si、0.65～0.95％Mn、0.65～1.10％Cr、0～0.25％V)的性質與用途和矽錳彈簧鋼類似。

4. 磁氣用鋼

磁氣用鋼可分兩種，一爲電機的磁心材料(軟磁)，另一種是永久磁鐵(硬磁)。磁心材料是用來製造變壓器、馬達、繼電器、電氣儀表等之鐵心。主要功能需很容易磁化及退磁，其殘留磁力(remanent induction，Br)及矯頑磁場(coercive field，Hc)都要小，以減少磁滯損失(hysteresis loss)。要達到此目的，在微結構上要儘量減少可能的缺陷，讓磁區(domain)容易移動，所以晶粒要粗、差排要少、雜質要少、內應力要消除。

常用的磁心材料有純鐵及矽鋼片。純鐵通常將電解鐵再次眞空熔煉後才使用。在交流電所用的變壓器、馬達、發電機等磁心材料，要特別注意交流電產生的渦電流(eddy current)損失，電阻愈小則渦電流損失就愈大。由於純鐵磁心材料的電阻小，用在交流電上就造成渦電流損失太大，因此改用添加矽的矽鋼片來增加電阻，但矽不能太多，否則材質太脆不堪使用。常用的矽鋼片矽含量在 5%以下。也常將矽鋼片作成薄板進一步增加電阻，減少渦電流損失。另外矽鋼片在軋延時也儘量造成[001](100)的織構(texture)，而較易磁化，即很小的外加磁場即可讓矽鋼片感應出很大的磁場。

永久磁鐵是硬磁材料，主要要求很高的 B_r 及 H_c。B_r 大則能保存的磁場才大；H_c 大則不易失去磁力，才能耐久。對硬磁鋼來說，其 B_r 值相差不大(約在 7～11.5×10^3 gauss)；但 H_c 則有很大差異。從微結構來看，其要求恰與前述軟磁磁心相反，硬磁之晶粒要細、內應力要大，最好有第二相粒子來阻礙磁區的移動。

常用的硬磁鋼有淬火型及析出型兩類。淬火型如碳鋼(0.8～1.2%C)、鎢鋼(0.5～1.0%C、5～7%W)、鈷鋼(0.7～1.2%C、5～40%Co、1.5～11%Cr、0～9%W)。淬火硬磁鋼從 750～970℃淬火硬化後即可使用。碳鋼的組織較不安定，磁性會漸消失；鎢鋼較碳鋼的耐久性好；而鈷鋼則鈷含量愈高，H_c 愈大，最高可達 260 oersted。

析出型硬磁鋼有 MK 鋼(15～40%Ni、7～15%Al、0～20%Co)及改良鈷鋼(10～25%Ni、20～40%Co、5～20%Ti)；鑄造後在 650～750℃作析出強化處理，Hc 可達 920～700 Oersted，磁性很安定。另外較著名的是 Alnico (8%Al、14%Ni、24%Co、3%Cu、其餘爲鐵)。在磁場下鑄造，使其鑄造凝固期間即磁化，其 B_r 及 H_c 值均很高。

18-2-6 鑄鐵

鑄鐵算是一個最古老的合金，早期的鑄鐵只要求鑄造品的外形，強度並不重要。而因近代機械的發達，對鑄鐵的強度逐漸重視，也因而發展出一些優秀機械性質的鑄鐵，使得機件用鑄鐵來取代鍛造品。因爲鑄造成型比鍛造、切削成型省很多加工步驟，可以節省成本。卡車引擎中有 95%是灰鑄鐵與延性鑄鐵作成的，如引擎本體、凸輪軸、活塞環、挺桿、歧管都是灰鑄鐵；而曲柄軸、搖臂、變速箱則是延性鑄鐵。

鑄鐵的規格通常不以成份而以強度或伸長率來定義，表 18-7 列出一些鑄鐵的成份、性質及用途，這是 AISI 的英制規格，灰鑄鐵標出其抗拉強度爲多少 ksi；延性鑄鐵則標出抗拉、降伏強度爲多少 ksi 及伸長率爲多少%；而展性鑄鐵則標出降伏強度及伸長率。

通常鑄鐵的含碳量在 2～4%間，含矽量在 1～3%，有時爲了改變與控制性質，也加入其他元素。由鐵-碳相圖可知，鑄鐵是在共晶區域附近，即熔點特低，以利鑄造。

表 18-7　各種鑄鐵的成份、性質及用途

名稱	成份，%	狀態	抗拉強度 ksi[a]	降伏強度 ksi[a]	伸長率 %	勃氏硬度 HB	用途
非合金白鑄鐵	3.5C，0.5Si	剛鑄	40	40	0	500	耐磨零件
灰鑄鐵							
肥粒型 25 級	3.5C，2.5Si	剛鑄	25	20	0.4	150	管，衛生器具
波來型 40 級	3.2C，2Si	剛鑄	40	35	0.4	220	機械工具
淬火麻田型	3.2C，2Si[b]	淬火後	80	80	0	500	耐磨面
淬火變韌型	3.2C，2Si[c]	淬火後	70	70	0	300	凸輪軸
延性鑄鐵							
肥粒型 (60-40-18)	3.5C，2.5Si	退火後	60	40	18	170	強力管
波來型 (80-55-06)	3.5C，2.2Si	剛鑄	80	55	6	190	曲柄軸
淬火型 (120-90-02)	3.5C，2.2Si	淬火再回火後	120	90	2	270	高強度機械零件
展性鑄鐵							
肥粒型 (35018)	2.2C，1Si	退火後	53	35	18	130	五金、配件
波來型 (45010)	2.2C，1Si	退火後	65	45	10	180	管接頭、聯結器
淬火型 (80002)	2.2C，1Si	淬火再回火後	100	80	2	250	高強軛
特殊合金鑄鐵							
沃斯田型灰	20Ni，2Cr[d]	剛鑄	30	30	2	150	排氣歧管
沃斯田型延	20Ni[d]	剛鑄	60	30	20	160	幫浦外殼
高矽型灰	15Si，1C	剛鑄	15	15	0	470	爐架
麻田型白	4Ni，2.5Cr[e]	剛鑄	40	40	0	600	耐磨零件、襯壁、襯套筒
	20Cr，2Mo 1Hi[f]	熱處理後	80	80	0	600	

註：a. 6.9MPa＝1ksi＝0.703kg/mm^2。c. 1%Ni，1%Mo。 e. 3.2%C，0.8%Si。
b. 1%Ni，1%Cr，0.4%Mo。 d. 3%C，2%Si。 f. 2.7%C。

碳在鑄鐵中的存在形式有三種，即(1)固溶於肥粒相或沃斯田相的鐵內，(2)以石墨方式析出，(3)與其他元素化合(即化合碳)，如雪明碳鐵(Fe_3C)。

石墨的形狀有三種，爲片狀、球狀或不規則塊狀，分別爲灰鑄鐵(gray cast iron)、延性鑄鐵(ductile cast iron)及展性鑄鐵(malleable cast iron)。另外一種鑄鐵，碳不以石墨析出而全部以雪明碳鐵析出者，其斷裂面呈白色，爲白鑄鐵(white cast iron)；再加上特殊合金鑄

鐵，一共有五種。圖 18-12 是白鑄鐵、灰鑄鐵、延性鑄鐵及展性鑄鐵的典型微結構。其中基地之微結構可以經由熱處理加以改變。

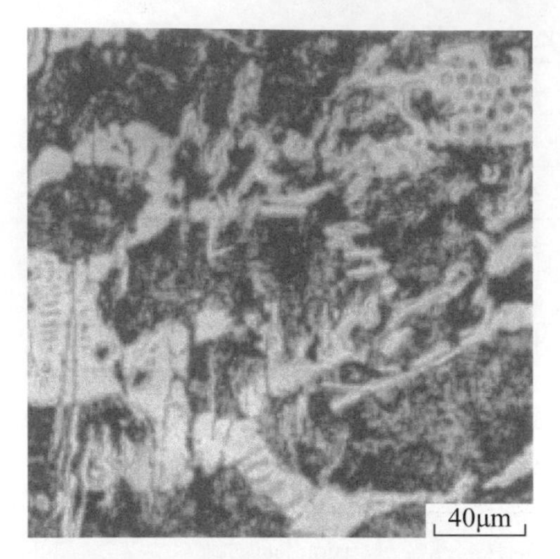

(a) 為白鑄鐵，白色稱雪明碳鐵，黑色為波來鐵

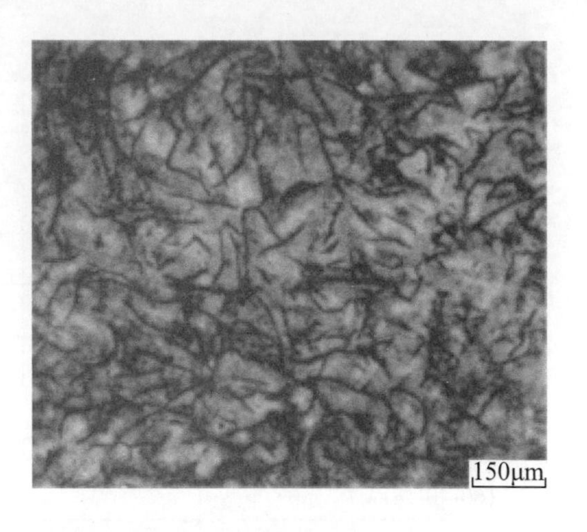

(b) 為灰鑄鐵，黑色條狀為石墨，基地為 20 % 肥粒碳加上 80 %波來鐵

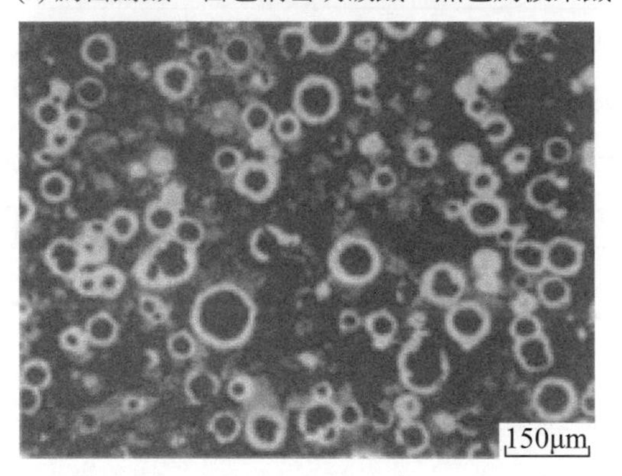

(c) 延性鑄鐵，黑色球狀為石墨，周圍為無碳肥粒鐵，基地為波來鐵

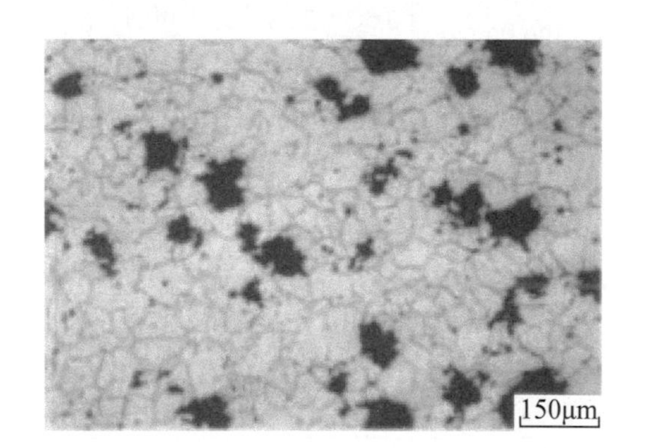

(d) 展性鑄鐵，黑色塊狀為石墨，基地為肥粒鐵

圖 18-12　白鑄鐵、灰鑄鐵、延性鑄鐵及展性鑄鐵的典型微結構

1. 白鑄鐵

白鑄鐵基本上是由肥粒鐵相與雪明碳鐵相構成，其中之雪明碳鐵來源有三，即共晶反應所產生、共析反應所產生及共晶到共析的溫度範圍內析出者。共晶產生的雪明碳鐵量多且大；共晶到共析溫度析出的雪明碳鐵則直接附著於共晶產生者；而共析反應所生成的雪明碳鐵則為波來鐵的一部份。因此白鑄鐵含有大量的硬脆雪明碳鐵，造成白鑄鐵是一硬而脆的材料。

白鑄鐵中常加入一些合金元素，如 Ni、Cr、Mo，以增加硬化能力及促進耐磨性，如表 18-7 的特殊合金鑄鐵中麻田型白鑄鐵，就是屬於此類。由於合金添加量不少，所以很容易得到麻田鐵之基地，這類白鑄鐵主要用在耐磨用途，如水泥工業及採礦工業設備中所用襯筒、磨球，以及軋鋼所用的滾筒等。

2. 灰鑄鐵

灰鑄鐵是最普遍的鑄鐵，在金相上 (圖 18-12(b))看到的條狀石墨，事實上是一立體的扇狀葉片，經由二度空間橫切下來即變成個別的條狀。我們有時候在金相照片上可以發現在石墨條聚集的孕核中心即可證明。可以利用接種(inoculation)或較快冷卻來增加更多的孕核位置，以細化石墨結構，而得到較佳的機械性質。

灰鑄鐵的這些石墨板片，如同一些小裂隙一樣的作用，尤其是邊緣呈尖尖的形狀，更容易造成應力集中，所以灰鑄鐵的抗拉強度不高，伸長率也祇有 1%以下。一般灰鑄鐵是以抗拉強度來分等級，英制是以 ksi 來分類，而公制則以 kg/mm^2 來分類($1\ ksi = 0.703\ kg/mm^2$)。一般灰鑄鐵之抗拉強度可以從 20 ksi 到 80 ksi。

灰鑄鐵的基地可以是鋼料微結構的任何一種，我們可以控制鑄造的冷卻條件及鑄造後再熱處理來得到不同的基地。

一般灰鑄鐵雖然強度及延展性不是很好，但它仍有許多吸引人的性質。石墨片在受壓力狀態並不會有應力集中現象，所以適當的設計，灰鑄鐵也可承受很大負荷；灰鑄鐵的切削性是一流的，石墨片可使切屑變細；滑動磨耗性質也很好，石墨可以吸附潤滑劑且本身也可當作自潤劑；灰鑄鐵還具有很好的振動吸收能力，尤其是石墨較粗大時。因此一般灰鑄鐵常用來作引擎本體及工具母機的本體。

3. 展性鑄鐵

展性鑄鐵是將非合金白鑄鐵利用展性化(malleablizing)熱處理來得到，就是將白鑄鐵在固化所產生的雪明碳鐵分解成石墨塊(稱回火碳，tempered carbon)，而使展性鑄鐵具有良好強度與延展性。

要做展性鑄鐵，首先要求白鑄鐵的碳當量需在 3%附近，以免一開始固化就有石墨跑出來，也使形成的碳化物能在短時間即可分解出石墨。

展性化熱處理可分三階段：第一階段是引起石墨孕核，即在往展性化熱處理的高溫加熱過程及高溫維持的早期產生分解的孕核位置出來；第二階段是維持在 900～970℃高溫，稱為第一期石墨化(first stage graphitization)，本來的沃斯田鐵與雪明碳鐵逐漸變成沃斯田鐵與石墨，即其中的雪明碳鐵(Fe_3C)的碳跑到石墨孕核位置上，變成石墨塊而留下沃斯田鐵變成基地，然後再降溫到 725～740℃之間預備進入第三階段；第三階段就是緩慢冷卻通過共析溫度(760～700℃)，稱為第二期石墨化(second stage graphitization)。

4. 延性鑄鐵

延性鑄鐵又稱球墨鑄鐵(nodular cast iron)，是將碳當量較高的鐵水加鎂或鈰(Ce)處理，固化時得到球狀石墨。1949 年才由米力斯(Millis)及加內明(Ganebin)發現。

此一處理需三個步驟：第一步驟是先去硫，因硫促成片狀石墨而非球狀，可選擇低硫原料或用 CaO 除硫；第二步驟是球狀化(nodulizing)，加鎂除去任何殘留的硫或氧，且使鐵水中仍含 0.03%的鎂來球狀化，加入溫度約 1500℃，但鎂在 1150℃會蒸發，所以常用 Ni-Mg 母合金(約 40～80%Ni、8～50%Mg、0.5～1.5%Ce)，且要盡量避免攪動太厲害。

事實上鎂是碳化物穩定者，球狀化凝固下來是白鑄鐵結構，即使有很小的石墨孕核準備形成球狀石墨，但基本上是沒有石墨的，因此需加作第三步驟。第三步驟是接種(inoculation)，在球狀化步驟後要加入矽鐵合金(50～85%Si，少量 Ca、Al、Sr、Ba)促成石墨孕核成長，但接種也會隨時間而漸失效。

球狀石墨鑄鐵有最好強度、韌性組合，是鑄鐵中最好的一種，如與相似成份與基地的灰鑄鐵比較，延性鑄鐵大約有灰鑄鐵的兩倍強度，二十倍的伸長率。

18-3 非鐵金屬材料

非鐵金屬材料指的是以鐵以外的金屬元素為主要元素的合金，它們包括鋁合金、鈹合金、鎂合金、鈦合金之輕金屬以及銅合金、鎳合金、鈷合金、鉛合金、錫合金、耐火金屬(refractory metals)、貴金屬(precious metals)等。由於非鐵金屬材料涵蓋的範圍非常廣泛，提供多元化性質及應用，因此對各項工業產品都有很重要的貢獻。

合金通常可分為兩大類：鍛造用合金(wrought alloys)以及鑄造用合金(cast alloys)，鍛造用合金適合利用加工成型法做成半成品或成品，其形式有板、薄板、箔、擠型品、管、棒、條、線及鍛造品等；鑄造用合金適合於鑄造成型，製成鑄件，如壓鑄法、砂模法、精密鑄造法等。

18-3-1 鋁及鋁合金

鋁及鋁合金資源豐富，自 1886 年美國化學家 Hall 與法國化學家 H'eroult 同時宣佈以冰晶石(Na_3AlF_6)助熔氧化鋁(Al_2O_3)並以電解法高溫解離出純鋁後，鋁及鋁合金即憑著其優良的特性，很快地被應用於各項用途，包括家庭五金、運動器材、建築裝潢材料、運輸工具、光學器材、醫療設備、電子電器材料等。

鋁的熔點 660℃，容易熔解及鑄造，延性及加工性好，容易加工成各種製品。由於密度約為 2.70 g/cm^3，僅鋼鐵材料的三分之一，已成為最重要的輕金屬材料。由於鋁表層形成緻密的氧化層，具有頗佳的耐蝕性能，因此可在大部份的大氣環境下使用。此外，可利用陽極處理及染色、發色處理，使其表面長成厚而緻密的氧化膜，不但大幅提高耐蝕性，而且兼具美觀裝飾價值。

鋁具有很好導電性，僅次於銀、銅、金，已被應用於導電體，具有輕而成本較低的優點，並可作爲電場及電磁波屏蔽的材料，如電器、電子產品的外殼。同樣地鋁也具有很好的導熱性，僅次於銀、銅、金，故被廣泛地用於散熱器、熱交換器等。

鋁不具毒性，加工性及耐蝕性又好，已被大量用於汽水、果汁、啤酒等易開罐、食品之包裝材料以及家庭烹調器具等。純鋁的強度很低，但添加合金元素產生固溶強化(solution strengthening)、析出強化(precipitation strengthening)以及利用加工產生加工硬化(work hardening)，可獲得各種低、中、高強度的鋁合金，以滿足不同應用的要求。

■ 鋁及鋁合金之類別、成份及性質

目前常見的鋁及鋁合金的代號(designation)爲美國鋁業協會(aluminum association)所規定，鍛造用鋁合金爲 4 位數，鑄造用鋁合金爲 3 位數。表 18-8 爲鍛造用鋁合金代號的第一位數與主要合金成份的關係，共有八個系統，1xxx 系爲純鋁，而 2xxx 至 8xxx 系爲合金。第二位數字用來區分舊型合金與改良合金，通常以 0 代表最早開發者，而 1、2、3、4……則代表改良合金，通常指雜質含量較少的合金。第三、四位數字主要用來區別同一系統合金成份上的差別，但對純鋁而言，後兩位數字代表純度百分比小數點後兩位。表 18-9 爲常見鍛造用鋁合金之代號及其成份。

表 18-10 說明鑄造用鋁合金的代號，第一位數與主要合金元素有關，第二、三位數係區別同一系合金中成份上的差別。xxx.0 係表示鑄件，其成份合乎鑄件的規定，xxx.1 與 xxx.2 則表示鑄錠，其成份合乎鑄錠的規定。有時在 xxx 之前加字母則用來區分雜質或微量元素的差別，如 A356 與 356 或 A380、B380 與 380。表 18-11 爲常見鑄造用鋁合金之代號及其成份。

表 18-8　鍛造用鋁合金代號之第一位數與主要合金元素之關係

合金系	主要合金元素	合金系	主要合金元素
1xxx	無	5xxx	Mg
2xxx	Cu	6xxx	Mg 及 Si
3xxx	Mn	7xxx	Zn
4xxx	Su	8xxx	其他

表 18-9 常用鍛造用鋁合金之成份

合金	Cu	Si	Fe	Mn	Mg	Zn	Cr	Ni	其他
EC		最大雜質含量 ＝0.40%							
2EC	0.05	0.4	0.3	0.01	0.6	0.05	0.01	—	
1050	0.05	0.25	0.4	0.05	0.05	0.05	—	—	Ti0.03
1100	0.2	Si＋Fe	1.0	0.05	—	0.10	—	—	
2014	4.4	0.9	1.0	0.8	0.5	0.25	0.10	—	Ti0.15
2018	4.0	0.9	1.0	0.2	0.7	0.25	0.10	2.0	
2024	4.5	0.5	0.5	0.5	1.5	0.25	0.10	—	
2117	2.6	0.8	1.0	0.2	0.3	0.25	0.10	—	
2218	4.0	0.9	1.0	0.2	1.5	0.25	0.10	2.0	
2618	1.3	0.25	1.1	—	1.5	—	—	1.0	Ti0.07
3003	0.2	0.6	0.7	1.2	—	0.10	—	—	
3004	0.25	0.3	0.7	1.2	1.0	0.25	—	—	
4032	0.9	12.2	1.0	—	1.0	0.25	0.10	0.9	
4043	0.3	5.0	0.8	0.05	0.05	0.10	—	—	Ti0.20
4343	0.25	7.5	0.8	0.10	—	0.20	—	—	
5005	0.2	0.4	0.7	0.2	0.8	0.25	0.10	—	
5052	0.1	Si＋Fe	0.45	0.1	2.5	0.10	0.25	—	
5056	0.1	0.3	0.4	0.12	5.0	0.10	0.12	—	
5086	0.1	0.4	0.5	0.5	4.0	0.25	0.15	—	Ti0.15
5154	0.1	Si＋Fe	0.45	0.1	3.5	0.20	0.25	—	Ti0.20
5356	0.1	Si＋Fe	0.50	0.12	5.0	0.10	0.12	—	Ti0.15
5454	0.1	Si＋Fe	0.40	0.75	2.7	0.25	0.12	—	Ti0.20
5456	0.2	Si＋Fe	0.40	0.75	5.0	0.25	0.12	—	Ti0.20
5554	0.1	Si＋Fe	0.40	0.75	2.7	0.25	0.12	—	Ti0.12
5556	0.1	Si＋Fe	0.40	0.75	5.0	0.25	0.12	—	Ti0.12
5652	0.04	Si＋Fe	0.40	0.01	2.5	0.10	0.25	—	
6061	0.27	0.6	0.7	0.15	1.0	0.25	0.25	—	Ti0.15
6063	0.1	0.4	0.35	0.10	0.67	0.10	0.10	—	Ti0.10
6151	0.35	0.9	1.0	0.20	0.62	0.25	0.25	—	Ti0.15
6253	0.1	0.6	0.5	—	0.25	2.0	0.25	—	
6463	0.2	0.4	0.15	0.05	0.67	—	—	—	
6951	0.27	0.3	0.8	0.10	0.6	0.20	—	—	
7075	1.6	0.5	0.7	0.30	2.5	5.6	0.3	—	Ti0.20
7076	0.65	0.4	0.6	0.5	1.6	7.5	—	—	Ti0.20
7079	0.6	0.3	0.4	0.2	3.3	4.3	0.17	—	Ti0.10
7178	2.0	0.5	0.7	0.3	2.7	6.8	0.3	—	Ti0.20
7277	1.2	0.5	0.7	—	2.0	4.0	0.25	—	Ti0.10

表 18-10　鑄造用鋁合金代號之第一位數與主要合金元素之關係

合金系	主要合金元素	合金系	主要合金元素
1xxx	99.0%以上之 Al	5 xxx	Al-Mg
2xxx	Al-Cu	7 xxx	Al-Zn
3xxx	Al-Si-Mg，Al-Si-Cu Al-Si-Cu-Mg	8 xxx	Al-Sn
4xxx	Al-Si		其他

表 18-11　鑄造用鋁合金成份

合金	成型法	% 合 金 元 素					
		Cu	Fe	Si	Mg	Zn	Ni
43	SC，PM	0.1	0.8	5.0	0.05	0.2	—
108	SC	4.0	1.0	3.0	0.03	0.2	—
112	SC	7.0	1.5	1.0	0.07	2.2	0.3
113	SC，PM	7.0	1.4	2.0	0.07	2.2	0.3
122	SC，PM	10.0	1.5	1.0	0.2	0.5	0.3
142	SC，PM	4.0	0.8	0.6	1.5	0.1	2.0
195	SC	4.5	1.0	1.2	0.03	0.3	—
212	SC	8.0	1.4	1.2	0.05	0.2	—
214	SC	0.1	0.4	0.3	4.0	0.1	—
B214	SC	0.1	0.4	1.8	4.0	0.1	—
F214	SC	0.1	0.4	0.5	4.0	0.1	—
220	SC	0.2	0.3	0.2	10.0	0.1	—
319	SC	3.5	1.2	6.3	0.5	1.0	0.5
355	SC，PM	1.3	0.6	5.0	0.5	0.2	—
A355	SC	1.5	0.6	5.0	0.5	0.1	0.8
356	SC，PM	0.2	0.5	7.0	0.3	0.2	—
A612	SC	0.5	0.5	0.15	0.7	6.5	—
750	SC，PM	1.0	0.7	0.7	—	—	1.0
A750	SC，PM	1.0	0.7	2.5	—	—	0.5
B750	SC，PM	2.0	0.7	0.4	0.75	—	1.2

SC＝砂模鑄造；PM＝永久模鑄造(如鑄鐵模、鋼模)

在合金代號之後，可進一步連接適當的代號來表示該合金所經歷的加工處理或熱處理。美國鋁業協會對此類代號規定如下：

F	指經加工成型者
O	指經退火者
H	指經應變硬化者
H1	僅應變硬化者
H2	應變硬化後經部份退火者
H3	應變硬化後作安定化處理者

H1X 之 X 表示應變硬化的程度

W	指經固溶處理者
T	指熱處理者
T1	經高溫加工成型後自然(室溫)時效至相當安定之狀態
T2	經退火處理者(僅適用於鑄件)
T3	經固溶處理後冷加工者
T4	經固溶處理後自然時效至相當安定狀態者
T5	經高溫加工成型後人工時效者
T6	固溶處理後人工時效者
T7	固溶處理後過時效處理者
T8	固溶處理後冷加工及人工時效者
T9	固溶處理及人工時效後再冷加工者
T10	高溫加工成型及人工時效後再冷加工者

不論是鍛造用鋁合金或鑄造用鋁合金，依其可析出硬化與否又分爲熱處理型(Heat-treatable)與非熱處理型(non-heat-treatable)兩大類，前者指可以藉析出硬化時效處理來提高強度，這些合金爲 2xxx、6xxx、7xxx、2xx、3xx 及 7xx，而其他系列鋁合金則爲非析出硬化型合金或非熱處理型鋁合金，它們主要是靠固溶強化及應變硬化來達到硬化的效果，表 18-12 及表 18-13 分別爲常見鍛造用鋁合金及鑄造用鋁合金在不同的處理狀態下之機械性質，如 H、T3、T4、T5、T6、T7、T8，具有較高的強度。

表 18-12　常用鍛造用鋁合金經不同處理狀態下之機械性質

合金及狀態	抗拉強度 (psi)	降伏強度 (psi)	伸長率(%) (2in 標距)	勃氏硬度 (500kg荷重 10mn鋼球)	剪強度 (psi)
EC-O	12,000	4,000	23(10 in 標距)	–	8,000
EC-H19	27,000	24,000	2.5	–	15,000
2EC-T6	32,000	29,000	19	–	–
2EC-T64	17,000	9,000	24		–
1060-O	10,000	4,000	45	19	7,000
1060-H18	19,000	18,000	10	35	11,000
1100-O	13,000	5,000	45	23	9,000
1100-H18	24,000	22,000	15	44	16,000
2011-T3	55,000	43,000	15	95	32,000
2011-T6	57,000	39,000	17	97	34,000
2011-T8	59,000	45,000	12	100	35,000
2014-O	27,000	14,000	18	45	18,000
2014-T4	62,000	42,000	20	105	38,000
2014-T6	70,000	60,000	13	135	42,000
2017-O	26,000	10,000	22	45	18,000
2017-T4	62,000	40,000	22	105	38,000
2024-O	27,000	11,000	22	47	18,000
2024-T3	70,000	50,000	20	120	41,000
2024-T36	72,000	57,000	15	130	42,000
2024-T4	68,000	47,000	19	120	41,000
2024-T81	70,000	65,000	10	128	43,000
2024-T86	75,000	71,000	8	135	45,000
6061-O	18,000	8,000	30	30	–
6061-T6	45,000	40,000	12	95	–
7075-O	33,000	15,000	16	–	–
7075-T6	83,000	73,000	11	–	–
7178-O	33,000	15,000	16	60	–
7178-T6	88,000	78,000	10	160	–

表 18-13 常用鑄造用鋁合金在不同處理狀態下之機械性質

合金及狀態	抗拉強度 (psi)	降伏強度 (psi)	伸長率(%) (2in 標距)	勃氏硬度 (500kg荷重 10mn鋼球)	剪強度 (psi)
43-F	19,000	8,000	8.0	40	14,000
108-F	21,000	14,000	2.5	55	17,000
112-F	24,000	15,000	1.5	70	20,000
113-F	24,000	15,000	1.5	70	20,000
122-T61	41,000	40,000	<0.5	115	32,000
142-T21	27,000	18,000	1.0	70	21,000
142-T571	32,000	30,000	0.5	85	26,000
142-T77	30,000	23,000	2.0	75	24,000
195-T4	32,000	16,000	8.5	60	26,000
195-T6	36,000	24,000	5.0	75	30,000
195-T62	41,000	32,000	2.0	90	33,000
212-F	23,000	14,000	2.0	65	20,000
214-F	25,000	12,000	9.0	50	20,000
B214-F	20,000	13,000	2.0	50	17,000
F214-F	21,000	12,000	3.0	50	17,000
220-T4	48,000	26,000	16.0	75	34,000
319-F	27,000	18,000	2.0	70	22,000
319-T5	30,000	26,000	1.5	80	24,000
319-T6	36,000	24,000	2.0	80	29,000
355-T51	28,000	23,000	1.5	65	22,000
355-T6	35,000	25,000	3.0	80	28,000
355-T7	38,000	36,000	0.5	85	28,000
355-T71	35,000	29,000	1.5	75	26,000
A355-T51	28,000	24,000	1.5	70	22,000
356-T51	25,000	20,000	2.0	60	20,000
356-T6	33,000	24,000	3.5	70	26,000
356-T7	34,000	30,000	2.0	75	24,000
356-T71	28,000	21,000	3.5	60	20,000
A612-F	35,000	25,000	5.0	75	26,000
750-T5	20,000	11,000	8.0	45	14,000
A750-T5	20,000	11,000	5.0	45	14,000
B750-T5	27,000	22,000	2.0	65	18,000

1. 純鋁

由於 99.00%及更高純度的鋁具有極好的耐蝕性、光輝、導電性、延性，用途十分廣泛，主要的用途包括化學工業、電子電器工業、食品工業、包裝工業、建築裝潢工業，同時可當作披覆材料，用壓延法披覆於其他鋁合金的表面，增加光澤度及耐蝕性。99.45%純度是純鋁作爲導電體(electrical conductor，簡稱 EC)最起碼的純度，常用的有 1350，也是作成鋁箔起碼的純度，常用的有 1145。1100 是純鋁中強度最高者，退火態時之降伏強度爲 5,000 psi、抗拉強度爲 13,000 psi，若經應變硬化，降伏強度可高達 22,000 psi，此種鋁適合於一般加工品。

2. Al-Cu(-Mg)合金系

Cu 是鋁合金中很重要的合金元素之一，它可產生 Al_2Cu 析出物而有析出硬化的效果，同時對於鑄造合金，它可減少固化時收縮所造成的孔洞，提高韌性。

通常需添加 Mg 來產生 Al_2CuMg 化合物的析出，而促進析出強化的幅度，如表 18-9 及 18-11 所示之 2 字頭合金即有多種合金含有 Mg 的成份。2000 系鍛造用 Al-Cu(-Mg)合金經時效處理後具有高強度，僅次於 7000 系 Al-Zn-Mg(-Cu)合金，不但成爲最早應用於飛機的結構材料，至目前仍有相當的數量被採用，如螺絲、鉚釘、骨架、蒙皮等。而 2000 系鑄造合金則是鋁合金鑄件中強度最高者，被應用於飛機上要求極高強度的鑄件。唯其鑄造性不甚好，鑄造時須有良好的鑄模設計配合。

3. Al-Mn 合金

3000 系鋁合金主要之合金元素爲 Mn 及 Mg，係藉 $MnAl_6$ 顆粒達到散佈強化的效果，Mg 可增加固溶強化的作用，目前仍廣泛使用的 3004 合金，不但強度優於純鋁，且耐蝕性與純鋁差不多，主要應用爲烹調用具、日常生活器具、易開罐等。

4. Al-Si 合金

Si 元素是鋁合金中最能促進鑄造性的合金元素，它使得鋁合金流動性好、縮孔小，可鑄成複雜的鑄件，此外它具有高剛性，以顆粒及板狀 Si 晶散佈在鋁基地中可提高剛性及複合強化，400 系鑄造用鋁合金即爲 Al-Si 二元合金，應用於一般用途的鑄件，同樣地，由於 Al-Si 合金的鑄造性，適合作成銲接材料，因此 4000 系 Al-Si 鍛造用合金即被加工成銲條供此用途。Al-Si 合金的相圖如圖 18-13 所示，可看出其共晶點成份爲 12.6%Si，共晶溫度爲 577℃。

Al-Si 合金若添加 Cu、Mg 等元素，可進一步獲得析出強化，使得鑄件之強度更加提高，300 系鋁合金即爲此型合金，例如 380 合金、356 合金、357 合金成爲廣泛應用的高強度鑄件。此外利用高 Si 含量的耐磨性及低熱膨脹係數，更開發有 390 合金(Al-17%Si-4.5%Cu-0.5%Mg)，用於滑輪、二行程引擎之氣缸體、空氣壓縮機體等。

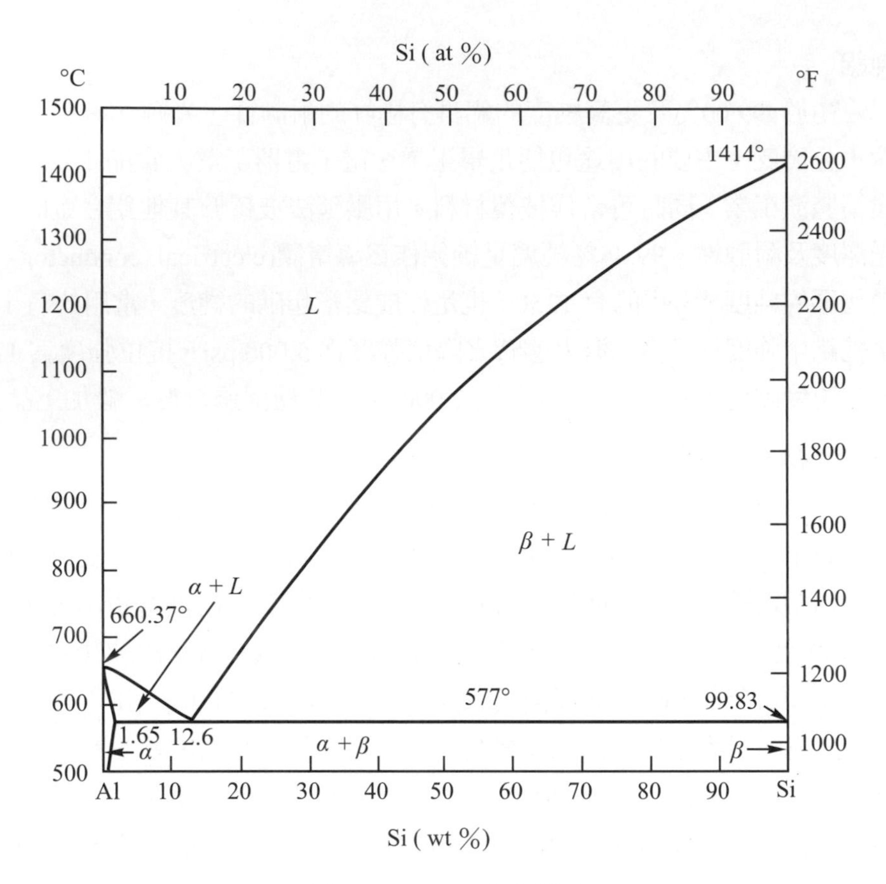

圖 18-13 Al-Si 合金相圖

5. Al-Mg 合金

Mg 元素固溶於鋁基地中可產生很大的固溶強化，並能保持很好的延展性及耐蝕性，此外由於銲接強度與退火強度相同，延性又很好，是鋁合金中最適合作銲接的材料，因此 Al-Mg 合金廣泛的應用於裝甲車、火車、船及建築等結構材料，如 5083、5086、5056、5456 等合金，其使用銲條則有 5356、5556 合金。含鐵量少的 Al-Mg 合金更可得到極光亮的陽極處理皮膜，適合作裝潢、裝飾等材料，如 5005、5050、5457、5657 等合金。

6. Al-Mg-Si 合金

Al-Mg-Si 合金所含的 Mg、Si 元素並不多，但可藉其 Mg_2Si 過渡相的微細析出達到析出強化的作用，有時 Si 的量比形成 Mg_2Si 相所需的 Si 量多，則多餘的 Si 顆粒也有提高強度的作用，此系合金經 T4 處理的強度介於 15～30 ksi，T6 處理的強度則介於 30～40 ksi，在鋁合金中屬於中強度等級的合金，僅次於 7000 系及 2000 系合金。由於擠型性、耐蝕性、銲接性甚佳，陽極處理效果也很好，故廣泛的應用在建築結構材料，如門窗、欄杆、旗桿、散熱片等，常用為 6061 及 6063 合金。

7. Al-Zn(-Mg-Cu)

Al-Zn(-Mg-Cu)合金是鋁合金 7 種系列中開發最晚的合金，也是強度最高的合金，自 1943 年 7075 合金開發成功後，即大量取代 2000 系合金，而爲飛機的主要結構材料。Al-Zn-Mg 合金靠 $MgZn_2$ 之過渡相析出而達強化效果，Al-Zn-Mg-Cu 合金則多出 Al_2Cu 過渡相析出使強度更高。這些合金主要的有 7075、7050、7178、7079 等。

18-3-2　鎂及鎂合金

鎂可以由海水中氯化鎂或菱鎂礦的碳酸鎂轉成無水氯化鎂後在熔融態下直接電解還原而得，也常在 1150～1200℃低壓下用矽鑄來還原煆燒後的白雲石(MgO + CaO)，得到鎂蒸氣而後冷凝爲固態鎂，因具有極低的密度(1.74 g/cm^3)、良好的車削性以及甚高的強度，鎂及鎂合金的應用愈來愈普遍，尤其對於質量要求甚輕的場合，更能發揮其特質。如梯子、手工具、3C 產品等。

純鎂主要用爲其他金屬材料之合金元素，由於它的活性、易燃燒的特點可用爲閃光(Flare)及燒夷彈(fire bomb)。此外利用它的高氧化電位及易腐蝕的特性，它常被用於鋼鐵結構陰極防蝕法(cathodic protection)所需的犧牲陽極，如橋樑、油管等。

添加合金元素可以獲得較高強度的鎂合金，作爲結構上的用途，鎂合金的代號是採用兩個字母及兩個數字的表示法，每個字母係代表一個主要元素，常見的字母如下所示，並依含量高低順序排列先後，而數字則對應表示該元素的百分比。

A	鋁	L	鋰
E	稀土元素	M	錳
H	釷	S	矽
K	鋯	Z	鋅

例如 AZ31 即表示主要含有 3%Al 及 1%Zn 的鎂合金。爲了區別其他微量元素的差異，通常在代號之後再接 A、B、C 字母區別其先後開發時間。

對於加工及熱處理的代號，則類似鋁合金的表示法。同樣地，鎂合金可分爲鍛造用及鑄造用合金兩種。由於鎂易與氧及水氣作用並發生燃燒，故在熔煉時需用適當助熔劑加以覆蓋保護；若在密閉的爐體中以乾燥空氣加 SF_6 保護，更爲安全及清淨。砂模鑄造時，砂中須混合硫黃、KBF_4 等抑制劑以避免氧化及氣孔。鑄造法中以壓鑄法最爲普遍。

Mg 合金通常須添加 Mn 及 Zr 元素精鍊，最主要目的就是讓 Fe、Cu、Co、Ni 等雜質在熔煉時析出沉澱，以免鑄造後含這些元素的相散佈在基地中產生電池效應，大幅提升腐蝕速率。此外鎂合金可利用陽極處理法形成氧化膜或化成處理(conversion coating)形成鉻酸鹽或磷酸鹽膜，再施以塗漆保護，而得到相當優越的耐蝕性。

鎂合金為 HCP 晶體結構，滑動系統少，故延性較差，因此常採用 200～400℃間之熱加工成型。由於晶粒細化對強度及延展性具明顯的改善效果，所以細晶化的相關製程深受重視。

表 18-14 及表 18-15 分別為數種鍛造用鎂合金及鑄造用鎂合金的成份及性質。

表 18-14　數種鍛造用鎂合金的成份及性質

	合金(ASTM)			
	M1A-F	AZ61A-F	AZ80A-T5	AK60A-T5
Al，%		5.8～7.2	7.8～9.2	
Zn，%		0.4～1.5	0～0.2	4.8～6.2
Mn，%	1.2 min	0.15 min	0.15 min	
Zr，%				0.45 min
密度(lb/in^3)	0.064	0.065	0.065	0.066
熔解範圍(℃)	648～649	510～615	480～600	520～635
楊氏係數(10^6psi)	6.5	6.5	6.5	6.5
抗拉強度(ksi)	36	43	50	49
降伏強度(ksi)	23	26	34	38
壓縮降伏強度(ksi)	10	17	28	28
伸長率 in 2in，%	5～12	14～17	6～8	11～14

表 18-15　數種鑄造用鎂合金的成份及性質

	合金 (ASTM)			
	AZ63A	AZ92A	ZE41A-T5	ZK51A-T5
Al，%	5.3～6.7	8.3～9.7		
Zn，%	2.5～3.5	1.6～2.4	3.5～5.0	3.6～5.5
Mn，%	0.15 min	0.10 min		
Zr，%			0.4～1.0	0.55～1.0
稀土元素，%			0.75～1.75	
楊氏係數(10^6 psi)	6.5	6.5	6.5	6.5
抗拉強度(ksi)				
鑄造態	29	24		
處理態	40	40	30	40
降伏強度(ksi)				
鑄造態	14	14		
處理態	13	14	20	24
伸長率 in 2in，%				
鑄造態	6	2		
處理態	12	+	3.5	8

18-3-3　鈦及鈦合金

鈦之礦源爲二氧化鈦的金紅石(rutile)，蘊藏豐富。由於它具有高熔點(1670℃)、低密度(4.5 g/cm^3)及優越耐蝕性等特質，使得它在許多用途成爲極重要的合金材料，包括化工設備、飛機用的耐溫合金、外科置入金屬等。自 1950 年代開始投入大筆經費開發研究以來，即有了商業化的用途。

鈦之提煉係利用 Kroll 製程，先將金紅石礦轉化爲四氯化鈦 $TiCl_4$，而後利用鎂對 Cl 較好的親合性，將 $TiCl_4$ 之 Cl 取代而得海綿鈦，最後再將海綿鈦壓密成塊並銲成電極，放入眞空爐中對水冷之銅坩堝放電熔化而得鑄塊。

鈦在 883℃有一個相變態，883℃以上爲 BCC 晶體結構的 β 相，在 883℃以下爲 HCP 晶體結構的 α 相。添加合金元素對 α-β 變態有所影響，隨著合金元素的差異，鈦合金可分爲三大類，即全 α 相、$\alpha+\beta$ 相與全 β 相鈦合金，表 18-16 以此爲分類列舉常用鈦及鈦合金的性質及應用。

表 18-16　常用鈦及鈦合金之性質及應用

合金	處理狀態	室溫強度		伸長率 (%)	相	熱處理性	典型應用
		抗拉強度 (ksi)	降伏強度 (ksi)				
純金屬 ASTM 等級 2 ASTM 等級 3 ASTM 等級 4	退火	59 75 95	40 62 80	28 27 25	α	不可	油壓控制閥，迴旋輪結構，固定托架，銲接導管，複雜形狀的管，蒙皮之縱桁
Ti-5Al-2.5Sn	退火	125	120	18	α	不可	傳動齒輪箱，噴射引擎壓縮機及轉子的座架
Ti-8Al-1Mo-1V	1100°F(8hr)，空氣冷卻	145	135	16	α	不可	噴射引擎壓縮機之葉片、碟及框罩，噴射引擎噴嘴之架子及內部蒙皮
Ti-6Al-4V	退火 1700°F(20min)，水淬＋975°F (8hr)，空冷	135 170	120 150	11 7	$\alpha+\beta$	可	噴射引擎壓縮機之葉片、碟等組件，降落輪結構、鉤子、托架、壓力罐、防火壁
Ti-6Al-6V-2Sn	退火	165	155	12	$\alpha+\beta$	可	鉤子、空氣引入控制軌道
Ti-13V-11Cr-3 Al	退火 1400°F(30min)，空冷	130 175	125 165	16 6	β	可	結構鍛件、蒙皮縱桁，蒙皮、架構、鉤子、托架

1. α 合金(α alloys)

全 α 相鈦合金主要是靠 Al 元素來安定 α 相，並產生很好的固溶強化，由於添加 Sn 可使強度更加提高，對延性沒甚損失，且 Ti-5Al-2.5Sn 合金具有最佳的機械性質，所以此合金爲全 α 相鈦合金之主要合金，此外此合金具有很好的耐蝕性、抗氧化性、耐溫性及銲接性。

2. $\alpha+\beta$ 合金($\alpha+\beta$ alloys)

$\alpha+\beta$ 鈦合金有很多種，其中以 Ti-6Al-4V 合金最廣泛應用，由於它具有很好的強度、韌性及耐蝕性，主要用於壓力槽、噴射引擎、壓縮機葉片、盤及外科植入等。

3. β 合金(β alloys)

全 β 鈦合金具有 BCC 的晶體結構，因此其塑性加工的能力遠優於 HCP 晶體結構的 α 相，它通常在未硬化的狀態下加工成型，而後再利用時效處理獲得高強度，因此它主要用於加工性高、強度高的結構如蜂巢結構的板、飛彈的外殼、鍛造件等。

β 合金有數種，所添加之合金元素須足以使它在冷卻後獲得 100%β 相，其中以 Ti-13V-11Cr-3Al 最具代表性。

18-3-4 銅及銅合金

銅及銅合金具有廣泛的性質，因而在工程上有廣泛的應用，良好的導電性、導熱性、加工性以及耐蝕性更是它們最吸引人的地方。

純銅在導電體的用途比銅合金用量還大，因爲純銅之導電率僅次於銀，但銀很貴，使得導電體幾乎成爲純銅的天下，銅與其他金屬元素如鋅、錫、鎳、鈹、鋁等所構成的合金各具優越的特性，在許多方面都有特定的應用。

1. Cu-Zn 合金

Cu-Zn 合金俗稱黃銅(brass)，是銅合金中應用最廣的合金，它具有良好的耐蝕性、加工成型性及機械性質。圖 18-14 爲 Cu-Zn 相圖，可看出有 β、β'、γ、δ、ε 等固相存在，而商業應用的黃銅鋅含量不超過 45%，Zn 介於 0～36%之黃銅爲 α 相(FCC 固溶體)，故稱爲 α 黃銅，隨鋅含量增加，色澤由紅變黃，鋅含量介於 36～45%者，含 α 及 β 相，稱爲 $\alpha+\beta$ 黃銅。

鋅含量對機械性質的影響，如圖 18-15 所示，當鋅增加時，強度及伸長率增加，以 30%Zn 的伸長率最大，42%Zn 的抗拉強度最大，就機械性質組合而言，Cu-30%Zn 合金具有最大的延性，加工性最好，廣泛的用於板、棒、管、線等加工材及各種加工成型品，俗稱七三黃銅或 70-30 黃銅或彈殼黃銅(cartridge brass)，

Cu-40%Zn 合金由於 β 相的存在，使強度達到最高值，但延性、加工性變差，須在約 700℃作熱加工，主要用於強度要求較高的閥、桿、螺栓、螺帽及管件等，俗稱六四黃銅或 60-40 黃銅或孟慈合金(Muntz metal)。

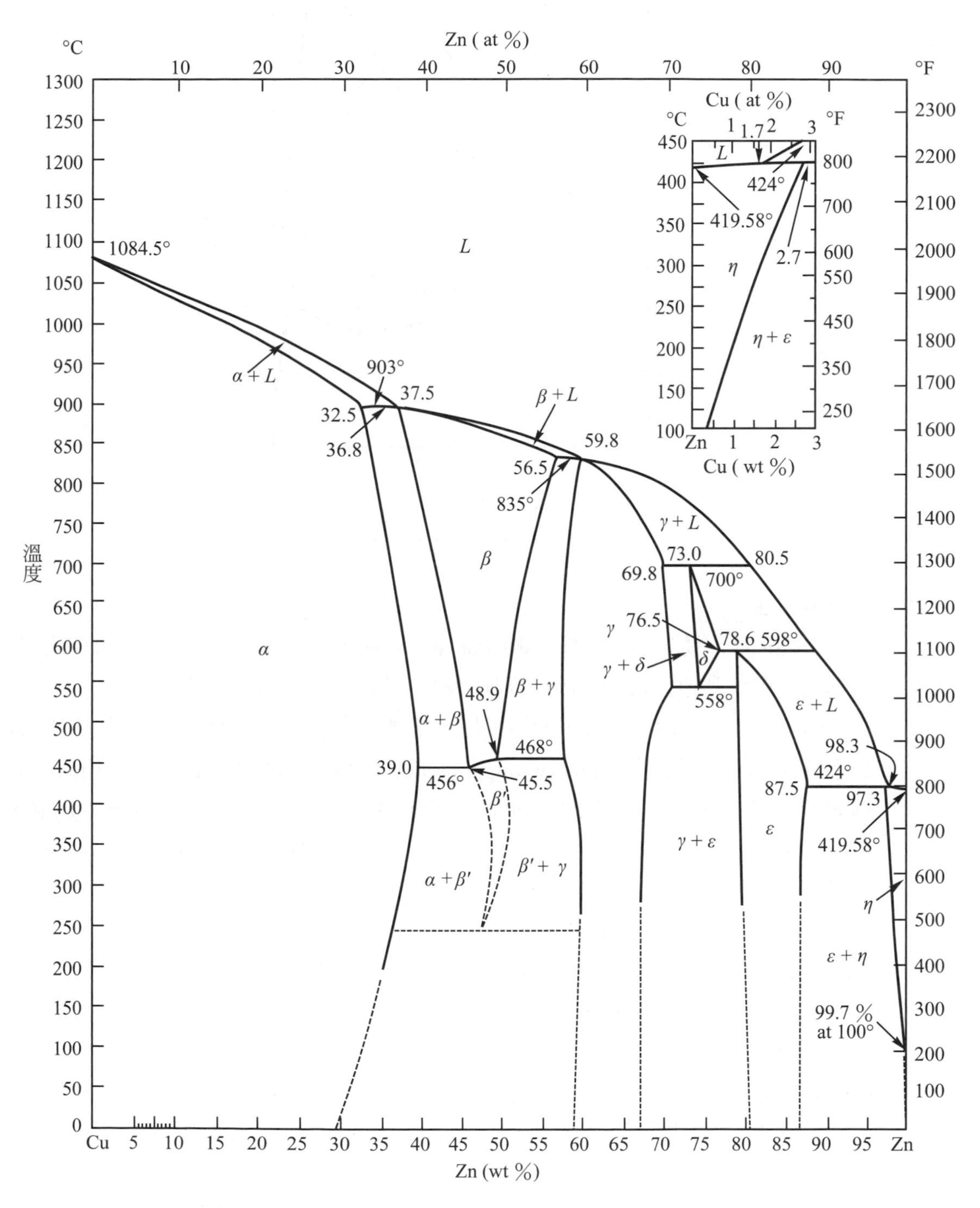

圖 18-14　Cu-Zn 合金相圖

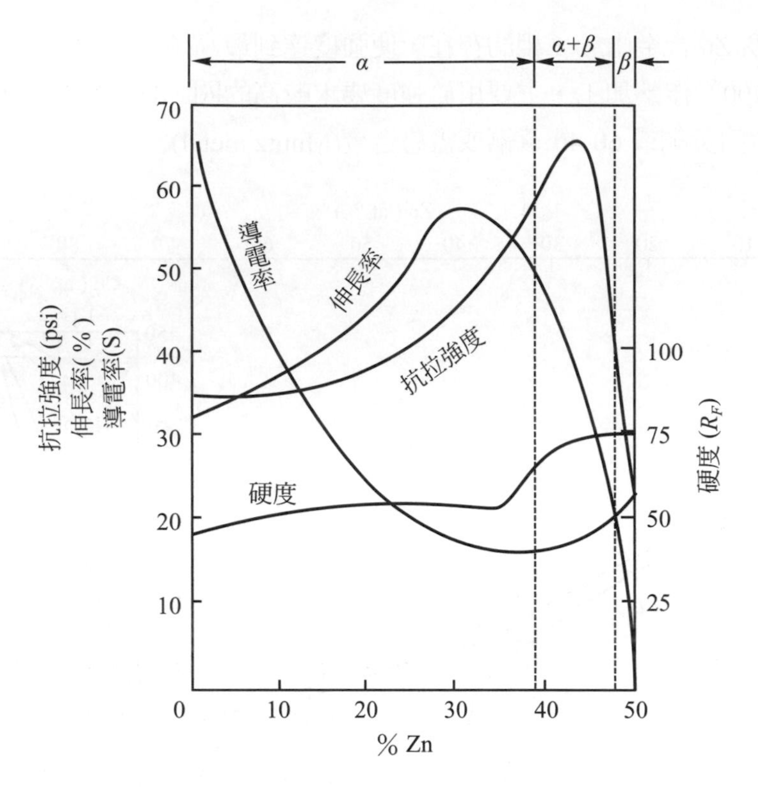

圖 18-15　鋅含量對機械性質的影響

2. Cu-Sn 合金

Cu-Sn 合金長久以來俗稱青銅(bronze)，意味較高級的銅合金，但目前青銅之名稱已廣用於其他銅合金，因此稱呼青銅時最好指明主要的合金元素。

Cu-Sn 合金的鑄造性及耐蝕性很好，又具有耐磨性及強度，故被廣泛用爲銅合金鑄件，部份則用於鍛製品(wrought product)。圖 18-16 爲 Cu-Sn 合金相圖，相圖顯示 Sn 在 Cu 中的固溶度在 520℃時可達 15.8%Sn 含量，在室溫則幾乎爲零，但由於 Sn 的原子大而重，不易擴散，故鑄造時或熱處理時，ε 相(Cu_3Sn)的析出很緩慢，因而 Sn 的固溶度可視爲 15.8%。

Cu-Sn 合金依 Sn 含量可分爲四類如下：

(1) 8%Sn 以下：屬於 α 相，富延性而易加工，加工後產生加工硬化而具較高強度，故用爲薄板及線材，供作高強度彈簧、夾子、快速開關、插頭、插座等零件。

(2) 8%至 12%Sn：由於有較多之 β 相，延性變差，不易冷加工，故主要用爲鑄件，並由於耐磨性、耐蝕性好，可作爲齒輪、軸承、閥等用途。

(3) 12%至 20%Sn：主要用於軸承及襯套。

(4) 20%至 25%Sn：由於硬度高而脆，主要用於鐘、鈸等鑄物。

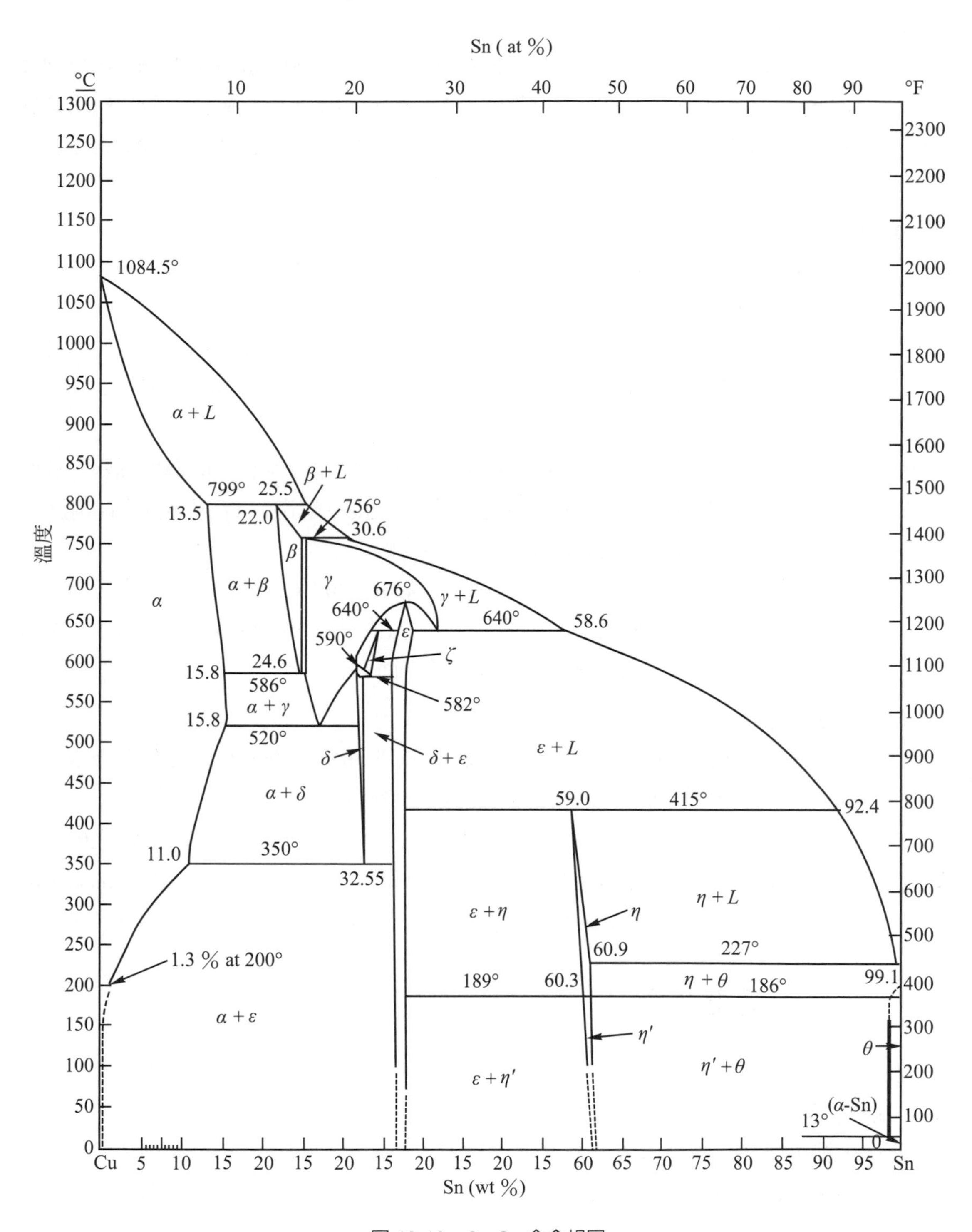

圖 18-16　Cu-Sn 合金相圖

3. Cu-Al 合金

Cu-Al 合金稱爲鋁青銅，鋁含量 5～13%，另含有數%的 Fe 或 Ni，可得到甚高的強度，其機械性質以及耐蝕性皆優於其他銅合金，用來製造大型的船用螺旋槳推進器及機械或化工零件，如齒輪、凸輪、螺桿、軸、閥等。當 Al 含量爲 5%時，其色澤與 18K 金相似，可用於裝飾品。

4. Cu-Ni 合金

Cu-Ni 合金稱爲鎳青銅，兩者元素可以任意比例構成固溶體，而不產生固態相變化，因此其性質與成份之關係呈連續性之變化。

(1) 白銅(cupronickel)：白銅之鎳含量介於 10～30%，色澤呈白色，由於耐蝕性優良，且延性、加工性好，加工後具有相當的強度，故用於高性能冷凝管、熱交換器等。

(2) 40～50%Ni 合金：由於 45%Ni 附近有最大的電阻及最小的溫度係數，故此成份適用於電阻材料，如交流電量測器、通信、配電盤、汽車暖氣用電阻線。著名的康史登銅(Constantan)即爲此合金的商名。

(3) 蒙納合金(Monels)：蒙納合金含約 65%Ni、30%Cu 以及其他元素，由於它們具有極優良的耐蝕性及中等強度，加工的板、棒、線、管以及鑄件有相當廣泛的用途，尤其在化工機械及裝置方面。

5. Cu-Be 合金

此合金稱爲鈹銅合金或鈹青銅(beryllium bronze)，屬於析出硬化型合金。主要是靠 CuBe 化合物(γ 相)的析出而達提高強度的目的。

以 Cu-1.9%Be 合金爲例，最佳的時效溫度約爲 350℃，可達 Rc42 之硬度。因此其用途有高導電性的彈簧、銲接用之電極、打擊不生火花之工具(nonsparking tool)，尤其在石油化學工廠及其他有易燃物的工作場所，成爲獨特的安全工具。

18-3-5 鎳及鎳合金

鎳是 FCC、鐵磁性的白色金屬，其熔點爲 1455℃。鎳的最大用途是當作特殊鋼、不銹鋼、耐熱鋼的合金元素，並作爲眞空管電極、電池電極、觸媒及鍍鎳的材料。

此外，鎳可與其他元素作成合金，而具有特定的性質及應用，如 Ni-Fe 導磁合金；Ni-Cu、Ni-Cr、Ni-Mo-Cr、Ni-Mo-Cr-Fe 耐蝕性合金；Ni-Cr、Ni-Cr-Fe 耐高溫氧化合金及超合金。其中 Ni-Cu 合金在前述 Cu-Ni 合金中已說明，本節中不再重覆。

1. Ni-Fe 合金

Ni-Fe 合金具有特殊用途，包括高導磁率的高導磁合金(permalloy)、熱膨脹係數極低的不變鋼(invar)及彈性係數的溫度係數幾爲零的恆彈性鋼(elinvar)等，茲分述如下：

(1) 高導磁合金：磁性用途的 Ni-Fe 合金有多種被開發出來，非常高導磁合金係用於弱磁場的場合，強磁場將降低導磁率，此時須用強磁場型高導磁合金；恆導磁合金在某種磁場強度內，導磁率一定，主要用於低失真低損失的要求場合，如海底電話電纜等。

(2) 不變鋼：Ni-Fe 合金熱膨脹係數的變化相當獨特，圖 18-17 顯示 Ni 含量對 0℃、20℃、100℃熱膨脹係數的影響，在約 36%Ni 含量時，此係數呈最小值約 0.9×10^{-6}，也就是說由室溫到 200℃，長度幾乎不變，若添加鈷，即 32%Ni-5%Co-63%Fe 可得線膨脹係數為 1×10^{-7}，稱為超不變鋼(superinvar)，因而不變鋼可用於捲尺、長度量測計、鐘錶零件及雙金屬片等。

(3) 恆彈性鋼：Ni-Fe 合金彈性係數之溫度係數隨 Ni 含量而改變，如圖 18-18 所示，在不含 Cr 的情況下，29%及 45%Ni 之組成其溫度係數接近零，而 36%Ni 呈最大值，但由於熔製時不易控制精確的組成使溫度係數為零，亦即成份的誤差將造成溫度係數顯著的差異，故後來發展添加 12%Cr 的合金，使溫度係數為零的組成區域較大，較易控制，而得恆彈性鋼，此鋼的主要用途有鐘錶發條等。

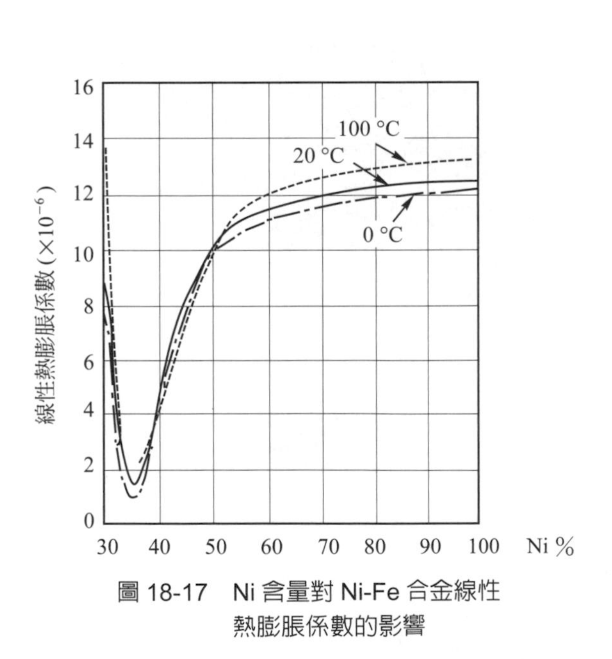

圖 18-17　Ni 含量對 Ni-Fe 合金線性熱膨脹係數的影響

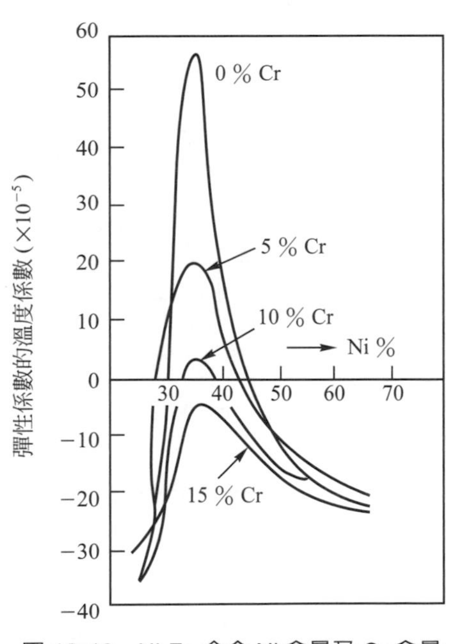

圖 18-18　Ni-Fe 合金 Ni 含量及 Cr 含量對彈性係數的溫度係數的影響

2. Ni-Cr(-Fe)合金

Cr 添加於 Ni 金屬中可提高耐高溫氧化的性質，雖然 Cr 在 Ni 中的固溶度在高溫時可達 40%，但由於鉻含量在 20%以上時延性及加工性很差，故實用的電熱線合金採用 Ni-20%Cr 合金，此鎳鉻線目前已廣用於高溫爐發熱體，使用溫度可達 1100℃。此外，Ni-16%Cr-24%Fe 三元合金亦可作為發熱體，但耐氧化性較差，因此適用於低溫爐發熱體及一些爐用零件。

3. 鎳基超合金(Ni-base superalloys)

飛機噴射引擎及蒸氣渦輪機的材料須承受嚴格的考驗，包括高溫腐蝕、高溫氧化及高溫潛變等，目前只有特殊的合金能符合此一要求，它們分爲三類：鎳基超合金、鈷基超合金以及鐵基超合金，其中以鎳基超合金最廣泛應用。

鎳基超合金添加有多種元素來提昇其性質，如 Cr、Al 可提供高溫耐氧化性，而 Cr、Ti 可防止硫化物所產生的熱腐蝕，Ti、Al 則形成 Ni_3(Al，Ti)化合物析出，稱爲 γ' 相，提高強度，Co 可增加 γ' 的溶解溫度，增加高溫強度及穩定性，Cr、Mo、Ta 可形成碳化物，析出於晶界，造成晶界強化，圖 18-19 顯示鎳基超合金 Udimet 700 之典型金相示意圖及眞實照片，說明 γ' 相及各種碳化物的分佈情形。

鎳基超合金在 750～1000℃有極好的強度，故用來製造渦輪葉片和軸板，表 18-17 列舉常見的鎳基超合金之組成以及其應用，並與鈷基及鐵基超合金相比較。其中鈷基超合金主要是靠 Ta、Nb、Mo、W、Cr 元素的固溶強化以及其碳化物的散佈強化，加以熔點較高，其在更高溫的強度及耐熱腐蝕反而較鎳基超合金優秀，圖 18-20 則說明約 900℃以上，鈷基超合金的破斷強度(rupture strength)較高的現象。

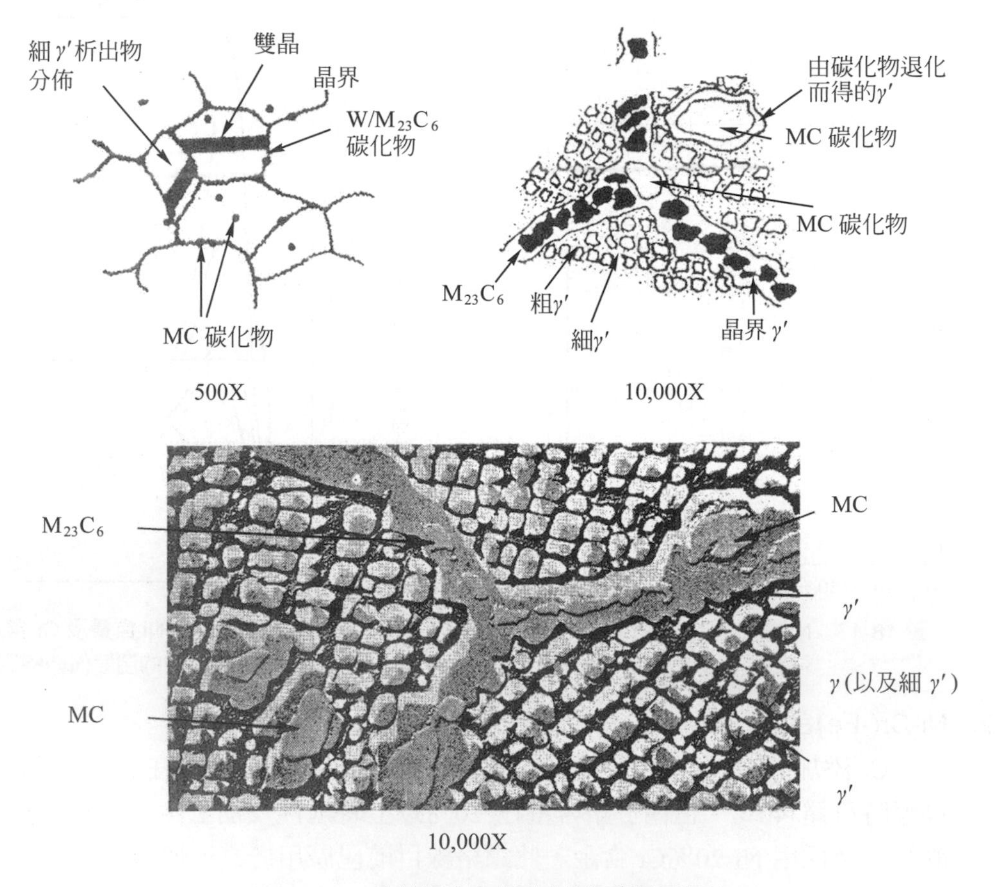

圖 18-19 鎳基超合金典型金相示意圖及照片

表 18-17　常見鎳基超合金組成及應用，並與鈷基及鐵基超合金比較

合金	成份(wt%)										渦輪引擎上用途
	Ni	Cr	Co	Mo	W	Al	Ti	C	Fe	其他	
鎳基											
B-1900	64	8.0	10.0	6.0	—	6.0	1.0	0.10	—	0.015B，0.10Zr，4.3Ta	渦輪葉片
PWA1422	58.3	9.0	10.0	—	12.5	5.0	2.0	0.11	—	0.015B，1.0Nb，2.0Hf	渦輪葉片
Waspaloy	58.3	19.5	13.5	4.3	—	1.3	3.0	0.08	—	0.006B，0.06Zr	渦輪葉片軸板
IN-100	60	10/9.5	15	3	—	5.5	4.2/4.7	0.018	—	0.014B，0.06Zr，1.0V	軸板
Incoloy 901	44.7	12.5	—	6.0	—	—	2.6	0.10	34	0.015B	軸板
MAR-M200	600	9.0	10.0	—	12.0	5.0	2.0	0.15	—	0.015B，0.05Zr，1.0Nb	
Hastelloy X	47.3	22.0	1.5	9.0	0.6	—	—	0.10	18.5	0.50Mn，0.50Si	燃燒器
Inconel 617	55.4	22.0	12.5	9.0	—	1.0	—	0.07	—		燃燒器
鈷基											
Haynes 188	20	22.0	39.2	—	14.0	—	—	0.10	1.5	0.75Mn，0.40Si，0.08La	燃燒器
X-40	10.5	25.5	54.0		7.5	—	—	0.50	—	0.75Mn，0.75Si	渦輪翼片
WI-52	—	21.0	63.0	—	11.0	—	—	0.45	2.0	2.0Nb，0.25Mn，0.25Si	渦輪翼片
MAR-M509	10.0	23.5	55.0	—	7.0	—	0.20	0.60	—	3.5Ta，0.50Zr	渦輪翼片
鐵基											
Discaloy	26.0	13.5	—	2.7	—	0.1	1.7	0.04	54.3	0.9Mn，0.80Si，0.005B	
V-57	27.0	14.8	—	1.25	—	0.25	3.0	0.08	52	0.35Mn，0.75Si，0.01B，0.50V	
N-155	20.0	21.0	20.0	3.0	2.5	—	—	0.15	30.3	1.50Mn，0.50Si，1.0Nb	

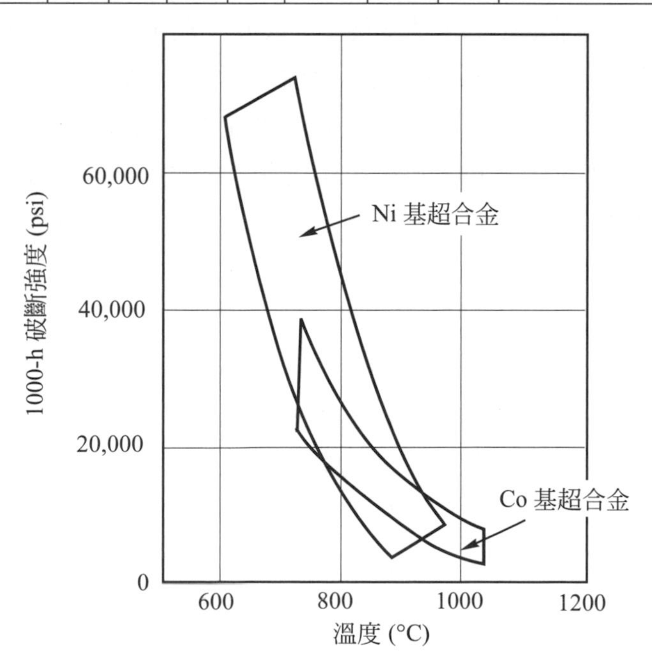

圖 18-20　高溫時 Ni 基及 Co 基超合金的破斷強度

18-3-6 鋅及鋅合金

鋅在非鐵金屬中，產量僅次於鋁、銅，價格亦甚便宜，純鋅主要用途爲鋼材的熱浸鍍鋅(hot dipping)或電鍍鍍鋅(galvanizing)，提供鋼鐵材料良好的耐蝕性，其次作爲其他金屬的合金元素，以黃銅的使用量最多；鋅板則大量用於電池的電極及照相製版之鋅片。而鋅合金廣泛使用爲壓鑄件，用途以汽車最多，如汽化器、燃料幫浦機體、速度表架、油壓煞車零件、托架等，電器製品也有很大的用量如洗衣機、燃油器、眞空吸塵器、廚房設備等，其他尙有打字機、記錄機、投影機、照相機、切片機等多項用途。

鋅爲 HCP 晶體結構，密度爲 7.133 g/cm^3，熔點爲 420℃，二次大戰前，德國即開發鋅合金以取代黃銅，因而促進鋅合金的發展，並於戰後大量應用於壓鑄件。鋅合金之所以在壓鑄工業爲一廣用材料，主要是由於鑄件成本低廉，壓鑄及機械車削容易，而其強度很高，除銅合金外，優於其他金屬壓鑄品，至於耐蝕性一般而言亦相當不錯。

由於 4%Al 含量有最大的強化作用，且具有很好的流動性，故壓鑄合金通常含 4%Al 之組成。其他合金，如 Zn-12Al 及 Zn-27Al，則可供砂模、鐵模、殼模或冷膛式壓鑄法鑄造，可用於需強度、硬度、耐磨、氣密性高的場合，常被用來取代傳統的鑄鐵件及青銅，應用性也很廣。

18-3-7 錫、鉛及其合金

錫的熔點爲 232℃，在 13.2℃發生同素變態 $\alpha Sn \leftrightarrow \beta Sn$ ，在 13.2℃以上爲 β 錫即白錫(white tin)，屬體心正方晶體(BCT)，密度爲 7.3 g/cm^3，在 13.2℃以下爲 α 錫即灰錫，屬鑽石立方晶體(DC)，密度爲 5.8 g/cm^3，由於 α 錫脆且其體積大於 β 錫 27%，故變態形成 α 錫時將發生粉碎現象，不過此一變態緩慢，通常需在更低的溫度才會發生。

錫最大的應用是鐵片鍍錫，即馬口鐵，作成食品罐頭耐蝕性良好，其有機酸錫有抑制腐蝕的作用，而且無毒。錫的展性好，早期作爲錫箔，供包裝裝飾等用途，但現大部份被鋁箔取代。其次是作爲銅合金的合金元素。此外與 Pb、Sb、Bi 等金屬可作成軟銲材料(soft solder)、易熔合金(fusible alloy)、活字合金(type metal)及軸承合金(bearing alloy)。

鉛的熔點爲 327℃，密度爲 11.36 g/cm^3，屬於面心立方晶體，利用其高密度，已被廣用爲子彈頭、釣魚及網魚之錘子、重錘等。雖然鉛對人體有毒，但在水中形成不溶性皮膜，早期用於自來水管，同時其耐酸性強，在化學裝置方面用途不少，如槽、管等。鉛對於放射線透過度低，常被用爲抗輻射的保護板或容器。鉛加入鋼鐵、黃銅、青銅、不銹鋼等合金中，可促進切削時的潤滑性及車屑的碎片化，對零件的快速切削很有貢獻。

1. 軟銲合金

Pb-Sn 合金爲最典型的軟銲合金，其相圖如圖 18-21 所示，共晶成份爲 61.9 %Sn，共晶溫度爲 183℃，常用的成分介於 Pb-5%Sn 與 Pb-50%Sn 之間，最常用的爲 Pb-40%Sn 及 Pb-50%Sn，適用於電線、自來水管、散熱器、鑲嵌玻璃之銲接與填補。銲接時須使用 NH_4Cl、$ZnCl_2$ 與松香混合的助熔劑，以促進清潔及潤濕結合作用。

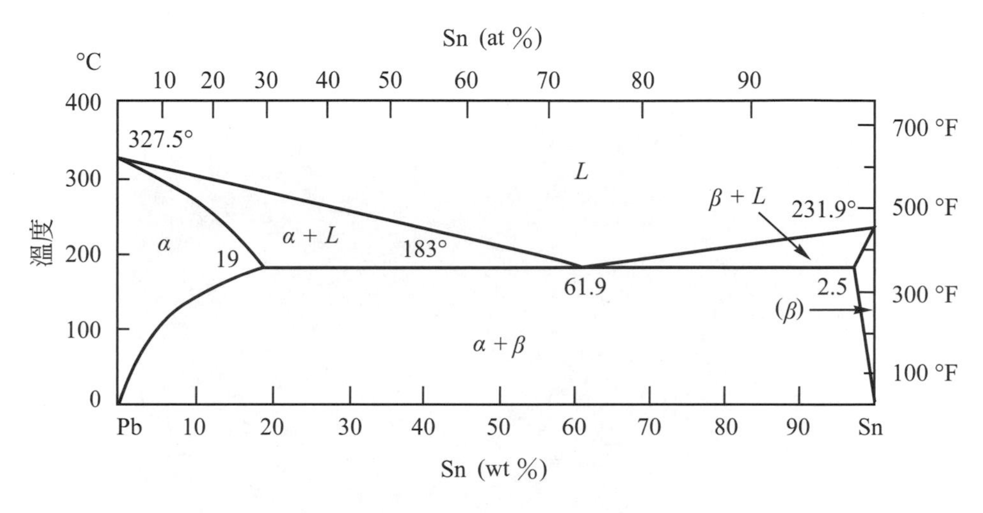

圖 18-21 Pb-Sn 合金相圖

2. 易熔合金

將 Pb、Sn、Bi、Cd 等元素，作適當比例之混合，可得熔點甚低的金屬，熔點在 233℃以下稱爲易熔合金，可作爲軟銲材料、保險絲、防火自動灑水器、自動排煙機等。

3. 活字合金

印刷用鉛板、活字等鑄造用合金須要求低熔解溫度、鑄造性良好，可在鑄造面形成精細凹凸線條，並要求有強度、硬度、耐磨耗、耐油墨腐蝕能力。而 Pb-Sb-Sn 合金即能滿足這些用途，其中 Sb 元素可產生時效硬化、減低凝固收縮量，改善鑄造面，而 Sn 元素可降低熔點、改善流動性，並使組織微細、提高韌性。

4. 軸承合金

滑動軸承(sliding bearing)係轉軸在其內表面旋轉滑動的機械零件，其材料包括鋁-錫合金、錫合金、銅-鉛合金、錫青銅粉末燒結之含油軸承、鑄鐵以及尼龍等塑膠。軸承合金應具有多項性能：(1)適當的強度及硬度，(2)有變形能力以適合轉軸面，(3)磨擦係數小，(4)耐磨性大，(5)耐疲勞性好，(6)具相當的耐蝕性，(7)容易鑄造，由於 Sn、Pb、Cu-Pb、Cu-Sn、Al-Sn 等合金頗能滿足這些條件故被廣用爲軸承合金。基本上，在油膜消失的情況下，欲使鋼製的轉軸與軸承間不發生咬住現象，其軸承材料之原子應大於鐵原子 15%以上，Sn 與 Pb 是最便宜最易得的材料，故在滑動軸承材料方面，兩者扮演十分重要的元素。

鉛基及錫基軸承合金稱為白合金(white metal)或巴氏合金(Babbit metal)，其中鉛基軸承合金為 Pb-Sn-Sb 系統，Sn 基軸承合金為 Sn-Sb-Cu 系統，以 Pb-12%Sn-14%Sb 合金為例，其金相組織如圖 18-22 所示，可看出針狀的初晶 Cu_6Sn_5 與方形體的初晶 SnSb(β 相)散佈在 Pb 與 SnSb 相之共晶組織中。由於初晶相較硬，基地較軟，運轉時軟質基地較低，有積油的效果，而 β 相突出以支撐荷重，構成相當理想耐磨組織。

圖 18-22 鉛基軸承合金之金相組織

18-3-8 貴金屬

貴金屬通常指金、銀、白金(platinum)及其合金，雖然其產量不大，但由於具有獨特的性質，使得它們有不少特定應用。

1. 金

金的熔點為 1064℃，密度為 19.3 g/cm^3，屬面心立方晶體，自古以來即被用為珠寶及裝飾之用途，純金定為 24K(24 karats)，因此 18K 金指含金量為 75%。為了提高強度、硬度，增進耐磨，金與銅、銀元素通常以不同比例作成 14K 至 18K 的 K 金，供作裝飾、項鍊、戒指。黃金的展性非常好，31g 的金可展成 300ft^2 的箔，或拉成毛髮般細線，金箔及金線可供裝飾或 IC 導線的用途。利用極高的熱反射性及耐氧化性，金也可用來作鍍膜以增進美觀或反射熱線。

2. 銀

銀的熔點為 962℃，密度為 10.49 g/cm^3，屬面心立方晶體結構，自古以來，亦被用作珠寶、裝飾或作成銀幣及食器。同樣地，銀很軟，須與其他金屬作成合金以增加硬度、強度，主要合金元素爲銅，如法定純銀(sterling silver)即爲 92.5 %Ag-7.5%Cu 合金。雖然 Ag 之導電率最高，但由於昂貴無法作爲一般導電體的用途，然而 Ag 粉與樹脂混合作成的導電銀膠，在電子工業有很大的應用量。

銀的反射率高，長久以來，被用於鏡子，係以 $AgNO_3$ 水溶液還原析出 Ag 於玻璃表面而得。而其化合物 AgBr 的感光性很強，照相底片、照片採用它爲感光材料。

3. 白金

白金的熔點爲 1769℃，密度爲 21.43 g/cm^3，屬面心立方晶體結構，它主要來自鎳精煉時的副產品。白金延性及展性皆很好，可加工成珠寶裝飾品，由於它的耐蝕性及抗氧化性特強，在實驗室中常被用於高溫熱電偶、電化學電極、坩堝、電路接點。白金具有獨特的觸媒作用，石油化學工業的石油裂解及精煉即以其作爲觸媒，同時利用它作汽車觸媒轉換器(automotive catalytic converter)可減少廢氣之污染。

重點總結

1. 金屬材料的製程包括熔煉、鑄造、變形加工、接合、熱處理與表面處理。
2. 常見的鑄造有金屬模鑄造、連續鑄造、砂模鑄造、壓鑄、包模鑄造、低壓鑄造；變形加工有軋延、鍛造、擠型、抽線、旋彎成型；熱處理有完全退火、製程退火、正常化、淬火與回火；表面處理有滲碳、氮化、高週波與火焰硬化。
3. 鋼鐵材料可概分爲碳鋼、低合金鋼、高合金鋼、鑄鐵。
4. 碳鋼以鐵、碳爲主，尙含 Mn、Si、P、S 元素，可分爲一般構造用碳鋼、機械構造用碳鋼及添加 S、P、Pb 或 Ca 的易切鋼。
5. 低合金鋼尙加入 Ni、Cr、Mo、W、V 或 Ti 等元素，總量在 5%以內，以增加硬化能及抵抗回火軟化，也稱作構造用合金鋼。
6. 高合金鋼主要有添加大量 Cr、W、Mo、V 的合金工具鋼與添加大量 Cr、Ni 的不銹鋼。
7. 鑄鐵分爲白鑄鐵、灰鑄鐵、延性鑄鐵、展性鑄鐵、合金鑄鐵，一共有五種。
8. 合金可分爲兩大類：鍛造用合金及鑄造用合金。
9. 鋁的熔點 660℃，容易熔解及鑄造，延性及加工性好，容易加工成各種製品。由於密度約爲 2.70 g/cm^3，僅鋼鐵材料的三分之一，已成爲最重要的輕金屬材料。
10. 純鋁的強度很低，但添加合金元素產生固溶強化、析出強化以及利用加工產生加工硬化，可獲得各種低、中、高強度的鋁合金，以滿足不同應用的要求。

11. 99.00%及更高純度的鋁具有極好的耐蝕性、光輝、導電性、延性，用途十分廣泛，主要的用途包括化學工業、電子電器工業、食品工業、包裝工業、建築裝潢工業。

12. 鍛造用鋁合金或鑄造用鋁合金，依其可析出硬化與否又分為熱處理型與非熱處理型兩大類，前者指可以藉析出硬化處理來提高強度，這些合金為 2xxx、6xxx、7xxx、2xx、3xx 及 7xx，而其他系列鋁合金則為非析出硬化型合金或非熱處理型鋁合金，主要是靠固溶強化及應變硬化來達到硬化的效果。

13. 2000 系鍛造用 Al-Cu(-Mg)合金經時效處理後具有高強度，僅次於 7000 系 Al-Zn-Mg(-Cu)合金，不但成為最早應用於飛機的結構材料，至目前仍有相當的數量被採用，如螺絲、鉚釘、骨架、蒙皮等。

14. 3004 合金(Al-Mn-Mg)的強度優於純鋁，耐蝕性則差不多，廣泛使用為烹調用具、日常生活器具、易開罐等。

15. Mg 元素固溶於鋁基地中可產生很大的固溶強化，並能保持很好的延展性及耐蝕性，此外由於銲接強度與退火強度相同，延性又很好，是鋁合金中最適合作銲接的材料，因此 Al-Mg 合金廣泛的應用於裝甲車、火車、船舶及建築等結構材料，如 5083、5086 合金。

16. 6000 系合金屬於中強度合金，僅次於 7000 系及 2000 系合金。由於擠型性、耐蝕性、銲接性甚佳，陽極處理效果也很好，已廣泛的應用在建築結構材料如 6061 及 6063 合金。

17. 鎂具有低密度(1.74 g/cm^3)、良好的車削性以及甚高的強度，用於質量要求甚輕的場合，如梯子、手工具、3C 產品等。

18. 鈦具有高熔點(1670℃)、低密度(4.5 g/cm^3)及優越耐蝕性等特質，使得它在許多用途成為極重要的合金材料，包括化工設備、飛機用的耐溫合金、外科置入金屬等。鈦在 883℃以上為 BCC 晶體結構的 β 相，在 883℃以下為 HCP 晶體結構的 α 相。鈦合金可分為三大類，即全 α 相、$\alpha+\beta$ 相與全 β 相鈦合金，各具性質及應用。

19. 純銅之導電率僅次於銀，但較便宜，純銅在導電體的用途比銅合金用量還大。

20. Cu-30%Zn 合金具有最大的延性及最佳加工性，廣泛的用於板、棒、管、線等加工材及各種加工成型品，俗稱七三黃銅；Cu-40%Zn 合金由於 β 相的存在，使強度達到最高值，但延性、加工性變差，須在約 700℃作熱加工，主要用於強度要求較高的閥、桿、螺栓、螺帽及管件等，俗稱六四黃銅。

21. Cu-Sn 合金的鑄造性及耐蝕性很好，又具有耐磨性及強度，故被廣泛用為銅合金鑄件，部份則用於鍛製品。

22. 蒙納合金含約 65%Ni、30%Cu 以及其他元素，由於它們具有極優良的耐蝕性及中等強度，加工的板、棒、線、管以及鑄件有相當廣泛的用途，尤其在化工機械及裝置方面。

23. Cu-1.9%Be 合金具析出硬化的特性，硬度可達 Rc42，用途有高導電性的彈簧、銲接用的電極及打擊不生火花的安全工具。

24. Ni-Fe 合金在約 36%Ni 含量時，熱膨脹係數呈最小值約 0.9×10^{-6}，也就是由室溫到 200℃，長度幾乎不變，稱爲不變鋼，可用於捲尺、長度量測計、鐘錶零件及雙金屬片等。

25. 飛機噴射引擎及蒸氣渦輪機的材料須承受嚴格的考驗，包括高溫腐蝕、高溫氧化及高溫潛變等，只有特殊的合金才能符合此一要求，有鎳基超合金、鈷基超合金以及鐵基超合金三類，其中以鎳基超合金應用最廣泛。

26. 在油膜消失的情況下，欲使鋼製的轉軸與軸承間不發生咬住現象，常採用鉛基及錫基軸承合金做滑動軸承，稱爲白合金或巴氏合金。

27. 白金的耐蝕性及抗氧化性特強，在實驗室中常被用於高溫熱電偶、電化學電極、坩堝、電路接點。白金具有獨特的觸媒作用，石油化學工業的石油裂解及精煉即以其作觸媒，並利用它作汽車觸媒轉換器減少廢氣之污染。

習 題

1. 試比較砂模鑄造、壓鑄、包模鑄造、低壓鑄造的優缺點。
2. 簡述變形加工的製程與用途。
3. 簡述鋼鐵完全退火、製程退火、正常化、淬火與回火處理的目的。
4. 回火處理可能產生的微結構變化有哪些？
5. 鋼鐵中添加 Ni、Cr、Mo、W、V 的目的何在？
6. 碳鋼與低合金鋼在使用上有何差別？
7. 高強度低合金鋼的特色爲何？
8. 碳工具鋼與合金工具鋼的應用上有何差異？
9. 肥粒型與沃斯田鐵型不銹鋼在成分與機械性質上有何差異？
10. 白鑄鐵、灰鑄鐵、延性鑄鐵、展性鑄鐵的微結構與機械性質上有何差異？
11. 鋁大量用於食品之包裝容器，如易開罐、鋁箔紙罐等，請問那些特性造就它在這方面的應用。

12. 當 6061 鋁合金經 600℃熱加工後急速冷卻，在室溫中自然硬化，應賦予何種處理代號？

13. 如果考慮採用降伏強度爲 350 MPa 的鋁合金取代強度 700 MPa 的鋼製護欄，請計算其半徑變化比例以及重量變化比例。

14. 若鎂合金中含有 2wt%Al 及 1wt%Si，其合金代號應如何表示？

15. 在平衡狀況下，Sn 在 Cu 中的室溫溶解度應爲多少？Cu-10 %Sn 合金應含有多少 Cu_3Sn 相(ε 相)？

16. Cu-Zn 合金在工業上的應用通常不超過 40%Zn，主要原因爲何？

17. Cu-2%Be 合金經時效處理後可得很高的強度，你認爲在航空結構材料上有競爭能力嗎？試解釋之？

18. 比較全 α 相鈦合金及全 β 相鈦合金的優點以及用途。

19. 將 1 盎斯的黃金鎚成 5.27m 正方的金箔，其厚度應爲多少？何種性質與此一加工有關？

20. 請將下列左右兩欄之項目作成配對：

(1) 最高導熱率	① Cu-Be
(2) 軟銲合金	② Ag-Cu
(3) 外科植入材料	③ 白金
(4) 電阻應變計	④ 康史登銅(constantan)
(5) 7xxx 系合金所含主要元素	⑤ Ag
(6) 不生火花工具	⑥ Ti
(7) 低密度	⑦ Sn-Pb
(8) 低熱膨脹率	⑧ Mg
(9) 觸媒	⑨ Zn
(10)法定純銀(sterling silver)	⑩ 36Ni-Fe

參考文獻

1. 呂璞石、黃振賢，金屬材料，增訂版，文京圖書，1987。

2. Michael F. Ashby, Materials Selection in Mechanical Design, 4th edition, Elsevier, Amsterdam, 2010.

3. 林樹均、葉均蔚、劉增豐、李勝隆，材料工程實驗與原理，全華圖書，1990。

4. Robert E. Reed-Hill, Reza Abbaschian, Physical Metallurgy Principles, 4th Edition-SE Version, Cengage Learning, Stanford, 2009.

5. J. E. Hatch, "Aluminum: Properties and Physical Metallurgy", ASM, Metals Park, Ohio, 1984.

6. C. R. Brooks, "Heat Treatment, Structure and Properties of Nonferrous Alloys",ASM, Metals Park , Ohio, 1982.

7. Metals Handbook, Vo1. 9, "Metallography and Microstructures", 9th Edition, ASM, Metals Park, Ohio, 1985.

8. William F. Smith, "Structure and Properties of Engineering Alloys", 2nd Edition, McGraw-Hill, Inc. New York, 1993.

chapter

19

複合材料

一個科技領域的發展常取決於該領域的材料進步情形，即使我們不是專家也可以理解到噴射引擎渦輪機的高溫、高壓及腐蝕性的嚴苛條件下，若沒有超合金這類的好材料，是絕對做不出來的。同樣的道理，複合材料的出現也是為了解決更嚴苛的性能要求而做出來的人造材料。

複合材料是什麼呢?它就是由金屬、陶瓷、塑膠三種基本材料中，兩種或多種性質不同的材料合在一起變成一個新材料，互相擷長補短，而得到更佳的性能。基本上，複合材料內部有兩個基本相，一為強化材(reinforcement)，一為基材(matrix)。強化材可以是三個基本材料中的一種，主要用來提供強度或一些特殊性質，其形狀可以是纖維狀、顆粒狀或板狀；而基材是用來將強化相結合在一起，也可能是三種基本材料的一種，基材除黏結效果外，尚有可能提供一些特別性能，如提供韌性、保護強化材等。

複合材料的分類上有兩種方法，一種是以強化材的形狀來分類，如粒子複合材料，纖維複合材料及板狀複合材料。另外一種分類方法是以基材種類來分，有塑膠基複合材料(polymer matrix composite，PMC)、金屬基複合材料(metal matrix composite，MMC)及陶瓷基複合材料(ceramic matrix composite，CMC)三大類。

學習目標

1. 定義複合材料與分類複合材料。
2. 理解複合材料的特性。
3. 了解各種強化纖維的製造與特性。
4. 知道複合材常使用的基材及其做成複合材的主要目的。
5. 理解界面對複合材料的重要性及如何處理界面。
6. 了解各種纖維複合材的製程、特性與應用。
7. 了解各種板複合材的製程、特性與應用。
8. 導出纖維複合材的縱向與橫向彈性模數。
9. 說明纖維複合材的強度偏離混合法則的情形與原因。
10. 說明陶瓷纖維與陶瓷基材都很脆，做成複合材後，爲何會變得較韌？

嚴格說來，複合材料的觀念並不新穎。自然界中複合材料的例子俯拾即是，如棕櫚樹葉子是用纖維強化觀念的懸臂；木材是纖維素纖維靠木質素基材來結合的複合材料；骨骼則是軟性膠原蛋白(collagen)短纖維嵌入磷灰石基材的複合材料。即使人造複合材料中，很早便開始使用，如橡膠內含碳黑，以防紫外線破壞；水泥與砂石做成混凝土，以得到經濟堅固的建材；玻璃纖維強化樹脂的塑鋼；都是耳熟能詳的例子。雖然如此，複合材料科學能獨立爲一門學問，保守的說應是 1960 年代以後才有，1965 以後的研究發展才大量增加。因爲在 1960 年代以後，對材料期待更剛性(stiffness，即抵抗變形的能力)、更強(strength，即抵抗破壞的能力)且更輕，以利用於各色各樣的航空、太空、能源及日常用品上。此一更高性能的要求，不再是三種基本材所能達到，於是就想到組合不同材料，以達到單項材料所得不到的性能，且有更大的設計空間。這種較新的複合材料稱之爲尖端複合材料(advanced composites)，通常是一些特別強的纖維強化塑膠、金屬或陶瓷材料。

複合材料是一具有低密度、低膨脹、高強度、高剛性、高疲勞強度特性的好材料，尤其是講求輕量的航空、太空結構材料市場上有莫大的潛力。若是以單位重量能提供的剛性、強度來看，即比剛性(彈性模數／密度，specific stiffness)、比強度(抗拉強度／密度，specific strength)，複合材料更是沒有其他材料可以比擬；唯一的缺點是太貴。以尖端複合材料所用的尖端纖維來說，每公斤約需台幣 2～30 萬元(而鋁 1 公斤不到 50 元，鋼 1 公斤不到 20 元)；另外，複合材料的製程較傳統製程昂貴。這些原因造成複合材料仍不是很普遍的產品。本章先從複合材料的基本相：強化材與基材談起；再談及界面，接下來介紹各種人造複合材料；最後再略述木材與混凝土。

19-1 強化材

複合材料所使用的強化材，主要是一些粒子或纖維。粒子強化複合材料的主要目的不外乎增加彈性模數及耐磨性，所以使用的粒子都是較耐高溫的強化粒子，如 SiC、Al_2O_3、SiO_2；或者如石墨這種可導電又可潤滑的強化材。

纖維則本身的強度比塊狀材料來得大，一般認爲纖維由於尺寸較小，缺陷較少的緣故；而且細長的纖維也有彎曲較容易的優點。再者有很多纖維都具有極高強度與模數及相當低的密度，亦即有極高的比剛性與比強度，所以纖維是最常用爲結構用複合材料的強化材。以下將介紹各種纖維強化材。

19-1-1 玻璃纖維

玻璃材料屬於脆性材料，對缺陷非常敏感；但若是剛作成的玻璃，未產生表面缺陷時，則玻璃仍有很大的強度。因此我們可以將玻璃抽成絲後立刻將表面保護起來，則得到的玻璃纖維有很高的強度。用來作玻璃纖維的玻璃成份有兩種，最常用一種爲電器絕緣 E-玻璃，佔 90％以上的玻璃纖維市場，其成份為 55.2％SiO_2-18.7％CaO-8.0％Al_2O_3-7.3％B_2O_3-4.6％MgO-0.3％Na_2O-0.2％K_2O；另外一種為高強度 S-玻璃纖維，則強度較大也較貴，用於較特殊的場合，其成份為 65.0％SiO_2-25.0％Al_2O_3-10.0％MgO-0.3％Na_2O。

玻璃纖維的製造過程如圖 19-1 所示，先將配好成份的原料以漏斗放入爐內熔化後，再流入白金孔套(bushing，內含 200 個小孔洞)，靠重力讓玻璃流出，形成細絲；經過上漿器，加上一有機漿劑，以保護纖維，作潤滑劑及作為基材之相容界面；再收集成束而後纏繞起來。最後的纖維直徑取決於孔套口徑及玻璃膏的黏滯性(與成份、溫度有關)。

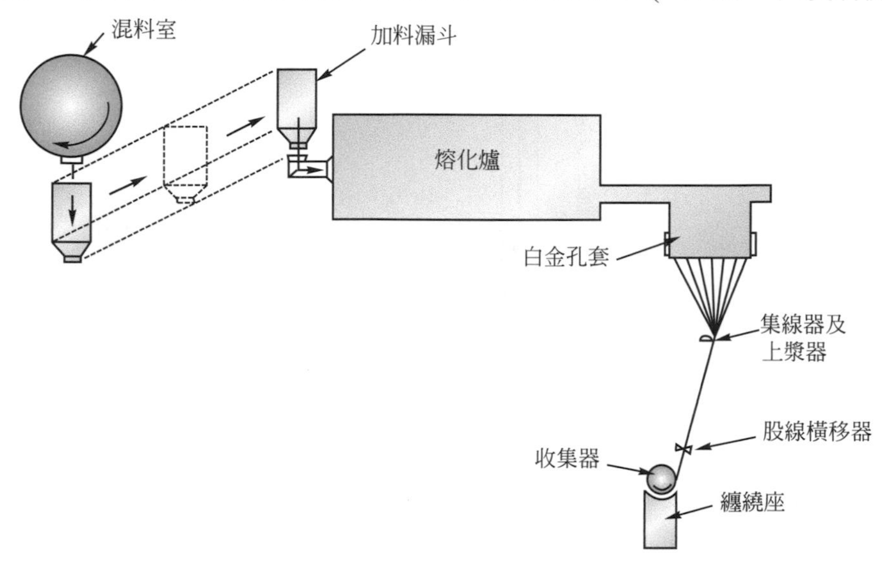

圖 19-1　玻璃纖維的製程(Ref. 1, p. 12)

19-1-2　硼纖維

硼本身是一脆性材料，商用上將硼以氣相蒸鍍(chemical vapor deposition，CVD)於基質(substrate)心線上，亦即硼纖維本身是複合材料。由於蒸鍍時需相當高溫，故其基質心線只能使用非常耐溫的鎢絲或碳絲。1959 年托雷(talley)將鹵化物還原於熱鎢絲而得到非晶質硼纖維，從此，強而輕的硼纖維就受到航空、太空的持續重視。

硼纖維的製法，如圖 19-2 所示，將鎢心絲(直徑約 10 μm)進入氫氣還原室，清潔表面；再進入含 H_2 及 BCl_3 氣體的反應室；反應室間以水銀封口，水銀並作為電極，來輸入電流以加熱心線，而依下式將硼還原於熱鎢絲上。

$$2BCl_3 + 3H_2 \rightarrow 2B + 6HCl \qquad (19\text{-}1)$$

BCl_3，是昂貴化學品，且只約 10 ％轉換成 B，所以通常要回收使用。硼纖維的好壞決定於心線溫度(約 1100℃)及速度(約 1～3 m/min)。而製造過程的高溫，使鎢心線與硼反應而產生一些 W_2B、WB、W_2B_5、WB_4 的界面反應物。製造複合材料時，要阻止硼纖維與基材(如鋁)反應，可利用 CVD 再蒸鍍一層 SiC 來保護。

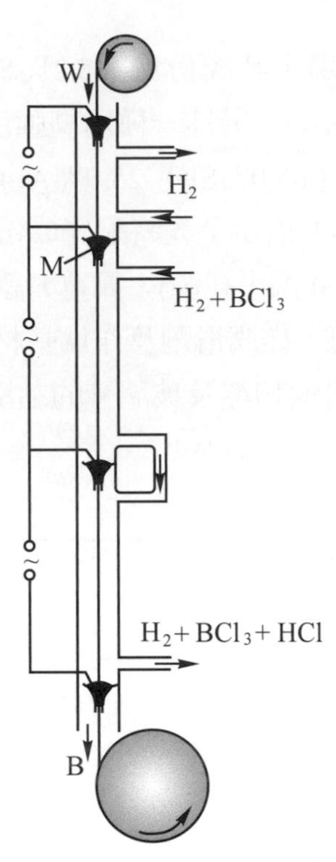

圖 19-2　硼纖維的製程(From A.C. Maaren et al., Philips Tech. Rev.,35(1975)125.)

19-1-3　碳纖維

碳爲輕元素，比重爲 2.27，其結晶構造主要爲六方層狀石墨，有極大的異向性。平行層狀的彈性模數可達 1000 GPa；而垂直層狀只有 35 GPa。所以製造碳纖維要儘量將層狀排列在纖維軸方向上，以得到最大的強度及模數。碳纖維可算是種類最多，用途最廣的纖維，主要可分爲丙烯腈(polyacrylonitrile，PAN)系及瀝青(pitch)系兩種。

碳纖維的原料通常是一些有機纖維祖材(precursor)，是特殊高分子纖維，可碳化而不熔化。將有機纖維祖材先經安定化處理，以避免後續的高溫處理時發生熔化；再經碳化處理，以除去不要的非碳元素，即爲碳纖維。若要性質更好(較高模數)，則可以進一步作石墨化處理。

丙烯腈系碳纖是在 1961 年，由日本的 Shindo 教授首先做出 170 GPa 的高模數纖維；隨後 1963 年，英國學者利用拉張來得到 600 GPa 的高模數碳纖維。PAN 系碳纖維的製造流程如圖 19-3 所示，先將丙烯腈祖材纖維拉張，以使大分子沿軸向排列，然後在空氣中 250℃數小時安定化(氧化)，以防熔化。在安定化時要保持拉張，使丙烯腈變成梯狀剛性高分子；碳化時不必再拉張，於惰性氣氛中緩慢加熱到 1000～1500℃；其中氫在 400～600℃時被除去，而氮則在 600～1300℃被除去。碳化後得到六方絲帶網狀的亂層(turbostratic)石墨結構，絲帶大略與纖維軸向相同，但相對規則性很小。有必要時可再作更高溫(如 3000℃)石墨化處理，以提高彈性模數。因此碳纖維的機械性質主要看最後熱處理的溫度。若要高強度碳纖(如 3000 MPa)通常在 1500℃碳化後即可；若要得高模數碳纖(如 400 GPa 以上)，則需在 2400℃以上做石墨化處理。

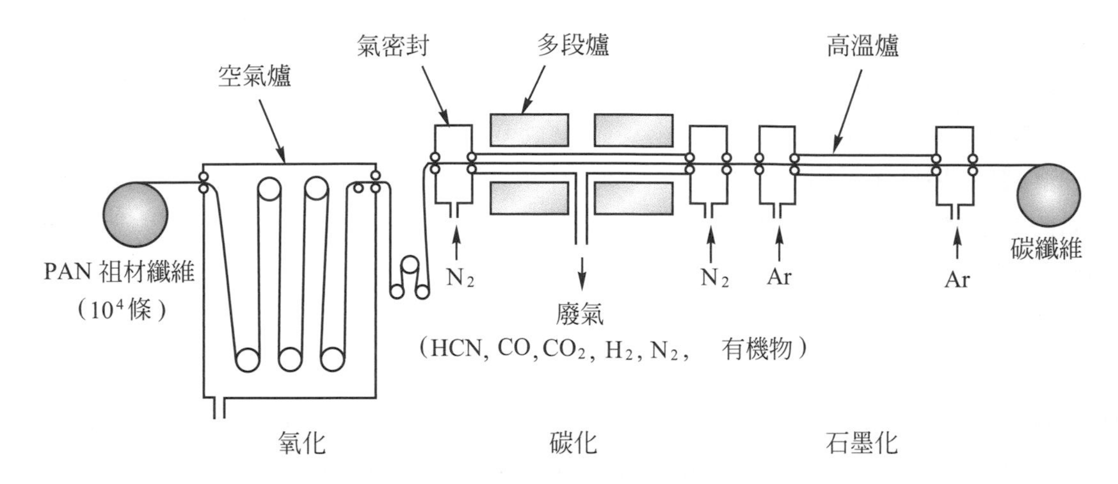

圖 19-3　PAN 系碳纖維的製程(From A.A. Baker, Metals Forum, 6(1983)81.)

瀝青系碳纖具有原料便宜(柏油、煤焦油皆可用)，產率高的優點。商用上將瀝青的多種有機高分子(芳族，分子量在 400～600)，在 350℃長時間加熱，使瀝青液體變成高度排列的液晶相，再熔紡成碳纖維材。熔紡過程的大剪力及拉長，使高分子達高度優先方向排列，轉化成碳纖時可進一步排列。熔紡後，再經氧化成交聯結構防止熔化，然後再作碳化及石墨化，不必再拉張即可得高模數纖維。

碳纖的微結構，基本上是由許多石墨層帶(lamellar ribbon)粗略沿纖維軸向排列，而中間縱橫交叉一些交鏈，如圖 19-4 所示的穿透式電子顯微鏡照片；石墨化溫度愈高，排列程度愈高，規則層的厚度也愈大。由於碳纖是由有機祖材碳化而成，少掉一些原子，密度也較祖材大，所以其外形是一些縱向浪紋沿纖維軸向排列，如同曬乾的麥稈。

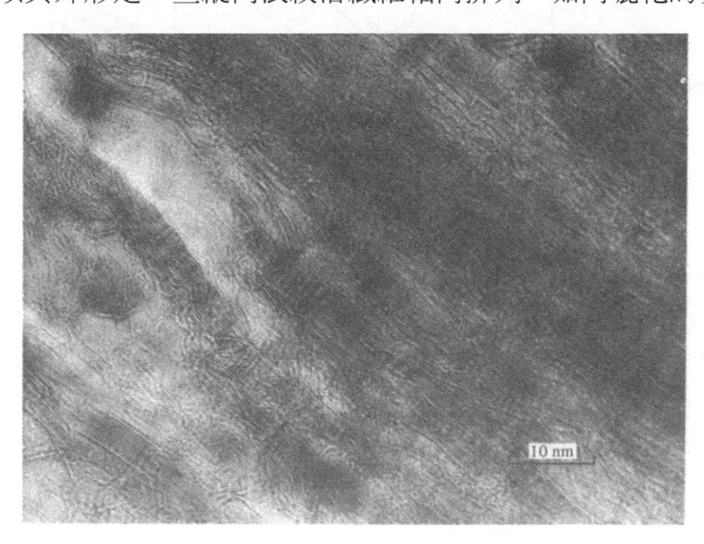

圖 19-4　碳纖維的高倍電子顯微鏡照片 (From D.J. Johnson et al., Phil.Trans. R. Soc. London, A294(1980)443.)

19-1-4 有機纖維

碳鍵本身即很強，所以若能將有機線性分子高度方向性規則排列，則可得到相當強硬的高分子纖維。在 1970 年代出現兩種有機剛強纖維，一為聚乙烯纖維，一為聚醯銨纖維。聚乙烯纖維是將高度結晶的大分子聚乙烯(10^4～10^5 分子量)熔湯高抽拉比抽出，可達 70 GPa 的模數；另外也可以用溶凝膠(sol-gel)法紡出高分子量(大於 10^6)的聚乙烯纖維，可達 200 GPa 的模數。後者先把聚乙烯大分子溶於溶劑中，使其產生層狀結晶再變成黏度較大的凝膠，而後紡成絲(1.5 m/min 的速率)。

聚醯胺纖維是杜邦公司於 1971 年推出的克夫龍(Kevlar)，一般是將聯胺($NH_2 \cdot NH_2$)與鹵化二酸(diacid halides)，在低溫縮合聚化於溶液中，而得到液晶規則狀態再紡成絲。由於這種基於苯環的環狀化合物構成剛性棒狀高分子，具有高玻璃轉換溫度(T_g)及低溶解度，而難以用傳統抽拉技術，需用液晶狀高分子溶液來熔紡。克夫龍的結構如圖 19-5 所示，圖(a)為分子排列情形，顯示縱向為主鍵結，橫向為氫鍵次鍵結，所以克夫龍纖維性質上有很大的異向性；而圖(b)為其微結構示意圖，顯示結晶片沿直徑方向排列，沿軸向則為打摺排列，晶片間只靠微弱的氫鍵連接。所以克夫龍纖維縱向剪模數很低，不耐壓縮，橫向性質也不良。

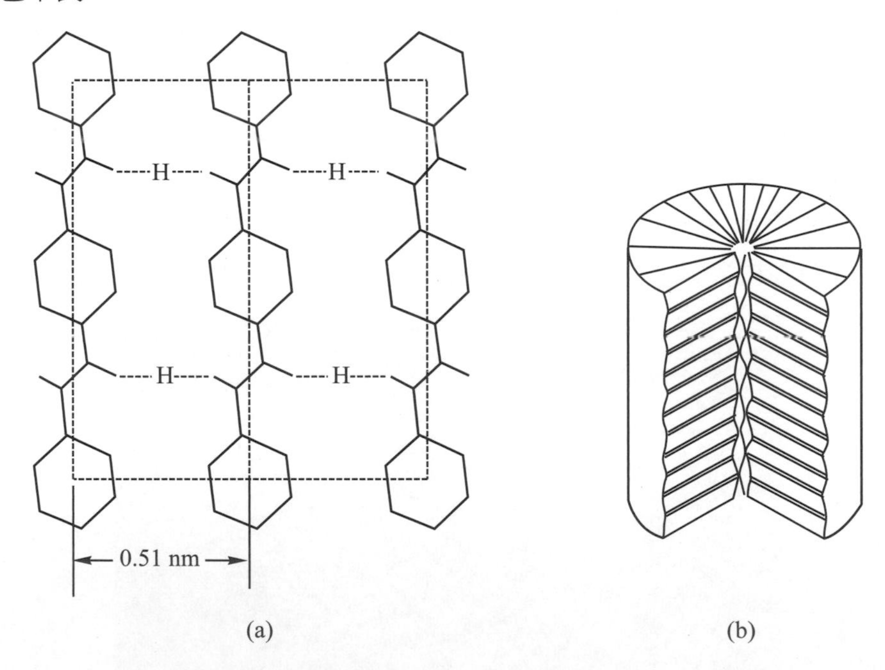

圖 19-5 克夫龍的(a)分子結構(Ref. 1, p. 47)與(b)微結構(From M.G. Dobb et al., Phil. Trans. R. Soc. London, A294(1980)483.)

19-1-5 陶瓷纖維

陶瓷纖維除高模數、高強度外尚具有耐溫、耐蝕的特殊性質，所以常用於高溫複合材。陶瓷纖維可用 CVD、高分子熱解(polymer pyrolysis)或溶凝膠法；CVD 法如同硼纖維製法，利用氫氣還原烷基矽烷(alkylsilane)得到 β-SiC 沈鍍於鎢或碳心線上；後兩種方法是從有機金屬高分子變成陶瓷的巧妙技術。高分子熱解法類似碳纖維製法，將含有 Si、N、C 或 B 的高分子纖維加以熱解，即可能得到 SiC、Si_3N_4、B_4C、BN 這類纖維；溶凝膠法是先將金屬烷基氧化物水解(hydrolysis)產生溶膠，經紡絲再膠凝，再經中溫緻密化即可。而在眾多的陶瓷纖維中，較常見的是 Al_2O_3 與 SiC 兩種。

SiC 尚有一種鬚晶(whisker)，它是一種沒有線缺陷(只有一條軸向旋差排)的單晶長條，具有極大強度(可達 8.4 GPa 抗拉強度，模數達 580 GPa)；直徑約數微米，長度則為數毫米，長闊比(長度/寬度，aspect ratio)在 50～10,000 之間。其製程是利用 1400℃高溫，將過渡金屬熔化作為液滴觸媒，通入 SiO、H_2、CH_4 氣體，使其長出 SiC 固體鬚晶。另外 1970 年代有一種新製程，從稻殼灰中提煉出 SiC 的粒子及鬚晶，是廢物利用的範例。因為稻殼中含有 C 及 Si，其中 Si 是以單矽酸(如 H_2SiO_3 或 H_2SiO_4)沉積在稻殼的纖維素中，先將稻殼在無氧狀態下加熱到 700℃，使揮發性化合物消失，此時約含等量的 SiO_2 與 C，再置於惰性或還原氧氛中，加熱到 1500-1600℃，而依下式反應產生 SiC 鬚晶。

$$3C + SiO_2 \rightarrow SiC + 2CO \quad (19\text{-}2)$$

19-1-6 金屬纖維

許多金屬細線有相當高的強度水平，最主要的有鈹(低密度與高模數)、鋼(高強度與低價格)及鎢(高模數與耐高溫)。金屬纖維最大的優點是強度值非常一致。傳統的抽線方法可製造 100 μm 以上的金屬絲；低於此，加工成本上升得很快，使加工成本比原料貴許多。極細的金屬絲(10 μm 或更小)可用泰勒法(Taylor)來做，此法是以犧牲材料(如玻璃)包覆金屬線，再加熱到包覆材軟化且心線熔化或軟化，再抽成細絲，然後用浸蝕法將包覆材除去。

19-1-7 各種纖維性質比較

表 19-1 列出一些纖維與鬚晶的性質，與一般單項材料比較，這些強化材具有相當高的彈性模數及抗拉強度(如鋁的模數及強度分別為 70 GPa 及 0.4 GPa，而碳鋼則為 210 GPa 及 0.5 GPa)；再加上纖維一般密度較小，所以單位重量能提供的強度、模數(即比強度、比模數)就遠高於金屬材料，這也是為何要使用複合材料來代替單項材料的原因。此外，像

碳的熱膨脹係數可以為負值，基材則是正值，於是我們就可能製作一個膨脹係數為零的複合材料，而可以用在精密儀器上，不會因溫度變化而變形。

各種纖維來比較的話，從表 19-1 中可以看出玻璃纖維是一個強度大但剛性(模數)不高的強化材；而碳纖則是剛性大，強度也大，但斷裂應變較小的強化材。有機纖維(如克夫龍)的密度特別低，所以其比強度、比模數較其他纖維來得高，但缺點就是使用溫度不能太高(＜200℃)。若以直徑來看，除用 CVD 製造的硼纖或 SiC 纖維外，一般纖維的直徑都在 10 μm 左右。至於金屬纖維，其強度、模數都很高，可惜其密度通常很大。最後的纖維是鬚晶類，但是鬚晶無法作成連續長纖維，只能算是短纖維而難以有效的單向排列，所以用途不如碳纖那麼廣泛。

表 19-1　一些纖維及鬚晶的性質(From Ref., 1 and Ref. 4)

	直徑 μm	密度 g/cm^3	彈性模數 [a] GPa	抗拉強度 GPa	斷裂應變 %	膨脹係數 $10^{-6}K^{-1}$	熔點 (℃)
纖維類							
E 玻璃	8～14	2.55	70(70)	1.5～2.5	1.8～3.2	4.7(4.7)	＜1725
S 玻璃	8～14	2.50	85	3.5	－	－	＜1725
硼纖維	100～200	2.27～2.58	370～400	3.0～4.0	－	8.3	2030
高強度 PAN 系碳纖	7	1.74	250(20)	3.9	1.0	－0.5～1 (7～12)	3700
高模數 PAN 系碳纖	7	1.84	390(12)	2.5	0.5	－0.5～1 (7～12)	3700
高模數瀝青系碳纖	11	2.10	700	2.1	－	－	3700
克夫龍 49	12	1.45	125	2.8	2.3	－2～－5	＜300
克夫龍 29	12	1.45	65	2.8	4.0	－	＜300
FP(Al_2O_3)	20	3.95	379	1.4	－	－	2015
住友鋁矽氧	9	3.2	250	2.6	－	－	＜2015
Nextel 312	3.5	2.7	152	1.7	－	－	＜2015
CVD SiC	100～200	3.3	430	3.5	－	5.7	2700
Nicalon	10～20	2.6	180	2	－	－	2700
鈹	－	1.83	300	1.26	－	11.6	1280
鎢	＜25	19.3	360	3.85	－	4.5	3400
鉬	＜25	10.2	310	2.45	－	6.0	2600
0.9％碳鋼	100	7.8	210	4.25	－	11.8	1300
18-8 不銹鋼	50～250	8.0	198	0.7～1.0	－	18.0	－

表 19-1　一些纖維及鬚晶的性質(From Ref., 1 and Ref. 4) (續)

	直徑 μm	密度 g/cm^3	彈性模數 [a] GPa	抗拉強度 GPa	斷裂應變 %	膨脹係數 $10^{-6}K^{-1}$	熔點 (℃)
鬚晶類							
SiC	0.1～1.0	3.17	550	13.8	–	–	2700
Si_3N_4	0.2～0.5	3.18	380	13.8	–	–	–
$K_2O_6 \cdot TiO_2$	0.2～0.3	3.58	274	6.9	–	–	–
Al_2O_3	3	3.30	300	2.0	–	–	1982
石墨	0.05～5	2.2	750	21	–	–	3700
鉻	–	7.2	241	8.9	–	–	1890
銅	–	8.92	124	2.9	–	–	1083

註：*a*(　)內為橫向性質，即與纖維軸向垂直者。

19-2 基材

前面幾章所談的各種金屬材料、陶瓷材料及聚合體，原則上都可用為複合材料的基材，但在複合材料中講求的是質輕而強硬，所以常用的基材都是一些比重較小的陶瓷、聚合體或金屬。基材的目的是將強化材能黏起來，夠將負荷傳給纖維，進而達到複合強化的目的。常見的基材列於表 19-2。

表 19-2　一些基材的性質(From Ref., 1 and Ref. 4)

基材	抗拉強度 MPa	彈性模數 GPa	降伏強度 MPa	斷裂韌性 $MPa \cdot m^{1/2}$	膨脹係數 $10^{-6}K^{-1}$	密度 g/cm^3	耐溫能力 ℃
聚合體							
聚酯	40～90	2～4.5	–	–	100～200	1.2～1.5	50～120
環氧樹脂	35～100	3～6	–	–	80～110	1.1～1.4	120～250
聚醯亞胺	120	4	–	–	90	1.46	260～425
PEEK	92	–	–	–	–	1.30	310
聚碸	75	–	–	–	94～100	1.25	175～190
金屬材料							
鋁合金	250～480	70	100～380	23～40	–	2.3～2.9	300
Ti-6Al-4V	1000	110	900	120	–	～4.5	450
純鋁	200	70	40	100	22.5	2.7	300
純鎳	400	210	70	350	–	8.91	1000
不銹鋼(304)	365	195	240	200	–	–	～500

表 19-2 一些基材的性質(From Ref., 1 and Ref. 4) (續)

基材	抗拉強度 MPa	彈性模數 GPa	降伏強度 MPa	斷裂韌性 $MPa \cdot m^{1/2}$	膨脹係數 $10^{-6}\ K^{-1}$	密度 g/cm^3	耐溫能力 ℃
陶瓷材料							
硼矽酸玻璃	100	60	–	–	3.5	2.3	～400
LAS 玻璃陶瓷	100～150	100	–	–	1.5	2.0	–
Al_2O_3	250～300	360～400	–	–	8.5	3.9～4.0	–
SiC	310	400～440	–	–	4.8	3.2	–
Si_3N_4	410	310	–	–	2.25～2.87	3.2	–

聚合體是便宜易加工的材料，雖然強度、模數、耐溫能力均不高；但因低密度及易加工，所以大部份的複合材料都是以聚合體爲基材。最常用的是熱固性聚酯(PES)及環氧樹脂(epoxy)。前者的優點是耐濕性、耐化學藥品、耐氣候、耐時效及較便宜，可以使用到 80℃，且與玻璃纖維容易結合；其熟化(curing)收縮是在 4～8%；大部份的玻璃纖維強化複合材料都是聚酯基材。熱固環氧樹脂較聚酯貴，但有較佳的耐濕性、低熟化收縮(～3%)、耐溫較高及與玻璃纖維黏著良好的優點。另外有較耐溫的聚醯亞胺(polyimide)，高韌性熱塑聚合體基材，像聚醚酮醚(polyetherether ketone, PEEK)與聚碸(polysulfone，$R\text{-}SO_2\text{-}R'$)。常見聚合體基材的性質列於表 19-2。

金屬材料本身可藉加工強化、固溶強化、析出強化，而提高降伏強度或抗拉強度；但是對於彈性模數並未明顯增加。要提高金屬材料的彈性模數還是加入高模數纖維最爲有效，它同時也能提高強度。再者纖維本身的比重通常比金屬來得低，所以在比強度、比模數方面，提高能力更是明顯。用在複合材料的金屬基材，以鋁合金爲主，因爲熔點低、密度低；另外鈦合金也逐漸受到重視，因爲鈦合金可說是比強度最大的金屬。在特殊用途上，則不銹鋼及鎳合金常用在耐溫用途上。表 19-2 也列出一些金屬基材的性質。

陶瓷材料的基本缺點是韌性不足、對缺陷敏感，而造成其零件可靠度不佳。但陶瓷具有高彈性模數、低密度、耐高溫等諸多優點。因此，若能克服陶瓷韌性不足的缺點，則高溫使用時(如 1000 ℃以上)，非陶瓷莫屬！因此韌性陶瓷的研究發展乃爲下世代的研究主流之一，其中的一個方法就是以纖維來強化(韌化)陶瓷。眾多陶瓷材料中，最常用來作複合材料的有 SiC、Al_2O_3、Si_3N_4、MgO 及硼矽酸玻璃、鋰鋁矽玻璃陶瓷等。表 19-2 也列出一些陶瓷基材的性質。

19-3 界面

複合材料中，強化材與基材之間界面的結構與性質，對複合材料整個性質有很大的影響。以強度方面來說，希望界面上有很強的鍵結，才能將複合材黏成一體，而能使負荷傳給強化材；而從韌性觀點來看，則是希望有鍵結，但卻不能太強(否則裂隙很容易擴展)，使斷裂過程中能有界面剪力來抵抗外加應力，產生纖維拉出，而耗費相當能量，得以提高韌性。一般而言，在 PMC 及 MMC 中都希望界面鍵結強一些，以發揮纖維的強度；而在 CMC 中，則界面鍵結不要太強，以便纖維拉出過程能作功，而有利於陶瓷韌性的提升。

界面黏結的型式有許多種類，如兩項材質之間的分子互相糾纏、兩項材質各帶正負電互相吸引、兩項材質之間產生化學或物理鍵結及兩項材質表面凹凸互相機械鎖定，這些黏結都可促進界面強度。

在前述玻璃纖維製造過程中有一道上漿處理，其目的除了保護玻璃纖維避免磨擦損壞之外，尚有作爲纖維與樹脂間耦合劑(coupling agent)的作用。耦合劑的主要功能在於提供玻璃纖維表面的氧化物原子團與樹脂分子間的強力鍵結。最常用爲矽烷(silane)耦合劑，一般化學式爲 R-SiX_3，爲一多功能作用基分子。一端能與玻璃反應，另一端則與樹脂反應。其中 X 代表可水解原子團連結於 Si(如乙氧基團，$-O_2C_2H_5$)，當與水接觸時變成矽烷醇(silanol)，如圖 19-6(a)所示；玻璃表面容易吸水而有氫氧團，而矽烷醇中的氫氧團可與水搶玻璃表面的氫氧團，如圖(b)所示；可在玻璃表面形成聚矽氧烷的鍵結層，如圖(c)所示；最後變成包覆矽烷玻璃纖維的表面都是 R 團，可與聚酯或環氧樹脂反應，形成強鍵結，如圖(d)所示。要注意的是 R 團需選用與基材樹脂相容的成份，商業上有許多型式的矽烷可以應用。

碳纖的界面亦複雜，其表面相當活性，很容易吸附氣體而影響表面性質，可將碳纖在氧氣中加熱或以硝酸加次氯酸(NaOCl)處理，而得到表面有一些官能團，如$-CO_2H$、$-C-OH$、$-C=O$，如此即可與樹脂上之未飽合團作用鍵結。

$$R-SiX_3+H_2O \rightarrow R-Si(OH)_3+3HX$$

(a) 有機矽烷水解成矽烷醇

(c) 藉聚矽氧烷連結於玻璃表面

玻璃

(b) 矽烷醇與玻璃表面借氫氧團產生氫鍵

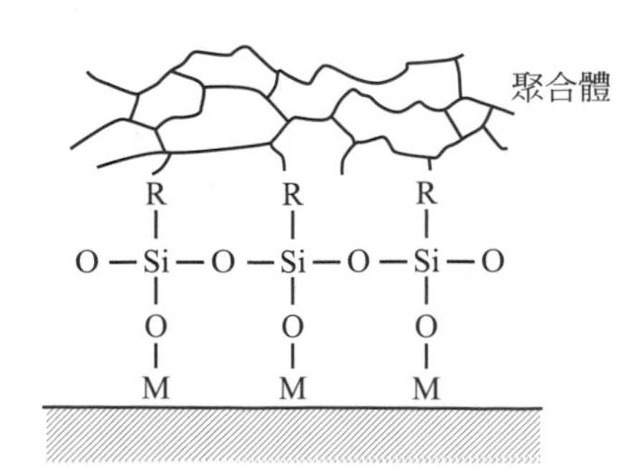

(d) 有機群 R 再與聚合體基材反應

圖 19-6　矽烷耦合劑與玻璃纖維的作用(Ref. 3, p. 149)

圖 19-7 爲利用射出成型製作玻璃短纖強化聚丙烯複合材之拉斷面，(a)、(b)兩圖的纖維沒有加上耦合劑處理，與基材鍵結不良，造成大量纖維拉出，且拉出的纖維表面光滑；圖(c)、(d)爲有耦合劑處理的纖維，顯示拉出的纖維較少，而且拉出纖維的表面黏附許多塑膠基材。表示界面鍵結良好。

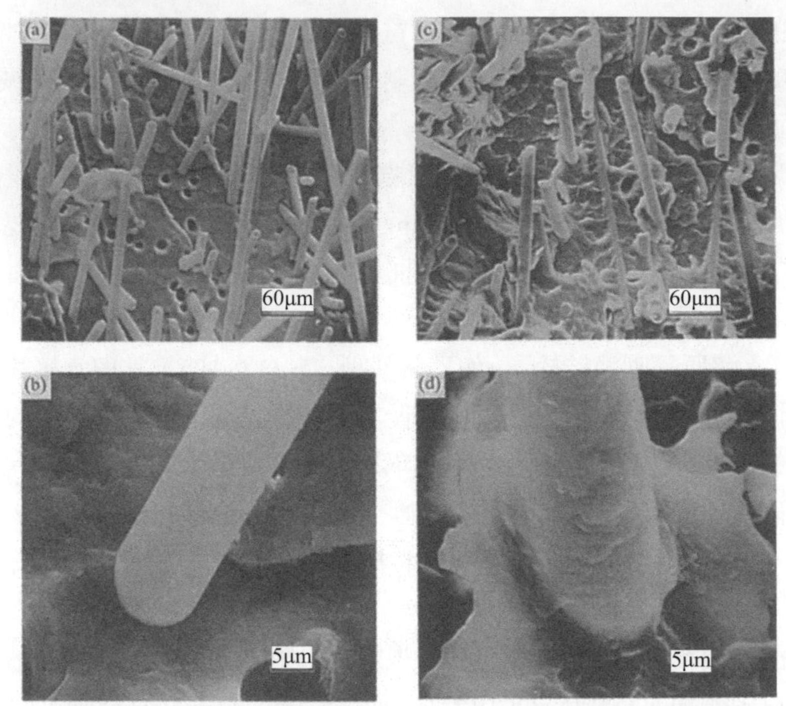

圖 19-7 玻璃短纖強化聚丙烯複材斷裂面。(a)、(b)未加耦合劑，鍵結較弱，纖維拉出明顯且纖維表面乾淨；(c)、(d)有加耦合劑，鍵結較強，纖維拉出較短且纖維表面黏附一些基材(Courtesy of Corning Corporation)

19-4 纖維複合材

基本上我們可以把各種強化材與各種基材組合起來，而得到各式各樣的複合材料；而在實用上，若以結構用的需求來說，纖維複合材料可以說是主流；因爲將剛、強、脆的纖維加入韌、軟的基材中，所得到的纖維複合材料，具有增進強度、疲勞、脆性的優點。基材作爲傳達負荷及提供延展性及韌性的角色；而纖維則爲負擔主要的外加荷重。纖維複合材料可以分爲長纖維及短纖維兩種類型，後者包含用鬚晶強化複合材料。長纖維複合材料來說，有單方向及多方向強化的區別。一般說來，同一纖維含量之下單一方向能得到最大的強度及剛性；二方向(平面)強化，則強度及剛性，大約只有單方向的一半；而三方向(立體)強化，則只有三分之一而已。另外單方向能更有效排列，而得到較大的纖維含量。其實很早以前，我們就知道在土坱內添加稻草來強化，只是後來一些剛強纖維的出現，而能更有效的強化各種基材而已。

以發展史來看，玻璃纖維強化塑膠(GFRP)是最早出現的人造長纖維複合材，而後隨著硼纖、碳纖、陶瓷纖維、有機纖維等尖端纖維的出現，而有各種塑膠基的纖維複合材。但塑膠基的耐溫能力不夠(＜300℃)，所以在較高溫用途上，乃有金屬基纖維複合材的出現。陶瓷基的複合材，可耐更高溫度，而大約是 1980 年以後才出現的尖端複合材。

19-4-1　纖維複合材的製造

塑膠基纖維複合材最簡單的製作方法，是手工佈製(hand lay-up)。如先將玻璃纖維安裝在模子上，再噴上或刷上樹脂；若是切斷纖維則常與樹脂混合噴上模子，再用滾筒將其緻密。最常用聚酯或環氧樹脂作基材，亦需加上催化劑及促進劑，熟化可在室溫或高溫進行。

第二種製作塑膠基複合材是纏絲法，如圖 19-8 所示。將纖維束浸漬後纏繞在模襯(mandrel)上。模襯可以是靜止或轉動，纏繞方式也可以是極向(polar)、環匝(hoop)或螺旋(helical)，一層層纏繞到所需厚度後，再高溫將樹脂熟化，然後將模襯除去。大型的筒狀或球形容器常以此法製作，所用材料多爲玻璃、碳、醯胺纖維強化聚酯、環氧樹脂或乙烯酯。

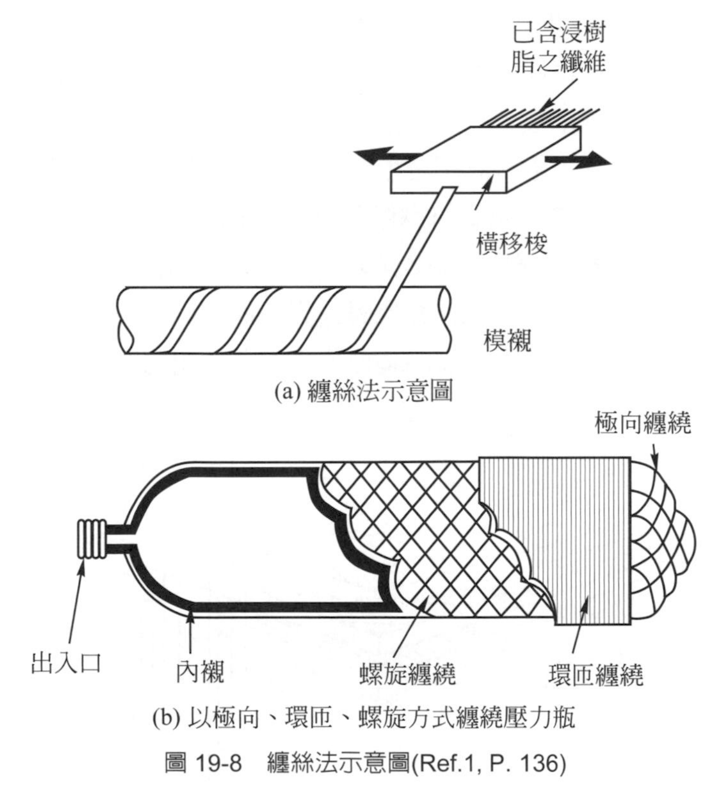

(a) 纏絲法示意圖

(b) 以極向、環匝、螺旋方式纏繞壓力瓶

圖 19-8　纏絲法示意圖(Ref.1, P. 136)

若產品的截面爲固定形狀，如 I、T、O 型，則常用拉型法(pultrusion)，如圖 19-9 所示。通常將已預浸樹脂的纖維預浸材(prepreg)直接拿來排列，經預型模產生初步形狀後；

進入內含拉型模的熟化爐中，圖上是以微波加熱熟化的方式；熟化後拉出爐外，再切斷即成成品。算是快速連續製造方法，可大量生產。拉速為每分鐘數公分到數公尺之間。

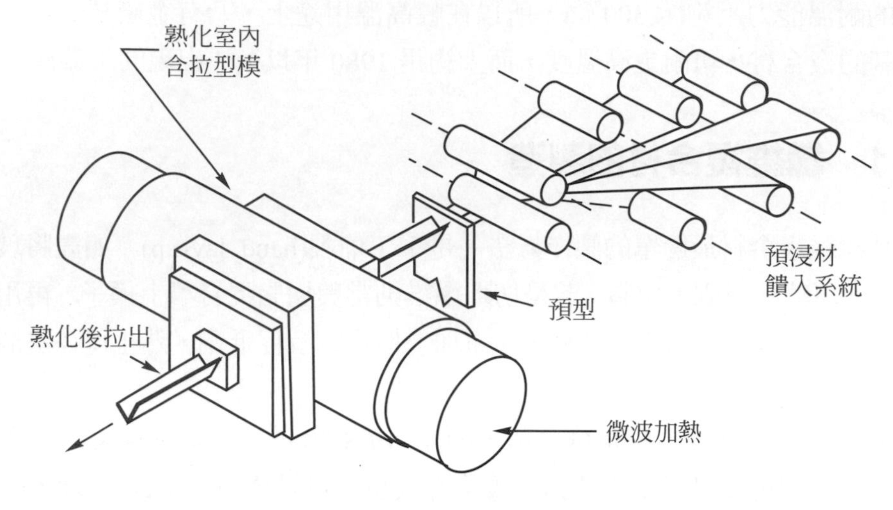

圖 19-9　拉型法示意圖

袋成型法(bag molding process)是用來作大件成品，將預浸材，即樹脂已半熟化且內含適當的纖維，利用壓力袋或眞空袋置於壓熱器(autoclave)中緻密化及熟化。袋用撓性模(如聚矽酮)隔開複合材與外界。壓力袋成型是外加壓力於袋內，再壓複合材於模具上；而眞空袋則是複合材上覆袋膜，再從內部抽氣，利用這壓力差及加熱，使複合材緻密化。

最常用來作高性能塑膠基複合材的方法是預浸材積層法，如圖 19-10 所示，將內含單向纖維排列，部份熟化厚約 1 毫米的預浸板(表面常有一層保護膜，使用時撕掉)，一層層累積後再置於壓熱器中加熱熟化。預浸板纖維方向平行成品長方向稱 0°積層，夾角為θ 則為θ 積層，圖 19-10 的積層順序為$[0/90/-45/+45/+45/-45/90/0]_T$，也可寫成$[0/90/-45/+45]_S$，其中 T 代表全部之層碼(laminate code)，S 代表是對稱層層碼。各積層的角度視情況而定，要避免扭轉或彎曲，並得到各方向所需的強度原則，此法可得到很高的纖維含量。

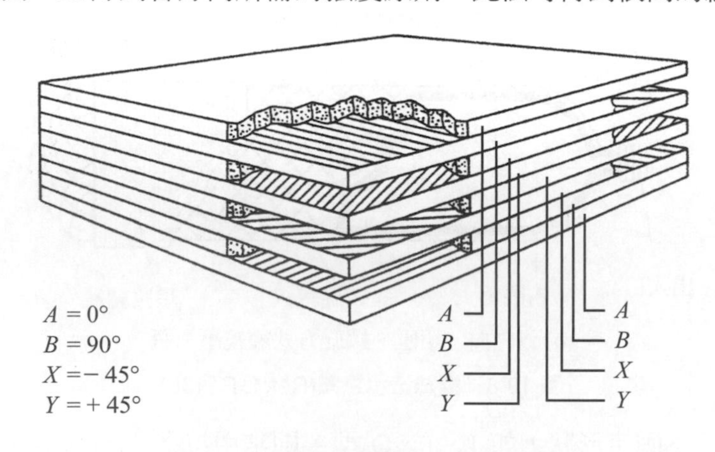

圖 19-10　預浸材積層(Ref. 1, p. 147)

熱塑基材可用加熱軟化來成型，如射出成型、擠型、熱成型法等。熱成型法是將板成型材(sheet-molding compound，SMC 是一種預浸板)壓型後，再用壓力或眞空成型，類似上述的積層法，但常用切段纖維作強化材。

金屬基材複合材的製造方法最常用的是先將纖維作成預形體(preform)，再將基材加上去，然後加以固型化(consolidation)。這些預形體通常用一些可燒除的(fugitive)樹脂，將纖維黏結固定，要加上基材之際再將其燒掉。加上基材的方法，則可用薄板堆積、電漿噴塗(plasma spray)、氣相蒸鍍、液相浸透(liquid infiltration)等技術。圖 19-11 是薄板堆積配合擴散鍵結方式，作 B/Al 複合材的方法。一層纖維預形板、一層鋁累積起來；再封罐於眞空中加熱燒掉樹脂；再加壓使鋁基材流動包圍並抓住纖維。所用溫度不必很高，時間亦不長，所以硼纖不必作隔層被覆(barrier coating)，此法也可以製造 B/Ti 複合材。

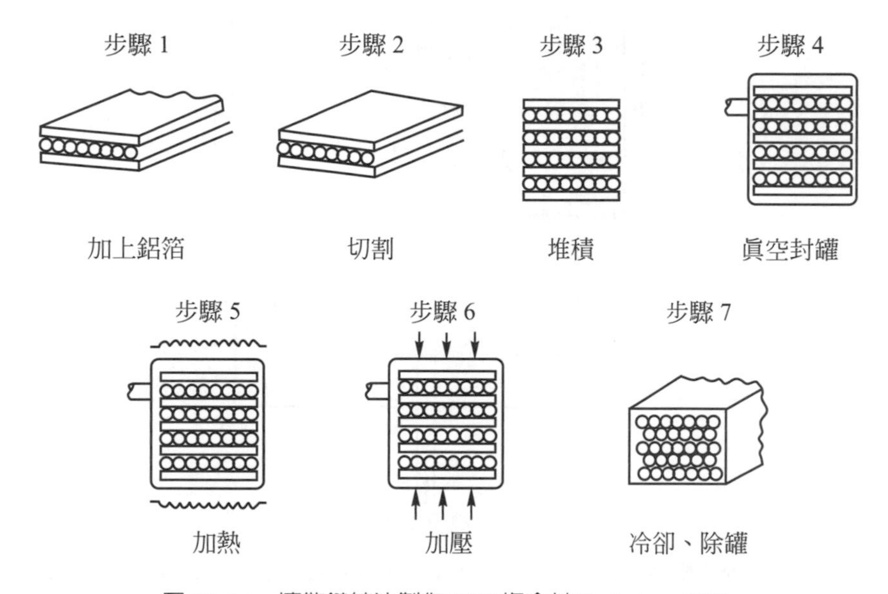

圖 19-11　擴散鍵結法製作 B/Al 複合材(Ref. 1, p. 250)

液態法製造金屬基纖維複合材都是以液態金屬來浸透纖維或纖維預形體。浸透可在大氣、惰氣或眞空中進行。浸透過程基本上是利用外力來幫助熔湯滲入纖維中；因爲大部份纖維與金屬熔湯潤濕性不好，很難浸入。

金屬基複合材尚有一種較持殊的現作技術(in situ fabrication techniques)。就是將共晶熔湯控制單方向凝固下來，得到一種雙相結構，其中一相(通常是碳化物)是以纖維或板片狀分佈在另一相(Co、Ni 基材)中。如 TaC、TiC、NbC、HfC/Co、Ni，其碳化物體積比約 10%左右。

陶瓷基纖維複合材的製造方法也有許多種，假使陶瓷基材熔點不是很高，能找到模具的話，則熔湯浸透法也可以使用。而比較常用的方法還有浸漬熱壓法，即將纖維帶經過一內含基材粉末及有機黏結劑的浸漬泥漿槽，被覆一層泥漿，乾燥後再排列堆積，然後再加熱加壓以成型。此法最重要的是基材粉末不能太大、加壓壓力不能太高。另外還有一些現場化學反應技術來製造複合材的陶瓷基材，如化學氣相沈積法(chemical vapor deposition，CVD)、化學氣相浸透法(chemical vapor infiltration，CVI)、聚合體熱解法等。

CVI 法如圖 19-12 所示，將甲基三氯矽烷(CH_3SiCl_3)在 1200～1400K 熱分解成 SiC 氣體直接沈積於纖維上。如圖所示，以石墨容器承裝纖維預形體，上配置水冷之金屬製氣體分配器；從上方加熱，而旁邊及底部仍屬低溫狀態；反應氣體經過低溫預形體部份並不反應而順利通過，到頂部高溫區則可以反應而沈鍍於纖維上變成基材。如此則使頂部區域密度及導熱性質增加，而使高溫區漸下移；已反應的部份漸變成緻密而不透氣，下層部份就靠旁邊的透氣環將廢氣排出。此法能夠得到的密度大約 93～94%。碳纖維強化碳基材的 C/C 複合材常採用此種 CVI 法。

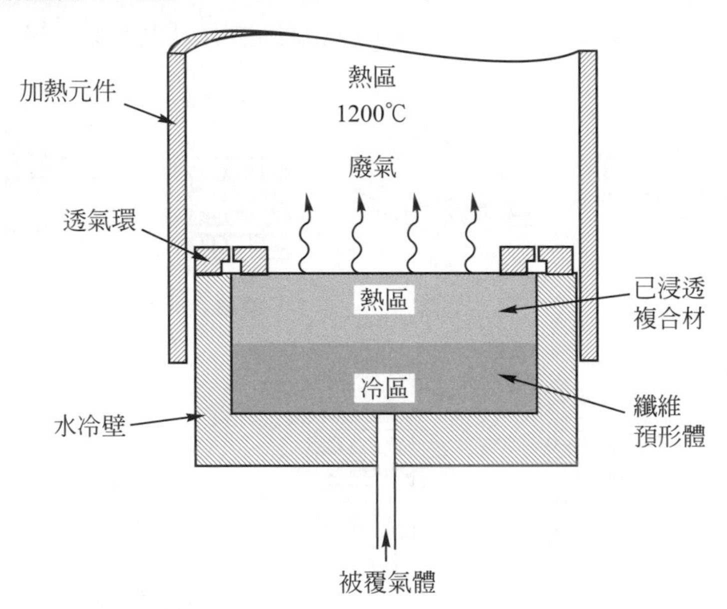

圖 19-12 化學氣相浸透 CVI 法 (From D.P. Stinton et al., Am. Ceram. Soc. Bull., 65(1986)347.)

聚合體熱解法是將多孔纖維預形體浸漬矽氧烷或碳矽烷，經聚化後熱解成 SiO_2 或 SiC 的陶瓷基材，重複浸漬、熱解數次，以得到所需之密度。

19-4-2 纖維複合材之性質及應用

表 19-3 列出一些單向排列複合材料的機械性質，表內最後兩行並列出常用航空材料 2024 鋁合金及常用結構鋼料 1045 的數據。從表中我們可以知道，複合材料的密度相當低；其中以克夫龍強化環氧樹脂的密度最低，只有 1.38 g/cm^3，若以單位重量且能夠提供的強度、剛性而言，亦即以比強度、比模數來看，複合材料佔有很大的優勢；這也就是複合材料最主要的應用範圍是在講求輕量的航空、太空用途的原因。

在複合材料領域中，塑膠基有極大的比強度及比模數，但塑膠基複合材的耐溫能力不及金屬與陶瓷基複合材。若以韌性觀點來看，金屬基複合材的韌性最大，因為金屬基材一般都有相當大的塑性變形能力。而陶瓷基複合材的目的則在於想利用纖維韌化陶瓷，期望能用於高溫環境。此外，複合材尚有一些特殊性質，如碳纖的縱向熱膨脹係數很小甚至是負值，我們可以做出膨脹係數幾乎為零的碳纖維複合材，而使用在一些很大溫差又需精密無比的場合；比如在外太空的天文望遠鏡架就很適合，因為此鏡架可能一邊受到太陽照射，另一邊則在陰影中，會造成數百度的溫差；若有膨脹係數就可能引起變形而失去準確度，所以使用 C/Al 就可以解決此一問題。還有塑膠基複合材料的耐蝕特性也是一大特點。

塑膠基纖維複合材(PMC)用得最廣泛，從運動器材到日常結構到航空、太空都用得到。如高爾夫球桿、網球拍、羽球拍、釣魚竿常可看到碳纖/環氧樹脂的產品；化學工業上的槽、瓶、管常常是玻璃纖維強化樹脂；而最大的客戶是在飛機工業上，從直升機的螺旋槳、尾翼、外殼，到民航機的部份外殼、內部裝潢結構體，到軍用飛機，都可看到各種塑膠基纖維複合材的應用。另外軍事用途上，如克夫龍纖維強化樹脂的防彈衣、玻璃纖維或克夫龍纖維強化塑膠做的鋼盔、火箭引擎外殼都是著名例子。較特殊的是極耐高溫的 C/C 複合材，用於重返大氣載具(如太空梭)的絕熱屏壁、飛機剎車盤、熱壓模具、噴嘴等，這些通常是多方向強化的 C/C 複合材。

相對 PMC 而言，金屬基纖維複合材(MMC)的一般優點是耐高溫、導電性與導熱性較大、橫向拉伸強度較大、耐剪或壓應力、不怕燃燒、不吸水氣等。最早使用的 MMC 是 B/Al 管件用於太空梭內結構上。第二個例子就是前面所講的外太空天文望遠鏡架的 C/Al，具有零膨脹係數的特性。另外在耐高溫用途上利用鎢纖維強化超合金(TFRS)的渦輪葉片也是一著名例子，可以比一般超合金高出 150℃的耐溫能力。

陶瓷基纖維複合材料的應用方面尚未有商用化產品，但是它在高速工具、高溫引擎、高溫耐蝕組件、特殊電子設備、能源交換器、軍事用途上的潛力則不容忽視。如 SiC_w/Al_2O_3 用於高速切削刀具嵌片，比傳統 Al_2O_3 嵌片性能高 3 倍；而 C/C 複合材用於飛機或賽車的煞車片，能有效縮短煞車距離與增加使用壽命。

表 19-3 單向纖維複合材之機械性質(From Ref. 1 and Ref. 4)

強化材	E-glass	E-glass[b]	B	Kevlar 29	Kevlar 49	AS (C)	HMS (C)	Celion 6000(C)	GY70 (C)	B	SiC	SiC	FP (Al_2O_3)	C	C	C	2024 Al	10[illegible] Ste[illegible]
基材	Epoxy	Epoxy	Epoxy	Epoxy	Epoxy	Epoxy	Epoxy	Epoxy	Epoxy	Al	Al	Ti-6Al -4V	Al-Li	Al	Borosi-licate	Pyrex		
體積比 %	60	35	60	60	60	62	62	62	62	50	50	35	60	30	30	50	—	—
密度 g/cm^3	2	1.7	2.1	1.38	1.38	1.6	1.6	1.6	1.6	2.65	2.84	3.86	3.45	2.45	2.15	2.0	2.77	7.[illegible]
抗拉強度 MPa	780 (28)	280 (280)	1400 (63)	1350	1380 (30)	1850	1150	1650	780	1500 (140)	250 (105)	1750	690 (190)	690	600[c]	700[c]	480	60[illegible]
彈性模數 GPa	40 (10)	16.5 (16.5)	215 (24.2)	50 (5)	76 (5.6)	145	210	150	290 -325	210 (150)	310	300	262 (152)	160	150	193	72	21[illegible]
伸長率 %	—	—	—	—	—	1.2	0.5	1.1	0.2	—	—	—	—	—	—	—	10	1[illegible]
比強度 10^{6}mm	39 (1.4)	16.5 (16.5)	66.7 (3)	97.8	100 (2.2)	115.6	71.9	103.1	48.8	56.6 (5.3)	8.8 (3.7)	45.3 (10.6)	20.0 (5.5)	28.2	27.9	35	17.3	7.[illegible]
比模數 10^{9}mm	2.0 (0.5)	0.97 (0.97)	10.2 (1.2)	3.6 (0.36)	5.5 (0.41)	9.1	13.1	9.4	18.1 -20.3	7.9 (5.7)	10.9	7.8	7.6 (4.4)	6.5	7.0	9.7	2.6	2.[illegible]

註：a ( )內值表橫向，其他爲縱向性質。b 爲雙方向強化。c 爲彎曲強度。

19-4-3 短纖及共晶複合材

短纖及鬚晶複合材，若是強化材的長闊比足夠大(如 100：l)，則在理論上可以達到連續纖維複合材的強度；但在實際上卻有一段距離，主要是短纖及鬚晶在單向排列效果不佳，而且纖維兩端有應力集中的現象。從製造方法來看，短纖及鬚晶複合材可以先作成預形體(preform)再浸透，如同長纖維製法一樣；另外常用的是如同下節所述的粒子複合材製法-粉末冶金法或熔湯鑄造法都有人使用。

短纖複合材中較著名的例子是 1983 年豐田汽車推出的 Al_2O_3 短纖強化鋁合金取代傳統的含鎳耐熱鑄鐵，使用於卡車引擎活塞頂部的耐熱環。這種複合材較鑄鐵更輕而且價格也不比鑄鐵貴，在耐磨性方面也比鑄鐵來得好，因此許多公司爭相仿倣，如圖 19-13(a)是活塞耐熱環位置，而(b)圖則為有纖維強化與無纖維強化的汽缸壁微結構，是直接將鋁合金熔湯擠壓鑄入纖維預形體中，屬於局部強化的做法。

塑膠基短纖複合材也常可見到，若是能單向排列且短纖足夠長也可得到長纖複合材的強度，常見的如玻璃短纖強化環氧樹脂或碳短纖強化環氧樹脂。

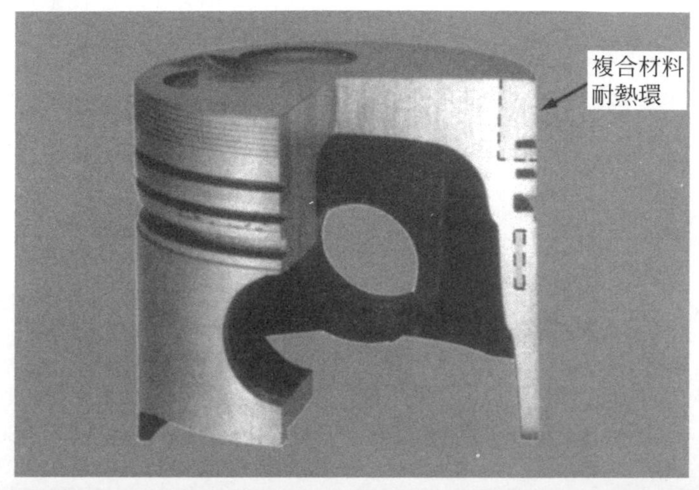

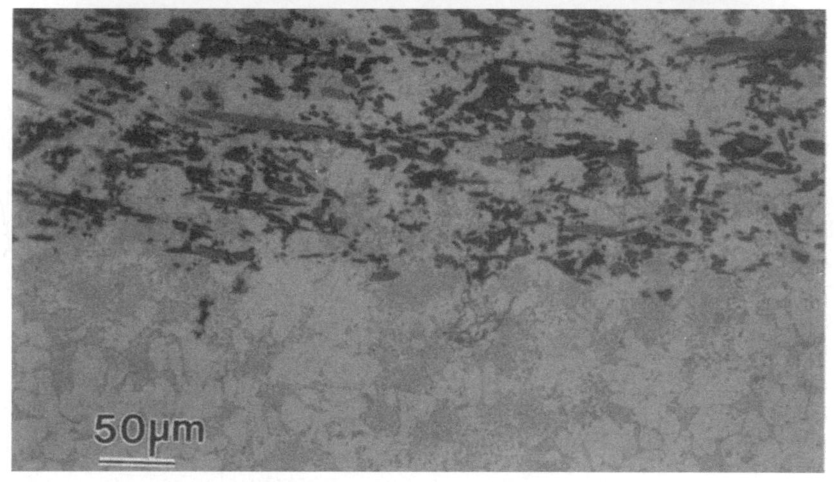

圖 19-13　(a)Saffil/Al 活塞耐熱環(Courtesy of Toyota Motor Co.)，(b)有纖維強化與無纖維強化的汽缸壁微結構(Ref. 1, p. 240-241)

鬚晶複合材方面，常見到的是 SiC_w/Al 或 SiC_w/Al_2O_3；前者為金屬基材，主要在提高強度及耐溫能力，如圖 19-14 所示，是在 2024 Al 加入 21 vol％的 SiC 鬚晶，彈性模數及強度都有明顯增進，高溫性質也比 2024 Al 好許多。SiC_w/Al_2O_3，主要是要增加鋁氧陶瓷的韌性及抗潛變能力，如圖 19-15(a)為鬚晶含量對斷裂韌性的增加效果，加入鬚晶能明顯提升斷裂韌性；而(b)圖則為潛變數據，加入鬚晶可使其潛變速率減少一個數量級以上。

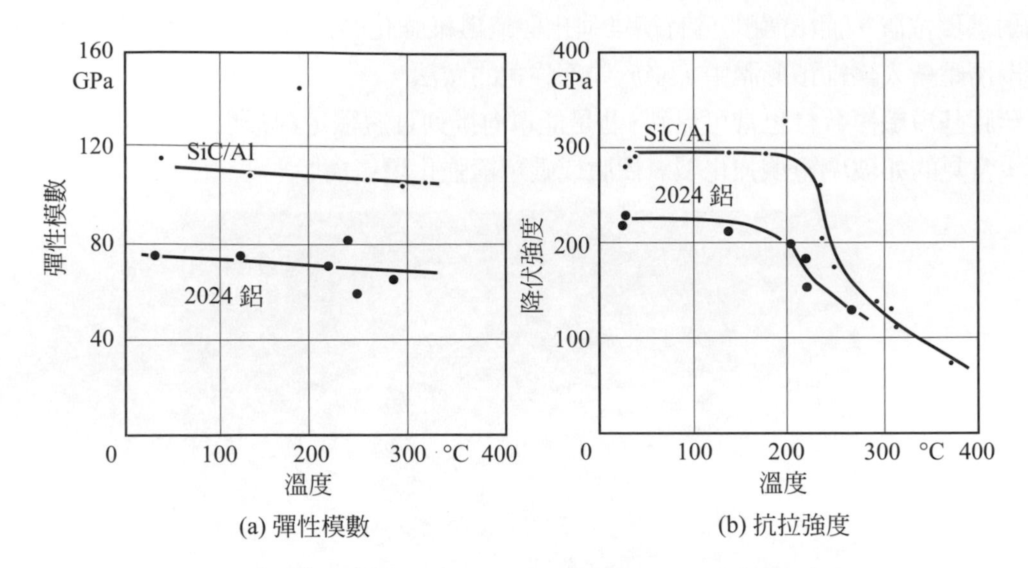

圖 19-14 SiC_w/Al 複材之高溫彈性模數與降伏強度(From W.L.Philips, Int. Conf. Composite Materials (ICCM/2), TMS-AIME, New York, (1978)567.)

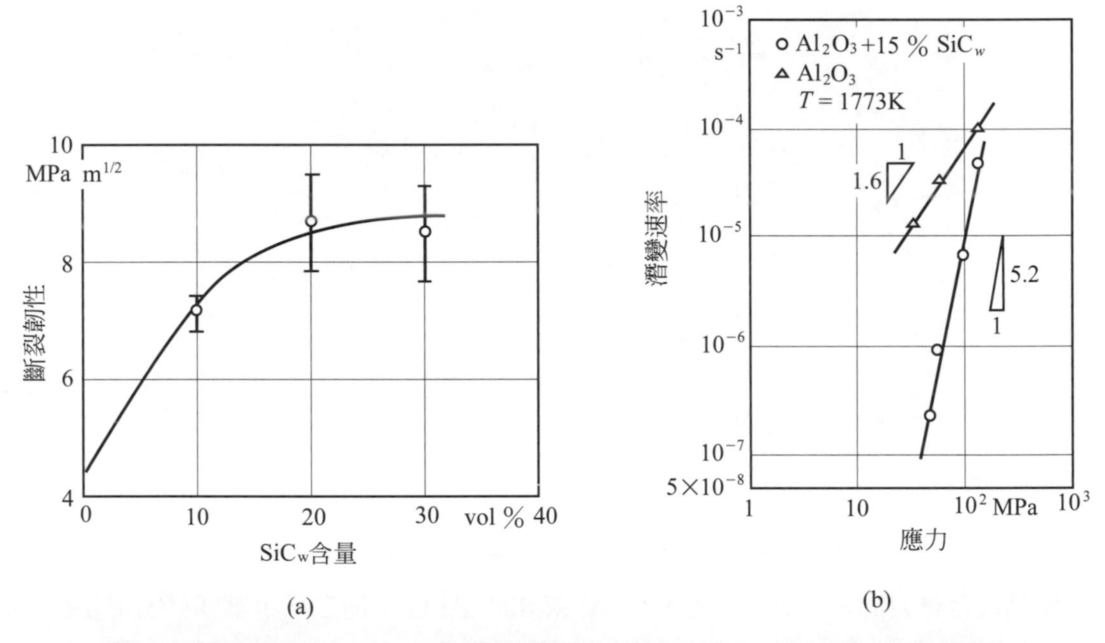

圖 19-15 (a)加入 SiC_w 於 Al_2O_3 能增加韌性(From T.N. Tiegs, Tailoring Multiphase and Composite Ceramics, Plenum Press, New York, (1986)639.)；(b)加入 SiC_w 於 Al_2O_3 能降低潛變(From A.H. Chokski et al., J. Am. Ceram. Soc., 68(1985)c144.)

19-5 粒子複合材

粒子複合材是指強化材是粒子形狀的複合材料。小者如微米以下，大者如砂石都是屬於此一領域；至於基材則塑膠、金屬、陶瓷都可以。一般把粒子複合材分成眞正的粒子複合材及散佈強化複合材兩類。後者是指粒子在微米以下(10～250 nm)，能阻礙差排運動，而有明顯強化者，通常加入的粒子含量不多(＜15%)。而眞正的粒子複合材，其粒子尺寸通常在微米以上，且粒子添加也相當多，一般在 10%以上。

19-5-1 粒子複合材的製造

粒子複合材的製造方法可分爲粉末冶金法及熔湯鑄造法兩大類。粉末冶金法是將強化材粒子粉末與基材粉末混合均勻後，再經壓型、燒結而成。熔湯鑄造法則將熔湯加以攪拌，再將粒子加入。

燒結鋁粉(sintered aluminum powder，SAP)可說是最早的粒子複合材料，可用一般粉末冶金方法，即 Al_2O_3 粒子與鋁粉混合、壓型、燒結而成。也可以將鋁粉在氧化環境中，即添加硬脂酸(stearic acid)，加以球磨，使鋁粉上不斷長出 Al_2O_3 薄膜，而又被磨球擊碎成微碎片；再將含有 Al_2O_3 碎片的鋁粉經壓型、燒結而成。另外尚有一種內部氧化法，如 TD-Ni，即爲 ThO_2 粒子散佈在鎳基材中，先將釷添加於鎳中，作成粉末；經壓型後，通氧氣使釷氧化成釷氧(throia)微粒；由於粒子極細，只需 1～2%即可有效強化。此法基材不必一定是鎳，鎢及超合金都常用；強化材也不必一定是釷氧，釔氧及其他氧化物都有可能。

例 19-1

假設 2 wt% ThO_2，加入鎳中，每一 ThO_2，粒子直徑爲 100 nm，試求每立方公尺中有多少粒子？

解 ThO_2 與 Ni 之密度分別爲 9.69 Mg/m^3 與 8.9 Mg/m^3，每一立方公尺中粒子佔有

$$\frac{\frac{2}{9.69}}{\frac{2}{9.69}+\frac{98}{8.9}} = 0.0184(\text{m}^3)$$

每一 ThO_2 球粒之體積爲

$$\frac{4}{3}\pi r^3 = \frac{4}{3}\pi(5\times10^{-8}\,\text{m})^3 = 5.2\times10^{-22}\,\text{m}^3$$

一立方公尺含 ThO_2，粒子數爲

$$\frac{0.0184}{5.2\times10^{-22}} = 3.5\times10^{19}\ (\text{顆})$$

溶湯鑄造法又稱爲複合鑄造法(compocasting)，如圖 19-16 所示爲其中的一種方法，叫做半固-液態法。金屬熔湯中有 40～50％的初晶固體時，具有一種特色叫靜固性(thixotropic)，就是無外力時，顯示一種類似固相的剛性；但強力之下又如同液體一樣可以流動；所有含大量固體粒子的液體都有這種特性。將半固液態熔湯加以激烈攪拌，再把粒子加入而成爲靜固性泥狀熔湯，如圖 19-16(b)(c)所示，然後利用壓力將熔湯擠入模內成型，如圖(d)所示。許多強化材，如 Al_2O_3、SiC、TiC、SiO_2、玻璃珠都可以用此法加到鋁合金及鎂合金中。另外也可以用全液態攪拌方法，只是攪拌速率要更快(約 1000 rpm)且會引入一些氣泡，鑄造時形成氣孔。

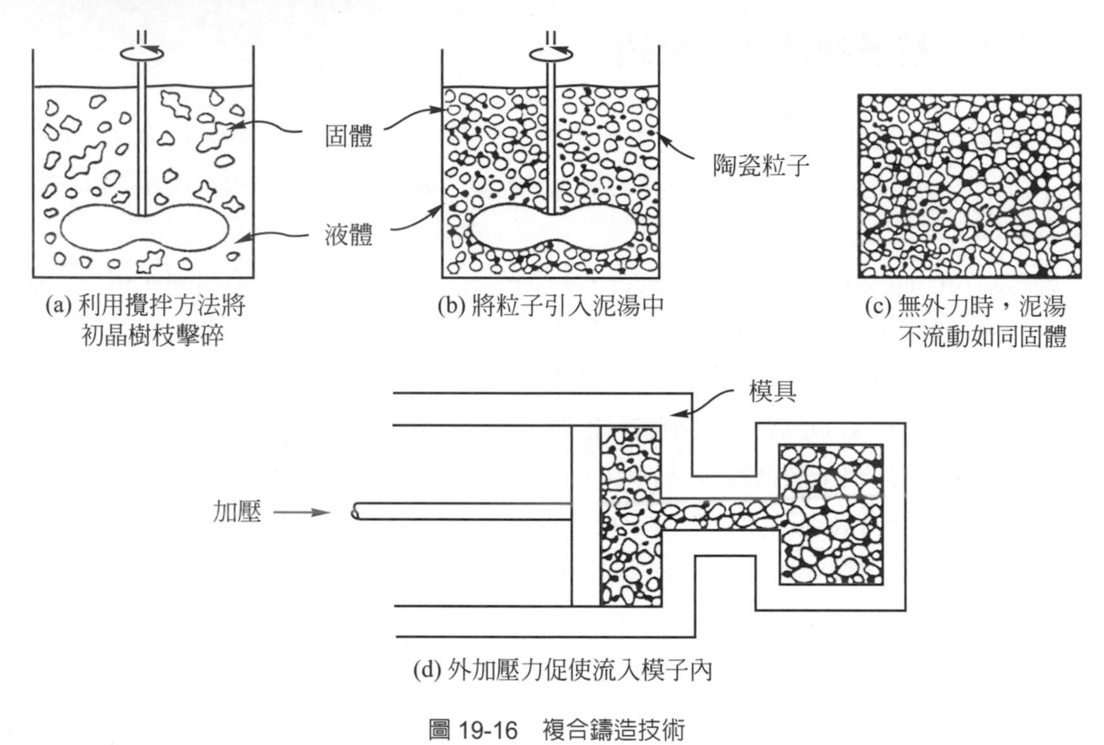

圖 19-16 複合鑄造技術

19-5-2 粒子複合材的性質與應用

散佈強化複合材與析出強化合金都是利用微細第二相來強化基材，主要的不同是析出強化材，藉熱處理來產生第二相微粒子；而散佈強化材微粒子是外加的，無法藉熱處理來改變。這種差異也造成兩者在性質上有所不同，由於散佈強化材的第二相並不溶於基材內，所以析出強化材在高溫有明顯過時效或回溶而軟化；但散佈強化材則軟化不明顯，因此燒結鋁粉在室溫的強度雖不及析出強化的 7075 或 2024 鋁合金，但在較高溫(＞250 ℃)，反而 SAP 的強度較大。

表 19-4 列出一些粒子複合材的應用例子，最著名的例子當然是 SAP，在鋁基材中，可以達 14% Al_2O_3 的含量，用於核子反應器中無磁性耐溫零件中。其他的散佈強化複合材，主要也是得到較高強度及較耐溫。

表 19-4　一些散佈強化複材的例子及其應用

複合材	應用
CdO/Ag	電接觸材
Al_2O_3/Al	能用於核子反應器
BeO/Be	航太及核子反應器
ThO_2、Y_2O_3/Co	可作爲抗潛變磁性材
ThO_2/Ni-20%Cr	渦輪引擎零件
PbO/Pb	蓄電池隔板
ThO_2/Pt	細絲、電器零件
ThO_2/ZrO_2/W	細絲、加熱器

WC/Co 碳化鎢陶金(cermet)，是一種黏結碳化物(cemented carbides)，作爲切削工具，用來精密切削淬火回火鋼。碳化鎢(WC)極硬、熔點極高，能忍受切削高溫；可惜單純碳化鎢非常脆，因此將碳化鎢粉末與鈷粉混合、壓型，加熱到鈷的熔點以上燒結成型(即液相燒結)，得到鈷將碳化鎢包圍的複合結構，如圖 19-17(a)所示。鈷用來作黏結劑並提供耐衝擊的韌性，在切削刀刃的碳化鎢鈍掉時，可能裂開或被拖出鈷基材而露出尖銳的新碳化鎢出來，能持續保持銳利。完工切削(finish machining)所用的鈷基碳化鎢，鈷含量特別少，以使碳化鎢易拖出保持銳利；粗切削時，則鈷較多，以得到較大韌性延長壽命。

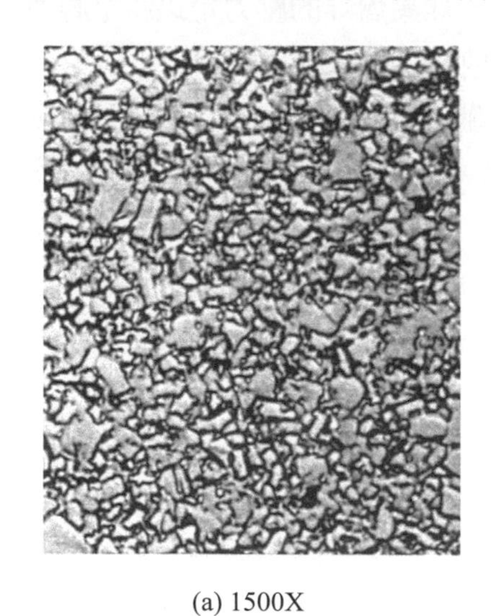

(a) 1500X

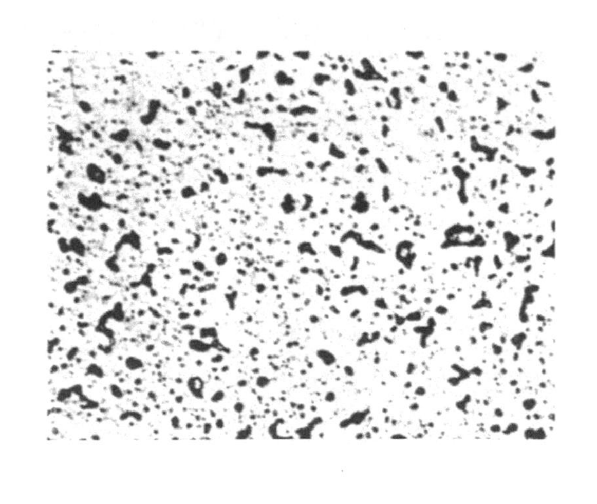

(b) 800X

圖 19-17　(a) 97WC/3Co 黏結碳化物微結構，(b) 15CdO/85Ag 電接觸複材微結構 (Metals Handbook, Vol. 9, 9-th ed. American Society for Metals, (1985) p. 277, Fig. 19 and p. 556, Fig. 38.)

電接觸材料(electrical contacts)，用於開關、繼電器，必需具有良好的導電性及耐磨組合，否則容易電弧沖蝕造成接觸不良或產生火花。像氧化鎘、鎢或氧化鋁粒子強化銀就很適合。其中最有名的是 CdO/Ag 複材，圖 19-17(b)所示，先將 Ag-Cd 合金粉末使用傳統粉末冶金法得到 97%緻密的 Ag-Cd 合金燒結體，再利用高溫內部氧化法，將 Cd 氧化成 CdO (銀不會氧化)，變成 CdO 微粒散佈在銀基地中；銀提供導電性而 CdO 則貢獻耐電弧沖蝕特性。

19-6 板複合材

板複合材(laminar composites)包含薄被覆層、厚保護層、覆面材(claddings)、雙金屬、積層材及其他類似材。做成板複台材的主要目的，如增進耐蝕能力而仍可維持低價、高強度、輕量；另外有優良的耐磨性質、增加美觀或特殊的熱膨脹的性質等。

19-6-1 板複合材的製造

有許多方法來生產板複合材，利用各種變形加工的技術來製造，如圖 19-18 所示。分述如下：

軋延鍵結(rolling bonding)：如圖 19-18(a)所示，大部份的金屬板複合材，如覆面材、雙金屬等都是用熱或冷軋延鍵結方法來製作，若軋延變形量足夠大，則輥筒傳下來的壓力足以打破表面的氧化層，而使兩個表面達到原子與原子的接觸，使兩表面銲在一塊。

爆炸鍵結(explosive bonding)：如圖 19-18(b)所示，炸藥爆炸的壓力足以將金屬連接在一起。此法尤其適合來連接大塊板材，這些大塊板材無法用輥軋方法來做。

共擠型(co-cxtrusion)：簡單形狀的複合材，如同軸電纜，可以如圖 19-18(c)所示，將兩種金屬同時經過擠型模，而使軟金屬包在硬金屬上。同樣的道理，也可以將熱塑聚合體共擠型在銅線上而作成一般的電線。

硬銲(brazing)：硬銲也可以製作複合板材，將兩金屬板分隔在很小間隙，如 0.08 mm (0.003 吋)，再將硬銲合金加熱到熔點以上，而利用毛細作用將硬銲熔湯引入間隙中而銲在一起。如圖 19-18(d)所示。

另外也可以用熱壓(hot pressing)方法，將較小件板複合材壓連在一起。

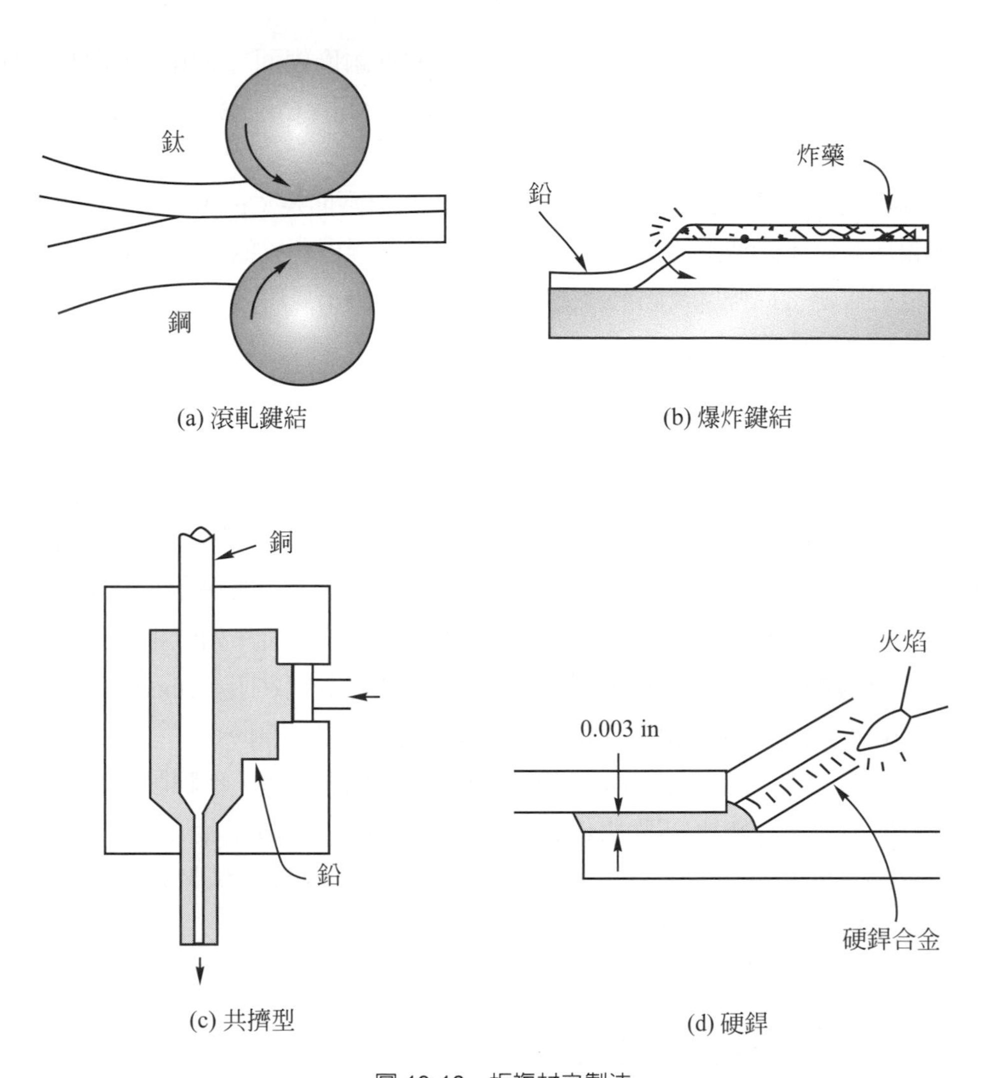

(a) 滾軋鍵結　(b) 爆炸鍵結

(c) 共擠型　(d) 硬銲

圖 19-18　板複材之製法

19-6-2　板複合材的種類及應用

較常見的板複合材有積層板(laminates)、硬面材(hard facing)、覆面金屬(clad metals)、雙金屬(bimetallics)等，分述如下：

積層板：是指利用有機黏結劑將層板接合而成。合板(plywood)即爲最有名的例子，它是將奇數個薄木板堆積起來，層層互相垂直交叉，層間用黏膠如酚醛或聚胺酯，將其接合起來。合板能提供便宜且不易裂開、彎曲的大塊木板。安全玻璃(safety glass)是利用黏膠，如聚乙烯醇縮丁醛(polyvinyl butyral)，將兩片玻璃黏在一起，破裂時玻璃不會飛出傷人。

積層材的種類繁多，能把一些相異板材接在一起而組合一些特殊性質，如輕量、耐火、耐衝擊、耐蝕、絕緣等，如馬達之絕緣紙、印刷電路板、家具等都可以看到。

硬面材：利用熔銲技術在較軟金屬上被覆一層硬而耐磨表面。常用的硬面材有鐵系低合金(含 Cr、Mo、Mn)、鐵系高合金(含 Ni、Cr、Mo、Mn、Co)、鎳系、鈷系及碳化物系(WC、TiC、TaC)，依序耐磨能力漸增，成本也逐漸提高。

覆面金屬：是金屬與金屬的複合材料，如美國銀幣兩面是 Cu-80%Ni，內部是 Cu-20%Ni，三層是 1：4：1 的厚度比例。外表含鎳較多可得銀白色外觀，而內部含銅較多較便宜。覆面材也可以組合高強度及耐蝕性，如鋁覆面材(alclad)是用商用純鋁覆在高強度鋁合金(2024)板上，純鋁厚度約佔 1～15%，可用在飛機蒙皮、熱交換器、建築結構、儲存槽，需要組合耐蝕、強度、輕量的地方。

雙金屬：溫度指示器及控制器是利用雙金屬板複合材的熱膨脹不同的特點，當兩金屬片受熱時，膨脹係數較大的會變得較長；若這兩片金屬牢固銲住，則由於膨脹係數不同會產生彎曲而得到一個彎曲面，彎曲半徑的大小決定在雙金屬的膨脹係數差異、溫差、厚度及彈性模數。對一雙金屬而言，測量彎曲半徑可知其溫差；若一端固定、一端自由，則可以作爐子或空調的控溫開關。若要較大的動作，則可以纏成螺旋，如汽車自排引擎中自動控制阻風門的開關即是此種類型。雙金屬也可以作為斷電器或熱阻器(thermosstates)，當通過雙金屬片的電流太大，則會加熱造成雙金屬偏移而將電路隔開。

雙金屬的合金主要是尋找熱膨脹差異較大，彈性模數較大者。低膨脹係數的一方常採用恆範鋼(Invar，Fe-36%Ni)；高膨脹係數的一方可用黃銅、蒙納合金(Mone1，67%Ni-30%Cu-3%Fe 或 Mn)或純鎳。恆範鋼、黃銅、蒙納合金、鎳的熱膨脹係數分別為 1、16、14、13 /K，其彈性模數都在 150 GPa 左右。

19-7 複合材料的性質預測

複合材料的性質預測最簡單的是混合法則(rule of mixtures，ROM)，就是複合材料的性質由各分量的性質依照其所佔體積比貢獻出來，如下所示：

$$P_c = \sum_i f_i P_i \tag{19-3}$$

其中 P_c 指複合材之某性質，而 P_i，是 i 項分量的性質，f_i 是 i 項分量所佔體積比。

密度可完全適用混合法則，只是需加入氣孔的項目(假使複合材中有氣孔時)。另外單向排列連續纖維複合材中，纖維方向的導熱率及導電率也可適用混合法則。以下將說明彈性模數的預測公式及其他性質的預測方法。

例 19-2

硼纖強化環氧樹脂複合材的密度爲 1.8 g/cm^3，而硼纖密度爲 2.36 g/cm^3，環氧樹脂密度爲 1.38 g/cm^3，設假沒有氣孔，則此複合材中硼纖體積比爲多少？

解 設 f_B 是硼纖維體積比，則基材有 $1-f_B$

$$\therefore P_c = f_B\rho_B + f_E\rho_E = f_B\rho_B + (1-f_B)\rho_E$$

$$1.8 = f_B(2.36) + (1-f_B)(1.38)$$

$$1.8 = 2.36 f_B + 1.38 - 1.38 f_B$$

$$f_B = \frac{1.80-1.38}{2.36-1.38} = 0.43$$

19-7-1 彈性模數

一個複合材的彈性模數(楊氏模數)，基本上可利用彈性理論導出，以基材及強化材彈性模數及幾何排列參數來表示，相當複雜。以下將選擇三種最簡單的幾何排列來計算複合材的彈性模數。如圖 19-19 所示。

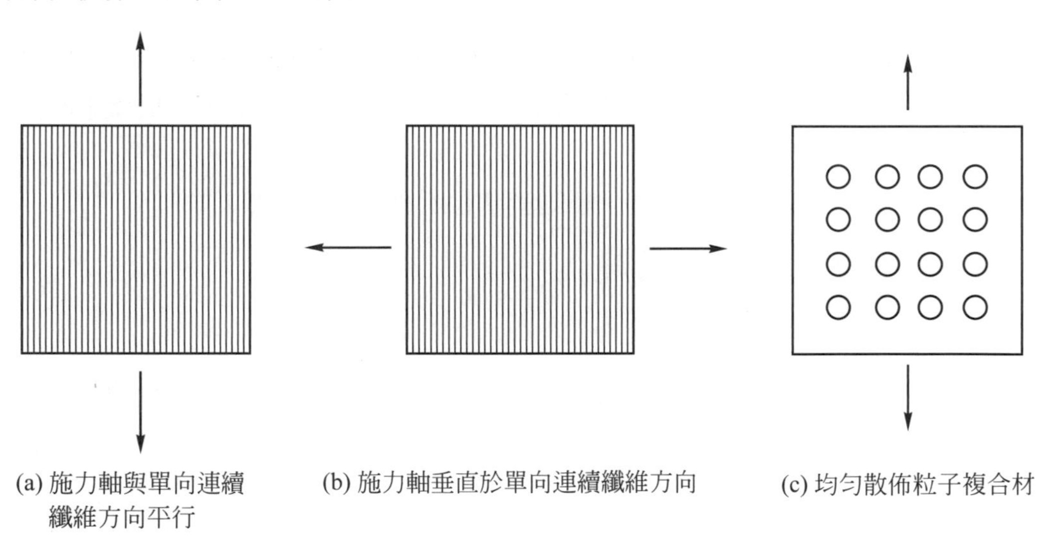

圖 19-19　三種理想的複材幾何排列

第一種狀況如圖 19-19(a)所示，對一長纖複合材而言，施力軸與纖維方向平行，屬於等應變狀況。令 ε_c、ε_m、ε_f 分別爲複合材、基材、纖維的應變，則有

$$\varepsilon_c = \frac{\sigma_c}{E_c} = \varepsilon_m = \frac{\sigma_m}{E_m} = \varepsilon_f = \frac{\sigma_f}{E_f} \quad (19\text{-}4)$$

其中 σ_c、σ_m、σ_f即分別是複合材、基材、纖維的應力；E_c、E_m、E_f，分別是複合材、基材、纖維的彈性模數。而複合材的所有負荷(P_c)當然由基材(P_m)及纖維(P_f)共同負擔，故

$$P = P_m + P_f \tag{19-5}$$

令 A_c、A_m、A_f分別代表複合材、基材、纖維的截面積，則由上式可知

$$\sigma_c A_c = \sigma_m A_m + \sigma_f A_f \tag{19-6}$$

將(19-4)式代入可得

$$E_c \varepsilon_c A_c = E_m \varepsilon_m A_m = E_f \varepsilon_f A_f \tag{19-7}$$

又 $\varepsilon_c = \varepsilon_m = \varepsilon_f$ ，因此

$$E_c = E_m \frac{A_m}{A_c} + E_f \frac{A_f}{A_c} \tag{19-8}$$

由於纖維是縱向排列，所以橫截面的面積比即爲體積比(V_m，V_f)

$$E_c = E_m V_m = E_f V_f \tag{19-9}$$

上式是很重要的式子，它代表了單向長纖維複合材的縱向彈性模數可用混合法則來表示。對 PMC 而言，E_f大於 E_m，所以只要纖維量夠多，複合材的彈性模數就可與纖維的彈性模數接近。

此外我們可以計算在彈性範圍內，纖維與基材所負荷的比率如下

$$\frac{P_f}{P_m} = \frac{\sigma_f A_f}{\sigma_m A_m} = \frac{E_f \varepsilon_f A_f}{E_m \varepsilon_m A_m} = \frac{E_f A_f}{E_m A_m} \tag{19-10}$$

一般塑膠基材彈性模數約在 5 GPa 左右，而纖維都約在 200 GPa，假使基材與強化材各佔一半，則 PMC 中纖維的負荷可佔整個複合材的 97%以上，可以說纖維完全負擔所有的負荷。

在連續纖維複合材的縱向性質，除彈性模數外，其他像擴散、導熱、導電係數，以及波森比都可以用此混合法則來預測。

第二種狀況，如圖 19-19(b)所示，也是長纖複合材，但施力軸與纖維方向互相垂直，屬於等應力狀況，即

$$\sigma_c = \sigma_m = \sigma_f = E_c \varepsilon_c = E_m \varepsilon_m = E_f \varepsilon_f \tag{19-11}$$

假設複合材、基材、纖維的標距長及伸長量分別是 L_c、L_m、L_f與ΔL_c、ΔL_m、ΔL_f，則有

$$\Delta L_c = \Delta L_m + \Delta L_f \tag{19-12}$$

兩邊除以 L_c

$$\frac{\Delta L_c}{L_c} = \frac{\Delta L_m}{L_c} + \frac{\Delta L_f}{L_c} \tag{19-13}$$

$$\frac{\Delta L_c}{L_c} = \frac{L_m}{L_c}\frac{\Delta L_m}{L_m} + \frac{L_f}{L_c}\frac{\Delta L_f}{L_f} \tag{19-14}$$

$$\varepsilon_c = V_m\varepsilon_m + V_f\varepsilon_f \tag{19-15}$$

上式是因為 $L_c = L_m + L_f$，且垂直施力方向的截面積都一樣，所以施力方向的長度比就是等於體積比。將(19-11)式代入(19-15)式中，可得

$$\frac{\sigma_c}{E_c} = V_m\frac{\sigma_c}{E_m} + V_f\frac{\sigma_c}{E_f} \tag{19-16}$$

即

$$\frac{1}{E_c} = \frac{V_m}{E_m} + \frac{V_f}{E_f} \tag{19-17}$$

由上式可知除非 V_f很大，否則變成基材的彈性模數(較小)是主角，亦即強化效果不明顯。

(19-17)式子也可算是混合法則，只是把 $1/E$ 看成一個性質而已。對長纖複合材而言，其橫向性質除彈性模數以外，擴散、導熱、導電係數可以如此看待。

例 19-3

試計算 60 vol％ E 玻璃長纖單向強化聚酯複合材的縱向及橫向彈性模數。

解 E 玻璃及聚酯的彈性模數分別為 70 GPa 與 3 GPa，複合材縱向彈性模數

$$E_c = V_mE_m + V_fE_f = 0.4\times3+0.6\times70 = 43.2\ (\text{GPa})$$

複合材橫向彈性模數，由(19-17)式可得

$$E_c = \frac{E_mE_f}{V_mE_f + V_fE_m} = \frac{3\times70}{0.4\times70+0.6\times3} = \frac{210}{28+1.8} = 7.0\ (\text{GPa})$$

第三種狀況是均勻散佈的粒子複合材，這種情況就相當複雜，要看連續相(基材)與散佈相(粒子)的性質而定。幸好這種狀況下的彈性模數都落在(19-9)與(19-17)式的上下限中。比較簡單的近似式子是下式

$$E_c^n = V_lE_l^n + V_hE_h^n \tag{19-18}$$

其中 l、h 字角代表模數較低與較高的分量，n 在−1～+1 之間。不同 n 值的變化如圖 19-20 所示。可知等應變下 $n=1$；而等應力下則 $n=-1$。以第一近似(first approximation)來看，對高模數粒子散佈低模數基材時，$n=0$；而低模數粒子散佈高模數基材，則 $n=1/2$。此類狀況也一樣可適用在前述之傳導係數。

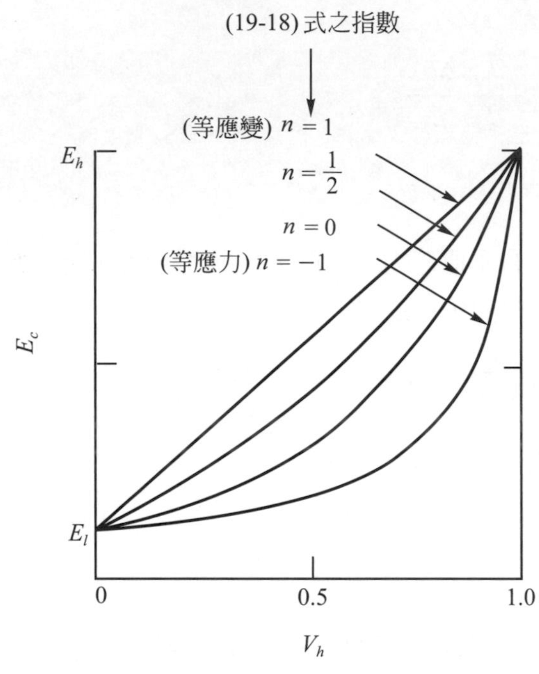

圖 19-20　(19-18)式中不同 n 值的複材彈性模數

例 19-4

50 vol% WC/Co 的粒子複合材，其彈性模數爲 366 GPa，而 WC 與 Co 之模數分別是 704 GPa 與 207 GPa，試求(19-18)式中的 n 值爲多少？

$$E_c^n = V_l E_l^n + V_h E_h^n$$

$$(366)^n = 0.5(207)^n + 0.5(704)^n$$

以嘗試錯誤法將等號兩邊用來 A、B 代表，如下表所列，需注意到 $n=0$ 無法代入，但我們可以用逼近方法(+0.01 與−0.01)。由下表可知在此粒子複合材的狀況，其 n 值趨近於 0。

n 值	$(366)^n = A$	$0.5(207)^n+0.5(704)^n = B$	B/A
+1	366	455.5	1.24
+1/2	19.1	20.5	1.07
+0.01	1.06	1.06	1.00
−0.01	0.943	0.942	0.999
−1	2.73×10^{-3}	3.13×10^{-3}	1.15

19-7-2 其他機械性質

複合材料的強度受到界面結構、幾何排列、塑性變形限制、應力集中等現象諸多因素的影響。在長纖複合材與混合法則所預測偏差尚不大；但是短纖或鬚晶複合材的強度要比混合法則差很多。因爲短纖兩端並沒有眞正發揮它的強度，必須超過一個臨界長度 l_c，才能使負荷傳回纖維上，或者說其長闊比(aspect ratio)要超過一個臨界值$(l/d)_c$，才能發揮纖維強化效果。考慮圖 19-21 的短纖複合材的單元，受到水平應力時，在纖維上的拉伸應力(σ)與界面剪應力(τ)的分佈情形，如圖中所示。在纖維兩端 σ 爲 0，而剪力最大；藉著剪力的作用，使纖維承受的應力逐漸增加；到 $l_c/2$ 時，纖維承受的應力則與連續纖維相同，而達等應變狀況，沒有界面剪力存在。假設界面剪力恰等於界面剪強度而且爲一定值，則可以寫出

$$\sigma_f \frac{\pi d^2}{4} = \pi d \frac{l}{2} \tau_i \tag{19-19}$$

其中 σ_f爲纖維承受的應力，τ_i爲界面剪強度，d 爲纖維直徑，$l/2$ 爲界面剪力存在的長度。臨界長闊比即 σ_f等於纖維抗拉強度 σ_{fu}時，即

$$\left(\frac{l}{d}\right)_c = \frac{\sigma_{fu}}{2\tau_i} \tag{19-20}$$

亦即對一特定直徑的纖維而言，當 $l < l_c$，時，則纖維可以拉出(pull-out)，若 $l \geqq l_c$，則纖維會被拉斷。

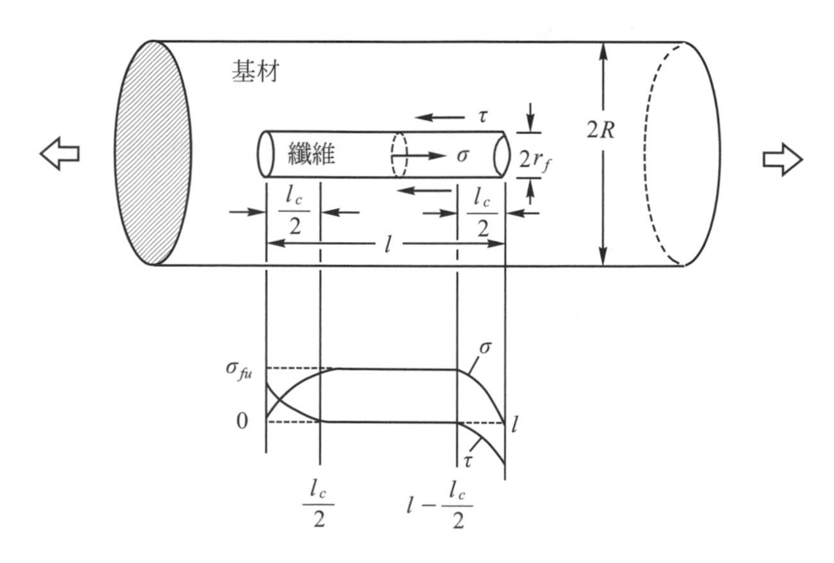

圖 19-21 複材中纖維/基材界面負荷傳輸情形(Ref. 1, p. 373)

由圖 19-21 的 σ 分佈情形，我們仍可大略估計，若纖維的長闊比恰等於$(l/d)_c$ 值時，則大約可達到長纖維複合材的一半強(相同體積比)，要更有效的強化則需提高長闊比之值，亦即纖維要足夠長。如碳纖強化尼龍複合材，長闊比為 30 時，其抗拉強度為 110 MPa；而長闊比為 800 時，則可達 240 MPa。

至於複合材的其他機械性質，如韌性、疲勞性質，則不易由混合法則來預測。值得一提的是複合材的疲勞性質常比一般單項材料來得高，如一般鋼鐵的疲勞比(fatigue ratio，疲勞強度或疲勞限除以抗拉強度)約在 0.45 左右；鋁合金則只有 0.30 左右；但碳纖複合材常可達 0.80。可能是由於碳纖複合材的主要受力分量(碳纖)在疲勞應力下，並不會造成碳纖的疲勞現象，因為碳纖的強度遠比外加疲勞應力來得大。

最後要說明的是複合材料的韌性，雖然熱固聚合體或陶瓷基材的韌性都很低，但是加入也是韌性很低的碳纖或陶瓷纖維，做成的複合材料，其韌性卻可以明顯提高；如前面圖 19-15(a)所示，加入 20 vol％SiC_w，可以將 Al_2O_3 的斷裂韌性由 4.5 MPa · $m^{1/2}$ 提高為 8.5 MPa · $m^{1/2}$。這是因為強化材能夠抵擋裂隙前進、裂隙會沿著強化材與基材界面分枝或偏移、裂隙前進過程會伴隨纖維拉出等現象，這些都是消耗更多能量行為，讓裂隙較不容易前進，而提高斷裂韌性；這也就是陶瓷基複合材料的主要目的。

重點總結

1. 複合材料是由金屬、陶瓷、塑膠的兩種或多種性質不同的材料合在一起變成一個新材料，互相擷長補短，而得到更佳的性能。
2. 複合材料是一具有低密度、低膨脹、高強度、高剛性、高疲勞強度特性的好材料，講求輕量的航空、太空市場上有莫大的潛力。
3. 纖維的製法主要有化學氣相沉積、高分子熱解、溶凝膠法。
4. 做成複合材料的主要目的在提高：塑膠的強度與模數、金屬的比模數與比強度、陶瓷的韌性。
5. 矽烷耦合劑分子一端可以利用氫鍵吸引在玻璃表面而形成強鍵結；另一端則有與塑膠同類的 R 邊群可以和塑膠結合。所以能將界面變成相當強。
6. 塑膠基纖維複合材的製程有手工佈置法、纏絲法、積層法、浸透法，其特性具有極高的比強度與比剛性，主要用在常溫下航太、化工與休閒產業上。
7. 金屬基纖維複合材的製程有擴散鍵結法、浸透法，其特性具有極高的比強度、比剛性、耐溫、耐磨，主要用在航太、汽車產業上。

8. 陶瓷基纖維複合材的製程有粉末冶金法、氣相浸透法、聚合體浸透熱解法，其特性具有較高的強度與韌性，可能可以用在耐溫零件與模具、刀具上。
9. 板複合材的製程有軋延、爆炸鍵結、共擠型、硬銲、熱壓等；常見的板複合材有積層板、硬面材、覆面金屬、雙金屬等。
10. 纖維複合材的縱向與橫向彈性模數，可以纖維與基材的彈性模數依照其體積比貢獻出來，即符合混合法則所預測。
11. 複合材料的強度受到界面結構、幾何排列、塑性變形限制、應力集中等現象諸多因素的影響。在長纖複合材與混合法則所預測偏差尚不大；但是短纖或鬚晶複合材的強度要比混合法則差很多。
12. 陶瓷纖維與陶瓷基材都很脆，做成複合材後會變得較韌；這是由於強化材能夠抵擋裂隙前進、裂隙會沿著強化材與基材界面分枝或偏移、裂隙前進過程會伴隨纖維拉出等現象的緣故。

習題

1. 定義複合材料與分類複合材料。
2. 複合材料有何優缺點？
3. 如何製造硼纖維？
4. 碳纖維與石墨纖維的製程與性質有何差異？
5. 試計算各種纖維及鬚晶的比強度及比模數，並與鋁、鋼比較。
6. 在塑膠、金屬、陶瓷材料中，加入強化材的主要目的各爲何？
7. 矽烷耦合劑如何促進玻璃纖維與塑膠之鍵結？
8. 如何製造品質良好的硼纖強化鋁基複合材料？
9. 如何製造品質良好的碳纖強化環氧樹脂複合材料？
10. 說明化學反應浸透法如何製造陶瓷基複合材料。
11. 有一纖維複合材，含 70 vol％ E-玻璃纖維於環氧樹脂基材中(a)試計算玻璃所佔重量百分比。(b)試計算複合材料之密度。
12. 一 SAP 中含有 10 vol％ Al_2O_3，且基材爲純鋁，若 Al_2O_3 密度爲 3.97 g/cm^3，則此 SAP 之密度爲多少？

13. 一單向纖維複合材中含有 60 vol% E-玻璃纖維於聚酯基材，試計算其縱向及橫向的導熱係數，E-玻璃及聚酯之導熱係數分別爲 0.97 W/m-K 與 0.17 W/m-K。

14. 一個 W/Ag 電接觸材，先將鎢粉燒結成 14.5 g/cm^3 的密度，再浸透純銀，試計算氣孔的體積比及浸銀後，銀所佔的重量比。

15. 硼纖在環氧樹脂的複合材密度爲 1.8 g/cm^3，此硼纖及樹脂的密度分別爲 2.36 與 1.38 g/cm^3，試計算硼纖在複合材所佔的體積比。

參考文獻

1. Krishan K. Chawla, Composite Materials Science and Engineering, Third Edition, Springer-Verlag New York, Inc., 2012.

2. Derek Hull, An Introduction to Composite Materials, Cambridge University Press, 1981.

3. D. Hull and T.W. Clyne, An Introduction to Composite Materials, Second Edition, Cambridge University Press, 1996.

4. Metals Handbook, Vol. 9, 9-th ed. American Society for Metals, 1985.

5. Engineered Materials Handbook, Vol. 1, Composites, ASM International Handbook Committee, ASM International, 1987.

chapter

20

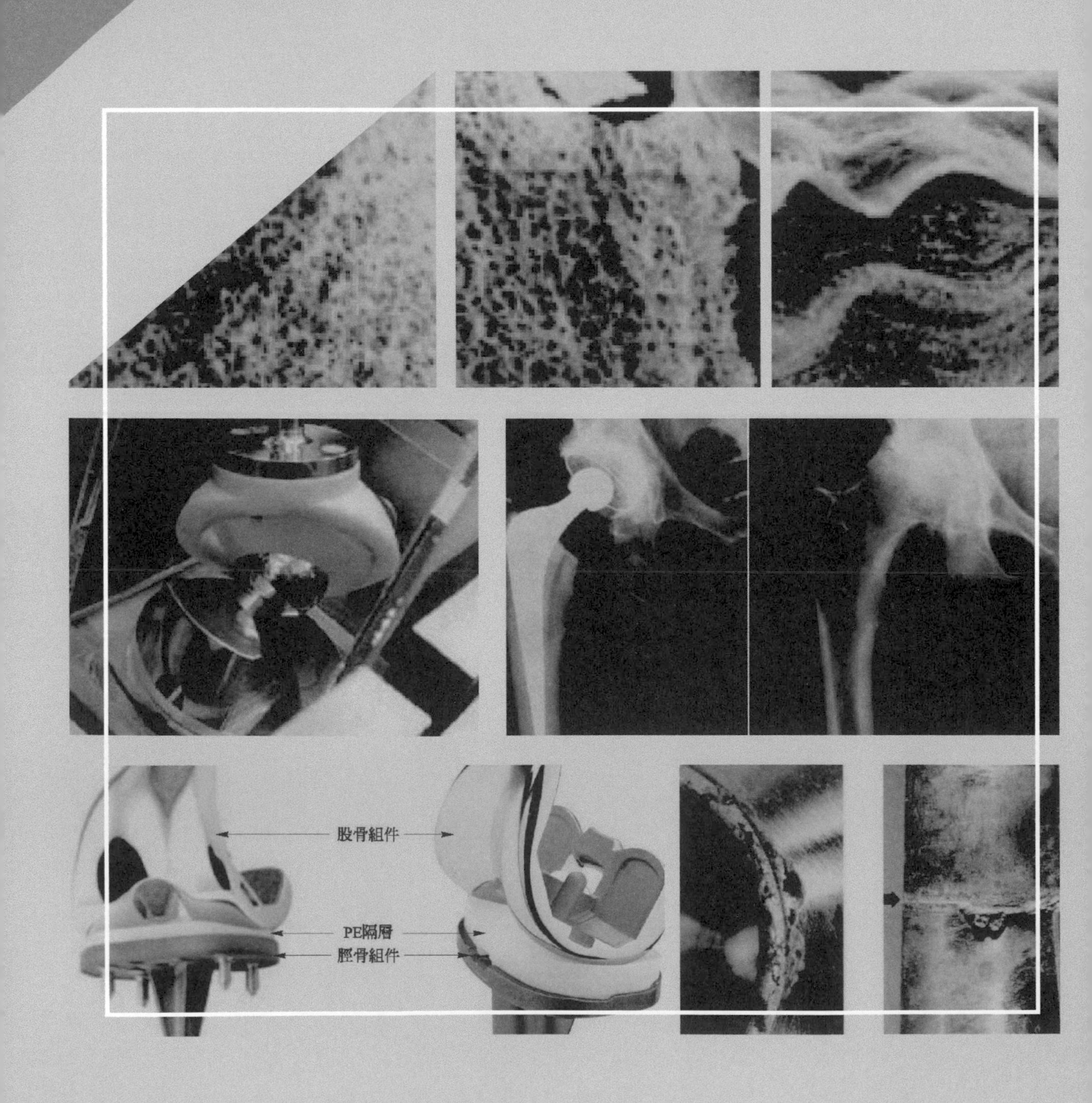

生醫材料

英文字頭“bio”原先是指與生物 (biological) 現象研究相關，如生物物理、生物化學，依此說法則“biomaterials” 應該是指生物材料，如木材、骨骼、軟組織；但在科學家社群則將 “biomaterials” 約定成俗為放入活體內的醫療物質，所以中文翻譯為生醫材料，例如骨科、牙齒補綴、心臟瓣膜、關節置換的材料，都是屬於生醫材料。相對的，生物材料 (biological materials) 則是指生物系統產生的材料，如骨骼、韌帶、軟骨組織。

生醫材料使用於修復或置換骨骼與非骨骼系統，惟大部分生醫元件都是屬於骨科，所以了解骨骼組織的性質相當重要，本章將從骨骼等生物材料的結構與力學談起，再述及金屬、塑膠、陶瓷生醫材料的典型應用。

不管科學如何進步，生醫材料仍然達不到生物材料的耐用度，因為生醫材料尚無法修復磨耗或撕裂。我們會討論生醫材料的腐蝕與磨耗，以及其量測或防制技術；最後一個主題是組織工程 (tissue engineering)，即在人造環境中如何製造天然生醫材料。

學習目標

1. 說明生物材料與生醫材料的定義與特色。
2. 了解骨骼的構造與力學特性。
3. 了解肌腱與韌帶的構造與力學特性。
4. 了解軟骨的構造與力學特性。
5. 說明常見生醫金屬種類與應用，以及相關應力屏蔽、骨質退化的問題。
6. 說明常見生醫塑膠種類與應用，以及可生物降解的意義。
7. 說明生醫陶瓷特點與應用，以及奈米陶瓷的應用問題。
8. 說明生醫複材特點與應用。
9. 了解生醫材料腐蝕與磨耗的相關問題。
10. 了解組織工程的意義。

20-1 生物材料：骨骼

骨骼是人體的結構材料，是一種複雜的天然複合材料，由有機與無機材料構成；無機部分含有鈣與磷離子，類似人造**羥基磷灰石(hydroxyapatite, HA)**晶體，成份是 $Ca_5(PO_4)_3(OH)$。羥基磷灰石呈片狀，長 20～80 nm，厚 2～5 nm，是一種六方晶。每個 HA 單位晶胞含有兩個分子，常寫成 $Ca_{10}(PO_4)_6(OH)_2$。這些無機礦物質給予骨頭堅硬特質，約占乾燥骨骼的 60～70%重量。骨骼有機質主要是**膠原蛋白(collagen)**與少量脂質 (lipid)，膠原蛋白是具韌性、易撓曲、高度非彈性的纖維，提供骨骼的撓曲性與彈性，約占乾燥骨骼的 25～30%重量。乾燥骨骼上剩下約 5%的水。上述說明如同上一章所講的纖維複合材料，兩種以上不同材質混合而成一種具有獨特性質的新材料。

巨觀來看，骨骼之結構分成外層緻密的**皮層骨(cortical bone)**與內部多孔的**鬆質骨(cancellous bone)**，如圖 20-1(a)所示。鬆質骨，如圖 20-1(b)所示，是由薄板狀骨小梁 (trabecular) 構成網狀多孔材質，這些孔洞充滿紅色骨隨；皮層骨，如圖 20-1(c)所示，像象牙般的緻密，構成骨骼的外圍或皮層；依據功能不同，各種骨骼的皮層骨與鬆質骨有不同比率。

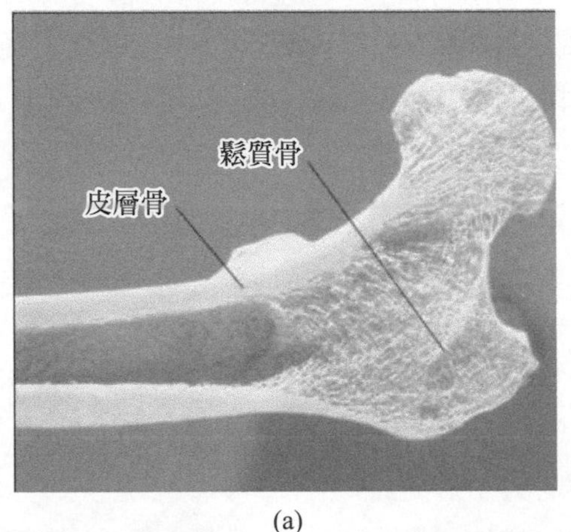

(a)

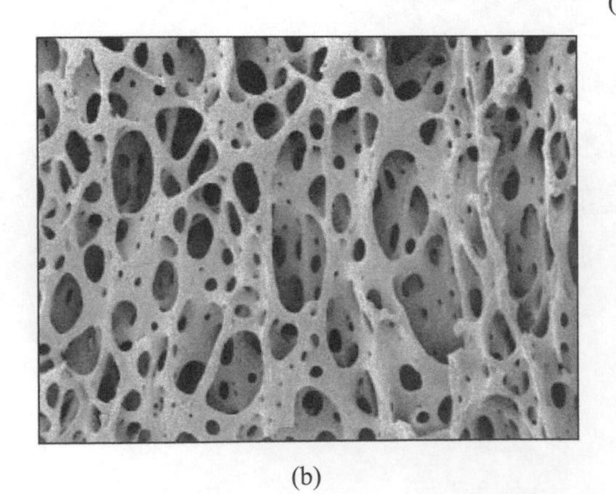

(b)

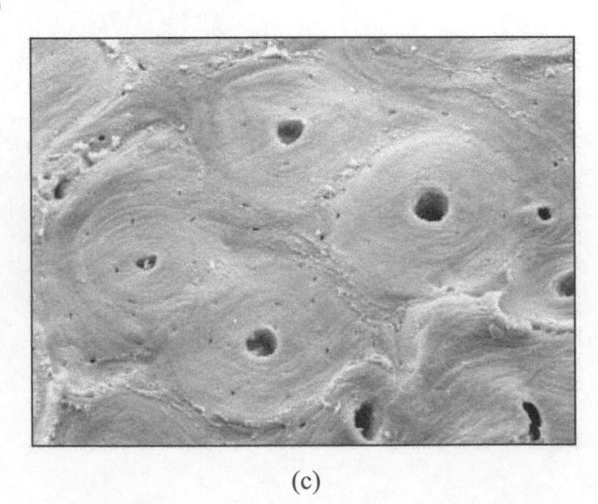

(c)

圖 20-1 (a)成人股骨縱剖面，(b)鬆質骨照片，(c)人類脛骨的皮質骨 SEM 影像[Ref. 1, p.927]

20-1-1　骨骼機械性質

與其他材料一樣，骨骼的單軸拉伸應力應變曲線，會有彈性區、降伏點、塑性區與損壞點。皮層骨與鬆質骨的機械性質完全不同，皮層骨具有高密度，比鬆質骨強、勁，但較脆。皮層骨大約超過 2%應變時，即產生降伏且斷裂；而鬆質骨較不緻密，可能 50%應變才斷裂，而且因爲多孔狀，可以在斷裂前大量吸收能量。如圖 20-2 顯示一種皮層骨與兩種密度不同鬆質骨的典型應力應變曲線，可看出兩種骨質在彈性、降伏點、延展性、韌性，以及斷裂強度的表現有所不同。

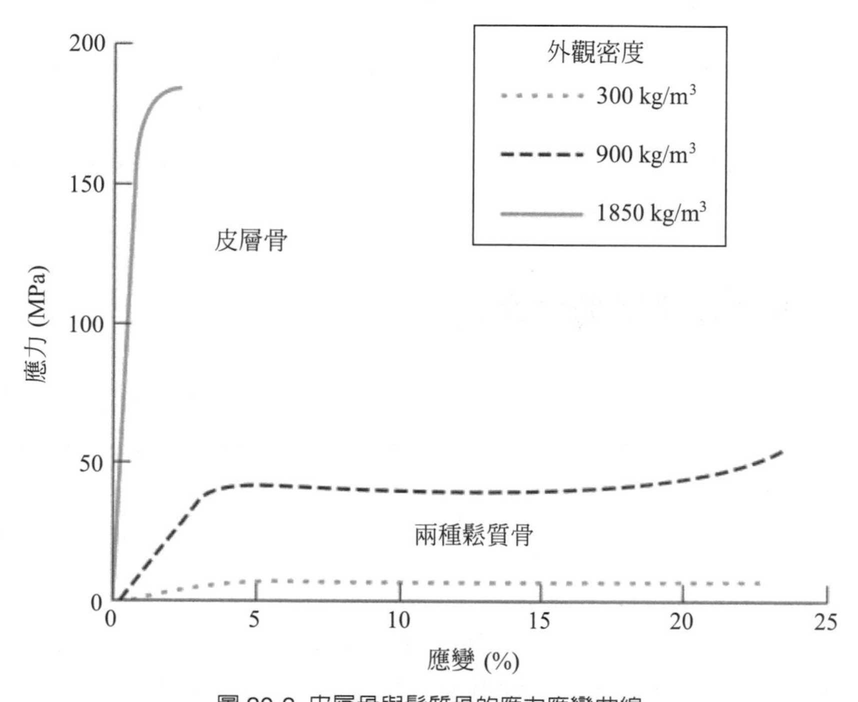

圖 20-2 皮層骨與鬆質骨的應力應變曲線

[T.M. Keavney, W.C. Hayes, “Mechanical properties of cortical & trabecular bone”, Bone, 7 (1993) 285]

如同纖維複合材料一樣，骨骼也有很強**異向性(anisotropic)**，例如沿著骨頭長向進行皮層骨拉伸試驗，其剛性(彈性模數)、強度與伸長率都會高於垂直長向者；日常生活運用到的骨骼狀況，大致都是在使用骨骼最剛性、最強的方向。另外要注意到骨骼的壓縮強度要明顯大於拉伸強度，如皮層骨拉伸強度約 130 MPa，而其壓縮強度可達 190 MPa。鬆質骨也有類似情形。

人類骨骼在日常生活中支撐各種負荷，包括拉伸、壓縮、彎曲、扭轉、剪移，甚至綜合一起。像阿奇里斯腱(achilles tendon)旁的高度鬆質骨有可能產生拉伸斷裂，因爲小腿肌的強大拉力會加諸骨頭上；剪移斷裂也常見於高度鬆質骨；而壓縮斷裂則常見於骨質疏鬆年長者的脊椎；彎曲斷裂則來自骨頭同時受到拉伸與壓縮時。大都是長骨頭如股骨(femur)

或脛骨(tibia)容易受到這種彎曲負荷，滑雪者常見此種脛骨彎曲折斷情形。扭轉斷裂也是常見於長骨頭上；這種骨折常先在平行縱向產生，而後沿著縱向 30 度方向延伸斷裂。大部分骨折都是多種負荷聯合造成。

另一個生物機械性質特性是骨頭對不同負荷速率或應變速率的反應差異很大。如正常走路，股骨的應變速率約 0.001/s；慢跑則大約是 0.03/s；衝撞外傷則高達 1/s。骨骼在這些不同負荷狀況的反應有所不同，快速應變速率會變得較剛性、較強，如皮層骨可提高強度為 3 倍、剛性為 2 倍；像衝撞外傷高速應變速率下，骨骼也變得較脆，同時也在斷裂前儲存較大的能量。這部分在外傷方面相當重要，在低能量骨折，能量消耗在斷裂骨骼，其周圍組織沒有重大損害；而在高能量骨折，過多能量造成骨骼周遭組織產生重大損害。這種應變速率對骨骼機械性質的影響稱為**黏彈性(viscoelasticity)**，塑膠材料也有類似的黏彈性表現。最後一個是骨骼受到循環負荷的疲勞斷裂，如同其他材料一樣。像運動員重力訓練時，經過無數次的負荷之後，肌肉已經疲勞不堪，造成骨骼必須承擔較大的負荷，幾次之後，骨頭就可能發生疲勞斷裂。

20-1-2　骨骼重塑與複材模型

骨骼是一個智慧型複雜生物材料，骨骼會依據負荷狀態改變自身的尺寸、形狀、結構，這種因應高應力而調整皮層骨或鬆質骨質量的能力叫做**骨骼重塑(bone remodeling)**，名為吳爾夫定律(Wolff's law)，其原理是調整骨質達最佳化，保留需要的，而移除不需要者；這就是年長者身體活動減少、太空人無重力狀態遭受骨質流失的原因。年長者輕量的重力訓練被認為有助於減少骨質流失的現象。

有許多複合材料的模型可以用來預測骨骼的機械性質，只要知道個別相的數量與性質。如前面複合材料章節所述，等應變與等應力模式分別用來預測皮層骨的彈性模數：

$$E_b = V_o E_o + V_m E_m \tag{20-1}$$

$$\frac{1}{E_b} = \frac{V_o}{E_o} + \frac{V_m}{E_m} \tag{20-2}$$

其中之字腳 "*b, o, m*"分別代表骨骼、有機物、礦物質。有機物為膠原蛋白，礦物質為羥基磷灰石。我們知道等應變代表彈性模數的上限，而等應力則是下限。聯合等應力與等應變模式則為：

$$\frac{1}{E_b} = x\left(\frac{1}{V_o E_o + V_m E_m}\right) + (1-x)\left(\frac{V_o}{E_o} + \frac{V_m}{E_m}\right) \tag{20-3}$$

其中 "*x*" 代表等應變狀況的分量。

例 20-1

(20-1)與(20-2)兩個式子中，典型的數值 $E_o = 1.2 \times 10^3$ MPa、$E_m = 1.14 \times 10^5$ MPa、$V_o = V_m = 0.5$，(a)試計算骨骼彈性模數的上下限，(b)若實驗測得骨骼的彈性模數為 17 GPa，則其等應變的部分占多少比率？

解 (a) 等應變模式(上限)：

$$E_b = V_oE_o + V_mE_m = 0.5 \times 1.2 \times 10^3 \text{ MPa} + 0.5 \times 1.14 \times 10^5 \text{ MPa} = 57.6 \times 10^3 \text{ MPa} = 57.6 \text{ GPa}$$

等應力模式(下限)：

$$\frac{1}{E_b} = \frac{V_o}{E_o} + \frac{V_m}{E_m} = \left(\frac{0.5}{1.2\times10^3\text{ MPa}}\right) + \left(\frac{0.5}{114\times10^3\text{ MPa}}\right) = 4.21\times10^{-4}\text{ MPa}^{-1}$$

$E_b = 2.37 \times 10^3$ MPa = 2.37 GPa

(b) 將上述兩種模式數值代入

$$\frac{1}{17\text{ GPa}} = x\left(\frac{1}{57.6\text{ GPa}}\right) + (1-x)\left(\frac{1}{2.37\text{ GPa}}\right)$$

上式解出 $x = 0.897$，亦即 89.7%是等應變狀態。

20-2　生物材料：肌腱與韌帶

肌腱(tendons)與**韌帶(ligaments)**是我們肌肉骨骼系統的軟組織，前者是連接肌肉與骨骼，肌肉縮收的力量藉由肌腱傳給骨骼(圖 20-3(a))；後者連接骨骼與骨骼，用來穩定關節(圖 20-3(b))。這些組織的尺寸從幾毫米到好幾公分。它們也是複合材料，大約 60%重量是水，剩下乾燥的部分有 80%重量是膠原蛋白，是一種纖維狀蛋白質，佔人體總蛋白質的三分之一。

膠原蛋白分子是由肌腱與韌帶內特殊的成纖細胞(fibroblasts)所分泌，存在於細胞外基質(extracellular matrix)內。膠原蛋白的結構(如圖 20-4)類似繩索，由無數根膠原纖維束所組合而成。膠原蛋白最基本的單位為膠原蛋白分子，是由三條多胜肽(polypeptides)、多段胺基酸由胺基酸的胺基(-NH_2)和羧基(-COOH)脫水縮合形成肽鍵(醯胺)後，形成的鏈狀分子鏈所組成的，而此三條多胜肽鏈則以平行與鏈間的氫鍵緊密地結合在一起，形成穩定的三股螺旋膠原蛋白分子結構。由多個膠原蛋白分子聚集成膠原蛋白微纖維 (microfibril)，而平行排列的膠原蛋白微纖維進而形成束形的膠原蛋白細纖維(fibril)，膠原蛋白細纖維再糾集成較大的纖維束(fascicle)，再聚集成肌腱與韌帶。其中膠原蛋白細纖維直徑在 20-150 nm，是主要的承擔負荷元件，受力時可沿負荷方向排列，釋放時則捲曲。

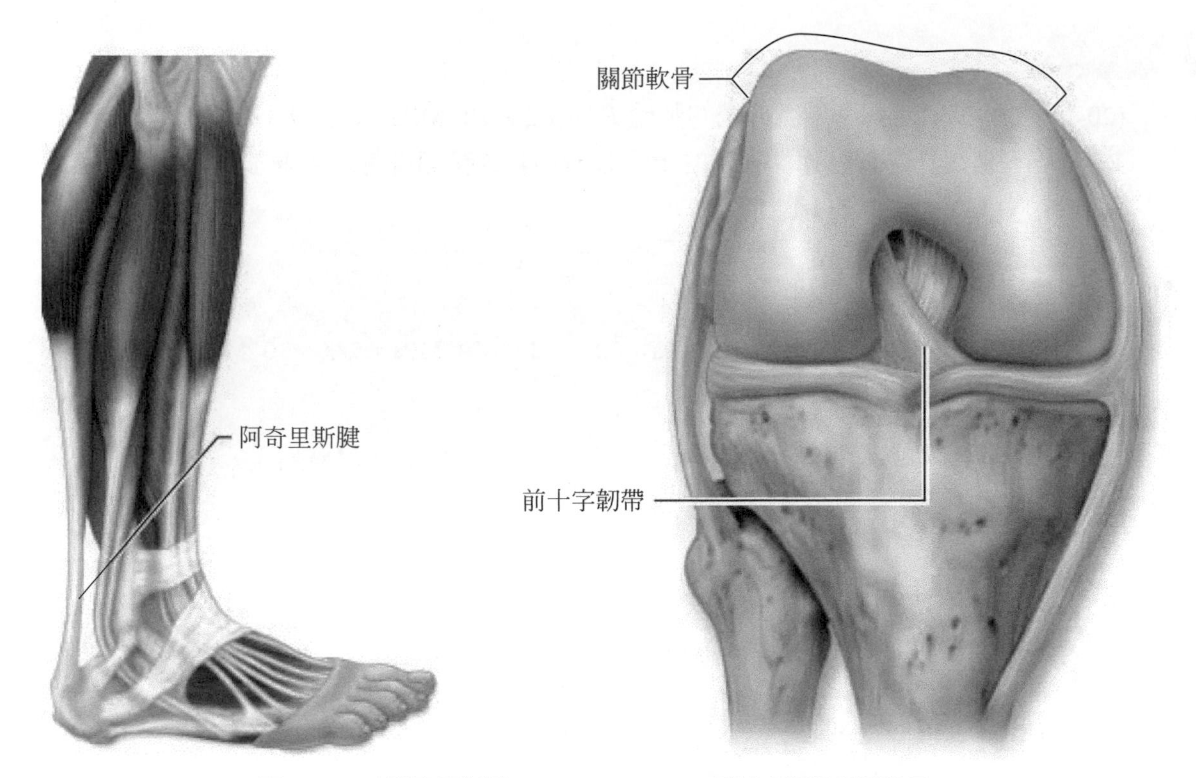

圖 20-3 (a)阿奇里斯腱 (Achilles tendon) 連結小腿肌與腳跟骨，
(b)前十字韌帶 (anterior cruciate ligament, ACL)連結股骨與脛骨。[Ref. 1, p. 932]

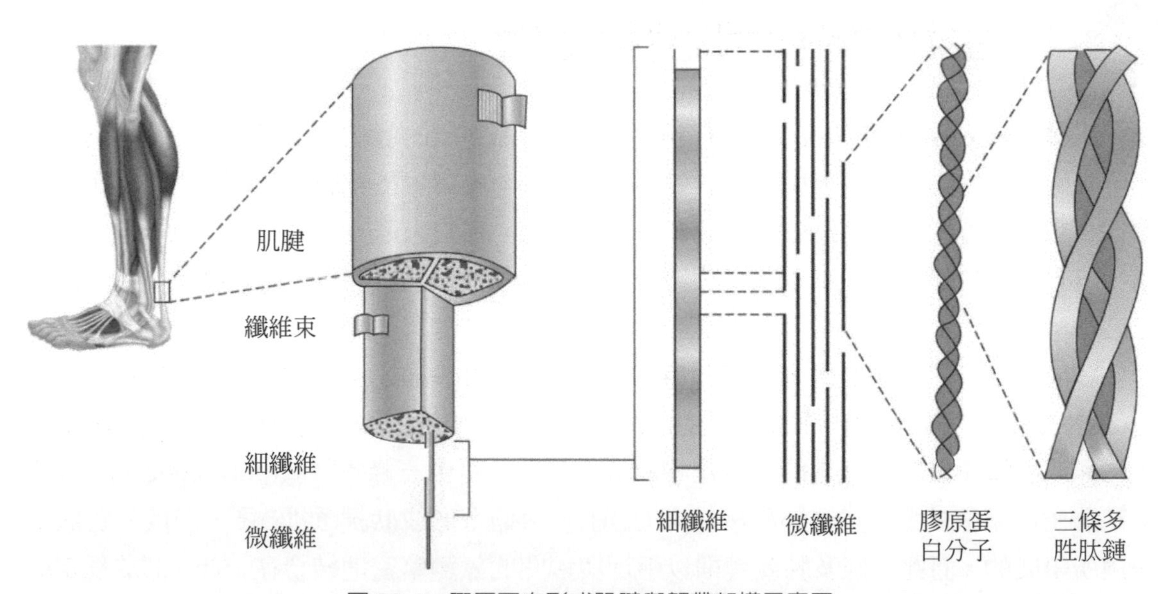

圖 20-4 膠原蛋白形成肌腱與韌帶架構示意圖
["Standard Handbook of Biomedical Engineering and Design," Fig. 6.5, p. 6.6 McGraw-Hill]

20-2-1 肌腱與韌帶機械性質

由於膠原蛋白細纖維的捲曲特性，造成肌腱與韌帶的機性表現不同於金屬或骨骼；肌腱與韌帶負荷方式通常為拉伸模式，所以使用單軸拉伸試驗來獲取機械性質。圖 20-5 為肌腱的典型應力應變曲線，1 與 3 區為非線性，而 2 區則相當線性。當組織受力時，捲曲的細纖維開始拉直，但並不是每一個細纖維都是同等捲曲，所以有逐漸愈來愈多細纖維拉直承受負荷，造成負荷初期的非線性 1 區，常稱為腳趾區(toe-region)；之後，所有細纖維都拉直受到負荷而產生彈性變形，即為中段的 2 區，相當線性；負荷繼續增加，有些個別細纖維達到抗拉強度而斷裂，這種細纖維持續斷裂形成最後一段的非線性 3 區。

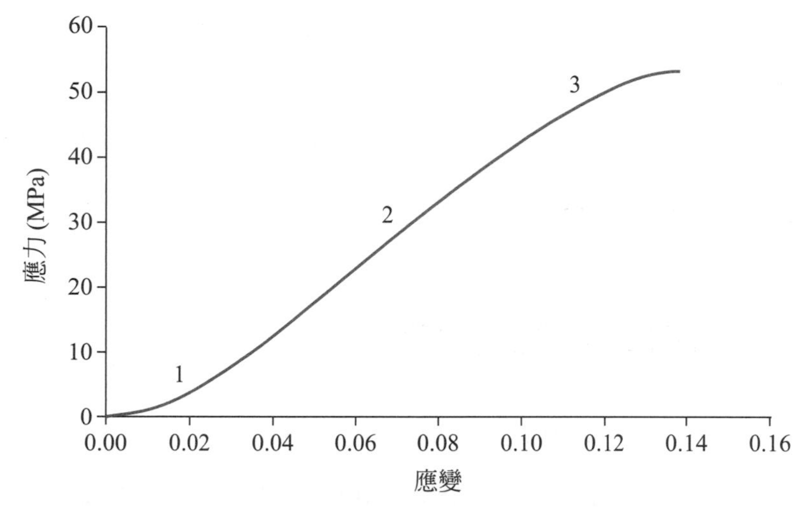

圖 20-5 膠原蛋白組織的典型應力應變曲線，具有明顯的非線性區(1 與 3 區)與線性區(2 區)

傳統上抗拉強度與伸長率的定義，在組織機性上也適用，而彈性模數則以中段線性區的斜率為準。表 20-1 列出一些人體肌腱與韌帶的典型機性。

表 20-1 一些人體肌腱與韌帶的典型機性，列出平均值與標準差。[Ref. 1, p. 935]

組織	抗拉強度(MPa)	伸長率	彈性模數(MPa)
膝部前十字韌帶	22 ± 11	0.37 ± 0.12	105 ± 48
膝部後十字韌帶	27 ± 9	0.28 ± 0.09	109 ± 50
膝部膝腱	61 ± 20	0.16 ± 0.03	565 ± 180
膝部內側副韌帶	39 ± 5	0.17 ± 0.02	332 ± 58
腳跟阿奇里斯腱	79 ± 22	0.09 ± 0.02	819 ± 208
膝部四頭肌腱	38 ± 5	0.15 ± 0.04	304 ± 70
脊柱腰椎前路縱向韌帶	27 ± 6	0.05 ± 0.02	759 ± 336

從表 20-1 中可以看出軟組織的機性數據有相當的誤差值，高達 50%平均值的標準差並不少見，因爲有許多因素影響肌腱與韌帶的機性，包括膠原蛋白數量、細纖維密度、膠原蛋白交聯程度都會直接影響膠原蛋白組織機性。像年齡會減少膠原蛋白細纖維束量，而減少能夠承擔負荷的能力，所以抗拉強度與剛性都會下降；而性別與個人活動量，也都會影響肌腱與韌帶的膠原蛋白細纖維數量，造成其機性的變化。

人在運動時常遇到肌腱與韌帶的撕裂，肌肉本來是穩定關節的角色，但當肌肉未於適當時間收縮，而讓韌帶遭受外力的衝擊，有時候即造成撕裂。例如一個人跳躍著地時，膝蓋周遭肌肉沒有以適當力道收縮，來自地上的作用力促使脛骨向前位移大於股骨，此極可能造成前十字韌帶的撕裂。肌腱受傷來自肌肉抵抗外力，產生過多的收縮。例如滑雪板者用手臂要阻止轉彎下跌時，可能造成連接肱二頭肌與前臂的肌腱斷裂。日常活動可造成這些組織的微細撕裂，但通常會癒合，也可利用重塑來承受少掉的負荷能力；受傷肌腱可以癒合，但韌帶因周圍有**滑液(synovial fluid)**而無法癒合，只能利用置換接合受傷韌帶。

20-3 生物材料：關節軟骨

人體常受相當負荷，而且許多關節有相當程度的移動；作爲一個工程師，我們知道這種情形會造成摩擦與磨耗。要降低關節的摩擦與磨耗，需將負荷分散開來，骨頭的關節端包覆一種特殊組織，叫做**關節軟骨(articular cartilage)**。關節軟骨沒有血管，也就是沒有血液供應、沒有神經；看起來蒼白色、厚 1～6 mm、包覆關節端外形，關節軟骨由多孔基材、水、離子構成；水分佔 70～90%重量，膠原蛋白佔 10-20%，蛋白多糖(proteoglycans)佔 47%，蛋白多糖在含水軟骨中可產生 COO^-、SO_3^- 離子。

關節軟骨沿厚度方向有四區，靠近關節表面切線區，膠原蛋白細纖維平行軟骨表面；之下爲中間區，膠原蛋白細纖維混亂分布；中間區下方爲深層區，膠原蛋白細纖維較厚且徑向排列。切線區的膠原蛋白含量最高，蛋白多糖最少；深層區蛋白多糖最多，含水量最少。深層區下方爲鈣化軟骨區，含有軟骨與鈣礦物；此層錨定軟骨於軟骨下骨(subchondral bone)。如圖 20-6 所示爲關節軟骨微結構。另外，椎間盤是另一種軟骨，稱爲纖維軟骨(fibrocartilage)。

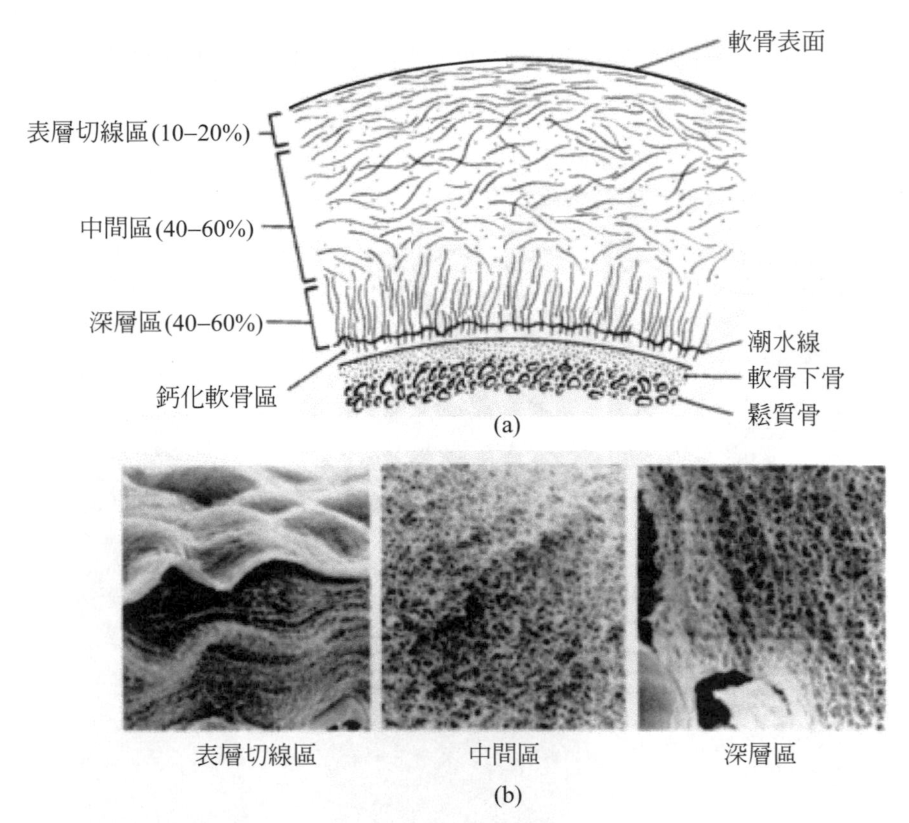

圖 20-6　關節軟骨微結構。(a)不同區膠原蛋白細纖維的排列示意圖；(b)有負荷的表層切線區與無負荷的中間區與深層區 ["Basic Biomechanics of Musculoskeletal System," Nordin and Frankel, p. 132, Fig. 4.8, Lippincott, Williams and Wilkins, p.941]

20-3-1　軟骨機械性質

關節軟骨因含大量水分而有高度黏彈性，也因膠原蛋白細纖維排列方向有所不同，所以明顯異向性與異質性，其機性受到基地的內在性質、水在基地的流動、離子存在的影響。關節軟骨的典型機性與肌腱及韌帶並無不同，其彈性模數在 4～400 MPa 之間，與測試是動態或靜態、負荷方向與膠原蛋白細纖維夾角有關。

活體內的關節軟骨通常承受壓縮與剪移負荷，膠原蛋白結構在此並不支撐壓縮負荷，反而是蛋白多糖因帶負電荷而在分子內外引發強大排斥力；受壓時，這些分子流動而又受到膠原蛋白網絡的束縛，造成膠原蛋白受到拉伸應力，而可以抵抗加在軟骨的壓力。再者，週遭的離子，因為電中性而流入被陷住的蛋白多糖，也會造成組織的更加膨脹，而進一步提高壓力。

因為沒有血液供應，所以軟骨自我修復能力有限，物理或機械因素可以造成軟骨退化，重複高應力負荷及膠原蛋白-蛋白多糖基質破壞，是造成軟骨退化之因。軟骨退化影響軟骨基質的機械完整性與滲透性，改變組織的機械行為。長久的不正常關節受力分布狀況(如韌帶拉傷)或是軟骨單一外傷負荷都可以造成退化。關節軟骨退化會減少關節間隙

(圖 20-7)，進而暴露軟骨下骨直接接觸受力而疼痛。這種軟骨退化在日常活動時，伴隨關節疼痛與腫脹，成為**骨關節炎(osteoarthritis)**。

骨關節炎難以處理，通常剔除發炎影響區域置入金屬植體；嚴重時整個關節置換為人工關節，此即所謂關節置換手術，此時生醫材料就變成主角。

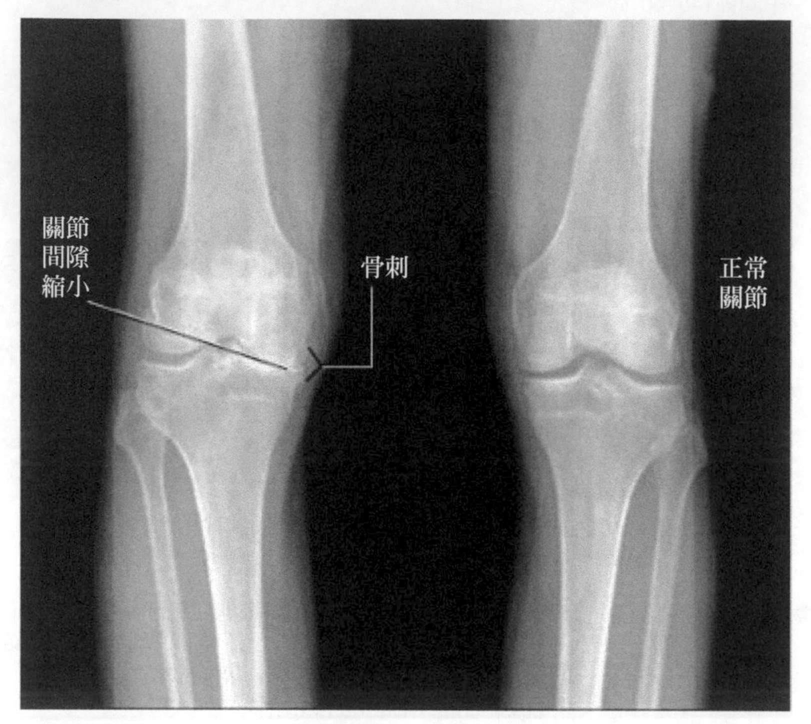

圖 20-7 骨關節炎(左圖)與正常關節的 X-光片。骨關節炎的關節間隙變小，甚至長出骨刺。[National Human Genome Research Institute]

20-4 生醫金屬

金屬有許多生醫應用，有些應用限定在置換損壞或不正常組織，以恢復正常功能。如骨骼或關節骨科，全部或局部使用金屬來置換；牙科應用上，金屬用來做牙洞填充料、植牙螺絲或製作假牙。這些應用上，材料會暫時或永久與體內流體接觸，稱為生醫材料，在此為生醫金屬。至於做為醫療、牙科、外科器具或是義肢的金屬，不在身體內部，不與體內流體長久接觸，則不屬於生醫金屬。此節將述及身體內關節(如臀、膝、肩、踝、腕)與骨骼等，結構性植體或固定裝置應用的重要生醫金屬。

生醫金屬要有適用於人體上的特定要求，人體內部環境具高度腐蝕性，會損壞植入材料並造成有毒離子或分子的釋放。生醫金屬的基本特質即為此種**生物相容性(biocompatibility)**，其定義為使用於人體的材料需具有化學安定性、抗腐蝕性、無致癌性、無毒性。有生物相容性之後，第二個重要特質為在高腐蝕環境下，能夠持久承受高且變動的應力。因為一個人一年的活動量在臀部有 1～2.5 百萬次應力負荷，也就是 50 年中受到 50-100 百萬次應力循環。因此生醫金屬在高度腐蝕環境下，必須足夠強、耐疲勞、耐磨耗。哪種金屬適合這些條件？純金屬如 Co、Cu、Ni 被認為對人體有毒性，Pt、Ti、Zr 是高度生物相容性，而 Fe、Al、Au、Ag 則是中等生物相容性。有些不銹鋼與 Co-Cr 合金也是中等生物相容性。實用上，最常用在人體荷重的金屬是不銹鋼、鈷合金及鈦合金。這些金屬有可接受的生物相容及荷重特質，然而沒有一個具有所有需求特質。

20-4-1 生醫不銹鋼

前已述及各種肥粒型、麻田型、沃斯田型不銹鋼。在骨科應用上，沃斯田型 316L (18Cr-14Ni-2.5Mo-ASTM F138)不銹鋼最常用；因為較便宜、易成型；晶粒尺寸在 ASTM 5 號或更細。通常有 30%冷加工以增進降伏、拉伸、疲勞強度，其主要缺點是不適合長期使用，因為在人體上的抗蝕能力不夠，再者 Ni 的腐蝕釋出物具有毒性；因此最常用在骨骼螺絲、插銷、板片(圖 20-8)、髓內釘及其他暫時性固定裝置。最近，無鎳沃斯田型不銹鋼有在發展，可增進生物相容性。圖 20-9 顯示使用骨板、骨螺絲於骨折的案例；這些東西，在痊癒差不多時可以移除。

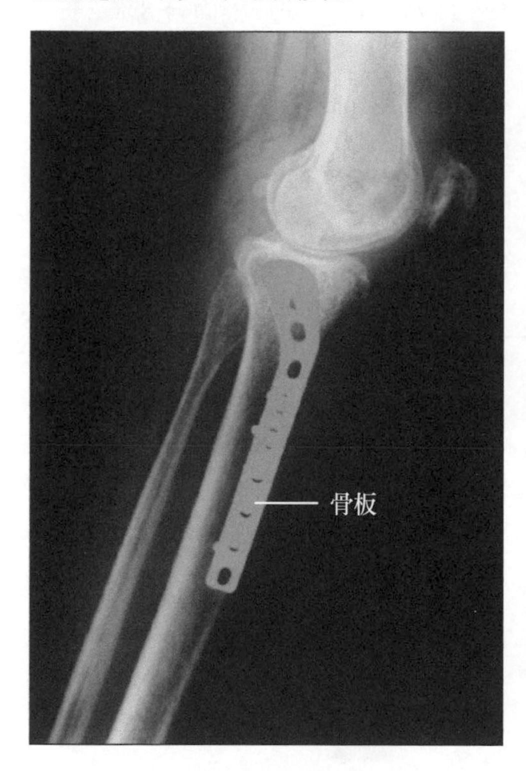

圖 20-8 不銹鋼長骨骨板
[Science Photo Library/Photo Researchers, Inc.]

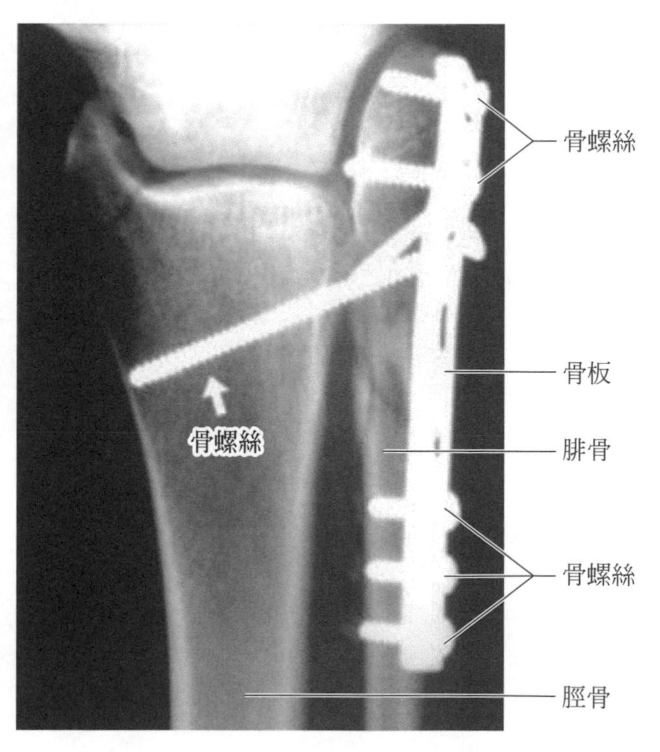

圖 20-9 骨折固定用不銹鋼骨板與骨螺絲
[Science Photo Library/Photo Researchers, Inc.]

20-4-2 生醫鈷合金

鈷基合金廣用在荷重應用上，如同不銹鋼，高鉻合金可以產生抗腐蝕的氧化鉻表層，其長期抗蝕能力較不銹鋼好，較少有毒的鈷離子釋出，亦即鈷合金的生物相容性明顯比不銹鋼好。在骨科植體的主要鈷合金有四種：

1. Co-28Cr-6Mo 鑄造合金(ASTM F75)：此鑄造合金產生粗大晶粒，也會內偏析，這些都會造成弱化，而在骨科所不樂見。
2. Co-20Cr-15W-10Ni 鍛造合金(ASTM F90)：此合金含相當數量的 Ni 與 W，可以增進車削性及製造性，退火狀態的性質接近 F75；冷加工 44%後，其降伏、拉伸、疲勞強度幾乎雙倍於 F75，然而須注意截面上性質均勻，否則會有不預期損壞。
3. Co-28Cr-6Mo 熱處理鍛造合金(ASTM F799)：其成份類似 F75 合金，但經一系列步驟鍛造成最後形狀。先使用熱鍛使材質大量流動，最後再冷加工來強化，而可以比 F75 強。
4. Co-35Ni-20Cr-10Mo 鍛造合金(ASTM F562)：此合金是目前最佳組合強度、伸長率、抗腐蝕者；使用冷加工及時效處理，降伏強度超過 1795 MPa，伸長率尚有 8%左右。由於具有組合長期抗蝕與強度，這些合金常用來永久固定裝置及關節置換零件 (圖 20-10) 。

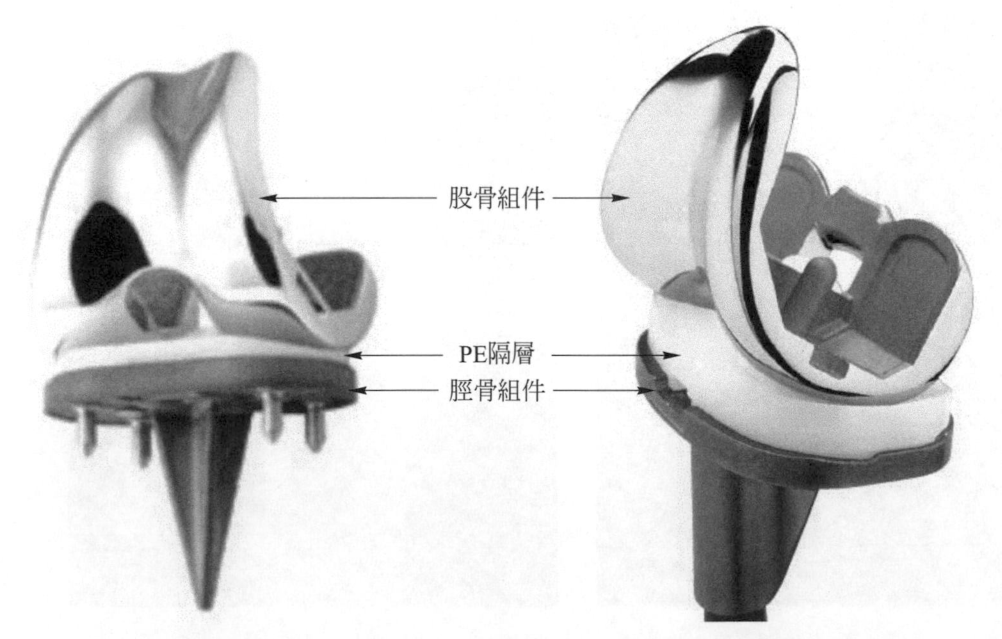

圖 20-10 鈷鉻合金膝關節假體，股骨組件坐在脛骨組件上，其間有 PE 隔層作為軸承[Ref. 1, p.946]

20-4-3　鈦合金

前已述及每一合金有其機性與成型特性，而使用在不同應用上。鈦合金，包括純鈦、α、β、α-β鈦合金，尤其是在如人體惡劣環境具有傑出抗蝕能力，其抗蝕源自在 535℃以下形成一層穩定且保護性 TiO_2。骨科來看，鈦的極佳生物相容性、高抗蝕、低彈性模數都是高度想要的。商用純鈦(CP-F67)強度較低，用在一些不需要高強度的一些脊椎手術螺絲與釘。α合金含 Al、Sn、Zr，無法熱處理明顯強化，沒有明顯優於 F67。α-β 合金同時含有 α 相(Al)與 β 相(V 或 Mo)安定元素，室溫下 α-β 相共存，固溶處理者可以比退火者提高 30-50%強度；用於骨科的 α-β 鈦合金，有 Ti-6Al-4V(F1472)、Ti-6Al-7Nb、Ti-5Al-2.5Fe，其中 F1472 最常用，其他兩種合金用在髖骨關節用板、螺絲、棒、釘。β 合金有優良鍛造性，故不會應變硬化，但可以固溶再時效到高於 α-β 合金的強度。β 鈦合金的彈性模數最低，更有利於使用在骨科上，表 20-2 列出骨科常用合金的機性。鈦合金的缺點主要是(1)耐磨性不佳與(2)對凹痕太敏感。耐磨性不佳，所以鈦合金不使用在關節表面，如腿、膝關節，除非經過離子佈植強化表面。

表 20-2　骨科應用生醫金屬之性質

[Orthopedic Basic Science, American Academy of Orthopedic Science, 1999.]

材料	ASTM 規格	狀態	彈性模數 (GPa)	降伏強度 (MPa)	拉伸強度 (MPa)	疲勞強度 (MPa)
不銹鋼	F55, F56, F138, F139	退火	190	331	586	2141-276
		30%冷加工	190	792	930	310-448
		冷鍛造	190	1213	1351	820
鈷合金	F75	鑄造退火	210	448-517	655-889	207-310
		熱均壓	253	841	1277	725-950
	F799	熱鍛造	210	896-1200	1399-1586	600-896
	F90	退火	210	448-648	--	586
		44%冷加工	210	1606	1896	951-1220
	F562	熱鍛造	232	965-1000	1206	500
		冷鍛造時效	232	1500	1795	689-793
鈦合金	F67	30%冷加工	110	485	760	300
	F136(F1472)	鍛造退火	116	896	965	620
		鍛造熱處理	116	1034	1103	620-689

20-4-4 骨科應用的議題

在骨科應用上，高降伏強度、高疲勞強度、高硬度及低彈性模數都很重要。要清晰了解這些，考慮在骨折前，所有肌肉、肌腱、骨骼作用力是平衡的；骨折後平衡消失，必須將這些斷片拼湊組合在植體上並加以固定。若骨折完美重建，骨骼仍可承接相當的荷重，而植體主要扮演骨折重建區的圍繞結構，只承接少部分荷重。然而，很多情況，由於骨折太複雜(有些碎片不見了)或者不適當的固定，造成植體承受太多負荷，而可能彈塑性扭轉或彎曲，這些都可能產生植體的疲勞相關損壞。基於這些理由，生醫金屬的降伏、拉伸、疲勞強度都是重要而必須的。

彈性模數是另外一回事，骨骼負荷方向的彈性模數為 17 GPa，而鈦合金、不銹鋼、鈷合金的彈性模數分別是 110(β 為 80)、190、240 GPa。考慮脛骨單純橫向骨折，如圖 20-11，要固著安定此骨折，有一金屬髓內釘加上螺絲的固定裝置，其中鎖定螺絲不見得需要，但有助於穩固及預防骨骼縮短或轉動。由於金屬的模數遠高於骨骼，所以同一變形量，植體承接大多荷重，亦即金屬植體屏蔽掉骨骼原本應該承接的負荷，此現象稱為**應力屏蔽(stress shielding)**。雖然工程觀點上，這是想要的，也符合邏輯；但在生物學觀點，則是不想要的。骨骼材料會因應力而重塑達到所需的應力水平；而由於應力屏蔽，骨骼重塑成較低荷重狀況而骨質變差。因此在三類生醫金屬中，彈性模數最低的鈦合金最適合此應用。

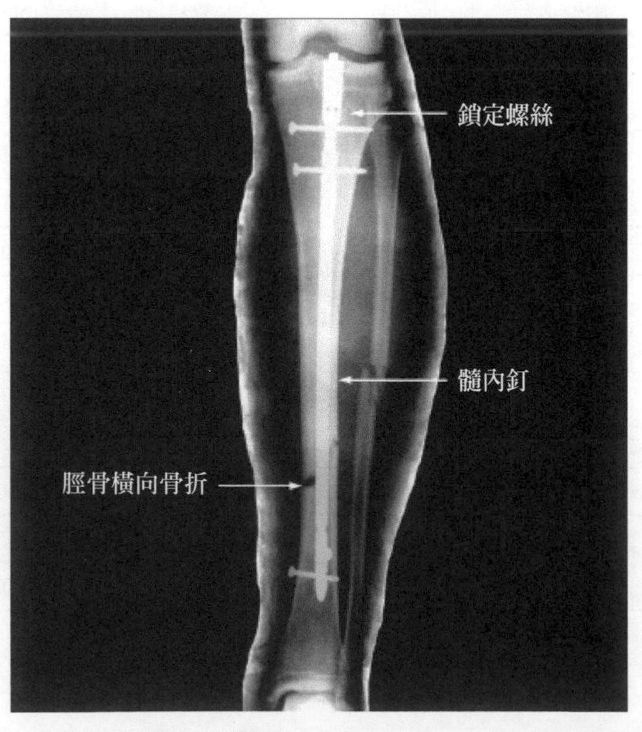

圖 20-11 使用髓內釘與鎖定螺絲固定脛骨骨折 [Science Photo Library/Photo Researchers, Inc.]

20-5 生醫塑膠

塑膠是生醫材料中最多樣化的一種，應用在各種病理上，包括心血管、眼科、整形醫療上的永久植體零件。它們也應用在臨時治療上，如冠狀血管修復、血液透析、創傷處理。牙科使用塑膠作爲植體、牙膠、牙座也很重要。雖然塑膠強度不如金屬，但它們有許多生醫應用很有吸引力的特質，包括低密度、易成型、可修飾成最大生物相容性。主要的生醫塑膠是熱塑材，強度雖沒有金屬大，但在某些應用上仍是可以接受，其中一個最近積極發展的是**生物降解塑膠(biodegradable polymers)**，設計能表現功能而最後則被吸收或併入生物系統內，不需再手術取出。

有許多生物相容的塑膠，聚乙烯(PE)、聚脲酯(PU)、聚碳酯(PC)、聚二乙醚酮(PEEK)、聚對苯二甲酸(PBT)、聚甲基甲基酸甲酯(PMMA)、聚四氟乙烯(PTFE)、聚碸(PSU)、聚丙烯(PP)是其中較常用生物相容塑膠。若生物不相容可造成血塊、血液分解、骨骼耗損、也可能引發癌症。以下討論一些生醫塑膠在各種醫療應用。

20-5-1 心血管用塑膠

生醫塑膠在心瓣膜應用蠻成功的。人類心臟瓣膜會有狹窄、無力問題，狹窄是指心瓣剛性不足而無法完全張開，無力則是心瓣閉鎖不全而有血液回流。這些症狀都有危險性，必須做受損心瓣的置換處理；可使用動物或人體的心瓣，或是人工心瓣。如圖 20-12 是一個最新設計的人工心瓣，由輪緣、兩個半圓小葉、一個縫合環構成。輪緣與小葉可能使用生醫金屬 Ti 或 Co-Cr 合金，縫合環則由膨脹 PTFE(鐵氟龍)或 PET(達克龍)製成，其重要功能在人工心瓣與心臟組織結合，只有塑膠能有此連結功能。小葉允許血液流向一個方向，而在逆流時能夠閉合。因紅血球與人工心瓣相互作用，會有血液凝塊的不良副作用。有人工心瓣的病人，都需要使用抗凝血劑來預防。

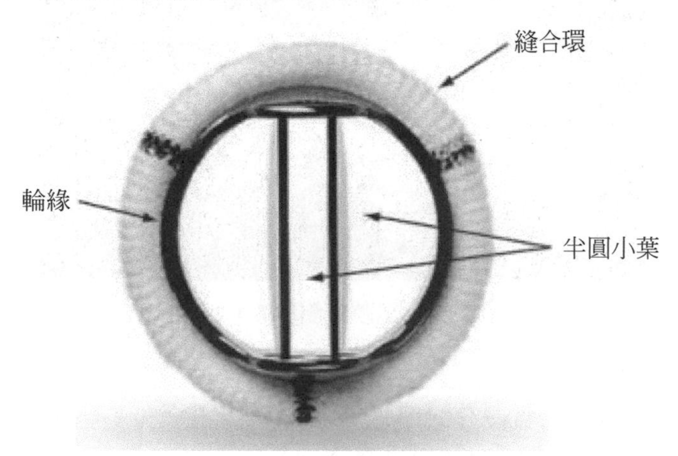

圖 20-12　人工心瓣[Ref. 1, p. 951]

血管接合是冠狀動脈繞道手術來避開嚴重阻塞的心血管，可使用自我組織血管或人工血管，必須高拉伸強度及抗血栓性；鐵氟龍或達克龍用於此，而鐵氟龍有較佳抗血栓性能，因對血液細胞的剪移應力較小。

血氧機設計來過濾掉二氧化碳並加入氧氣於血液中。在心臟手術需要心肺機繞道時，外科醫生將右心室要打出的無氧血液改道經血氧機加氧再送入體內，取代肺臟充氧的功能。血氧機採用像聚丙烯類疏水性的微孔薄膜，由於疏水性，這些微孔內充滿空氣而不是水；操作時空氣在薄膜一邊流過填充微孔，另一邊則是血液流過，CO_2 擴散出來同時 O_2 擴散進入血液中。

塑膠也用作人工心臟或心臟周邊裝置，這些裝置可以暫時維持病人健康，直到有人捐心；若沒有塑膠，則無法做到如此有效率。

20-5-2 眼科用塑膠

塑膠在眼科應用上是重要且無可取代的，眼睛的光學功能可經由主要是塑膠做的眼睛、隱形眼鏡、眼內植體來補正。軟性隱形眼鏡由**水凝膠(hydrogel)**做成。水凝膠是一種親水性塑膠，會吸水而可以潤濕到一定程度；屬於一種交聯塑膠或共聚塑膠。由於軟性特質，水凝膠可以正確形狀置於眼角膜，而達到舒適貼合。水凝膠可以顯著透氧，最早使用聚丙烯酸二羥乙酯(2-hydroxyethyl methacrylate, poly-HEMA)，其他新塑膠使用更好製造技術，而得到更薄軟性隱形鏡片。

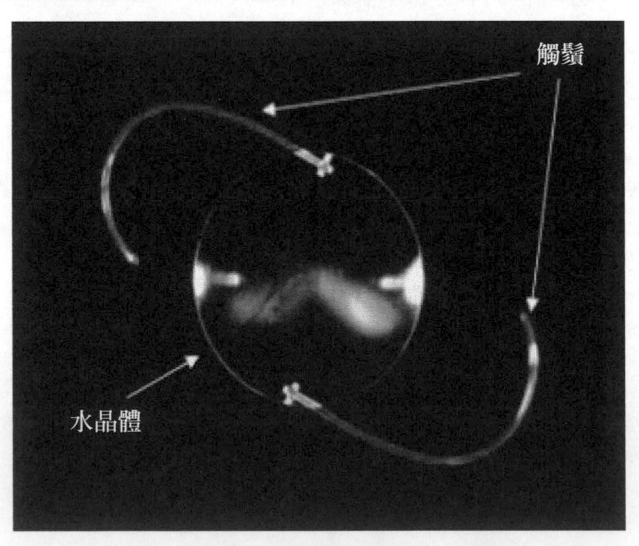

圖 20-13　水晶體植體[Ref. 1, p. 951]

硬式隱形眼鏡鏡片置於眼角膜上，眨眼時會折彎，所以鏡片材料須能快速回復形狀。硬式鏡片早期是用 PMMA，有優秀光學性質但卻無法透氧。爲增進透氧性，可將甲基丙烯酸酯與矽氧烷丙烯酸酯共聚合來製作透氣硬式鏡片。然而，矽氧烷是疏水性，可加入親水共聚單體如甲基丙烯酸來修正。最近已有許多透氣硬式鏡片，而且還積極研發更好的材料。

由於水晶體死細胞太多造成的白內障(cataract)，需要手術移除不透明水晶體而置換水晶體植體；此植體由水晶體及觸鬚構成，如圖 20-13，觸鬚用來固定水晶體在懸吊韌帶上。當然水晶體材料要有適宜的光學性質與生物相容性。如同硬式鏡片，水晶體及觸鬚都是 PMMA 做成。白內障手術前後，患者都能明顯感受視覺的改善，這是材料科學工程對人類生活品質改善的重要案例。

20-5-3　藥物傳送塑膠

可生物降解塑膠如**聚乳酸(polylactic, PLA**，也稱聚丙醇酸，$[CHCH_3COO]_n$)、聚乙醇酸(polyglycolic acid, PGA, $[CHHCOO]_n$)及其共聚塑膠，使用於植入藥物傳送系統；在這些塑膠中混入藥物，然後植入體內某一需要處；而當塑膠被分解時釋出藥物。使用錠劑或注射可能造成體內其他器官或組織的不良副作用時，即可使用這種降解傳送系統。

20-5-4　縫合用塑膠

縫合線用於閉合傷口與切口(incisions)，顯然縫合材料須具備(1)高拉伸強度來達到閉合傷口能力；(2)高打結拉力強度(knot pull strength)以維持閉合後的負荷能力。縫合線可分成人體不吸收與可吸收兩種，不吸收縫合線一般使用聚丙烯、尼龍、對苯二甲酸、聚乙烯；可吸收縫合線，則由 PGA 做成。

20-5-5　骨科用塑膠

塑膠主要在骨科的骨泥(bone cemet)及**關節假體(joint prostheses)**。骨泥主要功能是用於填充植體與骨骼之間，來確保更均勻的負荷狀況，有時也用來修復骨骼的各種缺陷，而黏著功能並不是它最有效的應用方式。它主要材料是 PMMA，其拉伸、疲勞強度相當重要，可以加入其他東西來加強，應用需求上，硬化後要達到壓縮強度 70 MPa 以上，硬化時內部微氣孔要最少，可使用離心或抽眞空的方式來達成。在關節假體，塑膠用於負荷表面，如前面圖 20-10 所示，聚乙烯負荷表層分隔金屬零件，因爲聚乙烯有高韌性、低摩擦、抗腐蝕的優點；只是塑膠負荷強度低而容易磨耗。

塑膠有一個好處，我們可以設計摻混合成多種成份來符合需求，此優點在上述應用上相當有用。生醫塑膠的未來在組織工程(tissue engineering)，例如使用可分解塑膠骨架來產生新組織，將可分解的 PGA 骨架與細胞一齊植入體內，蛋白質可附著生長而產生新的組織。未來人們可以在體內(in vivo)，再生損壞的組織，如韌帶修復；或在體外(in vitro)，如皮膚修復與置換，後面會再討論此議題。

20-6 生醫陶瓷

陶瓷也大量應用於醫療用途，包括整形植體、眼鏡、實驗室器材、溫度計，及最重要的牙科。生醫陶瓷的優點有生物相容、抗腐蝕、高剛性、耐磨、低摩擦。另外在骨科或牙科應用上，某些陶瓷還有可鍵結在骨骼上的優點。像髖關節置換與膝關節置換的一些零件，直接與鬆質骨接觸，骨骼組織與植體的接觸良窳關係到關節的穩定度。然而，常有植體鬆脫造成的疼痛，必須二次手術來解決；這在健康照護成本與病患生活品質都不好。以下將討論陶瓷在生醫領域的各種應用，也陳述陶瓷在植體或組織接觸條件下的效用。

20-6-1 骨科用氧化鋁

高純度氧化鋁具有優秀耐蝕、耐磨、高強度且生物相容諸多優點，愈來愈多應用在全髖關節置換手術中損壞的股關節頭與杯，換成人造假體，如圖 20-14(a)爲關節炎患者的不正常股骨頭及變形髖臼杯；圖 20-14(b)爲兩者都置換成人工假體的情形。此人工假體包含一個金屬杯基殼及一髖臼杯，利用螺絲固定在骨盆上；如圖 20-15 所示。股骨幹與股骨頭一般用 Co-Cr 合金，而髖臼杯則用超大分子量聚乙烯，此種塑膠對金屬組合會造成聚乙烯磨損而鬆弛。爲了避免此種情形，可以使用氧化鋁做股骨頭及髖臼杯，利用氧化鋁的高硬度及耐磨性，常使用高純度細晶粒以得到這些傑出性質。骨科植入應用上，純度要 99.8%，

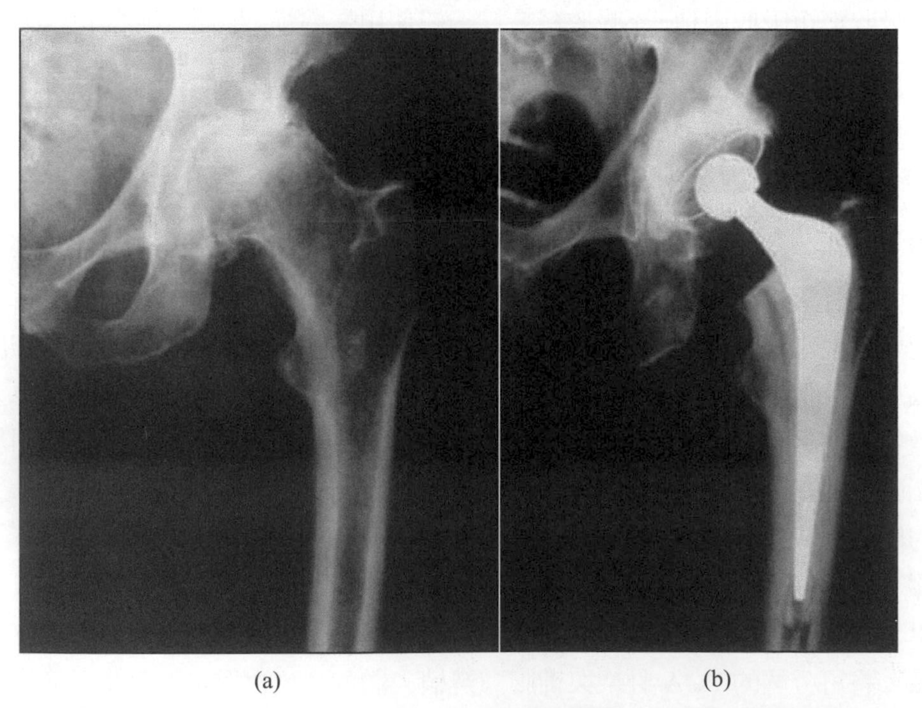

(a) (b)

圖 20-14 (a)嚴重關節炎之髖關節；(b)全髖關節置換人工假體後之髖關節

[Princess Margaret Rose Orthopaedic Hospital/Photo Researchers, Inc.]

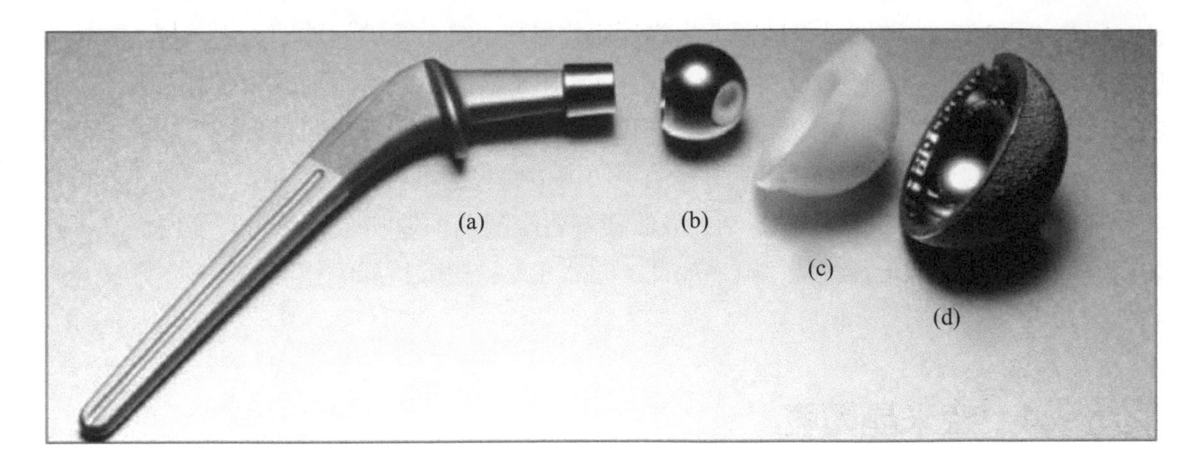

圖 20-15　全髖關節假體之零件，包括(a)股骨幹、(b)股骨頭、(c)氧化鋁髖臼杯、(d)金屬髖臼杯基殼[Ref. 1, p. 955]

晶粒要 3-6 μm；此外關節表面要高度對稱且嚴格公差，杯與頭要研磨拋光到要求程度；這種陶瓷對陶瓷的摩擦係數與正常骨關節接近，而產生的磨耗碎片只有塑膠對金屬的千分之一。其缺點是陶瓷彈性模數太高，應力屏蔽效應可能對年長者產生骨質流失與鬆弛。對年長者而言，或許使用塑膠/金屬對較佳，因應力屏蔽較少。

20-6-2　牙科用氧化鋁

牙科植體是在齒槽骨上錨定人工牙根，而可以當作置換牙齒或牙冠的支撐。雖然鈦因生物相容與低模數而選用在牙科植體，但氧化鋁更常用於此。而牙冠常用瓷質，也是一種陶瓷。

20-6-3　陶瓷植體與組織黏結

有些手術的植體與骨骼直接接觸，其穩定性決定在周遭組織的反應程度。一般有四種反應：(1)有毒造成植體周遭組織壞死，(2)生物性不反應但植體周圍形成細纖維狀組織；(3)有生物反應在骨骼與植體產生界面鍵結；(4)溶解造成植體被周圍組織取代。在這方面，陶瓷植體分成 (1)近乎惰性、(2)多孔狀、(3)生物反應、(4)可吸收四種型式。氧化鋁屬於第一型生醫陶瓷，因此氧化鋁植體有形成薄纖維組織是可以接受的，只要植體牢牢固定且如牙科一般受到的是壓縮狀況；但是在骨科植體受負荷時植體-組織界面可能移動，纖維區會變厚而植體鬆動。第二型生醫陶瓷，如多孔氧化鋁及磷酸鈣，可作爲骨骼形成的骨架或橋梁，骨質長入陶瓷孔隙，稱爲**骨導(osteoconductivity)**，提供一些負荷支撐。在這些材料的孔洞需大於 100 μm 以利血管組織長進去，而提供新形成細胞所需的血液。第三型生醫陶瓷會與周圍組織形成鍵結，產生很強的黏結界面而可以承受負荷；像含有 SiO_2、

Na_2O、CaO、P_2O_5 的玻璃是首批顯示生物反應的材料；與一般鈉鈣玻璃不太一樣，SiO_2 少於 60 mol %，高 Na_2O 與 CaO 含量，CaO/P_2O_5 比值較高；此種特別成份容許它較高反應能力，而可以在水介質中鍵結於骨骼上。第四型生醫陶瓷經一段時間會分解吸收而被骨質取代，三鈣磷酸鹽($Ca_3(PO_4)_2$)是其中一例；使用這些材料面臨的挑戰是(1)在分解-修補期間確保植體與骨頭之界面足夠強，(2)吸收速率與修補速率要吻合。尚有許多研發在進行如何應用這些材料到最佳性能；雖然如此，顯然在人體組織接觸的植體領域中，陶瓷是一強力競爭者。

20-6-4 奈米晶陶瓷

陶瓷材料的應用仍擺脫不了太脆的缺點，奈米晶陶瓷有機會改善此弱點。現今研究重點在奈米化磷酸鈣、磷酸鈣衍生物，如羥基磷灰石(hydroxyapatite, HA)、碳酸鈣、生物反應玻璃。已有許多奈米 HA 骨頭證實奈米技術的重要性。使用晶粒小於 100 nm 的磷酸鈣，已經可以在實驗動物體內成骨(osteoinduction)。然後尚有疑問的是"新長出的骨頭與原來骨頭是否性質相同？"這些問題還不清楚，還需要對奈米陶瓷行為更多年的研究。下段敘述塊狀奈米陶瓷的生產技藝。

塊狀奈米陶瓷以標準粉末冶金技術來生產。差別在使用 100 nm 以下的起始粉末；但這些奈米粉末會因化學或物理吸附成較大顆，稱為**聚團(agglomerates)**。這些聚團即使尺寸已近奈米程度，還是無法像非聚團粉末那樣堆積。在非聚團粉末生胚的孔洞尺寸約為晶粒的 20-50 %之間，因孔洞很小，低溫燒結緻密化速度很快。例如小於 40 nm 的非聚團 TiO_2，生胚經 700℃、120 min 燒結後，可達 98 %緻密度；而原來 10-20 nm 粉末聚團成 80 nm，98 %緻密度需在 900℃、30 min 燒結才夠；主要差異在聚團粉末的孔洞較大的關係。較高的燒結溫度，使奈米生胚燒結成不想要的微米晶；因為溫度升高，將急遽加快晶粒成長，而時間增加的效果和緩許多。因此，要成功製造奈米陶瓷塊材，必須使用非聚團奈米粉末並適當燒結，但很不容易做到。

為補救製造奈米陶瓷塊材的困難，利用外加**壓力輔助燒結(pressure-assisted sintering)**；類似熱均壓、熱擠型，陶瓷生胚同時變形與緻密化，主要優點在孔洞減縮機制。在傳統微晶陶瓷燒結，孔洞減縮是靠原子擴散機制；在加壓燒結，則是靠晶體塑性流動。而奈米晶比微米晶更有延展性，可以塑性變形；在高溫高壓下，有超塑性晶粒轉動與滑動行為，而可以塑性流動擠壓閉合孔洞。

由於熱壓可以閉合大孔洞，所以聚團粉末也可緻密化到接近理論密度；另外加壓也可以抑制晶粒成長超過奈米尺寸範圍。例如熱壓 TiO_2 於 610℃、60 MPa、6 h，可達到 0.27 真應變，91%緻密度，平均晶粒為 87 nm；若不加壓力，同樣密度要 800℃燒結且晶粒為 380 nm。需注意到的是奈米陶瓷的超塑性變形，只在特定的溫度與壓力；超出此範圍，孔洞減縮會變成擴散機制，會產生低緻密度的微晶產品。

結論是奈米技術的進展能生產強度、延展性、韌性極佳的奈米晶陶瓷，尤其是延展性的增進；在塗層技術上，使陶瓷對金屬的鍵結變更好；再者，韌性的增進也有助於耐磨。這些進展可以在許多應用上革新陶瓷的使用。

20-7　生醫應用複合材料

複合材料具有組合出符合生醫應用性質的優勢，由於人類組織都是複材，想當然爾，人造複材可以設計、量身定做去模仿天然複材的性質；因此有許多複材設計出來，並在生醫應用測試。

20-7-1　骨科用複材

骨頭受傷一段時間後自然會長出來；但若受傷嚴重，可能有些骨頭碎塊不見了，此時癒合將不完全而需要骨頭移植，以恢復機械功能。這種移植可以自身的自體移植(autograft)或捐贈的異體移植(allograft)；然而自體移植會造成被移植處不健全，而異體移植則有疾病傳染風險。研究者近年來發展一種高密度 PE(HDPE)組合 HA 的複材取代天然骨頭；此複材使用 20-40 vol% HA 來提供生物反應能力，其他爲 PE 來提供斷裂韌性；最近則用 PP 取代 HDPE 以增進疲勞性質。這種複材一般用在無荷重應用上。

前已述及骨折固定裝置最好剛性相近，以免應力屏蔽；但也要夠強，以避免斷裂。熱塑複材，如碳纖維強化 PMMA、PBT、PEEK，即具有高撓性與適當強度，而用在骨折固定裝置。而使用生物降解塑膠基材則是最近趨勢，使用微米 HA 粒子強化聚左旋丙交酯 poly-L-actide, PLLA) 基材，此複材有很高的強度且彈性模數接近皮層骨，其降解速度也恰當，逐漸將負荷移轉到癒合部位。

複合材料也應用在於關節假體上，臀部與膝部是許多人重建的兩種關節。應力屏蔽、磨耗、腐蝕是重建手術失敗的主因。超高分子量聚乙烯(UHMWPE)廣用於關節假體，但因機性不佳，是一個弱點。使用 30 wt%碳纖強化 PEEK 之複材，取代 UHMWPE，可將磨耗速率降低兩個數量級，正設法使用在髖關節植體的股骨頭上。生醫玻璃結合 Ti-6Al-4V 也用爲生物反應塗層上，另外骨泥中也常加入 HA 粒子來增進骨頭接觸。

20-7-2　牙科應用

我們的牙齒(琺瑯質與牙本質)是複合材料，所以塑膠複材廣用於牙科修復材料，其要求是高度尺寸穩定、耐磨、機性。一般而言，使用聚丙烯酸或甲基丙烯酸基材與陶瓷顆粒之複材做牙齒修復；玻璃纖維強化 PMMA 與 PC，則是用在固定牙橋或暫時牙科假體。新研發方向則是 SiC 與碳纖強化碳基材的複材，應用在植牙上，此複材具高強度、耐疲勞，且模數接近眞實牙齒，而可免除周遭組織的應力屏蔽。

21-8 生醫材料之腐蝕性

人體內部環境是高度腐蝕性，所以生醫材料的化學安定性就非常重要。因爲在人體內使用很久，不管生醫金屬、陶瓷、塑膠，都可能明顯腐蝕。

生醫金屬最常見到**孔蝕(pitting)**、**縫隙腐蝕(crevice corrosion)**。孔蝕常見於固定植體的螺絲頭下方；縫隙腐蝕則常見於金屬表面有部分屏蔽於周遭環境，像在兩個醫療裝置的交界縫隙即爲腐蝕常見位置。如圖 20-16 爲髖關節植體在股骨頭附近的縫隙腐蝕。在不銹鋼骨板植體上的鎖埋頭螺絲處常發生縫隙腐蝕。而因植體常有不同材質互相接觸，所以會發生電負度不同造成的加凡尼腐蝕(Galvanic corrosion)，而日常活動造成部件的重複負荷，也常出現移擦腐蝕(fretting corrosion)。

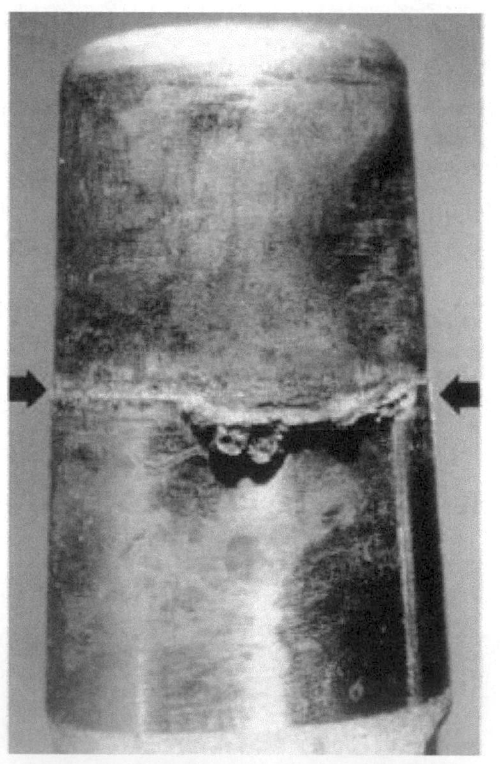

圖 20-16 Co-Cr 髖關節之縫隙腐蝕，左圖為股骨頭植體邊緣沉積之腐蝕產物，右圖為股骨幹假體頸部沉積之腐蝕產物 [R.M. Urban, J.L. Jacobs, J.L. Gilbert, and J.O. Galante, Migration of corrosion products from modular hip prostheses: particle microanalysis and histopathological findings, J Bone Joint Surg Am, 76 (1994) 1345]

生醫金屬中，鈦的耐蝕性最佳。鈦植體會在表面形成強大的鈍化層(Passive layer)，且其在生理環境中仍呈鈍化狀態；Co-Cr 合金也有類似情形，但對縫隙腐蝕中度敏感；不銹鋼的鈍化層不是很強大，所以只有沃斯田型 316、316L、317 在生醫上有些應用；貴金屬如金、銀，對腐蝕免疫，用在牙冠或植入生醫器具的電極。

腐蝕有兩個效應，其一是破壞植體機性的完整性，造成提早損壞；其二是腐蝕產物可能引發組織不良反應。我們的體液有特定的離子平衡狀態，植體的外來材質造成周圍組織的某些離子濃度明顯增加，有時造成植體附近組織的腫脹與疼痛，腐蝕碎片可能移到身體別處。人體免疫系統會攻擊碎片及附近組織，造成假體周圍骨質流失而使植體鬆動，此稱爲**骨溶解(osteolysis)**。腐蝕碎片若流入假體軸承表面，則產生三體磨耗(three-body wear)。特別要注意植體材料在測試生物相容性時，腐蝕即會慢速發生，其效應要長期之後才會察覺出來。

合金化、表面處理及恰當植體設計可以減少骨科植體的腐蝕。Ti-6Al-4V 植體氮化處理有助於減少移擦腐蝕；抵抗孔蝕可以加入 2.5～3.5% Mo 於不銹鋼中；正確的植體設計使縫隙很小到不發生縫隙腐蝕；可利用化學處理，在植入之前將植體表面鈍化；選擇適當配對的植體模組，可以減少加凡尼腐蝕。

20-9　生醫植體磨耗

置換骨科植體，尤其是關節假體，本來就是要維持正常的關節轉動，因此關節假體周圍必然有零件相對運動，而有摩擦與磨耗。磨耗產生有生物反應的碎片而引發發炎反應，也會造成骨溶解，如圖 20-17 所示。假體軸承面也會因磨耗而改變形狀，再者，增加磨耗常造成發熱及不想要的關節吱吱噪音。對有裝關節假體的人來說，植體的磨耗是一深刻問題，因此在生醫工程有一分支叫**生醫磨潤學(biotribology)**，即在研究生醫植體的摩擦與磨耗。

摩擦與磨耗來自相對移動兩表面粗糙微表面，陶瓷人工關節的表面不規則大約在 0.005 微米，而金屬是 0.01 微米。由於這些微凹凸的存在，兩表面接觸的地方很少，大約只有 1%的外觀表面積，以致局部接觸應力可以超過材料的降伏強度，造成表面鍵結；當兩表面相互移動，鍵結點斷裂而有摩擦與磨耗。圖 20-18(a)是金屬股骨頭表面黏著磨耗碎片；這種**黏著磨耗(adhesive wear)** 在生醫應用上是最常見的，其副產品就是磨耗碎片。

當較硬表面對較軟表面摩擦，較軟的表面會有對面較硬凸起造成的犁溝(ploughing)，此稱**擦損磨耗(abrasive wear)**；在骨科植體如髖關節假體的金屬股骨頭與聚乙烯杯，即常見此種擦損磨耗，如圖 20-18b 即是擦損磨耗破掉的聚乙烯杯。有時候，軟材料會在硬表面黏附一層薄膜，而可以橋接硬面的凸出點，此薄膜稱轉移膜(transfer film)，有助於減少磨耗速率，因爲接觸面積變大而減少接觸應力。

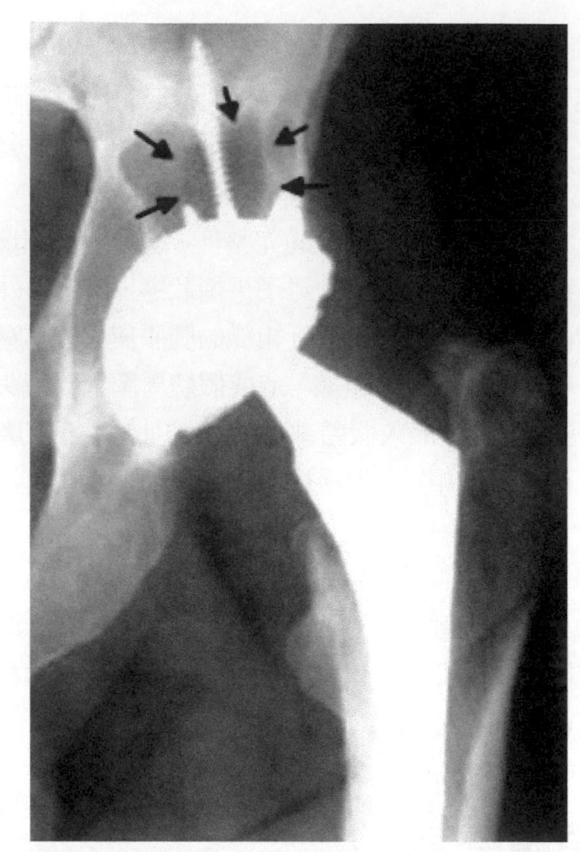

圖 20-17 髖關節之髖臼植體磨耗碎片造成骨溶解
[J.H. Dumbleton, M.T. Manley, and A.A. Edidin, "A literature review of the association between wear rate and osteolysis in total hip arthroplasty," J Arthroplasty, 17 (2002) 649]

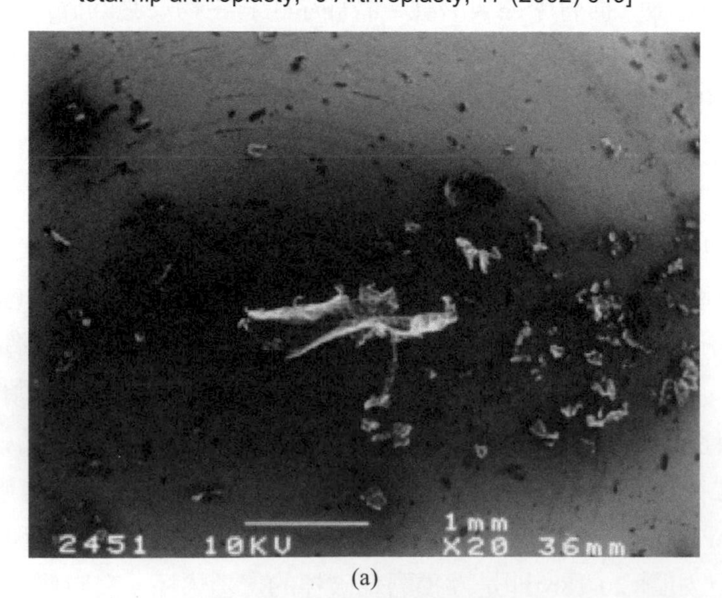

(a)

圖 20-18 (a)金屬股骨頭植體黏附的黏著磨耗碎片 [E.P.J. Watters, P.L. Spedding, J. Grimshaw, J.M. Duffy, and R.L. Spedding, "Wear of artificial hip joint materials," Chem Engineering J, 112 (2005) 137]

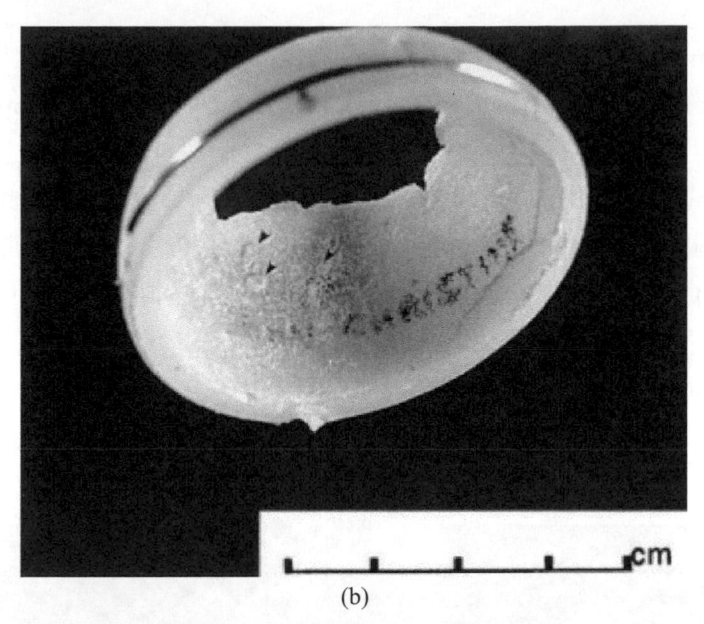

(b)

圖 20-18 (b)髖關節 PE 髖臼杯植體嚴重擦損磨耗 [M.A. McGee, D.W. Howie, K. Costi, D,R, Haynes, C.I. Wildenauer, M.J. Pearcy, and J.D. McLean, "Implant retrieval studies of the wear and loosening of prosthetic joints: a review," Wear, 241 (2000) 158]

可以在軸承表面加入潤滑劑來降低摩擦與磨耗，有三種潤滑狀態：**流體膜潤滑(fluid film lubrication)**、**混合潤滑(mixed lubrication)**、**邊界潤滑(boundary lubrication)**。邊界潤滑是在軸承表面間黏附一層潤滑膜，減低摩擦，但軸承表面凸起仍有黏著；流體膜潤滑在軸承表面間有流體膜且完全分隔兩表面；混合潤滑則介於前兩者之間。其中流體膜潤滑狀況的磨耗最少。在人體有滑液(synovial fluid)作爲天然潤滑劑，而依不同狀況，膝蓋有可能處於流體膜潤滑或邊界潤滑狀態。例如長期負重可將接觸區域滑液擠出，但仍有邊界潤滑維持關節正常功能。滑液可將摩擦係數降到 0.001，而生理不平衡造成滑液流動性質的任何變化，都可能導致軟骨磨耗。

磨耗粒子產生的數量是決定磨耗程度的重要參數。滑動面的正向力或滑動距離的增加，則磨耗體積增加；較軟表面的硬度增加，則磨耗體積減少，即

$$V \propto Wx/H \tag{20-4}$$

其中 V 爲磨耗碎片體積， W 爲垂直力，H 爲表面硬度，x 爲滑動距離，

上式可以定出磨耗係數

$$K_1 = VH/Wx \tag{20-5}$$

而爲了去除難以量測塑膠硬度的影響，改成

$$K = V/Wx \tag{20-6}$$

此 K 值單位爲 $mm^3/N \cdot m$，金屬對金屬或 UHMWPE 對金屬組合的 K 值大約 10^{-7}，而陶瓷對陶瓷組合則大約是 10^{-8} [Z. M. Jin et al., "Biotribology," Current Orthopaedics, 20 (2006) 32]。

常用的磨耗試驗是使用一材料棒在另一材料板上來回移動或轉動，此法之數據在骨科植體上的應用有限，因關節假體的幾何複雜且受力變化多端。有一種常用的**關節模擬器 (joint simulators)**，如圖 20-19 所示，可使用於多種關節假體在人體中負荷情形，進行百萬次循環；使用小牛血清(bovine calf serum) 作潤滑劑，其物理、化學性質接近人體滑液；磨耗體積就是測量試驗前後假體的重量變化。

圖 20-19　多站髖關節模擬器可同時測試比較多種植體設計 [Ref. 1, p. 965]

磨耗碎片的尺寸也重要，小碎片容易遷移到人體其他部分，引發免疫反應。對於黏著磨耗，磨耗粒子的大小，可以如下預測：

$$d = 6 \times 10^4 \, W_{12}/H \tag{20-6}$$

其中 d 爲磨耗粒子直徑，W_{12} 爲材料 1 與材料 2 的黏著界面能，H 爲磨耗表面硬度。塑膠材質的磨耗粒子最大，而陶瓷材質最小；金屬介於其中。

在骨科植體中，有許多做法可以減少磨耗。設計參數如適當的配對面間隙，增進流體膜潤滑；植體表面加以硬化處理，如鈦植體在 590℃ 氮氣中處理一段時間，而在表面有一層固溶氮的硬化層；也可以在植體表面被覆一層非常硬材料來減少磨耗，如被覆一層很高硬度且低摩擦的非晶碳，可以使用電漿輔助化學氣相沉積(PECVD)技術來被覆。

20-10 組織工程

生醫材料不等於生物材料，生醫裝置長期使用還是有些缺點足以影響其效用。生醫材料不斷精進研究的同時，也努力從全然不同的方向，研究損傷組織與器官的再生與修復，此作法叫做**組織工程(tissue engineering)**。

組織工程包括萃取捐贈組織及從組織萃取捐贈細胞，這些細胞可能直接植入或在有組織培養液的器官雛形中增殖，這種支撐並導引細胞增殖的三維架構稱爲**骨架(scaffold)**；基本上是可生物分解材質且可引導細胞增殖於特定方向。骨架必需生物相容，聚乳酸 PLA 是常用之一種，此骨架種入種子細胞並置於生物反應器(bioreactor)中，可以有效增殖長到所需的狀況。

組織工程領域發展快速，主要在有效生產骨架方法及開發新骨架材料。其中**快速打樣(rapid prototyping)**，現叫 3-D 列印，是一個製造複雜骨架雛形的最新技術；也有一些研究藉由機械刺激與連續重塑生長組織而不需要骨架的技術。

重點總結

1. 生物材料是生物系統長出的，能自我修復及重塑，由有機質膠原蛋白與無機質磷酸鹽構成。
2. 骨骼有皮質骨及鬆質骨兩種，都是有方向性複合材料。
3. 肌腱與韌帶都是膠原蛋白細纖所構成，較軟而抗拉伸爲主，具有黏彈性。
4. 軟骨是骨頭在關節的端點，覆蓋住骨頭，具多孔狀且富含水，亦具黏彈性，承受壓縮及剪力爲主。
5. 生醫材料做成醫療裝置放入人體中，特定的金屬、陶瓷與塑膠可作爲生醫材料，最重要的是能生物相容。
6. 生醫金屬有 316 不銹鋼、Co-20Cr-15W-10Ni 鈷合金、Ti-6Al-4V 鈦合金，用於骨科植體，其中鈦合金最沒有應力屏蔽、骨質退化的問題。
7. 生醫塑膠廣用於心臟科、藥物傳送、骨科；其中有可生物降解聚乳酸塑膠可作爲組織工程的骨架。
8. 生醫陶瓷有化學安定與生物相容優點，用於關節或其他骨科植體；而奈米陶瓷是一大改善，克服脆性問題。
9. 生醫複材組合不同材質的優點，如碳纖強化塑膠具有強度高、延性佳優點，而廣用於骨科植體。

10. 腐蝕與磨耗是生醫材料必須面對的問題，不只造成植體弱化，也可引發周邊的發炎或免疫反應。
11. 新興的組織工程領域，可以再生與修復生物組織與器官，常透過生醫材料做成的骨架控制生長到完整組織，再植入人體。

習 題

1. 爲何長期無重力環境會導致骨質流失？
2. 解釋爲何我們的四肢長骨靠近關節附近會較其他地方寬。
3. 當拉伸骨骼-韌帶-骨骼組合時，若是高應變速率，則會在韌帶斷裂；反之，若是低應變速率，則會在骨骼上韌帶帳出的地方斷裂，其原因爲何？
4. 當你早上睡醒時的身高會比幾小時後較高，其原因爲何？
5. 某皮層骨中礦物質的彈性模數爲 120 GPa，有機質則爲 1.10 GPa，若這材料中有 90% 是等應變狀態，實驗做出之彈性模數爲 20 GPa，則此骨骼的礦物質與有機質的體積比爲何？
6. 一植入骨板牢牢平行固定在骨頭斷掉處，骨頭截面積爲 500 mm^2，骨板截面積爲 40 mm^2，骨頭的彈性模數爲 20 GPa，原來承受壓縮負荷 800 N。假設等應變下，使用鈦合金(E = 100 GPa)骨板時，斷骨承受的應力爲多少？若改爲使用不銹鋼(E = 200 GPa)骨板時，則斷骨承受的應力變爲多少？
7. 外科醫生想使用陶瓷軸承的髖關節植體，因爲較耐腐蝕且此運動員餘命甚長；你對外科醫生這樣做法有何建議注意事項？
8. 某人有髖關節植體，體重爲 80 kg，每年約走一百萬步；此植體爲金屬股骨頭與 UHMWPE 杯，其半圓杯內徑爲 25 mm，假設每步產生的滑動距離爲圓杯圓周的四分之一，再假設走路時關節受到體重兩倍的負荷，植體承受的力可用負荷最大值與最小值平均。粗估十年下來會產生多少 mm^3 的磨耗碎屑？

參考文獻

1. William F. Smith, Javad Hashemi, "Foundations of Materials Science and Engineering," 5-th Edition, McGraw Hill, 2011.
2. Marc André Meyers, Po-Yu Chen, "Biological Materials Science," Cambridge University Press, 2014.

3. David Williams, “Essential Biomaterials Science,” Cambridge University Press, 2014.
4. Edited by Joyce Y. Wong, Joseph D. Bronzino, Donald R. Peterson, “Biomaterials Principles and Practices,” CRC Press, 2013.
5. James F. Shackelford, “Introduction to Materials Science for Engineers,” 8-th Edition, Pearson Education Limited, 2016, Section 15.2.

chapter

21

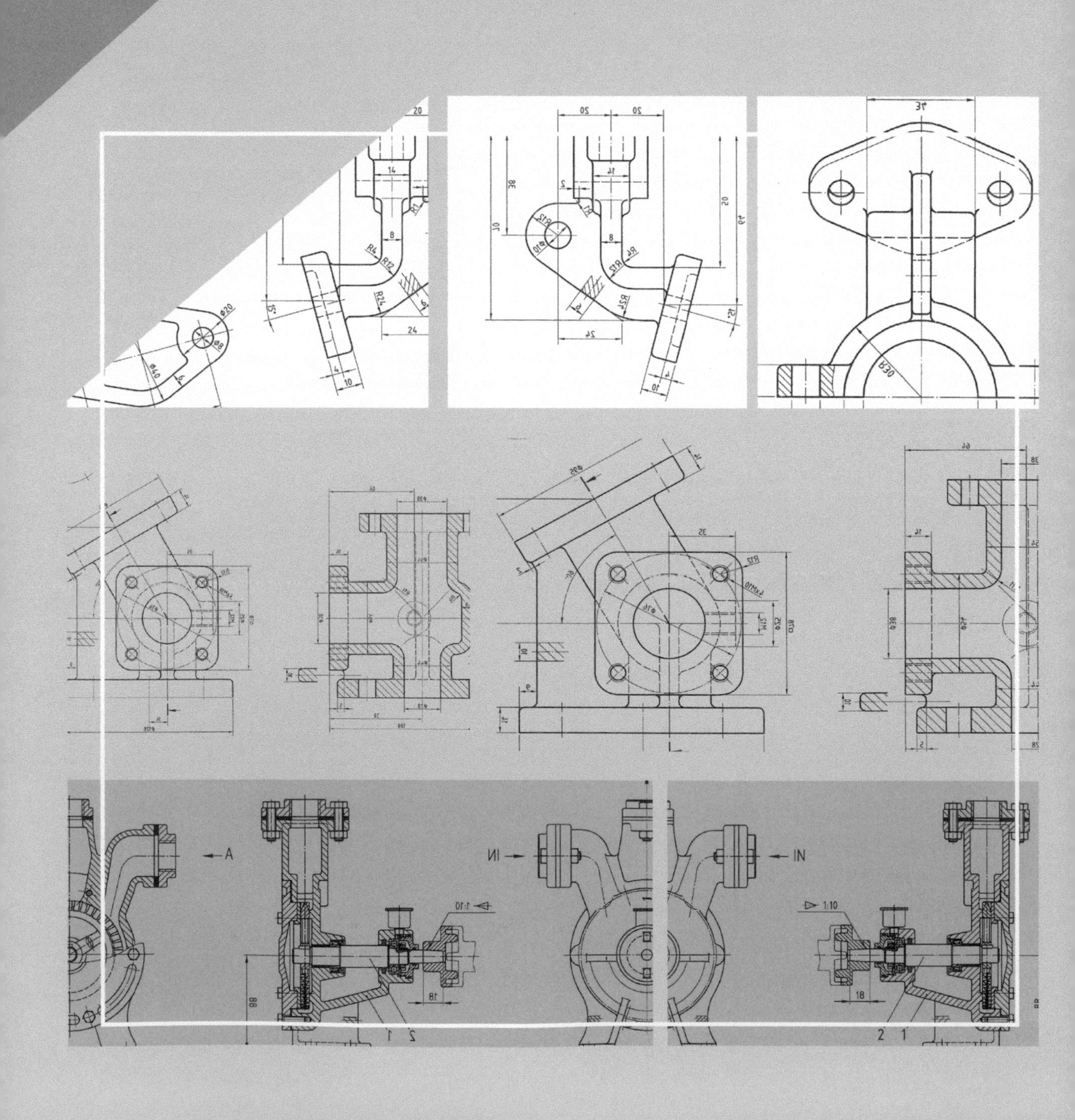

材料之設計與選用

設計是將一觀念或市場需求轉化成資料細節而據此做出產品，而一個產品有重量、能載重、可導熱、會磨耗及腐蝕等，可能由一或多種材料做成，具特殊形狀且必須製造。但是工程材料數量龐大，約有40,000～80,000 種，工程師要從這麼多的菜單上選一個最適宜的材料，要如何做？是否有一個合理選擇的程序？這問題要依不同設計階段來提供不同水平的答案。設計之初未定型，選用很廣泛，所有材料都要考量；設計較集中、定型後，選擇準則銳利，能適合的材料清單較狹窄，需要較精確的數據，分析選擇也不一樣。設計的最後階段，需要精確數據，仍有一些候選材料－可能只有一種。其程序需確定最初衆多選擇，也提供一些方法能夠窄化到一小群。

材料選擇自不能不選擇製程，如成型、接合、表面處理等等，所以製程也是設計的重要層面；材料與其製程都脫離不了價格考量。另外也須注意單獨的好機械設計並不是就能賣出，所有物事都是一樣，從家用品、汽車到飛機，產品的外型、品質、感覺、色澤、裝飾，必需令人滿意而要買它、用它。美學方面(工業設計)在工程課程上並無含括，但並不可以忽略，可能因而失去市場；傑出的設計不只要求性能也要令人喜愛。

設計是一開放式的問題，雖有些答案顯然優於其他答案，但並沒有唯一或正確答案可講。不像數學、力學、熱力學、甚至材料學，常是單一正確的答案。所以設計者需要的第一個工具是有一顆開放的心：去考慮所有的可能性，而撒下一個大網，再按步驟挑出其中最好的。

本章處理設計過程的一些材料層面，介紹一個方法學，引入材料選擇圖(materials selection charts)的概念，使初期搜尋有潛力候選材料變得單純，也能有一個合理的選擇步驟。其次討論到材料與形狀的交互作用與同時選擇；最後製程選擇、工程設計的美學要角與材料發展潮流也稍論及。

學習目標

1. 說明設計以及三種設計種類內涵。
2. 辨別設計三種階段，其材料選擇範圍與材料性質的差異性。
3. 算出輕強桿、輕強樑、輕勁柱的性能指標。
4. 解讀材料選擇圖，並能將性能指標的標線繪於圖中。
5. 導出壓力容器與營建材料的功能需求與性能指標，並依據材料選擇圖選出適當的少數幾種材料。
6. 了解形狀如何影響功能與形狀因子如何繪入材料選擇圖中加以選擇。
7. 解讀製程選擇圖，並依據設計需求選出適當的製程。
8. 了解工程設計與美學對產品行銷的影響。
9. 了解材料發展的改變力量來源與趨勢，以及對材料選擇的影響。

21-1 設計與材料

機械設計處理機器系統的物理原理、正確作用及製造方法，注意到良好的機械設計及其材料角色，先談及三種設計種類，即創始設計(Original design，全新的觀念)、改良設計(Adaptive design，產品的革新)、變體設計(Variant design，功能相同但尺寸形狀改變)，材料選擇都會影響這三種設計；其次討論設計過程細節。

21-1-1 設計種類

創始設計有新的工作原理，如原子筆、雷射唱片。在尋求創始設計時，設計者必需盡可能開放想法，考慮所有可能解法，以一些知識性步驟從中選擇。新材料能夠提供新而獨特的性質組合，容易造就創始設計。例如高純矽的積體電路、高純玻璃的光纖、高矯頑磁鐵的迷你耳機、高溫合金的氣渦輪葉片。有時新材料提供新產品，但經常是新產品要求新材料的發展；例如航太應用、渦輪引擎及核能技術都需要新材料的發展，此一需求仍是目前陶瓷與複材發展的趨動力。

改良設計是經由工作原理的改良來增進性能，此常可藉材料發展而達到，如家用品的塑膠取代金屬、運動器材的碳纖複材取代木材，常因廠商應用新材料於其產品而攫取(或失去)市場。

變體設計是改變規模(Scale)、尺寸(Dimension)或細節，而不改變功能或達成方法；如鍋爐、壓力容器、葉片的放大。規模改變需變化材料，像模型飛機用瑪莎(Balsa)木，全尺寸飛機則用鋁合金；模型鍋爐用銅合金，全尺寸鍋爐則用鋼料。

可將一個技術系統分成組件與零件，如單車是一技術系統，輪子是組件，由個別零件構成：輻條、齒輪、輪圈等。每一零件由一種材料製成，不同零件，材料不同。材料選擇在零件程度，有些零件是標準品，許多設計都用，如螺絲，但在標準品中亦有材料選擇(螺絲可能是黃銅、軟鋼、不鏽鋼)；有些則是特定、唯一的設計：設計者必須選擇材料、形狀、製程。而功能、材料、形狀及製程彼此影響。

21-1-2 設計過程

設計是一重複過程，剛開始是市場需求或一想法，終點是一種具體化產物能滿足此需求或想法。在中間有一些階段：概念設計(Conceptual design)、具體設計(Embodiment design)及細節設計(Detailed design)結合成一產品製造流程，如圖 21-1 所示。在概念設計階段，對所有可能敞開，設計者考慮各種作用原理或功能圖樣，次功能可分、合，每一情形須概估其性能與價格。具體設計選一功能構造，分析近似程度的操作情形，訂定零件尺寸，選擇在此操作條件的應力、溫度、環境下的適用材料。具體設計到最後得到一合適的佈置，而進入細節設計，此時每一零件的規格畫出；關鍵零件可能動用到有限元素分析(Finite element methods)作精確的機械與熱分析；最佳化(Optimization method)用來分析零件或零件組，以得最大性能；選定材料分析製程並計算成本。此一階段最後是得到細節的生產規格。

要達成上述，有一些設計工具可用，如工程科學相關的設計分析、模式及最佳化：力學、熱力學、模式化技巧的原理與方程式。利用電腦輔助設計工具(CAD)及各零件組合的資料庫可以較容易的設計。隨著設計程度的進展，其工具亦有所前進：在概念設計使用近似的分析與模式；在具體設計則用較複雜精密的模式及最佳化；而在細節設計則用細緻分析。

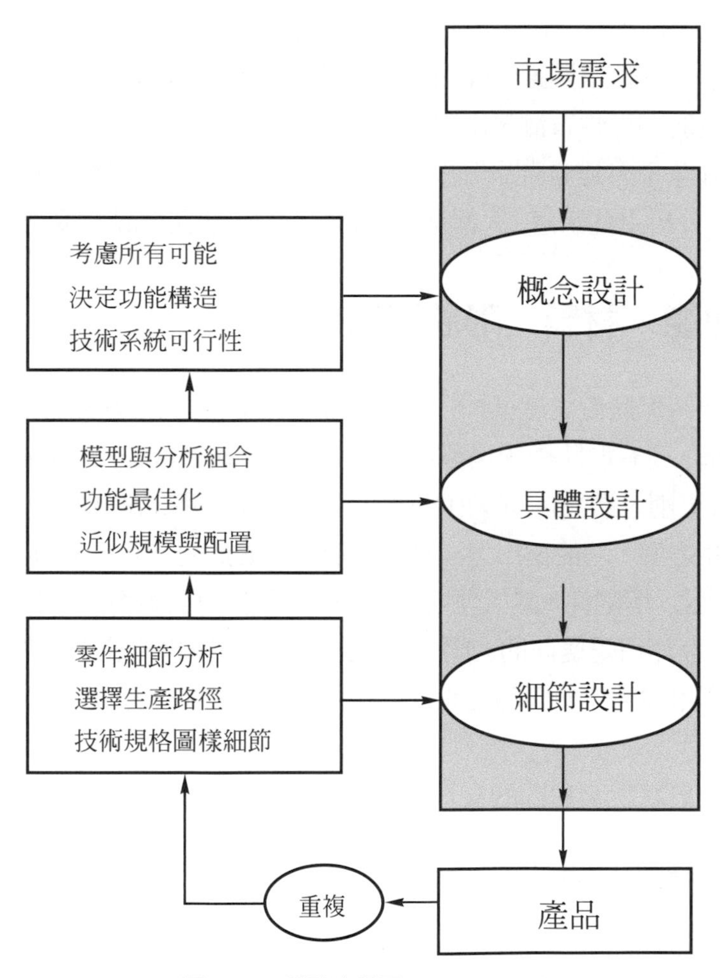

圖 21-1　設計流程圖(Ref. 2, p. 17)

每個設計過程的階段都有材料選擇，在各設計階段找出選擇材料的規範，做成性能與價格的最佳配合。在概念設計階段產生第一組規範－工作溫度、環境及其他。適合這些初始規範的材料子集作爲具體設計的候選者，進一步窄化選擇需要看哪一材料做得最好，而非哪一材料可以用。可能需一再重複做，因爲具最佳性質的材料往往不是成型、接合、表面處理最便宜者；有時需在性能與整個價格間折衷取得最佳組合。而細節設計只有在只剩一或幾種材料候選時才能進行。

各設計階段需要材料性質數據，早期與晚期階段數據的精確度與範圍要求不同，在概念設計需廣泛材料的近似數據，所有可能都開放：有一概念可能是塑膠最好，另一則是金屬，即使其功能相同。此階段的問題不在精確而在廣度：如何在此巨大數據範圍，使設計者有最大的選擇自由度？下一節將討論此種程序。

具體設計階段需要材料子集的較精確細節數據，這可以從材料手冊或電腦資料庫中查詢，其中表列、繪圖及比較同種材料(如金屬)的性質而得以選擇。

最後階段的細節設計需更高的精確與細節，只針對某一種或幾種材料。其資料最好從材料供應商所提供的數據卡獲得，對某一材料(如 PE)有一性質範圍，隨生產者有所不同。最後設計細節階段，供應商需確定，並依其提供之數據作計算，不同家有所不同。有時只是如此做並不夠，若零件很關鍵性(意指損壞會造成災變)則較聰明的做法是做一些實驗室測試，將欲用材料的關鍵性質測量出來。

材料進入設計並不因建立產品而終止，產品使用時損壞，損壞時有些訊息可獲知，聰明的廠商會收集、分析這些訊息。大都是指出材料誤用，則在再設計或再選擇時就可避免。

21-1-3 功能、材料、形狀與製程

選擇材料不能將形狀置之度外，形狀(shape)包括外型、尺寸(巨形)及內部形狀(微形)，如蜂巢或細胞結構。要有形狀需透過製程，包含一次成型(Primary forming，如鑄造、軋延、鍛造)、材料去除(車削、鑽孔)、光製(Finishing，如拋光)、接合(如銲接)。功能、材料、形狀與製程彼此互相影響。功能指出選擇材料與形狀來使此材料符合功能；材料性質影響製程：成型性、銲接性、切削性、熱處理性等。製程與形狀相互影響－製程決定形狀、尺寸、精確度及成本。交互作用是雙向的：形狀規範限制材料選擇也規範了製程。愈複雜的設計，規範愈嚴，交互作用愈大。如同酒之設計：炒菜用酒，任何葡萄與發酵皆可；香檳則葡萄與發酵皆嚴格限制。

功能、材料、形狀與製程間的交互作用是選擇材料的核心。後續幾節將依次討論。

例 21-1 真空吸塵器的設計

解 此一需求是要一裝置能除去室內地毯的灰塵。有許多概念可行：用眞空吸取地毯灰塵、以壓縮空氣吹走灰塵、以靜電吸取、以膠帶黏著、刷除等皆可試用。經過檢視，選定眞空法並決定出功能構造：有電源、眞空幫浦、捕捉灰塵之濾網、管路來吸地毯。但順序爲何？濾網要在幫浦前或後？在後則灰塵要經過幫浦。動力呢？開發國家有電力馬達，人力亦可用，如此概念已完成。

具體階段包含較細節計算流量、幫浦設計、濾網形式、管徑及長度、外殼、控制及如何組合。完成時則做出大略尺寸圖，估計動力、重量及性能。

剩下來是每一零件的細節設計。盡可能採用標準品，有些則需(如風扇)有限元素分析(確認安全所受應力)或氣流分析(最大效率或最小噪音)。每一零件生產方法必需規定並比較不同法之價格。工程設計者加入形狀、觸感及色彩之外表意見。最後得到生產規格之整組工程圖樣。

21-2　材料選擇圖

材料貢獻出其性質：密度、模數、強度、價格等。一個設計會要求這些性質的特殊軌跡：低密度、高模數、高強度、最便宜。問題是在確認要求性質軌跡，並與實際工程材料所具有者相比較，求出最吻合者。

機械設計包含選擇材料與選擇形狀，有時兩者相連，材料的最佳選擇視其可用的或能做的形狀而決定，在此僅就與形狀無關的材料選擇發展一套工具。重要的是一開始要把所有材料納入菜單，才不會喪失一些機會。首先利用設計提出的初始限制(primary constraints，如必需耐溫、或耐環境、或導電、或絕緣)將大量選擇窄化，只有一材料子群能滿足這些規範。然後尋求最大性能的性質組合再窄化選擇，此爲適當材料選擇之關鍵，而獲得使零件最大性能的材料子群，可能只有幾個材料。

21-2-1　性能指標

對大部分負荷零件的性能限制常不是單一性質所決定，而是一組性質。對最輕勁材是找最大的 $E^{1/2}/\rho$；最佳彈簧材是最大 σ_f^2/E；最耐熱擊阻抗材則是最大 σ_f/E_α 者等等，其中 E 是彈性模數，ρ 是密度，σ_f 是強度，α 是熱膨脹係數。這種組合稱爲性能指標(performance indices)，由一群材料性質組合，當其最大時，性能最佳。

結構元件設計由三事規範：功能需求、幾何形狀、材料性質。元件性能爲

$P = f$[功能需求 F，幾何參數 G，材料性質 M]

即

$$P = f(F, G, M) \tag{21-1}$$

其中 P 用以描述零件性能的一些情形：質量、體積、價格或壽命等等。恰當設計(optimum design)代表根據需求找出材料與幾何形狀以得最大或最小的 P 值。恰當者表示有一些限制(constraints)，其中有些是材料所加諸者。

(21-1)式若可寫成下式，則稱爲可分離

$$P = f_1(F) \cdot f_2(G) \cdot f_3(M) \tag{21-2}$$

其恰當選擇材料變成可獨立，即任何幾何 G 都適用，任何功能需求 F 都可以，則不必完全解出設計問題即可確認某一材料子群，甚至不知道 F、G 細節也可以。如此變得很簡單：對所有的 F、G，其性能最大值只需將 $f_3(M)$最大化即可，$f_3(M)$稱爲性能指標(performance index)，經驗上知道許多都是可分離的，以下例示。

關於特定的設計問題：選一輕、強結構材，其零件負荷可分解成一些軸向拉伸或壓縮、彎曲、扭轉的組合，而幾乎都是某一模式爲主。描述不同方法負荷的功能名稱常用：桿(ties)爲拉伸、樑(beams)爲彎曲、軸(shafts)爲扭力、柱(columns)爲壓縮。其性能指標各自不同。

例 21-2 輕、強拉桿之性能指標

解 一材料爲實心筒狀桿長 l 半徑爲 r，負載拉伸力 F，具安全因子 S_f，要找出其最小質量。質量可寫成

$$m = Al\rho \tag{21-3}$$

A 爲截面積、ρ 是材料密度，l 與 F 是規範不能改，r 是自由；其截面能支持力量 F，則需

$$\frac{F}{A} = \frac{\sigma_f}{S_f} \tag{21-4}$$

σ_f 爲降伏強度，代入(21-3)消去 A 可得

$$m = (S_f F)(l)\left(\frac{\rho}{\sigma_f}\right) \tag{21-5}$$

注意此式形式，第一個括弧爲功能需求，表示規範負荷及安全因子；第二個括弧有規範幾何(桿之長度)；最後一個括弧爲材料性質。安全支撐負荷 F 不會損壞的最輕拉桿是性能指標最大者，即

$$M = \sigma_f / \rho \tag{21-6}$$

同理可算出一輕、強壓柱之性能指標亦爲 $M = \sigma_f / \rho$；而輕、勁拉桿之性能指標爲 $M = E/\rho$，其中 E 爲楊氏模數。

例 21-3　輕、強彎樑之性能指標

解 假設一半徑爲 r，長爲 l 之圓樑受彎曲負荷 F，產生塑性損壞是力量超過 F_f，若符合下式則設計爲安全

$$\frac{F}{S_f} \le \frac{F_f}{S_f} = \frac{C}{S_f}\frac{\pi r^3}{4}\frac{\sigma_f}{l} \tag{21-7}$$

S_f是安全因子，C 是常數由負荷細節來決定，σ_f 爲降伏強度。以截面積 $A=\pi r^2$ 代入上式，解出 A，再代入(21-3)式除去 A 得質量 m 爲

$$m=[S_f\ F]^{2/3}\left[\frac{4^{2/3}\pi^{1/3}l^{5/3}}{C^{2/3}}\right]\left(\frac{\rho}{\sigma_f^{2/3}}\right) \tag{21-8}$$

三個括弧如前分別是：功能需求、幾何、材料。最佳輕、強彎樑是下列性能指標最大者。

$$M=\frac{\sigma_f^{2/3}}{\rho} \tag{21-9}$$

最佳輕、強扭軸之性能指標也是 $M=\sigma_f^{2/3}/\rho$。

例 21-4　輕、勁壓柱之性能指標

解 假設一半徑爲 r，長爲 l 之細長圓柱受壓縮負荷 F，產生彈性折彎是力量超過 F_{crit}(euler load)，若符合下式則設計爲安全

$$F \le \frac{F_{crit}}{S_f} = \frac{n\pi^2 EI}{S_f l^2} = \frac{n\pi^2 E}{S_f l^2}\left[\frac{\pi r^4}{4}\right] \tag{21-10}$$

S_f是安全因子，n 是常數由兩端限制情形來決定，E 爲楊氏模數，二次矩 $I=\frac{\pi r^4}{4}=\frac{A^2}{4\pi}$，$A$ 爲截面積。代入(21-3)式除去得

$$m=2[S_f F]^{1/2}\left[\frac{l^4}{n\pi}\right]^{1/2}\left[\frac{\rho}{E^{1/2}}\right] \tag{21-11}$$

三個括弧如前分別是：功能需求、幾何、材料。最佳輕、勁壓柱是下列性能指標最大者。

$$M = \frac{E^{1/2}}{\rho} \tag{21-12}$$

最佳輕、勁彎樑之性能指標也是 $M = E^{1/2}/\rho$；而最佳輕、勁扭軸之性能指標則是 $M = G^{1/2}/\rho$，其中 G 爲剪模數。

注意其步驟，棒長是設定，質量 m 是重要變數，要最小。我們寫出 m 的方程式，叫目標函數(Objective function)。惟有一限制：棒需承受負荷 F 而不會降伏或折彎，以此除去自由變數 A，再檢查得到恰當的材料性質組合。看似簡單，只要一開始能找出要最大或最小、有哪些限制、哪些參數已設定、哪些是自由變數。

此三例都是有一自由變數及一個限制，當限制與自由變數數目一樣，可找出單一性能指標。更常碰到的是限制過多，如細棒必不能降伏，也不能彈性伸長太多及不可斷裂；柱不能彎、不能降伏或不能太貴。因此初始設計目標不是用以最後選擇而僅是得到第一短表(initial short lists)；其他的限制有其他的性能指標而得到第二或第三短表，最後的選擇是他們所共同都有的項目。

到此是以最小重量爲判據。尚有許多其他的性能最大指標。如彈簧材選擇目標，是不會引起降伏或斷裂，而能儲存最大彈性能者；多次用密封材選擇，是尋找不會塑變或裂開而能彈性變形最大者；具能源效率最好的爐壁材，是熱導率低且低比熱者。

導出性能指標的步驟順序如下：

(1) 確認貢獻要最大或最小(重量、價格、能量、勁性、強度、安全、環境損傷……)。
(2) 發展出目標函數方程式，包含功能需求、幾何、材料性質。
(3) 確定自由變數(未規範者)。
(4) 確定限制，且排出其重要性順序。
(5) 發展限制方程式(不降伏、不斷裂、不折彎、熱容最大、價格低於某值……)。
(6) 將限制式中自由變數代入目標函數。
(7) 將變數變成三組：功能需求 F、幾何 G、材料性質 M，故貢獻(Attribute)≦$f(F, G, M)$。
(8) 解讀性能指標，以 M 來表示，最大者符合。
(9) 注意完全答案並不一定要能確認材料性能組。

21-2-2　典型材料選擇圖

材料性質限制零件性能，但一零件性能常是決定於一組性質，比如強度對重量比 σ_f/ρ 、勁性對重量比 E/ρ，用於輕量設計上。此看法建議畫出一性質對另一性質之關聯，而把某一類材料畫爲一區，某一材料在子區內。此種圖有很多用法，其將大量資訊密集而易使用；顯現材料性質之關聯，有助於檢查或估計數據；也可用來做性能最佳化處理。

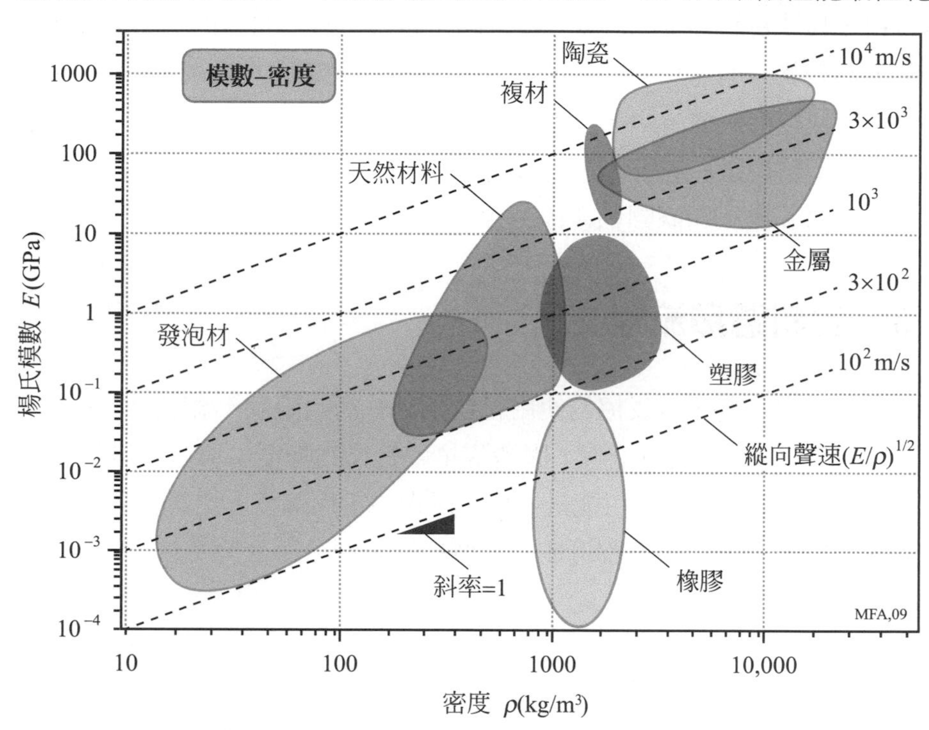

圖 21-2　材料選擇圖概念：以常用對數畫出楊氏模數 E 對密度 ρ，每一類材料佔有圖中一塊區域；此圖尚可將彈性縱波波速 $\upsilon=(E/\rho)^{1/2}$ 畫在圖上為一組平行線(Ref. 2, p. 60)

工程材料的每一性質都有一範圍，其範圍很大，如模數、韌性、導熱率等都高達 5 個數量級，這些數值在材料選擇圖上很容易表示出來，如圖 21-2 是模數對密度各取對數情形。座標軸取法以能涵蓋所有材料爲原則，從最輕的發泡材到最重的金屬都有，可發現同類材料聚成一區，包圍所有這類材料。這只是方便來畫出數據，若更仔細選擇座標軸及尺度，則可加入更多訊息，如固體中聲速決定在 E 及 ρ 即

$$\upsilon=\left(\frac{E}{\rho}\right)^{1/2} \tag{21-13}$$

取對數得

$$\log E=\log\rho+2\log\upsilon \tag{21-14}$$

取一特定 v 則此視爲斜率爲 1 的直線(在圖 21-2 中)。所以可加上縱聲速的圖形在圖中，是一組直線，表示線上材料的縱聲速都相同。每一個圖都可類似做法，更進一步尚可在圖中加上設計最佳參數圖形，後將述及。

在材料特性與工程設計上的機性與熱性上，有 18 個最重要的這種圖。其涵括性質有密度、模數、強度、韌性、導熱率、熱擴散率、熱膨脹率、阻尼係數、耐磨性、價格等；每一圖都包含 7 類材料，即金屬、塑膠、橡膠、發泡材、陶瓷、複材、天然材料。每一類代表一堆材料，其性質範圍全部圍成一圈。圖中也表示每一材料的性質範圍，有時狹窄，如銅的模數，其差異只有平均值的幾個百分比；有時則很廣，如 Al_2O_3 強度可能差到 100 倍，隨氣孔率、晶粒度而變。熱處理和機械加工對降伏強度、阻尼、韌性有所影響；結晶度、交鏈程度對塑膠模數亦影響等等；這些對結構敏感之性質，其圈圈會拉長。一組圈圈代表一材料之性質範圍；粗圈圈則含括一類材料。

21-2-3 材料選擇流程

任何設計一定有一些不可妥協的使用材料限制—初始限制。溫度即是其一：一零件在 300℃需承受負荷，則不能使用塑膠，因塑膠早就喪失其強度；導電率是另一例：必需絕緣者，必不可使用金屬；價格也可能是一例：昂貴的工程陶瓷，使其許多應用上不具吸引力。耐蝕性、模數、強度、密度都可能是一個初始限制。即

$P > P_{crit}$

或是

$P < P_{crit}$

其中 P 是一性質(如溫度)，P_{crit} 則爲此性質之臨界值，由設計所定，必需超過或低於此值。

初始限制會在材料選擇圖中以水平或垂直線出現，如圖 21-3 中有一 $E \geqq 10$ GPa 的限制，爲一水平線，此一限制已排除了許多材料種類；若是尚需輕量，則要再加入另一限制，即

$\rho \leqq 3000\ kg/m^3$

是一垂直線，再去除一區材料，剩下一搜尋區，接下來再從此區(左上角)中作進一步的選擇。

先不要對初始限制作急躁斷言，工程上可能使用一些技術加以改變。零件太熱可用冷卻系統、勁性不足則可使用幾何形狀變化來補強、腐蝕可用保護層被覆等等。

下一步驟是從這些滿足初始限制的材料中，找出符合零件最大性能的材料子群，我們將以輕、勁零件設計爲例，其他亦可類似做法。圖 21-4(a)是 E 對 ρ 的選擇圖，對一狀況 $E/\rho=C$，取對數

$$\log E = \log \rho + \log C \tag{21-15}$$

即爲圖中一組斜率爲 1 的平行直線，圖中祇畫出一條代表。

另二狀況

$E^{1/2}/\rho=C$　與　$E^{1/3}/\rho=C$

即分別是斜率 2 與 3 的平行線組。叫此類線爲設計標線(design guidelines)。包含一組同一斜率的平行線。

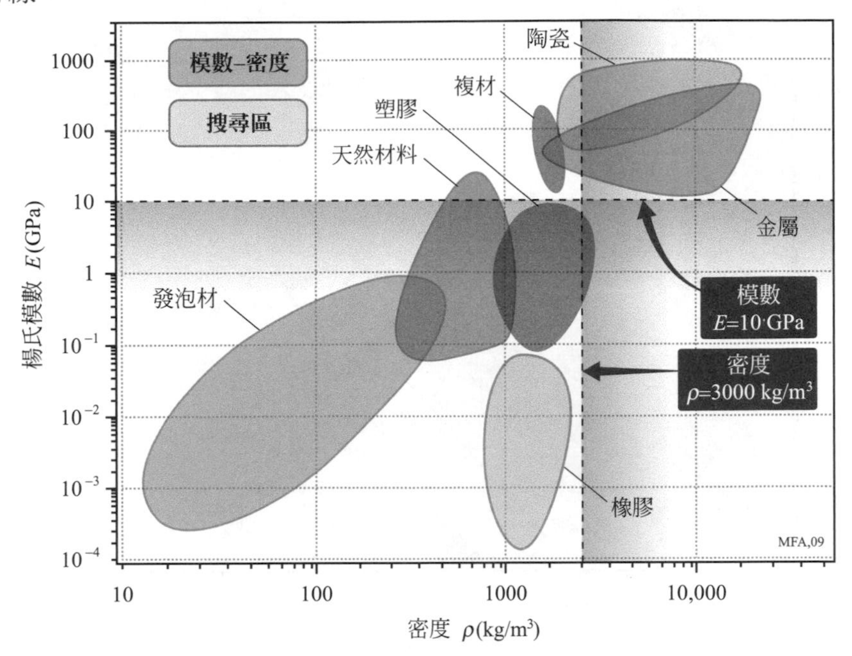

圖 21-3　E 對 ρ 選擇圖中標出初始限制(Ref. 2, p. 117)

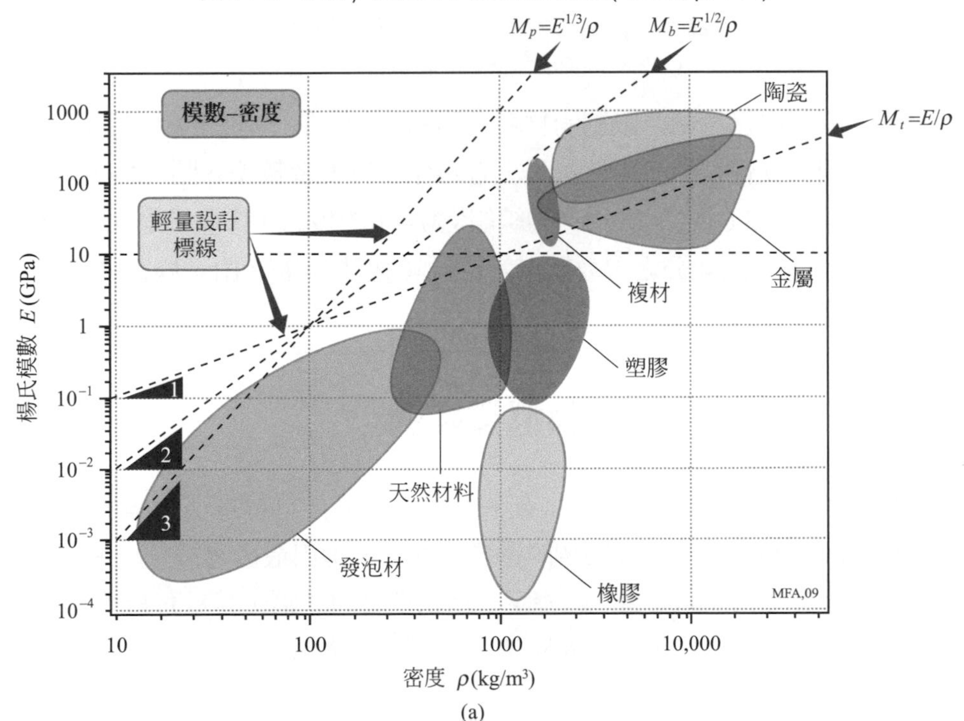

圖 21-4　E 對 ρ 選擇圖中標出(a)剛性且輕量的三種性能指標，(b) $M=E^{1/3}/\rho$ 分別是 0.2、0.5、1、2、5 $GPa^{1/2}/(Mg/m^3)$的設計標線組(Ref. 2, p. 118、119)

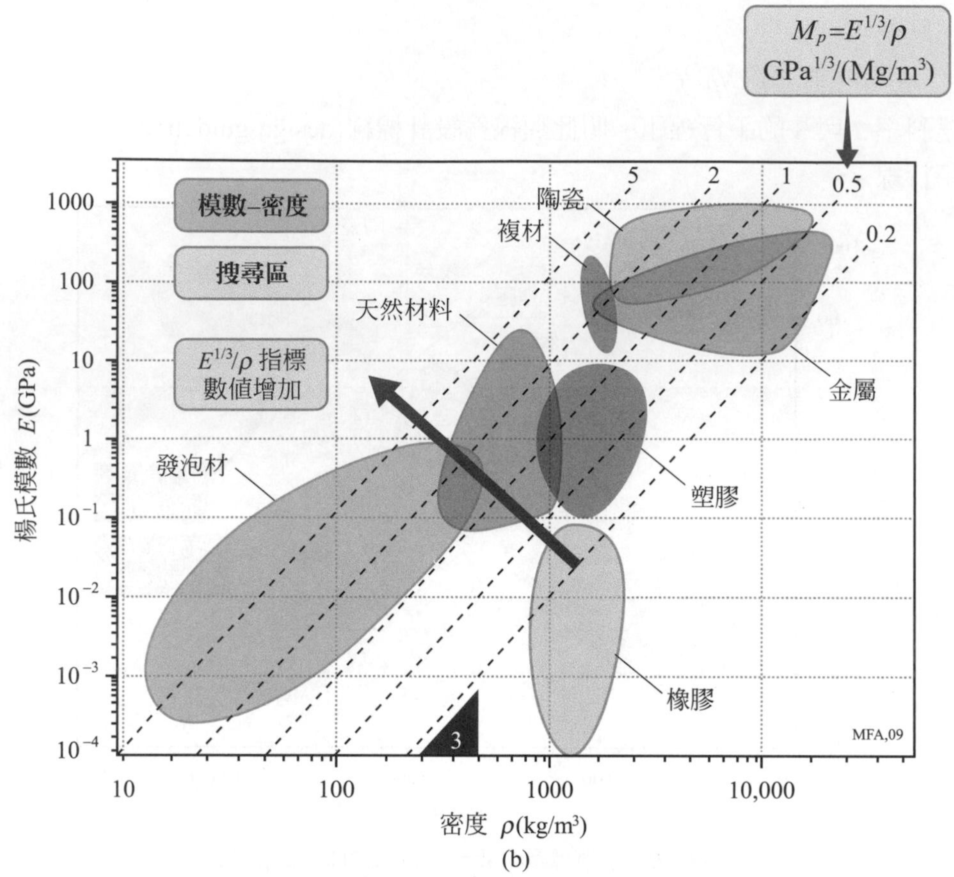

圖 21-4　E 對 ρ 選擇圖中標出(a)剛性且輕量的三種性能指標，(b) $M=E^{1/3}/\rho$ 分別是 0.2、0.5、1、2、5 GPa$^{1/2}$/(Mg/m^3)的設計標線組(Ref. 2, p. 118、119)

現即可輕易解讀出適於初始限制的材料子群，所有位在一常數的($E^{1/3}/\rho$)線上材料是輕量受彎曲板材具相同勁性性能者；此線以上者較佳，以下者較差。圖 21-4(b)有 $M=E^{1/3}/\rho$ 分別是 0.2、0.5、1、2、5 GPa$^{1/3}$/(Mg/m^3)的線組；$M=1$ 的板材，其重量是 $M=0.5$ 者之半；$M=2$ 者則是 $M=0.5$ 者之 4 分之 1。特定較佳指標的板材子群，由一條線區隔出一小搜尋區，其候選材是一小數目。

21-2-4 不考慮形狀的材料選擇案例

此節是數個案例，而投下兩個問題：新設計零件的最佳材料是那一個？能否巧妙改變材料來增進現有設計的性能？所提案例的選擇過程並未指出最後選擇單一個材料，還要包含製造、價格及消費者認同的考量，只確定一個初期材料子群，其具有最大吸引力者作進一步研究。每一案例都如下排列：問題陳述、模型、選擇、後記。

例 21-5　桌腳材料

解 傢俱設計者 Luigi Tavolino 構想大膽、簡單的輕桌子：一韌化玻璃圓板以細長、輕鬆、柱狀桌腳支撐如圖 21-5，桌腳需實心(才夠細)且盡量輕(才易移動)，必須支撐桌上任何物件而不折彎，要用什麼材料呢？

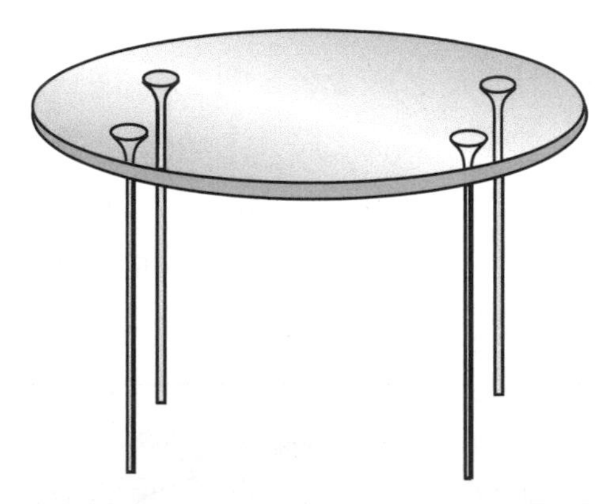

圖 21-5　輕量細腳桌。輕與細為獨立設計目標，都必須達到負荷下桌腳不折彎要求，其最佳選擇分別是 $E^{1/2}/\rho$ 與 E 值較高之材料(Ref. 2, p.135)

■ 模型

此問題有兩個設計目標：重量最小化及最細長，有一限制：不折彎。

先考慮輕量，此桌腳是一細柱，密度為 ρ，模數為 E；其長度 L 與最大負荷 F 為設計時已固定；其半徑 r 是自由變數，我們要桌腳質量 m 最低，其目標函數為

$$m = \pi r^2 L \rho \tag{21-16}$$

且其需符合在負荷 F 之下不會彎折的限制，一長為 L，半徑為 r 之柱，不彈性彎折的臨界負荷 F_{crit} 為

$$F_{\text{crit}} = \frac{\pi^2 EI}{L^2} = \frac{\pi^3 E r^4}{4L^2} \tag{21-17}$$

其中 $I = \pi r^4 / 4$ 是二次矩，負荷 F 需小於 F_{crit}，將自由變數 r 解出代入 m

$$m \geq \left[\frac{4F}{\pi}\right]^{1/2} (L^2) \left[\frac{\rho}{E^{1/2}}\right] \tag{21-18}$$

材料性質在最後括弧內，最輕者是此性能指標 $M_1 = E^{1/2}/\rho$ 最大的材料。

再看細長要求，將(21-17)式中的 $F < F_{\text{crit}}$ 代入得不折彎的桌腳半徑爲

$$r = \left[\frac{4F}{\pi^3}\right]^{1/4} (L)^{1/2} \left[\frac{1}{E}\right]^{1/4} \tag{21-19}$$

最細者是性能指標，$M_2 = E$，最大的材料。

■ 選擇

我們要找的材料子群是 $E^{1/2}/\rho$ 及 E 較大者。圖 21-6 是一適用的選擇圖，以 E 對 ρ 作圖，斜率爲 2 的標線是 $E^{1/2}/\rho$ 常數的關係；將其上移(重量愈小)到較少材料子群適用，如圖上 $M_1 = 5\ (\text{GPa})^{1/2}/(\text{Mg/m}^3)$；高於此線則有較高 M_1。圖上可知有木材(傳統上使用)、複材(尤其是 CFRP)及一些工程陶瓷。塑膠因勁性不足、金屬因密度太大都被排除。

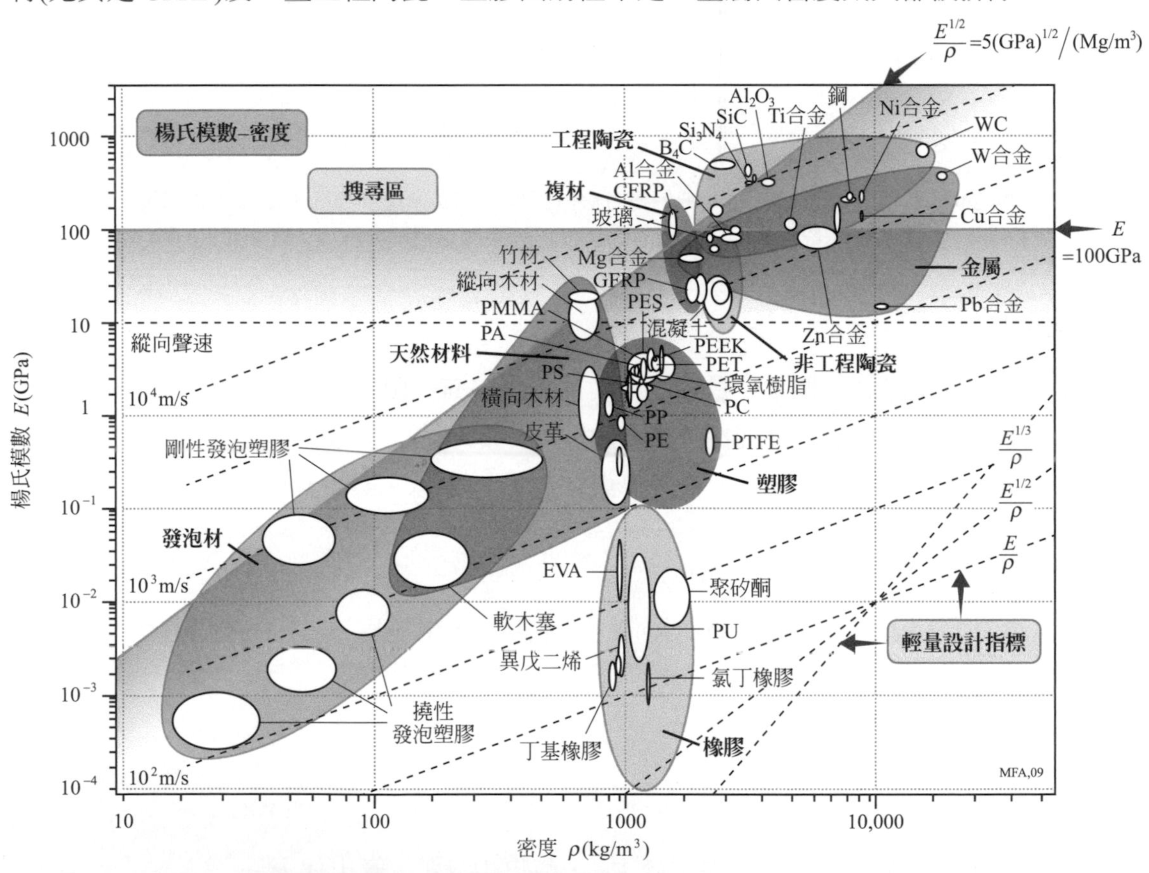

圖 21-6　輕細桌腳材料。木材是好選擇；CFRP 複材也是好選擇，且模數較木材高；陶瓷符合設計目標，但太脆(Ref. 2, p. 137)

選擇再用細長限制，需足夠 E，圖上有一水平線 $M_2 = 100$ GPa，高於此才可以，則木材與 GFRP 又被排除掉；如此細長桌腳只用 CFRP 及陶瓷，其桌腳雖與木製同樣輕但卻勁許多。而我們知陶瓷太脆，韌性不足，若不小心踢到或撞到有碎裂危險，所以常識告訴我們不宜使用陶瓷，如此一來只剩下 CFRP。CFRP 價格昂貴，Tavolino 需重新考量其設計，不過這是另一回事，他在設計之初並未考慮價格規範。

將結果表列出最好及次佳是一好主意，因為次佳材可能在考量其他因素下會變成最好的選擇，表 21-1 即如此作。

表 21-1　桌腳材料(Ref. 2, p. 137)

材料	$M_1 = E^{1/2}/\rho$ GPa$^{1/2}$/(Mg/m^3)	$M_2 = E$ GPa	備註
GFRP	2.5	20	比 CFRP 便宜，但性能不如 CFRP
木材	4.5	10	M_1 傑出，M_2 不良；便宜、傳統、可靠
陶瓷	6.3	300	M_1、M_2 都傑出，但太脆需排除
CFRP	6.6	100	M_1、M_2 都傑出，但昂貴

■ 後記

讀者會說管狀腳要比實心者來得輕，是沒錯，但會變胖，所以這要看 Tavolino 對其兩個設計理念—輕而細堅持程度，只有他能作決定。若能說服他採用胖一點的桌腳，則管可用，此選擇會有所不同。

陶瓷桌腳是因低韌性而被排除，若目標是要設計高溫使用之輕細桌腳，可再考慮使用陶瓷。脆性問題可使用保護桌腳免於意外或以預加壓力的方式來處理。

例 21-6　彈性鉸鏈

解 自然界使用許多彈性鉸鏈：皮膚、肌肉、軟骨都允許很大而可恢復的撓曲，人也設計撓曲或扭曲鉸鏈：零件間傳重或連接之裝置，使其限制移動，是一彈性撓曲，如圖 21-7 所示，那種材料最佳？

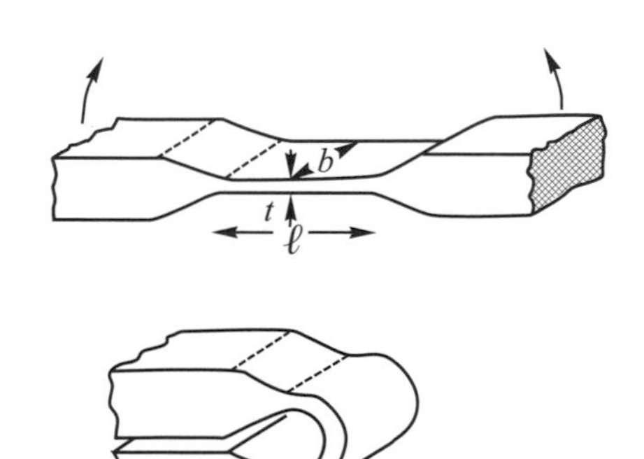

圖 21-7　彈性鉸鏈。韌帶必須重複彎曲而不損壞，洗髮精瓶蓋即是一例(Ref. 2, p. 151)

■ 模型

考慮一盒蓋的鉸鏈，盒、蓋、鉸鏈是一體成型，鉸鏈是一韌帶材料，當盒子蓋起來受到彈性撓曲，如圖 21-7 所示，並無明顯軸向荷重；最佳材料(固定韌帶尺寸)是能彎到最小半徑而不會降伏或損壞，當韌帶厚為 t，彈性彎成半徑 R，其表面應變為

$$\varepsilon = \frac{t}{2R} \tag{21-20}$$

彈性下最大應力爲

$$\sigma = E\frac{t}{2R} \tag{21-21}$$

此應力不得超過降伏強度 σ_f，所以不損壞韌帶的半徑爲

$$R \le \frac{t}{2}\left(\frac{E}{\sigma_f}\right) \tag{21-22}$$

最佳材料是能彎到最小半徑者，即 $M = \sigma_f/E$ 最大者。

■ 選擇

判據包括 σ_f與 E 之比値，需要圖 21-8，候選材是標線斜率 1 者；圖上有一條 $M = \sigma_f/E = 2\times10^{-2}$，鉸鏈的最佳材料都是塑膠。表 21-2 列出一些比較，包含 PE、PP、尼龍及最好的橡膠(可能使盒子太軟性)，都是便宜產品；彈簧鋼及其他金屬彈簧材(如磷青銅)亦可能：同時具有普通的 σ_f/E 及高 E 値，撓曲佳且定位好(如繼電器的懸吊鉸鏈)；表中有更多細節。

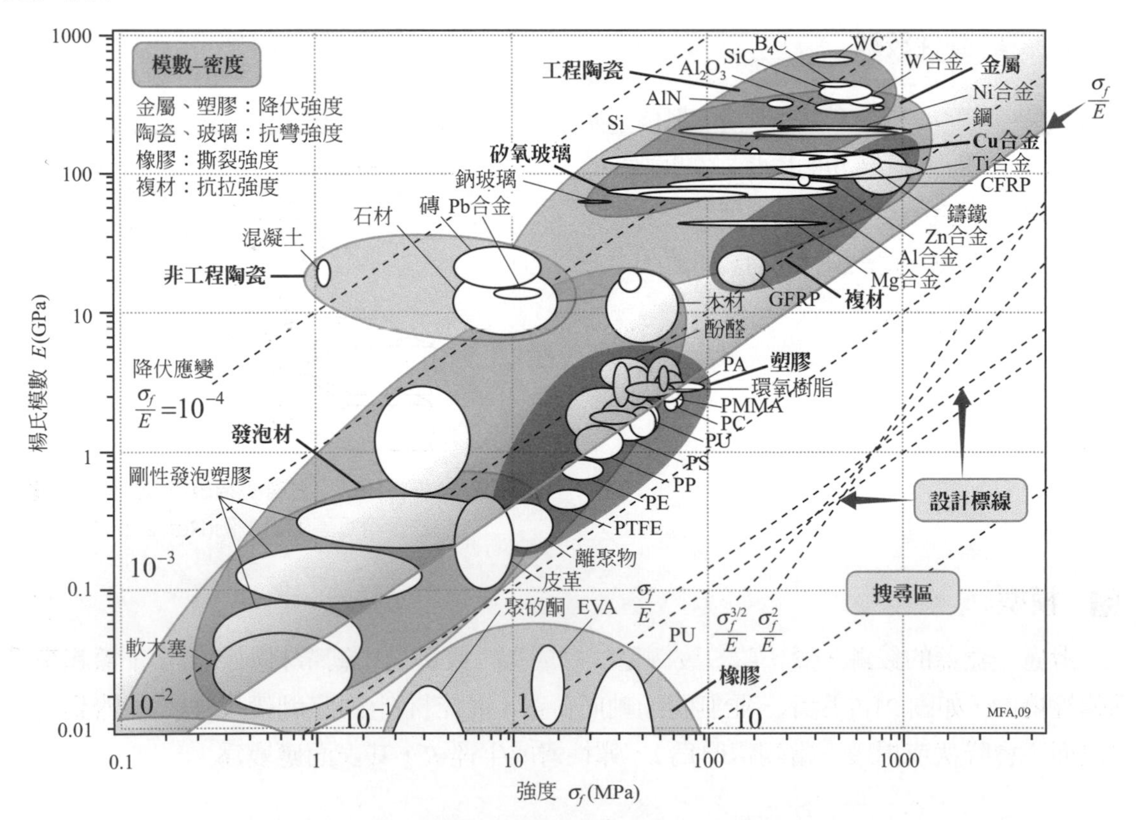

圖 21-8 彈性鉸鏈材料。橡膠最佳，但剛性可能不足；尼龍、PTFE、HDPE、LDPE 亦佳；彈簧鋼次佳，但強許多(Ref. 2, p. 153)

表 21-2　彈性鉸鏈材料(Ref. 2, p. 153)

材料	$M=\sigma_f/E(10^{-3})$	備註
聚乙烯(PE)	32	廣用於便宜之瓶蓋鉸鏈
聚丙烯(PP)	30	較 PE 剛性，容易成型
尼龍	30	
鐵弗龍(PTFE)	35	非常耐用，但比 PE、PP、尼龍昂貴
橡膠	100～1000	傑出，但模數太低
高強度銅合金	4	比塑膠差許多，需高剛性時使用
彈簧鋼	6	

■ 後記

塑膠比金屬有更大設計自由度，可一體成型盒、蓋、鉸鏈，不必再安裝連接件；其彈簧性也可使其能快速鉤扣(如卡扣、魔術氈)，能提供更多機會來作工程設計。

例 21-7　安全壓力容器

解　壓力容器從最簡單的噴霧罐到最大的鍋爐，安全上設計爲破壞前降伏或漏氣。小型壓力容器常設計爲壓力仍低於使任一裂隙快速傳播之前，即已一般降伏(破前降伏)，降伏之變形易偵測而保有安全；大型壓力容器則無法如此作，其安全設計爲不安定快速傳播的最小裂隙尺寸確保大於容器壁厚(破前漏氣)，漏氣容易偵測，且漸釋放壓力而有安全性；此兩種判據得到不同的性能指標，但基本上所選材料相同？它們是哪些材料呢？

■ 模型

半徑 R 的薄壁球型容器，如圖 21-9 所示，承受內壓 p，其器壁應力爲

$$\sigma = \frac{pR}{2t} \tag{21-23}$$

壓力容器壁厚的選擇是在工作壓力下的應力小於降伏強度 σ_f。小型壓力容器可用超音波、X-光或以水加壓測試，來驗證內部無裂隙或小於 $2a_c$ 的裂隙；則使裂隙傳播所需之應力可計算如下

$$\sigma = \frac{CK_{\mathrm{IC}}}{\sqrt{\pi a_c}} \tag{21-24}$$

C 是近於 1 的常數，K_{IC} 爲斷裂韌性。若工作應力少於此，即爲安全。而更大的安全性即要求應力在達到一般降伏應力前不會有裂隙傳播，亦即容器可偵測到變形之前不會破裂。此條件即將 $\sigma \le \sigma_f$ 得

$$\pi a_c \le C^2 \left[\frac{K_{IC}}{\sigma_f}\right]^2 \tag{21-25}$$

選一材料其 $M_1 = K_{IC}/\sigma_f$ 最大者，其容忍裂隙尺寸爲最大。

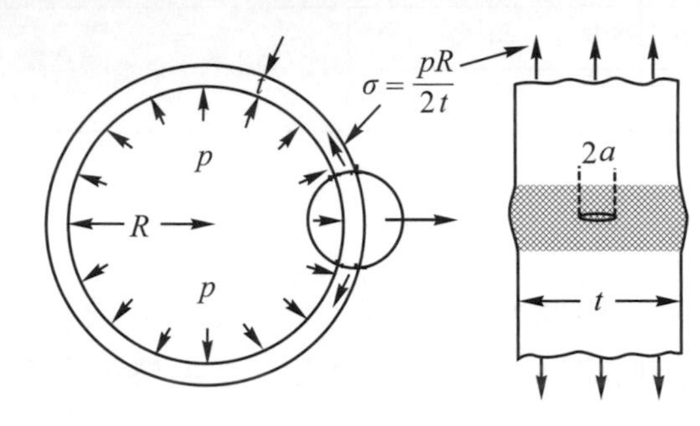

圖 21-9　含一裂隙之壓力容器。小壓力容器之安全設計為損壞前先降伏；而大壓力容器之安全設計則為損壞前先漏氣(Ref. 2, p. 161)

大型壓力容器常無法用 X-光或超音波檢驗，驗證測試不切實際。再者裂隙可能因腐蝕或疲勞而慢慢成長，所以使用之初的單一次檢查並不足夠；其安全性確保方法，可將壁厚設定爲比裂隙快速傳播臨界尺寸 $2a_c$ 來得小，則裂隙在穿透器壁之前是安定的，如此裂隙快速傳播之前即造成漏氣，而可偵測到；如此可將應力皆小於或等於

$$\sigma = \frac{CK_{IC}}{\sqrt{\pi t/2}} \tag{21-26}$$

當然器壁厚度 t 需足以承受壓力 p 而不降伏，從(21-23)式可知此即爲

$$t \ge \frac{pR}{2\sigma_f} \tag{21-27}$$

將此代入(21-26)式($\sigma = \sigma_f$)，得

$$\frac{\pi pR}{4C^2} \le \left[\frac{K_{IC}^2}{\sigma_f}\right] \tag{21-28}$$

$M_2 = K_{IC}^2/\sigma_f$ 最大的材料能承受最大的壓力。

M_1 與 M_2 都是將器壁降伏強度降得最低者，其值最大，如鉛，M_1、M_2 都很大，但你並不會用鉛作爲容器，因爲器壁要盡量薄，才便宜且輕。從(21-27)式可知 σ_f 愈大則壁厚愈小，即 $M_3 = \sigma_f$，此可進一步窄化選擇。

■ 選擇

選擇判據所需為 K_{IC} 對 σ_f 材料選擇圖，如圖 21-10 所示，三個判據分別是斜率為 1、1/2 虛線及垂直線。以"破前降伏"來看，對角直線為 $M_1 = K_{IC}/\sigma_f = C$，其上材料具相同性能，以上則性能更好。圖中有一條 M_1 = 10 mm，排除剩下來的只有最韌的鋼、銅及鋁合金；雖然有些塑膠相當靠近(壓力的汽水瓶或啤酒容器即用塑膠製)。第二選擇線 M_3 = 50 MPa，細節列於表 21-3。

大型壓力容器多以鋼來做，但其模型(如蒸氣引擎模型)則是銅製，在小型應用上較喜用銅，因較耐蝕，讀者可自行檢查另一判據 $M_1 = K_{IC}^2/\sigma_f = C$，仍得到相同的選擇。

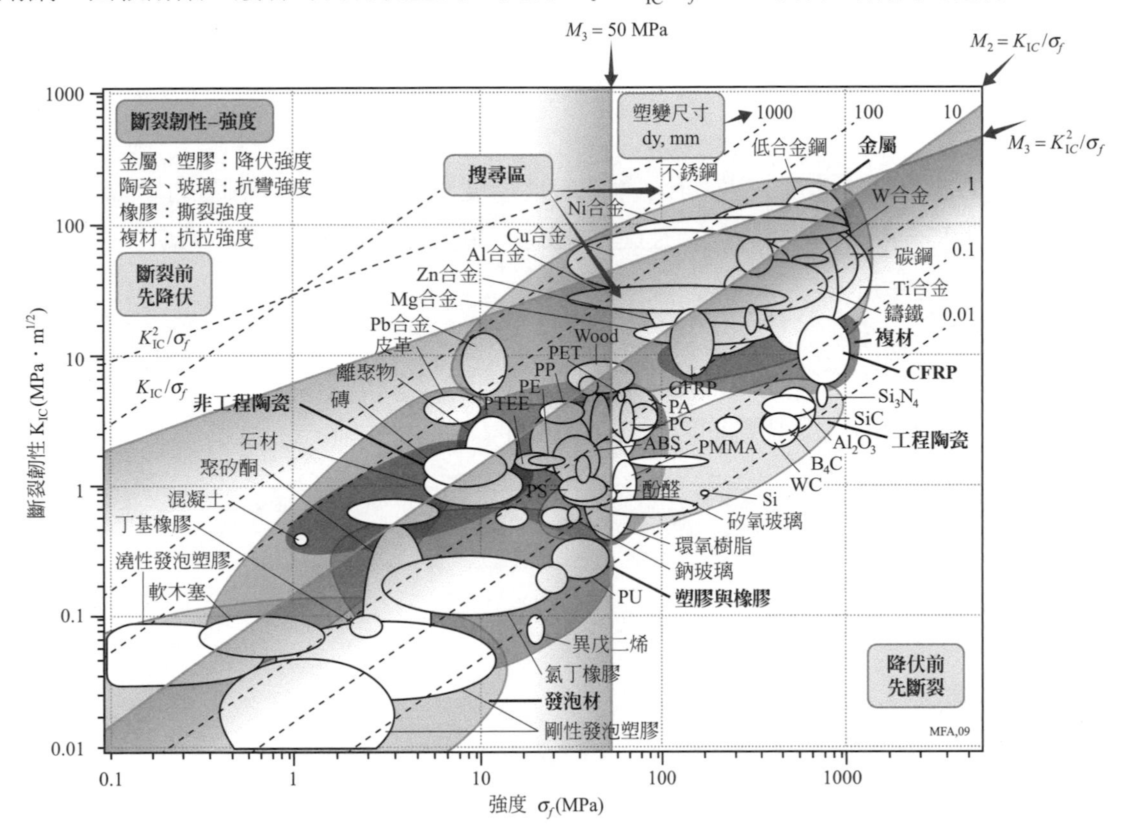

圖 21-10　壓力容器材料。鋼、銅合金、鋁合金最符合「損壞前先降伏」判據；三角形「搜尋區」內材料為最佳選擇；「損壞前先漏氣」判據之選擇結果相同 (Ref. 2, p. 163)

表 21-3　安全壓力容器之材料(Ref. 2, p. 164)

材料	$M_1=K_{IC}/\sigma_f$ ($m^{1/2}$)	$M_3=\sigma_f$(MPa)	備註
不銹鋼	0.35	300	核能壓力容器用 316 不銹鋼
低合金鋼	0.2	800	典型應用之壓力容器鋼
銅合金	0.5	200	小型壓力容器用冷抽銅合金
鋁合金	0.15	200	火箭壓力桶用鋁合金
鈦合金	0.13	800	輕量壓力容器用鈦合金，但昂貴

■ 後記

鍋爐損壞以往常見，現已少見，主要是工程應用的斷裂力學有長足進步之故。但若是安全因子不足，還是很容易發生損壞　，如火箭及新飛機設計，需特別注意。

例 21-8　省能源爐壁

解　大型陶窯燒一次所耗能源相當可觀，部份是透過爐壁傳出，可利用低熱傳導的材料或加厚爐壁來減少能源消耗；其他能源則用來加熱窯爐到操作溫度，可利用低熱容量材料或減少爐壁厚度來降低能源消耗。是否有一性能指標可以滿足這兩個相反要求？若有，則最佳材料又是什麼？

■ 模型

當一窯爐加熱時，溫度急速上升，而維持此溫度一段時間 t。加熱時間內造成能源消耗的有兩個，其一熱量傳導出去，一旦達到穩態，單位面積傳出之能量 Q 爲

$$Q_1 = -\lambda \frac{dT}{dx} t \tag{21-29}$$

其中 λ 是導熱率，dT/dx 爲溫度梯度(圖 21-11)，即

$$\frac{dT}{dx} = \frac{T - T_0}{W} \tag{21-30}$$

W 爲壁厚，T 爲爐內溫度，T_0 爲爐外溫度。

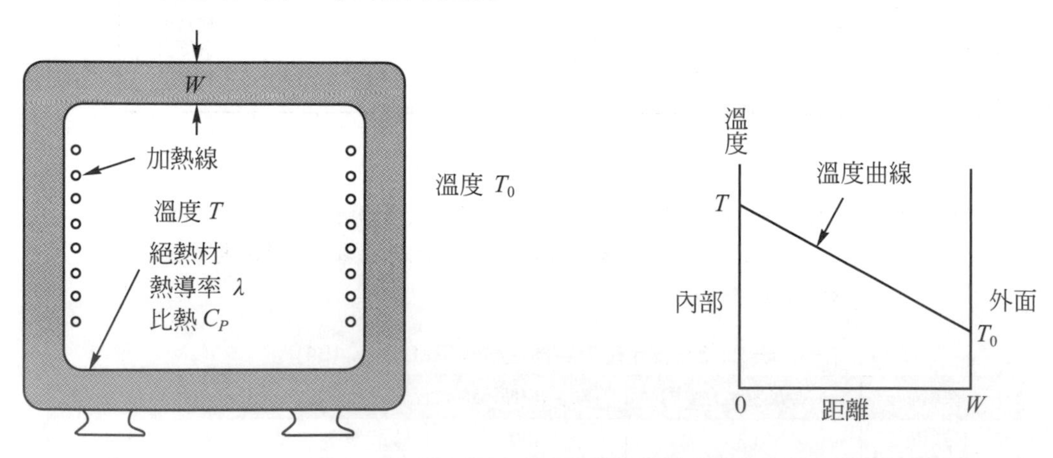

圖 21-11　窯爐。升溫時，爐壁先加熱到操作溫度，再維持於此溫度；爐壁的溫度梯度可看成線性(Ref. 2, p. 172)

第二個能量消耗為爐壁本身所吸收能量，單位面積為

$$Q_2 = C_P \rho W \left(\frac{T - T_0}{2} \right) \tag{21-31}$$

C_P 為比熱，ρ 是密度，單位面積所消耗的總能量為

$$Q = Q_1 + Q_2 = \frac{\lambda (T - T_0) t}{W} + \frac{C_P \rho W (T - T_0)}{2} \tag{21-32}$$

對 W 微分等於零可得最小總能量，此時厚度為

$$W = \left[\frac{2\lambda t}{C_P \rho} \right]^{1/2} = (2at)^{1/2} \tag{21-33}$$

其中 $a = \lambda / \rho C_P$，將此 W 代入(21-32)式中得

$$Q = (T - T_0)(2t)^{1/2} (\lambda C_P \rho)^{1/2}$$

Q 最小的材料其 $(\lambda C_P \rho)^{1/2}$ 最小，即將下值最大化者

$$M = (\lambda C_P \rho)^{-1/2} = \frac{a^{1/2}}{\lambda} \tag{21-34}$$

因為導熱率 λ 與熱擴散率 a 之間關係為 $\lambda = a \rho C_P$。

■ 選擇

圖 21-12 是 λ vs. a 圖，上有 $M = 10^{-3}\ \text{m}^2 \cdot \text{K/W} \cdot \text{s}^{1/2}$ 的選擇線。塑膠泡材、軟木及實心塑膠都好，但不能用在內部溫度超過 150℃者；實際窯爐操作溫度近 1000℃，耐火磚是明顯的選擇(表 21-4)。選定材料後，恰當的壁厚可自(21-31)式算出。

■ 後記

泡材的導熱率與熱容量都低，是此例之最佳選擇。實用窯爐採用低密度多孔耐火磚，即陶瓷泡材。中央暖氣房晚上關掉者亦有類似循環，其最佳選擇是塑膠泡材、軟木或塑膠纖維(其熱性質類似泡材)。

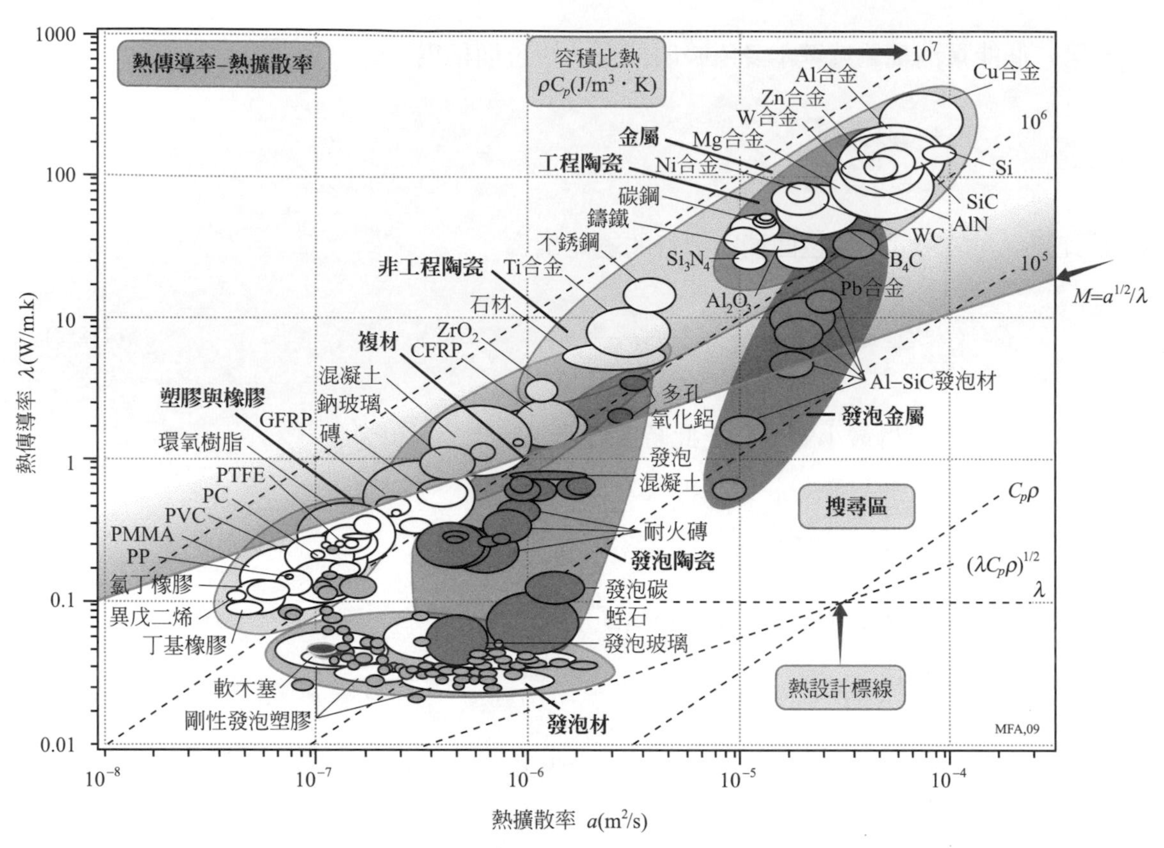

圖 21-12　窯爐爐壁材料。低密度、多孔或發泡陶瓷是最佳選擇(Ref. 2,p. 174)

表 21-4　省能源爐壁之材料(Ref. 2, p. 174)

材料	$M = a^{1/2}/\lambda(m^2 \cdot K/W \cdot s^{1/2})$	壁厚(mm)	備註
耐火磚	5×10^{-3}	100	密度愈低，性能愈佳，明顯選擇
發泡混凝土	2×10^{-3}	110	可用到 1000℃
發泡玻璃或碳	近 10^{-2}	140	性能傑出，但祇用到 800℃
木材	2×10^{-3}	60	早期鍋爐曾使用
實心橡膠或塑膠	2×10^{-3}–3×10^{-3}	50	性能優良，用於薄壁但祇用到 150℃
發泡塑膠或軟木塞	3×10^{-3}–6×10^{-2}	50～140	性能最佳，用於家屋但祇用到 150℃

例 21-8　便宜之營建材料

解　人們所買最貴的東西是住屋，材料價格大約佔房價的一半，而且材料量很大(家屋～200 噸，大公寓～20,000 噸)，其用法有三：結構支撐、外牆隔絕天氣、內裝以絕熱隔音等等，此種材料需夠勁、強及便宜。夠勁才不會使建築物受到風力或內部負荷而撓曲太多；夠強才不會有崩塌的危險；夠便宜是因爲要用如此多的材料才能建成。建物的結構支架少有暴露在外，通常都看不到的，所以此例的耐蝕或外觀判據並不重要。設計目標簡化爲強、勁、便宜。

■ 模型

建物的關鍵零件主要承受彎曲力量(如橫樑、地板等)或是壓縮(如柱子)，其最重要的是要便宜的強樑與便宜的勁柱，此二指標可以從輕、強樑質量 m(21-8)式與輕、勁柱質量 m (21-11)式乘上每公斤價格 C_m 算出，即最便宜的目標函數分別爲

$$mC_m = \left[S_f\ F\right]^{2/3}\left[\frac{4^{2/3}\pi^{1/3}l^{5/3}}{C^{2/3}}\right]\left[\frac{\rho C_m}{\sigma_f^{2/3}}\right] \tag{21-35}$$

與

$$mC_m = 2\left[S_f\ F\right]^{1/2}\left[\frac{l^4}{n\pi}\right]^{1/2}\left[\frac{\rho C_m}{E^{1/2}}\right] \tag{21-36}$$

因此性能指標分別爲

$$M_1 = \sigma_f^{2/3}/\rho C_m \tag{21-37}$$

與

$$M_2 = E^{1/2}/\rho C_m \tag{21-38}$$

我們可以定義一個與用量最大的軟鋼比較的單位體積相對價格 $C_{V,R}$=某一材料的 C_m×密度/軟鋼的 C_m×密度，如此可避免物價上漲及不同貨幣的差異，因此上兩式的 ρC_m 可以用 $C_{V,R}$ 來取代。

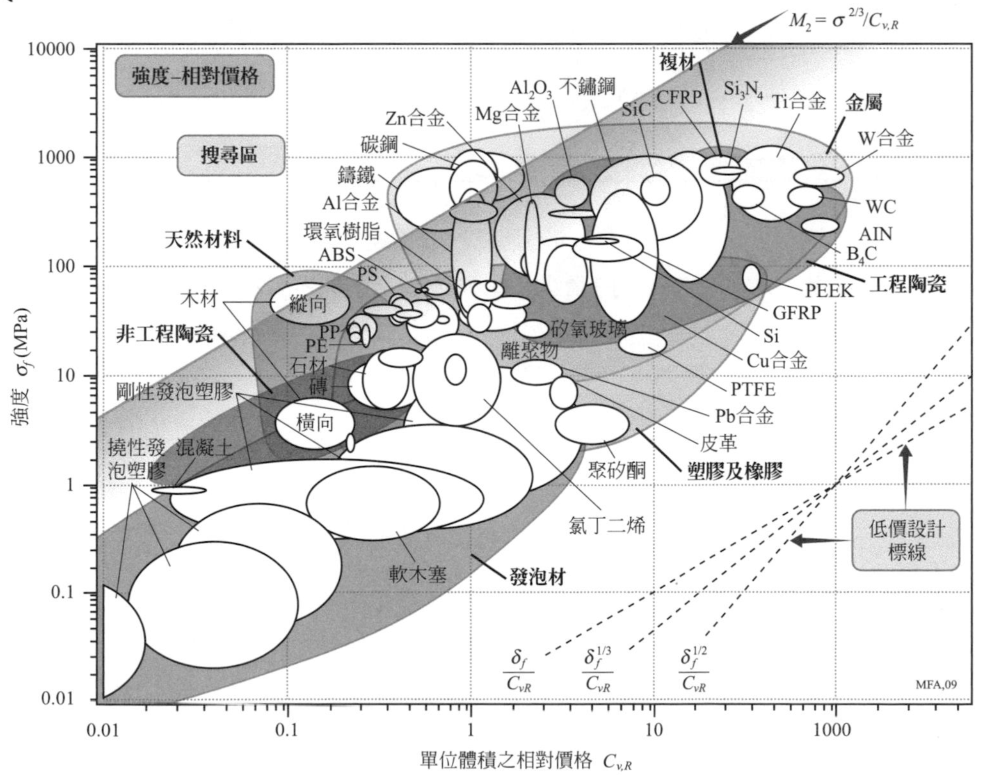

圖 21-13　便宜、強力營建結構骨架材料之選擇(Ref. 2, p. 141)

■ 選擇

價格出現在兩圖，圖 21-13 是其一，σ_f vs. $C_{v,R}$，圖中畫出一條標線分出混凝土、石材、磚類、軟木、鑄鐵及軟鋼；第二圖，E vs. $C_{v,R}$，如圖 21-14 所示，M_2 標線分出同一類(與 M_1 一樣)的材料。表 21-5 列出比較，的確就是我們所用的建材。

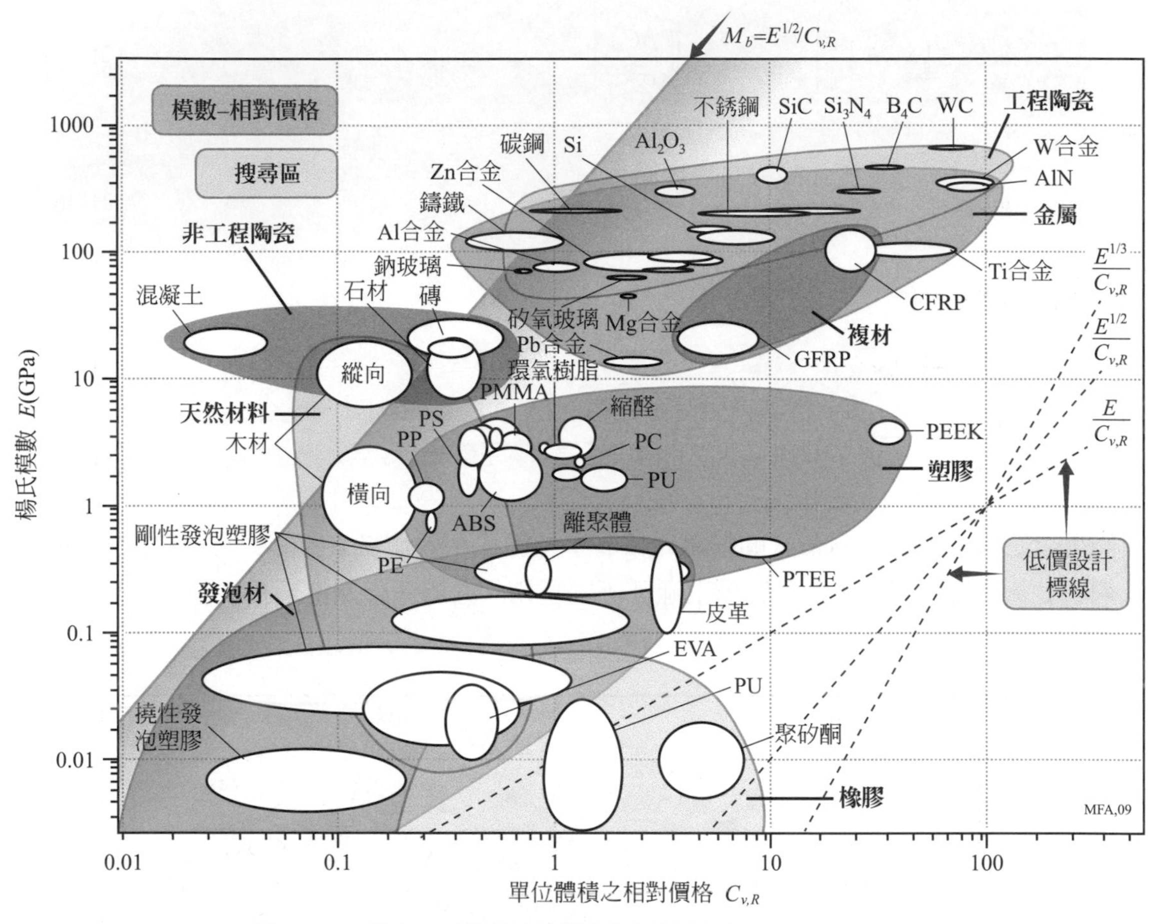

圖 21-14 便宜、剛性營建結構骨架材料之選擇(Ref. 2, p. 140)

表 21-5 便宜之營建材料(Ref. 2, p. 142)

材料	$M_1=\sigma_f^{2/3}/C_{v,R}$ (MPa$^{2/3}$)	$M_2=E^{1/2}/C_{v,R}$ (GPa$^{1/2}$)	備註
混凝土	14	160	只能用在受壓處
磚	12	12	
石材	12	9.3	
木材	90	21	拉或壓皆可用；截面形狀可以自由變化
鑄鐵	90	17	
鋼	45	14	

■ 後記

過去有建築師認爲 20 世紀末必會用 GFRP、鋁合金及不銹鋼來建造房子，但從上兩圖即可知使用這些材料的不利爲：得到相同的勁性與強度需要 5～10 倍以上的價格。民生結構(建物、橋樑、路等)使用大量材料：材料價格主導產品價格且用量又巨大，一定要用最便宜的材料才可以。混凝土、石材、磚頭只能使用在受壓場合，如柱、拱之類；木材、鋼材及強化混凝土拉、壓都具強度，而鋼材尚可作成更有效形狀(工形、盒型、管型)，使用上有更大自由度。

21-3　材料選擇與形狀

上節選材步驟並未包括截面形狀(如實心、管狀、工形)，即以相同形狀來比較；但當兩種材料可用的形狀不同時，則就須考慮形狀因素。如單車骨架大都受到彎力，可以用鋼或木材製造；但鋼有薄壁管可用，而木材則無，只有實心木材；實心木材單車要比實心鋼材製者來得輕勁，但是否會比鋼管單車來得好？可能工形鎂材更佳？機械效率要將材料與形狀一齊看，對特定用途而言，最佳的材料-形狀組合是如何？本節將陸續回答這類問題，其導出的性能指標類似上一節者，但有加入形狀。若形狀相同，則指標可化約爲上一節所述者；但若形狀是一變數，則指標中會加入一新項。

21-3-1　形狀因子

負荷有拉桿、彎樑、扭軸、壓柱，圖 21-15 是這些負荷模式較佳的形狀，亦即視負荷模式而有不同的材料與形狀組合。在軸向拉伸，截面積重要，而形狀並不影響，相同面積的不同形狀截面都承受相同負荷；但彎曲則不同，中空的盒形或工形較同樣面積的實心材佳；扭力則是圓管比實心或工形好。對此種事情，我們定義一個形狀因子(shape factor)ϕ，沒有單位，與形狀有關，但與尺寸無關，它可量測截面形狀的結構效率。

形狀因子是一無單位數字，能定出特定負荷模式的截面形狀效率，與尺寸大小無關。如彈性彎樑的 ϕ_B^e 、彈性扭軸的 ϕ_T^e 適合在勁性設計上；強度方面則需用塑性彎樑的 ϕ_B^f 、塑性扭軸的 ϕ_T^f ，是指受到彎曲或扭力而造成局部應力超過損壞應力(即降伏應力 σ_y)。四種形狀因子都是以實心方棒爲 1 來比較。另外，完全的塑性彎曲或扭曲(整個截面都超過 σ_y)有其他不同的形狀因子，但一般而言，能抵抗開始塑變的形狀亦有同樣的效率來抵抗全面塑變，不需額外的形狀因子；受壓柱抗折彎能力，其形狀因子則適用 ϕ_B^e ；而拉桿的彈性變形或損壞，決定於截面積而無關形狀，不需形狀因子。也就是說總共只需要上述四種形狀因子即可，各種截面的形狀因子如圖 21-16 所示。

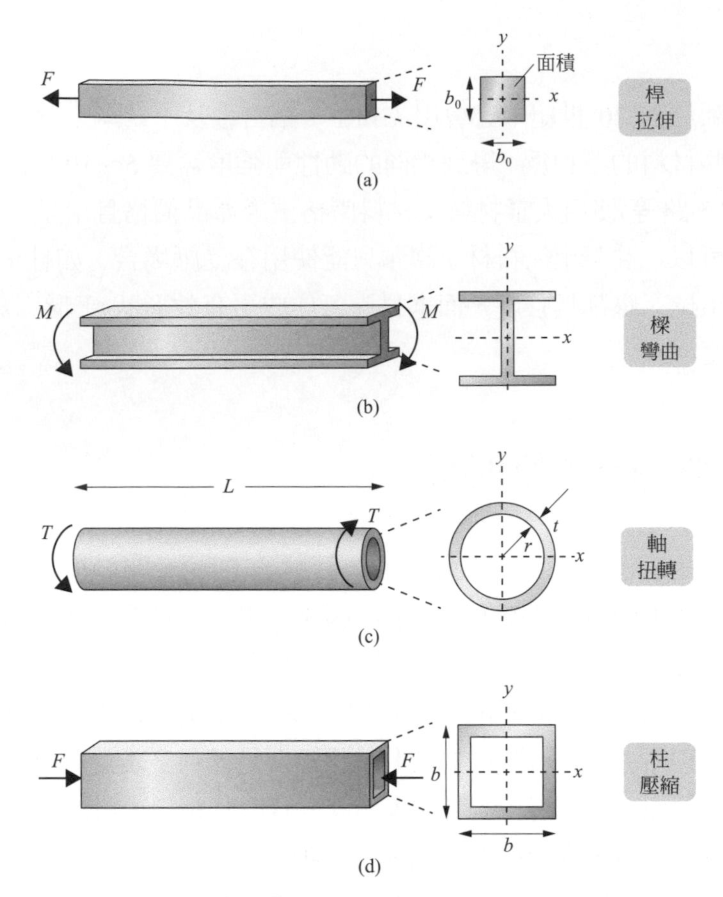

圖 21-15 常見負荷模式之較佳形狀(Ref. 2, p. 247)

截面形狀	彎曲 ϕ_B^e	扭轉 ϕ_T^e	彎曲 ϕ_B^f	扭轉 ϕ_T^f
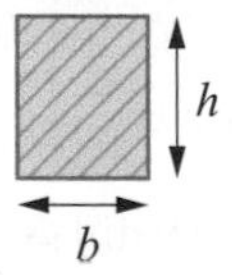 h, b	$\frac{h}{b}$	$2.38\frac{h}{b}\left(1-0.58\frac{b}{h}\right)(h>b)$	$\left(\frac{h}{b}\right)^{0.5}$	$1.6\sqrt{\frac{b}{h}}\frac{1}{\left(1+0.6\frac{b}{h}\right)}$ $(h>b)$
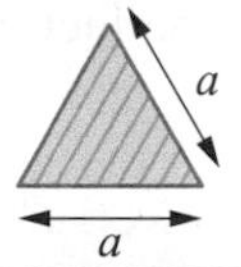 a, a	$\frac{2}{\sqrt{3}}=1.15$	0.832	$\frac{3^{1/4}}{2}=0.658$	0.83
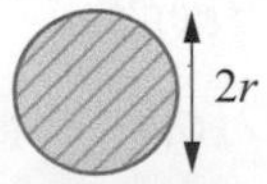 $2r$	$\frac{3}{\pi}=0.955$	1.14	$\frac{3}{2\sqrt{\pi}}=0.846$	1.35
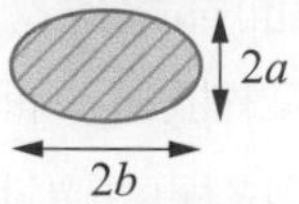 $2a$, $2b$	$\frac{3}{\pi}\frac{a}{b}$	$\frac{2.28ab}{(a^2+b^2)}$	$\frac{3}{2\sqrt{\pi}}\sqrt{\frac{a}{b}}$	$1.35\sqrt{\frac{a}{b}}\ (a<b)$
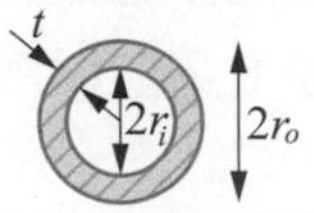 t, $2r_i$, $2r_o$	$\frac{3}{\pi}\left(\frac{r}{t}\right)(r>>t)$	$1.14\left(\frac{r}{t}\right)$	$\frac{3}{\sqrt{2\pi}}\sqrt{\frac{r}{t}}$	$1.91\sqrt{\frac{r}{t}}$

圖 21-16 各種截面的形狀因子(Ref. 2, p. 249-250)

截面形狀	彎曲 f_B^e	扭轉 f_T^e	彎曲 f_B^f	扭轉 f_T^f
	$\frac{1}{2}\frac{h}{t}\frac{(1+3b/h)}{(1+b/h)^2}$ $(h, b >> t)$	$\frac{3.57b^2\left(1-\frac{t}{h}\right)^4}{th\left(1+\frac{b}{h}\right)^3}$	$\frac{1}{\sqrt{2}}\sqrt{\frac{h}{t}}\frac{\left(1+\frac{3b}{h}\right)}{\left(1+\frac{b}{h}\right)^{3/2}}$	$3.39\sqrt{\frac{h^2}{bt}}\frac{1}{\left(1+\frac{h}{b}\right)^{3/2}}$
	$\frac{3}{\pi}\frac{a}{t}\frac{(1+3b/a)}{(1+b/a)^2}$ $(a, b >> t)$	$\frac{9.12(ab)^{5/2}}{t(a^2+b^2)(a+b)^2}$	$\frac{3}{2\sqrt{\pi}}\sqrt{\frac{a}{t}}\frac{\left(1+\frac{3b}{a}\right)}{\left(1+\frac{b}{a}\right)^{3/2}}$	$5.41\sqrt{\frac{a}{t}}\frac{1}{\left(1+\frac{a}{b}\right)^{3/2}}$
	$\frac{3}{2}\frac{h_o^2}{bt}(h, b >> t)$	-	$\frac{3}{\sqrt{2}}\frac{h_o}{\sqrt{bt}}$	-
	$\frac{1}{2}\frac{h}{t}\frac{(1+3b/h)}{(1+b/h)^2}$ $(h, b >> t)$	$1.19\left(\frac{t}{b}\right)\frac{\left(1+\frac{4h}{b}\right)}{\left(1+\frac{h}{b}\right)^2}$	$\frac{1}{\sqrt{2}}\sqrt{\frac{h}{t}}\frac{\left(1+\frac{3b}{h}\right)}{\left(1+\frac{b}{h}\right)^{3/2}}$	$1.13\sqrt{\frac{t}{b}}\frac{\left(1+\frac{4h}{b}\right)}{\left(1+\frac{h}{b}\right)^{3/2}}$
	$\frac{1}{2}\frac{h}{t}\frac{(1+4bt^2/h^3)}{(1+b/h)^2}$ $(h >> t)$	$0.595\left(\frac{t}{h}\right)\frac{\left(1+\frac{8b}{h}\right)}{\left(1+\frac{b}{h}\right)^2}$	$\frac{3}{4}\sqrt{\frac{h}{t}}\frac{\left(1+\frac{4bt^2}{h^3}\right)}{\left(1+\frac{b}{h}\right)^{3/2}}$	$0.565\sqrt{\frac{t}{h}}\frac{\left(1+\frac{8b}{h}\right)}{\left(1+\frac{b}{h}\right)^{3/2}}$
	$\frac{1}{2}\frac{h}{t}\frac{(1+4bt^2/h^3)}{(1+b/h)^2}$ $(h, b >> t)$	$1.19\left(\frac{t}{h}\right)\frac{\left(1+\frac{4b}{h}\right)}{\left(1+\frac{b}{h}\right)^2}$	$\frac{3}{4}\sqrt{\frac{h}{t}}\frac{\left(1+\frac{4bt^2}{h^3}\right)}{\left(1+\frac{b}{h}\right)^{3/2}}$	$1.13\sqrt{\frac{t}{h}}\frac{\left(1+\frac{4b}{h}\right)}{\left(1+\frac{b}{h}\right)^{3/2}}$

圖 21-16　各種截面的形狀因子(Ref. 2, p. 249-250) (續)

一個材料的形狀因子範圍受限於製造限制或局部折彎，如鋼可抽成薄管或成型(軋延、摺、銲)爲較有效的形狀，形狀因子高達 30 也常見；木材不易成形，合板技術雖可作成薄管或工形件，但實用上少有超過 3 的形狀因子，此即製造限制；複材也難以作成薄壁形狀。

當能作成高效率形狀，則局部折彎或塑性損壞將限制形狀因子的上限，簡單形狀的可用最大因子關連到 E/σ_f 比值。對鋁合金而言，ϕ_B^e 最大爲 25；剛性塑膠之 E/σ_f 較小，其 ϕ_B^e 較小，約 10；橡膠更低，只有 3 左右。此即爲何可撓曲的橡膠氣體管需厚壁，才不至於彎曲的時候造成扭結(kink)。

當局部折彎是損壞模式，利用撐條(bracing)或泡材支撐可抑制，而能提高 ϕ 值，直到損壞或新的局部折彎出現；此時尚可用階狀結構再次提升 ϕ 值，最後變成是製造限制而已。

21-3-2　有形狀之性能指標

對一負荷模式的材料與形狀組合，其性能最大化基本上與 21-2 節類似，但多加一個形狀考慮。一拉桿承受負荷 F 不產生太大偏移的能力，只跟截面積有關而與形狀無關，其最輕的勁性性能指標，E/ρ，在任何形狀都成立。但對於彎曲、扭轉或柱之折彎則非如此。

彎樑的彈性彎曲，考慮不同材料且不同形狀的樑，其最輕、勁彎樑的最佳選擇是下列指標最大者

$$M_1 = \frac{\left[\phi_B^e E\right]^{1/2}}{\rho} \tag{21-39}$$

彈性折彎的軸向負荷壓柱亦是同樣結果。

扭軸之彈性扭曲，考慮不同材料且不同形狀時，其性能指標為

$$M_2 = \frac{\left[\phi_T^e E\right]^{1/2}}{\rho} \tag{21-40}$$

彎樑需承受特定負荷而不損壞，且其質量要最小，考慮形狀時，其性能指標為

$$M_3 = \frac{(\phi_B^f)^{1/3}\sigma_f^{2/3}}{\rho} \tag{21-41}$$

軸之扭轉亦可類似處理，承受扭力不損壞，且其質量要最小，考慮形狀時，其性能指標為

$$M_4 = \frac{(\phi_T^f)^{1/3}\sigma_f^{2/3}}{\rho} \tag{21-42}$$

21-3-3　考慮形狀之材料選擇

形狀材料可畫入 MSC 中加以選擇，彈性彎曲的性能指標(21-39)式改寫為

$$M_1 = \frac{(\phi_B^e)^{1/2}}{\rho} = \frac{(E/\phi_B^e)^{1/2}}{(\rho/\phi_B^e)} \tag{21-43}$$

即有形狀時，可看成其模數變為 $E^* = E/\phi_B^e$，其密度為 $\rho^* = \rho/\phi_B^e$。可在 E vs. ρ 圖中畫出 E^* 及 ρ^*。引入形狀(如 $\phi_B^e = 15\text{-}25$)使鋼材沿斜率 1 直線移動，E、ρ 變成 $E/(15\text{-}25)$、$\rho/(15\text{-}25)$，如圖 21-17 所示，如此，則固定的 $E^{1/2}/\rho$ 是以斜率為 2 的虛線畫出，加入形狀考慮就可能把原來在線下的材料變成在線上，而增加性能。軸之彈性扭轉亦可如此處理。

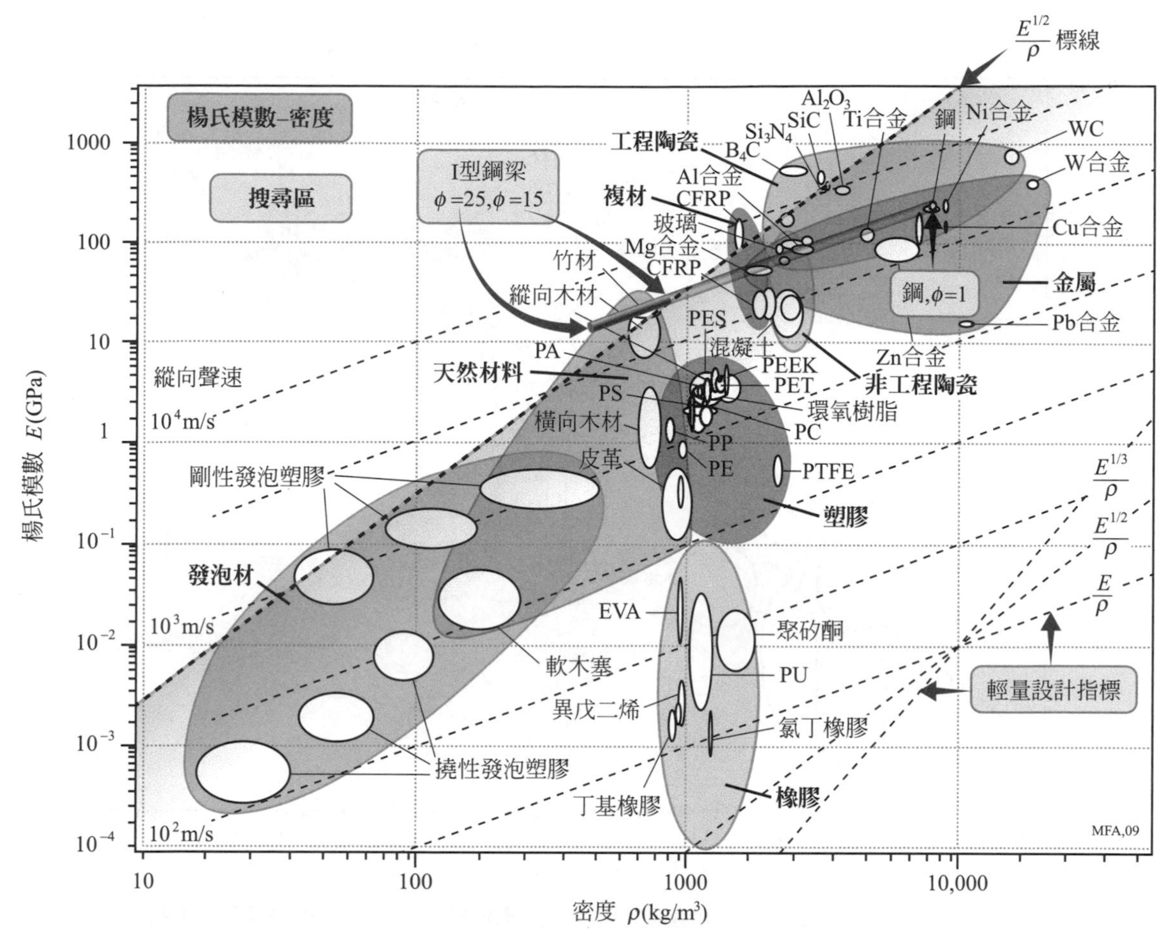

圖 21-17　輕、勁樑的比較。粗虛線標出性能指標線 $M_1=E^{1/2}/\rho$；I 型鋼樑會比木質長方形桁架略為有效率(Ref. 2, p. 61)

基於強度的最小重量選擇材料使用 σ_f vs. ρ 的圖，如圖 21-18，同樣引入形狀，則彎曲損壞的性能指標(21-41)式改寫爲

$$M_3=\frac{(\phi_B^f)^{1/3}\sigma_f^{2/3}}{\rho}=\frac{(\sigma_f/\phi_B^f)^{2/3}}{(\rho/\phi_B^f)} \tag{21-44}$$

一材料具 σ_f 、ρ 者看成 $\sigma_f{}^*=\sigma_f/\phi_B^f$，$\rho^*=\rho/\phi_B^f$。有形狀因子的材料亦以斜率 1 直線移動。扭轉損壞亦可如此作。

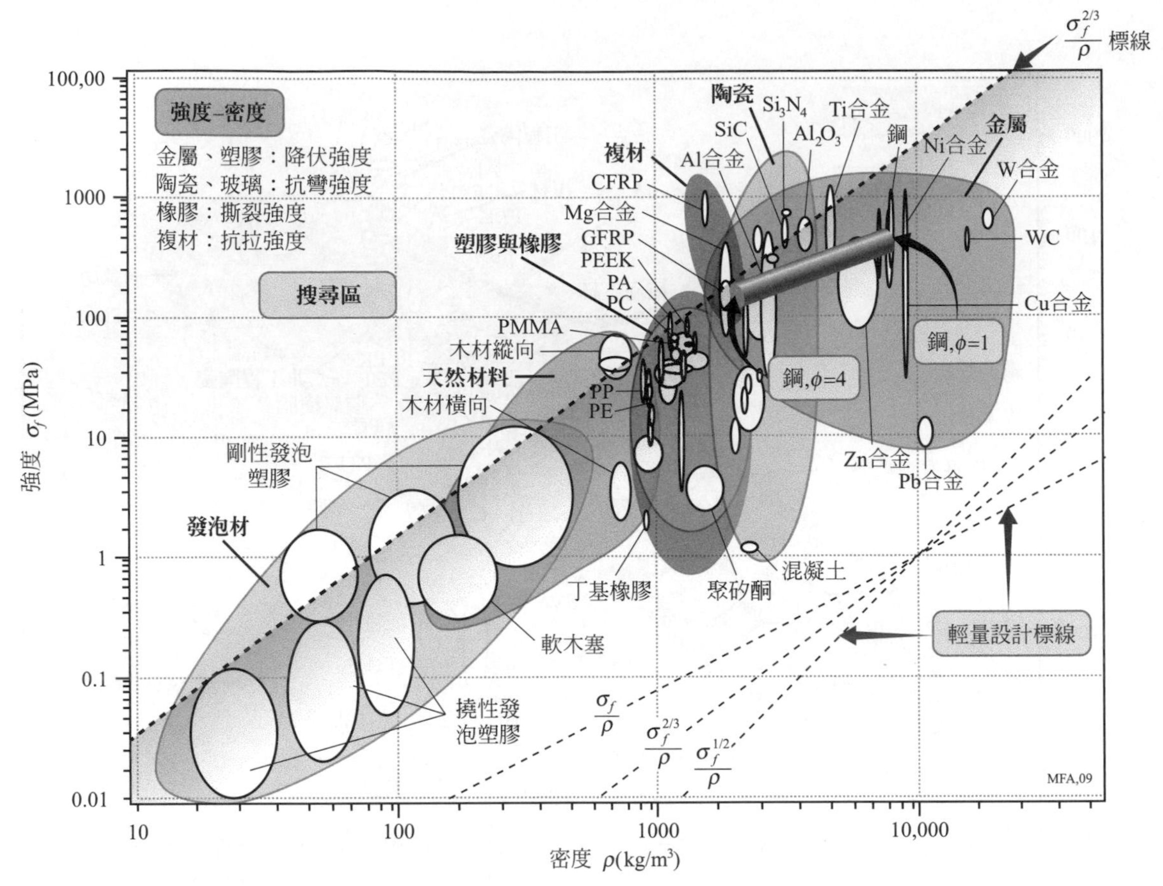

圖 21-18　輕、強樑的比較。粗虛線標出性能指標線 $M_3 = \sigma^{2/3}/\rho$；I 型鋼樑會比木質長方形桁架的效率略差(Ref. 2, p. 67)

例 21-10　地板桁架材料

解 一般而言，可用材料有其特定形狀，建物之地板桁架(托架)即是一例，一桁架需支撐特定地板彎曲負荷而不可下垂太多或損壞，也必需夠輕以免增加樑柱負荷及較經濟。傳統上使用截面長寬比 2：1 的長方形木材，其彈性形狀因子 $\phi_B^e = 2$。但鋼作成 I 形可能可以取代，典型的 I 形鋼製桁架，其形狀因子約在 $15 \le \phi_B^e \le 25$。鋼樑是否會比木製者來得好？

■ 模型與選擇

首先考慮勁性，特定勁性的最輕樑，其性能指標爲(21-39)式，即

$$M_1 = \frac{(E\phi_B^e)^{1/2}}{\rho}$$

E、ρ、ϕ_B^e 及 M_1 列於表 21-6，$\phi_B^e = 15$ 的鋼樑比木材好一些。

表 21-6　地板桁架材料(Ref. 2, p. 286)

材料	松木	軟鋼
密度，Mg/m^3	0.49	7.85
模數，GPa	9.5	205
強度，MPa	41	355
形狀因子，ϕ_B^e	2	25
形狀因子，ϕ_B^f	1.4	4
M_1，$(GPa)^{1/2}/(Mg/m^3)$	8.9	9.1
M_3，$(MPa)^{2/3}/(Mg/m^3)$	27	10

但強度又如何？特定強度的最輕樑，其性能指標(21-41)式，即

$$M_3 = \frac{(\sigma_f^2 \phi_B^f)^{1/3}}{\rho}$$

表 21-6 亦有列出σ_f、ϕ_B^f及 M_3之值，可知木材比最有效的 I 形鋼樑還好。

如同前面所講的，材料具 E 及 ρ 者，作爲抗彎形狀其模數與密度可看成$E^* = E/\phi_B^e$及ρ^*/ϕ_B^e。前面圖 21-17 即爲 E vs. ρ 圖，有木製桁架及鋼製 I 形樑，粗虛線示出性能指標$M_1 = \frac{(\phi E)^{1/2}}{\rho}$，其位置採取只剩下一小群材料之上，實心圓截面($\phi = 1$)木材在其上不少，而實心鋼材則在其下不少；加入形狀因子只使木材稍微移動(圖中未示出)，但鋼材則移動甚多，已使鋼材位置變成與木材相近，甚至性能更好。

強度方面也可如此比較，具σ_f及 ρ 之材料，作成形狀，彎曲時可看成材料強度爲σ_f/ϕ，密度爲ρ/ϕ，ϕ 爲ϕ_B^f。前面圖 21-18 即示出$\sigma_f$vs. ρ 圖加上木製及鋼製桁架的資料，粗虛線變爲$M_3 = \frac{(\phi\sigma_f^2)^{1/3}}{\rho}$，亦恰在木材下方。形狀造成鋼樑的移動有標示出來，此時鋼仍不如木材，即使$\phi_B^f = 4$的有效率者亦是如此。這些結果都與表 21-6 的結論完全一樣。

■ 後記

或許讀者會說，選擇桁架的材料與形狀是否更應注意其價格，對一特定勁性與強度的最小價格，其性能指標如同最輕者，只需以 C_ρ代替 ρ，其中 C 是每公斤單價，而軟木與軟鋼的價格幾乎相同，都是在每公斤台幣 10～18 元，所以最便宜和最輕者結論都一樣。

爲何木材會那麼好？不必造形即可與嚴重造形的鋼材相提並論，甚至更好。其實木材有造形：其細胞結構已使其更加抗彎，如同 I 樑的作用一般。那麼，鋼樑既比木製者差，

那為何又用它？大部分的小型建物是優先選擇木材，但木材是變動材料且尺寸有限，當跨距很大或標準化很重要(如在預鑄倉庫、大型骨架)，則鋼有其優點。

21-4　其他考慮層面

製造一個產品，除了選擇材料與形狀外，尚要製程將其便宜做出；也要考慮工程設計與美學方面，以使人喜歡使用，需謹記“好設計可工作，而優秀設計尚能令人愉悅”；最後設計者也要了解改變的力量，注意材料的發展趨勢與世界潮流。

21-4-1　製程選擇

材料製程包括鑄造、黏性模製(Moulding)、變形加工、粉末冶金、特殊成型技術、車削、熱處理、接合、光製(Finishing)等 9 類，每一個製程有其特定的貢獻(Attribute)，其描述此製程能做出的事情，包含能操作的材料、能做的尺寸、形狀、複雜度、精確度、表面品質及操作速度，可看成是製程的“性質”。就如同材料貢獻出密度、模數、強度、韌性、熱性等性質。一個零組件的設計要的是這些貢獻的特定軌跡而不是要那個製程，因此問題點在於找出符合設計所定的貢獻軌跡有哪些製程可用。

材料、形狀與製程相互作用，材料性質與形狀指定製程的選擇：延性材可以鍛造、軋延及抽拉；而脆性材需用別法成型。能在有限溫度下熔化成低黏滯液體之材料可以鑄造；否則需改用其他方法。細長形狀可用軋延與抽拉而不用鑄造。高精密可以切削獲得，但鍛造不能達到高精密。製程影響性質：軋延與鍛造改變金屬之織構且將介在物排列，而常能增進強度；複材的性質則視堆積製程與纖維強度而定，其中之功能、材料、形狀與製程相互作用很大。

由於成型、接合與光製方法都有很大的變化，所以製程的選擇法較困難，一般製程主題的書籍納入無盡的細節，使讀者在製程選擇上毫無架構或無方法依循；然而製程選擇如同材料選擇，終究是在一群製程貢獻與設計需求間取得相吻合的一個問題。在 21-2 節，利用 MSC 來確定候選材料的材料選擇步驟，我們也可在此以製程選擇圖(Process selection charts，PSC)來選定最佳的製程。此種製程選擇不像前面的材料選擇那麼漂亮與成功，一是因製程貢獻不像材料性質那麼確定；二是因製程有很多重疊，表示有許多方法可以將常用材料做成常用形狀。但仍有用，如同 MSC 一樣，可以集合成容易、透明的方法。

製程選擇方法是透過一些貢獻與製程的圖形來運作，此種圖形座標軸是兩個量測值，如尺寸與複雜度。每一製程佔有圖中一區域，表示可做的零件尺寸及複雜度範圍。圖 21-19 即為此種圖。橫軸是把尺寸(重量)取對數，從毫微(Nano，奈)克到 1000 噸；縱軸是製造零件的複雜度，以項目量測。最簡單的零件只需幾項即可製造；複雜件則需許多項。傳統鑄造製程可以達 1 克～250 噸的尺寸範圍，其資料內容達 1000 項。變形製程的範圍涵蓋較少。車削有加上精確度的資料，所以複雜度更大些。組裝(Fabrication，小單位接合在一起)顯然在尺寸與複雜度都是較大範圍。微晶片(Microchip)所用的微電子組裝，其複雜度更大，但尺寸很小。

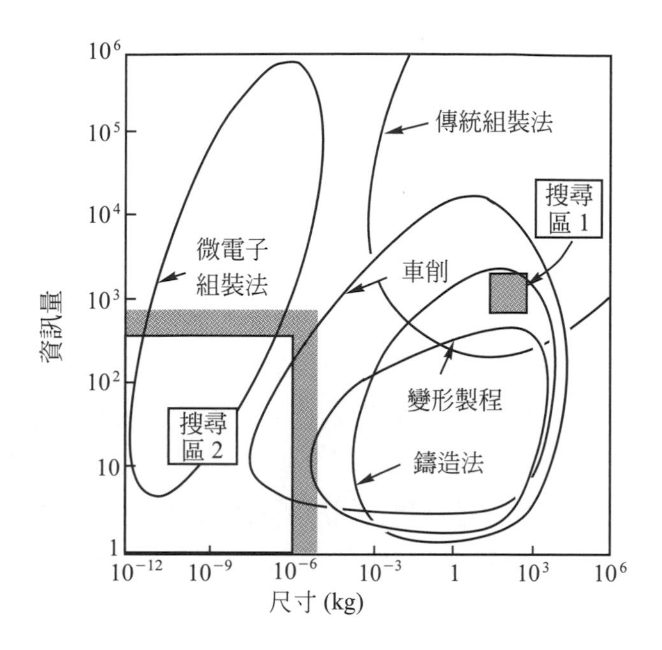

圖 21-19　某一設計要求一組製程貢獻，在圖上分出一塊(搜尋區 1)或一子區(搜尋區 2)，與這些區塊重疊的製程即為候選製程(Ref. 3, p. 180)

選擇時將設計定出的貢獻範圍置於圖中，如圖 21-19 所示，有時設定的貢獻有上下限而形成一封閉區，如搜尋區 1；有時則只有上限而已，如搜尋區 2。在區域內的製程候選者，可表列之。此過程可用其他圖再做一次，如表面對體積比、精確度、表面品質等，進一步窄化選擇而找出最後之適合製程。

如同設計的其他層面，製程選擇亦是一再的步驟，每次給予一或一些製程，因此設計上需再思考在此製程上如何簡化製造。最後的選擇必須有最終價格比較，包含材料、光製、批量及可用性的資訊。每一製程的詳細細節是製程工程的範圍。

21-4-2　工程設計與美學

我們已討論過產品的機械設計，但什麼是其外型(Form)、感覺、平衡、形狀？看起來令人愉快嗎？如何操控？其建議又是什麼？簡言之，什麼是美學？工程設計方面的書有很多，你會驚奇地發現它們幾乎都完全忽略掉我們一直關心的功能與效率。它們注重在不能量測的質：外貌、質感(Texture)、比例及造型，以及一些微妙事物：創造視野、歷史背景、忠於材料品質。

有一觀點(工程師所認同)認爲設計的功能性本身即自動美麗，當一事物做得好，很適合其目標，必使眼睛愉悅；其支持者指出必定同意一個美麗的橋、飛機。但是仍有存在不同且廣泛的觀點，認爲設計是一藝術，即使不是，則飛機也是基於藝術，而非基於工程，其支持者(包括許多工業設計者)爭論要把精緻藝術與美術訓練列入設計者基本課程，唯有如此才有鑑識外型、色彩、線條、質感及其相關性的敏感能力。

這兩種觀點都是極端，第一種觀點大部分工程師會同意：功能性有效率的機器本身即具足美學。這是基於“機器美學”，但顯然有所遺漏，機器的一部份目標是要來操作的，若忽略操作員的滿意則設計是不完全。其遺漏的元素有生物工學(Ergonomics，人機界面)及感官享受觀念，以及自己尋求的美學愉悅。就如同吃東西變成測量吸入多少碳水化合物與蛋白質，而剝奪烹飪的滿足。

另一方面空泛的美化也同樣不適合。造型能使人愉快，但若產品空有美觀而沒有功能，則如何愉快？愉快是短暫的，很快妳就會倦怠，如同生活在無味的巧克力及吹氣麵粉中。產品的外在需顯示其內在，或其目標與功能。良好的工程設計會告訴你產品是什麼及如何使用，而得到快樂。

如此則良好設計是怎樣？它是意想去解決所有層面的問題：加入其主題性、正確工作、適當材料、製造方式、技藝品質、如何賣、包裝及服務，以及最重要的使使用者快樂。少有因好形狀、好觸感而使成本增加者。

但如何決定什麼叫好：這需要培養美學意識。任一國家都有工業設計展覽，有些是永久性的，展示產品的演變，其他則是現代產品展示；造訪之並檢視其設計，問自己爲何它們能留存、演變、發展，並觀察如何使用新材料幫助其革新。美學設計觀念無法用方程式表示，也不能有一套步驟。只能去體會哪一種能兼顧功能與美麗的革新外貌。其能使用與發揮材料的自然觸感與質感，是以創造性方式呈現出來。檢查那些久存的設計，這種歷經各種口味及樣式的變化仍然屹立令人愉悅的設計：雅典娜神殿(Parthenon，希臘，BC 438)、聖保羅教堂、艾菲爾鐵塔、齊本德耳椅子、維多利亞時代郵筒、鬱金香式電話；酒瓶、棒棒糖、刀叉的形狀一直流傳且爲大家所樂用，即使設計者早已作古。

因此當我們審視一個物體(更重要的是你設計的一個)，問自己下列的問題，什麼是它的本質(實用的或裝飾的、有用或有趣？)、什麼是它的功能(能否達到它所希望達到的？)、什麼是它的結構(恰到好處的做出、太重或太輕、忠實地做出或隱藏一些把戲？)、什麼是它的質感(感覺很好及看起來感覺怎樣？)、其尺寸(尺寸正確、恰好合用？)、裝飾如何(色彩吸引人、細節令人愉快、協調、令人欣喜？)、它暗示的聯想是什麼(速度？舒適？豐富？樸素？講究與識別？最近趨勢的亮麗感？)。

前面我們已看到材料選擇是設計過程複雜交織情形，好設計發揮材料特殊性質於每一位置；創新設計常以新方式達到此目的，得到一較便宜產品或其他方面較佳性能的產品(較輕、較有力、較易操作、看起來或使用時更愉快)。許多設計具有創新：即使其功能與達成方法並未改變，但形狀、觸感及材料細節卻有所變化，重要市場可因此而贏得。成功的設計家是一個能夠比競爭者更有效發揮材料潛力的人。

21-4-3　改變的力量

材料的發展較以往任一時代都來得快，新的塑膠、陶瓷、橡膠及複材都在發展，新製程也提供更便宜、更可靠的產品。這些變化由一些力量所推動，首先是市場拉力：工業要求更輕、勁、強、韌、廉價及能忍受極端溫度與環境；其次是科學推力：在大學、工業界及政府實驗室裡面，好奇心驅動的材料鑽研；此外，也有世界宣言：社會希望能降低環境損傷、節約能源、重複使用；最後是巨型計畫，如早期的太空競賽及各式國防計畫，現在的能源取代計畫，橋墩、下水道、道路養護問題、超導超級對撞(SCC)、國家航太計畫、星戰計畫。

材料的最終使用者是製造工業，他們決定買哪一材料來配合其設計而使用得最好，其決定是基於其產品的本質。產品的成本有許多來源，其中之一是產品所用的材料成本，尚有設計的研發成本，製造、行銷成本及流行、機密、缺乏競爭等等相關的認知成本。當材料價格佔產品的大部分(如 50%)，即加入材料的成本很小，則製造者找尋最經濟的材料來增加利潤或市場佔有率。當材料價格只佔產品的極小部分(如 1%)，附加價值大，則製造者必定找性能最佳的材料而少有關心其價格。大體積、低附加價值者(600 元/kg 以下)運用壓力來發展傳統材料的新製程，哪一個價格較低或降低性質差異者，而可以設計限制較嚴；對這些情形，習用材料的改善比創新去發現重要得多。如對鋼一點點的增進，更精確的製法或加點潤滑能很快被認同而使用。少量、高附加價值者，其發展著重在創新或改善材料以強化其性能：材料具更輕、更強、更勁、更韌、膨脹較少、導性更佳或一次全部完成。製造工業即使在衰退期亦有其一定的資源，政府一定會支持他們的需要，市場拉力終究是改變最大的力量。

好奇心是革新工程的生命液，技術先進國家以支持三個組織：大學、政府實驗室、工業研究實驗室，來維繫新觀念脈動的不斷；有些科學家與工程師的工作態度，是追擊一些沒有立即經濟價值的觀念，但卻可能在下個十年造成材料或製造方法的革新。無數的現今商用材料都是從這方面開始。如超導體與半導體的發現不是只有市場力量而已，在商業吸引力之前很久一段時間，只是好奇心驅動的研究。今天材料科學家到底有什麼新觀念？有許多，如新的生醫材料，能植入人體，組織可長進去而不會排斥；新塑膠可耐溫達 350℃，能取代更多的金屬用途，如汽車引擎的許多零件；新橡膠可撓曲卻又強又韌，可得更佳的密封材、彈性絞鏈、彈性被覆(Resilient coating)；功能梯度材料技術能定做成份與結構，而獲得一零件是表面耐腐蝕、中間很韌、內部極硬；智慧材料(Intelligent material)能感覺與報告狀況，允許安全範圍減少一些；新黏著劑能取代鉚釘與點銲，膠黏汽車是眞實可行。新的數學模擬與製程控制技術可以製造時更嚴格控制成份與結構，能降低價格、提高可靠度與安全。尚有許多在發展中，有些已商業化或近商業化，其他在 20 年未必能商業化，但都具有潛力。設計者要隨時注意。

技術的進展與環保是不相容目標，歷史上有許多文明的例子採用環境意識生命型式，同時兼顧技術與社會的進展。但自從工業革命的發展加速而淹沒了環境，在地區及全球都可看到。愈來愈注意到減少或恢復環境損傷，此需較少毒化的製程與容易回收、較輕、省能源、較少能源密集的產品，當然仍要維持產品品質。新技術的發展要求產率且不消耗環境成本，環保的關心必須注入設計過程，注意產品的生命循環，包括製造、配售、使用及最後的丟棄。

所有材料都有能源，用來採礦、精煉、成型金屬、燒陶瓷、水泥，石油基的塑膠與橡膠本身即是能源。當你使用材料即在使用能源，但能源有環境反撲：CO_2、氮氧化物、硫化合物、灰塵、廢熱。能源含量只是生產材料污染的表示方式之一，是最容易量化者。能源消耗與節省潛力在像民生構造物的大量材料使用時相當重要。迅速找出基於勁性及強度，最有能源效率的彎樑是由木材做成的；鋼材是最有效的形狀，卻亦消耗較多能源。

有許多好理由不把東西丟掉，丟棄材料會損傷環境，是一種污染；而且材料含有能源，丟棄是一損失，回收是一必需，但只有有利潤才會做。然而自由市場上根本沒有回收價值。會回收是基於社會意識與政策鼓勵，有兩件事情可改變此情形，其一立法是最明顯有用，每一產品需加入處理費用，此可深深改變回收的經濟效益及效率，許多社會已使用，且用得很好。另一個是設計，回收的最大困難在於辨識、分離、去污，設計者都幫得上忙：材料的指紋辨識可用顏色、標誌或條碼；設計一些分離及避免相互污染的組合，有助於分離；聰明的化學(能撕下的塗漆、可溶解黏膠)可幫助去污染。最後是繞過回收的設計：更長的使用壽命，以及在設計之初，多想點其二次使用問題。

重點總結

1. 材料選擇包括材料、形狀、製程，也要考慮美學與潮流趨勢。
2. 創始設計有新的工作原理，改良設計是經由工作原理的改良來增進性能，變體設計只改變規模、尺寸或細節。
3. 概念設計需涵括所有材料與大略性質、具體設計涵括少數材料與精確性質、細節設計確定材料與性質。
4. 性能指標，由一群材料性質組合，當其最大時，性能最佳。
5. 材料選擇圖是以兩種性質爲軸，而將所有材料列於圖中，各材料有一小區域，同類材料圍成一大區域。一個設計會要求某一性能指標，而在圖中標出加以選擇。
6. 形狀因子 ϕ，沒有單位，與形狀有關，但與尺寸無關，它可量測截面形狀的結構效率。

7. 同時選擇材料與形狀，可將形狀因子併入性能指標，而在材料選擇圖中加以選擇。
8. 製程選擇圖是以兩種製程貢獻爲軸，而將所有製程列於圖中，各製程有一小範圍；然後將設計需求置於圖中，而選出適當的製程。
9. 美學意涵加入產品設計中，才可以贏得重要市場。
10. 材料選擇需注意新材料的發展趨勢與省能源觀念、資源回收的世界潮流。

表 21-7　習題 20.4，20.5 可能用到的材料性質數據(Ref. 1)

<table>
<tr><th>材料</th><th>密度，ρ
Mg/m^3</th><th>彈性模數，E
GPa</th><th>材料</th><th>彈性模數，E
GPa</th><th>降伏強度，σ_y
MPa</th></tr>
<tr><td>鋼</td><td>7.8</td><td>200</td><td>冷軋黃銅</td><td rowspan="4">120</td><td>638</td></tr>
<tr><td>混凝土</td><td>2.5</td><td>47</td><td>冷軋青銅</td><td>640</td></tr>
<tr><td>鋁合金</td><td>2.7</td><td>69</td><td>磷青銅</td><td>770</td></tr>
<tr><td>玻璃</td><td>2.5</td><td>69</td><td>鈹銅</td><td>1380</td></tr>
<tr><td>GFRP</td><td>2.0</td><td>40</td><td>彈簧鋼</td><td rowspan="4">200</td><td>1300</td></tr>
<tr><td>木材</td><td>0.6</td><td>12</td><td>冷軋不銹鋼</td><td>1000</td></tr>
<tr><td>發泡 PU</td><td>0.1</td><td>0.06</td><td rowspan="2">80Ni-20Cr
高溫使用</td><td rowspan="2">614</td></tr>
<tr><td>CFRP</td><td>1.5</td><td>270</td></tr>
</table>

習　題

1. 說明設計以及三種設計種類內涵。
2. 辨別設計三種階段，其材料選擇範圍與材料性質的差異性。
3. 如何導出性能指標？
4. 大型天文望遠鏡造價與鏡片重量平方(m^2)成正比，愈輕愈便宜；要求圓板在自重產生一定偏移量下，如何選用一個最輕的材料？傳統上 5 米鏡片使用約 1 米厚的玻璃，表面鍍上反光用的銀膜，是否有其他選擇？試導出其性能指標，選擇可能之材料，並討論之。

   圓板在自重 m 下之偏移量 δ 爲

$$\delta = \frac{3}{4\pi}\frac{mga^2}{Et^3}$$

   其中 g 爲重力加速度，a、t 分別爲圓板半徑與厚度，E 爲彈性模數。

5. 板彈簧基本上是受彎曲的小彈性樑，方形斷面(長爲 l，寬爲 b，厚爲 t)，兩端固定，中間加荷重 F，其偏移量 $\delta = \frac{Fl^3}{4Ebt^4}$；在中央表面受到最大拉力爲 $\sigma = \frac{3Fl}{2bt^2}$，$E$ 爲彈性模數。導出最輕的板彈簧性能指標，並加以選擇比較較佳的材料。
6. 有一厚壁圓筒模具使用中碳鉻鋼材料，其降伏強度爲 2000 MPa，斷裂韌性爲 22 MPa·m$^{1/2}$；此一模具加壓 P 時，內壁承受 1.06 P 的拉伸應力。若取安全因子爲 3，則此一模具可使用多大的壓力？假設內壁有一 1.2 mm 的裂隙，則多大壓力即造成破裂？
7. 如何將形狀因子併入性能指標，而在材料選擇圖中加以選擇？
8. 第一代人力飛機是用瑪莎木或赤松作成，第二代則用鋁合金管，目前的第三代則用碳纖/Epoxy；爲何如此改變？是否能作進一步改良？其受力型式主要是彎曲勁性，而瑪莎木之彈性模數(GPa)、密度(Mg/m^3)、形狀因子分別爲 5.5、0.3、1-2；赤松爲 9.5、0.45、1-2；鋁合金管爲 69、2.7、1-25；碳纖/Epoxy 爲 120、1.8、1-10。
9. 如何建構製程選擇圖？
10. 資源回收有何困難？如何解決？

參考文獻

1. ENGINEERING MATERIALS 1 : An Introduction to their Properties and Applications, Michael F. Ashby and David R.H. Jones, Pergamon Press, 1993.
2. Materials Selection in Mechanical Design, 4-th Edition, Michael F. Ashby, Elsevier BH, 2011.
3. Materials Selection in Mechanical Design, Michael F. Ashby, Pergamon Press, 1993.
4. Selection and Use of Engineering Materials, FAA Crane & JA Charles, Butterworth & Co. Ltd, 1984.
5. The Materials Selector, Norman A. Waterman and Michael F. Ashby, Chapman & Hall, 1997.

chapter

22

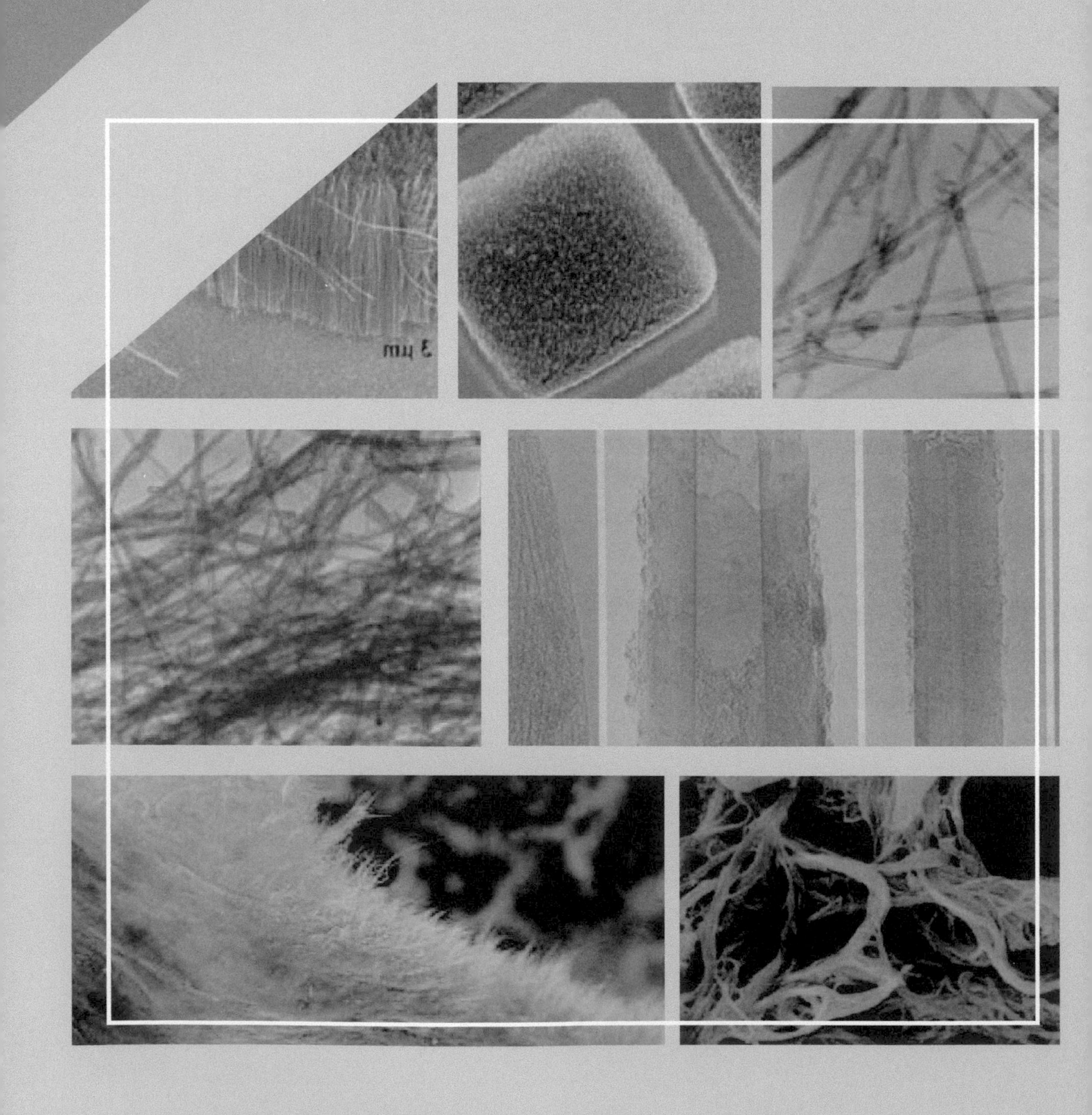

材料科技現況與未來

材料是人類生存和生活上不可缺少的部分，是人類文明發展的物質基礎和先驅，是直接推動社會與經濟發展的原動力。而材料的發展與應用更是人類社會文明與進步的重要里程碑，沒有材料科學的發展，就不會有人類社會的進步和經濟的繁榮。早期，人類從大自然中選擇天然物質進行加工、改造，獲取適用的材料，如石器、銅器、鐵器等；後來，為了滿足生活、產業和國防進一步的需要，從而研製合金、精密陶瓷、半導體、高分子和複合材料等，以帶動新興產業的發展，並提昇人們生活品質。未來，奈米科技的發展與應用將更進一步影響人類的生活與經濟的脈動。

學習目標

1. 瞭解現今材料發展的現況。
2. 簡單說明未來的重要科技與技術，包括：奈米科技、生物科技、微系統技術、系統單晶片及光電能源系統。

22-1 發展現況

現代材料發展起因於二次大戰後，世界各國將材料科技列爲重點研發與推動工作。美國全國科學研究委員會研究報告指出：國家安全與有競爭力的製造業基礎，均取決於新材料方面的強大綜合能力，並強調應重視材料合成、製程和功能應用技術。日本政府也以新材料技術做爲未來競爭的關鍵技術，並提出一項長期的研究計畫，加強企業、大學和政府間的聯合，造就了今日在半導體材料、精密陶瓷、電子化學品等產品獨步全球的優勢。歐盟在 1994 年的研究與技術發展計畫中，工業技術與材料的研究經費高達 18 億歐元，佔總額之 13.7%。同時，德國亦推動總額 826 百萬馬克之六年新材料研究計畫，明確指出 70%的經費將用以從事產、研合作並且研製具國際競爭力之產品。由此可見一些工業先進國家均早已積極提昇材料科技研究實力，並從事長期性基礎研究、材料應用研發、及相關商業化產品開發之全面推動工作。

近年來各國在材料研發方面之發展計畫－如中國大陸自 2011 年開始進行的十二五發展計畫，以及韓國投資總額 10 億美元推動的全球核心材料發展計畫(World premier material, WPM)等，其共通特色主要爲提升研發材料價值、提高材料及零件自主率、注重下游產業需求、以及產學研環境建構等。這些特色缺一不可且彼此相關，例如材料及零件自主率若能提高，可讓下游的應用產業取得取得更便宜及合適之材料，且可降低斷料風險；下游需求提高可使新研發之材料立即有出海口，可進一步促進研發，提升材料應用價值，更進一步與下游相關產業形成良性循環；而產學研環境之建構可使材料開發商與下游產業獲得所需優秀人才，並可結合學術界動能，一同促進材料與產業雙方共生發展。

新興電子材料方面，隨著資訊、通訊、IC 半導體及消費性電子產品推陳出新、市場蓬勃發展之帶動下，需求日益殷切。2013 年全球半導體材料市場總營收爲 435 億美元，其中晶圓製造以及封裝材料之市場分別爲 227.6 億美元及 207 億美元。另一方面，光電材料亦發展日盛，預計其市場規模將從 2012 年的 178 億美元，成長 52%而於 2018 年達到 272 億美元，未來並將以提升光電元件效率與可靠性爲主軸，嘗試追求更高品質並同時降低成本。

隨著產品推陳出新，科技日新月異，對於高品質或新穎材料之研發需求將有增無減，因此不論對於國內人才或相關產業環境，這都將是創新突破之良好機會，也需要各界一同努力共創新局。

22-2 未來展望

半導體產業可以稱的上是二十世紀的明星產業，個人電腦的發展帶動這一股產業熱潮，半導體材料的發展與技術著實佔有極爲重要的地位。展望二十一世紀隨個人電腦成長率趨緩影響，預期整個半導工業成長幅度有限，而奈米科技、生物科技、微系統技術、系統晶片與光電能源系統等將成未來的明星產業。

22-2-1 奈米科技

奈米(Nanometer，nm)是一米(Meter)的十億分之一(10^{-9})，約爲頭髮直徑的十萬分之一。尺度在 0.1～100 奈米範圍的科技，通稱奈米科技(Nanotechnology)。而奈米科技是運用材料奈米尺寸下特有的現象於材料和系統中，在原子、分子、離子層級探索其特性、控制其元件結構與操作，其成功關鍵要素在於充分掌握材料及元件之製造及應用技術，並且要在微觀和巨觀的層次維持其介面的穩定性和奈米結構的整合性，故奈米科技爲新材料的創出，提供新的方法，這些新材料不僅是更新、更強、更具彈性，而且材料本身更具交互作用、高靈敏度、多功能、及智慧化。

當元件的線寬度或物質顆粒僅小到 1～100 奈米，因爲量子效應和表面效應，就有異乎尋常尺度的物理化學現象出現，進而衍生出廣泛的應用。由現有科技可看出兩相反趨勢，一是由大而小(Top-down)，例如，矽晶片由微米縮小到深次微米甚至奈米等級；另一方向是由小而大(Bottom-up)，例如，以化學反應合成幾個原子乃至奈米大小的超分子。奈米材料在結構上可以分爲以下三種形式：量子點(零維)、量子線(一維)以及量子井(二維)。依類型又可大致分爲奈米微粒、奈米纖維、奈米薄膜和奈米塊體四種，其中奈米薄膜和奈米塊體皆來自於奈米微粒，因而奈米微粒的製備更相形重要。奈米微粒的製備方法大致可分爲物理和化學兩種製備方法。物理製備方法可區分爲：氣相冷凝法、機械球磨法、物理粉碎法、熱分解法、超臨界流體法等；化學製備方法則可區分爲：化學氣相沈積法、溶膠凝膠法、微乳液法、聚合物接枝法、化學沈澱法、水熱合成法、電弧電漿法、聲化學方法等。

奈米材料因奈米級的尺寸，不同於一般材料，它有許多特殊的物理效應。小尺寸效應：指當材料隨奈米化，大小趨向奈米尺寸，導致其對光、電磁、熱力學、聲等物性展現跟其塊材時不同的效應。表面效應：指奈米尺寸時，其表面原子數所佔比例增多，表面積比例跟著增加，爲之表面能亦增加而提高活性的效應。量子尺寸效應：指當材料隨奈米化，一些材料其能階會產生不連續的現象。量子穿隧效應：指一些超薄材料的帶電粒子具有貫穿其能障能力的效應。庫倫堵塞效應：指一些材料如金屬和半導體呈現充電和放電過程是不連續的效應。換言之，電流隨電壓的上升不再呈現直線上升，而是階梯式上升。利用奈米物質所具有的特殊性質，有其多樣的應用範圍，常見的奈米特性與應用列於表 22-1 中。

表 22-1 奈米材料的特性與用途

性質分類	特性與用途
力學	耐磨、高強度、高硬度塗膜、超塑性與韌性陶瓷
光學	光纖、發光材料、光反射與折射層
光電	場發射顯示
化學物理	研磨拋光、助燃劑、阻燃劑、潤滑劑
磁性	磁記錄、磁儲存、智慧型藥物、磁流體
電學	超導體、電極、靜電遮蔽、電子元件
催化	催化金屬
熱性質	耐熱物質、導熱物質、低溫燒結
感測	偵測氣體、壓力、離子、溫度等
能源	電池電極、燃料電池儲能材料、離子電池
環保	空氣清靜、污水處理
生醫	生物晶片、疾病檢測、生物工程

例如奈米材料的發展中，奈米碳管(圖 22-1)與石墨烯皆是相當熱門的材料之一，兩者分別是碳原子以 sp^2 混成軌域組成的六角型蜂巢晶格的一維與二維材料，因其具備的特性如導電性佳、高機械強度、場發射特性、耐腐蝕性、熱特性、光電特性、儲氫能力、生物相容性等，綜合了如此獨特且多樣的性能，對於奈米元件的研究有相當大的幫助，其可應用之領域包括場發射元件、儲氫燃料電池、生醫感測、觸控螢幕和太陽能電池等，以下針對場發射元件以及太陽能電池方面之應用做簡單說明。場發射顯示器有別於傳統陰極射線管是屬於平面顯示器的一種(圖 22-2)，它有陰極射線管高畫質的優點卻沒有其笨重與大體積的缺點，因此一直是顯示器產業視為取代陰極射線管的候選人之一。奈米碳管具有一維的奈米及結構，因此具有極高的高寬比，化學與物理穩定性佳，因此普遍被認為是理想的場發射源。目前一般的元件結構都具有場發射電流不穩定的缺點，因此顯示亮點的均勻性不佳，改善的方式包括利用一薄膜電晶體控制場發射電流的大小用以達到控制電流穩定性進而達到發光的均勻性(圖 22-3)。除了主動式顯示之外，奈米碳管也可以作為目前液晶顯示器最為耗電的背光板，場發射顯示器有別於一般背光源高消耗電能，其操作消耗功率低，且發光效率好，且適合大面積化，此外因為它是利用穿遂效應因此屬於冷陰極的一種，也就是說元件操作時不會有溫度升高的現象，對於目前大尺寸液晶顯示器遇到被光高耗電與高熱的問題可以提供低價且高效率的解決方法，國內目前產學界多方面的研究此一材料與應用，其中以工研院、臺清交等大學投入的資源最多，且成果也相當豐碩。此外，場發射所產生出的電子除了可撞擊磷粉發光外，亦可做為氣體感測器(Gas senosr)之電子源。圖 22-4 便是利用奈米碳管柱狀陣列做為場發射之電子源，利用產生之電子與電極間之氣體分子撞擊，進一步達到累增崩潰之情況來做為判別不同氣體之依據。由於不同種類之氣體分子有不同之物理特性，例如鍵結能、游離能、原子半徑等等，所以每個氣體的崩潰電壓(Breakdown voltage)皆會有所不同，如此便可偵測各種待定氣體。

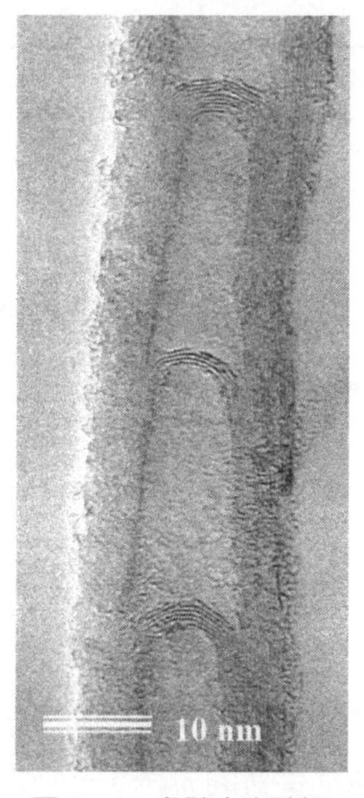

圖 22-1　多壁奈米碳管

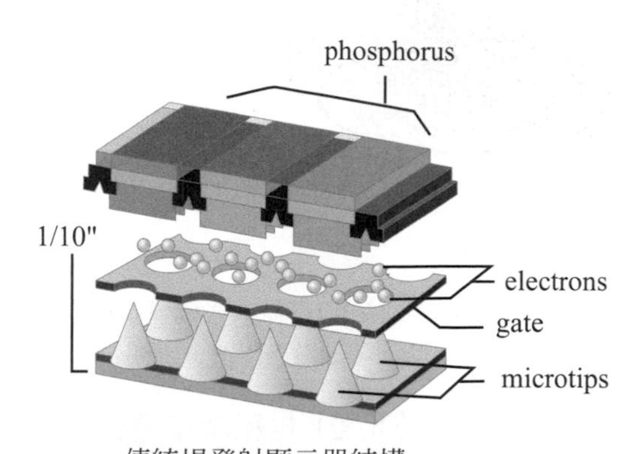

圖 22-2　傳統場發射顯示器結構

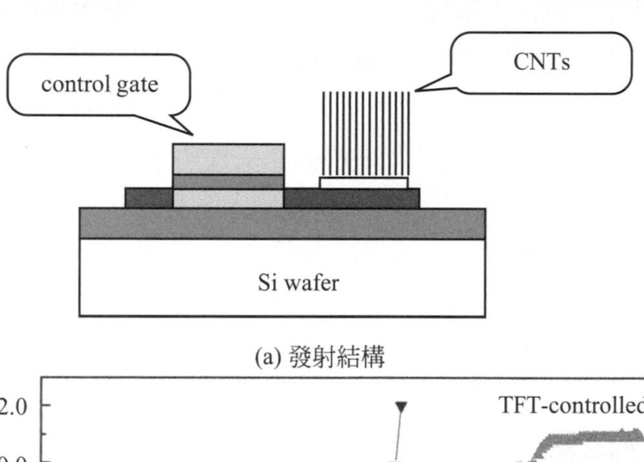

(a) 發射結構

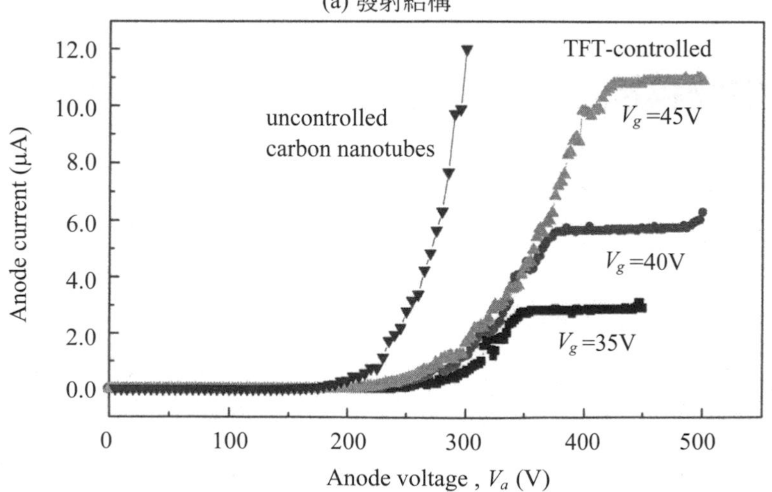

(b) 發射元件特性圖

圖 22-3　薄膜電晶體控制之奈米碳管

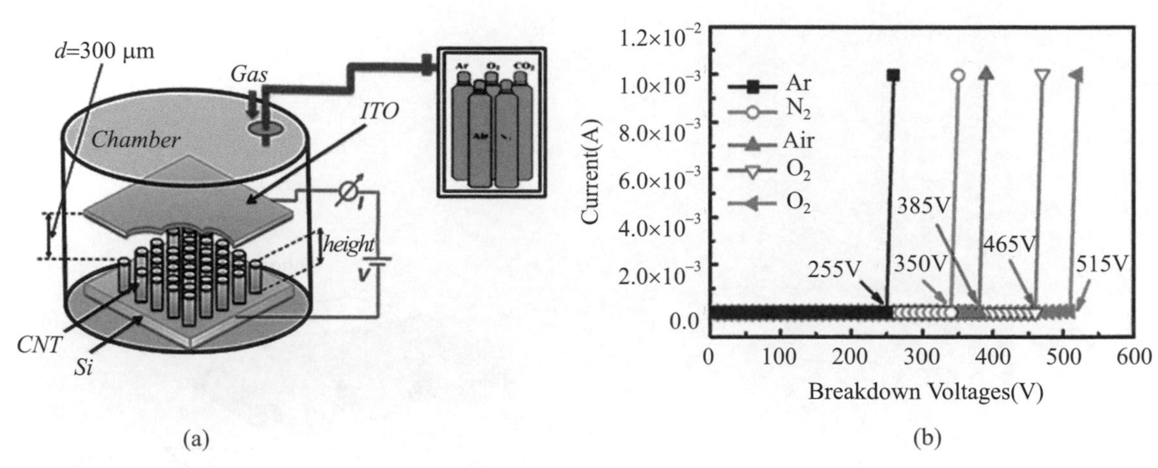

圖 22-4 (a)以柱狀奈米碳管做為電子源之氣體感測量測架構；(b)不同氣體分子在不同電壓下達到崩潰特性[12]

由於材料科技是 21 世紀產業發展的原動力，也是整體產業之基礎，其中奈米材料科技，近年來在科技先進的國家裡爲新材料的創出，明顯地提供新的方法，不斷地推出創新產品更爲世人有目共睹。儘管奈米材料只不過是傳統材料經奈米技術處理，而獲得具有化學上的表面與介面效應、光電磁學上的量子尺寸效應和小尺寸效應等獨特特性的材料而已。可是應用它，可使產品不但輕薄短小，更具省能源、高容量密度、高精細、高性能、高功能和低公害卻是不爭的事實，可帶給傳統產業昇級，高科技產業持續發展和永續經營，爲先進工業國家深信不疑，同時也引來舉世對奈米材料技術的格外重視和熱烈投入，使得奈米材料在全球各應用領域上均被視爲前瞻材料，爲新材料和次世代之光、電、磁元件的建構基石。毋庸置疑，材料科技朝奈米級尺度發展已是大勢趨，並且已造成在歐美日形成一波又一波研究發展的熱潮。

22-2-2 生物科技

生物科技是指利用生物或者生物本身之組成物來製造產品，或者改良生物之特性，這個定義廣泛地涵蓋了所有的生物技術，包含傳統以及現代之生物技術，從一般的麵包製作或酒類醱酵等，到現代之抗生素、疫苗、及酵素等生產技術。生物科技可依其應用分成幾個主要域包括：生物醫學、農業、食品、環保、及工業用生物科技。生物科技是一個改變製程非常有利的工具，它的應用可潛在地改革很多傳統性工業，包括製藥工業及醫療保、傳統農業中之林業漁業、化學工業、紡織工業、食品加工業、環境工業及能源礦業等，利用生物科技將這些傳統已存在之產業轉型而形成所謂的生物科技產業。自早期的化學分析技術，酵素分析技術、免疫分析技術，乃至今天最先進之核酸探針分析技術，驅動生醫檢驗分析技術前進之原動力，一直是如何縮短檢測時間，增加可偵測病原、抗原、或蛋白質種類，及降低檢驗成本。另一方面，隨著半導體相關技術及微機電技術之突飛猛進，生醫晶片相關的檢測科技於今日不但高速演化，也已擴充其應用領域至動植物檢疫，環境監測，食品檢驗，血庫篩檢，動植物種源鑑定，親子鑑定、刑事鑑定、產前診斷、人體白血球抗原等方面。

生物晶片是 80～90 年代間發展起來的一項尖端技術，運用分子生物學、基因資訊、分析化學等原理進行設計，以矽晶片、玻璃、高分子濾膜或細微磁珠等為基材，配合微機電、自動化或其他精密加工技術，所製作之高科技元件。一般而言生物晶片包括微陣列晶片(Microarray chip)、微流體晶片(Microfluid chip)與其他類型生物晶片如微生物感測器(Microbiosensor)等三大類。目前主要的生物晶片材質包括三大類：陶瓷基複合材料(玻璃、二氧化矽)；熱塑性複合材料(聚丙烯、聚甲基丙烯酸甲酯)；金屬基複合材料(金、二氧化鈦)。陶瓷基複合材料製造成本低且具有重製性，但對於破壞容忍度差；而熱塑性複合材料和金屬基複合材料皆有抗濕性、破壞容忍度上的優點，其中金屬基複合材料更具有傳導性佳的功能。現今最常使用於檢測抗原抗體反應的基材主要是熱塑性複合材料；而金屬基複合材料則以壓電晶體感測器較為廣泛使用。生物晶片可以一次同時檢測多種疾病或分析多種生物樣品，可以應用的領域涵蓋生命科學基礎研究、新藥研發、醫療診斷、食品安全、環境監測、法醫鑑定、國防安全、化工生產等，是一項極具潛力的新興產品。常見的生物晶片應用列於表 22-2 中。

表 22-2　生物晶片的應用

應用	說明
基因表現的藍圖	了解在病人和正常人體中的蛋白合成的差異，觀察不同時間點上這些多數基因的表現。
基因的定序	用來做大量的基因定序和發現的工作。
毒理學上的分析	檢測有機毒物對於某些特定基因的表現。
單一核醣核酸的多形性的檢定	找到個體的基因型態以期知道個體的多形性。
法醫學上的應用	利用生物晶片的檢定快速、準確且易於攜帶的優點。
免疫反應分析	用抗原、抗體之間的緊密結合，以期用來做一些免疫反應上的分析。
蛋白質晶片	實行範圍廣大的蛋白生物學上的研究。
生物武器的偵測	研發一種可攜式系統，以期在戰場上可以快速、準確檢定有害的生物武器。
藥物的篩選	可以達到節省藥品篩選所耗費許多的時間和經費。
電腦硬體上的應用	利用 DNA 的自我組合性將這種技術應用到電腦上。

除此之外，國內學者也有許多人利用奈米材料之高比表面積製作各種感測元件，諸如酸鹼感測以及葡萄糖感測，此應用在未來物連網(Internet of thing, IOT)做穿戴式之個人感測與遠距醫療看護至為重要。例如圖 22-5 即為利用二氧化錫柱狀奈米結構來提升其在酸

鹼感測(pH sensor)上之感測度(sensitivity)和線性度(linearity)；同樣的，我們可以在此感測薄膜上塗上特定之酵素或載體，使其只針對我們感興趣之物質作反應或偵測，圖 22-6 便是利用雷射處理後之奈米碳管薄膜(Laser-irradiated CNTF)，塗上葡萄糖酵素(glucose oxidase, GOD)，來做爲不同濃度之葡萄糖感測器。

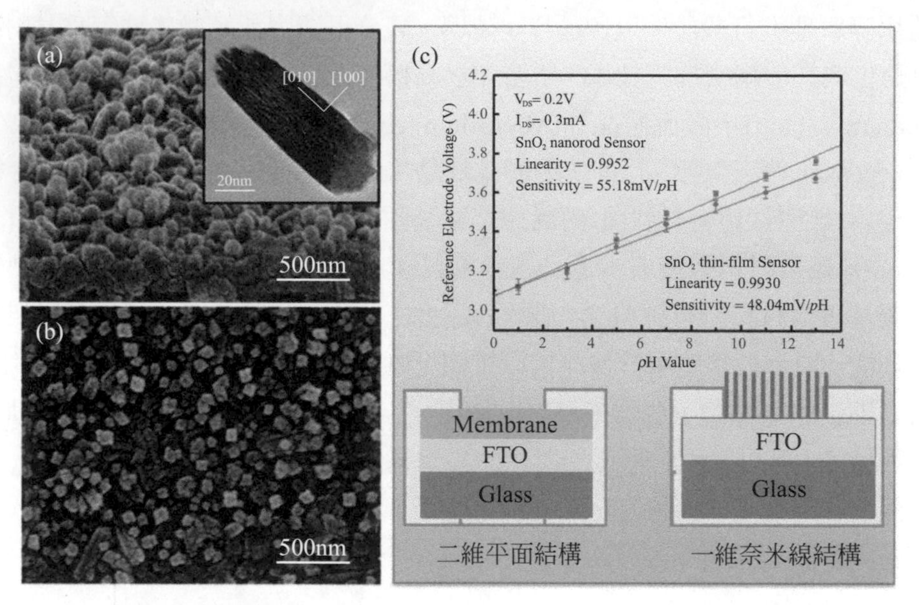

圖 22-5 (a)柱狀奈米結構之 SEM 45° 側視圖(插圖為 TEM 下之二氧化錫柱狀結構)；(b)柱狀奈米結構之 SEM 俯視圖；(c)二氧化錫平面結構與柱狀奈米結構之酸鹼感測特性比較[13]

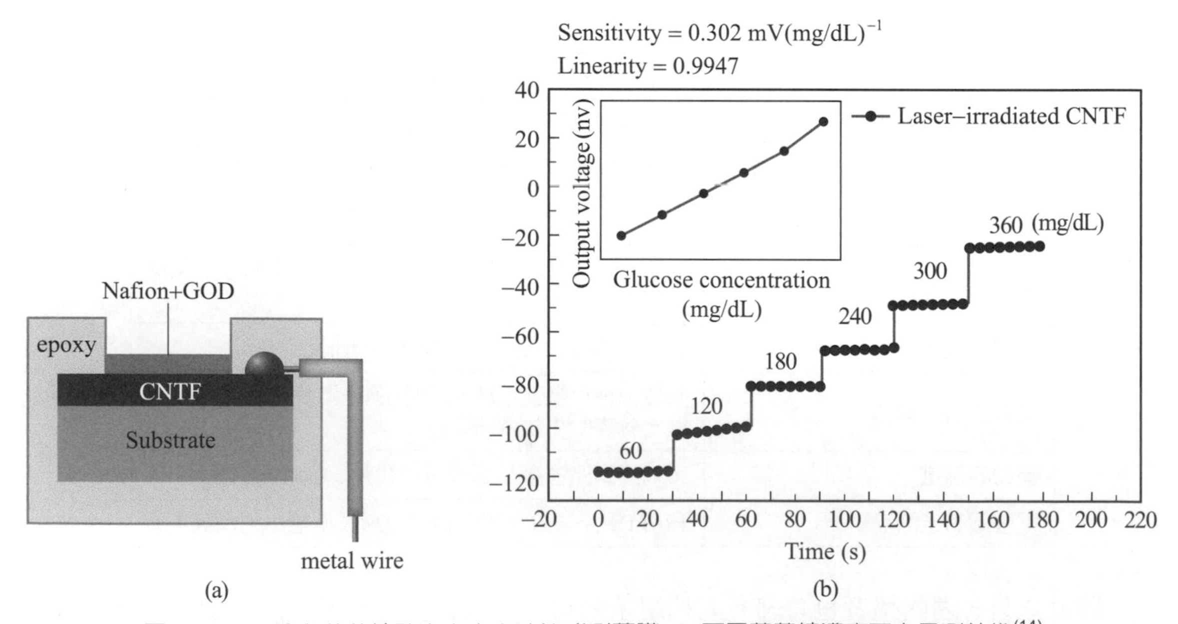

圖 22-6 (a)塗上葡萄糖酵素之奈米碳管感測薄膜 (b)不同葡萄糖濃度下之量測特性[14]

生技產業不同於傳統的製造業或電子產業，產業進入障礙高、產品研發時程長、研發投入成本高，雖然產品成功開發後，投資報酬率高、產品的生命週期長。生物晶片的產業現階段仍處於萌芽階段，除了微陣列晶片中的基因晶片產品發展較為蓬勃外，其他只有極少量的產品上市，大部分仍處於研發階段。因生化科技產業可帶動周邊工業，且可創造附加價值高之民生產業，已被列為各國重點推動發展之產業。而其產品生產所涵蓋之技術層面非常廣大，尤其需要很強之基礎科學之支援，故發展之遠景須有完善之規劃及持續之努力方能有成。此外，今日之生物晶片相關技術已自前所認為之明日科技，脫胎換骨成為今日之主流科技，也因此世界各國均視發展生物晶片及其相關科技為維持國家競爭力之不二法門。

22-2-3　微系統技術

微系統技術(Micro system technology)是一種結合半導體技術與超精密加工技術的前瞻技術。由於微系統技術產品及技術具有可以低成本、大量生產製造，可減少體積、重量及能源消耗，高功能性，能提高可靠性等優點，因此，被認為將是二十一世紀產業技術的主流項目。微系統技術之應用範圍很廣泛，涵蓋汽車工業、資訊產品、生醫應用、通訊產品、環保應用、航太工業、家庭及保全應用等。微機電系統(Micro-electro-mechnical system，MEMS)這個以微米為設計、製造及運作單位的科技概念，在四十多年前由諾貝爾物理學獎得主理查．費曼(Richard Feynmann)博士提出之後，經過科學家們多年的默默耕耘，終於在上個世紀末的最後十年逐漸成熟。舉凡交通、通訊與消費性電子、光電顯示、醫療保健、生醫環保、國防航太等環節，均可發現微機電的蹤跡。微機電技術是以「矽」材料為發展基礎的半導體產業家族中，另行衍生而出的一個分支產業。

以矽材料為主的微電子技術和微機械技術結合在一起的微機電相關技術，勢必改變我們生活中現有的每一項技術。微機電技術不僅包含電子電路系統，還涉及了機械致動器、感測器與相關介面技術，是高度的系統整合技術，面對的問題較 IC 技術更為複雜。微機電元件可和周遭環境進行即時互動而增強立即下決定的能力。感應器透過測量機械、溫度、生理、化學、光學和磁性領域，從周遭的環境中搜集資料。電子元件再從感測器來即時進行資訊處理並馬上借著立即決斷能力來下決定並向制動器下達指令，做出移動、定位、調整、汲取、過濾等動作，進而達到控制環境以得到想要的結果或目的。因為微機電元件是使用整批製造的技術，類似於晶圓的製造過程，使得全新層次的功能性、可靠性、精密性可以用相當低的製造成本放在一個微小的矽晶片上。

微機電技術製造方法一般與積體電路類似，要用到微影和刻蝕等方式，因此矽晶片成為一個受歡迎的基材，但有時也會選用玻璃、石英或塑料等基材。微機電技術現已經發展多樣產品：矽基微機電製程共用晶片、CMOS/MEMS 整合製程、CMOS 微加工製程所開發的微流體、微結構元件、微光學元件(如微鏡面陣列、繞折射元件等)、積體化探針卡、噴墨印表頭噴孔片、生物晶片探針、微機電感測器(汽車安全氣囊加速計)與運用於光纖通訊系統的光收發模組等。

半導體製程概分爲三類：(1)薄膜成長，(2)微影，(3)蝕刻。而微機電元件的製造技術則是利用目前的半導體製造技術爲基礎再加以延伸應用，其製造技術的彈性與變化比一般的 IC 製造技術來的大，從薄膜成長、黃光微影、乾濕蝕刻等製程都在微機電製程的應用範疇，再配合其他新發展的精密加工與矽微加工技術，包括異方性蝕刻、電鑄、LIGA 等技術，而成現在所發展的微機電元件的製造技術。而整個系統的完成則是靠各個關鍵元件的整合，再加上最後系統的封裝測試，也是重要的步驟。其中在矽微加工技術方面，又可分爲體型微加工技術、面型微加工技術以及 LIGA 技術三種加工技術，這三種技術簡要說明於表 22-3 中。

表 22-3　常見的微機電技術

技術	說明
體型微加工技術	體型微加工技術就是把矽晶片等材料當成一塊加工母材，來作蝕刻切削的加工技術。而體型微加工技術常用的材料爲矽晶片及玻璃，而利用這些材料製成零件後，可因零件之中間加工處理如摻雜而有接合溫度限制；或含有電子電路而有接合溫度及電場限制。利用高溫加速或增強接合強度，在降回室溫時，不同材料會有熱應力產生因而導致元件破裂及良率降低之顧慮。在特殊用途之元件，有材料限制，如電泳分離晶片，使用高電壓，必須採用絕緣材料如玻璃，因而接合方式有所不同。在蝕刻方面，主要還是以濕蝕刻爲主，而加工之尺寸，約在 mm 至數十微米的範圍。深度由數十微米至晶片厚度(蝕穿晶片 400～700 微米)不等。
面型微加工技術	面型微細加工則是比較靠近原本積體電路半導體製程的作法，主要是利用蒸鍍、濺鍍或化學沈積方法，將多層薄膜疊合而成，此種方法較不傷及矽晶片。因爲任何微機械結構，都是以薄膜沉積製作，所以不管是加工的精確度或者是解析度，面型微加工技術都遠勝於體型微加工技術。因此在整合電路(On-chip circuitry)與微結構(Microstructure)或微感測器(Micro-sensors)方面，面型微矽加工都比體型加工法佔有優勢。
LIGA 技術	LIGA 技術是一種綜合的三維超微細加工工藝，可以用來製作任意形狀的三維微結構。由於 LIGA 技術可以製作較大縱深比(可達 1000)和較高精度的三維微細結構(側壁垂直度可達 89.9 度以上)，並且可以使用金屬、無機非金屬、高分子等多種材料，在微機械、微系統集成等許多領域都顯示出良好的應用前景。目前已用 LIGA 技術製造出微光學、感測器和執行器，並且化學、醫學和生物工程等方面進行了應用探索。

微機電技術過去幾年發展趨緩，一個主要的原因是業界無法將其商業化，而這又是因爲現有的製程設備和製造成本過高，使其無法和現有的製造技術競爭。除了製造上的挑戰，微機電元件和系統的封裝也是影響發展的重要因素，微機電元件的封裝比起晶片封裝來得要更具有挑戰性且昂貴許多，就是因爲微機電元件本身的多樣化，以及如何讓這些元件隨時和周遭的環境保持聯繫。今天的封裝技術占了微機電元件製造成本的 30～80%。元件製造商利用晶圓製造的規模來進行元件封裝，比起以單一元件來進行封裝的做法，更有潛力使製造成本顯著地下降，並藉著進一步小型化的做法來提升微機電系統整體的表現與開發。

隨著科技的進步，產品不斷往輕薄短小發展，因而衍生出次世代產業需求之“微系統技術”。輕如毫髮的微型機電系統雖體積小，卻非常好用，未來在光電影像、生化醫療、資訊儲存、與精密機械等應用領域將扮演重要角色。微機電技術使得許多傳統大型系統無法完成的工作得以實行，並使原本可以進行的工作在效率上大幅提升，爲人類生活帶來深刻且全面的影響，也成爲奈米科技發展的必經之路。因此微系統技術已被科技界公認爲 21 世紀高科技產業的重要技術指標。

22-2-4　光電能源系統

一、光電材料

由於臭氧層的破洞日益增大，UVA(400-320 nm)及 UVB(320-280 nm)波段之紫外光將影響整個地球生態，故近年來對紫外線偵測器之需求也日益增大。近年來 II-VI 族材料受到高度矚目，這是由於它們具有寬能隙，所以本質上是不吸收可見光(visible-blind)，不需外加濾光片將可見光濾掉，此外，其化學穩定性及熱穩定性佳。其中，氧化鋅是 II-VI 族最受矚目的材料，有研究單位利用兩個寬能隙材料：低溫水熱法成長之 N 型氧化鋅奈米線以及濺鍍沉積之 P 型氧化鎳奈米結構，結合形成 PN 接面，紫外光照射後所產生的電子電洞對可有效地被內建電場分離，利用電流値的變化來偵測紫外光強度之差異，結構圖及電性圖顯示於圖 22-7。

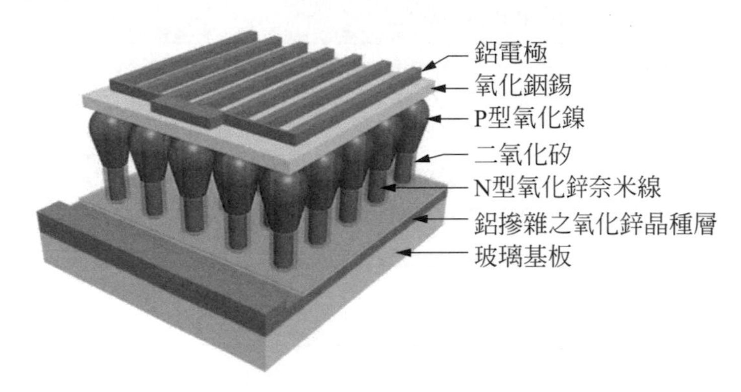

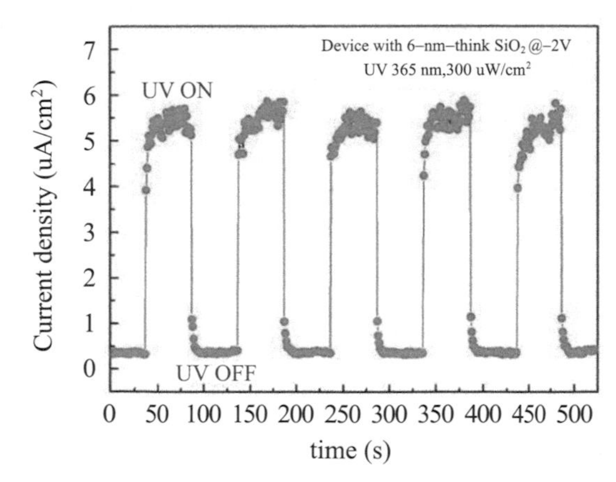

圖 22-7　(a)N 型氧化鋅奈米線以及 P 型氧化鎳奈米結構示意圖；(b)感測器在紫外光照射下之電流變化[15]

此外，平面顯示器有別於之前顯示裝置主流的弧面及球面陰極射線管，其發展至現有的平面顯示器應用大致包括：薄膜電晶體液晶顯示器、有機發光二極體、電漿顯示器、與場發射顯示器等。其中，薄膜電晶體液晶顯示器(Thin film transistor-liquid crystal display，TFT-LCD)的發展最受到注意。薄膜電晶體依照主動區(Active region)材料不同可分成單晶矽、非晶矽與複晶矽三種。大多數液晶顯示器的研發與製作多為非晶矽薄膜電晶體，因其成本低與製作容易的優勢。但是低溫複晶矽薄膜電晶體比起非晶矽有較高的電子遷移率(超過一百倍)，因此較適合用以製作高精細度、高開口率、低耗電與系統整合的面板(System on a panel, SOP)。另外，低溫複晶薄膜電晶體具有的高驅動電流特性更可應用於主動式驅動之顯示器應用。

有機發光二極體(Organic light emitting diode，OLED)顯示器的應用範圍甚廣，具有傳統液晶顯示器所沒有的優點，有機發光二極體的種類，依照所採用的材料，可劃分為兩種：一為小分子型，其所製成之發光二極體即通稱有機發光二極體(Organic LED，即 OLED)，另一為高分子型，其所製成之發光二極體不同於小分子型者，又稱高分子發光二極體(Polymer LED，即 PLED)兩者的比較列於表 22-4。

表 22-4　有機發光二極體大、小分子比較

	小分子(OLED)	大分子(PLED)
材料方面	共軛之化學結構，具有高的螢光效率，材料的分子量約數百個。合成及純化較容易。	共軛之化學結構，具有高的螢光效率，材料分子量約數萬個到數百萬個，熱穩定與機械性質較佳。
製程設備	以熱蒸鍍系統，而且必須要在真空的腔體中蒸鍍有機材料，成膜性較佳，適合發展高階的產品。	以溶液旋轉塗布的方式成膜，不需要在真空的環境下，所以設備成本較低。適合大面積化，而且具有可撓性。
元件特性	效率皆可達 15 流明／瓦以上。	到達 20 流明／瓦，可以在比較高的電流密度與溫度下操作，但操作壽命比較短。

有機發光二極體具備以下的特性：厚度很薄、幾乎沒有視角問題、顯示畫面不失真、發光轉化效率高、操作溫度範圍大、反應速度快、低製造成本等。因此，有機發光二極體被視為具有極大的發展潛力，可望成為下一世代的新穎平面顯示器。

顯示器的發展為了讓使用者隨意曲摺成任意形狀並隨身攜帶，塑膠面版未來將取代玻璃基板成為新型的顯示器材料。與傳統的玻璃基板相比，塑膠基板有便宜、易加工、質地輕且可任意扭曲等優點，以此製成的面板，重量是玻璃基板面板的一半。常見的塑膠基板與玻璃基板的比較列於表 22-5 中。目前可撓式基板顯示技術的主要關鍵在於電晶體製程技術的革新，技術發展方向有三：(1)降低現有半導體製程的溫度，直接將電晶體作在塑膠基板上；(2)將玻璃或矽基板上的電子元件以類似印版畫的原理蝕刻轉貼在塑膠基板上；(3)使用全新的有機材料以印表或噴墨方式來製造有機薄膜電晶體。以上技術目前都是非常熱門的研究課題。

表 22-5 塑膠基板材料與玻璃的比較

特性＼材料	玻璃	PES	PAR	PC	COC
顏色	透明無色	透明微黃	透明微紫	透明無色	高透明無色
比重	2.5	1.37	1.2	1.2	1.0
折射率	1.5	1.65	1.6	1.59	1.51～1.54
耐熱性(T_g)	600	210～230	215～290	150	80～350
吸水率(%)	0	0.4	0.3	0.2	0.01
線膨脹係數($\times 10^6$)	8	55	51	70	60
成本	貴	更貴	更貴	便宜	便宜

二、能源材料

與日遽增的經濟與社會變遷，工業生產與商業活動所帶動的能源需求已急遽的增加。如何有效提高能源效率以節省能源，降低廢氣排放量等，唯有積極發展節能技術才能解決能源與環保問題。文獻顯示奈米流體比傳統流體的熱傳導性能提升 40%以上，因此應用於冷凍空調系統上可以發揮其節能應用的潛力。太陽能被預期是下世代的最佳能源，常見的太陽能應用與材料比較分別列於表 22-6 與表 22-7 中，單晶矽的光電轉換效率最高，但是目前矽晶太陽能電池的成本過高，導致市場接受度不高，爲降低製程成本及降低 ITO 透明電極之使用，有研究單位利用低溫水熱法成長鋁參雜之氧化鋅(Al-doped ZnO, AZO)奈米柱作爲非晶矽太陽能電池之透明電極，於奈米線上依序沉積 n/i/p 非晶矽(Amorphous silicon)作爲元件主動層，並藉由調變奈米柱長度以獲得最佳之光捕獲效率，相較於純平面結構，轉換效率提升了 46%，如圖 22-8 所示。

表 22-6 常見的太陽能應用

太陽能應用項目	使用型式
發電	大功率發電系統，家用發電系統
通訊	無線電力、無線通訊
消費性電子產品	小功率商品電源
運輸	電動車、充電系統、道路照明系統及交通號誌
農業	灌溉及抽水等動力系統
防災	水位監視器、海上導航

表 22-7 常見太陽能電池材料的比較

種類	效率	製造方法
單晶矽薄膜太陽能電池	25.0%	將高純度的半導體材料加入一些雜質(dopants)使其呈現不同性質，例如：加入硼可形成 p 型半導體，加入磷則可形成 n 型半導體；兩型半導體相結合形成 pn 接面，當太陽光入射時，產生電子電洞對，因而產生光電流。
多晶矽薄膜太陽能電池	20.4%	以熔融矽鑄造固化切割成約 300 μm 厚的基板，並以熱擴散法或離子佈植等幫式形成 pn 接面。
非晶矽薄膜太陽能電池	10.1%	以 plasma CVD 等方法在玻璃等基板上成長 1 μm 非晶矽薄膜，並且添加雜質形成 p-i-n 結構。
CdTe 薄膜太陽能電池	18.6%	用眞空蒸鍍、濺鍍、網印、燒結等薄膜形成技術。
CIGS 薄膜太陽能電池	19.8%	利用濺鍍等方式沉積由銅、銦、鎵、硒四種元素所構成的四元化合物半導體薄膜所形成之電池。
染料敏化太陽能電池	13.0%	以塗佈或刮刀成膜的方式製備太陽能電池。
高分子有機太陽能電池 (P3HT:PCBM 系統)	6.0%	以旋轉塗佈等濕式製程方式沉積太陽能電池之光吸收層。
鈣鈦礦有機太陽能電池	19.3%	吸光材料是碘氯化鉛 Pb-I-Cl 無機物及 CH_3NH_3 有機物形成的有機/無機混成分子(PbI_2Cl-CH_3NH_3)，晶體結構爲鈣鈦礦結構、導電性爲半導體(能隙約爲 1.55 eV)，由於其消光係數很大，因此有利於太陽光的吸收。

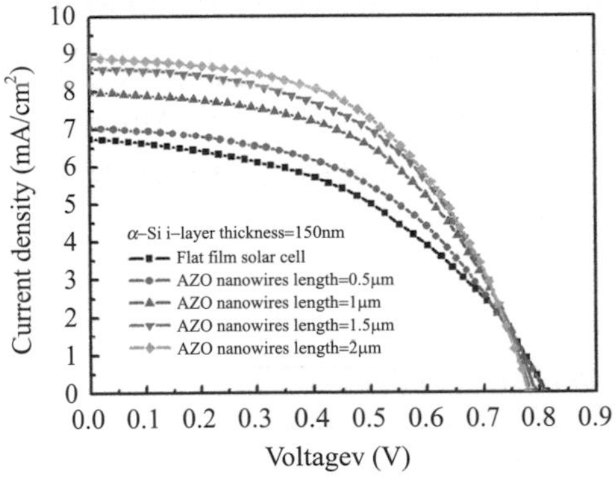

α–Si i–layer =150nm	J_{SC}(mA/cm²)	V_{OC}(V)	FF(%)	η(%)
AZO thin–film	6.73	0.81	41.72	3.23
AZO NWs 0.5μm-long	7.04	0.8	44.92	3.62
AZO NWs 1μm-long	7.99	0.79	47.6	4.27
AZO NWs 1.5μm-long	8.61	0.78	48.05	4.59
AZO NWs 2μm-long	8.89	0.77	48.16	4.73

圖 22-8 不同氧化鋅奈米線長度對轉換率之影響[16]

另外也有許多新穎結構之太陽能電池如雨後春筍般誕生，如：硒化銅銦鎵(Copper indium gallium diselenide，簡稱 CIGS)薄膜太陽能電池、染料敏化太陽能電池(Dye-sensitized solar cell，簡稱 DSSC)、有機導電高分子太陽能電池(Organic/Polymer solarcell，簡稱 OSC)、鈣鈦礦太陽能電池(Perovskite solar cell)等。過去十年間以 DSSC 及 OSC 系統最受矚目，因其爲濕式低溫製程，可以用簡單且快速的塗佈方式(如旋塗、網印及噴塗等方式)完成主動層之沉積，所以非常有潛力應用於未來軟性可撓曲式太陽能電池，表 22-8 即是以雷射處理鑲嵌有鉑奈米粒子的碳管薄膜以形成具有類石墨烯結構的電極，並將其應用至染料敏化太陽能電池的對電極(Counter electrode)中，相較傳統平面的純鉑金屬電極，可節省至 1/1000 的白金使用量，並且仍能有效提供催化效果及提升轉換效率。

表 22-8 不同對電極材料處理對太陽能電池效率轉換之影響[17]

對電極材料	純碳管薄膜	鑲 Pt 奈米粒子的碳管薄膜	雷射處理鑲 Pt 奈米粒的碳管薄膜
TEM 影像			
太陽能電池效率	5.17%	7.23%	8.79%

雖然染料敏化太陽能電池製程簡單，但目前面臨的問題有光電轉換效率較低及有機材料怕水氧汙染等問題，另一方面，由於有機導電高分子之載子擴散長度較短及遷移率低等問題，導致其光電轉換效率不高，近年來，最具吸引力的太陽能電池莫過於鈣鈦礦太陽能電池，短短幾年間，轉換效率快速翻升五倍，目前最高效率已到達 17.9 %。鈣鈦礦太陽能電池具有許多優點，如：溶液製程、輕薄、可撓曲及可調色等，且其轉換效率高，因此預期未來可大幅降低生產成本，有助於軟性太陽能電池產業之發展。另外，低耗能照明設備的發展，例如：以發光二極體作爲照明光源或是利用奈米碳管場發射子(Carbon nanotube field emitter)製作照明設備等皆可以有效地提高能源使用效率。

重點總結

進入 20 世紀以來，材料科學技術的發展異常迅猛；展望 21 世紀，材料科學技術研究開發的有：微電子材料，直徑大於 300 mm 矽單晶技術，150 mm 的 GaAs 和 100 mm 的 InP 晶片及以它們爲基底的Ⅲ-Ⅴ族半導體超晶格、量子井異質結構材料製備技術，SiGe 合金和寬能隙半導體材料製備與應用技術。光電子材料，除了當前在大直徑、高光學質量人工晶體製備技術和有機、無機新型非線性光學晶體探索、新型光探測和光儲存材料及應用技術均積極被開發外，照明及背光源廣泛使用的氮化鎵(GaN)發光二極體、有機發光二極體與利用非晶及複晶矽做成顯示器用之薄膜電晶體液晶顯示器更是現今產業發展重點。新型金屬材料，交通運輸用輕質高強材料，能源動力用高溫耐蝕材料，新型有序金屬間化合物的脆性控制與韌化技術以及高熵合金製備技術。高分子材料，高性能工程塑料和高分子合金，高溫樹脂基體，超高強度有機纖維及有機功能材料，如發光塑膠、有機光電子材料等。生物醫用材料，高可靠植入人體內的生物活性材料合成關鍵技術，生物相容材料製備技術均為當前最具前瞻之材料課題。奈米材料，主要是奈米材料製備與應用關鍵技術，固態量子器件製備及奈米加工與組裝技術亦為熱門之材料發展方向。

奈米科技，將是廿一世紀科技與產業發展最大的驅動力；奈米結構一方面是一個令科學家們充滿了想像空間的神奇領域，其整體的發展使我們得以踏上解開大自然的奧秘。另一方面，電子元件微小化所面臨的材料及技術瓶頸，也將因奈米科技的應用研發而有所突破。在奈米尺度下，由於電子、光子、聲子自身與彼此之交互作用，材料、元件及系統會展現出顯著改善或全然不同的物理、化學及生物特性和現象。奈米技術主要目標即是藉由掌控原子、分子、或巨分子尺度的結構或裝置來探索這些特性，並有效率的製造或使用這些裝置。因此，奈米科技正在創造新一波的技術革命與產業，它對人類生活的影響將是全面的，不僅將改變我們製作事物的方法，同時也會改變我們所能製作事物的本質。預測未來奈米科技所產生的新材料、新特性及其衍生之新裝置、新應用及所建立之精確量測技術的影響，將遍及儲能、光電、電腦、記錄媒體、機械工具、醫學醫藥、基因工程、環境與資源、化學工業等產業。

綜觀上述，材料科技發展可以總結如下特色：

1. 材料科技是人類文明演進的動力。
2. 材料發展從二次大戰後積極發展，從金屬材料、微電子材料、複合材料等發展可以窺見產業發展的動向。
3. 奈米科技的發展嚴重影響 21 世紀人類生活，奈米級的物質具有一些特殊性質與效應，例如：小尺寸效應、表面效應、量子效應、量子穿遂效應與庫侖堵塞效應等。
4. 生物科技包含的範圍及廣，醫學、農業、食品、環保等方向皆屬之。結合半導體技術的生物晶片對於未來人體檢測有非常卓越的幫助，現今生物晶片包括微陣列晶片、微流體晶片與其他類型生物晶片等三大類。
5. 微系統技術對於製作微小機械、感測器與觸動器等，因為封裝成本過高因素，所以沒有在市場上大量出現，未來輕薄短小趨勢下，微機電技術將漸漸抬頭。
6. 照明及背光源廣泛使用的氮化鎵發光二極體、有機發光二極體與利用非晶及複晶矽做成顯示器用之薄膜電晶體液晶顯示器是現今產業發展重點。
7. 太陽能的應用在未來能源的使用上將是一大課題。

除此之外，相信材料科技未來在新產品應用和新材料創新之交互作用下，材料科技之發展將更日新月異，足為我們全力投入與探索。

參考文獻

1. “2013 年我國產業研發創新現況與動向”，經濟部技術處，2013 年 11 月
2. “2010 平面顯示器年鑑”，工研院 IEK 電子分項，2010 年 6 月
3. 游佩芬，“2012 生物應用工程產業年鑑”，工研院 IEK，2012 年 7 月
4. “2011 產業技術白皮書”，經濟部技術處，2011 年 9 月
5. 呂學隆，“2014 年電子材料產業年鑑”，工研院 IEK，2014 年 5 月
6. “2012 ITIS 產業現況與趨勢研討會”，經濟部技術處 ITIS 計畫，2012 年 12 月
7. Takuya Matsuo, and tetsuroh Muramatsu, “CG silicon technology and development of system on panel”, in SID Tech. Dig., pp.856-859, 2004.
8. P. Y. Yang, J. L. Wang, W. C. Tsai, S. J. Wang, J. C. Lin, I. C. Lee, *et al.*, "High Field-Emission Stability of Offset-Thin-Film Transistor-Controlled Al-Doped Zinc Oxide Nanowires," *Japanese Journal of Applied Physics,* vol. 50, Apr 2011.
9. C. T. Chang, C. Y. Huang, Y. R. Li, and H. C. Cheng, "Effect of arrangement of carbon nanotube pillars on its gas ionization characteristics," *Sensors and Actuators a-Physical,* vol. 195, pp. 60-63, Jun 2013.
10. H. H. Li, W. S. Dai, J. C. Chou, and H. C. Cheng, "An Extended-Gate Field-Effect Transistor With Low-Temperature Hydrothermally Synthesized SnO2 Nanorods as pH Sensor," *Ieee Electron Device Letters,* vol. 33, pp. 1495-1497, Oct 2012.
11. W. L. Tsai, Y. S. Chien, P. Y. Yang, I. C. Lee, K. Y. Wang, and H. C. Cheng, "Laser-unzipped carbon nanotube based glucose sensor for separated structure of enzyme modified field effect transistor," *Sensors and Actuators a-Physical,* vol. 204, pp. 31-36, Dec 2013.
12. Y. R. Li, C. Y. Wan, C. T. Chang, W. L. Tsai, Y. C. Huang, K. Y. Wang, *et al.*, "Thickness effect of NiO on the performance of ultraviolet sensors with p-NiO/n-ZnO nanowire heterojunction structure," *Vacuum,* vol. 118, pp. 48-54, Aug 2015.
13. H. H. Li, P. Y. Yang, S. M. Chiou, H. W. Liu, and H. C. Cheng, "A Novel Coaxial-Structured Amorphous-Silicon p-i-n Solar Cell With Al-Doped ZnO Nanowires," *Ieee Electron Device Letters,* vol. 32, pp. 928-930, Jul 2011.
14. Y. S. Chien, P. Y. Yang, I. C. Lee, C. C. Chu, C. H. Chou, H. C. Cheng, *et al.*, "Enhanced efficiency of the dye-sensitized solar cells by excimer laser irradiated carbon nanotube network counter electrode," *Applied Physics Letters,* vol. 104, Feb 2014.

英中對照表

A

B

C

D

E

F

G

H

I

J

K

L

M

N

O

P

Q

R

S

T

U

V

W

X

Y

Z

（請由此線剪下）

歡迎加入 全華會員

● 會員獨享

會員享購書折扣、紅利積點、生日禮金、不定期優惠活動…等。

● 如何加入會員

填妥讀者回函卡直接傳真（02）2262-0900 或寄回，將由專人協助登入會員資料，待收到 E-MAIL 通知後即可成為會員。

如何購買 全華書籍

1. 網路購書

全華網路書店「http://www.opentech.com.tw」，加入會員購書更便利，並享有紅利積點回饋等各式優惠。

2. 全華門市、全省書局

歡迎至全華門市（新北市土城區忠義路 21 號）或全省各大書局、連鎖書店選購。

3. 來電訂購

(1) 訂購專線：(02) 2262-5666 轉 321-324
(2) 傳真專線：(02) 6637-3696
(3) 郵局劃撥（帳號：0100836-1　戶名：全華圖書股份有限公司）
※ 購書未滿一千元者，酌收運費 70 元。

全華網路書店 www.opentech.com.tw
E-mail: service@chwa.com.tw

※ 本會員制如有變更則以最新修訂制度為準，造成不便請見諒。

廣告回信
板橋郵局登記證
板橋廣字第540號

23671 新北市土城區忠義路21號

全華圖書股份有限公司

行銷企劃部 收

讀者回函卡

填寫日期：　/　/

姓名：＿＿＿＿ 生日：西元＿＿年＿＿月＿＿日 性別：□男 □女

電話：（　）＿＿＿＿ 傳真：（　）＿＿＿＿ 手機：＿＿＿＿

e-mail：（必填）＿＿＿＿

註：數字零，請用 Φ 表示，數字 1 與英文 L 請另註明並書寫端正，謝謝。

通訊處：□□□□□＿＿＿＿

學歷：□博士 □碩士 □大學 □專科 □高中・職

職業：□工程師 □教師 □學生 □軍・公 □其他

學校／公司：＿＿＿＿ 科系／部門：＿＿＿＿

・需求書類：

□ A. 電子 □ B. 電機 □ C. 計算機工程 □ D. 資訊 □ E. 機械 □ F. 汽車 □ I. 工管 □ J. 土木

□ K. 化工 □ L. 設計 □ M. 商管 □ N. 日文 □ O. 美容 □ P. 休閒 □ Q. 餐飲 □ B. 其他

・本次購買圖書為：＿＿＿＿ 書號：＿＿＿＿

・您對本書的評價：

封面設計：□非常滿意 □滿意 □尚可 □需改善，請說明＿＿＿＿

內容表達：□非常滿意 □滿意 □尚可 □需改善，請說明＿＿＿＿

版面編排：□非常滿意 □滿意 □尚可 □需改善，請說明＿＿＿＿

印刷品質：□非常滿意 □滿意 □尚可 □需改善，請說明＿＿＿＿

書籍定價：□非常滿意 □滿意 □尚可 □需改善，請說明＿＿＿＿

整體評價：請說明＿＿＿＿

・您在何處購買本書？

□書局 □網路書店 □書展 □團購 □其他＿＿＿＿

・您購買本書的原因？（可複選）

□個人需要 □幫公司採購 □親友推薦 □老師指定之課本 □其他＿＿＿＿

・您希望全華以何種方式提供出版訊息及特惠活動？

□電子報 □ DM □廣告（媒體名稱＿＿＿＿）

・您是否上過全華網路書店？（www.opentech.com.tw）

□是 □否 您的建議＿＿＿＿

・您希望全華出版那方面書籍？＿＿＿＿

・您希望全華加強那些服務？＿＿＿＿

～感謝您提供寶貴意見，全華將秉持服務的熱忱，出版更多好書，以饗讀者。

全華網路書店 http://www.opentech.com.tw　　客服信箱 service@chwa.com.tw

2011.03 修訂

親愛的讀者：

感謝您對全華圖書的支持與愛護，雖然我們很慎重的處理每一本書，但恐仍有疏漏之處，若您發現本書有任何錯誤，請填寫於勘誤表內寄回，我們將於再版時修正，您的批評與指教是我們進步的原動力，謝謝！

全華圖書　敬上

勘誤表

書號		書名		作者	
頁數	行數	錯誤或不當之詞句		建議修改之詞句	

我有話要說：（其它之批評與建議，如封面、編排、內容、印刷品質等・・・）